# ELLENBERGER-SCHÜTZ'

# JAHRESBERICHT

ÜBER DIE

# LEISTUNGEN AUF DEM GEBIETE

DER

# VETERINÄR-MEDIZIN

UNTER MITWIRKUNG VON

ST. ANGELOFF IN SOFIA, J. A. BEYERS IN UTRECHT, J. BONGERT IN BERLIN, M. CHRISTIANSEN IN KOPENHAGEN, CONSTANTINESCU IN BUKAREST, DECLICH IN FLORENZ, H. DEXLER IN PRAG, A. FISCHER IN DRESDEN, L. FREUND IN PRAG, H. FRICK IN HANNOVER, ST. GAJEWSKI IN LEMBERG, GÖTZE IN HANNOVER, H. GRAF IN BERLIN, HEITZENROEDER IN BERLIN, HENKELS IN HANNOVER, K. HEUSS IN PADERBORN, M. HOBMAIER IN DORPAT, HOCK IN BERLIN, E. JOEST † IN LEIPZIG, KRAGE IN KÖNIGSBERG, M. KRZYWANEK IN LEIPZIG, F. LAMÉRIS IN AMERSFOOT, R. MANNINGER IN BUDAPEST, N. NITTA IN TOKIO, CURT REINHARDT IN BERLIN, H. RICHTER IN DORPAT, J. RICHTER IN LEIPZIG, F. RUPPERT IN LA PLATA, A. W. SAHLSTEDT IN STOCKHOLM, A. SCHEUNERT IN LEIPZIG, M. SCHIEBLICH IN LEIPZIG, J. SCHMIDT IN LEIPZIG, P. SCHUMANN IN BRESLAU, H. STÅLFORS IN STOCKHOLM, W. STECK IN PRETORIA, R. STENIUS IN LOHJA (FINNLAND), N. SYSAK IN KIEW, A. TRAUTMANN IN HANNOVER, E. WEBER IN LEIPZIG, W. WIELAND IN WANGERIN, F. J. ZAVRNICK IN ZAGREB, ZIEGLER IN DRESDEN, H. ZIETZSCHMANN IN DRESDEN, A. ZUMPE IN DRESDEN

HERAUSGEGEBEN VON

PROF. DR. **W. ELLENBERGER**, PROF. DR. **K. NEUMANN-KLEINPAUL**

UND

PROF. DR. **O. ZIETZSCHMANN**

## FÜNFUNDVIERZIGSTER JAHRGANG

### (JAHR 1925)

**BERLIN**

VERLAG VON JULIUS SPRINGER

1927

ISBN-13: 978-3-642-88872-4     e-ISBN-13: 978-3-642-90727-2
DOI: 10.1007/978-3-642-90727-2

Softcover reprint of the hardcover 1st edition 1927

# Inhaltsverzeichnis.

# An die Herren Autoren von wissenschaftlichen Arbeiten veterinärmedizinischen Inhalts und die Herren Herausgeber von veterinärmedizinischen Zeitschriften.

Die Herren Autoren, die Abhandlungen über tierärztliche Gegenstände in anderen als in dem auf S. 2—4 befindlichen Mitarbeiterverzeichnis genannten Zeitschriften veröffentlicht haben, können nur dann darauf rechnen, daß über ihre Abhandlungen in dem Jahresbericht referiert werden wird, wenn sie Sonderabdrucke ihrer Arbeiten unter der Adresse: Prof. Ellenberger, Dresden-A., Schweizerstr. 11, einsenden.

Die Herren Herausgeber von solchen tierärztlichen, namentlich ausländischen Zeitschriften, aus welchen bis jetzt keine Referate aufgenommen worden sind, bitten wir um freundliche Einsendung eines Belegexemplars an das Bureau der Medizinischen Referatenblätter des Verlages Julius Springer, Berlin W 9, Linkstr. 23/24, damit die betreffende Zeitschrift besorgt und in Zukunft referiert werden kann.

Die Verfasser und Herausgeber selbständiger, in das Gebiet der Veterinärmedizin im weitesten Sinne einschlagender Werke bitten wir, die Titel dieser Werke dem Bureau der Medizinischen Referatenblätter des Verlages Julius Springer (für Jahresbericht Veterinär-Medizin), Berlin W 9, Linkstr. 23/24, mitteilen zu wollen, damit sie in unserem Jahresbericht sicher aufgeführt und nicht übersehen werden können.

**Ellenberger. Neumann-Kleinpaul. Zietzschmann.**

# Verzeichnis der Mitarbeiter[1]) und der von ihnen zum Referate übernommenen Zeitschriften und speziellen Wissensgebiete.

| Referent | Zeitschrift | Band | Jahrgang | Verlag mit Verlagsort | Schriftleitung der Zeitschrift |
|---|---|---|---|---|---|
| Angeloff, Prof. Dr. St., Sofia, Zar-Schischman-Straße | 1. Veterinarna Sbirka | 29 | 1925 | ‚Guttenberg‘, Sofia | Dr. S. Georgieff |
| | 2. Jb. der veterinär-medizin. Fakultät der Universität Sofia | 1 | 1925 | | Universität Sofia |
| Beijers, Dr. J. A., Lektor an der Tierärztl. Fakult. d. Reichsuniversität, Utrecht, Oudenrijn 12 | 1. Tijdschr. voor Diergeneesk. | 52 | 1925 | Boekhoven, Utrecht | Dr. Vrijburg, Haag |
| | 2. Tijdschr. voor verg. Geneesk. | 11 | 1925 | Doesburgh, Leiden | Prof. Dr. D. A. de Jong, Leiden |
| | 3. Nederlandsch-Indische Bladen voor Diergeneesk. en Dierenteelt | 37 | 1925 | Archipel Drukkerij, Buitenzorg (Java) | Dr. Bubberman, Buitenzorg, Java |
| Bongert, Prof. Dr. J., Berlin-Wilmersdorf, Prager Straße 11 | 1. Zschr. f. Unters. d. Nahrungsmittel | 50 | 1925 | Julius Springer, Berlin | Dr. Bömer |
| | 2. Milchw. Zbl. | 54 | 1925 | M. u. H. Schaper, Hannover | W. Meysahn |
| | 3. Milchwirtschaftl. Forschungen | 2 | 1925 | Julius Springer, Berlin | Dr. W. Grimmer |
| Christiansen, Prof. M., Kopenhagen, Den Kgl. Veterinaer-og Landbohojskoles Hygiejnisk-Bakteriologisk Laboratorium | 1. Mann. for Dyrl. | 36—37 | 1925 | Kopenhagen | C. O. Jensen und St. Friis |
| | 2. Den Kgl. Vet.- og Landbohöjskoles Aarsskr. | | 1925 | Kopenhagen | Max Lobedanz |
| | 3. Aarsberetning fra det vet. Sundhedsraad | | 1924 | Kopenhagen | N. Plum |
| | 4. Aarsberetning fra Veterinarfysikatet | | 1924 | Kopenhagen | Poul Hansen |
| | 5. Med. Vet. Serumlab. | Nr. 91/93 | 1925 | | |
| | 6. Beretn. Vet. Landb. Lab. | Nr. 117/18 | 1925 | | |
| | 7. Det Kgl. Danske Videnskabernes Selskabs Skrifter, Naturvidenskabelig og mathematisk Afdeling | 4 | 1924 | | |
| Constantinescu, Prof. G. K. Bukarest, Vet.-med. Fakultät der Universität | 1. Arh. vet. | 1924/25 | | Cartea romaneasca, Bukarest (Herausg.: Die tierärztliche Fakultät) | Prof. P. Riegler |
| | 2. Rev. de med. vet. si zoot. | 1—12 | 1925 | Tipografia Bucovina, Bukarest, Calea Victoriei Nr. 222 (Herausg.: Der Verein rumänischer Tierärzte) | Der Ausschuß des Vereines rumänischer Tierärzte |
| | 3. Bul. Dir. gen. zoot. si san. vet. | 1—12 | 1925 | Tipografia Bucovina, Bukarest, Calea Victoriei Nr. 222 (Herausg.: Directiunea zootechnica, Ministerul Agriculturii | Prof. G. K. Constantinescu |
| | 4. Bul. agr. | 1—12 | 1925 | Tipografia Bucovina, Bukarest, Calea Victoriei Nr. 222 (Herausg.: Directiunea agriculturii, Ministerul Agriculturii) | P. Roziade |
| | 5. Dissertationen aus Bukarest | | 1924/25 | | |

[1]) Veränderungen und Unstimmigkeiten bitten wir dem Verlag direkt mitzuteilen.

| Referent | Zeitschrift | Band | Jahrgang | Verlag mit Verlagsort | Schriftleitung der Zeitschrift |
|---|---|---|---|---|---|
| Declich, Dr., Assistent am Inst. f. Hygiene der Univ. Florenz | 1. Il nuovo Ercolani | 30 | 1925 | | |
| | 2. Monitore zoologico | 36 | 1925 | | |
| | 3. Critica zootecnica e sanitaria | 2 | 1925 | | |
| Dexler, Prof. Dr., Prag II, Veterinärinstitut d. Deutschen Universität, Légerova 48 | 1. Zbl. f. Psychiatrie u. Neurol. | 68 | 1925 | Julius Springer, Berlin | Mundel, Berlin |
| | 2. Zbl. f. Biol. | 45 | 1925 | Thieme, Leipzig | Correns, Berlin |
| | 3. Pflüg. Arch. | 201 | 1925 | Julius Springer, Berlin | Abderhalden, Bethe, Berlin |
| | 4. Zool. Bericht | 109 | 1925 | G. Fischer, Jena | C. Apstein, Berlin |
| | 5. Quart. journ. of exp. physiol. | 6 | 1925 | Griffin & Co., London | Schäfer, Sherrington, London |
| | 6. Americ. journ. of psychol. | 36 | 1925 | Cornell Univers. | E. B. Titchener, Ithaca |
| | 7. Zschr. f. Psychol. | 92 | 1925 | J. H. Barth | Schulmann, Marburg |
| | 8. Psychol. Forschung | 7 | 1925 | Julius Springer, Berlin | Koffka, Köhler, Wertheimer, Berlin |
| | 9. Journ. of comp. psychol. | 5 | 1925 | Baltimore | Dunlapp & Yerkes, Baltimore |
| | 10. Die Naturwissenschaften | 13 | 1925 | Julius Springer, Berlin | D. A. Berliner, Berlin |
| Ellenberger, Geh. Rat Prof. Dr. W., Dresden, Schweizerstr. Nr. 11 | Haupt- und Schlußredaktion | | | | |
| Fischer, Dr. med. vet. et phil. A., Dresden, Zirkusstr. 40 | 1. Der Hufschmied. | 43 | 1925 | M. &. H. Schaper, Hannover, Marienstraße 8 | Dr. A. Fischer, Dresden |
| | 2. Der Deutsche Schmiedemeister | 31 | 1925 | Auslaender & Kuhr, Leipzig, Grimm. Steinweg 17 | Kuhr, ebenda |
| | 3. D. Schmiede-Ztg. | 41 | 1925 | Reichsverband des Deutschen Schmiedehandwerks, Berlin SW 11, Schöneberger Straße 23 | Syndikus Dörgelot, ebenda |
| | 4. Erst. Allg. Deutsche Schmiedezeitung | 13 | 1925 | H. Gabriel, Warnsdorf | Derselbe |
| | 5. Schweiz. Hufschm. | 10 | 1925 | Fachschriften-Verlag und Buchdruckerei, A.-G., Zürich | Dr. H. Schwyter, Bern |
| | 6. De Hoefsmid | 30 | 1925 | A. W. Heidema, s'Gravenhage, Huygensplein 5 | A. W. Heidema, s'Gravenhage, Huygensplein 5 |
| Freund, Prof. Dr. L., Prag II, Veterinärinst. der Deutsch. Univ., Légerova 48. | Zoologische Literatur | | 1925 | | |
| Frick, Geh. Reg.-Rat Prof. Dr., Hannover, Rühmkorffstr. Nr. 15 | 1. Clin. vet. | 48 | 1925 | Instituto sieroterapico, Mailand (Milano) | Prof. Serafino Belfanti u. Prof. Pietro Stazzi |
| | 2. Nuova Vet. | 3 | 1925 | Bologna Viale Filopanti | Prof. Alessandro Lanfranchi |
| Gajewski, Prof. Dr. St., Lemberg, Kochanowskistr. 67 | Prz. wet. | 38 | 1925 | Tierärzteverein für Kleinp., Lemberg, ul. Kochanowskiego 65 Kleinpolen = ehem. sog. „Galizien" | Prof. Dr. Z. Markowski, Lemberg |
| Götze, Prof. Dr. R., Hannover, Tierärztliche Hochschule | Arbeiten aus der Geburtshilfe | | | | |
| Graf, Dr. Hans, Berlin NW 6, Philippstr. 13, Pharmak. Inst. der Tierärztl. Hochschule | 1. Schweiz. Arch. f. Tierhlk. | 67 | 1925 | | |
| | 2. Arch. f. exper. Path. u. Therapie | 105 u. ff. | 1925 | | |
| | 3. J. of Pharm. a. exper. Therap. | 23 | 1925 | | |
| | 4. Physiol. Rev. | 5 | 1925 | | |

| Referent | Zeitschrift | Band | Jahrgang | Verlag mit Verlagsort | Schriftleitung der Zeitschrift |
|---|---|---|---|---|---|
| Graf, Dr. Hans, Berlin NW 6, Philippstr. 13 | 5. C. r. Soc. de Biol. | 92/93 | 1925 | | |
| | 6. J. of Path. Bact. | | 1925 | | |
| | 7. Rev. gén. de Path. comp. | | 1925 | | |
| Heitzenroeder, Bibliothekar Dr., Berlin | Tierärztl. R. | 31 | 1925 | | |
| Henkels, Priv.-Doz. Dr., Hannover, Tierärztl. Hochschule | 1. B. t. W. | 41 | 1925 | R. Schretz, Berlin SW 48, Wilhelmstr. Nr. 10 | R. Schmaltz M. le Professeur Cadéac |
| | 2. J. de M. vét. | 71 | 1925 | Ecole Nationale Vétérinaire, Lyon, 2, Quai Chauveau | |
| | 3. Rev. vét. | 76 | 1925 | do. | M. le Professeur Sendrail |
| | 4. Rec. de M. vét. | 101 | 1925 | Vigot Frères, Editeurs, Paris, 23, Rue de l'école de médecine | Mm. G. Petit, Neury, Letard L'Ecole d'Alfort |
| | 5. Bull. de M. vét. | 101 | 1925 | do. | M. Fray, L'Ecole d'Alfort |
| | 6. Ann. de M. vét. | 70 | 1925 | Imprimerie G. Bothy Ixelles-Bruxelles, 22, Rue de la Concorde | Gratia, Hébrant u. a. |
| Heuß, Oberstabsveterinär Dr. K., Paderborn Neuhäuserstr. Nr. 42 I | 1. Militärwochenblatt | 110 | 1925/26 | E. S. Mittler & Sohn, Berlin SW | C. v. Altrock |
| | 2. Stat. Vet.-Ber. über das Reichsheer | | 1924 | Reichswehrministerium Berlin | Heeresveterinäruntersuchungsamt Berlin |
| | 3. Veterinärdienst | | 1925 | | |
| | 4. Veterinärhistorische Mitt. | 5 | 1925 | M. &. H. Schaper, Hannover | Dr. Rieck |
| | 5. Zschr. f. Vet.-Kunde | 37 | 1925 | E. S. Mittler & Sohn, Berlin SW | Prof. Dr. Sührs |
| | 6. Veterinärhistorisches Jahrbuch | 1 | 1925 | Walter Richter Leipzig | Dr. Rieck |
| Hobmaier, Prof. Dr. M., Dorpat (Estland), Russische Str. 32 | 1. J. Am. Vet. Med. Ass. | 66 Nr 4, 5, 6. 67 Nr. 1, 2, 3, 4,5(6fehlt) 68 Nr. 1, 2, 3 | | 716 Book Building, Detroit (Mich.) | H. Preston Hoskins, Secretary-Editor |
| | 2. Veterinary Medicine | 20 Nr. 1, 2, 3, 4, 5, 6, 7, 10, 11 (9 u. 12 fehlen) | | D. M. Campbell | Veterinary Magazine Corporation, 4753 Grand Blvd., Chicago (Ill. U. S. A.) |
| Hock, Oberassistent Dr., Berlin, Tierärztl. Hochschule | Siehe Professor Bongert. | | | | |
| Joest †, Obermedizinalrat Prof. Dr. E., und Dr. P. Cohrs, Leipzig, Veterinär-pathol. Institut der Universität | 1. Beitr. z. path. Anat. | 72 H. 3—74 | 1925 | Gustav Fischer, Jena | Prof. Dr. L. Aschoff, Freiburg i. Br. |
| | 2. Frankf. Zschr. f. Path. | 31 | 1925 | J. F. Bergmann, München | Prof. Dr. Bernh. Fischer, Frankfurt |
| | 3. Verh. D. path. Ges. | 20 | 1925 | Gustav Fischer, Jena | Prof. Dr. Schmorl Dresden |
| | 4. Virch. Arch. | 253—258 | 1924/25 | Julius Springer, Berlin, Linkstr. 23/24 | Prof. Dr. O. Lubarsch, Berlin |
| | 5. Zschr. f. Infekt.-Krkh. d. Haust. | 27 H. 4—28 | 1925 | Rich. Schoetz, Berlin, Wilhelmstr. 10 | Prof. Dr. E. Joest, Leipzig |
| | 6. Zschr. f. Krebsforsch. | 22 | 1925 | Julius Springer, Berlin, Linkstr. 23/24 | Prof. Dr. Fr. Kraus und Prof. Dr. Ferd. Blumenthal, Berlin |
| | 7. Zbl. f. Path. | 35, Heft 13 bis Bd. 36 | | Gustav Fischer, Jena | Prof. Dr. M. B. Schmidt, Würzburg und Prof. Dr. W. Berblinger, Jena |

| Referent | Zeitschrift | Band | Jahrgang | Verlag mit Verlagsort | Schriftleitung der Zeitschrift |
|---|---|---|---|---|---|
| Krage, Dr. P., Königsberg i. Pr., Weber-gasse 4 | 1. Prager Archiv f. Tiermedizin u. vergl. Path. Teil A u. B | 5 | 1925 | Verlag der Reichs-gewerkschaft der deutschen Tierärzte in der Tschecho-slo-wakischen Republik. Verwaltung: Dr. E. Januschke i.Troppau | Prof. H. Dexler, Prag |
| | 2. D.-Öst. t. W. | 7 | 1925 | Graz | Graz, Pranker-gasse 24 |
| Krzywanek, Dr. med. vet. Fr. W., Privatdo-zent u. Assi-stent am vet.-physiolog. In-stitut der Uni-versität Leip-zig, Tirolerstr.6 | 3. Für die Veterinärmedizin wichtige Arbeiten aus medi-zinischen Zeitschriften | | | | Prof. Dr. Abderhalden, Halle a. S. Prof. Dr. Bethe, Frankfurt a. M. Prof. Dr. Höber, Kiel |
| | 1. Pflüg. Arch. | 207—210 | | Julius Springer, Berlin | |
| | 2. Biochem. Zschr. | 155—165 | | Julius Springer, Berlin | Prof. Dr. Neuberg, Berlin |
| | 3. Zschr. f. physiol. Chem. | 142—150 | | Walter de Gruyter & Co., Berlin u. Leipzig | Prof.Dr.A.Kosel, Heidelberg |
| | 4. Zschr. f. Biol. | 82—83 | | J. F. Lehmann, München | Prof. Dr. E. Voit, München |
| | 5. Landw. Versuchsstat. | 103—104 | | Paul Parey, Berlin | Prof. Dr. G. Fin-gerling, Möckern |
| | 6. Landw. Jb. | 61 | | Paul Parey, Berlin | Dr. Oldenburg, Berlin |
| Laméris, F., Veterinärmajor Amersfoort (Holland), Bil-derdyklaar 4 | Gemeinsam mit Dr. Heuß aus-ländische Literatur über Mili-tärveterinärwissenschaft | | | | |
| Manninger, Prof. Dr. R., Buda-pest VII, Rot-tenbiller-ut. 23 | 1. Allat. Lapok | Jg. 48 | | Ver. d. ung. Tier-ärzte, Budapest | Aug. Zimmer-mann |
| | 2. Allategészségügy | Jg. 5 | | Verl. d. Serumges. Hungaria | Wilh. Horváth, Budapest |
| | 3. Allat. Közl. | Jg. 22 | | Verl. d. Laborat. f. Impfstoffe | Al. Lukács, Budapest |
| | 4. Közl. | 18, H. 1—8 19, H. 1—3 | | Ver. d. ung. Tier-ärzte, Budapest | Aug. Zimmer-mann |
| Neumann, Prof. Dr. K., Berlin NW 6, Luisen-straße 56 | Korrektur und Register | | | | |
| Nitta, Prof. Dr. N., Universi-tät, Tokio | 1. J. of the Japan. Soc. of Vet. Sc. | | 1925 | The Japanese Society of Veterinary Science, Tokyo-Komaba | Prof. Dr. N. Nitta |
| | 2. Japan. J. of Zootechn. Sc. | | 1925 | Zootechnical Society of Japan, Chiba | Prof. Dr. R. Iwazumi |
| Reinhardt, Dr. Curt, Ober-assistent a. d. Poliklinik für große Haus-tiere der Tier-ärztl. Hoch-schule, Berlin NW 6, Philipp-straße 13 | 1. Vet. J. | 81 | 1925 | Bailliere, Tindall u. Cox, London, 8 Hen-rietta Street Covent Garden. W. 6. 2. | Prof. F. Hobday, C. M. G. F. R. C. V. S. F. R. S. E. Verlag |
| | 2. Vet. Rec. | 5[1]) | 1925 | Hudson and Son, Birmingham,London | |
| | | 4, H. 34, 38, 49, 50, 51, 52 | 1924 | W. C. 1. W. Grays-sunsquare | |
| | 3. Rev. gén. de M. vét. | 34 | 1925 | Imprimerie Ouvrière, Toulouse, Rue Bayard 6 | M. E. Leclainche et Prof. M. L. Panisset |
| | 4. D. t. W. | 33 | 1925 | M. u. H. Schaper, Hannover | Prof. Dr. H. Mießner |
| Richter, Prof. Dr. Hans, Dorpat. Tartu (Estl.), Venetän 22 | 1. W. t. Mschr. | 12 | 1925 | Wilh. Braumüller, Wien-Leipzig | Prof. Dr. D. Wirth u. Prof. Dr. Böhm, Wien |
| | 2. C. r. Acad. des Sc. | 180 u. 181 | 1925 | Gauthier-Villars Paris, Quai des Grands Augustin | |

[1]) Mit Ausnahme der z. Z. nicht erhältlichen Hefte Nr. 7, 10, 32, 47, 48, 50, 51, 52 (1925).

| Referent | Zeitschrift | Band | Jahrgang | Verlag mit Verlagsort | Schriftleitung der Zeitschrift |
|---|---|---|---|---|---|
| Richter, Prof. Dr. Hans, Dorpat. Tartu (Estld.), Venetän 22 | 3. Eesti Loomaarstlik Ringvaade. (Estnische Tierärztl. Rundschau.) Organ des Estnischen tierärztl. Vereins | 1 | 1925 | Tallinn-Reval, Rahukohtu tan. 5 | Dr. Rabison Tagepera und Olt-Ojasalu |
| Richter, Prof. Dr. J., Leipzig, Gletschersteinstraße 53, oder Institut für Tierzucht und Geburtskunde d. Universität, Kärntnerstr. Nr. 8. (Gemeinsam mit den Assistenten Dr. Demmel u. Dr. Adleff.) | 1. Arch. f. Rassen Biol. | 16—17 | 1925 | J. F. Lehmanns, München | Dr. A. Ploetz u. Prof. Dr. Lenz, München |
| | 2. D. landw. Presse | 52 | 1925 | P. Parey, Berlin | Berlin SW 11, Hedemannstraße 10/11 |
| | 3. D. landw. Tierz. | 29 | 1925 | M. u. H. Schaper, Hannover | Oberreg.- u. Landesökonomierat Gatermann, Berlin |
| | 4. Flugschr. Zücht. | 62 | 1925 | Deutsche Gesellsch. für Züchtungskunde | Prof. Dr. Schmidt, Göttingen |
| | 5. Jb. f. Tierz. | 17 | 1925 | M. u. H. Schaper, Hannover | Deutsche Gesellschaft für Züchtungskunde, Göttingen |
| | 6. Ill. landw. Ztg. | 45 | 1925 | Deutsche Tageszeitung, Berlin | Deutsche Tageszeitung, Berlin |
| | 7. Kaninchenzüchter | 31 | 1925 | Dr. F. Poppe, Leipzig, Grenzstraße Nr. 21 | |
| | 8. Mitt. d. D. landw. Ges. | 40 | 1925 | Deutsche Landwirtschaftsgesellschaft, Berlin SW 11, Dessauer Str. 14 | |
| | 9. Sächs. landw. Zschr. | 73 (47) | 1925 | Landwirtschaftskammer für den Freistaat Sachsen, Dresden-A., Sidonienstr. 14 | |
| | 10. Südd. landw. Tierz. | 19 | 1925 | M. u. H. Schaper, Hannover | Landwirtschaftsrat Dr. Stockklausner, Grub bei München |
| | 11. Zschr. f. Gestütsk. | 20 | 1925 | M. u. H. Schaper, Hannover | Gestütsveterinärrat Dr. W. Müller, Neustadt an der Dosse |
| | 12. Zschr. f. Schafz. | 14 | 1925 | M. u. H. Schaper, Hannover | Prof. Dr. Golf, Leipzig |
| | 13. Zschr. f. Schweinez. (Mitteilungen der Vereinigung deutscher Schweinezüchter | 32 | 1925 | J. Neumann, Neudamm | Tierzuchtinspekt. M. Hansen, Kehrberg in Pommern |
| | 14. Zschr. f. Tierzücht. u. Züchtungsbiol. | 2—5 | 1925 | P. Parey, Berlin | Prof. Dr. Kronacher, Hannover |
| | 15. Zschr. f. Ziegenz. | 26 | 1925 | M. u. H. Schaper, Hannover | Direktor E. Lomberg, Winsen a. d. Luhe |
| | 16. Ziegenzüchter | 20 | 1925 | Verlag für Kleintierzucht, Dortmund | Tierzuchtinspekt. A. Topp, Münster i. W. |
| Ruppert, Prof. Dr. F., La Plata, Facultad de Veterinaria, Calle 56, N.645 | 1. Revista de la Facultad de Medicinia Veterinaria | 1, Nr. 3 / 1, Nr. 4 | 1924 / 1925 | | Prof. José Signieves, BuenosAires, Calle Maison 842 |
| | 2. Revista del Centro de Estudiantes de Medicina Veterinaria de la Universidad Nacional de la Plata | Nr. 2 / Nr. 2, 3 / Nr. 4 | 1924 / 1924 / 1925 | | Louis J. Murguia |
| | 3. Revista Zootecnica | H. 1—12 / H. 1—12 | 1924 / 1925 | | |
| | 4. Revista de Medicinia Veterinaria | Nr. 24 / Nr. 25, 26, 27 | 1924 / 1925 | Organo oficial de la Sociedad de Medicinia Veterinaria Uruguay | |
| | 5. Revista del Centro Estudiantes de Agronomia y Veterinaria de la Universidad de Buenos Aires | Nr. 116/19 / Nr. 120/23 | 1924 / 1925 | | |

| Referent | Zeitschrift | Band | Jahrgang | Verlag mit Verlagsort | Schriftleitung der Zeitschrift |
|---|---|---|---|---|---|
| Ruppert, Prof. Dr. F., La Plata, Facultad de Veterinaria, Calle 56, N. 645 | 6. Revista de la Facultad de Agronomia y Veterinaria Buenos Aires | | 1924<br>1925 | | |
| | 7. Revista de Medicinia Veterinaria Buenos Aires | | 1924<br>1925 | | Sociedad deMedicina Veterinaria, Buenos Aires |
| Sahlstedt, Prof. A. W., Stockholm | 1. Skand. Vet. Tidskr. | 15 | 1925 | | |
| | 2. Svensk Vet. Tidskr. | 30 | 1925 | | |
| Scheunert, Prof. Dr. A., Leipzig | Physiologie und Diätetik | | | | |
| Schieblich, Dr. med. vet. Martin, Leipzig, Gletschersteinstraße 30 | Exp. Stat. Rec.<br>a) Foods-Human Nutrition,<br>b) Animal Production,<br>c) Dairy Farming-Dairying | 52 u. 53<br>H. 1—6 | 1925 | GovernmentPrinting Office, Washington | H. L. Knight |
| Schmidt, Prof. Dr. J., Leipzig, Österreicher Straße 55 | M. t. W. | 76 | 1925 | J. Gotteswinter, G. m. b. H., München | Prof. Dr. Jos. Mayr |
| Schumann, Dr. Paul, Direktor des Tierseuchenamtes der Landwirtschaftskammer Schlesien, Breslau, Malteserstr. 20 | 1. Zbl. f. Bakt., I. Abteilung, Originale | 94, H. 1/8<br>95, H. 1/8<br>96, H. 1/8<br>97, H. 1 | 1925<br>1925<br>1925<br>1925 | Gustav Fischer, Jena | Uhlmann, Weber u. Gildemeister |
| | 2. Seuchenbekämpfung | 2, H. 1—6 | 1925 | Moritz Perles, Wien | Lukacs, R.Kraus |
| | 3. Ber. d. bakt. Inst. d. Landwirtschaftskammern im Jahr 1925 | | | | |
| Stålfors, Prof. Dr. Harry, Stockholm, Veterin.-Hochschule | 1. Svensk Vet. Tidskr. | Jg. 30 | 1925 | Stockholm | Prof. Dr. John Vennerholm |
| | 2. Skand. Vet. Tidskr. | Jg. 15 | 1925 | Uppsala och Stockholm | Medizinalrat Dr. Gust. Kjerrulf |
| | 3. Svensk. Land | Jg. 9 | 1925 | Stockholm | Bureaudirektor Nils Sonesson |
| | 4. Landtmannen, Tidskrift for Landtmän<br>(Das Organ der Schwedischen allgemeinen Landwirtschaftsgesellschaft.) | Jg. 8 | 1925 | | Agronom E. Bjelle |
| Steck, Prof. Dr. W., Lecturer in Pathology an der Vet.-med. Fakultät, Pretoria,Südafrika | 1. Rept. of Vet. Res. | | 1925 | Departement of Agriculture Union of South Africa, Pretoria | Director of Vet. Educ. and Res. (Sir Arnold Theiler) |
| | 2. J. Dep. Agr. Union of South Africa | | 1925 | Dept. of Agriculture Union of S. A., Pretoria | Dept. of Agriculture |
| Stenius, Dr. R., Lohja (Finnland) | Finsk Vet. Tidskr. | 31 | 1925 | Helsingsfor | Verein finnländischer Tierärzte, Helsingfors |
| Sysak, Dr. Nikolaus, Kiew (Ukraina), Sofievska 4/12 | Memoiren des Veterinär-Zootechnischen Institutes in Kiew | 1u.2,Jg.1<br>3, Jg. 2 | 1924<br>1925 | Kiew | Veterinär - Zool. Institut in Kiew |
| Trautmann, Prof. Dr. Alfred, Hannover, Bischofsholerdamm 84 | 1. 44 Dissert. aus Berlin<br>2. 14 Dissert. aus Hannover<br>3. 63 Dissert. aus Leipzig<br>4. 6 Dissert. aus Gießen<br>5. 106 Dissert. aus Wien<br>6. 8 Dissert. aus Bern<br>7. 9 verschiedene Arbeiten | | 1925<br>1925<br>1925<br>1922/25<br>1924/25<br>1924/25 | | |
| Weber, Prof. Dr. Ew., Leipzig | 1. Arch. f. wiss. Thlk.<br>2. 30 Dissert. aus Berlin<br>11 Dissert. aus Leipzig<br>5 Dissert. aus Bern | 52/53 | 1925<br>1921/25<br>1925<br>1924/25 | Julius Springer, Berlin, Linkstr. 23/24 | Prof. Dr. K. Neumann-Kleinpaul, Berlin |
| | 3. Mitt. d. V. Bad. T. | 25 | 1925 | Macklot, Karlsruhe, Waldstraße 10/12 | Oberregierungsrat Fehsenmeier, Karlsruhe |
| Wieland, Dr. W., Wangerin in Pommern | 1. Hundesport u. Jagd | 40 | 1925 | Gundlach, Bielefeld | A. Löns, Hannover |
| | 2. Sportbl. f. Züchter u. Liebhaber v. Rassehunden | 26 | 1925 | Kern & Birner, Frankfurt a. M. | E. Prösler, Frankfurt a. M. |

| Referent | Zeitschrift | Band | Jahrgang | Verlag mit Verlagsort | Schriftleitung der Zeitschrift |
|---|---|---|---|---|---|
| Zavrnik, Prof.Dr. F. I., Zagreb | 1. Higijena i stocarstvo | 1 | 1925 | „Kamendin“, Novi Sad | Dr. S. Žibert |
| | 2. Jugosl. Vet. Glasnik | 5 | 1925 | Jugoslovensko Veterinarsko Udruženje, Beograd, Dragačevska ul. 18 | Dr. A. M. Vrvič M. K. Cvetkovič, V. L. Pavlovič |
| Ziegler, Reg.-Vet. Rat Dr., Dresden, Zirkusstr. 40. Staatliche Veterinärpolizei-Untersuchungsanst. | Selbständige Werke | | 1925 | | |
| Zietzschmann, Ob.-Rg.-Vet.- Rat Dr. Hugo, Dresden, Taschenberg 3 | 1. Exp. Stat. Rec. | 52, 1—9 53, 1—9 | 1925 1925 | Government Printing Office, Washington | U. S. Depart. of Agr., Office of Exp. Stat. |
| | 2. Arb. Reichs-Ges. A. | 55, 1—4 56, 1—2 | 1925 1925 | Julius Springer, Berlin | |
| | 3. Vöff. Reichs-Ges. A. | 49 | 1925 | Julius Springer, Berlin | |
| Zietzschmann, Prof. Dr. O., Hannover, Bischofsholerdamm 86 | Anat. Arbeiten. Zusammenstellung des ganzen Berichtes | | 1925 | | |
| Zumpe, Stadtveterinärrat Dr. med. vet. Alfred, Dresden, Borsbergstraße 3 | 1. Zschr. f. Fleisch Hyg. | 35, H.7/24 36, H. 1/6 | 1925 1925 | Richard Schoetz, Berlin SW 48 | Prof. Dr. R. von Ostertag, Stuttgart |
| | 2. D. Schlachthof Ztg. | 25 | 1925 | Brücke-Verlag Kurt Schmersow, Kirchhain, N.-L. | Schlachthofdir. Dr. Haupt, Finsterwalde, N.-L. |
| | 3. Rdsch. d. Flschbesch. | 26 | 1925 | Rundschau G. m. b. H., Hannover, Marienstr. 8 | Schlachthofdir. Dr. Heine, Duisburg |

# Veterinärmedizinische und verwandte Zeitschriften und deren Abkürzungen*).

## Abkürzungsformeln.

Abh. = Abhandlung. — Anat. = Anatomie. — Ann. = Annalen. — Anz. = Anzeiger. — Arb. = Arbeiten. — Arch. = Archiv. — Beitr. = Beiträge. — Ber. = Bericht. B. = Berlin. — Bull. = Bulletin. — C. r. = Comptes rendus. — D. = Deutsch. — Diss. = Dissertation. — Erg. = Ergebnisse. — Flschbsch. = Fleischbeschau. — Haust. = Haustier. — Jb. = Jahrbuch. — Jber. = Jahresbericht. — J. = Journal. — Krkh. = Krankheiten. — Landw. = Landwirtschaft. — Mh. = Monatshefte. — Mitt. = Mitteilungen. — Mschr. = Monatsschrift. —

Rep. = Report. — Rev. = Revue (Review). — Rdsch. = Rundschau. — T. = Tierarzt (Tierärztlich). — Tbk. = Tuberkulose. — Tierhlk. = Tierheilkunde. — Tierm. = Tiermedizin. — Tierz. = Tierzucht. — Vet. = Veterinär (Veterinärmedizinisch, vétérinaire, veterinary). — Vh. = Verhandlungen. — Vöff. = Veröffentlichungen. — W. = Wien. — Wiss. = Wissenschaft, wissenschaftlich. — Wschr. = Wochenschrift. — Zbl. = Zentralblatt. — Zschr. = Zeitschrift.

## Erläuterung der Zitiermethode.

Arch. f. wiss. Tierhlk. Bd. 14, S. 30 = Archiv für wissenschaftliche und praktische Tierheilkunde. Band 14, Seite 30.
Pflüg. Arch. Bd. 96, S. 50. 1902 = Pflügers Archiv für die gesamte Physiologie des Menschen und der Tiere Band 96, Seite 50. Jahr 1902.

B. t. W. 1914, Nr. 2, S. 55 = Berliner tierärztliche Wochenschrift Jahrgang 1914, Nummer 2, Seite 55.
Ellenberger: Hb. vgl. mikr. Anat. Bd. 2. 1914 = Ellenberger: Handbuch der vergleichenden mikroskopischen Anatomie der Haustiere Band 2. Jahr 1914.

---

*) Im vorliegenden Jahresbericht sind die von der Vereinigung der deutschen medizinischen Fachpresse vorgeschriebenen Abkürzungen, die von Joest (B. t. W. 1914) für die tierärztlichen Zeitschriften ergänzt sind, verwendet worden.

## Abkürzungen.

Aarsber. Vet. Sundh. = Aarsberetning for det veterinaere Sundheedsraad.

Abh. d. Kasan. Vet. Inst. = Abhandlungen des Kasaner Veterinärinstitutes.

Allat. Lapok = Allatorvosi Lapok (Budapest).

Am. j. of anat. = American journal of anatomy.

Am. Vet. Rev. = American veterinary Review.

Anat. Anz., Erg.-H. = Anatomischer Anzeiger, Ergänzungsheft.

Anat. H. = Anatomische Hefte.

Ann. d'Igiene sperim. = Annali d'Igiene sperimentale (Turin).

Ann. de M. vét. = Annales de Médecine vétérinaire (Brüssel).

Ann. Pasteur = Annales de l'Institut Pasteur (Paris).

Anat. Record = Anatomical Record.

Ann. Rep. Army Vet. = Annual Report of the Army Veterinary Service.

Ann. Rep. Ch. Vet. = Annual Report of the Chief Veterinary Officer.

Ann. Rep. Nat. Vet. = Annual Report of the National Veterinary Association.

Apoth. Ztg. = Apotheker-Zeitung.

Arb. Ges. f. Züchtungsk. = Arbeiten der Deutschen Gesellschaft für Züchtungskunde.

Arb. Inst. exper. Ther. Frankf. = Arbeiten aus dem Institut für experimentelle Therapie zu Frankfurt a. M.

Arb. Reichs-Ges. A. = Arbeiten aus dem Reichs-Gesundheitsamte.

Arb. neurol. Inst. Wien = Arbeiten aus dem neurologischen Institut (Inst. f. Anat. und Physiol. des Zentralnervensystems) an der Wiener Universität.

Arb. Path. Inst. Tübing. = Arbeiten auf dem Gebiete der pathologischen Anatomie und Bakteriologie aus dem Pathologisch-anatomischen Institut zu Tübingen.

Arch. f. biol. Wiss. = Archiv für biologische Wissenschaften.

Arch. de Parasitol. = Archives de Parasitologie (Paris).

Arch. f. Ent. Mech. = Archiv für Entwicklungsmechanik der Organismen.

Arch. f. exper. Path. u. Pharm. = Archiv für experimentelle Pathologie und Pharmakologie.

Arch. f. d. ges. Physiol. siehe Pflüg. Arch.

Arch. f. Hyg. = Archiv für Hygiene.

Arch. ital. de biol. = Archives italiennes de biologie.

Arch. f. klin. Chir. = Archiv für klinische Chirurgie.

Arch. f. mikr. Anat. = Archiv für mikroskopische Anatomie und Entwicklungsgeschichte.

Arch. f. Ophth. siehe Gräfes Arch.

Arch. f. path. Anat. siehe Virch. Arch.

Arch. f. Prot. = Archiv für Protistenkunde.

Arch. f. Rassen Biol. = Archiv für Rassen- und Gesellschafts-Biologie einschließlich der Rassen- und Gesellschaftshygiene.

Arch. f. Schiffs- u. Trop. Hyg. = Archiv für Schiffs- und Tropenhygiene.

Arch. Soc. vet. Ital. = Archivio scientifico delle Reale etc. società nationale veterinaria.

Arch. f. Vet. Wiss. = Archiv für Veterinärwissenschaften.

Arch. f. vgl. Ophth. = Archiv für vergleichende Ophthalmologie.

Arch. f. wiss. Tierhlk. = Arch. für wissenschaftliche und praktische Tierheilkunde.

Arh. vet. = Arhiva veterinaria (Bukarest).

Bad. Fleischbsch. Ztg. = Badische Fleischbeschauer-Zeitung.

Beitr. z. Klin. d. Infekt. Krkh. = Beiträge zur Klinik der Infektionskrankheiten und zur Immunitätsforschung (mit Ausschluß der Tuberkulose).

Beitr. z. Klin. d. Tb. = Beiträge zur Klinik der Tuberkulose.

Beitr. z. path. Anat. = Beiträge zur pathologischen Anatomie und zur allgemeinen Pathologie siehe Zieglers Beitr.

Beretn. Vet. Landb. Lab. = Beretning fra den Kgl. Veterinaer og Landbohöjskoles Laboratorium for Landökonomiske Forsög (Kopenhagen).

Ber. d. bakt. Inst. Landw. Kamm. Halle = Bericht des bakteriologischen Institutes der Landwirtschaftskammer zu Halle.

Ber. T. Hochsch. Dresd. = Bericht über die Tierärztliche Hochschule zu Dresden.

Ber. Vet. Wes. Sachs. = Bericht über das Veterinärwesen in Sachsen.

B. klin. W. = Berliner klinische Wochenschrift.

B. t. W. = Berliner tierärztliche Wochenschrift.

Bschlschm. = Der Beschlagschmied.

Biol. Zbl. = Biologisches Zentralblatt.

Biochem. Zschr. = Biochemische Zeitschrift.

Bloodst. Breed. Rev. = The Bloodstock Breeders Review.

Bote f. allgem. Vet. Wes. = Bote für allgemeines Veterinärwesen.

Bull. Ass. vet. Alg. = Bulletin de l'association des vétérinaires Algériens.

Bull. Pasteur = Bulletin de l'Inst. Pasteur (Paris).

Bull. Soc. de M. vét. = Bulletin et Mémoires de la Société centrale de Médecine vétérinaire (Paris).

Bull. Soc. vét. Lyon = Bulletin de la société des sciences vétérinaires de Lyon.

Bur. Indust. = Bureau of animal industry.

Clin. vet. = La Clinica veterinaria Rassegna di Polizia sanitaria e di Igiene (Mailand).

C. r. Acad. des Sc. = Comptes rendus hebdomadaires des Séances de l'Académie des Sciences (Paris).

C. r. Soc. de Biol. = Comptes rendus hebdomadaires de la Société de Biologie (Paris).

Corn. vet. = The Cornell veterinarian.

D. Arch. f. klin. M. = Deutsches Archiv für klinische Medizin.

D. Fleischbeschauer Ztg. = Deutsche Fleischbeschauer-Zeitung.

D. landw. Presse = Deutsche landwirtschaftliche Presse.

D. landw. Tierz. = Deutsche landwirtschaftliche Tierzucht.

D. m. W. = Deutsche medizinische Wochenschrift.

D. milchw. Ztg. = Deutsche milchwirtschaftliche Zeitung.

D. Oest. t. W. = Deutsch-Oesterreichische Tierärztliche Wochenschrift.

D. Schlachthof Ztg. = Deutsche Schlachthof- und Viehhofzeitung.

D. t. W. = Deutsche tierärztliche Wochenschrift.

D. Vrtljschr. f. Gesdhtspfl. = Deutsche Vierteljahrsschrift für öffentliche Gesundheitspflege.

D. Zschr. f. Tierm. = Deutsche Zeitschrift für Tiermedizin und vergleichende Pathologie. Eingegangen.

D. Oest. Mschr. f. Tierhlk. = Deutsch-Oesterreichische Monatsschrift für Tierheilkunde.

Erg. d. allg. Path. = Ergebnisse der allgemeinen Pathologie und pathologischen Anatomie des Menschen und der Tiere.

Erg. d. Anat. = Ergebnisse der Anatomie und Entwicklungsgeschichte.

Erg. d. exper. Path. u. Ther. = Ergebnisse der experimentellen Pathologie und Therapie.

Erg. d. Physiol. = Ergebnisse der Physiologie.

Exp. Stat. Rec. = Experiment Station Record.

Finsk Vet. Tidskr. = Finsk Veterinär-Tidskrift.

First Rep. Dir. vet. = First report of the director of veterinary research (Afrika).

Flugschr. Zücht. = Flugschriften der Deutschen Gesellschaft für Züchtungskunde.

Fol. haemat. = Folia haematologica.

Fol. microbiol. = Folia microbiologica (Holländische Beiträge zur gesamten Mikrobiologie).

Fol. ser. = Folia serologica (jetzt Zschr. f. Chemother.).

Fortschr. d. M. = Fortschritte der Medizin.

Fortschr. d. Vet. Hyg. = Fortschritte der Veterinär-Hygiene. Eingegangen.

Frankf. Zschr. f. Path. = Frankfurter Zeitschrift für Pathologie.

Fühlings landw. Ztg. = Fühlings landwirtschaftliche Zeitung.

Geneesk. Nederl. = Geneeskundige Tijdschrift van Nederlandsch-Indie.

Giorn. d'Igiene = Giornale della reale società Italiana d'Igiene.

Giorn. Soc. vet. Ital. = Giornale della R. Società ed Accademia veterinaria Italiana.

Gräfes Arch. = v. Gräfes Archiv für Ophthalmologie.

Hoefs. = Der Hoefsmid.

Hoppe-Seylers Zschr. = Hoppe-Seylers Zeitschrift für physiologische Chemie.

Hufschm. = Der Hufschmied.

Hussz. = Husszemle.

Hyg. de la Viande = Hygiène de la Viande et du Lait (Paris).

Hyg. Rdsch. = Hygienische Rundschau.

Ill. landw. Ztg. = Illustrierte landwirtschaftliche Zeitung.

Intern. Zbl. f. Tbk. Forsch. = Internationales Zentralblatt für die gesamte Tuberkuloseforschung.

J. de M. vét. = Journal de Médecine vétérinaire et de Zootechnie (Lyon).

J. of Board Agr. = The Journal of the Board Agriculture.

J. of Dairy Science = Journal of Dairy Science (Baltimore U. S. A.).

J. Royal Agr. = The Journal of the Royal Agricultural Society.

J. Dep. Agr. Irl. = The Journal of the Department of Agriculture and Technical Instruction for Ireland.

J. of comp. Path. = The Journal of comparative Pathology and Therapeutics (London).

J. of exper. M. = The Journal of experimental Medicine (Neuyork).

J. of Hyg. = The Journal of Hygiene (Cambridge).

J. of infect. Dis. = The Journal infectious Diseases (Chikago).

J. of m. Research = The Journal of medical Research (Boston).

J. of Path. Bact. = The Journal of Pathology and Bacteriology (Cambridge).

J. of trop. Vet. Sc. = The Journal of tropical veterinary Science (Kalkutta). Eingegangen.

Jb. d. D. Landw. Ges. = Jahrbuch der Deutschen Landwirtschafts-Gesellschaft.

Jb. f. Tierz. = Jahrbuch für wissenschaftliche und praktischeTierzucht einschließlich der Züchtungsbiologie.

Jber. Anat. = Jahresbericht über die Fortschritte der Anatomie und Entwicklungsgeschichte.

Jber. ges. M. = Jahresbericht über die Leistungen und Fortschritte in der gesamten Medizin. Siehe auch Virchow-Hirsch Jber.

Jber. Anat. Phys. = Jahresbericht über die Fortschritte der Leistungen in der Anatomie und Physiologie.

Jber. Immun. Forsch. = Jahresbericht über die Ergebnisse der Immunitätsforschung.

Jber. Ophth. = Jahresbericht über die Leistungen und Fortschritte im Gebiete der Ophthalmologie.

Jber. pathog. Mikroorg. = Jahresbericht über die Fortschritte in der Lehre von den pathogenen Mikroorganismen.

Jber. Physiol. = Jahresbericht über die Fortschritte der Physiologie.

Jber. Tierarzn. Sch. Hannover = Jahresbericht der Tierarzneischule zu Hannover. Eingegangen.

Jber. T. Hochsch. Münch. = Jahresbericht der K. Tierärztlichen Hochschule in München (früher: Jber. der K. Zentral-Tierarzneischule in München). (Siehe D. Zschr. f. Tierm., Supplementbände.) Eingegangen.

Jber. Tierchem. = Jahresbericht über die Fortschritte der Tierchemie.

Jber. Tierseuch. = Jahresbericht über die Verbreitung von Tierseuchen im Deutschen Reiche.

Jber. Vet. Med. = Jahresbericht über die Leistungen auf dem Gebiete der Veterinär-Medizin.

Kühn-Arch. = Kühns Archiv.

Kisérl. Közl. = Kisérletügyi Közlemények.

Közl. = Közlemények az összehasonlitó élet és kórtan köréböl.

Lancet = The Lancet (London).

Landw. Jb. = Landwirtschaftliche Jahrbücher.

Landw. Jb. Schweiz = Landwirtschaftliches Jahrbuch der Schweiz.

Landw. Umsch. = Landwirtschaftliche Umschau.

Landw. Versuchsstat. = Die landwirtschaftlichen Versuchsstationen.

Langenb. Arch. = Langenbecks Archiv.

Maan. for Dyrl. = Maanedskrift for Dyrlaeger (Kopenhagen).

Mag. f. Tierhlk. = Magazin für die gesamte Tierheilkunde. Eingegangen.

Med. Vet. Serumlab. = Meddeleser fra den Kgl. Veterinär og Landbohöjskoles Serumlaboratorium.

Med. Rijhs. Seruminr. = Mededeelingen van de Rijhs-Seruminrichtigg.

Mezögasd. sz. = Mezögazdasági szemle.

Mh. f. Tierhlk. = Monatshefte für praktische Tierheilkunde.

Milch Ztg. = Milchzeitung.

Milchw. Zbl. = Milchwirtschaftliches Zentralblatt.

Min. Bl. d. Verwaltg. f. Landw. Preuß. = Ministerialblatt der Preußischen Verwaltung für Landwirtschaft, Domänen und Forsten.

Mitt. d. D. Landw. Ges. = Mitteilungen der Deutschen Landwirtschafts-Gesellschaft.

Mitt. d. landw. Inst. Breslau = Mitteilungen des landwirtschaftlichen Instituts Breslau.

Mitt. d. D. milchwirtsch. V. = Mitteilungen des Deutschen milchwirtschaftlichen Vereins.

Mitt. d. V. Bad. T. = Mitteilungen des Vereins badischer Tierärzte.

Mitt. d. Vereinig. D. Schweinezüchter = Mitteilungen der Vereinigung Deutscher Schweinezüchter.

Mitt. d. Vereinig. Landw. Versuchsst. = Mitteilungen der Vereinigung Deutscher landwirtschaftlicher Versuchsstationen.

Mitt. Inst. f. Landw. Bromberg = Mitteilungen des Kaiser-Wilhelm-Instituts für Landwirtschaft in Bromberg.

Mitt. Reichs-Ges. A. = Mitteilungen des Reichs-Gesundheitsamtes.

Mitt. t. Praxis Preuß. = Mitteilungen aus der tierärztlichen Praxis im Preußischen Staate. Eingegangen.

M. Kl. = Medizinische Klinik.

M. m. W. = Münchener medizinische Wochenschrift.

Mod. Zooiatro = Il moderno Zooiatro (Bologna).

Molkerei Ztg. = Molkerei-Zeitung.

Msch. f. Psych. = Monatsschrift für Psychiatrie und Neurologie.

M. t. W. = Münchener tierärztliche Wochenschrift.

Nederl. Ind. Blad voor Diergeneesk. = Nederlandsche Indische Bladen voor Diergeneeskunde.

Nederl. Tijds. f. Melkhyg. = Nederlandsche Tijdschrift voor Melkhygiene.

Norsk Vet. Tidskr. = Norsk Veterinär-Tidskrift (Kristiania).

Nuovo Ercol. = Il nuovo Ercolani (Pisa).

Oest. Mschr. f. Tierhlk. = Oesterreichische Monatsschrift für Tierheilkunde und Revue für Tierheilkunde und Tierzucht. Eingegangen.

Oest. Wschr. f. Tierhlk. = Oesterreichische Wochenschrift für Tierheilkunde und Revue für Tierheilkunde und Tierzucht.

Oest. Zschr. f. wiss. Vet. Kunde = Oesterreichische Zeitschrift für wissenschaftliche Veterinärkunde. Eingegangen.

Pflüg. Arch. = Archiv für die gesamte Physiologie des Menschen und der Tiere.

Prag. m. Wschr. = Prager medizinische Wochenschrift.

Proc. Royal Zool. = Proceedings of the Royal Zoological Society.

Progr. vét. = Le progrès vétérinaire.

Rdsch. d. Flschbsch. = Rundschau auf dem Gebiete der gesamten Fleischbeschau und Trichinenschau, des Schlacht- und Viehhofwesens.

Rec. de M. vét. = Recueil de Médecine vétérinaire (Alfort).

Reichs M. Anz. = Reichs-Medizinal-Anzeiger.

Rapp. sur Opér. vét. = Rapport sur les opérations du service vétérinaire sanitaire de Paris et du département de la Seine.

Rep. Bur. of Animal Industry = Annual Report of the Bureau of Animal Industry (Washington).

Rep. of Gov. vet. bact. = Report of the government veterinary bacteriologist.

Rep. of Vet. Res. = Reports of the Director of Veterinary Research Union of South Africa.

Repert. d. Tierhlk. = Repertorium der Tierheilkunde. Eingegangen.

Repert. de Pol. san. vét. = Repertoire de Police sanitaire vétérinaire et d'Hygiène publique (Paris).

Rev. des Abattoirs = Revue pratique des Abattoirs et de l'Inspection des Viands et des Comestibles (Paris).

Revista Med. vet. Bucar. = Revista de medicina veterinara (Bukarest).

Revista de M. vet. = Revista de Medicina veterinaria (Lissabon).

Revista Med. vet. Montevideo = Revista de medicina veterinaria (Montevideo).

Rev. gén. de M. vét. = Revue générale de Médecine vétérinaire (Toulouse).

Rev. de Path. comp. = Revue de Pathologie comparée (Paris).

Rev. vét. = Revue vétérinaire (Toulouse).

Sächs. landw. Zschr. = Sächsische landwirtschaftliche Zeitschrift.

Schmidts Jb. = Schmidts Jahrbücher der in- und ausländischen gesamten Medizin.

Schweiz. Arch. f. Tierhlk. = Schweizer Archiv für Tierheilkunde.

Schweiz. Hufschm. = Der Schweizer Hufschmied.

Scott. J. of Agr. = The Scottish Journal of Agriculture.

Skand. Vet. Tidskr. = Skandinavisk Veterinär-Tidskrift för Bakteriologi, Patologi samt Kött- och Mjölkhygien (Upsala und Stockholm).

Stat. Vet. San. Ber. Preuß. = Statistischer Veterinärsanitätsbericht über die Preußische Armee.

Südd. landw. Tierz. = Süddeutsche landwirtschaftliche Tierzucht.

Svensk Vet. Tidskr. = Svensk Veterinär-Tidskrift.

Tbk. Arb. d. Reichs-Ges. A. = Tuberkulose-Arbeiten aus dem Reichs-Gesundheitsamt.

Ther. Mh. = Therapeutische Monatshefte.

Tierarzt = Der Tierarzt. Eingegangen.

Tijdschr. voor Diergeneesk. = Tijdschrift voor Diergeneeskunde.

Tijdschr. voor Veearts. = Tijdschrift voor Veeártsenijkunde (Utrecht).

Tijdschr. voor verg. Geneesk. = Tijdschr. voor verglykeende Geneeskunde.

T. Mitt. = Tierärztliche Mitteilungen.

T. R. = Tierärztliche Rundschau.

T. R. Moskau = Tierärztliche Rundschau Moskau.

Transact. South Africa = Transactions of the royal society of South-Africa.

Trop. Vet. Bull. = The Tropical Veterinary Bulletin.

Tuberculosis = Tuberculosis. Monatsschrift der internationalen Vereinigung gegen die Tuberkulose.

T. Arch. f. Sudetenl. = Tierärztliches Archiv für die Sudetenländer.

T. Zbl. = Tierärztliches Zentralblatt (Wien).

Veearts. Blad. Ned. Indie = Veeartsenijkundige Bladen van Nederlandsch-Indie.

Vh. d. Anat. Ges. = Verhandlungen der Anatomischen Gesellschaft.

Verh. D. path. Ges. = Verhandlungen der Deutschen pathologischen Gesellschaft.

Verh. intern. t. Kongr. Bern (Baden-Baden, Budapest, Haag) = Verhandlungen des internationalen tierärztlichen Kongresses in Bern (Baden-Baden, Budapest, Haag).

Vet. = The Veterinarian (London). Eingegangen.

Vet. Arzt = Veterinärarzt.

Vet. J. = The Veterinary Journal (London).

Vet. News = The Veterinary News.

Vet. Rec. = The Veterinary Record.

Vet. Rev. = The Veterinary Review.

Virch. Arch. = Archiv für pathologische Anatomie und Physiologie und für klinische Medizin.

Vet. Vjesnik = Veterinarisky Vjesnik.

Virchow-Hirsch Jber. siehe Jber. ges. M.

Vöff. Jber. beamt. T. Preuß. = Veröffentlichungen aus den Jahres-Veterinär-Berichten der beamteten Tierärzte Preußens.

Vöff. Reichs-Ges. A. = Veröffentlichungen des Reichs-Gesundheitsamtes.

Vöff. Koch Stiftg. = Veröffentlichungen der Robert-Koch-Stiftung zur Bekämpfung der Tuberkulose.

Volkmann Vortr. = Sml. klin. Vortr.

Vortr. f. T. = Vorträge für Tierärzte.

Vrtljschr. f. wiss. Vet. Kunde = Vierteljahrsschrift für wissenschaftliche Veterinärkunde (Wien). Eingegangen.

W. t. Mschr. = Wiener tierärztliche Monatsschrift.

W. kl. W. = Wiener klinische Wochenschrift.

W. m. W. = Wiener medizinische Wochenschrift.

Wschr. f. Tierhlk. = Wochenschrift für Tierheilkunde und Viehzucht. Eingegangen.

Zbl. f. Bakt. (Orig. [od.] Ref.) = Zentralblatt für Bakteriologie, Parasitenkunde und Infektionskrankheiten (Originale [od.] Referate).

Zbl. f. Biol. = Zentralblatt für die gesamte Biologie. Zentralblatt für Biochemie und Biophysik mit Einschluß der theoretischen Immunitätsforschung.

Zbl. f. Chir. = Zentralblatt für Chirurgie.

Zbl. f. inn. M. = Zentralblatt für innere Medizin.

Zbl. f. m. Wiss. = Zentralblatt für die medizinischen Wissenschaften.

Zbl. f. norm. Anat. = Zentralblatt für normale Anatomie mit Einschluß der Mikrotechnik.

Zbl. f. Path. = Zentralblatt für allgemeine Pathologie und pathologische Anatomie.

Zbl. f. Physiol. = Zentralblatt für Physiologie.

Ziegenzüchter = Der Ziegenzüchter.

Zieglers Beitr. siehe Beiträge z. pathologischen Anatomie.

Zschr. f. allgem. Physiol. = Zeitschrift für allgemeine Physiologie.

Zschr. f. angew. Anat. = Zeitschrift für angewandte Anatomie und Konstitutionslehre.

Zschr. f. angew. Mikr. = Zeitschrift für angewandte Mikroskopie und klinische Chemie.

Zschr. f. Biol. = Zeitschrift für Biologie.

Zschr. f. d. ges. exper. M. = Zeitschrift für die gesamte experimentelle Medizin.

Zschr. f. d. ges. Neurol. = Zeitschrift für die gesamte Neurologie und Psychiatrie.

Zschr. f. exper. Path. u. Ther. = Zeitschrift für experimentelle Pathologie und Therapie.

Zschr. ges. Flschbsch. = Zeitschrift für die gesamte Fleischbeschau und Trichinenschau.
Zschr. f. Fleisch Hyg. = Zeitschrift für Fleisch- und Milchhygiene.
Zschr. f. Gestütsk. = Zeitschrift für Gestütskunde und Pferdezucht.
Zschr. f. Hyg. = Zeitschrift für Hygiene und Infektionskrankheiten.
Zschr. f. Immun. Forsch. = Zeitschrift ür Immunitätsforschung und experimentelle Therapie.
Zschr. f. Infekt. Krkh. d. Haust. = Zeitschrift für Infektionskrankheiten, parasitäre Krankheiten und Hygiene der Haustiere.
Zschr. f. klin. M. = Zeitschrift für klinische Medizin.
Zschr. f. Krebsforsch. = Zeitschrift für Krebsforschung.
Zschr. f. Pferdez. = Zeitschrift für Pferdekunde und Pferdezucht.
Zschr. f. Morph. = Zeitschrift für Morphologie und Anthropologie.

Zschr. f. physiol. Chem. = Zeitschrift für physiologische Chemie.
Zschr. f. Schafz. = Zeitschrift für Schafzucht.
Zschr. f. Tbk. = Zeitschrift für Tuberkulose und Heilstättenwesen.
Zschr. f. Tierm. = Zeitschrift für Tiermedizin.
Zschr. f. Unters. d. Nahrungsmittel = Zeitschrift für Untersuchung der Nahrungs- und Genußmittel.
Zschr. vgl. Augenhlk. = Zeitschrift für vergleichende Augenheilkunde (siehe D. Zschr. f. Tierm.). Eingegangen.
Zschr. f. Vet. Kunde = Zeitschrift für Veterinärkunde.
Zschr. f. wiss. Mikr. = Zeitschrift für wissenschaftliche Mikroskopie und mikroskopische Technik.
Zschr. f. wiss. Vet. M. = Zeitschrift für wissenschaftliche und praktische Veterinärmedizin (Dorpat).
Zschr. f. Ziegenz. = Zeitschrift für Ziegenzucht.

---

Alle Arbeiten, deren Titelnummern einen * besitzen, sind ausgezogen worden.

## I. Seuchen und Infektionskrankheiten.

### A. Über Seuchen, Infektionskrankheiten und Mikroorganismen im allgemeinen.

#### Bearbeitet von H. Zietzschmann.

1) Bauer, K.: Über das Vorkommen von pathogenen Anaerobien im Kote lebender Rinder. Diss. Hannover und D. t. W. Bd. 33, S. 218—220 (Auszug). — *2) Baumatz, S.: Über den Bakteriengehalt des Magens und des Dünndarms vom gesunden Meerschweinchen. Zbl. f. Bakt. (Orig.) Bd. 95, H. 2—4, S. 191—202. — *3) Bessubetz, S. K.: Zur Frage vom Vorhandensein der Kerne bei den Bakterien. Ebendas. Bd. 96, H. 3/4, S. 177—181. — *4) Bitter, L. und M. Gundel: Über die Mundflora von Pflanzenfressern. und Omnivoren. Ebendas. Bd. 96, H. 5/6, S. 343—356. — 5) Böhm, Jos.: Neue Gesichtspunkte zur Infektionsfrage. M. t. W. Bd. 76, Nr. 7, S. 121—123. (Kurze Meinungsäußerung über das Zustandekommen von Infektionskrankheiten.) — *6) Darányi, Jul. und Buzna Desid: Über die Verwendung von Staphylokokken bei Desinfektionsversuchen. Allat. Lapok S. 175—176. — *7) David, G.: Über die Beeinflussung der Bewegungsgeschwindigkeit von Bakterien. Zbl. f. Bakt. (Orig.) Bd. 96, H. 2, S. 81—91. — *8) David, H.: Die Bedeutung der technischen Mykologie für die Veterinärmedizin. W. t. Mschr. Bd. 12, H. 11, S. 529. — 9) Edelmann, E.: Über die Wirkung von chemisch reinem Magnesiumsulfat und Dikaliumphosphat, Natrium-, Kalium- und Kalziumchlorid auf das B. coli. Diss. Wien 1922/25. — *10) Fellers, Carl R. und R. W. Clough: Indol and Skatol determination in Bacterial cultures. J. of Path. Bact. Bd. 10, S. 105 bis 133. — *11) Flu, P. C.: Ist Bakteriophagie eine Funktion von Bakterien, die von der Temperatur abhängig ist? Zbl. f. Bakt. (Orig.) Bd. 97, H. 1, S. 1—17. — 12) Foth, H.: Über keimfreie Filtration. D. t. W. Bd. 33, S. 203—205. (Vortrag Naturforscherversammlung in Innsbruck.) — *13) Fujita, K.: Über die Wirkung von Wirbeltierhormonen auf das Bakterienwachstum. Zbl. f. Bakt. (Orig.) Bd. 97, H. 1, S. 31—38. — *14) Gramss, W.: Beitrag zur Differenzierung sog. ultramikroskopischer Gebilde im Dunkelfeld. Diss, Berlin. — 15) Groetschel: Ein neuer Apparat zur Anaerobenzüchtung. Zbl. f. Bakt. (Orig.) Bd. 95, H. 7—8, S. 451—453. (Beschreibung des Apparates.) — 16) Gurd, F. B.: Infection, immunity and inflammation. C. V. Mosby & Co. 1924. — *17) Gutstein, M.: Über färberische Verschiedenheiten zwischen grampositiven und gramnegativen Bakterien. Ein Beitrag zur Theorie der Gramschen Färbung. Zbl. f. Bakt. (Orig.) Bd. 94, H. 3/4, S. 145—150. — *18) Derselbe: Das Ektoplasma der Bakterien. III. und IV. Mitteilung: Morphologie und Aufbau des Ektoplasmas der grampositiven Bakterien. Ebendas. Bd. 95, H. 1, S. 1 bis 19. — 19) Haupt, H. und O. Raschke: Technik der spezifischen Diagnostik und Therapie der Haustierseuchen. Wittenberge (Bez. Potsdam): Gebr. Bischoff. — *20) Heindl, H.: Einfluß des Glyzerins auf Bakteriophagen. Diss. Wien 1924/25. — *21) d'Herelle, F.: Die Natur der Bakteriophagen. Zbl. f. Bakt. (Orig.) Bd. 96, H. 7—8, S. 385—398. — *22) Herrmann, O.: Intrazerebrale oder subdurale Infektion der Kaninchen ohne Assistenten. Ebendas. Bd. 95, H. 7—8, S. 432—433. — 23) Hochmiller, G.: Das Entfärbungsvermögen der chinesischen Tusche in der bakteriologischen Technik. Diss. Wien. — *24) Hoen, E.: Zur Frage über die Bedingungen der An- und Aerobiose der Bakterien. Zbl. f. Bakt. (Orig.) Bd. 97, H. 1, S. 15. — *25) Hönig, R.: Über die Eiweißbestimmung in frischen Bakterienvakzinen durch das Jodbindungsverfahren. Diss. Wien 1923/25. — *26) Hoerning, M.: Über Ersatzmittel des Fleischwassers und des Peptons für Bakteriennährböden. Zbl. f. Bakt. (Orig.) Bd. 96, H. 1, S. 73—80. — 27) Hoffmann, J. A.: Gründung einer Vereinigung zur experimentellen Erforschung und Bekämpfung von Tierseuchen. D. t. W. Bd. 33, S. 322—323. (Ziele.) — *28) Klieneberger, E.: Die Gasbildung in Zuckeragar (hohe Schicht). Zbl. f. Bakt. (Orig.) Bd. 96, H. 3/4, S. 181—213. — 29) Klimmer, M.: Seuchenlehre der landwirtschaftlichen Nutztiere. In: M. Klimmer, Veterinärhygiene (4), Bd. 3. Berlin: P. Parey. — *30) Koch, K.: Ein neuer Apparat zum Zählen von Kolonien. Zbl. f. Bakt. (Orig.) Bd. 96, H. 7/8, S. 454 bis 456. — 31) Kolmer, I. A. and F. Boerner: Laboratory diagnostic methods. New York and London: D. Appleton & Co. — *32) Korth, D.: Eine atypische Form des Bacillus pyogenes als Ursache seuchenhafter Eiterungen bei Rindern. Arch. f. wiss. Tierhlk. Bd. 52, S. 48—61. — *33) Koser, S. A. und J. H. Mills: Differential staining of living and dead bacterial spores. J. of Path. Bact. Bd. 10, S. 25—36. — *34) Kovács,

N.: Untersuchungen über die Technik der Anaerobenzüchtung. I. Mitt. Zbl. f. Bakt. (Orig.) Bd. 95, H. 5/6, S. 344—352. — *35) Krames, M.: Bijdrage tot de kennis van de rol van den bacteriophaag [d'Herelle] bij infectie en immuniteit. (Beitrag zur Kenntnis der Bedeutung der Bakteriophagen [d'Herelle] bei Infektion und Immunität.) Diss. Utrecht. — *36) Kramer, W.: Ein Beitrag zur Züchtung des Bacillus pyogenes auf Nährböden, die Milch oder Teile der Milch enthalten. Diss. Leipzig. — *37) Kulp, W. L.: Indol Studies. J. of Path. Bact. Bd. 10, S. 459—471. — *38) Kundrath, C.: Beiträge zur Bakteriophagie von Coli- und Rotlaufbakterien. Diss. Wien 1923/25. — *39) Liebscher, F.: Beitrag zur zweckdienlichen Konservierung von Organen zur späteren bakteriologischen Diagnostik mit besonderer Berücksichtigung des Rotlaufs und Milzbrandes. Diss. Wien 1924. — 40) Lode, A.: Zur Züchtung der Anaeroben. Zbl. f. Bakt. (Orig.) Bd. 95, H. 1, S. 91—93. (Beschreibung eines Apparates zur Züchtung der Anaeroben.) — 41) Lucksch, F.: Die filtrierbaren Infektionserreger. Prag. Arch. A. H. 3 u. 4, S. 83—140. (Übersichtsreferat.) — *42) Marmorstein, J.: Über die Vermehrung tierpathogener Bakterien in Erde. Diss. Wien 1920/25. — 43) Matterleitner, A.: Beiträge zur Keimzahlbestimmung in Bakterienimpfstoffen. Diss. Wien 1923/25. — *44) Mayser, H.: Zur Kenntnis der Keimfreimachung von Gegenständen durch Abbrennen mit Spiritus. Zbl. f. Bakt. (Orig.) Bd. 94, H. 3—4, S. 238—240. — *45) Michailowsky, S.: Über den Einfluß von Lipoidauflösern auf die Sporenbildung bei aeroben Bakterien. Ebendas. Bd. 97, H. 1, S. 17—25. — *46) Neumann, Franz: Die Sichtbarmachung von Bakteriengeißeln am lebenden Objekt im Dunkelfeld. Ebendas. Bd. 96, H. 3—4, S. 250—262. — *47) Nöller: Der Nutzen der Beschäftigung mit den Tropenkrankheiten der Haustiere für unsere heimische Tierseuchenbekämpfung und Volkswirtschaft und für unser tierärztliches Studium. B. t. W. Bd. 41, S. 10. — *48) Oesterlin, E.: Über den Einfluß verschiedener Farbstoffe auf das Bakterienwachstum. Zbl. f. Bakt. (Orig.) Bd. 94, H. 5, S. 313—320. — 49) Pawloff, G.: Eine Frage, welche ganz Europa interessiert. Vet. Sbirka Bd. 29, H. 4/5, S. 75—78. (Appell zur Einberufung einer tierärztlichen Konferenz der Balkanländer zu gemeinschaftlicher Besprechung einheitlicher Maßnahmen zur Bekämpfung der die Balkanländer selbst und Europa drohenden Epizootien.) — *50) Derselbe: Vorbeugemaßregeln gegen die durch filtrierbare Virusarten bedingten Epizootien. Ebendas. Bd. 29, H. 1/3, S. 1—42. — *51) Plasaj, S.: O djelovanju maslinovog ulja na bakterije. (Über die Wirkung des Olivenöls auf die Bakterien.) Jugosl. Vet. Glasnik Bd. 5, S. 3—4. — *52) Derselbe: O djelovanju maslinovog ulja na bakterije kod intraperitonealne infekcije. (Über die Wirkung des Olivenöls auf die Bakterien bei intraperitonealer Infektion.) Ebendas. Bd. 5, S. 56—57. — *53) Poletti, J.: Keimzahl und Stickstoffgehalt von Vakzinen; Stickstoffgehalt einiger therapeutisch verwendeter Proteinkörperpräparate. Diss. Wien 1924/25. — *54) Remlinger, P.: Inoculation des animaux dans les muscles de la langue. C. r. Soc. de Biol. Bd. 92, S. 584. — *55) Rösler, M.: Beiträge zum Antagonismus von Bakterien (Hemmungswirkungen von Erdbakterien auf Staphylokokken und Colibazillen). Diss. Wien. — 56) Savage, W. G.: Domesticated animals as sources of bacilli pathogenic to man. Vet. J. Bd. 81, S. 435—440. (Nichts Neues.) — *57) Schadinger, N.: Beiträge zum d'Herelleschen Phänomen. Diss. Wien. — *58) Schiller, Ignaz: Über erzwungene Antagonisten. III. Mitt. Zbl. f. Bakt. (Orig.) Bd. 94, H. 1, S. 64—66. — *59) Derselbe: Dasselbe. IV. Mitt. Ebendas. Bd. 96, H. 1, S. 54—56. — *60) Seifert, W.: Die Bewertung des d'Herelleschen Phänomens. Seuchenbekämpfung Bd. 2, H. 5, S. 234—245. — *61) Vernik, V.: O fenotipnim

trihološkim raznoličnostima bakterija. (Über phänotypische trichologische Verschiedenheiten der Bakterien.) Jugosl. Vet. Glasnik Bd. 5, S. 13—15. — *62) Zoltán, St.: Zur Anwendung des Methylenblaus in der bakteriologischen Diagnostik. Zbl. f. Bakt. (Orig.) Bd. 96, H. 2, S. 170—175.—*63) Zoltán, St. und A. Gajdos: Virulenzuntersuchungen mittels Methylenblau. Ebendas. Bd. 96, H. 2, S. 167—170. — 64) Anaerobic infections in animals. Vet. Rec. Bd. 4, S. 1043—1051. 1924.

Bitter und Grundel (4) haben Untersuchungen vorgenommen über die Mundflora von Pflanzenfressern und Omnivoren.

Dabei konnte festgestellt werden, daß in der Mundhöhle in der überwiegenden Zahl die luftsauerstoffliebenden Bakterien angetroffen wurden. Die obligaten Anaerobier waren nur dort anzutreffen, wo Schädigungen der Schleimhaut und Gewebszerfall den Luftsauerstoff fortwährend absorbieren. Bei den Pflanzenfressern war unter Hartfütterung niedriger Keimgehalt festzustellen; bei Weichfütterung stieg der Reichtum an Mikroorganismen auf das Zehnfache.        Schumann.

Baumatz (2) hat den Bakteriengehalt des Magens und des Dünndarms vom gesunden Meerschweinchen untersucht.

Im Magen sind regelmäßig Mikroorganismen enthalten. Das Duodenum und der obere Teil des Dünndarms sind hingegen häufig keimfrei. Am häufigsten kam Subtilis vor, dann Bact. coli, Streptokokken und Mikrokokken. Der Grund für die Keimarmut des Dünndarms konnte nicht festgestellt werden.

Schumann.

Korth (32) konnte als Ursache seuchenhafter Eiterungen beim Rind ein Bakterium feststellen, das nach Morphologie, Kultur und Pathogenität eine atypische Form des Bacillus pyogenes darstellt. Das Löfflerserum erwies sich als der geeignetste Nährboden.

Weber.

David (8) behandelt in einem Vortrage die Bedeutung der technischen Mykologie für die Veterinärmedizin.

Er zeigt, daß nicht nur die spezifischen pathogenen Bakterien, sondern auch die sog. „Saprophyten" für manche bakteriologischen Fragen der Veterinärmedizin von Wichtigkeit sein können. So schildert er zunächst die Beziehungen der Darmflora zum Gesundheitszustand des Tieres an der Hand der in der Literatur niedergelegten Beobachtungen und Untersuchungen. Auch phyto-parasitäre Organismen kommen bei diesen Fragen in Betracht, die imstande sind, Vitamine im Futter zu zerstören. Er geht näher auf das saprophytische Verhalten spezifischer pathogener Bakterien, wie Schweinerotlauf und Hühnercholerabazillen, ein, weiterhin auf die verschiedenen Futter- und Fleischvergiftungen, auf die Milchflora und anderes mehr.

Hier spielt überall die Möglichkeit eine Rolle, daß „saprophytische" Bakterien „pathogen" werden können.

Schreibt doch selbst Koch, der Begründer der Spezifitätslehre: „Ich möchte erklären, daß ich nicht etwa ein prinzipieller Gegner der Lehre der Umzüchtung einer Art in eine andere nahe verwandte bin, und demgemäß auch die Abänderung pathogener Organismen in unschädliche und umgekehrt für nicht außer dem Bereiche der Möglichkeit liegend halte."

Hans Richter.

Bessubetz (3) hat die Frage vom Vorhandensein der Kerne bei den Bakterien zu klären versucht.

Die untersuchten Bakterienarten (Bac. anthracis, pseudanthracoides, Hueppe, subtilis, suisepticus, mallei,

Sarcina) haben mit den Tier- und Pflanzenzellen vollkommen äquivalente Kerne, die sich auch ebenso charakteristisch nach Giemsa färben wie die anderer Zellen. Andererseits beweist das immerwährende Vorhandensein differenzierter Chromatinbildung in den Zellen, die Teilnahme an der Kernteilung und die charakteristische Färbbarkeit, daß diese Kernbildungen von denen der Tier- und Pflanzenzellen verschieden sind. Schumann.

Gutstein (18) bringt seine III. und IV. Mitteilung über das Ektoplasma der Bakterien und beschreibt die Morphologie und den Aufbau des Ektoplasmas der grampositiven Bakterien.

Das Ektoplasma der Hefe und zum Teil auch anderer grampositiver Bakterien besteht aus einer dicken, scharf begrenzten Innenmembran und einer zarten Außenmembran. Das Ektoplasma der grampositiven Bakterien enthält eine basische Grundsubstanz, nachweisbar durch Guineagrün und mittels der Tanninmethode, und einen sauren Körper, nachweisbar durch Viktoriablau (nach Entfernung der Nukleoproteide). Der saure Körper des Ektoplasmas, auf dem die Gramsche Färbung beruht, ist ein Lipoid. Die Beizenfärbungen beruhen auf einer Tripelverbindung. Mittels saurer Beize (Tannin, Phosphormolybdänsäure) wird ein basischer Gewebsbestandteil mit basischen Farbstoffen gefärbt. Die Sporenhüllen der grampositiven Bakterien bestehen ebenfalls aus einer basischen Grundsubstanz, die chemisch an ein saures gramfestes Lipoid gebunden ist. Das Ektolipoid der Hefe ist ein Phosphatid, wahrscheinlich Lezithin. Außerdem enthalten die grampositiven Bakterien im Zellleib ein gramnegatives, ebenfalls saures Lipoid, nachweisbar durch basische Farbstoffe an den künstlich gramnegativ gemachten Bakterien. Schumann.

Michailowsky (45) prüfte die Bedingungen, unter denen bei aeroben Bakterien die Sporenbildung beschleunigt oder verstärkt wird.

Die Untersuchungen wurden am Bacillus anthracis, subtilis, megatherium und mesentericus ausgeführt. Wirkten auf 36stündige Agarkulturen zahlreiche verschiedenartige lipoidauflösende chemische Substanzen ein, so erzielte er in 5—6 Stunden eine Umwandlung aller vegetativen Formen in Sporen durch Chloroform, Bromoform, Amylalkohol, Allylalkohol, Azeton, Benzol, Xylol, Toluol, Petroläther, Äthylazetat, Terpentin, Oleum Pini und Oleum Thymi. Die Resistenz und Virulenz der Sporen erlitt keinerlei Einbuße. Schumann.

In seinen Kulturen einiger Bakterienstämme, kultiviert aus einem Keime — isoliert nach Burri —, fand Vernik (61) dieselben mit den gleichen morphologischen Eigenschaften wie in der Stammkultur, und er hält die phänotypischen trichologischen Verschiedenheiten für identisch mit der biologischen Verschiedenheit in der Länge der Bakterien. Zavrnik.

David (7) stellte fest, daß die Bewegungsgeschwindigkeit von Bakterien durch verschiedene Einflüsse, wie verschieden hohe Temperaturen, Serumnährböden und Kaliumsalze, verändert wurde. Schumann.

Marmorsteins (42) Untersuchungen bezweckten, Vermehrung von Milzbrandbakterien in Erde nachzuprüfen und auch die Vermehrung von Rotlauf- und Geflügelcholerabakterien nachzuweisen.

Das für die Vermehrung günstigste Zusatzverhältnis (1 Teil Erde : 1 Teil Nährlösung) wurde für die Hauptversuche verwendet. Zur Untersuchung wurden Erdproben mit den verschieden bereiteten Nährlösungen (Jauche, Wasserleitungswasser, Heu) versetzt und mit je einer Öse der angeführten Bakterien geimpft. Nach je 24 Stunden wurde eine Öse entnommen und die in einer Agarschüttelkultur nach 24 bis 48 Stunden aufgegangenen Kolonien ausgezählt. Es konnte eine starke Vermehrung beobachtet werden, und zwar bei 37° schneller und größer als bei Zimmertemperatur. Geflügelcholerabazillen vermehrten sich ausgiebig nur in Erdproben, denen nur die Hälfte des Zusatzes durch Leitungswasser ersetzt wurde. Beim Milzbrandbazillus, der sich durch fortgesetzte Kultur anscheinend an die Zimmertemperatur gewöhnt hatte, wurde eine Mäusepassage vorgenommen und mit den aus dem Kadaver herausgezüchteten Milzbrandkulturen Untersuchungen angestellt. Sie ergaben eine größere Vermehrung bei 37°. Da die Vermehrung nur am Anfang stattfand, wurde den Proben während der weiteren Untersuchungen Düngerextrakt hinzugesetzt, was eine erneute Vermehrung zur Folge hatte. Auch wurde den Proben Material entnommen und in frische Erdproben gebracht, worauf erneute Vermehrung der Bakterien entstand. Weitere Versuche ergaben eine Durchwucherung einer 10 cm hohen Erdschichte (bei 37° in 10 Tagen, bei Zimmertemperatur in 13 Tagen). Verwendet wurden Eprouvetten, die mit Erde gefüllt wurden, wobei die Erde mit Wasser, Düngerextrakt, Jauche und Heuinfus durchfeuchtet war; die Durchfeuchtung erfolgte durch kapillare Aufsaugung vom unteren durchlochten Ende der Eprouvette, die Vermehrung (Durchwachsung) erfolgte daher gegen den Flüssigkeitsstrom. Mäuse, die mit den untersuchten Bakterien nach Durchwachsen der Erdproben geimpft wurden, verendeten ungefähr in derselben Anzahl Stunden, wie die Impftiere bei derselben Impfung vor Anstellung des Vermehrungsversuches. Die Virulenz hatte sich daher nicht erheblich geändert. Sämtliche Untersuchungen wurden unter streng sterilen Kautelen vorgenommen. Trautmann.

Oesterlin (48) hat den Einfluß verschiedener Farbstoffe auf das Bakterienwachstum studiert.

Gentianaviolett, Kristallviolett, Malachitgrün, Anilinviolett und Safranin geben, den gewöhnlichen Nährböden in entsprechenden Konzentrationen beigemischt, eine elektive Hemmung des Wachstums der grampositiven Bakterien. In flüssigen Nährböden scheint die Wirksamkeit der Farbstoffe herabgesetzt, weil die doppelten Konzentrationen zur Hemmung erforderlich sind. Fügt man die Farblösungen einer Kochsalzauflösung hinzu, so erhält man, nachträglich auf neutralem Agar kultivierend, elektive Hemmung des Wachstums aller positiven Keime nach Zusatz von Gentianaviolett, Kristallviolett und Malachitgrün, jedoch nur nach einstündiger Erwärmung der Mischung auf 45°. Durch Zusatz von Anilinviolett oder Safranin werden die Sporenträger nicht abgetötet. Nicht nur bezüglich einzelner Arten, sondern auch bezüglich der einzelnen Rassen der gleichen Art bestehen weitgehende Unterschiede in dieser Empfindlichkeit. Schumann.

Rösler (55) liefert Beiträge zum Antagonismus von Bakterien.

Unter den Erdbakterien gibt es Stämme, welche bei Züchtung in Bouillon ein Häutchen bilden und die Nachflüssigkeit nicht trüben. Diese können die Eigenschaft besitzen, Staphylokokken im Wachstum zu hemmen. Werden Bouillonkulturen von solchen Erdstämmen gleichzeitig oder auch nachträglich mit Staphylokokken beimpft, so wird das Wachstum derselben vollständig unterdrückt. Die Wachstumshemmung läßt sich sowohl auf festen Nährböden wie auch in Bouillon nachweisen. Gegen Colibakterien erweisen sich diese Hemmungssubstanzen als nicht wirksam. Die hemmend wirkenden Stoffe sind hitzebeständig. Ihre Wirkung in Bouillon ist abhängig einerseits von der

Menge der zugesetzten Staphylokokken, anderseits von dem Alter der betreffenden Kultur, insofern zu starke Einsaat die Hemmung nicht eintreten läßt und junge Kulturen weniger gehemmt werden als alte. In sterilen Filtraten ist dieser Stoff nicht nachweisbar, wohl aber in Dialysat. Diese hemmende Substanz ist auf den erzeugenden Stamm selbst ohne Einfluß.

Trautmann.

Schiller (58) berichtet über seine weiteren Versuche über erzwungene Antagonisten, danach gelingt es nicht nur Hefen in Antagonisten von Bakterien zu verwandeln, sondern auch umgekehrt Bakterien in Antagonisten von Hefen, deren Membran durch Ausscheidung einer zytolytischen Substanz aufgelöst wird.

Schumann.

Schiller (59) bringt eine neue Mitteilung über erzwungenen Antagonismus, und zwar der Hefen den Tuberkelbazillen gegenüber. Die dabei beobachtete Verdauung der Tuberkelbazillen erfolgt durch Ausscheidung einer bakteriolytischen Substanz.

Schumann.

Zoltán (62) studierte den Einfluß des Methylenblaus auf das Wachstum der Bakterien.

Coli-, Paratyphus-A-, Proteus- und Shiga-Kruse-Bazillen zerstören das Methylenblau im Gegensatz zu Typhus und Paratyphus B, die längere Zeit benötigen, unter Umständen überhaupt nicht zum Wachstum gelangen, in kürzester Frist. Feste, mit Methylenblau versetzte Nährsubstrate werden nur durch Colibakt., durch die anderen Arten nicht, oder nur in geringem Grade entfärbt.

Schumann.

Zoltán u. Gajdos (63) beschreiben ein Verfahren zu Virulenzuntersuchungen mittels Methylenblau, welches darauf beruht, daß letzteres durch die Bakterien zu einer farblosen Leukoverbindung reduziert wird. Unterschiede in der Reduktionszeit treten ein zwischen virulenten und weniger virulenten Stämmen.

Schumann.

Plasaj (52) findet keine Wirkung des Olivenöls auf die Bakterien bei intraperitonealer Infektion.

Zavrnik.

Plasaj (51) bereitet sich in seinen Versuchen über die Wirkung des Olivenöls auf die Bakterien die Suspension von 2 Ösen Kulturen des B. avisepticum auf 2 ccm sterilisierten käuflichen Öles. Die Suspension wird verschieden lange im Thermostat (37° C) gehalten und von ihr die Nährböden mit je einer Öse besetzt, sowie Kaninchen subkutan mit 1 ccm geimpft.

1. B. avisepticum zeigt, 3 Stunden in Olivenöl gehalten, auf der Agarplatte kein Wachstum.

2. B. avisepticum, 24 Stunden in Olivenöl gehalten, zeigt in Bouillon kein Wachstum.

3. B. avisepticum, 3 Stunden in Olivenöl gehalten, ist für Kaninchen gleich stark virulent, wie eine unpräparierte Kultur.

4. B. avisepticum, in Öl durch 6 bzw. 12 und 24 Stunden gehalten, zeigt am Kaninchen eine andere Wirkung, als wenn es nur 3 Stunden im Öl war (bzw. eine unpräparierte Kultur), und zwar nur insofern, als die Versuchstiere nach einer verlängerten Inkubationsdauer sterben.

Zavrnik.

Seifert (60) erläutert die Bewertung des d'Herelleschen Phänomens, das folgendermaßen zu erklären ist:

Die d'Herelleschen Agenzien sind Zwischenprodukte des Eiweißstoffwechsels, und zwar Zwischenprodukte mit der Fähigkeit, die tryptischen Fermente der Bakterien anzuregen. Setzt man die Bakterien durch Zusatz dieser Zwischenprodukte zur Kultur

einer solchen Anregung aus, so verbrauchen die angeregten Fermente enorm viel Eiweiß; je mehr Eiweiß abgebaut wird, um so mehr wirksame Abbauprodukte entstehen. Schließlich überwiegt der Eiweißbedarf die Eiweißzufuhr, und nun wird das Bakterieneiweiß selbst angegriffen und aufgelöst, da diese Auflösung von den bakterieneigenen Fermenten vollzogen wird, darf man wohl von einer Autolyse sprechen. Nach dieser Auffassung würden die lytischen Agenzien auch innerhalb des normalen Eiweißstoffwechsels auftreten, aber nur in beschränktem Maße; und dieser beschränkten Mengen könnten sich die Bakterien erwehren, indem sie die Agenzien zu den unwirksamen Endprodukten abbauen. Wird dieser Abbau irgendwo zerstört, so sammeln sich die Agenzien in den Bakterien an und das d'Herellesche Phänomen wird spontan ausgelöst.

Wahrscheinlich wird allgemein die Unzulänglichkeit der bakteriologischen Diagnostik wenigstens teilweise mit dem d'Herelleschen Phänomen zusammenhängen.

Der Praktiker wird von der Behandlung der Infektionskrankheiten mit d'Herelleschen Lysaten keine besonderen Ergebnisse erwarten können. Schumann.

Kramer (35) hat die Bedeutung der d'Herelleschen Bakteriophagen für Infektion und Immunität an der Hand von Kleinsche-Krankheit-Bakteriophagen erwiesen. Seine Ergebnisse faßt er folgendermaßen zusammen:

Der Zustand eines infektierten Tieres fällt zusammen mit der Virulenz des zugehörigen Bakteriophagen. Bei nicht schnell genug einsetzender Virulenzsteigerung oder nicht frühzeitig genug erfolgender Bakteriophageinverleibung ist bereits umfangreichere Gewebsschädigung aufgetreten und kann die Infektion nicht zum Stillstand gebracht werden. Infektionsversuche hinsichtlich des Wertes präventiver und kurativer Bakteriophagwirkung mißglücken zumeist, weil sich bei den Kontrollversuchstieren häufig ein virulenter Bakteriophag im Darm entwickelt. Die durch Mießner und Baars angeführten Beweise hinsichtlich der Unwirksamkeit des Bakteriophagen als Folge kolloidchemischer Wirkung, sind allein für sehr resistente Bakterien zutreffend. Die besten Beweise für Bedeutung der Bakteriophagen in der Immunität sind aus den Ergebnissen bei präventiver und kurativer Behandlung spontaner Krankheitsfälle abzuleiten. Der Kleinsche Krankheitsbakteriophag spielt für die Immunität bei dieser Krankheit eine große Rolle. Er ist für die Bekämpfung der Kleinschen Krankheit des Geflügels in der Praxis geeignet. Beyers.

Kundrath (38) hat sich mit der Bakteriophagie von Coli- und Rotlaufbakterien beschäftigt.

Die Versuche (Bouillon- und Agarplattenverfahren) wurden genau nach d'Herelles Methode vorgenommen.

I. Versuch. Es wurde von drei Pferden (P I, P II, P III) und drei Rindern (R I, R II, R III) und einem Saugkalb von R III Kot genommen und daraus je ein Colistamm isoliert und je ein klares Kotfiltrat hergestellt. Jedes Filtrat wurde gegen jeden einzelnen Colistamm im Bouillon- und Plattenversuch geprüft. Bakteriophage Wirkung zeigte das Filtrat von R III gegen den Colistamm aus dem gleichen Kot und gegen den vom Kälberkot, ferner das Filtrat vom Kälberkot gegen den eigenen Colistamm und von R III sowohl in der Bouillon (Klärung der trüben Bouillon) als auch auf der Platte (Löcherbildung und Flatterkolonien). Aus der 8 Tage alten Kultur von Colistamm des R III konnte direkt durch öfteres Zentrifugieren und Erhitzen auf 58° C durch $^1/_2$ Stunde der gleiche Bakteriophag gewonnen werden. Auf gleiche Weise wurde dieser Bakteriophag auch gegen den Colistamm von R I wirksam, gegen welchen er im Anfang im Filtrat nicht wirkte.

Diese Bakteriophagen ließen sich fortzüchten und zeigten nach den ersten Passagen verstärkte Wirkung, nahmen aber später ab, und nach der 8. Passage erlosch die bakteriophage Wirkung vollständig.

II. Versuch. Von einer Niere eines wegen Rotlauf notgeschlachteten Schweines wurde ein Filtrat gewonnen und in Bouillon und auf der Platte gegen Rotlaufbakterien und Colibakt. versucht. In beiden Versuchen zeigten sich bakteriophage Wirkungen gegen Rotlaufbakterien und gegen einen Colistamm. Die Fortzüchtung dieses Bakteriophagen wurde so vorgenommen, daß er das eine Mal mit Rotlauf-, das andere Mal mit Colibakterien gefüttert wurde. Das erstemal war nach einigen Passagen eine bedeutende Verstärkung der Wirkung gegen Colibakt. und Rotlauf zu verzeichnen, das zweitemal trat keine Wirkungsverstärkung ein. Dieser Bakteriophag zeigte also eine ausgesprochene Spezifität der Vermehrung mit Rotlaufbakterien, während eine Spezifität der Wirkung nicht vorlag.

III. Versuch. Aus dem Kot dreier staupekranker Hunde (H I, H II, H III) wurden Colistämme gezüchtet und Filtrate hergestellt. Alle drei Filtrate waren bakteriophag, und zwar die Filtrate von H I und H II nur gegen die dazugehörigen Colistämme, waren also stammspezifisch, das Filtrat III war gegen alle drei Colistämme bakteriophag. Der Plattenversuch wurde auch nach Bails Methode gemacht (W. kl. W. 1922, H. 8) und die Bakteriophagen durch Abimpfen aus den „Löchern" in Bouillon weitergezüchtet. Durch Herstellen von Bakteriophagenverdünnungen und frische Einsaaten zeigte sich, daß in gleichen Verdünnungen große Einsaaten viel rascher zugrunde gehen als kleine, was dadurch erklärlich ist, daß die Vermehrung der Bakteriophagen von der Zahl der vorhandenen Bakterien abhängig ist.

Um das Bakterienwachstum und mithin auch die Vermehrung der Bakteriophagen zu begünstigen, wurde der Bouillon frisches und inaktiviertes Serum zugesetzt, und zwar Pferde-, Rinder-, Hund-, Schaf- und Schweineserum. Das frische Pferde- und Hundeserum scheint die Wirkung der Bakteriophagen wesentlich verstärkt zu haben, während die übrigen Sera auf dieselben keinen bedeutenden Einfluß auszuüben vermochten. Daß nicht die auf Serumzusatz erfolgte stärkere Vermehrung zugleich Ursache der rascheren Klärung sein kann, ergibt sich einerseits daraus, daß die Keimzahlen (auf der Agarplatte) der Gegenproben bei Zusatz von frischen und inaktiven Seren fast gleich blieben und in allen Platten mit frischem Serum und Filtrat die Keimzahl wesentlich sank, in 2 Fällen sogar auf 0, und anderseits daraus, daß der Keimvermehrung auf Zusatz von frischen Sera in den Gegenproben in 4 von 5 Proben nicht die Stärke der Bakterienabtötung entsprach. Trautmann.

Schadinger (57) bringt einen Beitrag zum d'Herelleschen Phänomens und sagt folgendes:

I. Nach der Ansicht von d'Herelle scheint die zeitweilig zu beobachtende Immunität der Ratten gegen Rattenbakterien auf dem Vorkommen von Bakteriophagen im Rattenkörper zu beruhen. Folglich wäre durch Züchtung lysoresistenter und hochvirulenter Keime Gelegenheit gegeben, die Rattenbekämpfung mit Bakterien wirksamer zu gestalten. Von dieser Vermutung ausgehend, wurde versucht, einen Bakteriophagen gegen Rattylbakterien (im alpenländischen Impfstoffwerk hergestelltes Rattenvertilgungsmittel „Rattyl", Paratyphus- und Enteritisbakterien) zu gewinnen, um mit dessen Hilfe lysoresistente und hochvirulente Keime herzustellen. In einer Reihe von Versuchen, die nach der Methode von d'Herelle angestellt wurden, ist es nicht gelungen, aus dem Kote weißer und grauer Ratten, von denen eine vorher vergeblich mit Rattyl gefüttert wurde, ein bakteriophages Virus gegen Rattylbakterien zu züchten.

II. Friedberger und Vallen weisen nach, daß es gelingt, Hämolyse zu erzeugen, wenn man Typhusbakteriophagen und Typhusbakterien mit gewaschenen roten Schafblutkörperchen zusammenbringt, während weder der Bakteriophage noch die Bakterien für sich allein, mit roten Blutkörperchen zusammengebracht, Hämolyse erzeugen. Es wurde festgestellt, daß diese Versuche gelingen, aber nicht nur bei Typhusbakteriophagen, sondern auch bei einem Shiga- und Y-Bakteriophagen. III. Weiter wurde versucht, festzustellen, ob der Bakteriophage, wie dies Friedberger und Vallen vermuten, auch auf andere Zellen als auf Bakterien und rote Blutkörperchen schädigend wirken. Die Versuche wurden mit Hundeleukozyten nach der Neisser-Wechsbergschen bioskopischen Methode angestellt. Es zeigte sich, daß der Typhus- und Shiga-Bakteriophage die Leukozyten schädigte, während der Y-Bakteriophage keinen Einfluß auf dieselben hatte. Trautmann.

Flu (11) prüfte die Frage, ob die Bakteriophagie eine Funktion von Bakterien ist, die von der Temperatur abhängt.

Unter Abänderung der von Gildemeister und Herzberg angewandten Technik führte er seine Versuche mit dem Colistamm 88 und mit den Shigastämmen 1 und 3 durch. Es gelang ihm, einen Bakteriophagen stets dann nachzuweisen, wenn die Colibakterien Gelegenheit zur Vermehrung hatten. Bei niederen Temperaturen wurden die Colikulturen nicht bakteriophagensteril; der Bakteriophage persistierte nur in einer latenten, geschwächten Form. Schumann.

Von Heindl (20) wurde nach den Angaben von d'Herelle versucht, eine Gewöhnung des Bakteriophagen an Glyzerin durchzuführen.

Der Bakteriophag soll nach diesen Angaben in stärkeren Glyzerinkonzentrationen vernichtet werden, wobei d'Herelle keine Zeit angibt, soll aber bei allmählicher Steigerung des Glyzeringehaltes glyzerinfest werden. Alle untersuchten 5 Bakteriophagen waren hochvirulent für Shiga-, Flexner-, Y- und Flexner-Colibakterien und hatten alle den Ausgangstiter bei $10^{-8}$. Verschiedene Bakteriophagen streben anscheinend einem gleichen Endziel in der Titrierung zu. Taches vierges waren erst in Konzentrationen von 50—90% Glyzerin nachzuweisen, sonst nur große, sterile Flecke. Zwei von den zur Untersuchung dienenden Bakteriophagen waren nach 48stündigem Aufenthalt in reinem Glyzerin noch wirksam. Die restlichen 3 Bakteriophagen waren noch bei 90% Glyzerinzusatz, nach 48 Stunden, wenn auch abgeschwächt, wirksam. Da sämtliche von H. untersuchten Bakteriophagen von vornherein glyzerinresistent waren, insofern wohl ein Absinken des Titers, aber keineswegs die volle Wirkungslosigkeit erzielt werden konnte, ist die Frage nach der Angewöhnung an Glyzerin auf Grund H.'s Versuche nicht zu beantworten. Trautmann.

d'Herelle (21) bespricht an der Hand der bisherigen Literatur zusammenfassend die Natur des Bakteriophagen.

Als feststehend ist zu betrachten: der Bakteriophage besteht aus Körperteilchen, die einen Durchmesser von 20—30 $\mu\mu$ besitzen; er ist ferner ein selbständiges Wesen und besitzt Assimilationsvermögen. Ferner ist das Angriffsvermögen eines Bakteriophagenkörperchens gegenüber einem gegebenen Keim veränderlich, je nach den gewählten Versuchsbedingungen; es kann sich steigern und vermindern. Es muß dem Bakteriophagenkörperchen auf Grund seiner Kennzeichen das „Kriterium" des Lebens zugesprochen werden. Schumann.

Hönig (25) berichtet über die Eiweißbestimmung in frischen Bakterienvakzinen durch das Jodbindungsverfahren, die nach einer von

Lange (Biochem. Zschr. Bd. 95) empfohlenen Methode vorgenommen wurde.

Zur Untersuchung gelangten frisch hergestellte Bakterientrockenvakzine, gebrauchsfertiges Tebecin nach Dostal und Pferdenormal- sowie Pferdetrocken-normalserum. Diesem Untersuchungsmaterial in verschieden promilligen Verdünnungen wurde eine 1 proz. $n/_{10}$-Jodlösung zugefügt und dann durch 30 Minuten bei 40° C im Wasserbade zwecks Eiweißbindung ausgesetzt. Durch Zugabe von 1 proz. Stärkelösung erfolgte nach dem vorhandenen freien Jod eine verschieden starke Farbenreaktion, welche sich durch Vergleichen mit einer Standardfarbenskala, hergestellt aus Jod- und Stärkelösung, die an Eiweiß gebundene Jodmenge feststellen ließ. Es zeigte sich, daß das Jodbindungsvermögen an Eiweiß im Trockenpferde-normalserum dem des Bakterientrockenvakzins bei gleicher Konzentration gleichkommt. Das Hauptmoment der von Lange anempfohlenen und in der Arbeit durchgeführten Methode liegt in der Farbenreaktion von Jod und Stärke. Die geringe Haltbarkeit der Standardskala einerseits und die erzielten geringen Farbenunterschiede anderseits lassen eine genaue Auswertung der Vakzine nicht zu. Es erscheint daher diese Methode zur Eiweißbestimmung in Bakterien-vakzinen nicht anwendbar. Trautmann.

Kulp (37) hat die Bildung von Indol durch Bakterien studiert.

Ein, freies Tryptophan enthaltendes Nährmedium ist zur Indolbildung sehr geeignet, im besonderen, wenn eine entsprechende Wasserstoffionenkonzentration vorhanden ist, welche das Wachstum der Mikroben fördert. Nährböden, welche einen kleinen Gehalt an zersetzbaren Kohlenhydraten und genügende Mengen Puffersubstanzen enthalten, sind als Testsubstrate für die Indolproduktion zu empfehlen. Graf.

Fellers und Clough (10) haben die bestehenden Bestimmungsmethoden für Indol und Skatol aus verschiedenen Bakterienkulturen angewendet. Besonders starke Indol- und Skatolbildung findet statt durch: B. dysenteriae Flexner, Cl. scatol. n. sp., B. capsulatum, B. communior, B. coli, Kotkulturen. Graf.

Kramer (36) liefert einen Beitrag zur Züchtung des Bacillus pyogenes auf Nährböden, die Milch oder Teile der Milch enthalten.

Zur Feststellung des Milchanteiles, der das Wachstum des Bac. pyogenes fördert, sind eine große Anzahl verschiedener Nährböden untersucht worden. Außer auf Vollmilch wurde gutes Wachstum auf Agarnährböden beobachtet, denen Kaseinlösungen zugesetzt worden waren. Als Kaseinlösungen wurden Natrium-kaseinate, die durch Lösen von Caseinum purum Hammarsten teils in Natronlauge, teils in Natrium citricum oder in Binatrium phosphoricum hergestellt worden waren, verwendet. Entsprechende Nährböden in flüssiger Form boten dem Bac. pyogenes keine Wachstumsbedingungen. Verf. nimmt an, daß der Gehalt des Agar-Agar an Erdalkalisalzen, in den Agarnährböden eine geringe Bildung von Erdalkali-kaseinaten verursacht hat, so daß dann aus den Versuchsergebnissen zu entnehmen wäre, daß der wachstumsfördernde Anteil der Milch in diesen Erdalkali-kaseinverbindungen zu suchen sei. Trautmann.

Klieneberger (28) hat die Gasbildung in Zuckeragar (hohe Schicht) durch ausgedehnte Untersuchungen geprüft an einem Material von „starken" und „schwachen" Vergärern (Coli bact., Paratyphusbazillus inkonstant, Bakterium aus der Friedländergruppe).

Bei bestimmter Versuchsanordnung konnte festgestellt werden, daß jede Bakterienart ihr besonderes, meist im alkalischen, seltener im Säuregebiet liegendes Optimum hat. Ebenso muß das Temperaturoptimum für jede Art besonders ermittelt werden. Als optimaler Vergärungsnährboden ist für die untersuchten Stämme wenigstens Fleischwasseragar mit 1—2 proz. Pepton-zusatz und günstiger Wasserstoffionenkonzentration anzusehen. Verschiedene Stickstoffquellen (natives Eiweiß, Pepton, Aminosäuren, Urin) haben durchaus verschiedenen Einfluß auf die Vergärung bei den einzelnen Bakterienarten. So war z. B. Pepton bei einigen Bakterienarten durch Aminosäuren ersetzbar, bei anderen nicht. Die Berücksichtigung aller in der Arbeit aufgeführten Faktoren erlaubt dem Gasbildungsvermögen, für die systematische Einordnung der Bakterien eine bestimmte Bedeutung beizumessen; sie wird weiterhin die widersprechenden Beobachtungen über biologische Probleme, wie inkonstante Gasbildung, die Frage nach etwa vorliegenden Dauerveränderungen, klären. Es kann schließlich die Gärung in hoher Schicht verwandt werden zur Prüfung der Wirkung bakterizider Stoffe und zum Nachweis von Traubenzucker bis zu einer Verdünnung von 1 : 10 000. Schumann.

Hoerning (26) prüfte die Ersatzmittel des Fleischwassers und des Peptons für Bakterien-nährböden.

Er fand, daß die aus Fleischwasser mit dem üblichen Zusatz von Pepton Witte bereiteten Nährböden den hygienisch wichtigen Bakterienarten so günstige Wachstumsbedingungen bieten, wie sie keiner der geprüften Ersatznährböden besitzt. Ein bemerkenswerter Ersatz des Peptons ist das Kalodal, das als 3 proz. Zusatz durchschnittlich dasselbe leistet wie Pepton in 1 proz. Beigabe. Das „Standard I"-Nährbodenpulver von Merck kommt als ein Ersatz der Fleischwasser-peptonnährböden in Betracht, ermöglicht aber einer Reihe von Bakterienarten nur ein relativ spärliches Wachstum. Mit dem Hefepräparat „Cenovis-Extrakt" an Stelle von Fleischwasser, lassen sich Nährböden herstellen, die zusammen mit Pepton bzw. Kalodal, zum Teil auch ohne diesen Zusatz für die meisten Bakterienarten günstige Vermehrungsmöglichkeiten liefern; jedoch ist die Farbstoffbildung vieler Farbstoffbildner auf Cenovisnährböden so vermindert, daß ihre Diagnose erschwert bzw. unmöglich werden kann. Schumann.

Fujita (13) untersuchte eine Reihe von Wirbeltierhormonen bezüglich ihrer Wirkung auf das Bakterienwachstum. Verwendung fanden Suprarenin (chemisch rein) sowie das Thyreo-, Thymo-, Pitu- und Paraglandol der Chemischen Werke Grenzach, außerdem Insulin.

Die mit bestimmten Mengen von Colibakterien beimpften Bouillonröhrchen wurden nach 2-, 4-, 6- und 8 stündigem Aufenthalt bei 37° geprüft. Es zeigte sich dabei, daß Suprarenin und in geringem Grade Thyreoglandol einen hemmenden, Pituglandol und scheinbar auch Paraglandol einen beschleunigenden Einfluß auf das Bakterienwachstum ausüben. Dagegen war bei Thymoglandol und Insulin eine sichere Wirkung nicht feststellbar. Schumann.

Nach Gramss (14) ist eine rein optische Differenzierung der ultramikroskopischen Körperchen nicht möglich. Trotzdem ist die Frage, ob für die Auffindung filtrierbarer Virusarten ein Nutzen von der Dunkelfelduntersuchung zu erwarten ist, nicht zu verneinen. Dem Ultramikroskop ist Beachtung bei der Erforschung unbekannter Krankheitserreger zu schenken. Ein erfolgversprechender Weg ist dabei die Verwendung spezifischer Mikroreagenzien, wie sie bereits für die Feststellung des Lungenseuchenerregers in der Benutzung eines agglutinierenden Serums angegeben worden ist. Trautmann.

Darányi und Buzna (6) empfehlen bei Desinfektionsversuchen die Verwendung von frisch aus Eiterungen gezüchteten Stämmen des Staphylococcus pyogenes aureus, da sich ältere Laboratoriumsstämme weniger resistent gegenüber Desinfizientien erweisen und dabei das Verhalten verschiedener Stämme ungleichmäßig ist. Frisch gezüchtete Stämme verhalten sich Desinfizientien gegenüber für praktische Zwecke hinlänglich konstant. Manninger.

Poletti (53) hat den Versuch gemacht, die Bakterienzählung in Vakzinen durch quantitative Stickstoffbestimmung zu ergänzen. Aus den Untersuchungen ist zu ersehen, daß mit der Bakterienanzahl wohl der Stickstoffgehalt ansteigt, jedoch keinesfalls in einem bestimmten Verhältnis. Auch wurden sterile Proteinkörperpräparate auf ihren Stickstoffgehalt untersucht, wobei Phlogetan unter allen anderen den höchsten Stickstoffgehalt aufwies. Trautmann.

Koch (30) beschreibt einen neuen Apparat zum Zählen von Kolonien, der aus einem rechteckigen, 25 cm hohen kastenähnlichen Gestell besteht.

Oben auf dem Gestell liegt die Glasscheibe mit dem Qudratnetz, auf welche die auszuzählende Kultur gestellt wird. Mit einem im Innern des Gestells angebrachten Plan- und Konkavspiegel, der sich in der Horizontalachse dieht, fängt man das Bild der Platte und ihrer Kolonien zusammen mit der Netzteilung auf und kann nun mit Leichtigkeit in normaler Kopf- und Körperhaltung binokular die gewachsenen Kolonien auszählen. Der Apparat ist zu beziehen von der wissenschaftlich-technischen Werkstätte in Greifswald. Schumann.

Koser und Mills (33) geben eine Studie über Färbedifferenzen von lebenden und abgetöteten Sporen. Die Burkesche Methode der Farbdifferenzierung von Botulinussporen wird modifiziert und ähnliche Tinktionsexperimente an anderen Sporen durchgeführt. Graf.

Gutstein (17) beschreibt die färberischen Verschiedenheiten zwischen grampositiven und gramnegativen Bakterien.

Bei letzteren läßt sich mit der Tanninmethode eine Außenschicht nicht darstellen. Daher gestattet diese Methode eine einfache Differenzierung und Darstellung beider Bakterienarten in 2 verschiedenen Kontrastfarben. Das Ektoplasma der Grampositiven färbt sich nach der Gramschen Methode mit und gibt die Farbe bei der Alkoholdifferenzierung nicht ab, ist also gramfest. Schumann.

Neumann (46) teilt seine Versuche über die Sichtbarmachung von Bakteriengeißeln am lebenden Objekt im Dunkelfeld mit. Als Medium hat sich eine 5proz. Nährgelatinelösung, als Kondensor der neue bizentrische Spiegelkondensor von Leitz gut bewährt. Es wird die Sichtbarkeit der Geißeln in den 3 Entwicklungsstadien eingehend besprochen. Schumann.

Hoen (24) prüfte die Bedingungen der An- und Aerobiose von Bakterien in hochgeschichtetem Agar mit wechselnden Nährstoffmengen.

Er beobachtete dabei ein eigenartiges Wachstum in Platten, von denen die oberste je nach der Nährstoffmenge mehr oder weniger nach der Oberfläche lag und welche in ihrer Zahl entsprechend der Nährstoffmenge wechselten. Bei großem Nährstoffgehalt war das Bedürfnis der Bakterien nach Sauerstoff größer, bei geringem Gehalt des Nährbodens dagegen näherte sich die Entwicklung der Bakterien mehr den Wachstumsverhältnissen der Anaeroben. Schumann.

Kovács (34) beschreibt seine Technik der Anaerobenzüchtung.

Für den Nachweis der Schwärzung des Gehirnbreies hat sich ein Zusatz von 1 Teil in der Kälte hergestellter 0,05 proz. Eisensulfatlösung zu 2 Teilen Gehirn als zweckmäßig erwiesen. Für die Züchtung sind nur die hochmolekularen Peptone, z. B. das Witte-Pepton, zu empfehlen. Bei Verwendung von Ersatznährböden ist größte Vorsicht geboten. Es wird ein Anaerobenexsikkator beschrieben, der eine einfachere und praktischere Arbeit als die bisher übliche ermöglicht. Schumann.

Mayser (44) hat Versuche angestellt, um die Frage zu klären, ob Gegenstände durch Abbrennen mit Spiritus keimfrei zu machen sind.

Er fand z. B., daß Bakterien, wenn sie in dicker Schicht auf Gegenstände aufgetragen und angetrocknet waren, durch Benetzen mit Spiritus nicht abgetötet wurden. Ebenso unwirksam war ein Abbrennen bei Gefäßen, die aus schlechten Wärmeleitern bestanden; nur wenn die Gefäße aus guten Wärmeleitern hergestellt waren, genügte das Abflammen zur Vernichtung der Keime; maßgebend ist lediglich, wie schnell und intensiv sich die Wärme dem ganzen Gegenstand mitteilt. Das Verfahren der Keimfreimachung durch Abbrennen von Spiritus kann also nach diesen Versuchen als zuverlässiges Desinfektionsmittel nicht empfohlen werden. Schumann.

Remlinger (54) empfiehlt zur Impfung von Virus, Bakterien und Antigene die Zunge zu benutzen, welche ihres Nerven- und Gefäßreichtums wegen für eine rasche Entwicklung der Impfreaktion bürge. Graf.

Liebscher (39) prüfte den Einfluß einer 40proz. Glyzerinlösung und des Kochsalzes in Substanz auf die Nachweisbarkeit der Milzbrand- und der Schweinerotlaufbakterien in Organteilen, die schon beim Ansetzen der Proben mit akzidentellen Bakterien verunreinigt waren, um ein Urteil über ihre Eignung als konservierende Zusätze beim Versand von Untersuchungsmaterial zu gewinnen.

Verwendet wurden Teile der Milz oder der Nieren milzbrand- oder rotlaufkranker Tiere; die Aufbewahrung der Organe erfolgte in sterilen Glasgefäßen mit eingeriebenen Stöpseln, welche mit Pergamentpapier aufgebunden wurden. Bei den ersten Untersuchungen wurden die Gefäße bei Bruttemperatur, bei den späteren bei Zimmertemperatur gehalten.

Ein gleichgroßes Stück des verwendeten Organs in gleicher Weise verpackt, aber ohne jeden Zusatz, diente bei jedem Versuch als Vergleichsobjekt. Die Untersuchung erfolgte in verschiedenen Zwischenräumen nach dem Ansetzen der Proben (meist von 4 zu 4 Tagen) durch Ausstrich, Kultur, Mäuseimpfung und beim Milzbrand auch durch Präzipitationsprobe, und erstreckte sich über einen die Dauer eines eventuellen Versandes weit überschreitenden Zeitraum (manchmal auf einen Monat und darüber). Die Versuche ergaben, daß in den mit Kochsalz bestreuten Organteilen eine weitere Vermehrung der Begleitbakterien infolge Wasserentziehung fast völlig hintangehalten wird, daher die Erreger mikroskopisch leicht und gewöhnlich am längsten unter allen 3 Proben nachweisbar blieben, die Kulturen nicht so oft überwuchert wurden und auch interkurrente Todesfälle durch die Impfung weniger häufig eintraten. Die pathogene Wirkung erlosch manchmal ziemlich frühzeitig. Bei den Milzbrandbakterien wurde durch die Kochsalzwirkung der Nachweis der Kapsel kaum wesentlich beeinträchtigt, der Präzipitationsring war scharf, aber gewöhnlich etwas schmäler und stellte sich etwas später ein als mit dem Material ohne Zusatz. Der 40proz. Glyzerinlösung kommt nur eine mäßige fäulnishemmende Wirkung zu. Trautmann.

Herrmann (22) beschreibt seine Methode der intrazerebralen bzw. subduralen Infektion der Kaninchen, die ohne Assistenten ausgeführt werden kann. Schumann.

Pawloff (50) verweist nach einem Überblick über die Geschichte, Ätiologie und besonders über die prophylaktischen Maßnahmen, welche in den verschiedenen Kulturländern gegen die durch filtrierbare Virusarten bedingten Epizootien getroffen werden, auf die rationellsten Methoden zur Bekämpfung dieser Krankheiten in Bulgarien. Angeloff.

Nöller (47) führt aus, wie wichtig die Fortentwicklung der Tierseuchenbekämpfung ist. Das Ausland, besonders Amerika und die südafrikanische Union geben darin beherzigende Lehren. Nöller rühmt die Verdienste Robert Kochs. Weiter teilt er mit, daß sich Berlin gut dazu eigne, dem Unterricht den nötigen Grundstock zu geben, da Berlin über viele Institute verfüge, die die Erreger der Tropenkrankheiten besitzen und stets weiterzüchten. Henkels.

## B. Statistisches über das Vorkommen von Tierseuchen.
### Bearbeitet von H. Zietzschmann.

*1) Eickmann: Tätigkeitsbericht des Bakteriologischen Instituts der Landwirtschaftskammer für die Rheinprovinz. Enthalten im Geschäftsbericht der Landwirtschaftskammer für die Rheinprovinz für 1925. Eigenverlag. — *2) Elliot, H. B.: The veterinary history of the island of Hawai. Vet. J. Bd. 81, S. 335 bis 346. — *3) Gerlach, F.: Mitteilung über die Tätigkeit der Station für Tierseuchendiagnostik an der staatlichen Tierimpfstoffgewinnungsanstalt in Mödling bei Wien im Jahre 1924. Seuchenbekämpfung Bd. 2, H. 5, S. 251—257. — 4) Hobstetter: Tätigkeitsbericht der Tierseuchenstelle der Thüringischen Landesstelle für Viehversicherungen zu Jena 1924/25. Institutsveröffentlichung. — *5) Kiessig: Tätigkeitsbericht über das Tierseucheninstitut der Landwirtschaftskammer in Kiel. Enthalten im Geschäftsbericht für die Provinz Schleswig-Holstein für 1924/25. Eigenverlag. — *6) Lowe, H. J.: A veterinary survey of the Bukoba district, Taganyika territory. Vet. J. Bd. 81, S. 592—608. — *7) Machens, A.: Tätigkeitsbericht über die Bakteriologische Anstalt der Landwirtschaftskammer Braunschweig 1924/25. Sonderbericht der Landwirtschaftskammer Braunschweig 1925. — 8) Raebiger, H.: Dreijahrsbericht über die Tätigkeit des Bakteriologischen Instituts der Landwirtschaftskammer für die Provinz Sachsen zu Halle a. S. für 1921/24. Halle a. S. — 9) Ruppert, F.: Das Bakteriologische Institut des Landwirtschaftsministeriums Buenos Aires-La Paternal F. C. P. D. t. W. Bd. 33, S. 897—899. — *10) Schumann, Paul: Tätigkeitsbericht des Tierseuchenamtes der Landwirtschaftskammer Schlesien zu Breslau im Jahre 1924/25. Sonderdruck. — 11) Begleitbericht zur bayrischen Viehseuchenstatistik für das Jahr 1923. M. t. W. Bd. 76, Nr. 42, S. 912—919; Nr. 43, S. 940—944; Nr. 44, S. 962—968; Nr. 45, S. 982 bis 987. — *12) Tierseuchenstelle der Thüringischen Landesanstalt für Viehversicherung. Verwaltungsbericht 1924/25. — 13) Report of the Minnesota Station veterinary division. Minnesot. Stat. Rep. 1924, S. 23 bis 25; Ref. Exp. Stat. Rec. Bd. 53, S. 477. (Bericht über die Bekämpfung verschiedener Tierseuchen.) — 14) Report of the Ontario Veterinary College 1924. Ref. Exp. Stat. Rec. Bd. 53, S. 278.

Schumann (10) berichtet über die Tätigkeit des Tierseuchenamtes der Landwirtschaftskammer Schlesien.

Wegen Tuberkulose wurden 49 877 Tiere klinisch untersucht. Davon waren 1650 mit offener Tuberkulose behaftet $= 3,31\%$ der untersuchten Tiere. Offene Tuberkulose lag 1485 mal vor. Dabei konnte ein ständiges Abnehmen in den einzelnen Nachkriegsjahren errechnet werden.

Eutertuberkulose wurde bei 101 Tieren, und Gebärmuttertuberkulose bei 257 Tieren festgestellt. Auf die Feststellung der Gebärmuttertuberkulose wird ganz besonderes Gewicht gelegt. Darmtuberkulose 1 Fall.

Bei 1460 Lungenschleimproben wurden allein durch die mikroskopische Untersuchung 853 mal und durch den Tierversuch 607 mal Tuberkelbazillen festgestellt.

In den eingeforderten Sammelmilchproben wurden 11 mal Tuberkelbazillen ermittelt.

Im Sterilitätsbekämpfungsverfahren wurden 15 293 Tiere rektal und vaginal untersucht und 5376 Tiere wegen Unfruchtbarkeit behandelt. Die vorgenommenen Behandlungsarten verteilten sich zu $32,7\%$ auf Infusion bei Endometritis, zu $54,3\%$ auf Abdrücken von Corpora lutea und zu $13,0\%$ auf Uterusmassage. Die Behandlungserfolge bei der Gebärmutterinfusion sind auf $60\%$, der Eierstocksbehandlungen auf $78,7\%$ und der Uterusmassage auf $83,4\%$ errechnet worden.

Klinische Untersuchungen bei Stuten wurden 1068 mal ausgeführt. Bei 580 wurden Gebärmutterinfusionen und bei 83 Cervixduschen vorgenommen mit dem Erfolg von 36 bzw. 50%.

Bei Untersuchungen von Stutenblutproben auf Trächtigkeit mittels des Interferometers wurden nur in 61% richtige Ergebnisse erzielt.

Die Untersuchungen des diagnostischen Laboratoriums erstreckten sich auf 1493 Fälle eingesandter Kadaver bzw. Organe.

Ferner wurden 2733 Rinderblutproben auf seuchenhaftes Verkalben und 114 Pferdeblutproben auf seuchenhaftes Verfohlen untersucht.

In 58 Fleischuntersuchungen wurden 4 mal Fleischvergifter ermittelt.

Ferner wird berichtet über die Maßnahmen zur Verbesserung der Klauenpflege, die Herstellung und Abgabe von Impfstoffen. Schumann.

Kiessig (5) berichtet über die Tätigkeit des Tierseucheninstituts der Landwirtschaftskammer in Kiel.

Im Tuberkulosetilgungsverfahren wurden 7344 Tiere untersucht und 397 Sputumproben entnommen. Durch mikroskopische Untersuchung wurden davon in 115 und durch Tierversuch in 137 Fällen Tuberkelbazillen ermittelt, ferner in 8 Milchproben und 3 Sammelmilchproben. 4 Gebärmutterschleimproben waren negativ. Wegen offener Lungentuberkulose wurden ausgemerzt 252 Tiere und 8 Tiere wegen Eutertuberkulose.

Ferner wird berichtet über die bakteriologische Untersuchung von 1146 eingesandten Kadavern bzw. Organen.

In 560 untersuchten Fleischproben wurden 2 mal Fleischvergifter, 2 mal Milzbrand und 3 mal Rotlauf ermittelt.

An Maul- und Klauenseuche sind in der Provinz Schleswig-Holstein im Berichtsjahre 442 Rinder und 28 Schweine gefallen bzw. notgeschlachtet worden.

Seuchenhaftes Verkalben wurde 61 mal nachgewiesen. Schumann.

Eickmann (1) berichtet über die Tätigkeit des Bakteriologischen Instituts der Landwirtschaftskammer in Bonn.

Auf Tuberkulose wurden 50 500 Rinder klinisch untersucht. Von diesen wurden 2045 Proben entnommen. Dabei wurde 866 mal Lungen-, 22 mal Euter-, 6 mal Gebärmutter- und 3 mal Darmtuberkulose festgestellt. Bei 357 Proben war die Diagnose bereits mikroskopisch gesichert.

341 Bestände wurden der Tuberkulinprüfung unterzogen, wobei sich herausstellte, daß 50,4% der untersuchten Betriebe frei von Tuberkulose waren.

Die Zahl der Einsendungen von Kadavern bzw. Organen betrug 626, die Zahl der Fleischproben 192, wobei 2 mal Fleischvergifter und 1 mal Milzbrandbazillen festgestellt wurden.

Auf seuchenhaftes Verkalben wurden 437 Blutproben untersucht und 273 mal wurde seuchenhaftes Verkalben festgestellt. Von 57 Feten wurden 38 mal Bangsche Abortusbazillen festgestellt.

Durch Untersuchung von 250 Pferdeblutproben konnte 163 mal seuchenhaftes Verfohlen festgestellt werden.

Weiter wird berichtet über die Feststellung von Kälber- und Fohlenkrankheiten.                 Schumann.

Die 4 Abteilungen der Thüringischen Landesanstalt für Viehversicherung erstatten folgenden Bericht (12) für die Zeit vom 1. April 1924 bis 31. März 1925.

Es wurden 1. in der Abteilung zur Erforschung und Bekämpfung der Sterilitäts- und Jungtierkrankheiten 1047 Blutuntersuchungen ausgeführt, davon 1031 auf Rinderabortus (70,6% mit positivem, 14,5% mit verdächtigem Befund) und 16 auf Stutenabortus (3 mit positivem Befund). Bakteriologische Untersuchungen (Feten, Nachgeburten usw.) wurden insgesamt 179 erledigt. Die Mehrzahl dieser Untersuchungen bezog sich auf Feten und Uterussekrete von Rindern. In 56,9% der untersuchten Rinderfeten wurden Bangsche Abortusbazillen, in 19,2% der untersuchten Uterussekrete Tuberkelbazillen gefunden. Zur klinischen Untersuchung gelangten1868 Tiere in 394 Beständen. Als steril erwiesen sich 328 Tiere (17,6%), mit Scheidenkatarrh behaftet waren 1562 Tiere (83,6%). Als Sterilitätsursache zeigten lediglich Eierstockserkrankungen 98 Tiere (29,9% der untersuchten sterilen Tiere), Eierstockserkrankungen vereint mit Gebärmutterleiden 41 Tiere (12,5%), lediglich Gebärmutterleiden 143 Tiere (43,6%), lediglich Scheidenkatarrh 36 Tiere (11%) und keine klinisch feststellbaren Erkrankungen 10 Tiere (3%). Unter den Eierstocksleiden überwiegen die Corpora lutea persistentia (86 Tiere) und die Eierstockszysten (43 Tiere), unter den Gebärmutterleiden die Endometritis (140 Tiere). Trächtigkeitsuntersuchungen erfolgten 395 mal. Dabei erwiesen sich 56 nach Ansicht der Besitzer tragende Tiere als nichttragend (14,1%). Seuchenhafter Abortus wurde in 14 Beständen mit 466 Tieren festgestellt. Die Behandlung erfolgte nach den bekannten Verfahren. Ein Erfolg der Sterilitätsbehandlung konnte bei 190 Tieren (81,9% der behandelten) festgestellt werden. Im besonderen wird folgendes berichtet: das Abdrücken der gelben Körper und der Zysten ergab einen Heilerfolg von 94,4%. Endometritiden leichter Art wurden mit ein- oder zweimaliger Massage der Gebärmutter und der Eierstöcke mit oder ohne Bepuderung der Scheide mit Novol behandelt. Der Erfolg war bei gleichzeitiger Novolbehandlung in 97,8%, ohne gleichzeitige Novolbehandlung in 67,5% der Fälle günstig. Bei Gebärmutterentzündungen schwererer Art wurden Spülungen angewendet, von denen die mit Lugolscher Lösung den besten Heilerfolg brachten (89,7%), gegen Colapo mit 81,3%, Therapogen mit 75,0%, Preglsche Lösung 50,0%, Rivanollösung 40,0%, Reargonlösung 0% Heilerfolg. Die Mitteilungen über den Erfolg der Abortusimpfungen mit lebender Kultur lassen noch keine endgültige Beurteilung des Verfahrens zu. Mit lebender Kultur wurden bis zum 4. Monat tragende, in einigen Beständen bis zum 6. Monat tragende Tiere geimpft, ohne daß nachteilige Folgen beobachtet worden wären. Im allgemeinen hat die individuelle Impfung mit lebender Abortuskultur weit bessere Erfolge gezeigt als die mit allen anderen Abortusimpfstoffen.

2. In der Bakteriologischen Abteilung hat sich die Gesamtzahl der Untersuchungen auf 2238 belaufen. Sie bezogen sich auf Sektionen und pathologisch-anatomische und bakteriologische Untersuchungen aller landwirtschaftlichen Haustiere mit Einschluß des Geflügels, ferner auf Fische und einige andere Tiere. Die bakteriologische Fleischbeschau wurde an 372 eingesandten Proben ausgeführt. Fleischvergifter aus der Paratyphusgruppe wurden in 3 Fällen (2 mal bei Pferden, 1 mal beim Rinde) gefunden. Bemängelt wird die oft unsachgemäße Auswahl der Proben. Es wird empfohlen, Muskelproben aus dem Schulter- und Beckengürtel einzusenden. In der Annahme, daß alle Tiere, an deren Proben die bakteriologische Fleischuntersuchung stattgefunden hat, bei der Fleischbeschau für untauglich erklärt worden wären, berechnet die Anstalt, daß Werte von rund 58 000 M. dem Volksvermögen erhalten geblieben sind. Weiterhin sind 27 Proben von Nahrungs- und Futtermitteln und 95 Milchproben mikroskopisch, biologisch, bakteriologisch oder chemisch untersucht worden. Zur Untersuchung gelangten auch 26 Proben von Abdeckereierzeugnissen. Serologische Blutuntersuchungen erfolgten in 1166 Fällen, davon in 1093 Fällen auf Beschälseuche, in 39 Fällen auf Rotz, in 34 Fällen auf Lungenseuche.

3. Von der Untersuchungsstelle für das staatlich anerkannte freiwillige Tuberkulosetilgungsverfahren wird berichtet, daß am Schlusse des Berichtsjahres insgesamt 3456 Bestände mit 30 909 Tieren an das Verfahren in Thüringen angeschlossen waren. Die klinische Untersuchung der angeschlossenen Tiere wurde außer von dem Sachverständigen der Tuberkuloseabteilung von 94 Vertrauenstierärzten ausgeführt. Zur Untersuchung gelangten 6113 Proben (4279 Sputum-, 1730 Milch-, 67 Uterusschleim- und 37 Kotproben). Von den eingesandten Proben erwiesen sich 2728 positiv, 3385 negativ. Der Verdacht einer offenen Tuberkuloseform bestand bei 18,45% der angeschlossenen Tiere. Er wurde bestätigt bei 8,59% dieser Tiere. Bei 0,52% der positiven Fälle soll der Schlachtbefund die bakteriologische Diagnose nicht bestätigt haben. In 93,22% sämtlicher positiver Proben wurde die Diagnose durch mikroskopische Untersuchung gestellt; infolgedessen war eine Verimpfung verdächtigen Materials nur in verhältnismäßig wenigen Fällen notwendig. Hinsichtlich der Färbemethoden wird berichtet, daß das alte Ziehl-Nellsensche Verfahren von keinem anderen übertroffen wird, und daß die Spenglersche Färbemethode weit weniger günstige Resultate aufwies. Eine erhebliche Verbesserung der Untersuchungstechnik wurde durch Kombination des Anreicherungsverfahrens nach Scharr und Lentz und des Homogenisierungsverfahrens nach Uhlenhuth, modifiziert von Lorenz, erzielt.

4. Die Serumversandabteilung bezweckt eine rasche Belieferung der thüringischen Tierärzte mit Rotlaufimpfstoffen, die von dem Serumwerk Dr. Schreiber in Landsberg bezogen wurden. Außerdem wurden Impfstoffe gegen seuchenhaften Abortus und Vakzinen zur Behandlung der Coliruhr und Euterentzündung der Schafe in der Anstalt hergestellt und an die Tierärzte abgegeben.                 H. Zietzschmann.

Machens (7) berichtet über die Tätigkeit der Bakteriologischen Anstalt der Landwirtschaftskammer Braunschweig.

Im Tuberkulosetilgungsverfahren wurden 27 232 Tiere klinisch untersucht; hiervon sind bei 392 Tieren offene Tuberkuloseformen nachgewiesen worden, und zwar 367 mal Lungen-, 20 mal Euter-, 3 mal Gebärmutter-, 2 mal Darmtuberkulose. Der Tuberkelbazillennachweis gelang in 225 Fällen durch mikroskopischen Ausstrich, durch Anwendung des Antiforminverfahrens wurden noch weitere 173 Fälle ermittelt. In 45 Milchproben waren Mastitisstreptokokken nachweisbar, in

1495 Gesamtmilchproben wurden 8 mal Tuberkelbazillen festgestellt.

Von 69 Blutproben am Rind waren 35 Abortus-Bang-positiv, von 3 Pferdeblutproben 1 Paratyphus-positiv.

Von 121 bakteriologisch untersuchten Fleischproben enthielten 9 fleischvergiftungsverdächtige Bakterien.

Auf Fettgehalt wurden 17 281 Milchproben untersucht. 　　　　　　　　　　　Schumann.

Gerlach (3) berichtet über die Tätigkeit der Station für Tierseuchendiagnostik in Mödling bei Wien im Jahre 1924.

Untersucht wurden 1652 eingesandte Objekte. 164 mal wurden in Ammonshörnern Negrische Körperchen festgestellt. Schweinepest wurde 29 mal, Schweineseuche 49 mal, Rotlauf 80 mal, Ferkeltyphus 12 mal festgestellt. In 76 Fällen konnte Milzbrand, in 181 Fällen Rauschbrand, in 23 Fällen Pararauschbrand nachgewiesen werden. Als besonders erwähnenswert wird eine oberflächliche fibrinöse (pseudomembranöse) Rhinitis bei Colibazillose eines Kalbes beschrieben, wobei ermittelt wurde, daß diese membranösen Auflagerungen durch das Bact. coli commune verürsacht waren; ferner eine verminöse Bronchopneumonie beim Pferd, die durch Strongylus Arnfieldi verursacht war. 　　　　　　　　　　　Schumann.

Elliot (2) gibt einen Überblick über die Ausbreitung der Tierseuchen in Hawai vom Zeitpunkt der Besiedelung an und der damit verbundenen Nutztiereinfuhr vom nordamerikanischen Festlande. 　　　　　　　　　　　C. Reinhardt.

Lowe (6) gibt eine Beschreibung der im Bukobadistrikt, westlich des Viktoria-Nyanzasees gelegen, vorkommenden Tierkrankheiten sowie des dortigen Veterinärdienstes. 　　　　　　　C. Reinhardt.

## C. Seuchen und Infektionskrankheiten im einzelnen.
### I. Teil.
Zusammengestellt und geordnet von H. Zietzschmann.

## 1. Rinderpest.

1) Curasson, G.: Les séquelles de la peste bovine et les porteurs de germes. Rev. gén. de M. vét. Bd. 34, S. 549—554. — *2) di Domizio, G.: Valore del meto do di H. Schein nella sierovaccinazione contro la peste bovina. (Schutzimpfung gegen die Rinderpest nach Schein und ihr Wert.) Nuovo Vet. S. 163—166. — *3) Derselbe: Il sangue ossalato iperimmune nella profolassi contro la peste bovina. (Hyperimmunes Oxalatblut als Prophylaktikum gegen Rinderpest.) Clin. vet. S. 516—524. — 4) Granouillit: Les abcès de fixation dans la peste du buffle. J. de M. vét. Bd. 71, S. 5. — *5) Hornby, E. H. und G. N. Hall: Studies in Rinderpest immunity: (1) susceptibility and resistance. Vet. J. Bd. 81, S. 529—536. — *6) Robertson: Rinderpest in Westaustralien 1923. B. t. W. Bd. 41, S. 18. — *7) van Saceghem, R.: La vaccination contre la peste bovine par du virus pestique atténué. Rev. gén. de M. vét. Bd. 34, S. 241—243. — 8) Slocock, S. L.: Serum immunity with special reference to the serum simultaneous method of immunisation against Rinderpest. Vet. Rec. Bd. 5, S. 75 bis 78.

**Vorkommen.** Robertson (6) berichtet über die Rinderpest in West-Australien 1923. R. erhielt 3 Wochen nach Ausbruch des Sterbens den Auftrag, Bestimmtes zu ermitteln und die Seuche zu tilgen. Es erfolgten mehrere Seuchenausbrüche. Er konnte 14 Zerlegungen ausführen; sie ergaben alle mehr oder weniger dasselbe Bild. Scharfe Maßregeln wurden durch-

geführt. Zur Tilgung des Schadens hat der Staat 50 000 Pfund Sterling sichergestellt. 　　　　　Henkels.

**Schutzimpfung.** di Domizio (3) verwendet zur Schutzimpfung gegen die Rinderpest nicht das Serum hyperimmuner Rinder, sondern das Blut derselben, dem Oxalsäure und Karbolsäure zugesetzt wird. Die Dosis beträgt 30—80 g Blut gegen 20—50 ccm Serum. 　　　　　　　　　　　Frick.

di Domizio (2) hat die von Schein angegebene Modifikation der Schutzimpfung gegen Rinderpest nach Kolle und Turner in Somaliland einer Prüfung unterzogen und kommt zu dem Schluß, daß sich das Verfahren für Somaliland nicht bewährt hat. 　　　　　　　　　　　Frick.

van Saceghem (7) nimmt Stellung gegen Schein und Jacotot, die mit der Rinderpestimpfung in Annam nicht die gleichen guten Erfahrungen gemacht haben wie v. S. in Afrika (Kongo). Der Hauptfehler, den Schein und Jacotot begangen haben, liegt in der Verwendung von Kälbern zur Gewinnung des Impfstoffes; alle Tiere sind der Immunisierung erlegen, haben also niemals einen Impfstoff mit genügend abgeschwächter Virulenz liefern können. Ferner hat es den Anschein, als sei das bei der Immunisierung der Impftiere verwandte Immunserum nicht hochwertig genug gewesen. 　　　　　　　　　　　C. Reinhardt.

Hornby und Hall (5) kommen auf Grund experimenteller Untersuchungen über Rinderpestimmunität zu der Anschauung, daß ein Unterschied gemacht werden muß zwischen dem Begriff: Empfänglichkeit als Gegensatz zur Immunität und dem Begriff Resistenz = Widerstandskraft des Organismus, nachdem das Virus bereits im Körper Angriffspunkte gefunden hat. Die Empfänglichkeit für Rinderpest ist nahezu konstant und ohne Einfluß auf den Verlauf der Erkrankung; es sollte daher besser statt von „geringer Empfänglichkeit" von „hoher Resistenz" gesprochen werden. Diese Konstanz der Empfänglichkeit gestattet — besonders für Zwecke einer Hyperimmunisierung — die Bestimmung von Viruskonzentrationen durch Ermittlung der kleinsten infektiösen Dosis. 　　　　　　　　　　　C. Reinhardt.

## 2. Milzbrand.

*1) Beitl, H.: Versuche zur Differenzierung von Milzbrand- und milzbrandähnlichen Bazillen. Diss. Wien 1923/24. — *2) Bierbaum, K. und W. Krause: Über das Vorhandensein von Milzbrandpräzipitinogen in der Haut gegen Milzbrand schutzgeimpfter Rinder. Arch. f. wiss. Tierhlk. Bd. 52, S. 572—575. — *3) Boca, C.: Die Feststellung des Milzbrandes durch die schnelle Färbungsmethode nach Giemsa-Foth. Inaug.-Diss. Bukarest. — *4) Burke, V. und E. A. Rodier: Value of dyes in the treatment of anthrax septicemia. J. Am. Vet. Med. Assoc. Bd. 68, Nr. 2, S. 232—235. — *5) Buzna, D.: Die Unterscheidung des vollvirulenten Milzbrandbazillus von dem mitigierten (Vakzine-) Varietäten auf verschiedenen Kohlenhydratnährböden. Zschr. f. Infekt. Krkh. d. Haust. Bd. 28, S. 267—276. — *6) Csontos, Jos.: Impfzufälle bei Milzbrandimpfungen Allat. Lapok S. 199—200. — 7) Demnitz und Weyrauch: Gibt es ein allgemeingültiges Verfahren zur Begünstigung der Sporenbildung beim Milzbrand. D. t. W. Bd. 33, S. 417—418. (Nein.) — *8) Eichhorn, A.: New phases in the control of anthrax through vaccination. J. Am. Vet. Med. Assoc. Bd. 68, Nr. 3, S. 275—283. — *9) Fraenkel, Eug.: Über Inhalationsmilzbrand. Virch. Arch. Bd. 254, S. 363 bis 378. — *10) Gallermann, A.: Zur Differentialdiagnose von Milzbrand- und milzbrandähnlichen Sporenträgern mittels bluthaltiger Nährböden. Zbl. f. Bakt. (Orig.) Bd. 96, H. 7/8, S. 419—427. — *11) Ghinea, J.: Der Milzbrand beim Maultier. Inaug.-Diss. Bukarest. — 12) Gobbetti, A.: Un altro caso di guarigione spontanea di carbouchio ematico vaccinale mi bovini. (Spontanheilung von Impfmilzbrand bei Rindern.) Clin. vet. S. 596. — 13) Hobday, F.: The value of collaboration between the medical and veterinary profession for the eradication of anthrax and tuberculosis. Vet. Rec. Bd. 5, S. 500—503. — *14) Katzu: Bakteriophagenähnliche Erscheinungen bei Milzbrand. Zbl. f. Bakt. (Orig.) Bd. 96, H. 5/6, S. 281—283. — *15) Derselbe: Versuche über die Infectionsfähigkeit des Milzbrandbazillus. Ebendas. Bd. 94, H. 3/4, S. 165—176. — *16) Lanfranchi, L. und D. Casalotti: Cuti- e intratesticolare infezione nel carbouchio ematico. (Infektion von der Haut und vom Hoden aus beim Milzbrand.) Nuova Vet. S. 125. — *17) Lignières, J.: Los nuovos conocimientos adquiridos en materia de tratamiento Sueroterapico del Carbundo Humano. (Neue Kenntnisse in der serotherapeutischen Behandlung des Milzbrandes. Rev. Zootecnica 1924, H. 135, S. 359—364. — *18) Loperfido: Di un caso di guarigione spontanea di carbouchio ematico in unavacca. (Spontanheilung des Milzbrandes bei einer Kuh.) Clin. vet. S. 314. — *19) Marchiosotti, Alfredo C. und Emilio A. Mettler: Acción del organismo sobre el bacilo del Carbunclo virulento y atennado. (Die Wirkung des Organismus auf virulente und abgeschwächte Milzbrandbazillen.) Rev. de la Fac. de Med. Vet. La Plata Bd. 1, Nr. 3, S. 5—14. — *20) Michalka, J.: Beitrag zur Argochromtherapie. Arch. f. wiss. Tierhlk. Bd. 53, S. 248—253. — 21) Möller Sórensen, Aage: Et Tilfolde af Miltbrandsinfektion hos Menneske. (Ein Fall von Milzbrandinfektion beim Menschen. Maan. for Dyrl., Bd. 37, S. 205—208.) (Heilung.) — 22) Monod und Velu: Intradermovaccination en un temps contre le charbon bactéridien, résultats pratiques au Maroc en 1924. Rec. de M. vét. Bd. 101, S. 4. — *23) Möslinger, A.: Über die Wirkung des Argochroms auf Milzbrandbazillen in vitro. Diss. Wien 1924/25. — *24) Nitzulescu, G.: Versuche über die Vakzination gegen den Milzbrand durch mit Formol behandelte Kulturen. Inaug.-Diss. Bukarest. — 25) Reinstorf, A.: Ist in der Haut von Rindern, die gegen Milzbrand schutzgeimpft sind, Milzbrandantigen durch die Ascolireaktion nachweisbar? Arch. f. wiss. Tierhlk. Bd. 52, S. 576—577. (Negativ.) — *26) Sachelarie, V.): Etude comparative sur l'immunité par la vaccination anticharbonneuse pratiquée par inoculation dans la peau et par la vaccination pasteurienne classique, chez les bovins. Rev. gén. de M. vét. Bd. 34, S. 229 bis 240. — *27) Sani, L.: Sul carbonchio sperimentale nel cane. (Experimenteller Milzbrand beim Hunde.) Clin. vet. S. 485—503. — *28) Singer, E.: Milzbrandstudien. Zschr. f. Immun. Forsch. Bd. 45, H. 1, S. 12—26. — *29) Soituz, V.: Die intradermische Serovakzination gegen Milzbrand beim Pferd. Inaug.-Diss. Bukarest. — *30) Somogyi, Stef.: Lehren aus einer Milzbrandenzootie. Állategészségügy S. 1—4. — *31) Standfuß, R. und Fr. Schnauder: Das Kaltauszugverfahren bei der Milzbrandpräzipitation. Zbl. f. Bakt. (Orig.) Bd. 95, H. 1, S. 61—67. — *32) Strößner, E.: Über Milzbrandimmunität und Milzbrandschutzimpfung. Seuchenbekämpfung Bd. 2, H. 1—2, S. 79—90. — *33) Tottire-Ippoliti, P. und M. Fabbri: Ancora sulla conservazione in paraffina di materiale carbonchioso a scopo diagnostico. (Aufbewahrung von Milzbrandmaterial in Paraffin für diagnostische Zwecke.) Nuova Vet. S. 213—216. — *34) Vass, St.: Über die Schutzimpfung gegen Milzbrand. Állat. Lapok S. 202 bis 205. — *35) Wigotschikoff, G.: Die Hautvakzination gegen Milzbrand. Zschr. f. Immun. Forsch. Bd. 42, H. 2, S. 105—112. — 36) Zeruhn, W.: Ein atypischer Milzbrandfall bei einem Pferde. Diss. Hannover und D. t. W. Bd. 33, S. 103—104. (Auszug.) — *37) Ergebnisse der Statistik über Milzbrandfälle für das Jahr 1923. Mediz.-Statist. Mitt. a. d. Reichsgesundheitsamte 22. Vöff. Reichs-Ges. A. Bd. 49, S. 48.

**Diagnose.** Tottire-Ippoliti und Fabbri (33) haben Milzbrandmaterial 14 Tage bzw. 1 Jahr lang in Paraffin aufbewahrt und dann serologisch, kulturell und mittels Impfung geprüft und kommen zum Schluß: 1. Paraffin ist für frische Organstücke und für diagnostische Zwecke ein gutes Konservierungsmittel. 2. Leber, Milz, Blut halten sich in Paraffin 14 Tage lang fast unverändert. 3. Nach 1 jähriger Aufbewahrung sind die unter 2 genannten Stoffe zwar beträchtlich verändert, aber für diagnostische Zwecke (Thermopräzipitation) noch hinreichend geeignet. Frick.

Boca (3) berichtet über die Färbungsmethode Giemsa-Foth.

Die Methode wurde vom 1. Januar 1923 bis 31. Juli 1925 zur Feststellung des Milzbrandes an der tierärztlichen Fakultät in Bukarest verwendet. Die zu untersuchenden Organe stammten aus dem ganzen Lande und wurden von den Tierärzten gesandt. Es wurden insgesamt 1770 Proben gesandt, davon handelte es sich aber in 772 Fällen um keinen Milzbrand. Bei den übrigen 998 Proben war in 535 Fällen die Verwendung der Giemsa-Foth-Methode nicht möglich, da man keine mikroskopischen Präparate machen konnte, so daß nur 463 Proben durch diese Färbungsmethode untersucht wurden. B. kommt nach diesen Untersuchungen zu den folgenden Schlüssen: 1. Die schnelle Färbungsmethode Giemsa-Foth ist sehr einfach und kann ohne Schwierigkeiten von den Tierärzten in der Praxis außerhalb der bakteriologischen Institute und Laboratorien verwendet werden. 2. Die Methode gibt schöne Bilder, die sich gut durch den Kontrast und die Präzision der Färbung unterscheiden. Insbesondere wichtig ist die Tatsache, daß die in Auflösung begriffenen oder die schon aufgelösten Bazillen sich durch das Vorhandensein der leeren, durch die Metachromasie rotgefärbten Kapseln leicht erkennen lassen. 3. Doch wird man in den Fällen älterer, verfaulter Proben nicht immer eine sichere Diagnose durch die mit der Lösung Giemsa-Holborn gefärbten Präparate stellen können, sondern vielfach ist es noch nötig, eine andere Methode zu verwenden und speziell diejenige der Thermopräzipitine. 4. Die Zeit, in der man noch die Kapseln in den Kadaverpartien finden kann, ist von dem Grad der Fäulnis abhängig und daher sehr variabel. 5. Wenn man das zu untersuchende Material frisch und gut erhalten ist, so daß die Destruktion der Bazillen verhindert ist, wird die schnelle Färbungsmethode nach Giemsa-Foth zur Feststellung der Diagnose des Milzbrandes allein ausreichen. Constantinescu.

Gallermann (10) hat die Verwendbarkeit bluthaltiger Nährböden zur Differentialdiagnose von Milzbrand und milzbrandähnlichen Sporenträgern nachgeprüft.

Echter Milzbrand zeigt beim Wachstum auf Blutnährböden (Blutagarplatte und Blutbouillon) nur schwache blutauflösende Eigenschaften und macht die Blutplatte in der Umgebung seiner Kolonie nur transparent, während milzbrandähnliche und verwandte apathogene Sporenträger auf Blutnährböden das Blut schneller und kräftiger lösen; sie bilden auf der Blutplatte breite, scharf abgesetzte, völlig durchsichtige Höfe.

Die Unterschiede zwischen echten Milzbrandbazillen einerseits und milzbrandähnlichen sowie nahestehenden Sporenträgern (wie Bac. mesentericus) andererseits, treten am deutlichsten zutage nach 16- bis 24stündiger Bebrütung auf der 5proz. Blutagarplatte. Nach 16 Stunden haben die letzteren bereits starke hämolytische Höfe gebildet, Milzbrand dagegen nicht. Nach 36stündiger Bebrütung verwischen sich die Unterschiede, wenn auch bei Milzbrand nur eine transparente, unscharf begrenzte Aufhellung zu beobachten ist, im Gegensatz zu den scharf begrenzten, vollständig aufgehellten Zonen bei milzbrandähnlichen Bazillen und Bac. mesentericus. Auf den zeitlichen Ablauf der Blutlösungsvorgänge ist größtes Gewicht zu legen. Aus der Nichtbeachtung dieser Verhältnisse erklären sich vermutlich zum Teil auch jene Angaben (Baerthlein, Krogh, Sobernheim u. a.), die dem Milzbrand blutlösende Eigenschaften zuschreiben. Schumann.

Standfuß und Schnauder (31) berichten über ihre Erfahrungen mit dem Kaltauszugverfahren bei der Milzbrandpräzipitation.

An einem Material von 31 milzbrandkranken und 93 nicht milzbrandkranken Tieren, das teilweise länger als 2 Jahre aufbewahrt war, hat sich die Auslaugung in der Kälte, wie sie zur Untersuchung von Milzbrandhäuten angewendet worden ist, auch bei Untersuchungen von Milz, Blut und anderen Gewebsteilen als ein sicheres, billiges und einfaches Verfahren zum Nachweise des Milzbrandes bewährt; es führte in allen Fällen zu sicher arbeitenden und klaren Auszügen. Nach 4stündiger Auslaugung im Eisschrank waren auch in sehr schwachen Lösungen für den Ascoli genügende Antigenmengen enthalten, Nebenringe wurden auch bei stärkeren Lösungen nicht beobachtet. Als zweckmäßige Arbeitsweise empfiehlt sich ein Mischungsverhältnis von 0,05 g Organ mit 3,0 ccm Karbolkochsalzlösung als Auslaugungsmittel; das heißt ein etwa reiskorngroßes Stück wird in einem etwa zu einem Drittel mit Karbolkochsalzlösung gefüllten A-Röhrchen mindestens 4 Stunden im Eisschrank ausgelaugt, leicht geschüttelt und 10 Minuten bei 3000 Umdrehungen in der Minute ausgeschleudert. Der klare Auszug ist ohne weiteres für die Ascoliprobe verwendbar. Schumann.

**Bakteriologie.** Katzu (15) hat die Besredkaschen Versuche über die Infektionsfähigkeit des Milzbrandbazillus nachgeprüft und ergänzt, insbesondere konnte festgestellt werden, daß bei Laboratoriumstieren eine Infektion auch ohne Hauteinpflanzung der Bakterien gelingen kann. Im übrigen konnte aber die Besredkasche Beobachtung bestätigt werden, daß der Milzbrand in der Haut des Meerschweinchens leicht und sicher haftet. Es läßt sich danach als sicher annehmen, daß die Infektionen, falls sie erfolgreich sein sollen, auf ganz bestimmte Körperstellen treffen müssen. Schumann.

Eine Unterscheidung des vollvirulenten Milzbrandbazillus von den mitigierten (Vakzine-) Varietäten auf verschiedenen Kohlenhydratnährböden nach der Magnussonschen und der Barsiekowschen Methode gelang Buzna (5) bei den von ihm untersuchten Milzbrandstämmen. Stämme, die von Impfunfällen herrührten, zeigten ein verschiedenes Verhalten. Joest und Cohrs.

Beitl (1) hat versucht, durch vergleichendes Studium der Eigenschaften der echten Milzbrand- sowie der sog. milzbrandähnlichen Bazillen Anhaltspunkte zu deren Unterscheidung zu finden. Seine Ergebnisse sind folgende:

Milzbrandstäbchen erscheinen in gefärbten Ausstrichen kurz, plump, mit gerade abgestutzten Enden und zeigen lange Kettenverbände. — Milzbrandähnliche Stäbchen sind schlanker, haben konvex abgerundete Enden und zeigen kürzere Verbände. Beide besitzen eine Kapsel und bilden Sporen. Milzbrandbazillen wachsen in Agar- und Gelatinestichkulturen zu langen, unverzweigten Fäden aus, die haarlockenförmig gedreht sind. — Milzbrandähnliche bilden kurze, gerade Fäden, die sich stark verästeln. Milzbrandbazillen verflüssigen die Gelatine weniger rasch als milzbrandähnliche. Milzbrandoberflächenkulturen zeigen eine ausgesprochenere Lockenbildung als milzbrandähnliche. Milzbrandbazillen bilden keine Hämolysine. — Milzbrandähnliche bewirken starke Hämolyse. Milzbrandbazillen sind pathogen, milzbrandähnliche nicht. Milzbrandbazillenextrakte werden durch Milzbrandantiserum stärker und rascher als Extrakte milzbrandähnlicher Bazillen präzipitiert. Trautmann.

Marchisotti und Mettler (19) vertreten über die Wirkung virulenter und abgeschwächter Milzbrandbazillen auf den Körper folgende Anschauung.

1. Virulente Milzbrandkeime töten die befallenen Tiere, sie sind im Kadaver nachweisbar.

2. Abgeschwächte Milzbrandkeime können im Kadaver nachweisbar sein, ohne daß sie für den Tod des Tieres verantwortlich zu machen sind. Für kleine Versuchstiere sind sie avirulent.

3. Werden in Kadavern wenig virulente Milzbrandkeime festgestellt — besonders nach Impfungen —, so sind genaue Untersuchungen erforderlich, ehe man die Todesursache dem Impfstoff zuschreiben darf.

4. Die Immunität eines Tieres beruht nicht darauf, eingeimpfte Milzbrandbazillen avirulent zu machen. Ruppert.

Möslinger (23) hat über die Wirkung des Argochroms auf Milzbrandbazillen in vitro folgendes Urteil:

Die vegetativen Formen des Milzbrandbazillus werden von 3—0,5proz. Argochromkonzentrationen innerhalb 16 Stunden, die Dauerformen jedoch erst nach 8tägiger Einwirkung von 4—5proz. oder nach 12tägiger Einwirkung von 2proz. bis 1prom. Argochromlösungen abgetötet, während die Einwirkung des strömenden Wasserdampfes in der Dauer von 6 Minuten genügt, um eine Abtötung der Milzbrandsporen zu erzielen. Argochrom wirkt sehr stark entwicklungshemmend, sowohl auf die vegetativen, wie auf die Auskeimung der Dauerformen der Milzbrandbazillen. Die vegetativen Formen zeigen bei Argochromkonzentrationen von 1:1000—4000 totale, bei 1:5000 bis 10 000 noch eine sehr starke Hemmung. Selbst bei 1:100 000—200 000 ist noch ein geringgradiger Einfluß des Farbstoffes auf die Bazillen zu konstatieren. Die Dauerformen werden bei Argochromkonzentrationen von 5⁰/₀—1⁰/₀₀ total, bei 1:2000—4000 noch sehr stark in ihrer Auskeimung gehemmt. Ab 1—5000 bis 50 000 ist eine im Verhältnis zur Farbstoffmenge immer schwächer werdende Hemmung zu konstatieren. Bei 1:100 000 erlischt jeder Einfluß des Farbstoffes auf die Milzbrandsporen. Mit 2—0,5proz. Argochromlösungen genügt eine Einwirkungsdauer von 5 bis 10 Minuten, um eine starke Entwicklungshemmung hervorzubringen. Die Milzbrandbazillen weisen nach Einwirkung von Argochrom morphologisch nur geringgradige Veränderungen auf. Auf Grund der Ergebnisse der Versuche in vitro erscheint die Hoffnung auf eine heilbringende Wirkung des Argochroms bei Milzbranderkrankungen der Haustiere und des Menschen für berechtigt. Trautmann.

Katzu (14) beschreibt eine Lochbildung in alten Milzbrandschrägagarkulturen, die auf eine bakteriophage Wirkung zurückgeführt wird. Als Veranlassungsursache dieser eigentümlichen bakteriophagen Erscheinung muß die übliche Abschwächungstemperatur von 42° betrachtet werden. Schumann.

**Pathologie.** Lanfranchi e Casalotti (16) impften Meerschweinchen mit Milzbrandkulturen von der Unterhaut aus; sie starben nach 25—48 Stunden. Sie legten dann die Hoden frei und injizierten Milzbrandkulturen in diese und tuschierten die Stichstellen mit dem Glüheisen. Alle so geimpften starben. Schließlich exstirpierten sie 15—10 und 5 Minuten nach der Injektion in die Hodendrüse, und die Tiere starben auch in kurzer Zeit. L. u. C. schließen, daß der Hoden als Infektionsstelle im Sinne von Besredka mindestens denselben Wert hat wie die Haut. Frick.

Sani (27) hat die Behauptung von Besredka u. a., daß die Empfänglichkeit der einzelnen Organe bzw. Gewebe sehr verschieden sei, so daß Milzbrandinfektionen unter Umständen nur von einem bestimmten Gewebe aus gelängen, an einer größeren Anzahl von Hunden geprüft und kommt zu folgenden Schlüssen:

1. Injektion von Milzbrandbazillen in die Hoden des Hundes sind die sicherste Methode, tödlichen Milzbrand zu erzeugen.

2. Auf die Hoden folgt das Muskelgewebe in bezug auf Empfänglichkeit.

3. Intrakutane, subkutane, intravenöse, intrapleurale und intraperitoneale Injektionen sind kaum fähig, Milzbrand zu erzeugen.

4. Jede Injektion, wenn sie nicht tödlich wirkt, erzeugt Immunität

5. Das klinische und pathologisch-anatomische Bild des Impfmilzbrandes beim Hunde weicht von dem bei anderen Tieren wesentlich ab. Es zeigt den Charakter einer schweren Lokalinfektion, aber nicht den einer Septikämie. Frick.

Ghinea (11) berichtet über den Milzbrand beim Maultier. Es wurden 13 Fälle beobachtet; auf Grund davon kommt G. zu den folgenden Schlüssen:

1. Die Maultiere sind ebenso empfänglich gegenüber dem Milzbrand wie die Pferde. Die Krankheit gestaltet sich klinisch und anatomo-pathologisch fast genau so wie beim Pferd, mit der Dominierung der supraakuten Formen.

2. Das vom Pferde gewonnene Milzbrandserum ist weniger wirksam bei dem Maultier. Die Heilung erfolgt langsamer und nicht in allen Fällen.

3. Die Serovakzination mit demselben Serum und Kulturen gibt eine weniger dauerhafte Immunität als bei den sich unter denselben Bedingungen befindenden Pferden.

4. Maultiere, die dreimal im Verlaufe eines Jahres mit Serovakzin behandelt wurden, haben im Fall von Reinfektion eine sich langsam entwickelnde Krankheit durchgemacht (4—14 Tage).

5. Die Pasteursche Vakzination gibt eine stärkere aktive Immunität als bei den Pferden. Bei den durch diese Methode immunisierten Pferden hat man 2 Jahre lang den Milzbrand nicht mehr beobachtet.

6. Von den Kadavern der erkrankten und mit Serum behandelten Maultiere hat man keine Milzbrandbazillen isolieren können, und die Ascolische Thermoreaktion war schwach und nicht immer vorhanden. Constantinescu.

Singer (28) stellte an Kaninchen und Meerschweinchen Milzbrandstudien an, wobei er sein Hauptaugenmerk auf die Wirkung des Aggressins, das Verhalten des Reticuloendothels bei der Infektion und auf die Beobachtung von den durch die Infektion bedingten primären Organveränderungen lenkte. Über die Ergebnisse bringt er folgende Zusammenfassung:

Der Angriffspunkt der spezifisch infektionserleichternden Wirkung des Milzbrandaggressins liegt innerhalb der histiozytären Zelle. Die Aufnahme der Bazillen durch die Zellen aus dem strömenden Blut wird nicht behindert, ebensowenig wirkt das Aggressin als Wachstumsreiz.

Das Reticuloendothel im engeren Sinne spielt für die Abwehr der Milzbrandinfektion eine wichtigere Rolle als die im Bindegewebe zerstreuten Histiozyten.

Die histologisch erkennbaren Veränderungen am vital gefärbten histiozytären Zellapparat milzbrandgestorbener Tiere sind gering.

Am milzbrandgefallenen Tier findet man histologisch leicht nachweisbare Schädigungen der Nebenniere, von denen das Schwinden der Chromierbarkeit am auffallendsten ist. Krage.

**Behandlung.** Nach Michalka (20) besitzen wir im Argochrom ein ausgezeichnetes Mittel zur Bekämpfung der Milzbrandsepsis, das auch bei anderen septischen Prozessen sich bewähren dürfte; leider steht der allgemeinen Einführung sein schädigender Einfluß auf die Gefäßwand im Wege. Weber.

Burke und Rodier (4) kommen bei ihren Versuchen der Behandlung des Milzbrandes bei Schafen mit Farblösungen zu ermutigenden Resultaten. Sie empfehlen die Verwendung intravenöser Einspritzungen von wäßrigem Gentiana-Methylviolett und von Acreflavin-Salzlösungen. 1 g Farbe wird in 100 ccm Wasser gelöst. 7 mg pro Kilogramm Körpergewicht stellt die Höchstdosis dar. Wiederholung erst nach Ablauf von 48 Stunden angezeigt. Acreflavin gibt bei subkutaner Applikation gewöhnlich Ödeme und Nekrosen. Die Autoren geben den Violettlösungen den Vorzug. Hobmaier.

**Schutzimpfung.** Wigotschikoff (35) stellte an Meerschweinchen und Kaninchen Versuche über Hautvakzination gegen Milzbrand an.

Es gelang nicht, bei Meerschweinchen Immunität gegen Milzbrand nach der Methode der Hautvakzination zu erzeugen. Es war aber möglich, Kaninchen ohne Hilfe der Haut mit Milzbrand zu infizieren, indem 0,02 ccm Milzbrandkultur in die Lunge inokuliert wurde. Demnach scheint die Unempfänglichkeit der inneren Organe bei Kaninchen in direktem Zusammenhang mit der Quantität des eingeführten Virus zu stehen. Krage.

Eichhorn (8) bringt seine Erfahrungen bei der Schutzimpfung gegen Anthrax.

Die früher geübte Pasteursche Immunisierung gegen Anthrax gibt praktisch unzureichende Resultate. Schuld daran ist die geringe Haltbarkeit und Zersetzung des Impfstoffes bei Zimmertemperatur sowie sein Versagen bei höherer Virulenz des Bazillus oder Schwächung des Individuums durch andere Umstände. Er stellte eine unbegrenzt haltbare Glyzerin-Kochsalz-Sporen-Vakzine her, deren Titer sich ziemlich genau ermitteln ließ. Gleichzeitig wurde eine Art Sobernheim-Serum verwendet. Diese Simultanimpfung bewährte sich im allgemeinen, doch traten auch hier in besonders gefährdeten Gegenden Impfverluste ein. Der Impfschutz wächst mit der Größe der lokalen und allgemeinen Reaktion (zirkumskriptes Ödem am Hals, diffuses Ödem, Fieber; Dauer 23 Tage). Der Impfschutz währte 3 Monate und darüber. 50 000 Dosen seiner Vakzine wurden verwendet. Sie riefen bei 95% der geimpften Tiere Reaktionen hervor. Rinder reagierten gewöhnlich lokal, Maultiere hingegen stark, mit hohem Fieber, Freßunlust und ausgebreitetem Ödem. Ähnlich Pferde. Hier auch Impfverluste ($^1/_4$—1%). Sie fallen gegenüber dem Nutzen der Impfung nicht ins Gewicht. Hobmaier.

Lignières (17) erkennt für die serotherapeutische Behandlung des Milzbrandes nur das

spezifische Serum an und fordert die Kontrolle desselben. Ruppert.

Vass (34) empfiehlt zur Schutzimpfung gegen
Milzbrand in stärker verseuchten Gebieten statt der
Impfung mit den zwei Vakzinen Pasteurs die Anwen-
dung von Vakzinen in dreierlei Stärken, wodurch die
Immunität höher getrieben werden kann. Manninger.

Csontos (6) stellte Versuche an zur Erklärung der
Impfzufälle bei Milzbrandimpfungen mit vorschriftsmäßigen Impfstoffen.

Da Impfzufälle möglicherweise bedingt sein können
durch die Herabsetzung der normalen Widerstandsfähigkeit der Impflinge zufolge einer Änderung im
Chemismus des Tierkörpers, beispielsweise bei unzweckmäßiger Fütterung, so spritzte er Kaninchen
mehrere Tage hindurch Essigsäure (insgesamt 0,60 bis
1,55 g) oder Milchsäure (0,09—0,25 g) unter die Haut,
um den Chemismus des Kaninchenkörpers störend zu
beeinflussen und hierdurch die Widerstandsfähigkeit
der Tiere gegenüber Pasteurscher Milzbrandvakzine I
herabzusetzen. Das Ergebnis war negativ, die Kaninchen vertrugen die Vakzine anstandslos, deshalb meint
Verf., die Säuerung des Organismus sei ungenügend
gewesen. Manninger.

Somoqyi (30) berichtet über Erfahrungen, die er
gelegentlich einer größeren Milzbrandenzootie
unter Rindern gesammelt hat.

Sie lassen sich dahin zusammenfassen, daß die
gewöhnliche Schutzimpfung nach der Methode Pasteurs in überaus stark infizierten Gebieten keinen
hinlänglichen Schutz gewährt. Durch intravenöse Verabreichung von Milzbrandimmunserum in großen Dosen
(über 100 ccm), evtl. wiederholt, läßt sich die Mehrzahl
der erkrankten Tiere retten. Es sollen die großen
Dosen selbst dann nicht dosi refracta gegeben werden,
wenn die Gefahr einer Anaphylaxie besteht. Bessert
sich der Zustand der Kranken auch nach einer zweiten
Serumgabe nicht, so ist dies ein prognostisch un-
günstiges Zeichen. Dieselbe Bedeutung hat Abgang
blutigen Stuhles. Manninger.

Strößner (32) bespricht kritisch die neueren Forschungen und Beobachtungen auf dem Gebiete der
Milzbrandimmunität und Milzbrandschutzimpfung. Empfehlung des Sobernheimschen Verfahrens. Schumann.

Auf Grund seiner Untersuchungen kommt Sachelarie (26) zu dem Ergebnis, daß die intrakutane
Immunisierung der Rinder gegen Milzbrand am
sichersten eine Immunität verleiht. Insbesondere
konnte dargetan werden, daß die Rinder gegen die Infektion auf natürlichem Wege (experimentell durch Verfütterung von Sporen an Rinder mit künstlich gesetzten
Wunden im Verdauungstraktus) sicher geschützt waren.
C. Reinhardt.

Loperfido (18) impfte 8 Kühe gegen Milzbrand präservativ. 7 konnten durch intravenöse
Gaben von Milzbrandantiserum schnell geheilt werden,
während die 8. wegen Serummangel unbehandelt blieb.
Sie erkrankte schwer an Milzbrand, erholte sich aber am
10. Tage und genas. Frick.

Nitzulescu (24) berichtet über die Vakzination
gegen Milzbrand durch mit Formol behandelte Kulturen. Es wurde an weißen Mäusen,
Kaninchen und Pferden experimentiert. N. kommt
zu den folgenden Schlüssen:

1. 24 Stunden alte Milzbrandkulturen werden durch
3 prom. Formollösung nach 30—35 Stunden sterilisiert.

2. Das Formol, in 3—5 prom. Lösung, hält die Milzbrandbazillen in demselben Zustand, in dem sie sich
befanden.

3. Das Formol schwächt den Milzbrandbazillus
nicht ab, sondern tötet ihn. Die mit Formol behandelten Sporen sind aber für die Kaninchen ebenso
virulent wie die nicht mit Formol behandelten Bazillen und scheinen noch virulenter für die weiße
Maus zu sein.

4. Die Bouillonkulturen und die aus Agarkulturen
hergestellten Emulsionen, auf die das Formal und die
Hitze länger gewirkt haben, sind für den Organismus
unschädlich, sie erzeugen jedoch keine Immunität.

5. Die Milz von den an Milzbrand erkrankten
Kaninchen, titriert und länger unter der Wirkung des
Formols und der Hitze gehalten, wird ein gutes Antigen
und erzeugt, als Impfstoff verwendet, eine Immunität
gegen Milzbrand beim Kaninchen.

Damit hat Verf. den Weg für neue Untersuchungen
eröffnet, die an Pferden durchgeführt werden können,
da er grosso modo gezeigt hat, daß die mit Formol
behandelte Milzemulsion von an Milzbrand erkrankten
Tieren bei Kaninchen Immunität erzeugt.
Constantinescu.

Soituz (29) berichtet über die Verwendung der
Serovakzination gegen Milzbrand nach Sobern-
heim beim Pferde durch intradermische
Impfung.

Da in Rumänien die meist verwendete Methode
für die Immunisierung gegen den Milzbrand die Serovakzination nach Sobernheim ist, hat S. untersucht,
ob nicht diese Methode noch bessere Resultate durch
intradermische Impfung geben kann. Es wurde an
33 Pferden experimentiert. S. kommt zu den folgenden
Schlüssen:

1. Durch die intradermische Serovakzination gegen
den Milzbrand beim Pferd wird eine stärkere Immunität
als die durch subkutane Impfung erzielt.

2. Die Haut in der Mitte des Halses ist die beste
Körpergegend für die Impfung.

3. Das Serum kann subkutan geimpft werden, wodurch die Einverleibung rascher geht, während die Resultate gleich bleiben.

4. Wenn man die Konzentration des Vakzins vergrößert, kann die Dosis im Verhältnis vermindert
werden. Unter dieser Voraussetzung kann die Methode
leicht in die Praxis eingeführt werden.

5. Die Überlegenheit der Methode ist nur dann
sicher, wenn die Technik sorgfältig durchgeführt ist.
Constantinescu.

Nach Bierbaum und Krause (2) bildet sich in der
Haut von Rindern, die der zweimaligen Milzbrandschutzimpfung nach Pasteur unterzogen wurden,
kein spezifisches Präzipitinogen in mit der Ascoliprobe
nachweisbarer Menge, auch nicht in der Haut der Impfstelle selbst. Weber.

**Milzbrand beim Menschen.** Im Jahre 1923 wurden nach der Statistik über Milzbrandfälle beim
Menschen (37) 106 Milzbranderkrankungen festgestellt, von denen 14 (13,2%) tödlich verliefen.

Von den Milzbrandfällen waren zurückzuführen 51
(48,1%) mit 5 Todesfällen auf Ansteckung infolge Berührung mit milzbrandkranken Tieren, 47 (44,3%) mit
8 Todesfällen auf den Handel und Verkehr mit milz-
brandverdächtigen Stoffen tierischer Herkunft oder
auf eine gewerbliche Bearbeitung dieser Stoffe. In
8 Fällen (7,6%) mit 1 Todesfall blieb die Ansteckungs-
quelle unbekannt. Mit der Ausübung des Berufs
standen die Erkrankungen in Zusammenhang bei
91 Personen, von denen 13 gestorben sind. Insbesondere
wurde bei ihnen die Krankheit übertragen: bei Notschlachtungen auf 38 Personen (davon sind 5 gestorben),
durch Berührung mit Fleisch notgeschlachteter Tiere
auf 1 (0), bei der Wartung lebender Tiere auf 2 (0),
beim Hantieren mit Kadavern gefallener Tiere auf

4 (0), bei der Beförderung und Lagerung von Fellen und Häuten und beim Handel mit solchen auf 12 (5), in Gerbereien auf 25 (2), in Roßhaarspinnereien auf 6 (0), in Pinselfabriken auf 1 (0), in Tierhaarlagern auf 1 (0) und in Wollkämmereien auf (1).

H. Zietzschmann.

Fraenkel (9) berichtet über Inhalationsmilzbrand beim Menschen und schlägt vor, die Bezeichnung Inhalationsmilzbrand, nicht Lungenmilzbrand zu wählen, da die Erkrankung immer von den Luftwegen aus zustande kommt. Eine Lieblingsstelle der Milzbrandherde scheinen die Bifurkation und die angrenzenden Abschnitte der Hauptbronchien zu sein.

Joest und Cohrs.

## 3. Rauschbrand.

*1) Dobrovoczky, Jos.: Geheilter Fall von Rauschbrand. Allat. Lapok S. 258. — 2) Foth, H.: Rauschbrand und Rauschbrandschutzimpfungen. D. t. W. Bd. 33, S. 205—206. Vortrag 88. Naturforschervers. in Innsbruck. — *3) Kopek, E.: Heilung von Rauschbrand durch Yatren. Allat. Lapok S. 191—192. — *4) Leclainche und Vallée: L'immunisation contre le charbon symptomatique. Rev. gén. de M. vét. Bd. 34, S. 293—301. — *5) Schleich, A.: Zur Frage der Resistenz der Rauschbrandsporen gegen Fäulnis. Diss. Hannover und D. t. W. Bd. 33, S. 502 bis 505. (Auszug.) — *6) Scott, J. P.: Recent investigations on blackleg immunization. J. Am. Vet. Med. Assoc. Bd. 67, Nr. 5, S. 623—631. — *7) Wagener, K.: Die Diagnose des Rauschbrandes. D. t. W. Bd. 33, S. 351—352; Arch. f. wiss. Tierhlk. Bd. 52, S. 73—179 und Diss. Hannover. — *8) Zanolli, Carlos und Alfredo Sordelli: Identidad del carbundo sintomático y de la mancha. (Identität von Rauschbrand und Mancha.) Rev. Soc. Med. Vet. H. 5/6, S. 372—380. — *9) Zeller: Die Schutzimpfung gegen Rauschbrand mit Rauschbrandkulturfiltraten. Arb. Reichs-Ges. A. Bd. 56, S. 275; B. t. W. Bd. 41, S. 25. — 10) Die Rauschbrandschutzimpfungen in Bayern im Jahre 1924. M. t. W. Bd. 76, Nr. 39, S. 849 bis 854. (Statistisches; sehr gute Resultate.)

**Diagnose.** Wagener, K. (7) zeigt in seiner Arbeit, wie sich eine dem heutigen Stande der Wissenschaft entsprechende Diagnose des Rauschbrandes zu gestalten hat. Weber.

Nach Schleich (5) übt die Fäulniseinwirkung einen Einfluß zuungunsten der Nachweisbarkeit von Rauschbranderregern nicht aus, wenn das zu untersuchende Material vor der Aussaat 10 Minuten auf 70° erhitzt wird. C. Reinhardt.

Zanolli und Sordelli (8) bewiesen die Identität von Rauschbrand und Mancha, indem sie die Erreger aus 6 Manchafällen verschiedener Herkunft mit echten Rauschbrandstämmen verglichen. Ruppert.

**Impfung.** Zeller (9) stellt fest, daß Rauschbrandkulturfiltrate seit 1 Jahre in verschiedenen Ländern mit gutem Erfolge zur Immunisierung von Rindern und Schafen gegen Rauschbrand verwendet worden sind. Henkels.

Scott (6) gibt die Ergebnisse seiner Forschungen über die Rauschbrandimmunisierung wieder. In Amerika sind gegenwärtig 3 Methoden zur Bekämpfung der Seuche im Gebrauch: Behandlung der Tiere mit Rauschbrandaggressin, mit Kulturfiltrat oder mit Serum. Er bringt nähere Angaben über die Auswertung des Impfstoffes, das Zustandekommen der Immunität, den Einfluß von Wärme, Kälte und Aufbewahrung auf den Impfstoff, über den Unterschied in der Wirksam-

keit zwischen Filtrat und Aggressin, über das Zustandekommen von Impfverlusten, die Dauer der Immunität, sowie den Zeitpunkt und die Atrien der Infektion.

M. Hobmaier.

Dobrovoczky (1) beobachtete bei einem an Rauschbrand erkrankten Rinde Heilung nach Infiltration der Umgebung der Geschwulst mit keimfreiem Rauschbrandkulturfiltrat und 5proz. Karbollösung. Manninger.

Leclainche und Vallée (4) besprechen kurz die verschiedenen Wege der Immunisierung gegen Rauschbrand. Nach ihren neuesten Feststellungen empfiehlt sich die Immunisierung mittels eines Gemisches verschieden alter, durch Formol sterilisierter Rauschbrandkulturen. C. Reinhardt.

**Behandlung.** Kopek (3) erzielte Heilung beim Rauschbrand einer Färse dadurch, daß er die Umgebung der Geschwulst während 4 Tage täglich mit je 100 ccm 4proz. Yatrenlösung infiltrierte.

Manninger.

## 4. Tollwut.

*1) Broglia, G.: Un caso di rabbia furiosa nella capra. (Rasende Wut bei der Ziege.) Nuovo Vet. S. 232—233. — *2) Busso, L.: Sul periodo di incubazione della rabbia nei bovini e sulla utilità della vaccinazione antirabbica dei grossi erbivori. (Über die Inkubationsdauer der Rinderwut und über den Nutzen der Wutimpfungen bei den großen Haustieren.) Nuovo Ercol. Jg. 30, Nr. 1—2, S. 29—33. — 3) Corwin, G. E.: The control of rabies in Connecticut. Am. J. Pub. Health Bd. 14, S. 688—692; Ref. Exp. Stat. Rec.Bd.53, S. 80. — *4) Gallego, A.: Beitrag zur histologischen Diagnose der Tollwut. Zschr. f. Infekt. Krkh. d. Haust. Bd. 28, S. 95—98. — *5) Derselbe: Contributo alla diagnosi istologica della Rabbia. (Histologische Diagnose der Tollwut.) Clin. vet. S. 39. — 6) Gokhale, V. P.: An atypical case of rabies in a dog. Vet. Rec. Bd. 5, S. 573—574. — 7) Heichlinger, Otto: Die Tollwut in Oberbayern während der Jahre 1920 bis mit 1924. M. t. W. Bd. 76, Nr. 51, S. 1145—1150; Nr. 52, S. 1181—1188. (Statistisches, Einzelfälle, gesetzliche Vorschriften, Tilgungsvorschläge.) — *8) Henk, A.: Über die neueren Färbungsverfahren Negrischer Körperchen in Gewebsschnitten mit besonderer Hinsicht auf die Benedek-Porscheschen Methoden. Inaug.-Diss. Budapest; Közl. Bd. 19, S. 40 bis 46. — *9) Herrmann, Otto: Die Vererbung der Wut durch die Plazenta. Zbl. f. Bakt. (Orig.) Bd. 94, H. 1, S. 42—45. — *10) Derselbe: Die Ansteckungsfähigkeit des Blutes bei Lyssa humana. Ebenda Bd. 94, H. 3/4, S. 201—204. — *11) Derselbe: Immunisation gegen Tollwut mit verschiedenen Vakzinen. Ebenda Bd. 94, H. 5, S. 296—303. — 12) Kitt: Die Tollwutschutzimpfungen in Italien. M. t. W. Bd. 76, Nr. 34, S. 737—748. (2. Sammelref.) — *13) Kraus, R.: Vorschläge zur Schutzimpfung gegen Hundswut. Seuchenbekämpfung Bd. 2, H. 1—2, S. 71—74. — *14) Kruczek, J.: Działanie środków odkażających na jad wścieklizny. (Die Wirkung der Desinfektionsmittel auf Lyssavirus.) Przegl. wet. Nr. 9. — *15) Laja, F.: Marutaud Eestis, ja selle vastu voitlemine. (Tollwut in Estland und ihre Bekämpfung.) Estnische t. R. Jg. 1, S. 67. — *16) Lührs, E.: Winke für die histologische Tollwutdiagnose. Zschr. f. Infekt. Krkh. d. Haust. Bd. 28, S. 300—303. — *17) Masini, A.: La vaccinazione antirabbica dei cani col vaccino „virusfissoetere". (Die Schutzimpfung der Hundswut mit dem Remlingersimpfstoff.) Crit. zoot. e sanit. Jg. 2, H. 8. — *18) Menzel, Rud.: Neue Wege zur Wutbekämpfung. Sportbl. f. Z. v. Rasseh. Bd. 27, S. 49 bis 51. — 19) Neuerburg: Ein Tollwutfall bei einem Pferde. T. R. Bd. 31, S. 140—141. — *20) v. Ostertag: Zur Bekämpfung der Tollwut. Maßnahmen in Württemberg. B. t. W. Bd. 41, S. 27. — *21) Panisset, L. und J. Verge: La durée de la période d'observation des animaux „mordeurs". Rev. gén. de M. vét. Bd. 34, S. 173—176. — *22) Quast, G.: Ein Beitrag zur Frage des Verbleibs des durch die Wutschutzimpfung dem menschlichen Körper einverleibten Virus fixe. Zbl. f. Bakt. (Orig.) Bd. 97, H. 1. — *23) Schlingman, A. S.: Prophylactic immunization of dogs against rabies by a single injection of a dead-virus vaccine. J. Am. Vet. Med. Assoc. Bd. 68, Nr. 3, S. 299—305. — 24) Schnürer: Zur Bekämpfung der Tollwut. B. t. W. Bd. 41, S. 43. — *25) Derselbe: Wutschutzimpfung bei Hunden. W. t. Mschr. Bd. 12, H. 1, S. 15. — *26) Schoening, H. W.: Studies on the single-injection method of vaccination as a prophylactic against rabies in dogs. J. Agr. Res. U. S. S. 431—439; Ref. Exp. Stat. Rec. Bd. 53, S. 583. — *27) Schöll, G.: Zur Tollwutfrage. Hundesport u. Jagd Bd. 40, S. 39—40. — 28) Tollwut. M. t. W. Bd. 76, Nr. 10, S. 144—146; Nr. 13, S. 272—274; Nr. 18, S. 395—397; Nr. 21, S. 466 bis 468; Nr. 26, S. 564—566; Nr. 33, S. 724—726; Nr. 36, S. 781—783; Nr. 40, S. 878—880; Nr. 46, S. 1003 bis 1005. (Statistisches, Einzelfälle, Resultate der Untersuchungen in der Veterinärpolizeilichen Anstalt zu Schleißheim.) — 29) Dasselbe. Ebendas. Bd. 76, S. 26—28. (Bericht der bayer. Veterinärpolizeilichen Anstalt ab 1.—30. Nov. 1924.) — 30) Dasselbe. Ebendas. Bd. 76, S. 51—53. (Bericht der bayer. Veterinärpolizeilichen Anstalt ab 1.—31. Dez. 1924.) — *31) Die Erkrankungen an Tollwut und Trichinose im Jahre 1924. Vöff. Reichs-Ges. A. Bd. 49, S. 570.

**Pathologie.** Quast (22) beschreibt einen Fall mit Virus-fixe-Befund im Gehirn eines gegen Tollwut schutzgeimpften Menschen, der im Anschluß an die Impfung starb und bei der Sektion Hirnhauttuberkulose zeigte.

Der Nachweis des Virus fixe wurde durch Impfung von Kaninchen und Meerschweinchen erbracht. Verf. suchte daher die Frage zu klären, ob das Virus fixe in jedem Falle nach der Impfung im Gehirn vorhanden ist oder ob in vorliegendem Falle infolge der tuberkulösen Meningitis das Gehirn einen Locus minoris resistentiae darstellte. Bei dahingehenden Versuchen an 3 Hunden, die mit menschlichem Impfstoff geimpft und getötet wurden, gelangte das verimpfte Virus fixe in 2 Fällen durch Kaninchenversuche zur Feststellung. Das Virus war aber in so geringer Menge vorhanden, daß es nicht in jedem Falle imstande war, eine Infektion hervorzurufen. Daraus wird gefolgert, daß das Virus fixe sich im Gehirn lokalisiert und dort allmählich abgebaut wird. Schumann.

Herrmann (9) berichtet über seine Versuche an Kaninchen und Meerschweinchen über die Vererbung der Wut durch die Plazenta.

Danach kann das Wutvirus von der Mutter auf die Nachkommenschaft übertragen werden, wenn die Geburt während der Krankheit oder 9—11 Tage vor den ersten Symptomen erfolgt, dagegen können solche Junge, welche 20 Tage vor dem Ausbruch der Wut geboren werden, noch ganz gesund sein. Demnach gelangt das Wutvirus wahrscheinlich in den Kreislauf des Blutes des infizierten Tieres kurz vor Beginn der ersten Symptome der Lyssa. Schumann.

Broglia (1) sah rasende Wut bei einer Ziege, die wahrscheinlich von einem Hunde in das Euter gebissen war. Die Ziege blökte fortwährend, spielte mit Stroh usw. im Maule, stürzte sich auf Hühner und Hunde. An einen Baum gebunden, rannte sie immer mit dem Kopfe dagegen, so daß sie sich den Schädel schwer verletzte. Sie biß sich in das Euter, so daß dieses heftig blutete. Frick.

Herrmann (10) konnte durch seine Versuche die Frage der Ansteckungsfähigkeit des Blutes bei Lyssa humana bejahen, nicht nur bei experimenteller Wut, sondern auch bei der natürlichen Erkrankung von Mensch und Tier; allem Anschein nach scheint aber die Virulenz des Blutes sehr gering zu sein. Schumann.

Busso (2) beschreibt einen Wutanfall bei einem Rinde nach 299 tägiger Inkubationsperiode und die Erfolge der Wutvakzination nach Finzi. Declich.

**Diagnose.** Zur schnellen und sicheren Darstellung der Negrischen Körperchen bei Tollwut empfiehlt Gallego (4) seine modifizierte Methode der Elasticafaser-Färbung, die die Verwendung von Gefrierschnitten gestattet. Joest und Cohrs.

Lührs (16) empfiehlt für die histologische Tollwutdiagnose die Herstellung von Quetschpräparaten. Joest und Cohrs.

Gallego (5) hat eine Methode angegeben zur Diagnose der Tollwut, die in 20 Minuten zum Ziele führt.

Kleine Stücke von Ammonshörnern, Gehirn und Kleinhirn werden 4—6 Stunden bei 37—45°, im Eisschranke 24 Stunden in 10 proz. Formalin, in Notfällen durch fünfminutenlanges Eintauchen in reines Formalin fixiert. Es folgen: Schneiden mit Gefriermikrotom, Sensibilisieren $1/_2$—1 Minute in folgender Lösung: Aq. dest. 10, Formalin 2 gtt., Acid. nitr. 1 gtt., Acid. acet. 1 gtt., ohne zu waschen Färben 5 Minuten in $7^1/_2$ proz. saurer Ziehlscher Fuchsinlösung, Auswaschen in Wasser, Virusfixation 5 Minuten in obiger Lösung, Waschen, Färben 1 Minute in Cajalscher Lösung, Auswaschen, Entwässern in absolutem Alkohol, Aufhellen in 5 proz. Phenolxylol, Einbetten in Kanadabalsam.

Die Zellkerne färben sich violett, das Protoplasma blau oder grünlich, die homogene Grundsubstanz der Negrischen Körperchen grün oder rötlichgrün, ihr Inneres blaßviolett oder ungefärbt. Die Negrischen Körperchen färben sich teils mit Fuchsin, noch besser mit Pikroindigokarmin. Frick.

Henk (8) berichtet über die neueren Färbungsverfahren zur Darstellung der Negrischen Körperchen und fand die Methoden von Benedek und Porsche, besonders ihre 3. Methode sehr geeignet zur Färbung der Negrischen Gebilde. Bei dem Verfahren von Gallego Abelardo sind die Körperchen nur dann zu erkennen, wenn sie intrazellulär liegen. Die Gerlachsche Färbung eignet sich für Gewebsschnitte nur sehr wenig. Die eigene Methode von H. (Färbung der Schnitte mit Hansenschem Hämatoxylin und nach dem Differenzieren in Salzsäure-Alkohol mit Erythrosin) gibt schöne Bilder. Manninger.

**Schutzimpfung.** Schnürer (25) gibt einen Beitrag zur Wutschutzimpfung bei Hunden.

Die Schutzimpfung der Hunde gegen Wut gewinnt wegen der ständigen Zunahme der Krankheit in fast allen Ländern steigende Bedeutung, da die Wut in mehr als 90% der Fälle bei Menschen und Tieren von Hunden stammt. Die gegenwärtig bei Menschen angewendeten Verfahren der postinfektionellen Wutfestigung kommen für Massenimpfungen der Hunde — und nur diese könnten einen praktischen Erfolg bei der Bekämpfung der Wut als Seuche erzielen — nicht in Betracht, da 10—30 Einzelimpfungen bei jedem Tier vorgenommen werden müßten. Für die Ausarbeitung einer praktisch durchführbaren Methode gelten dieselben Grundlagen, die Pasteur und Högyes vor fast 40 Jahren gefunden hatten; der Wuterreger findet sich stets bei wütenden Tieren im Zentralnervensystem, die Krankheit ist mit fast absoluter Sicherheit auf empfängliche Tiere durch unmittelbare Einpropfung von Gehirnteilchen kranker Tiere in das Gehirn zu übertragen, der Erreger kann durch physikalische und chemische Mittel (Erwärmung, Austrocknung, mechanische Zertrümmerung, Karbolsäure, Äther, Magensaft, Galle) abgeschwächt und vernichtet werden; Tierpassagen verändern gleichfalls den Erreger; fortgesetzte Kaninchenpassagen ergeben schließlich ein Virus, das ziemlich konstante Inkubationszeit und Krankheitsdauer bei Kaninchen aufweist (Virus fixe), das von der Subkutis in der Regel bei Menschen und Tieren unschädlich ist und bei subduraler Einverleibung paralytische Wut erzeugt. Schließlich ist die wichtigste Feststellung, daß abgeschwächtes Mark Schutz gegen stärkeres Mark und gegen natürliche Infektion gewährt. Während nun bei den Impfungen an Menschen mit abgeschwächtem Virus begonnen und täglich stärkeres Virus zur Einspritzung gelangt, gilt es, bei der Impfung an Hunden ein einfacheres Verfahren mit einer oder höchstens zwei Injektionen zu finden, das trotzdem wirksam aber sich ungefährlich erweisen muß. Die Begründung eines solchen Verfahrens im Tierversuch ist deswegen außerordentlich schwierig, weil bisher zur Prüfung der erzielten Wutfestigung eine Art der Ansteckung, wie sie natürlichen Verhältnissen des Hundebisses entspricht, nicht gefunden werden konnte. Die sicheren Verfahren der subduralen, intraokulären, kornealen und intramuskulären Ansteckung stellen an die Immunität zu hohe, durch die Praxis meist nicht gerechtfertigte Ansprüche und verdecken eine für praktische Zwecke wahrscheinlich ausreichende Immunität. Das Ansteckungsverfahren von der Subkutis und der Muskulatur, namentlich aber durch Biß eines wütenden Tieres, sind nicht verläßlich genug, um aus den verhältnismäßig kleinen Versuchsreihen sichere Schlüsse abzuleiten. Trotzdem haben aber die Versuche bisher ergeben, daß mit 1—2 Injektionen unabgeschwächtem Virus fixe in größeren Dosen (0,5—6 g) eine Immunität in zahlreichen Fällen auch gegen subdurale Infektion erzielt werden kann und daß die Gefahr einer Impflyssa bei Verwendung eines bestimmten Virus fixe (z. B. Wiener Virus) kaum zu befürchten ist. Japanische und amerikanische Autoren haben durch Karbolsäure-Glyzerinzusatz einen Impfstoff hergestellt, der mit einmaliger Injektion von 6 ccm (1 g Mark) Immunität gegen natürliche Infektion zu verleihen scheint.

Bisher sind in Japan und Amerika mehrere Hunderttausende von Hunden geimpft worden, die Zahl der Wutfälle hat z. B. im Bezirke Tokio um 75% abgenommen. In Österreich ist seit 1922 die Wutschutzimpfung als freiwillige, präinfektionelle gestattet; die bisherigen Erfahrungen haben gezeigt, daß sicher präinfektionelle Impfungen zumindest als ungefährlich zu bezeichnen sind. Über die Wirksamkeit der präinfektionellen Impfung kann ein sicheres Urteil nicht gefällt werden, da über die Ansteckungsgefahr der geimpften Hunde keinerlei Beobachtungen vorliegen. Jedenfalls aber liegt nunmehr kein ernstes Bedenken mehr vor, die präinfektionelle Schutzimpfung der Hunde, selbstverständlich unter den gebotenen Vorsichtsmaßregeln, in der Praxis auf möglichst breiter Basis zu versuchen, da nur unter dieser Bedingung ein maßgebendes Urteil über Wirksamkeit und Unschädlichkeit möglich ist. Allerdings wäre zunächst zur Durchführung von Massenimpfungen die Herstellung eines haltbaren und versandfähigen Impfstoffes notwendig. Diese Frage ist aufs engste verknüpft mit der grundsätzlichen Entscheidung, die für die Impfungen bei Menschen und Tieren von ausschlaggebender Bedeutung ist, ob die Lyssaimmunität an die Verwendung lebender und virulenter Marksubstanz unbedingt gebunden ist, oder ob die Erhaltung der Virulenz zur Herstellung eines wirksamen Impfstoffes nicht notwendig ist. Nach der jetzigen Sachlage scheint die letztere Annahme berechtigt. Erst die praktische Durchführung von Massenimpfungen wird den Wert oder Unwert der Impfung beweisen und die weiteren wichtigen Fragen nach dem Zeitpunkte des Eintritts und der Dauer der Immunität zu lösen gestatten.

Hans Richter.

Schlingman (23) beschreibt eine Impfmethode bei Lyssa des Hundes.

Die Vakzine wird gewonnen durch subdurale Impfung von Hunden mit Virus fixe. Rückenmark und Gehirn dieser Tiere wird mit Phenol-Kochsalzlösung emulgiert. Hiervon 5 ccm subkutan einmal Hunden einverleibt, schützt selbst gegen eine ziemlich reichliche intrazerebrale Impfung mit Wutvirus. Verbunden mit prophylaktischen Maßnahmen erscheint dem Autor diese Methodik zweckmäßig zur Bekämpfung der Wut.

Hobmaier.

Kraus (13) empfiehlt die präventive Schutzimpfung der Hunde gegen Hundswut, da in Japan und Nordamerika angeblich günstige Ergebnisse nach einmaligen Injektionen einer großen Dosis phinolisierten Virus fixe von Kaninchen erzielt worden sind. Die Impfungen wären zunächst fakultativ durchzuführen. Für die geimpften Hunde könnte die Hundesteuer erlassen werden. Schumann.

Herrmann (11) versuchte Kaninchen gegen Tollwut mit verschiedenen Vakzinen zu immunisieren.

Am besten eignet sich ein aus Gehirn und Rückenmark hergestellter $\frac{1}{2}$ Stunde auf 58—60° erwärmter und dann mit $\frac{1}{2}$ proz. Karbolsäure versetzter Impfstoff. Die Dauer der Immunisation scheint wichtiger zu sein als die einverleibte Menge des Impfstoffs. Bei schweren Verletzungen macht sich eine 24—30 tägige Behandlung notwendig. Schumann.

Schoening (26) berichtet über Wutschutzimpfversuche bei Hunden mit verschiedenen im Handel der Vereinigten Staaten Nordamerikas käuflichen Impfstoffen gegen die Tollwut der Hunde.

Verf. fand, daß diese Impfstoffe nicht gegen jedes Virus Schutz verleihen. In einem Falle erwies sich das verwendete Virus so stark, daß die Schutzimpfung versagte. Gegen zwei weitere Virusarten hatte die Impfung ausgesprochene Schutzwirkung aufzuweisen. Es geht daraus hervor, daß es in Nordamerika verschieden virulente Wutvirusarten gibt. Die im amerikanischen Handel erhältlichen Wutschutzimpfstoffe dürften sämtlich aus Virus fixe aus dem Pasteurinstitut in Paris hergestellt worden sein. H. Zietzschmann.

Masini (17) hat experimentell festgestellt, daß die Impfungen mit Virus fixe - Äther, sowie diejenigen mit glyzerokarbolisiertem Virus fixe dem Hunde eine sichere Immunität verliehen haben.

Declich.

**Veterinärpolizei.** Panisset und Verge (21) halten eine 14 tägige Beobachtungszeit der Hunde, die einen Menschen zu Zeiten von Tollwutverdacht gebissen haben, für ausreichend und begründen ihre Ansicht. Gleichzeitig geben sie eine Abänderung des von Remlinger aufgestellten Schemas über Beobachtungsdauer und Wutschutzimpfung. C. Reinhardt.

v. Ostertag (20) berichtet über die Bekämpfung der Tollwut und die Maßnahmen in Württemberg.

Die Tollwuterkrankung betraf am 15. III. 1925 139 Kreise mit 254 Gemeinden. Der Grund dafür ist die erschwerte, veterinärpolizeiliche Überwachung an den Grenzen. In Württemberg trat die Seuche nach langer Pause im Jahre 1923 auf, erreichte ihren Höhepunkt im März 1924 und klang bis Ende April 1925 ab. v. O. hebt die große Übereinstimmung der Ergebnisse der diagnostischen Laboratoriumsuntersuchungen mit den Tollwutdiagnosen der beamteten Tierärzte hervor. v. O. ist der Meinung, daß ein sofortiges einheitliches scharfes Vorgehen bei Ausbruch der Seuche diese bald in allen Ländern aus dem Binnenlande verdrängt und auf die Grenzbereiche beschränkt. Henkels.

Laja (15) bespricht die Tollwut in Estland und ihre Bekämpfung.

Tollwut tritt jedes Jahr in Estland auf und richtet bedeutenden Schaden an. Seit der Gründung des Pasteurinstitutes in Tartu (Dorpat), also in dem Zeitraume vom 29. IX. 1919 bis 1. VI. 1925 sind 697 Menschen daselbst gegen Tollwut immunisiert worden. Bei Tieren sind während dieser Zeit 433 Tollwutfälle konstatiert worden. Geimpft wurden von den Distrikttierärzten 800 Tiere. Die veterinärpolizeilichen Maßregeln allein haben nicht die erwünschten Resultate ergeben. Daher ist zur Bekämpfung der Tollwut auch die Immunisierung der Tiere anzuwenden. In Gebieten, wo die Seuche häufiger auftritt, sollten, nach Meinung des Autors, sämtliche Hunde zwangsweise geimpft werden. Zugleich müßten alle Hunde registriert und mit Nummern und Adressen versehen werden, um die Herkunft der tollwutkranken Hunde einwandfrei feststellen zu können.

Der Autor bespricht die bisher üblichen Schutzimpfmethoden und empfiehlt zur Impfung der Haustiere die Methode Högyes in veränderter Form. In dieser Weise sind schon die Mehrzahl der erwähnten 800 Tiere geimpft worden (35 davon nach der Methode Kondo und 4 mit nicht abgeschwächtem Virus fixe in Verdünnung 1 : 10). Das Ergebnis ist im allgemeinen ein durchaus befriedigendes gewesen. Impflyssa ist nicht vorgekommen. Negativ ausgefallen sind nur 1,1% der Fälle, wobei nur Tiere erkrankten, welche zu spät zur Immunisierung gelangten.

Nach den bisherigen Erfahrungen mit antirabischen Schutzimpfungen in Estland ist man in Gebieten, wo neben veterinärpolizeilichen Maßnahmen auch Schutzimpfungen in größerem Umfange vorgenommen worden sind, in kurzer Zeit der Seuche Herr geworden. Hans Richter.

Menzel (18) weist neue Wege zur Wutbekämpfung und tritt für die von Schnürer empfohlene fakultative japanische Impfmethode ein. Wenn es gelingt, die Kontinuität der Wutseucheinfektion dadurch zu unterbrechen, daß man vorerst wenigstens in den großen städtischen Siedlungsgebieten die Hunde durch systematische Impfungen von vornherein vor der Wutansteckung behütet, dann werden die Tollwutfälle immer seltener werden. Wieland.

Schöll (27) äußert sich zur Tollwutfrage folgendermaßen.

Eine Zwangsimpfung wird kaum durchführbar sein, besonders auf dem Lande. Sie wäre jedenfalls mit ungeheuren Kosten verbunden. Solange der Erreger der Tollwut noch nicht einwandfrei festgestellt ist, ist die Impfung von zweifelhaftem Wert. Das Vorhandensein Negrischer Körperchen sieht er nicht als Beweis an, da auch bei dem Vorhandensein dieser Gebilde eine Übertragung der Krankheit auf Versuchstiere zuweilen nicht stattgefunden hat. Andererseits sind auch Fälle bekannt geworden, daß Personen, die im Pasteurinstitut schutzgeimpft worden sind, später an tollwutähnlichen Erscheinungen erkrankten, trotzdem die Impfversuche mit Gehirnsubstanz des betreffenden tollwutverdächtigen Tieres auf Kontrolltiere bei diesen nicht zu einer Erkrankung führten.

In diesen Fällen hat offenbar die Schutzimpfung und nicht der Hundebiß die Krankheit übertragen.

Leider unterbleibt es fast immer, in den Fällen, in denen sich der Verdacht nicht bestätigt, die Sperre sofort wieder aufzuheben, wodurch dann immer wieder neue Beunruhigungen hervorgerufen werden. Das Volk ist unnötig beunruhigt worden, das Volksvermögen um große Summen geschädigt. Auffallend ist es, daß die Meldungen über den Ausbruch der Wut fast ausnahmslos in die Zeit fallen, wo die meisten Hündinnen brünstig werden. Die Besitzer solcher Hündinnen werfen und schießen dann oft auf die angelockten Rüden, und behaupten dann zu ihrer Entschuldigung, daß die Hunde toll sind. Wieland.

Auf Grund eingehender Untersuchungen über Wirkung der Desinfektionsmittel auf Lyssavirus kommt Kruczek (14) zu folgenden Schlußfolgerungen:

Die Jodtinktur tötet Lyssavirus in 1 Minute ab. In den mit Jodtinktur behandelten infizierten Wunden wurde Lyssavirus bis $1^1/_2$ Stunde nach Infizierung abgetötet; nach dieser Frist waren die Ergebnisse unbeständig, aber noch bis 3 Stunden waren sie auch positiv. Jod als solches tötet Lyssavirus momentan, 3 proz. Karbolsäurelösung dagegen erst nach 20 Minuten ab. Lysoformlösung übt nur eine schwache Wirkung aus. Die intramuskuläre Infektion gab ständig positive Resultate. Nach einer paralumbalen oder intraglutaealen Impfung schritt die Lähmung immer von hinten nach vorn, bei Infektion am Kopfe von vorn nach hinten. Bei intramuskulärer Impfung war die Inkubationsfrist etwas kürzer als bei Infizierung am Kopfe. Gajewski.

**Tollwut beim Menschen.** Im Jahre 1924 ist die Zahl der Tollwuterkrankungen beim Menschen (31) von 64 im Vorjahre auf 48 zurückgegangen. Dagegen war eine Zunahme der Bißverletzungen (von 1271 auf 2417) durch tolle und tollwutverdächtige Tiere zu verzeichnen, ein Umstand, der auf die starke Vermehrung der Hundehaltung zurückgeführt wird. Die Zahl der Erkrankungen an Trichinose bei Menschen hat sich fast um die Hälfte verringert (von 25 auf 13). Es ereigneten sich in Preußen 11, in Bayern 2 Fälle. H. Zietzschmann.

# 5. Rotz.

1) Brocq - Rousseu: Farcin morveux, simultant la lymphangite épizootique. Rec. de M. vét. Bd. 101, S. 10. — 2) Giese, Cl. und H. Krüger: Die Prüfung und Auswertung des Malleins. Arb. Reichs-Ges. A. Bd. 55, S. 45. — 3) Ilmjärv, M.: Tatitaud Laanemaal 1920—1922 a. (Rotz im Hapsalschen Kreise in den Jahren 1920—1922.) Estnische t. R. Jg. 1, S. 47. (Nur lokales Interesse.) — 4) Jensen, Henrik: Om Malleinpröver. (Über Malleinproben.) Maan. for Dyrl. Bd. 37, S. 481—487. (Nichts Neues.) — *5) Làdanyi, K.: Über die kulturellen, agglutinierenden und komplementbindenden Eigenschaften verschiedener Rotzbazillenstämme. Inaug.-Diss. Budapest; Közl. Bd. 19, S. 60—68. — *6) Lührs: Weitere Mitteilungen über Infektionsversuche und Immunität beim Rotz. Zschr. f. Vet. Kunde Jg. 37, H. 2, S. 39—44. — 7) Németh, Joh.: Über die Malleinaugenprobe. Allat. Lapok S. 77 bis 78. — *8) Overbeek, A. A.: Malleus-invasie te Rotterdam. (Rotzinvasion in Rotterdam.) Tijdschr. voor Diergeneesk. Bd. 52, S. 808—812. — 9) Schnürer, J.: Zur Rotztilgung in Österreich im Jahre 1852. W. t. Mschr. Bd. 12, H. 10, S. 492. (Veröffentlichung einer „Curende" und Verfügung der k. k. politischen Expositur St. Gallen zur Bekämpfung der Rotzkrankheit. Veterinärhistorisch.) — 10) Vuković, A., Dva slučaja akutne sakagije kod ljudi (Zwei Fälle von akutem Rotz beim Menschen). Jugosl. Vet. Glasnik. 5. 27—28.

**Bakteriologie.** Làdanyi (5) stellte Versuche an über die kulturellen, agglutinierenden und komplementbindenden Eigenschaften verschiedener Rotzbazillenstämme.

Er fand, daß zwischen diesen Eigenschaften keine Regelmäßigkeit besteht. In Agarkulturen schleimig wachsende Stämme, sowie solche, die auf Kartoffeln rötlich gesäumte Kolonien bilden, besitzen meist gut agglutinierende und komplementbindende Eigenschaften. Gut agglutinierende Stämme sind meist auch gute Komplementbinder, doch ist das Gegenteil nicht ausgeschlossen. Während gut agglutinierende Stämme diese Eigenschaft unverändert beibehalten, ist die Komplementbindungsfähigkeit weniger konstant. Durch Anwendung polyvalenter Extrakte und Emulsionen läßt sich dieser Fehler ausschalten. Manninger.

**Bekämpfung.** Overbeek (8) hat in Rotterdam eine kleine Rotzinvasion getilgt. 1000 Pferde wurden malleiniert; hiervon reagierten 9 Pferde. Zuvor waren 6 klinisch kranke und 16 positiv reagierende Pferde getötet worden. Am 13. Februar wurde der erste Fall entdeckt, seit dem 3. Mai sind keine neuen Fälle mehr aufgetreten. Beyers.

**Immunität.** Aus seinen Versuchen über die Frage wie sich die Nachkommen von rotzkranken Meerschweinchen gegen eine rotzige Infektion verhalten, d. h. ob bei ihnen eine angeborene Immunität feststellbar ist, kommt Lührs (6) zu folgenden Ergebnissen.

Bei den 4 Versuchstieren, welche von rotzkranken und geheilten Eltern abstammten, konnte eine angeborene Immunität nicht nachgewiesen werden. Der Versuch ist jedoch zu klein, und die Möglichkeit, die Vererbung durch Generationen fortzusetzen, nicht gegeben, so daß ein abschließendes Urteil über die Immunitätsverhältnisse beim Rotz nicht abgegeben werden kann. Jedenfalls sind aber die praktischen Beobachtungen einer angeborenen oder erworbenen Immunität beim Rotz mit größter Vorsicht zu betrachten. — Anschließend wird über Versuche berichtet bezüglich des Einflusses von Desinfektionsmitteln auf den Rotzbazillus bzw. bezüglich der Frage, ob ein Schutz der Haut gegen Rotzinfektion durch Überzug mit einer desinfizierenden Salbe zu erreichen ist. Auch hierbei waren die Ergebnisse völlig negativ. Es wurde sogar der Eindruck gewonnen, als ob die als Schutz gedachten Salben nicht nur keine Infektion verhindern, sondern diese sogar fördern. Heuss.

# 6. Maul- und Klauenseuche.

### a) Vorkommen, Pathologie, Bakteriologie und Immunität.

*1) Abe, T.: Über das Virus der Maul- und Klauenseuche. Zschr. f. Infekt. Krkh. d. Haust. Bd. 28, S. 111 bis 129. — 2) Brachmann: Zur Frage der Virulenzbestimmung durch Verdünnung des virushaltigen Materials bei Maul- und Klauenseuche. Diss. Hannover und D. t. W. Bd. 33, S. 554—556. (Auszug.) — 3) Brodersen, L.: Kronisk Hjerteasthma som Folge af Mund- og Klovesyge. (Chronisches Herzasthma durch Maul- und Klauenseuche verursacht.) Maan. for Dyrl. Bd. 37, S. 368—370. (Mehrere Fälle in verschiedenen Beständen.) — *4) Dahmen: Der gegenwärtige Stand der Maul- und Klauenseucheforschung. B. t. W. Bd. 41, S. 45. — *5) Fechter, J.: Zur Frage der Wirksamkeit des normalen Pferdeserums auf die Maul- und Klauenseucheinfektion. D. Oest. t. W. Jg. 7, Nr. 4, S. 39—40. — 6) Frerichs, H. C.: Untersuchungen über die Veränderungen der Skelettmuskulatur bei der bösartigen Form der Maul- und Klauenseuche. Diss. Hannover und D. t. W. Bd. 33, S. 399—400. (Auszug.) — 7) Frosch u. Dahmen: Erklärung zu der Veröffentlichung über „Pfeilers neue Maul- und Klauenseucheforschungsergebnisse". T. R. Nr. 36; Nr. 31, S. 645. — 8) Guyon: Curieux effets de la fièvre aphteuse chez des brebis. Rec. de M. vét. Bd. 101, S. 3. — 9) Hin-

dersson, R.: De senaste årens forskningar rörande mul- och klövsjukans etiologie och behandling. (Die Untersuchungsergebnisse der letzten Jahre betreffs der Ätiologie und Behandlung der Maul- und Klauenseuche.) Finsk Vet. Tidskr. Bd. 31, S. 17—120 u. 157 bis 166. (Ein Übersichtsreferat.) — *10) Jacob, E.: Die Verbreitung der Maul- und Klauenseuche durch den Vogelzug. Der Naturforscher Jg. 2, Nr. 8, S. 422 bis 424. — 11) Kindler, A.: Über zwei seltene anatomische Befunde im Gefolge der Maul- und Klauenseuche. Diss. Hannover und D. t. W. Bd. 33, S. 887 bis 888. (Auszug.) — 12) Kraus, J.: Zur Frage der Verwendbarkeit des Waldmannschen Verfahrens zur Auswertung von Seren gegen Maul- und Klauenseuche. Ebendas. Bd. 33, S. 668—669. (Auszug.) — *13) Lebailly, Ch.: La réapparition des foyers de fièvre aphteuse et la conservation du virus dans la nature. C. r. Acad. des Sc. Bd. 181, S. 383. — *14) Derselbe: A propos de la fièvre aphteuse. Rev. gén. de M. vét. Bd. 34, S. 151—153. — *15) Meier: Ein Maul- und Klauenseuchebakteriophag. B. t. W. Bd. 41, S. 8. — 16) Derselbe: Un Bactériophage de la stomatite aphteuse? Rec. de M. vét. Bd. 101, S. 5. — *17) Meier, J. J.: Een mond- en klamozeer-bacteriophaag. (Ein Maul- und Klauenseuchebakteriophag.) Tijdschr. voor Diergeneesk. Bd. 52, S. 321—338. — 18) Nicolau, S. und J.-A. Galloway: Activité pathogène du virus de la fièvre aphteuse pour le lapin. C. r. Soc. de Biol. Bd. 93, S. 1283—1284. — *19) Pfeiler, W. u. H. Simons: Über die physikalischen Grenzen objektähnlicher Abbildung von filtrierbaren Virusarten und anderen Objekten durch ultraviolettes Licht (U.V.-Licht) und die Verwertung der Photographie im U.V.-Licht überhaupt. Klin. W. Jg. 4, Nr. 6, S. 253—257. — 20) Pfeiler, W.: Pfeilers neue Maul- und Klauenseucheforschungsergebnisse. T. R. Bd. 31, S. 624—625. — 21) Derselbe: Grundsätzliches zur Erforschung und Züchtung des Virus der Maul- und Klauenseuche. Ebendas. Bd. 31, S. 638—640. — 22) Picard: An sujet de la découverte par Frosch et Dahmen du germe de Fièvre aphteuse. Ann. de M. vét., Januar. — *23) Renner, Fr.: Über die Dauer der passiven Immunität bei Maul- und Klauenseuche beim Meerschweinchen. M. t. W. Bd. 76, Nr. 21, S. 474—476. — *24) Ruppert, F.: Contribucion al Cultivo del agente de la fiebre aftosa. (Beitrag zur Kultur des Erregers der Maul- und Klauenseuche.) Rev. de la Fac. de Med. Vet. La Plata Bd. 1, H. 3, S. 48—57. 1924. — 25) Smith, F.: Foot-and-mouth disease in Great Britain eighty-five years ago. Vet. J. Bd. 81, S. 35 bis 42. (Geschichtlich.) — 26) Stockmann, S.: On foot and mouth disease. Vet. Rec. Bd. 5, S. 377—384. (Internationale Statistik.) — *27) Terni: Le forme nervose dell' afta maligna (Meningismo aftoso — Afta comatosa). (Nervöse Formen der bösartigen Maul- und Klauenseuche.) Clin. vet. S. 1. — 28) Titze, C.: Zur Züchtung des Virus der Maul- und Klauenseuche. Arb. Reichs-Ges. A. Bd. 55, S. 81. — *29) Trautwein, K.: Zur Frage der Einschlußkörperchen bei Maul- und Klauenseuche. Arch. f. wiss. Tierhlk. Bd. 52, S. 475 bis 482. — *30) Wimmer, A.: Untersuchungen über die Schutz- und Heilwirkung des Pferdenormalserums bei der Maul- und Klauenseuche. D. Oest. t. W. Jg. 7, Nr. 4, S. 37—39 u. Diss. — *31) Winkel, A. J.: De ontwikkeling van het mond- en klauwzeervraagstuk en de resultaten van het onderzoek op het laboratorium en in de practijk vanaf 1920 tot heden. (Die Entwicklung des Maul- und Klauenseucheproblems und die Untersuchungsergebnisse über diese Krankheit im Laboratorium und in der Praxis seit 1920 bis heute.) Tijdschr. voor Diergeneesk. Bd. 52, S. 8—21, 63—74, 165—172, 229—239.

**Ansteckung.** In einer kritischen Besprechung gelangt Jacob (10) zu einer Ablehnung der von Stockman und Garnett in N. 59, Jg. 1923, von The Veterinary Record bekannt gegebenen Behauptung, daß die Maul- und Klauenseuche durch den Vogelzug verbreitet würde. Die von Stockman aufgestellten 3 Verbreitungsmöglichkeiten werden im einzelnen widerlegt: Die Aufnahme des Seuchenerregers mit dem Futter und unveränderte Ausscheidung durch den Kot der Zugvögel sei eine sehr unwahrscheinliche Vermutung; die Erkrankung wild lebender Vögel an Aphthenseuche sei bisher nicht beobachtet, und die Verschleppung infektionstüchtigen Maulspeichels kranker Kühe am Schnabel und im Gefieder beim Vogelzug steht im Widerspruch mit den Beobachtungen der Vogelwarten.       Heuß.

**Pathologie.** Terni (27) hat im Verlauf der bösartigen Maul- und Klauenseuche in Italien mehrere Fälle gesehen, die als nervöse Formen aufzufassen waren und die ein Bild wie Kalbefieber zeigten.

Auffallend war, daß der Liquor cerebrospinalis solcher Tiere imstande war, die Maul- und Klauenseuche auf Kälber zu übertragen, während das Blut virusfrei war. Ersterer war noch bei Verdünnungen von 1 : 10 000 bis 20 000 virulent. T. glaubt, daß die Verfütterung von Luzerne für besagtes Leiden prädisponiert.

Bei Aufregung solcher Patienten setzt Fieber ein. Letzteres steigt bis 43°. Plötzlich setzt dann steife Kopfhaltung, stierer Blick, Kongestion der Schleimhäute, Brüllen, Speichelfluß, Strecken des Halses, Spreizen der Beine und erhöhte Reflexerregbarkeit sowie Röcheln und Asthma ein. Dazu tritt Verstopfung und Anurie.

Bei der komatösen Form beginnt das Bild sofort mit Schwäche und allgemeiner Erschöpfung. Die Tiere liegen viel, und die Temperatur sinkt später unter die Norm. Allmählich bessert sich die Futteraufnahme, aber Verstopfung und Schwanken bleiben bestehen. Oft tritt schwerer Dekubitus ein und an den Beinen, Brust und Lenden Emphysem. Die Tiere liegen wie beim Kalbefieber, zeigen auch Unempfindlichkeit, und unter zunehmender Erschöpfung sterben sie am 8.—10. Tage.

In 2 obduzierten, mit Gehirnreizung verbundenen Fällen fand sich Ödem und Kongestion der Pia sowie Vermehrung des Liq. cerebrospinalis. Bei der komatösen Form ist das Ödem und die Kongestion der Pia viel stärker und die Vermehrung des Liq. cerebrospinalis viel erheblicher und dieses nicht selten trübe. Die Gehirnsubstanz ist ödematös. Die Häute des Rückenmarkes sind ebenso beschaffen, aber wirkliches Exsudat fehlt daselbst zum Unterschiede vom Kalbefieber, traumatischer Myelitis usw., wo solches nie fehlt.

Die nervöse Form des Leidens mit Erregung verläuft meist günstig in 2—3 Tagen, namentlich wenn ein Aderlaß gemacht wird und heiße (45°) Umschläge auf Kopf und Rücken. Bromsalze können bei intaktem Herz gegeben werden.

Die komatöse Form ist ungünstig zu beurteilen; meist endet sie tödlich. T. empfiehlt auf Grund eines Falles intravenöse Injektionen von 1 proz. Eseton-(Bayer-) Lösung, rät aber zu beachten, daß bei der Schlachtung das Fleisch nach Kampfer riecht.

Frick.

**Bakteriologie und Immunität.** Seine Versuchsergebnisse über das Virus der Maul- und Klauenseuche faßt Aba (1) wie folgt zusammen:

„Das Virus der Maul- und Klauenseuche läßt sich praktisch in unendlicher Reihe von Meerschweinchen zu Meerschweinchen fortführen (plantare Fortführung). Für die Fortführung des Virus eignet sich frühzeitig entnommene Lymphe am besten, nämlich die Lymphe, die innerhalb 48 Stunden nach der Entstehung der Blasen entnommen worden ist. Solche Lymphe veranlaßt fast ausnahmslos die Bildung der Blasen an Meerschweinchenpfoten schon innerhalb 24 Stunden

nach der Impfung. Die Virulenz der Blasenlymphe bei geeigneter Fortführung erreicht schon innerhalb 24 Stunden ihren höchsten Punkt. Es scheint die höchste Virulenz noch weitere 24 Stunden anzuhalten. 72 Stunden nach der Impfung vermindert sich allmählich die Virulenz der Lymphe immer mehr und geht am 5. bis 6. Tage völlig zugrunde.

Das Virus der Maul- und Klauenseuche kann durch 70—75 proz. Alkohol mit Eiweiß zusammen aus dem Medium ausgefällt werden. Durch Alkohol gefälltes Virus hält seine Virulenz in getrocknetem Zustande etwa 2—3 Tage, in 50 proz. Glyzerin-Kochsalzlösung etwa 10 Tage aus. Das in getrocknetem Zustande avirulent gewordene Virus wirkt nicht als Immunstoff. Das Virus wird nicht durch Zentrifugierung mit 2000 Umdrehungen pro Minute sedimentiert. Das Virus wird durch Kaolin, noch besser durch Tierkohle adsorbiert. Das Virus passiert sehr leicht das Berkefeldfilter. Die durch das Filter zurückgehaltene Menge des Virus ist abhängig von dem Filtrationsdruck. Je schwächer der Druck ist, desto größer ist die zurückgehaltene Menge. Durch den Haenschen Membranfilter geht das Virus bis zu Nr. 20 ziemlich leicht durch. Durch Nr. 100 wird es in ziemlich bedeutender Menge zurückgehalten. Nr. 200 verhindert fast vollständig das Passieren des Virus.

Die Einspritzung des Virus in den Kaninchenkörper erzeugt ein Antiserum, welches antiinfektiös wirkt."

Joest u. Cohrs.

Nicolau und Galloway (18) haben über die pathogene Wirksamkeit des M. K. S.-Virus für das Kaninchen berichtet.

Das durch Meerschweinchen passierte Virus ist für das Kaninchen typisch pathogen: Schleimhauterosionen auf der Zunge. Aus diesen Erosionen kann das für Meerschweinchen wieder stark pathogene Virus gewonnen werden. Beim Kaninchen fehlen andere Symptome der Infektion.

Graf.

Dahmen (4) berichtet über den gegenwärtigen Stand der Maul- und Klauenseucheforschung.

Verf. glaubt nach seinen bisherigen Erfahrungen annehmen zu dürfen, den rechten Weg zur Gewinnung einer virulenten Kultur beschritten zu haben. Verf. erstrebt die Gewinnung einer dauernd virulenten Kultur, mit der ein praktisches Immunisierungsverfahren ausgearbeitet werden kann.

Henkels.

Pfeiler und Simons (19) untersuchen vom physikalisch-optischen Standpunkte rechnerisch, ob man tatsächlich Stäbchen von den Ausmaßen des Maul- und Klauenseuchenerregers, der nach Frosch 0,1 $\mu$ und darunter groß sein soll, noch mit der Photographie im ultravioletten Licht darstellen kann und wieweit sich die Auflösungsfähigkeit dadurch verbessern läßt.

Sie gelangen zu dem Ergebnis, daß die Mikrophotographie im U.V.-Licht für bestimmte morphologische und experimentell-biologische Untersuchungen sowie in ihrer Modifikation als Strahlenstichmethode besonders für entwicklungsmechanische Fragen von unschätzbarem Werte ist. In der Mikrobiologie dagegen ist sie nur dort wertvoll, wo die feineren Strukturen der Untersuchungsobjekte (Bakterien, Algen, Pilze und vor allem Protozoen) gerade an oder wenig unterhalb der Grenze des Definitionsvermögens unserer besten Tageslichtimmersionen stehen; wenn aber tatsächlich so kleine Mikroorganismen existieren sollten, wie Frosch dies bei seinem Aphthenerreger behauptet, kann die Photographie im U.V.-Lichte auch keine Einblicke in deren wahre Gestalt mehr gewähren. Gerade auf dem Gebiete der „ultravisiblen" Organismen ist diese optische Methode wegen ihrer hohen Empfindlichkeit für unvermeidbare Verunreinigungen von etwa gleicher Größenordnung wie die mutmaßlichen Erreger bei ätiologischen Forschungen im allgemeinen nur mit der größten Reserve verwendbar.

Ihre messenden und rechnerischen Untersuchungen ergeben, daß die Froschschen Größenangaben für seinen Aphthenerreger um mehrere hundert Prozent zu niedrig sind. Aus seinen Photogrammen geht mit Sicherheit hervor, daß solche Organismen bei geeigneter Färbung schon bei gewöhnlicher Immersionsoptik zu sehen sein müssen. Krage.

Ruppert (24) berichtet über die Kultur des Maul- und Klauenseuchenerregers. Es gelang ihm, Meerschweinchen mit künstlichen Kulturen 2. und 3. Generation zu infizieren, selbst nachdem die Kulturen über 40 Tage im Brutschrank gestanden hatten. Die Infektion konnte von Meerschweinchen zu Meerschweinchen weitergeleitet werden, derart, wie wir es bei Infektionen mit wenig virulenten Maul- und Klauenseuchenstämmen zu sehen gewohnt sind. Ruppert.

Nach Trautwein (29) handelt es sich bei den von Gins zuerst beschriebenen Kerneinschlüssen bei Aphthenseuche nicht um spezifische Gebilde. T. vermutet, daß es sich um polymorphe Chromatinteile zerstörter Kerne von Leukozyten handelt. Weber.

Renner (23) stellte durch seine Untersuchungen fest: Künstlich eingebrachte, vorgebildete Immunstoffe artfremder spezifischer Sera werden beim Meerschweinchen rasch abgebaut und ausgeschieden.

Artgleiche spezifische Schutzstoffe wirken erheblich länger, in R.s Versuchen $1^1/_2$—$2^1/_2$mal so lange wie die artfremden. Die Menge der eingeführten Immunstoffe ist anscheinend ohne Belang für die Dauer der Wirkung; der Abbau und die Ausscheidung des heterologen hochwertigen Löfflerserums erfolgten erheblich rascher als die Ausscheidung der homologen Antistoffe, obwohl die Menge der Antistoffe im heterologen Serum außerordentlich hoch war. Das Löfflerserum schützte noch in der Menge von 0,0008 ccm auf 100 g Meerschweinchen gegen eine 3 Stunden später intraperitoneal gesetzte Infektion mit 0,5 ccm $^1/_{10}$-Virus, während das homologe Rekonvaleszentenserum vom Meerschweinchen gleichen Schutz nur in der Menge von 0,06 auf 100 g Meerschweinchen ausübte. Bei den Prüfungen gab die Anwendung der intraperitonealen Infektion unter Verwendung von Meerschweinchensäuglingen anscheinend exaktere Ergebnisse als die Verwendung erwachsener Meerschweinchen und intrakutane Infektion. Bei letzterer erkrankte eine größere Anzahl von Meerschweinchen noch allgemein, wenn auch leicht, falls der Schutz an der Grenze der Wirksamkeit lag. Kontrollen, die mit artgleichem Normalserum vorbehandelt waren, ließen keinerlei spezifische oder nichtspezifische Einwirkung auf den Ablauf der Infektionskrankheit erkennen. Die Ansichten, daß die Wirkung des Rekonvaleszentenserums auf einer nichtspezifischen Quote beruht, dürften damit endgültig widerlegt sein. J. Schmidt.

Lebailly (13) spricht über das Wiedererscheinen der Maul- und Klauenseuche und über die Konservierung des Virus in der Natur.

Von den vielen Hypothesen über die Erhaltung von Maul- und Klauenseuchevirus war die verlockendste, daß man den Klauen der von der Krankheit geheilten Rinder eine große Rolle zuschrieb (Zschokke). Nach den Versuchen von L. scheint diese Hypothese nicht mehr haltbar zu sein. L. hat 22 Rinder infiziert und brachte sie auf 6 Güter, nachdem sie geheilt waren. Auf diesen Gütern waren sie mit 450 empfindlichen Rindern zusammen, bei denen die Krankheit nicht in Erscheinung trat. L. behauptet, indem er sich auf

diese Versuche und Beobachtungen stützt, welche er auf mehreren infizierten Gütern gemacht hatte, daß man die Rolle eines Virusreservoirs eher den wilden Wirbeltieren oder den Insekten zuschieben kann, als den Klauen geheilter Rinder. Hans Richter.

Winkel (31) gibt ein sehr ausführliches Sammelreferat über Maul- und Klauenseuche, speziell über die Ätiologie, Kultur und Biologie, Charakter und Virulenz des Erregers, Empfänglichkeit für andere Tiere als Wiederkäuer und Schweine, Tenazität, Pathogenese, Infektionsvermögen von Blut, Geweben, Se- und Exkreten. Immunität, Simultanimpfung, Methode Ernst, erbliche Immunität, nichtspezifische Behandlung. Literatur. Bejiers.

Meier (17) sagt, eine reich an Bakteriophagen gegen die Maul- und Klauenseuche haltige Flüssigkeit zu erhalten, gelingt, wenn man Rinderfäzes von einem Tier mit auffallend schneller Abheilung in physiologischer Kochsalzlösung aufschwemmt, in einer Fleischpresse auspreßt, erst durch ein Papierfilter und hierauf durch eine Chamberlandkerze filtriert. Nach M. besitzt diese Flüssigkeit präventive und kurative Wirkung. Ausführliche Beschreibung seiner Versuche. Beijers.

Meier (15) wünscht, daß alle mit Maul- und Klauenseuche infizierten Bestände auf Staatskosten behandelt werden. Von bakteriophagenreichen Fäzes wird der filtrierbare Impfstoff hergestellt und verwendet. Henkels.

Wimmer (30) stellte Untersuchungen an über die Schutz- und Heilwirkung des Pferdenormalserums bei der Maul- und Klauenseuche. Er fand, daß das Pferdenormalserum selbst bei Verwendung größerer Dosen kein verläßliches Schutzmittel bei der Maul- und Klauenseuche darstellt. Es ist außerdem nicht imstande, bei den nach der Schutzimpfung erkrankten Tieren Todesfälle sicher zu verhüten. Ebensowenig konnte bei der Impfung von bereits erkrankten Tieren ein besonderer Heilerfolg festgestellt werden. Krage.

Fechter (5) widerspricht den Untersuchungsergebnissen Wimmers über die Schutz- und Heilwirkung des Pferdenormalserums bei der Maul- und Klauenseuche, indem er dessen Mißerfolge mit dem Pferdenormalserum auf falsche Dosierung (Unter- und Überdosierung) zurückführt. Krage.

Lebailly (14) nimmt Stellung gegen einen auf ihn gerichteten Angriff weger seiner Behauptung, daß die Maul- und Klauenseuche 4 Tage nach dem Platzen der Aphthen nicht mehr übertragbar sei und daß die Übertragung auf den Menschen und umgekehrt von pseudoaphthösen Stomatitiden des Menschen auf das Rind niemals gelinge. C. Reinhardt.

# 7. Behandlung und veterinärpolizeiliche Bekämpfung der Maul- und Klauenseuche.

*1) Alessandrini, G.: Contributo alla patogenesi ed alle terapia della afta epizootica. (Pathogenese und Therapie der Maul- und Klauenseuche.) Nuovo Vet. S. 241—243. — *2) Andersen, C. W. und H. O. Schmit Jensen: Om Fremstilling og Forbrug af Rekonvalescent-Serum under Mund- og Klovesygeepizootien i 1924—1925. (Gewinnung und Verbrauch von Rekonvaleszentenserum während der Maul- und Klauenseucheepizootie in Dänemark 1924—1925.) Vet. og L. Aarsskr. S. 405—424. — 3) Basset, J.: Dangers d'immuniser contre la fièvre aphteuse du bœuf par injection sous-cutanée de sang virulent. Rec. de M. vét. Bd. 101, S. 6. — 4) Becker: Mißerfolg bei der Maul- und Klauenseucheimpfung. B. t. W. Bd. 41, S. 25. — *5) Bettkober, K.: Die Wirksamkeit des Löfflerserums bei Maul- und Klauenseuche. Diss. Berlin. — *6) Gier, C. J. de: Mond- en klauwzeerbestrijding. (Maul- und Klauenseuchebekämpfung.) Tijdschr. voor Diergeneesk. Bd. 52, S. 708—709. — *7) Hezel: Beitrag zur Wirkung des Riemserserums. B. t. W. Bd. 41, S. 50. — *8) Höhener, B.: Die Gefahr der Ausbreitung der Maul- und Klauenseuche durch infizierte Schlachttiere. Schweiz. Arch. f. Tierhlk. Bd. 67, S. 539 bis 549. — *9) Horváth, A.: Die Therapie der Maul- und Klauenseuche mit Rekonvaleszentenblut, Blutserum und artfremden Eiweißpräparaten. Inaug.-Diss. Budapest; Közl. Bd. 18, S. 57—66. — 10) Kuipers, K. R.: Mond- en klauwzeerbestrijding. (Maul- und Klauenseuchebekämpfung.) Tijdschr. voor Diergeneesk. Bd. 52, S. 405—406. — *11) Leeuwen, W. S. G. A. van: 32 jaren mond- en klauwzeerbestrijding. (32 Jahre Maul- und Klauenseuchebekämpfung.) Tijdschr. voor Diergeneesk. Bd. 52, S. 213—222. — *12) Liebert: Injektionsapparat zur Impfung mit Serum gegen Maul- und Klauenseuche. B. t. W. Bd. 41, S. 28. — 12a) v. Linden: Die Bekämpfung der Maul- und Klauenseuche mit Elcema-Kupferlecksalz und Habeka. Ill. landw. Ztg. Jg. 45, S. 239—241. (Nichts Wesentliches.) — *13) Lourens, L. F. D. E. (Direktor der „Rijkkseruminrichting"): Serum en bloed tegen het mond- en klauwzeer. (Serum und Blut gegen die Maul- und Klauenseuche.) Tijdschr. voor Diergeneesk. Bd. 52, S. 417—430. — 14) Matschke: Die Impfung des Markthandelsviehs gegen Maul- und Klauenseuche mit Löfflerserum auf dem Zuchtviehmarkt in Dortmund vom 16. VII. 1924 bis 31. XII. 1924. D. t. W. Bd. 33, S. 311—317. (Günstige Erfahrungen.) — 15) Pfeiler: Neues aus dem Gebiete der Maul- und Klauenseucheforschung und -bekämpfung. 62. Flugschr. Zücht. S. 2—21. (Nichts Neues.) — 16) Poppe: Die Serumbehandlung der Maul- und Klauenseuche. Skand. Vet. Tidskr. Jg. 15, H. 4, S. 59—62. — *17) Tenhaeff, Veenhaas, Winkel: Mond- en klauwzeerbestrijding in Friesland. (Maul- und Klauenseuchebekämpfung in Friesland.) Friesch Landbouwblad, 19. Sept. — 18) Vallée, Carré und Rinjard: Sur l'immunisation anti-aphteuse. Rec. de M. vét. Bd. 101, S. 14. — 19) Velmelage: Beitrag zur Bedeutung der Schutzimpfung gegen Maul- und Klauenseuche mit Riemserum. D. t. W. Bd. 33, S. 711—712. (Verbreitung durch einen nicht geimpften Stier.) — 20) Waldmann: Eine Bemerkung zu den Angaben des Herrn Dr. Willmer, Hamburg, über die aktive Immunisierung gegen Maul- und Klauenseuche durch Krankenmilchbehandlung. B. t. W. Bd. 41, S. 12. — *21) Derselbe: Richtlinien zur Schutzimpfung gegen Maul- und Klauenseuche. Ebendas. Bd. 41, S. 44. — *22) Weischer: Der Dortmunder Impfapparat für Maul- und Klauenseuche. Ebendas. Bd. 41, S. 38. — *23) Wiemann: Bewährt sich die obligatorische Impfung des Marktviehes gegen Maul- und Klauenseuche? Ebendas. Bd. 41, S. 12. — 24) Wittmer: Noch einmal die aktive Immunisierung gegen Maul- und Klauenseuche durch Krankenmilchbehandlung und eine veterinärpolizeiliche Nutzanwendung. Ebendas. Bd. 41, S. 7. — *25) Derselbe: Die Krankenmilchbehandlung gegen Maul- und Klauenseuche. Ebendas. Bd. 41, S. 17.

**Chemotherapie.** Alessandrini (1) hat bei Kälbern, Schafen und Schweinen 14 Stunden lang feuchtwarme Umschläge auf die intakte Haut mit frischen und bis 20 Tage altem Speichel, Lymphe, Kot und Urin von Tieren, die an Maul- und Klauenseuche litten, gemacht und hat niemals die Seuche dadurch erzeugt. A. schließt, daß zur Infektion eine Läsion der Haut und Schleimhäute erforderlich ist zur

Ansteckung. Auch die innerliche Verabfolgung der genannten Stoffe soll ergebnislos geblieben sein. Ferner hat A. festgestellt, daß der Gehalt des Harnes der an Maul- und Klauenseuche Erkrankten an Chloriden bis auf 15—18 g pro Liter stieg. Verursacht war dies durch einen Überschuß an Salzsäure. Gaben von Alkalien verminderten sofort den Gehalt des Harnes an Chloriden und brachten schnelle Heilung der Seuche. A. hat auf Grund seiner Beobachtungen ein Heilmittel zusammengestellt, das aus kleinen Dosen Alkalien, Karbolsäure und arsensauren Salzen besteht und das im Anfangsstadium der Seuche schnelle Heilung herbeiführen soll.
Frick.

**Impfung.** Wiemann (23) ist der Meinung, daß die Schutzimpfung des Handelsviehes gegen Maul- und Klauenseuche an den Viehverkehrsknotenpunkten einen Weg eröffnet, die Seuchenverschleppungen bei der Maul- und Klauenseuche ganz erheblich zu vermindern.
Henkels.

Weischer (22) schildert den Dortmunder Impfapparat für Maul- und Klauenseuche, der von der Fa. Hauptner hergestellt wird. Es konnten mit diesem Apparat in 1 Stunde 150 Tiere geimpft werden.
Henkels.

Liebert (12) schildert einen Injektionsapparat zur Impfung mit Serum gegen Maul- und Klauenseuche. Er stellt einen von der Fa. Hauptner hergestellten Impfapparat dar, der mit 2 Schlauchleitungen und Gebläse praktisch arbeitet.
Henkels.

Waldmann (21) gibt Richtlinien zur Schutzimpfung gegen Maul- und Klauenseuche. Es kann durch die sachgemäße Anwendung der Schutzimpfung die Gefahr, die dem Handels- und Ausstellungsvieh droht, nicht vermieden, aber doch wesentlich vermindert werden.
Henkels.

Hezel (7) liefert einen Beitrag zur Wirkung des Riemserserums und kommt zu folgendem Ergebnis: Schutzimpfung gewährt nur Schutz auf etwa 10 Tage. Bei Schutzimpfung im Inkubationsstadium ist der Verlauf der Seuche, wenn sie zum Ausbruch kommt, milder. Impfung sofort nach Ausbruch der Seuche notwendig. Gefährdete, noch seuchenfreie Gehöfte sind ebenfalls zu impfen.
Henkels.

Lourens (13) gibt in einem Vortrag eine übersichtliche Darstellung über die Untersuchungen im In- und Ausland, welche zur Bereitung eines hochwertigen Immunserums gegen die Maul- und Klauenseuche geführt haben und über die Versuche zur Erzielung einer aktiven Immunisierung.

In Holland hat man das Serum gegen die Maul- und Klauenseuche, welches von den staatlichen Impfstoffwerken schon seit 1906 bereitet wird, erst bei der heftigen Epizootie in den Jahren 1919/20, in welchen die Krankheit bösartig verlief, zuerst in größerem Umfange angewendet, ebenso das Blut von Rekonvaleszenten. Von 1908—1912 wurden bloß 440 l Serum abgeliefert. Im Jahre 1920 schon 900 l und im Jahre 1924 beinahe 3000 l und 350 l Blut. Für die Viehausstellung in Brüssel und für den provinzialen Wettstreit zu Antwerpen wurde im Jahre 1924 das benötigte Serum für die zeitweise Immunisierung der angeführten Tiere geliefert. Kein einziges dieser Tiere erkrankte oder verschleppte die Krankheit.
Beijers.

De Gier (6) erwidert auf den Artikel Knipers über die Maul- und Klauenseuchebekämpfung.

Er schließt sich der Meinung an, daß das Blut von Tieren, welche 5 Tage lang krank waren, virusfrei ist, gleichwie solcher, welche Epitheldefektregeneration aufweisen. Dieses Blut ist wirksamer im Vergleich zum Immunserum. Man muß Immunblut gleichzeitig mit virushaltigem Blut oder Lymphe einspritzen.

Beijers.

Bettkober (5) hat die Wirksamkeit des Löfflerserums bei Aphthenseuche geprüft.

Das Serum verkürzt bei Heilimpfungen die Krankheitsdauer und mildert den ganzen Seuchenverlauf erheblich. Je zeitiger die Heilimpfung, desto größer die Wirkung. Die mit Löfflerserum simultan geimpften Tiere bleiben entweder ganz von der Seuche verschont oder seuchen äußerst milde durch.

Weber.

Tenhaef, Veenhaas und Winkel (17) geben ausführlich Auskunft über ihre Versuche der Maul- und Klauenseuchebekämpfung und gelangen zu folgenden Schlußfolgerungen:

Die Blutbehandlung der Kälber — bei frühzeitiger Anwendung — schützt gegen den Tod der Tiere. Die Blutbehandlung ist ebensogut wie die gleiche Dosis vom Hochimmunserum. Das Riemserserum ist nicht besser wie dasjenige der „Rijksseruminrichting" (Rotterdam). Für die Simultanimpfung besteht noch keine Sicherheit bezüglich der Virusstärke.

Es gelingt mit keiner Behandlungsmethode, die Seuche zu beschränken, dagegen kann der Verlauf gutartiger bewirkt werden.

Verff. weisen auf den großen Nutzen entsprechender hygienischer Verpflegung der Tiere hin. Aufstallung der Erkrankten ist nicht allein für diese günstig, sie beschützt auch die auf der Weide zurückbleibenden Tiere vor weiterer Ansteckungsgelegenheit.

Die bisherigen chemischen „Spezifika" gegen die Maul- und Klauenseuche sind wertlos.

Durchseuchung ergibt abwechselnd starke Immunität. Mit dem Hinweis hierauf finden Verff. weitere Versuche, welche dahin abzielen, die Unschädlichmachung des Erregers im Organismus zu bewirken erwünscht.

Nachschrift (Veenhaas): „Wir befinden uns noch immer im Versuchsstadium, ausgenommen die Impfung der Kälber, welche sehr schöne Resultate zeitigt. Wegen des außerordentlich verschiedenen Verlaufs der Krankheit müssen wir nicht zu früh irgendwelche Hoffnungen bei den Viehzüchtern erwecken.

Wir haben unser Serum nicht allein für den Viehexport nötig; in wertvollen Herden muß die Serumbehandlung mit hygienischen Maßnahmen gepaart einhergehen. Unser Ausfuhrhandel kann hieraus in bestimmten Fällen Nutzen ziehen."

Beijers.

Horváth (9) berichtet über die Therapie der Maul- und Klauenseuche. Die Krankheit kann durch Rekonvaleszentenblut (pro 100 Pfund Lebendgewicht 25 ccm oder mehr), sowie durch Eiweißpräparate (Phlogetan oder Aktoprotin) günstig beeinflußt werden. Werden Tiere noch im gesunden Zustande behandelt, so bleibt die Blaseneruption in von Fall zu Fall wechselnder Zahl der Fälle aus. Durch die Behandlung während des initialen Fieberstadiums oder im Stadium der beginnenden Blasenbildung wird zwar das Fortschreiten der Krankheit nicht verhindert, der Verlauf jedoch milder gestaltet.

Manninger.

Andersen und Schmit-Jensen (2) beschreiben das Verfahren bei der Gewinnung von Maul- und Klauenseucheserum (Rekonvaleszentenserum). Dem Blut wird Natriumzitrat zugesetzt, es wird möglichst bald auf etwa 10° C abgekühlt, und die Blutkörperchen werden durch Zentrifugieren in einem leicht modifizierten Alfa-Laval-Separator entfernt.

M. Christiansen.

Wittmer (25) erwidert auf die Ausführungen von Prof. Waldmann, B. t. W. 12 (Krankenmilchbehand-

lung der Maul- und Klauenseuche), und bleibt bei seiner Ansicht. Wenn das Beste nicht erreichbar sei, dann nehme er eben das Bestmöglichste.

Henkels.

**Veterinärpolizei.** Van Leeuwen (11) bespricht die gesetzlichen Maßnahmen, welche in den letzten 32 Jahren in Holland gegen die Maul- und Klauenseuche getroffen wurden und kommt zu dem Ergebnis, daß man hiermit nichts erzielt, solange man nicht auf die volle Mitwirkung von seiten der Viehbesitzer rechnen kann, was leider bisher nicht der Fall war.

Beijers.

Höhener (8) hat über die Gefahr der Ausbreitung der Maul- und Klauenseuche durch infizierte Schlachttiere berichtet.

Die Gefahr der Ausbreitung ist trotz aller seuchenpolizeilichen Maßnahme nin der Umgebung von Schlachthöfen eine große, sie hängt im wesentlichen davon ab, in welchem Krankheitsstadium die Schlachtungen erfolgen (speziell Inkubationszeit). Das Seuchenfleisch sollte nur sehr vorsichtig in den Verkehr gebracht werden.

Graf.

## 8. Lungenseuche des Rindviehs.

*1) Franke und Profé: Zur vorläufigen Mitteilung von Witt in Calbe a. S. über „Die Behandlung der Lungenseuche". B. t. W. Bd. 41, S. 21. — *2) Giese, Cl.: Über die Lungenseuche des Rindes und den heutigen Stand der Lungenseucheforschung. Seuchenbekämpfung Bd. 2, H. 6, S. 305—326. — 3) Giese, Cl. und W. Wedemann: Zur Feststellung der Lungenseuche beim lebenden Rinde. Arb. Reichs-Ges. A. Bd. 55, S. 1. — *4) Joest, E.: Zur histologischen Diagnose der Lungenseuche. Zschr. f. Infekt. Krkh. d. Haust. Bd. 28, S. 72—74. — 5) Müssemeier: Der Stand und die Bekämpfung der Lungenseuche bei Rindern. Mitt. d. D. Landw. Ges. H. 17, S. 312. — *6) Ono, S.: A Study on Contagious Pleuro-Pneumonia Occurred in Imported Cattle. J. of Japan. Soc. Vet. Sc. Bd. 4, Nr. 1, S. 45—48. — *7) Derselbe: Further Notes on Contagious Pleuro-Pneumonia Occurred in Imported Cattle. Ebendas. Bd. 4, Nr. 3, S. 257—258. — *8) Witt: Behandlung der Lungenseuche. B. t. W. Bd. 41, S. 17. — *9) Derselbe: Die Lungenseuche und ihre leichte, schnelle Heilbarkeit. Ebendas. Bd. 41, S. 24. — 10) Derselbe: Weiteres zur Behandlung, Heilung und Bekämpfung der Lungenseuche des Rindes. Ebendas. Bd. 41, S. 45.

**Pathologie.** Giese (2) liefert eine ausführliche Beschreibung der Lungenseuche des Rindes und des heutigen Standes der Lungenseuchenforschung.

Schumann.

Joest (4) weist darauf hin, daß die als spezifisch für die Lungenseuche des Rindes einzusehenden Organisationszentren im interlobulären Bindegewebe der Lunge bereits in den Jahren 1907/08 von ihm festgestellt worden sind.

Joest und Cohrs.

**Diagnose.** Ono (6) beschreibt die Ergebnisse seiner Untersuchungen über Lungenseuche, die er im September 1924 zum erstenmal in der Quarantäneanstalt zu Yokohama bei 3 von aus China importierten mongolischen Rindern feststellte. Er berichtet über Zerlegungsbefund und Übertragung des Virus auf Kälber. Es gelang ihm weiter, aus dem Pleuraexsudat den Krankheitserreger zu isolieren und weiterzuzüchten. Der Autor glaubt, daß die Zunahme der Lymphozyten im Blut und der Nachweis von Präzipitinogen im Serum für die Differentialdiagnose wertvoll sind.

Nitta.

Ono (7) schreibt, daß 8 Monate nach der ersten schon veröffentlichten Feststellung der Lungenseuche in Japan im September 1924 in der Quarantäneanstalt zu Yokohama bei drei von aus China importierten Rindern die Seuche wieder in Osaka und Umgebung ausbrach und dabei 124 Rinder sicher infizierten und 656 Rinder als verdächtig getötet werden mußten. Der Verf. machte weitere Untersuchungen über die Kultivierung des Erregers und spritzte ihn in die Augen des Kaninchens ein, wo er 2 Wochen lang virulent blieb. Nitta.

Witt (8) gibt an, daß man mit Neosalvarsan die Lungenseuche des Rindes in 2—5 Tagen heilen kann, vorausgesetzt, daß es rechtzeitig und in genügender Dosis angewandt wird. Er behauptet, daß der Tierarzt heute einen Kunstfehler begeht, wenn er die rechtzeitige Behandlung der Brustseuche des Pferdes mit Neosalvarsan unterläßt. Für ihn liegen die Verhältnisse bei der Lungenseuche der Rinder nicht anders. Henkels.

Witt (9) glaubt, daß man mit Bestimmtheit in 2 bis 5 Tagen die Lungenseuche heilen kann. Sofortiger energischer Eingriff sei erforderlich, sein Mittel ist in diesem Artikel nicht angegeben. Henkels.

Franke und Profé (1) ist die Behauptung Witts, die Lungenseuche heilen zu können, mindestens nicht genügend begründet. Henkels.

## 9. Pocken.

*1) Angeloff, St.: Ergebnisse von der Ovination und Versuche mit sensibilisiertem Virus bei Schafpocken. Jb. d. vet.-med. Fakultät in Sofia Jg. 1, S. 171 bis 192. — *2) Bozzelli, R.: Osservazioni cliniche e sperimentali sul vainolo ovino. (Klinische und experimentelle Beobachtungen über Schafpocken.) Clin. vet. S. 615—712. — 3) Darvas, L.: Behandlung pockenkranker Schafe. Allat. Lapok S. 46. — 4) Haralambopoulo und Papachristophilou: Variole des chèvres. Rec. de M. vét. Bd. 101, S. 16. — 5) Sörensen, S. T. und E. Sörensen: Mikroskopische Studien über Vakzine und Variola. Virch. Arch. Bd. 258, S. 627 bis 645. (Kaninchen, Kalb und Mensch.) — *6) Visani, M.: Un freolais di variola caprina. (Ein Feind der Ziegenpocke.) Clin. vet. S. 799—801.

Bozzelli (2) hat seine Beobachtungen über Schafpocken in einer längeren Arbeit, die aber meist Literaturangaben enthält, niedergelegt. Seine Resultate gipfeln in folgendem.

Übertragungen der Schafpocken auf Menschen will er oft gesehen haben. Solche Übertragungen hat er versuchsweise ausgeführt bei Affen, Rindern, Büffeln, Pferden, Ziegen, Gazellen, Mufflons, Schweinen, Hunden, Katzen, Kaninchen, Meerschweinchen, Hasen, weißen Ratten, Hühnern, Tauben, Enten, Spatzen. Mit Ausnahme der Ziege, die bei subkutaner Injektion an den Augenlidern örtliche Reaktion zeigte, war der Erfolg stets negativ. Mit Hilfe der Milch von Schafen, die unverletzte Striche besaßen und sonst in den verschiedensten Stadien der Pocken sich befanden, gelang die Ansteckung von Schaflämmern niemals. Frick.

Angeloff (1) macht Angaben über Herstellung der Ovine und die Resultate ihrer Anwendung in der Praxis für eine 16 jährige Periode, andererseits teilt er über Herstellung von Schafpockenserum und von sensibilisiertem Virus, sowie seine Anwendung und Vorzüge bei der Bekämpfung der Schafpocken mit.

Aus der dieser Arbeit beigefügten Tabelle über die Ergebnisse der Schafpockenimpfungen mit Ovine für die Jahre 1899—1924 und aus dem ebenfalls beigegebenen Diagramm über die infizierten Ortschaften und geimpften Schafe ist ersichtlich, daß die Schaf-

pocken in Bulgarien die stärkste Ausbreitung in den Nachkriegsjahren wegen der Lockerung der veterinärpolizeilichen Maßnahmen während der Kriegszeit erlangt haben, in welcher auch am meisten geimpft worden ist. So sind z. B. 1912 vor dem Balkankriege 44 Ortschaften mit Schafpocken infiziert gewesen und 56 029 Schafe geimpft worden, während im Jahre 1914 die Zahl der infizierten Ortschaften auf 655 und der geimpften Schafe auf 819 379 angestiegen ist.

Insgesamt sind in den Jahren 1909—1924 3 840 587 Schafe geimpft worden. Davon haben gezeigt: lokale Impfpapeln 92,70%, allgemeinen Ausschlag 1,99%, keinerlei Impfreaktion 5,46%; gestorben sind davon 0,48%.

Mit dem sensibilisierten Virus (Ovine) sind außer Vorversuchen im veterinärbakteriologischen Institut in Sofia auch Probeimpfungen in der Praxis gemacht worden. So sind z. B. in einer gesunden zur Präkautionsimpfung bestimmten Herde 41 Schafe geimpft worden; 2 Schafe derselben Herde und 16 dazugehörige Lämmer ließ man zur Kontrolle bei den geimpften. Als Reaktion haben die geimpften Schafe mehr oder weniger ausgeprägte Schwellung an der Impfstelle und unbedeutende Niedergeschlagenheit ohne Appetitsstörung gezeigt, während die genannten Kontrolltiere absolut gar keine Störung erkennen ließen. Um zu prüfen, ob Immunität bei den geimpften Schafen eingetreten ist, sind 6 Schafe 15 Tage nach der Impfung mit geprüfter Ovine am Ohr geimpft worden. Kein Tier von den geimpften hat auf die Impfung reagiert. Dieser Versuch beweist, daß mit sensibilisiertem Virus geimpfte Schafe die Schafpocken auf gesunde nicht übertragen, ein Vorzug, der gute Aussichten für die Bekämpfung der Schafpocken eröffnet. Angeloff.

Visani (6) sah eine Pockeneruption am Euter, der Nase und den Lippen bei einer Ziege. Letztere stammte aus einer Ziegenherde, die an Pocken litt. 54 Schafe der Herde waren gesund. V. hält daher Ziegen- und Schafpocken nicht für identisch. Frick.

## 10. Beschälseuche und Bläschenausschlag.

*1) Komsthöft, F.: Vergleichende Untersuchungen über Präzipitation mit wässerigen und alkoholischen Trypanosomenextrakten bei der Beschälseuche. Diss. Berlin.

Nach Komsthöft (1) besteht eine Duplizität der Präzipitine bei der Beschälseuche. Was für die Komplementablenkung nachgewiesen wurde, gilt auch für die Präzipitation. Sie ist wie jene eine Eiweiß- wie auch Lipoidreaktion. Daraus ergibt sich die Forderung, daß die auf Beschälseuche zu untersuchenden Proben stets mit wässerigen und alkoholischen Trypanosomenextrakten untersucht werden müssen. Trautmann.

## 11. Räude.

*1) Benss, H.: Die Behandlung pustulöser Hauterkrankungen mit Opsonogen. Diss. Leipzig. — 2) Chambers, F.: Transmission of sarcoptic mange of the dog to man. Vet. J. Bd. 81, S. 251—252. (Kasuistisch.) — 3) Frisch: Ein Fall von Akariasis bei der Ziege. B. t. W. Bd. 41, S. 50. — *4) Hardenbergh, J. G. und C. F. Schlotthauer: Demodectic mange of the goat and its treatment. J. of Am. Vet. Med. Assoc. Bd. 67, Nr. 4, S. 486—489. — 5) Henry und Leblois: Sur quelques essais de thérapeutique antidémodécique. Rec. de M. vét. Bd. 101, S. 19. — 6) Junack, M.: Seuchenartig auftretende Sarkoptesräude bei Rindern. T. R. Bd. 31, S. 207—208. — *7) Lindner, W.: Räudebehandlung bei Pferden mit Sulfoliquid AS. M. t. W. Bd. 76, Nr. 6, S. 93—94. —

*8) Maintz, H.: Über das Wesen der Akarusräude des Hundes und ihre Behandlung. Diss. Hannover. — *9) Meltzer: Schwefelkohlenstoff. Mitt. d. V. Bad. T. Bd. 25, S. 15. — *10) Panisset, L. und J. Verge: Essais de vaccinothérapie des pyodermites du chien. Rev. gén. de M. vét. Bd. 34, S. 181—199. — 11) Poppe und Knoth: Die Behandlung der Sarkoptesräude des Rindes mit Schwefelkalkbädern. D. t. W. Bd. 33, S. 680—682. (Gute Ergebnisse.) — 12) Priepke: Beitrag zur Behandlung der Akarusräude. B. t. W. Bd. 41, S. 50. — *13) Sani, L.: Sulla rogna demodettica nel bue. (Haarbalgmilbenräude beim Rind.) Nuovo Vet. S. 346—350. — 14) Studzinski, B.: Mißerfolge mit Wredanbegasungen. Diss. Berlin 1923. (Nicht brauchbar bei Pferderäude!) — 15) Thibierge, G.: La transmission à l'homme de la gale sarcoptique du cheval. Rec. de M. vét. Bd. 101, S. 16.

**Räude des Pferdes.** Lindner (7) behandelte 12 Pferde mit Sulfoliquid AS. und sah guten Erfolg.

J. Schmidt.

**Räude des Rindes.** Sani (13) sah einen Fall von Haarbalgmilbenräude beim Rind, die über den ganzen Körper in Form von erbsengroßen Knoten auftrat, aber ohne jeden Juckreiz war. Das beim Druck entleerte Sekret enthielt massenhaft Demodex-Milben. Ausdrücken der Knoten und Einreiben einer Kreolinsalbe brachte in $1^{1}/_{2}$ Monaten volle Heilung. Frick.

**Räude der Ziege.** Hardenbergh und Schlotthauer (4) schildern das klinische Aussehen der Acarusräude bei der Ziege, wie es neuerdings auch in Deutschland bekannt geworden ist. Die Knötchen konnten leicht durch Spalten, Ausdrücken und Behandeln mit 10 proz. Karbolsäurelösung und Jodtinktur zur Heilung gebracht werden. Bei einem Fall mit squamöser Erkrankung der Extremitäten konnten keine Milben nachgewiesen werden. Hobmaier.

**Räude des Hundes.** Benss (1) hat den heilenden Einfluß vom Opsonogen der chem. Fabrik Gustrow (Mcklbg.) auf die pustulöse Form der Akarusräude des Hundes geprüft.

Neben der notwendigen örtlichen antiparasitären Behandlung wurde Opsonogen intramuskulär verabreicht. Meist zeigten sich allgemeine Reaktionserscheinungen (Fieber, Mattigkeit, Schüttelfrost, Appetitstörungen), die jedoch nach 48—60 Stunden abklangen. Örtliche Reaktionen traten nicht auf, wohl aber Herdreaktionen (pralle Füllung und Vergrößerung, manchmal auch Vermehrung der Pusteln). Sobald die Reaktionen verschwunden waren, wurden die Pusteln kleiner, sie fielen zusammen, trockneten aus und verschwanden unter Abstoßung der abgehobenen Epidermis. Die pustulöse Form der Akarusräude wechselte also in die prognostisch günstiger zu beurteilende squamatöse hinüber. B. rät zu weiteren Versuchen, da sein Krankenmaterial noch zu wenig umfangreich ist.

Weber.

Maintz (8) hat Untersuchungen über die Akarusräude des Hundes angestellt.

Aus den angestellten Versuchen geht hervor, daß außer den milbentötenden Eigenschaften eines Heilmittels gegen Akarusräude noch andere Momente zur Abheilung dieser Krankheit vorhanden sein müssen. Wenn im einzelnen diese Momente auch noch der völligen Klärung harren, so kann doch gesagt werden, daß besonders die Widerstandskraft der Patienten und ihre Abwehrreaktion bei der Abheilung der Erkrankung eine große Rolle spielen. Nach den günstigen Erfahrungen, die bei Akarusausschlag der Hunde mit $1^{1}/_{2}$ proz. Sozojodolquecksilberlösung sowie besonders auch mit der 50 proz. Petroleumsalbe an zahlreichem Material gemacht werden konnten, müssen diese Mittel als gut geeignet für die Behandlung des Akarusausschlages angesprochen werden. Infolge ihrer einfachen und sauberen Anwendungsweise, ein Punkt, der in der ambulatorischen Praxis eine große Rolle spielt sowie besonders auf Grund ihrer guten Heilwirkung ist den beiden Präparaten weiteste Verbreitung im Kampfe gegen die gefürchtete Akarusräude der Hunde zu wünschen.

Trautmann.

Panisset und Verge (10) hatten bei der Anwendung der Vakzinetherapie bei Akarusräude des Hundes nur sehr geringe Erfolge, die nach ihrer Ansicht auch mit jeder anderen Behandlung erreicht worden wären.

C. Reinhardt.

Nach Meltzer (9) ist Schwefelkohlenstoff ein gutes Heilmittel gegen Akarusräude. Weber.

## 12. Rotlauf, Schweineseuche, Schweinepest.

### a) Rotlauf der Schweine.

*1) Angeloff, St.: Die Schweinepest in differential diagnostischer und prophylaktischer Beziehung zu den ihr ähnlichen Schweineseuchen. Vet. Sbirka Bd. 29, H. 8/9, S. 151—164. — *2) Baer, H.: Die Rotlaufschutzimpfungen im Kanton Zürich. Schweiz. Arch. f. Tierhlk. Bd. 67, S. 391—397. — 3) Beckel, W.: Schweinerotlaufbekämpfung in Sachsen mit Hilfe der Anstalt für staatliche Schlachtviehversicherung. T. R. Bd. 31, S. 169—172. (Statistik.) — 4) Böhme, W.: Vom Wesen der Rotlaufinfektion. Anregungen zur weiteren Erforschung des Rotlaufproblems, zugleich Grundsätzliches zur Infektionslehre überhaupt. Ebendas. Bd. 31, S. 33—40 u. 49—53. — 5) Derselbe: Einiges über die Unterlagen unserer Kritik der Rotlaufinfektion- und -abwehr. D. t. W. Bd. 33, S. 195 bis 202. (Zum Auszug nicht geeignet.) — *6) Brockmann, E.: Untersuchungen über die Beziehungen zwischen Agglutininen, komplementbindenden Ambozeptoren und Präzipitinen im Serum gegen Rotlauf immunisierter Pferde. Diss. Leipzig. — 7) Cauchemez: La transmission à l'homme du rouget du porc. Rec. de M. vét. Bd. 101, S. 8. — *8) Černovský, J.: Immunisierungsversuche mittels thermisch abgetöteten Rotlaufkulturen. Diss. Wien 1921/24. — *9) Chiriacescu, D.: Experimentelle Untersuchungen über die Kutiinfektion und Kutivakzination gegen Rotlauf. Inaug.-Diss. — *10) Colella, C.: Contributo sperimentale sulla comparsa dei bacilli del mal rossino nel sangue des colombi dal momento della inoculazione. (Experimenteller Beitrag über das Erscheinen der Schweinerotlaufbazillen im Blute der Tauben nach einer Impfung.) Nuovo Ercol. Bd. 30, Nr. 17, 18 u. 19, S. 313 bis 318, 321—327. — *11) Derselbe: Sul jodovaccino „Fujimura" contro il mal rossino. (Über das Jodovakzin „Fujimura" gegen den Schweinerotlauf.) Ebendas. Bd. 30, Nr. 24, S. 421—432. — 12) Dalling, T., H. R. Allen und J. H. Mason: Research into certain animal diseases. (Rotlauf, Geflügeldiphtherie, weiße Ruhr der Kücken, Rauschbrand, Lähme bei Lämmern.) Vet. Rec. Bd. 5, S. 561—566. — 13) Dauner: Etwas über Rotlaufheilimpfungen. B. t. W. Bd. 41, S. 13. — 14) Döhler: Erfahrungen über Rotlaufimpfungen. D. t. W. Bd. 33, S. 297—298. — 15) Eberhard: Zur Technik der Rotlaufimpfung. T. R. Bd. 31, S. 760—761. — *16) Eguchi, Ch.: Versuche über Infektion und Immunisierung per os an jungen und alten Mäusen und Meerschweinchen mit Rotlauf, Mäusetyphus, Typhus und Ruhr. Zschr. f. Hyg. Bd. 105, H. 1, S. 91—97. — 17) Eilmann: Warnung vor dem „Rusopatin", einem angeblich sicher wirkenden Mittel gegen den Schweinerotlauf. B. t. W. Bd. 41, S. 9. — 18) Ganslmayer, H.: Über ungenügende Immunität nach der Rotlaufsimultanimpfung. T. R. Bd. 31, S. 81—83. — *19) Gatterdam, P.: Tierexperimentelle Studien an Tauben über die bak-

terizide Wirkung des Yatrens. Diss. Leipzig. —
*20) Gerlach, F.: Der Schweinerotlauf beim Menschen
und seine Behandlung mit Schweinerotlaufserum.
Seuchenbekämpfung Bd. 2, H. 5, S. 217—223. —
*21) Giovine, D.: Il metodo di Wulff nella diagnosi
del mal rossino. (Die Diagnose des Rotlaufes nach
Wulff.) Nuovo Vet. S. 228—230. — *22) Grimaldi, E.
und T. Pagliardini: Sulla cosidetta orticaria del
maiale. (Sog. Urtikaria des Schweines.) Ebendas. S. 11.
— 23) Groth: Ein Fall von Anaphylaxie gelegentlich
der Schutzimpfung gegen Schweinerotlauf. T. R. Bd. 31,
S. 326. — 24) Haehne: Zur Technik der Rotlaufimpfung. B. t. W. Bd. 41, S. 39. — *25) Horváth, A.:
Über Impfungen gegen Schweinerotlauf. Allategészségüqy S. 33—35. — *26) Derselbe: Über Rotlaufimpfungen. Allat. Lapok S. 189—191. — *27) Kaselow, M.: Die kutane Rotlaufschutzimpfung mit Emphyton nach Böhme. T. R. Bd. 31, S. 437—442 u. 453
bis 457. — *28) Kellermann, A.: Schutzimpfung
rotlaufverseuchter Bestände. Allat. Lapok S. 95—98.
— *29) Kemény, Ed.: Erfahrungen aus der Impfpraxis. Ebendas. S. 228—230. — 30) Knörchen:
Wiederaufflammen einer Rotlaufinfektion beim Menschen. B. t. W. Bd. 41, S. 20. — 31) Martens: Nochmals die Rotlaufimpfung. Ebendas. Bd. 41, S. 17. —
*32) Meyer: Meine Erfahrungen mit der Rotlauf-
schutzimpfung. Ebendas. Bd. 41, S. 3. — 33) Nörner:
Zur Technik der Rotlaufimpfung. T. R. Bd. 31, S. 619.
— 34) Nußhag, W.: Schweinepest und Rotlaufschutzimpfungen. Ebendas. Bd. 31, S. 729—734. — 35) Derselbe: Ein Beitrag zur Immunitätsvererbung. D. t. W.
Bd. 33, S. 728—729. (Kasuistik bei 2 Rotlaufserum-
pferden.) — *36) Pacchioni, G.: Sulla refrattarieta
della cavia di fronte al bacillo del mal Rossino. (Unempfänglichkeit des Meerschweinchens gegen den Rotlaufbazillus.) Nuovo Vet. S. 128—129 — *37) Sabella, A.: Involutionsformen des Bacillus erysipelatos
suis. Zbl. f. Bakt. (Orig.) Bd. 94, H. 7/8, S. 411—416.
— 38) Schnürer: Prüfung von Involutionsformen des
Schweinerotlaufbazillus auf Unschädlichkeit und im-
munisierende Wirkung bei weißen Mäusen. B. t. W.
Bd. 41, S. 26. — *39) Stedefeder: Die Verbreitung
der Schweinepest durch die Rotlaufimpfungen. Ebendas. Bd. 41, S. 4. — *40) Derselbe: Über die Rotlaufimpfung. Ebendas. Bd. 41, S. 3. — 41) Stow, R. J.:
A case of swine erysipelas transmitted to man. Vet. J.
Bd. 81, S. 567—568. — 42) Timm: Dauerträger von
Rotlaufbazillen unter gesunden Schlachtschweinen.
T. R. Bd. 31, S. 359—360. — 43) Ulrich: Zur Rotlaufimpfung. Ebendas. Bd. 31, S. 810. — *44) Walter, P. H.: Studien zur biologischen Differenzierung
von in Hessen vorkommenden Rotlaufstämmen. Ein
Beitrag zur kritischen Bewertung der in der Rotlauf-
literatur der letzten Jahre unternommenen Erklärungs-
versuche der Impffehlschläge. Vet.-med. Diss. München und D. t. W. Bd. 33, S. 603—604. (Auszug.) —
*45) Weber: Die Chemotherapie und die Impfungen
gegen Schweinerotlauf. B. t. W. Bd. 41, S. 6. —
46) Zeh: Über Rotlaufimpfung. Ebendas. Bd. 41, S.17.
— *47) Zibert, S.: Ein bivalentes Serum gegen den
Schweinerotlauf und gegen die Viruspest. D. t. W.
Bd. 33, S. 350—351. — 48) Die Rotlaufimpfungen in
Bayern im Jahre 1923. M. t. W. Bd. 76, Nr. 7, S. 128
bis 133. (Nach einer Mitteilung des bayr. Staats-
ministeriums.) — 49) Swine erysipelas. Vet. Rec. Bd. 5,
S. 461—462. (Rotlaufserum muß in England vom
Kontinent bezogen werden. Die Impfung ist nicht allgemein eingeführt.)

**Bakteriologie.** Auf Grund seiner Untersuchungen kommt Walter (44) zu dem Ergebnis, daß zwar
Varietäten von Rotlaufbazillen vorkommen,
dieses Vorkommen jedoch nicht genügend beweiskräftig
zur Erklärung von Impffehlschlägen ist. Diese scheinen
vielmehr in der Hauptsache durch die Vergesellschaf-

tung des Rotlaufes mit Schweinepest bedingt zu
sein.                                    C. Reinhardt.

Sabella (37) beschreibt Involutionsformen des
Bazillus erysipelatos suis, die sich auf saponin-
haltigen Nährböden gebildet haben. Bedingung für
diese Wuchsform ist verlangsamtes Wachstum und Anpassung der Bakterienzelle an die geänderten Lebensbedingungen. Angefügt wird eine vorläufige Mitteilung
darüber, daß es gelang, aus monatealten Kulturen in
gewöhnlicher Bouillon Rotlaufbazillen herauszuzüchten, die sich morphologisch nach Aussehen und
Farbe der Kolonien und schließlich serologisch von
normalen Rotlaufbazillen wesentlich unterscheiden.
                                          Schumann.

Nach Brockmann (6) ließen sich bei sämtlichen
gegen Rotlauf immunisierten Pferden während
der ganzen Dauer der Immunisierung spezifische
Agglutinine, komplementbindende Ambozeptoren und Präzipitine nachweisen.

Der Gehalt an diesen Antikörpern war bei den
einzelnen Pferden verschieden und individuellen
Schwankungen unterworfen; im allgemeinen war nach
der intravenösen Injektion von Rotlaufbazillen eine
Zunahme zu beobachten. Die mit der Komplementbindung und Präzipitation nachweisbaren Antikörper
entstehen allmählich, die Agglutinine hingegen treten
schon in kürzester Zeit nach der Injektion auf. Eine
negative Phase war bei den länger immunisierten Pferden lediglich bei der Agglutininbildung festzustellen.
Die frisch immunisierten Pferde zeigten eine negative
Phase nicht regelmäßig. Bei den komplementbindenden
und präzipitierenden Antikörpern war eine negative
Phase nicht zu beobachten. Der Einfluß der Blutentnahme mit gleichzeitiger Impfung machte sich dahin
geltend, daß darauf eine erhebliche Zunahme der komplementbindenden Ambozeptoren einsetzte, während
hinsichtlich der Agglutinine dieses Verhalten nicht zu
bemerken war. Unmittelbare Beziehungen zwischen
Agglutininen, komplementbindenden Ambozeptoren
und Präzipitinen zum Schutzwert des Serums bestehen
jedoch, wie nebenherlaufende Prüfungsversuche ergeben haben, nicht.                       Trautmann.

Eguchi (16) stellte Versuche an über Infektion
und Immunisierung per os an jungen und
alten Mäusen und Meerschweinchen mit Rotlauf, Mäusetyphus, Typhus und Ruhr, indem er
von früheren Beobachtungen ausging, wonach junge
Tiere in manchen Fällen weit leichter als erwachsene
für die Infektion, in anderen Fällen für die Immunisierung per os empfänglich sind. Die Ergebnisse waren
folgende:

1. Während Rotlaufbazillen nach Angabe anderer Autoren für alte Meerschweinchen nicht pathogen
sind, erwiesen sich ganz junge Tiere in gewissem Grade
empfänglich für die Infektion per os; von 5 gefütterten
Tieren erlag eins, das einen Tropfen Bouillonkultur
erhalten hatte, einer subakuten Infektion.

2. Junge Mäuse zeigten sich gegen die Fütterung
mit Rotlaufbazillen nicht in stärkerem Grade empfänglich wie alte. Die überlebenden Tiere zeigten keine
erhebliche Immunität gegen intraperitonaeale Nachprüfung.

3. Versuche, junge Mäuse per os mit abgetöteten
Mäusetyphus — abgetöteter und lebender Typhus-
kultur — zu immunisieren, fielen fast völlig negativ
aus; nur ein Versuch mit toten Shigabazillen ergab
eine geringe Immunität, die sich in Verzögerung des
Todes einiger Tiere äußerte. Bei Mäusetyphus und
Typhus blieben auch große Bazillenmengen, deren
Verfütterung den Tod eines großen Teils der Versuchstiere ergab, ohne Erfolg.                 Krage.

Černovský (8) behandelt die aktive Immunisierung von weißen Mäusen und Tauben mittels thermisch abgetöteter und mit Rotlaufsera sensibilisierter Rotlaufkulturen.

Das Wachstum der Rotlaufbakterien in Blutbouillon wurde befördert durch Zugabe vom Rotlaufserum, 2%, oder Pepton, 3%. Die Abtötung wurde bei 44° C durchgeführt. Die abgetöteten und agglutinierten Rotlaufkulturen wurden dekantiert, abzentrifugiert und eingetrocknet. Mit diesen Rotlauftrockenbazillen wurden weiße Mäuse und Tauben in 2 Versuchsreihen geimpft: 1. mit 1 mal sensibilisierten Rotlauftrockenbazillen, 2. mit 2 mal sensibilisierten Rotlauftrockenbazillen. Als erste Sensibilisierung wurde die Agglutination mit Pferderotlaufserum betrachtet. Die zweite Sensibilisierung wurde durchgeführt durch 3 stündiges Einwirken eines hochwertigen Pferderotlaufserums auf die Rotlauftrockenbazillen. Es ist nicht gelungen, bei Mäusen und Tauben auch bei verschiedener Vorbehandlung mit mannigfach geänderten Herstellungsbedingungen des Impfstoffes durch abgetötete Rotlaufbazillen mit Sicherheit eine Immunität gegen eine für nicht vorbehandelte Kontrolltiere tödliche Infektion mit Rotlaufbazillen zu erzielen.

Trautmann.

Pacchioni (36) hat in einer neuen, zahlreichen Versuchsreihe gezeigt, daß das Meerschweinchen gegen den Rotlaufbazillus resistent ist. De Vecchi hat das Gegenteil behauptet. Frick.

Colella (10) hat festgestellt, daß die Schweinerotlaufbazillen im Blute der geimpften Taube 30 bis 96 Stunden nach der Impfung erscheinen; daß sie nach subkutaner Injektion von kleinen Dosen rascher als nach intramuskulärer im Blute nachweisbar sind; umgekehrt hingegen, wenn die Dosis stark ist, daß außerdem die Krankheit bei Tauben nach subkutaner Injektion eine kürzere Dauer besitzt als nach intramuskulärer. Im letzten Falle sollen die Tauben auf Grund einer Intoxikation sterben. So könnte man die nachträgliche Invasion des Organismus mit Colibazillen erklären. Declich.

**Diagnose.** Nach eingehender Beschreibung der Ätiologie der Schweineseuchen hebt Angeloff (1) hervor, daß die klinische Differentialdiagnose zwischen Rotlauf, Schweineseuche, Schweinepest und Paratyphus intra vitam schwer und häufig unmöglich ist. Erst die pathologisch-anatomischen Veränderungen und die Resultate der bakterologischen Untersuchungen können die Diagnose erleichtern. Da die biologische Methode zur Erkennung der Schweinepest versagt, ist man in gewissen Fällen auf Impfversuche angewiesen.

Zur erfolgreichen Bekämpfung der Schweinepest empfiehlt A. folgende einheitliche Maßnahmen: Feststellung richtiger Diagnose; Tötung sämtlicher kranken Schweine und aller, welche über 40,5° C Temperatur aufweisen (Messen der Temperatur aller Schweine); Kochen des Fleisches der geschlachteten Schweine und tiefes Vergraben der Kadaver oder der verworfenen Teile, gründliche Desinfektion und Impfung aller übriggebliebenen Schweine. Angeloff.

Giovine (21) hat die Diagnose des Schweinerotlaufes nach Wulff (Nachweis des Erregers im Knochenmark) bestätigt. Er konnte noch 40 Tage nach dem Tode im Knochenmark vollvirulente Rotlaufbazillen in Reinkultur finden. Frick.

**Impfung.** Horváth (25) bespricht seine Erfahrungen über die Folgen der Rotlaufimpfungen.

Er kommt zu dem Schluß, daß Ferkel schlecht ernährter Sauen gegen den Rotlauf auch nach der Simultanmethode nicht früher geimpft werden dürfen, als im Alter von mindestens 4 Monaten, und auch sonst Ferkel nur dann geimpft werden sollen, wenn sie vollkommen gesund sind und dabei in jeder Hinsicht entsprechend, namentlich nicht in Zementställen, gehalten werden. Zur Behandlung rotlaufkranker Schweine empfiehlt es sich eher, sogleich nach der Feststellung der Krankheit eine größere Gabe Serum zu verabfolgen, als mehrmals kleinere Dosen anzuwenden. Manchmal beobachtete Verf. Heilungen auch nach dem Einverleiben nichtspezifischen Serums, so von Schweinepest- und Streptokokkenserum.

Manninger.

Meyer (32) berichtet über seine Erfahrungen mit der Rotlaufschutzimpfung, über einige Fehlschläge, und rät schließlich zweimalige Kulturgabe.

Henkels.

Stedefeder (40) berichtet über Rotlaufimpfungserfahrungen und betont, daß Anwendung von frischen, virulenten Rotlaufkulturen (nicht älter als 8 Tage) notwendig ist. Henkels.

Horváth (26) berichtet über Impfungen gegen Schweinerotlauf. Er betont, daß rotlaufkranke Schweine auch durch weniger hochwertiges Serum geheilt werden können, falls entsprechend höhere Gaben verabfolgt werden. Rotlaufserum vermag den Tierkörper nicht immer vollkommen zu sterilisieren, da mancher Rotlauffall trotz energischer Serumbehandlung in die chronische Form (Endokarditis) übergeht.

Manninger.

Kellermann (28) befürwortet in rotlaufverseuchten Schweinebeständen die Impfung der gefährdeten Tiere mit hochwertigem Serum und Kultur nach der Methode von Lorenz und beschränkt die reine Serumimpfung bloß auf jene Schweine, die bereits offensichtlich an Rotlauf erkrankt sind.  Manninger.

Kaselow (27) berichtet nach einleitenden Bemerkungen über die Geschichte der Rotlaufschutzimpfung über seine Untersuchungen mit Emphyton nach Böhme.

Die Ergebnisse an 3000 Schweinen gestatten ein endgültiges Urteil über den Wert der Kutanschutzimpfung nicht. Jedoch berechtigen sie zu der Annahme, daß dem Emphytonverfahren hinsichtlich des Schutzeffektes die gleiche Bedeutung zukommt wie der Lorenzschen Simultanimpfung, daß aber die Böhmesche Rotlaufschutzimpfung mit Rücksicht auf ihre Einfachheit in der Ausführung und dem Fortfall des Serums als Fortschritt zu betrachten ist.

Heitzenroeder.

Baer (2) hat eine übersichtliche Darstellung über die Rotlaufschutzimpfungen auf Grund amtlichen Materials für den Kanton Zürich gegeben.

Die Impfung war von äußerst befriedigenden Erfolgen, was schon aus der großen Zahl der Impfungen hervorgeht (über 29 000 prophylaktisch, über 12 000 therapeutisch). Trotzdem es immer wieder vorkommt, daß die Besitzer zu spät impfen lassen, so gelingt es doch in den meisten Fällen, durch Erhöhung der Dosis die Tiere zu heilen, so daß z. B. 1924 nur etwa 4% aller geimpften kranken Tiere eingingen. Die Behandlung der anderen Schweineseuchen hat bei weitem nicht die Erfolge gezeigt wie die Rotlaufimpfung.

Graf.

Chiriacescu (9) hat über die Kutiinfektion und Kutivakzination gegen Rotlauf experimentiert und folgendes festgestellt.

1. Die Kutaninfektion mit auf 55° 3 Stunden gehaltenen Bazillen sowie mit virulenten Rotlaufkulturen, die auf frisch rasierte Haut geschmiert wurden, hat 4 Mäuse (22%), die die Infektion auf den Rücken be-

kamen, und 9 Mäuse (50%), die die Infektion auf den Bauch bekamen, getötet. 2. Dieselbe Behandlung hat bei 23 Mäusen weder den Tod verursacht, noch die Immunität gebracht, indem alle diese Mäuse bei der späteren Probeimpfung mit Rotlaufbazillen eingegangen sind. 3) Die abgetöteten Kulturen haben keine Wirkung, indem sie weder den Tod noch die Immunität bei weißen Mäusen produziert. 4. Die Kutisinfektion bei Mäusen und Kaninchen ist sehr inkonstant. 5. Von 12 Kaninchen, die 3 nacheinanderfolgende spezifische Pausamente bekamen, sind alle erkrankt und 4 davon eingegangen, ohne daß aber die Pausamente bei den 8 übriggebliebenen Immunität hervorgerufen haben, da sie nach der Probeinjektion gestorben sind. 6. Das Durchdringen der Rotlaufbazillen ist in manchen Körpergegenden stärker (Bauch), in manchen aber schwächer (Rücken). 7. Die Kutiinfektion auf rasierter, skarifizierter Haut oder intradermisch hat keine lokale oder allgemeine Reaktion verursacht.

Constantinescu.

Nach Gatterdam (19) besitzt das Behringsche Yatren-Rotlaufserum zum mindesten keine Vorzüge vor den gewöhnlichen Rotlaufseren.

Vielmehr entfalteten die blanden 100fachen Rotlaufsera von Gans und Prenzlau in 3 Versuchsreihen immer bessere Wirkungen als verschiedene Operationsnummern der Yatrensera. Selbst große Yatrenmengen waren nicht imstande, dem Vordringen des Rotlaufbazillus im Tierkörper Einhalt zu gebieten, Mengen, die bestimmt ausgereicht hätten, im Reagenzglasversuch den Rotlaufbazillus zu töten. Ob im Serum das Yatren direkt schädigend wirkt, hat der Verf. nicht geprüft. Die mutmaßliche Überlegenheit des Yatrenserums über ein blandes Rotlaufserum ist also nicht vorhanden, vielmehr sind Sera ohne irgendeinen anderen Zusatz als Karbol zur Konservierung wesentlich besser.

Weber.

Weber (45) berichtet über die Chemotherapie und die Impfungen gegen Schweinerotlauf. Der Wert des Methylenblaus als Unterstützungsmittel der Heilimpfung gegen Schweinerotlauf ist noch nicht erwiesen. — Rotlaufkranke Schweine sollen am besten geschlachtet werden. Die Chemotherapie ist weiter auszubauen unter Beachtung genauester Dosierung.

Henkels.

Grimaldi und Pagliardini (22) haben mikroskopisch, bakteriologisch, serologisch und biologisch nachgewiesen, daß die in der Prov. Modena stark auftretende Urtikaria der Schweine nichts weiter als Rotlauf (Backsteinblattern) ist. Die Impfung mit Serum und Kulturen hatte vollen Erfolg. Frick.

Doumer (13) wendet sich gegen die Auffassung von Prof. Weber, daß rotlaufkranke Tiere am besten abzuschlachten seien. Verf. nimmt die 10fache Dosis der Schutzdosis und hat gute Erfolge damit zu verzeichnen.

Henkels.

Kemény (29) berichtet über Erfahrungen aus der Impfpraxis. Hiernach vermag in Gegenden, wo die Schweinepest herrscht, durch Rotlaufimpfungen unter den Impflingen der Ausbruch der Schweinepest ausgelöst zu werden. Der Zeitpunkt, wann in schweinepestinfizierten Beständen mit Schweinepestserum geimpft werden soll, läßt sich ohne Vornahme von Temperaturmessungen nicht genau festsetzen. Impft man erst, wenn auch nur etwa 5% der Tiere bereits offensichtlich erkrankt sind, so kommt man schon zu spät.

Manninger.

Stedefeder (39) macht auf Verbreitungsmöglichkeiten der Schweinepest durch Rotlauf-

impfungen aufmerksam. Übertragung durch Impfnadel und Kleidung.

Henkels.

Nach Zibert (47) gelingt es, Schweine parallel gegen Rotlauf und Viruspest zu immunisieren und von ihnen ein für die praktische Anwendung brauchbares Serum zu gewinnen. Ein bivalentes Serum dürfte für Gegenden, in denen beide Krankheiten gehäuft auftreten, angebracht sein. C. Reinhardt.

Colella (11) hat experimentell festgestellt, daß Tauben, die mit der Jodovakzine nach der Formel des Japaners Fujimura geimpft wurden, nicht der nachträglichen Infektion mit virulenten Rotlaufbazillen widerstanden. Declich.

Gerlach (20) empfiehlt auf Grund von Erfahrungen die Anwendung des Rotlaufserums bei der menschlichen Rotlauferkrankung. Gewöhnlich wird mit einer einmaligen subkutanen Injektion von 20 ccm Rotlaufserum innerhalb weniger Tage oft schon nach 48 Stunden volle Heilung erzielt. Schumann.

### b) Schweineseuche und Schweinepest.

*1) Ascani, E.: L'intervento precoce della sieroterapia curativa e suvi effetti ottenuti in parecchi focolai di preste suina acuta. (Frühzeitige Behandlung der Schweinepest.) Clin. vet. S. 532—537. — 2) Bellurri, G.: Profilassi e terapia nella peste suina e sue complicazioni mediante l'impiego del siero-vaccinos Lanfranchi. (Prophylaxe und Therapie der Schweinepest mittels Impfstoffen nach Lanfranchi.) Nuovo Vet. S. 82. (Lobt sehr.) — 3) Benelli, A.: Sulla siero-vaccino-profilassi e sulla siero-vaccino-terapia nella peste suina. (Schutz- und Heilimpfung bei der Schweinepest.) Ebendas. S. 117. (Lobt sehr.) — *4) Benner, J. W.: Experiments on lowering the cost of vaccinating against hog cholera. J. Am. Vet. Med. Assoc. Bd. 67, Nr. 1, S. 29—50. — *5) Birch, R. R.: Hog cholera problems as they relate to the practitioner. Ebendas. Bd. 66, Nr. 4, S. 448—461. — 6) Böhmer, F. H.: Ist der Kaninchenversuch zur Diagnose der Virusschweinepest verwendbar? Diss. Hannover und D. t. W. Bd. 33, S. 119—121. (Auszug.) — *7) Bottazzi, P.: Le forme infettive proprie dei serini e l'intervento profilattico e terapeutico mediante il siero-vaccino Lanfranchi. (Schweineseuchen und ihre prophylaktische und therapeutische Behandlung nach Lanfranchi.) Nuovo Vet. S.176—178. — *8) Flückiger, G.: Die Mischinfektionen bei den spezifischen Infektionskrankheiten der Schweine. Schweiz. Arch. f. Tierhlk. Bd. 67, S. 83—97. — 9) Frohböse, H.: Übertragungsversuche von Virusschweinepest auf Meerschweinchen unter besonderer Berücksichtigung des Blutbildes. Diss. Hannover und D. t. W. Bd. 33, S. 299—300. (Auszug.) — *10) Giovine, D.: Una nuova grave minaccia all' allevamento suino. (Eine neue schwere Bedrohung der Schweinezucht.) Nuovo Vet. S. 144—145. — *11) Henley, R. R.: A modification of the Chloroform process for clarifying hog cholera serum. J. Am. Vet. Med. Assoc. Bd. 66, Nr. 4, S. 462—466. — *12) Jay, R.: The influence of dict upon immunity to hog cholera. Ebendas. Bd. 68, S. 168—183. — *13) Kluck, A. E.: The feeding of swine before and after vaccination. Ebendas. Bd. 67, Nr. 4, S. 465—467. — *14) Pavé, S. und B. Rivera: Hogh Cholera, Immunización de lechones. (Hogcholera, Immunisation der Saugferkel.) Rev. Soc. Med. Vet. B. A. 1924, H. 17 bis 20, S. 7—16. — *15) Porter, E. W.: Experiments with anti-hog cholera serum and hog cholera virus. Vet. Al. Quart. Ohio State Univ. Bd. 12, S. 38—41; Ref. Exp. Stat. Rec. Bd.52, S.583. — *16) Schmidt, O.: Heilversuche und Schutzimpfungen gegen Schweinepest mit Suptol-Burow, polyvalentem Immunserum nach Wassermann und Ostertag (Suisepticusserum), Pferdenormalserum, Paratyphusvakzine und Schweine-

immunserum nach Hutyra. M. t. W. Bd. 76, Nr. 42,
S. 922—930. — 17) Uhlenhuth, P., H. Mießner,
W. Geiger und G. Baars: Die Virusschweinepest und
ihre Bekämpfung. IV. Mitt. Über Paratyphusbakterien des Schweines. D. t. W. Bd. 33, S. 65—68. —
*18) Žibert, S. und D. Konjev: Svinjske boginje i
kožna forma svinjske kuge. (Schweinepocken und die
Hautform der Schweinepest.) Higijena i stočarstvo
Bd. 1, S. 5—6. — 19) Report of the Indiana Station
department of veterinary science. (Bericht über
Schweinepestbekämpfung.) In. Sta. Rept. 1924, S.
44—47; Ref. Exp. Stat. Rec. Bd. 53, S. 179.

**Pathologie.** Žibert und Konjev (18) sprechen
sich auf Grund ihrer Untersuchungen gegen die Diagnose
Schweinepocken, die in der Literatur in der Vojvodina
(früherem Süd Ungarn) als stationär angeführt werden,
und finden in den meisten Fällen nur die exanthe-
matische Form der Schweinepest.    Zavrnik.

Flückiger (8) berichtet über die Mischinfektionen bei den spezifischen Infektionskrankheiten der Schweine.

Die bakteriologischen und rein anatomischen Grund-
lagen der Nomenklatur der Infektionskrankheiten der
Schweine werden kritisch diskutiert. Auf Grund der
bakteriologischen Definitionen sichtet er ein großes
Material sowohl in Hinsicht auf typische bazilläre
Krankheiten, als auch bakteriologisch differenzierte
Mischinfektionen. Es zeigten sich bei den einzelnen
Infektionskrankheiten verschiedene Prozentsätze akzidenteller, unter Umständen auch pathogener Bakterien.
So fanden sich bei nahezu allen sowohl andere spezifische Seuchenerreger als auch B. coli, Streptokokken,
Staphylokokken, Kokken, nicht näher bestimmte Bakterien; bei Rotlauf z. B. auch B. subtilis, B. pyogenes
suis, bei Schweineseuche B. pyocyaneus. Bei der Viruspest kamen nahezu alle vor. Reine Viruspest war in
83% der Fälle vorhanden. Bei den übrigen Schweineseuchen wurden bakteriologisch ebenfalls in wechselnder
Menge Mischerreger festgestellt. In bezug auf die
interessanten Zahlenverhältnisse wird auf das Original
verwiesen.        Graf.

Benner (4) behandelt die Frage der Schweinepest - Immunisierung vom ökonomischen Standpunkte aus.

Alljährlich gehen dem Staate infolge der Seuche
30 000 000 Dollar verloren. Manche Serumgesellschaf-
ten fordern schon heute nur einen Preis von $1/_2$ Cent
für den Kubikzentimeter Schweinepestserum. Wenn
die Ferkel keiner besonderen Infektionsgefahr ausgesetzt sind, erscheint die Simultanimpfung im Alter
von 6 Wochen am zweckmäßigsten. Die getrennte
Impfung mit Serum und Virus ist zwar besser, aber in
der Praxis schwer durchführbar. Es wurden eine Reihe
von Versuchen angestellt und mit Tabellen belegt über
das Verhalten von Schweinepestvirus zu Immun- und
Hyperimmunserum in vitro und in vivo.
       Hobmaier.

Birch (5) bringt praktische Ratschläge im Verhalten gegenüber der Hogcholera zur Vermeidung
von Impfverlusten.

Hierzu sind notwendig: Vermeidung von Operationen,
sorgfältige Fütterung, Verwendung eines wirksamen
Serums in richtiger Weise, sowie zweckmäßige Nachbehandlung. Die Simultanimpfung ist bei vorsichtiger
Anwendung zu empfehlen. Besonders bei Ferkeln ist
größte Vorsicht notwendig. Für diese empfiehlt sich
die Serumimpfung im Alter zwischen 3 und 6 Wochen,
und erst später die Simultanimpfung (12 Wochen).
Erfolg vorzüglich, jedoch Kosten zu erwägen. Saugferkel sollen bei Simultanimpfung nicht immer eine
dauernde Immunität erwerben (evtl. nur 50%). Den

richtigen Zeitpunkt für die Impfung zu finden, erfordert
große Erfahrung.        Hobmaier.

Schmidt (16) faßt die im Laufe von 4 Jahren gegen
Schweinepest im Vilstal mit den Impfungen erzielten Ergebnisse wie folgt zusammen:

Die Impfungen mit Suptol-Burow sowie nach Wassermann und Ostertag brachten kein befriedigendes Resultat. Durch wiederholte Injektionen von Pferdenormalserum konnte eine günstige Beeinflussung des
Krankheitsverlaufes beobachtet werden. Impfungen
mit Paratyphusvakzine und mit stallspezifischer Vakzine gaben keinerlei nennenswerten Erfolg. Am besten
erwies sich das Schweinepestimmunserum nach Hutyra.        J. Schmidt.

Porter (15) berichtet über Versuche mit der Impfung mit Schweinepestserum und -virus.

Verf. studierte die Wirkung großer Serumdosen und
die Anwendung von Virus, das verschieden hohen
Temperaturen ausgesetzt worden war. Die Wirkung
der Seruminjektionen wurde in 3 Versuchsreihen geprüft, die bei gleicher Virusgabe (2 ccm) Serum in
Dosen von 5—40 ccm erhielten. Unterschiede, insbesondere eine Schwächung der Immunität durch große
Serumdosen, wurden nicht beobachtet. Weiterhin
wurde die Impfung mit Virus geprüft, das bei Temperaturen von 50, 70 und 99,5° F aufbewahrt und
am 8. und 57. Tage auf seine Virulenz geprüft worden
war. Alle 3 Virusarten erzeugten, wenn sie nach 8 Tagen
verimpft wurden, nach 7 Tagen Krankheitserscheinungen bei den Impftieren, die nach etwa gleichen Zeiten
zum Tode führten. Auch bei Verimpfung der 3 Arten
nach 57 Tagen wurden nur geringgradige Unterschiede
in der krankmachenden Wirkung beobachtet.
       H. Zietzschmann.

Henley (11) bringt eine Methode zur Klärung
des Hogcholeraserums bei Chloroformanwendung
und bespricht die möglichen Fehler und ihre Vermeidung.        Hobmaier.

Giovine (10) weist darauf hin, daß unter den schweren Seuchengängen von Schweinepest in dem letzten
Jahrzehnt die Schweinzucht zwar schwer gelitten, sich
aber dank der Schutz- und Heilimpfung wieder erholt
hat, daß aber von neuem schwere Verluste auftreten,
und zwar durch Rotlauf. Er rät zur frühzeitigen prä-
zisen Diagnose und zur Anwendung der Heil- und
Schutzimpfung.        Frick.

Jay (12) bespricht den Einfluß der Fütterung
der Schweine auf die Ausbildung der Immunität bei Schweinepest.

Die für Fehlschläge bei Impfungen verantwortlich
gemachten Ursachen, wie Alter der Tiere, Kastration,
Parasiten, infizierte Abfälle, Überfütterung, unhygie-
nische Haltung, mangelhafte Impftechnik, avirulentes
Virus und minderwertiges Serum, hält er wenig bedeutsam gegenüber falscher Fütterung. Gewisse Herden
sind überempfindlich gegen Melonen, Mais und Abfälle.
Die Tiere sterben daher an nekrotisierender Enteritis
und Inanition. Behebung durch Änderung der Fütterung. Futterüberempfindlichkeit kann auch eine aktive
Immunität durchbrechen. Die Verluste betragen infolge Futterüberempfindlichkeit nach seinen Erfahrungen bis 25% der Herden. Die bei der Sektion aufge-
fundenen Veränderungen ähneln der akuten oder
chronischen Schweinepest. Durch langsame Gewöhnung
der Tiere an die Abfallfütterung lassen sich die Verluste wesentlich einschränken. Tiere, die an die Fütterung gewöhnt sind, vertragen auch nach der Impfung
alle schädigenden Einflüsse ohne wesentliche Beeinträchtigung ihrer Gesundheit. Schweinepestserum von
Tieren, die mit Abfall gefüttert worden sind, erzeugt
bei Ferkeln, die von Sauen mit gleicher Ernährung
stammen, unmittelbar nach der Einspritzung anaphy-

laktische Erscheinungen. Bei Serum, das von Tieren mit Körnerfutterernährung stammt, fehlt diese nachteilige Wirkung. Hobmaier.

**Kluck (13) warnt vor Futterwechsel bei Schweinen vor und nach der Impfung.**

Ist unbedingt ein Wechsel nötig, so soll er, wenn irgendmöglich, einige Zeit vor der Impfung stattfinden, damit sich die Verdauungsstörungen bis zur Impfung wieder beheben. Große Mengen von Rauhfutter sind zu vermeiden, desgleichen ungereinigter Hafer, der für die Schweine zu viele unverdauliche Substanzen enthält. Hobmaier.

**Pavé und Rivera (14) berichten über die Immunisierung der Saugferkel gegen Hogcholera.**

Sie fanden, daß eine Immunisierung von Ferkeln unter 3 Monaten und einem Gewicht von weniger als 18—20 kg nicht genügt, um die Tiere später vor Ansteckung zu schützen. Um Saugferkel gegen Schweinepest zu schützen, ist es notwendig, die Mutterschweine zu immunisieren und den 8 Tage alten Ferkeln 5 ccm Immunserum einzuspritzen. Die Impfungen können nur von Tierärzten ausgeführt werden. Ruppert.

**Bottazzi (7)** hat bei seinen Impfungen gegen Schweinepest erst 5—8—10 Tage nach der Seruminjektion die Vakzine folgen lassen und will dadurch die Impfverluste herab- und die Immunitätsdauer heraufgesetzt haben. Frick.

**Ascani (1)** macht darauf aufmerksam, daß die Behandlung der Schweinepest mit Serum nach seinen Erfahrungen nur Zweck hat, wenn sie frühzeitig vorgenommen wird. Frick.

## 13. Geflügelcholera und Hühnerpest.

1) Berger, Ph.: Die Empfänglichkeit junger (flaumiger) Kücklein gegenüber der Infektion mit Geflügelcholerabazillen. Inaug.-Diss. Budapest; Közl. Bd. 18, S. 126—130. — 2) Beaudette, F. R.: Observations upon fowl plague in New Jersey. (Auftreten und Verlauf der Geflügelpest in New Jersey.) J. Am. Vet. Med. Assoc. Bd. 67, Nr. 2, S. 186—194. — 3) Derselbe: Fowl plague: Its cause, symptoms and control. New Jersey Stas. Hints to Poultrymen Bd. 13, S. 4; Ref. Exp. Stat. Rec. Bd. 53, S. 482. — 4) Black, J.: Fowl cholera. Ebendas. Bd. 12, S. 4; Ref. ebendas. Bd. 52, S. 181. — 5) Brunett, E. L.: A filterable virus disease of chickens (fowl plague). Corn. Vet. Bd. 15, S. 4—8; Ref. Exp. Stat. Rec. Bd. 53, S. 183. (Kurzer Bericht über eine in Amerika beobachtete, wahrscheinlich der Hühnerpest zuzurechnende Geflügelkrankheit.) — *6) Cernaianu, C.: Bekämpfung der Geflügelcholera in Rumänien. W. t. Mschr. Bd. 12, H. 5, S. 237. — *7) Colak, M.: O prenosu kolere peradi po tekutima. (Über die Übertragbarkeit der Geflügelcholera durch die Milben.) Jugosl. Vet. Glasnik Bd. 5, S. 25—27. — *8) Dari, Th.: Die aktive Immunisierung gegen die Geflügelcholera. Inaug.-Diss. Bukarest. — 9) Graham, R. und J. B. Boughton: Diseases of poultry. Illinois Sta. Cives Bd. 286, S. 8; Bd. 289, S. 4; Ref. Exp. Stat. Rec. Bd. 52, S. 86. (Abhandlung über Geflügelcholera und Botulismus des Geflügels.) — *10) Hilschenz, K.: Der Seuchengang der Geflügelcholera in Deutschland in den Jahren 1899—1914 nebst Bemerkungen über die veterinärpolizeiliche Behandlung dieser Seuche. Arch. f. wiss. Tierhlk. Bd. 52, S. 377—423. — *11) Ježić, J. A.: Tok bakteriemije kod eksperimentalne kolere peradi. (Der Verlauf der Bakteriämie bei der experimentellen Geflügelcholera.) Jugosl. Vet. Glasnik Bd. 5, S. 37—41. — 12) Kaupp, B. F.: The outbreak of the European fowl pest. Vet. Med. Bd. 20, Nr. 2, S. 63—64. (Krankheitsstatistik.) — 13) Kaupp, B. F. und R. S. Dearstyne: The differential diagnosis of fowl cholera and fowl typhoid. J. Am. Vet. Med. Assoc. Bd. 67, Nr. 2, S. 249—259. (Geflügelcholera und Kleinsche Krankheit werden nach klinischem Verlauf, pathologischer Anatomie und Biologie des Erregers miteinander verglichen.) — 14) Krohn, L. D.: A study on the recent outbreak of a fowl disease in New York City. Ebendas. Bd. 67, Nr. 2, S. 146—170. (Auftreten und Verlauf der Geflügelpest in Neuyork City.) — 15) Leynen, Em.: La peste aviaire. Ann. de M. vét., Dezember. — 16) Mohler, J. R.: European fowl pest found in poultry in the United States. Vet. Med. Bd. 20, Nr. 2, S. 57—58. (Krankheitsstatistik.) — 17) Moore, V. A.: Fowl plague, a new chicken disease, in America. Corn. Vet. Bd. 15, S. 1—3; Ref. Exp. Stat. Rec. Bd. 53, S. 183. (Kurzer Bericht über Hühnerpest.) — *18) Olasz, A.: Über den Einfluß des Methylenblaus und einiger Desinfektionsmittel auf die Geflügelcholerainfektion. Inaug.-Diss. Budapest; Közl. Bd. 18, S. 115—120. — *19) Pap, Z.: Vorbeugung gegen die Geflügelcholera mit Desinfektionsmitteln. Ebendas. Bd. 18, S. 121—125. — 20) Pasteur, L., Die Hühnercholera, ihr Erreger und Schutzimpfstoff. Klassiker der Medizin, herausgeg. von K. Sudhoff. Leipzig: Joh. Ambr. Barth. — 21) Stafseth, H. J.: The new poultry disease. Michig. Sta. Quart. Bul. Bd. 7, S. 83—85; Ref. Exp. Stat. Rec. Bd. 52, S. 782. (Hühnerpest auch in Detroit gefunden und kurz beschrieben.) — 21a) Stubbs, E. L.: Fowl plague in Pennsylvania. (Auftreten der Geflügelpest in Pennsylvanien.) J. Am. Vet. Med. Assoc. Bd. 67, Nr. 2, S. 180—182. — *22) Chicken cholera studies. Kansas Sta. Bien. Rept. 1923—1924, S. 126—127; Ref. Exp. Stat. Rec. Bd. 52, S. 485.

**Vorkommen.** Nach Hilschenz (10) hat die Geflügelcholera in Deutschland ihren höchsten Stand stets in dem 3. und 4. Vierteljahr der einzelnen Jahre. Der Grund liegt in der besonders starken Einfuhr lebenden Geflügels aus dem Auslande (Rußland) zu dieser Zeit. Weber.

**Übertragung.** Auf Grund von 8 Versuchen behauptet Colak (7), die Möglichkeit der Übertragbarkeit der Geflügelcholera durch die Milben bewiesen zu haben.

Versuchsgang: Es wurden 2 Käfige verwendet. Der kleinere war nur so groß, daß er in den größeren gestellt werden konnte; er wurde mit 5 cm hohen Füßchen versehen, eng geflochten und mit Papier belegt, um die orale und Inhalationsinfektion auszuschließen. Die Milben (Dermanyssus avium) wurden einer Hungerperiode von 24 Stunden ausgesetzt, nachdem es festgestellt worden war, daß sie ca. 15 Stunden zur Verdauung des gesogenen Blutes brauchen. Unter so ausgehungerte Milben wurde ein Huhn, durch eine subkutane Injektion von einer Öse B. avisept. aus einer Agarkultur, die Virulenz mittels Passage durch Tauben, Hühner und Kaninchen verstärkt, infiziert und, nachdem in seinem Blute Bakterien festgestellt worden sind, in den großen Käfig gegeben. Nachdem dieses Tier erwartungsgemäß am 2. Tage gestorben war, wurde der kleine, desinfizierte Käfig mit einem gesunden Tier in den großen gestellt. Das Huhn starb am 2. Tage an Cholera. Die Tiere, die in 2 Versuchen am 3. Tage nach dem Tode des Virusträgers im großen Käfige, im kleinen Käfige eingestellt wurden und 3 Tage darin belassen wurden, blieben gesund; ihre Empfänglichkeit für Cholera wurde 12 Tage nachher mit einer subkutanen Infektion, der sie am 2. Tage erlagen, bewiesen.

Zavrnik.

**Pathologie.** Ježić (11) hat, um den Verlauf der Bakteriämie bei der experimentellen Geflügelcholera festzustellen, 12 Versuche angestellt.

In 10 Fällen hat er eine subkutane und in 2 eine orale Infektion mit B. avisept. vorgenommen. Unter anderem bestätigt er die Angaben in der Literatur, daß bei oraler Infektion die Körpertemperatur vor dem Tode unter die Norm fällt. Er zieht folgende Schlüsse: Bei der experimentellen Cholera kann man bei einer parenteralen Infektion am frühesten 4 Stunden vor dem Tode Bakterien im Blute feststellen. — In einem Tropfen Blutes kann man Bakterien in größerer Menge erst in der letzten halben Stunde vor dem Tode feststellen. Die Temperatur steigt bei dieser Infektionsart regelmäßig über die Norm, doch ungleich hoch, und fällt bald schneller, bald langsamer kurz vor dem Tode, manchmal bis zur Norm, doch nie darunter. Das Erscheinen der Bakterien im Blute geschieht so ziemlich gleichzeitig mit dem Beginn des Sinkens der Temperatur.    Zavrnik.

**Behandlung.** Olasz (18) prüfte den Einfluß des Methylenblaus und einiger Desinfektionsmittel auf die Geflügelcholerainfektion.

Es zeigte sich, daß es nicht gelingt, Tauben durch Verabreichung von Trinkwasser mit einem Zusatz von Methylenblau (0,1—0,5%), Salizylsäure (0,2%), Sublimat (0,5⁰/₀₀) oder Schwefelsäure (2⁰/₀₀) gegen eine Infektion mit Geflügelcholerabazillen zu schützen.
    Manninger.

Pap (19) verabreichte Tauben im Trinkwasser verschiedene Desinfektionsmittel zur Verhütung der Geflügelcholerainfektion.

Er fand, daß weder Eisensulfat (0,5%), noch Tannin (0,5%), Salzsäure (2%) oder Kreolin (1 Tropfen auf 1 Eßlöffel Wasser) Schutz gegen die Verfütterung von Geflügelcholerabazillen gewährt.    Manninger.

**Impfung.** Im Jahresbericht 1923/24 der Versuchsstation des Staates Kansas wird über Geflügelcholeraimpfungen (22) berichtet.

Die Impfung erfolgte mit einem Impfstoff aus Bakterienkulturen, die 1 Stunde lang auf 60° C erhitzt worden waren, in Gaben von 2,5 ccm subkutan. Der Versuch erstreckte sich auf 12 Versuchs- und 16 Kontrolltiere, die eine Woche später künstlich mit virulenter Geflügelcholerabakterienkultur infiziert wurden. Alle Kontrolltiere und 3 der Versuchstiere erlagen der Infektion.    H. Zietzschmann.

Cernaianu (6) gibt seine Erfahrungen über die Bekämpfung der Geflügelcholera in Rumänien wieder.

Während und nach dem Kriege breitete sich die Seuche auch in Rumänien stark aus, so daß selbst Wildvögel (Krähen und Raben) davon befallen wurden, die wieder zur Weiterverbreitung beitrugen. Von 1919 bis 1925 wurde in der Tierimpfstoffgewinnungsanstalt „Pasteur" in Bukarest ein Impfstoff nach der Methode von Kolle (Emulgierung von zahlreichen Pasteurella-avium-Stämmen in physiologischer Kochsalzlösung und Abtötung bei 58° C) hergestellt und in diesen Jahren in steigender Anwendung (1923 bei 136 000 Stück) mit Erfolg verimpft. 1924 verwendete Verf. mit sehr gutem Erfolge eine Serovakzination, wobei ein von zahlreichen Pasteurella-avium-Stämmen bei einem Pferde ein Serum hergestellt wurde. Behufs Erreichung eines guten Erfolges muß berücksichtigt werden: 1. Der Impfstoff muß mit frischen sehr virulenten Kulturen hergestellt werden. 2. Die Krankheit muß genau diagnostiziert werden (Vorschriften für die Einsendung des Untersuchungsmaterials werden wiedergegeben); unter anderem muß ein Fuß vom Tarsalgelenk an eingesandt werden, aus dessen Mark sich in warmer Jahreszeit noch 8 Tage nach dem Tode reine Kulturen erhalten ließen. 3. Nach vollzogener Impfung müssen die vorgeschriebenen veterinärpolizeilichen Maßnahmen durchgeführt werden.    Hans Richter.

Dari (8) berichtet über die Immunisierung gegen Geflügelcholera durch Impfstoff aus pankreatinisierter Bouillon.

Er hat Kulturen verwendet, die in mit Pankreatin statt Pepton präparierter Bouillon gezüchtet wurden, wodurch die Virulenz verstärkt wird. Die Kulturen wurden dann sterilisiert, und zwar entweder durch eine Temperatur von 60° (1 Stunde), oder durch eine 1 prom. Formaldehydlösung (6—8 Stunden). Die Resultate der Impfungen sind sehr befriedigend gewesen. Nach Versuchen im Laboratorium wurde die Methode in der großen Praxis verwendet, indem einmal 1 ccm für das kleine und 2 ccm für das große Geflügel intramuskulär verwendet wurde. Die Immunisierung gab längeren Schutz als die einfache Serumimmunisierung. Auch in infizierten Beständen, wo sich die Krankheit in voller Entfaltung befindet, erzielt man gute Resultate, indem der Impfstoff bei schwächerer Infektion und im Inkubationsstadium auch eine heilende Wirkung hat. Man kann erst mit Serum impfen und dann mit Vakzin (Serovakzination), wenn es sich um wertvolle Geflügelzuchten handelt. Die Immunisierung dauert 3—4 Monate. Zum Schluß gibt Verf. zu, daß die veterinär-polizeilichen Maßnahmen selbstverständlich dabei getroffen werden müssen, da die beste Immunität ungenügend sein kann, wenn die Quantität des ansteckenden Virus zu groß ist.    Constantinescu.

# 14. Gehirn-Rückenmarksentzündung der Pferde.

*1) Dobberstein: Anatomische Befunde bei einer infektiösen Gehirn-Rückenmarksentzündung der Pferde. B. t. W. Bd. 41, S. 12. — 2) Ernst, W.: Die Bornasche Krankheit der Pferde ist auf Kleintiere (Kaninchen) künstlich übertragbar. M. t. W. Bd. 76, Nr. 22, S. 477 bis 478. (Positiv gelungener Versuch.) — *3) Hahn, Hermann: Übertragbarkeit der seuchenhaften Gehirn-Rückenmarksentzündung des Pferdes (Bornaschen Krankheit) auf kleine Versuchstiere (Kaninchen). Ebendas. Bd. 76, Nr. 38, S. 830—831. — *4) Kraus: Über die Übertragbarkeit der Bornaschen Krankheit. B. t. W. Bd. 41, S. 17. — *5) Priemer, B.: Gibt es beim Schaf eine der seuchenhaften Gehirn-Rückenmarksentzündung (Bornasche Krankheit) des Pferdes analoge Erkrankung? Diss. Leipzig. — *6) Zwick: Zur Frage der Übertragbarkeit der seuchenhaften Gehirn-Rückenmarksentzündung der Pferde (Bornasche Krankheit) auf kleine Versuchstiere. B. t. W. Bd. 41, S. 29. — *7) Zwick und Seifried: Übertragbarkeit der Bornaschen Krankheit auf Kaninchen. Ebendas. Bd. 41, S. 9.

**Pathologie.** Dobberstein (1) sagt, daß die Gehirn-Rückenmarkslähme der Pferde anatomisch eine Myeloencephalitis acuta non purulenta, disseminata von hauptsächlich hämorrhagischem Typus darstelle. Der Hauptsitz der Erkrankung sei das Rückenmark, die Medulla oblongata, das Brückengerüst und das Kleinhirn.    Henkels.

Kraus (4) nimmt an, daß das Gehirn der an Bornascher Krankheit erkrankten Pferde infektiös ist, da die Übertragung auch in Passagen gelungen ist.
    Heitzenroeder.

Hahn (3) beschreibt eine in der Schleißheimer Veterinärpolizeilichen Anstalt vorgenommene, gut gelungene Übertragung der Bornaseuche auf ein Kaninchen.    J. Schmidt.

Zwick und Seifried (7) berichten, daß die Bornasche Krankheit auf dem Wege der intrazerebralen Impfung mit Gehirnemulsion auf das Kaninchen übertragbar sei. Die Inkubationszeit betrage rund 4 Wochen.
    Henkels.

Zwick (6) stellte Versuche an über die Übertragbarkeit der Bornaschen Krankheit auf kleine Versuchstiere. Danach gelingt die Überimpfung nicht nur auf Kaninchen, sondern auch auf Meerschweinchen.  Henkels.

**Vorkommen beim Schafe.** Nach den von Priemer (5) erhobenen klinischen Befunden und nach den Ergebnissen der Obduktionen und der histologischen Untersuchung kann es keinem Zweifel mehr unterliegen, daß tatsächlich bei den Schafen eine seuchenartige Erkrankung vorkommen kann, die der Bornaschen Krankheit des Pferdes analog ist.

Einschlußkörperchen wurden in den Ganglienzellen des Schafgehirnes nicht nachgewiesen. Dagegen ist die vaskuläre und perivaskuläre Infiltration mit Rundzellen in den verschiedensten Hirngebieten einwandfrei festgestellt. Sie liefert den Beweis, daß die Gehirn-Rückenmarksentzündung des Pferdes und die des Schafes nicht nur klinisch, sondern auch pathologisch-anatomisch miteinander außerordentlich nahe verwandt, ja sogar meist identisch sind. Das klinische Bild läßt bei einer Analyse in einzelnen Fällen mehr auf eine Erkrankung der Pia mater und der Gehirnrinde, in anderen Fällen auf eine Herderkrankung des Gehirns (Enzephalitis) schließen. Die Mitbeteiligung der Medulla spinalis ergibt sich vielfach durch die Ataxie und durch Paresen. Als treffendste Bezeichnung wäre demnach zu wählen: „Meningo - Encephalitis et Myelitis spinalis ovis enzootica" oder zu deutsch: „ansteckende Gehirn - Rückenmarksentzündung des Schafes". Das Auftreten derselben deutet auf Infektion mit einem Erreger, der allerdings noch nicht bekannt ist. Die Versuche, ihn auf gesunde Schafe zu übertragen, sind negativ verlaufen, auch haben die bakteriologischen und die Blutuntersuchungen die Erreger nicht feststellen lassen. Die Übertragung des Leidens durch die Milch wurde nicht bewiesen. Die Prognose ist ungünstig. Die Mortalität beträgt mehr als 50%. Therapie: Aderlaß, Hautreize in der Nackengegend, Injektionen von Pyozyanase, Presojod, Phlogetan. Die therapeutischen Erfolge sind gering.  Trautmann.

## 15. Influenza der Pferde (Brustseuche und Rotlaufseuche).

*1) Bemelmans, E.: Der klinische Symptomenkomplex der sog. „Brustseuche" (Grippe) des Pferdes und deren Identität mit der Grippe des Menschen. Zschr. f. Vet. Kunde Jg. 36, H. 9, S. 257—264. 1924; Jg. 37, H. 1, S. 1—9; H. 2, S. 33—39. — 2) Lauff: Influenza der Pferde in Südamerika. D. t. W. Bd. 33, S. 297. (Kasuistisch.) — 3) Lignières, J.: Une juste revendication à propos du traitement de l'anasarque de cheval par le sérum antistreptococcique. Rec. de M. vét. Bd. 101, S. 14. — 4) Truehe, M.: Sur la „Nature réelle" et la „cause première" de la soi-disant pleuropneumonie contagieuse du cheval, par M. le Major Dr. Bemelmans. Ebendas. Bd. 101, S. 10. — *5) Witjens, J. C., J. F. H. L. van Leeuwen und J. van der Hoek: Influenza equorum. Nederl. Ind. Blad voor Diergeneesk. Bd. 37, S. 115—132.

Im August 1924 trat unter den Pferden der Garnison zu Tjimahi Influenza auf.

Die Krankheitserscheinungen bestanden nach Witjens (5) in: Lustlosigkeit, unterdrückter Freßlust, vielfach Sopor, hohe Temperatur während 3—4 Tagen oder länger, beschleunigtem oder regelmäßigem und meist kräftigem Puls, zumeist erhöhter Atmungsfrequenz, in Einzelfällen verlangsamter Atmung, doppelschlägig, häufig schmutzigroten, geschwollenen Augenschleimhäuten, Tränenfluß, mitunter mukopurulenter Kon-

junktivitis, häufig geringem serösen Nasenausfluß. Kehlgangslymphdrüsen stets geschwollen und schmerzhaft, in einigen Fällen Urtikaria und einigemal Ödem der Unterbrust, häufig Penisscheidenschwellung, Schwellung der Unterfüße (Sehnenscheidenschwellung). Unsichere Bewegung, abwechselnde Belastung der Extremitäten im Stall. Lungenabweichungen sind nicht festgestellt.

Der Krankheitsverlauf war im allgemeinen günstig. Die Tiere magerten nicht stark ab, blieben aber noch einige Zeit lang schlaff.

Die Absonderung der Erkrankten war erfolglos, so daß zur künstlichen Durchseuchung geschritten wurde (Bemelmans). 5 ccm defibriniertes Virusblut eines fieberlosen Pferdes wurde, mit 15 ccm physiologischem NaCl verdünnt, subkutan eingespritzt. 166 Pferde wurden auf diese Weise behandelt. Die Inkubationsdauer bei der künstlichen Infektion stimmte mit den Angaben Hutyras und Mareks überein; sie verlief nicht ernsthafter wie die natürliche Infektion; spätere Erkrankung oder Krankheitsverschleppung ist nicht beobachtet. Ein Pferd blieb gesund trotz künstlicher und natürlicher Ansteckung. Ältere Tiere und Vollblutpferde waren empfindlicher. 5 Pferde sind eingegangen.  Beijers.

Bemelmans (1) behauptet am Schluß einer ausführlichen Arbeit über die Identität der Brustseuche des Pferdes und der Grippe des Menschen, daß beide Krankheiten sowohl in ihrem normalen rudimentären als auch in ihrem komplizierten Verlauf völlig identisch sind. Die Ansicht, daß dieses Leiden ausschließlich beim Menschen vorkommt, ist demnach widerlegt. Werden die seit vielen Jahren in großem Umfange hinsichtlich der Übertragung der Brustseuche angestellten bakteriologischen Untersuchungen und Versuche im Lichte der klinischen Identität betrachtet, so bekommen sie mit Bezug auf die Grippe eine besondere Bedeutung.  Heuß.

## 16. Ansteckender Scheidenkatarrh.

*1) Ehlers: Erfahrungen über die Behandlung des infektiösen Scheidenkatarrhs des Rindviehs. B. t. W. Bd. 41, S. 507. — *2) Knell: Beziehungen des Scheidenkatarrhs der Kühe zur Sterilität. T. R. Bd. 31, S. 845 bis 850. — 3) Derselbe: Über die Beziehungen des ansteckenden Scheidenkatarrhs zur Sterilität der Rinder. D. t. W. Bd. 33, S. 757—761. (Vortrag.) — 4) Martens, O.: Die ätiologischen Beziehungen der Vaginitis follicularis infectiosa zur Sterilität der Rinder. Ebendas. Bd. 33, S. 754—757. (Vortrag.) — 5) X. Vaginaljn. (Präparat zur Behandlung des ansteckenden Scheidenkatarrhs.) Nuovo Vet. S. 148.

**Pathologie.** Knell (2) faßt seine Ansichten über die Beziehungen des Scheidenkatarrhs der Kühe zur Sterilität in folgende Sätze zusammen:

1. Der ansteckende Scheidenkatarrh ist eine selbständige, spezifische, infektiöse Erkrankung. Die Anwesenheit von Knötchen in der Scheide allein rechtfertigen die Diagnose Scheidenkatarrh nicht. Eitrigschleimiger Katarrh im akuten Stadium und der Nachweis der Infektiosität — seuchenhaftes Auftreten, Probesprung — sind wesentlich für die Feststellung der Krankheit.

2. Maßnahmen gegen den Scheidenkatarrh sind nur erforderlich, wenn er durch Umrindern und durch verzögertes Eintreten der Konzeption bzw. Unfruchtbarkeit beträchtliche wirtschaftliche Schädigungen verursacht.

3. Wo solche Schädigungen vorliegen, ist durch klinische und serologische Untersuchungen festzustellen, ob nicht noch andere Erkrankungen in Frage kommen,

insbesondere Abortus Bang, Erkrankungen der Zervix, des Uterus oder der Ovarien.

4. Sind außer dem Scheidenkatarrh keine Erkrankungen festgestellt, die als Ursache für das Umrindern in Frage kommen, so ist er energisch zu bekämpfen. In den anderen Fällen ist die Behandlung der weiterhin gefundenen krankhaften Zustände allein oder neben der Behandlung des Scheidenkatarrhs zu betreiben.

5. Laien sind nicht in der Lage, die komplizierten Verhältnisse bezüglich der Ursachen der Sterilität und ihrer Beziehungen zum Scheidenkatarrh zu übersehen und die Behandlung durchzuführen.  Heitzenroeder.

**Behandlung.** Ehlers (1) gibt seine Erfahrungen über die Behandlung des infektiösen Scheidenkatarrhs des Rindviehs wieder.  Er verwendet das „Bissulin", mit dem er die besten Erfolge erzielt hat.

Henkels.

## 17. Druse.

1) Brocq - Rousseu, Forgeot und Urbain: Le streptocoque gourmeux. Rec. de M. vét. Bd. 101, S. 18. — 2) Cambau: Un cas de complications oculaires graves de la gourme. J. de M. vét. Bd. 71, S. 2. — 3) Miégeville: Origine gourmeuse probable de la kératite et de ses complications chez les poulains. Ebendas. Bd. 71, S. 6. — 4) Veterinarius: Gekrösdrüsenabszesse als Komplikation der Druse. T. R. Bd. 31, S. 252.

## 18. Tuberkulose.

### a) Bakteriologie der Tuberkulose.

*1) Buzna, Desid.: Die Empfänglichkeit weißer Ratten gegenüber den verschiedenen Typen des Tuberkelbazillus. Allat. Lapok S. 25—26. — 2) Eber, A.: Zur Frage der Tuberkelbazillentypen. Beitr. z. Klin. d. Tb. Bd. 60. — *3) Favero, F. und G. Griffagnini: L'influenza della tubercolina sulle bacillemie nella tubercolosi bovina. (Einfluß des Tuberkulins auf den Gehalt des Blutes an Tuberkelbazillen bei der Rindertuberkulose.) Nuovo Vet. S. 9. — *4) Isabolinsky, M. und W. Gitowitsch: Über die Gewinnung von Tuberkelbazillenreinkulturen. Zbl. f. Bakt. (Orig.) Bd. 94, H. 5, S. 241—248. — 5) Junack: Über die Infektiosität tuberkelbazillenhaltiger Milch. T. R. Bd. 31, S. 829. — *6) Lange, L.: Über die Muchsche granuläre Form des Tuberkelbazillus. Zbl. f. Bakt. (Orig.) Bd. 97, H. 1, S. 41—48. — *7) Kondo, S.: Der Verwendungsstoffwechsel säurefester Bakterien. IV. Mitt. Der Verwendungsstoffwechsel der Tuberkelbazillen des Typus humanus und Typus bovinus. Biochem. Zschr. Bd. 155, S. 148—158. — *8) Panisset, L. und J. Verge: De la Filtrabilité du bacille tuberculeux. Rev. gén. de M. vét. Bd. 34, S. 5—8. — 9) Pouce de Leon und R. Santiago: Acido resistencia del bacilo de Koch en Gelosa ordinaria y Gelosa glucosada. (Säurefestigkeit des Tbc.-Bazillus auf Agar und Glukoseagar.) Rev. de la Fac. de Med. Vet. La Plata Bd. 1, H. 4, S. 77—92. *10) Schmidt, Hans: Über wachstumsfördernde Eigenschaften der Filtrate am Tuberkelbazillen und anderer Stoffe. Zbl. f. Bakt. (Orig.) Bd. 94, H. 2, S. 94 bis 99. — *11) Schneider, Oskar: Über Geflügeltuberkulose beim Kaninchen. M. t. W. Bd. 76, Nr. 36, S. 789—791. — *12) Schrey, H.: Über die Einwirkung von Lymphozyten (Pferd) und deren Extrakten auf Tuberkelbazillen und andere Bakterien in vitro, unter Berücksichtigung des Einflusses von Wärme und Konservierungsmitteln (Karbolsäure und Alkohol). Diss. Wien. — *13) Surány, L. und Putnoky: Über die Leistungsfähigkeit des direkten Züchtungsverfahrens der Tuberkelbazillen nach Löwenstein-Sumyoshi. Zbl. f. Bakt. (Orig.) Bd. 94, H. 7—8, S. 401—403. — 14) Ubach, Franciso: Diferenciación de los diversos tipos de bacilos de Koch. (Differen-

zierung der Tuberkelbazillentypen.) Rev. del Centro de Est. de Med. Vet. La Plata 1924, Nr. 2, S. 26—30.

Das Kaninchen eignet sich gut zur Unterscheidung der 3 Tuberkelbazillenstämme (Typ. humanus, bovinus und avium). Schneider (11) bespricht des näheren seine Erfahrungen hinsichtlich des Typus avium:

Die konjunktivale Tuberkulinreaktion (sog. Ophthalmoreaktion nach Wolff - Eisner, Vallée usw.) ist bei Kaninchen wegen ihrer Fertigkeit, das eingeträufelte Tuberkulin aus den Augen schnellstens wieder wegwischen und so eine Reaktionslosigkeit vortäuschen zu können, nicht gut oder nur mit störenden Zwangsmaßnahmen anwendbar. Die kutane Tuberkulinreaktion nach v. Pignet leistet bei der Erkennung der Tuberkulose der Kaninchen einwandfreie, gute Dienste. Diese Reaktionsprobe ergibt etwa vom 35. Erkrankungstage ab positive Resultate. Die intrakutane Tuberkulinreaktion nach Mendel, Moussou und Mantoux ist ebenfalls zur Erkennung der Tuberkulose der Kaninchen zu verwerten und gibt ungefähr vom 46. Tage nach der Infektion unpositive Resultate. Fortgesetzte kutane oder intrakutane Tuberkulineinverleibungen sind nicht imstande, einen merkbaren Besserungs- oder Heileffekt in der Tuberkulosebehandlung zu erzielen. Auch Kaninchen, die nach dem „isotopischen Prinzip nach Stöltzner" geimpft wurden, und bei denen monatelang isotopische Immunisierungsfelder mit Tuberkulin beschickt wurden, werden nicht resistent genug, um gegen die Tuberkelbazillen einen erfolgreichen Abwehrkampf bestehen zu können; sie bekommen trotz isotopischer Impfungen die für die Geflügeltuberkulose beim Kaninchen so bedeutsamen tuberkulösen Gelenkserkrankungen der Extremitäten, denen sie letzten Endes erliegen.      J. Schmidt.

Lange (6) suchte experimentell die Frage zu klären, ob die Muchschen Granula in einem Ziehl-Tuberkelbazillen-freien Material vorliegen oder ob sie in einem nur wenige ziehlfärbbare Tuberkelbazillen enthaltenden Material in größerer Zahl vorhanden sind.

Vergleichende Zählungen auf Objektträgerausstrichen sowie Tierversuche konnten keinen Beweis für die Behauptungen Muchs erbringen. Dagegen zeigten die Versuche, daß scheinbar tuberkelbazillenfreies Material doch ein positives Impfresultat ergeben kann, weil der Gehalt an Bakterien im verimpften Material mindestens 100—150mal so groß wie in den untersuchten Ausstrichpräparaten sein muß.

Schumann.

Die Untersuchungen von Kondo (7) über den Verwendungsstoffwechsel verschiedener Typen des Tuberkelbazillus ergaben, daß zwischen dem Typus humanus, Typus bovinus und dem Hühnertuberkelbazillus im Verwendungsstoffwechsel keine prinzipiellen Unterschiede bestehen. Charakteristisch für sie ist, daß ihr Verwendungsstoffwechsel außerordentlich eng ist; nur wenige Substanzen können sie unmittelbar angreifen. Bemerkenswert ist, daß sie mit sehr einfach gebauten Körpern auskommen können.

Krzywanek.

Favero und Griffagnini (3) spritzten Meerschweinchen in die Bauchhöhle Blut von tuberkulösen Rindern, die mit Tuberkulin behandelt und denen 12—36 Stunden nach der Injektion Blut entnommen war. Die Meerschweinchen wurden tuberkulös. F. und G. schließen daraus, daß durch das injizierte Tuberkulin die Bazillen in den Tuberkeln mobilisiert werden und ins Blut übertreten.      Frick.

Panisset und Verge (8) nehmen Stellung zur Frage der Filtrierbarkeit des Tuberkelbazillus.

Es gelingt jedenfalls mit dem Filtrat von Tuberkelbazillen beim Meerschweinchen Tuberkulose hervorzurufen. Welche Teile des Bazillus das Filter zu durchlaufen vermögen, ist noch nicht mit Sicherheit festgestellt. C. Reinhardt.

Schrey (12) berichtet über die Einwirkung von Lymphozyten auf Tuberkelbazillen und andere Bakterien (B. mallei, B. anthracis, Streptococcus equi, B. rhusiopathiae suis, B. typhi murium, B. avisepticus) in vitro.

Die Einwirkung hoher Wärmegrade bleibt nicht ohne Einfluß auf die Gestalt und Beschaffenheit der Tbc.-Bazillen. Die Tuberkelbazillen werden durch Leukozytfermente angegriffen und morphologisch mehr oder weniger stark verändert; hierbei verhalten sich nicht nur die verschiedenen Typen, sondern auch Tuberkelbazillen verschiedener Stämme eines und desselben Typus verschieden. Die Fermentwirkung wird durch Erhöhung der Temperatur in ihrer Intensität herabgesetzt. Schwacher Karbolsäuregehalt ist der Fermentwirkung hinderlich, stärkerer Alkoholgehalt hebt die Fermentwirkung auf und wirkt konservierend. Was für den Tbc.-Bazillus als solchen gilt, gilt auch für die anderen untersuchten Stäbchenbakterien. Auch der zweite Teil der Arbeit bestätigt, daß der fermentative Einfluß der Leukzytextrakte sich mit dem thermischen Einfluß assoziiert, und daß daher auch das Endergebnis der Versuche als Summe der beiden Komponenten aufzufassen ist. Es läßt sich der Beweis einer fermentativen Wirkung bei jenen Bakterien, welche für thermische Reize besonders empfänglich sind, wie z. B. der B. mallei und der B. rhusiopathiae suis, nicht völlig einwandfrei erbringen. Von den untersuchten Bakterienarten wurde am stärksten der Bac. anthracis von den Leukozytfermenten geschädigt, der Strept. equi dagegen wurde scheinbar weder von der thermischen noch von der fermentativen Komponente berührt. Jedenfalls kann das Vorhandensein bakterizider Fermente in den weißen Blutkörperchen nach den in vitro ausgeführten Versuchen nicht in Abrede gestellt werden. Trautmann.

Surány und Putnoky (13) beschreiben die Leistungsfähigkeit des direkten Züchtungsverfahrens der Tuberkelbazillen nach Löwenstein-Sumyoshi.

Die Behandlung des Untersuchungsmaterials mit 25 proz. Salzsäure, unter Vermischung des Sputums mit der 5 fachen Menge, erscheint bei einer Einwirkungsdauer von 15 Minuten am geeignetsten für die Erhaltung von Reinkulturen der Tuberkelbazillen. Danach Aufschwemmen mit der 3—5 fachen Menge physiologischer Kochsalzlösung, rasches Zentrifugieren, 2 maliges Waschen des Sediments mit Kochsalzlösung, Beimpfung mit Eiernährböden, Verschluß der Röhrchen mit Paraffin. Die Kolonien erscheinen in 10—28 Tagen. Schumann.

Schmidt (10) konnte in Züchtungsversuchen feststellen, daß das Filtrat alter Tuberkelbazillenkulturen, zu frischen Kulturen des gleichen Nährbodens zugesetzt, die Eigenschaft besitzt, die Vermehrung des Durchschnittsertrages aufs doppelte zu steigern. Hohe Ausbeute von Tuberkelbazillen wurde auch durch Zusatz von geringen Mengen Eisenchlorid erzielt. Schumann.

Isabolinsky und Gitowitsch (4) haben die Nährböden zur Gewinnung von Tuberkelbazillenreinkulturen ausprobiert.

Der flüssige Nährboden von Besredka eignet sich weder zur Weiterzüchtung noch zur Reinzüchtung von Tuberkelbazillenkulturen, wahrscheinlich weil der Gehalt des Nährbodens an Sodalösung und Lezithin bakteriolytische Prozesse an den Tuberkelbazillen in die Wege leitet. Der Nährboden nach Petroff (2 Teile Eier, 1 Teil Fleischsaft, 1 proz. alkoholische Gentianaviolettlösung) eignet sich zwar zur Weiterzüchtung von Laboratoriumskulturen, jedoch nicht solcher, die frisch aus dem Sputum gewonnen sind. Ein weiterer Nachteil ist sein schnelles Austrocknen. Der Nährboden nach Zechnowitzer, in seiner Zusammensetzung dem vorigen sehr ähnlich, zeigt auch ungefähr die gleichen Züchtungsergebnisse. Befriedigend für Weiter- sowie frische Züchtung erwies sich folgender wohlfeiler Nährboden der Verff.: 2 Teile maschinell zerkleinerte Ochsenhodenmasse + 1 Teil Rinderserum, Abfüllen in Reagenzgläser und Sterilisieren in Schräglage im Serumerstarrungsapparat zuerst bei 90°, dann 3 Tage bei 80 bis 85° je $^1/_2$ Stunde. Schumann.

Buzna (1) untersuchte die Empfänglichkeit weißer Ratten gegenüber den Typen des Tuberkelbazillus.

Es zeigte sich, daß weiße Ratten sowohl bei intraperitonaealer als auch bei subkutaner oder stomachaler Verabreichung auch gegenüber verhältnismäßig großen Mengen boviner Tuberkelbazillen unempfindlich sind. Gegenüber dem Typus humanus verhalten sie sich schon etwas weniger resistent, erkranken dagegen leicht nach der Infektion mit Bazillen des Hühnertypus. Manninger.

### b) Diagnose der Tuberkulose.

*1) Blume, K.: Untersuchungen über das Vorkommen von Tuberkelbazillen im Tracheal- und Bronchialschleim tuberkulosefreier Rinder. Arch. f. wiss. Tierhlk. Bd. 52, S. 424—436. — 2) Böhme, W.: Biologische Früherkennung der Tuberkulose am Rind. T. R. Bd. 31, S. 693—698. (Im Original nachlesen!) — *3) Brocq-Rousseu und A. Urbain: Valeur du précipito-diagnostic de la tuberculose canine. C. r. Soc. de Biol. Bd. 93, S. 7—8. — *4) Buxton, J. B.: A potency test for tuberculin. Vet. Rec. Bd. 5, S. 587 bis 588. — *5) Derselbe: The double intradermal tuberculin test in cattle. Ebendas. Bd. 5, S. 581. — 6) Deich: Die Phymatinsalbe (Klimmer) als Tuberkulosediagnostikum. T. R. Bd. 31, S. 573—576. — *7) Deinhardt, Fr.: Untersuchungen über die intrakutane Tuberkulinprobe zur Diagnose der Tuberkulose des Hundes. Ebendas. Bd. 31, S. 277—279. — *8) Dorn, F.: Der mikroskopische Nachweis der offenen Lungentuberkulose bei Schlachtrindern und die Wertung der Ergebnisse für die Tuberkulosebekämpfung. Diss. Leipzig. — *9) Dreyer, G.: A precipitin Method for standardisation of „old" tuberculin. And the expression of results in standard units. Vet. Rec. Bd. 5, S. 401. — *10) Erban: Die Tilgung der Geflügeltuberkulose mit Hilfe der Tuberkulin-Kehllappenprobe. Arb. Reichs-Ges. A. Bd. 56, S. 35, und B. t. W. Bd. 41, S. 13. — 11) Goldberg, N.: Ein Beitrag zur Behandlung und frühzeitigen Erkennung der Tuberkulose des Rindes. T. R. Bd. 31, S. 621—624 u. 637—638. — *12) Heß, A.: Interferometrische Untersuchungen über das Auftreten von Abwehrfermenten im Blute tuberkulöser Menschen und Rinder. M. t. W. Bd. 76, Nr. 42, S. 905—908. — *13) Isabolinski, M. und W. Gitowitsch: Zur Frage des Nachweises von Tuberkelbazillen im Auswurf. Zbl. f. Bakt. (Orig.) Bd. 94, H. 1, S. 22—26. — 14) Lange, L. und G. Heuer: Über die neue Wassermannsche Tuberkulosereaktion. Arb. Reichs-Ges. A. Bd. 55, S. 301. — *15) Lentz, W.: „Diophtin", das neue Tuberkulosediagnostikum nach Böhme. T. R. Bd. 31, S. 716—718. — 16) Male, G. P.: The control of tuberculosis and the milk supply, with special reference to certified and grade a tuberculin tested herds in Berkshire. Vet. J. Bd. 82, S. 181—185. (Nichts Neues.) — *17) Schubert, F.: Subkutan- oder Augenprobe? D. Oest. t. W.

Jg. 7, Nr. 23, S. 229—232. — 18) Schultz: Serologische Methoden zur Feststellung aktiver Tuberkulose, insbesondere die Matéfyreaktion bei Rindertuberkulose. T. R. Bd. 31, S. 591—594. — *19) Spandel, W.: Untersuchungen über die Brauchbarkeit der Agglutinationsprobe mit dem „Diagnostikum Fornet" für die Diagnose der Rindertuberkulose. Arch. f. wiss. Tierheilk. Bd. 53, S. 24—43. — 20) Stubbs, E. L.: The tuberculin test in avian tuberculosis. (Bei intrakutaner Tuberkulinprobe am Geflügel gepulvertes Tuberkulin zweckmäßiger als Rohtuberkulin.) J. Am. Vet. Med. Assoc. Bd. 67, Nr. 2, S. 239—248. — *21) Suest, E.: Über die Diagnose der Tuberkulose mittels der Komplementbindungsreaktion. Seuchenbekämpfung Bd. 2, H. 1/2, S. 53—67. — 22) O'Toole: Tuberculin testing on the Western Range. (Tuberkulosebekämpfungsmethoden.) J. Am. Vet. Med. Assoc. Bd. 68, Nr. 2, S. 201—204. — 23) Torrance, H. L.: Should the tuberculin test be applied to store cattle imported into England? Vet. J. Bd. 81, S. 196—198. — *24) Trams, P.: Untersuchungen über den Wert der intrakutanen Tuberkulinprobe und die Heilwirkung des Friedmann-Impfstoffes bei Geflügeltuberkulose. Diss. Berlin. — 25) Urbain: La réaction de fixation dans la tuberculose. Rec. de M. vét. Bd. 101, S. 10. — *26) Veenbaas, A. H.: Tuberculinatics bij vee. (Tuberkulinisierungen beim Rind.) Tijdschr. voor Diergeneesk. Bd. 52, S. 1097—1104. — *27) Voelkel, G.: Untersuchungen über die Anreicherung von Tuberkelbazillen im Bronchialschleim der Rinder nach dem Verfahren von Scharr und Lentz. Arch. f. wiss. Tierhlk. Bd. 53, S. 125—143. — *28) Völker: Die Tuberkulinprobe beim Rinde. B. t. W. Bd. 41, S. 7. — *29) Wendt, H.: Über Erfahrungen mit der v. Wassermannschen Tuberkulosereaktion und der Lezithinflockungsprobe bei Rindern und Kälbern. Zbl. f. Bakt. (Orig.) Bd. 94, H. 1, S. 26—35.

Veenbaas (26) bespricht zunächst eine Schrift des Medical Research Councils „Tuberculin Test in cattle with special reference to the Intradermal Test" und die Versuche Olaf Bangs mit der intrakutanen und Augenprobe, gleichzeitig mit humanem und bovinem Tuberkulin. Er referiert auch die amerikanischen Erfahrungen mit Tuberkulin (J. of Am. Vet. Med. Assoc., November 1920). — Die eigenen Erfahrungen V. beziehen sich hauptsächlich auf die Tuberkulinaugenprobe, letztere wird in den letzten Jahren in großem Maßstabe in Friesland angewendet. Ursprünglich hat er das „Phymatin" von Klimmer gebraucht, in der letzten Zeit jedoch ein selbst hergestelltes Tuberkulinpräparat, aus bovinen Bazillen, welches wenig reizende Bestandteile besitzt, hochspezifisch ist und sowohl die Endo- als auch die Exotoxine enthält. Nicht allein die Einbringung abgetöteter Tuberkelbazillen, auch Eiweißreste des Bazillus können Überempfindlichkeit bewirken. Die gleichzeitige Instillation eines Auges mit einem bekannten, wirksamen Tuberkulin und des anderen mit dem frisch bereiteten Präparat liefert eine praktische Kontrolle für das Tuberkulin. *Beijers.*

Völker (28) teilt mit, daß die Tuberkulinprobe beim Rinde gegenüber anderen bisher geübten Tuberkulinisationsmethoden zahlreiche Vorteile bietet. *Henkels.*

Schubert (17) tritt der Ansicht entgegen, daß bei Erkennung der Rindertuberkulose mit Tuberkulin die Augenprobe 20%, die Subkutanprobe nur 2—3% Fehlergebnisse aufweise. Auf Grund seiner Beobachtungen kommt er zu dem Ergebnis, daß die Augenprobe wegen ihrer geringeren Fehlerquellen der Subkutanprobe vorzuziehen sei. Die Zuverlässigkeit der letzteren werde durch unvermeidbare Fehler bei der Temperaturaufnahme stark beeinträchtigt. *Krage.*

Nach Dreyer (9) gelingt es mit Hilfe eines präzipitierenden Serums in vitro Standardbestimmungen an Tuberkulinen auszuführen. Die Bestätigung dieser Untersuchungen in längeren Versuchsreihen würden bei Einführung der neuen Methode eine Ersparnis an Geld und Zeit bei der Tuberkulinstandardisierung bedeuten. *C. Reinhardt.*

Deinhardt (7) prüfte die diagnostische Bedeutung der intrakutanen Tuberkulinprobe bei der Tuberkulose des Hundes.

Als Diagnostikum wurde das Kochsche Alttuberkulin benutzt. Die Probe wird zweckmäßigerweise mit 30—50proz. Tuberkulinlösung ausgeführt, von der 1—3 Tropfen in die Haut injiziert werden; je weniger injiziert wird, desto mehr tritt die traumatische Reaktion in den Hintergrund und desto früher kann die Reaktion beurteilt werden; eine Grenze ist dadurch gesetzt, daß bei sehr geringen Tuberkulinmengen in manchen Fällen die Deutlichkeit der Reaktion leidet. Jedenfalls soll nie mehr injiziert werden als bis zur Erzielung einer linsengroßen Quaddel.

Unerläßlich ist in jedem Falle die Vornahme einer Kontrollprobe, die gleichzeitig mit der Tuberkulinprobe vorzunehmen ist, und zwar bei Verwendung von Kochschem Alttuberkulin mit einer dem Glyzeringehalte der Tuberkulinlösung entsprechenden Lösung von Glyzerin im Lösungsmittel des Tuberkulins; nach der Differenz zwischen Tuberkulin- und Kontrollreaktion bzw. deren gleichmäßigem Abklingen ist die Reaktion als positiv oder negativ zu werten, wobei die Beobachtung auf keinen Fall vor 24 Stunden abzuschließen ist, auch wenn beide Reaktionen gleichmäßig abgeklungen scheinen. Die Berücksichtigung der erwähnten Differenz vorausgesetzt, erscheint für eine positive Reaktion besonders typisch eine blaurote Verfärbung oder eine starke, länger als 24 Stunden anhaltende Schwellung der Haut. Der subkutanen Probe ist die intrakutane hinsichtlich der diagnostischen Sicherheit mindestens gleichwertig, für die Praxis bezüglich der Technik sogar überlegen. *Heitzenroeder.*

Auf Grund seiner Untersuchungen kommt Buxton (5) zu dem Ergebnis, daß eine zweizeitige intrakutane Tuberkulinisierung (daneben gleichzeitig Tuberkulinaugenprobe) einwandfreie diagnostische Resultate zeitigt (7 Abbildungen). *C. Reinhardt.*

Buxton (4) legt zur vergleichenden Prüfung von Tuberkulinen intrakutane Quaddelreihen auf rasierten Hautvierecken an, indem er in steigenden Mengen Tuberkulin injiziert. *C. Reinhardt.*

Die von Lentz (15) angestellten Versuche haben ergeben, daß das Diophtin bei richtiger Anwendung mit Vorteil als Augendiagnostikum zum Nachweis der Tuberkulose beim Rinde zu verwenden ist, dem Alttuberkulin gegenüber diagnostisch wesentlich überlegen ist, und damit die Erwartungen, die in das Präparat gesetzt worden sind, in vollem Umfange erfüllt hat. Wenn auch das Hauptgewicht auf die klinische und bakteriologische Untersuchung zu legen sein wird, so kann das Diophtin als ergänzendes Hilfsmittel bei der wirksamen Bekämpfung der Tbc. wertvolle Dienste leisten. *Heitzenroeder.*

Trams (24) bestätigt den Wert der intrakutanen Tuberkulinprobe bei Erkennung der Geflügeltuberkulose.

Um möglichst alle tuberkulosekranken Tiere aus dem Bestande herauszufinden, ist eine mehrmalige

Probe, insbesondere bei zweifelhaft reagierenden Tieren, und die Abschlachtung sowohl dieser wie stark abgemagerter nichtreagierender Tiere, die erfahrungsgemäß trotz ausgebreiteter Tuberkulose nicht mehr tuberkulinempfindlich sind, zu empfehlen. Betreffs Heilung der Geflügeltuberkulose haben die Versuche gezeigt, daß durch Behandlung tuberkulosekranken Geflügels mit Friedmannimpfstoff ebensowenig wie mit Kolivakzine eine nachweisbare Heilwirkung erzielt haben. Trautmann.

Erban (10) teilt mit, daß die intrakutane Impfung bei tuberkulösen Hühnern am Kehllappen jedesmal eine deutliche Reaktion zeitigte, besonders bei akut fortschreitenden Fällen. Auch Rindertuberkulin wirkte positiv. Dieses Verfahren ist ein sehr gutes Mittel, nach Absonderung der Kranken die Tuberkulose zu tilgen. Henkels.

Spandel (19) kommt auf Grund seiner Untersuchungen zu dem Schluß, daß das gegenwärtig von Fornet hergestellte „bovine Tuberkulosediagnostikum" ein wertvolles Mittel zur Feststellung der Rindertuberkulose durch die Agglutinationsprobe ist. Eine sichere Unterscheidung zwischen offener und geschlossener Tuberkulose ist jedoch mit Hilfe dies Diagnostikum auch nicht möglich. Es ist aber ein wertvolles Hilfsmittel bei der klinischen Untersuchung, die es aber nicht ersetzt. Weber.

Suest (21) bespricht kritisch an der Hand der bisherigen Literatur den Wert der Tuberkulosediagnose mittels der Komplementbindungsreaktion. Praktisch gewinnt sie erst an Wert, wenn sie bessere Resultate liefert als die Tuberkulinproben, wenn also durch sie auch die aktive von der inaktiven Tuberkuloseform unterschieden werden kann.

Die Forderung sollte dabei nicht so sehr nach der größtmöglichen Zahl positiver Reaktionen bei aktiver Tuberkulose gerichtet sein als nach ihren konstanten Verhältniszahlen bei anscheinend analogen Fällen, die bei der Rindertuberkulose am ehesten erprobt werden können; sie sollte weiter auf die Aufklärung der Ursachen der den vorgefaßten Erwartungen nicht entsprechenden Reaktionen gerichtet sein, die, solange dabei keine kausalen Beziehungen erkannt werden, als Versager bezeichnet werden. Schumann.

Wendt (29) hat eine große Anzahl von Rindern und Kälbern auf die Wassermannsche Tuberkulosereaktion untersucht, ferner die Lezithinflockungsprobe nach Sachs-Klopstock erprobt.

Bei der Anwendung des Antigens nach Wassermann ergaben sich bei Rindern über 80% positive, bei Kälbern über 50% negative Reaktionen. Bei der Sektion wurden von dem großen Material nur 10 Rinder, keine Kälber tuberkulös befunden. Ob bei den übrigen positiv reagierenden Rindern tatsächlich Tuberkulose vorgelegen hat, oder ob der positive Ausfall lediglich durch Reaktionskörper im Blut nach überstandener Infektion bedingt ist, ist nicht zu entscheiden. Zur Diagnose einer vorgeschrittenen Tuberkulose ist die Reaktion ungeeignet.

Die Lezithinflockung nach Sachs-Klopstock wurde auch an einem großen Teile des gleichen Materials ausgeführt; es reagierten 84,4% der Rinder positiv, 91,77% der Kälber negativ. Daher ist anzunehmen, daß es sich bei den positiven Fällen um den Ausdruck einer Immunkörperwirkung handelt. Im übrigen gingen die mit der Flockungsprobe erhaltenen Resultate mit dem Ausfall der Wassermannschen Reaktion nicht immer parallel. Vermutet werden Zusammenhänge zwischen tuberkulöser Infektion der Rinder, Lezithinflockung und Globulinvermehrung der Sera. Schumann.

Brocq und Urbain (3) berichten über den Wert der Präzipitinreaktion als Diagnostikum bei der Tuberkulose des Hundes. Die Reaktion bei Mischung bzw. durch Kontakt des tbc. Serums mit dem Antigen gibt gleiche Resultate. Diese serologische Methode hat keinen diagnostischen Wert, weil sie sehr unsicher ist. Graf.

Die Untersuchungen von Heß (12) lassen noch kein abschließendes Urteil zu; immerhin geben sie aber zu erkennen, daß das Blut tuberkulöser Menschen und Rinder Abwehrfermente enthält, die nach der interferometrischen Methode gemessen für Diagnose und Prognose Verwertung finden können. Die Menge der Abwehrfermente ist in den verschiedenen Krankheitsstadien verschieden groß. Kachektiker haben wahrscheinlich keine Fermente. J. Schmidt.

Dorn (8) hat sich mit dem mikroskopischen Nachweis von offener Lungentuberkulose bei Schlachtrindern beschäftigt.

Bei 1304 in Augsburg geschlachteten Rindern, eine Zahl, die sämtliche in der Untersuchungsperiode geschlachteten Rinder umfaßt, waren 309 tuberkulös, und von diesen 7% der Geschlachteten und 29,77% der Tuberkulösen mit mikroskopisch nachweisbarer offener Lungentuberkulose behaftet.

Die erstmals in Nürnberg und Augsburg systematisch erfaßten Fälle von offener Lungentuberkulose unter den Schlachtrindern sind zwar in ihrer absoluten Höhe nicht auf die Nutzviehbestände der einschlägigen Bezugsgebiete übertragbar, wohl aber vermögen sie für diese bei gehöriger Würdigung des zugrunde liegenden Materials die zur Zeit geltenden Durchschnittsprozentsätze wesentlich zu ändern.

Es erscheint nicht zu hoch, wenn zunächst für weite Bezirke Bayerns an Stelle des bisher allgemein geltenden Satzes von 2—3% angenommen wird, daß erheblich mehr, etwa die doppelte Zahl der Stallrinder, somit 4—6%, nicht nur an offener Tuberkulose überhaupt, sondern an offener Lungentuberkulose allein leiden. Mit einer dementsprechenden Zahl von auszumerzenden tuberkulösen Rindern wäre bei Inangriffnahme eines umfassenden Bekämpfungsverfahrens zu rechnen.

Die an den Schlachthöfen Nürnberg und Augsburg gefundenen Häufigkeitszahlen für offene Lungentuberkulose sind nur dann einer Durchschnittsberechnung entsprechend unterlegbar, wenn umfassende und nach gleichen Grundsätzen vorzunehmende Erhebungen an zahlreichen und zweckmäßig verteilten deutschen Schlachthöfen vorgenommen werden.

Trautmann.

Im Tracheal- und Bronchialschleim von älteren Kühen, deren Lungen einschließlich der regionären Lymphknoten, wie auch die anderen Organe sich nach der Schlachtung als tuberkulosefrei erwiesen haben, können nach Blume (1) virulente Tuberkelbazillen vorkommen. Weber.

Voelkel (27) konnte die Beobachtung von Schaer und Lentz, wonach in den nach ihrer Methode behandelten Bronchialschleimproben eine merkliche Zunahme von Tuberkelbazillen eintritt, nur in einer kleinen Zahl von Proben bestätigen. Weber.

Isabolinski und Gitowitsch (13) haben die Färbemethoden von Cronberger, Konrich, Samenoff, Much-Weiß zum Nachweis der Tuberkelbazillen mit der alten Ziehl-Neelsen-Färbung verglichen und geprüft. Letztere wird von keiner der anderen übertroffen. Die Methode nach Much-Weiß ist besonders wertvoll zur Auffindung nicht säurefester Tuberkelbazillen und Körnchen. Von den Antiforminmethoden zur Anreicherung ist die Lorenzsche Modifikation (Vermischung von 2—3 Volumteilen einer 15proz. Antiforminlösung mit Sputum und Erwärmen) die beste und übertrifft auch die Homogenisierungsmethode nach Ellermann-Erlandsen. Schumann.

### c) Pathologie der Tuberkulose.

1) Anthony, D. J.: The British bacon pig and the tuberculosis question. Vet. J. Bd. 81, S. 470—472. (Nichts Neues.) — *2) Badura, F.: Tuberkulose beim Hund. Diss. Wien 1924. — *3) Bakács, G.: Der Verbreitungsweg der tuberkulösen Infektion, mit besonderer Berücksichtigung des Lymphdrüsensystems. Virch. Arch. Bd. 258, S. 646—677. — 4) Baumgarten, P. v.: Zur Kritik der Lehre von den Infektionswegen der menschlichen Tuberkulose. Ebendas. Bd. 254, S. 662—668. — *5) Cagnetto: Tuberculosi musculare ematogena e trichinosi. (Hämatogene Muskeltuberkulose und Trichinose.) Clin. vet. S. 25. — *6) Carpenter, C. M. und S. A. Goldberg: A study of skin tuberculosis. Corn. Vet. Bd. 15, S. 148—155; Ref. Exp. Stat. Rec. Bd. 53, S. 785. — 7) Cernaianu, C.: Besonderer Fall von Tuberkulose bei dem Huhn. Arh. vet. Bd. 5—6, S. 129—130. 1924. (Einzelfall.) — 8) Clauberg, K. W.: Ist die Fettleber bei Lungenschwindsucht ein Fermentproblem? Virch. Arch. Bd. 253, S. 452—458. 1924. (Betrifft Mensch, vergleichend von Interesse.) — 9) David und Limousin: Un cas de tuberculose équine. Rec. de M. vét. Bd. 101, S. 18. — 10) Deich: Über die Verbreitung der offenen Lungentuberkulose des Rindes. T. R. Bd. 31, S. 821—825. (Statistik.) — 11) Derselbe: Die Unterscheidung der offenen und geschlossenen Tuberkulose. Ebendas. Bd. 31, S. 784—787. — *12) Eber, Ruth: Beitrag zur Histologie und Histogenese der spontanen Lebertuberkulose des Huhnes. Zschr. f. Infekt. Krkh. d. Haust. Bd. 28, S. 130—149. — *13) Es, L. van und H. M. Martin: An inquiry into the cause of the increase of tuberculosis of swine. Nebraska Sta. Res. Bul. Bd. 30, S. 3—78. — 14) Einis, W.: Serumkalkspiegel und konstitutionelle Faktoren bei der Lungentuberkulose. Virch. Arch. Bd. 256, S. 429—433. (Mensch.) — *15) Frisch, M.: Das Blutbild bei der Tuberkulose des Hundes. Diss. Wien. — 16) Ghon, A.: Über Sitz, Größe und Form des primären Lungenherdes bei der Säuglings- und Kindertuberkulose. Virch. Arch. Bd. 254, S. 734—750. (Betrifft Mensch.) — 17) Gray, H.: Tuberculosis in the rabbit and guinea-pig. Vet. J. Bd. 81, S. 212. — 18) Derselbe: Tuberculosis in the dog and cat. Ebendas. Bd. 81, S. 227—231. — 19) Groban: Contribution à l'étude de la tuberculose des carnivores domestiques. Rec. de M. vét. Bd. 101, S. 12. — 20) Hare, T.: Acute haemorrhagic pancreatitis of tuberculous origin in a mare. Vet. Rec. Bd. 5, S. 554—556. — *21) Hawich, G.: Beiträge zur Tuberkulose des Pferdes. T. R. Bd. 31, S. 245—251. — *22) Hermansson, K. A.: Bidrag till kännedomen om tuberkulos i könsorganen hos kor och dena lidandex betydelse med hänsyn till smittfarlighet och sterilitet. (Ein Beitrag zur Kenntnis der Genitaltuberkulose der Kühe, die Ansteckungsgefahr dieser Krankheit und ihre Bedeutung für die Sterilität.) Svensk Vet. Tidskr. Jg. 30, H. 8—11, S. 237 bis 258, 314—329 u. 341—365. — 23) Hopkirk, C. S. M.: Tuberculosis in a dog. Vet. Rec. Bd. 5, S. 959 bis 960. (Kas.) — 24) Jones, J. H.: The incidence of tubercular lesions in the bovine trachea. Ebendas. Bd. 4, S. 728. 1924. (Kas.) — 25) Kageyama, S.: Über die frühzeitigen Reaktionen des retikulo-endothelialen Systems bei phthisisch-tuberkulöser Infektion (zugleich eine Kritik der Goldmannschen Theorie über den zellulären Transport der Geflügel- und Rindertuberkelbazillen bei der Maus). Zieglers Beitr. Bd. 74, S. 356—404. — 26) Derselbe: Die Goldmannsche Theorie über den zellulären Transport der Geflügel- und Rindertuberkelbazillen bei der Maus. Verh. D. path. Ges. Bd. 20, S. 358—361. — 27) Kaiser, Fr.: Starker Rückgang der Tuberkulose beim Rindvieh in Preußen. D. landw. Tierz. Jg. 29, S. 508—509. (Statistisches.) — 28) Kanike, K.: Ziegentuberkulose nach dem Stande des heutigen Wissens. Diss. Hannover und D. t. W. Bd. 33, S. 402—403. (Auszug.) — 29) Köster, J.: Über das Verhalten des Myokards bei der Tuberkulose von Rind, Kalb und Schwein. Ebendas. Bd. 33, S. 89—90. (Auszug.) — *30) Koizumi, T.: Über die Ausscheidung von Tuberkelbazillen mit der Galle. Zschr. f. Tbk. Bd. 41, H. 3, S. 173—185. — *31) Korteweg, R. und E. Löffler: Allergie, Primäraffekte und Miliartuberkulose. Frankf. Zschr. f. Path. Bd. 31, S. 136—160. — 32) Kuske: Über einen Fall von Tuberkulose beim Pferde. Zschr. f. Vet. Kunde Jg. 37, H. 4, S. 112—113. — *33) Lorenzen, H.: Nogle Undersógelser over Svinetuberkulose. (Einige Untersuchungen über die Schweinetuberkulose.) Maan. for Dyrl. Bd. 37, S. 289—299. — 34) Lund, L. und W. Arendt: Zwei Fälle von Kopfhöhlentuberkulose beim Pferde und Schweine. D. t. W. Bd. 33, S. 463—465. (Pathologisch-anatomische Kasuistik.) — *35) Macchisotti, Alfredo C.: Modos de Contagio de la Tuberculosis. (Übertragungsarten der Tuberkulose.) Rev. del Centro de Est. de Med. Vet. La Plata 1924, Nr. 2, S. 13—16. — *36) Marsh, H.: Teat lesions in cows reacting to the tuberculin test. J. Am. Vet. Med. Assoc. Bd. 68, Nr. 2, S. 185—199. — *37) Memmen, J.: Beiträge zu der Frage der Verbreitung der Serosentuberkulose der Brust- und Bauchhöhle. Arch. f. wiss. Tierhlk. Bd. 52, S. 533—546. — 38) Mayall, G.: Tuberculosis in the pig. Vet. J. Bd. 81, S. 207—208. — 39) Derselbe: Tuberculosis in the dog. Ebendas. Bd. 81, S. 209—210. — *40) Messner, H.: Kongenitale Tuberkulose bei Kälbern. Prag. Arch. (A) H. 1 u. 2., S. 17—18. — *41) Nimz, K.: Untersuchungen über das Vorkommen von Genitaltuberkulose bei Rindern mit offener Lungentuberkulose. Arch. f. wiss. Tierhlk. Bd. 53, S. 181—212. — 42) Pagel, W. und M.: Zur Histochemie der Lungentuberkulose, mit besonderer Berücksichtigung der Fettsubstanzen und Lipoide. Virch. Arch. Bd. 256, S. 629 bis 640. (Mensch.) — *43) Plum, N.: Geflügeltuberkulose bei Säugetieren. Vet. og L. Aarsskr. S. 63 bis 185. — 44) Raebiger und Lerche: Die Verbreitung der Geflügeltuberkulose in der Provinz Sachsen und Maßnahmen zu ihrer Bekämpfung. D. t. W. Bd. 33, S. 445—450. (Epidemiologie mit Kartenskizze.) — *45) Rösch, J.: Über die Beziehungen zwischen Uterustuberkulose und Trächtigkeit beim Rind. T. R. Bd. 31, S. 676—677. — 46) Rowlands, M. J.: Tuberculosis in relationship to the vitamin content of animal diets. Vet. J. Bd. 81, S. 192—194. (Nichts Neues.) 47) Rummell, L.: Does tuberculin spread Tbc.? Ohio Farmer Bd. 155, S. 8—9; Ref. Exp. Stat. Rec. Bd. 53, S. 383. (Tuberkulin beeinflußt tuberkulöse Läsionen nicht im ungünstigen Sinne.) — 48) Schleussing, H.: Die Beteiligung von Benzidinreaktion gebenden Zellen an der Verkäsung bei Lungentuberkulose. Zbl. f. Path. Bd. 36, S. 98—101. (Mensch.) — *49) Sigling, P. D.: Een geval van tuberculose bij het paard. (Ein Fall von Tuberkulose beim Pferd.) Tijdschr. voor Diergeneesk. Bd. 52, S. 546—548. — *50) Speranskyj, P.: Tuberculosis miliaris caprae. Memoiren d. vet.-zootechn. Inst. in Kiew Bd. 1, S. 78—80, Jg. 1. 1924. (Ukrainisch.) — 51) Stockman, St.: Tuberculosis and Milk industry. Vet. Rec. Bd. 5, S. 39—42. — *52) Stoicescu, G.: Beiträge zum Studium der Verteidigung des Organismus gegen die Tuberkuloseinfektion. Inaug.-Diss. Bukarest. — *53) Torbado und Arciniega: Eine neue Form von Pseudotuberkulose (Pneumomycosis pseudotuberculosa cryptococcica). Zbl. f. Bakt. (Orig.) Bd. 96, H. 5/6, S. 273—277. — 54) Vogt:

Eileitertuberkulose und Sterilität bei Rindern. B. t. W.
Bd. 41, S. 7. — 55) Whitehouse, A. W.: A brief note
on tuberculosis of animals in U. S. A. Vet. J. Bd. 81,
S. 201—202. (Nichts Neues.) — 56) Wickel, K.: Ver-
gleichende histologische Untersuchungen über den Fett-
gehalt des Herzmuskels bei Tuberkulose und den ver-
schiedenen Mastzuständen. Diss. Hannover und D. t.W.
Bd. 33, S. 104—106. (Auszug.) — 57) Williams,
R. Stenhouse: Tuberculosis and the milk-supply.
Vet. J. Bd. 81, S. 185—187. (Nichts Neues.)

Koizumi (30) stellte über die Ausscheidung
von Tuberkelbazillen mit der Galle an Meerschweinchen und Menschen Untersuchungen an.

Er gelangte zu dem Ergebnis, daß sich sowohl beim
Meerschweinchen als auch beim Menschen Tuberkelbazillen in der Galle ungefähr in 50% der Fälle finden,
und zwar zeigt sich gar kein Unterschied, ob die Leber
makroskopisch Zeichen von Tuberkulose darbietet oder
nicht. Diese Zahl entspricht aber nach Ansicht des
Verf. noch nicht den wahren Verhältnissen, sondern man
kann annehmen, daß diese Prozentzahl eine weit höhere
ist, weil die Untersuchungsmethoden nicht fein genug
sind, um geringe Mengen von Tuberkelbazillen nachweisen zu können. Krage.

Macchisotti (35) berichtet über die Übertragungsarten der Tuberkulose.

Er will bei den argentinischen Verhältnissen der
Ansteckung durch die infizierten Exkremente der Tiere
eine größere Bedeutung zugemessen wissen. Er konnte
durch Meerschweinchenversuche nachweisen, daß die
Galle von Rindern, die an Lebertuberkulose oder
generalisierter Tuberkulose leiden, immer infektiös ist.
Durch die infizierte Galle werden die Exkremente der
Tiere infiziert, und sie können wiederum zur Ausbreitung der Tuberkulose beitragen. Ruppert.

Korteweg und Löffler (31) stellten Untersuchungen über Allergie, Primäraffekt und
Miliartuberkulose an Meerschweinchen an, die
zu folgendem Ergebnis führten:

Nieren- und Knochenmarkstuberkulose kommt
ziemlich oft bei nur subkutan infizierten Meerschweinchen vor. Eine Miliartuberkulose setzt immer eine
schon bestehende Allergie voraus; bei fehlender Allergie
können nur Primäraffekte entstehen. Injektion von
fein verteilten Tuberkelbazillen bei einem tuberkulösen
Meerschweinchen hat Bazillämie zur Folge, ohne daß
es zur Tuberkelbildung kommt. Die Erzeugung von
Miliartuberkulose gelingt nach Injektion von größeren
Bazillenhäufchen. Bei experimenteller Miliartuberkulose des Meerschweinchens besteht eine starke
Heilungstendenz. Der histologische Werdegang des
Primäraffektes und des Tuberkels ist in seinem ganzen
Verlaufe verschieden. In der Literatur wird oft von
Tuberkeln gesprochen, wo es sich eigentlich um Primär-
affekte handelt. Joest u. Cohrs.

Cagnetto (5) hebt die Tatsache hervor, daß
Muskeltuberkulose bei Mensch und Tier außerordentlich selten ist.

Er hat durch Obduktionen und Versuche festgestellt, daß der Muskel infolge biochemischer Verhältnisse für den Tuberkelbazillus keinen geeigneten
Nährboden bildet. Schließlich konnte er zu dem
Schlusse kommen, daß in den Fällen, wo er Muskeltuberkulose fand, stets auch gleichzeitig Trichinose
bestand, und er schließt daraus, daß die Trichine den
Boden im Muskel derart modifiziert, daß der Tuberkelbazillus sich ansiedeln kann. Letzterer wird auf hämato-
genem Wege in den präparierten Muskel geschleppt.
Dahinzielende Versuche sind noch nicht abgeschlossen.
Frick.

Bakács (3) Untersuchungen über den Verbreitungsweg der tuberkulösen Infektion mit be-

sonderer Berücksichtigung des Lymphdrüsensystems hatten folgende Ergebnisse:

Bei fortschreitender Lungentuberkulose des Menschen sind die regionären Drüsen in 98,5% mitbeteiligt, bei ausgeheilter Tuberkulose in 76,4%, bei
Kinder- und Miliartuberkulose in 100%. Die Lymph-
drüsentuberkulose verbreitet sich in der Mehrzahl der
Fälle retrograd, und zwar von den regionären Lymphknoten nach den Lymphoglandulae mediastinales pos-
teriores, Lgl. aortales, Lgl. mesenteriales, bisweilen
nach dem Darm, nach den Lgl. paratracheales et supra-
claviculares, bisweilen nach den Tonsillen. Die Mesenteriallymphknoten können retrograd-lymphogen von
der Lunge infiziert werden. Der Darm und die Tonsillen können unter Umständen von den Drüsen her
retrograd-lymphogen infiziert werden. Die Eingangs-
pforte der tuberkulösen Infektion ist in der übergroßen
Mehrzahl der Fälle die Lunge. Bestätigung dieser Befunde durch den Tierversuch am Kaninchen.
Joest u. Cohrs.

Nach Memmen (37) hat die Tuberkulose des
Bauchfells frühzeitig eine Tuberkulose des Brustfelles
zur Folge. Dagegen kann sich im Anschluß an die
Tuberkulose des Brustfells nicht retrograd eine Tuberkulose des Bauchfells entwickeln. Weber.

Bei der Lebertuberkulose des Haushuhnes
heben sich nach Eber (12) 3 Entwicklungsstadien der
herdförmigen Veränderungen charakteristisch ab.

Das erste ist das Stadium des Epitheloidzellen-
tuberkels. Im 2. Stadium kommen Riesenzellen ohne
besondere Anordnung in der Stellung hinzu und oftmals ein peripherer Fibroblastenring. Im 3. Stadium
lassen sich 4 Zonen unterscheiden; das nekrotische
Zentrum, umgeben von einem Kranz radiär gestellter
Riesenzellen (nicht vom Typus der Langerhansschen
Riesenzellen), um den eine Epitheloidzellenzone liegt.
Nach außen wird der Tuberkel von einer bindegewebigen
Hülle abgeschlossen. In allen Tuberkeln finden sich
mehr oder weniger zahlreiche Lymphozyten, polymorphkernige neutrophile und eosinophile Leukozyten.
Tuberkelbazillen liegen einzeln oder zu mehreren in
den Epitheloidzellen. In den Riesenzellen sind sie meist
in größerer Zahl vorhanden. Eine „nekrobiotische
Lipoidinfiltration" (Joest) läßt sich ebenso wie im
Säugetiertuberkel auch im Lebertuberkel des Haushuhnes nachweisen.

Die spezifischen Tuberkelelemente scheinen sich von
fixen Gewebselementen mesodermalen und entodermalen Ursprunges abzuleiten. An der Entstehung der
Epitheloidzellen dürften in erster Linie Endothel- und
Leberzellen beteiligt sein. Die Riesenzellen scheinen
sowohl aus Epitheloidzellen als auch unmittelbar aus
Leberzellen hervorzugehen. Joest u. Cohrs.

Nimz (41) ist der Ansicht, daß, wenn auch das
alleinige Bestehen einer Genitaltuberkulose beim
weiblichen Rinde selten vorzukommen scheint, doch
bei den Tuberkulose- und Sterilitätsuntersuchungen
damit gerechnet werden muß. Weber.

Marsh (36) untersuchte die Veränderungen an
Zitzen bei tuberkulösen Kühen in 60 Fällen.

Die pathologisch-anatomischen Befunde waren von
dem gewöhnlichen Aussehen der Hauttuberkulose abweichend. Sie bestanden in 1—5 cm großen subkutanen
Knoten in der proximalen Hälfte der Zitze, die Haut
infiltrierend. Sie waren schmerzhaft, oberflächlich rauh,
verschorft oder ulzeriert. Der Milchgang oder das Euter
selbst erwies sich in keinem Falle tuberkulös verändert.
Die Knoten bestanden aus reichlich Bindegewebe mit
kleinen gelben Eiterherden. Manchmal fielen letztere
wenig auf, auch war das Bindegewebe mitunter hämor-
rhagisch infiltriert. Die histologischen Befunde hingegen erwiesen sich als typisch. In einer Tabelle werden

die Befunde für die einzelnen Fälle in bezug auf makroskopische und mikroskopische, lokale und allgemeine Veränderungen, Bakteriengehalt, Züchtung und Impfung zusammengestellt. Die Verimpfung des Materials auf Meerschweinchen schlug stets fehl. Gleichwohl vertritt der Autor die Anschauung, daß hier echte Tuberkulose vorliegt, weil alle untersuchten Tiere positive Tuberkulinreaktion gezeigt hatten und sonstige Organtuberkulose im allgemeinen fehlte, weil ferner positive histologische Befunde erhoben werden konnten und endlich, weil der Hautlupus des Menschen ein analoges Verhalten zeigt. Ausgangspunkt der tuberkulösen Granulome stellen vermutlich kleine Hautverletzungen dar. Hobmaier.

Hermansson (22) hat in der Zeit vom 1. Juli 1921 bis 31. Dez. 1924 bei 510 unter 12 077 untersuchten Kühen Tuberkulose der Geschlechtsorgane nachgewiesen, also bei 4,15% sämtlicher Tiere.

Die Gesamtzahl der mit Tuberkulose behafteten Kühe betrug jedoch 4487, so daß das prozentuale Verhältnis zwischen den mit Genitaltuberkulose behafteten und sämtlichen tuberkulösen Tieren bis auf 11,18% stieg. Bei allen Fällen von Tuberkulose der Geschlechtsorgane waren auch tuberkulöse Veränderungen in den Lungen oder ihren Lymphdrüsen zu finden.

H. faßt seine Beobachtungen folgendermaßen zusammen:

1. Tuberkulose der Geschlechtsorgane steht fast immer mit Bauchhöhlentuberkulose in Verbindung.

2. Da die tuberkulösen Veränderungen der Genitalien immer in den Eileitern und den Spitzen der Gebärmutterhörner beginnen, ist anzunehmen, daß der Ansteckungsstoff von der Bauchhöhle aus durch die Eileiter eindringt, da diese zuerst ergriffen werden.

3. Die Genitaltuberkulose scheint sekundär zu sein, da sich unter 462 untersuchten Fällen nicht ein einziger primärer Natur fand.

4. Bei Tuberkulose der Geschlechtsorgane ist der Geschlechtstrieb mehr oder weniger geschwächt, die Brunst ist unregelmäßig und kehrt mit verlängerten Zwischenräumen wieder, in vielen Fällen scheint der Geschlechtstrieb ganz erloschen zu sein.

5. Die meisten Kühe mit Genitaltuberkulose rindern um.

6. Bei Tuberkulose der Geschlechtsorgane scheint die Konzeption trotz wiederholter Kopulation auszubleiben; die Kühe bleiben unfruchtbar und werden infolgedessen oft ausgemerzt.

7. Da bei fast allen Fällen von Gebärmuttertuberkulose die Eileiter tuberkulösen Eiter enthalten und somit der Sitz eines chronischen Katarrhs sind, ist die Bedeutung der Eileiter für die Sterilität nicht zu unterschätzen. Die Hauptursache der Unfruchtbarkeit dürfte jedoch in den tuberkulösen Veränderungen der Gebärmutter liegen.

8. Da sich in den meisten Fällen von Genitaltuberkulose, in denen persistierende gelbe Körper oder Zysten abgedrückt resp. zerdrückt werden, hochgradige tuberkulöse Veränderungen nachweisen ließen, scheint es, als ob diese Behandlung die Entstehung und die Ausbreitung des tuberkulösen Prozesses in diesem Organ fördern könne.

9. Nur hochgradige Fälle von Genitaltuberkulose sind klinisch nachweisbar. Durch bakteriologische Untersuchung des Scheidensekrets ist es jedoch in den meisten Fällen (94%) möglich, die tuberkulöse Natur festzustellen.

10) Die Tuberkulose der Geschlechtsorgane ist eine offene und sehr gefährliche Form der Tuberkulose, da das Scheidensekret in 94% der Fälle Tuberkelbazillen enthält. Der Stier kann infolgedessen beim Deckakt angesteckt werden und die Krankheit übertragen. Noch größere Bedeutung hat der Ausfluß, der oft im Haarbüschel unter der Scham eintrocknet und von hier mit dem Schwanze weiter befördert werden kann, vor allem aber mit dem Harn, mit dem der Stallplatz und auch die Streu infiziert wird. Ist der Ausfluß reichlich, so fließt er auf das Euter herunter und infiziert die Milch.

11. Findet die Infektion der Gebärmutter während der Trächtigkeit statt, so werden in der Regel die Kotyledonen angegriffen, und durch den fetalen Kreislauf wird der Fetus infiziert, so daß er tuberkulös geboren wird.

12. Bei Tuberkulose des neugeborenen Kalbes ist die Mutter immer mit Gebärmuttertuberkulose behaftet. Der Ausfluß der Gebärmutter, der sogleich nach der Geburt reichlich ist, enthält gewöhnlich große Massen Tuberkelbazillen. Hierbei entsteht gern generalisierte Tuberkulose, so daß man das Tier schlachten muß. Wenn das Junge tuberkulös geboren wird, muß die Kuh baldigst geschlachtet werden, teils der Ansteckungsgefahr wegen und teils aus nahrungsmittelhygienischen Rücksichten.

13. Bei Sterilitätsbehandlung stark-tuberkulöser Bestände kann man bei unregelmäßiger Brunst Verdacht auf Genitaltuberkulose als Ursache haben, auch wenn klinisch keine tuberkulösen Veränderungen nachgewiesen werden können. In solchen Fällen muß nach Rektalmassage der Gebärmutter Scheidensekret gesammelt und mikroskopisch untersucht werden.

14. Die Genitaltuberkulose hat große ökonomische Bedeutung, da die meisten Fälle während der Zeit der höchsten Produktion der Kühe auftreten und die Tiere vorzeitig ausgemerzt werden müssen.

15. Die Genitaltuberkulose dürfte wegen ihrer allgemeinen Verbreitung große nationalökonomische Bedeutung besitzen. Da die Bekämpfung dieses Leidens jedoch nur durch Maßregeln gegen die Tuberkulose im allgemeinen geschehen kann, dürfte die Bedeutung der Tuberkulose für die Sterilität ein weiterer Grund für die Ergreifung von radikalen Maßregeln gegen diese verlustbringende Seuche der Rinder sein. Stålfors.

Messner (40) stellt auf Grund seiner Untersuchungen auf dem Schlachthof eine Zunahme der kongenitalen Tuberkulose bei Kälbern fest. Während der frühere jährliche Prozentsatz 0,03—0,06 betrug, war er 1924 auf 0,1 gestiegen. Die Untersuchungen erstreckten sich auf höchstens 4—5 Wochen alte Kälber, bei denen stets die Leber bzw. die Portaldrüsen am meisten tuberkulös verändert waren. Krage.

Rösch (45) folgert aus seinen Versuchen, daß die Befruchtung eines tuberkulösen Uterus nur ausnahmsweise zustande kommen dürfte. Wenn eine Konzeption eintreten sollte, wird ein Abort in der Regel die Folge sein. Heitzenroeder.

Carpenter und Goldberg (6) berichten über 30 Fälle von Hauttuberkulose des Rindes. Die tuberkulösen Läsionen der Haut des Rindes sind identisch mit der Hauttuberkulose (Lupus) des Menschen. Die Verff. konnten mit kleinen Kulturmengen des Tuberkelbazillus vom Typus bovinus in der Rinderhaut die gleichen Veränderungen erzeugen, wie sie von ihnen in Fällen natürlicher Infektion beobachtet worden waren. H. Zietzschmann.

Lorenzen (33) gibt eine Übersicht über das Vorkommen der Schweinetuberkulose in der Schweineschlachterei in Ringsted (Seeland, Dänemark) in den Jahren 1909—24.

In diesem Zeitraume zeigt sich ein dauerndes Steigen der Fälle von lokaler Gekrös- und Halsdrüsentuberkulose, das nach früheren dänischen Untersuchungen (M. Christiansen, O. Bang) wohl ganz überwiegend auf Geflügeltuberkelbazillen zurückgeführt werden muß. Gleichzeitig wurde ein dauernder Rückgang der im Körper mehr ausgebreiteten Formen von Tuberkulose (bovine Infektion) beobachtet.	M. Christiansen.

Van Es und Martin (13) haben ausgedehnte Untersuchungen über die Ursache der Schweinetuberkulose in 250 Schweinehaltungen in Nebraska angestellt.

Von über 14 000 Schweinen wurden 19,5% tuberkulös befunden. Bakteriologische Untersuchungen ergaben, daß als Ursache in der überwiegenden Mehrzahl Tuberkelbazillen vom Typus des Geflügeltuberkelbazillus in Frage kamen. Es ist dies darauf zurückzuführen, daß in Amerika vielfach tuberkulöses Geflügel als Schweinefutter Verwendung findet. Für die Praxis ergibt sich hieraus, daß neben der Rindertuberkulose besonders der Geflügeltuberkulose im Hinblick auf die Bekämpfung und Vorbeuge der Schweinetuberkulose Beachtung zu schenken ist. Für die rechtzeitige Erkennung der letzteren ist die intradermale Tuberkulinprobe besonders zu empfehlen, wobei Tuberkulin von Rinder- und Geflügeltuberkelbazillen zu verwenden ist.	H. Zietzschmann.

Speranskys (50) Arbeit betrifft die Beschreibung eines Falles von Miliartuberkulose bei der Ziege, wobei die Lunge eine chron. Form der Tbc. zeigte mit verkästen und verkalkten Herden. Verkäste tbc. Herde haben auch Nieren und das linke Oberschenkelbein im Gebiete des Trochanter major gezeigt.
	Sysak (Kiew).

Hawich (21) stellte bei einem unter dem Verdacht der infektiösen Anämie getöteten Pferdes Tuberkulose fest.

Nach dem morphologischen, färberischen, kulturellen und tierpathogenen Verhalten des aus dem Pferde gewonnenen Stammes handelt es sich um den Typus humanus. Die an den geimpften Kaninchen angestellten Komplementbindungsversuche zeigten, daß es mit Hilfe hochwertiger Antigene gelingt, eine Infektion mit Tuberkelbazillen serologisch nachzuweisen. Die starke positive Reaktion der zu den Komplementbindungsversuchen als Kontrollsera benötigten Sera von tuberkulösen Rindern und einem tuberkulösen Pferd beweisen den hohen praktischen Wert der spezifischen Serodiagnostik. Beim Verdacht der infektiösen Anämie ist beim Pferde neben der differentialdiagnostischen Tuberkulinprobe stets die Komplementbindung heranzuziehen.	Heitzenroeder.

Stoicescu (52) berichtet über die Verteidigung des Organismus gegen die Tuberkuloseinfektion und kommt zu folgenden Schlüssen:

1. Pferde, die frei von Tuberkulose sind, wenn sie auf intravenösem Wege durch kleine Mengen von Rinder- oder Pferdetuberkelbazillen infiziert werden, scheiden einen kleinen Teil davon durch den Verdauungskanal aus, und werden gleichzeitig tuberkulös, indem sie mehr oder minder schwer erkranken, je nach der Virulenz der Bazillen. Es scheint, daß besonders am Anfange kein Verhältnis zwischen der Evolution der Läsionen und dem Ausscheiden der Bazillen besteht.

2. Wiederholt infizierte Pferde mit Bazillen verschiedener Herkunft scheiden nach der 2. Infektion Bazillen aus. Sie zeigen sich toleranter gegenüber dieser 2. Infektion.

3. Hyperimmunisierte Pferde nach der Methode von Vallée (aus 1909) scheiden mit dem Kot keine von den ins Blut injizierten Bazillen aus.
	Constantinescu.

Sigling (49) beschreibt einen Tuberkulosefall beim Pferd, welches stark abmagerte, Temperaturerhöhung, gesteigerte Atmungsfrequenz und klinisch wahrnehmbare Lungenabweichungen aufwies. Ophthalmoreaktion: negativ; eine später ausgeführte subkutane Thermoreaktion fiel positiv aus. Sektion: ausgebreitete Lungentuberkulose, ferner Tuberkulose der Milz und mesenterialer Lymphdrüsen.	Beijers.

Frisch (15) hat das Blutbild bei fortgeschrittener Tuberkulose an 13 Hunden untersucht. Es kennzeichnet sich folgendermaßen:

Die Zahl der Erythrozyten und der Hämoglobingehalt ist wohl infolge Eindickung des Blutes (Atemnot) meist unverändert, manchmal erhöht. Es ist stets eine Anisozytose und Oligochromasie als Ausdruck einer Anämie vorhanden. Es besteht eine meist sehr starke Leukozytose, besonders bei akuteren Krankheitserscheinungen (20 000—43 000 Leukozyten, davon 87 bis 95% neutrophile), stark relative, manchmal auch absolute Verminderung der Lymphozyten (1,6—5,4%), Fehlen von Eosinophilen, absolute, manchmal auch relative Vermehrung der Monozyten (2,6—6,4%). Die Eosinophilen sind bei gleichzeitig bestehender Akropachie gegenüber Tuberkuloseformen ohne Akropachie auf 1,8—3% vermehrt. Die Einspritzung von Tuberkulin bei unseren tuberkulösen Hunden hat auf das Blutbild keinen wesentlichen Einfluß ausgeübt.
	Trautmann.

Badura (2) behandelt 11 Fälle von Tuberkulose beim Hund.

Die bei 5 dieser Hunde vorgenommene Tuberkulin-Augenprobe, evtl. mit folgender Sensibilisierung, lieferte hier keine solchen Resultate, daß sie zur erfolgreichen Tuberkulosediagnose Verwendung finden konnte. Dagegen hat sich die subkutane Tuberkulinimpfung in allen 6 Fällen, in denen sie durchgeführt wurde, bewährt. Die Temperatursteigerung trat zwischen der 7.—11. Stunde, also ziemlich früh, ein, ein Umstand, der in der Praxis Beachtung verdient. In 7 von den zur Verfügung stehenden Fällen ist es gelungen, Reinkulturen von Tuberkelbazillen zu gewinnen, in 4 Fällen mißlang der Versuch. Die Reinkulturen wiesen in 6 Fällen in der Kultur und im Impfversuch die Eigenschaften des Typus humanus auf, in 1 Falle jene des Typus bovinus. Pathologisch-anatomisch handelte es sich mit Ausnahme von 2 Fällen um Erkrankungen der Brustorgane; 6mal waren die mediastinalen, 5mal die bronchialen Lymphdrüsen, je 4mal das Brustfell, das Mediastinum und die Lunge, 2mal der Herzbeutel erkrankt. Gelegentlich fanden sich Herde in allen Abdominalorganen, doch war die Magen- und Darmschleimhaut nie verändert. In einem Falle bestand generalisierte Tuberkulose.	Trautmann.

Plum (43) gibt eine eingehende Übersicht der Literatur über das Vorkommen von Geflügeltuberkulosebazillen bei Menschen und Säugetieren.

Er teilt 9 Fälle dieser Infektion beim Rinde mit, nämlich 1 Fall bei einem 1jährigen Stier, 2 Fälle bei Kälbern und 6 Fälle bei Kühen, bei denen die Infektion sich im Uterus lokalisiert und Abortus hervorgerufen hat. Der trächtige Uterus scheint eine Stelle zu sein, die von diesen Bazillen mit Vorliebe aufgesucht wird; diese Vermutung wird weiterhin bestätigt durch die Sektionen derjenigen Tiere, die wegen Geflügeltuberkulose verworfen; diese Tiere waren entweder gar nicht an anderen Stellen angegriffen, oder die nachweisbaren Veränderungen, die sich vorzugsweise in den Lymphdrüsen des Verdauungskanals fanden, waren sehr klein. Nach dem Verwerfen können die Bazillen sich in Abszessen unter der Uterusschleimhaut lebendig erhalten; diese Prozesse verhindern aber nicht, daß die Kuh wieder trächtig werden kann. Während der neuen Trächtigkeit bilden sie dann den Ausgangspunkt für neue Entzündungsprozesse, die wiederum einen Abortus bewirken.

Die Untersuchung der betroffenen Kälber ergibt, daß nur die Lymphdrüsen des Verdauungskanals angegriffen werden.

Sämtlichenachgewiesenen Fälle von Geflügeltuberkulose bei Rindern kamen in Beständen vor, die sich durch subkutane Tuberkulinproben mit bovinem Tuberkulin als reaktionsfrei erwiesen. Die mit Geflügeltuberkelbazillen infizierten Rinder reagieren nur selten auf subkutane Proben mit bovinem Tuberkulin, häufiger auf Intrakutanreaktionen. Auf das Geflügeltuberkulin reagieren sie typisch.

Auf experimentellem Wege gelang es, durch intravenöse Infektion mit Geflügeltuberkelbazillen eine trächtige Kuh zu infizieren, so daß sie verwarf; bei der Sektion erwies sich diese Kuh im übrigen als gesund, so daß es durch diesen Versuch bewiesen ist, daß der trächtige Uterus die Prädilektionsstelle für die artifiziellen intravenösen Infektionen bildet.

M. Christiansen.

Terbado und Arcinieqa (53) beschreiben eine neue Form von Pseudotuberkulose beim Menschen. Da eine Übertragung des gefundenen Kryptokokkus auf das Pferd gelang, lassen sich enge Beziehungen dieses Kryptokokkus zu dem Erreger der Lymphangitis epizootica des Pferdes ableiten.

Schumann.

### d) Bekämpfung der Tuberkulose.

*1) Berg, M. H.: Is Spahlinger's treatment of any value for human and bovine tuberculosis. Vet. J. Bd. 81, S. 586—591. — 2) Brittlebank, J. W.: The control of tuberculosis and the milk supply. Ebendas. Bd. 81, S. 171—178. (Nichts Neues.) — 3) Derselbe: The re-introduction of the tuberculosis order. Vet. Rec. Bd. 5, S. 751—767. (Lokale Belange.) — *4) Brunk, W.: Versuche über die Desinfektionswirkung von Rohchloramin Heyden auf tuberkulöses Sputum. Zbl. f. Bakt. (Orig.) Bd. 94, H. 3—4, S. 236—237. — 5) Buxton, J. B.: Is it advisable that the tuberculosis order of 1914 or some amendment thereof should be made operative? Vet. Rec. Bd. 4, S. 1063—1066. 1924. — 6) Cummins, J. L.: A warning on the control of tuberculosis and the milk supply. Vet. J. Bd. 81, S. 190 bis 191. (Nichts Neues.) — 7) Deich: Einige weitere Bemerkungen zu Rautmanns Bericht über die Tuberkulosebekämpfung in der Provinz Sachsen in der D. t. W. Nr. 24. T. R. Bd. 31, S. 642—643. — 8) Derselbe: Zur Anweisung der Bundesratsvorschriften für die tierärztliche Feststellung der Tuberkulose. Ebendas. Bd. 31, S. 698—701. — 9) Derselbe: Zur Vorschrift der Wiederholung der bakteriologischen Untersuchung bei tuberkuloseverdächtigen Rindern nach negativem Ergebnis der ersten Untersuchung. Ebendas. Bd. 31, S. 744—746. — 10) Derselbe: Über die Bewertung und Entschädigung der tuberkulösen Rinder. Ebendas. Bd. 31, S. 872—878. — 11) Dürbeck und Kaller: Entgegnung auf die Ausführungen der Herren Dr. Scharr und Dr. Lentz zum Artikel: Die offene Tuberkulose des Rindes und Tuberkulosebekämpfung. B. t. W. Bd. 41, S. 11. — 12) Edelmann: Die freiwillige Bekämpfung der Rindertuberkulose im Freistaat Sachsen. D. t. W. Bd. 33, S. 59. — 13) Feldhaus, A.: Untersuchungen über die Einwirkung des Degermaverfahrens auf die in der Milch enthaltenen Tuberkelbakterien. Diss. Hannover und D. t. W. Bd. 33, S. 821—823. (Auszug.) — 14) Graham, R. und E. A. Tunnicliff: Diseases of poultry. Illinois Sta. Cives Bd. 285, S. 7; Bd. 287, S. 4; Bd. 288, S. 8; Ref. Exp. Stat. Rec. Bd. 52, S. 86. (Abhandlung über Tuberkulose und Kokzidiose des Geflügels.) — 15) Gray, H.: Supression of tuberculosis. Vet. Rec. Bd. 4, S. 1028. 1924. — *16) Guérin: M. C.: Prophylaxis of bovine tuberculosis by vaccination. Vet. J. Bd. 81, S. 163—164. — *17) Haupt, H.: Rückblick und Ausblick der staatlichen Bekämpfung der Rindertuberkulose. T. R. Bd. 31, S. 17—22. — 18) Derselbe: Einige Bemerkungen zu Rautmanns Bericht über die Tuberkulosebekämpfung in der Provinz Sachsen in Nr. 24 dieser Wochenschrift. D. t. W. Bd. 33, S. 582—583. — 19) Hilton, G.: Bovine tuberculosis: the restricted area plan of eradication. Vet. Rec. Bd. 5, S. 357—358. (Schaffung bestimmter tuberkulosefreier [Zucht-] Gebiete.) — *20) Klopstock, F.: Chemotherapeutische Versuche bei der experimentellen Meerschweinchentuberkulose. Zschr. f. Tbk. Bd. 41, H. 2, S. 119—122. — *21) Lentz und Scharr: Die offene Tuberkulose des Rindes und Tuberkulosebekämpfung. B. t. W. Bd. 41, S. 9. — 22) Lloyd, J. S.: The suppression of tuberculosis infection. Vet. J. Bd. 81, S. 187—189. (Nichts Neues.) — 23) Moussu: La vaccination antituberculeuse. Rec. de M. vét. Bd. 101, S. 1. — *24) Meyer, E.: Immunisierungsversuche an Rindern gegen Tuberkulose mit dem Friedmannschen Tuberkuloseheil- und -schutzmittel unter Zugrundelegung praktisch wirtschaftlicher Verhältnisse. T. R. Bd. 31, S. 390—391. — 25) Moore, J.: The prevalence of tuberculosis and its suppression. Vet. J. Bd. 81, S. 194—196. (Nichts Neues.) — *26) Nitta, N.: Bovine Tuberculosis and Its Control in Japan. J. of Japan. Soc. Vet. Sc. Bd. 4, Nr. 4, S. 367—374. — 27) Parker, Th.: The elimination of the tuberculous cow. Vet. J. Bd. 81, S. 60—70. (Nichts Neues.) — 28) Rautmann, R.: Die Tuberkulosebekämpfung in der Provinz Sachsen. Statistik, Bewertung des Erfolges, Verbesserung der bakteriologischen Untersuchungsmethode und Anregungen zu einem beschleunigten Ausmeßverfahren. D. t. W. Bd. 33, S. 393—396. — 29) Rautmann, H.: Zur Bewertung des Ostertagschen Tuberkulosetilgungsverfahrens. Ebendas. Bd. 33, S. 583. (Erwiderung zu den Ausführungen von Haupt.) — 30) Derselbe: Die Rindertuberkulosebekämpfung in der Provinz Sachsen in den Jahren 1921—1923 und die Entwicklung des freiwilligen Tuberkulosetilgungsverfahrens. Ebendas. Bd. 33, S. 81—89. — *31) Raw, N.: Protection of calves against tuberculosis by vaccination. Vet. J. Bd. 81, S. 165—167. — *32) Schnitki: Weitere Bemerkungen zu dem Aufsatz: Die offene Tuberkulose des Rindes und Tuberkulosebekämpfung von Dr. Dürbeck und Dr. Kallen. B. t. W. Bd. 41, S. 21. — 33) Somer, F. E.: Tuberculosis and its elimination from our milk supply. Vet. J. Bd. 81, S. 449—455. (Nichts Neues.) — *34) Spicer, A.: A treatment for tuberculosis in cattle that has given interesting results. Vet. Rec. Bd. 5, S. 441—445. — 35) Uhlenhut, P., L. Lange und H. E. Kersten: Immunisierungs- und Heilungsversuche mit den Friedmannschen Schildkrötenbazillen an Meerschweinchen und Kaninchen. Arb. Reichs-Ges. A. Bd. 55, S. 107. — *36) Weleminski, F.: Das Tuberkulomucin. Seuchenbekämpfung Bd. 2, H. 1/2, S. 67—71. — 37) Willies: Über Tuberkuloseheil- und -schutzimpfungen von Affen mit dem Friedmannschen Mittel. D. t. W. Bd. 33, S. 916 bis 917. — 38) Zietzschmann, H.: Das freiwillige Tuberkulosetilgungsverfahren bei Rindern in Sachsen. Sächs. landw. Zschr. Nr. 3, S. 43. — 39) Projet de loi sur la prophylaxie de la tuberculose des bovidés et sur le controle de la salubrité des viandes. Rev. gén. de M. vét. Bd. 34, S. 26—47.

Haupt (17) gibt einen Rückblick und Ausblick der staatlichen Bekämpfung der Rindertuberkulose.

Zusammenfassend gehen seine Vorschläge dahin, die aus wirtschaftlichen Gründen notwendige Beschränkung der Tuberkulosebekämpfungsmethoden in Zukunft nicht mehr wie bisher durch Einbeziehung nur bestimmter Formen dieser Erkrankung, sondern durch Einbeziehung nur bestimmter Gebiete zu erreichen. In diesen Gebieten sind alle Tuberkuloseinfektionen ins Bereich der Maßnahmen einzubeziehen. Das schrittweise Vorgehen soll also nicht mehr durch

Beschränkung auf gewisse Grade der Tuberkulose-erkrankung, sondern durch Inangriffnahme nur beschränkter Gebiete gewährleistet sein. Zur Erleichterung dieser Tilgungsmaßnahmen auf beschränktem Gebiete wird die Bildung von Tuberkulosetilgungsgenossenschaften empfohlen, die der Staat in seinen Maßnahmen in verschiedener Weise unterstützen kann. Die Kosten der Maßnahmen trägt der Viehbesitzer, während der Staat durch Begünstigung der Rinder aus tuberkulosefreien Beständen und deren Produkte die Grundlagen für die Kreditwürdigkeit der Viehsanierung sichert und auf diese Weise die Vorbedingungen für billige Darlehen an die Genossenschaften sowie für seinen Einfluß auf die Reihenfolge der Sanierungsgebiete nach einem Sanierungsplane und auf die Maßnahmen selbst schafft. Der Staat würde auch für einen Schutz der sanierten Gebiete durch Schaffung von Viehverkehrsgrenzen um diese Gebiete zu sorgen haben. Dem Staate ist durch Gesetz die Befugnis zu erteilen, daß er solche Tilgungsverfahren gegebenenfalls auch gegen den Willen der beteiligten Viehbesitzer veranlassen kann. Heitzenroeder.

Lentz und Scharr (21) berichten, daß Dürbeck und Kaller den Trachealschleim von 300 tuberkulösen Rinderlungen untersucht haben und in 46% der untersuchten Lungen Tuberkelbakterien gefunden haben. Die genaueste Untersuchung intra vitam wurde gewährleistet durch die Entnahme von Lungenschleim durch die Tracheotomie. Henkels.

Schnitki (32) wundert sich, daß in diesem Aufsatz 35 bakteriologische Untersuchungen der Tuberkulose als zweifelhaft angegeben sind. Er fordert unbedingt die Meerschweinchenimpfung. Dieser Tierversuch ist wichtig als Kontrollversuch und zur Diagnose in allen Zweifelsfällen. Henkels.

Nach kurzer Schilderung der durch Rindertuberkulose verursachten großen Schädigung und der bekannten Bekämpfungsprinzipien gegen diese Krankheit schreibt Nitta (26) über die Verbreitung der Krankheit und ihre Bekämpfungsmaßregeln, sowie die Ergebnisse der Schutzimpfungsversuche nach Behring und Klimmer in Japan. Ferner erwähnt er vorläufig gute Erfolge bei dem Versuche über Abschwächung der Rindertuberkelbazillen durch Galle nach Calmette, mit der er seit 1921 sich beschäftigt hat. Nitta.

Raw (31) glaubt durch stark abgeschwächte und fast atoxische Tuberkelbazillen — seine Laboratoriumsstämme stellen die 218. Generation dar — eine prophylaktisch wirksame Vakzination erreichen zu können. C. Reinhardt.

Nach Guérin (16) (Pasteur Institut Lille) ist der aussichtsvollste Weg zur Bekämpfung der Tuberkulose die Vakzination mit 30 Jahre alten Stämmen von Tuberkelbazillen des Typus bovinus, genannt B.C.G. = Bacillus Calmette-Guérin. C. Reinhardt.

Berg (1) fordert den Genfer Bakteriologen Spalinger auf, seine neue Behandlungsmethode der Tuberkulose mit antitoxischen Sera und mit Vakzinen einem wissenschaftlichen Forum zwecks Nachprüfung bekannt zu geben. C. Reinhardt.

Meyer (24) stellte fest, daß das Friedmannsche Tuberkuloseheil- und -Schutzmittel für die Impflinge völlig unschädlich ist und ohne sichtbare Reaktion aufgenommen wird. Eine Heil- und Schutzwirkung konnte der Verf. durch das Mittel nicht erzielen. Heitzenroeder.

Weleminski (36) schildert die Gesichtspunkte, die ihn bei der Herstellung des Tuberkulomucins

leiteten. Dem Präparat wird auch eine therapeutische Wirksamkeit bei spontan an Tuberkulose erkrankten Kühen zugesprochen. Schumann.

Klopstock (20) stellte mit Kupfer- und Chaulmoograölpräparaten chemotherapeutische Versuche bei der experimentellen Meerschweinchentuberkulose an, die jedoch keine Erfolge zeitigten. Krage.

Spicer (34) erzielte einen therapeutischen Effekt bei tuberkulösen Kühen, die er mit einer Kombination von Adrenalin und Tuberkulin behandelte. Der dieser Therapie zugrunde liegende Gedanke war, das Tuberkulin durch die Adrenalinbeigabe möglichst lange an der Infektionsstelle festzuhalten. Es gelang in mehreren Fällen die Tuberkulose in ihrer Progredienz einzuschränken, so daß Mästung, in einem Falle sogar Prämierung auf einer Ausstellung erfolgte. C. Reinhardt.

Brunk (4) hat die Desinfektionswirkung von Rochloramin Heyden auf tuberkulöses Sputum geprüft, wobei sich ergab, daß bei flüssigem Sputum das Rohchloramin in 2,7%, im Versuch mit Trockensputum in 4% Konzentration, 4 Stunden lang einwirkend, eine sichere Abtötung der Tuberkelbazillen hervorruft. Schumann.

### e) Beziehungen zwischen der Tuberkulose der Tiere und der Menschen.

1) Burndred, E. J.: Tuberculous milk. Vet. J. Bd. 81, S. 191. (Nichts Neues.) — 2) Dolan, P. F.: The ingestion of bovine tubercle bacilli in meat. Ebendas. Bd. 81, S. 447—449. (Nichts Neues.) — 3) Griffith, A. S.: The danger of tuberculous milk. Ebendas. Bd. 81, S. 167—171. (Nichts Neues.) — *4) Katrandjieff, K.: Ein Fall von tuberkulöser Erkrankung bei Menschen durch Milch tuberkulosekranker Kühe. Vet. Sbirka Bd. 29, H. 8/9, S. 164—169. — *5) Loewenstein, E.: Das Krankheitsbild der Hühnertuberkulose beim Menschen. Zschr. f. Tbk. Bd. 41, H. 1, S. 18—25. — 6) Robertson, J.: Some questions of me dical and veterinary interest. Vet. J. Bd. 81, S. 431—434. (Tuberkuloseprophylaxe.) — 7) Derselbe: Tuberculosis and the milk supply from the point of view of the consumer. Vet. J. Bd. 81, S. 178—181. (Nichts Neues.)

Katrandjieff (4) beschreibt einen Fall von primärer Darmtuberkulose bei einem 17jährigen Knaben von ganz gesunder Familie, der rohe Milch von Kühen genossen hatte, welche generalisierte Tuberkulose bei der Schlachtung zeigten. Angeloff.

Loewenstein (5) beschreibt das Krankheitsbild der Hühnertuberkulose beim Menschen, indem er auf pathologische Anatomie, Bakteriologie, Biologie und klinische Beobachtungen bei Hühnertuberkulose kurz eingeht.

Er kommt zu dem Schluß, daß das Krankheitsbild beim Menschen sich pathologisch-anatomisch, bakteriologisch, biologisch und klinisch scharf umgrenzen läßt, und daß es für den Menschen pathogene Stämme gibt, die für Meerschweinchen nicht pathogen sind. Krage.

## II. Teil.

Bearbeitet von Ew. Weber.

## 19. Aktinomykose und Botryomykose.

### a) Typische Aktinomykose.

*1) Diaconovici, H.: Untersuchungen über die begleitenden Mikroorganismen der Aktinomykosis beim Rinde. Inaug.-Diss. Bukarest. — 2) Grubauer, Fr.:

Zur Diagnose der Strahlenpilze und der Strahlenpilzkrankheit. Virch. Arch. Bd. 256, S. 434—445. (Mensch.) — *3) Komjáthy, A.: Behandlung der Aktinomykose mit Yatren. Allat. Lapok S. 125. — *4) Lignières, José: Nuova Contribución al Estudio de los Hongos, Agentes Productores de la Actinomicosis. (Neuer Beitrag zum Studium der Pilze, der Erreger der Aktinomykose.) Rev. Zoot. 1924, Nr. 126, S. 65—85. — 5) Petersen, Gerhard: To Tilfalde af Aktinomykose i Oret hos Grise. (Zwei Fälle von Aktinomykose im äußeren Ohr bei Ferkeln.) Maan. for Dyrl. Bd. 37, S. 241—243. (Kasuistisch.) — 6) Sanna, A.: In di un caso di actinomicosi in un bovino (Rinderaktinomykose). Clin. vet. S. 594—596. (Aktinomykotischer Abszeß am Oberkiefer, Spalten, Auskratzen, Einblasen von Acid. arsenic. Heilung in 4 Wochen.) — *7) Schuldenzucker, Fritz: Zur Behandlung der Zungenaktinomykose beim Rind. M. t. W. Bd. 76, Nr. 36, S. 778—779. — *8) Werthemann, A.: Über die Generalisation der Aktinomykose. Virch. Arch. Bd. 255, S. 719—736.

**Vorkommen.** Diaconovici (1) berichtet über die begleitenden Mikroorganismen der Aktinomykosis des Rindes. Es wurden gezüchtet grampositive und gramnegative Staphylokokken, dann Streptokokken (Str. pyogenes) und Bazillen der Nekrose.

Constantinescu.

Lignières (4) gibt einen neuen Beitrag zum Pilzstadium der Erreger der Aktinomykosis.

Er beschreibt verschiedene Stämme pathogener Aktinomykose und kommt zu der Ansicht, daß sie in keiner Art und Weise von den nicht — pathogenen Aktinomyzesarten zu unterscheiden sind.

Als Erreger der pathologischen Veränderungen, die wir als Aktinomykose ansprechen, kommen in Betracht: 1. Aktinomyces bovis, 2. Brevistreptothrix Irceli und 3. Aktinobazillus.     Ruppert.

**Ätiologie.** Werthemann (8) berichtet über Generalisation der Aktinomykose beim Menschen.

Die Ausbreitung erfolgt meist auf dem Blutweg, doch werden auch der Lymphweg und die perineuralen Lymphscheiden benutzt. Die primäre Lokalisation hat für die Generalisation geringere Bedeutung. Die generalisierte Aktinomykose verläuft immer tödlich, und zwar unter dem Bild der Pyämie. Der Nachweis von Pilzen im Blut gelingt fast nie. Generalisation der Aktionomykose ist auch bei Tieren beobachtet worden.

Joest u. Cohrs.

**Behandlung.** Komjáthy (3) hat einen Fall von Zungenaktinomykose durch wiederholte Injektionen von Yatren in die Blutbahn und das Zungenbändchen Heilung erzielt.     Manninger.

Schuldenzucker (7) empfiehlt gegen Zungenaktinomykose ein Gemisch von Ferrum sulfuricum siccum und Stibium sulfuratum nigrum āā 5—7,5 auf die Zunge zu bringen, indem man die Pulver mit Wasser zu einem Brei verrührt und mit der Hand auf die erkrankte Zungenpartie streicht oder das Pulver am hochgehobenen Kopf auf die Zunge streut. Während der folgenden Stunde soll kein Wasser und kein Futter verabreicht werden. In den meisten Fällen genügt eine einmalige Anwendung dieser Therapie.   J. Schmidt.

### b) Atypische Aktinomykose (Aktinobazillose, Streptotrichose).

(Fehlt.)

### c) Botryomykose.

(Fehlt.)

## 20. Tetanus.

1) Bailly, G.: Tétanos aigu spontané chet un lapin. Rec. de M. vét. Bd. 101, S. 8. — 2) Bardelli, P. C.: erra serie di dati statistici sulla sieroprofilassi e siero-Te terapia del tetano negli equini militari. (Statistik über Seroprophylaxe und Serotherapie beim Tetanus der Militärpferde.) Nuovo Vet. S. 130—132. (Erfolge gut.) — 3) Brown, W.: Tetanus. Vet. Rec. Bd. 4, S. 1054. 1924. (Beim Grubenpferd.) — 4) Browning, G. W.: Tetanus treated by trephining the maxiliary sinus. Vet. Med. Bd 20, Nr. 10, S. 473—474. (Tetanusähnliche Symptome beim Pferd. Bei Trepanation Kieferbruch gefunden und geheilt.) — 5) Charital, P.: Injection antitétanique. Accidents sériques consécutifs immédiats. Rec. de M. vét. Bd. 101, S. 18. — 6) Cocu, M.: A propos de l'emploi du sérum entitétanique par M. Charitat. Ebendas. Bd. 101, S. 18. — 7) Földes, Géza: Geheilter Fall von Tetanus. Allat. Lapok S. 177. (Kasuistik.) — *8) Glamser: Über den Nachweis und die Reinzüchtung des Starrkrampferregers. Zschr. f. Infekt. Krkh. d. Haust. Bd. 28, S. 245—256. — 9) Harvey, F. T.: Tetanus. Vet. Rec. Bd. 5, S. 236. (Beim Rind.) — 10) Hermans: Traitement sérothérapique du tétanos. Ann. de M. vét., März. — *11) Kerekes, N.: Heilung von Tetanus mit Tetanusantitoxin. Allategészségüqy S. 99—101. — 12) Lembke: Behandlung von Tetanus und von Akarusräude in den U. S. A. B. t. W. Bd. 41, S. 46. 13) Linkies: Zur Therapie des Tetanus. T. R. Bd. 31, S. 7—8. (Chemotherapie.) — 14) Little, W. L.: Tetanus in the dog. Vet. Rec. Bd. 5, S. 826. (Kas.) — 15) Lloyd, G.: The period of incubation of tetanus. Ebendas. Bd. 5, S. 256. (Kas.) — 16) Rayé: Observation sur l'emploi du sérum antitétanique. Rec. de M. vét. Bd. 101, S. 7. — 17) Schwab, L.: A propos de l'emploi du sérum antitétanique. Ebendas. Bd. 101, S. 15. — *18) Totire-Ippoliti, P.: Ricerche ed osservazioni sulla resistenza dei virus del tetano, dell' edema maligno e del carbouchio sintomatico in alcuni campioni di terreno preparati ed in altri di carne di cavia diseccata. (Untersuchungen und Bemerkungen über die Resistenz des Tetanus, malignen Ödems und der Rauschbrandsporen in einigen vorbereiteten Bodenproben sowie in ausgetrocknetem Meerschweinchenfleisch.) Nuovo Ercol. Bd. 30, Nr. 5, S. 81—96. — *19) Wesenberg, G. und A. Hoffmann: Die Beeinflussung des Tetanustoxins durch einige oxydierend wirkende Körper. Zbl. f. Bakt. (Orig.) Bd. 94, S. 416.

**Vorkommen.** Totire-Ippoliti (18) untersuchte die Resistenz von Sporen des Tetanus, des malignen Ödems und des Rauschbrandes in über 30 Jahre altem Material und fand keine Änderung der pathogenen Kraft beim Tetanusvirus, dagegen eine solche beim malignen Ödem und beim Rauschbrand, die sich manchmal nur durch Beifügung von Milchsäure pathogen erwiesen haben.     Declich.

Wesenberg und Hoffmann (19) berichten über ihre Versuche betr. Beeinflussung des Tetanustoxins durch einige oxydierend wirkende Körper (Ortizon, Ammoniumsulfat, Kalziumhypochlorid, Tolid).     Schumann.

**Behandlung.** Kerekes (11) berichtet über Heilung von Tetanus mit Tetanusantitoxin. Von 6 Pferden genasen 4 nach der subkutanen Einspritzung von 200—500 Antitoxineinheiten.     Manninger.

**Bakteriologie.** Glamser (8) berichtet über den Nachweis und die Reinzüchtung des Starrkrampferregers.

In dem eingesandten Material (2 Fälle) gelang es nicht, unmittelbar die Gegenwart von Starrkrampferregern bakterioskopisch oder kulturell oder deren Toxine durch den Tierversuch nachzuweisen. Dagegen glückte es, nach einer primären Anreicherung der Starrkrampfkeime in dem erhitzten, 4 Wochen alten Wundsekret eine sekundäre kulturelle Anreicherung in Blut und Leberbouillon mit spezifischen toxischen Eigenschaften zu erzielen. Aus den angereicherten Subkulturen konnten dann Reinkulturen mit den charakteristischen, morphologischen, kulturellen und toxischen Besonderheiten der Tetanusbazillen gewonnen werden. Joest u. Cohrs.

## 21. Hämoglobinurie s. Piroplasmosen.

*1) Belitzer, A.: Epizootie und Prophylaxis der Piroplasmose der Pferde, hervorgerufen von Babesia caballi. Zbl. f. Bakt. (Orig.) Bd. 94, H. 1, S. 51—56. — *2) Bevan, E. W.: East-cost fever — the theory of latency. Vet. J. Bd. 81, S. 272—280. — *3) Cernaianu, C.: Sur une épizootie de piroplasmose vraie du cheval et son agent vecteur. Bd. 92, S. 730—731. — *4) Clark, H. C. und J. Zetek: Tick biting experiments in bovine and cervine piroplasmosis. Am. J. Trop. Med. Bd. 5, S. 17—26; Ref. Exp. Stat. Rec. Bd. 52, S. 778. — *5) Čolak, M.: Nekoliko riječi o piroplazmozi u Južnoj Srbiji. (Einige Worte über die Piroplasmose in Südserbien.) Jugosl. Vet. Glasnik Bd. 5, S. 166. — 6) Donatien: Les piroplasmoses en Algérie. J. de M. vét. Bd. 71, S. 8. — *7) Erdös, L.: Die Behandlung der Piroplasmose mit Trypanblau. Inaug.-Diss. Budapest; Közl. Bd. 19, S. 24—34. — *8) Galli-Valerio, B.: La piroplasmiase des bovidés dans la plaine du Rhône. Schweiz. Arch. f. Tierhlk. Bd. 67, S. 397—398. — 9) Gude, H.: Die Wild- und Rinderseuche im Regierungsbezirk Marienwerder, insbesondere die während der Kriegsjahre 1915 bis 1919 im Kreise Strasburg (Westpreußen) gemachten Beobachtungen. Arch. f. wiss. Tierhlk. Bd. 52, S. 483 bis 524. — *10) Kalén, T.: Blodtransfusion vid piroplasmas. (Bluttransfusion bei Piroplasmose.) Svensk Vet. Tidskr. Jg. 30, H. 11, S. 377—379. — *11) Kohanawa, C. und K. Ogura: On a Piroplasmosis like Disease of Cattle in Sapporo and Its Neighbourhood. J. of Japan. Soc. Vet. Sc. Bd. 4, Nr. 3, S. 322—323. — *12) Lignières, José: Estudio y profilaxia de las Piroplasmosis, Babesiellosis y Anaplasmosis Bovina en la Republica Argentina. (Studien und Prophylaxis bei Piroplasmosis, Anaplasmosis und Babesiosis der Rinder der Republik Argentinien.) Rev. Zoot. 1924, H. 128, S. 129—146. — 13) Mrowka, F.: Das Texasfieber in Peru. Zschr. f. Vet. Kunde Jg. 37, H. 5, S. 129—141. — *14) Schmidt, Fr.: Wild- und Rinderseuche in Südbrasilien. Arch. f. wiss. Tierhlk. Bd. 52, S. 18—37. — *15) Witkamp, J.: Een geval van „braakeziekte" bij den hond. (Ein Fall von Brechkrankheit beim Hunde.) Nederl. Ind. Blad voor Diergeneesk. Bd. 37, S. 392—394. — *16) Derselbe: Onderzoek naar het bestaan van een toestand van labiele infectie ten opzichte van piroplasmosis canis bij inheemse honden. (Untersuchung hinsichtlich einer labilen Infektion mit Piroplasmen Canis beim einheimischen Hunde.) Ebendas. Bd. 37, S. 385—392.

**Piroplasmose beim Rinde.** Bevan (2) bespricht die Frage der latenten Infektionsträger bei dem durch Theileria parva verursachten Ostküstenfieber der Rinder in Rhodesia. Eine genügende Klärung ist noch nicht herbeigeführt worden. C. Reinhardt.

Clark und Zetek (4) stellten durch Untersuchungen in Panama fest, daß die bovine und cervine Piroplasmose identisch sind.

Sie fanden bei Odocoitus chiriquensis Allen (weißschwänziger Hirsch) Piroplasmen, die denen von Rindern glichen. Von 42 erlegten Hirschen zeigte einer auffällige Krankheitserscheinungen. Er war mit Zecken stark besetzt, teils mit Margaropus annulatus austral., teils mit Amblyoma cajenneux. Im Blute waren Piroplasmen zugegen. Die Übertragung der Parasiten auf ein Jungrind löst einen leichten Krankheitsanfall aus. Die Verff. schließen, daß die Piroplasmose des Wildes in gewissen Gegenden für die Ausbreitung der Krankheit unter den Rindern von Bedeutung ist. H. Zietzschmann.

Čolak (5) berichtet über große Verluste an Rindern in Süd-Serbien infolge der Piroplasmose.

Sie kommt in den Ebenen von Metohija, Kosovo, Kumanovska ravnica, Ovčje polje, im Vardartale, in den Bezirken Strumica, Djevdjelija, Bitolj und Ohrid vor. Bis jetzt hat er nur Piroplasma bigeminum festgestellt. Die einheimischen Rassen scheinen die Krankheit leichter zu überstehen, während ihr die eingeführten Tiere fast alle erliegen, was die Hebung und Veredelung der Rinderzucht hintanhält. Zavrnik.

Galli-Valerio (8) hat über die Rinderpiroplasmose in der Rhoneebene Untersuchungen angestellt. Die Zecke Ixodes ricinus erwies sich als Überträger von P. divergens. Einzelne Autoren betonen dessen Identität mit Piroplasma bovis. Graf.

Kohanawa und Ogura (11) berichten über Zerlegungsbefunde, Blutuntersuchung, Impfversuche und Behandlung einer piroplasmosenähnlichen Rinderkrankheit, die seit einigen Jahren in Sapporo und Umgebung vorkommt.

Der Erreger ist dem der „Texas fever" oder „Coast fever" nicht ähnlich, während die Symptome der genannten Krankheit eine Ähnlichkeit mit dem Texasfieber haben. Versuche über die Ätiologie der betreffenden Erkrankung sind noch im Gange. Nitta.

Lignières (12) berichtet über das Studium und die Prophylaxis bei Piroplasmosis, Babesiosis und Anaplasmosis der Rinder in Argentinien. Er beschreibt die Differenzierung der Parasiten und kommt zu dem Schluß, daß die beste Immunisierungsmethode folgende ist:

1. Impfung: 5—10 ccm Piroplasma-trigeminum-Blut.

2. Impfung: Nach 14 Tagen dieselbe Dosis mit Parasiten eines virulenten Stammes.

3. Impfung: Nach 14 Tagen 10 ccm Blut, das Piroplasma argentinum und durch Schafpassage abgeschwächtes Anaplasma enthält. Ruppert.

Schmidt (14) beobachtete einen Seuchengang von Wild- und Rinderseuche in Südbrasilien.

Die Mortalität betrug fast 100%; die intestinale Form war die häufigste. Kälber erkrankten nur ausnahmsweise. Die Schutzimpfung mit großen Dosen abgetöteter, polyvalenter Bouillonkulturen hat sich bewährt. Weber.

**Piroplasmose beim Pferde.** Belitzer (1) beschreibt die Epizootie und Prophylaxis der Piroplasmose der Pferde im europäischen Rußland.

Die Piroplasmose der Pferde, die auf waldigen oder sumpfigen Plätzen weiden müssen, tritt in bestimmten Bezirken Rußlands epizootisch im Mai und Anfang Juni, entsprechend dem Entwicklungsgang der Zecke Dermacentor reticulatus auf. Alle Tiere sind empfänglich, überstandene Piroplasmose verleiht ihnen keine eigentliche Immunität, wohl aber längeren Schutz gegen Neuinfektion, der jedoch nur so lange dauert, als das Blut noch Parasiten enthält und infektiös ist. Durch den Aufenthalt auf infizierten Weideplätzen werden die Tiere alljährlich erneut angesteckt, sind somit einer automatischen Revakzination unterworfen. Neue Piroplasmenherde durch eingeführte infizierte Tiere können nur da entstehen, wo die Zecke gedeiht, da für die Lebenserhaltung der Parasiten die geschlechtliche Entwicklung im Zwischenwirt unerläßlich ist.

Die Prophylaxe wird aus wirtschaftlichen Gründen in den infizierten Gegenden auf natürlichem Wege so vollzogen, daß man die Pferde gleich im 1. Lebensjahre einer natürlichen Infektion aussetzt, die sie, wenn sie gesund sind, ohne weiteres überstehen, und dann alle Jahre auf infizierten Plätzen zur Revakzination weiden läßt. Empfohlen wird Impfung aller Pferde mit etwa 5—10 ccm Blut eines Pferdes, das mindestens 3 Monate vorher eine künstliche oder natürliche Infektion überstanden hat. Die Tiere müssen nach überstandener Impfung wie die übrigen einheimischen Pferde auf die infizierten Weiden zur Revakzination geführt werden.

Schumann.

Cernaianu (3) berichtet über eine epizootische Piroplasmose der Pferde.

Es handelte sich um eine während des Frühlings und Sommers ziemlich stark grassierende Seuche mit dem Bilde einer Blutinfektion. Histologisch fand man in den Erythrozyten Piroplasma caballi Huttal et Strickland; als Überträger wird Dermacentor reticulatus Fabricius identifiziert.

Graf.

**Piroplasmose beim Hunde.** Witkamp (15) stellte in 2 untersuchten Fällen einer in Batavia auftretenden Krankheit des Hundes (Depression, Erbrechen, blasse, etwas ikterische Schleimhäute) Piroplasmen fest. (Eine ähnliche Erkrankung ist durch Webb in Englisch-Indien beschrieben.) Einige subkutane Trypanblauinjektionen hatten Erfolg.

Beijers.

Witkamp (16) stellte fest, daß eine spezifische Krankheit auf Java, sowohl durch die Nymphe als auch durch den Imago der Zecke Ripicephalus sanguineus übertragen wird.

Die Unempfindlichkeit vieler gesunder inländischer Hunde gegenüber der künstlichen Infektion mit piroplasmenhaltigem Blut ließ die Vermutung aufkommen, daß die Tiere in einem labilen Infektionszustande verkehren, d. h. daß sie Virusträger sind und die Krankheit in Niederländisch-Indien endemisch herrscht. Es gelang W., im Blute verschiedener Hunde einzelne Piroplasmen vorzufinden, häufig erst nach Untersuchung 10facher Präparate.

W. exstirpierte die Milz bei 11 Kamponghunden, welche zuvor negativen Blutbefund aufwiesen. Bei 6 Hunden wurden nach 1—2 Tagen Piroplasmen im Blute festgestellt, bei einem war die Blutuntersuchung negativ (die untersuchte Milz positiv). Bei allen sieben die Milz geschwollen. Von 11 inländischen Hunden erwiesen sich 7 (64%) positiv. Einer der 4 negativen Hunde starb nach der Milzexstirpation (Trypanosomenbefund im Blut). Dieses Tier litt an chronischer (latenter) Surra.

Beijers.

**Behandlung.** Erdös (7) behandelte 21 Fälle von Piroplasmose des Rindes mit Trypanblau (100—200 ccm einer 1proz. Lösung intravenös) und fand das Verfahren wirksam, nur bei einem Tiere, das bereits seit 5 Tagen krank war und anämisch geworden ist, stellte sich keine Besserung ein.    Manninger.

Kalén und Wahlberg (10) haben 12 im allgemeinen schwere Fälle von Rinderpiroplasmose mittels Transfusion von Blut behandelt, das mit 3proz. Natriumzitratlösung versetzt war. Nur 1 Tier verendete, die anderen genasen.

Stålfors.

## 22. Bösartiges Katarrhalfieber.

1) Bauer, H.: Geschichte und derzeitiger Stand der Pathologie und Therapie des bösartigen Katarrhalfiebers beim Rinde. Diss. Hannover und D. t. W. Bd. 33, S. 121—123. — 2) Dobberstein, J.: Die Veränderungen des Gehirns beim bösartigen Katarrhal-

fieber des Rindes. D. t. W. Bd. 33, S. 867—871. (Encephalitis non purulenta simplex.) — *3) Frank, A.: Die Augenveränderungen im Verlaufe des bösartigen Katarrhalfiebers der Rinder. M. t. W. Bd. 76, Nr. 17, S. 377—384. — *4) Gamauf, G.: Artfremdes Bluteiweiß bei der Behandlung von bösartigem Katarrhalfieber. Allategészségüqy S. 47. — 5) Hepburn, W.: A clinical survey of „transit fever" in bovines. Vet. Rec. Bd. 5, S. 201—204. (Katarrhalfieber.) — 6) Knabe: Zur Therapie des bösartigen Katarrhalfiebers (Coryza gangraenosa) des Rindes. T. R. Bd. 31, S. 596. (Gute Erfolge mit Kaseosan.) — *7) Otte: Bösartiges Katarrhalfieber. B. t. W. Bd. 41, S. 33. — 8) Waters, W.: A case of malignant catarrh in a heifer. Vet. J. Bd. 81, S. 360—361. (Kasuistisch.)

Nach Frank (3) ergibt das Krankheitsbild, das im Verlaufe des bösartigen Katarrhalfiebers der Rinder an den Augen auftritt, kurz zusammengefaßt: 1. Lidschwellung, 2. Conjunctivitis catarrhalis und purulenta, 3. Chemosis, 4. Nystagmus, 5. Hornhautödem, das später in reine Keratitis parenchymatosa übergeht, 6. Iritis exsudativa serofibrinosa und deren Folgezustände: vordere und hintere Synechien, 7. Pupillarstarre und Seclusio pupillae, 8. Zyklitis mit Exsudation in den Glaskörper.    J. Schmidt.

Gamauf (4) behandelt einen Fall von bösartigem Katarrhalfieber mit artfremdem Bluteiweiß (Miltbrandserum vom Pferd, Gaben von 50—150 ccm unter die Haut), worauf Besserung eingetreten ist.

Manninger.

Otte (7) berichtet über das bösartige Katarrhalfieber.

Er meldet, daß in den Jahren 1922—1923 von 628 600 Rindern 382 bzw. 390 Stück erkrankten, von denen 15—16% gesund wurden. Die krankheitserregende Ursache sucht O. in dem Trinkwasser zu finden, denn die Krankheit verschwindet nach Einführung besserer Wasserverhältnisse.    Henkels.

## 23. Malignes Ödem.

*1) Beach, B. A., A fatal disease of feeder lambs. J. Am. Vet. Med. Assoc. Bd. 67, Nr. 5, S. 632—635. — *2) Davis, W. R.: Two unlooked-for fatalities. Vet. J. Bd. 81, S. 309—310. — *3) Mejlbo, E.: Ein Fall von spontaner Infektion mit Novysbazillen (Bac. oedematicus Weinberg und Séguin) bei einem Schwein. Zbl. f. Bakt. (Orig.) Bd. 95, Heft 5—6, S. 339—344. — 4) Mießner und Albrecht: Die Gasödeme unserer Haustiere. IV. Die Gasödeme beim Rinde. D. t. W. Bd. 33, S. 179—189. (Eingehende Arbeit vgl. Original.) —5) Pfeiler: Chemo- bzw. zellular-therapeutische Beeinflussung von Anaerobeninfektionen. Die Behandlung dreier Fälle von malignem Ödem (Pararauschbrand) mit E 104 bzw. Introcid. T. R. Bd. 31, S. 608—610. (Kasuistik.) — *6) Schmiedhoffer, Jul.: Über die Gasödemerkrankungen, mit besonderer Berücksichtigung des Fraenkelschen anaeroben Bazillus. Allat. Lapok S. 121—124. — 7) Seelmann, M.: Zur bakteriologischen Diagnose der Gasödeme bei Rind und Schaf. Arch. f. wiss. Tierhlk. Bd. 52, S. 525—532.

Davis (2) berichtet über 2 unliebsame Komplikationen: malignes Ödem im Anschluß an Stollbeulenoperation und Tod einer Kuh unmittelbar nach Reposition des prolabierten Uterus.    C. Reinhardt.

Mejlbo (3) beschreibt einen Fall von spontaner Infektion mit Novys Bazillus bei einem Schwein, das er aus einer mit Bildung von Luftblasen und starkem hämorrhagischen, gelatinösen Ödem einhergehenden Phlegmone züchtete.    Schumann.

Schmiedhoffer (6) beobachtete bei Serumpferden nach der Behandlung mit Diphtherietoxin infolge einer Infektion mit Fraenkelschen Gasbrandbazillen wiederholt an der Impfstelle das Entstehen von jauchigen Abszessen.

Der Prozeß blieb entweder lokalisiert und heilte dann bei chirurgischer Behandlung, oder es kam zur Entwicklung ausgedehnter knisternder Geschwülste, die in 12 von 14 Fällen trotz aller Behandlung zum Tode führten. Das Überstehen solcher Infektionen hinterließ keine Immunität. Der Verf. meint, die Fraenkelschen Bazillen seien vom Darmkanal über den Blutweg in das Unterhautzellgewebe gelangt, wo sie sich um die Injektionsstelle anzusiedeln vermochten. Jedenfalls war eine Infektion bei dem Impfakt auszuschließen. In den meisten Fällen kamen die Fraenkel-Abszesse in der Herbstzeit nach dem Verzehren von frischem Heu zur Beobachtung.                    Manninger.

Beach (1) beobachtete bei Mastlämmern eine tödliche Krankheit, die nach Immunisierung gegen Clostridium oedematis maligni zum Verschwinden kam. Die Krankheit war gekennzeichnet durch Blutungen in der Muskulatur, Entzündungen der Magen-Darmschleimhaut, bes. der des vierten Magens. Die Nieren zeigten degenerative, hämorrhagische Prozesse. Gelegentlich Petechien an Herz und Milz. Als Krankheitserreger wurde ein der Kultur und Biologie nach dem malignen Ödem gleichendes Clostridium isoliert.    Hobmaier.

## 24. Seuchenhafter Abortus.

*1) Anceschi, L. und P. Bertolini: Ceuni eziologici e breve contributo al trattamento siero-vaccinale relativi alla malattice dell'aborto. (Ansteckender Abortus, Ätiologie und Therapie.) Clin. vet. S. 795—799. — *2) Arcani: Abcune esperienze di esame sierodiagnostico dell'aborto bovino. (Versuche mit der Serodiagnose bei Rinderabortus.) Ebendas. S. 338. — *3) Barnes, M. F.: Bovine infectious abortion-prevention and control. J. Am. Vet. Med. Assoc. Bd. 67, Nr. 1, S. 54—73. — 4) Bevan, L. E. W.: Infectious abortion of cattle. Notes on agglutination. Vet. J. Bd. 81, S. 110—126. — *5) Derselbe: The abortoscope a simple apparatus for the detection of infectious abortion of cattle. Ebendas. Bd. 81, S. 476. — 6) Birch, R. und K. L. Gilman: The channel of invasion of Bacterium abortum with special reference to ingestion. Corn. vet. Bd. 15, S. 90—120. Ref. Exp. Stat. Rec. Bd. 53, S. 678. (Aus den Versuchen geht hervor, daß die Hauptansteckungsstelle beim infektiösen Abortus in der Aufnahme der Erreger mit der Nahrung zu suchen ist.) — *7) Blanck, E.: Finnas serologiskt skiljbara typen aan den Bangska abortbacillen? (Gibt es serologisch trennbare Typen des Bangschen Abortusbazillus?) Skand. Vet. Tidskr. Jg. 15, H. 7, S. 114—118. — *8) Bosworth, T. J. und R. E. Glover: Contagious abortion in ewes. Vet. J. Bd. 81, S. 319—334. — *9) Buck, J. M.: The differention of primary isolations of Bacterium melitensis from primary isolations of Bacterium abortus (bovine) by their cultural and atmospherie requirements. J. Agr. Res. U. S. Bd. 29, S. 585—591; Ref. Exp. Stat. Rec. Bd. 52, S. 884. — *10) Buck, J. M. und G. T. Creech: Studies relating to the immunology of bovine infectious abortion. Ebendas Bd. 28, S. 607—642; Ref. ebendas Bd. 52, S. 383. — 11) Carpenter, C. M. und A. F. Schoenfeld: Mixed infection in guinea-pigs with Bacterium abortum and Mycobacterium tuberculosis. J. Inf. Disces. Bd. 37, S. 68—74; Ref. Exp. Stat. Rec. Bd. 53, S. 885. — *12) Clowes, R.: Bacterium abortum isolated from the feces of suchling calves. Calif. Sta. Rep. Jg. 1923, S. 238; Ref. Exp. Stat. Rec. Bd. 52, S. 83. — *13) Connewey, J. W.,

A. J. Durant und H. G. Newman: Contagions abortion investigation. Missouri Sta. Bul. Bd. 228, S. 84—86; Ref. Exp. Stat. Rec. Bd. 53, S. 480. — *14) Controlled vaccination experiments on cettle with Bacterium abortum. Calif. Sta. Rept. Jg. 1923, S. 238; Ref. Exp. Stat. Rec. Bd. 52, S. 83. — 15) Diseases of from animals. Kansas Sta. Bien. Rep. Jg. 1923—24, S. 120—124; Ref. Exp. Stat. Rec. Bd. 52, S. 481. (Bericht über Bekämpfung des infektiösen Abortus, des Rauschbrandes und verschiedener Geflügelkrankheiten.) — 16) Drescher: Verwerfen und Jungtiersterben bei Schafen, Schweinen, Ziegen. D. t. W. Bd. 33, S. 838—840. (Vortrag.) — *17) Fischer, W.: Beiträge zum mikroskopischen Nachweis des Corynebacterium-abortus infectiosi Bang in den Eihäuten und im Lochialschleim verkalbender Rinder. Diss. Leipzig. — *18) Fitsch, C. P. und R. E. Lubbehusen: Observations of the effect of B. abortus Bang on the weight of the spleen of the guinea pig. Minnesota Techn. Bul. Bd. 24, S. 3—23; Ref. Exp. Stat. Rec. Bd. 53, S. 180. — *19) Gilman, H. L. und R. Birch: A mold associated with abortion in cattle. Corn. vet. Bd. 15, S. 81—89; Ref. Exp. Stat. Rec. Bd. 53, S. 678. — *20) Goerttler: Ein einfaches Verfahren der Züchtung von Abortus-Bang-Bazillen aus dem Tierkörper. B. t. W. Bd. 41, S. 25. — 21) Göbel, E.: Beitrag zur Frage der systematischen Abortus- und Sterilitätsbekämpfung. T. R. Bd. 31, S. 605—608. (Nichts Neues.) — *22) Hadley, F. B. und B. A. Beach: Abortion of swine. Wisconsin Sta. Bul. Bd. 373, S. 73; Ref. Stat. Rec. Bd. 53, S. 478. — *23) Hadley, F. B., B. L. Warwich und E. M. Gildow: Investigations of abortion bacteria. Ebendas. Bd. 373, S. 73; Ref. ebendas. Bd. 53, S. 478. — 24) Hallman, E. T.: Report of the section of animal pathology of the Michigan Station. Mich. Sta. Rey. Jg. 1923, S. 174—176; Ref. Exp. Stat. Rec. Bd. 52, S. 381. (Bericht über die Bakteriologie und Pathologie der Geschlechtsorgane von Rindern aus abortusinfizierten Herden. Zelleinschlüsse im Chorionepithel gefunden.) — *25) Hart, G. H. und J. Traum: The relation of the subcutaneous administration of living Bacterium abortum to the immunity and carrier problem of bovine infectious abortion. California Sta. Techn. Pap. Bd. 19, S. 50; Ref. Exp. Stat. Rec. Bd. 53, S. 180—181. — *26) Hayes, M. und E. K. Borger: The abortion agglutination test in plotion to the discharge of Bacterium abortum from the bodies of cows. Calif. Sta. Rep. Jg. 1923, S. 238; Ref. Exp. Stat. Rec. Bd. 52, S. 82. — 27) Heydt, W.: Beiträge zur Diagnose des infektiösen Abortus des Rindes und seine Beziehung zur Sterilität. Diss. Hannover und D. t. W. Bd. 33, S. 36—37. (Auszug.) — 28) Hill, J. A.: Work with diseases of livestock at the Wyoming Station. Wyom. Sta. Rep. Jg. 1924, S. 170; Ref. Exp. Stat. Rec. Bd. 53, S. 680. (Gute Erfolge mit der Impfung lebender Kulturen des Abortusbazillus u. a.) — *29) Hoeden, J. van der: Agglutinatieproeven met Micrococcus (s. Brucella) melitinensis Bruce en Bacterium abortus infectiosi Bang. (Autoreferat.) (Agglutinationsproben mit den Erregern des Maltafiebers und Rinderabortus. [Autoreferat.]) Tijdschr. voor Diergeneesk. Bd. 52, S. 42—43. — 30) Hooker, W. A.: Station work on infections abortion. U. S. Dep. Agr. Off. Exp. Stas. Jg. 1923, S. 75—82; Ref. Exp. Stat. Rec. Bd. 53, S. 677. — 31) Hopfengärtner: Das seuchenhafte Verwerfen und seine Bekämpfung. D. t. W. Bd. 33, S. 783—786. (Vortrag.) — 32) Howe, P. E. und E. S. Sanderson: Variations in the concentration of the globulin and albumin fractions of the blood plasma of young calves and a cow following the injection of Bacillus abortus. Variations in the concentration of the protein fractions of the blood plasma of pregnant and non-pregnant cows or of cows which have aborted. J. Biol. Chem. Bd. 62, S. 767—788; Ref. Exp. Stat. Rec. Bd. 52, S. 883. (Keine Veränderungen in dem Eiweißverhältnis des Blutplasmas nach

Injektion von Abortusbazillen, dagegen eine Vermehrung des Globulins und leichte Abnahme des Albumins bei Kühen, die abortiert hatten, festgestellt.) — *33) Huddleson: Studies on a non-virulent living culture of Bact. abortus towerds protective vaccination of cattle against bovine infections abortion. Michigan Sta. Techn. Bul. Bd. 65, S. 3—36. — *34) Derselbe: The vaccinat immunization of guinea pigs against Bacterium abortus Bang infection. Michigan Sta. Quart Bul. Bd. 7, S. 63—66; Ref. Exp. Stat. Rec. Bd. 52, S. 481. — *35) Derselbe: Studies on bovine infection abortion at the Michigan Station. Michigan Sta. Rep. Jg. 1923, S. 191—204; Ref. Exp. Stat. Rec. Bd. 52, S. 382. — *36) Huddleson, J. F. und D. E. Hasley: The significance of Bacterium abortus antibodies found in the sera of calves at birth or after nursing. Michigan Sta. Techn. Bul. Bd. 66, S. 3—16; Ref. Exp. Stat. Rec. Bd. 52, S. 882. — *37) Infectious abortion in swine. Illinois Sta. Rep. Jg. 1923, S. 18; Ref. Exp. Stat. Rec. Bd. 52, S. 483. — 38) Kalkus, J. W.: Report of the division of veterinary science. Washington Col. Sta. Bul. Bd. 187, S. 80—81; Ref. Exp. Stat. Rec. Bd. 52, S. 882. (Bericht über Bekämpfung der infektiösen Abortus.) — 39) Karsten, F.: Maßnahmen zur Bekämpfung des seuchenhaften Verkalbens. D. t. W. Bd. 33, S. 786—789. (Vortrag.) — 40) Kindermann: Seuchenhafter Abortus in einer Merinostammschäferei und seine Behandlung mit Diplokokken-Yatren-Vakzine nach Oppermann. T. R. Bd. 31, S. 226—227. — *41) Kirchner, L. und C. Kunst: Over het voorkomen van infectienze abortus bij runderen in Ned. Indie en zijn beteekenis voor de humane pathologie (Über das Vorkommen von seuchenhaftem Abort in Niederländisch-Indien und seine Bedeutung für die Humanpathologie.) Nederl. Ind. Blad voor Diergeneesk. en Dierenteelt Bd. 37, S. 242—278. — 42) Lachenschmid: Das Verwerfen und die Jungtierkrankheiten bei Pferden im Rottal. D. t. W. Bd. 33, S. 778 bis 783. (Vortrag.) — *43) Lienhardt, H. F., C. H. Kitzelman und C. E. Sawyer: Infectious abortion investigations. Kansas Sta. Techn. Bul. Bd. 14, S. 4 bis 23; Ref. Exp. Stat. Rec. Bd. 52, S. 779. — *44) Ludwig, H.: Beitrag zur Kenntnis des infektiösen Abortus beim Rind. Diss. Bonn 1924. — *45) Magnusson, H.: Fall an abortinfektion hos tjur. (Abortusinfektion bei einem Bullen.) Skand. Vet. Tidskr. Jg. 15, H. 12, S. 224—232. — *46) Marcis, A.: Die Brauchbarkeit der serologischen Untersuchung der Milch zur Ermittelung des seuchenhaften Verkalbens. Allat. Lapok S. 143—146 und S. 155—156. — 47) Mathews, F. P.: A study of the agglutination test for bovine infectious abortion. J. Inf. Discos. Bd. 35, S. 498—501; Ref. Exp. Stat. Rec. Bd. 52, S. 581. (Versuche mit verschiedenen Antigenen.) — *48) Mazzini, G.: Bacillus abortus (Bang) e Microccus melitensis (Bruce). Loro affenita ed aziome patogena. (Bac. ab. und Micr. melit., ihre Verwandtschaft und Pathogenität.) Nuovo Vet. S. 62—66. — 49) Meier: Die Bekämpfung des seuchenhaften Verwerfens und der Unfruchtbarkeit des Rindes durch Impfungen. B. t. W. Bd. 41, S. 35. — *50) Merle, M.: L'avortement contagieux des juments. Rev. gén. de M. vét. Bd. 34, S. 485—490. — 51) Poppe: Allgemeine Richtlinien für die Bekämpfung des ansteckenden Verkalbens (Abortus Bang). T. R. Bd. 31, S. 53—54. — *52) Rettger, L. F., J. G. McAlpine und G. C. White: Infectious abortion in cattle (6. report Methods of conducticy the agglutination and complement fixation tests and their diagnostic volue. Connectic. Storrs. Sta. Bul. Bd. 125, S. 3—23; Ref. Exp. Stat. Rec. Bd. 53, S. 80. — *53) Rewa, M.: Die bakterielle Gruppe „Brucella". Die vergleichende Charakteristik und die Beziehungen des Micrococcus melitensis Bruce und des Bacillus abortus infectiosus (Enzootic) Bang. Memoiren des veterinär-zootechn. Institutes in Kiew. Bd. 3, Jg. 2, S. 5—29 (ukrainisch mit franz.

Zusammenfassung). — 54) Ruppert, F.: Abortus infectiosus. D. t. W. Bd. 33, S. 415—417. (Es gelang, Kälber im Alter von $1^3/_4$—2 Jahren durch Immunisierung zu schützen.) — *55) Derselbe: Las perdidasen la cria de vacas por el aborto infeccioso y la esterilidad. (Zuchtverluste bei Kühen durch infektiösen Abortus und Sterilität.) Rev. de la Fac. de Med. Vet. La Plata Bd. 1, Nr. 4, S. 25—41. — *56) Salus, G.: Die Brauchbarkeit des Meerschweinchenversuchs (nach Eickmann und Söntgen) bei der Diagnose des seuchenhaften Verkalbens. Diss. Leipzig. — *57) Scheibe, F.: Antikörperbildung durch perkutane Einverleibung lebender Abortusbazillen bei Kaninchen, Meerschweinchen und Rindern. Diss. Leipzig. — *58) Schroeder, E. C. und W. E. Cotton: Recent Bureau of animal industry experiment station bovine infectious abortion studies. J. Am. Vet. Med. Assoc. Bd. 66, Nr. 5, S. 550—561. — 59) Schultz: Statistisches zum infektiösen Abortus des Rindes. T. R. Bd. 31, S. 54—57. — 60) Smith, T.: Pneumonia associated with Bacillus abortus Bang in fetuses and new-tom calves. J. of exper. M. Bd. 41, S. 639—647; Ref. Exp. Stat. Rec. Bd. 53, S. 785. (Beschreibung mehrerer Fälle an Pneumonie bei Feten und neugeborenen Kälbern in Beständen mit infektiösem Abortus.) — *61) Derselbe: Some cultural characters of Bacillus abortus Bang with special reference to $CO_2$ requirements. J. of exper. M. Bd. 40, S. 219—232; Ref. Exp. Stat. Rec. Bd. 52, S. 481. — *62) Stedefeder: Verwerfen beim Schwein. B. t. W. Bd. 41, S. 8. — *63) Tapio, P.: Immunisierungsversuche durch subkutane und perkutane Einverleibung abgetöteter Abortusbazillen bei kleinen Versuchstieren. Diss. Leipzig. — *64) Traum, J. und G. H. Hart: Further report on abortion in cattle without demonstrable cause. J. Am. Vet. Med. Assoc. Bd. 67, Nr. 3, S. 372—375. — 65) Thomsen, Axel: Om den smitsomme Kastnings Forebyggelse og Bekampelse. (Prophylaxe und Behandlung des seuchenhaften Verwerfens.) Maan. for Dyrl. Bd. 37, S. 193—204. (Nichts Neues.) — *66) Derselbe: Draebes Abortbacillen af fysiologisk Kogsaltopløsning i Løbet af 48 Timer? (Wird der Bangsche Abortbazillus durch physiologische Kochsalzlösung in 48 Stunden getötet?) Skand. Vet. Tidskr. Jg. 15, H. 3, S. 56—58. — *67) Thorbjörnsen, Sv.: Auvendelse af en modificeret Giemsa-Farvning til Paavisning af Abortbaciller i Efterbyrdsmateriale. (Die Anwendung einer modifizierten Giemsa-Färbung bei dem Nachweis von Abortbazillen in Nachgeburtsmaterial.) Vet. og L. Aursskr. S. 12—16. — *68) Udall, D. H., E. R. Cushing und M. G. Fincher: Vital statistics of diseases of the genital organs of cors. Corn. vet. Bd. 15, S. 121 bis 136; Ref. Exp. Stat. Rec. Bd. 53, S. 680. — *69) Wall, S. und S. O. Sandén: Om stridsmedel mot smittsam kastning nos nötkreatur. (Die Kampfmittel gegen das seuchenhafte Verwerfen der Kühe.) Skand. Vet. Tidskr. Jg. 15, H. 8, S. 125—139. — 70) Warwick, B. L.: The use of rabbits in the study of infectious abortion. J. Inf. Disces Bd. 37, S. 62—67; Ref. Exp. Stat. Rec. Bd. 53, S. 885. (Kaninchen eignen sich besser als Meerschweinchen.) — 71) Welch, H.: Studies with sheep (necrobacillosis, infectious abortion, by the Montane Station veterinary department. Mont. Sta. Rep. Jg. 1923, S. 38—39; Ref. Exp. Stat. Rec. Bd. 52, S. 483. (Vorkommen der Nekrobazillose in drei Schafherden, erfolgreiche Bekämpfung durch Nabeldesinfektion mit Jodtinktur. Infektiöser Abortus der Schafe durch Spirillen verursacht.) — *72) White, G. C., L. F. Rettger und J. G. McAlpine: Infectious abortion (5. report). Connectic. Storrs Sta. Bul. Bd. 123, S. 281—303; Ref. Exp. Stat. Rec. Bd. 52, S. 681. — *73) Wientzek, F.: Die geschichtliche Entwicklung der Bekämpfung des seuchenhaften Abortus der Rinder, verursacht durch Bangbazillen, unter besonderer Berücksichtigung der Impfung mit stallspezifischen lebenden Bangkulturen. T. R. Bd. 31, S. 653—658. — 74) Williams, W. L.,

D. H. Udall, J. N. Frost und S. A. Goldberg: Studies in genital discase. Corn. vet. Bd. 14, S. 315 bis 374; Ref. Exp. Stat. Rec. Bd. 53, S. 182. (Kasuistische Beiträge zum infektiösen Abortus, Kalbefieber und der Retentio secundinarum.)

**Seuchenhafter Abortus beim Rinde.** Anceschi e Bertolini (1) haben den infektiösen Abortus des Rindes nach Diagnose des Leidens durch Agglutination mit Serovakzine behandelt und loben die Erfolge.      Frick.

Arcani (2) hat bei 12 Kühen mittels der Serodiagnose festgestellt, daß sie früher abortiert hatten.         Frick.

Barnes (3) bringt Studien über den ansteckenden Abortus des Rindes, seine Verhütung und Bekämpfung.

Nach Überstehen der Krankheit bildet sich keine dauernde Immunität aus. Am zweckmäßigsten ist für die Zucht die Aufstellung seuchenfreier Jungtiere. Von 12 gesunden Ausgangskühen war unter einer Nachkommenschaft von 310 Kälbern nur ein Tier bei Blutuntersuchung positiv auf Abortus Bang reagierend. Eine zweite verseuchte Herde wurde durch Blutkontrollen geprüft und die reagierenden Tiere beseitigt. Der Rest blieb in der Folge seuchenfrei. In einem Versuch mit einer dritten Herde wird gezeigt, daß es nicht ökonomisch ist, reagierende Tiere, wenn auch vollständig getrennt von den gesunden, weiter zu halten. In einer vierten Herde von 89 Shorthorn reagierten 53%. Diese wurden isoliert, der Rest blieb gesund. Analoge Erfahrungen wurden an einer weiteren Herde erhoben. An der Hand umfangreichen statistischen Materials werden genaue Daten über den Verlauf der Seuche in den einzelnen Herden und bei den einzelnen Tieren gegeben. Die von dem Pennsylvania Bureau verfaßten Richtlinien zur Verhütung und Bekämpfung des seuchenhaften Abortus (1922 veröffentlicht in den Proceedings of the U. S. Live Stock Sanitary Assoc.) sind als durchaus wirksam zu betrachten.  Hobmaier.

Bevan (5) beschreibt ein einfaches Gerät zur Ausführung der Agglutinationsprobe bei infektiösem Abortus der Rinder.

Ein Glasgefäß in Größe eines Reagenzglases trägt auf der Rückseite die Inschrift: infiziert und ist mit einer Aufschwemmung von Abortusbazillen in einer besonders eingestellten Flüssigkeit gefüllt. Ein Kork verschließt das Glas und trägt an seinem unteren Ende eine Drahtöse. Mit dieser Öse wird ein Tropfen Blut des zu untersuchenden Tieres aufgenommen und in das gefüllte, sterile Gefäß eingebracht. Durch kräftiges Schütteln tritt eine solche gleichmäßige Trübung und Durchmischung der Blutkörper- und Abortusbazillensuspension ein, daß das Wort infiziert nicht mehr zu lesen ist. Die Ablesung erfolgt nach 18 stündigem Stehen bei Zimmertemperatur. Ist nach dieser Zeit oder bereits vorher die Inschrift erkennbar, so ist die Probe als verdächtig anzusehen. Wenn sie auch nicht unfehlbar ist, so dürfte die Probe doch einen gewissen orientierenden Wert haben; ihre endgültige Bewährung wird noch festgestellt werden müssen.   C. Reinhardt.

Seit einigen Jahren hat man bei der Schutzimpfung gegen das seuchenhafte Verwerfen der Kühe autogene Vakzine mitunter benutzt, um besseres Resultat zu erreichen.

Man glaubte, daß ein aus einem spezifischen Stamm hergestelltes Antigen die Bildung spezifischer Immunkörper veranlassen könne. Um diese Frage zu ermitteln, hat Blanck (7) Versuche darüber angestellt, ob ein spezifisches Serum in Agglutinations- und Komplementbindungsserien mit homologem Antigen höhere Werte gibt als mit dem Antigen anderer Abortusstämme. Bei den Versuchen hat B. vier Stämme aus voneinander weit entfernten Gegenden benutzt. Die Versuche sind negativ ausgefallen. Sowohl bei den Komplement- als auch bei den Agglutinationsexperimenten hat das homologe Antigen ungefähr dieselben Werte gegeben als die nicht homologen. Diesem Resultat gemäß hat die autogene Vakzine somit keinen größeren Wert als die nicht autogene.  Stålfors.

Buck (9) gibt als Unterscheidungsmerkmal im kulturellen Verhalten zwischen Bacterium melitensis und dem Rinderabortusbazillus an, daß bei Überimpfung auf das Meerschweinchen und nachfolgender Züchtung aus den veränderten Geweben des Impftieres auf Serumagar bei 37° C unter gewöhnlichem Luftzutritt das Bact. melitensis gut gedeiht, während Abortusbazillen unter diesen Verhältnissen sich nicht entwickeln.  H. Zietzschmann.

Buck und Creeck (10) berichten über ausgedehnte Versuche zur Bekämpfung des infektiösen Abortus der Rinder mit Impfstoffen aus lebenden und abgetöteten Bazillenkulturen.

Die Versuche ergaben, daß es gelingt, durch die Verimpfung lebender Kulturen auf Rinder vor der Konzeption eine Immunität gegen die Abortusbazilleninfektion zu erzielen. Die Verimpfung von Vakzinen erzeugt nur eine kurzdauernde Immunität. Die Impfung bereits infizierter Tiere erwies sich nur von zweifelhaftem Werte.   H. Zietzschmann.

Clowes (12) hat Untersuchungen der Fäzes saugender Kälber auf Abortusbazillen angestellt.

Er konnte im Kote von Kälbern, die mit Milch, der frischen Abortusbazillenkulturen zugesetzt worden waren, ernährt wurden, Abortusbazillen nachweisen. Verf. schließt aus seinen Untersuchungsergebnissen, daß im Kote saugender Kälber, die abortusbazillenhaltige Milch aufnehmen, eine nicht zu unterschätzende Infektionsquelle für Rinderbestände zu suchen ist.       H. Zietzschmann.

In der Versuchsstation des Staates Californien (14) wurden Impfversuche mit lebenden Abortusbazillen bei 40 Kühen angestellt.

In der ersten Versuchsreihe wurden 20 Kühe mit lebenden Kulturen geimpft und der Infektion ausgesetzt, in der zweiten wurden 10 Kühe in gleicher Weise geimpft, aber nicht mit infektiösem Material infiziert, in der dritten wurden 10 Kühe nicht geimpft, aber der Infektion ausgesetzt. Die Infektion erfolgte teils durch einmalige Verabreichung natürlich infizierter Milch, teils durch einmalige Verabreichung von Emulsionen von Geweben abortierter Feten in Salzlösung, teils durch einmalige Verabreichung von Abortuskulturen per os. Von den Kühen der ersten Reihe wurden 17, von denen der zweiten 4 Tiere tragend. Die Kühe der dritten Reihe waren zur Zeit der künstlichen Infektion sämtlich tragend. Von den 17 Kühen der ersten Reihe mußte eine infolge einer Erkrankung notgeschlachtet werden, eine Kuh brachte ein voll ausgetragenes, aber totes Kalb zur Welt, die übrigen 15 kalbten normal. Alle Kühe der zweiten Reihe kalbten normal. Von den 10 Kühen der dritten Reihe kalbten nur zwei normal. Die Versuche beweisen den Wert der Impfung mit lebenden Kulturen und ferner die Gefährlichkeit einer nur einmaligen Infektion mit abortusbazillenhaltigem Material.    H. Zietzschmann.

Fischer (17) beschäftigte sich mit der Diagnostik des seuchenhaften Verkalbens.

Er streifte besonders die Frage, ob die von Bang 1897 zuerst beschriebenen großen Epithelzellen mit eingeschlossenen gramnegativen Kurzstäbchenhaufen aus den Geburtswegen diagnostisch verwertbar sind. F. bestätigt Bangs Befunde. Die beste Färbemethode

ist die mit Karbolfuchsin (100 ccm Wasser, 5 ccm Karbolsäure und 10 ccm gesättigtes alkoholisches Fuchsin; 1 Minute lang bei leichter Erwärmung färben und $^1/_4$—$^3/_4$ Minute mit 2proz. Essigsäure differenzieren). Die Materialentnahme soll möglichst bald nach der Fehlgeburt erfolgen, weil die Epithelzellen sonst spärlicher werden. Ein negativer Befund beweist nichts. Zur Untersuchung eignen sich besonders kleinste nekrotische Herde an den Eikrusten, dann auch Plazentaschabsel und Lochialschleim aus dem Scheidengewölbe.
Weber.

Fitsch und Lubbehusen (18) stellten Versuche an Meerschweinchen an, denen Bangsche Abortusbazillen injiziert worden waren. Sie prüften insbesondere die Gewichtsverhältnisse der Milz infizierter Versuchstiere gegenüber gesunden Meerschweinchen. Wiewohl meist eine beträchtliche Milzschwellung bei infizierten Tieren vorhanden war, war die Zunahme des Gewichts der Milz nicht so beträchtlich, daß diese als diagnostisches Merkmal Verwendung finden könnte.
H. Zietzschmann.

Gilman und Birch (19) konnten in einem Rinderbestand während der Dauer von 3 Jahren feststellen, daß infektiöser Abortus durch einen in die Gattung Mucor gehöriger Pilz verursacht wurde, eine Beobachtung, die schon von Smith (Exp. Stat. Rec. Bd. 42, S. 778) gemacht worden ist. Durch Versuche an 5 tragenden Kühen wurde weiter festgestellt, daß durch Überimpfung einer Suspension des Pilzes in einem Falle eine plazentare Infektion ohne Abortus, in einem anderen Falle eine solche Infektion mit nachfolgendem Abortus eintrat. In beiden Fällen konnte aus den krankhaft veränderten Organen der Pilz gezüchtet werden. Die restlichen 3 Fälle verliefen negativ.
H. Zietzschmann.

Goerttler (20) stellte fest, daß in 20 bakteriologisch auf Abortus-Bang-Bazillen untersuchten Fällen 9mal, also 45%, mit Anreicherung des Ausgangsmaterials durch Zentrifugieren die Züchtung des Erregers gelang.
Henkels.

Hadley, Warwich und Gildow (23) prüften die Wirkung der Abortusbazillen des Rindes und Schweines auf Kaninchen, Meerschweinchen und Mäuse.

Sie fanden, daß die Abortusbazillen des Schweines für die genannten Versuchstiere sich als virulenter erwiesen als Rinderabortusbazillen. Die Injektion der Schweineabortusbazillen verursachte besonders bei Kaninchen und Meerschweinchen starken Gewichtsverlust, in der Regel Temperatursteigerung und bisweilen einen tödlichen Ausgang, während diese Erscheinungen nach der Injektion von Rinderabortusbazillen nicht beobachtet wurden. Als Inkubationszeit wurde eine Zeit von 7—17 Tagen festgestellt. Trächtige Versuchstiere abortierten nach 14—20 Tagen.
H. Zietzschmann.

Hart und Traum (25) berichten über ausgedehnte Versuche, die sie hinsichtlich der Wirkung der Impfung mit lebenden Kulturen der Abortusbazillen auf die Erzielung einer Immunität gegen das seuchenhafte Verkalben anstellten.

An der Hand von Kontrollversuchen konnten sie zweifelsfrei die günstige Wirkung einer derartigen Impfung feststellen. Weiterhin wurde von den Verff. beobachtet, daß durch Impfung geheilte Tiere noch längere Zeit mit der Milch Abortusbazillen ausscheiden, so daß die Einstellung solcher Kühe in abortusfreie Bestände nicht erfolgen darf. Nichtträchtige Kühe, denen in der Zeit des Trockenstehens lebende Abortusbazillen subkutan einverleibt wurden, zeigten nach der späteren Trächtigkeit weder in der Plazenta noch in der Kolostralmilch Abortusbazillen. Die Agglutinationsprobe fällt bei diesen Kühen noch lange Zeit (mehrere Monate bis zu einem Jahre) positiv aus.
H. Zietzschmann.

Hayes und Borger (26) berichten über die Ergebnisse der Agglutinationsprüfungen bei Rindern in einer mit infektiösem Abortus infizierten Rinderherde.

Sie fanden, daß die systematische Blutuntersuchung imstande ist, alle infizierten Rinder ausfindig zu machen. Die Verff. empfehlen für nicht allzustark verseuchte Bestände, alle reagierenden Tiere auszumerzen. Alle Kühe, die Abortusbazillen mit der Milch ausscheiden, zeigten bei der Blutuntersuchung positive Agglutinationsergebnisse. Bei Agglutinationsprüfungen mit der Milch, die positiv ausfielen, wurden nicht in jedem Falle Abortusbazillen in der Milch gefunden. Bei Kühen, deren Blutuntersuchung negativ ausfiel, wurden in Exkreten der Geschlechtsorgane niemals Abortusbazillen gefunden.
H. Zietzschmann.

v. d. Hoeden (29) zeigte, daß die Erreger des Maltafiebers und des Rinderabortus sich agglutinatorisch vollkommen gleich verhielten. Der 1. Fall von Maltafieber in Holland kam 1923 im Groninger Krankenhaus bei einem aus dem Mittelmeer angekommenen Matrosen vor.
Beijers.

Huddleson (33) berichtet ausführlich über Versuche, die er mit einem Impfstoff aus einer nicht virulenten lebenden Abortusbazillenkultur zwecks Immunisierung gegen die Infektion mit Bangschen Bazillen bei Meerschweinchen und Rindern unternommen hat.

Die Impfung geschah in der Weise, daß zunächst 10 ccm einer aus abgetöteten Kulturen eines avirulenten Abortusbazillenstammes beigesellten Impfstoffes und 8 Tage später die gleiche Menge lebende Kultur von demselben Stamme injizierte. Nach der auf diese Weise in verseuchten Herden durchgeführten Impfung wurden 78,6—100% der Tiere trächtig, von den Kontrolltieren 0—86,6%. Verf. hält die Durchführung derartiger Impfungen verbunden mit klinischen und hygienischen Maßnahmen für ratsam in Beständen, in denen das seuchenhafte Verwerfen durch den Bangschen Bazillus verursacht ist. Bis zur endgültigen Lösung des Problems sind aber noch weitere Forschungsarbeiten nötig.
H. Zietzschmann.

Huddleson (34) berichtet über Immunisierungsversuche bei Meerschweinchen gegenüber einer Infektion mit Bangschen Bazillen.

In der ersten Versuchsreihe wurden 10 weibliche Meerschweinchen und 3 Kontrolltiere, in der zweiten 10 männliche und 3 Kontrolltiere verwendet. Zur Impfung gelangten 0,5 ccm einer Suspension lebender Bazillen aus einer nicht virulenten Kultur. Danach wurden die Tiere 10 Tage lang mit Kulturabstrichen von 3—5 Agarröhrchen virulenter Kultur gefüttert. Die Versuchstiere der ersten Reihe wurden 9 Wochen nach Beginn des Versuchs getötet. Bei den Impftieren und bei 2 Kontrolltieren wurden Veränderungen nicht gefunden, das dritte Kontrolltier zeigte typische Veränderungen der Milz und Leber, aus denen der Bangsche Bazillus gezüchtet wurde. Das gleiche war der Fall bei allen Kontrolltieren der zweiten Versuchsreihe, deren geimpfte Tiere sämtlich ohne Veränderungen der inneren Organe waren.
H. Zietzschmann.

Huddleson (35) berichtet über Arbeiten über den infektiösen Abortus der Rinder.

Diese erstreckten sich zunächst auf serologische Untersuchungen mit verschiedenen Stämmen des Bangschen Bazillus. Verf. arbeitete mit Antigenen von 21 Stämmen des Bazillus. Er fand keine besonderen

Unterschiede der Stämme in bezug auf ihre Agglutinationsfähigkeit. Auch die Verwendung verschiedener Zusätze (0,5% Phenol, 0,1% Trikresol, 0,5% Formalin, 0,5% Äther) zu den Antigenen hatte im allgemeinen keinen Einfluß auf die Agglutination, nur Trikresol und Formalin in höheren Konzentrationen beeinträchtigten bis zu einem gewissen Grade die Agglutinationsfähigkeit. Weiterhin prüfte Verf. die Wirkung der intravenösen Injektion von Kollargol auf abortusbazilleninfizierte Rinder. Die einmalige Injektion von 20 ccm einer 2 proz. wässerigen Kollargollösung und dreimalige in Zwischenräumen von 2 Monaten erfolgte Injektionen derselben Lösung hatten keinen Erfolg. Die Züchtung des Abortusbazillus unter Zusatz von 10% Kohlensäure zur Luft hatte keinen Einfluß auf deren Pathogenität. H. Zietzschmann.

Huddleson und Hasley (36) berichten über Untersuchungen, die sie über das Vorkommen von Antikörpern (Agglutininen und komplementbindenden Substanzen) gegen Abortusbazillen im Blutserum der Kälber zur Zeit der Geburt und, nachdem sie gesaugt hatten, angestellt haben.

Von 11 Kälbern zeigte nur 1 Kalb vor dem Saugen positive Ergebnisse bei der Blutuntersuchung. Es hat sich hier um eine Infektion im Mutterleibe gehandelt. Die übrigen Kälber zeigten bei Untersuchungen vor der Verabreichung von Muttermilch negative Blutuntersuchungsergebnisse, die erst positiv wurden, nachdem die Kälber am Euter der natürlich oder künstlich mit Abortusbazillen infizierten Mütter gesaugt hatten. Bei den Versuchskälbern wurden Antikörper bis zu 48 bis 125 Tagen nach der Geburt nachgewiesen. Verf. sind der Meinung, daß Abortusbazillen, die im Uterus von der Mutter auf das Kalb übergegangen oder mit der Milch aufgenommen werden, sich in der Regel nicht lange in den Geweben des Kalbes lebensfähig erhalten. Auch kann es als erwiesen gelten, daß von infizierten Kühen geborene Kälber nicht empfänglicher gegen Kälberkrankheiten sind als Kälber von gesunden Müttern. H. Zietzschmann.

Kirchner und Kunst (41) haben über seuchenhaften Abortus des Rindes in Niederländisch-Indien Untersuchungen angestellt und auch hier den Bangschen Erreger als Krankheitsursache ermittelt. Baijers.

Lienhardt, Kitschman und Sawyer (43) berichten über ihre auf einen Zeitraum von 5 Jahren sich erstreckenden Beobachtungen und Untersuchungen über das ansteckende Verkalben.

Durch bakteriologische Untersuchungen von 119 Fällen von Abortus stellten die Verff. fest, daß in 21 Fällen lediglich der Bangsche Bazillus, in 20 Fällen der Bangsche Bazillus in Gemeinschaft mit anderen Erregern, in 59 Fällen andere pathogene Mikroorganismen, in 19 Fällen keine Erreger gefunden wurden. Ein Versuch, bei 2 Färsen durch peritonaeale Injektion großer Mengen von Abortusbazillen Läsionen hervorzurufen, gelang nicht. 20 verschiedene Bazillenstämme stimmten morphologisch und biologisch völlig überein; 3 zeigten Abweichungen, sie wurden als Kolibakterien erkannt. Die Verff. berichten auch über Immunisierungsversuche mit lebenden und abgetöteten Kulturen, aus denen sie aber noch keine definitiven Schlüsse ziehen können. H. Zietzschmann.

Ludwig (44) gibt seine Erfahrungen über den seuchenhaften Abortus beim Rinde bekannt.

Die Impfung mit lebenden Abortuskulturen ist erfolgreich. Die geimpften Rinder zeigen in der Regel kurzdauerndes Fieber und leichten Mildrückgang. Störungen in der Futteraufnahme sind selten. Gelegentliche Anschwellungen und Abszesse an den Impfstellen

sind bedeutungslos. Die Übertragung des Abortusbazillus erfolgt in erster Linie durch den Bullen. Auch der immunisierte Bulle bietet keine Garantie, daß der Abortus beim Deckakt dennoch nicht rein mechanisch übertragen werden kann. Weber.

Ein Bulle aus einem Bestande, in dem spärliche Fälle von Verwerfungen vorgekommen waren, war wegen Anschwellung und Verhärtung des einen Testikels geschlachtet worden. Bei der Untersuchung konstatierte Magnussen (45) starke Vergrößerung des Testikels mit Adhärenten usw. sowie diffuse Koagulationsnekrose des Parenchyms. Im nekrotischen Gewebe wurde der Bacillus abortus infectiosi Bang in Reinkultur nachgewiesen. Die Übertragung der Infektion gelang durch Injektion mittels Kultur in den Testikel eines anderen Bullen. Unter Erwähnung ähnlicher Befunde anderer Forscher weist M. darauf hin, daß der Bulle ein permanenter Infektionsträger sein kann. Die Blutuntersuchung stellt ein Hilfsmittel dar, solche Infektionsträger zu entdecken. Stålfors.

Marcis (46) untersuchte die Milch von verkalbten Kühen, um die Brauchbarkeit der serologischen Untersuchungsmethoden, namentlich der Agglutinationsprobe und der Komplementbindungsmethode, zur Ermittlung des seuchenhaften Verkalbens festzustellen.

Nach seinen Erfahrungen kommen Fehlresultate bei der Untersuchung von Milch namentlich in der negativen Richtung viel öfter vor, als bei der Prüfung von Blutproben. Die Untersuchung von Milch hat daher nur bedingten Wert. Zur Untersuchung eignet sich am besten durch Labferment gewonnenes Serum frischer Süßmilch, da das Serum von bereits sauer gewordener Milch antikomplementär wirkt. Muß dennoch Sauermilch untersucht werden, so soll das Milchserum mit Lauge neutralisiert werden, wodurch die antikomplementäre Wirkung ausgeschaltet wird. Manninger.

Mazzini (48) sah bei verschiedenen Patienten (Tierärzte, Schlachter, Viehpersonal) den Symptomenkomplex des Maltafiebers.

Er konnte feststellen, daß diese Personen mit kranken Ziegen keinerlei Beziehungen gehabt, daß sie sich aber vor dem Krankwerden mit Kühen beschäftigt hatten, die durch den B. abortus (Bang) abortiert hatten. Er prüfte das Agglutinationsvermögen des Serums der Patienten auf den B. abortus und auf den Microc. melitensis und erhielt positive Resultate. M. kommt auf Grund dieser Untersuchungen zu dem Schluß, daß beide Erreger nahe verwandt sein müßten und daß der B. abortus bei Menschen pathogen wirken könne, daß er und der Microc. melitensis nur Varietäten desselben Stammes seien. Frick.

Rettger, McAlpine und White (52) berichten über die Ergebnisse der Blutuntersuchungen beim ansteckenden Verkalben. Die auf einen Zeitraum von 10 Jahren sich erstreckenden Blutuntersuchungen haben den großen praktischen Wert der spezifischen Untersuchungsmethoden erwiesen. Besondere Aufmerksamkeit ist der Herstellung des Antigens und der Untersuchungstechnik zu schenken. Die Agglutinationsprobe und das Komplementbindungsverfahren liefern gleich gute Ergebnisse. H. Zietzschmann.

Rewa (53), der die biologische Verwandtschaft des Bacill. abort. infect. bovum Bang und Microc. melitensis Bruce mittels absorptiver Agglutination nach Castellani studiert hat, bestätigt die nahe Verwandtschaft dieser Mikroben. Seine Untersuchungen lassen in der Gruppe „Brucella" die Möglichkeit der Existenz von Partialantigenen und entsprechender Immunkörper-Partialagglutininen vermuten.

Sysak (Kiew).

Ruppert (55) berichtet über die Zuchtverluste bei Kühen durch den infektiösen Abortus und Sterilität.

Er fand, daß ca. 80% aller dieser Verluste durch den Bangschen Abortusbazillus hervorgerufen werden, und verlangt folglich in erster Linie Bekämpfung dieser Krankheit. 12% der Zuchtverluste sind Anomalien, Zystenbildungen usw. zuzuschreiben und können evtl. durch spezifische Behandlung beseitigt werden. Die restlichen 8% haben die verschiedensten Ursachen. Ein Teil dieser Tiere ist für die Zucht verloren.

Ruppert.

Salus (56) hat die Brauchbarkeit des Meerschweinchenversuchs nach Eickmann und Söntgen bei der Diagnose des seuchenhaften Verkalbens untersucht.

Mit Hilfe der „orientierenden Agglutination" auf dem Objektträger nach Eickmann und Söntgen gelingt es in jedem Falle, in dem eine Ansteckung mit dem Abortus-Bang-Erreger tatsächlich vorliegt, in kürzester Zeit die Infektion nachzuweisen. Zur Untersuchung ist nur eine Blutmenge von $^1/_3$—$^1/_2$ ccm erforderlich. Die Agglutination tritt in den niederen Verdünnungen von 1 : 5 und 1 : 10, die für die praktische Diagnosestellung vollständig ausreichen, regelmäßig und sofort ein, d. h. nach wenigen Hin- und Herbewegen des Objektträgers. Bei den höheren Verdünnungen erfolgt sie langsamer, und zwar wurde sie beim Belassen des Objektträgers in der feuchten Kammer bei Zimmertemperatur in spätestens 4 Stunden beobachtet. Im normalen Meerschweinchenserum waren mit Sicherheit überhaupt keine Agglutinine festzustellen. Der Nachweis der Gegenkörperbildung läßt sich frühestens erbringen: Bei Verimpfung von Kulturen am fünften Tage, wobei der Anfangstiter 1 : 10 beträgt und die Stärke zwischen + und +++ schwankt. Bei Verimpfung von Labmageninhalt und Eihautteilen am achten Tage mit dem Anfangstiter von 1 : 10 und der Stärke zwischen + und +++. Der Meerschweinchenversuch mit anschließender Agglutination ist sicherer als die mikroskopisch-kulturelle Untersuchung. Die Zahl der positiven Fälle ist um etwa 15% höher als bei der kulturellen Methode allein. Allerdings trat in diesen Fällen die Reaktion in der Regel nicht immer am achten Tage, sondern etwas später ein. Die Methode kann auch bei zersetztem Material durchgeführt werden. Dabei hat sich bei starker Fäulnis ein Abkochen des Materials als zweckmäßig erwiesen. Die für das Meerschweinchen charakteristischen Abortusveränderungen, insbesondere in Leber und Milz, konnten sowohl mit Kultur- als auch mit Organmaterial mit großer Regelmäßigkeit nach einer Versuchszeit von 7—9 Wochen festgestellt werden.

Trautmann.

Scheibe (57) konnte bei Rindern, die nach der Perkutanmethode einer Behandlung mit lebenden Abortuserregern unterzogen worden waren, keine Antikörperbildung feststellen im Gegensatz zu den gleichzeitig subkutan geimpften Kontrollrindern. Diese Tatsache und die umständliche Impftechnik lassen die Skarifikationsmethode zur Behandlung des infektiösen Abortus als ungeeignet erscheinen.

Weber.

Schroeder und Cotton (58) berichten über experimentelle Untersuchungen mit infektiösem Abortus des Rindes.

Anschließend an frühere positive Befunde bei Instillation des Virus in das Auge von Meerschweinchen dehnen sie diese Versuche nun auch auf Rinder aus. Eine trächtige Kuh mit negativer Agglutination erhielt 1 Tropfen virulenter Aufschwemmung des Abortus-

bazillus in den Augenlidsack. 36 Tage später zeigte das Tier positive Agglutination und gebar 54 Tage nach der Instillation ein totes Kalb. Agglutination zur Zeit der Geburt mit Blut 1 : 400, mit Kolostrum 1 : 1600. Ein Euterviertel war infiziert. Kontrollkuh blieb gesund. Analoge Versuche bei Schweinen negativ. Weg der Infektion vom Auge aus nicht sicher ermittelt. Die Autoren weisen auf die Möglichkeit der Infektion durch Verstäuben des Virus auf der Weide hin. Die höhere Virulenz der Schweineabortusstämme gegenüber denen des Rindes konnten sie nicht bestätigen. Da ihnen Wechselpassagen nicht gelangen, halten sie an Varietäten des Bazillus bei Schwein und Rind fest. Beim Eber erfolgt mitunter Ansiedlung des Erregers in den Samenblasendrüsen. Daher spielt er bei der Übertragung der Seuche eine wichtigere Rolle als der Bulle. Beim Meerschweinchen gelang die künstliche Immunisierung mit dem Rinderstamm des Bazillus gegen den Rinder- und Schweinestamm.

Hobmaier.

Smith (61) berichtet über Versuche, die er über die Frage des Kohlensäurebedürfnisses bei der Züchtung der Abortusbazillen angestellt hat.

Verf. prüfte das Wachstum frisch isolierter Kulturen des Bangschen Bazillus in verschiedenen Verdünnungen in versiegelten Agarröhrchen, die verschiedene Konzentrationen von Kohlensäure enthielten. Er weist nach, daß zum Wachstum der Kulturen eine gewisse Menge Sauerstoff notwendig ist. Eine verschlossene Kultur, deren Wachstum nach gewisser Zeit aufhört, beginnt von neuem sich zu entwickeln, wenn der Verschluß gelöst wird. Während nun in verschlossenen Röhrchen das Wachstum bei Abwesenheit von Kohlensäure sehr schnell aufhört, geht dieses kräftig weiter, wenn Kohlensäure in Konzentrationen von 0,1—10% zugesetzt wurde. In Mischungen von Stickstoff und Luft und von Wasserstoff und Luft wuchsen die Kulturen nicht, wurde aber bis zu 2% des Volumens Kohlensäure zugesetzt, so ging ein Wachstum vonstatten. Bei Zusatz von 90% Kohlensäure war das Wachstum sehr verzögert, in reiner Kohlensäure wuchsen die Kulturen nicht. Ein ausgezeichnetes Wachstum wurde in einer Atmosphäre von 10% Kohlensäure und 90% Stickstoff oder Wasserstoff beobachtet.

H. Zietzschmann.

Tapio (63) ist es weder bei männlichen noch bei weiblichen Meerschweinchen durch subkutane und perkutane Einverleibung abgetöteter Abortusbazillen gelungen, eine allgemeine oder lokale Immunität zu erzeugen, die gegen eine nachherige perkutane Infektion mit virulenten Abortusbacillen schützen konnte. Durch die perkutane Einverleibung abgetöteter Abortusbazillen ließ sich beim Meerschweinchen keine nennenswerte Bildung von Agglutininen erreichen. Hingegen gelang dies beim Kaninchen verhältnismäßig leicht.

Trautmann.

Thomsen (66) hat gefunden, daß der Bangsche Abortusbacillus nicht durch physiologische Kochsalzlösung in 48 Stunden getötet wird. In den von ihm angestellten Versuchen hat der Bazillus das Kochsalzbad 36 Tage lang vertragen, ohne daß man eine Herabsetzung des Wachstums beobachten konnte. Erst nach 53 Tagen ist eine Kultur zugrunde gegangen.

Stålfors.

Thorbjörnsen (67) empfiehlt eine modifizierte Giemsa-Färbung bei der bakteriologischen Diagnostizierung des seuchenhaften Verwerfens im Nachgeburtsmaterial.

Ausstrichpräparate werden mit verdünnter Giemsa-Lösung (3 Tropfen Azur-Eosinlösung in 1 ccm Wasser) in 15 Minuten gefärbt ; danach momentane Differenzierung in 1 proz. Essigsäure. Bac. abortus wird hellblau, die Gewebeteile rot gefärbt. Die mit Bakterien angefüllten Deciduazellen sind schon mit dem schwachen Trockensystem leicht erkennbar. Christiansen.

Traum und Hart (64) berichten über das Vorkommen von Abortus aus ungeklärten Ursachen beim Rind, wodurch leicht Irrtümer und Verwechslungen mit seuchenhaftem Abortus auftreten können.

Die Nachkommenschaft einer großen Herde, die mit Tuberkulose verseucht war, wurde schon in den ersten Lebenstagen von den Muttertieren entfernt und vom dritten Tage an mit pasteurisierter Milch ernährt. Von 460 solchen Tieren reagierten nur noch 11 auf Tuberkulin. Gleichzeitig fiel die Blutuntersuchung auf Vorhandensein des Bazillus abortus Bang negativ aus. Ein Tier verwarf in der Folge. Banginfektion konnte jedoch durch Laboratoriumsuntersuchung ausgeschlossen werden.

In einer 160 Kopf starken Rinderherde war die Tilgung des Abortus durch viermalige Blutuntersuchung vorgenommen worden. In der Folgezeit abortierte ein Tier, das bei der Blutuntersuchung viermal negativ gewesen war. Auch die Untersuchung des Fetus zeigte die Abwesenheit von Bac. abortus Bang.

Eine Gruppe von Kälbern wurde bis zum sechsten Monate mit Abortusbazillen enthaltender Milch gefüttert, in der Folgezeit vor jeder Ansteckung mit diesem Bazillus bewahrt. Im Alter von 15 Monaten erfolgte Belegung. Zwei Tiere verwarfen, wiederum ohne Beteiligung des Bac. abortus Bang.

Bei der Tilgung des seuchenhaften Abortus sind diese sporadischen Abortusfälle aus ungeklärten Ursachen zu berücksichtigen. Hobmaier.

Udall, Cushing und Fincher (68) untersuchten eine große Anzahl von Fällen von Erkrankungen der Genitalorgane bei Kühen auf das Vorkommen von Abortusbazillen.

Als Ergebnisse ihrer Untersuchungen geben sie an, daß diese beim Vorkommen von Abortus 96 mal positiv und 72 mal negativ, beim Zurückbleiben der Nachgeburt 20 mal positiv und 55 mal negativ, bei Metritis 9 mal positiv und 43 mal negativ verliefen.
H. Zietzschmann.

Wall und Sanden (69) betonen, daß man sich bei der Bekämpfung des seuchenhaften Verwerfens der Kühe sowohl der Defensive als der Offensive bedienen kann.

Die Defensivmittel sind Vorsichtsmaßregeln beim Einkauf der Rinder und beim Decken der Kühe sowie das Vermeiden der Gemeinschaftsweiden. Bei der Offensive kommen in Betracht: Die natürliche Selbstreinigung, die Isolierung der ansteckungsfähigen Kühe, die Desinfektion und die Vakzinebehandlung. Die Isolierung und die Desinfektion sind von der größten Bedeutung, die Selbstreinigung und die Vakzinebehandlung können aber auch sehr nützlich sein. Betreffs der Vakzination raten Verff. die Anwendung lebender Kultur ab und bevorzugen die intravenöse Injektion, da sie eine länger dauernde Immunität bewirkt als die subkutane und die intramuskuläre. Stålfors.

White, Rettger und McAlpine (72) erstatten einen ausführlichen Bericht über ihre Beobachtungen beim Auftreten des seuchenhaften Verkalbens in Connecticut. Bei nicht infizierten Kühen betrug die durchschnittliche Trächtigkeitsdauer 280 Tage.

Nur 2,87% der nicht reagierenden Tiere kalbten vor dem 266. Trächtigkeitstage. Im allgemeinen sind alle Fälle, in denen die Geburt vor dem letztgenannten Zeitpunkt eintritt, des seuchenhaften Abortus verdächtig. Von den beständig reagierenden Kühen kalbten 26,23% vor dem 266. Trächtigkeitstage. Die durchschnittliche Trächtigkeitsdauer von 629 reagierenden Kühen betrug 266,9 Tage, die von 671 nichtreagierenden

279,2 Tage. Die Verff. sind der Meinung, daß von den frühzeitigen Geburten nur 10% nicht dem seuchenhaften Abortus zuzurechnen sind. Das Verkalben bei dieser Krankheit tritt meist zwischen dem 220. und 265. Trächtigkeitstage ein. Das Zurückbleiben der Nachgeburt tritt bei nicht reagierenden Tieren ebenso häufig auf wie bei reagierenden, ist aber kein Zeichen für das Vorliegen des seuchenhaften Verkalbens. Kälberruhr, infektiöse Mastitis und Kälberpneumonie treten unabhängig vom seuchenhaften Abortus auf. Die Kälber reagierender Tiere werden nicht regelmäßig im Mutterleibe angesteckt, ebenso nicht immer während der Zeit, in der sie an der Mutter saugen. Tragende Kühe, die in verseuchte Bestände eingestellt werden, sind sehr empfänglich für eine Infektion mit dem Bangschen Bazillus. H. Zietzschmann.

Wientzek (73) kommt auf Grund eigener Erfahrungen zu dem Schlusse, daß die Kulturimpfung ein wertvolles Hilfsmittel bei der Bekämpfung des seuchenhaften Verkalbens darstellt. Es gelingt damit in den meisten Fällen, die Seuche restlos zu tilgen. Stallspezifische lebende Bangkulturen sind besser als unspezifische. Die Impfung tragender Tiere kann nicht empfohlen werden. Die Verimpfung lebender Bangkulturen hat auf die Zuchttätigkeit keinen nachteiligen Einfluß. Heitzenroeder.

**Seuchenhafter Abortus beim Pferd.** Nach Merle (50) ist das ansteckende Verfohlen der Stuten im Departement Finistère (Zucht des Bretonischen Pferdes) folgendermaßen gekennzeichnet: hohe Kontagiosität, auffällige Verfärbung des Fruchtwassers, Tod der Frucht, Fieber und Infektion der Geburtswege bei der Stute, einmaliges Überstehen verleiht Immunität auf die Dauer von mindestens einem Jahre.
C. Reinhardt.

**Seuchenhafter Abortus beim Schweine.** In einem Bericht der Versuchsstation von Illinois wird über den infektiösen Abortus der Schweine (37) berichtet.

Es wird bemerkt, daß bis zu 4 Monate alte Schweine in der Regel keine Seuchenträger sind und daß in den Bulbourethraldrüsen und den Samenblasen von Zuchtebern Abortusbazillen gefunden wurden, was darauf hindeutet, daß die Seuche durch männliche Tiere beim Decken übertragen werden können. H. Zietzschmann.

Connaway, Durant und Newman (13) berichten über ihre Untersuchungen über den infektiösen Abortus des Schweines.

Die Krankheit gleicht hinsichtlich der Ätiologie, der Art der Infektion und der Übertragung von Antikörpern auf neugeborene Tiere durch die Kolostralmilch dem seuchenhaften Abortus des Rindes. Auch schon während des fetalen Lebens gehen die Antikörper von der Mutter durch den Plazentakreislauf auf die Jungen über. H. Zietzschmann.

Hadley und Beach (22) berichten über Impfversuche mit lebenden Schweineabortusbazillen beim seuchenhaften Abortus der Schweine.

Die Wirkung der Impfung war günstig besonders nach intravenöser Injektion des Impfstoffs. Schädliche Folgen der Impfung wurden weder bei tragenden noch bei nichttragenden Tieren beobachtet, in einigen Fällen nahmen jedoch späterhin die Tiere nicht auf.
H. Zietzschmann.

Stedefeder (62) berichtet von einem Verwerfen beim Schweine. Ein seuchenhaftes Verwerfen sei noch nicht vorgekommen. Bei den Untersuchungen der Sekundinae seien spezifische Erreger nicht gefunden worden. Henkels.

**Seuchenhafter Abortus beim Schaf und bei der Ziege.** Bosworth und Glover (8) untersuchten den infektiösen Abortus der Schafe.

Sie isolierten als wahrscheinlichen Erreger ein gramnegatives Stäbchen, dessen kulturelles Verhalten beschrieben wird. Erkrankte oder erkrankt gewesene Mutterschafe wiesen bei der Agglutinationsprobe einen Titer von 1 : 50 bis 1 : 1000 auf. Es gelang, von vier Versuchstieren zwei mit dem Erreger zu infizieren und dadurch Abortus hervorzurufen. Die Verff. betrachten ihre Untersuchungen als noch nicht abgeschlossen.

C. Reinhardt.

## 25. Staupe.

1) The clinical aspects of simple distemper. Vet. Rec. Bd. 4, S. 1085—1093. 1924. (Hundestaupe.) — 2) Chabrot: Crises épileptiformes de la maladie du jeune âge chez le chien; guérison par le Gardénal. J. de M. vét. Bd. 71, S. 9. — 3) Frick, E. J. und J. F. Bullard: Ultraviolet light in veterinary medicine. (Günstiger Einfluß des ultravioletten Lichtes der Quarzlampe auf Wundheilung und Verlauf der Staupe.) J. Am. Vet. Med. Assoc. Bd. 67, Nr. 4, S. 515—521. — *4) Gmach, A.: Die Ionentherapie bei der Staupe und Keratitis. Diss. Wien 1924. — 5) Hager, F.: Behandlungsversuche mit Cajosol J bei der Staupe der Hunde. T. R. Bd. 31, S. 808—809. — *6) Hardenbergh, J. G.: The significance of Bacillus bronchisepticus in cases of canine distemper. J. Am. Vet. Med. Assoc. Bd. 68, Nr. 3, S. 309—320. — *7) Klarenbeek, A.: Para-di-para bij hondenziekte. (Para-dipara bei Hundestaupe.) Tijdschr. voor Diergeneesk. Bd. 52, S. 706—707. — *8) Kunze: Zur Behandlung der Hundestaupe mit Cajosol. B. t. W. Bd. 41, S. 43. — *9) Leinati, L.: Sui cosidetti corpuscoli amilacei del sistema nervoso. Osservazioni sul cimurro del cane a forma nervosa. (Corp. amylacea im Nervensystem bei der nervösen Form der Hundestaupe.) Nuova Vet. S. 93—96. — 10) Livesey, G. H.: A clinical survey of simple distemper. Vet. Rec. Bd. 4, S. 1066—1072. 1924. (Hundestaupe.) — *11) Lockhart, A., J. D. Ray und J. S. Barbee: Immunity against canine distemper. A report of the development of a new immunizing agent of high efficiency. J. Am. Vet. Med. Assoc. Bd. 67, Nr. 5, S. 668—670 und Vet. Med. Bd. 20, Nr. 8, S. 359—360. — 12) Müller, A.: Die Behandlung der Hundestaupe mit „Cajosol J". T. R. Bd. 31, S. 594—596. (Kasuistik.) — *13) Neumann, L.: Die unspezifische Proteinkörpertherapie der Staupe mittels parenteraler Applikation von Eigenblut und Blut derselben Art. W. t. Mschr. H. 7, S. 331. — 14) Preuß und Florschütz: Omnadin gegen Hundestaupe. T. R. Bd. 31, S. 825—826. — *15) Ramazzotti: Sieri e vaccini nella lotta contro il cimurro dei cani. (Sera und Lymphe im Kampf gegen Hundestaupe.) Clin. vet. S. 340. — *16) Roman, B. und Ch. M. Lapp: Pathological changes in the central nervous system in canine distemper. J. Am. Vet. Med. Assoc. Bd. 66, Nr. 5, S. 612—619. — *17) Schlenker, T.: Therapeutische Versuche mit „Phlogetan" bei den verschiedenen Formen von Staupe und einigen Hautkrankheiten des Hundes. Diss. Leipzig. — *18) Schlingman, A. S.: The effect of cod liver oil on dogs convalescing from distemper. J. Am. Vet. Med. Assoc. Bd. 67, Nr. 1, S. 91—96. — 19) Schröder, H.: Die Staupe des Hundes und ihre Behandlung. Wittenberge (Bez. Potsdam): Gebr. Bischoff. — 20) Scott, W. M.: Canine distemper. Vet. Rec. S. 168. — 21) Sjöberg, A.: Anti-vasikkadiarrheserum in käyttö penikkataudin hoidossa. (Die Anwendung von Antikälberruhrserum bei Staupe.) Finsk Vet. Bd. 31, S. 197. (Angebliche Erfolge bei Staupe mit Antikälberruhrserum in Dosen von 5—10 ccm 6mal subkutan eingespritzt.) — 22) Stevens, W. S.: Different clinical forms of distemper. Vet. Rec. Bd. 5, S. 281.

Gmach (4) wandte die Ionentherapie in 10 Fällen von Staupe - Keratitis an und erreichte nach 8—14tägiger Behandlung, je nach dem Grade der Erkrankung, vollkommene Aufhellung der Kornea.

Trautmann.

Hardenbergh (6) bestätigt die bisherigen Feststellungen über das Vorkommen des Bac. bronchisepticus bei der Hundestaupe und sein Verhältnis zu dieser Krankheit. Er kann nicht sicher als der Erreger der Staupe angesprochen werden. Vielleicht löst er als wichtiges Begleitbakterium bestimmte pathologische Veränderungen aus. Durch biologische Experimente, Züchtung, Impfung, Agglutination, Immunisierung und Antigendarstellung sucht der Autor seine Anschauung zu stützen.

Hobmaier.

Klarenbeek (7) sagt, daß man mit Rücksicht auf den wechselnden Verlauf der Hundestaupe, ein Mittel gegen diese Krankheit besser nach den einerseits ungünstigen, und nach den andererseits zufriedenstellenden Ergebnissen beurteilen kann. Verf. hat das Para-di-para gegen die Staupe des Hundes in einer größeren Anzahl von Fällen mit verschiedenen Formen der Staupe erprobt, immer unbefriedigende Ergebnisse erhalten, und er kann deshalb das Mittel nicht empfehlen.

Beijers.

Kunze (8) berichtet über die Behandlung der Hundestaupe mit Cajosol. K. wurde, trotzdem die Cajosoltherapie sehr befürwortet war, gegenteiliger Ansicht; man darf dem Cajosol keinen Platz in der Therapie der Hundestaupe einräumen.

Henkels.

Leinati (9) hat im Nervensystem von Hunden, die an nervöser Form der Staupe gestorben waren, stets Corp. amyl. nachweisen können, und zwar um so mehr, je länger der Verlauf der Krankheit dauerte. Sie fanden sich hauptsächlich in der Nähe von schweren anatomischen Veränderungen und sind als Degenerationsprodukte aufzufassen.

Frick.

Lockhart, Ray und Barbee (11) berichten von einem hochwertigen Immunserum gegen Hundestaupe.

Das Präparat wurde unter dem Namen Sero-Toxylin in den Handel gebracht. Es wurde experimentell an 258 Hunden im Alter von 3—10 Monaten erprobt. 166 vorbehandelte Tiere wurden neben 92 Kontrollen in direkte Berührung mit staupekranken für die Zeit von einigen Tagen bis zu einigen Monaten gebracht. 163 geimpfte Hunde blieben in einer Beobachtungszeit von 4—9 Monaten gesund, 3 erkrankten. Von den Kontrollen wurden 81 von der Seuche befallen, 11 hingegen blieben gesund. Unter 3 Monate alte Hunde wurden bis 61,5% bei einmaliger Impfung geschützt, bei Wiederholung nach 4 Wochen 96%. Auch in Zwingern mit Hundestaupe ließ sich die Krankheit durch die Impfung einschränken. Dem Präparat kommt zur Zeit nur eine prophylaktische Wirkung zu, keine therapeutische. Für Tiere unter 3 Monaten empfehlen die Autoren eine zweimalige Impfung in 4wöchigem Abstand.

Hobmaier.

Neumann (13) berichtet über seine Erfahrungen mit der unspezifischen Proteinkörpertherapie der Staupe mittels parenteraler Applikation von Eigenblut und Blut derselben Art.

Die nötige Blutmenge (10—30 ccm) erhielt er am besten durch Punktion des Herzens, ein Eingriff, den die Hunde gut vertragen, auch bei öfteren Wiederholungen. Diese Therapie ist angezeigt in den Anfangsstadien der intestinalen, exanthematischen und katarrhalischen Form der Staupe. Kontraindiziert bei der nervösen Form der Staupe (Verschlimmerung); hat wenig Erfolg bei älteren Krankheitsfällen.

Ein Unterschied in der Wirkung des Eigenblutes und des Blutes anderer Hundeindividuen konnte nicht festgestellt werden. Hans Richter.

Ramazzotti (15) hat im serumtherapeutischen Institut in Mailand ein Serum und eine Vakzine hergestellt, die prompt bei der Hundestaupe wirken soll.

Das Serum wird von Pferden gewonnen, die hochimmunisiert sind gegen B. coli, B. septicaemia haem., Streptokokken und Staphylokokken; es wird subkutan angewendet.

Die Vakzine besteht aus durch Äther abgetöteter Emulsion der obigen Keime und wird wie das Serum appliziert. Frick.

Roman und Lapp (16) beschreiben 3 Fälle von nervöser Hundestaupe mit anschließenden pathologisch-anatomischen, makroskopischen und histologischen Befunden (Meningo-encephalo-polio-leuko-myelitis).

Der Erreger ist vermutlich ein filtrierbares Virus (Carré). Der Begriff Staupe ist zur Zeit noch ein Sammelname für verschiedenartige Hundekrankheiten. Lumbalpunktion mit mikrochemischer und zellulärer Prüfung ist ausschlaggebend. Therapeutische Vorschläge (besonders Einverleibung des Mittels in den Rückenmarkskanal). Hobmaier.

Schlenker (17) hat therapeutische Versuche mit Phlogetan bei Staupe und einigen Hautkrankheiten an 51 Hunden vorgenommen.

Das Mittel hat bei Kaukrämpfen, bei Paresen, bei epileptiformen Krämpfen einen günstigeren Einfluß, als man dies von den bei diesen Erkrankungen bisher üblichen Behandlungsmethoden gewohnt ist, ausgeübt. Das gleiche trifft für die Staupe im Anfangsstadium zu. Ebenso ist eine günstige Beeinflussung sowie eine raschere Abheilung der squamös-pustulösen Form des Akarusausschlages durch Phlogetan neben der Behandlung mit antiparasitären Mitteln unverkennbar. Weniger günstig war die Wirkung bei akuter Myelitis und Paralysen. Chronische Zuckungen (als Folgeerscheinung der nervösen Staupe) blieben unbeeinflußt; bei Staupepneumonie hatte man sogar den Eindruck, als ob das Mittel ungünstig wirke. Im allgemeinen läßt sich sagen, daß die Heilungsaussichten für die für eine Phlogetanbehandlung in Betracht kommenden Krankheiten um so besser sind, je früher die Behandlung einsetzt. Dies trifft ganz besonders für die Staupe zu. Die Beobachtungen hinsichtlich der Erfolge mit der Phlogetanbehandlung weisen eine weitgehende Übereinstimmung mit den Ergebnissen auf, wie sie in der Kleintierklinik der Berliner Tierärztlichen Hochschule erzielt worden sind. Dagegen bestehen erhebliche Abweichungen beim Vergleich mit den Ergebnissen der Wiener Hochschule, die erheblich günstiger lauten als die des Verf's. Dosierung: Anfangsdosis 1—2 ccm. Steigerung bis zur Höchstdosis von 7 ccm. Gesamtverbrauch 75 ccm. Injektionen erfolgten durchschnittlich jeden 3. bzw. 4. Tag. Trautmann.

Schlingman (18) empfiehlt zur Wiederherstellung der Gesundheit bei Hundestaupe die Verwendung großer Dosen von Lebertran (1 Unze täglich pro 10 Pfund Körpergewicht). Die Rekonvaleszenzzeit wird dadurch bedeutend abgekürzt. Hobmaier.

## 26. Morbus maculosus.

*1) Bendixen, H. Chr.: Rivanol og Behandling af Brandfeber med Rivanol. (Das Rivanol und Behandlung des Petechialfiebers mit Rivanol.) Maan. for Dyrl. Bd. 37, S. 209—231. — 2) Manet und Chaillot: Observation d'un cas de fièvre typhoide à allure épileptiforme. Rec. de M. vét. Bd. 101, S. 7. — *3) Nielsen, H. P.: Rivanol og Brandfeber. (Rivanol und Petechialfieber.) Maan. for Dyrl. Bd. 37, S. 487 bis 490. — *4) Sustmann: Erfahrungen über Heilerfolge mit Gelatine bei der Blutfleckenkrankheit der Pferde. D. t. W. Bd. 33, S. 847—848. — 5) Vogt: Morbus maculosus beim Kalb. B. t. W. Bd. 41, S. 40. — *6) Wirth, D.: Die hämorrhagischen Diathesen der Haustiere. W. t. Mschr. Bd. 12, H. 12, S. 593. — 7) Wolf: Kasuistischer Beitrag zur Frage des Petechialfiebers beim Hund. B. t. W. Bd. 41, S. 49. — *8) Zaffagnini: Di una grave complicanza accidentale. (Schwere Komplikationen beim Morb. mac.) Clin. vet. S. 467.

Bendixen (1) berichtet über 8 Fälle von Petechialfieber beim Pferde, die durch wiederholte intravenöse Injektion von Rivanol in 0,5proz. Lösung in physiologischem Kochsalzwasser behandelt wurden.

Drei starben, die übrigen wurden geheilt. Ein Spezifikum gegenüber Petechialfieber ist Rivanol nicht. Bei schweren Fällen wird anscheinend keine Wirkung erzielt; aber manchmal kann eine Besserung im Anschluß an die Injektionen beobachtet werden. Das kann jedoch zufällig sein, da unbehandelte Fälle ebenso verlaufen können. Eine Kupierung des Krankheitsverlaufs wurde nicht beobachtet. M. Christiansen.

Nielsen (3) hat 5 Fälle von Petechialfieber beim Pferde mit Rivanol behandelt, alle mit gutem Ergebnis.

Das Rivanol wurde in Dosen von 3—4$\frac{1}{2}$ g in 1 l gekochtem Wasser gelöst angewandt; es wurde intravenös injiziert. Diese Behandlung hat besser gewirkt als die kombinierte Serum- und Jodkaliumbehandlung. M. Christiansen.

Nach Sustmann (4) genügt zur Behandlung des Morbus maculosus die mehrmalige Verabreichung von 20,0—30,0 Gelatine in 500,0 Aqu. per os. Die Behandlung ist fortzusetzen bis zur Heilung. Herzstörungen sind symptomatisch zu behandeln. C. Reinhardt.

Wirth (6) gibt eine Beschreibung der hämorrhagischen Diathesen der Haustiere.

Nach einer Besprechung der unter dem Namen „Blutfleckenkrankheit" bekannten Krankheit bei Pferden, Rindern und Schweinen sowie des Skorbuts und der Hämophilie werden 17 Fälle beim Hund beschrieben. Auf Grund der vorhandenen Literatur über die als Blutfleckenkrankheit, Petechialfieber, Hämophilie, Skorbut usw. beschriebenen Fälle und der eigenen Beobachtung erscheint es Verf. am Platze, um die Wertung künftiger Fälle zu erleichtern, vorläufig den Versuch folgender Einteilung zu machen: Gruppen der hämorrhagischen Diathesen:

1. Echte Hämophilie, angeboren, vererbbar, lebenslänglich, bedingt durch Gerinnungsverzögerung, Blutgerinnung verlangsamt, Stichprobe negativ, Stauungsprobe negativ, Blutplättchen normal, Vorkommen bei Haustieren noch nicht bewiesen.

2. Thrombozytopenie, angeboren oder erworben, benigne, essentielle, rezidivierende Form = Morb. Werlhofi mit Leukozytose. Maligne und symptomatische Form, durch Knochenmarkschädigung bedingt, mit Leukopenie. Blutungszeit meist verlängert, Blutgerinnung meist normal. Stichprobe positiv, Stauungsprobe positiv, beim Hund vorkommend, wahrscheinlich sind viele als „Hämophilie" beschriebene Fälle auch hierhergehörig.

3. Symptomatischer Morbus maculosus. Ursprünglich eine noch bestehende oder vor kurzem überstandene Krankheit (Icterus gravis, Cholämie, Stutt-

garter Hundeseuche, Staupe, Milzbrand, infektiöse Anämie, Druse, Brustseuche, Schweinerotlauf, Angina, Eiterungsprozeß, Sepsis, Nieren- und Herzkrankheiten u. a.). Blutgerinnung, Blutungszeit und Blutplättchenzahl normal. Stich- und Stauungsproben positiv. Bei Haustieren häufig.

4. Petechialfieber des Pferdes, besondere Form des symptomatischen Morbus maculosus. Charakterisiert durch die Häufigkeit beim Pferd, durch das typische Auftreten von entzündlichen Ödemen und als Nachkrankheit nach Krankheitszuständen, bei denen Streptokokken eine Rolle spielen. Häufig rezidivierender in Schüben sich abspielender Verlauf. Besondere Blutzeichen wie oben.

5. Skorbut und Morbus Barlow, durch Vitaminmangel bedingte Erkrankungen. Gerinnungszeit, Blutungszeit, Blutplättchenzahl normal. Stich- und Stauungsprobe positiv. Bei Haustieren vorkommend, vor allem bei Hund und Schwein; bei Schafen fraglich.

6. Kryptogenetische Prozesse. Trotz genauer Befunderhebungen Einreihung unter 1—5 derzeit nicht möglich. (Verborgener primärer Prozeß?)

Das Auftreten von Ödemen beim Pferd glaubt Verf. nicht als einen prinzipiellen Unterschied deuten zu müssen, sondern sie können vielmehr durch eine besondere Empfindlichkeit des Gefäßsystems des Pferdes an und für sich oder gegenüber gewissen toxisch-bakteriellen Stoffen entstehen. Die Behandlung richtet sich nach dem Grundleiden. Beim Petechialfieber des Pferdes bewährt sich Verabreichung großer Mengen eines Petechialfieberantistreptokokkenserums. Beim Skorbut sind die Ernährungsverhältnisse zu regeln. Zur Blutstillung kann vielleicht die in neuester Zeit erhältliche resorbierbare Tamponade „Vivocoll" (nach Dr. R. Vogel, bei Pearson & Co., Hamburg 19) mit Erfolg verwendet werden. Gute Erfolge sind gesehen bei der subkutanen Anwendung von Adrenalin und Gelatina sterilisata sowie von Calcium chloratum per os oder intravenös. Auch mit der Reiztherapie sind gute Erfolge erzielt worden. Bei zurückbleibender posthämorrhagischer Anämie kommt neben den bekannten Behandlungsverfahren der Eisentherapie, der parenteralen Einspritzung sterilisierter Milch die größte Bedeutung zu. Hans Richter.

Zaffagnini (8) behandelte ein Pferd wegen Morbus maculosus, und in der Rekonvaleszenz zog sich der Patient eine schwere Panophthalmie zu, die zur Enukleation des Bulbus zwang. Angeblich stellte sich danach eine sympathische Entzündung des anderen Auges ein, die zur Erblindung führte. Frick.

## 27. Trypanosomosen.

1) Allen, H.: Surra in a pack of foxhounds masked by distemper. (Trypanosoma evansi bei indischen Hunden.) Vet. J. Bd. 81, S. 501—504. — *2) Bakker, S.: Een en ander voer Surra in den ambtskring Padang-Sidempoean. (Einiges über Surra im Amtskreis Padang-Sidempoean.) Nederl. Ind. Blad voor Diergeneesk. Bd. 37, S. 153—177. — *3) Berg, H.: Die Eignung von „Bayer 205" zur Bekämpfung der afrikanischen Haustiertrypanosomen. D. t. W. Bd. 33, S. 561—571. — 4) Bevan, E. W.: The trypanosomiases of the man and animals in Southern Rhodesia. Vet. J. Bd. 81, S. 536—546. (Gesichtspunkte zur Erforschung der tropischen Trypanosomosen.) — *5) Bubberman, C., J. B. D. Douwes und V. E. C. van Bergen: Over de toepassing van Bayer 205 bij de Surra van het paard in Ned.-Indïe. (Über die Anwendung von Bayer 205 bei der Surra des Pferdes in Niederländisch-Indien.) Nederl. Ind. Blad voor Diergeneesk. Bd. 37, S. 1—64. — *6) Cassamagnaghi, Antonio: Un curioso caso de trasmisión del tripanosoma equinum en caninos. (Ein seltsamer Fall der

Übertragung des Tryp. equinum in Hunden.) Rev. de Med. Vet. Uruguay Nr. 25, S. 297—298. — 7) Domizio, G. di: A proposito delle tripanosi del bestiame nella Somali a italiana. (Betrifft Trypanosomen, welche beim Vieh in Italienisch-Somali vorkommen.) Nuova Vet. S. 43 u. 44. (Polemik.) — *8) Derselbe: Trypanosoma cazalboni e Tr. vivax nella Somali a italiana Relativa Tripanosi: Gobiat. Ebendas. S. 297—340. — 9) Dios, Roberto L. und J. A. Zuccarnii: Primera comprotación de tripanosomosis bovina en la R. Argentina. (Erstmaliger Nachweis von Trypanosomen bei Rindern in Argentinien.) Rev. Soc. Med. Vet. B. A. Bd. 2—3, S. 89—94. (Nichts Neues.) — *10) Lagas, D.: Over de toepassing van „Bayer 205" als hulpmiddel bij de bestrijding van surra bij karbouwen in de Bataklanden (Sumatra). (Über die Anwendung von „Bayer 205" als Hilfsmittel für die Bekämpfung der Surra bei Karbauen in den Batakländern (Sumatra.) Nederl. Ind. Blad voor Diergeneesk. Bd. 37. — *11) Leckie, V. C.: Some Notes on surra in the camel, its treatment and prevention. Vet. J. Bd. 81, S. 281—292, 346—352, 398—404, 494—499, 546—553. — *12) Quiroga, Santiago S.: La Prueta de figación del complemento en el diagnostico del Mal de Caderes. (Die Komplementbindung als Diagnostikum bei Mal de Caderas.) Rev. Zoot. 1924, H. 130, S. 195—303. — *13) Schern, Kurt: Über Trypanosomen. Zbl. f. Bakt. (Orig.) Bd. 96, H. 5/6, S. 356—365. — *14) Derselbe: Über Trypanosomen. IV. Mitt.: Der Nachweis des Mangels der das Trypanosomenphänomen der Wiederbelebung bedingenden Substanzen in Serum und Leber chronisch infiziert gewesener trypanosomkranker Tiere. Ebendas. Bd. 96, H. 7—8, S. 440—443. — *15) Derselbe: Über Trypanosomen. V. Mitt.: Das Trypanosomenphänomen und die Wirkung von Dextrose- und Lävuloselösungen sowie von Leberbrei-Insulin auf labile Trypanosomen. Ebendas. Bd. 96, H. 7—8, S. 444—451. — *16) Derselbe: Über Trypanosomen. VI. Mitt.: Erörterungen über die Pathogenese der Trypanosomiasis auf Grund der Beobachtungen über das Zuckerphänomen der Trypanosomen. Ebendas. Bd. 96, H. 7—8, S. 451—454. — 17) Schoening, H. W.: Complement fixation tests on serum of cattle harboring Trypanosoma americanum. Am. J. Trop. Med. Bd. 5, S. 247—249; Ref. Exp. Stat. Rec. Bd. 53, S. 679. (Verf. fand in 17 Fällen ein nicht-pathogenes Trypanosomum.) — 18) Van Saceghem: Contribution à l'étude du „309" Fourneau dans les trypanosomiases animales. Ann. de M. vét., Juli bis August.

Im Amtskreis Padang-Sidempoean kommt nach Bakker (2) die Surra bei Pferden, Rindern und Büffeln und auch bei Hunden vor.

Die Bekämpfung ist schwierig wegen der Unmöglichkeit der Feststellung von Parasitenträgern unter den Rindern und Büffeln, welche häufig keinerlei klinische Krankheitserscheinungen zeigen. Auch die Aufstallung (Kralung) der Tiere stößt auf großen Widerstand unter der Bevölkerung.

Bakker (2) hält es für das beste, beim Ausbruch der Surra in einer Gegend bei allen Pferden 1 g Bayer 205 (Naganol) einzuspritzen; sie sind dann direkt (ungefähr 1 Monat) immun; nötigenfalls kann die Einspritzung wiederholt werden. Die Anwendung des Mittels bei Büffeln stößt auf große Schwierigkeiten; die Dosis beträgt beim Büffel 2 g (10 proz. Lösung). Evtl. könnte hier eine zeitweilige Kralung erwogen werden. Verf. hat mit der prophylaktischen Behandlung der Pferde gute Resultate erzielt. Er sagt mit Recht, daß jeder Seuchenausbruch für sich selbst beurteilt und nach den jeweiligen Umständen behandelt werden muß.

B. hat noch einige Versuche mit kombinierter Behandlung 4 erkrankter Pferde (Naganol, Tartarus stibiatus und Atoxyl) angestellt. Eins der Tiere bekam im ganzen 7 g Naganol, 4 g Tartarus stibiatus und

$5^1/_2$ g Atoxyl, und starb trotzdem an Surra. Die anderen drei genasen vom Surraanfall und waren noch 3 Monate später gesund. Die Versuche werden fortgesetzt.
Beijers.

In einer vorläufigen Mitteilung berichtet Berg (3) über seine Forschungsergebnisse, die er in Südafrika bei Behandlung von Nagana und anderen Trypanosomen mit „Bayer 205" erzielen konnte.

Die einleitenden Ausführungen über die Organisation und Einrichtung des veterinärmedizinischen Bildungswesens der Kapkolonie sind außerordentlich lesenswert, können aber hier nicht wiedergegeben werden.

Aus den wichtigen Ergebnissen sei hier nur so viel erwähnt, daß sich am besten sowohl prophylaktisch als kurativ eine Kombination von Brechweinstein und „Bayer 205" erwies.
C. Reinhardt.

Aus früheren Versuchen Rodenwaldts und Douwes war schon erwiesen, daß das Bayer 205 für die Surrabekämpfung allein bei Anwendung im Anfangsstadium der Krankheit, wenn die weitere Kontrolle der Tiere möglich ist, wertvoll ist. In der Praxis sind diese Bedingungen kaum zu erfüllen. Rubberman, Douwes und Berger (5) haben im Veterinär-Laboratorium zu Buitensorg (Java) eine Reihe weiterer Versuche mit Bayer 205, zusammen mit anderen trypanoziden Mitteln angestellt.

Dies ist übrigens eine gegen die Trypanosomiasen allgemein übliche Methode; man kann von jedem Mittel kleine Dosen geben; beim Gebrauch eines einzigen ist häufig eine große Dosis nötig, welche häufig selbst an die toxische Dosis grenzt. Auch gewöhnen sich die Parasiten leicht an ein einziges Mittel. Man muß chemisch nicht verwandte Mittel anwenden; z. B. muß man einen Stoff aus der Arsenik- und Antimongruppe nehmen. Die Versuche wurden mit Bayer 205 zusammen mit Tartarus stibiatus oder Atoxyl gemacht. Die Ergebnisse lauten dahin, daß die kombinierte Behandlung mit Bayer 205 zusammen mit anderen Mitteln den Vorzug hat. Die Heilungsmöglichkeit besteht allein im Anfangsstadium der Krankheit. In fortgeschrittenen Fällen ist von der Behandlung abzusehen. Bei der Anwesenheit von Trypanosomen in der Blutbahn scheint Tartarus stibiatus heftige Reaktionen auszulösen; wahrscheinlich wegen der schnellen Abtötung der Parasiten und Freikommen toxischer Zerfallsprodukte; sie verabreichen ihn daher zu einer Zeit, da das Blut frei von Trypanosomen befunden wird. Weiter wurde der Eindruck gewonnen, daß dem Bayer 205, wo es Vergiftungserscheinungen veranlaßt, durch gleichzeitige Atoxyleinspritzung entgegengewirkt wird.

Bei der Behandlung mit wiederholten kleinen Dosen von Bayer 205 und Atoxyl oder Tartarus stibiatus muß die Gesamtmenge für jedes Mittel 10 g betragen (für das inländische Pferd von 150—200 kg Gewicht). Die Zeit zwischen den einzelnen Einspritzungen ist von untergeordneter Bedeutung.

In der gewöhnlichen Praxis muß man sich mit einer großen (toxischen) Dosis Bayer 205 zusammen mit Atoxyl oder Tartarus stibiatus zufrieden geben.

Die Beobachtungszeit für die behandelten Tiere war noch nicht lange genug, um mit Sicherheit Rezidive ausschließen zu können. Wahrscheinlich dürfte die Behandlung mit 3 g Bayer 205 und 3 g Atoxyl (beim inländischen Pferd von 150—200 kg Gewicht) die einfachste Surratherapie darstellen. (Tartarus stibiatus hat den Nachteil, daß Eindringen in das perivaskuläre Gewebe starke Schwellung und zuweilen Gewebsnekrosen verursacht.)
Beijers.

Cassamagnaghi (6) berichtet einen seltsamen Fall der Übertragung von Tryp. equinum auf Hunde. Ein Hund, der nicht in Kontaktinfektion mit einem kranken Hund war, infizierte sich natürlich.

Die Ursache konnte nicht aufgeklärt werden. Es wird vermutet, daß Flöhe die Überträger waren. Ruppert.

di Domizio (8) bespricht in einer mit vielen Tabellen, Abbildungen usw. versehenen Abhandlung eine in Italienisch-Somaliland unter dem Namen: Gobiat auftretende Trypanose, deren Ursache Tryp. cozalboni und Tr. vivax sind.
Frick.

Lagas (10) sah von 48 Karbauen, welche klinische Krankheitserscheinungen für Surra zeigten, 32 innerhalb 3 Wochen nach der Behandlung mit 3—5 g Bayer 205 (in 5—10 proz. Lösung) zur Heilung gelangen.

14 Tiere sind eingegangen; 2 wurden geschlachtet, bei 5 der geheilten Tiere traten 2—6 Monate später Rezidive auf. Bei länger als 3 Wochen dauernder Rekonvaleszenz ist eine zweite Injektion angezeigt. Bei jugendlichen Tieren sind auffälligere Heilungserfolge wie bei älteren zu erzielen. Verf. sah bei schwerkranken Tieren keine Spontanheilungen. Von 446 vorbehandelten Tieren traten bei 6 klinische Surraerkrankungen auf (Beobachtungszeit 1—6 Monate). Früher betrug die Zahl der erkrankten und krankheitsverdächtigen Tiere 199. Die Dosis für die präventive Impfung war klein (2 g). Verf. meint dem Bayer 205 eine günstige vorbeugende Wirkung gegen die Surra zusprechen zu können.
Beijers.

Leckie (11) behandelt in einer ausführlichen Arbeit die Symptome, die Art der Übertragung und die Behandlung bei der Surra der Kamele. Die Technik der intravenösen Infusion von Natriumantimonyltartrat = $(Na[SbO]C_4H_4O_6)_2H_2O$, sowie genaue klinische Befunde vor, während und nach der Behandlung, schließlich auch Zerlegungs- und Blutbefunde werden eingehend geschildert.
C. Reinhardt.

Quiroga (12) fand die Komplementbindung bei Mal de Caderas nicht sicher genug wirkend, um als Diagnostikum herangezogen werden zu können.
Ruppert.

Schern (13) beschreibt das Phänomen der Trypanosomenwiederbelebung.

Es besteht darin, daß nach Zusatz von Blut, Serum oder Leberbrei gesunder Tiere unbeweglich gewordene Trypanosomen ihre Beweglichkeit wieder erlangen. Die Beweglichkeit der Trypanosomen hängt von dem Stadium der Infektion ab. Je länger die Infektion bei dem Tiere besteht, um so kürzere Zeit zeigen die Trypanosomen außerhalb des tierischen Körpers Bewegungen. Diese Eigenart läßt bezüglich des Ablaufes einer Trypanosomeninfektion der Ratte prognostische Schlüsse zu. Die Stoffe, welche in der Leber vorhanden sind und die Lebensfähigkeit der Trypanosomen verlängern, sind durch Hefe vergärbare Kohlenhydrate. Sie nehmen bei einer Trypanosomeninfektion allmählich ab und verschwinden schließlich vollkommen. Wird Extrakt normaler Lebern mit Hefe vergoren, so werden die trypanosomenbelebenden Stoffe entfernt.
Schumann.

Schern (14) stellte fest, daß in der Leber und im Serum der an chronischer Trypanosomiasis leidenden Tiere ein erheblicher Mangel an Substanzen besteht, welche das Trypanosomenphänomen auslösen.
Schumann.

Schern (15) stellte eine Reihe von Gärversuchen an, aus denen hervorgeht, daß der Zucker ein sehr bedeutender Faktor beim Zustandekommen des sog. Trypanosomenphänomens ist. Aus einem weiteren Versuch geht hervor, daß die Trypanosomen in der Mischung von Insulin und Leberbrei nach einer Versuchsdauer von 3 Stunden und 10 Minuten unbeweglich sind, während sie in der Kontrolle von Leberbrei und physiol.

5*

Kochsalzlösung noch eine Stunde länger gut beweglich sind.      Schumann.

Schern (16) erörtert auf Grund der bisherigen Veröffentlichungen die Pathogenese der Trypanosomiasis und betrachtet sie zusammenfassend als eine Zuckerkrankheit bzw. Zuckerhungerkrankheit.

Schumann.

## 28. Hämorrhagische Septikämie.

*1) Coultre, A. P. le: Mededeelingen omtrent septichaemie epizootica bij buffels op het eiland Soembawa, speciaal in het ressort Raba. (Mitteilungen über Büffelseptikämie auf der Insel Soembawa, insbesondere im Distrikt Raba.) Nederl. Ind. Blad voor Diergeneesk. Bd. 37, S. 98—101. — 2) Faber, G. G.: Mad itch (cutaneous hemorrhagic septiceemia) in cattle. Vet. Med. Bd. 20, Nr. 7, S. 317—318. (Auftreten von kutanen Hämorrhagien bei hämorrhagischer Septikämie bei 4 jährigen Stieren. Diese Blutungen werden sonst nur bei Kälbern beobachtet. Bekämpfung mit polyvalentem Serum erfolgreich.) — *3) Gerlach, F. und J. Michalka: Über die hämorrhagische Septikämie der Schafe. Zschr. f. Infekt. Krkh. d. Haust. Bd. 27, H. 4, S. 276—287. (Septicaemia pluriformis ovium, Schafrotz, Katarrhalfieber der Schafe.) — 4) Kemény, Ed.: Hämorrhagische Septikämie der Schafe. Allat. Lapok S. 156—157. (Kasuistik.) — *5) Derselbe: Beitrag zur Kenntnis der hämorrhagischen Septikämie. Allategészségüqy S. 155—158. — 6) Repić, O.: Hemoragična septikemija koza. (Hämorrhagische Septikämie der Ziegen.) Jugosl. Vet. Glasnik Bd. 5, S. 41—42. — *7) Wollák, K.: Immunisierungsversuche gegen die hämorrhagische Septikämie der Kaninchen. Allat. Közl. H. 1—2, S. 32—34. — 8) Work in veterinary medicine at the Nevada Station. Nev. Sta. Rep. 1924, S. 19—21; Ref. Exp. Stat. Rec. Bd. 53, S. 477. (Bericht über hämorrhagische Septikämie der Rinder und über Pflanzenvergiftungen bei Schafen und Rindern.) — *9) Žibert, S.: Hemoragična septikemija ovaca. (Hämorrhagische Septikämie der Schafe.) Higijena i stočarstvo Bd. 1, S. 11—12.

Zufolge le Coultre (1) kommt in diesem Distrikt die Septikämie unter den Büffeln ganz allgemein vor, viele Fälle werden aber nicht angezeigt. Er meint, die durch Dr. Hecker (Buitensorg) wahrgenommene Tatsache, daß die Soembawabüffel unempfindlich sind gegenüber letalen Kulturdosen, am einfachsten damit erklären zu können, daß es sich um erworbene Immunität handeln dürfte.      Beijers.

Gerlach und Michalka (3) obduzierten einige Schafe und untersuchten Organe verendeter Schafe aus 3 Herden, in welchen hämorrhagische Septikämie aufgetreten war.

Es wurde hauptsächlich eine nekrotisierende Bronchopneumonie festgestellt, die durch Bakterien der hämorrhagischen Septikämie bedingt worden war. Die Diagnose wurde mithin auf Septicaemia pluriformis ovium gestellt. Während bei älteren Tieren die mehr chronische Form bestand, herrschte bei den jüngeren die akute vor. Die Impfung eines älteren Schafes mit rein gezüchteten Bakterien der härmorrhagischen Septikämie rief nur eine vorübergehende Erkrankung dieses hervor, während ein Schaflamm der künstlichen Infektion erlag. Aus seinen Organen wurden die spezifischen Erreger rein gezüchtet.      Joest u. Cohrs.

Kemény (5) beobachtete 1918 in Siebenbürgen gehäuftes Auftreten der hämorrhagischen Septikämie unter Büffeln, die dann auch auf Rinder und Schweine übergriff. Die Ursache der ungewöhnlich vielen Erkrankungen hat in Erkältungen zufolge des außerordentlich kühlen Wetters gelegen.

Manninger.

Wollak (7) stellte Immunisierungsversuche an gegen die hämorrhagische Septikämie der Kaninchen in einem Bestande, wo die Krankheit enzootisch herrschte.

Da die Verimpfung von Schweineseptikämieserum keinen Erfolg zeitigte, impfte er den Bestand mit je 1—3 ccm einer stallspezifischen Vakzine, die durch Abtötung von Bouillonkulturen hergestellt wurde. Bei manchen Tieren entwickelten sich aseptische Abszesse, sonst wurde die Impfung gut vertragen. In der Folge erkrankten nur neu angekaufte Tiere.      Manninger.

Žibert (9) hat die hämorrhagische Septikämie der Schafe an eingesandten Organen auf zwei Stellen in der Vojvodina und 3 Stellen in Serbien festgestellt. Er vermutet, daß die Krankheit außer in den genannten Gegenden auch in Bosnien und Montenegro verbreitet sei.      Zavrnik.

## 29. Kolibazillosen.

*1) Dezsö, E.: Die Koliruhr der neugeborenen Ferkel. Közl. Jg. 35, S. 532. — *2) Fischer, D.: Über die Koliruhr der neugeborenen Ferkel. Allategészségüqy S. 22—24. — *3) Jármai, K.: Die Koliruhr der neugeborenen Ferkel. Közl. Jg. 35, S. 208 bis 210. — *4) Kieschke: Über die Behandlung der Kälberruhr mit Ichthargan. B. t. W. Bd. 41, S. 51. — 5) Lehmann, M.: Vergleichende Untersuchungen über die Behandlung der Kälberruhr mit Immunserum und Ventrase. T. R. Bd. 31, S. 457—461. (Gute Ergebnisse mit Ventrase.) — *6) Löffler, E.: Weitere Untersuchungen über das übertragbare, alkalibildende Agens in der Koligruppe. Zbl. f. Bakt. (Orig.) Bd. 96, H. 7—8, S. 398—402. — *7) Márton, Jos.: Beitrag zur pathologischen Histologie der Koliruhr der Ferkel. Inaug.-Diss. Budapest; Közl. Bd. 18, S. 137—145. — 8) Pfenninger, W.: Our present knowledge regarding white scours and similar diseases in calves. Vet. Rec. Bd. 5, S. 712—719. (Abdruck aus J. Am. Vet. Med. Assoc.) — *9) Rittelmann: Impfungen gegen das Kälbersterben. Mitt. d. V. Bad. T. Bd. 25, S. 21—22. — *10) Rohonyi, Nik.: Über die Ruhr junger Tiere. Allategészségüqy S. 4—8. — *11) Derselbe: Weitere Untersuchungen über die Ruhr der jungen Tiere. Ebendas. S. 88—92. — *12) Smith, T. und M. L. Orcutt: The bacteriology of the intestinal tract of young calves with special reference to the early diarrhea („scours"). J. Exp. Med. Bd. 41, S. 89—106; Ref. Exp. Stat. Rec. Bd. 53, S. 182. — 13) Stinson, O.: White scour in calves. Vet. J. Bd. 81, S. 499—500. (Kälberruhr und Abortus in einem Gehöft.) — *14) Werner, F.: Zur Diagnose und Bekämpfung der Aufzuchtskrankheiten. D. Oest. t. W. Jg. 7, Nr. 4, S. 33—37.

Dezsö (1) gelang es in einem infizierten Bestande die Koliruhr der neugeborenen Ferkel durch Verbringen der trächtigen Sauen in ein entfernt liegendes Gehöft für die Zeit des Abferkelns zum Stillstand zu bringen. Auf diese Weise kamen die Ferkel an einem nicht infizierten Ort zur Welt und hatten keine Gelegenheit sich anzustecken. Die Infektion erfolgt auf dem Verdauungswege.      Manninger.

Nach Fischers (2) Erfahrungen tritt die Koliruhr der neugeborenen Ferkel in der Regel zufolge intrauteriner Infektion auf.

Nur selten ist sie die Folge einer Ansteckung nach der Geburt. Daher eignet sich zur Bekämpfung die Impfung der trächtigen Sauen mit Autovakzinen und die Behandlung der Neugeborenen mit polyvalentem Koliserum.      Manninger.

Jármai (3) berichtet über die Koliruhr der neugeborenen Ferkel.

Nach seinen Erfahrungen befällt die Krankheit meist 2—3 Tage alte Ferkel, solche über 8 Tage selten. Da der Nabelstrang immer gesund erscheint, ist eine Infektion auf dem Verdauungswege anzunehmen. Schwierig zu entscheiden ist, ob die Infektion auch intrauterin erfolgen kann. Es hat den Anschein, daß sie in der Regel erst nach der Geburt stattfindet. Zur Verhütung wurden die neugeborenen Ferkel mit polyvalentem Koliserum oder stallspezifischer Kolivakzine geimpft, jedoch ohne zufriedenstellende Resultate. Desgleichen zeitigte auch die aktive Immunisierung der tragenden Sauen keine greifbaren Erfolge. Am ehesten scheint die Verhütung der Ansteckung durch die Verbesserung der hygienischen Verhältnisse, in erster Linie durch die Unterbringung der trächtigen Sauen in vollkommen reine Stallungen ermöglicht zu werden.
Manninger.

Kieschke (4) berichtet über die Behandlung der Kälberruhr mit Ichthargan.

Wegen seiner vielseitigen Verwendungsmöglichkeit gehört das Ichthargan seit Jahren zu dem eisernen Bestand seiner Hausapotheke. Bei der Kälberruhr in Form der 1proz. Lösung in Aqua dest. oder Aqua menth. piperit., und zwar jedes Kalb post partum 10 g der 1proz. Lösung unverdünnt per os.
Henkels.

Löffler (6) konnte durch weitere Untersuchungen über das übertragbare alkalibildende Agens in der Koligruppe feststellen, daß durch verschiedene Eingriffe aus gemeinen Kolistämmen ein Endoferment freigemacht werden kann, das in jeder Beziehung dem übertragbaren aerophilen Ferment des Bakterium coli alcaligenes entspricht.
Schumann.

Márton (7) beschäftigte sich mit der pathologischen Histologie der Koliruhr der Ferkel.

In den Nabelgefäßen finden sich keine pathologischen Veränderungen, dagegen trifft man im perivaskulären Bindegewebe des intraabdominalen Nabelteiles oft kleine Blutungen an. Die Milz ist hyperämisch und innerhalb der Leberläppchen sind oft kleine Leukozytenherde vorhanden. In den Nieren werden entweder Hyperämie oder kleine Blutungen angetroffen, auch Desquammation oder Degeneration des Nierenepithels ist keine Seltenheit. In den Mesenteriallymphknoten sind oft kleine Blutungen sowie Emphysem vorhanden. Gasbläschen trifft man auch in der Darmwand und im Mesenterium an. Die Drüsenschicht des Dünndarmes ist nekrosiert, die Nekrose greift mitunter auch in die Tiefe, bis zur Muskularis.  Manninger.

Rittelmann (9) impfte mit Erfolg gegen Kälberruhr und ansteckende Lungen-Brustfellentzündung, nennt aber den Impfstoff nicht.  Weber.

Rohonyi (10) bespricht die Ruhr junger Tiere.

Er kommt zu dem Schluß, daß Kolibazillen nicht nur bei Kälbern, sondern auch bei Ferkeln verheerende Erkrankungen zu verursachen vermögen. Die Ruhr wird in der Regel durch intrauterine Infektion bedingt. Zur Bekämpfung der Koliruhr der Ferkel ist neben hygienischen Maßnahmen die Impfung sowohl der trächtigen Sauen als auch der neugeborenen Ferkel mit stallspezifischer Vakzine und polyvalentem Koliserum angezeigt.
Manninger.

Rohonyi (11) fand gelegentlich weiterer Untersuchungen über die Ruhr der jungen Tiere in den Organen an der Ruhr eingegangener Kälber, Ferkel und Lämmer neben Kolibazillen manchmal auch ein kapselbildendes koliähnliches Stäbchen (den Diplobacillus capsulatus von Oppermann und Lange, den R. lieber als Bacillus capsulatus alcalifaciens bezeichnet wissen möchte).

Da durch das Serum ruhrkranker Ferkel und deren Mütter das Bact. coli nicht stärker agglutiniert wird als durch Serum gesunder Tiere, spielen beim Zustandekommen der Ruhr vielleicht ein filtrierbarer Erreger oder anderweitige Krankheitsursachen die primäre Rolle, wobei Kolibazillen und der Bac. capsulatus nur als Sekundärbakterien wirken. Solange jedoch diesbezüglich keine Erfahrungen vorliegen, muß mit spezifischen Mitteln gekämpft werden, deren Wirkung sich gegen die erwähnten Bakterien richtet.  Manninger.

Smith und Orcutt (12) untersuchten den Verdauungstraktus (Labmagen und Darmkanal) von Kälbern auf das Vorkommen von Bakterien, insbesondere mit Rücksicht auf die Kälberruhr.

Ihre Untersuchungen erstreckten sich auf 5 Gruppen: 1. Gesunde Kälber, die nach 1—3 Tagen getötet wurden, 2. etwa 2 Tage alte Kälber, die die ersten Erscheinungen von Durchfall zeigten, 3. Kälber mit starken Durchfällen und Erscheinungen von Toxämie, 4. Kälber, die an Ruhr verendet waren, sofort nach dem Tode oder innerhalb 12 Stunden nach dem Tode, wobei die Kadaver eingefroren worden waren, und 5. gesunde Kälber im Alter von 3 Wochen und mehr. Bei Kälbern der 1. Gruppe wurden regelmäßig im Magen und Dünndarm der Bac. acidophilus und grampositive Kokken, im Ileum außerdem Bact. coli in geringen Mengen gefunden. Kälber der Gruppe 2 zeigten das Bact. coli im Ileum in größeren Mengen, Kälber der 3. Gruppe die gleichen Bakterien in großen Mengen im ganzen Dünndarm. Bei Kälbern der 4. Gruppe waren Kolibakterien in außerordentlich großer Anzahl vorhanden, während sie bei Kälbern der 5. Gruppe entweder völlig fehlten oder nur in geringer Menge nachgewiesen werden konnten. Weiterhin stellten die Verff. fest, daß die Verabreichung von Kolostralmilch die Vegetation des Bact. coli in ausgesprochenem Maße hindert.  H. Zietzschmann.

Werner (14) behandelt kurz Diagnose und Therapie der seuchenhaften Fohlen- und Kälberkrankheiten. Neben Anwendung spezifischer Impfstoffe sind strenge hygienische Maßnahmen durchzuführen, wenn Erfolge erzielt werden sollen. Bei Bekämpfung der Kolibazillen der Kälber werden Mutterschutzimpfungen mit stallspezifischen Vakzinen empfohlen.
Krage.

## 30. Paratyphus.

*1) Aoki, K. und K. Sakai: Über von Hogcholerabazillen einerseits, von Paratyphus-A-Bazillen andererseits schwer differenzierbare in Japan vorkommende Paratyphusbazillen. Zbl. f. Bakt. (Orig.) Bd. 95, H. 2—4, S. 152—157. — 2) Bahr, L.: Einige orientierende Bemerkungen über das Ratinsystem zur rationellen Rattenbekämpfung unter Berücksichtigung des Hartnachschen Artikels über „Nager und Nagerbekämpfung in den U. S. A.". B. t. W. Bd. 41, S. 50. — *3) Derselbe: Einige Untersuchungen über die Virulenzverhältnisse eines zur Paratyphusbazillengruppe gehörenden Bakteriums. Zschr. f. Infekt. Krkh. d. Haust. Bd. 27, S. 238—275. — 4) Frenkel: Over differentiatie van bacterien uit de paratyphus groep. (Die Differenzierung der Bakterien aus der Paratyphusreihe.) Tijdschr. voor Diergeneesk. Bd. 52, S. 655—658. (Vortrag mit Diskussion.) — *5) Katsura, S.: Über die Resorption der Typhus- und Paratyphusbazillen. Tohoku J. of exp. Med. Bd. 4, S. 58—87. 1924. — *6) Kendziorra, K.: Beiträge zum Verhalten der Paratyphus- und Gärtnerbakterien in der Außenwelt. Diss. Berlin. — 7) Manninger, R.: Über den akuten Paratyphus der Ferkel. D. t. W. Bd. 33, S. 844—847. — *8) Müller, R.: Die Schleimwälle der Paratyphus-B-Kolonien. Zbl. f. Bakt. (Orig.) Bd. 95, H. 2—4, S. 147

bis 152. — *9) Neuwirth, K.: Beitrag zur Säure-agglutination mit Bakterien aus der Koli-Paratyphus-gruppe. Diss. Wien. — *10) Newson, J. E.: Report of the veterinary pathologistal. Colorado Stat. Rep. 1924, S. 36—38; Ref. Exp. Stat. Rec. Bd. 53, S. 179. (Paratyphoid dysentery of lambs usw.). — *11) Papke, H.: Experimentelle Untersuchungen über die Mög-lichkeit einer postmortalen Infektion des Knochenmarks durch Paratyphus-B-Bazillen. Diss. Berlin und T. R. Nr. 7. — *12) Sakai, K.: Über die Paratyphus-B-Bazillengruppe bei einer Nahrungsmittelvergiftung. Zbl. f. Bakt. (Orig.) Bd. 95, H. 7—8, S. 389—396. — *13) Derselbe: Über eine neue Unterart von Para-typhus-B-Bazillen. Ebendas. Bd. 95, H. 7—8, S. 438 bis 444. — *14) Sperna Weiland, Th. P. A.: Onder-zoek naar pathogeniteits-variatie van bac. paratyphi B in verband met de genese der vleeschvergiftigingen. (Untersuchung der Pathogenitätsvariabilität des Para-typhus-B-Bazillus in bezug auf die Genese der Fleisch-vergiftungen.) Diss. Utrecht.

Aoki und Sakai (1) beschreiben in Japan vor-kommende Paratyphusbazillen, die morpho-logisch und kulturell vom Paratyphus A nicht zu unter-scheiden sind und einerseits diesen, andererseits Hog-cholera-, Hühnertyphus-, Typhus-, Paratyphus B-, Mäusetyphus- und Gärtner-Bazillen sehr nahe ver-wandt sind. Schumann.

Aus Bahrs (3) Untersuchungen über die Virulenzverhältnisse eines zur Paratyphus-bazillengruppe gehörenden Bakteriums ist zu entnehmen, daß bedeutende Resistenzunterschiede des zur Infektion benutzten Rattenmaterials und Virulenzvariationen der Bakterienkulturen bestehen. Letztere können verschiedene Ursachen haben, bezüg-lich deren im Original nachzulesen ist.

Joest und Cohrs.

Katsura (5) kommt bei seinen Untersuchungen über die Resorption von Typhus- und Para-typhusbazillen bei Hund und Katze zu folgenden Schlüssen:

Die Typhus- und Paratyphus-A-Bazillen gehen schwer durch die Blutgefäßwand in die Lymphe. Beim Hunde werden sie von der Bauch- und Pleura-höhle ausschließlich durch den Ductus thoracicus in das Blut gebracht. Die Paratyphus-B-Bazillen dagegen gehen durch die Gefäßwand leicht in die Lymphe über und dringen von der Bauchhöhle wahrscheinlich auch zum Teil direkt in die Blutbahn ein. Die Darmschleim-haut bietet den Typhus- und Paratyphusbazillen einen sehr guten Schutzwall dar. Vom Darmlumen gar nicht, dagegen durch Einspritzung in die Darmwand kommen sie sehr rasch und zahlreich in die Lymph- bzw. Blut-bahn. Die in die Blutbahn eingespritzten Bazillen nehmen bei Hunden an Zahl auffallend rasch ab; bei Katzen ist diese Verminderung nicht bemerkenswert. Die in die Bauchhöhle eingespritzten Bazillen erscheinen schon nach 10 Minuten im Ductus thoracicus, werden am zahlreichsten nach etwa 30 Minuten, dann nehmen sie bei Hunden steil, bei Katzen nicht merklich ab. Die Gefäßwand der Katzen ist für Bakterien leicht durchlässig. Intravenös eingespritzte Bazillen und auch Kokken üben stark lymphtreibende Wirkung aus.

Graf.

Kendziorra (6) hat das Verhalten der Para-typhus- und Gärtnerbakterien in der Außen-welt studiert.

Im tierischen Harn vermehren sich die Gärtner- und Paratyphusbakterien lange Zeit hindurch kräftig und erhalten sich auch lange virulent. Im Leitungs-wasser tritt Vermehrung der fraglichen Bakterien nicht ein, sie erhalten sich aber darin unter Säurebildung

bis zu 25 Tagen lebensfähig. Die in Jauche verimpften Gärtner- und Paratyphuskeime vermehren sich darin und bleiben hier 35 bzw. 20 Tage am Leben. Die Virulenz ist nach 30 tägigem Wachstum in natürlicher wie keimfreier Jauche unverändert. Nach 30 Tagen avirulent gewordene Gärtnerbakterien wurden nach Auffrischung mit neuer Jauche wieder pathogen. In der Erde sind die Gärtnerbakterien vermehrungsfähig und noch 60 Tage nach der Einsaat an der Impfstelle nachzuweisen. Innerhalb 3 Wochen durchwandern sie eine 12 cm hohe und 40 cm lange Erdschicht. Die Virulenz der Gärtnerbakterien wurde durch 43 tägiges Wachstum in der Erde nicht geschädigt. Trautmann.

Müller (8) hat die Schleimwallbildung der Paratyphus-B-Kolonien zwecks Diagnosestellung beschrieben.

Nach seinen Untersuchungen scheinen die durch die schleimwallbildenden Paratyphus-B-Bakterien er-zeugten Erkrankungen häufiger zu sein als die durch die schleimwallfreien Breslauer Fleischvergifter, daß also epidemiologisch die Erkrankungen mit Befund von Schleimwallbildnern nicht auf Genuß von Fleisch er-krankter Tiere zurückzuführen sind. Die Schleimwall-bildung bei Paratyphus-B-Bakterien im Gegensatz zu den Fleischvergiftern des Typus Breslau-Aertrycke ist ein bequemes, deutliches, zur genauen epidemiologi-schen Diagnosestellung gehörendes Kulturmerkmal, das regelmäßig auftritt bei Einzelkolonien junger Kulturen auf Nährboden mit Fleischwasser und Wittepepton. In alten Paratyphus-B-Kulturen treten mutationsartig Bakterien ohne Wallbildung regelmäßig auf.

Schumann.

Neuwirth (9) ist es mit Hilfe der einfachen Säure-agglutination (ohne Serumzusatz) nicht gelungen, die einzelnen Glieder der Typhus-Koligruppe eindeutig zu bestimmen. Es tritt dieselbe Un-sicherheit ein, mit der die Gruppeneinteilung durch kulturelle Merkmale und die serologische Agglutination in steigendem Maße zu kämpfen hat.

Auch konnte keine durchgängige Übereinstimmung der Ergebnisse der kulturellen Untersuchung und der Säureagglutination gefunden werden. 63% der unter-suchten 46 Paratyphusstämme besaßen ihre Flockungs-optima in den von Michaelis als für Paratyphus B charakteristisch angegebenen Wasserstoffionenkonzen-tration ($p^I$ = 3,8 bis 3,5). Von Kolistämmen wurden 81% säureagglutinabel befunden. Ihre optimale Flok-kung variierte in ziemlich weiten, uncharakteristischen Grenzen, ebenso diejenige der Geflügelstämme. Die optimale Säureflockung ein und desselben Stammes tritt bei Wiederholungen des Versuches nicht stets im gleichen Röhrchen (d. h. bei gleicher Wasserstoffionen-konzentration) auf. Innerhalb des untersuchten Mate-rials war diese Konstanz nur bei 39,3% der Stämme vorhanden. In der Mehrzahl der Fälle waren Schwan-kungen bei den Wiederholungen zu beobachten (25,8% der Stämme um 1 Röhrchen, 7,8% um 2 Röhrchen, 27% um 3 oder mehr Röhrchen). Im allgemeinen be-trafen die größeren Schwankungen die schwerer ag-glutinablen Stämme (einerlei ob Koli oder Paratyphus), deren Flockungsoptima also erst bei höheren Aziditäts-graden lagen. Es ist die Vermutung nicht von der Hand zu weisen, daß in diesen Fällen neben der reinen Wasserstoffionenkonzentrationswirkung noch andere nicht näher bekannte Einflüsse der höher konzentrierten Säurelösungen vorhanden sind. Es bleibt die Frage offen, ob eine Zusammenstellung der Ergebnisse der Säureagglutination mit den klinischen und pathologisch-anatomischen Befunden bei den erkrankten Tieren nicht ein besseres Resultat hinsichtlich einer Gruppenein-teilung ergeben würde, als die Zusammenstellung der Ergebnisse der Säureagglutination mit den Ergebnissen der kulturellen Untersuchung. Trautmann.

Newson (10) gibt einen Bericht über das verlustreiche Auftreten des Paratyphus bei Lämmern in Colorado. Von etwa 30 000 Tieren gingen nahezu 2000 an der Krankheit ein. Weiter berichtet der Verf. über das Auftreten von Ikterus und Hämaturie bei älteren Schafen. H. Zietzschmann.

Papke (11) hat Untersuchungen über die Möglichkeit einer postmortalen Infektion des Knochenmarks durch Paratyphus B - Bazillen angestellt.

Die 26 Knochenmarkuntersuchungen ergaben bis auf 5 Fälle Keimfreiheit des Knochenmarks. Fleischvergifter, Paratyphus-B- und Enteritisbakterien, wurden in keinem Falle nachgewiesen. Paratyphus-B-Bazillen dringen bei postmortaler starker Infektion erst nach 3 Tagen in das Knochenmark ein. Die unbeweglichen Staphylokokken sind nicht in der Lage, innerhalb von 5 Tagen in das Knochenmark einzudringen, sondern werden von den lebhaft beweglichen Fäulnisbakterien, die von der Luft aus auf die den Knochen bedeckenden Muskelflächen gelangen, überwuchert. Durch die Untersuchung des Knochenmarks ist die Möglichkeit gegeben, eine postmortale Infektion von einer vitalen zu unterscheiden. Wenn sich bei der bakteriologischen Fleischuntersuchung im Knochenmark schon am ersten bzw. zweiten Tage nach der Schlachtung des Tieres Paratyphus-B-Bazillen nachweisen lassen, so liegt in diesem Falle eine vitale Infektion vor. 3 Tage nach der Schlachtung ist eine Unterscheidung zwischen vitaler und postmortaler Infektion auf Grund der bakteriologischen Untersuchung des Knochenmarks nicht mehr möglich. Trautmann.

Sakai (12) stellte vergleichende Versuche über die Paratyphus - B - Bazillengruppe an, und fand, daß die 7 Stämme, welche bei einer Nahrungsmittelvergiftung gefunden wurden, nicht zu den Paratyphus-B-Bazillen, sondern sicher zu den Mäusetyphusbazillen der Aertryckform gehören. Schumann.

Sakai (13) beschreibt eine neue Unterart von Paratyphus - B - Bazillen, welche als eine Variante des Schottmüllertyps betrachtet werden kann. Schumann.

Sperna Weiland (14) bespricht eingehend die Infektionsmöglichkeiten mit Paratyphusbazillen. Es ergaben sich dreierlei Möglichkeiten: 1. Das Schlachttier hat Paratyphose, welche durch menschenpathogene Stämme verursacht ist; die Bazillen sind dann entweder längs der Zirkulationswege im Körper verbreitet oder dringen erst während der Agonie oder nach dem Tod des Tieres aus dem lokalen Herde in das Fleisch. 2. Die Bazillen waren beim betreffenden (kranken) Schlachttiere saprophytisch anwesend, denn sie sind im Darm oder in irgendwelchem lokalen Krankheitsherde und kommen längs einem der obigen Wege in die Muskulatur. 3. Sie fanden sich nicht beim betreffenden Tiere vor, die Infektion beruhte auf postmortaler Infektion des Fleisches. Für die in den Punkten 2 und 3 erwähnten Fälle wird von einzelnen Autoren eine Pathogenitätssteigerung der Paratyphusbazillen (insofern es Notschlachtungsfleisch betrifft) angenommen. Verf. hat in 58 Fällen die Pathogenität der Paratyphusbazillen im Meerschweinchenexperiment geprüft. Er kann die Annahme einer Pathogenitätssteigerung der Paratyphusbazillen im Fleische kranker Tiere nicht bestätigen.

Beijers.

## 31. Diphtheritische Nekrosen.

*1) Wanselin, T.: Fall av nekrosinfektion has kalv. (Nekroseinfektion beim Kalbe.) Svensk Vet. Tidskr. Jg. 30, H. 2, S. 51—56.

Wanselin (1) erzielte bei 9 Kälbern mit bösartigen nekrotischen Wunden und Herden in der Maulhöhle durch Behandlung mit Perhydrol und Jodtinktur vollständige Heilung. Stålfors.

## 32. Sporen- und Schimmelpilzkrankheiten.

*1) Fambach, Beitrag zur Kenntnis der Trichorrheseis nodosa und Trichoptilosis. Zschr. f. Infekt. Krkh. d. Haust, Bd. 28, S. 23—41. — 2) Fromm, J.: Züchtung und Wachstum von Schimmelpilzen und Hefen unter Berücksichtigung in der Bakteriologie üblicher Nährböden. Diss. Hannover und D. t. W. Bd. 33, S. 70—71. (Auszug.) — *3) Mikolics, Fr.: Beitrag zur Streptomykose der Ferkel. Állat. Közl. H. 3—4, S. 18—22. — 4) Mohler, J. R.: Mycotic stomatitis of cattle. U. S. Dep. Agr. Dept. Circ. Bd. 322, S. 7; Ref. Exp. Stat. Rec. Bd. 52, S. 84. — 5) Moore, J.: Communicability of Ringworm from animals to human beings. Vet. J. Bd. 81, S. 247—248. (Trichophytie bei Kindern.) — *6) Smit, H. J. und J. Witkamp: De Mehandeling van Sacharomycosis bij het paard met novarsenobenzol. (Die Behandlung von Sacharomykose beim Pferde mit Novarsenobenzol.) Nederl. Ind. Blad voor Diergeneesk. Bd. 37, S. 65—78. — *7) Dieselben: Het voorkomen van metastasen in de regionaire lymphklieren bij hyphomycosis destruens. (Das Vorkommen von Metastasen in den regionären Lymphdrüsen bei Hyphomycosis destruens.) Ebendas. Bd. 37, S. 79—80. — *8) Dieselben: Een weinig voorkomende metastase bij sacharomycosis. (Eine selten vorkommende Metastase bei Sacharomykose.) Ebendas. Bd. 37, S. 80—81. — *9) Wasz, H.: Mykotisk lunginflammation (Pneumonomycosis) hos häst. (Mykotische Lungenentzündung beim Pferde.) Finsk Vet. Tidskr. Bd. 31, S. 111—113.

Fambachs (1). Untersuchungen über Trichorrhexis nodosa und Trichoptilosis betreffen mit Trichosporon befallene Haare des Menschen und des Pferdes. Während die Trichoptilose nicht immer durch eine Trichosporie bedingt zu sein brauchte, war dies bei fester Knotenbildung im Haar, morgenstern- und pinselförmigem offenen oder verschlossenen Bruch mit Chitinsplittern stets der Fall. Beschreibung des Pilzes.

Gleichzeitig gelang es dem Verf., den bisher beim Pferde unbekannten Erreger der Trichorrhexis, dessen Beschreibung in dieser Arbeit allerdings noch nicht gegeben wird, aufzufinden. Joest und Cohrs.

Mikolics (3) beobachtete Streptomykose unter Ferkeln im Alter von etwa 8 Tagen.

Die anatomischen Veränderungen bestanden neben Milzschwellung, akuter Gastroenteritis und Blutungen in den Nieren in eitrigen Arthritiden und kleinen Leberabszessen. Als bakterielle Ursache der Krankheit wurden Streptokokken nachgewiesen, mit deren Reinkulturen es jedoch nicht gelang, Ferkel aus gesunden Beständen krank zu machen. Verf. meint, die Streptomykose träte nur in Beständen auf, wo die Widerstandsfähigkeit der Saugferkel zufolge unzweckmäßiger, namentlich einseitiger Fütterung der Mütter mit Mais oder Kornrade herabgesetzt sei. Auch Euterentzündungen der Sauen scheinen die Saugferkel für die Krankheit zu disponieren. Manninger.

Smit und Witkamp (6) haben an der Niederl.-Indischen Tierarzneischule hauptsächlich bei Sacharomykose die Behandlungsmethode nach Desczazeaux angewandt.

Inländische Pferde (ungefähr 200 kg schwer) bekamen während 4 aufeinanderfolgenden Tagen einmal täglich 0,75 g Novarsenobenzol intravenös; hierauf wurde nach Verlauf von einer Woche eine gleiche

Serieneinspritzung vorgenommen. Je nach Bedürfnissen 3 oder mehrere Serien gegeben. Schwerere Pferde bekamen eine entsprechend höhere Dosis.

2 Pferde genasen nach 3 Serieneinspritzungen, 2 nach 5, 1 nach 10. Bei 2 Tieren verschlimmerte sich der Zustand nach 4 Serien, sie wurden nicht weiterbehandelt.

Die Ergebnisse waren daher nicht so günstig wie in den durch Darron und Desczazeaux beschriebenen Fällen, denen zufolge alle Fälle von Sacharomykose mit dem Mittel zu heilen wären. Doch ziehen S. und W. diese Behandlungsweise dem operativen Eingreifen vor. Allein bei sehr lokalisierter Ausbreitung des Prozesses verdient die Operation den Vorzug. Auch kann man die Novarsenobenzolbehandlung zusammen mit der operativen Behandlung (Abszeßspaltung, Wundbehandlung) anwenden.                                    Beijers.

De Haen und Hoogkamer haben bei Hyphomykosis destruens niemals Metastasen in den Lymphdrüsen beobachtet, auch Avis berichtet nichts hierüber. Allein Rubberman erwähnt im Jahre 1914 zwei Fälle.

Smit und Witkamp (7) sahen in Buitenzorg (1924) auch einen Fall; ein inländischer Hengst hatte einen ausgebreiteten hyphomykotischen Prozeß am Schenkel, welcher operativ entfernt wurde. 2 Wochen später entwickelten sich 2 Metastasen, eine am M. tensor fasciae latae und die andere in den Lgll. rubiliacae. Beide konnten operativ beseitigt werden. Entzündung der regionären Lymphbahnen konnten nicht festgestellt werden.                                     Beijers.

Ein Pferd (8), welches wegen Sacharomykose am Körper (die Gliedmaßen waren frei) mit Novarsenobenzol behandelt wurde, wurde nach 3 Serienbehandlungen huflahm. Nach 4 Wochen buchtete die Huflederhaut am Zehenteil aus; beim Einschnitt zeigte sich eine Geschwürsbildung an der Vorderfläche des Hufbeines, woraus eine schleimige, nekrotische Masse zum Vorschein kam, welche reichlich Streptokokken enthielt.                                            Beijers.

In Finnland ist im Winter 1924—25 epizootisch die mykotische Lungenentzündung beim Pferd verbreitet gewesen, von der Wasz (9) einige kasuistische Fälle mitteilt. Im Heu hat man ungeheure Mengen von Aspergillusarten und auch in den Lungen hat man Aspergillussporen massenhaft gefunden. (Betreffs der Epizootie sind eingehende Untersuchungen im Gange. Der Ref.)                                    R. Stenius.

## 33. Infektiöse akute Exanthema.
### (Fehlt.)

## 34. Antointoxikationen.
### a) Hämoglobinurie bzw. Lumbago.

*1) Clauss, K.: Betrachtungen über die Hämoglobinämie der Pferde und ihre wirtschaftliche Bedeutung. Diss. Leipzig. — 2) Cocu: A propos de l'hémoglobinurie chez le cheval par M. Semelagner. Rec. de M. vét. Bd. 101, S. 6. — *3) Hayden, C. E. und M. Tubangni: The blood, urine and tissue juices in azoturia. Corn. Vet. Bd. 11, S. 81—84 und Bd. 14, S. 158—165; Ref. Exp. Stat. Rec. Bd. 52, S. 684. — *4) Kimball, V. G.: The results of treatments of 766 cases of Azoturia. J. Am. Vet. Med. Assoc. Bd. 67, Nr. 4, S. 468—473. — 5) Lauff: Haemoglobinaemia paralytica in Süd Amerika. D. t. W. Bd. 33, S. 297. (Kasuistisch.) — 6) Linkies, G.: Zur Therapie der Lumbago des Pferdes. T. R. Bd. 31, S. 445. — *7) Modugno: Il surmenage nel cavallo. (Überanstrengung beim Pferde.) Clin. vet. S. 398. — *8) Schmidt: Zur Pathogenese der Hämoglobinurie (Lumbago) des Pferdes. B. t. W. Bd. 41, S. 35. — 9) Sellnick: Über die medikamentöse Behandlung der Hämoglobinämie in neuerer Zeit. T. R. Bd. 31, S. 444 bis 445. (Nichts Neues.) — *10) Sigetwary: Beitrag zur Hämoglobinämie der Pferde. D. Oest. t. W. Jg. 7, Nr. 22, S. 223—225. — 11) Valade: A propos de la sédimentation du sang dans l'hémauglobinurie. Rec. de M. vét. Bd. 101, S. 14.

Nach Clauss (1) tritt myogene rheumatische Hämoglobtinurie bzw. paralytische Hämoglobinämie vorwiegend bei Kaltblütern (Belgiern, rheinisch-belgischen und Normännerpferden) auf.

Neben 90 Hämoglobinuriefällen bei schweren Pferden beobachtete Verf. nur 2 Fälle bei „Warmblütern". In der Garnisonstadt Ludwigsburg befanden sich vor dem Kriege ca. 2600—2700 „Warmblüter". Bei diesen sind dem Verf. während seiner 20 jährigen Dienstzeit außer den 2 Fällen keine weiteren Erkrankungen an Hämoglobinurie bekannt geworden.

Die Krankheitsursachen sind auf verschiedene Einwirkungen zurückzuführen: übermäßige und verständnislose Fütterung mit Körnerfutter und Luzernkleeheu, Erkältung durch Zugluft, Verweichlichung der Pferde in schlecht ventilierten, niederen Stallungen (Viehställen), größere Muskelanstrengungen nach längerer Stallruhe, besonders bei jungen, noch nicht trainierten Pferden, Selbstüberhetzen der Pferde durch Hängenbleiben im Halfterstrick usw.

Eine vererbte Anlage bzw. eine in der Anlage vererbte Stoffwechselstörung ist nicht ausgeschlossen. Die ersten Krankheitserscheinungen auf Grund genannter Einwirkungen traten frühestens 15—20 Minuten nach Verlassen des Stalles oder in unmittelbarem Zusammenhange mit der zu leistenden Arbeit auf, selten erst nach 1—2 Stunden. Die Brauchbarkeit der an Hämoglobinurie erkrankt gewesenen Pferde darf auch nach scheinbar erfolgter Genesung nicht als eine absolut einwandfreie bezeichnet werden. Während in den Städten (Bierbrauereien, Spediteuren und Fuhrhaltern) die Zahl der Fälle an Hämoglobinurie seit Kriegsende teils infolge numerischen Rückganges der Pferdebestände, teils wegen der zur Zeit bestehenden kargeren Fütterung der Pferde quantitativ wie qualitativ abgenommen hat, ist bei den Pferden der ländlichen Bevölkerung eine wesentliche Zunahme dieser Krankheitsfälle zu konstatieren.

Ursachen dafür sind: Überhandnehmen der schweren (rheinisch-belgischen) Pferderassen und deren Zucht im Neckarkreis Württembergs, unzweckmäßige Aufzucht der Kaltblüterfohlen bei den vielfach hier vorhandenen kleinbäuerlichen Verhältnissen, ferner der Mangel an geeigneten Fohlenweiden. Die myogene rheumatische Hämoglobinurie bzw. paralytische Hämoglobinämie eignet sich zur Aufnahme in die Verordnung als Gewährmangel nicht.                        Trautmann.

Hayden und Tubangui (3) berichten über Untersuchungen des Blutes, Urins und der Gewebssäfte von Pferden mit Hämoglobinurie. Das Blut enthält größere Mengen an Zucker und Stickstoff, der Muskelsaft größere Mengen von Kreatinin. Die Harnuntersuchung ergab keine besonderen Befunde, jedenfalls gab sie keinen Hinweis auf das Bestehen einer Nephritis bei der Hämoglobinurie des Pferdes.

H. Zietzschmann.

Kimball (4) teilt seine Ergebnisse bei der Behandlung von 766 Hämoglobinuriefällen des Pferdes mit. 9 verschiedene Behandlungsmethoden kamen in Anwendung.

1. Aderlaß, 2. Aderlaß und intravenöse Injektion von physiologischer ClNa-Lösung, 3. Aderlaß und intravenöse Applikation einer alkalischen Flüssigkeit von

3—5 l, bestehend aus Kalziumchlorat 0,02%, Natriumchlorat 0,8%, Kaliumchlorat 0,02% und Natrium bicarbon. 0,1%, 4. Medikamente wie Aloe, Arecolin, Bariumchlorid usw., 5. Natrium bicarb. per os, 6. Kalziumchlorid, intravenös, 5 g gelöst in 20 ccm Wasser, 7. Azolysin, 8. ohne medikamentöse Behandlung, 9. Verabreichung von Chloralhydrat.

Außerdem kamen auch noch andere Drogen zur Anwendung.

Von 449 schweren Fällen genasen 33, von 317 leichten 215. Prozentual die besten Heilerfolge hatte er unter den schweren Fällen bei Nichtbehandlung. Auf die Monate Dezember, Januar und Februar entfielen über 50% der Erkrankungen. Die auffallende Häufigkeit der schweren Fälle im Stadtbereich führt er auf stickstoffreichere Ernährung, auf die Verwendung schwererer Schläge und auf die ungünstigen Folgen der Aufregungen und Anstrengungen des Patienten beim Verbringen in die Klinik zurück.          Hobmaier.

Modugno (7) beschreibt einen Fall von „Überanstrengung" beim Pferde.

Das Pferd war im August 3 Stunden im Trab gefahren und fiel kurz nach dem Einstellen in den Stall zu Boden. M. gibt eine breite Erklärung des Zustandes durch Autointoxikation und brachte durch geeignete Behandlung das Pferd wieder auf die Beine.          Frick.

Schmidt (8) stellt Untersuchungen an über die Pathogenese der Hämoglobinurie des Pferdes.

S. unterwarf 34 Pferde der Blutuntersuchung. 11 davon enthielten in ihrem Serum nicht die geringste Menge freien Hämoglobins, 17 zeigten letzteres in Spuren, 6 in auffallend großer Menge. Weder vom Alter noch vom Geschlecht war der Hämoglobingehalt abhängig.          Henkels.

Sigetwary (10) liefert einen Beitrag zur Hämoglobinämie der Pferde.

Auf Grund von 12 Krankheitsfällen, deren klinische Symptome und Sektionsbefunde übereinstimmten, kommt er zu dem Ergebnis, daß die Hämoglobinämie auf verschiedenen Ursachen beruht, und daß außer chemischen Giften hämolytisch wirkende Bakterien oder deren Toxine eine ausschlaggebende Rolle spielen. Therapeutisch scheinen in allen Fällen Seruminjektionen (Streptokokken-, Normal- und Heilserum gegen Hämoglobinämie) am günstigsten zu wirken, wobei zwischen den einzelnen Serumpräparaten kein besonderer Unterschied zu bemerken ist.          Krage.

### b) Kalbefieber.

*1) Bürki, F.: Das Gebärfieber der Zuchtsau. Schweiz. Arch. f. Tierhlk. Bd. 67, S. 585—587. — *2) Dryerre, H. und R. Greig: Milk fever: its possible association with derangements in the internal secretions. Vet. Rec. Bd. 5, S. 225—231. — 3) Dugdill, W.: Is Milk fever infectious? Vet. J. Bd. 81, S. 91. — 4) Egehöj, J.: Puerperal Eklampsi hos Soen. (Puerperale Eklampsie beim Schwein.) Maan. for Dyrl. Bd. 36, S. 663—664. (Nichts Neues.) — *5) Grüter, F. Ein besonderer Fall von Parese bei einer Kuh. Schweiz. Arch. f. Tierhlk. Bd. 67, S. 549—550. — *6) Hoopen, W. ten: Melkzichte bij rund en schaap. (Gebärparese bei Rind und Schaf.) Tijdschr. voor Diergeneesk. Bd. 52, S. 742—755. — *7) Kjeldberg, Johs.: Puerperal Eklampsi hos Svinet. (Puerperale Eklampsie beim Schwein.) Maan. for Dyrl. Bd. 36, S. 513—528, 546—567 u. 577—586. — *8) Lagerlöf, N.: Acetonämi eller smälernkaresjuka hos nötkreatur. (Azetonämie beim Rinde.) Svensk Vet. Tidskr. Jg. 80, H. 5, S. 141—155. — *9) Little, W. L. und N. C. Wright: The aetiology of milk fever in cattle. Vet. Rec. Bd. 5, S. 631—633. — 10) Nairn, B. J. M.: Endocrinology and milk fever. Ebendas. Bd. 5, S. 528. — 11) Peir-

son, W.: Milk-fever, another theory. Ebendas. Bd. 5, S. 466—468. (Milchfieber, eine Azidosis.) — *12) Ronde, A. de: Melkziekte bij een varken. (Milchfieber bei einem Schwein.) Tijdschr. voor Diergeneesk. Bd. 52, S. 1108—1109. — 13) Roth, P.: Zur Ätiologie, Pathogenese und Therapie der Gebärparese. T. R. Bd. 31, S. 660—661. — 14) Schmid, G.: Gebärparese mit parenchymatöser Mastitis. D. t. W. Bd. 33, S. 535. (1 Fall.) — *15) Scott, W. M.: Milk fever. Vet. Rec. Bd. 5, S. 313—314. — *16) Vechiu, Al.: Beiträge zum Studium der Pathogenie und Therapie der Eclampsia puerperalis bei der Hündin. Inaug.-Diss. Bukarest. — *17) Widmark, Erik M. P. und Olof Carlens: Durch Lufteinblasen in das Euter milchgebender Tiere hervorgerufene Hyperglykämie. Biochem. Zschr. Bd. 158 S. 3—10. — *18) Dieselben: Förlassningslamheten, en hypoglykämisk koma. (Die Gebärparese, ein hypoglykämisches Koma.) Svensk Vet. Tidskr. Jg. 30, H. 1, S. 1—8.

Burki (1) hat über das Gebärfieber der Zuchtsau berichtet.

Bei pluriparen Schweinen tritt nach der Geburt gelegentlich eine Krankheit auf, welche durch Fieber, Tachykardie, Festliegen, Milchversiegen und Endometritis charakterisiert ist. Mitunter sind auch Darmstörungen vorhanden. Symptomatische Therapie führt in den meisten Fällen zur Heilung.          Graf.

Dryerre und Greig (2) sehen das Milchfieber als eine durch Störung der Parathyreoideasekretion hervorgerufene Erkrankung an. Die Euteraufblasung wirkt durch Steigerung auf die Adrenalinsekretion.

          C. Reinhardt.

Grüter (5) hat einen besonderen Fall von Parese bei einer Kuh berichtet.

Nach 6 Monaten Trächtigkeit traten bei einer 11jährigen Kuh plötzlich die Symptome der Gebärparese auf, welche, nach Schmidt-Kolding behandelt, nach ca. 4 Stunden verschwanden. Die Geburt verlief zur normalen Zeit normal. Über die Ursachen ist nichts Genaues bekannt, vielleicht liegen sie im endokrinen System begründet.          Graf.

Ten Hoopen (6) bezeichnet die folgenden klinischen Erscheinungen bei Gebärparese als die wesentlichsten:

Schlaffwerden von Euter und Zitzen, Verschwinden des physiologischen Ödems, Anämie des Euters, allmähliches Aufhören der Freßlust, des Wiederkauens und des Kotabsatzes, Herumtrippeln, Niederstürzen, später träge Atmung, Lähmungen usw. Die Temperatur ist sehr wechselnd (37—41° C). Hohe Temperaturen trifft man immer bei gleichzeitigen Aufregungserscheinungen an. Bei Schafen sieht man die Erkrankung meist innerhalb 24 Stunden nach dem Absetzen der Lämmer ($\pm$ 6 Wochen nach der Geburt) unter denselben Erscheinungen wie beim Rinde. Die Temperatur ist jedoch immer normal oder subnormal; Aufregungszustände fehlen gänzlich. Oft ein grüner Nasenausfluß (Panseninhalt). Weiter bespricht Verf. die verschiedenen Theorien und schließt sich der Hypothese von Schmidt (Kolding) hinsichtlich einer vom Euter ausgehenden Autointoxikation an. Als Versuchsobjekt für das Studium der Krankheit erscheint ihm das Schaf zweckmäßiger als das Rind.          Beijers.

Kjeldbjerg (7) berichtet über 100 Fälle von puerperaler Eklampsie beim Schwein.

77 waren multipara, 23 primipara; die letzteren erkranken meistens während der Geburt (nur 4 davor, 1 danach); sie scheinen auch häufiger Krämpfe zu bekommen als die Multipara (74 bzw. 52%). Die Sterblichkeit betrug für alle 100 Fälle 30%. In einigen Fällen wurde eine histologische Untersuchung von Gl. thyreoidea, Leber und Nieren vorgenommen, aber

außer Fettinfiltration in Leber und Nieren fanden sich keine pathologischen Veränderungen. Die Behandlung muß dem einzelnen Falle angepaßt werden und muß in der Hauptsache symptomatisch sein. Die Prophylaxe: Vielseitige Fütterung der trächtigen Säue ist von großer Bedeutung. Ferner muß Phosphorlebertran und Kreide prophylaktisch angewandt werden.

M. Christiansen.

Nach einer guten Literaturübersicht behandelt Lagerlöf (8) die Pathogenese des Kalbefiebers und spricht sich gegen die Ansicht von Elselund und Jöhnk u. a. aus, daß die Acetonämie der Gebärparese nahe stehe. Wenn die Somnolenz der Acetonämie auf einer Azidose beruhe, sollte bei der Gebärparese, die sogar mit Koma verlaufen kann, Aceton im Harn zu finden sein; dieses ist aber oft nicht der Fall. L. bespricht weiter die Symptome, die Diagnose, die Prognose und die Behandlung.

Stålfors.

Little and Wright (9) fanden bei Untersuchung des Kalkgehaltes im Blutserum milchfieberkranker Kühe eine beträchtliche Kalkabnahme beim Einsetzen der Krankheit. Bezüglich der Azetonkörper im Blute oder Harne war eine Vermehrung nicht nachweisbar.

C. Reinhardt.

De Ronde (12) beschreibt einen Milchfieberfall bei einem Mutterschwein, wobei einige Stunden zuvor die Ferkel weggenommen waren. Aufregungserscheinungen, später Erlahmung. Die Euterinsufflation ergab innerhalb kurzer Zeit vollständige Besserung.

Beijers.

Scott (15) stellte fest, daß der Genuß von Milch, die von milchfieberkranken Kühen stammte, beim Menschen allgemein eine Blutdrucksteigerung, bei einigen Versuchspersonen mit schwächlicherer Konstitution sogar Übelsein hervorrief.

C. Reinhardt.

Vechiu (16) berichtet über die Pathogenie und Therapie der Eklampsia puerperalis bei der Hündin.

In 8 Fällen von Eclampsia puerperalis hat V. die Heilung in 5—10 Minuten durch intravenöse Injektion hypertonischer (25 proz.) Lösung von Glykose in Dosis von 0,35—0,40 g pro Kilo Lebendgewicht erreicht. In einer zweiten Serie der Untersuchungen hat Verf. an Meerschweinchen Blut in Dosis von $1^1/_2$—$2^1/_2$ ccm ins Herz geimpft, welches von eklamptischen Hündinnen entnommen war, und hat festgestellt, daß es Erscheinungen hervorruft, welche sich von denen mit normalem Blut oder mit Blut der schwangeren Hündinnen erzielten unterscheiden. V. kommt zu den folgenden Schlüssen:

1. Die Eclampsia puerperalis ist die Äußerung eines Schlages, der von einem Toxin im Organismus der schwangeren Hündinnen oder denen, die geboren haben, verursacht ist.

2. Dieses Gift des Blutes der eklamptischen Hündinnen ist in größerer Menge am Anfang der Krisis als am Ende vorhanden.

3. Das von eklamptischen Hündinnen entnommene und an Meerschweinchen ins Herz geimpfte Blut wird einen kolloidoklasischen Schlag verursachen, welcher von demjenigen, der mit von nichtschwangeren oder schwangeren Hündinnen entnommenem Blut erzielt wird, abweicht.

4. Die eklamptischen Krisen können mit achlorürter, hypertonischer Lösung von Glykosis beseitigt werden.

5. Die Heilung erfolgt schneller bei den Individuen, die stärkere Schläge zeigen, als bei denen mit leichteren und längeren.

6. Bei diesen letzteren wird sich die Heilung desto schneller einstellen, je öfter man die Impfung wiederholt.

Constantinescu.

Bekanntlich ist das Einblasen von Luft in das Euter ein fast unfehlbares Mittel gegen die Gebärparese des Rindes. Widmark und Carlens (17) fanden, daß bei milchgebenden Kühen und Ziegen dieses Einblasen von Luft eine kurz andauernde Hyperglykämie verursacht, die bei stark milchgebenden Tieren ausgeprägter ist wie bei solchen, die geringe Quantitäten melken. Diese Hyperglykämie bringt einen Übergang von Kohlenhydrat in den Harn mit sich. In gewissen Fällen ist dieses vergärbar, in anderen Fällen dagegen konnte das Reduktionsvermögen des Harns durch Gärung nicht auf normale Werte gebracht werden. Hieraus ist zu schließen, daß die Hyperglykämie durch eine Erhöhung des Glukosegehaltes des Blutes entsteht. Mitunter kommt indessen auch eine Resorption von Laktose seitens der Milchdrüse vor. Der Schwellenwert der Glykosurie liegt für Kühe bei 0,1% oder darunter, also bedeutend niedriger als beim Menschen. Aus diesen Versuchsergebnissen schließen Verff., daß die günstige Wirkung des Lufteinblasens in das Euter bei Gebärparese der Erhöhung des Glukosegehaltes des Blutes zuzuschreiben ist. Krzywanek.

Widmark und Carlens (18) sind der Meinung, daß die Milchdrüsen nach dem Kalben große Mengen Glykose zwecks Milchproduktion brauchen und dem Blute entnehmen. Wenn hierdurch der Blutzuckergehalt unter die Hälfte des Normalen sinkt, entsteht Gebärparese. Sie haben die Richtigkeit dieser Hypothese folgendermaßen zu beweisen versucht.

1. Sie haben versucht, die Gebärparese durch intravenöse Injektion von Glykose schnell zu heben.

2. Sie haben darlegen wollen, daß durch Luftinsufflation ins Euter der Blutzuckergehalt erhöht wird.

3. Sie haben festzustellen versucht, daß bei der Gebärparese der Glykosegehalt des Blutes vermindert ist.

Die angestellten Versuche sind günstig ausgefallen, sie sind aber noch nicht abgeschlossen. Stålfors.

### c) Eisenbahnfieber.

(Fehlt.)

### d) Rheumatismus.

*1) Hippel, E.: Ein Beitrag zur Pathogenese des akuten Gelenkrheumatismus beim Pferde. Diss. Berlin und T. R. 1925 Nr. 9.

Hippel (1) beschreibt einen Fall von akutem Gelenkrheumatismus bei einem Pferde, der eine große Übereinstimmung mit der Pathogenese des Gelenkrheumatismus des Menschen hat. Er bestätigt die von Fröhner vertretene Auffassung, daß als Eintrittsstelle beim Pferd ebenfalls die Schleimhaut der oberen Luftwege eine hervorragende Rolle spielt. Der beschriebene Fall, bei dem eine schwere Pharyngitis den Ausgangspunkt bildete, bestätigt dies.

Trautmann.

### e) Rehe.

*1) de Mia: La cura della podoflemmatite acuta reumatica coll' atropina e la morfina. (Behandlung der Erkältungsrehe mit Atropinmorphium.) Clin. vet. S. 332.

de Mia (1) hat seine Atropin-Morphiuminjektionen in 2 Fällen von Erkältungsrehe angeblich mit schnellem Erfolge angewendet. Er macht darauf aufmerksam, daß die nach solchen Injektionen vielfach beobachteten Koliken und selbst Todesfälle vermieden werden können, wenn man die Patienten 24—48 Stunden vor der Injektion hungern läßt. Frick.

## 35. Lymphangitis epizootica.

*1) Bardelli, C.: Di una interessante localizzazione mucosa ed ossea del criptococco di Rivolta. (Eigenartige Lokalisation der Lymphang. epizootica.) Nuova Vet. S. 41—42. — *2) Derselbe: Antigenoterapia specifica della linfangite criptococcica. (Antigentherapie bei der Lymphang. epizootica.) Ebendas. S. 67—73. — *3) Bubberman, C. und Fr. L. Huber: Over de immunotherapie bij lymphangitis epizootica van het paard. (Über die Immuntherapie bei der Lymphangitis epizootica des Pferdes.) Nederl. Ind. Blad voor Diergeneesk. Bd. 37, S. 369—384. — *4) Carougeau: Lymphangite ulcéreuse à Madagascar. Rev. gén. de M. vét. Bd. 34, S. 8—9.

Bordelli (1) beschreibt einen Fall von Lymphangitis epizootica, bei dem der Prozeß vorwiegend auf der Schleimhaut der rechten Nasenhälfte und der benachbarten Knochen lokalisiert war. Frick.

Bordelli (2) gibt eine Behandlung der Lymphangitis epizootica an, die sich der Antigene des spez. Erregers bedient und 84,37% Heilung damit erzielt haben soll.

Bei der Herstellung des Impfstoffes geht B. von neutralen Sabouraudkulturen oder solchen auf Glyzerin-Glukoseagar, die bei 30° gehalten werden, aus. Die mit Platinspatel gesammelten Kulturmassen werden in sterilen Gefäßen gehalten bei Licht- und Feuchtigkeitsabschluß, und daraus wird ein Rohantigen hergestellt. Letzteres wird in 0,8 proz. NaCl-Lösung unter Zusatz von 0,5 proz. Karbolsäure 1 Stunde 45 Minuten im Wasserbad bei 65—67° gehalten. Mit diesem Präparat werden 5 Grade von Lymphe hergestellt (0—5), die steigende Mengen von Rohantigen enthalten. Je nach dem Grade der Erkrankung werden zunächst die Grade 0 angewendet, dann bald steigend bis Lymphe Nr. 5. In schweren Fällen wird Lymphe 5 gegen den 60. Tag erreicht, in mittelschweren gegen den 40. Tag, und in leichten gegen den 30. Tag. Alle 7—8 Tage werden die Antigeninjektionen wiederholt bis zur Heilung. Die örtlichen Veränderungen werden mit harmlosen Desinfektionsmitteln ($H_2O_2$, Acid. bor.) behandelt. Von 32 so behandelten kranken Pferden sollen 27 in 22—141 Tagen vollständig geheilt sein. Zu beachten sind bei der Behandlung die an der Injektionsstelle sowie an den erkrankten Stellen sich zeigenden Reaktionen. Besondere Beobachtung verdienen die allgemein auftretenden Reaktionen (Hyperthermie, örtliche Verschlechterung, Neuerscheinen von Knoten), weil solche eine Änderung der Injektionen bedingen. Frick.

Bubberman und Huber (3) haben im Veterinärlaboratorium zu Buitenzorg eine Reihe Versuche über die Immuntherapie bei der Lymphangitis epizootica des Pferdes angestellt.

Sie kamen, gleich den französischen Autoren (Boquet, Nègre), zu dem Ergebnisse, daß die Vakzintherapie bei dieser Krankheit keinen Vorteil bietet gegenüber der bisher üblichen chemischen Behandlung (insbesondere mit Novarsenobenzol), zusammen mit dem operativen Eingreifen.

Verff. gebrauchten den Bierbaumagarnährboden für den Ausstrich des Sacharomyzeseiters (aus geschlossenen Abszessen). Beschreibung der Kolonien.

Das Vakzin wurde nach der Vorschrift Boquets und Nègres hergestellt: Verreiben von Kultur in 0,5 proz. Karbolkochsalzlösung (5 mg Kultur auf 1 ccm Flüssigkeit). $1^1/_3$ Stunden bei 65° C erhitzen. Es wurde soviel als möglich polyvalent bereitet. Die Anwendung geschah in Dosen von $^1/_2$—5 ccm subkutan.

Auch mit der Serotherapie (Rekonvaleszentenserum) sind Versuche angestellt. Von 4 (leichten) Sacharomyzesfällen genasen bei ausschließlicher Vakzine-behandlung 3 nach 29, 217 und 234 Tagen; das 4. Pferd mußte nach 174 Tagen für unheilbar erklärt werden. Bei allen Pferden wurde zunächst nach $^1/_2$—1 Monat Besserung beobachtet; hierauf blieb der Zustand stationär (3—4 Monate), hiernach verschlimmerte sich bei NaCl der Zustand, die anderen 3 kamen zur Abheilung. (Fortsetzung folgt.) Beijers.

Carougeau (4) stellt ausdrücklich fest, daß in Madagaskar neben der epizootischen Lymphangitis die ulzeröse Form außerordentlich häufig vorkommt, und mitunter auch durch Zecken bedingt wird.

C. Reinhardt.

## 36. Lähme.

1) Bekämpfung der Aufzuchtkrankheiten. D. t. W. Bd. 33, S. 321—322. (Aufruf.) — *2) Bericht der Veterinärpolizeilichen Anstalt Schleißheim, betreffend Untersuchungen über Zuchtschäden in den Pferdebeständen des Rottals in der Zuchtperiode 1923/24. M. t. W. Bd. 76, 1925, Nr. 43, S. 933—937; Nr. 44, S. 953 bis 959; Nr. 45, S. 973—979; Nr. 46, S. 993—1000. — 3) Bucica, J. und S. Cliza: Die Fohlenlähme. Bul. Dir. gen. zoot. si san. vet. Bd. 10—12. (Nichts Neues.) — *4) Cornell, R. L. und R. E. Glover: Joint ill in lambs. Vet. Rec. Bd. 5, S. 833—838. — *5) Groß, C.: Die Fohlenlähme, ihre Geschichte und der heutige Stand ihrer Ätiologie und Therapie. Diss. Hannover 1920. — 6) Kalchschmidt, H. G.: Zur Behandlung der Fohlenlähme. T. R. Bd. 31, S. 5—7. — 7) Lütje: Weitere Fälle einer Infektion mit dem Bact. pyosepticum (viscosum) equi bei Ferkeln. D. t. W. Bd. 33, S. 129—130. — 8) Derselbe: Neuere Erfahrungen auf dem Gebiete der Aufzuchtkrankheiten des Pferdes. Ebendas. Bd. 33, S. 750—754. (Vortrag.) — 9) Mießner, H.: Sammelbericht der Zentrale für die Bekämpfung der Aufzuchtkrankheiten für die Zeit vom 1. Oktober 1923 bis 31. März 1925. Ebendas. Bd. 33, S. 744—750. (Sterilität, Abortus, Jungtierkrankheiten.) — *10) Rose, W.: Laboratoriumsversuche mit „Katelin". Diss. Hannover 1924. — *11) Schermer: Über Beziehungen zwischen Stallhygiene und Aufzuchtkrankheiten. B. t. W. Bd. 41, S. 48. — *12) Werner, F.: Zur Bakteriologie der seuchenhaften Fohlen- und Kälberkrankheiten und deren Bekämpfung mit spezifischen Impfstoffen. W. t. Mschr. Bd. 12, H. 4, S. 177. — 13) Wetzel, R.: Bericht über die dritte Jahrestagung der Fachtierärzte zur Bekämpfung der Aufzuchtkrankheiten in München vom 19.—22. September 1925. D. t. W. Bd. 33, S. 741—762, 773—795, 803 bis 818 u. 835—844.

Von den Zuchtschäden im Rottal (2) haben eine besondere Bedeutung: Geltbleiben (24 bzw. 25% der Bestände und 35 bzw. 31% der Stuten), Fohlensterben (12 bzw. 8% der Bestände und 11 bzw. 16% der Stuten), Verwerfen (2 bzw. 3% der Bestände und 10 bzw. 3% der Stuten). Die Ursachen des Geltbleibens sind im Rottal meist noch unbekannt, und infolgedessen ist die Bekämpfung mangelhaft. Die Ursachen des Abortus sind dort gewöhnlich nicht bakterieller Natur; der Zuchtschaden ist unbedeutend, die Bekämpfung unwichtig. Die Ursachen des Fohlensterbens sind meist polybakterieller Natur (B. proteus in 44%, B. parataph. ab. equi 22%, B. coli 19%, andere Infektionserreger wie B. viscos., B. enteritid. Gärtner usw. 12%, sämtlich in Verbindung mit Staphylo-, Mono-, Diplo- oder Streptokokken). Die Bekämpfung des Fohlensterbens geschieht durch hygienische Maßnahmen, Nabelpflege, Mutterblut, Injektionen von Reizstoffen, Impfung mit Vakzinen. J. Schmidt.

Nach Cornell und Glover (4) handelt es sich in den meisten Fällen von Polyarthritis der Lämmer in England um Nabelinfektionen mit Streptokokken.

Bei einem Ausbruch nehmen beide Autoren intrauterine Infektion an; bei einem anderen Bestande konnten als Ursache Rotlaufbazillen ermittelt werden. Mit Rücksicht auf letzteren Umstand sollte eine Therapie mit Rotlaufserum versucht werden.    C. Reinhardt.

Nach Groß (5) ist die Fohlenlähme polybakterieller Natur, in der Hauptsache hervorgerufen durch Streptokokken, Bacterium coli und Bacterium viscosum equi Adsersen.

In ätiologischer Beziehung sind 2 scharf voneinander getrennte Formen der Lähme zu unterscheiden, eine akute und perakute Form, hervorgerufen durch Bacterium coli und Bacterium viscosum equi, die innerhalb der ersten 8 Tage nach der Geburt verläuft, und eine chronische Form, die klassische Fohlenlähme, deren Erreger in der Hauptsache Streptokokken sind, und die in der Regel nach der Geburt entsteht. Prädisponierend für die Infektion wirken die Kolostral- und die Brunstmilch der Stute. Der Nabel bildet die Haupteingangspforte für die Infektion, seine Nichterkrankung, die in den akuten und perakuten Fällen die Regel bildet, ist kein Beweis dafür, daß die Infektion nicht diesen Weg genommen hat. Eine intrauterine Infektion kann nur in den Fällen von Druse und Brustseuche als bewiesen angesehen werden, in allen übrigen fehlt der Beweis. Die Behandlung beruht meist in der Prophylaxe neben sorgfältigster Nabelpflege, Schutzimpfung von Blut der Mutterstute nach der Geburt. Worauf die Heilwirkung des Blutes beruht, muß noch erwiesen werden.    Trautmann.

Schermer (11) teilt seine Erfahrungen über Beziehungen zwischen Stallhygiene und Aufzuchtkrankheiten mit und gelangt zu dem Schluß, daß die Ursache gewisser Krankheiten sicherlich auf mangelhafte Kalkungen zurückzuführen ist. Verf. gibt auch exakte Vorschläge zum einwandfreien Stallbau an.    Henkels.

Werner (12) gibt einen Beitrag zur Bakteriologie der seuchenhaften Fohlen- und Kälberkrankheiten und deren Bekämpfung mit spezifischen Impfstoffen.

Als Erreger für die Fohlenkrankheiten in den ersten Lebenstagen sind auch in Österreich die bereits bekannten Erreger nachgewiesen worden. Es kommen in Betracht: Streptokokken bzw. Diplokokken, Paratyphusbakterien, das Bacterium pyosepticum, Viscosum equi, Kolibakterien und Mischinfektionen von Streptokokken bzw. Diplokokken mit Paratyphus- oder Kolibakterien. Den anderen nur vereinzelt beobachteten Mikroorganismen kommt jedenfalls nur sekundäre Bedeutung zu. Am häufigsten sind Strepto- bzw. Diplokokken die Ursache der tödlichen Erkrankungen. Bei der Bekämpfung galt es, die frischgeborenen Fohlen gegen die sie hauptsächlich bedrohenden Erreger, wie Streptokokken, Paratyphus- und Kolibakterien, zu schützen. Es geschah durch die Mutterschutzimpfungen, und zwar wurden die trächtigen Mutterstuten gegen Ende des zweiten oder am Beginne des letzten Drittels der Trächtigkeit 2mal innerhalb 10—14 Tagen mit einer Streptokokkus-Paratyphusvakzine geimpft, und zwar mit gutem Erfolg. Bei der Kälberlähme ist die größte Zahl der Erkrankungen auf Streptokokkeninfektionen zurückzuführen. Eine geringere Zahl sind reine Paratyphusinfektionen; auch hier sind häufig Mischinfektionen mit Paratyphusbakterien zu beobachten. Koliinfektionen wurden in 2, Mischinfektionen von Streptokokken und Kolibakterien in 3 Organproben festgestellt. Als Eintrittspforte für die Streptokokken kommt der Nabel in Betracht, während die Paratyphus- und die Kolibakterien durch den Verdauungskanal oder auf omphalogenem Wege in den Organismus gelangen. Da ganz vereinzelt Paratyphus-

aborte bei Rindern festgestellt wurden, muß man in diesen Beständen auch an eine intrauterine Infektion denken. Die gesund geborenen Kälber erkranken gewöhnlich am 2.—5. Lebenstage, mitunter erst in der 2.—3. Woche. Bei der Bekämpfung bedient man sich auch der Mutterschutzimpfung. Die zweizeitige Impfung wird gegen Ende des zweiten Drittels der Trächtigkeit in einem Zwischenraum von 8—14 Tagen durchgeführt. Zur Verwendung gelangt eine Doppelvakzine. Die Tiere vertragen die subkutanen Impfungen gewöhnlich ohne stärkere allgemeine Erscheinungen. Lokale Schwellung und geringgradiges Fieber verschwinden nach 24—48 Stunden. In verseuchten Beständen reagieren einzelne Tiere sehr stark. $^1/_4$ bis $^1/_2$ Stunde nach der Impfung werden die Tiere unruhig, zeigen Atemnot, mitunter starke Blähungen, und stürzen bisweilen nieder. Nach kalten Duschen und Abreibungen erholen sich die Tiere sehr bald wieder und zeigen normales Befinden. Bei der Kälberruhr spielen hauptsächlich Koliinfektionen eine Rolle. Seltener wurden Diplokokken bzw. Streptokokken herausgezüchtet. Häufig sind Mischinfektionen von Streptokokken mit Paratyphusbakterien bzw. Kolibakterien. Die Infektion mit Koli- und Paratyphusbakterien dürfte vorwiegend durch den Verdauungskanal erfolgen, während Streptokokken auf omphalogenem Wege in den empfänglichen Organismus eindringen. Außerdem ist ja bekannt, daß eine spontane Virulenzsteigerung der normalen Darmkoliarten Ursache eines Seuchenausbruches werden kann. Die Bekämpfung geschieht durch Impfung mit stallspezifischen Impfstoffen. Als Erreger der Kälberpneumonie kommen Bacillus vitulisepticus, Paratyphusbakterien, Streptokokken, Diplokokken und einige andere in Betracht. Zur Bekämpfung wurde ein Doppelserum empfohlen, welches sowohl gegen die Erreger der hämorrhagischen Septikämie als auch gegen die Infektionen der Koli-Paratyphusgruppe schützt. Ein abschließendes Urteil über die Wirkung läßt sich zur Zeit noch nicht abgeben.    Hans Richter.

## 37. Infektiöse Bronchopneumonie.
### (Fehlt.)

## 38. Pseudotuberkulose.
### (Fehlt.)

## 39. Paratuberkulose.

1) Fortmann, A.: Die Paratuberkulose des Rindviehs. Diss. Hannover und D. t. W. Bd. 33, S. 648 bis 651. (Auszug. Beobachtungen in den Marschgebieten der Nordseeküste.)

## 40. Dürener Rinderseuche.

*1) Goldmann, J.: Versuch einer Therapie bei der Dürener Rinderkrankheit. M. t. W. Bd. 76, Nr. 29, S. 653—654. — *2) Pulles, H. A.: Brabantsche ziekte, kalfziekte en soyameel. (Brabanter Krankheit, Milchfieber und Sojamehl.) Tijdschr. voor Diergeneesk. Bd. 52, S. 501—505.

Goldmann (1) heilte von 22 an der Dürener Krankheit leidenden Rindern 7 mit Hilfe von Digalen (10,5 wiederholt subkutan injiziert) und Alkohol (täglich 3mal je 1 Liter Warmbier). Das Serum genesener Tiere brachte keinerlei günstige Beeinflussung.    J. Schmidt.

Pulles (2) beschreibt das Krankheitsbild der neuen, sogenannten Brabanter Krankheit, welche im vorigen Jahr viele Opfer gefordert hatte.

Hochgradiges Fieber (42° C), beschleunigte, pumpende Atmung, Lähmung und Krämpfe der Gliedmaßen, Kopf in maximaler Streckhaltung, akzentuierte, beschleunigte Herztätigkeit. Tödlicher Verlauf innerhalb 24 Stunden. In mehr chronischen Fällen fehlen die Lähmungserscheinungen. In diesem Jahre hat P u l l e s allein die perakuten Fälle beobachtet, wo bei der Sektion die Blutungen im Vergleich zu früher von geringerem Umfange waren. Pulles hat auch 9 Fälle mit Lähmung der Nachhand beobachtet; G e - b ä r p a r e s e erscheint ausgeschlossen (6 Wochen vor bis 2—4 Monate nach dem Partus). Diese Fälle gingen in Heilung über, einzelne dieser nach der Euterinfusion, die übrigen wurden mit Kampferölinjektionen behandelt; ein Fall ging in die typische Form der perakuten Brabanter Krankheit über. P. meint, nicht das Sojamehl als die vermutete Krankheitsursache der Brabanter Krankheit hinstellen zu müssen, und wirft die Frage auf, ob nicht die obigen Fälle mit Lähmungserscheinungen für leichte Fälle der Brabanter Krankheit aufzufassen sind.. Beijers.

### 41. Bradsot.
(Fehlt.)

### 42. Paralysis bulbaris infectiosa.
(Fehlt.)

### 43. Lahmkrankheit.
*1) S c h m i d t, H.: Field and laboratory notes on a fatal disease of cattle occuring on the coastal plains of Texas (loin disease). Texas Sta. Bul. Bd. 319, S. 3 bis 32; Ref. Exp. Stat. Rec. Bd. 52, S. 83.

Schmidt (1) berichtet über eine in den Küstenebenen von Texas beobachtete eigentümliche Erkrankung bei Rindern, die als „loin disease" (Lendenkrankheit) bezeichnet wird, und die durch eine plötzlich auftretende Lähmung der Bewegungsorgane gekennzeichnet ist.

Die Krankheit wird besonders am Golf von Mexiko beobachtet. Sie befällt meist über $1^{1}/_{2}$ Jahre alte Tiere, die wenigstens 1 Jahr lang auf der Weide gewesen sind, und tritt seuchenartig auf. Es gelang nicht, irgendwelche Infektionserreger bei gefallenen Rindern zu finden. Verf. glaubt, daß es sich um eine Intoxikation durch putride, von Kadavern herrührende Stoffe handelt. Zur Behandlung wird Verfütterung von Knochenmehl, zur Verhütung der Krankheit sofortige Beseitigung gefallener Tiere von den Weiden empfohlen. Prof. T h e i l e r aus Südafrika, der die Versuchsstation in Texas besuchte, glaubt, daß die Krankheit mit der südafrikanischen Lamziekte identisch ist. H. Zietzschmann.

### 44. Infektiöse Stomatitis.
*1) A l t a r a, I.: Immunita e vaccinazione nella stomatite pustulo-contagiosa degli ovini. (Immunisierung und Impfung der Schafe gegen Stom. pust.-cont.) Nuova Vet. S. 4. — *2) D e r s e l b e: Sulla possibile trasmissione della stomatite pustulo-contagiosa degli ovini all' nomo. (Übertragung der Stom. pust.-cont. von Schaf auf Mensch.) Ebendas. S. 73 u. 74. — — *3) L a n f r a n c h i, A.: Di alcune ricerche sperimentali sulla „Stomatite pustulosa-contagiosa degli ovini. (Versuche über Stom. pust.-cont. der Schafe.) Ebendas. S. 1—4.

Altara (1) hat gegen die S t o m a t i t i s p u s t u l o - c o n t a g i o s a und zu ihrer Bekämpfung die Impfung herangezogen und kommt auf Grund seiner Versuche zu folgenden Ergebnissen:

1. 20 Tage nach der natürlichen oder künstlichen Ansteckung sind die Schafe immun. Während der 20 Tage können Infektionen aber nur ganz leichten Grades erfolgen.

2. Die Dauer der Immunität überschreitet bei einzelnen Tieren nicht 5—8 Monate.

3. Subkutane und intravenöse Impfung erzeugt auch Immunität.

4. Die Impfung, besonders die subkutane, kann als Schutzimpfung verwendet werden. Frick.

Altara (2) konnte in 2 Fällen (1 mal an sich selbst beim Impfen von Schafen) die Übertragung der S t o m a - t i t i s p u s t u l o s a c o n t a g i o s a auf den Menschen feststellen. Seine eigene Erkrankung wurde durch Rückimpfung auf ein Schaf erhärtet. Frick.

L a n f r a n c h i (3) hat experimentell über die S t o m a - t i t i s p u s t u l o s a c o n t a g i o s a der S c h a f e festgestellt, daß es sich um eine Infektionskrankheit handelt. Das Virus ist filtrierbar und erzeugt eine Erkrankung der serösen Häute. Das Leiden hat mit Rinderpocken nichts zu tun. Frick.

### 45. Infektiöse Rückenmarksentzündung.
(Fehlt.)

### 46. Infektiöse Anämie.
*1) G i f f e y, E.: Untersuchungen über den Virusgehalt des Blutes von an infektiöser Anämie erkrankten Pferden. Diss. Hannover. — 2) G r u n e r t, C. H.: New suggestion on swamp fever therapy. Vet. Med. Bd. 20, Nr. 1, S. 15—18. (Günstige Erfolge mit subkutanen Injektionen von Hefeextrakten zur Verhütung der infektiösen Anämie des Pferdes.) — *3) H u b e r: Infektiöse Anämie. Mitt. d. V. Bad. T. Bd. 25, S. 37—38. — 4) H a h n, Fr.: Infektionsversuche am Kaninchen mit dem Virus der ansteckenden Blutarmut der Pferde. T. R. Bd. 31, S. 83—84. — 5) H e l m, R.: Die künstliche Übertragung der infektiösen Anämie des Pferdes auf Meerschweinchen und Kaninchen. Arb. Reichs-Ges. A. Bd. 55, S. 379. — 6) Investigations of diseases of animals at the California Station. Calif. Sta. Rep. 1923, S. 240—246; Ref. Exp. Stat. Rec. Bd. 52, S. 81. (Bericht über das Vorkommen der infektiösen Anämie der Pferde, der Hämoglobinurie der Rinder, der Ruhr der Ferkel und der Askariasis der Schweine und verschiedener Geflügelseuchen in Kalifornien.) — 7) K o - her, F.: Untersuchungen über die Konservierung des Virus der infektiösen Anämie des Pferdes im Taubenkörper. Diss. Hannover und D. t. W. Bd. 33, S. 824 bis 825. (Auszug.) — 8) K r u k e n b e r g, F.: Therapeutische Versuche bei der infektiösen Anämie der Pferde, angestellt an Kaninchen. Diss. Hannover. (Unzureichende Wirkung des Präparates 540 D$^1$.) — *9) L e h n e r t, E.: Praktiska försök för utrönande av den infektiösa anämiens spridningssätt. (Praktische Versuche zwecks Ermittlung der Verbreitungsweise der infektiösen Anämie.) Skand. Vet. Tidskr. Jg. 15, H. 7, S. 107—112. — *10) L u d w i g: Wismutbehandlung bei ansteckender Blutarmut der Pferde. B. t. W. Bd. 41, S. 40. — *11) L ü h r s: Zur Diagnose der ansteckenden Blutarmut des Pferdes mit Hilfe des Kaninchenübertragungsversuches nach Oppermann. Mit 20 Kurven. Zschr. f. Vet. Kunde Jg. 37, H. 10, S. 374—388. — *12) N a g a o, M.: Beitrag zur Pathogenese der Erythrozytenverminderung bei der infektiösen Anämie des Pferdes. J. of Japan. Soc. Vet. Sc. Bd. 4, Nr. 2, S. 151 bis 154. — 13) N e ù w e r t h, K.: Infektionsversuche beim Meerschweinchen mit Virus der infektiösen Anämie der Pferde. Diss. Hannover und D. t. W. Bd. 33, S. 285—287. (Auszug.) (Die Verwendung des Meerschweinchens als Impftier ist möglich, empfiehlt sich aber nicht.) — *14) N ö l l e r und D o b b e r s t e i n:

Zur Frage der histologischen Diagnose der ansteckenden Blutarmut der Pferde. B. t. W. Bd. 41, S. 30. — *15) Nörr, J.: Pulsbefunde bei infektiöser und symptomatischer Anämie der Pferde. Zschr. f. Infekt. Krkh. d. Haust. Bd. 28, S. 1—22. — 16) Pfeil, Chr.: Beiträge zur Therapie der infektiösen Anämie des Pferdes. Diss. Hannover. (Negative Heilerfolge mit Präparat 541 D, ungenügende Heilwirkungen mit 540 D u. 740 D.) — *17) Priebe, K.: Studien über die Beeinflussung des histologischen Blutbildes des Kaninchens durch wiederholte Injektion von Serum infektiösanämisch kranker Pferde. Diss. Hannover. — *18) Rózsa, P.: Über die Behandlung der infektiösen Anämie der Pferde mit Bluttransfusion. Állat. Közl. H. 9—10, S. 26—33. — 19) Schulze-Gahmen, J.: Infektionsversuche am Meerschweinchen mit dem Virus der infektiösen Anämie des Pferdes. Diss. Hannover und D. t. W. Bd. 33, S. 850—851. (Auszug.) — *20) Scott, J. W.: The experimental transmission of swamp fever or infectious anaemia by means of secretions. Wyoming Sta. Bul. Bd. 138, S. 17—62; Ref. Exp. Stat. Rec. Bd. 52, S. 384. — *21) Singelmann, K.: Infektionsversuche am Kaninchen mit Blut, Serum und Erythrozyten von infektiös-anämisch kranken Pferden. Diss. Hannover. — 22) Standfuhs und Peters: Versuche über die Widerstandsfähigkeit des Erregers der ansteckenden Blutarmut der Pferde gegenüber Witterungseinflüssen, Fäulnis und Eintrocknung, mit besonderer Berücksichtigung der Weide. B. t. W. Bd. 41, S. 33. — 23) Wilking, R.: Übertragungsversuche der infektiösen Anämie des Pferdes auf Tauben. Diss. Hannover und D. t. W. Bd. 33, S. 703—704. (Auszug.) — *24) Wirth, D., H. Wagner und S. Clair: Zur Diagnose der infektiösen Anämie des Pferdes durch den Kaninchenversuch nach Oppermann. D. Oest. t. W. Jg. 7, Nr. 12, S. 135 u. 136. — 25) Wittmann: Kontaktinfektion und Wismutbehandlung der ansteckenden Blutarmut der Pferde. B. t. W. Bd. 41, S. 23. — *26) Wright, L. H.: Further investigations of infectious equine anemia in Nevada. J. Agr. Res. U. S. Bd. 30, S. 683—691; Ref. Stat. Rec. Bd. 53, S. 586. — 27) Zeller, H.: Klinische, pathologisch-anatomische, histologische und serologische Befunde bei 50 chronischen Fällen von ansteckender Blutarmut des Pferdes. Arb. Reichs-Ges. A. Bd. 55, S. 63. — *28) Ziegler, M.: Weitere Untersuchungen über die stationäre chronische progressive Anämie des Pferdes in Südbayern (Augsburger Anämie). M. t. W. Bd. 76, Nr. 3, S. 41—44; Nr. 4, S. 69—73. — 29) Ziegler, M.: Zur Histologie der ansteckenden Blutarmut. B. t. W. Bd. 41, S. 46. — *30) Derselbe: Die pathologisch-anatomische Diagnose der infektiösen Anämie des Pferdes. Seuchenbekämpfung Bd. 2, H. 5, S. 245 bis 251. — 31) Derselbe: Die histologische Diagnose der ansteckenden Blutarmut. D. t. W. Bd. 33, S. 253 bis 257. — *32) Ziegler, M. und H. Grosse: Weitere Untersuchungen über die ansteckende Blutarmut des Pferdes. (Mit besonderer Berücksichtigung des Kaninchenübertragungsversuches nach Oppermann.) Zschr. f. Infekt. Krkh. d. Haust. Bd. 27, S. 288—319.

**Diagnose.** Giffey (1) ist auf Grund des bearbeiteten Materials, der Krankheitsgeschichte der blutgebenden Pferde, der Erythrozyten-Zählergebnisse und ihrer graphischen Darstellung der Ansicht, daß in dem Kaninchen ein geeignetes Impftier für die infektiöse Anämie gegeben ist. Er möchte noch weiter gehen und in Anbetracht der zahlreichen bis heute dargelegten Forschungsarbeiten schon den Schluß als berechtigt ansehen, daß das Kaninchen nicht ein, sondern das geeignete Klein-Versuchstier ist für die Diagnostizierung der ansteckenden Blutarmut.                    Trautmann.

Nach Huber (3) ist das Sedimentierungsverfahren nach Noltze bei infektiöser Anämie ein gutes diagnostisches Hilfsmittel, das eine Kontrolle des Krankheitsverlaufes zuläßt und es ermöglicht, schlechter werdende Pferde herauszufinden und dadurch die Gefahr für die anderen zu mildern.                    Weber.

Behufs Erlangung eines abschließenden Urteils über das Oppermannsche Verfahren der Diagnose der infektiösen Anämie wurden unter Leitung von Lührs (11) im Heeresveterinäruntersuchungsamt Reihenversuche an 20 Kaninchen angesetzt.

Die Ergebnisse decken sich mit den schon früher im Amte ermittelten und zeigen, daß das Kaninchen eine so unregelmäßige Blutwertkurve aufweist, daß es nicht möglich ist, auf diese Art eine auch nur andeutungsweise einwandfreie Diagnose zu stellen. Weiter wurde durch Versuche an 2 Pferden nachgewiesen, daß das Virus der ansteckenden Blutarmut im Körper des Kaninchens zerstört wird und seine Virulenz für das Pferd verliert.                    Heuß.

Nöller und Dobberstein (14) stellten histologische Untersuchungen über die ansteckende Blutarmut der Pferde an.

In 37% der untersuchten Fälle konnte das Vorliegen der Krankheit als „wahrscheinlich" oder „in hohem Grade wahrscheinlich" ausgesprochen werden. Die histologischen Untersuchungen sind um so ausgesprochener, je mehr Fieberanfälle das Tier in den letzten dem Tode oder der Schlachtung vorausgehenden Wochen gezeigt hat. Bei ruhender Anämie finden sich nur undeutliche Veränderungen. Die auftretenden Veränderungen in Leber und Milz sind streng spezifisch. Sie finden sich auch bei der Piroplasmose und der Beschälseuche. Die von Ziegler als „stationär oder sporadisch vorkommende Form der chronischen Anämie" bezeichneten Veränderungen stellen nur das Endstadium der infektiösen Anämie dar. Eine richtige Beurteilung des histologischen Befundes ist immer nur unter Berücksichtigung des ganzen Vorberichtes und des Sektionsbefundes möglich.                    Henkels.

Nörr (15) fand folgende Pulsbefunde bei infektiöser und symptomatischer Anämie der Pferde:

Bei infektiöser Anämie war die Pulsschlagzahl in der Ruhe durchschnittlich um etwa 10—15 Schläge in der Minute höher als bei symptomatischer Anämie. Bei infektiöser Anämie war der Puls auch in den letzten Lebenstagen kräftig, schnellend, mittelgroß und weich; bei symptomatischer dagegen schwach, nicht schnellend, klein und mäßig gespannt. Diese Unterschiede lassen sich durch das Vorhandensein von Herzdilatation bei infektiöser Anämie sowie aus einer Alteration der Gefäßwand und aus einer zentralen Beeinflussung des Gefäßtonus durch das Virus erklären. Bei infektiöser Anämie zeigt die graphische Pulsform einen ziemlich wuchtigen Anstieg und raschen Abfall der Anfangsschwingung, die den mittelhohen Flutwellengipfel stets erheblich überragt; bei symptomatischer Anämie dagegen eine kleine Anfangsschwingung, die stets unterhalb des niederen Flutwellengipfels liegt. Bei infektiöser Anämie konnte als einzige Unregelmäßigkeit der Schlagfolge Sinusarhythmie mit im Sinne der Atmung regelmäßig abwechselnden Perioden von Pulsverlangsamung und Pulsbeschleunigung bei entsprechend kräftigeren und weniger kräftigeren Pulsschlägen beobachtet werden, die sich unmittelbar nach der Bewegung einstellen, aber auch schon im Stande der Ruhe vorhanden sein kann. Bei symptomatischer Anämie war die Pulsschlagfolge eine vollkommen regelmäßige.                    Joest u. Cohrs.

Nach den Untersuchungen Priebes (17) weist das histologische Blutbild des Kaninchens auch nach mehrfacher Infektion mit infektiösanämischem Pferdeserum keine schwereren Veränderungen, als sie Plote bei einmaliger Infektion mit Serum fand, auf. Das charakteristische Auftreten von Polychromasie und geringgradiger Anisocytose zur Zeit der Bluterneuerungsperioden kann sehr gut als diagnostisches Hilfsmittel herangezogen werden; doch auf sie allein gestützt, eine einwandfreie Diagnose zu stellen, dürfte wohl nur dem Geübten möglich sein.

Trautmann

Nach Singelmann (21) zeigen alle 6 mit Serum, Blut und Erythrocyten von anämiekranken Pferden infizierte Kaninchen etwa 3—10 Tage post infectionem einen Erythrozytenabfall und einen Hämoglobinanstieg. Die Temperatur steigt 1—14 Tage post infectionem, um schon kurze Zeit hinterher normal zu werden, oder doch erheblichen Schwankungen zu unterliegen. Das Gewicht der infizierten Kaninchen nimmt sofort nach der Infektion auffallend ab. Klinisch zeigten alle Kaninchen Benommenheit und müdes Aussehen. Hieraus wird gefolgert, daß sowohl Serum und Blut als auch Erythrozytenaufschwemmungen anämiekranker Pferde geeignet sind, das Blutbild des Kaninchens nach subkutaner Injektion in gleich typischer Weise zu beeinflussen.

Trautmann.

Wirth, Wagner und Clair (24) prüften die diagnostische Methode der infektiösen Anämie des Pferdes durch den Kaninchenversuch nach Oppermann an 4 von anämiekranken Pferden stammenden Serumproben nach. Sie fanden, daß die Methode zweifellos einen Fortschritt in der Diagnostik der infektiösen Anämie bedeutet, daß sie aber noch nicht in der Lage ist, sämtliche Infektionen anzuzeigen. Wegen der schwierigen und langwierigen Technik eignet sie sich nicht für Massenuntersuchungen.

Krage.

Ziegler (30) gibt eine zusammenfassende Darstellung der pathologisch-anatomischen Befunde speziell in Leber und Milz bei den verschiedenen Stadien der infektiösen Anämie der Pferde.

Schumann.

Ziegler und Grosse (32) bestätigen, daß der Kaninchenübertragungsversuch nach Oppermann ein sehr brauchbares und mit großer Sicherheit arbeitendes Verfahren zur Diagnose der infektiösen Anämie am lebenden Pferd ist.

Die Veränderungen, die nach der subkutanen Injektion des Serums anämiekranker Pferde entstehen, beschränken sich im wesentlichen auf das rote Blutbild des Kaninchens. Dem nach der Injektion eintretenden Abfall der Erythrozytenzahl, der etwas geringeren Abnahme des Hämoglobins und dem dadurch bedingten Steigen des Blutwertes (Färbeindex) kommt eine weitgehende spezifische Bedeutung zu. Der Kaninchenübertragungsversuch verlief in den Fällen von infektiöser Anämie, bei denen mehrere Erkrankungen in einem Bestande auftraten, in jedem Falle positiv. In den veterinärpolizeilich vielleicht weniger wichtigen Fällen, in denen es nur zu einer einzigen Erkrankung eines Pferdes in einem großen Bestande kam (chronische [stationäre] Form der ansteckenden Blutarmut) erhielten Verff. ein positives Ergebnis in 50—75% der Fälle. Das verschiedene Ergebnis dieser Kaninchenversuche deutet auf eine gewisse Verschiedenheit der Virulenz des Erregers der ansteckenden Blutarmut hin, die auch zur Erklärung des verschiedenen epidemiologischen und pathologisch-anatomischen Verhaltens einzelner Fälle (der chronischen, teilweise stationären Form) der ansteckenden Blutarmut angenommen werden muß.

Joest u. Cohrs.

**Behandlung.** Ludwig (10) teilt einiges aus der Wismutbehandlung bei ansteckender Blutarmut der Pferde mit. Danach wurde durch eine Intrabion-Behandlung die Konstitution der Pferde hinsichtlich des Futterzustandes und der Arbeitsleistung bedeutend gebessert.

Henkels.

Rózsa (18) versuchte die Behandlung der infektiösen Anämie der Pferde mit Bluttransfusion.

Anämiekranken Pferden infundierte er in die Jugularvene 3 l Zitratblut gesunder Pferde. Bei 16 von 24 Kranken erhöhte sich die Zahl der Erythrozyten nach der Behandlung, und auch sonst besserte sich das Allgemeinempfinden. Bei den übrigen Tieren war kein merklicher Erfolg bemerkbar. Die Infusion des Blutes selbst vertrugen die Tiere im allgemeinen gut, bei 3 Pferden trat jedoch unmittelbar darauf Schüttelfrost auf, eins von diesen ging sogar infolge von Hämolyse ein.

Manninger.

**Allgemeines.** Lehnert (9) machte, um den Verbreitungsmodus der infektiösen Anämie beim Pferd zu erforschen, auf einem Gut in Nordschweden Versuche in der Weise, daß im Freien 2 Einzäunungen, 3 m von einander entfernt, errichtet wurden.

In der einen wurden teils Pferde mit deutlichen Symptomen von infektiöser Anämie, teils gesunde Pferde, in der anderen nur gesunde eingesperrt. Es wurden Vorsichtsmaßregeln ergriffen, um die Überführung des Infektionsstoffes durch Futter, Trinkwasser, Kot und Harn zur gesunden Abteilung zu vermeiden. Die Tiere standen unter ständiger Veterinäraufsicht. Die Pferde, die mit den infizierten zusammen gingen, wurden angesteckt und ebenso, mit Gewißheit, ein Pferd der ursprünglich gesunden Abteilung. Die Überführung auf dieses kann nur durch Insekten, evtl. Vögel oder Wind geschehen sein. Verf. meint in Übereinstimmung mit der gewöhnlichen Ansicht, daß Insekten als Infektionsvermittler gedient haben. Unter den am Platze eingefangenen Insekten fanden sich Tabanus und Stomoxys.

Sahlstedt.

Nach Nagao (12) ist die Anämie bei der infektiösen Blutarmut der Pferde eine hämolytische Form und wird hauptsächlich durch die Erythrophagie der Histiozyten bedingt, die deutlich in der Milz und im Knochenmark, weniger deutlich in den Lymphdrüsen vorkommen.

Die roten Blutkörperchen wandeln sich in Hämosiderin um, das dann nach und nach zerfällt. Ein Teil des Hämosiderins der Milz wird wahrscheinlich durch das Portalsystem nach der Leber geführt, ein anderer Teil bleibt für längere Zeit im Körpergewebe abgelagert. Das Hämosiderin und seine Derivate werden durch Niere und Darm kaum ausgeschieden.

Während des Fieberanfalls kann bei infektiöser Anämie manchmal eine Vermehrung der Erythrozyten statt einer Verminderung beobachtet werden. Die Vermehrung ist als Folge der durch das Krankheitsgift hervorgerufenen Überfunktion des Knochenmarks aufzufassen. Andererseits kann das Knochenmark im Gegensatz zur Überfunktion einer Atonie resp. Hypofunktion anheimfallen, wenn das Gift zu stark auf das Organ einwirkt.

Nitta.

Scott (20) berichtet über Übertragungsversuche mit Nasen- und Augensekret von an infektiöser Anämie erkrankten Pferden. Der Übertragungsversuch gelang mit Nasensekret bei subkutaner Injektion, während mit Augensekret die Krankheit nicht übertragen werden konnte. Ebenso verlief die Übertragung der Krankheit mit Material aus den Körpern von Tubanus rephutrionalis negativ.

H. Zietzschmann.

Wright (26) berichtet über das Vorkommen einer gehäuft in Nevada auftretenden Krankheit der Pferde, die er für identisch mit der in anderen Ländern beobachteten infektiösen Anämie der Pferde hält.

Von klinischen Symptomen erwähnt Verf. Wechselfieber, Abmagerung, Kräfteverlust, Abnahme der roten Blutkörperchen, Ödembildung, bisweilen Nasenbluten. Die Krankheit ist in nahezu 100% der Fälle tödlich. Durch Überimpfung von Blut und Milzsaft läßt sich die Krankheit auf gesunde Pferde übertragen. Die Inkubationszeit ist verschieden lang (2 Wochen bis mehrere Monate). Die Übertragung gelang auch nach Passage des Blutes durch Berkefeldfilter. Es muß sich also in ätiologischer Hinsicht um ein ultravisibles Virus handeln. Ein mikroskopischer Nachweis des Erregers gelang nicht. Unter natürlichen Verhältnissen dürfte die Krankheit durch Insekten übertragen werden. Günstig wirkende Arzneimittel sind nicht bekannt. Zwecks Vorbeuge empfiehlt sich die Tötung der erkrankten Tiere. Eine Sicherung der Diagnose ist nur durch Blutübertragung auf Einhufer möglich, da andere Versuchstiere sich nicht empfänglich erwiesen.

H. Zietzschmann.

Nach Ziegler (28) besteht zwischen der Augsburger Anämie und dem chronischen Stadium der ansteckenden Blutarmut hinsichtlich des klinischen, epidemiologischen und pathologisch-anatomischen Verhaltens in mancher Beziehung eine gewisse Übereinstimmung, die die Zugehörigkeit der Augsburger Anämie zur infektiösen Anämie in hohem Grade wahrscheinlich macht. Allerdings verleihen ihr das rein stationäre Auftreten, der regelmäßige typische pathologisch-anatomische Befund und überwiegend chronische Verlauf eine ziemlich gut umschriebene Sonderstellung innerhalb der infektiösen Anämie. Diese dürfte wohl am besten dadurch zum Ausdruck gebracht werden, daß die Augsburger Anämie als vorwiegend chronische, stationäre (sporadische) Form der infektiösen Anämie bezeichnet wird.    J. Schmidt.

## 47. Stuttgarter Hundeseuche.

*1) Jelinek, V. und G. Procházka: Beitrag zur Erforschung der Stuttgarter Hundeseuche. Prag. Arch. A. H. 1 u. 2, S. 1—15. — 2) Keßler, A. und B. Sörensen: Über erfolgreiche Behandlung der Stuttgarter Hundeseuche mit dem neuen Bismutpräparat Pallicid (Bi 5). T. R. Bd. 31, S. 175—176. (Kasuistik.) — 3) Lukes, J., V. Jelinek und J. Schramek: Zur Frage der Beziehung der Stuttgarter Hundeseuche zu den chronischen Nierenentzündungen beim Hunde. Ebendas. Bd. 31, S. 673—676. (Kasuistik.) — *4) Mikuschka: Über die Frühdiagnose und die Beeinflußbarkeit der Stuttgarter Hundeseuche durch Staphylo-Yatren. D. Oest. t. W. Jg. 7, Nr. 6, S. 69 u. 70.

Jelinek und Procházka (1) liefern einen Beitrag zur Erforschung der Stuttgarter Hundeseuche.

Sie konnten in 28 untersuchten Fällen der Stuttgarter Hundeseuche 27 mal in den Nieren den Fund von Spirochäten bestätigen. Die Kultivierung der Spirochäten war unter anaeroben Bedingungen möglich, doch konnte eine Reinkultur nicht gewonnen werden. Zur Färbung der Spirochäten aus den Organen war die von Schmorl angegebene Giemsafärbung, nach vorheriger Formolfixation der Organteile, die einzige, welche wirklich gute Resultate lieferte. Die Übertragung der Krankheit auf Hunde war durch intrakardiale, intraperitonaeale und perorale Applikation möglich, doch war die Anreicherung der Spirochäten wegen der sonst vorkommenden Versager vorteilhaft. Bei der Übertragung auf Meerschweinchen wurde nur eine leichtere Form der Erkrankung

erzielt, bei deren Beurteilung die Krankheitssymptome aufmerksam verfolgt werden mußten; dieselben waren: selten etwas erhöhte Temperatur, verminderte Freßlust, Durst, Abmagerung, Polyurie und gesträubtes Haar.    Krage.

Mikuschka (2) stellte über die Frühdiagnose und die Beeinflußbarkeit der Stuttgarter Hundeseuche durch Staphylo - Yatren Versuche an. Der Prozentsatz der Heilerfolge bei 168 beobachteten Patienten betrug 67.    Krage.

## 48. Verschiedene Infektionskrankheiten.

### a) Bakteriologisches.

*1) Bardelli, P.: A proposito della posizione sistematica del criptococcus farciminosus di Rivolta. (Systematische Einordnung des Cr. farc.) Nuova Vet. S. 106—107. — *2) Breinl, F. und F. Hoder: Bakteriophagenwirkungen in der Paratyphusgruppe. Zbl. f. Bakt. (Orig.) Bd. 96, H. 1, S. 1—8. — *3) Bryant, Carrie Kirk: A new- or delta-Type Streptococcus. J. of Path. Bact. Bd. 10, S. 53—58. — *4) Bumm, R.: Über das Wachstum menschlicher und tierischer Streptokokken in frischem defibrinierten Menschen- und Tierblut sowie experimentelle Virulenzsteigerungsversuche mit Streptokokken durch Züchtung auf faulenden Geweben. Zbl. f. Bakt. (Orig.) Bd. 94, S. 403 bis 411. — 5) Dubois, Ch. P.: Récentes acquisitions sur la fièvre ondulante. Med. Diss. Montpellier 1924 (Maltafieber); Ref. Rev. gén. de M. vét. Bd. 34, S. 500 bis 501. — *6) Fabbri, M.: Una sarcina patogena. Nuova Vet. S. 126—128. — 7) Frenkel, H. S.: Die Differenzierung der Bakterien aus der Paratyphus-B-Gruppe. D.t.W. Bd.33, S.693—699. — *8) Friedl, L.: Über die Ursache der Wachstumshemmung von Kulturen des Bacillus subtilis auf gebrauchtem Nähragar. Diss. Wien 1921/25. — *9) Gates, F.: On the survival of Bacterium typhosum intraperitoneally implanted in Colloidion sacs. J. of Path. Bact. Bd. 10, S. 47—52. — *10) Goerttler, V.: Die Agglutinationsverhältnisse des Bact. pyosepticum equi und der Agglutiningehalt normaler Pferdeseren gegenüber diesem Bakterium. D. t. W. Bd. 33, S. 545—554. — *11) Haupt, H., H. Hörig und R. Haupt: Ein Beitrag zur Biologie des Bac. pyogenes. Zbl. f. Bakt. (Orig.) Bd. 96, H. 1, S. 17—23. (Vorläufige Mitteilung.) — *12) Kollenz, V.: Ein Beitrag zur Unterscheidung tierischer Streptokokken. Diss. Wien 1924/25. — *13) Korwatsch, A.: Zur Morphologie und Biologie des Bacterium pyosepticum viscosum equi. Diss. Wien 1924/25 und D. t. W. Bd. 33, S. 143—151. — 14) Looft, W.: Über das Vorkommen von Agglutininen im Blute gesunder, paratyphuskranker und -krankgewesener Kälber, und deren Verwendbarkeit für die Diagnose. Diss. Hannover und D. t. W. Bd. 33, S. 404—405. (Auszug.) — 15) Lütje: Ein weiterer Beitrag zur Typenfrage bei den Paratyphazeen. D. t. W. Bd. 33, S. 327 bis 334 u. 346—350. — *16) Mellon, R. R.: Studies in microbic heredity. II. The Sexual cycle of B. coli in Relation to the origin of variants with special references to Neisser and Massini's B. coli-mutabile. J. of Path. Bact. Bd. 10, S. 579—588. — *17) Derselbe: Studies in microbic heredity. I. Observations on a primitive Form of Sexuality (Zygospore formation) in the Colon-Typhoid group. Ebendas. Bd. 10, S. 481 bis 501. — 18) Meyn, A.: Über das d'Hérellesche Phänomen und Versuche zu seinem Nachweis an Streptococcus equi und Bacterium lipolare avisepticum. Diss. Hannover und D. t. W. Bd. 33, S. 259 bis 261. (Auszug.) (Negatives Ergebnis.) — 19) Pfenninger, W.: Über die Bedeutung des B. botulinus und ähnlicher Mikroorganismen für die Tierpathologie. D. t. W. Bd. 32, S. 5—7. (Sammelreferat.) — 20) Russeff, M.: Ein Beitrag zur Morphologie des Bacterium pyosepticum equi. Diss. Hannover und D. t. W. Bd. 33, S. 919. (Auszug.) — *21) Saling, Th.: Zur Darminfektion von Meerschweinchen mit Cholera asiatica nach subkutaner Injektion. B. t. W. Bd. 41, S. 46. — *22) Schaffler, K.: Beitrag zur Frage der Unterscheidung human- und tierpathogener Streptokokken, mit besonderer Berücksichtigung ihres Verhaltens gegen hippursaures Natrium. Diss. Wien 1924/25. — *23) Schiller, J.: Vorversuche zur Züchtung der Tuberkelbazillen und säurefesten Saprophyten im Auswurfe. Zbl. f. Bakt. (Orig.) Bd. 96, H. 2, S. 92—95. — 24) Schubarth, H.: Vergleichende Untersuchungen über die kulturellen und biologischen Eigenschaften von Kälberparatyphusbazillen untereinander sowie zu anderen Vertretern der Typhus-Koligruppe. Diss. Hannover und D. t. W. Bd. 33, S. 133—135. (Auszug.) — *25) Trinks, E.: Serologische Untersuchungen über das Bacterium pyosepticum viscosum equi. Diss. Wien. — 26) Umeno, S.: On the Relation between the Development of the Hemolytic Streptococci of the Horse and the Hydrogen-Ion Concentration of the Medium. J. of Japan. Soc. Vet. Sc. Bd. 4, Nr. 2, S. 128 bis 130. — *27) Velicu, A. C.: Die Bakteriämie in der experimentellen Darmokklusion beim Hunde. Inaug.-Diss. Bukarest. — 28) Ziemann, H.: Malaria und Schwarzwasserfieber. Menses Handb. d. Tropenkrankh. (3) Bd. 3. Leipzig: Joh. Ambr. Barth. — 29) Mitchell, Ch. A.: Hemophilus ovis (nov. spec.) as the cause of a specific disease in sheep. J. Am. Vet. Med. Assoc. Bd. 68, Nr. 1, S. 8—17.

Bardelli (1) wendet sich gegen die Forderung von Masao Ota, den Cryptococcus farciminosus zu den Dermatophyten vom Genus Grubyella zu stellen. Er hält die Gründe von Masao Ota nicht für stichhaltig. Frick.

Breinl und Hoder (2) experimentierten über Bakteriophagenwirkung in der Paratyphusgruppe, woraus die Vermutung hergeleitet wird, daß die Bakteriophagenwirkung in engster Beziehung zur Mutation stehen, da die durch erstere erzeugten Verlustvarianten ebenso durch künstliche Mutation aus alternden Bouillonkulturen gezüchtet werden können. Schumann.

Bryant (3) hat einen neuen deltaförmigen Streptokokkus beschrieben, den er aus den Wurzelkanälen von Zähnen isoliert hat. Graf.

Bumm (4) teilt seine Untersuchungsbefunde über das Wachstum menschlicher und tierischer Streptokokken in frischem definibrierten Menschen- und Tierblut sowie experimentelle Virulenzsteigerungsversuche mit Streptokokken durch Züchtung auf faulenden Geweben mit.

Er spricht der von ihm modifizierten Ruge-Philippschen Methode gesetzmäßige Zuverlässigkeit zu.

Die Prüfung von hämolytischen Menschenstreptokokken, grünen Menschen- und Tierstreptokokken, Druse, Hunde-Kaninchenstreptokokken sowie eines Pferdestreptokokkus vom Viridanstyp erfolgte im frischen defibrinierten Menschen-, Pferde-, Esel-, Rinder-, Kälber-, Hammel- und Kaninchenblut. Die Tierstreptokokken waren in ihrer Mehrzahl nach Ruge-Philipp avirulent für den Menschen, jedoch nicht durchgängig. Drusestreptokokken haben im Pferde- und Eselblut, aber auch im Rinder-, Hammel- und Kaninchenblut starke Vermehrung gezeigt. Rindermastitisstämme konnten sich in den verschiedenen Blutproben im allgemeinen nicht vermehren, ein sehr starkes Wachstum wiesen alle hämolytischen Stämme im Kaninchenblut auf, die grünen Streptokokken jedoch wurden abgetötet oder stark gehemmt. Im Hundeblut wuchsen nur Hundestreptokokken, alle anderen starben

ab. Die Menschenstreptokokken verhielten sich in den Tierblutarten sehr unterschiedlich. Eine Virulenzerhöhung von Streptokokken durch Züchtung auf faulenden Geweben nach Küstner (Fleischwasserbouillon mit faulenden Plazentawürfeln) konnte nicht erzielt werden. Schumann.

Fabbri (6) hat aus der Lunge eines geschlachteten Rindes die Sarcina aurantiaca gezüchtet, die alle kulturellen Eigenschaften dieses Mikroben aufwies und sich auch als pathogen zeigte. Frick.

Friedl (8) hat die Ursache der Wachstumshemmung von Kulturen des Bac. subtilis auf gebrauchtem Nähragar festgestellt.

Wird in einer Petrischale eine Agarschicht mit einer Kulturaufschwemmung von Bac. subtilis in physiologischer Kochsalzlösung beimpft und im Brutschrank gehalten, so hat sich nach 24stündigem Wachstum (37° C) ein dichter Kulturrasen gebildet. Schwemmt man diesen ab und beimpft von neuem die annähernd sterile Agaroberfläche, so wachsen auch bei großer Aussaatmenge neue Subtiliskolonien in nur sehr geringer Zahl. Es zeigt sich eine Wachstumshemmung, die durch $\frac{1}{2}$stündiges Erhitzen des Agars im Dampftopf auf 75—80° C nicht aufgehoben werden kann. Auch durch vollständiges Abtöten der Sporen des Bac. subtilis im Autoklaven bei 134° C 2 Atm. Druck durch 20 Minuten hindurch gelingt es nicht, das Wachstumshindernis zu beseitigen. Es handelt sich also um Stoffe, die so intensiven Temperatureinwirkungen widerstehen. Durch Mengen von geglühter Tierkohle mit dem gebrauchten Subtilisagar und gleichzeitiges Erhitzen im Autoklaven können diese Stoffe nicht herausgeschafft werden. Sie sind durch Tierkohle nicht adsorbierbar. Mit Bac. subtilis infizierte 48stündige Fleischwasserbouillonkultur hingegen kann durch Sterilisieren im Autoklaven nach Neuimpfung von Bac. subtilis wieder eine gut waehsende Bouillonkultur liefern. In flüssigen Nährböden werden also wachstumshemmende, hitzebeständige Stoffe durch das Subtiliswachstum nicht gebildet. Die im Nähragar gebildeten Hemmungsstoffe sind nichtspezifisch. Nicht bloß die eigene, sondern auch andere Bakterienarten werden durch die im Nähragar von Bac. subtilis gebildeten Stoffwechselprodukte in ihrem Wachstum gehemmt. Durch Verdünnen des gebrauchten, sterilisierten Subtilisagars mit destilliertem, sterilem Wasser kann ein besseres Oberflächenwachstum erzielt werden. Bei zunehmender Verdünnung des gebrauchten Agars nimmt auch die Zahl der anwachsenden Oberflächenkolonien bei möglichst gleicher Aussaatmenge zu. Bei Mischen von gleichen Teilen von gebrauchtem Subtilisagar und frischem Normalagar tritt die hemmende Wirkung offensichtlich hervor, sie teilt sich dem zugesetzten frischen Normalagar mit, doch überwiegt hier noch die Wachstumshemmung die neu hinzugefügte Nahrungsmenge. Ursache für das Aufhören des Bakterienwachstums ist demnach zum größten Teile die Bildung von wachstumshemmenden nicht hitzeempfindlichen Stoffwechselprodukten.des Bac. subtilis im Nähragar. Durch Zusatz von 20% Fleischwasserbouillon zu dem gebrauchten Nähragar läßt sich eine Verbesserung desselben erzielen, die allerdings noch nicht einer vollständigen Regenerierung des Agars gleichkommt. Trautmann.

Gates (9) hat über die Erhaltung des B. typhosus in intraperitoneal eingenähten Kollodiumsäckchen berichtet.

Die Bakterien, die in Salzlösung oder destilliertem Wasser in Kollodiumsäckchen vorhanden sind, werden vom Wirtsorganismus (Kaninchen) ernährt, so daß sie lebhaft wachsen. Die in bezug auf Morphologie gelegentlich beobachteten Modifikationen verschwinden nach Überimpfung auf geeignete Nährböden. Die biologischen, kulturellen und im ganzen auch die morphologischen Eigenschaften der Typhusbazillen bleiben erhalten. Das Wirtstier zeigte keinerlei Reaktion. Örtlich wurde eine Einkapselung des Implantates durch Fibrin, Leukozyten und dichtes Bindegewebe festgestellt. Speziell konnte keine Generalisierung der Bazillen von hier aus beobachtet werden oder eine Produktion von Antikörpern. Die Typhusbazillen vermögen demnach parenteral sehr gut zu gedeihen.

Graf.

Nach Goerttler (10) eignet sich zur Gewinnung agglutinierender Sera am besten das Pferd. Bei der Agglutination zu diagnostischen Zwecken ist ein Titer 1 : 200 als Ausdruck einer spezifischen Reaktion auf den eingedrungenen Erreger anzusehen.

C. Reinhardt.

Haupt, Hörig und Haupt (11) bringen einen Beitrag zur Biologie des Bac. pyogenes.

Die verwendeten Stämme entwickeln sich günstig auf gewöhnlichen, mit verschiedenen organischen Substanzen gekochten Nährböden, woraus geschlossen werden kann, daß die wachstumsfördernde Eigenschaft den organischen Zusätzen, also den roten Blutkörperchen, entstammt und vielleicht auf bestimmte Pyrrolverbindungen zurückzuführen ist, oder daß Vitamine dabei eine Rolle spielen. Bei kleinen Versuchstieren wird das Haften der Infektion durch gleichzeitige Applikation von 1 proz. Milchsäure gefördert.

Schumann.

Kollenz (12) versuchte mit 79 Streptokokkenstämmen (die vom Alpenländischen Impfstoffwerk in Graz zur Verfügung gestellt wurden) eine Unterscheidungsmöglichkeit der einzelnen Stämme zu finden.

Die zur Untersuchung gelangten Stämme waren verschiedenster Herkunft und verschiedensten Alters. Von einzelnen Tierarten bzw. Krankheitsformen waren bis auf wenige Ausnahmen stets mehrere Stämme vorhanden. Auf Grund der durchgeführten Versuche kann gesagt werden, daß es nicht möglich ist, einen beliebigen Streptokokkenstamm als von einer bestimmten Tierart oder von einem bestimmten Krankheitsfall herrührend zu bezeichnen.

Trautmann.

Kowatsch (13) untersuchte das morphologische und biologische Verhalten des Bacterium pyosepticum viscosum equi an 13 Stämmen österreichischer ($v_2$-$v_8$, $v_{15}$) und deutscher ($v_9$-$v_{14}$) Herkunft.

Hierbei wurde festgestellt, daß zwischen den deutschen Stämmen und denen österreichischer Herkunft wesentliche Unterschiede im kulturellen Verhalten bestehen. Nach den Ergebnissen der bisher veröffentlichten Arbeiten und der geschilderten eigenen Untersuchungen sind den verschiedenen Stämmen nur wenige Eigenschaften gemeinsam: Nach der Mäusepassage wurde eine einheitliche Form hergestellt, welche derjenigen gleichkommt, die bei dem frisch herausgezüchteten Stamme $v_{15}$ und den von den übrigen Autoren bisher beschriebenen Formen entspricht. Demnach ist die tierische Form (Bail) einheitlich und weist Kokken- bis kurze Stäbchenform auf, ist gramnegativ, unbeweglich und bildet weder eine Kapsel noch Sporen. Während die Kulturform der Stämme $v_9$—$v_{14}$ längere, feinere Gebilde zeigt und überall Fadenbildung aufweist. Das Bakterium wächst auf festen Nährböden in Form von zarten Kolonien, die dem Nährboden ursprünglich fest aufsitzen, sich förmlich einfressen und beim Darüberstreichen mit der Öse schleimige Konsistenz zeigen. (Bei weiterem Überzüchten kann es diese Eigenschaften verlieren.) In flüssigen Nährböden bildet es deutlich Schleim und einen schleimigen Bodensatz. Es erzeugt kein Indol und verflüssigt Gelatine nicht.

Trautmann.

Mellon (16) hat über vererbliche Veränderungen bei Mikroben berichtet und den Sexualzyklus des B. coli, dessen Beziehungen zu Varianten und Neißers bzw. Massinis B. coli mutabile studiert.

Die beiden letzteren stehen mit dem sog. Sexualzyklus in enger Verbindung; fehlen die Bedingungen zur Zuckerfermentation im Nährboden, so scheint die Pleomorphie nicht so leicht vor sich zu gehen. Coli mutabile konnte experimentell erzeugt werden, er leitet sich ab von dem nicht laktosezersetzenden B. coli. Die Fähigkeit, Säure und Alkali zu bilden, scheint an die Möglichkeit, bestimmte Entwicklungsphasen im Wachstum festzuhalten, gebunden zu sein. Diese Beobachtungen scheinen insofern von mykologisch-systematischem Interesse, als die Bakterien als Stadien von Fungi imperfecti aufgefaßt werden können.     Graf.

Mellon (17) referiert Beobachtungen über niedere Sexualformen in der Paratyphus-Koli-Gruppe.

Verschiedene Gebilde der Entwicklung können als isogame Konjugationsformen angesprochen werden (Zygosporen). Vielleicht sind daran Einflüsse in bezug auf Virulenz geknüpft. Ihre Existenz scheint für einen Pleomorphismus zu sprechen, wie er für die Fungi besteht.

Graf.

Saling (21) berichtet über Darminfektion von Meerschweinchen mit Cholera asiatica nach subkutaner Injektion.

Nach Angaben des Verf. ließen sich schon nach 6 Stunden bei Benutzung des Pasteurinstitutsstammes sowie frischen Vibrionenstämmen aus derzeitigen frischen, indischen Choleraherden Injektionsröte am Peritoneaum und Entzündungserscheinungen im Bereiche des Dünndarms beobachten.     Henkels.

Schaffler (22) untersuchte frisch aus Krankheitsprozessen bei Mensch und Tier reingezüchtete 15 menschliche und 17 tierische Streptokokkenstämme auf ihr Verhalten auf einfachen Nährböden, auf den bekannten Blutnährböden und weiter auf ihr differentes Verhalten gegenüber dem hippursauren Natrium.

Er konnte mit Hilfe der von Agers und Rupp angegebenen Verfahren mit Eisenchlorid und Schwefelsäure feststellen, daß menschliche Stämme hippursaures Natrium unverändert lassen, während nicht nur Streptokokken aus dem Euter der Kühe (Agers und Rupp), sondern tierische Stämme überhaupt aus dem hippursaurem Natrium Benzoesäure abspalten. Verf. konnte weiter durch Bestimmung der Endionkonzentration der Stämme auf Sacharose- resp. Traubenzucker-Pepton-Pepsin-Wasser mit und ohne hippursaurem Natrium feststellen, daß tierische Streptokokkenstämme in den genannten Nährböden mit hippursaurem Natrium eine höhere Endionkonzentration erreichen, also mehr Säure bilden als menschliche Stämme, deren Endionkonzentration im Nährboden mit und ohne hippursaurem Natrium die gleiche bleibt.

Trautmann.

Schiller (23) berichtet über seine Vorversuche zur Züchtung der Tuberkelbazillen und säurefesten Saprophyten im Auswurf.

Im Sputum der Tuberkulosekranken ist es möglich, solche Bedingungen zu schaffen, daß die Tuberkelbazillen, welche bei Anwendung der üblichen Untersuchungsmethoden nicht nachweisbar sind, die Möglichkeit bekommen, ungehindert zu wachsen, und zwar in solchem Tempo, daß sie nach 24—48 Stunden ermittelt werden können. Dank dieser Methode wurden im Auswurfe der Tuberkulosekranken (27 Fälle) zweiten Grades (nach Turban) Tuberkelbazillen in 9 Fällen (33%) und säurefeste Saprophyten in 3 Fällen (11%)

nachgewiesen. In 38 Auswürfen der Kranken ersten Grades wurden Tuberkelbazillen 3 mal (8%) und säurefeste Saprophyten 10 mal (28%) gefunden. Bei 45 gesunden Personen fanden sich die säurefesten Saprophyten 10 mal (22%). Von besonderem Interesse ist das häufige Auftreten der säurefesten Stäbchen im Auswurfe Gesunder und im Anfangsstadium der Krankheit (22—28%). Angesichts der Tatsache, daß es einigen Autoren gelungen ist, Saprophyten in Parasiten zu verwandeln, gewinnen diese Resultate eine gewisse Bedeutung vom Standpunkte der Ätiologie der Tuberkulose. Schumann.

Nach Trinks (25) ergeben die mit 16 Stämmen, 7 österreichischen und 9 deutschen, des Bacteriums pyosepticum viscosum equi mit 10 Kaninchen- und 2 Schafimmuniseris in verschiedener Zusammenstellung ausgeführten Agglutinationsversuche ein wechselndes Bild.

Die Mischung verschiedener Stämme kann einen höheren Agglutinationswert aufweisen, als jeder Einzelstamm für sich. Ein Serum kann mit einem Gemisch mehrerer Stämme derselben Gruppe agglutinierend wirken, obwohl es gegen einzelne Stämme unwirksam ist. Nichtagglutinable Stämme können daher in einem Gemisch mit agglutinablen gleichfalls agglutiniert werden. Das Kaninchen eignet sich für die Erzeugung von Agglutinationimmunsera gegen Bacterium pyosepticum viscosum equi bei dem eingeschlagenen Immunisierungsverfahren schlecht, sehr gut dagegen das Schaf. Für die praktische Verwendung der Agglutination zur Erkennung der Viskosuminfektion beim Pferde ist zunächst zu entscheiden, ob das Pferd mit seiner Fähigkeit, Agglutinine zu erzeugen, dem Schafe oder dem Kaninchen gleichkommt, d. h. ob es gut oder schlecht Agglutinine bildet. Zur Erkennung des Bacterium pyosepticum viscosum equi durch Agglutination ist nach den vorliegenden Versuchen nur ein Schafimmunserum verwendbar. Trotz hohen Agglutiningehaltes übte das Schafimmunserum selbst in Dosen von 0,5 ccm bei weißen Mäusen gegen eine Stunde später erfolgende intraperitoneale Injektion der kleinsten tödlichen Dosis (0,01) keine Schutzwirkung aus. Trautmann.

Velicu (27) berichtet über die Bakteriämie in der experimentellen Darmokklusion beim Hunde.

Es wurde an 10 Hunden experimentiert, denen man den Darm mit Garn oder Gummi gebunden hat, und die Schlüsse, zu denen Verf. gekommen ist, sind folgende:

1. In der Darmobstruktion beim Hunde ist die Widerstandsfähigkeit des Darmes sehr groß, und verfügt dieser über kräftige Mittel für seine Wiedergutmachung.

2. Je näher das Hindernis dem Magen ist, desto schneller entwickeln sich die Folgen.

3. In allen experimentellen Fällen zeigt sich die Bakteriämie schwach. Das Verhältnis der Hämokulturflaschen ist 1 : 4.

4. Die häufigsten Mikroben sind anaerobe und spezielle Bazillen, der Gruppe des Bac. perfringens angehörend.

5. Die aeroben Mikrobien, und darunter der Kolibazillus (fakultativ), sind seltener.

6. Die Bakterien erscheinen erst dann im Blut, wenn die Veränderungen der Darmwand zu einem fortgeschrittenen Grade gekommen sind.

7. Die Bakterien kommen ins Blut am 2.—3. Tage.

8. Wenn sich das Hindernis aufhält, besteht auch solange die Bakteriämie; wenn das Hindernis beseitigt ist, wird das Blut wieder steril. Constantinescu.

Mitchell (29) beschreibt eine neue bakterielle Erkrankung des Schafes, verur-

sacht durch Haemophilus ovis (n. sp.). Auftreten der Krankheit plötzlich, bes. beim Übergang zur kalten Jahreszeit. Zyanose der Haut, katarrhalischer (hämorrhagischer) Nasenausfluß, exspiratorische Dyspnoe, Temperatur erhöht, vor dem Tode subnormal. Harn eiweiß- und bluthaltig. Kot blutig. Evtl. tonische Krämpfe (zervikale Muskeln). Sektionsbefund: Haut blutreich, Herzmuskel blaß, Bronchopneumonie, Degeneration der Nieren und der Leber. Evtl. Blut im Nierenbecken. — Erreger: Gramnegatives unbewegliches Kurzstäbchen. In Kultur kokkenähnlich. Auf Blutkulturen tritt keine Hämolyse ein. Auf Kartoffeln nicht wachsend. In Stichkulturen geht er nicht an. Lackmus-, Blut- und Milchnährböden werden nicht verändert. In zuckerhaltigen Nährböden tritt keine Gasbildung ein. Meerschweinchen sterben nach Impfung, Kaninchen nur bei intraperitonaealer Applikation. Schafimpfungen waren positiv. Hobmaier.

### b) Verschiedene Infektionskrankheiten der Einhufer.

*1) Bull, L. B.: Corynebacterial pyaemia of foals. J. of comp. Path. Bd. 37, S. 294—298; Ref. Exp. Stat. Rec. Bd. 52, S. 885. — 2) Dorner, M.: Behandlung eines Falles von septischer Phlegmone beim Pferde mit polyvalentem Streptokokkenserum. T. R. Bd. 31, S. 897 bis 898. — *3) Kliewe, H. und M. Westhues: Über das Vorkommen von Diphtheriebazillen in Wunden bei Pferden. M. m. W. Jg. 72, Nr. 15, S. 587—589. — *4) Zanolli, Carlos und N. Catino: Infecciones gangrenosas en caballos producidas por germenes anaerobios. (Gangränöse Infektion bei Pferden, hervorgerufen durch anaerobe Keime.) Rev. Soc. Med. Vet. B. A. H. 5—6, S. 381—383.

Bull (1) beschreibt eine pyämische, mit Veränderungen der Lungen, des Verdauungstraktus und der Gekröslymphdrüsen einhergehende Erkrankung bei Fohlen in Südaustralien. Aus den krankhaften Organen züchtete Verf. einen diphtheroiden Bazillus mit den gleichen kulturellen Eigenschaften, wie sie Magnusson in Schweden bei einem Bazillus beschrieben hat, den er bei einer unter gleichen Erscheinungen verlaufenden Fohlenkrankheit züchten konnte. H. Zietzschmann.

Kliewe und Westhues (3) berichten über das Vorkommen von Diphtheriebazillen in Wunden bei Pferden.

Sie untersuchten das Wundsekret von 70 Pferden, die mit Kastrationswunden, Widerristfisteln, Hufkrebs oder seltener atypischen Wunden behaftet waren. Es fanden sich in 17% der untersuchten Wunden Diphtheriebazillen, in 9% Para-Di- und in 3% Pseudodiphtheriebazillen.

Der direkte Einfluß der Diphtheriebazillen auf den Heilungsprozeß der Wunde blieb ungeklärt, da Infektionsversuche nicht gemacht werden konnten, jedoch schienen die nekrotisierenden Granulationen Vorzugsbedingungen für Diphtheriebazillen abzugeben.

Eine Ansteckung des Menschen durch infizierte Pferdewunden und umgekehrt ist nicht erwiesen. Krage.

Zanolli und Catino (4) fanden bei Gangränen bei Pferden nicht nur den Vibrion septique von Pasteur als Erreger, sondern in einigen Fällen den Bac. histolyticus, Bac. oedematis und den Bac. oedematis sporogenes. Ruppert.

### c) Verschiedene Infektionskrankheiten des Rindes.

1) Hare, T.: An outbreak of lienteric diarrhoea in a dairy herd. Vet. Rec. Bd. 5, S. 529—532. (Kasuistik.)

— *2) Jorgenson, G. E.: Some studies of Pasteurella boviseptica. Corn. Vet. Bd. 15, S. 295—302; Ref. Exp. Stat. Rec. Bd. 53, S. 887. — *3) Leuzi, Pedro: Sobre el empleo de las stock vaccinas en el tratamiento de la pneumo enteritis de los terneros. (Autovakzine in der Behandlung der Pneumoenteritis der Kälber.) Rev. Soc. Med. Vet. B. A. Nr.1, S.13—14. — *4) Little, W. L.: Scurvy in cattle. Vet. Rec. Bd. 5, S. 421 bis 425. — 5) Mahlstedt: Bekämpfung der Kälberkrankheiten. D. t. W. Bd. 33, S. 791—794. (Vortrag.)

Jorgenson (2) fand, daß Rinder in verhältnismäßig großer Anzahl (etwa 15% der untersuchten Tiere) das Bacterium bovisepticum beherbergen, ohne krankhafte Erscheinungen zu zeigen. Die Erreger können bei verminderter Widerstandskraft des tierischen Organismus pathogene Eigenschaften annehmen, insbesondere nach Erkältungen und Erschöpfungen. Verf. fand bei gesunden Rindern alle drei von Jones beschriebenen Typen der Pasteurella boviseptica, außerdem noch eine 4. Abart, die bisher noch nicht beschrieben worden ist. Letztere erwies sich als sehr virulent.

H. Zietzschmann.

Leuzi (3) behandelte die Pneumoenteritis der Kälber mit Autovakzine. Die Resultate waren so gut, daß Verf. die Autoimpfstoffe dringend empfiehlt. Als Erreger isolierte L. ein bipolares Stäbchen. Der Impfstoff wurde 2 mal je 1 ccm in Abstand von 2 Tagen den Tieren eingespritzt. Behandelt wurden 150 Kälber.

Ruppert.

Little (4) beobachtete in einem Rinderbestande eine Erkrankung, welche er als Skorbut anspricht.

Verfüttert wurde eine protein- und vitaminarme Nahrung. Die Symptome bestanden in rauhem Haarkleid, steifem Gang, Lecken und verminderter, einige Zeit vor dem Tode sistierender Futteraufnahme, vereinzelt Ödeme, niemals Fieber. Bei der Zerlegung erwiesen sich alle Schleimhäute als anämisch, es bestanden Schwellung und livide Verfärbung des Zahnfleisches der Molaren; ferner fanden sich Blutungen unter der Haut, in den Interkostalmuskeln, der Kruppenmuskulatur, unter dem Schulterblatt und in den Gelenken. Vielfach fanden sich auch Blutungen in inneren Organen und subperiostale Hämorrhagien der Röhrenknochen. Infektiöse Erkrankungen sowie Futtervergiftung konnten ausgeschlossen werden. Nach Verabreichung vitaminhaltiger Futtermittel traten keine Todesfälle und später Besserung des ganzen Bestandes ein. Befallen wurden Tiere von 18 Monaten bis $3^{1}/_{2}$ Jahren.

C. Reinhardt.

## d) Verschiedene Infektionskrankheiten von Schaf und Ziege.

1) Beach, B. A.: Isolation of Vibrion septique from the careasses of lambs. Wisconsin Sta. Bul. Bd. 373, S. 73; Ref. Exp. Stat. Rec. Bd. 53, S. 478. (Günstige Wirkung der spezifischen Impfung.) — *2) Falcone, G.: La pleuro-polmonite contagiosa delle capre da latte in Catania. Tentativi di cura col cloruro di calcio. (Pl. polm. cont. bei den Milchziegen von Catania. Heilversuche mit $CaCl_2$.) Nuova Vet. S. 198 u. 199. — 3) Moussu, R. und J. Perrot: Observation de gangrène septique sur des agneaux. Rec. de M. vét. Bd. 101, S. 11. (Lämmer.) — 4) Raebiger: Die Aufzuchtkrankheiten der Mutterschaft und ihre Bekämpfung. D. t. W. Bd. 33, S. 803—810. (Vortrag.) — 5) Spiegl, A.: Die Aufzuchtkrankheiten der Lämmer und ihre Bekämpfung. Ebendas. Bd. 33, S. 810—814. Vortrag.)

Falcone (2) beobachtete bei den Milchziegen von Catania eine Epidemie von Lungenbrustfellentzündung, die vorwiegend tragende Ziegen und Läm-

mer ergriff, aber nicht auf Schafe überging. Die Seuche erlosch unter guten hygienischen Bedingungen und ist nicht wiedergekehrt. Heilversuche mit innerlichen Gaben von $CaCl_2$ sollen gute Erfolge gehabt haben.

Frick.

## e) Verschiedene Infektionskrankheiten der Schweine.

*1) Bory, G.: Anjeszkysche Krankheit bei Schweinen. Allategészségüqy S. 57—60. — *2) Giovine, D.: Infezione piocianica in un suino. (Pyocyaneusinfektion beim Schwein.) Clin. vet. S. 759—770. — 3) Haye, W.: Zur Frage der Differenzierung der Diplo- und Diplostreptokokken der Ferkel. Diss. Hannover und D. t. W. Bd. 33, S. 848—850. (Auszug.) — 4) Lütje: Ergänzung zur Frage der Infektion mit dem Bacterium pyosepticum (visc. equi) bei Schweinen. D. t. W. Bd. 33, S. 465 bis 466. — 5) Sachweh, P.: Neue Beobachtungen an streptokokkeninfizierten Ferkeln. T. R. Bd. 31, S. 749—752 u. 770—772 und D. t. W. Bd. 33, S. 835 bis 838. (Vortrag.) — 6) Scharr: Die Bekämpfung der Aufzuchtkrankheiten des Schweines. D. t. W. Bd. 33, S. 814—818. (Vortrag.)

Bory (1) beobachtete in einer Schweinemastanstalt das Auftreten der Aujeszkyschen Krankheit bei Schweinen.

Die Krankheit wurde vermutlich durch einen Hund eingeschleppt. Durch Verimpfen von Emulsionen aus dem Hirn kranker Schweine ließ sich die Krankheit auf Kaninchen leicht, auf Meerschweinchen und Tauben dagegen nicht übertragen. Schutzimpfungsversuche an Kaninchen mit auf 60° erhitzten Emulsionen von Gehirn experimentell infizierter Kaninchen führten zu keinem greifbaren Ergebnis.

Manninger.

Giovine (2) obduzierte ein plötzlich gestorbenes Schwein und stellte als Ursache Infektion mit B. pyocyaneus fest.

Die Obduktion ergab eine umfangreiche seröseitrige Entzündung der serösen Häute. Aus dem Sekret ließ sich der B. pyocyaneus züchten, und durch Verimpfung der Kulturen konnte bei Meerschweinchen tödliche Infektion erzeugt werden.

Frick.

## f) Verschiedene Infektionskrankheiten der Fleischfresser.

*1) Freymuth: Versuchsstation für Infektionskrankheiten der Hunde. Hundesport u. Jagd Bd. 40, S. 383—384. — 2) Hare, T.: Bilateral primary pneumococcal empyema in a cat. Vet. Rec. Bd. 5, S. 615—616. — *3) Mohede, J. F.: Influenza bij honden en katten. (Influenza bei Hunden und Katzen.) Nederl. Ind. Blad. voor Diergeneesk. Bd. 37, S. 182—190.

Freymuth (1) tritt für eine Versuchsstation für Infektionskrankheiten der Hunde ein, um namentlich die Versuche über Erforschung der Staupe und der Tollwut auf eine breitere Basis zu stellen.

Die Finanzierung denkt er sich sehr einfach, da von allen organisierten Hundebesitzern eine jährliche Kopfsteuer von 1 M. erhoben werden könnte. Sollten die prophylaktischen Impfungen günstig ausfallen, dann fordert er eine obligatorische Wutimpfung analog der Pockenimpfung beim Menschen.

Wieland.

Mohede (3) beschreibt einige Fälle von Influenza bei Hunden und Katzen und gibt die folgende Behandlung an:

Prophylaktische Behandlung ansteckungsverdächtiger Hunde mit intramuskulären Injektionen von Jodtrichlorid; er nennt dies Mittel ein Spezifikum gegen diese Krankheit (1 : 1000 Auflösung; 3—15 ccm täglich, je nach Größe des Hundes). Wiederholte Einspritzungen nach dreiteiligen Zwischenpausen und diätetische Vorschriften.

Für erkrankte Tiere schreibt er eine Dosis Oleum rizini vor (für nicht gänzlich heruntergekommene Patienten) und 10—20 ccm normales Pferdeserum, intramuskulär. Hierauf 3—4 Tage lang intramuskuläre Einspritzungen (abwechselnd linker und rechter Oberschenkel) 2 mal täglich 3—15 ccm Jodtrichloridlösung (1 prom.). Weitere symptomatische Behandlung der vorliegenden Krankheitserscheinungen: Spiritus ammon. anisati mit Aqua laurocerasi bei Katarrh der vorderen Luftwege, für Magen-Darmstörungen: Natr. bicarbonat., Oxyd. magnes. und Kalomel, gegen Darmblutungen: Norrit und Tannoform. Diät: Milch, Eier, rohes Fleisch und frisches Trinkwasser.       Beijers.

### g) Verschiedene Infektionskrankheiten anderer Tiere.

*1) Barile, C.: Di una malattia micidiale nelle tinche. (Über eine tötende Krankheit der Schleie.) Nuovo Ercol. — 2) Béjot: Le méhari. Thérapeutique chaambi des maladies du chameau. J. de M. vét. Bd. 71, S. 10. — 3) Derselbe: Dasselbe (Forts.) Ebendas. Bd. 71, S. 12. — *4) Donatine, A.: Les maladies microbiennes des animaux domestiques en Algérie. Etat actuel de nos connaissances. Rev. gén. de M. vét. Bd. 34, S. 65—77. — 5) Gage, G. E. und O. S. Flint: Control of bacillary white diarrhoe. Massachus. Sta. Control. Ser. Bul. Bd. 27, S. 8; Ref. Exp. Stat. Rec. Bd. 52, S. 484. (Rückgang der Krankheit 1923/24 um 60%.) — 6) Graetz, Fr.: Beiträge zur allgemeinen und speziellen Pathologie der experimentellen Kaninchensyphilis. Virch. Arch. Bd. 254, S. 382 bis 408. — 7) Graybill, H. W.: Blackhead and other causes of loss of turkeys in California. Calif. Sta. Circ. Bd. 291, S. 14; Ref. Exp. Stat. Rec. Bd. 53, S. 787. (Bericht über die in Trutenzüchtereien Kaliforniens aufgetretenen seuchenhaften Krankheiten.) — *8) Honigmann, L.: Krankheiten beim deutschen Hochwild. Diss. Leipzig. — *9) Kawamura, Y., H. Nagao und Y. Fukuyama: Notes on a Certain Anaerobe Isolated from Whale Muscle. (First Report.) J. of Japan. Soc. Vet. Sc. Bd. 4, Nr. 1, S. 66—68. — 10) Lucas, N. S.: Some of the infectious of captive animals. Vet. Rec. Bd. 5, S. 707—709. — 11) Neubürger, K. und K. Terplan: Nachtrag zur Frage der experimentellen Lues der Kaninchenleber und -niere. Virch. Arch. Bd. 253, S. 706—709. 1924. — *12) Schmidt, K.: Skorbutversuche an Meerschweinchen. Klin. W. Jg. 4, Nr. 44, S. 2104—2105. — *13) Schmidt-Hoensdorf, Fr.: Die Ätiologie der fibrinösen Serosenentzündung der Meerschweinchen. Arch. f. wiss. Tierhlk. Bd. 53, S. 265—268.

Barile (1) hat festgestellt, daß es sich bei der Schleie um eine Bakteriotoxikämie gehandelt hat, die durch eine Varietät des „Proteus vulgaris" verursacht wurde.
Frick.

Donatien (4) schildert die für Algerien typischen Tierkrankheiten.

Solche mit unbekannten Erregern sind Boukh'-Chem, eine nervöse Enzootie der Kabylenhunde, Ghedda oder Grippe der Dromedare und Namussia, eine Paralyse der Junglämmer. Von bakteriellen Krankheiten werden angetroffen: Milzbrand, Geflügelcholera, Maltafieber und die ansteckende Agalaktie der Ziegen und Schafe. Von den Virusseuchen werden Tollwut, Schafpocken und eine ansteckende Blutarmut der Schafe und Ziegen beobachtet. Die Arbeit schließt mit einer Beschreibung der in Algerien anzutreffenden Spirochätosen (Sohlengänger, Kaninchen, Hühner), Leishmaniosen (Hund), Trypanosomen (Beschälseuche, Debab) und Piroplasmosen (Pferd, Rind, Schaf, Ziege).
C. Reinhardt.

Honigmann (8) untersuchte die Krankheiten beim deutschen Hochwild.

An ganzen Tierkörpern wurden vernichtet:

| | Tuberkulose | Pyämie, Septichämie | Trichinen | Gesundheitsschädl. Finnen | Wassersucht m. Abmagerung |
|---|---|---|---|---|---|
| Rotwild . . . . | 30 | 3 | — | 7 | 65 |
| Damwild . . . | 699 | — | — | 12 | 22 |
| Rehwild . . . . | 1 | — | — | 3 | 28 |
| Schwarzwild . . | 1440 | 1 | 7 | 6 | 55 |
| Summa | 2170 | 4 | 7 | 28 | 170 |

Die größte Rolle spielte also die Tuberkulose und dann die Wassersucht in Verbindung mit Abmagerung; es folgten hierauf die gesundheitsschädlichen Finnen, die Trichinen und zum Schluß die Pyämie bzw. Septikaemie. Außerdem beschlagnahmte Verf. 5624 Lungen wegen Vorhandensein von Lungenwürmern, 3845 Lungen, 2591 Lebern, 15 Nieren und 294 Köpfe mit Zungen wegen Tuberkulose, ferner 3 Köpfe mit Zungen wegen Aktinomykose, 4 Köpfe mit Zungen, 12 Lungen, 413 Lebern und 7 Herzen wegen Finnen, sodann 107 Lebern wegen Egel und 3 wegen Hülsenwürmern.

Auf Grund der Untersuchungsergebnisse muß Verf. der Einführung der Fleischbeschau für das Wildbret zustimmen. Für das in die Städte eingeführte Wild müßte die Beschau obligatorisch sein, für das auf dem Lande direkt nach den Jagden zum Verkauf gelangende Wild könnte eine von den Revierinhabern fakultativ durchgeführte Wildfleischbeschau ebenfalls von großem Nutzen sein. Die Vorschriften über die technische Ausführung der Fleischbeschau bedürfen hierzu keiner Änderung. Auf eine Beibringung des gesamten Magendarmkanals für die Zwecke der Beschau ist aber aus jagdlichen Gründen zu verzichten.
Trautmann.

Kawamura, Nagao und Fukuyama (9) berichten über einen aus der Muskulatur eines toten Walfisches isolierten Anaerobier, dessen Eigenschaften sie eingehend studierten. Ob er mit dem Rauschbrandbazillus oder einem anderen bekannten Anaerobier identisch ist, ist vorläufig nicht entschieden.
Nitta.

Schmidt (12) stellte mit Buttermilchpräparaten Skorbutversuche an Meerschweinchen an, um den Vitamingehalt dieser Präparate zu prüfen.

Zunächst ernährte er Meerschweinchen neben Hafer ad libitum mit je 50 g einer $1/_2$ Stunde lang abgekochten Milch. Diese Tiere gingen nach 3—4 Wochen an Skorbut ein. In einer zweiten Versuchsreihe fütterte er Tiere von gleichem Alter außer mit Hafer mit je 50 g Buttermilchkonserve pro die. Anwendung fanden die aus den Töpferschen Trockenmilchwerken Böhlen-Rötha in Sachsen bezogene holländische Säuglingsnahrung und die nach Biedert in Zwingenberg hergestellte Buco. Diese Meerschweinchen konnten zwar ebenfalls nicht vor Skorbut geschützt werden, aber sie starben nach einem doppelt so langem Zeitraum, als die Tiere, die mit abgekochter Milch ernährt wurden.

Auf Grund dieser Versuche nimmt Verf. an, daß in den Buttermilchpräparaten ein Stoff vorhanden ist, der dem Ausbruch des Skorbuts entgegentritt, ein Stoff, der beim Meerschweinchen dazu ausreicht, das Leben zu verdoppeln, beim Menschen aber, den Ausbruch des Skorbuts in den weitaus meisten Fällen zu verhüten.
Krage.

Schmidt-Hoensdorf (13) stellte als Erreger der fibrinösen Serosenentzündung der Meerschweinchen ein zu den den hämophilen Bakterien verwandten Keimen zu rechnendes Stäbchen fest.
Weber.

## II. Geschwülste, konstitutionelle und Stoffwechselkrankheiten.

Zusammengestellt und geordnet von E. Joest.

### 1. Geschwülste.

#### a) Allgemeines.

(Geschwülste einzelner Tierarten, einzelner Körpergegenden, Experimentelles, Diagnose und Therapie der Geschwülste.)

1) Auler, H.: Nebennieren und Geschwulstwachstum. Zschr. f. Krebsforsch. Bd. 22, S. 210—217. (Versuche an Ratten.) — *2) Barile, C.: Neoplasie pericardiche e periaortiche nel cane. (Neubildungen des Herzbeutels und der Aortenwurzel.) Nuovo Ercol. Bd. 30, Nr. 8, S. 141—148. — 3) Boddie, G. F.: Removal of nasal tumor. Vet. Rec. Bd. 5, S. 1013. (Kas.) — 4) Betteri, G.: Contributo allo studio dei tumow epiteliali in rapporto con processi inflammatorî cronici, dal punto di vista patogenetico. (Beitrag zur Lehre der epithelialen Neubildungen mit Bezug auf die chronischen Entzündungsprozesse, vom pathogenetischen Standpunkt aus.) Il Moderno zooiatro. (Nichts Neues.) — 5) Eber, W., F. Klinge und L. Wacker: Über den Einfluß der Nahrung auf die Erzeugung des experimentellen Mäusekarzinoms. Zschr. f. Krebsforsch. Bd. 22, S. 359—364. — *6) Edelmann, H.: Zur Frage der differentialdiagnostischen Verwendbarkeit der Gitterfaserfärbung bei Karzinomen und Sarkomen. Virch. Arch. Bd. 258, S. 317—330. — 7) Engel, D.: Über Vitalfärbung von Impftumoren mit Säurefarbstoffen. Zschr. f. Krebsforsch. Bd. 22, S. 365—372. — *8) Hoogland, H. J. M.: De tegenwoordige stand vor het experimenteele Kankeronderzoek. (Der gegenwärtige Stand der experimentellen Krebsforschung.) Tijdschr. voor Diergeneesk. Bd. 52, S. 13—23. — 9) Keller, K.: Demonstration eines Neoplasmas der Gebärmutter vom Rind. W. t. Mschr. Bd. 12, H. 5, S. 270. (Sitzungsbericht.) — 10) Krompecher, E.: Zur vergleichenden Histologie der malignen epithelialen Schilddrüsengeschwülste. Zieglers Beitr. Bd. 73, S. 386—403. (Mensch.) — 11) Lasnitzki, A.: Über die Glykolyse der bazillogenen Rattentumoren und normalen Rattengewebe. Zschr. f. Krebsforsch. Bd. 22, S. 536—539. — 12) Lauche: Über rhythmische Strukturen in Geschwülsten und ihre Bedeutung. Verh. D. path. Ges. Bd. 20, S. 318 bis 321. — *13) Lewin, C.: Invisibles Virus und maligne Geschwülste. Zschr. f. Krebsforsch. Bd. 22, S. 455—471. — *14) Lottermoser, E.: Beitrag zur Kenntnis der Epulis beim Pferd. Diss. Berlin. — 15) Lund, L. und W. Arends: Drei interessante Neubildungen (Leiomyoma, Kystadenoma, Sarcoma alveolare) beim Hunde und Schweine. D. t. W. Bd. 33, S. 396—399. — 16) Maximow, A.: Über krebsähnliche Verwandlung der Milchdrüse in Gewebskulturen. Virch. Arch. Bd. 256, S. 813—845. (Versuche mit Kaninchen.) — 17) Mayer, Edm.: Die Bedeutung der Fibrillen und des Plasmas für die morphologische Abgrenzung von Karzinom und Sarkom. Verh. D. path. Ges. Bd. 20, S. 327—334. — *18) Pudor, S.: Versuchungen über die geschwulsterzeugende Eigenschaft der Nematode Rhabditis pellio. Zschr. f. Krebsforsch. Bd. 22, S. 384—392. — 19) Reichert: Über die tumorerzeugenden Bakterien. Ebendas. Bd. 22, S. 446—449. — *20) Reuter, C.: Beiträge zum Studium der Verpflanzung der Geschwülste. Inaug. Diss. Bukarest. — 21) Roosen, Rud.: Intraperitoneale Öl-Farbstoffinjektionen gegen Mäusekrebs. Zschr. f. Krebsforsch. Bd. 22, S. 480—483. — 22) Roskin, Gr.: Histophysiologische Studien an Geschwulstzellen. I. Mitt. Ebendas. Bd. 22, S. 472—479. — 23) Saltykow, S.: Zum Bau der Epuliden. Virch. Arch. Bd. 253, S. 775 bis 778, 1924. (Betrifft Mensch.) — 24) Schmidt, M. B.: Über vitale Fettfärbung in Geweben und Sekreten durch Sudan und geschwulstartige Wucherungen der ausscheidenden Drüsen. Ebendas. Bd. 253, S. 432 bis 451, 1924. (Versuche an Mäusen.) — 25) Seel, L.: Versuche über Beeinflussung des Wachstums des experimentellen Teerkrebses durch Extrakte von Drüsen mit innerer Sekretion. 1. Teerkrebs und Hypophysenextrakt. Zschr. f. Krebsforsch. Bd. 22, S. 1—23. (Kaninchen.) — *26) Solowjow, B.: Die malignen Geschwülste und die Oberflächenspannung. (Pathol.-anat. Institut Kiew.) Memoiren des Veterin.-Zootechn. Instituts in Kiew. Jg. 1, Bd. 2, S. 84—90. 1924. (Ukrainisch mit engl. Zusammenfassung.) — *27) Tanabe, H.: Experimenteller Beitrag zur Ätiologie des Kropfes. Zieglers Beitr. Bd. 73, S. 415—431. — 28) Tinozzi, Fr. P.: Beitrag zum Studium der Blutveränderungen bei Ratten mit Experimental-Tumoren. Zschr. f. Krebsforsch. Bd. 22, S. 540—548.) — *29) Ubach, F.: Tumores de origen animales. (Tumoren tierischen Ursprungs.) Rev. de la Fac. de M. vet. (La Plata) Bd. 1, H. 3, S. 41—48. 1924. — 30) Vermeulen: Epiphysen und Epiphysentumoren bei Tieren. B. t. W. Bd. 41, Nr. 44. — *31) Zach, K.: Welcher Art sind die gemeinhin als Warzen bezeichneten Gebilde bei Pferd und Hund? Diss. Wien 1924/25.

Ubach (29) berichtet über 2 Fälle von Tumoren bei Tieren.

Im 1. Falle handelte es sich um ein geperltes Epitheliom eines Hundes, das sich von der gleichen, bei Menschen vorkommenden Geschwulst nicht unterscheiden ließ. Der 2. Fall betrifft ein Brustdrüsenadenokarzinom einer Katze, wie es bei Menschen bereits beschrieben wurde. Der Fall war interessant, weil er die Ausdehnung der Geschwulst auf dem Lymphwege deutlich erkennen ließ.

Ruppert.

Lottermoser (14) teilt 7 Fälle von Epulis beim Pferde mit.

In 4 Fällen handelt es sich um ein Fibroma molle, in 2 Fällen um Osteofibrome und in einem Falle um einen bösartigen Tumor. Verf. gibt eine genaue Literaturübersicht und beschreibt seine Fälle in makroskopischer und histologischer Hinsicht. Auch werden die bei den Epulis auftretenden klinischen Symptome, sowie prognostische und therapeutische Hinweise gegeben.

Trautmann.

Zach (31) hat bei Pferd und Hund die warzenartigen Gebilde untersucht.

Die Untersuchungen bezogen sich auf 24 Pferde und 13 Hunde, an denen im Laufe von 5 Monaten unter ca. 1500 Pferden und 400 Hunden warzige Gebilde gefunden wurden. Warzen im Ohre des Pferdes kamen verhältnismäßig häufig vor. Das Vorkommen dieser Gebilde betrug bei den untersuchten Pferden ungefähr 4%. Die übrigen 15 Fälle von warzigen Bildungen beim Pferd an anderen Körperstellen kamen seltener vor (1%). Beim Hunde fanden sich 13mal Gebilde, die man klinisch als Warze ansprechen konnte; ihr Vorkommen berechnete Verf. mit ca. 3%. Bei der histologischen Untersuchung erwiesen sich beim Pferde die Gebilde an der Ohrmuschelinnenfläche alle von der gleichen Struktur; sie können als flache Akanthome bezeichnet werden. Von den übrigen 15 Fällen waren 6 warzenartige Hornschwielen, 4 warzenartige Schwielen und 5 Akanthome. Beim Hund fanden sich 6 Akanthome, 4 Adenomata sebacea, 2 Rundzellensarkome und 1 Fibrom.

Trautmann.

Barile (2) beschreibt eine Neubildung am Herzbeutel als fibrosarkomatöses Gebilde und eine solche der Periaorta als Endotheliom.

Feclich.

Reuter (20) berichtet über die Verpflanzung der Geschwülste.

Es wurden in 22 Fällen Geschwülste, in Form von ganzen Stücken oder von Emulsionen, beim Pferde und Hunde subkutan verpflanzt; es hat sich eine Neubildung in der Größe einer Bohne oder einer Haselnuß ausgebildet, welche sich in diesem Zustand einige Tage oder Wochen hielt, um dann resorbiert zu werden. Die Resorption wird nach 2—3 Wochen vollendet. Die Verpflanzung hat keinen Einfluß auf das Allgemeinbefinden der Versuchstiere.                Constantinescu.

Auf Grund bestimmter Fütterungsversuche mit weißen Ratten zur Klärung der Ätiologie des Kropfes kommt Tanabe (27) zu dem Ergebnis, daß die Kropfbildung (Struma diffusa parenchymatosa) auf dem Jodmangel der Nahrung beruht, und daß das Kalzium bei gleichzeitigem relativem Jodmangel der Nahrung auf die Schilddrüse erst recht kropferzeugend wirkt.                Joest und Cohrs.

Pudor (18) konnte mit der Nematode Rhabditis pellio bei Fröschen keine echte Geschwulst erzeugen. Demgemäß konnte er die diesbezüglichen Resultate von Kopsch nicht bestätigen.                Joest und Cohrs.

Lewin (13) bespricht die Untersuchungen, die bisher über durch invisibles Virus erzeugte maligne Geschwülste angestellt worden sind. Sicher ist die Tatsache, daß das sog. Hühnersarkom durch ein ultravisibles Virus erzeugt wird. Hinsichtlich der Ätiologie der malignen Tumoren ist künftig mehr als bisher auch an parasitäre und infektiös-toxische Faktoren zu denken.                Joest und Cohrs.

Hoogland (8) gibt in einem interessanten Vortrag die neuen Krebsforschungen wieder.

Die Überpflanzung der Tumoren gelang bis heute hauptsächlich bei Maus, Ratte und Hund. Vornehmlich die bösartigen Geschwülste sind leicht zu übertragen; dies beweist, daß die Zellen maligner Tumoren biologisch verändert sind, an Selbständigkeit reicher und an Differenzierungsvermögen ärmer geworden sind. In einzelnen Fällen entstehen beim Überpflanzen Tumoren anderer Art, wie Sarkome aus Karzinomen und umgekehrt. Das Wachstum der verpflanzten Tumoren erfolgt durch Vermehrung der eigenen transplantierten Elemente. Für Hühnersarkome ist das Bestehen eines lebenden Virus wahrscheinlich, vielleicht auch für das Rundzellensarkom in der Vagina und am Präputium beim Hunde.

Nach Edelmann (6) kann die Gitterfaserfärbung bei Karzinom und Sarkom mitunter differentialdiagnostisch verwendbar sein.                Joest und Cohrs.

Solowjow (26) hat die Oberflächenspannung von Extrakten der malignen und benignen Tumoren sowie der normalen Gewebe untersucht und folgendes konstatiert:

1. Die Extrakte der malignen Tumoren haben eine verminderte Oberflächenspannung im Vergleich zu den benignen Tumoren sowie zum normalen Gewebe. 2. Je größer die Malignität des Tumors ist, desto geringer erscheint die Oberflächenspannung. Der Verf. glaubt, daß die Verminderung der Oberflächenspannung, nicht nur des Blutes, sondern auch der lokalen Gewebe bei Krebskranken, die Zellteilung und Zellwanderung beeinflußt, was jede ätiologische Phase eines malignen Tumors erklärt.                Sysak.

### b) Aus ausgereiften Elementen bestehende (typische, gutartige) Geschwülste.

*1) Ball und Lombard: Les corps fibreux de l'utérus. J. de M. vét. Bd. 71, S. 7. — 2) Bayer: Die Warze (das Papillom) beim Pferde und ihre Behandlung. Zschr. f. Vet. Kunde Jg. 37, H. 6, S. 194 bis 196. — 3) Belkin: Leiomyoma der Leber nebst Bemerkungen über Leiomyoma im Magen, Darm und Vagina bei Hunden. B. t. W. Bd. 41, S. 50. — *4) Borowskyj, W.: Ein Fall von Hypernephroma substantiae corticalis bei der Kuh. Memoiren des Veterinär-zootechn. Institutes in Kiew. Jg. 2, Bd. 3, S. 78—79. (Ukrainisch.) — *5) Cohrs, P.: Über ein Hodenteratom eines Haushahnes (Gallus domesticus) mit Kankroidcharakter. Zschr. f. Krebsforsch. Bd. 22, S. 305—316. — 6) Colella, C.: Di un leiomioma dello stomaco in un coniglio. (Leiomyom am Kaninchenmagen.) Clin. vet. S. 551—559. (Abbild., Histol. Befund.) — 7) Derselbe: Di un cistadenoma papillifero del rene in un coniglio. (Zottentragendes Zystadenom in der Kaninchenniere.) Ebendas. S. 560—567.) (Abbild., histol. Befund.) — 8) Hare, T.: Cleft palate with lipoma of the enstachian tube in a bullock. Vet. J. Bd. 81, S. 358—360. (1 Fall mit Bild.) — 9) Hieronymi, E.: Ein Lymphangioma cysticum cutis und seine Histopathogenese. Arch. f. wiss. Tierhlk. Bd. 53, S. 444 bis 452. (Einzelfall.) — 10) Lehmann, M.: Ein Leiomyom des Hüftdarms des Pferdes als Ursache intermittierender Kolik. Diss. Hann. und D. t. W. Bd. 33, S. 407—408. (Auszug.) — 11) Mauderer: Operation eines Beckenlipoms und Komplikationen im Heilverlauf. T. R. Bd. 31, S. 809—810. — 12) Schmoldt: Papilloma coralliforme im Schlund des Rindes. Ebendas. Bd. 31, S. 176. (Einzelbefund.) — 13) Sonnenberg, H.: Ovarialteratom beim Pferde. Diss. Hann. und D. t. W. Bd. 33, S. 823—824. (Auszug.)

Ball und Lombar (1) beschreiben in ihrer Arbeit: „Les corps fibreux de l'utérus" sehr umfangreiche Myofibrome im linken Uterushorn einer Hündin.                Henkels.

Cohrs (5) berichtet über ein Hodenteratom eines Haushahnes (Gallus domesticus) mit Kankroidcharakter.

Es handelt sich um ein monogerminales, dreikeimblättriges, solides Teratom (Tridermom). Es besteht aus verhornenden Plattenepithelherden, Drüsengewebe und Bindegewebe. Sein ektodermaler Bestandteil, der über die Hälfte des Tumors ausmacht, besitzt karzinomatösen (Kankroid-) Charakter.

Vergleichend-pathologisch zeigt sich, daß auch bei den Vögeln wie beim Menschen und bei den Haussäugetieren die Hoden einen Lieblingssitz für Teratome darstellen.

Für die Entstehung des Tumors dürften in erster Linie Genitalzellen, die infolge Nichteindringen in die Genitalstränge aus dem natürlichen Verband ausgeschaltet geblieben sind, in Frage kommen.                Joest und Cohrs.

Bei einer 8 jährigen geschlachteten Kuh hat Borowskyj (4) in beiden Nebennieren Tumoren von Eigröße beobachtet. Histologisch haben sie den Zelltypus von Zona fasciculata und reticularis gezeigt. Das Fett war sehr spärlich nur in vereinzelten epithelialen Zellen sowie im Interstitium zu finden.                Sysak.

### c) Aus unausgereiften Elementen bestehende (atypische, bösartige) Geschwülste.

#### α) Sarkom.

*1) Auler, H. und Eug. Neumark: Spontane Sarkomatose bei einer Zuchtratte des städtischen Gesundheitsamtes. Zschr. f. Krebsforsch. Bd. 22, S. 404 bis 406. — *2) Carrel, A.: Des facteurs nécessaires à la genèse d'un sarcome. C. r. Soc. de Biol. Bd. 92, S. 1493—1495. — *3) Derselbe: La résistence de l'organisme à la formation du sarcome. Ebendas. Bd. 93, S. 10—11. — *4) Cohrs, P.: Spontane Sarkomatose bei einer zahmen weißen Ratte. Zschr. f. Krebsforsch. Bd. 22, S. 549—550. — *5) Garschin, W.: Über reaktive Erscheinungen im Hundesarkom nach Fremdkörpereinführung. Ebendas. Bd. 22, S. 270 bis 277. — 6) Huntemann, G.: Lymphosarkomatose der Leber und des Pankreas beim Rinde. Diss. Hannover und D. t. W. Bd. 33, S. 600—601. (Auszug.) —

7) Lippmann, E.: Über ein primäres Spindelzellen-sarkom in der Milz eines Hundes. Ebendas. Bd. 33, S.762—763. (Auszug.) — 8) Lund, L.: Primäres Spindelzellensarkom auf der Rüsselscheibe eines Schweines. D. t.W. Bd. 33, S. 33—35. — *9)v. Meyenburg, H.: Metastasierendes Sarkom beim Kaninchen nach Einheilung eines Fetus. Virch. Arch. Bd. 254, S. 563—572. — 10) Möllmann: Über einen Fall von Lymphosarkomatose beim Schwein. Zschr. f. Vet. Kunde Jg. 37, H. 2, S. 47—51. — *11) Pentimalli, F.: Über die elektive Wirkung des Virus des Hühnersarkoms. Zschr. f. Krebsforsch. Bd. 22, S. 74—78. — *12) Derselbe: Über Metastasenbildung beim Hühnersarkom. Ebendas. Bd. 22, S. 62—73. — *13) Reisinger, M. C.: Een geval van sarcomatosis bij een paard. (Ein Fall von Sarkomatose beim Pferd.) Tijdschr. voor Diergeneesk. Bd. 52, S. 461—462. — 14) Schulte, H.: Über ein primäres Fibrosarkom in der Milz eines Hundes. Diss. Hannover und D. t. W. Bd. 33, S. 873 bis 875. (Auszug.) — 15) Twort, C. C. und K. H. Hare: Primary granuloma in the rabbit, with secondary lymphozytic infiltration of the viscera. Vet. J. Bd. 81, S. 82—87. (1 Fall.) — 16) Vogt: Multiple Sarkomatose eines Pferdes nach einer Operation. B. t. W. Bd. 41, S. 25.

Carrel (2) hat über die Bedingungen zur Genese eines Sarkoms berichtet.

Zwei Faktoren können als Bedingungen angesehen werden: eine toxische Substanz und in Teilung befindliche Zellen. Eine Methode zur Provokation von Geschwülsten besteht in der subdermalen und intramuskulären Pfropfung von Embryonalgewebe. Beim Huhn kommt es relativ leicht zur gutartigen Teratombildung. (Epitheliale Zysten, Knochen-, Knorpel-, Bindegewebe.) Das Wachstum dieses Tumors gleicht jedoch nicht dem embryonalen und unterscheidet sich auch nicht vom definitiven Gewebe, sie rezidivieren nach Exstirpation nicht, auch sind Übertragungsversuche negativ. Behandelt man die Tiere mit Teer vor (intravenöse Injektion) und überpflanzt Embryonalgewebe, so entstehen teratomähnliche Tumoren von genanntem Typus, die jedoch rezidivieren und unter bestimmten Bedingungen in Sarkome übergehen. Die Vorbehandlung mit Teer scheint demnach eine Substanz zu erzeugen, welche die Gewebsumbildung bewirken kann. Möglicherweise findet durch diese toxische Substanz eine chronische örtliche Reizung des Gewebes statt. Graf.

Carrel (3) hat im Anschluß an seine Versuche über Körperresistenz gegen Sarkombildung bei Hühnern eine kurze Mitteilung über neuere Resultate veröffentlicht; über deren theoretische Deutung wird auf das Original verwiesen. Graf.

Reisinger (13) beschreibt einen Fall von Sarkomatose bei einem 3jährigen Pferd.

Es wies klinisch bloß unregelmäßigen Haarwuchs und Hautabszesse auf. In der Milz wurden zahlreiche scheckige Tumoren von Hagelkorn- bis Nußgröße gefunden. Die Leber war geschwollen und die Portallymphdrüsen und die mesenterialen Lymphdrüsen wiesen Tumoren auf. Die mikroskopische Untersuchung wurde nicht ausgeführt. Beijers.

Garschins (5) Untersuchungen über reaktive Erscheinungen im Hundesarkom nach Fremdkörpereinführung (Kieselgurnadeln) sprechen dafür, daß die Zellen der sog, rundzelligen Hundesarkome nicht zu den Zellformen des Granulationsgewebes gehören, sondern eher zu den echten Blastomzellen. Joest und Cohrs.

v. Meyenburg (9) beschreibt ein metastasierendes Sarkom beim Kaninchen nach Einheilung eines Fetus. Die Geschwulst hat 2 Jahre nach der Operation, die eine extrauterine Gravidität bei dem Tier herbeiführte, seinen Tod verursacht. Das Geschwulstmaterial stammt nach Ansicht des Verf. vom Muttertier und nicht vom Fetus her. Joest und Cohrs.

Auler und Neumark (1) untersuchten einen Fall von spontaner Sarkomatose bei einer Zuchtratte. Es handelte sich um ein großzelliges Spindelzellensarkom der Leber, das zahlreiche Metastasen in die Bauchorgane gesetzt hatte. Joest und Cohrs.

Cohrs (4) beschreibt einen Fall von spontaner Sarkomatose bei einer zahmen weißen Ratte. Es handelt sich um kleinzellige Rundzellensarkome in der Leber und Milz. Der Primärtumor war einwandfrei nicht feststellbar. Joest und Cohrs.

Eine elektive Wirkung des Virus des Hühnersarkoms zeigt sich nach Pentimalli (11) darin, daß das in die Blutbahn injizierte Virus sich an den Stellen fixiert, an denen das Gewebe infolge einer Verletzung geschädigt ist. In einer Periode zwischen dem 2. und 4. Tage nach der Verletzung unterliegen die jugendlichen Bindegewebselemente des verletzten Gewebes leichter der Wirkung des Virus. Joest und Cohrs.

Pentimallis (12) Untersuchungen beweisen, daß die Metastasenbildung beim Hühnersarkom, die auf einem von den neoplastischen Zellen trennbaren Agens beruht, sowohl durch Eindringen von zelligen Elementen in den Kreislauf, die sich darauf an bestimmten Stellen des Organismus festsetzen, als auch durch den Mechanismus des Eindringens des unbekannten Sarkomvirus in den Kreislauf. In beiden Fällen ist eine besondere Disposition des Gewebes begünstigend für die Metastasenbildung. Joest und Cohrs.

### β) Karzinom.

1) Ball, V. und L. Auger: Cancer ganglionnaire cervical primitif et bilatéral (sarcome lymphoblastique) chez un chat. Rev. gén. de M. vét. Bd. 34, S. 688 bis 690. (1 Fall.) — *2) Ball und Boudet: Cancer et gestation. J. de M. vét. Bd. 71, S. 5. — 3) Barret, E. P.: Carcinomata of the testicle and spleen in a bitch. Vet. Rec. Bd. 5, S. 1073. (Kas.) — 4) Basel, J.: Ein Beitrag zum Magenkarzinom des Pferdes. T. R. Bd. 31, S. 153—160. (Im Original nachlesen!) — 5) Bittmann, O.: Zur Frühentstehung des Teerkarzinoms an Kaninchenohren. Zschr. f. Krebsforsch. Bd. 22, S. 278—290. — 6) de Gasperi, F.: Carcinoma hepatocellulare alveolare solidum in Lutra vulgaris (Fischotter). Nuova Vet. S. 254—260. (Histologisches u. Abbildungen.) — 7) Hedinger, E.: Zur Lehre der Hautkarzinome. Virch. Arch. Bd. 254, S. 321—328. — 8) Illing, P.: Biochemische Untersuchungen von Karzinomzellen mittels artfremder Sera. Zschr. f. Krebsforsch. Bd. 21, S. 463—468. 1924. — *9) Jeannée, H.: Zur Frage der Metastasenbildung bei Einbrüchen von Karzinomen in den großen Kreislauf. Virch. Arch. Bd. 256, S. 684—692. — *10) Koch, Jos.: Die Erschließung des Zellbildes bösartiger Geschwülste. Über artfremde Zellen im Krebs. Zbl. f. Bakt. (Orig.) Bd. 96, H. 5/6, S. 283—309. — 11) Krompecher, E.: Über Gesetzmäßigkeiten im Aufbau der Krebse. Zschr. f. Krebsforsch. Bd. 22, S. 410—421. — *12) Krotkina, N.: Ein außergewöhnliches experimentelles Teerkarzinom beim Kaninchen. Ebendas. Bd. 22, S. 125—128. — 13) Liégeois: Cancer cortico surrénalien chez la vache. Ann. de M. vét., Januar. — 14) Lund, L.: Intraenterales chondro-osteoplastisches Adenokarzinom im Blinddarm eines Pferdes. D. t. W. Bd. 33, S. 281—283. (1 Fall pathol. anatom.) — 15) Malinin, A.: Zur Kenntnis der pathologisch-

anatomischen Veränderungen bluterzeugender Organe bei Karzinomkachexie. Zschr. f. Krebsforsch. Bd. 22, S. 136—143. (Mensch.) — 16) Mc Cunn, J.: Carcinoma in a dog. Vet. Rec. Bd. 5, S. 363—364. — 17) Paine, R.: Scirrhous cords in pigs and other case. Ebendas. Bd. 5, S. 70. (Kasuistisch.) — *18) Sambon, L. W.: The elucidation of cancer. Vet. J. Bd. 81, S. 375—396. — 19) Schamoni, Herm.: Karzinome und Sarkome. Eine statistische Untersuchung. Zschr. f. Krebsforsch. Bd. 22, S. 24—61. (Mensch.) — 20) Schlegel: Charakteristik des Darmkarzinoms beim Rind. B. t. W. Bd. 41, S. 35. — 21) Schultz: Multiple Adenokarzinome in den Organen eines Rindes. T. R. Bd. 31, S. 879—880. — 22) Sendrail, M.: Le cancer expérimental. J. de M. vét. Bd. 71, S. 9. — 23) Shannon, W.: Cancer of the rumen. Vet. Rec. Bd. 4, S. 1030. 1924. — 24) Torrance, H. L.: A case of cancer. Ebendas. Bd. 5, S. 150.

Sambon (18) gibt einige vergleichende Beiträge zur Frage der Krebsentstehung. Die angeführten Beispiele lassen den Verf. als einen Anhänger der parasitären Reiztheorie erscheinen. C. Reinhardt.

Hinsichtlich der Metastasenbildung bei Einbrüchen von Karzinomen in den großen Kreislauf spielen nach Jeannée (9) außer dem Einbruch dieser in die Gefäße, noch andere wichtige Einflüsse eine entscheidende Rolle, und zwar besonders Abwehrkräfte des Organismus, die die in die Blutbahn eingeschwemmten Geschwulstzellen zugrunde gehen lassen. Joest und Cohrs.

Ball und Boudet (2) beschreiben unter dem Titel: „Cancer et gestation" einen klinischen Fall, in dem sie bei einer Kuh Uteruskrebs und gleichzeitig Trächtigkeit festzustellen vermochten. Sie zogen daraus die Schlüsse: 1. Gebärmutterkrebs kann bei Haustieren ebenso wie beim Menschen neben Schwangerschaft bestehen. 2. Der Fetus kann ausgetragen werden und kann normal sein. 3. Nach der Geburt kann der Gebärmutterkrebs eine plötzliche Lageveränderung aufweisen. Henkels.

Krotkina (12) beschreibt ein sog. Teerkarzinom am Ohr eines Kaninchens, das durch tiefes Fortschreiten mit Übergreifen auf den Kieferknochen, auf die Speicheldrüsen und die regionären Lymphknoten und Halslymphknoten und Metastasierung in der Lunge ausgezeichnet ist. Joest und Cohrs.

Koch (10) erläutert seine Untersuchungsmethoden von Geschwulstzellen, durch die es ihm gelang, das Vorkommen besonderer amöboider Zellen im Krebs nachzuweisen; er macht dabei besonders auf ihre Existenz außerhalb und innerhalb der Epithelzellen und auf die Identität dieser intra- und extrazellulären Formen aufmerksam. Schumann.

**d) Verschiedene Geschwülste, Zysten und ähnliche Gebilde.**

1) Bouhet, Fils.: Hématomes chez le pore. Rec. de M. vét. Bd. 101, S. 8. — 2) Chambers, F.: An unusually large haematoma. Vet. J. Bd. 81, S. 44. (Kasuistisch.) — *3) Daille, Embryone pulmonaire chez un veau. J. de. M. vét. Bd. 71, S. 12. — *4) Feldman, W. H.: Mesothelioblastoma of the pleura. J. Am. Vet. Med. Assoc. Bd. 66, Nr. 6, S. 754—763. — 5) Harle, G. H. M.: Dermoid cyst in a horse. Vet. J. Bd. 81, S. 88. (1 Fall.) — *6) Rivabella, S.: Contributo alla patologia del processo cicatriziale del cavallo. (Pathologie der Narben beim Pferde.) Clin. vet. S. 747 bis 758. — 7) Teutschlaender: Über das Trichokoleom, einen beim Menschen noch unbekannten Tumor der Maus. Verh. D. path. Ges. Bd. 20, S. 322—326.

Daille (3) beschreibt in seiner Arbeit: „Embryone pulmonaire chez un veau" die Existenz eines Tumors an der Vorderbrust eines Kalbes von etwa 1200 g Gewicht. Die histologische Untersuchung bewies, daß der Tumor aus embryonalem Lungengewebe bestand. Henkels.

Feldman (4) beschreibt einen großen Tumor am Brusteingang beim Pferd.

Der Tumor hatte während des Lebens des Tieres ein umfangreiches Ödem an Unterbrust und Bauch hervorgerufen. Die 900 g schwere Geschwulst zeigte einen Umfang von 55 cm und hatte den Ösophagus die Karotiden und Venen dieser Gegend vollständig umwachsen. Einzelne bohnengroße metastatische Herde fanden sich an der parietalen Pleura. Die histologische Untersuchung führte zur Diagnose: Mesothelioblastoma. Hobmaier.

Rivabella (6) sah bei einem Pferde, das wegen Sehnenscheidengalle gebrannt war, ein über 10 kg schweres Narbenkeloid entstehen. Dasselbe wurde exstirpiert und die Wunde mit Hydr. bijod.-Salbe nachbehandelt. Danach soll Heilung mit winziger Narbe eingetreten sein. Frick.

## 2. Konstitutionelle und Stoffwechselkrankheiten.

### a) An den Knochen sich äußernde Krankheiten.

*1) Beyersdorf, A.: Therapeutische Versuche mit phosphorsaurem Paranephrin-Merck bei der Osteomalazie des Rindes. Diss. Hannover und D. t. W. Bd. 33, S. 22—25. (Auszug.) — *2) Blum, L., M. Delaville und Van Caulaert: Contribution a l'étude de la pathogénie du rachitisme. C. r. Soc. de Biol. Bd. 92, S. 184—185. — *3) Hoffheinz: Über Vergrößerungen der Epithelkörperchen bei Ostitis fibrosa und verwandten Krankheitsbildern. Virch. Arch. Bd. 256, S. 705—735. — *4) Kausch, L.: Ein eigenartiger Fall von Lecksucht. Prag. Arch. B. H. 9, S. 230 u. 231. — *5) Klapács, Stef.: Schweifbenagen bei Läuferschweinen. Állat Lapok S. 252. — *6) Lang, F. J.: Experimentelle Rachitis Arch. f. klin. Chir. Bd. 134, H. 4, S. 805—812. — 7) Derselbe, Über die genetischen Beziehungen zwischen Osteomalazie - Rachitis und Ostitis fibrosa. Virch. Arch. Bd. 257, S. 594—613. (Mensch.) — 8) Derselbe: Über die mikroskopischen Befunde des Knorpelschwundes. (Zugleich ein Beitrag zur Kenntnis des Knorpelödems und der Knorpelentzündung.) Ebendas. Bd. 256, S. 189—201. — 9) Maaß, H.: Knochenwachstum und Knochenaufbau. Ebendas. Bd. 256, S. 736—750. — *10) Petersen: Forsóg paa Behandling af Snóvlesyge hos Grise. (Versuche über Behandlung der Schnüffelkrankheit bei Ferkeln.) Maan. for Dyrl. Bd. 37, S. 244—246. — *11) Preuß, O. K.: Osteoporose. Nederl. Ind. Blad vor Diergeneesk. Bd. 37, S. 178—181. — *12) Preuß: Osteoporose. B. t. W. Bd. 41, S. 39. — *13) Schlegel, M.: Die Lecksucht (Hinschkrankheit) im Schwarzwald und ihre Beziehungen zur agrogeologischen Beschaffenheit der Wiesen und Weiden. D. Oest. t. W. Jg. 7, Nr. 7, S. 75—81 u. Nr. 8, S. 87—92. — *14) Theiler, A.: Das Knochenfressen der Rinder in Südafrika. Schweiz. Arch. f. Tierhlk. B. 67, S. 405—414. — *15) Vogel: Die Lecksucht — eine Avitaminose. M. t. W. Bd. 76, Nr. 19, S. 413—416. — *16) Westermann: Beitrag zur Behandlung lecksuchtkranker Rinder mit Humal cal. B. t. W. Bd. 41, S. 52.

Preuß (11) beschreibt 3 Fälle von Osteoporose, wovon sich 2 in der Zerreißung der Beugesehnen und Sesambänder (an ihren Anheftungsstellen) und der 3. durch Steifheit, rheumatismusähnlich äußerten. Beijers.

Preuß (12) schildert 3 Fälle von Osteoporose in Niederländisch-Ostindien, die er innerhalb von 6 Monaten in ein und demselben Betriebe vorfand.

Henkels.

Blum und seine Mitarbeiter (2) haben einen Beitrag zur Pathogenese der Rhachitis gegeben.

Nach ihren Analysen besteht bei Rhachitis eine Azidose, welche das Knochengewebe hindert, Kalzium zu fixieren, so daß schon die erste Stufe der Knochenbildung, die Kalzinisation relativ schwer erreicht wird. Für bereits gebildete Knochen würde dabei eine Entkalkung einsetzen. Diese Beobachtungen stehen im Zusammenhang mit der Tatsache, daß nach Verabreichung von Kalziumsalzen eine Besserung oder Heilung der Rachitis oft nicht beobachtet wird, und der Ansicht, daß ätiologisch eine Kalkarmut des Körpers nicht primär in Frage kommt.

Graf.

Schlegel (13) berichtet über die Lecksucht (Hinschkrankheit) im Schwarzwald und ihre Beziehungen zur agrogeologischen Beschaffenheit der Wiesen und Weiden.

Er beschreibt eingehend die klinischen Erscheinungen und die pathologisch-anatomischen Veränderungen. Hinsichtlich der Ätiologie kommt er zu dem Ergebnis, daß die im badischen Schwarzwald enzootisch und sporadisch vorkommende Hinschkrankheit der Rinder durch den niedrigen Gehalt vor allem an Natrium, sowie an Kalk und Phosphorsäure des Hinschheues, ferner durch den geringen Gehalt des hinschigen Wassers an Natrium- und Kalksalzen verursacht wird. Die Störung ist aus der chemischen Zusammensetzung des Hinschheues und Granitwassers abzuleiten und daher als primäre Krankheitsursache aufzufassen.

Die Therapie hat sich nach den ätiologischen Faktoren zu richten und muß daher eine kausale sein. Auf Verbesserung der Wiesen und Weiden ist besonderes Augenmerk zu richten. Wichtig sind geeigneter Pflanzenwuchs und künstliche Düngung des Bodens mit Kalk- und stickstoffhaltigen Düngemitteln. Salzmangel im Futter ist durch Düngung mit Chilesalpeter oder Staßfurter Salz, Kainit zu verhüten.

Krage.

Kausch (4) beschreibt einen eigenartigen Fall von Lecksucht, den er auf „Salzverarmung" zurückführt, weil das verfütterte Heu von einer mehrmals überschwemmten Wiese stammte und daher einen geringen Nährsalzgehalt besaß.

Krage.

Theiler (14) hat über das Knochenfressen der Rinder in Südafrika mitgeteilt.

Verf. beschreibt einen Symptomenkomplex, bei welchem unter dem Bilde des verkümmerten Wachstums, auffallender Länge von Kopf, Hörnern, Beinen, Gelenkanschwellungen, Knochenbrüchigkeit, Gier, Knochen zu fressen, vorkommt. Erscheinungen von Lecksucht fehlen vollkommen. Die Krankheit wird auf Phosphorarmut zurückgeführt, da Zufuhr von Phosphorsalzen oder Phosphorsäure rasch Heilung bringt. Die Krankheit ist bei wachsenden Tieren am ausgeprägtesten.

Graf.

Nach Vogel (15) ist die Lecksucht des Rindes in vielen Fällen eine Avitaminose. Er schlägt daher entsprechende Fütterung vor und spricht dabei die Vermutung aus, daß man möglicherweise durch vitaminreiche Ersatznährmittel die Disposition zu Infektionskrankheiten vermindern könnte.

J. Schmidt.

Hoffheinz (3) fand bei mit Störungen des Kalkstoffwechsels verbundenen Skeletterkrankungen des Menschen, besonders Ostitis fibrosa, Osteomalazie, selten bei Rhachitis, Vergrößerungen an den Epithelkörperchen im Sinne einer Hyperplasie.

Wahrscheinlich bestehen gleichzeitig funktionelle Störungen anderer innersekretorischer Organe. Die Erdheimsche Theorie wird abgelehnt. Joest und Cohrs.

Lang (6) erzeugte bei einem jungen wachsenden Hunde durch Zusammenwirken einer vitaminarmen Kost mit Behinderung der Bewegungsfähigkeit und mit der Einwirkung der Dunkelheit des Käfigs eine experimentelle Rachitis, die eine der kindlichen Rachitis analoge Knochenveränderung und Knorpelstörung aufwies.

Krage.

Beyersdorf (1) fand, daß 70% der Fälle von Osteomalazie beim Rinde durch phosphorsaures Paranephrin-Merck in 14 Tagen in Heilung übergeführt werden.

Die Dosis beträgt 40—80 ccm der Lösung 1 : 10000 subkutan in Abständen von 5—6 Tagen; schädliche Nebenwirkungen werden nicht beobachtet. Die Erfolge dieser Therapie scheinen die Auffassung von der inkretorischen Bedingtheit der Osteomalazie zu bestätigen.

C. Reinhart.

Westermann (16) behandelte Lecksucht der Rinder mit Humalcal.

Er kam dabei zu dem Ergebnis, daß die intravenöse Injektion von 20 ccm Humalcal in Abständen von 3—10 Tagen 3—6mal wiederholt, bei der Behandlung von 40 lecksuchtkranken Rindern gute Erfolge zeitigte. Bei 2 gleichzeitig an Lecksucht und Tuberkulose leidenden Kühen trat keine Heilung der Lecksucht, aber eine Verschlimmerung der Tuberkulose ein.

Henkels.

Petersen (10) behandelt Schnüffelkrankheit bei Ferkeln mit Jod-Jodkalium (Lugols Lösung) per os (im Futter gegeben). Schon nach 1 wöchiger Behandlung wurde beträchtliche Besserung und Aufhebung der Rhinitis festgestellt.

M. Christiansen.

Klapács (5) beobachtete in einem Läuferbestand bei einem großen Teile der Tiere das Benagen des Schweifes ihrer Genossen.

Es handelte sich nicht um Lecksucht zufolge unzweckmäßiger Fütterung, sondern um eine Unart, die entstand, als die Tiere statt Stroh als Streu Sand erhielten. Nachdem wieder mit Stroh gestreut wurde, benagten die Tiere wieder das Stroh und damit verschwand auch binnen wenigen Tagen die Unart.

Manninger.

### b) Sonstige Erkrankungen.

#### α) Avitaminosen.

*1) Petri, Else: Histologische und histochémische Befunde bei experimenteller Beriberi. Virch. Arch. Bd. 253, S. 147—156.

Die Organveränderungen, besonders auch die histologischen und histochemischen Befunde bei experimenteller Beriberi der Ratten, Mäuse und Hühner sind nach Petri (1) nicht spezifisch und schließen sich denen an, wie sie bei Insuffizienz- und Erschöpfungskrankheiten aller Art erhoben worden sind.

Joest und Cohrs.

#### β) Fett-, Cholesterin- und Glykogenstoffwechsel; Amyloid und Ähnliches.

*1) Arndt, H.-J.: Vergleichend-pathologisches zur „Cholesterinverfettung". Verh. D. path. Ges. Bd. 20, S. 127—132. — 2) Derselbe: Glykogenablagerung in infektiösen Granulomen. B. t. W. Bd. 41, S. 20. — 3) Berberich, J. und K. Hotta: Cholesterinuntersuchungen an Tauben bei experimentellen beriberiartigen Erkrankungen. Zieglers Beitr. Bd. 73, S. 11 bis 34. — 4) Frank, A.: Über die experimentelle Erzeugung von Kernglykogen. Verh. D. path.

Ges. Bd. 20, S. 195—200. (Mensch, Kaninchen.) — *5) Goldberg, M.: Zur Frage der Verfettung. Zieglers Beitr. Bd. 73, S. 1—10. — 6) Herzenberg, H.: Über vitale Färbung des Amyloids. Virch. Arch. Bd. 253, S. 656—660. 1924. — 7) Hueck, W.: Referat über den Cholesterinstoffwechsel. Verh. D. path. Ges. Bd. 20, S. 18—66. — *8) Huguenin, B.: Über Verfettungsherde der Leber. Zbl. f. Path. Bd. 36, S. 55 bis 56. — 9) Letterer, E.: Ein Beitrag zur experimentellen Amyloidforschung. Verh. D. path. Ges. Bd. 20, S. 301—304. — 10) Löwenthal, K.: Cholesterinfütterung bei der Maus. Ebendas. Bd. 20, S. 137. — 11) Rohrschneider, W.: Über die Bildung intrazellulärer anisotroper Tröpfchen nach örtlicher Einspritzung von Cholesterin in die Cornea und Vorderkammer des Kaninchenauges. Virch. Arch. Bd. 256, S. 150—157. — 12) Derselbe: Beitrag zur Kenntnis der experimentellen Hypercholesterinämie des Kaninchens. Ebendas. Bd. 256, S. 139—149. — 13) Schmidtmann, M.: Cholesterin und Blutdruck. Verh. D. path. Ges. Bd. 20, S. 118—120. (Mensch, Kaninchenversuche.) 14) Schultz, A.: Über Cholesterinverfettung. Ebendas. Bd. 20, S. 120—123. — 15) Tannhauser, S. J.: Referat über den Cholesterinstoffwechsel. Chemischer Teil. Ebendas. Bd. 20, S. 5—18. — 16) Tschopp, E.: Zur Kenntnis des Cholesterins. (Beitrag zur Funktion der Gallenblase.) Ebendas. Bd. 20, S. 123—127. — 17) Uchino, S.: Über die Amyloiderzeugung durch Nutroseinjektion. Zieglers Beitr. Bd. 74, H. 2, S. 405 bis 431. (Versuche an Mäusen.) — 18) Versé, M.: Referat über den Cholesterinstoffwechsel. Morphologischer Teil. Verh. D. psth. Ges. Bd. 20, S. 67—118.

Durch die Untersuchungen Goldbergs (5), die Frage der Verfettung betreffend, werden die Dokumente von Groß und Vorphal, mit denen diese Autoren die Fettbildung aus Eiweiß bewiesen zu haben glauben, entkräftet. Die Bildung von Fett aus Eiweißsubstanzen bedarf noch des Beweises.

Joest und Cohrs.

Huguenin (8) berichtet über 2 Arten von Verfettungsherden der Leber des Menschen und der Tiere. 1. In den gesunden Lebern gesunder Tiere (Hund, Rind, auch Mensch) kommen umschriebene Verfettungen vor, deren Genese und Ätiologie unklar sind; diese Verfettungen scheinen ohne Leberbalkenzellenschädigungen vorzukommen. 2. „In der Leber von Tieren und von Menschen, die an Infektionskrankheiten zugrunde gegangen sind, findet man gelegentlich eng begrenzte Verfettungsherde, diese sind vielfach mit Balkenzellenschädigungen verbunden, sie können in ebenfalls umschriebene Leberzirrhosen übergehen.“

Joest und Cohrs.

Arndts (1) vergleichend-pathologische Untersuchungen zur „Cholesterinverfettung“ beziehen sich auf infektiöse Granulome (Tuberkulose, Rotz und Aktinomykose) der Haustiere (Pferd, Rind, Schwein und Huhn) und des Menschen, sowie auf zooparasitäre Organerkrankungen (Echinokokkose und Distomatose) der Haustiere (Rind, Schaf, Schwein). Gleichzeitig wurde dem Glykogengehalt des Gewebes bei diesen Veränderungen Beachtung geschenkt. Weiterhin folgen einige Bemerkungen über Verfettung der Sternzellen der Schweineleber und über das Auftreten von Lipoiden in den Gallengangs- und Gallenblasenepithelien des Hundes.

Joest und Cohrs.

### γ) Pigmentstoffwechsel.

*1) Arndt, H.-J.: Zur Morphologie des Pigmentstoffwechsels der Haussäugetierleber. Zschr. f. Infekt. Krkh. d. Haust. Bd. 28, S. 81—94. — *2) Hjärre, A.: Pigmenterad fibros i lilla hjärnan och fibros i rygg-

märgen hos häst jämte en pigmentundersökning. (Pigmentierte Fibrose im kleinen Gehirn nebst einer Fibrose im Rückenmark beim Pferde nebst einer Pigmentuntersuchung.) Skand. Vet. Tidskr. Jg. 15, H. 11 u. 12, S. 185—202 u. 205—223. — *3) Stuurman, S.: Xanthosis. Tijdschr. voor Diergeneesk. Bd. 52, S. 962.

Arndts (1) Untersuchungen über die Morphologie des Pigmentstoffwechsels der Haussäugetierleber betreffen das Vorkommen von Hämosiderin und von autogenem braunem Abnutzungspigment in der Leber verschiedener Haussäugetiere.

Das Hämosiderin tritt auch bei den Haussäugetieren nicht nur extraepithelial (d. h. in den mesenchymalen Bestandteilen der Leber, Kupfersche Sternzellen usw.), sondern auch intraepithelial, in den Leberzellen selbst auf. Bezüglich des Vorkommens von Hämosiderin sind zwei Tierarten hervorzuheben, einmal das Pferd, bei dem der hohe Prozentsatz der gesamtpositiven Fälle und ferner die wohl besonders ausgeprägte Vorzugslokalisation in retikuloendothelialen Elementen zu beachten sind; ferner das Schwein, das als Omnivor hinsichtlich seines Eisenpigmentstoffwechsels dem Menschen am nächsten zu stehen scheint, besonders in bezug auf die intraepitheliale Hämosiderinablagerung. Auch beobachtete Verf. bei dieser Tierart eine diffuse Form des Auftretens von Hämosiderin mit vorwiegender Lokalisation im interlobulären Bindegewebe. Die Verteilung des Hämosiderins im Leberläppchen war bei den Haussäugetieren meist regellos und fleckförmig. Eine Entscheidung, inwieweit die Hämosiderinablagerung pathologischer oder physiologischer Art ist, kann zur Zeit nicht getroffen werden, jedoch dürfte bei ausgesprochener Hämosiderose in erster Linie an pathologische Bedingungen zu denken sein.

Das Auftreten von autogenem braunen Abnutzungspigment in der Leber scheint wie beim Menschen auch bei den Haussäugetieren wesentlich durch Krankheit und Alter bedingt zu sein.

Joest und Cohrs.

Stuurmann (3) sah einen Fall von Xanthosis bei einem 8jährigen Rind mit einer chronischen, indurativen Nephritis (linksseitig) und einer Echinokokkenblase in der rechten Niere. Die Kaumuskulatur, der Herzmuskel, die Zunge und die Nebennierenrinde waren schmutzig-schokoladenbraun bis schwarz gefärbt.

Beijers.

Hjärre (2) beschreibt eine von ihm als „pigmentierte Fibrose“ bezeichnete Bindegewebsneubildung zwischen Groß- und Kleinhirn bei einer 13jährigen Stute, die das Bild einer Ataxie gezeigt hatte.

Bei der Sektion wurde eine haselnußgroße, teilweise pigmentierte Neubildung zwischen Groß- und Kleinhirn gefunden, die in die Furche zwischen Lob. centralis und Lob. ascendens des letzteren eindrang. Sie bestand aus zellarmem, fibrösen Gewebe ohne Anzeichen von entzündlicher Reizung, hatte perivaskuläre Lokalisation und in gewissem Grade infiltrative Ausbreitung in der Gehirnsubstanz. Auch in der rechten Hälfte des Halsmarkes wurden sklerosierte Gebiete gefunden, die auf die Fascic. spino-cerebellares sowie die Gollschen und Burdachschen Stränge lokalisiert waren. Dort wurden Gefäßsklerose, Bindegewebsinduration, Gliaproliferation und Zerfall der Markscheiden beobachtet. Irgendwelche Sekundärdegeneration war aber nicht zu sehen. Verf. will die Veränderungen mit einer primären entzündlichen Gefäßalteration in Zusammenhang bringen. Das Pigment der Gehirngeschwulst wurde mikrochemisch und tinktoriell untersucht. Dabei prüfte der Verf. auf Grund der chemischen Verwandtschaft der Muttersubstanzen des Melanins und des Adrenalins das Verhalten des durch Oxydationsmittel gebleichten Pigmentes gegenüber Folins Phosphorwolframatlösung, wobei jenes einen blauen Farbenton annahm. Verf. wirft die Frage auf, ob diese Reaktion nicht differentialdiagnostisch zum Unterscheiden von Melaninen und anderen Pigmenten verwendbar sei. Sahlstedt.

δ) Allgemeine Erkrankungen auf Grund innersekretorischer Störungen.

*1) Biester, H. E.: Diabetes in a pig showing pancreatic lesions. J. Am. Vet. Med. Assoc. Bd. 67, Nr. 1, S. 99—109. — *2) Sakakibara, J.: Über die Frage der spezifisch diabetischen Veränderungen der Hypophyse. Virch. Arch. Bd. 258, S. 430—437. — 3) Wegelin, C.: Zur Kenntnis der Kachexia thyreopriva. Ebendas. Bd. 254, S. 689—709. (Betrifft Mensch.)

Biester (1) stellte einen Fall von Diabetes beim Schweine fest, der klinisch und pathologisch anatomisch bearbeitet wurde.

Zuckergehalt des Harnes 6,06%. Es waren Atrophien und Degenerationen der Langerhansschen Zellinseln des Pankreas, multiple Leukozyteninfiltrationen in der Leber mit stellenweiser fettiger Degeneration, Follikularatrophie der Milz, Schwellung der präkruralen Lymphknoten mit gelbsulziger Umgebung, Gastroenteritis catarrhalis desquamativa mit Gefäßinjektion und Eosinophilie, besonders in den Follikeln vorhanden. Klinisch Hautjucken und Abschilferung der Haut. Ausgangspunkt des Leidens vermutlich enterale Infektion. Hobmaier.

Sakakibara (2) fand keine charakteristischen Veränderungen in der Hypophyse bei Diabetes mellitus des Menschen Joest und Cohrs.

## III. Parasiten.
### Bearbeitet von Ludwig Freund.

### 1. Allgemeines und Verschiedenes.

1) Braun, M. und O. Seifert: Die tierischen Parasiten des Menschen, die von ihnen hervorgerufenen Erkrankungen und ihre Heilung. 1. Teil: Braun, M.: Naturgeschichte der tierischen Parasiten des Menschen. Leipzig: C. Kabitzsch. — 2) Cameron, T. W. M.: Some recent advances in veterinary helminthology. Vet. Rec. Bd. 5, S. 919—931. — 3) Cauchemez: Technique et recherches de coprologie microscopique parasitaire chez le mouton et la porc. Thèse vét. Paris; Rec. de M. vét. Bd. 101, S. 14. — 4) Dieckmann, H.: Versuche mit einem neuartigen Wurmmittel aus dem Pflanzenreich. D. t. W. Bd. 33, S. 917—919. — *5) Galli-Valerio, B.: Parasitologische Untersuchungen und Beiträge zur parasitologischen Technik. Zbl. f. Bakt. (Orig.) Bd. 94, H. 1, S. 60—64. — 6) Gates, W. H.: A method of concentration of parasitic eggs in feces. J. Paras. Bd. 7, S. 49, 1920/21. — 7) Hall, M. C.: Worm Parasites of domesticated Animals. Parasites of Swine. Chicago Ill, U. S. A.: Dr. Merillat 1924. — 8) Derselbe: Parasites and parasitic diseases of dogs. U. S. Dep. Agr. Dep. Circ. 338. Washington. (Zusammenfassende Darstellung aller durch tierische Parasiten erzeugten Krankheiten des Hundes.) — 9) Hall und Cram: Carbontetrachlorid as an anthelmintic, and the relation of its solubility to anthelmintic efficacy. J. Agr. Res. 15. Mai, S. 5. — 10) Kreitmair, H.: Über Digenea und das daraus hergestellte Wurmmittel „Helminal". M. m. W. Bd. 72, S. 56—57. — 11) Koegel, A.: Die wichtigsten gesundheitsschädlichen Würmer der landwirtschaftlichen Nutztiere Deutschlands. Stuttgart: F. Enke. — 12) Kaupp, B. T.: Animal parasites and parasitic diseases. Chicago: Alexander Eger. — 13) Kramer, F.: Vergleichende

Untersuchungen über den besten Nachweis von Parasiteneiern im Kot und einige Beobachtungen über die Entwicklung von Ascaris mystax. Diss. Hannover und D. t. W. Bd. 33, S. 701—703. (Auszug.) — *14) Lahille, F.: Los parásitos del cerdo en la Republica Argentina. (Die Parasiten des Schweines in Argentinien.) Rev. Centro Estud. Agron. y Vet. Buenos Aires 1924, Nr. 119, S. 630—636. — *15) Ließ, Joh.: Vergleichende Untersuchungen über die Brauchbarkeit verschiedener Flotationsmedien zum Nachweis von Parasiteneiern im Kot der Haustiere. Diss. Hannover u. D. t.W. Bd. 33, S. 334—337. (Auszug der gleichnamigen Dissertation.) — 16) Pillers, N.: Notes on parasites in 1924. Vet. Rec. Bd. 5, S. 499—500. (Statistischer Jahresbericht.) — 17) Sjöberg, A.: Beiträge zur Kenntnis der Magen-Darmparasiten des Rindes. T. R. S. 9. — 18) Ostertag, v.: Kalium picricum zur Bekämpfung der Wurmseuchen. B. t. W. H. 1, S. 69 bis 70, 165.

Lahille (14) gibt eine durch 2 sehr gute Tafeln veranschaulichte Zusammenstellung der Parasiten des Schweines in Argentinien. Ruppert.

Galli-Valerio (5) beschreibt seine parasitologischen Untersuchungen und gibt Anregungen zur parasitologischen Technik.

1. Geographische Verbreitung von 40 Parasiten. — 2. Untersuchungen über Phytoparasiten: a) pathogene Wirkung von Sacch. guttulatus Robin; b) Staphylomykose: Bei Hasen aus Geschwüren Staphylococcus aureus und albus gezüchtet, beide auch für Kaninchen sehr pathogen; c) morphologische Beziehungen zwischen den Erregern von Maltafieber und dem seuchenartigen Verwerfen der Kühe. Die sehr ähnlichen Erreger müssen zwischen die Gattung Bakterium und Mikrokokkus eingereiht werden. — 3. Untersuchungen über Zooparasiten: a) Pseudotuberkulose bei Hasen durch Eier von Dicrocoelium lanceolatum Rud.; b) ein Fund von Cysticercus bei Sphaeridium scarabaeoides L. weist neben anderen früheren Befunden daraufhin, daß koprophage Käfer Zwischenwirte von Anoplocephalinen sind; c) Pediculus humanus L. var. capitis bewegt sich besser und schneller auf Kanten und Schnüren als auf Flächen, auch wenn diese mit Sand bedeckt sind; Aufenthalt bei niederer Temperatur verlängert nicht immer die Widerstandsfähigkeit gegen Hungern. — Bei der Tinct. sabadillae wirken nicht die Alkaloide, sondern das Harz parasitozid. — 4. Parasitologische Technik — Empfehlung von Glyzerin und einer Lösung von 1 Teil Formalin und 99 Teilen Wasser zur Aufbewahrung von Demonstrationsobjekten. Schumann.

Ließ (15) hat die Brauchbarkeit verschiedener Flotationsmedien zum Nachweis von Parasiteneiern im Kot der Haustiere studiert.

Die 50proz. Zuckerlösung ist ein sehr geeignetes Flotationsmedium.

Ihre Vorteile bestehen in: Reicher Ausbeute; Flotieren der wichtigsten Parasiteneierarten, besonders der Nemotadeneier, Oozysten, Milben, Larven und Pilzsporen (dagegen nicht Trichozephaleneier, Eier von Distoma hepaticum und Amöbenzysten); Billigkeit; leichter Beschaffbarkeit; angenehmem Arbeiten (Sauberkeit und kein schnelles Auskristallisieren der Proben); Unschädlichkeit für Vitalität und Form der parasitären Objekte; Variationsmöglichkeit in Bezug auf spezifisches Gewicht; ausreichender Viskosität, um ein zu rasches Sedimentieren der Aufschwemmungen zu verhindern.

Als Untersuchungstechnik hat sich folgende bewährt: Die zu untersuchende Kotprobe ist möglichst verschiedenen Stellen der Fäzes zu entnehmen. Die Herstellung der Standardaufschwemmung ist praktischerweise in einer nicht zu engen Mensur anzusetzen, in die man zunächst einen Teil der zur Suspension benötigten Flüssigkeit (möglichst lauwarm) bringt. Dann gibt man mit einer Pinzette (bei weicherer Konsistenz mit einem Spatel) Kot hinzu, bis der Flüssigkeitsspiegel um so viel gestiegen ist, als Kot aufgeschwemmt werden soll. Zuletzt wird durch weiteres Hinzugeben von Wasser das errechnete Verdünnungsverhältnis hergestellt. Alsdann Verreiben der Standardaufschwemmung in einem Mörser ca. 2 Minuten lang. Weiter Durchsieben der Standardaufschwemmung durch ein Drahtgasesieb von ca. 244 Maschen pro Quadratzentimeter (Kaffeesieb). Alsdann Beschicken von 6 Zentrifugier- (A-) Röhrchen mit gleichen Mengen Standardaufschwemmung mittels graduierter Pipette (ständiges Umschwenken des die Aufschwemmung enthaltenden Gefäßes während des Aufsaugens). Hinzusetzen der gleichen Menge einer 50 proz. Zuckerlösung. Umschütteln der Röhrchen 4 Röhrchen 2 Minuten lang bei voll erreichten 2000 Umdrehungen zentrifugieren. 2 Röhrchen bleiben stehen. Probeentnahme mittels rechtwinklig umgebogener Öse aus recht dünnem, glatten Platindraht und Durchmustern der Probe bei schwacher Vergrößerung.         Trautmann.

## 2. Protozoen.

1) Bakker, S.: Beitrag zur Surra. Nederl. Ind. Blaad voor Diergeneesk. Bd. 37, S. 153—177. — 2) Belitzer, A.: Epizootie und Prophylaxis der Piroplasmose der Pferde, hervorgerufen von Babesia caballi. Zbl. f. Bakt. I, Bd. 94, S. 51—56. — 3) Berg, H.: Die Eignung von „Bayer 205" zur Bekämpfung der afrikanischen Haustiertrypanosomen. D. t. W. Bd. 33, S. 561—571. — *4) Böing, W.: Untersuchungen über Blutschmarotzer bei einheimischen Vogelwild. Zbl. f. Bakt. I, Bd. 95, Heft 5—6, S. 312—327. — 5) Bubberman, C., J. B. Douwes und V. E. C. van Bergen: Die Anwendung von „Bayer 205" bei der Surra des Pferdes in Niederl.-Indien. Nederl. Ind. Blaad voor Diergeenesk. Bd. 37, S. 1—63. — 6) Cernaianu: Sur une épizootie de piroplasmose vraie du cheval; son agent vecteur. Soc. biol. Paris (soc. roum.), 28. Januar. — 7) Césari, E.: La Leishmaniose canine. Rev. gén. de M. vét. Bd. 34, S. 613—632. (Im Original nachlesen.) — 8) Chéron: Cas atypique de piroplasmose canine. Thèse vét. Paris; Ref. Rev. vét. 1926, S. 309. — 9) Donatien: Die Rinderpiroplasmosen in Algier. Rev. vét. S. 473. — 10) Fischer, W.: Die afrikanische Schlafkrankheit (Trypanosomiasis hum.) und ihre Bekämpfung unter besonderer Berücksichtigung der deutschen Schlafkrankheitsexpedition 1921—24. M. m. W. S. 684. — 11) Galli-Valerio, B.: La piroplasmiase des bovidés dans la plaine du Rhône. Schweiz. Arch. f. Tierhlk. Bd. 67, S. 397—398. — 12) Glaser, R. W.: A study of Trypanosoma americanum. J. Paras. Bd. 8, S. 136—144. 1921/22. — 13) Derselbe: On the Cytology and Life History of the Amoebae. Ebendas. Bd. 8, S. 1 bis 10. 1921/22. — *14) Graaf, C. de: Over het varkenscoccidium (Eimeria de Bliecki Douwers). (Über das Schweinekokzidium.) Tijdschr. voor Diergeneesk. Bd. 52, S. 1164—1174. Diss. Utrecht. — *15) Günther, G.: Die Behandlung der Kokzidiose mit Chinin. W. t. Mschr. Bd. 12, H. 1, S. 14. — 16) Helm, R.: Beitrag zum Anaplasmenproblem. Arb. Reichs-Ges. A. Bd. 55, S. 13. — *17) Ivanoff, E.: Un nouveau mode de conservation et d'envoi des Trypanosomes et des Spirochètes dans les larves de Galleria melonella. C. r. Acad. des Sc. Bd. 181, S. 230. — 18) Kligler, J. J. und J. Weitzmann: The Mode of action of „Bayer 205" on Trypanosomes. Ann. trop. Med. Paras. Bd. 19, S. 235. — 19) Kroß, K.: Die Rhizopodenfauna des Pferdekotes. Inaug.-Diss. Berlin. — 20) Lagas, D.: „Bayer 205" gegen Büffelsurra. Nederl. Ind. Blad voor Diergeneesk. Bd. 37, S. 279—328. — 21) Leckie, V. C.: Einige Bemerkungen zur Surra des Kamels, ihre Behandlung und Verhütung. Vet. J. Bd. 81, S. 398 bis 404. — 22) Leynen: Paralysie des Poussins due à la Coccidose. Ann. de M. vét. März. — *23) Lignières, José: Receptiridad del carnero a la Anaplasmosis y atennacion del parásito por pasages sucesivos en este animal. (Empfindlichkeit der Schafe für Anaplasmosis und Abschwächung des Parasiten durch Hammelpassagen.) Rev. Fac. de Agr. y Vet. H. 1, S. 5—10. — 24) Marchoux, E.: Action exclusive de l'arsénic (Stovarsol) sur le paludisme à plasmodium vivax. Ann. Pasteur Bd. 39, S. 197. — 25) Marcq und Jacquart: Contribution à l'étude des coccidioses du lapin. Echo vet. September. — *26) Martin: L'entérite coccidienne du chien et du chat. Rev. vét. Bd. 87, S. 537—548. — 27) Mrowka, T.: Die Entwicklung der Sarkosporidien und ihre Beziehung zu Lahmkrankheiten der Haustiere in Peru. Zschr. f. Vet. Kunde Jg. 37, S. 161—181. — 28) Derselbe: Das Texasfieber in Peru. Ebendas. Bd. 37, S. 129—141. — *29) Muyzert, P. C.: Inwerking van het antimoonpreparaat 661 op met Trypanosoma Evansi en Trypanosoma equiperdum geinfecteerde caviae en muizen. (Einwirkung des Antimonpräparates 661 auf mit Trypanosoma Evansi und Trypanosoma equiperdum infizierte Meerschweinchen und Mäuse.) Tijdschr. voor Diergeneesk. Bd. 52, S. 1158—1161. — 30) Navez, O.: Une enzootie de diarrhée chronique chez le poulain et présence d'un sporozoaire (globidium leuckarti) dans la muqueuse intestinale. Ann. de M. vét. Juli/August. — 31) Nieschulz, O.: Zoologischer Beitrag zum Surraproblem. Nederl. Ind. Blaad voor Diergeneesk. Bd. 37, S. 535 bis 541. — 32) Derselbe: Über die Entwicklung des Taubenkokzids Eimeria pfeifferi (Labbé 1896). Arch. f. Prot. Bd. 51, S. 478. — *33) Derselbe: Zur Verbreitung von Isosporainfektionen bei Hunden und Katzen in den Niederlanden. Zbl. f. Bakt. I, Bd. 94, H. 2, S. 137—141. — *34) Nöller, W. und H. Ruppert: Zur Kenntnis der Verbreitung des Taubenkokzids Eimeria pfeifferi. B. t. W. Bd. 41, S. 257—258. — 35) Pérard, Ch.: La prophylaxie des coccidioses. Rev. gén. de M. vét. Bd. 34, S. 421—428. — 36) Derselbe: Recherches sur les coccidies et les coccidioses du lapin. Prophylaxie des coccidioses. Thèse vét. Paris; Rec. de M. vét. Bd. 101, S. 10. — 37) Phadke, V. R. und A. J. Shaikh: Cutaneous Leishmaniasis in a dog. Vet. J. Bd. 81, S. 560—567. (1 Fall beim Hund in Indien.) — 38) Posse, Hugo Puccio und Enrique E. Charles: Notas sobre un caso de entozoosis a flagelados y espirogentes en el perro. (Bemerkungen über eine Protozoeninfektion eines Hundes durch Flagellaten und Spirochäten.) Rev. Soc. Med. Vet. B. A. Bd. 5—6 S. 407—414. (Nichts Neues.) — *39) Rademaker, G. A.: Het voorkomen van sarcsporidien bij onze huisdieren. (Das Vorkommen von Sarkosporidien bei unseren Haustieren.) Tijdschr. voor Diergeneesk. Bd. 52, S. 223—226. — *40) Rau, Anant Narayan: Haemogregarina canis. Vet. J. Bd. 81, S. 293—307. — 41) Rozier, L.: Notes sur la leishmaniose canine. Rec. de M. vét. Bd. 101, S. 179. — *42) Ruppert, F.: A. Rottgardt und R. Scasso: Le coccidiosis de los caponios en la R. Argentina. (Kokzidiosis der Ziegen in Argentinien.) Rev. Soc. Med. Vet. B. A. Bd. 2—3, S. 64—79. — *43) Schikarski, W.: Beiträge zur Kenntnis der Hasenkokzidiose. Inang.-Diss. Berlin. — 44) Schulz, M.: Die Kernteilung von Leptomonas fasciculata nebst einem Vergleich mit der Kernteilung bei Leishmania donovani. Inaug.-Diss. Berlin 1924. — *45) Schweiger, R.: Werden vom klinisch gesunden Rind Kokzidien ausgeschieden? Inaug.-Diss. Leipzig. — *46) Spiegl, A.: Ein bisher nicht bekanntes Kokzid beim Schaf. Zschr. f. Infekt. Krkh. d. Haust. Bd. 28, S. 42—46. — 47) Uribe, C.: A common infusion flagellate occurring in the caecal contents of the chicken. J. Paras. Bd. 8, S. 58—65. 1921/22. — 48) Velu, H., J. Barotte und G. Lavier: Le „Bayer 205" dans la thérapeutique des Trypanosomes animales au Maroc. Ann. Paras. Bd. 3, S. 1. — 49) Wetzel, R.: Ein Beitrag

zur Kokzidiose der Katze. D. t. W. Bd. 33, S. 97—101.
— 50) Witkamp, J.: Untersuchungen über das Vorkommen einer labilen Infektion der einheimischen Hunde mit Piroplasmosis. Nederl. Ind. Blaad voor Diergeneesk. Bd. 37, S. 385—393.

Ivanoff (17) berichtet über eine neue Art der Aufbewahrung und Verschickung der Trypanosomen und Spirochäten in Larven der Galleria melonella.

Die dauernde Aufbewahrung der Trypanosomenkultur war bisher nur möglich durch Übertragung vom Blute eines Säugetieres zum anderen. Das verursachte großen Verbrauch an Tieren: wie weiße Mäuse und Meerschweinchen. Die Versuche des Verf. haben es ermöglicht, die Kulturen weniger kostspielig aufzubewahren und leichter zu versenden.

1. Die Dauerhaftigkeit der Trypanosomen und einiger Spirochätenkulturen kann man durch abwechselnde Übertragung von Maus zu Larve G. M. und von Larve zu Maus sicher stellen.

2. In allen Fällen, wo man die Trypanosomen versenden und einer mehrtägigen Reise aussetzen muß, ist die infizierte Larve G. M. vorzuziehen dem Meerschweinchen und der Maus, weil Verpackung und Versand leichter sind.

Verf. ist es gelungen, Trypanosoma Brucei, Pecaudi et Lewisii und Spirochäta Duttoni in den Larven der Galleria melonella, die aus dem Laboratorium Prof. Mesnils stammten, von Paris über Berlin nach Moskau zu senden. Die Raupen haben die Reise bis Moskau gut vertragen. Larven, die mit jeder Art von Trypanosomen infiziert waren, wirkten auf die Mäuse positiv mit Ausnahme von T. equiperdum. Die Versuche ergaben, daß man die Trypanosomen in den Larven der G. M. auf eine Entfernung von 5—6 Tagen und manche Arten, wie Spirochaeta Duttoni und T. Lewisii, sogar auf eine solche von 7 Tagen senden kann.      Richter.

Muyzert (29) hat auf Grund einiger Versuche an Meerschweinchen und Mäusen, welche mit Trypanosoma Evansi und Tr. equiperdum infiziert waren, festgestellt, daß das Antimonpräparat 661 für diese Tiere wenig organotrop ist, stark auf die Trypanosomen einwirkt, aber nicht stark genug ist, um die Tiere, bei welchen die Krankheit eine gewisse Höhe erreicht hat, zu heilen.

Unmittelbar nach der Infektion kann man mit dem Mittel dem Ausbruch von Surra oder Beschälseuche vorbeugen und im Anfangstadium der Infektion Heilung erzielen. Regelmäßig verschwinden nach der Einspritzung von 661 die Trypanosomen schnell aus der Blutbahn, kehren jedoch nach einigen Tagen wieder zurück.      Beijers.

Böing (4) hat ausgedehnte Untersuchungen über Blutschmarotzer bei einheimischem Vogelwild angestellt. Beschreibung mit Abbildungen der bei Rebhühnern, Birkhühnern, Auerhühnern, Fasanen, Tauben, Raubvögeln, Singvögeln, Leistenschnäbelern und Fledermäusen auftretenden Trypanosomen, Leukozytozoen, Proteosomen, Hämoproteusarten und Filarien.      Schumann.

Anant Narayan Rau (40) hat eingehende Untersuchungen über die Frage der Pathogenität der Haemogregarina canis an Hunden in Indien angestellt.

Er kommt zu dem Ergebnis, daß es sich nicht um einen harmlosen Blutparasiten handelt, sondern daß bei der Beständigkeit der vorkommenden pathologischen Veränderungen in Milz, Leber, Nieren und Knochenmark der sowohl natürlich als künstlich infizierten Hunde man berechtigt ist von einer Krankheit, der

„Haemogregarinosis" zu sprechen. Die parenchymatösen Veränderungen und die periglomerulären Zellinfiltrationen in den Nieren scheinen dafür zu sprechen, daß von dem Erreger produzierte Toxine im Blute kreisen. 12 Mikrophotogramme von Blut- und Organausstrichen sowie Organschnitten ergänzen die Darstellung.      C. Reinhardt.

Lignières (23) ist die Übertragung der Anaplasmosis auf Schafe und Abschwächung der Virulenz des Anaplasmas durch Passagen gelungen. Derartig abgeschwächte Stämme eignen sich vorzüglich zum Immunisieren von Vollblutrindern.      Ruppert.

Schweiger (45) hat untersucht, ob klinisch gesunde Rinder Kokzidien ausscheiden.

Die Untersuchungen wurden vorgenommen bei den Tieren während der Stallhaltung, also in einer Zeit, in der sich Kokzidien am ehesten vorfinden. Es wurden Tiere jeden Alters untersucht, und es wurde das Augenmerk vor allem auf solche Rinder gerichtet, bei denen sich der Kokzidiose ähnliche Krankheitserscheinungen zeigten.

Der negative Kokzidienbefund bei den meisten Tieren wurde nachgeprüft durch die pathologisch anatomische Untersuchung.

Es wurde festgestellt, daß die Rinder und Ziegen der nördlichen Oberpfalz keine Dauerträger von Kokzidien sind.

In dem Rinder- und Ziegenbestand der nördlichen Oberpfalz kommt Kokzidiose als Krankheit wohl nicht in Frage. Auch in der südlichen Hälfte der Oberpfalz sowie in Ober- und Niederbayern sind die Rinder und in Franken die Ziegen ebenfalls keine Dauerträger von Kokzidien. Auch andere Darmparasiten kommen beim Rinde aus den angegebenen Gebieten nur selten vor. Die immerhin häufigen Magen- und Darmerkrankungen sind nicht auf diese zurückzuführen.

Bei Ziegen der nördlichen Oberpfalz und bei den Frankenziegen finden sich viele Strongylideneier vor, ohne aber nachweisbar die häufige Ursache von Krankheiten zu sein.      Trautmann.

Spiegel (46) beschreibt ein neues Kokzid beim Schafe, für das der Name Eimeria intricata in Vorschlag gebracht wird.      Joest und Cohrs.

Ruppert, F., A. Rottgardt, und R. Scasso, (42) beschreiben zum erstenmal in Argentinien die Coccidiosis der Ziegen. Die Krankheit kommt sehr häufig vor. Die Entwicklung der Coccidien ist die von Martel schon beschriebene. Zur Bekämpfung können vorläufig nur hygienische Maßnahmen (trockene, nicht infizierte Weiden) empfohlen werden.      Ruppert.

de Graaf (14) hat am Utrechter Schlachthof 800 Fäcesproben gesunder Schlachtschweine auf Kokzidien hin untersucht und häufig Kokzidieninfektionen festgestellt.

Aus der geographischen Verbreitungsweise läßt sich kein Zusammenhang mit der Bodenbeschaffenheit und Kokzidiose ermitteln.

Für das Auffinden der Kokzidien bewährte sich am besten die Glyzerinmethode und der Gebrauch einer elektrischen Zentrifuge. Bei 1000 Zysten aus 10 verschiedenen Fällen wurden die Längen- und Breitenmaße sowie der Formindex bestimmt. Auf Grund dieser Messungen (mittlere Werte für Oozysten: 19 $\mu$ lang, 14—15 $\mu$ breit) ergeben sich keine zwei verschiedenen Formen des Schweinekokzidiums.      Beijers.

Nieschulz (33) untersuchte bei 50 Katzen und 35 Hunden Fäzes und Darmwand auf Kokzidienzysten nach dem Glyzerinanreicherungsverfahren Vajdas und fand Isospora bigemina bei 1 Katze, I. rivolta bei 6 Hunden und 6 Katzen, I. felis in 7 Katzen.      Schumann.

Martin (26) beschreibt „L'entérite coccidienne du chien et du chat."

Es kommen zwei Kokzidienarten in Frage: Isospora und Eimeria. Verf. beschreibt zunächst die Entwicklung dieser Arten, bespricht dann die klinischen Erscheinungen an Hund und Katze, fernerhin die pathologische Anatomie, die Diagnostik, Prognose, Behandlung und Vorbeugung. Am Schluß betont Verf., daß diese wichtige Darmkrankheit viel mehr Aufmerksamkeit bezüglich ihres Studiums beanspruchen könne, als ihr bisher zugebilligt sei. Besonders die Klinik und die Therapie seien zu vervollständigen.    Henkels.

Günther (15) berichtet über die Behandlung der Kokzidiose mit Chinin. Eine durch Kokzidien bedingte eitrige Rhinitis und Conjunctivitis eines Kaninchens wurde durch eine 1proz. Lösung von Chin. hydrochl. innerhalb 8 Tagen geheilt. Gleichzeitig auftretender Durchfall wurde durch tägliche Gaben von 0,1 g Chin. sulfur. behoben. Andere Kollegen haben auf Veranlassung des Verf. diese Art der Behandlung ebenfalls mit gutem Erfolg angewandt, so daß weitere Versuche in dieser Richtung lohnend erscheinen.

Hans Richter.

Nach Schikarski (43) kommt wie in den Niederlanden auch in Deutschland beim Hasen eine bis dahin unbekannt gewesene Kokzidienart vor, die Nieschulz zuerst beschrieben und der er den Namen Eimeria leporis gegeben hat.

Von dieser Kokzidienart sind die Hasen gewöhnlich in bedeutend stärkerem Maße befallen, als von Eimeria stiedae Lindemann. Die Kokzidien rufen beim Hasen im Anfangsstadium herdförmige Lokalisationen hervor, an die sich dann eine oft tödlich verlaufende katarrhalische Darmentzündung anschließt. Hämorrhagische Enteritis wird bei der Hasenkokzidiose seltener beobachtet. Der Hauptsitz der pathologischen Veränderungen ist der zweite Teil des Dünndarms. Leberkokzidiose kommt beim Hasen vor, jedoch bedeutend seltener als beim Hauskaninchen. Coccidium leporis wie auch Eimeria stiedae sind für Feldhasen pathogen. Diese Parasiten verursachen aber nur dann eine tödliche Erkrankung, wenn sie in größeren Mengen aufgenommen werden. Auch ohne das Hinzutreten einer bakteriellen Infektion kann die Kokzidiose massenhaftes Eingehen von Hasen verursachen und zu schweren Wildverlusten führen. Am häufigsten erkranken an Kokzidiose die Junghasen. Ältere Hasen sind der Krankheit weniger oder überhaupt nicht ausgesetzt, und zwar wahrscheinlich deswegen, weil sie in verseuchten Revieren gewöhnlich schon in der Jugend Kokzidiose durchgemacht und dadurch Immunität erworben hatten. Epidemisch tritt die Kokzidiose in nassen Frühjahren, namentlich in Revieren mit schwer durchlässigem Erdboden auf. Die Hasenkokzidien sind in Deutschland anscheinend fast überall verbreitet, wo Feldhasen vorkommen und der Boden nicht sehr durchlässig ist.    Trautmann.

Nöller und Rupperts (34) Untersuchungen haben gezeigt, daß bei der Taube in Musterbeständen außerordentlich hohe Befallziffern mit Kokzidien (Eimeria Pfeifferi) vorliegen können.    Henkels.

Rademaker (39) erweist, daß für das Auffinden von Sarkosporidien die Schnittmethode die einzig verläßliche ist. Im Herzmuskel von Rindern im Alter von 2 Jahren und älter fand er in 98% der Fälle Sarkosporidien, in solchen von Schweinen in 70%, von Pferden in 18% und in Schafherzen in 98% der Fälle. Beijers.

## 2a. Spirochaeten.

*1) Baumann, R.: Untersuchungen über Geflügelspirochätose. W. t. Mschr. Bd. 12, H. 8, S. 378. — *2) Ber-
ka, A.: Spirochäten im Verdauungstrakte der Fleischfresser und ihre Beziehung zur Spirochaeta melaenogenes. canis. Prag. Arch. A. H. 3 und 4, S. 141—153. — 3) Hare, T.: A case of canine spirochaetosis icterohaemorrhagica with splenic haemorrhage. Vet. J. Bd. 81, S. 615—617. (Sektionsbefund.) — *4) Gerlach, F.: Geflügelspirochätose in Österreich. II. Mitteilung. Zbl. f. Bakt. I, Bd. 94, H. 1, S. 45—51. — *5) Derselbe: Über Geflügelspirochätose in Österreich. Seuchenbekämpfung Bd. 2, H. 3—4, S. 189—195. — *6) Gerlach, F. und J. Michalka: Geflügelspirochätose in Österreich. III. Mitteilung. Zbl. f. Bakt. I, Bd. 96, H. 3/4, S. 219—222. — *7) Hiesinger: Zur Spirochätenfrage bei der Stuttgarter Hundeseuche. B. t. W. Bd. 41, S. 31. — *8) Klarenbeek, A.: Uraemie, Stuttgarter Hundeseuche en spirochaeten. Tijdschr. voor Diergeneesk. Bd. 52, S. 222 bis 223. — *9) Derselbe: Urämie, Stuttgarter Hundeseuche und Spirochäten. T. R. Bd. 31, S. 172. — *10) Krásný, F.: Spirochätenfärbung in Schnitten. Prag. Arch. A. H. 3/4, S. 71—81. — *11) Ogura, K.: On the Spirochetes Detected in an Ulcer of the Prepuce of a Dog. J. Japan. Soc. Vet. Sc. Bd. 4, Nr. 2, S. 188. — 12) Panisset, L. und J. Verge: Les Spirochétoses du chien. Rev. gén. de M. vét. Bd. 34, S. 555 bis 561. — *13) Dieselben: Présence de spirochètes chez les chiens atteints de gastroentérite hémorragique. C. r. Acad. des Sc. Bd. 180, S. 1296. — *14) Rózsa, G.: Ein Fall von Rinderspirochätose. Állat. Lapok S. 135. — *15) Schmidt: Beobachtungen über eine ansteckende Hautkrankheit bei Ferkeln, verursacht durch Spirochäten. B. t. W. Bd. 41, S. 22. — 16) Spiegl, A.: Spirillen als Abortusursache beim Schaf. D. t. W. Bd. 33, S. 118—119.

Krásný (10) prüfte vergleichend die einzelnen Färbemethoden bei der Spirochätenfärbung in Schnitten und gelangte zu folgenden Ergebnissen:

1. Levaditis Originalmethode ist die verläßlichste zum Spirochätennachweis im Schnitte; sie ist auch die beste Methode zur Verfertigung tadelloser Demonstrationspräparate.

2. Jahnels Pyridinmodifikation hat den gleichen diagnostischen Wert wie die Levaditische Originalmethode.

3. Saphiers Methode hat den Vorteil der Differenzierbarkeit der Spirochäten in den dichten Geflechten und der zarten Färbung der Spirochäten, deren Wandung besser als bei den übrigen Methoden hervortritt.

4. Saphiers beschleunigte Methode, ferner jene von Horálek, Nakano, Yamamoto haben den Vorteil einer schnellen und verläßlichen Diagnose.

5. Mit den übrigen überprüften schnellen Imprägnationsmethoden gelang es nicht, die Spirochäten immer nachzuweisen, weil sie nur in geringer Zahl vorhanden, undeutlich färbbar, von ungleicher Dicke und mit Niederschlägen stark vermengt waren.    Krage.

Rósza (14) beschreibt den ersten Fall von Rinderspirochäten in Palestina. Bei einer 6 Jahre alten Kuh, die 3 Tage vorher aus Syrien importiert worden ist, ließen sich neben Piroplasma bigeminum auch Spirochäten im Blute nachweisen. Spontanheilung.

Manninger.

Schmidt (15) berichtet von einer ansteckenden Erkrankung der Schweine, wobei sich am Kopf und an dem Unterkiefer Tumoren und Abszesse gebildet hatten, in denen sich massenhaft Spirochäten mikroskopisch nachweisen ließen, die im Blute aber nicht vorgefunden wurden.    Henkels.

Hiesinger (7) beschäftigte sich mit der Spirochätenfrage bei der Stuttgarter Hundeseuche.

Dabei fand er in 20 untersuchten Fällen nur einmal im Dunkelfelde in einer Niere, die bereits faul war,

Spirochäten. Ein Übertragungsversuch auf Kaninchen fiel negativ aus. Die Untersuchungen sprechen nicht dafür, daß die Lukesschen Spirochäten einen spezifischen Befund darstellen.          Henkels.

Panisset et Verge (13) berichten über das Vorkommen von Spirochäten bei Hunden, welche von Gastro-enteritis hämorrhagica befallen sind.

Lukes, Derbeck und Krivacek haben kürzlich klar an den Tag gelegt, daß bei den an Gastro-enteritis hemorrhagica erkrankten Hunden eine besondere Spirochäte (= „Spirochaeta melaenogenes canis") vorhanden ist. Neuerdings haben Okell und seine Mitarbeiter bei einem an Gastro-enteritis hemorrhagica gestorbenen Hunde im Nierenpräparat eine solche Spirochäte gefunden.          Hans Richter.

Berka (2) untersuchte an einem größeren Material die Spirochäten im Verdauungstrakte der Fleischfresser und prüfte ihre Beziehung zur Spirochaeta melaenogenes canis. Er bringt folgende Zusammenfassung:

1. Im Verdauungstrakt der Fleischfresser kommen die Spirochäten fast bei allen erwachsenen Individuen in bedeutender Menge vor. Ihr Hauptsitz ist die Magenschleimhaut, besonders die Fundusdrüsen. Man kann sie auch in Ausstrichen aus dem Darminhalt in kleinerer Menge finden. Die abgelösten Magenschleimhautzellen besitzen immer mehr Spirochäten.

2. Die Typen der saprophytischen Spirochäten, die am häufigsten im Intestinaltrakte vorkommen, weisen bedeutende morphologische und tinktorielle Unterschiede von der Spirochaeta melaenogenes canis auf, sowohl im Ausstrich als auch im Schnitt.

3. Die Spirochätenart, die in vereinzelten Fällen im Verdauungstrakte bei allen Karnivoren vorkommt, war am meisten der Spirochaeta melaenogenes canis ähnlich; sie unterschied sich von der letzteren durch stärkere und dickere Fäden mit hohen und regelmäßigen Wellen; außer kleinen Körnchen im Verlaufe derselben hat die erwähnte Spirochätenart am Ende keine ovoiden Granula und keine feinen Primärwindungen, wie die Spirochaeta melaenogenes.

4. Die Befunde an saprophytischen Spirochäten im Verdauungstrakt der gesunden und kranken Fleischfresser wiesen keinen Unterschied auf.

5. Das Eindringen der genannten Spirochäten in den Blutkreislauf konnte in keinem Fall festgestellt werden.

6. In Ausstrichen von der Schleimhaut aus einigen Teilen des Verdauungstraktes von an Typhus canum umgestandenen Hunden (positiver Befund an pathogenen Spirochäten in den Nieren), von welchen nur wenige zur Verfügung standen, wurden keine Spirochäten gefunden, die mit der Spirochaeta melaenogenes canis identisch waren; vielmehr wurden hier, wie in anderen Fällen, die gewöhnlichen saprophytischen Spirochäten festgestellt.          Krage.

Klarenbeek (8, 9) fand in der frischen Niere eines Hundes, welcher an einer subakuten, exsudativen Nephritis erkrankte und an typischer urämischer Intoxikation eingegangen war, Spirochäten, ähnlich der Sp. ictero-haemorrhagica. Er fand sie auch bei einem Hunde mit Wismut-Stomatitis (nach intramuskulöser Injektion von 900 mg Bismuthum subnitricum in 12 ccm Ol. sesamis) vor, wobei die Sektion eine geringfügige chronische Nephritis ergab (170 ccm Ureum in 100 ccm Blut). Diese Befunde sind für die Ätiologie verschiedener Fälle von Urämie und Stuttgarter Hundeseuche von Bedeutung.          Beijers.

In einem Geschwür an der Vorhaut bei einem Hunde, der auch ein Rundzellensarkom am Penis hatte, fand Ogura (11) 2 Arten von Spirochäten, von denen eine Art große Ähnlichkeit mit Spirochaeta pallida hatte. Wahrscheinlich handelte es sich um einen Zufallsbefund; die Spirochäten waren nicht pathogen. Nitta.

Gerlach (5) beschreibt die seit 1923 in Österreich festgestellte Hühnerspirochätose. Beschreibung der Ätiologie und Klinik. Die Weiterverbreitung erfolgte durch Milben (Dermanyssus avium). Therapeutisch bewährte sich Atoxyl und Neosalvarsan. Das Überstehen der Krankheit verleiht eine Immunität.          Schumann.

Gerlach (4) berichtet über seine weiteren Beobachtungen über die Geflügelspirochätose in Österreich.

Tatsächlich ist sie im letzten Jahre verhältnismäßig häufig zur Feststellung gelangt. Die Diagnose ist intra vitam und post mortem zuverlässig und einfach zu stellen durch Tuschepräparate und Färbung nach Griesebach mit Kal. permang. und Karbolfuchsin.

Es gelang durch Besetzen mit Vogelmilben (Dermanyssus avium) ein Huhn erfolgreich zu infizieren, dennoch blieb noch ungeklärt, ob Dermanyssus avium Zwischenwirt ist. Spontanheilungen erkrankten Geflügels mit hohem Grade von Immunität gegen spätere Reinfektionsversuche war des öfteren zu beobachten. Atoxyl bewährte sich zuverlässig. Bei der Bekämpfung ist auf Beseitigung des Ungeziefers größter Wert zu legen.          Schumann.

Gerlach und Michalka (6) beschreiben die pathologisch-histologischen Veränderungen an Organen von 17 an Geflügelspirochätose erkrankten und verendeten Hühnern.          Schumann.

Baumann (1) stellte Untersuchungen über Geflügelspirochätose an.

Der Verf. führt aus, daß die Geflügelspirochätose eine gewöhnlich in den Sommermonaten auftretende septikämische Infektionskrankheit ist, die hauptsächlich Hühner und Gänse befällt und unter diesen große Verluste hervorruft. Die künstliche Übertragung gelingt durch Verimpfung und Fütterung von Blut und Organmaterial kranker Tiere, sowie durch Zusammenbringen gesunder und kranker Tiere. Die natürliche Infektion wird gewöhnlich durch Zecken der Gattung „Argas" vermittelt. Nach Versuchen des Verf. scheinen die Dermanyssen als echte Zwischenwirte nicht in Betracht zu kommen. Klinisch fanden sich folgende Erscheinungen: Die Tiere zeigten sich teilnahmslos, verweigerten das Futter, ließen den Kopf sinken und hielten die Augen auf kürzere oder längere Zeit geschlossen; die Körpertemperatur war auf 42—43° erhöht. Mit fortschreitender Verschlechterung im Befinden nahm die Somnolenz zu, es stellte sich ein heftiger Durchfall ein, gefolgt von rasch zunehmender Schwäche und Abmagerung. Schließlich konnten sich die Tiere kaum mehr erheben, nahmen unphysiologische Stellungen ein und gingen meist wenige Tage nach dem Auftreten der ersten Krankheitssymptome unter Krämpfen zugrunde.

Pathologisch-anatomisch fiel besonders die Milz und Leber auf, die folgende Erscheinungen zeigten: Die Milz war bedeutend vergrößert, oft bis walnußgroß, weich und von scheckigem Aussehen. Unter der Kapsel waren zahlreiche, stecknadelkopf- bis linsengroße, rundliche und auch mehr unregelmäßig begrenzte, grau bis graugelbliche Herde wahrzunehmen, von denen die größeren an ihrer Peripherie den Zusammenfluß aus kleineren erkennen ließen. Das zwischen diesen Herden gelegene Gewebe war dunkelrot. Die Schnittfläche der Milz wies die gleiche Beschaffenheit auf wie die Oberfläche. Von 2 Tieren, die trotz Atoxylbehandlung gestorben waren, ließ die Milz des einen noch undeutlich kleine graue Herdchen erkennen, während die des anderen ein normales Aussehen bot.

Die Leber war in der Mehrzahl der Fälle etwas vergrößert, graubraun, etwas weicher, ihre Kapsel gespannt und leicht zerreißlich. Gewöhnlich fanden sich in unregelmäßiger Verteilung stecknadelkopf- bis linsengroße Herde, welche teils unscharf begrenzt und graugelblich, teils scharf begrenzt und deutlich gelb gefärbt waren. Letztere waren oberflächlich leicht eingesunken und lagen vorwiegend an den scharfen Leberrändern. Anschließend berichtet Verf. über seine histologischen Befunde (Abbildungen) und bespricht kurz die Therapie. Intramuskuläre Injektionen von 0,04—0,05 Atoxyl pro Huhn waren erfolgreich. Hans Richter.

## 3. Trematoden.

1) Behn, R.: Befall der Darmlymphknoten durch Fasciola hepatica beim Rinde. T. R. Bd. 31, S. 643 bis 645. — 2) Bernard, A.: Erfolgreiche Behandlung der Leberegelseuche der Schafe, nebst Leberegelbefunden bei zwei Schweinen. D. t. W. Bd. 33, S. 599 bis 600. (Kasuistisch; Distolbehandlung.) — *3) Bittner, H.: Ein Beitrag zur Übertragung und zur Morphologie von Echinoparyphium recurvatum. B. t. W. Bd. 41, S. 82—86. — 4) Bolle: Über einen Taubentrematoden aus der Gattung Echinostomum. D. t. W. Bd. 33, S. 529—531. — 5) Boyd, M. F.: A possible intermediate host of Fasciola hepatica L. 1758 in North America. J. Paras. Bd. 7, S. 39—42. 1920/21. — *6) Bozzelli, R.: Il distol Merck nel trattamento della distomatosi epatica degli ovini. (Distol als Heilmittel gegen Distomatose der Schafe.) Nuova Vet. S. 247—254. — 7) Ernst: Leberegelheilmittel. M. t. W. Bd. 76, S. 825—830. — *8) Hennepe, B. J. C. te: Eenden als middel voor weilanden te zuiveren van schadelijke parasieten. (Enten für die Säuberung der Weiden von schädlichen Parasiten.) Tijdschr. voor Diergeneesk. Bd. 52, S. 462. — *9) Huffman und J. S. Dade: Losses amongst sheep in Idaho associated with the presence of liver flukes. J. Am. Vet. Med. Assoc. Bd. 67, Nr. 4, S. 529—531. — 10) Krause, C.: Gehäuftes Sterben bei Tauben durch Echinostomiden. B. t. W. Bd. 41, S. 262—263. — 11) Derselbe: Bemerkungen zu nachstehender Arbeit Zunkers: „Echinostoma columbae n. sp., ein neuer Parasit der Haustaube." B. t. W. Bd. 41, S. 484—485. — *12) Leeb, Franz: Beiträge zur Chemie und Toxikologie der Leberegel. M. t. W. Bd. 76, Nr. 52, S. 1194—1196.— 13) Limmer: Über Filical. Ein neuartiges Mittel zur Behandlung der Leberegelseuche. M. t. W. Bd. 76, S. 445—449. — 14) Nishigori, M.: On a new Species of the Genus Hepaticola. Taiwan Ig. Kw. Bd. 7, Nr. 236. 1924; Ref. Jap. J. Zool. Bd. 1, S. 124—125. 1926. — 15) Derselbe: On the Life-History of Hepaticola hepatica. Ebendas. Nr. 237. 1923; Ref. Jap. J. Zool. Bd. 1, S. 125. 1926. — 16) Nöller, W.: Zur Kenntnis der Tierwelt von Schaftränken der Liebringer Mulde (Deube) und des Döllstedter Kessels bei Stadtilm in Thüringen. 1. Teil. D. t. W. Bd. 33, S. 795—798. (Eine Zerkarie aus Pisidium fontinale und Versuche zur Ermittlung ihres Hilfswirtes und Wirtes.) — 17) Derselbe: Die Leberfäule (Leberegelkrankheit) unserer Haustiere. Jena: G. Fischer. — 18) Nöller, W. und C. Sprehn: Das Verhalten von Miracidien des Leberegels Fasciola hepatica in Limnaea palustris. D. t. W. Bd. 33, S. 611 bis 612. (Experimenteller Beitrag zur Biologie des Leberegels.) — *19) Opel: Zur Statistik der Leberegelseuche. M. t. W. Bd. 76, Nr. 29, S. 617—621. — *20) Orth und Sprehn: Einiges zur Leberegelseuche. Ebendas. Bd. 76, Nr. 47, S. 1021—1026; Nr. 48, S. 1051 bis 1057. — 21) Palm: Praktische Heilversuche mit den neuen Leberegelmitteln der Serapis. Ebendas. Bd. 76, S. 735—737. — 22) Schmid, Felix: Einiges zur Geschichte der Leberegelseuche. Ebendas. Bd. 76, Nr. 41, S. 885—892. (Literatur vom Jahre 1745—1843.) — *23) Schmidt, Leberegelseuche im Vilstal 1924/25.

Ebendas. Bd. 76, Nr. 31, S. 679—682. — 24) Derselbe: Zur Bekämpfung der Leberegelseuche. T. R. Bd. 31, S. 854—855. (Gute Erfolge mit Serapis SB. 444.) — *25) Skrjabin, K. S. und W. P. Baskakow: Über die Trematodengattung Prosthogonimus. (Versuche einer Monographie.) Zschr. f. Infekt. Krkh. d. Haust. Bd. 28, S. 195—212. — *26) Thienel, M.: Neue erfolgreiche Versuche zur Bekämpfung der Leberegelseuche. M. t. W. Bd. 76, S. 621—623, 704—705. (Empfiehlt sein Mittel Serapis SB. 444.) — *27) Derselbe: Zur Tilgung der Leberegelseuche. B. t. W. Bd. 41, S. 666—667. — 28) Zagelmeier: Leberegelfunde am Schlachthof Nürnberg. M. t. W. Bd. 76, Nr. 51, S. 1150 bis 1152. (Noch kein wesentlicher Rückgang der Leberegelseuche.) — 29) Zunker, M.: Echinostoma columbae n. sp., ein neuer Parasit der Haustaube. B. t. W. Bd. 41, S. 483—484.

Leeb (12) ist es gelungen, im Tierversuch ohne Beteiligung der lebenden Parasiten durch Injektion von Auszügen aus getrockneten Leberegeln und ihren Ausscheidungen, alle wesentlichen Teile des Symptomenkomplexes der Distomatose experimentell zu erzeugen (allgemeine Vergiftung des befallenen Organismus durch bestimmte chemische, pharmakologisch wirksame Substanzen). J. Schmidt.

In dem ersten Abschnitt „Helminthologische Bemerkungen zur Distomatose" macht Sprehn (20) zunächst nähere Angaben über Epidemiologie der Leberegelseuche im Winterhalbjahr 1924/25 und bespricht die Trematodenjugendformen in unseren Süßwasserfischen. Im zweiten Abschnitt „Beobachtungen der Bekämpfung der Leberegelseuche" schildert Orth (20) seine eigenen Erfahrungen und schlägt vor:

Bekämpfung der Schnecken in den Weihern durch Ablassen und Trockenlegung auf eine Dauer von mindestens acht Wochen, eventuell Abtötung der Schnecken in den Tümpeln durch Cupr. oder besser (weil ungiftiger) Ferrum sulfuricum. Verbot des Einwurfs von Darminhalt und Organen der Wiederkäuer in die Teiche. Bekämpfung der Schnecken in den Gräben durch jährliche zweimalige Reinigung vor der Vegetationsperiode (März) und nach der Heuernte. Anfuhr des Aushubes auf Komposthaufen. J. Schmidt.

Opel (19) bespricht die statistischen Erhebungen über das Vorkommen von Leberegeln beim Rind und Schaf.

Die Zahlen des Münchener Schlachthofes überragen diejenigen des Reiches und der Länder (mit Ausnahme von Oldenburg). Der Monat März lieferte die meisten Beanstandungen. Der größte Schaden, den die Distomen verursachen, besteht nicht in der Vernichtung innerer Organe, sondern im Rückgang der Ernährung und dem Mangel an Fleischzuwachs. J. Schmidt.

Huffman und Dade (9) berichten über Verluste an Schafen jeden Alters in Idaho. Sie wurden hervorgerufen durch minderwertiges Futter von Sumpfwiesen bei gleichzeitiger Invasion von Distomen.

Der Tod trat gewöhnlich einige Stunden nach dem Auftreten der ersten Krankheitszeichen ein. Diese waren: Schwanken, Speicheln, wäßrig-schleimiger Nasenausfluß, Dyspnoe, Fieber, Pulsus celer, Sehstörungen und Muskelzittern an Kopf und Hals. Pathologisch-anatomisch fiel insbesondere Lungenödem, Hyperämie der Milz und Nieren, Gastroenteritis sowie Distomatose der Leber auf. Hobmaier.

Schmidt (23) verwendet gegen Distomatose der Rinder Fasciolin, Distol, Egelfrei, K 27 Merck. Am besten wirkte Distol. J. Schmidt.

Bozzelli (6) hat bei mit Distomatose behafteten Schafen das Distol in zahlreichen Fällen und stets mit gutem Erfolge angewendet.                    Frick.

Thienel (26) schildert die Ergebnisse von Versuchen, die Distomen aus dem Tierkörper zu beseitigen. Zur Anwendung gelangten 4 neue, von ihm als AS, SS, NS und Sb bezeichnete Medikamente. Am besten bewährten sich das NS und das Sb. Die Mittel werden von der Serapis-Gesellschaft, München, vertrieben.                    J. Schmidt.

Thienel (27) berichtet über die Tilgung der Leberegelseuche, daß die einmalige Verabreichung von Sb 444 bei Schafen genügte, um die Leberegel restlos zu beseitigen.                    Henkels.

Te Hennepe (8) will die Enten für die Säuberung der Weiden von schädlichen Lebewesen, z. B. von Süßwasserschnecken (Limnea truncata) bei der Bestreitung der Distomatose gebrauchen.                    Beijers.

Die Arbeit Skrjabins und Baskakows (25) betrifft Statistik und geographische Verbreitung der Trematodengattung Prosthogonimus bei Vögeln Rußlands, Unterschiede der Invasion bei erwachsenen und jungen Vögeln, bei Wasser- und Landvögeln.                    Joest und Cohrs.

Bittner (3) liefert einen Beitrag zur Übertragung und zur Morphologie von Echinoparyphium recurvatum. Genaue Beschreibung des Baues und der Art. Einreihung in die Gattung Echinoparyphium. Als Zwischenwirt kommen Süßwasserschnecken in Frage, Limnaea ovata, als 2. Zwischenwirt der Grasfrosch (R. temporaria).                    Henkels.

## 4. Cestoden.

1) Aggarwala, A. C.: An uncommon site for echinococcus cysts in the sheep. Vet. J. Bd. 81, S. 248—249. (1 Fall.) — *2) Arndt, H.-J.: Über die Echinokokkose der Haustierleber. Virch. Arch. Bd. 257, S. 512—520. — 3) Bartos, St.: Interessanter Fall von Finnenkrankheit. Allategészsègügy. S. 101—102. (Kasuistik.) — 4) Bisbini, B.: Einige Betrachtungen über die Immunitätserscheinungen und deren Dauer bei der Echinokokkose. Zbl. f. Bakt. I. Bd. 94, S. 204—207. — 5) Böhm, L. K.: Ein neuer Bandwurm vom Huhn, Raillietina (Davainea) grobbeni nov. spec. Zschr. f. wiss. Zool. Bd. 125. (Genaue anatomische und histologische Beschreibung.) — *6) Bourgeois, G.: Ladrerie du bœuf aspect special des lésions dû à une infection surajoutée. Rev. gén. de M. vét. Bd. 34, S. 778. — *7) Dikoff, G.: Über die Invasion und die Entwicklung der Echinokokken. B. t. W. Bd. 41, S. 293—295. — 8) Derselbe: Die Echinokokkenkrankheit in Bulgarien. Zschr. f. Fleisch u. Milch- Hyg. Bd. 35, S. 115—118. 1924/25. — *9) Feberwee, A.: De beoordeeling van door echinococcen aangetaste levers. (Die Beurteilung der Echinokokkenlebern.) Tijdschr. voor Diergeneesk. Bd. 52, S. 457—460. — *10) Henry, A., Ch. Leblois und P. Dervaux: Echinococcose péritonéale chez un chat. C. r. Soc. de Biol. Bd. 93, S. 1470—1471. — 11) Kotlán, Alex.: Über die pathologische Bedeutung der neueren Entdeckungen auf dem Gebiete der Entwicklung der Rundwürmerlarven. Allat. Lapok S. 1—3 und 12—15. (Zusammenfassendes Referat.) — 12) Lene: Außergewöhnlicher Finnenbefund beim Rinde. B. t. W. Bd. 41, S. 6. — 13) Leynen: Paralysie de la volaille due à un taenia. Ann. de M. vét. April. — *14) Redlich, E.: Diaptomus graciloides (Lilljeborg), ein neuer erster Zwischenwirt von Dibothriocephalus latus, nebst Bemerkungen zur experimentellen Entwicklung des Procercoids dieses Cestoden. Arch. f. wiss. Tierhlk. Bd. 53, S. 353—361. — 15) Sabeki, J.: An experimental Study on the Development of the dwarf Tapeworm (Hymenolepis nana). Ann. trop. Med. Paras. Bd. 29, S. 305. — *16) Schwartz, B.: Measles in dogs due to cysticercus cellulosae. J. Am. Vet. Med. Assoc. Bd. 67, Nr. 3, S. 390—392. — 17) Stolpe: Weitere Beobachtungen über die Zunahme von Echinokokken bei Schlachttieren. T. R. Bd. 31, S. 195—196. (Statistik.) — 18) Thielke, H.: Die Verbreitung der Echinokokken bei den Schlachttieren in Mecklenburg. Diss. Hannover und D. t. W. Bd. 33, S. 574—576. (Auszug.) — *19) Thije, J. H. ten: Over het voorkomen van echinococcen blazen in de lever van het paard. (Über das Vorkommen von Echinokokkenblasen in der Leber des Pferdes.) Tijdschr. voor Diergeneesk. Bd. 52, S. 544—545. — *20) Vogelsang, Enrique G.: El cannio como lunspect de la Taenia taeniformis. (Der Hund als Wirt der Taenia taeniformis.) Rev. Med. vet. Uruguay Nr. 25, S. 395. — *21) Wesener, P. W.: Über die gegenwärtige Häufigkeit der verschiedenen Echinokokkenarten bei den Schlachttieren nach Untersuchungen im Schlachthof Koblenz und über die Frage der Ausrottung des Echinokokkus durch Maßnahmen der Fleischbeschau. Diss. Berlin; T. R. Bd. 31, S. 473—476. — 22) Wright, J. G.: Coenurus serialis in the orbit of a rabbit. Vet. Rec. Bd. 5, S. 471—472. — 23) Yamato, Sh.: Über den Echinokokkus der Wirbelsäule und der Pleura mediastinalis. Virch. Arch. Bd. 253, S. 364—385. 1924. (Betrifft Mensch.)

Beim Studium der Echinokokkose der Haustierleber fand Arndt (2), daß bei sterilen unilokulären und bis zu einem gewissen Grade auch jüngeren fertilen Echinokokken eine „reguläre Lipoidablagerung in der Echinokokkenkapsel", und zwar deren Innenschicht stattfindet.

Chemisch handelt es sich dabei um ein Lipoidgemisch. In gleicher Weise findet sich eine Glykogenablagerung in der Innenschicht der Wirtskapsel. „Irreguläre" Lipoidablagerung ist bei Kapselnekrose und bei größeren fertilen Echinokokken, besonders in der Leber des Schweines, zu beobachten. Letztere bietet große Ähnlichkeit mit den Bildern bei athekomatösen Vorgängen an den Gerüstsubstanzen. Glykogenablagerung tritt meist in geringerem Maße auch hier auf.

Die Keimschicht der Parasitenblase enthält neben Glykogen auch Lipoide. Bei der Bestschen Färbung zeigt ihre Kutikula eine gleichmäßig rote Farbe, die jedoch nicht durch echtes Glykogen bewirkt wird. In der Echinokokkenflüssigkeit sind doppeltlichtbrechende Lipoide nachweisbar, jedoch nicht in den durch reichlichen Glykogengehalt ausgezeichneten Scolices.

Der Charakter dieser Stoffablagerung in der Wirtskapsel ist vorwiegend ein regressiver. Eine Bedeutung dieser Ablagerung für die Biologie des Parasiten ist nicht wahrscheinlich.                    Joest und Cohrs.

Feberwee (9) will allein die durch zahlreiche Echinokokken besetzten Lebern im ganzen für untauglich erklären und diejenigen mit geringer Anzahl Echinokokkenblasen in feine Schnitte zerlegen (nachdem zuvor die sichtbaren und palpierten Blasen sorgfältig entfernt wurden). Die vorgefundenen Exemplare werden entfernt.                    Beijers.

Wesener (21) hat festgestellt, daß seit dem Inkrafttreten des Reichsfleischbeschaugesetzes die Echinokokkenkrankheit allgemein bei allen Schlachttieren zurückgegangen ist, bei Rindern und Schafen auch in der Kriegs- und Nachkriegszeit. Bei Schweinen ist in der Nachkriegszeit eine Zunahme der Leberechinokokken zu beobachten.                    Weber.

Ten Thije (19) weist auf das Vorkommen von Echinokokkenblasen in der Leber des Pferdes hin.

Sie sind häufig sehr klein, erbsengroß, sogar noch kleiner, und werden aus diesem Grunde leicht übersehen für den Fall, daß man die Leber nicht in dünne Schnitte schneidet. Die Blasen sind beim Pferd häufig fertil. Man müßte in Holland eine strengere Beurteilung solcher Lebern zwecks radikaler Bekämpfung der Echinokokkose anstreben.                    Beijers.

Dikoff (7) berichtet, wie in den meisten Fällen die Echinokokkenkeime in die Leber der Lämmer auf dem Wege des Pfortaderkreisblutes gelangen. Der Vorgang, bis daß der Parasit zu sehen ist, dauert ungefähr 30 Tage von der Invasion an gerechnet.
                    Henkels.

Henry (10) hat einen Fall intraperitonealer Echinokokkose bei der Katze beschrieben.

Klinisch lag das Bild von Aszites vor. Bei der Eröffnung der Bauchhöhle wurden in wenig Flüssigkeit ca. 2 l, Blasen aller Größen gefunden, so daß die Eingeweide kaum sichtbar waren. Das viszerale und parietale Peritondeum war chronisch entzündlich verändert. Die Ursachen ließen sich nicht genau ermitteln, da Leber, Milz, Lunge ohne Befund waren. Es handelt sich wahrscheinlich um eine sekundäre Echinokokkose, vielleicht mit primärem Sitz in den Nieren, welche am stärksten verändert waren; da die rechte nicht aufgefunden werden konnte, kann sie möglicherweise die primäre Zyste enthalten haben.                    Graf.

Bourgeois (6) sah in den Muskelgruppen eines Ochsenviertels gehäuftes Auftreten von Cysticercus inermis; ein großer Teil der Parasiten war abgestorben und von einem Eiterherde umgeben; es wurden Diplokokken, gramfeste Stäbchen und gramnegative Kokken festgestellt.                    C. Reinhardt.

Schwartz (16) beschreibt einen neuen Fall des Vorkommens von Cysticercus cellulosae in der Muskulatur des Hundes. Beachtung der Möglichkeit des Auftretens der Finne im Muskel, nicht wie gewöhnlich im Zentralnervensystem, wichtig für die Fleischbeschau.
                    Hobmaier.

Vogelsang (20) konnte experimentell nachweisen, daß der Hund als Wirt der Taenia taeniformis gelten kann.

Nach Redlich (14) ist außer Cyclops strenuus und Diaptomus gracilis auch Diaptomus graciloides Lilljeborg ein echter Zwischenwirt von Dibothriocephalus latus.                    Weber.

## 5. Nematoden.

1) Barnett, E.: Stomach worms in lambs. Mississ. Sta. Rpt. 1923, S. 15—16; Ref. Exp. Stat. Rec. Bd. 52, S. 283. (Zeitig geworfene Lämmer zeigen seltener Wurminvasionen als spät geworfene.) — *2) Baudet, E. A. R. F.: Bijdrage lot de kennis van de ontwikkeling van ascaris equorum. (Beitrag zur Kenntnis der Entwicklung von Ascaris equorum.) Tijdschr. voor Diergeneesk. Bd. 52, S. 407—417. — *3) Derselbe: Over Taxis, in het bijzonder thermotaxis, in verband met percutane infectie door Cylicostomumlarven. (Über Taxis, insbesondere über Thermotaxis im Zusammenhang mit der perkutanen Infektion durch Cylicostomumlarven.) Tijdschr. voor Diergeneesk. Bd. 52, S. 1145—1155. — 4) Baylis, H. A.: A note on Gongylonema, a nematode parasite of ruminants and other animals. Vet. J. Bd. 81, S. 396—397. — *5) Becker, W.: Das Blutbild bei der Askariasis des Hundes. Inaug.-Diss. Berlin 1924 und T. R. S. 65 bis 70. — 6) Belpel, J.: Die Sommerwunden der Equiden (Habronémose cutanée). Rev. vét. S. 5—25. — *7) Bru: L'Hémothorax par spirocercose aortique chez le chien. J. de M. vét. Bd. 71, S. 26—32. — *8) Cleave,

H. van: Additional notes on the Acanthocephala from America by J. E. Kaiser (1893). Zbl. f. Bakt. I. Bd. 9, H. 1, S. 57—60. — 9) Cram, E. B.: Le nombre d'oeufs que pond Ascaris lombricoide. J. Agr. Res. Mai. — *10) Crawley, H.: Eggs of ankylostoma caninum. J. Am. Vet. Med. Assoc. Bd. 66, Nr. 4, S. 487—489. — 11) Cunningham, J. R.: Hydronephrose beim Fuchs. (Uncinaria polaris.) Vet. J. Bd. 81, S. 253—255. — 12) Dickinson, R. F.: A case of human infestation with Belascaris mystax. Ebendas. Bd. 81, S. 308. (Kasuistisch.) — 13) Van den Eeckhout, A.: Un cas de bronchite vermineuse accompagné d'hyperglobulie observé chez l'âne. Ann. de M. vét. November. — 14) Feldmann, W. H.: Die Entdeckung des Kohlentetrachlorids, eines wirksamen Mittels zur Entfernung der Hakenwürmer. J. Am. Vet. Assoc. Bd. 68, Nr. 2. — *15) Fort, J. und J. Sans: Sur un cas atypique de filariose des tendons. J. de M. vét. Bd. 71, S. 12; Rev. vét. S. 729—733. — *16) Gellmann, K.: Ascarisbefund in einem Hämatom. Allat. Lapok S. 26. — 17) Goody, T.: Skin Penetration by the infective Larvae of Dochmoides stenocephala. J. Helminth. Bd. 3, S. 173. — 18) Hadley, F. B., B. L. Warwick, E. M. Gildow und B. A. Beach: Belascaris marginata in foxes. Wisconsin Sta. Bul. Bd. 373, S. 73; Ref. Exp. Stat. Rec. Bd. 53, S. 479. (Verf. fanden Wurmlarven bei neugeborenen Füchsen. Invasion derselben während des fötalen Lebens.) — *19) Hall, M. C. und J. E. Skillinger: The treatment of a flock of sheep for one year with carbon tetrachlorid. North Am. Vet. Bd. 6, S. 31—36; Ref. Exp. Stat. Rec. Bd. 53, S. 584. — 20) Hanson, K. B.: Lungworms in foxes and their treatment. Am. Fox and Fur Farmer Bd. 4, S. 5—6; Ref. Exp. Stat. Rec. Bd.53, S. 787. — *21) Hanson, K. B. und H. L. van Volkenberg: Anthelmentic efficiency of carbon tetrachlorid in the treatment of foxes. J. Agr. Res. U. S. Bd. 28, S. 331 bis 337; Ref. Exp. Stat. Rec. Bd. 52, S.182. — *22) Hobmaier, M.: Die Entwicklung von Ascaris megelocephala des Pferdes. Arch. f. wiss. Tierhlk. Bd. 52, S. 192—198. — *23) Derselbe: Nematodenknötchen innerer Organe, spez. von Ascaris megalocephala, beim Pferde. Ebendas. Bd. 52, S. 273—278. — *24) Derselbe: Über die Entstehung des Aneurysma verminosum equi. Zschr. f. Infekt. Krkh. d. Haust. Bd. 28, S. 165—177. — *25) Derselbe: Die Entwicklungsgeschichte und die pathologische Bedeutung von Physocephalus sexalatus (Spiroptera sexalata, Molin). M. t. W. Bd. 76, S. 359—366, 388—392, 409—413, 436—439. — *26) Hunt, W. E.: A study of the internal parasites of sheep and their effects on the economy and rates of gain. Corn. vet. Bd. 15, S. 45—51; Ref. Exp. Stat. Rec. Bd. 53, S. 183. — *27) Ihle, J. E. W.: Verzeichnis der Cylicostomumarten der Equiden, mit Bemerkungen über einzelne Spezies. Zbl. f. Bakt. I. Bd. 95, H. 4—5, S. 227—236. — 28) Derselbe: Die Nematoden und die Zoologie von heute. Tijdschr. voor Diergeneesk. Bd. 52, S. 997—1013. — 29) Itagaki, S.: On the Life History of the Chicken Nematode, Heterakis perspicillum. The Jap. J. of Zootechnical Science Bd. 1, Nr. 4, S. 223—225. — *30) Januschke, E.: Die Dochmiasis des Jungviehs. Prag. Arch. B. Jg. 5, H. 6, S. 149—157. — 31) Koch, E. W.: Oxyurenfortpflanzung im Darm ohne Reinfektion und Magenpassage. Zbl. f. Bakt. I, Bd. 94, S. 208—236. — 32) Kramer, F.: Vergleichende Untersuchungen über den besten Nachweis von Parasiteneiern im Kot und einige Beobachtungen über die Entwicklung von Ascaris mystax. D. t. W. Bd. 33, S. 701—703. — 33) Ledoux: Sur un cas de spirocercose canine. J. de Med. vét. Bd. 71, S. 155—157. — 34) Lewinson, S. A.: Zur Kenntnis der makroskopischen und mikroskopischen anatomischen Befunde bei der Infektion des Menschen mit Trichocephalus dispar. Virch. Arch. Bd. 256, S. 788—809.— 35) Lund, L. und W. Arendt: Zwei Beobachtungen von Gnathostoma-spinigerum-Invasion beim Tiger. D. t. W. Bd. 33, S. 367—368. (Kasuistisch.) — 36) Magarinos Torres, de: Sur l'habronémose pulmonaire expérimentale. C. r. Soc. de Biol. (Soc. Brasil.), 6. Mai. — *37) Massius: Ein neuer Nematode des Hundes: Rictularia Cahivensis Jägerskiöld 1909. B. t. W. Bd. 41, S. 67—69. — 38) Meyer, E.: Ein Fall von Strongyloidesinvasion beim Schwein mit gleichzeitiger Pyocyaneusbakteriämie. D. t. W. Bd. 33, S. 661—663. — 39) Nishigori, M. und J. Ohba: Investigation on the Migrating Route of Ascaris Larvae in the Body of the Host. Nisshiu Jg. 8. 1924; Ref. Japan. J. Zool. Bd. 1, S. 124. 1926. — 40) Noack, W., Beiträge zum Nachweis von Sklerostomumeiern beim Pferd durch Anreicherungsverfahren. Diss. Hannover und D. t. W. Bd. 33, S. 583—585. (Auszug.) — 41) Ohba, J.: On the resistance of the Eggs of Ascaris lumbricoides. (Taiwan Jg. Kw. Z. 1923, Nr. 227; Ref. Japan. J. Zool. Bd. 1, S. 120. 1926. — 42) Derselbe: On the Growth of the Eggs of Ascaris lumbricoides. Ebendas. 1923, Nr. 228; Ref. ebendas. Bd. 1, S. 121 bis 122. 1926. — Derselbe: On the Conditions necessary for Hatching and the infestive Power of the Eggs of Ascaris lumbricoides. Ebendas. 1923, Nr. 228; Ref. ebendas. Bd. 1, S. 121. 1926. — *44) Payne, F. K., J. E. Ackert und E. Hartman: The question of the human and pig Ascaris. Am. J. Hyg. Bd. 5, S. 90—101; Ref. Exp. Stat. Rec. Bd. 52, S. 683. — 45) Reisinger, L.: Die Dochmiasis des Rindes. D. Oest. t. W. Bd. 7, S. 181—182. — 46) Sagredo, N.: Trichocephalus dispar in der Darmwand. Virch. Arch. Bd. 256, S. 268—274. (Betrifft Mensch; Art der Befestigung.) — *47) Schang, Pedro J.: Evolucion del „Hyostrongylus Rubidus" agente de la gastritis parasitaria de los cerdos. (Entwicklung des Strongylus rubidus, des Erregers der parasitären Darmentzündung der Schweine.) Rev. Centro de los Est. Med. Vet. Buenos-Aires 1924, H. 118, S. 459—470. — *48) Schwartz, B.: Ascaridia lineata, a parasite of chickens in the United States. J. Agr. Res. U. S. Bd. 30, S. 763—772; Ref. Exp. Stat. Rec. Bd. 53, S. 586. — 49) Derselbe: Preparasitic stages in the life history of the cattle hookworm (Bustomum phlebotomum). Ebendas. Bd. 29, S. 451—458; Ref. ebendas. Bd. 52, S. 781. (Züchtungsversuche.) — 50) Seije, Ogata: The destruction of Ascaris Eggs. Ann. trop. Med. Paras. Bd. 14, S. 301. — 51) Sellnick: Tod durch Verblutung in die Leberkapsel bei einem 2¹/₂ jährigen Pferde, bedingt durch Sklerostomen. T. R. Bd. 31, S. 359. — *52) Skrjabin und Bekensky: Wurmzootie der Schweine, verursacht durch Hyostrongylus rubidus in Rußland. B. t. W. Bd. 41, S. 52—53. — 53) Smit, H. J.: Filaria spirovoluta Smit et Ihle, eine neue Filaria beim Pferde. Nederl. Ind. Blaad voor Diergeneesk. Bd. 37, S. 529 bis 534. — *54) Smit, H. J. und W. Ihle: Filaria spirovoluta, ein neuer Nematode aus dem Bindegewebe des Pferdes. Zbl. f. Bakt. I. Bd. 96, H. 1, S. 30 bis 32. — *55) Sprehn: Ein Beitrag zur Dochmiasis der Rinder. B. t. W. Bd. 41, S. 485—486. — 56) Veloppé: Traitement de la strongylose bronchique des bovidés par les injections intratrachéales de la solution benzénique d'iode. Thé se vét., Paris. — 57) Takeuchi, K.: Über eigenartige Darmwandnekrosen durch Askariden. Virch. Arch. Bd. 258, S. 502—511. (Mensch.) — *58) Tschernjak, W.: Zur Histologis der durch den Parasiten Strongylus edentatus (Looe 1905) hervorgerufenen Veränderungen. Zschr. f. Infekt. Krkh. d. Haust. Bd. 28, S. 295—299. — 59) Wetzel, R. und G. Schoop: Capillaria (Trichosoma) longipes Ransom 1911 auch in Deutschland ein Parasit des Schafes. D. t. W. Bd. 33, S. 495—496. — 60) Yokogawa, S.: On a new Species of Physaloptera — Ph. formosana — and the Tumor caused by this Parasite. Ni Byor. Gak. K. Bd. 12. 1922; Ref. Japan. J. Zool. Bd. 1, S. 125—126. 1926. — 61) Derselbe: On the Ascariasis and the

Life History of Ascaris. Taiwan Jg. Kw. Z. 1923, Nr. 229, 9 Tf.; Ref. Japan. J. Zool. Bd. 1, S. 122—124 1926. — 62) Yoshida, S.: A new course for migrating Ancylostoma and Strongyloides larvae after oral infection. J. Paras. Bd. 7, S. 46—48. 1920/21. — 63) Parasitological investigations. Kansas Sta. Bien. Rept. 1923/24, S. 88—89. (Untersuchungen über Ascaridia perspicillum beim Geflügel.)

Baudet (2) hat eingehende Infektionsversuche an Mäusen, Meerschweinchen und Pferden mit den Eiern von Ascaris equorum (megalocephala) vorgenommen und damit bewiesen, daß der Infektionsweg der Larven von A. equorum übereinstimmt mit demjenigen von A. lumbricoides (Stewart, Ranson, Koim u. a.).

Im Gegensatz zu den Versuchen Koims mit Larven von A. lumbricoides bei sich selbst verlief der Prozeß in den Lungen eines Versuchsfohlens mit Larven von A. equorum ohne Temperaturanstieg und ohne schwere Krankheitserscheinungen. Die Beweglichkeit der Embryonen im Ei sichert noch nicht das Infektionsvermögen des Embryos. Verschiedene Ursachen (Kälte, Glyzerin) können die Embryonen solcherart beeinflussen, daß ihre Beweglichkeit bestehen bleibt, daß sie aber nicht mehr imstande sind, eine Infektion auszulösen. Ältere Pferde können gegenüber der Askarisinfektion immun sein; reife Eier von A. equorum, bei denen das Infektionsvermögen im Meerschweinchenversuch festgestellt war, verursachten bei der Verabreichung großer Mengen, bei einem 12jährigen Pferde keine Darminfektion. Das häufigere Vorfinden von Askariden bei älteren Pferden kann die Folge einer früheren Infektion sein; auch ist bekannt, daß die Askariden im Wirtstier ein langes Leben fristen können.

Beijers.

Hobmaier (22) hat den experimentellen Nachweis der Entwicklung von Ascaris megalocephala auf dem Wege der Blutbahn geführt. Weber.

Nach Hobmaier (23) verursachen die Embryonen von Ascaris megalocephala bei ihrer Wanderung durch die Leber und Lunge des Pferdes Nematodenknötchen. Weber.

Gellmann (16) fand gelegentlich einer Operation eines Hämatoms auf der Vorderbrust eines Pferdes in der Hämatomflüssigkeit ein 24 cm langes Askaridenexemplar. Manninger.

Nach Becker (5) erfahren die absoluten Zahlen der Erythrozyten und Leukozyten bei der Askariasis des Hundes keine Veränderungen.

Die eosinophilen Zellen sind bei Hunden unter 3 Monaten von 0,6% auf 4,9%, bei älteren Tieren von 1,6% auf 8,3% vermehrt. Dementsprechend sind die neutrophilen und Monozyten vermindert. Die Lymphozyten sind bei jungen Hunden beträchtlich, bei älteren nur unwesentlich vermehrt. Die eosinophilen Leukozyten haben größere und sich intensiver färbende Granula. Erhebliche innere Begleitkrankheiten verdecken das Blutbild der Askariasis. Unmittelbar nach dem Abtreiben der Parasiten erfahren die eosinophilen Zellen noch eine wesentliche Steigerung. In 1 bis 3 Wochen sind normale Verhältnisse hergestellt.

Trautmann.

Payne, Ackert und Hartman (44) berichten über das Vorkommen der Askariden beim Menschen und dem Schweine in verschiedenen nordamerikanischen Staaten. Durch Übertragungsversuche stellten sie fest, daß Askarideneier vom Menschen im Darm des Schweines nicht zur Entwicklung gelangen, ebenso umgekehrt nicht die Askarideneier des Schweines im Darm des Affen und des Menschen. H. Zietzschmann.

Nach den Feststellungen von Schwartz (48) gehören die bei Hühnern Nordamerikas vorkommenden Spulwürmer zu der Spezies Ascaris lineata, die Schneider als in Brasilien vorkommend zuerst beschrieben hat, nicht, wie bisher meist angenommen wurde, zu der Spezies Ascaris perspicillum. H. Zietzschmann.

Schang (47) beschreibt die Entwicklung des Strongylus rubidus in Schweinen.

1. Aus den mit dem Kot abgegangenen Eiern entstehen Larven.

2. Aus den Larven entwickeln sich nach mehreren Häutungen Würmer, die wieder Eier legen; aus diesen Eiern entstehen wiederum Larven, die sich durch eine sehr große Widerstandsfähigkeit gegen Trockenheit auszeichnen (250 Tage).

3. Gegen Kälte sind sie gleichfalls sehr widerstandsfähig, gegen Wärme (40°) weniger. Desgleichen sind sie empfindlich gegen fauliges Wasser.

4. Die aus den Larven sich entwickelnden Würmer werden von den Schweinen mit dem Futter aufgenommen, und der Entwicklungskreislauf setzt sich fort.

Ruppert.

Skrjabin und Bekensky (52) berichten über eine Wurmenzootie der Schweine, verursacht durch Hyostrongylus rubidus in Rußland und machen auf ihre differentialdiagnostische Bedeutung bei Schweineerkrankungen aufmerksam. Henkels.

Bei seinen Untersuchungen über die Magenwurmseuche der Schafe stellte Hunt (26) fest, daß die Krankheit besonders bei den im zeitigen Frühjahr erkrankten Lämmern Verluste verursacht, während die im Herbst erkrankten die Seuche meist überstehen, was von großer wirtschaftlicher Bedeutung ist. 1 proz. Nikotin-Sulfitlösung erwies sich als wirkungslos bei der Behandlung der Magenwurmseuche.

H. Zietzschmann.

Hall und Skillinger (19) sahen gute Erfolge in der Behandlung der Magenwurmseuche der Schafe bei der Verabreichung von Tetrachlorkohlenstoff in Kapseln (5 ccm für jedes Schaf von 19—54 kg Körpergewicht) in Verbindung mit 10 ccm Magnesiumsulfat (dieses für sich ebenfalls in Kapselform gegeben). Um Weiden allmählich von Wurminvasionen zu befreien, empfiehlt sich die wiederholte Behandlung in Zwischenräumen von 3 Wochen während der Besetzung. Nach Ablauf von 2 Jahren dürfte auf diese Weise die Weide wurmfrei zu machen sein. Auch gegen andere Würmer (Nematodirus-, Trichostrongylus-, Trichocephalusspecies) ist Tetrachlorkohlenstoff wirksam, während das Mittel auf Bandwürmer keine genügende Wirkung zu haben scheint.

H. Zietzschmann.

Nach Tschernjak (58) wird bei den durch Strongylus edentatus (Loos 1905) hervorgerufenen Veränderungen in der Lunge und im subperitonaealen Gewebe Eosinophilie vermißt. Joest und Cohrs.

Hobmaier (25) hat über die Entwicklung von Physocephalus sexalatus und dessen pathologische Bedeutung folgendes festgestellt:

Die Embryonen von Physocephalus sexalatus verlassen in der Außenwelt die Eischale nicht. Die Entwicklung der invasionsfähigen Larve vollzieht sich nicht direkt, sondern in einem Zwischenwirt (Geotropus stercorarius). Die Aufnahme der embryonierten Eier erfolgt durch die Imagines des genannten Käfers. Die invasionsfähige Larve kann in verschiedenartigen Wirbeltieren (Maus, Ratte, Katze, Hund, Sperling, Taube, Huhn, Krähe, Ente, Wildente) sich ansiedeln und monatelang am Leben erhalten. Jede Weiterentwicklung unterbleibt aber in diesen „falschen"

Wirten. Die reguläre Entwicklung wurde nur im Schwein, Kaninchen und Feldhasen beobachtet. Eine Weiterverfütterung von Wurmzysten innerhalb von 6 Monaten nach erfolgter Invasion aus falschen Wirten löst beim echten Wirte eine Wurminvasion mit Ausbildung von Imagines aus, beim falschen eine erneute Enzystierung des jungen Parasiten. Durch aktive Wanderung der reifen Larve bilden sich Nematodenknötchen in inneren Organen (Lunge, Leber, Niere usw.) nicht nur bei falschen Wirten aus, sondern auch beim Schwein und Kaninchen. Die lokalen pathologisch-anatomischen Veränderungen in der Fundusdrüsenschleimhaut beim Kaninchen und Schwein treten erst mit der Geschlechtsreife der Würmer auf. Sie sind im allgemeinen den Veränderungen bei Befall mit Spiroptera strongylina gleichzusetzen.

Die in den hinteren Darmabschnitten und in dem Geschlechtsapparate von Geotropus stercorarius lebenden Nematodenlarven entstammen dem Genus Anguillulidiae, Gattung Diplogaster, und gehören nicht in den Entwicklungskreislauf eines Säugetierparasiten. J. Schmidt.

Analog seinen Versuchen mit Ascaris megalocephala des Pferdes an kleinen Versuchstieren versuchte Hobmaier (24) auf diesem Wege, die Entwicklung von Sclerostomum bidentatum (einer häufigen Nematode des Pferdes) und die Entstehung des durch diesen Parasiten verursachten, typisch an der Arteria mesenterica cranialis auftretenden Aneurysma verminosum equi aufzuklären.

Ersteres gelang zum Teil, letzteres nicht. Jedoch wurde durch Beobachtungen am Pferde selbst Neues festgestellt: „Werden filariforme Larven von Sclerostomum bidentatum auf alimentärem Wege dem Pferde zugeführt, so befreien sie sich im Dünndarm von ihrer Larvenhaut und dringen in der Blinddarmregion, vermutlich schon im Blinddarmkopf, in Lymph- und Blutgefäße ein. Soweit sie auf dem Lymphwege in regionäre Lymphknoten geraten, gehen sie zugrunde und werden resorbiert. Die in die Blutgefäße eingedrungenen Embryonen werden passiv nach dem Bereich der vorderen Gekröswurzel fortgetragen. Im Klappengebiet der Vene (Vena mesenterica cranialis usw.) bohren sie sich in das Gefäß ein." Ein Teil der Larven wandert durch die Venenwand hindurch, gelangt in die Vasa vasorum der entsprechenden Arteria, und durchbohrt diese nach dem Lumen zu. Damit haben sie auf verhältnismäßig einfachem Wege den Ort ihrer Ansiedlung und weiterer Entwicklung und den Ort des sich ausbildenden Aneurysmas erreicht.

Joest u. Cohrs.

Ihle (27) gibt ein Verzeichnis der jetzt bekannten Arten der Gattung Cylicostomum mit Einreihung der seit 1922 neu gefundenen. Schumann.

Unter Taxis versteht man eine Bewegung, welche niedrige, übrigens freibewegliche Organismen zufolge bestimmter Reize ausführen. Baudet (3) hat in dieser Hinsicht das Verhalten von Cylicostomum des Pferdes untersucht.

Er hat sie auf Photo-, Thermo-, Hydro-, Elektro- und Rheotaxis und hinsichtlich ihres Vermögens, durch die Haut einzudringen, untersucht. Er gelangt zu dem Ergebnisse, daß die enzystierte Cylikostomumlarve positive Thermo- und Phototaxis, keine Hydro-, Elektro- oder Rheotaxis besitzt. Es besteht keine Beziehung zwischen der Thermotaxis und der perkutanen Infektion, d. h. positive Thermotaxis bei einem bestimmten Nematoden beweist noch nicht sein Vermögen, in die Haut eindringen zu können. Unter keiner einzigen Bedingung vermögen enzystierte Cylikostomumlarven eine perkutane Hautinfektion zu verursachen.

Beijers.

Crawley (10) untersuchte die Größenverhältnisse der Eier von Ankylostomum caninum. Mittlere Größe war 60,8 $\mu$ Länge und 38,5 $\mu$ Breite. Die Größenangaben in der Literatur sind demnach zu hoch. Hobmaier.

Hanson und van Volkenberg (21) berichten über die Behandlung von durch Uncinaria stenocephala und Ancylostoma caninum verursachten Wurmkrankheiten der Silberfüchse. Wirksam erwies sich Tetrachlorkohlenstoff in Dosen von 0,2 ccm oder mehr pro Kilogramm Körpergewicht in Gelatinekapseln. Dabei ist zu beachten, daß die Füchse bis zu 3 Stunden nach Verabreichung des Mittels weder Wasser noch Futter erhalten. H. Zietzschmann.

Massino (37) berichtet über einen neuen Nematoden des Hundes: Rictularia cahirensis Jägerskiöld 1909. Beschreibung von 2 Fällen aus dem Jahre 1909. 34 Fälle bei Katzen in Turkestan beobachtet. Henkels.

Sprehn (55) gibt einen Beitrag zur Dochmiasis der Rinder. Von ihm ist Bunostomum radiatum als Erreger einer schweren Wurmanämie unter jungen Bullen erkannt worden. Sp. sieht die Milchkühe des Bestandes, die sich alljährlich auf der Weide infizieren, als Träger der Parasiten an. Henkels.

Januschke (30) beobachtete in den Jahren 1920 bis 1925 auf einem Meierhofe die Dochmiasis des Jungviehs, der zusammen 46 Stück Jungvieh zum Opfer fielen.

Als Erreger wurde Dochmius radiatus (Ankylostomum radiatum aus der Familie der Strongyliden) festgestellt. Die wichtigsten klinischen Symptome waren chronisches Siechtum mit stinkendem Durchfall, starker Ödembildung und Husten (entzündliche Lungenherde). Die Diagnose konnte nur durch den mikroskopischen Nachweis der typischen Parasiteneier im Kot mit Hilfe der Füllebornschen Kochsalzmethode gesichert werden.

Nach Ansicht des Verf. erfolgt die Invasion der Parasiten außer durch den Mund auch auf dem Wege Haut—Blut—Darm, worauf die in der Lunge beobachteten Wurmknötchen hinweisen.

Die Behandlung ansteckungsverdächtiger Tiere mit Terpentinöl und Distol per os unter strenger Beobachtung hygienischer Maßnahmen war erfolgreich Krage.

Smit und Ihle (54) beschreiben einen bisher unbekannten Nematoden, Filaria spirovoluta, aus dem Bindegewebe des Pferdes. Da deren Larven im Blute kreisen, ist die Übertragung durch Insektenstiche wahrscheinlich. Schumann.

Fort et Sans (15) berichten in ihrer Arbeit über einen atypischen Fall von Sehnenfilariose bei einem Pferde, welches an allen 4 Extremitäten im Bereich der Beugesehnenscheiden an intermittierend auftretenden Lahmheiten und akuten Entzündungen litt. Es bildeten sich von Zeit zu Zeit kleine Abszesse, deren Inhalt in mehreren Fällen Fragmente von Filarienleichen enthielt. Meist blieben an den Stellen abgeheilter Abszesse zirkumskripte, knotige Verdickungen übrig. Henkels.

Bru (7) beschreibt im ersten Teil seines Artikels über den Hämothorax des Hundes die Entwicklung des Erregers Spirocerca sanguinolenta und gibt uns zum Schluß einen kurzen Überblick über die Krankheitssymptome der Tiere, die von Spirocercosa befallen sind. Henkels.

van Claeve (8) beschreibt einige amerikanische Arten von Akanthozephalen, die u. a. bei nordamerikanischen Vogelarten vorkommen. Schumann.

## 6. Arachniden.

*1) Allen, J. A.: Auricular scabies (parasitie otitis) in silver black foxes. Canad. Vet. Rec. Bd. 5, S. 12 bis 16; Ref. Exp. Stat. Rec. Bd. 52, S. 285. — 2) Aynaud, M.: Kystes à Demodex et abscès du mouton. C. r. Acad. des Sc., Paris, 6. Juli. — *3) Bruce, E. A.: Tick paralysis. J. Am. Vet. Med. Assoc. Bd. 68, Nr. 2, S. 147—160. — 4) Chambers, F.: Übertragung der Sarkoptesräude des Hundes auf den Menschen. Vet. J. Bd. 81, S. 251—252. — *5) Cram, E. B.: Demodectic mange of the goat in the United States. J. Am. Vet. Med. Assoc. Bd. 66, Nr. 4, S. 475—480. — 6) Colak, M.: Die Übertragung der Geflügelcholera durch Dermanyssus avium. Jugosl. Vet. Glasn. Bd. 5, H. 1—6. — 6a) Dietrich: Laminosioptes cysticola und Cytoleichus sarcoptoides bei Hühnern. B. t. W. Bd. 41, S. 486—488. — 7) Fetscher, J.: Beitrag zur Biologie der Akarusmilbe und zur Therapie der Akarusräude des Hundes. Inaug.-Diss. Gießen 1921. — 8) Frisch: Ein Fall von Akariasis bei der Ziege. B. t. W. Bd. 41, S. 828—829. — 9) Henry und Leblois: Inoculations d'anatoxines dans la démodécie suppurée du chien. Rec. de M. vét. Bd. 101, S. 14. — *10) Köhnlein, J.: Die Vogelmilbe (Dermanyssus avium) und ihre Bekämpfung. Arch. f. wiss. Tierhlk. Bd. 53, S. 144—180. — 11) Lembke, W. J.: Behandlung von Tetanus und von Akarusräude in den U. S. A. B. t. W. Bd. 41, S. 754. — 12) Lindner, W.: Räudebehandlung bei Pferden mit Sulfoliquid AS. M. t. W. Bd. 76, S. 93—94. — *13) Mendy, Juan B.: La Garrapata en cortes histologicos. (Die Zecke in histologischen Schnitten.) Rev. de le Fac. de Med. Vet. La Plata Bd. 1, H. 4, S. 9—24. — 14) Pillers, A. W. Noel: Cheiletiella parasitivorax Megnin, causing lesions in the domestic rabbit. Vet. J. Bd. 81, S. 96. — 15) Derselbe: Linguatula serrata, Frölich 1789, in the nasal cavity of a bull bitch. Ebendas. Bd. 81, S. 126—130. (1 Fall.) — *16) Derselbe: Linguatula serrata „Fröhlich" in bovine mesenteric lymphatic glands. A lesion of interest for the meat inspector. Ebendas. Bd. 81, S. 444—447. — 17) Plasaj, S.: Über die Übertragung der Geflügelcholera durch Dermanyssusmilben. Jugosl. Vet. Glasn. Bd. 5, H. 1—6. — 18) Poppe und Knoth: Die Behandlung der Sarkoptesräude des Rindes mit Schwefelkalkbädern. D. t. W. Bd. 33, S. 680—682. — 19) Postel: Sulfoliquid bei der Ochsenräude. B. t. W. Bd. 41, S. 633—634. — 20) Priepke, W.: Beitrag zur Behandlung der Akarusräude des Hundes. Ebendas. Bd. 41, S. 828. — 21) Vitzthum, Graf: Tierheilkunde und Akarologie. Ebendas. Bd. 41, S. 46. — *22) Vogelsang, Enrique G.: Sarcoptes alepis, parásito de las rattes salvages del Uruguay. (Sarcoptes alepis, ein Parasit der wilden Ratten in Uruguay.) Rev. Med. Vet. Uruguay Nr. 25, S. 299—300. — *23) Derselbe: Mortandad de pájaros producida por el Dermanyssus gallinae (de Geer). (Vogelsterblichkeit durch Dermanyssus gallinae.) Ebendas. Nr. 27, S. 396. — 24) Wickware, A. B.: An unusual form of Scabies in fowls. J. Paras. Bd. 8, S. 90—91. 1921/22.

Vitzthum (21) teilt seine Gedanken über die Beziehungen zwischen Tierheilkunde und Akarologie mit. Nach Ansicht des Verf. hat die Tierheilkunde großes Interesse daran, mit der Milbenforschung Hand in Hand zu gehen. Henkels.

Cram (5) beschreibt an der Hand eines Falles von Demodex caprae in Amerika die Geschichte, Biologie und Pathologie des Parasiten. Bestätigt sein Vorkommen besonders bei trächtigen Ziegen. Hobmaier.

Allen (1) berichtet über das Vorkommen der Ohr-räude bei Silberfüchsen. Die Krankheit wird durch eine Milbe, Otodectes cynotis, verursacht. Sie ist seit 1919 in Kanada bekannt. Manche Fuchsfarmen waren bis zu 100% der Tiere verräudet. H. Zietzschmann.

Vogelsang (22) berichtet über die erstmalige Beobachtung von Sarcoptes alepis, als Parasiten wilder Ratten in Uruguay. Ruppert.

Mendy (13) setzt eine früher begonnene Arbeit fort, in der er die Zecke in histologischen Schnitten beschreibt. Er geht hauptsächlich auf Schnitte durch Drüsen, Verdauungs- und Respirationsapparat ein. Ruppert.

Bruce (3) beschreibt die Zeckenbißparalyse. Sie kommt gewöhnlich im März und April, selten im Februar und nach Mitte Mai vor. Befallen werden das Rind und das Schaf. Der Übertrüger, Dermatocentor venustus, ist eine 3wirtige Zecke und saugt nur auf Säugetieren. Bis sie erwachsen ist vergehen meist 2 Jahre, mitunter 3—4. Sie saugt in Abständen von ca. 2 Wochen und legt bis 7000 Eier. Die jungen Larven befallen ausschließlich Nagetiere. Die Krankheit scheint lediglich beim Ansaugen der Weibchen zu entstehen. Beim Schaf, Rind und Hund ist sie ungefähr gleichartig. Unruhe, schwankender Gang, Unvermögen aufzustehen, wechselnder Appetit, schwacher Puls, kein Fieber. Beim Menschen kommen motorische Lähmungen, mitunter auch sensible, zur Beobachtung. Eintreten von Immunität noch nicht sichergestellt, jedenfalls können Tiere 2—3mal in einer Saison befallen werden. Bei der Bekämpfung der Krankheit spielt die Ausrottung der Nager, auf denen die Larven der Zecken Blut saugen, mittels Strychnin-Stärkekleister, eine wesentliche Rolle. Abbrennen der Weiden hat nur beschränkten Wert. Hobmaier.

Köhnlein (10) empfiehlt zur Vernichtung der Vogelmilben eine einmalige Behandlung des Stalles mit Kresolseifenlösung. Weber.

Vogelsang (23) beschreibt eine Vogelsterblichkeit, die durch Dermanyssus gallinae (de Geer) hervorgerufen wurde. Ruppert.

Pillers (16) beschreibt einige Funde von Pentostomenlarven in Mesenterialdrüsen beim Rinde.

C. Reinhardt.

# 7. Insekten.

*1) Barrat: Remarques sur l'étiologie des verrues chez les bovins. J. de M. vét. Bd. 71, H. 3. — *2) Bouwman, J.: De oorzaak van het acuut oedeem bij het rund. (Die Ursache für das akute Ödem beim Rind.) Tijdschr. voor Diergeneesk. Bd. 52, S. 959—960. — *3) Carpano, M.: Su delle importanti manifestazíoni anafilattiche nella ipodermosi del cavallo. (Wichtige anaphylaktische Erscheinungen bei Pferden mit Dasselbeulen.) Clin. vet. S. 629—632. — 4) Ciurea, J.: Vorbeugung und Bekämpfung der Kriebelmückenplage. B. t. W. Bd. 41, S. 321—325. — *5) Ciurea, J. und Dindulescu, G.: Ravages caused by the Goloubatz fly in Roumania: its attacks on animals and man. Vet. J. Bd. 81, S. 74—81. — *6) Eriksen, S.: Diseases of fowls studied at the Missouri Poultry Station. Miss. St. Poultry Assoc. Yearbook 1923, S. 31—36; Ref. Exp. Stat. Rec. Bd. 53, S. 680. — *7) Galli-Valerio, B.: Beobachtungen über Culiciden, nebst Bemerkungen über Tabaniden, Simuliden und Chironomiden. Zbl. f. Bakt. I. Bd. 94, H. 5, S. 309—313. — 8) Greve, L.: Versuche zur Bekämpfung der Dasselfliegenplage mittels Arzneimittel. D. t. W. Bd. 33, S. 677—680. — 9) Horton, F. F.: Paralyse des Ösophagus beim Pferde infolge Gastrophilus equi. Vet. J. Bd. 81, S. 233—235. — 10) Keller, H.: Über ein neues Mittel zur Ungezieferbekämpfung. M. t. W. Bd. 76, S. 1049—1051. — 11) Koegel, A.: Das Ungeziefer. Stuttgart: F. Enke. — 12) Laake, E. W.: Further observations on the molts of the ox bots Hypoderma bovis De Geer und H. lineatum Villers. J. Agr. Research. U. S. Bd. 28, S. 271—274. — *13) Larisch, P.: Die Gastrophiliasis des Pferdes. Inaug.-Diss. Leipzig. — 14) Manegold, O.: Maden von Piophila casei L. in zubereitetem Fleisch. Zsch. f. Fleisch Hyg. Bd. 35, S. 102—104. 1924/25. — 15) Martini, E.: Über Anopheleszucht (mit einigen Anophelesbeobachtungen). Zbl. f. Bakt. I. Bd. 94, S. 452—460. — *16) Morgan, E.: Maggots as an indirect cause of joint-ill in calves. Vet. J. Bd. 81, S. 243—247. — 17) Pawlowsky, N. und Stein: Experimentelle Untersuchungen über die Wirkungen der Flöhe auf den Menschen. Arch. f. Schiffs- u. Trop. Hyg. Bd. 8, S. 387. — *18) Petersen, A.: Bidrag til de danske Simuliers Naturhistorie. (Beitrag zur Naturgeschichte der in Dänemark vorkommenden Kriebelmücken.) D. Kgl. Danske Videnskabernes Selskabs Skrifter, Naturvidensk. og mathemat. Afdeling, 8'Raekke Bd. 4, S. 237—339. 1924; auch in Maan. for Dyrl. Bd. 37, S. 1—19 u. 33—57. — 19) Raffensperger, H. B.: Horse bots in hogs stomach. Vet. Med. Bd. 20, Nr. 5, S. 225. (Bei gesundem Schlachtschwein 28 Larven von Gastrophilus equi im Magen gefunden.) — *20) Reinstorf, A.: Übertragung der Ruhr durch Fliegen. Diss. Gießen 1923 und Mschr. f. Desinfektion, Sterilisation usw. 1923. — *21) Rudolf, N.: Beiträge zur Bekämpfung der Ektoparasiten der Haustiere mit dem Merckschen Ungeziefermittel „Cuprex". D. Oest. t. W. Jg. 7, Nr. 13, S. 145—148. — 22) Vaida, M.: Weisungen zum Auffinden und Erkennen der Larven und Puppen der Kriebelmücken (Simulium Columbaczense) und anderen Simuliden. B. t. W. Bd. 41, S. 787—788 u. 870. — 23) Wagner, W.: Bau und Funktion des Atmungssystems der Kriebelmückenlarven. Zool. Jb., Abt. Phys. Bd. 42, S. 442—486 (17 Abb). — *24) Weber: Ein Beitrag zur Gastrophiliasis der Pferde. B. t. W. Bd. 41, S. 433.

Galli - Valerio (7) teilt seine Beobachtungen über Culiciden, Tabaniden, Simuliden und Chironomiden mit.

Zur Bekämpfung empfiehlt er vor allen Dingen die Zerstörung der kleinen Brutplätze in der Nähe der Wohnungen, da sich die Culiciden nicht gern vom Zentrum ihrer Entwicklung entfernen. Verschiedene Arten von Culiciden ziehen ganz verschiedene Gewässer vor. Weibchen können sich ohne jede Nahrung, nur mit etwas Wasser versehen, im Winter bis zu 6 Monaten halten. Schumann.

Rudolf (21) liefert Beiträge zur Bekämpfung der Ektoparasiten der Haustiere mit dem Merckschen Ungeziefermittel „Cuprex", indem er an Pferden, Kühen, Hunden, Schweinen und Hühnern Versuche anstellt.

Auf Grund seiner Versuchsergebnisse entspricht „Cuprex" allen Anforderungen, die an ein gut wirksames und für die fragl. Zwecke brauchbares Präparat gestellt werden müssen. Bei sachgemäßer Anwendung und entsprechender Stalldesinfektion werden Rezidive zu vermeiden sein; die Eier von Läusen und Haarlingen werden sicher abgetötet, vorausgesetzt, daß die Brut auch mit der „Cuprex"-Flüssigkeit in Berührung gebracht wurde. Bei Federlingen kann wegen der eigenartigen Eiablage nicht einmal eine Verzögerung in der Entwicklung erzielt werden, eine Vernichtung dieser Parasiten ist nur durch eine zweimalige Behandlung möglich. Krage.

Eriksen (6) empfiehlt gegen Hühnerläuse eine Salbe von 1 Teil Nikotinsulfat, 50 Teile Vaseline und 49 Teile Fett. Außerdem wird über das gehäufte Auftreten einer zu Erblindung führenden Iritis bei Hühnern berichtet. H. Zietzschmann.

Bouwman (2) erachtet es für bewiesen, daß die Ursache für das akute Ödem beim Rind (Urtikaria) auf Anaphylaxie beruht. Die Anaphylaxie tritt infolge von Zerdrücken von Dasselknoten (Hypoderma bovis) ein, wobei nach langen Zwischenpausen fremde Eiweißstoffe — aus den Fliegenlarven — im Blut zirkulieren. Beijers.

Carpano (3) sah bei Pferden, denen die Besitzer durch Druck die Dassellarven beseitigt hatten, am ehemaligen Sitze der letzteren ödematöse, schmerzhafte, runde, bis 15 cm große Schwellungen; desgleichen sah er urtikariaähnliche, strangförmige Schwellungen danach am ganzen Körper. Später, etwa 48 Stunden nach dem Abdasseln fand C. in einem Falle Unruhe. kleinen frequenten Puls, beschleunigte Atmung, Temp. 39,2, Durchfall, Abgeschlagenheit usw. C. hält diese Erscheinungen für anaphylaktische. Frick.

Nach Larisch (13) hat die Gastrophiliasis der Pferde schon vor dem Kriege in den von der Gastrusfliege bevorzugten Gegenden eine gewisse Bedeutung gehabt. Diese Krankheit erlangte im Kriege eine überraschend wichtige Bedeutung.

Die Gastrophiliasis war für das Wirtstier besonders dann von Bedeutung, quoad vitam, wenn auch noch andere Begleitumstände schwächend auf den Organismus einwirkten, wie Futtermangel, Anstrengungen und Krankheiten, vor allem die Räude. Während des Krieges wurden im Osten des Kriegsschauplatzes G. equi, G. pecorum und G. nasalis festgestellt. Als Prädilektionsstelle kommen in Betracht: Schlundkopf, Vormagen und Anfangsteil des Duodenums. Die während des Krieges tödlichen Erkrankungen werden zurückgeführt auf Entziehung von Nährstoffen durch die Larven, ferner auf schwere Entzündungen der Drüsenschleimhaut des Magens und Zwölffingerdarms und auf die Folgen der Durchbohrungen des Vormagens, vor allem aber des Zwölffingerdarmes. Der Schwefelkohlenstoff muß zur Zeit als bestes Mittel gegen die Gastrophiliasis angesehen werden. Der Schwefelkohlenstoff wirkt auf die Larve als Atmungsgift und auf das Wirtstier als Atmungs- und Blutgift. Die gefährlichen Nebenwirkungen für das Wirtstier (Atmungsgift) sind auf fehlerhaftes Eingeben und falsche Dosierung zurückzuführen. Der Schwefelkohlenstoff bewährt sich auch gut und sicher gegen andere Darmschmarotzer, wie Askariden, Strongyliden, Bandwürmer und Oxyuren. Es empfiehlt sich, in den von der Gastrusfliege bevorzugten Gegenden während des Monats Oktober eine energische Wurmkur bei den in Frage kommenden Pferden vorzunehmen. In außergewöhnlichen Zeiten (Krieg) sollte die vorgeschlagene Wurmkur zwangsweise ausgeführt werden. Trautmann.

Weber (24) schreibt über die Gastrophiliasis der Pferde, daß dieselbe unter normalen Verhältnissen unter dem Bilde einer aus dem Rahmen fallenden leichten Kolik erscheint. Henkels.

Petersen (18) gibt eine sehr eingehende, sowohl morphologische wie biologische Beschreibung der in Dänemark vorkommenden Simuliumarten, ihrer Verbreitung in verschiedenen Gegenden des Landes sowie ihrer pathogenen Bedeutung. Folgende 10 Arten sind nachgewiesen: S. ornatum, subornatum, morsitans, venustum, argyreatum, equinum, costatum, latipes, augustitarse und aureum. Die am häufigsten vorkommenden sind S. ornatum, argyreatum und equinum, an manchen Stellen ist auch S. venustum häufig; die übrigen sind durchweg seltener. Am gefährlichsten für unsere Haustiere ist S. argyrea-

tum, aber auch S. ornatum, equinum und venustum sind beim Angriff auf Haustiere festgestellt worden. Im übrigen läßt sich über die Abhandlung nicht in kurzer Fassung referieren. M. Christiansen.

Ciurea und Dindulescu (5) beschreiben den Verlauf einer im Jahre 1923 in Rumänien stattgehabten Simuliideninvasion, der in wenigen Tagen 16 000 Tiere zum Opfer fielen. Es handelte sich um Simulium columbaczense. C. Reinhardt.

Reinstorf (20) hat festgestellt, daß Fliegen imstande sind, lebende Ruhrbazillen von Plattenreinkulturen wie von Ruhrstühlen durch ihre Füße und durch Aufnahme in den Darm und sich daraus ergebendes Ausscheiden tagelang zu verbreiten. Die Fliege ist jedoch kein Wirt der Ruhr, die deshalb auch nicht in Fliegen zu überwintern in der Lage ist. Die Arbeit befaßt sich eingehend auch mit Bekämpfungsmaßnahmen der durch Fliegen verbreiteten Ruhr.

Trautmann

Morgan (16) beschreibt eine Nabelinfektion bei Kälbern, die in Venezuela vorkommt und durch Fliegenmaden hervorgerufen wird. C. Reinhardt.

Barrat (1) schreibt über „Remarques sur l'étiologie des verrues chez les bovins". Verf. glaubt an die ursächliche Beteiligung eines stechenden Insektes. Es handelt sich nur darum, 1. das Insekt zu finden, 2. das wirkende Agens bei diesem Insekt zu finden, 3. seine Bedeutung zu beweisen. Henkels.

# IV. Sporadische innere und äußere Krankheiten.

## A. Im Allgemeinen und Statistisches. Physikalische Untersuchungsmethoden.

### Bearbeitet von J. Kirsten.

1) Ball, V.: Traité d'anatomie pathologique générale. Paris: Vigot frères. — 2) Bell, J.: Some clinical cases from India. Vet. Rec. Bd. 5, S. 695—696. (Kasuistik.) — 3) Cadiot, P. J. und J. Almy: Traité de thérapeutique chirurgicale des animaux domestiques. 3. Aufl. 2 Bände. Paris: Vigot frères. — 4) Cadiot, J. P., G. Lesbouyries und J. N. Ries: Traité de médicine des animaux domestiques. Paris: Vigot frères. — 5) Dieselben: Dasselbe. Rec. de M. vét. Bd. 101, S. 2. — 6) Cameron, T. W. M.: The pig and human disease. Vet. J. Bd. 81, S. 484—491. (Nichts Neues.) — *7) Favero: Sulla sede dell' itto cardiaco negli equini. (Sitz des Herzstoßes bei den Equiden.) Nuova Vet. S. 76. — 8) Gerlach: Neue Versuche über hyperergische Entzündung. Verh. D. path. Ges. Bd. 20, S. 272—280. — *9) Hennepe, B. J. C. te: Eenige eendenziekten, speciaal eendentuberculose (uit het laboratorium der Rijksseruminrichting). (Einige Entenkrankheiten, besonders die Ententuberkulose (aus dem Laboratorium der staatlichen Impfstoffwerke zu Rotterdam.) Tijdschr. voor Diergeneesk. Bd. 52, S. 309—315. — 10) Kallmann: Die Krankheiten der Tiere im Zoologischen Garten in Berlin. T. R. Bd. 31, S. 482—484. (Kurze Zusammenstellung.) — 11) Kedrowsky, B.: Reaktive Veränderungen in den Geweben der Teichmuschel (Anodonta sp.) bei Einführung von sterilem Zelloidin. Virch. Arch. Bd. 257, S. 815—845. — 12) Kirk, H.: Diseases of the cat, and its general management. London: Baillière, Tindall u. Cor. — 13) Klett, R. und R. Metzger: Hauslexikon der tierärztlichen Praxis. (4.) Ulm: Ebnersche Buchhandlung. — 14) Krehl, L. und F. Marchand: Handbuch der allgemeinen Pathologie Bd. 4, 1. Abt. Leipzig: S. Hirzel. — *15) Lasius, O.: Über die Möglichkeit der Anregung der Bindegewebs-

wucherung. Zschr. f. Krebsforsch. Bd. 22, S. 232 bis 250. — 16) Lubarsch, O. und F. Henke: Handbuch der speziellen pathologischen Anatomie und Histologie Bd. 4, Teil 1: Niere. Berlin: Julius Springer. — 17) Moussu: Accidents mortels par attentats criminels chez des bovidés. Rec. de. M. vét. Bd. 101, S. 3. — 18) Murarik, Gabr.: Die pathologische Histologie der durch Fremdkörper verursachten Veränderungen mit besonderer Hinsicht auf die entzündlichen Elemente. Inaug.-Diss. Budapest; Közl. Bd. 18, S. 157 bis 160. — *19) Ohno, Y.: Beiträge zur Frage der neuropathologischen Entzündungslehre. Zieglers Beitr. Bd. 72, S. 722—760. — 20) Plaut, A.: Über die Unzulänglichkeit mechanistischer Erklärungen. Ebendas. Bd. 72, S. 654—668. — 21) Punin, S.: Mõned juhtumised sõjavae hobuste laatsareti praksises. (Einige Fälle aus der Praxis des Pferdelazarettes.) Estnische T. R. Jg. 1, S. 117. (Kasuistisch.) — 22) Rockett, H. C.: Some clinicals. Vet. J. Bd. 81, S. 356—358. (Kasuistisch.) — 23) Schmorl: Über epidiaskopische Demonstration frischer pathologisch-anatomischer Präparate. Zbl. f. Path. Bd. 36, S. 97—98. — 24) Seyfferth, A.: Die Krankheiten des Rindes. Wiesbaden: Pestalozzi-Verlagsanstalt. — 25) Velu, H. und J. Barotte: Eléments pratiques de pathologie vétérinaire exotique. Paris: Larose. — *26) Wittmann, Fr.: Die Bestimmung der Lungengrenze beim Pferde mit freiem Auge. B. t. W. Bd. 41, S. 1. — 27) Zangge, H.: Die Anforderungen an die kausale Beweisführung bei Krankheit und Todesfällen und die Grenzen der morphologischen und chemischen Nachweismethoden. Virch. Arch. Bd. 254, S. 843—848.

Wittmann (26) berichtet über die Bestimmung der Lungengrenzen beim Pferde mit freiem Auge.

Auf Anregung von seiten des ungarischen Arztes Dr. Weiß, beim Menschen auf Grund des sog. phonatorischen und des sog. respiratorischen Phänomens die Lungengrenzen mit freiem Auge zu bestimmen und auch das Vorhandensein von Exsudat dadurch nachzuweisen, versuchte W. diese Methode auch beim Pferde anzuwenden. Er fand, daß diese Methoden auch beim Pferde anwendbar sind und daß das respiratorische Phänomen das größere Interesse dabei zu beanspruchen hat. Dr. Henkels.

Favero (7) hat durch Untersuchung die Stelle, wo der Spitzenstoß bei den Equiden gefühlt werden kann, festgestellt. Es war bei 80% der 4. Interkostalraum, bei 16% (breiter Brustkasten) im 3. und bei 4% (enge Brust) im 5. Zwischenrippenraum. Frick.

Te Hennepe (9) gibt eine Übersicht der verschiedenen Entenkrankheiten, welche an der „Rijksseruminrichting" während der Jahre 1922, 23 und 24 festgestellt wurden.

Gefunden wurden unter anderem Diphtherie (im Gegensatz zur Geflügeldiphtherie [Atmungsapparat] bei Enten hauptsächlich den Magen-Darmtrakt betreffend), Leberzirrhose (große, steinharte und gelbe Leber), Avitaminosen (bei 800 Enten, welche auf Dünen ohne Graswuchs gehalten wurden; nach Verlauf von 4 Wochen lustlos und abgemagert waren, viel Wasser aufnahmen, sich schwerfällig im Laufen und Neigung zu Sandfressen zeigten). Diese Avitaminose konnte mit Sapiol erfolgreich bekämpft werden, d. h. einem Gemisch von Lebertran, Hefe und Fischmehl. Tuberkulose wurde vor allem bei den weißen indischen Laufenten festgestellt; bei letzteren wird in Holland starke Inzucht betrieben. Te Hennepe konnte mit tuberkulösen Organen von Enten nur schwer Hühner infizieren. Die Tuberkuloseprozesse erwiesen sich regelmäßig hochgradig bazillenhaltig. Beijers.

Nach Ohno (19) erklärt die neuropathologische Entzündungslehre die gesamten Entzündungsvor-

gänge nicht genügend. Eine physikalisch-chemische Beeinflussung der Kapillarwandungen durch die entzündlichen Stoffwechselprodukte ist wahrscheinlich, jedenfalls nicht auszuschließen. Joest und Cohrs.

Eine Anregung der Bindegewebswucherung bei gewöhnlicher Wundheilung wird nach Lasius (15) durch Lipatren erzielt. Joest und Cohrs.

### B. Im Einzelnen.

## 1. Erkrankungen des Nervensystems und der Sinnesorgane.

Bearbeitet von H. Dexler, Prag.

Zur Ergänzung sind die Kapitel über Lyssa, Tetanus, Anthrax, Malleus, Dourine, Gebärparese und Parasiten nachzulesen.

### a) Krankheiten des Nervensystems.

1) Ball, Auger und Lombard: Hémorrhagie cérébrale intrahémisphérique. (Intrahemisphärale Hirnblutung. Rev. gén. de M. vét. Bd. 33, S. 243—347. (Makroskopisch erhobene einseitige Hirnblutung im okzipitalen Hemisphärenpol nach Staupe.) — *2) Beck, A.: Beitrag zur enzootischen Enzephalitis des Schafes. Zschr. f. Infekt. Krkh. d. Haust. S. 98. — 3) Blackwell, W. E.: Vertigo in a young bull. Vet. Rec. Bd. 5, S. 105—106. (Kasuistisch.) — *4) Blohmke, N.: Zur Ätiologie des Dunkelzitterns. Zschr. f. Augenheilk. 1924, H. 5. — *5) Bonora: Fenomeni di maneggio da gravidanza in una vacca. (Manegebewegungen bei einer Kuh als Folge der Trächtigkeit.) Clin. vet. S. 133. — 6) Bourdelle, M.: Ponction des ventricules latéraux chez le cheval en vue de l'obtention du liquide céphalo-rachidien par Marcelle Petit. (Die Ventrikelpunktion beim Pferde zur Gewinnung von Zerebrospinalflüssigkeit nach M. Petit.) Rec. de M. vét. Bd. 110, S. 101. — 7) Breusch, E.: Zwei Beiträge zur Kenntnis des Hydrocephalus congenitus beim Hund. M. t. W. Bd. 75, S. 1175—1176. 1924. (Diss.) — *8) Bruhnke, H.: Otitis media beim Pferde. T. R. S. 826. — *9) Brunschwiler, K.: Über Meningitis acuta und verwandte Zustände beim Schweine. Zschr. f. Infekt. Krkh. d. Haust. Bd. 28, S. 277—294. (Mit 1 Tafel.) — 10) Chabrot, M.: Crises épileptiformes de la maladie du jeune age chez le chien. Geuerison par le Guardénal. (Epileptiforme Krämpfe bei Staupe. Heilung durch Guardénal.) Rev. vét. S. 549. — *11) Darvas, L.: Kreuzlähmung infolge Blutung ins Rückenmark. Allat. Lapok S. 88 bis 89. — *12) Dobberstein, J.: Über Veränderung des Gehirns beim bösartigen Katarrhalfieber des Rindes. D. t. W. S. 867—871. — *13) Derselbe: Anatomische Befunde bei der infektiösen Gehirnrückenmarksentzündung des Pferdes. B. t. W. S. 177—181. (1 Farbtafel.) — *14) Fraenzel, N.: Über die Verwendung von Introzid mit besonderer Berücksichtigung der Behandlung von zerebralen Störungen. Ebendas. S. 32. — *15) Friis, Hj.: Exostosenbildung an der Wirbelsäule eines Pferdes. Maan. for Dyrl. Bd. 37, S. 113—117. — 16) Gänßbauer, K.: Über histopathologische, durch Cholesteatome bedingte Veränderungen in der Hirnsubstanz, unter besonderer Berücksichtigung der Veränderungen im Striatum. M. t. W. Bd. 75, S. 581—585. 1924. (Diss.) (Beschreibung eines Falles.) — 17) Gavrilescu, N.: Hydrocephalie chez le veau. (Wasserkopf beim Kalbe.) Rec. de M. vét. Bd. 101, H. 5. — *18) Gellmann, K.: Über Zwerchfellkrampf im Anschluß an einen beobachteten Fall. Allat. Lapok S. 268—269. — *19) Gils, van: Epilepsie beim Pferde. D. t. W. Bd. 32, S. 226 bis 227. 1924. — *20) Giovanoli, G.: Beitrag zur Kasuistik der Epilepsie des Rindes. Schweiz. Arch. f. Tierhlk. Bd. 67, S. 13—18. — 21) Glück, O.: Para-

lysis nervi radialis. Allat. Lapok S. 205. (Kasuistik.) — 22) Derselbe: Paralysis of the radial nerve. (Radialisparalyse.) J. Am. Vet. Med. Assoc. Bd. 67, Nr. 3, S. 401. (Fall von Radialislähmung bei einem Streptokokkenserum-Pferd.) — *23) Goldberg und Volgenau: A clinical and pathological study of the nervous form of canine distemper. (Klinische und pathologische Studien über die nervöse Form der Staupe.) Corn. vet. S. 181—202. (Mit 4 Tafeln.) — 24) Halla, F.: Heilung der Epilepsie der Hunde mit Vakzineurin. T. R. Jg. 30, S. 696. (Angebliche Heilwirkung bei epileptiformen Krämpfen der Staupe.) — 25) Horton, F.: Paralysis of the oesophagus in the horse due to gastrophilus equi. (Durch Gastruslarven bedingte Schlundlähmung.) Vet. J. S. 233—235. (Fragliche Begründung eines Zusammenhanges.) — 26) Jörgensen, Uffe: Fraktur des Schädels und 12. Rückenwirbels. Maan. for Dyrl. Bd. 37. (Schädelzertrümmerung eines Pferdes nach Überschlagen.) —*27) Joehrike, E.: Infektiöse Rückenmarks- und Gehirnlähmung. D. t. W. S. 218. — *28) Kaay, v. d.: Abszeß in het ruggenmarkskanaal van een koe. (Absceß im Rückenmarkskanal bei einer Kuh.) Tijdschr. voor Diergeneesk. S. 282—283. — 29) Kjeldbjerg, J.: Die puerperale Eklampsie beim Schweine. (Eclampsia puerperalis suis.) B. t. W. S. 821—825 und 846—850. (Epikritische Vergleichungsversuche zwischen der Eklampsie des Menschen und der Schweine ohne bindende Schlüsse.) — 30) Koch: Ist die Traberkrankheit vererbbar? D. t. W. Bd. 33, S. 466. (Kasuistik.) — 31) Kooi, v. d.: Chorea diaphragmatica bij het paard. (Chorea diaphragmatica bei einem Pferde.) Tijdschr. voor Diergeneesk. S. 1157. (Einzelfall typischer Form.) — *32) Koritschoner, Rob.: Zur Kenntnis der Enzephalitis. Die Erkrankung beim Hunde. Virch. Arch. Bd. 255, S. 172—195. — *33) Kraus, R.: Über die Übertragbarkeit der seuchenhaften Gehirn- und Rückenmarksentzündungen. (Bornasche Krankheit.) B. t. W. S. 258. — *34) Lewy, F. H. und R. Kantorowicz: Encephalitis lethargica und Hundestaupe. Klin. W. Jg. 4, Nr. 26, S. 1254—1256. — 35) Lignac, G. O. E.: Über die Entstehung von Sandkörnern und Pigment in der Zirbeldrüse. Zieglers Beitr. Bd. 73, S. 366—376. (Mensch.) — 36) Marshall, D.: Partial paralysis in gelding due to cyst in spinal canal. Vet. Rec. Bd. 5, S. 301. — *37) Méline: Complication de méningite basilaire à la suite d'un cas de coryza gangréneux. (Basilarmeningitis als Folge eines Coryza gangränosa.) Rec. de M. vét. Bd. 101, S. 9. — 38) Mogilnitzky, B. N.: Zur Frage der pathologischen Veränderungen des vegetativen Nervensystems bei Erkrankungen der endokrinen Drüsen. Virch. Arch. Bd. 257, S. 765—776. — *39) Mohr, C.: Untersuchungen über die operative Behandlung des Koppens. D. t. W. S. 665—668. — 40) Morpurgo, B.: Nervenvereinigung an Parabioseratten. Verh. D. path Ges. Bd. 20, S. 255—260. — 41) Mose, N. M.: Druseabszeß im Gehirn eines Pferdes. Maan. for Dyrl. Bd. 37. (Kasuistik ohne eingehende anatomische Untersuchung.) — *42) Moussu et Marchand: L'encéphalite enzootique du cheval. (Enzootische Gehirnrückenmarksentzündung beim Pferde.) Rec. de M. vét. Bd. 100, S. 1—44 u. 65—90. — *43) Nicolau, S.: Etudes de quelques virus dits encéphalitiques. C. r. Soc. de Biol. Bd. 92, S. 553—555. — 44) Pallaska, G.: Epidermoidales Cholesteatom der Schädelhöhle eines Pferdes. Arch. f. wiss. Tierhlk. Bd. 53, S. 362—370. (Einzelfall.) — *45) Papilian und Cruceanu: L'influence du cervelet sur les fonctions de la vie organo-végétative. (Der Einfluß des Kleinhirns auf die Funktionen des organo-vegetativen Systems.) C. r. Soc. de Biol. Bd. 92, S. 722—723. — 46) Petit, Marchand, Lesbougries und Colette: Myélite diffuse aiguë des jeunes chiens. Sa forme familiale. (Myelitis acuta bei Staupe.) Rec. de M. vét. Bd. 101, H. 17. — *47) Poenaru, J. und Al. Vechin: Ein neuer Tick beim Pferde. Arh. vet Bd. 5/6, S. 114—115. 1924. — *48) Pronse und Fitch: Chronic pachymeningitis productiva in a horse. (Chronisch-produktive Pachymeningitis beim Pferde.) J. Am. Vet. Med. Assoc. Bd. 65, S. 68—70. 1924. —*49) Priemer, B.: Gibt es beim Schafe eine der seuchenhaften Gehirnrückenmarksentzündung des Pferdes analoge Erkrankung. (Bornasche Krankheit)? Vet.med. Diss. München. — *50) Reisinger, L.: Allgemeine Pathologie d. Zentralnervensystems der Haustiere. D. t. W. S. 613—616. — *51) Roman und Lapp: Pathological Changes in the Central Nervous System in Canin Distemper. J. Am. Vet. Med. Assoc. S. 612. — 52) Roqu, R.: Le réflex phalangien et le réflex de fléxion du boulet. (Der Zehen- und Fesselreflex.) Rec. de M. vét. Bd. 101, H. 14. — *53) Rudolf, J.: Beitrag zum Auftreten des Schocks bei der Kastration von Ebern. Arch. f. wiss. Tierhlk. Bd. 53, S. 469—477. — *54) Saral, K.: Ist das Koppen der Pferde auf operativem Wege heilbar? Inaug.-Diss. Dorpat. 1924. — *55) Schuster, J.: Über eine spontan beim Kaninchen auftretende enzephalitische Erkrankung. Klin. W. S. 550. — *56) Scornazzani, P.: Un caso di vertigine dipendente da lesioni dell' organo olfattivo. Clin. vet. Bd. 47, S. 356—357. — *57) Selèmer, H. G.: Erfahrungen über Operationen beim Koppen. Maan. for Dyrl. Bd. 37, S. 31—88. — 58) Sjöberg, A.: Eine Schädelbruchoperation beim Pferde. T. R. S. 701. (Nach 5 Monaten ausgeheilter Splitterbruch der Schädeldecke.) — *59) Stedefeder, K.: Akute Gehirnentzündung bei Rindern, kurze Zeit nach dem Auftrieb auf die Weide. B. t. W. S. 807 bis 808. — 60) Thill, O.: Über anämische Erweichung des Rückenmarkes. Virch. Arch. Bd. 253, S. 108—115. (Mensch.) — *61) Trepel, N.: Muskelzuckungen bei einer Kuh. B. t. W. S. 739. — *62) Vermeulen H. A.: Epiphyse und Epiphysentumoren bei Tieren. Ebendas. S. 217—219. — 63) Villànyi, Leo: Interessanter Fall von Dummkoller. Allat. Lapok. (Kasuistik.) — *64) Vladescu, Dorin C.: Die zytologische Untersuchung der Zerebrospinalflüssigkeit bei den nervösen Affektionen der Hunde. Inaug.Diss. Bukarest. — 65) Voigt, W.: Ein Fall von Cysticercus cellulose im 4. Ventrikel des Menschen. Diss. Leipzig. 1923. (Kasuistische Mitteilung.) — *66) Wartiainen, W.: Salaman aiheuttama toispuolinen paralysia nervi facialis. (Einseitige Fazialislähmung infolge Blitzschlages.) Finsk Vet. Tidskr. Bd. 31, S. 145—148. — 67) Weirauch, H.: Ein interessanter Fall von Epilepsie beim Pferde. T. R. S. 265. (Wiederholtes plötzliches Umfallen und kurzes Liegenbleiben ohne eine Spur von Krämpfen.) — 68) Zimmermann, A.: Das parasympathische Nervensystem. D. t. W. S. 645—648. (Referat aus R. H. Müllers „Lebensnerven". Berlin: Julius Springer 1924.) — *69) Zwick, W.: Zur Frage der Übertragbarkeit der seuchenhaften Gehirnrückenmarksentzündung der Pferde (Bornasche Krankheit) auf kleinere Versuchstiere. — *70) Zwick und Seifried: Übertragbarkeit der seuchenhaften Gehirnrückenmarksentzündung des Pferdes auf kleine Versuchstiere. B. t. W. S. 129—132.

## 1. Traumen, Tumoren, Blutungen.

In der Beobachtung von Friis (15) stürzte ein Pferd, das seit 8 Tagen unbestimmte Gang- und Haltungsstörungen gezeigt hatte mit totaler Paraplegie zusammen. Splitterbruch des 18. Rückenwirbels mit Einklemmung des Lumbalmarkes. An den Körpern des 17. und 18. Brustwirbels und des 1. Lumbalwirbels befanden sich weiche ausgebreitete Exostosen; es muß also bereits längere Zeit eine Infektion bestanden haben. Auch in einem 2. Falle fanden sich bei einem seit Jahren „steif"gehenden Pferde ausgebreitete Exostosen an der Ventralfläche des 9. bis 14. Brustwirbels.        Dexler.

Vermeulen (62) präparierte ein 10 Jahre in Alkohol gewesenes Gehirn eines Zebras und fand einen ziemlich großen Tumor der Pinealis, der den Aufbau eines Adenoms oder Adenosarkoms zeigte.

Auch war hochgradige Atrophie des rechtsseitigen Tractus opticus nebst leichter Dilatation der Seitenventrikel zugegen. Anamnestisch wurde Blindheit auf dem linken Auge angegeben. Ein Zusammenhang mit diesen Veränderungen ließ sich nicht mehr konstruieren. Die erwogene Möglichkeit, daß durch Kompression der Kalkarinarinde (symmetrisch) eine Traktusatrophie entstanden sein könnte, widerspricht den physiologischen Degenerationsgesetzen.

Der Fall von Vermeulen zeigt so recht die oft gerügte Sinnlosigkeit der musealen Aufstapelung solcher Organe, die für die wissenschaftliche Forschung gänzlich wertlos werden, wenn sie nicht ein leitender Gedanke geeigneten Fachmännern zur Bearbeitung überweist. Dexler.

### 2. Entzündungszustände des Gehirns.

Brunschiler (9) hat sich der Mühe unterzogen, bei der Sektion von Schweinen das Gehirn genauer zu untersuchen.

Er stieß dabei auf eine ganze Reihe pathologischer Veränderungen, die man bisher als bedeutsamen Hinweis auf den Wert der gewöhnlichen Autopsien, völlig übergangen hat. Von 134 Schweinesektionen fanden sich 46mal fibröse und eitrige Meningitis, miliare Blutungen der häutigen Hüllen des Gehirns, die auch oberflächlich in die Hirnsubstanz verbreitet waren. Von 61 Schweinepestsektionen fanden sich solche Zustände in fast 40%, bei 20 Rotlauffällen in 45%, bei 10 Fällen von Schweineseuche in 20%. Diese Gehirnveränderungen sind also für keine der bezeichneten Infektionskrankheiten typisch; eine gewisse Häufigkeit von Durablutungen läßt sich allerdings bei der Schweinepest nicht übersehen. Eingehende Nachuntersuchungen wären jedenfalls sehr erwünscht. Dexler.

Papilian und Cruceanu (45) haben über einige vom Kleinhirn ausgehende Einflüsse auf vegetative Funktionen beim Hunde berichtet. Oberflächliche Verletzungen im Gebiete des Nucl. medullaris vermis ergaben Tachykardie (130 P.) und Tachypnoe (30 A.). Der Respirationsrhythmus ist ruckweise. Eine starke Glykämie tritt ein, welche später abnimmt. Einzelne andere Verschiedenheiten sind im Original nachzulesen. Graf.

Die Untersuchungen von Goldberger und Volgenau (23) über die Symptomatologie und Pathologie der nervösen Staupe enthalten nichts Neues und reichen an die Tatsachenerhebung der modernen Schulpathologie nicht heran. Die Beziehungen auf die einschlägige Literatur sind unzureichend. Dexler.

Fraenzel (14) spricht über die Verwendung des Introzids in der tierärztlichen Praxis mit besonderer Berücksichtigung der Behandlung von zerebralen Störungen. Nach seinen Feststellungen scheint das Introzid besonders bei Gehirnaffektionen indiziert zu sein. Henkels.

Lewy und Kantorowicz (34) stellten an Hunden und Kaninchen Versuche über Encephalitis lethargica und Hundestaupe an.

Sie konnten nachweisen, daß sich sowohl die Hundestaupe wie das Klingsche Kaninchen-Enzephalitisvirus durch subdurale wie korneale Verimpfung von Gehirn auf Hunde weiterzüchten läßt und daß auf beide Arten ein Krankheitsbild entsteht, das sich von echter Staupe nicht unterscheiden läßt. Von so infizierten Tieren gehen auch Kontaktinfek-

tionen typisch an. Weitere Versuche zur gekreuzten Immunität ergaben, daß sowohl eine vorher durchgemachte Staupe, wie das Überstehen der Infektion mit Klingvirus, einen Schutz gegen die Reinfektion beider Erreger verleiht. Daraus ergibt sich die Gleichartigkeit oder Verwandtschaft des Erregers beider Krankheiten. Krage.

Die Untersuchungen Koritschoners (32) über Enzephalitis führten zu folgendem Ergebnis:

„Die Encephalitis epidemica des Menschen ist sowohl bei subduraler als auch kornealer Überimpfung auf Hunde übertragbar. Der klinische Verlauf sowie der mikroskopische Befund ergeben ein für diese Krankheit kennzeichnendes Bild: Hyperämie des Zentralnervensystems, monozytäre Meningitis, vorwiegend monozytäre perivaskuläre Infiltration, reaktive Vorgänge an der Glia, degenerative Vorgänge an den Nervenzellen. Es finden sich im Protoplasma der Ganglienzellen der Großhirnrinde Einschlüsse, die als für diese Erkrankung spezifisch anzusehen sind." Joest und Cohrs.

Méline (37) beschreibt eine „Complication de méningite basilaire à la suite d'un cas de coryza gangreneux". Verf. glaubt, daß die Infektion der Schleimhaut des Siebbeins an den Riechnerven entlang an die Meningiten „herangekrochen" sei. Henkels.

Marchand, Moussu und Bounétat (42) studierten an zahlreichem Material „L'encéphalite enzootique des bovidés". Verff. beobachteten 3 Formen: 1. die schlagartige, 2. die schnelle, 3. die intermediäre. Sie beachteten die Frequenz, die Symptome, die pathologische Anatomie, die Pathogenese, die Diagnostik und stellten schließlich therapeutische Versuche an. Henkels.

Nicolau (43) hat eine Reihe von Erregern der experimentellen Enzephalitis untersucht und deutliche Unterschiede von denen der Herpes- und Lyssaenzephalitis gefunden.

Mikroskopisch ergab sich das gleiche Bild wie beim Virus fixe der Lyssa, doch fehlten die Einschlußkörperchen. Ferner wurde ein Kaninchen, das gegen mehrere intrakranielle Injektionen von Enzephalitisvirus, Stamm C vom Levaditi-Harvier, resistent war, mit Virus E infiziert; es starb nach 2tägiger Lähmung 7 Tage nach der Injektion. Während also Virus E und H gegenseitige Immunität verleihen, konnte hier von derartigen biologischen Ähnlichkeiten nichts ermittelt werden. Dexler.

Dobberstein (12) hat sich der Mühe unterzogen, bei 3 Gehirnen von Rindern, die an bösartigem Katarrhalfieber zugrunde gegangen waren, eine exakte histologische Untersuchung vorzunehmen. Er konstatierte den Bestand einer Encephalitis non purulenta lymphocytaria und erklärt diese Veränderungen als zum Bilde dieser Krankheit gehörig. Gegenüber den so vagen Angaben, die diesbezüglich in der einschlägigen Literatur zu finden sind, ist diese erstmalige Feststellung von besonderem Werte. Dexler.

Reisingers (50) Pathologie des Zentralnervensystems ist eine rudimentäre Aufzählung der einschlägigen Systematik der modernen Schulpathologie von größter Unvollständigkeit und daher zwecklos. Wenn von den Läsionen der Medulla oblongata nur gesagt werden kann, daß sie Lähmungen jener Nerven erzeugen können, die dort entspringen, so erübrigt sich ein weiteres Eingehen. Dexler.

Schuster (55) fand unter 100 Versuchskaninchen 25 mit einer ätiologisch unbekannten Enzephalitis behaftet, die sowohl klinisch wie auch histologisch nach-

weisbar war. Ähnlich soll es auch bei anscheinend ganz gesunden Katzen eine spontane schwere Meningoenzephalitis geben. Nähere Angaben sollen später folgen.
Dexler.

Roman und Lapp (51) haben in 3 Fällen von nervöser Staupe die bekannten, nicht eitrigen multiplen Entzündungsherde des Zentralnervensystems erhoben, die sie völlig unberechtigt und nach alter Weise mit jenen der Kinderlähmung und der Encephalitis epidemica vergleichen.
Dexler.

Die Untersuchungen von Kraus (33) über die Übertragbarkeit der Bornaschen Krankheit ermöglichen eine nähere experimentelle Klarstellung dieses Problems, wenn auch noch keine endgültige Lösung behauptet werden kann.

Autor hat bereits im Jahre 1919 über derartige positive Versuche berichtet, die aber in der Literatur wenig beachtet wurden. Die Infektion von Kaninchen und Meerschweinchen gelang sowohl mit Hirnbrei wie auch mit verschiedenen, aus den Gehirnen kranker Pferde stammender Diplokokken. Nachdem bis heute die Frage noch nicht beantwortet ist, ob ein filtrierbares Virus oder Kokken als Ursache der Bornaschen Krankheit anzusehen wären, muß es weiteren Untersuchungen vorbehalten bleiben, auch darüber zu entscheiden, welche Beziehungen die von vielen Autoren erzüchteten Kokken zur Pathogenese dieser Krankheit etwa haben können. Die intrazellulären Ganglienzelleneinschlüsse von Joest sprechen wohl für die Existenz eines invisiblen Virus. Das gleiche gilt von den analogen Befunden von Zwick und Seifried. Es bleibt aber immer noch das Problem bestehen, welche Bedeutung die Kokken haben dürften, die man wohl nicht übersehen kann, weil sie von verschiedenen Autoren beschrieben worden sind.
Dexler.

Priemer (49) glaubt das Vorkommen einer der Bornaschen Krankheit analogen Infektion auch beim Schafe in Sachsen annehmen zu dürfen. Doch vermochte er die typischen Einschlußkörperchen in den Ganglienzellen nicht zu demonstrieren, so daß diese Frage noch vorläufig offen steht.
Dexler.

Einen entscheidenden Schritt in der Forschung über die Ätiologie der Bornaschen Krankheit hat Zwick (69) mit seiner eingehenden Kritik der Deutung der bisherigen experimentellen Untersuchungen und seiner eigenen sehr ausgedehnten Erhebungen getan (siehe vorstehendes Referat über die gleichgerichteten Untersuchungen von Kraus).

.Er legt entscheidenden Wert auf den Nachweis der Joestschen Ganglienzelleneinschlüsse sowohl für die Diagnose wie auch für die Beurteilung der gehabten Impferfolge. Gerade dieser Nachweis ist aber bei allen bisherigen Arbeiten über die Pathogenese der bei den seuchenhaften Entzündungen des Zentralnervensystems enzootischer Natur des Pferdes wie der Impftiere nicht erbracht worden, auch nicht bei den von R. Kraus, Moussu und Marchand, Patzewitsch und Klutscharew vorgenommenen Impfexperimenten. Auch Zwick hat in seinen Versuchsreihen einmal Kokken aus dem Gehirn eines Impfkaninchens isolieren können. Hier handelte es sich aber wohl um einen Zufallsbefund, durch agonale Einschwemmung solcher Mikroorganismen in die Blutbahn. In allen übrigen Fällen blieben die mit Gehirnemulsion von Bornaschen Kaninchen beschickten Kulturröhrchen aber steril. Eine jeden Zweifel beseitigende Tatsache sieht Verf. darin, daß das von einem an Bornascher Krankheit verendeten Pferde stammende Gehirnmaterial, das 8 Wochen in Glyzerin aufbewahrt worden war, die Krankheit bei den Versuchstieren in typischer Weise erzeugte; im Gehirne des verendeten

Kaninchens wurden die charakteristischen Gefäßinfiltrate und die intranukleären Einschlußkörperchen einwandfrei nachgewiesen; das gleiche gilt für Meerschweinchen, die ebenfalls der künstlichen Ansteckung zugänglich gefunden wurden.

Zweifellos besitzen wir in dem von Zwick betonten histologischen Charakteristikum eine Tatsache, die auf die Beurteilung solcher Übertragungsversuche als richtend zu gelten hat.
Dexler.

Die bisher recht dunkle Frage der experimentellen Übertragbarkeit der Bornaschen Krankheit haben Zwick und Seifried (70) um einen erfreulichen Schritt weiter gebracht.

Von der Tatsache ausgehend, daß diese Pferdeseuche im wesentlichen eine Enzephalitis darstellt von der aus der Übergang der Entzündung auf die Hirnhäute erst sekundär vor sich geht, haben die Autoren Hirnsubstanzemulsion intrazerebral an Kaninchen mit positivem Erfolge eingeimpft. Die Übertragung von Kaninchen auf Kaninchen gelang ganz regelmäßig. Alle anderen Arten von Übertragungen hatten bisher keinen Erfolg. Das klinische Krankheitsbild und der Krankheitsverlauf zeigten eine weitgehende Übereinstimmung mit den Hauptsymptomen der Bornaschen Pferdeseuche.
Dexler.

Die Arbeit Dobbersteins (13) ist hinsichtlich der Differenzierung der Bornaschen Krankheit von der infektiösen Rückenmarkslähmung von Fröhner von großer Bedeutung.

Es liegt der erste exakt erhobene Befund vor, der klarere Einblicke gestattet, als wie dies bisher möglich war. Es wurde festgestellt, daß die Fröhnersche Gehirnrückenmarkslähmung eine Myeloencephalitis acuta non purulenta disseminate von vorwiegend hämorrhagischem Typus ist. Der Hauptsitz der Läsionen ist das Lumbalmark, das verlängerte Mark, das Brückengebiet und das Kleinhirn. Gegenüber der Bornaschen Pferdeseuche ergeben sich so wesentliche histologische Unterschiede, daß beide Krankheiten nicht miteinander zu identifizieren sind. Der makroskopische Befund ist nicht entscheidend. Außer den nervösen Anomalien findet man zuweilen Milzschwellung, multiple Blutungen in den verschiedenen Organen, aber kein entzündliches Ödem der Unterhautbindegewebsschichten in der Genitalregion. Die Ätiologie war nicht klarzustellen.
Dexler.

Beck (2) konnte in 8 Fällen im Gehirne endemisch verendeter Schafe eine dem Substrat der Bornaschen Krankheit analoge Encephalitis non purulenta nachweisen; auch die Ganglienzelleneinschlüsse waren aufzufinden, so daß die Annahme der Identität des Erregers mit dem der Bornaschen Krankheit sehr nahe liegt.
Dexler.

### 3. Rückenmarksentzündung.

Einen metastatischen Abszeß im 9. Rückenmarkswirbel bei einer wegen eiternder Kniebeule behandelten Kuh fand v. d. Kaay (28); das Tier war allmählich paraplegisch geworden und wurde notgeschlachtet. Der Abszeß saß intrameningeal und wirkte komprimierend auf den Markstrang, obwohl er kaum zu Erbsengröße angewachsen war. Kein histologischer Befund.
Dexler.

Joehrike (27) beobachtete in Ostpreußen 6 Fälle der Fröhnerschen Gehirn-Rückenmarkslähmung, von denen einer genas. Die spinalen Symptome standen im Vordergrunde der fieberlos verlaufenden Krankheit, die in 4—10 Tagen zum Exitus führte. Typisch war, daß in keinem Bestande mehrere Tiere befallen wurden.
Dexler.

Im Falle von Pronse und Fitch (48) berichten bei einem 7jährigen schweren Pferde, das mit Gangstörungen der Schulterextremitäten und tetanischen Muskelspannungen chronischer Art behaftet war, eine auf das 7. Halssegment beschränkte fibröse Pachymeningitis. Die Dura mater war daselbst in der Längsausdehnung von 4 cm auf 2—3 cm fibrös verdickt. Ursachen waren nicht zu erheben.    Dexler.

Darvas (11) hat bei einer 8jährigen trächtigen Vollblutstute Kreuzlähmung beobachtet. Das Tier ging nach 5 wöchigem Kranksein ein. Bei der Zerlegung ließ sich im Bereiche der 2 letzten Lendenwirbel Usuration der dorsalen Fläche der Wirbelkörper und unter der harten Rückenmarkshaut das Vorhandensein vieler kleiner Blutungen nachweisen. Im Rückenmark selbst fanden sich keine makroskopisch wahrnehmbare Veränderungen vor.    Manninger.

Vladescu (64) berichtet über die zytologischen Eigenschaften der Zerebrospinalflüssigkeit bei den nervösen Affektionen bei den Hunden und kommt zu den folgenden Schlüssen:

1. Die normale Zerebrospinalflüssigkeit, die von gesunden Hunden stammt, enthält dieselben Zellelemente wie beim Menschen. Sie enthält 2—4 Leukozyten pro 1 ccm.

2. In den nach der Hundestaupe folgenden nervösen Affektionen ist die zelluläre Reaktion mehr eine lymphozytäre, und schwankt die Zahl der Leukozyten zwischen 17—20 pro 1 ccm.

3. In der Tollwut wächst die Lymphozytose in direktem Verhältnis zu der Intensität der Läsionen, und die Zahl der Leukozyten kann sich bis über 75 pro 1 ccm erhöhen.

4. Die Lymphozytose kann daher in den nervösen Affektionen berücksichtigt werden und hat einen semiologischen Wert.    Constantinescu.

4) Krankheiten der peripheren Nerven.

Bruhnke (8) sah bei einem Pferde eine einseitige Otitis media suppurativa mit Lähmung des Fazialis und Vestibularis, mit typischen Bewegungs- und Gleichgewichtsstörungen, die allmählich zurückgingen; die Fazialisausfälle waren nach 2 Monaten noch nicht ganz verschwunden.    Dexler.

Wartiainen (66) berichtet über eine einseitige Fazialislähmung beim Pferde infolge von Blitzschlag.

Das völlig gesunde Pferd stand im Stall, und die Fernsprechleitungen waren mittels gewöhnlicher Eisenhaken in der Stallecke befestigt. Während eines sehr schweren Gewitters schlug der Blitz in die Leitungen ein, das Pferd im Stall wurde ebenfalls vom Blitz getroffen. Es blieb am Leben, doch hatte sich eine Paralyse des Nervus facialis eingestellt. Trotz Behandlung blieb die Lähmung. Der Besitzer wollte aber das Pferd auch nicht töten, und noch nach zwei Jahren hatte die Lähmung dieselbe Ausbreitung wie früher.    Stenius.

5) Krämpfe.

Giovanoli (20) berichtet zur Kasuistik der Epilepsie des Rindes.

Unter Berücksichtigung der Arbeiten über Vererbung (Cruzel, La Motte) und Ätiologie (Bassi u. a.) der Krankheit führt er zwei selbstbeobachtete Fälle bei Kühen an, wobei der eine genuine, der andere symptomatische Epilepsie darbot. Imperatori (Nuovo Ercol. 1924, Nr. 13) beobachtete parallel dazu genuine Epilepsie; beim zweitgenannten Fall G. traten die Anfälle im Anschluß an die Aufnahme von kaltem Trinkwasser auf.    Graf.

Nach der Mitteilung von van Gils (19) produzierte ein 14jähriger Wallach epileptiforme Krämpfe, durch Erschrecken ausgelöst, die sich nach 5 Tagen gänzlich verloren.

Die Anfälle setzten sich zusammen aus Unruhe, angestrengtem Atmen, starrer Blick, Zittern, Taumeln, krampfhafte Kaubewegungen, Speicheln und Zucken der Kopfmuskeln, des Rumpfes und der Extremitäten, worauf das Tier rücklings niederstürzte. Es bestand starker Schweißausbruch und Bewußtlosigkeit.    Dexler.

Die Diagnose Schwindel stellte Scornazzani (59) bei einem Schweine, das beim Fressen plötzlich den Kopf hochhob und bewußtlos umfiel, um sich alsbald wieder ganz munter zu erheben. Die angenommene Beziehung zu Reizzuständen des Geruchsorgans erhielt keine Begründung.    Dexler.

Eine hochträchtige Kuh wurde nach der Mitteilung von Trepel (60) ohne sichtliche Ursache von fieberlosen klonischen Krämpfen der Hals- und Vorderfußbeuger ergriffen. Sie erfolgten in all diesen Muskelgruppen gleichzeitig, etwa 40mal in der Minute, waren durch Schmerzeinwirkung und Aufregung nicht zu verändern und bewirkten, bei völligem Freibleiben des Bewußtseins, daß der Hals automatenhaft nickend etwa 10 cm ventral bewegt wurde. Im Anfange der Krämpfe konnte das Tier nicht aufgetrieben werden; es erhob sich aber nach 4 Stunden; nach Ablauf von 24 Stunden war der völlig normale Zustand wiederhergestellt.    Dexler.

Stedefeder (59) beobachtete schwere klonisch-tonische Krämpfe bei einer eben zur Weide gebrachten Kuh, die auf Injektion größerer Chloralhydratlösung sogleich verschwanden. Autor nimmt eine akute Hirnerkrankung unbekannter Ursache an. Dexler.

Gellmann (18) beobachtete bei einem 4 Jahre alten Pferde rhythmischen Zwerchfellkrampf, der sich in der Minute 40mal, bei jedem Herzstoß, einstellte. Daneben war systolisches Geräusch vorhanden.

Verf. nimmt an, daß das Schluchzen dadurch bedingt war, daß der bei jedem Herzstoß zustande kommende Aktionsstrom einen Reiz auf den Nervus phrenicus ausübte, dessen Erregbarkeit im vorliegenden Falle durch Gärungsprodukte des verfütterten Maises erhöht war. Nach dem Entziehen des Maises verschwand der Krampf binnen 4 Tagen.    Manninger.

Bonora (5) untersuchte eine trächtige Kuh, die Manegebewegungen zeigte. Es wurde Coenurus im Gehirn vermutet, aber B. nahm an, daß die Störungen von der Trächtigkeit herrührten, weil sie in Perioden von 3 Wochen auftraten; und tatsächlich verschwanden die Bewegungsstörungen nach dem Abkalben.    Frick.

Bei jungen Hunden, die unmittelbar nach der Geburt im Dunkeln gehalten wurden, konstatierte Blohmke (4) in ähnlicher Weise wie früher Raudnitz Zittern der Bulbi. Nach der Optikusdurchschneidung bei einem, und der intraokularen Injektion von Novokain beim anderen, beobachtete man, daß bei der Novokainvergiftung der Retina das Augenzittern ungeändert anhielt, während es beim geblendeten Hunde nach 3¹/₂ Wochen wieder verschwand.    Dexler.

Nach Rudolf (53) kommt Schock bei Tieren im Verlaufe von schmerzhaften Operationen (Kastrationen) vor. Bei rechtzeitiger Unterbrechung der Operation und Einleitung künstlicher Wiederbelebungsversuche werden die vom Schock ergriffenen Tiere in der Regel zu retten sein.    Weber.

### e) Koppen.

Saral (54) hat 41 Pferde nach der Forsellschen und nach der Dieckerhoffschen Methode wegen Koppen operiert. Von 30, für die Schlußresultate maßgebenden Pferden, die nach Forsell behandelt wurden, sind 53% geheilt, 40% gebessert und 7% nicht beeinflußt worden. Die Methode ist also keine absolute, sondern nur die dermalen aussichtsreichste. Dexler.

Nach Selmer (57) wurde das Koppen in 20 Fällen operativ zu heilen versucht. 2 Pferde starben kurz nach der Operation, 3 blieben ungeheilt und bei einem stellte sich nach Jahresfrist das Koppen wieder ein. Hiernach ist das Verfahren nur bei hartnäckigen Krippensetzern mit Kolik und Neigung zu Tympanitis sowie bei solchen Koppern indiziert, die im Nährzustande zurückbleiben. Dexler.

Die Erfahrungen von Mohr (39) über die operative Behandlung des Koppens gehen dahin, daß bei Ausführung der Forsellschen Koppenoperation in 90% der Fälle Heilung zu erwarten ist.

Es ist ratsam, die Operation in allgemeiner Narkose bei Rückenlage des Patienten vorzunehmen und mit der Exstirpation der Mm. sternomandibulares zu beginnen. Nach erfolgreicher Operation des Koppens ist zuweilen Kehlkopfpfeifen aufgetreten. Dexler.

Poenaru und Vechiu (47) berichten über einen neuen Tick beim Pferde.

Es handelt sich um ein Pferd, welches die Gewohnheit hatte, den rechten vorderen Fuß auf den linken zu stützen. Der Gang war sonst normal. Die Gewohnheit hatte dazu geführt, eine Verdickung der Haut des linken Fußes in der Partie, wo sich der rechte immer stützte, zu produzieren. Constantinescu.

### b) Krankheiten des Auges und des Ohres.

1) Achleitner, M.: Klinischer Beitrag zur Iritis serofibrinosa haemorrhagica binocularis beim Pferde. M. t. W. Bd. 75, S. 42—43. 1924. (Einzelfall.) — *2) Balogh, G. H.: Tapetuminseln und Pigmentkolobome im Pferdeauge. Inaug.-Diss. Budapest. — *3) Barabás, E.: Beobachtungen über die Mondblindheit und die innere Augenentzündung im Anschluß an Druse. Ebendas. — 4) Bauer, Ein interessanter Augenpatient. Zschr. f. Vet. Kunde Jg. 37, H. 4, S. 108—112. (Traumatische Veränderungen an fast allen Teilen eines Auges beim Pferde.) — *5) Beljajew, S.: K. letscheniju perioditscheskoi oftalmii loschadei molokom. (Heilung der periodischen Augenentzündung durch Milch.) Kaja weterinarija i konewodstwo S. 46—48 (Praktisches.) — *6) Blohmke, V. A.: Zur Ätiologie des Dunkelzitterns. Zschr. vgl. Augenhlk. 1924, H. 5, S. 217. — 7) Cambeau, M.: Un cas de complications oculaires graves de la gourme. (Schwere Augenerkrankung nach Druse.) Rev. vét. S. 77—81. — 8) Chomel: Nouveautés ophtalmologiques. (Ophthalmologische Neuigkeiten.) Rec. de M. vét. Bd. 101, H. 6. — *9) Dworzak, E.: Keratomalazie bei Absatzkälbern. W. t. Mschr. Bd. 12, H. 11, S. 546. — 10) Eaton, F. B.: Scar-tissue conjunctivitis in animals. Am. J. Ophthalm. (3) Bd. 2, S. 81—87. Chikago 1919. — 11) Gärtner: Über Bindehauterkrankungen. Zschr. f. Vet. Kunde Jg. 37, H. 4, S. 103—108. (Bakteriologische Untersuchungen, Kasuistik und literarische Angaben über die infektiöse Konjunktivitis bei Pferden.) — *12) Gawrilow, W.W.: Kasuistike glistnich sabollewanii glasa u domaschnich chiwotnich. (Beitrag zur Kasuistik der Wurmkrankheiten des Auges.) Westnik sowremennoi weterinarii S. 19—20. — 13) Gray, H.: Remarks on the membrana nichitans and some eye diseases. Vet. Rec. Bd. 5, S. 447—449. — *14) Guard, W.: Preliminary report on periodic ophthalmia in the horse. (Vorläufige Mitteilung über periodische Augenentzündung.) J. Am. Vet. Med. Assoc. Bd. 67, S. 376—385. — 15) Jakob, H.: Innere Krankheiten des Hundes einschließlich der Haut- und Ohrenerkrankungen und verschiedener chirurgischer Leiden. (2) Stuttgart: F. Enke. — 16) Guillot, L.: Dérmoides bilatéraux avec pigmentation concentriques de la cornée chez un poulin. (Bilaterale, pigmentierte Kornealdermoide bei einem Fohlen. Rec. de M. vét. Bd. 101, H. 11. — *17) Haecker, V. und Ed. Werdenberg: Einige Bemerkungen über das Glasauge der Pferde. D. landw. Tierz. Jg. 29, S. 209—211. — *18) Hiroishi, H.: Über die parathyreoprive Kataraktbildung bei Ratten-Gräfes Arch. Bd. 113, S. 381—391. 1924. — 19) Horvá Vath, A.: Schwere Entropiumfälle. Allat. Lapok S. 269. (Kasuistik.) — 20) Jalabert, L.: Purpura hémorrhagiques essentiel du chien; hémorrhagies sous-rétiniennes. (Purpura hemorrhagica beim Hunde mit subretinalen Blutungen.) Rev. vét. S. 488. — *21) Jones, F. S. und R. B. Little: The transmission and treatment of infectious ophthalmia of cattle. J. of exper. M. Bd. 39, S. 803—810. Ref. Exp. Stat. Rec. Bd. 52, S. 180. — 22) Kirk, H.: Tubercular Choroiditis in the cat. Vet. J. Bd. 81, S. 210 bis 211. — 23) Kossmag, J.: Yatrenkasein bei periodischer Augenentzündung. T. R. S. 610. (Angebliche Heilung bei einem Fall von Mondblindheit.) — 24) Loperfido, L.: Cataratte congenite in una puledrina. (Kongenitaler Star bei einem Stutfohlen.) Clin. vet. Bd. 47, S. 503. — 25) Miegeville, A.: Origine gourmeuse propable de la kératite et de ses complications chez les poulains. (Innere Augenentzündung als Folge einer allgemeinen Druseinfektion.) Rev. vét. S. 348. (Seuchenartige Kerato-Chorioiditis bei Fohlen aus Marokko vermutlichen aber nicht erwiesenen Zusammenhanges mit Druse.) — *26) Morvay, Jul.: Experimenteller Linsenstare. Inaug.-Diss. Budapest; Közl. Bd. 18, S. 71—77. — 27) Pagnion und Cambeau. Ophthalmie purulante; ponction de la chambre anterieure de l'oeil; guérison. (Eitrige Ophthalmitis mit Heilung nach Punktion der vorderen Augenkammer.) Rev. vét. S. 292. — 28) Rossi, L.: Miosi e Mydriasi nei cani affetti da rabbia. Clin. vet. Bd. 47, S. 451—457. — *29) Salvatore, M.: Due casi d'ophthalmite recidivante nei bovini. (Periodische Augenentzündung beim Rinde.) Nuova Vet. S. 77 bis 79. — *30) Saxinger, G.: Die Spiegeluntersuchung des Hunde- und Katzenohres. Ein Beitrag zur Diagnostik der Mittelohrerkrankungen. D. t. W. Jg. 33, S. 277—281. — *31) Schiestel, O.: Typische Funduskolobome im Rinderauge. Arch. f. wiss. Tierhlk. Bd. 53, S. 271—315. — *32) Schlüge, W.: Studien über den Nystagmus bei Tieren, speziell beim Rinde. Schweiz. Arch. f. Tierhlk. S. 414—422. — 33) Schorr, J.: Über das Vorkommen der periodischen Augenentzündung im Ursprungsgebiet der Glonn, unter besonderer Berücksichtigung des Einflusses von Flußkorrektionen und Bodenmeliorierungen. M. t. W. Bd. 75, S. 792—797. 1924. (Diss.) — 34) Schwendimann, F.: Augenpraxis für Tierärzte. Hannover: M. u. H. Schaper 1922. — *35) Skrjabin, K. J.: O glistnom konjunktiwokeratite krupnogo rogatogo skota. (Über die verminöse Konjunktivokeratitis des Hornviehs.) Praktitscheskaja wtereinarija i konowodstwo S. 57. — *36) Steiner, M.: Die histopathologischen Veränderungen des Augennerven nach der aseptischen Irido-Zyklo-Chorioiditis des Pferdes. Klin. Schriften d. Tierärztlichen Hochschule in Brünn S. 65—92. — 37) Zaffagnini, B.: Di un grave complicanza accidentale. (Beiderseitige Panophthalmie unbekannter Ursache bei einer Stute.) Clin. vet. S. 467 und 470. — *38) Zucker, J.: Die infektiöse Keratitis bei Rindern und ihre Behandlung. Diss. Berlin. 1924.

Dworzak (9) spricht über die Keratomalazie bei Absatzkälbern. — Verf. hat 12 Absatzkälber beobachtet, die durch vorausgegangene profuse Diarrhöen in schlechtem Nährzustande sich befanden. Nach eingehender Schilderung seiner Befunde kommt er zu folgender Schlußfolgerung:

Die Keratomalazie kommt bei Jungrindern vor und ist, wie beim Menschen, die Folge einer ungenügenden Ernährung der Hornhaut, eine Teilerscheinung einer schweren Allgemeinerkrankung. Die im Hornhautsekret nachgewiesenen Stäbchen mit abgerundeten Enden kommen auch im Bindehautsacke gesunder Stalltiere vor und sind ein zufälliger Befund. Durch direkte Berührung mit dem der xerotischen Hornhaut kranker Tiere anhaftenden Sekret wird die Keratomalazie auf Kälber und ältere Rinder übertragen. Differentialdiagnostisch ist der Kontrast zwischen der schweren Erkrankung der Hornhaut und den geringen begleitenden Entzündungserscheinungen, sowie der gleiche Befund auf beiden Augen von Bedeutung. Die Keratomalazie ist heilbar, wenn es gelingt, die in ursächlichem Zusammenhange stehenden schweren Ernährungsstörungen ehestens zu beseitigen und den Nährzustand der erkrankten Tiere raschest zu heben. Hans Richter.

Barabas (3) hat durch statistische Erhebungen die klinische Erfahrung genauer begründet, daß die Mondblindheit bei Fohlen weit häufiger vorkommt wie bei erwachsenen Individuen.

Bei halbjährigen Fohlen wurde das Leiden in 14%, bei einjährigen in 7%, bei zweijährigen in 9%, bei dreijährigen in 13% und bei vierjährigen in 20% aller untersuchten Tiere vorgefunden. Häufigkeitsbeziehungen zwischen Geschlecht und Hautfarbe werden aufgestellt. Glaskörperveränderungen pathologischer Art bei normalem Aussehen der vorderen Augenabschnitte und kaum gestörtem Sehvermögen wurden in etwa 10% der untersuchten Tiere nachgewiesen. Autor hält sie für Reste einer vorangegangenen Druseinfektion. Dexler.

Beljajew (5) hat bei Behandlung der periodischen Augenentzündung mit auf 60° erhitzter Kuhmilch ziemlich gute Erfolge gesehen, die zur Fortsetzung solcher Versuche aneifern. Dexler.

Cambeau (7) stellte in einem Falle tödlich endender Druse eine schwere Erkrankung des ganzen Uvealtraktus mit Keratitis, Hyphaema, Linsenstar, Glaskörperverflüssigung und Neuroretinitis fest, die sich auf beide Augen erstreckte. Außerdem bestand Hydrophthalmie. Dexler.

Guard (14) bringt Mitteilungen über die klinische Behandlung der periodischen Augenentzündung des Pferdes.

Am besten bewährte sich ihm die intravenöse Injektion von Nearsphenamin. Die verwendete Dosis war $4^1/_2$ g Substanz auf 30 ccm Wasser. Der Heilerfolg war bei 7 Fällen von 12 behandelten positiv. Bei 3 Pferden endete die Erkrankung am Auge mit Erblindung, bei 2 Tieren schlugen die Versuche fehl. Vergleichstabellen geben über die unternommenen Versuche Aufschluß. Hobmeyer.

Jones und Little (15) berichten über die Übertragung und Behandlung der ansteckenden Augenentzündung der Rinder.

Sie fanden, daß das Infektion verursachende Bakterium sich im Verdauungstraktus der Hausfliege nur wenige Minuten lebensfähig erhielt. Auch auf der Oberfläche der Fliege ist die Lebensdauer des Infektionsstoffes nur sehr kurz, jedenfalls nicht länger als 3 Stunden. Es ist anzunehmen, daß die Erreger außerhalb des Rinderauges sehr bald absterben, im Auge des Rindes können sie sich jedoch über den Winter lebensfähig erhalten. Ihre Übertragung durch Sommerfliegen von Rind zu Rind ist möglich. Zur Behandlung wird Zinksulfatlösung empfohlen. W. Zietschmann.

Salvatore (29) hat periodische Augenentzündung bei 2 Rindern gesehen, die sich im Anschluß an schwere Störungen des Magendarmkanals bzw. Rehe anschlossen.

Salvatore hält das Leiden bei Rindern gar nicht für so selten. Zum Unterschiede von dem gleichen Leiden des Pferdes ist das Exsudat in der vorderen Augenkammer blutig und es bilden sich Fibrinbeläge auf der Iris, besonders an der Pupille. Die Linse bleibt frei, so daß der Augenhintergrund mit dem Augenspiegel betrachtet werden kann. Reste und Erblindung bleiben nie zurück; Rückfälle kommen vor. Frick.

Nach den Untersuchungen Steiners (36) sind die Veränderungen im Sehnerven bei der Mondblindheit sehr variabel und durchaus von jenen der anatomischen Anomalien des Auges abhängig. Manchmal sind keinerlei Degenerationen nachweisbar, in anderen Fällen ringförmige oder sektorenartige mit mehr oder minderer Deutlichkeit. Bei totaler Atrophie des Sehnerven sind die häutigen Bestandteile wie auch die von ihnen abgehenden Septen deutlich verdickt, die Blutgefäße erweitert und die Nervenfasern markscheidenlos; auch die Achsenzylinder sind zerfallen und die Glia gewuchert. Dexler.

Hirvishi (18) stellte über die parathyreoprive Kataraktbildung bei Ratten Untersuchungen darüber an, ob die Wegnahme der Nebenschilddrüsen bei Ratten in der Regel oder mit Sicherheit Starbildung bedingt, oder ob diese nur eine unregelmäßig zu beobachtende, ab und zu sich entwickelnde Teilerscheinung des ganzen Komplexes von Veränderungen ist, die sich nach dem Eingriff ergeben. Es zeigte sich:

1. Die parathyreoprive Tetanie der Ratten verläuft relativ wenig heftig und zeigt einen chronischen Verlauf; die Symptome bilden sich nach einiger Zeit wieder zurück, oder sie machen wenigstens keine Fortschritte (z. B. die Linsentrübungen); der Grund dazu liegt mit Wahrscheinlichkeit im Einsetzen vikariierender Funktion von akzessorischen Drüsenteilchen.

2. Von allen parathyreopriven Symptomen ist das der Linsentrübung das konstanteste. Es wurde bei allen denjenigen Fällen gefunden, bei welchen beide Parathyreoideae mit Sicherheit entfernt worden waren. Auf die große Konstanz dieses Symptomes ist bisher nicht hingewiesen worden. Bei Entfernung nur eines Epithelkörperchens tritt Linsentrübung nur ausnahmsweise ein. Tetanieanfälle scheinen die Starbildung zu beschleunigen, doch kann siese auch ohne Anfälle eintreten.

3. Zahn- und Haarveränderungen können unabhängig von den Linsentrübungen auftreten oder fehlen; eine bestimmte Regel konnte nicht ermittelt werden; auf jeden Fall scheinen diese Symptome weniger konstant zu sein als die des Katarakts. Krage.

Morvay (26) versuchte an frischen Augenlinsen von Pferden und Schweinen experimentell Linsenstar zu erzeugen.

Hält man die Linsen in Ringerlösung und versetzt man die Lösung mit wenig organischer oder unorganischer Säure, so tritt binnen einigen Stunden Trübung der Linse ein, die Linsensubstanz wird härter und die Linsennaht sichtbar. Diese Veränderungen haben auch histologisch viel Ähnlichkeit mit der Cataracta senilis. Es ist interessant, daß die Wirkung der Säure von ihrer chemischen Stärke unabhängig ist. So wirkt Milchsäure energischer als Salzsäure. Manninger.

Nach Baloghs (2) Untersuchung der Augen von 500 lebenden Pferden und an 250 Augen geschlachteter

Pferde finden sich helle Flecken im Tapetum nigrum in 9% und radiäre hellere Streifen um die Papille in 2—3% aller Fälle. Die Flecken sind entweder von der Färbung des Tapetum lucidum oder braun bis elfenbeinweiß. Funktionsstörungen wurden nicht ermittelt. Die weißen Flecken entsprechen einem echten Kolobom, die übrigen sind die Folge einer gleichzeitigen Pigmentarmut der Retina und Chorioidea, während eine echte Heterochromie nur ausnahmsweise vorzukommen scheint. Dexler.

Die Untersuchungen Schiestels (31) über Funduskolobome beim Rinde erstrecken sich über 800 Schlachttierbefunde. Es gibt typische Retina-Chorioidalkolobome und totale Grubenbildung im Sehnervenkopfe, die sich nur histologisch aufzeigen läßt. Dexler. Nystagmus nach Dunkelhaltung junger Hunde konstatierte ähnlich wie Raudnitz auch Blohmke (6). Er blieb auch nach Optikusdurchschneidung noch wochenlang bestehen. Hink erinnert an den Nystagmus bei in dunklen Ställen gehaltenen Rindern, ähnlich wie Liasson das vom Menschen bei längerer Arbeit unter schlechter Beleuchtung gesehen hat. Dexler.

Schlüep (32) beobachtete Nystagmus wiederholt bei Kühen, die in dunklen Ställen gehalten wurden. Beim Rinde aller Altersstufen kommt er im Verhältnis 8:1000, bei Jungrindern und Kühen in dem von 15:1000 vor. Daß das Vorkommen gerade Rinder so auffallend bevorzugt, ist bindend nicht zu erklären. Dexler.

Haecker und Werdenberg (17) bringen einige Bemerkungen über das Glasauge der Pferde. Übereinstimmend mit den bisherigen Forschungsergebnissen haben die Verff. festgestellt, daß der Albinismus sich im wesentlichen auf Irisstroma und Chorioidea erstreckt, und daß die Pars iridica retinae dagegen vollständig ausgebildet ist. Über das Vorkommen der Glasaugen gehen die Beobachtungen dahin, daß diese am häufigsten bei Pferden mit partiellem Albinismus auftreten (Füchse und Isabellen).
Richter und Adleff.

Skrjabin (35) fand bei Rindern eine endemische Conjunctivitis und Hornhautentzündung, die durch massenhaftes Auftreten von Thelazia rhodesi, einem Rundwurm, bedingt war. Sein Entwicklungsgang ist noch nicht aufgeklärt. Dexler.

Gawrilon (12) weist auf die Eigentümlichkeit hin, daß verminöse Augenentzündungen bei Pferden und Rindern der Wolgagouvernements ziemlich häufig sind, während sie an anderen Orten Rußlands nur selten aufgefunden werden. Nach Referierung der einschlägigen russischen Literatur beschreibt Autor einen Fall bei einem älteren Kalbe, dessen Conjunctivalsack durch Thelazia rhodesi infiziert war, während er bei einem Pferde in der vorderen Augenkammer einmal einen als Setaria labiatopapillosa diagnostizierten Parasiten entdeckte. Dexler.

Die Untersuchungen von Rossi (28) ergaben, daß die für die Hundswut als pathognomonisch angegebene Mydriasis und Myosis (Lellmann, Pfeil) diese Bedeutung nicht haben. Die Erscheinung ist außerordentlich inkonstant. Dexler.

Nach Zuckers (38) Untersuchungen ist die unspezifische Proteinkörpertherapie ein nicht zu unterschätzendes Mittel für die Therapie der Keratitis infectiosa des Rindes. Frisch erkrankte Tiere werden ohne Komplikationen in kürzester Zeit gesund, chronisch erkrankte günstig beeinflußt. Weber.

Saxinger (30) konnte auf Grund eingehender anatomischer Studien am Karnivorenohr einen Satz von Ohrspecula konstruieren, welche eine direkte Betrachtung des Trommelfelles ähnlich wie bei der Ohrspiegelung des Menschen ermöglichen. C. Reinhardt.

## 2. Krankheiten der Atmungsorgane.
Bearbeitet von Dr. Dröge.

### a) Allgemeines und Statistisches.
(Fehlt.)

### b) Krankheiten der oberen Luftwege.

1) Alias: Über kruppöse Kehlkopfentzündung. T. R. Bd. 31, S. 461. (Einzelfall.) — 2) Beitzke, H.: Über lymphogene Staubverschleppung. Virch. Arch. Bd. 254, S. 625—638. (Mensch.) — 3) Fraenzel: Ein infektiöser Katarrh der oberen Luftwege in einem Pferdebestand und seine Behandlung. T. R. Bd. 31, S. 560—562. (Kasuistik.) — *4) Garn: Eigenartige Atemstörung bei einem Offizierpferd. Zschr. f. Vet. Kunde Jg. 37, H. 11, S. 418—423. — *5) Hambach: Atrophie des Kehldeckels bei einem Schwein. B. t. W. Bd. 41, H. 23. — 6) Parvulescu: Sur quelques cas d'épistaxis chez des chevaux de course. J. de M. vét. Bd. 71, H. 4. (Nasenbluten.) — 7) Saral, K.: Uuris ja chondrom hingekurgus hingamise takistajaks. (Fistel und Chondrom im Kehlkopf als Hindernis der Atmung.) Estnische T. R. Jg. 1, S. 17. (Operiert — Heilung.) — 8) Saral, K.: Moned juhtumused T. U. loomaarstiteaduskonna haavakliiniku tegevusest. (Fistel und Chondrom im Kehlkopf als Hindernis der Atmung.) Ebendas. (Operiert — Heilung.) — *9) Thiede, W.: Vergleichende klinische Untersuchungen über die Erzeugung des Tones beim Kehlkopfpfeifen des Pferdes. Arch. f. wiss. Tierhlk. Bd. 53, S. 213—224.

Garn (4) beobachtete bei einem 9jährigen Offizierpferde, das im Trabe und Galopp eine bis zu hoher Atemnot sich steigernde, mit schnaubendem Stenosengeräusch verbundene Atemstörung bekundete, als Ursache ein Hin- und Herschlottern der nach dem Nasengang gerichteten unteren Wand des falschen Nasenloches und des blindsackförmig endenden Teiles der Nasentrompete. Die Diagnose wurde gesichert durch pralles Ausstopfen beider Nasentrompeten mit Watte; bei dieser Vorkehrung trat auch in starker Gangart nicht mehr die geringste Spur eines Atemgeräusches auf. Heuß.

Hambach (5) wirft die Frage auf, ob das Rohren, Kehlkopfpfeifen der Pferde nicht etwa in einseitiger Lähmung und Atrophie des Kehldeckels seine Ursache habe. Henkels.

Thiede (9) prüfte zwei belgische und 1 polnische Methode zur orientierenden Untersuchung auf Kehlkopfpfeifen, die dort bei Massenankauf von Pferden in Anwendung kommen. Die 3 Methoden gaben befriedigende Resultate; für die forensische Beurteilung ist aber in jedem Falle die übliche Untersuchung in der Bewegung notwendig. Weber.

### c) Krankheiten der Lunge, des Brust- und Zwerchfelles.

*1) Balogh, G. A.: Hochgradige angeborene Atelektase bei Fohlen. Allat. Lapok S. 216. — 2) Bru: Cornage intermittent avec troubles asphyxiques chez un bœuf. J. de M. vét. Bd. 71, H. 11. — 3) Dévé: Le pneumothorax hydatique. Rec. de M. vét. Bd. 101, H. 11. — *4) Van den Eeckehout, A., et J. Lahaye: Recherches au sujet de l'hyperglobulie dans l'emphysème pulmonaire chronique du cheval. C. r. Soc. de

Biol. Bd. 92, S. 1112—1113. — 5) Van den Eeckhout: Recherches expérimentales au sujet des compensations chez le cheval poussif et présentant des lésions pulmonaires chroniques — Phénomène d'hyperglobulie. Ann. de M. vét. Juin. — *6) Favero, F.: Il rumore dello sfregamento nella Pleurite secca del cavallo. (Reibegeräusche bei der Pl. sicca des Pferdes.) (Nuova Vet. S. 171. — 7) Foster, A. N.: Contagious bovine pleuro-pneumonia. Vet. Rec. Bd. 5, S. 212—213. (Kasuistik.) — *8) Gardinazzi: Ferite penetranti nel torace dei bovini. (Perforierende Brustwunden beim Rinde.) Clin. vet. Bd. 6, S. 470. — *9) Gey, Rud.: Die Bronchitis deformans. Virch. Arch. Bd. 255, S. 528—539. — 10) Haupt, R.: Zu dem Artikel „Vier Fälle von schwerer Pneumonie bei unseren großen Haustieren und ihre Heilung mit Jodincarbon" von Dr. Mayer-Pullmann. T. R. Bd. 31, S. 391. — *11) Hjârre, A.: Torsion av lobus cardiacus dexter hos hund i samband med hydrothorax. (Umdrehung des Lobus cardiacus dexter und Hydrothorax bei einem Hund.) Svensk. Vet. Tidskr. Jg. 30, H. 3, S. 83 bis 91. — 12) Jordanoff: Eine abgeheilte Lungen- und Lungenfellwunde bei einem Hunde. T. R. Bd. 31, S. 662—663. — 13) Mayer-Pullmann: Vier Fälle von schwerer Pneumonie bei unseren großen Haustieren und ihre Heilung mit Jodinkarbon. Ebendas. Bd. 31, S. 285—286. — 14) Mangelow: Ein Fall von Fremdkörperpneumonie nach dem Eingeben von Medikamenten durch die Nasenschlundsonde nach Neumann-Schultz. Zschr. f. Vet. Kunde. Jg. 37, H. 9, S. 275—278. — 15) Michelon: Un cas d'abcès pulmonaire déterminé par des Cryptocoques. (Beim Pferde.) Rec. de M. vét. Bd. 101, H. 3. — 16) Monbet: Hémorragie pulmonaire traumatique; phlébotomie d'urgence; guérison. (Bei einer Stute.) J. de. M. vét. Bd. 71, H. 4. — 17) Mörkeberg, A. W.: Haandbog i Veterinarkirurgi, II Del: Halsens og Brystets Sygdomme. (Handbuch der Veterinärchirurgie, Bd. 2: Krankheiten des Halses und der Brust.) 543 Seiten m. 137 Abbildungen und 13 Tafeln. Kopenhagen: Herausgegeben von Den Kgl. Veterinar- og Landbohöjskole. — 18) Nieberle: Pathologisch-anatomische Mitteilungen (I). 1. Kongenitale heterotrope Knochenbildung in der Lunge eines Kalbes. T. R. Bd. 31, S. 401—408. (Im Original nachzulesen.) — *19) Nitsche, P.: Untersuchungen über die postmortale Hypostase beim Hund mit besonderer Berücksichtigung der Lunge und der Conjunctiva der Augen. Inaug.-Diss. Dresden-Leipzig. 1922. — 20) Pagel, W.: Beiträge zur Histologie der Exsudatzellen bei käsiger Pneumonie. Virch. Arch. Bd. 256, S. 641—648. (Mensch und Meerschweinchen.) — 21) Robin, V. und S. Mglej: Le traitement de la broncho-pneumonie des jeunes chiens par l'auto-pyothérapie. Rev. gén. de M. vét. Bd. 34, S. 677—687. — *22) Rossi, P.: La cura dei versamenti pleurici con il cloruro di Calcio. (Behandlung der Ergüsse in · den Pleurasack mit CaCl₂.) Nuovo Vet. S. 148. — *23) Schramek, J.: Über eine disseminierte Erkrankung der Pleura costalis beim Hunde. Diss. Wien. — 24) Seemann, G.: Beitrag zur Histogenese der sog. verästelten Knochenbildung der Lunge. (Pneumopathia osteoplastica racemosa.) Virch. Arch. Bd. 255, S. 540—548. (Betrifft Mensch.) — *25) Stetter, R.: Beiträge zur Diagnostik der Dämpfigkeit, unter besonderer Berücksichtigung des Verhaltens der Körpertemperatur. T. R. Bd. 31, S. 493—496, 513—518 u. 533—542. — *26) Szilárdffy, Konst.: Katarrhalische Lungenentzündung bei Saugfohlen. Allat. Lapok S. 65 bis 66. — 27) Vogt: Verschluckpneumonie. D. t. W. Bd. 33, S. 151. (Kasuistik b. Ochsen.) — *28) Wentworth Elam C.: A useful test in cases of pleurisy with effusion. Vet. J. Bd. 81, S. 44.

Nach Baloh (1) kommt bei neugeborenen Fohlen äußerst selten hochgradige Atelektase vor, wo bloß die im übrigen geblähten Spitzenlappen Luft enthalten. Solche Tiere gehen in der Regel innerhalb 1—2 Tagen ein. Manninger.

Van den Eeckhout und Lahaye (4) berichten über die Hyperglobulie beim chronischen Lungenemphysem des Pferdes.

Die Auszählungen ergaben vergleichweise an 10 Pferden, daß die Zahl der Erythrozyten bei Dämpfigkeit nahezu um das Doppelte gesteigert ist, so daß bei der Abnahme der mechanischen Faktoren des Gaswechsels durch die Erhöhung der Zahl die respiratorische Oberfläche kompensatorisch mehr oder weniger ausgeglichen wird. Graf.

Nach Gey (9) stellen die Veränderungen, die bei Anthrakose des Menschen durch Kohlenpigment am und im Bronchus entstehen können, eine „Bronchitis deformans" (Schmorl) dar. Joest und Cohrs.

Ein Hund war anfangs 1924 wegen Bronchitis, später wegen exsudativer Peritonitis (mittels Punktion) behandelt worden. Am 5. Mai hatte man Laparotomie vorgenommen, am 7. war das Tier verendet.

Bei der Sektion fand Hjârre (11) unter anderen Veränderungen auch eine vollständige Umdrehung des Lobus cardiacus dexter mit hämorrhagischem Infarkt des ganzen Lobus und flüssiges Exsudat in der Brusthöhle. Verf. glaubt, daß die Umdrehung zur Zeit der Laparotomie zufolge der Lageveränderungen des Hundes und des serösen pleuritischen Exsudates entstanden war. Stålfors.

Nitsche (19) stellte Untersuchungen über die postmortale Hypostase beim Hunde mit besonderer Berücksichtigung der Lunge und der Conjunctiva der Augen an.

Er versteht unter Hypostase die postmortale Senkung des Blutes in den Organen (soweit es noch flüssig ist) der Schwere nach.

Er fand, daß das Geschlecht keinen Einfluß auf die Hypostase ausübt, Rasse und Alter insofern, als bei größeren und ausgewachsenen Hunden diese früher als bei kleinen und jungen eintritt ($^1/_2$—1 Stunde früher). Bei ausgeprägter Totenstarre erfolgt eine nennenswerte Ausbreitung der Hypostase nicht mehr. Die Außentemperatur hat Einfluß auf den Eintritt der Totenstarre und somit mittelbar auf die Hypostase in den genannten Organen. Das zeitliche Eintreten und die Intensität der Hypostase der Lunge und der Konjunktiven hängen wesentlich davon ab, ob der Leichnam unmittelbar nach Eintritt des Todes oder erst eine gewisse Zeit nach diesem in eine bestimmte Körperlage gebracht wurde. Eine wesentliche Rolle spielt dabei auch der Grad der Flüssigkeit des Blutes. Die Zeit des Eintrittes der Hypostase ist bei den einzelnen Körperlagen verschieden. Die Hypostase tritt an der Lunge im allgemeinen zuerst am rechten, dann am linken Zwerchfellappen auf. An den einzelnen Lungenlappen erscheint sie zuerst in der Nähe der Bifurkation.

An der Conjunctiva palpebrarum tritt sie infolge ihres größeren Gefäßreichtums mehr diffus, an der Conjunctiva bulbi mehr durch stark gefüllte Gefäßchen als solche auf.

Je nach der Lage der Leiche kann in den Lungen ein Übertritt des Blutes aus der einen in die andere Lunge erfolgen, wenn ein gewisses Gefälle der in Betracht kommenden Gefäße vorhanden ist. Die Ausbreitung der Hypostase geschieht entsprechend dem Verlauf der Gefäße.

Der histologische Befund ist nicht so typisch wie der makroskopische. Neben prallgefüllten Kapillaren findet man oft zum Teil erhebliche Blutextravasation in die Alveolarlumina der hypostatischen Teile der Lunge. In den nicht hypostatischen Abschnitten sind die Gefäße weniger gefüllt. Völlige Blutleere konnte in keinem Falle festgestellt werden.

Die Kenntnis der postmortalen Hypostase hat besonders für den Gerichtsarzt große praktische Bedeutung. In der Beurteilung des Verhaltens der Leichenhypostase ist im einzelnen Falle stets Vorsicht geboten, da eine Anzahl Faktoren bei ihrem Zustandekommen mitwirken.    Joest und Cohrs.

Stetter (25) prüfte das Verhalten der Körpertemperatur in bezug auf ihre Brauchbarkeit als Diagnostikum bei Dämpfigkeit. Nach Aufzählung der Befunde (Bestätigung und Widerlegung) anderer Autoren faßt er seine Untersuchungsergebnisse in folgende Sätze zusammen:

1. Die Beruhigung der Temperatur, des Pulses und der Atmung stimmen nicht miteinander überein.

2. Die Schweißsekretion und die Gangart ist von Einfluß auf das Temperaturverhalten.

3. Bewegung an aufeinanderfolgenden Tagen hat eine geringere Temperaturerhöhung und einen schnelleren Temperaturrückgang bei den späteren Bewegungen zur Folge.

4. Der Temperaturanstieg ist mitabhängig von der Länge der Bewegung und der Gangart.

5. Der Temperaturabfall erfolgt bei gesunden Pferden schneller als bei kranken. Gesunde Pferde geben nach 15 Minuten Ruhe $^1/_3$ bis $^1/_4$, nach 30 Minuten Ruhe $^1/_2$ ihres Wärmeüberschusses ab, kranke Pferde nur etwa $^1/_5$ bzw. $^1/_3$ davon.

6. Ein merklicher Unterschied im Temperaturverhalten unter den kranken Pferden selbst besteht nicht, insbesondere läßt sich kein in die Augen springender Unterschied zwischen dämpfigen und nichtdämpfigen Pferden finden. Bei beiden sinkt die Temperatur langsam schleichend und erreicht nach 2 Stunden Ruhe die ursprüngliche Temperatur durchschnittlich nicht.

7. Nach 2 Stunden Ruhe ist die Temperatur bei dämpfigen Pferden bei über $^2/_5$ beruhigt, bei den übrigen noch nicht. Bei den nichtdämpfigen, aber kranken Pferden ist die Temperatur um die gleiche Zeit bei $^3/_7$ beruhigt, bei den übrigen noch nicht.

8. Nach 2 Stunden Ruhe ist die Temperatur bei dämpfigen Pferden nach ca. 20 Minuten Bewegung im Durchschnitt noch 0,13 über der ursprünglichen (nach Schrittbewegung 0,12, nach Trabbewegung 0,14), bei nichtdämpfigen, aber kranken Pferden nach Bewegung von ca. 23 Minuten im Durchschnitt 0,14 (bei Schritt- und Trabbewegung gleich) über der ursprünglichen.

9. Das Temperaturverhalten allein auch in Verbindung mit den Zahlenwerten der Beruhigung des Pulses und der Atmung berechtigt nicht zur Diagnose Dämpfigkeit. Nur die genaue klinische Untersuchung in Verbindung mit der Kontrolle des Pulses und der Atmung gibt hierzu den richtigen Aufschluß.

Aus Stetters Versuchen ist zu entnehmen, daß das Verhalten der Körpertemperatur zur Diagnose der Dämpfigkeit nicht mitverwertet werden kann.
    Heitzenroeder.

Nach Szilárdffy (26) bewähren sich immunotherapeutische Maßnahmen beim Auftreten seuchenhafter katarrhalischer Lungenentzündung bei Saugfohlen nicht. Dagegen läßt sich die Seuche durch Verbringen der gesunden Fohlen mit ihren Müttern in nicht infizierte, gut ventilierte Stallungen, Beachtung peinlichster Reinlichkeit und häufig wiederholter Desinfektion der Ställe, sowie Absonderung etwa dennoch erkrankter Fohlen lokalisieren.    Manninger.

Favero (6) konnte bei einem Pferde im unteren Drittel des Thorax deutliches Lederknarren als Ausdruck einer Pleuritis sicca feststellen. Durch Trab- und Galoppbewegungen wurde das Geräusch über den ganzen Brustkorb hörbar, um sich in der Ruhe wieder zu verlieren.    Frick.

Gardinazzi (8) sah bei 2 Ochsen perforierende Brustwunden, von denen eine mit Pneumothorax kompliziert war. Toilette der Wunden und Naht der Haut brachte schnelle Heilung.    Frick.

Rossi (22) hat bei einer Eselstute, die einen fieberhaften Hydrothorax hatte, innerlich 20—25—25—25—30 g $CaCl_2$ verabreicht und schnelle Heilung erhalten.    Frick.

Schramek (23) berichtet über eine disseminierte Erkrankung der Pleura costalis beim Hunde. Er beschreibt Veränderungen an der Pleura, wie sie an 19 Hundekadavern gefunden worden waren, die neben den für die Stuttgarter Hundeseuche charakteristischen, pathologisch-anatomischen Prozessen an Zunge, Nieren und Magendarmtrakt noch herdförmige Erkrankungen der Pulmonalis und des Endocards im linken Vorhofe zeigten.

An der Pleura costalis fanden sich Herde aus kleinsten Streifchen, die oft ineinanderflossen, zur Rippe senkrecht standen, mehr oder weniger erhaben und von gelber bis graugelber Farbe waren. Gewöhnlich lagen sie in den ersten zwei Zwischenrippenräumen über dem Rippenknorpelansatz. Histologisch stellten sie einen degenerativ-entzündlichen Vorgang dar, der herdförmig in der elastischen Fasersubstanz der Pleura (Fascia endothoracica interna) seinen Ausgang nahm und gewöhnlich mit einer vorherrschend leukozytären Exsudation, die zuweilen die Subserosa, die Propria serosae, sowie das zwischen der Fascie und der Zwischenrippenmuskulatur liegende Bindegewebe in den Prozeß mit einbezog und mit Quellung, Zerfall und Verkalkung der elastischen Fasern verlief. Ältere Prozesse zeigten neben der starken Kalkeinlagerung auch Granulationsgewebe.

Diese Veränderungen an der Pleura costalis ähnelten makroskopisch wie im histologischen Bilde sehr den Veränderungen an der Pulmonalis und an dem Endokard im linken Vorhofe.    Trautmann.

Nach Wentworth Elam (28) sollen bei Fällen von Pleuritis exsudativa die Mähnen- und Schweifhaare sich auffallend leicht ausziehen lassen.
    C. Reinhardt.

## 3. Krankheiten der Verdauungsorgane.

### a) Allgemeines und Statistisches.

(Fehlt.)

### b) Krankheiten der Mund- und Schlundkopf- (Rachen-)höhle und der Speiseröhre.

1) Antoine: Sur quelques accidents pathologiques de la région de la gorge chez le chien. Ann. de M. vét. Februar. — 2) Conchie, J. W.: Cow's tracheal ring in the oesophagus of a dog. Vet. J. Bd. 81, S. 45. (Kasuistisch.) — 3) Dolch, R.: Untersuchungen über Zahnanomalien und Zahnkrankheiten bei Schafen. M. t. W. Bd. 76, Nr. 28, S. 613—615. (Chemische Untersuchung des Zahnsteines.) — 4) Hobday, F.: An interesting foreign body in the parotid region of a horse. Vet. J. Bd. 81, S. 240—241. (1 Fall.) — *5) Horning, J. G. und A. J. Mc Kee: Tonsilitis in dogs and cats. Vet. Med. Bd. 20, Nr. 7, S. 302—303. — 6) Jörgensen, Uffe: Et Tilfolde af Spiserörsdivertikel hos Hest. (Ein Fall von Ösophagusdivertikel beim Pferde.) Maan. for Dyrl. Bd. 37, S. 114 bis 115. — *7) Klarenbeek, A.: Röntgenographie halsfistels van Katten. (Röntgenographie der Halsfisteln bei Katzen.) Tijdschr. voor Diergeneesk. Bd. 52, S. 618—619. — *8) Luckow: Über Parotisabszesse bei Pferden. B. t. W. Bd. 41, H. 28. — 9) Lührs: Ein interessanter Hundepatient. Zschr. f. Vet. Kunde Jg. 37, H. 1, S. 17. (Abschnürung des Zungenkörpers

durch ein 4 cm langes Rinderaortenrohrstück mit Nekrose.) — 10) Mornola, M.: Grave necrosi del corpo della mandibula in una cavalla con carie profondu di tre denti incisivi e fistol e dentarie. (Nekrose am Schneidezahnteil des Unterkiefers mit Zahnkaries an 3 Schneidezähnen und Fistelbildung. bei einem Pferde) Clin. vet. S. 733—736. (Operation, Heilung.) — *11) Nitsche: Fremdkörper im Schlunde des Hundes. Zschr. f. Vet. Kunde Jg. 37, H. 1, S. 10—16. — 12) Schmidt: Schlundverstopfung bei Pferden nach Verfütterung von Trockenschnitzeln und Beseitigung des Leidens mit Hilfe der Schlundsonde. B. t. W. Bd. 41, H. 42.

Horning und Mc Kee (5) beschreiben Tonsillitis bei Hunden und Katzen jeden Alters.

Die Krankheit tritt meist als polybakterielle Infektion auf und ist in den meisten Fällen akut. Chronische Fälle sind selten. Häufig Vergrößerung der regionären Lymphknoten, verbunden mit Allgemeinerscheinungen und Fieber. Die Autoren empfehlen am meisten die Radikaloperation unter intratrachealer Äthernarkose. Im übrigen symptomatische Behandlung.

Hobmaier.

In ausführlicher Weise schildert Nitsche (11) die Anamnese und den Obduktionsbefund in 4 Fällen von Ösophagusverstopfungen beim Hunde nebst einer Zusammenstellung der einschlägigen Literatur.

In zwei Fällen war intra vitam keine Diagnose gestellt worden, die Besitzer hatten wegen des schnellen Verlaufs eine Vergiftung angenommen. In allen Fällen handelte es sich um Festsetzen scharfer Knochen oder Fischgräten im Brustteil der Speiseröhre mit nachfolgender Perforation der Ösophaguswand, nur einmal war es nicht hierzu gekommen. Heuß.

Klarenbeek (7) weist auf das häufige Vorkommen von Halsfisteln bei der Katze hin, welche entweder durch Tuberkulose oder durch scharfe Gegenstände, am häufigsten durch Nadeln im Halsmuskelgewebe verursacht werden. Die Differentialdiagnose ist allein mit Hilfe von Röntgenaufnahmen gut möglich.

Beijers.

Luckow (8) berichtet von mehreren Parotisabszessen bei Pferden nebst operativen Eingriffen und den Begleitumständen. Henkels.

### c) Krankheiten des Magens und Darmkanals.

1) Antoine, G.: Gastro-entérite hémorragique du Chien. Ann. de M. vét. Juni. — 2) Bab, O.: Die Blinddarmanschrumpfung beim Pferde, eine Folge der Kriegsfütterung. Diss. Leipzig. (Erfahrungen über die durch Ersatzfuttermittel hervorgerufene chronische Anschoppung des Blinddarmes während des Jahres 1919. Behandlung. Forensische Bedeutung.) — *3) Barile, C.: Contributo anatomo-patologico all' interpretazione clinica del sintoma colica nel cavallo. (Anatomisch-pathologischer Beitrag zur klinischen Deutung des Symptoms Kolik beim Pferde.) Nuovo Ercol. Bd. 30, Nr. 4, S. 61—72. — 4) Beck, E.: Koterbrechen bei einer Kuh infolge Darminvagination. T. R. Bd. 31, S. 678. — 5) Becker: Über die Mortalitätsziffer an Kolik erkrankter Pferde. Ebendas. Bd. 31, S. 104 bis 105. — *6) Derselbe: Kolikerscheinungen bei einem Pferde infolge Belästigung seiner Geruchsnerven. B. t. W. Bd. 41, H. 25. — 7) Berge: Über Diagnose und Therapie der Fremdkörpererkrankungen des Verdauungstraktus beim Hunde. Ebendas. Bd. 41, H. 50. — *8) Blaha, S.: Zerreißung des Labmagens bei einer Kuh. Prag. Arch. B. Jg. 5, H. 3, S. 71—72. — 9) Boddie, F. G.: A curious case of constipation in sheep. Vet. Rec. Bd. 5, S. 349. — *10) Bouwman, J.: Iets over prolapsus vesicae en recti bij de merrie. (Etwas über Prolapsus vesicae und recti bei der Stute.) Tijdschr. voor Diergeneesk. Bd. 52, S. 96. — 11) Brown, J.: Rupture of the rectum. Vet. Rec. Bd. 5, S. 32. (1 Fall.) — 12) Buchanan, D.: Volvulus with plurality of intussusceptions in a puppy. Ebendas. Bd. 5, S. 790—791. (Kas.) — 13) Cernaianu, C.: Darmriß bei der Katze. Arh. vet. Bd. 5/6, S. 127—128. 1924. — *14) Dahms, J.: Die Bedeutung der Lungenperkussion und -auskultation zur Sicherung der Frühdiagnose der traumatischen Verdauungsstörungen beim Rinde. T. R. Bd. 31, S. 801—808. — 15) Darrou und Limousin: Tumeur du rectum chez le cheval d'origine actinomycosique. Rec. de M. vét. Bd. 101. H. 14. — 16) Douville: Les diarrhées du chien et la médication lactique. J. de. M. vét. Bd. 71, H. 3. — 17) Eichstädt, F.: Über Kolikbehandlung mittels Bariomyl. T. R. Bd. 31, S. 702. (Einzelfall.) — 18) Eilmann, F.: Ein atypischer Kolikfall. D. t. W. Bd. 33, S. 317—318. (Kasuistisch.) — 19) Fraenzel: Enteritis membranacea bei einem Ochsen. T. R. Bd. 31, S. 918 bis 919. — *20) Gibellini: La ruminotomia nell' indigestione acuta per sovraccarico di alimenti. (Pansenschnitt bei akuter Überfütterung.) (Clin. vet. S. 127. — *21) Goetzke, M.: Ein Beitrag zur Behandlung der akuten Blinddarmverstopfung des Pferdes mittels Darmstichs und Injektion von Wasser in den Blinddarm. Diss. Berlin und T. R. Nr. 25. — 22) Hemprich: Beiträge zur Pathogenese und Therapie der durch Fremdkörper in den Vormägen des Rindes hervorgerufenen Krankheiten. T. R. Bd. 31, S. 205—207. — 23) Hewetson, W. T.: Some forms of indigestion met with in cattle. Vet .J. Bd. 81, S. 611—615. (Kasuistik.) — *24) Hobmaier, M.: Wie entsteht das Hämomelasma ilei et jejuni des Pferdes? Arch. f. wiss. Tierhlk. Bd. 53, S. 76—80. — 25) Hochne: Zur Diagnose der Blinddarmverstopfung. B. t. W. Bd. 41, H. 46. — 26) Hoban, J. G.: Intussusception in a heifer. Vet. J. Bd. 81, S. 90—91. (1 Fall.) — 27) Horning, J. G. und A. J. McKee: Cecitis in dogs. Vet. Med. Bd. 20, Nr. 5, S. 197—198. (Beschreibung der klinischen Erscheinungen der Entzündung des Caecums beim Hunde und der Operationsmethode.) — 28) Horváth, J. E.: Darmruptur bei einem Pferde. Allategészségüqy S. 60—61. (Darmruptur nach anhaltender Obstipation.) — 29) Hughes, M. J.: Nails in sow's stomach. J. Am Med. Vet. Assoc. Bd. 68, Nr. 1, S. 23. — 30) Jamo, A.: Experimentelle Untersuchungen über die Heilungstendenz des Magengeschwürs. Zieglers Beitr. Bd. 73, S. 251 bis 306. (Kaninchen.) — 31) Junack: Seltsame operationslose Heilung eines Hundes mit Darmverletzung und zweimaliger Eventration der Därme. T. R. Bd. 31, S. 645. — *32) Klarenbeek, A.: Enteropexis bij prolapsus recti bij Katten. (Enteropexis bei Prolapsus recti bei Katzen.) Tijdschr. voor Diergeneesk. Bd. 52, S. 616—618. — *33) Derselbe: Vischhaken in het darmkanaal bij de kat. (Fischangeln im Katzendarm.) Ebendas. Bd. 52, S. 615. — *34) Lagerlöf, N.: Ett fall an kongenital (?) lägeförändring och kronisk löpmagsutoidgning hos nöt med ett 50-tal sår å löpmagens slemhinna. (Ein Fall von kongenitaler Lageveränderung und chronischer Erweiterung des Labmagens beim Rind mit etwa 50 Labmagengeschwüren.) Skand. Vet. Tidskr. Jg. 15, H. 5/6, S. 71—82 u. 87—98. — 35) Laviale: Invagination double de l'intestin grêle chez le chien. J. de. M. vét. Bd. 71, H. 4. — 36) Leslie, A.: Foreign bodies in the abomasum of young ruminants. Vet. Rec. Bd. 5, S. 504—506. — 37) Llewellyn-Jones, H.: Prolapsed anus in a shire filly. Ebendas. Bd. 5, S. 8. (1 Fall.) — 38) Derselbe: Prolapsus rectum in a pig. Ebendas. Bd. 5, S. 70. — 39) Lloyd, W.: Rupture of the rectum. Ebendas. Bd. 4, S. 1076. 1924. — 40) Lund, L. und W. Arends: Ein Fall von Gastroenteritis haemorrhagica bei einem tollwütigen Hunde. D. t. W. Bd. 33, S. 479—480. (Sektionsbefund.) —

*41) Meltzer: Pansenschnitt. Mitt. d. V. Bad. T. Bd. 25, S. 15—16. — 42) Mensa, A.: Un caso di triorchidia causa di coliche gravi in un cavallo. (Triorchidie als Ursache von schweren Koliken bei einem Pferde.) Nuovo Ercol. Bd. 30, Nr. 14, S. 261—272. — 43) Neumann, R.: Über Härchenbefunde in Kotsteinen, ein Beitrag zur Kenntnis ihrer Entstehung. Virch. Arch. Bd. 258, S. 783—794. (Mensch.) — 44) Parcetti, L.: Un caso di egagropilismo in un vitello. (Haarbälle im Labmagen bei einem 3 Wochen alten Kalbe. Tod.) Clin. vet. S. 737. — *45) Reitsma, K.: Ulcus ventriculi pepticum van een rund met doorbraak naar de borsthoelte. (Ulcus ventriculi pepticum bei einem Rinde mit Durchbruch in die Brusthöhle.) Tijdschr. voor Diergeneesk. Bd. 52, S. 1—5. — *46) Sarparanta, L.: Kiintoisa haemorrhagia ventriculi-tapaus koiralla. (Ein interessanter Fall von Haemorrhagia ventriculi beim Hund.) Finsk Vet. Tidskr. Bd. 31, S. 58—60. — 47) Seidler: Über einen durch Darmstein verursachten, tödlich verlaufenen Kolikfall. Zschr. f. Vet. Kunde Jg. 37, H. 2, S. 51—52. — *48) Schindler, P.: Über die Invaginatio intestini canis mit Berücksichtigung des Prolapsus recti et ani. Diss. Wien 1924/25. — 49) Stoppel: Kolik bei einem Pferde mit Darmverschluß infolge eines Pseudodarmsteins. T. R. Bd. 31, S. 484. — 50) Toeger: Über einen Fall von Kolik. Zschr. f. Vet. Kunde. Jg. 37, H. 2, S. 44 biz 47. — *51) Varenka, N.: Epizootična upala creva (Enteritis haemorrhagica epizootica.) Jugosl. Vet. Glasnik Bd. 5, S. 129. — *52) Veenendaal, H.: Darminvaginatie bij een hond; een stuk touw oorzaak. (Darminvagination bei einem Hunde; durch ein Taustück verursacht.) Tijdschr. voor Diergeneesk. Bd. 52, S. 315—319. — 53) Viercy: Lithiase salivaire chez le cheval. J. de M. vét. Bd. 71, H. 7. — 54) Vogt: Fremdkörper im Magen eines Pferdes. D. t. W. Bd. 33, S. 299. — 55) Derselbe: Seltene Fremdkörper im Netzmagen einer Kuh. Ebendas. Bd. 33, S. 298—299. — *56) Vuković, A.: Epizootična upala creva. (Enteritis haemorrhagica epizootica.) Jugosl. Vet. Glasnik Bd. 5, S. 112—113. — 57) Weber, Ew.: Die Diagnostik der traumatischen Retikulitis des Rindes. T. R. Bd. 31, S. 321—326. (Im Original nachzulesen!) — 58) Widden, W. F.: A little scene familiar to most practitioners. Vet. Rec. Bd. 4, S. 728—729. 1924. (Kasuistik über Fremdkörper im Magen des Hundes.)

### Kolik.

#### a) Statistisches. (Fehlt.)

#### b) Pathologie und Therapie und Einzelfälle der Kolik.

Barile (3) erklärt sich die Koliksymptome bei seinen 3 Fällen als Folgen von den von ihm vorgefundenen chronischen Abszessen mit Bindegewebsneubildung in der Umgebung der Duodenalgegend, welche das Intestinallumen funktionell stenosieren konnten. Declich.

Becker (6) beobachtete wiederholt bei einem Pferd Kolikerscheinungen. Dasselbe war von seinem Besitzer in einem neu eingerichteten Stall untergebracht worden, dessen Holzteile mit Karbolineum angestrichen waren. Nach Verbringen an die frische Luft und in einen anderen Stall ließen die Kolikerscheinungen nach. Henkels.

#### c) Anderweitige Magendarmkrankheiten.

Blaha (8) beschreibt die Zerreißung des Labmagens bei einer Kuh infolge von Überfütterung mit gehaltlosem Futter.

Bei der Sektion waren Psalter und Labmagen auf das 4—5fache vergrößert und mit trockenen Futtermassen angefüllt. Die Labmagenwand zeigte einen intra vitam entstandenen etwa 20 cm langen Riß. Pansen und Haube waren nicht erweitert und enthielten breiige Massen. Krage.

Dahms (14) berichtet auf Grund seiner Erfahrungen in der Praxis über die Bedeutung der Lungenperkussion und -auskultation zur Sicherung der Frühdiagnose der traumatischen Verdauungsstörung beim Rinde.

Zur Klärung der Frage hat Verf. 4 Rinder mit Fremdkörpern gefüttert und die klinischen Frühsymptome unter Ausschluß differentialdiagnostisch in Betracht kommender Krankheiten einwandfrei festzustellen versucht. Die Ergebnisse seiner Untersuchung lassen sich in folgende Sätze zusammenfassen:

Die ersten Symptome des klinischen Bildes der Gastritis und Pericarditis traumatica bilden in der Regel plötzliche Verdauungsstörungen, verbunden mit Stöhnen und Druckempfindlichkeit in der Haubengegend.

Zahl und Beschaffenheit des Pulses sind im Frühstadium der Erkrankung nicht als Diagnostikum zu verwerten.

Auch der Auskultation und Perkussion zur Sicherung der Frühdiagnose der Gastritis und Pericarditis traumatica kommt eine entscheidende Bedeutung nicht zu.

Schwere und Verlauf der Erkrankung sind abhängig von der Größe und Beschaffenheit, sowie der im Innern eingeschlagenen Richtung des aufgenommenen Fremdkörpers.

Die Operation nach Kübitz sollte bei wertvollen Zucht- und Milchtieren auch in der Praxis stets versucht werden. Heitzenroeder.

Gibellini (20) hat in 2 Fällen von akuter Pansenüberladung den Pansenschnitt durch einfache Durchtrennung der Bauchwand und Pansenwand mit Erfolg ausgeführt, rät aber dazu nur in dringenden Fällen, zieht sonst Desinfektion und Vernähen des Pansens mit der Bauchwand vor. Frick.

(Fund von 114 Nägeln und Stiften, 3 kurzen Drahtstücken und einer Drahthaspel, sowie einer Radniete im Magen eines gesunden Schweines.)

Lagerlöf (34) beschreibt einen Fall von Lageveränderung des Labmagens und benachbarter Organe einer 15jährigen Kuh mit chronischer Erweiterung dieses Magens usw.

Der Labmagen war 2—3mal vergrößert, die Form und vor allem die Lage waren verändert. Er stieß lateral an das Zwerchfell und die Bauchwand, medial an die Leber, den Wanst und den Psalter, dorsal an das Zwerchfell und die Wirbelsäule, kaudal an das Gedärme, ventral an den Psalter, die Bauchwand und an das Gedärme. Vom Labmagen aus ging ein Fistelgang durch das Zwerchfell bis an die rechte Brustwand, wo er in einer Vertiefung einer daselbst entstandenen Exostose endigte. Hier fanden sich ausgebreitete Adhärensen. Im Fundusteil des Magens wurden etwa 50 Geschwüre von verschiedener Größe, Tiefe und Beschaffenheit nachgewiesen. Verf. ist der Meinung, daß die Veränderung der Lage während des intrauterinen Lebens entstanden sei, die Erweiterung und die Formveränderung seien sekundärer Natur, der Fistelgang sei von einem Ulcus pepticum herzuleiten. Stålfors.

Meltzer (41) beschreibt einen Fall von schwerer Tympanie infolge Kleefütterung, der durch Pansenschnitt geheilt wurde. Weber.

Reitsma (45) beschreibt einen Fall von Ulcus ventriculi pepticum bei einem Rinde, welches im Januar und April einige Tage lang an Indigestion erkrankt war, hierauf gut heranwuchs und zuletzt im

August schwer erkrankte (Fieber, gesteigerte Atmungsfrequenz, auskultatorisch: Geräusche wie bei der traumatischen Perikarditis); es ging bald ein.

Sektion: Die ganze rechte Brusthöhle mit stinkender, dünner Futtermasse erfüllt, fibrino-ichoröse Pleuritis, Labmagen-Zwerchfellverwachsung, im Labmagen ein großes Geschwür (18 cm lang, 12 cm breit), im Diaphragma fand sich eine Öffnung vor, wodurch das Futter in die Brusthöhle gelangt war. Die Ätiologie des Geschwürs konnte nicht festgestellt werden.
Beijers.

Ein Hund, den Sarparanta (46) wegen einer Wunde in der Zunge in Behandlung hatte, zeigte alsbald die Symptome der Magenblutung. Der Verf. glaubte zuerst, daß das Blut aus der Zunge stamme, da aber keine Behandlung Erfolg brachte, merkte S., daß das Blut vom Magen herkam. Der Hund bekam Sol-Adrenalini 1 proz. 30 Tropfen mehrmals täglich und genas dann innerhalb einiger Tage.
R. Stenius.

Nach Hobmaier (24) liefert die Annahme der Entstehung des Hämomelasma des Ileum oder Jejunum auf Grund von Diapedesisblutungen nach infektiös-toxischer Gefäßschädigung vom Follikelapparat aus eine hinreichend befriedigende Lösung der Frage.
Weber.

Nach Goeztke (21) ist bei der akuten Blinddarmverstopfung die Punktion des Blinddarmes mit nachfolgender Injektion von Wasser bei vorschriftsmäßiger Ausführung ungefährlich.

Der geeignetste Tag für die Operation ist der 5. und 6., wenn eine leichte Erweichung des Darminhalts nach subkutanen Injektionen von Arecolin eingetreten ist. Im Beginn der Erkrankung bei prall gefülltem Blinddarm ist die Operation nicht ratsam. Wiederholte Punktion und Injektion von Wasser innerhalb weniger Tage ist unbedenklich. Nach dem 10. Krankheitstage ist die Operation nicht mehr vorzunehmen.
Trautmann.

Klarenbeek (33) beschreibt das Vorkommen von Fischangeln im Darmkanal der Katze:

Sie stecken beinahe immer in der Rektalschleimhaut in der unmittelbaren Nähe des Anus. Man fixiert den Fremdkörper im Punkte der größten Krümmung und zieht ihn nach Drehung an seinem freien anusseitigen Ende um 90° oder mehr in ventro-kranialer Richtung aus.
Beijers.

Schindler (48) hat sich mit der Darminvagination beim Hunde beschäftigt. Der Arbeit liegen eigene Untersuchungen auf nachstehenden Gebieten zugrunde:

Studien der normalen anatomischen Verhältnisse des Darmes, des Gekröses und der Bänder; Studien der pathologisch-anatomischen Verhältnisse bei Invaginationen durch Aufnahme der Sektionsbefunde; Studien der klinischen Symptome, des Verlaufs und der Diagnose bei 16 in die Klinik eingebrachten Patienten. Die Hauptergebnisse dieser Untersuchungen sind: Es gibt prädisponierende und auslösende Ursachen. Die Invagination des Darmes ist beim Hunde sehr häufig. 50% der Invaginationen fallen in die Zeit des größten Wachstums der Hunde (2½—5 Monate). 66% der Invaginationen entstehen während der Staupe. Alle Invaginationen gingen vom Jejunum und Ileum aus, zogen in 30% das Kolon mit ein und fielen in 10% durch den After vor. Die Invagination des Darmes, besonders ins Kolon, bildet sich öfter zu ⁴/₅ auf Kosten des analen, zu ¹/₅ des oralen Darmabschnittes, vom Invaginationssegment aus gerechnet. Aus den Symptomen kann man nur den Invaginationsverdacht schöpfen. Die Diagnose sichert nur der positive Palpationsbefund. Differentialdiagnostisch entscheidet oft nur die Probelaparotomie. Selbstheilungen wurden nie beobachtet. Die nicht operative Therapie hat nur in frischen Fällen etwas Aussicht auf Erfolg. Die Prognose der Operation ist in frischen Fällen, bei nicht staupekranken Tieren, günstig, in älteren Fällen zweifelhaft, bei Staupe ungünstig.
Trautmann.

Varenka (51) bestätigt die Angaben Vukovićs im gleichbenannten Artikel (s. unten) über die epizootische Darmentzündung der Rinder. Er beobachtete sie besonders im Herbst.
Zavrnik.

Veenendaal (52) beschreibt die Darminvagination beim Hunde, welche durch geschluckte Fremdkörper, vor allem durch Taustücke verursacht werden und meistens in der Umgebung der Ileocäcalklappen vorkommen.

In der Mehrzahl der Fälle erfolgt innerhalb einer Woche der Tod, doch verlaufen die Invaginationen mitunter auch chronisch. Klinische Erscheinungen: Unterdrückte Freßlust, Erbrechen (erst Mageninhalt, hierauf bluthaltiger Darminhalt). Geringe Mengen bluthaltiger, schleimiger und stinkender Fäzes. Puls und Temperatur sind häufig während der ersten Tage normal. Die Koliksymptome sind nicht immer deutlich ausgesprochen. Die Diagnosestellung beruht auf der Untersuchung des Abdomens. V. beschreibt einen ziemlich akuten Fall, welcher von ihm operativ erfolgreich behandelt worden war. Er betraf eine Invaginatio ileocoeco-colica, welche verhältnismäßig leicht behoben werden konnte. Die Palpation ließ auf die Anwesenheit eines Taustückes schließen, welches durch eine Schnittöffnung aus einem gesunden Darmteil aus entfernt werden konnte. Der Strick war 1½ m lang und 4 mm dick. Er war das Reststück eines Strickes, welcher aus der Anusöffnung herausgehangen hatte, woran der Besitzer des Hundes gezogen hatte und nach erfolglosen Bemühungen ihn herauszuziehen, am Anus abgeschnitten hatte. Diese Zugwirkung hat wahrscheinlich die Invagination verursacht.
Beijers.

Vuković (56) beobachtet fast jedes Jahr im Frühling, seltener im Herbst das Auftreten von einer epizootischen Darmentzündung bei den Rindern.

Die Krankheit, die mit der hämorrhagischen Septichämie verwechselt werden soll, und mit ihr vereint vorkommen kann, identifiziert er mit der Ent. hämorrhag. mycotica der älteren Autoren. Sie soll nur mit Ent. hämorrhag. epizootica bezeichnet und als solche genauer erforscht werden entgegen Hutyra und Marek, die sie scheinbar unter hämorrhagische Septichämie behandeln. Die Krankheit tritt in großen Ausdehnungen plötzlich auf, wenn die Tiere auf einer Grasfläche, die durch einen plötzlichen Frost nach einem schönen Wetter welk gefroren wurde, geweidet haben. Am selben, öfters am zweiten oder dritten Tag nach der Weide sind die Rinder traurig, niedergeschlagen, Eß- und Trinklust besteht nicht und es tritt eine Verstopfung auf; die Exkremente sind schwarz und hart eingetrocknet. Herz schlägt kräftig, die Temperatur ist fast immer normal, 38,5°—39° C. Die Augen sind eingefallen, der Gang taumelnd, der Patient liegt viel. Wenige Tage (3—4) darauf tritt ein profuser Durchfall ein, Exitus letal, bei leichteren Fällen seltenere Genesung. Sektionsbefund: hämorrhagische Entzündungen und auch Ablösungen der Schleimhaut in den Mägen und weiter bis zum Mastdarm. Die Gastritis ist besonders am Pylorus stark. Wenn die hämorrhagische Septichämie hinzutritt, so ist sie eine sekundäre Komplikation, deren Symptome dann überwiegen, besonders steigt die Temperatur hoch. Er vermutet infolge des plötzlichen gleichzeitigen Auftretens der Krankheit in mehreren Bezirken als Ursache besondere schädliche (toxische) Prozesse chemischer Natur im angefrorenen Grase.
Zavrnik.

Bouwman (10) erachtet die Prognose von Prolapsus recti bei der gebärenden Stute sehr ungünstig, die der Blase günstiger. Unter anderen Umständen ist der Prolapsus recti bei Pferden und Fohlen günstiger zu beurteilen. Beijers.

Klarenbeek (32) konnte Fälle von rezidivierendem Prolapsus recti bei Katzen durch die Fixierung eines Darmteiles an einer eigens für diesen Zweck angelegten Bauchwunde zur Heilung bringen.

Die Operationswunde wurde in der Medianlinie, ungefähr 5 cm lang, 3 cm kaudal vom Processus xiphoideus ausgeführt. Anheftung des Dickdarmes zugleich mit der Wundnaht. Während der ersten Woche flüssige Nahrung, evtl. Opiumtinktur. Kontrolle des Operationsergebnisses mittels Röntgenaufnahme. Beijers.

### d) Krankheiten der Leber und des Pankreas.

1) Bach, E.: Seltene Fälle aus der Praxis. Schweiz. Arch. f. Tierhlk. Bd. 66, S. 678—682. 1924. — 2) Brühl, R.: Beitrag zur Frage der Entstehung und Entwicklung der Gallensteine. Zieglers Beitr. Bd. 74, Nr. 2, S. 294—315. (Mensch.) — 3) Crawford, M.: A case of jaundice in the horse. Vet. J. Bd. 81, S. 556 bis 558. (Kasuistisch.) — 4) Finzi, G. und P. Cremona: Epatite tossica di origine alimentare nei suini. (Toxische Hepatitis alimentären Ursprungs bei Schweinen.) Critica zootecnica e sanitasia. Jg. 2, H. 1/2. — *5) Gray, H.: Jaundice in dogs and cats. Vet. J. Bd. 81, S. 92—94. — *6) Heilmann, P.: Über den Weg der Entstehung der akuten gelben Leberatrophie und der chronischen Hepatitiden. Virch. Arch. Bd. 257, S. 229—234. — 7) Derselbe: Beitrag zur Pathologie des kongenitalen hämolytischen Ikterus. Zieglers Beitr. Bd. 73, S. 493—501. (Mensch.) — 8) Derselbe: Über Veränderungen der Mesenterien und der Leber bei entzündlichen Erkrankungen der Bauchorgane. Virch. Arch. Bd. 256, S. 611—619. (Mensch.) — *9) Hiyeda K.: Experimentelle Studien über den Ikterus. Ein Beitrag zur Pathogenese des Stauungsikterus. Zieglers Beitr. Bd. 73, S. 541—565. — 10) Holm, K.: Der Glykogengehalt der Leber bei akuter gelber Atrophie. Virch. Arch. Bd. 254, S. 236—242. (Betrifft Mensch.) — *11) Kalkus, J. W.: H. A. Trippeer und J. R. Fuller: Enzootic hepatic cirrhosis of horses (walking disease) in the Pacific Northwest. J. Am. Vet. Med. Assoc. Bd. 68, Nr. 3, S. 285—296. — *12) Kodama, M.: Beiträge zur Pathogenese des Ikterus. Zieglers Beitr. Bd. 73, S. 187—250. — *13) Loeffler, L. und M. Nordmann: Leberstudien. 1. Teil. Virch. Arch. Bd. 257, S. 119—181. — *14) Messner, H.: Kongenitale Pseudocirrhose beim Kalbe. Prag. Arch. B. H. 10, S. 245—249. — 15) Meyer, J. B.: Observation cliniques. 1. Induration chronique du foi. 2. Hémorrhagie mortelle à la suite d'une torsion de l'uterus. Rev. gén. de M. vét. Bd. 34, S. 632—633. (Kasuistisch.) — *16) Monardi, D.: Un a particolare form a di cirrosi epatica ipertrofica nel cavallo. (Leberzirrhose beim Pferd.) (Nuova Vet. S. 36—40. — *17) Okell, C. C., T. Dalling und L. P. Pugh: Leptospiral jaundice in dogs (yellows). Vet. J. Bd. 81, S. 3—35. — 18) Ronca, V.: Alterazioni pancreatiche e diabete mellito nella enterite: cronica del cane. (Pankreasläsionen und Zuckerharnruhr chronischer Enteritis der Hunde.) Nuovo Ercol. Bd. 30, Nr. 20, S. 341—353. — 19) Semelagne: Un cas intéressant d'hépatite nodulaire nécrosante. Rec. de M. vét. Bd. 101, H. 1. — 20) Schwarz, L.: Anatomisches und Experimentelles über miliare Nekrosen der Leber von Säuglingen. Virch. Arch. Bd. 254, S. 203—228. (Vergleichend-pathologisch von Interesse.) — 21) Sparta, E.: Un remarquable cas de lithiase du pancréas chez une vache. Rec. de M. vét. Bd. 101, H. 18. — *22) Sysak, N. und W. Borowsky: Über die Frage der morphologischen Veränderungen in der Leber der Tiere. Arch. f. wiss. Tierhlk. Bd. 53, S. 478—488. — *23) Stroh, G. und M. Ziegler: Die „Schweinsberger Krankheit" in Südbayern. Mit besonderer Berücksichtigung ihrer Histologie. M. t. W. Bd. 74, Nr. 5, S. 85—89, Nr. 6, S. 94—101. — 24) Vauthrin: Sur une forme d'ictère enzootique grave du chien. J. de M. vét. Bd. 71, H. 10. — 25) Walton, C. L. und N. W. Jones: The control of liver fluke in sheep. (Gute prophylaktische Erfolge mit Kupfersulfat.) Vet. Rec. Bd. 5, S. 1068—1071.

Bei einer, nur intermittierendes Fieber und Abmagerung zeigenden Kuh waren, wie Bach (1) ausführt, bei der Sektion ein Fremdkörperabszeß in der Leber und disseminierte, Kolibazillen enthaltende Milzabszesse vorhanden Graf.

Gray (5) gibt einige bibliographische Hinweise und eigene Beobachtungen zur Frage der von Okell und Dalling erforschten infektiösen Gelbsucht des Hundes (= Weilsche Krankheit). C. Reinhardt.

Heilmanns (6) Untersuchungen über den Weg der Entstehung der akuten gelben Leberatrophie und der chronischen Hepatitiden des Menschen ergaben, daß sie sowohl auf dem Wege über den großen Kreislauf als auch enterogen durch Vermittlung des Pfortadersystems entstehen können. Joest und Cohrs.

Während bei experimentell erzeugtem Stauungsikterus des Kaninchens eine „sog. Netznekrose" in der Leber auftritt, kommt diese nach Hiyeda (9) beim Hunde nicht vor.

2—3 Wochen nach der Choledochusunterbindung macht sich beim Hunde eine diffuse, vorwiegend in der peripheren und intermediären Zone der Lobuli ausgebreitete Parenchymaufhellung („Clarificatio") bemerkbar, die durch die Einwirkung verdünnter Galle bewirkt wird. Der Austritt der Galle aus den Gallenkapillaren ist nach der Tierspezies verschieden. Beim Kaninchen gelangt sie durch Zerreißung der Übergangsstelle der interlobulären Gallengänge zu den intralobulären Gallenkapillaren ins Lebergewebe, beim Hunde durch Diapedese. Bei ersterem Tier tritt Ikterus innerhalb weniger Stunden nach der Choledochusunterbindung auf, bei letzterem erst nach etwa einer Woche und in schwächerem Maße. Die Verschiedenheit der Versuchsergebnisse bei beiden Tierarten ist darauf zurückzuführen, daß eine Gewebsspezifität der verschiedenen Tierspezies anzunehmen ist, und zwar eine höhere Empfindlichkeit der Leber gegen Gallenwirkung und eine ganz besonders starke Widerstandsfähigkeit der Gallengangswand beim Hunde. Joest und Cohrs.

Messner (14) beschreibt einen Fall von kongenitaler Pseudozirrhose bei einem 14 Tage alten geschlachteten Kalbe mit starker Dilatation der rechten Herzvorkammer.

Die Leber war etwas vergrößert mit höckeriger Oberfläche und zeigte das Bild einer typischen Zirrhose, die sich innerhalb 14 Tagen nicht entwickelt haben konnte. Histologisch war die Bindegewebsvermehrung nicht nur im Stützgerüst selbst, sondern auch innerhalb der Leberläppchen nachweisbar, so daß sich stellenweise das Bild einer echten Zirrhose darbot. Als Ursache nimmt Verf. eine Entwicklungsstörung an, die vielleicht von der schon embryonal bestehenden Blutstauung unterstützt worden ist. Krage.

Monardi (16) hat die Leber eines geschlachteten Pferdes eingehend untersucht und vergleicht den Zustand mit der von Hanot beim Menschen festgestellten Hepatitis biliaris hypertrophica. Frick.

Okell, Dalling und Pugh (17) stellten auf Grund ihrer klinischen Beobachtungen, der erhobenen Sektionsbefunde und der experimentellen Untersuchungen und Übertragungsversuche fest, daß in England unter Hunden eine durch Leptospira icterohämorrhagica hervorgerufene Gelbsucht vorkommt.

Ein großer Prozentsatz aller Ratten beherbergt Leptospiren in den Nieren und scheidet die für das Wirtstier harmlosen Erreger mit dem Urin aus. Die beste Bekämpfung ist in der Fernhaltung der Ratten von Hundestallungen zu erblicken. Impfung und Behandlung mit Antileptospiraserum scheinen sich zu bewähren, doch liegen darüber noch nicht genügend Erfahrungen vor. Das klinische Bild ähnelt vielfach der Weilschen Krankheit des Menschen.

C. Reinhardt.

Kalkus, Trippeer und Fuller (11) beschreiben eine enzootische Leberzirrhose des Pferdes.

Sie scheint unter anderem identisch zu sein mit der in Deutschland bekannten Schweinsberger Krankheit. Maultiere und Rinder leiden darunter nicht. Sie tritt hauptsächlich nach trockenen Jahren im Vorfrühling auf. Sie ist weder ansteckend, noch infektiös. Auffallend ist das Vorkommen von enormen Massen von Zykliostomen im Darm von kranken Tieren, doch könnten auch andere giftige Substanzen die Ursache sein. Klinisch wird eine akute Form mit Ikterus und evtl. starker Erregung der Tiere beschrieben. Daneben besteht eine chronische Form mit Abstumpfung, Erosionen und Gummata auf der Maulschleimhaut und schwankendem Gang. Pathologisch anatomisch ist die Krankheit immer chronisch. Es entwickelt sich eine Hepatitis chronica interstitialis, die schließlich in eine diffuse Form übergeht. In Nieren häufig kleine Blutungen, auch in Lungen vorkommend. Evtl. fibrinöse Beläge auf Pleura. Ödem der Subarachnoidea. Die Mortalität beträgt 100%. Die Behandlung ist im allgemeinen erfolglos. Ermutigend wirken Anthelminthica (Oleum chenopodii) 15—18 ccm in Kapseln. Entsprechende Diät.

Hobmaier.

Kodamas (12) Versuche zur Pathogenese des Ikterus erstrecken sich auf Phenylhydrazinvergiftung an Tauben mit und ohne Blockierung, Toluylendiaminvergiftung an Hunden mit und ohne Blockierung, Arsenwasserstoffvergiftung an Tauben und Gänsen, Choledochusunterbindungsversuche an allen diesen Tieren und Injektionsversuche mit reinem Bilirubin und Hundegalle an Tauben.

Joest und Cohrs.

Loeffler und Nordmann (13) befassen sich in ihrer Arbeit über Leberstudien, nachdem einige technische Vorbemerkungen gemacht sind, mit Versuchen von örtlicher Beeinflussung der Leberstrombahn, mit der Adrenalinwirkung.

Im Hauptteil finden sich Untersuchungen über die Leber während der Magen- und Darmverdauung von Normalkost, nach Fett-, Glykogen- und Eiweißfütterung, bei der Inanition und bei Vergiftungen mit Chloroform, Phosphor, Phlorizin und Insulin. Anschließend wird über Versuche mit Überführung eines Strombahntypus in einen anderen und den dabei beobachteten Veränderungen im Leberparenchym berichtet. Die Versuche wurden in der Hauptsache an Ratten und Kaninchen vorgenommen.

Joest und Cohrs.

Sysak und Borowskyj (22) beschäftigen sich mit der Frage der morphologischen Veränderungen in der Leber der Tiere.

Das Fett findet sich in der Tierleber schon im embryonalen Zustande. Bei erwachsenen normalen Tieren zeigt sich eine physiologische Verfettung, die oftmals schwer von der pathologischen zu unterscheiden

ist. Das Eisen findet sich normal bei allen Tieren, außer Schafen, am häufigsten in den Kupfferschen Zellen.

Weber.

Stroh und Ziegler (23) kommen bezüglich der Schweinsberger Krankheit zu folgenden Schlüssen.

Die Schweinsberger Krankheit in Süd-Bayern, die dort seit 9 Jahrzehnten in einer Anzahl von Flußtälern als endemisch beobachtet wird und unter den bekannten klinischen Erscheinungen verläuft, zeigt in der weitaus überwiegenden Mehrzahl der Fälle pathologisch-anatomisch eine chronische degenerative Atrophie der Leber mit hochgradigen Regenerationserscheinungen, die nur in seltenen Fällen in atrophische Zirrhose übergeht (Typus A). Milzveränderungen sind hierbei kaum ausgeprägt, sie bestehen histologisch in einem verschieden großen Pigmentmangel, teilweisem Follikelschwund und geringgradiger Verdickung des Retikulums, sind aber nicht spezifisch. Eine geringe Zahl der untersuchten Fälle zeigt mehr oder weniger starke intralobuläre Zellinfiltration der Leber mit beginnender Sklerose derselben (Typus B). Die Milzveränderung ist dabei eine sehr hochgradige und besteht in einem chronischen hyperplastischen Milztumor mit vollständigem Pigmentmangel. Verff. sehen diese erheblich seltenere Form als Spät- oder Ausgangsstadium der in gleicher Gegend stationären progressiven Anämie an. Die Ätiologie, insbesondere des Typus A, ist ungeklärt, insofern die Art und Weise des zweifellos bestehenden Zusammenhanges zwischen Bodenbeschaffenheit und Schweinsberger Krankheit noch nicht bekannt ist.

J. Schmidt.

### e) Krankheiten des Bauchfells und des Nabels, Bauchwunden und Hernien

1) Baustaedt: Perforierende Bauchwunde mit Netzvorfall. T. R. Bd. 31, S. 520—521. (Einzelfall mit tödlichem Ausgang.) — 2) Becker: Zur Behandlung von Nabelbrüchen bei Fohlen. Ebendas. Bd. 31, S. 610. (Nichts Neues.) — *3) Caubet: Traitement des hernies par les bandages. J. de. M. vét. Bd. 71, H. 7. — *4) Ciarrocchi, C.: Ernia scrotale complicata in un suino (entero-epiploon-cistocele). (Kompl. Leistenbruch beim Schwein.) Clin. vet. S. 668—670. — 5) McCunn, J.: Rupture of the diaphragm. Vet Rec. Bd. 5, S. 556. (2 Fälle: Rind und Pferd.) — *6) Krug: Nabelbehandlung. Mitt. d. V. Bad. T. Bd. 28, S. 13 bis 14. — 7) Linde: Subperitonealer Abszeß bei einem Pferde. T. R. Bd. 31, S. 88—89. — *8) Marrucci, P.: Lesioni peritoneali nei bovini. (Bauchfellverletzungen bei Rindern.) Nuova Vet. S. 171—173. — 9) Mallet: Un cas de hernie diaphragmatique chez le chien. Rec. de M. vét. Bd. 101, H. 13. — 10) Petersen, Gerhard: Posegrise med Vesika som Brokindhold. (Vesika als Inhalt des Bruches bei Bruchferkeln.) Maan. for Dyrl. Bd. 37, S. 243—244. (Disposition scheint durch den Eber erblich zu sein.) — *11) Saral, K.: Rutuline peritoneumi ja vatsa haava kinnikasvamine vatsa loike jarele. (Rasches Zusammenwachsen der Wunde des Peritonaeums und Pansens nach Pansenschnitt.) Estnische T. R. Jg. 1, S. 52. — *12) Schermer: Über die Hernie in dem Schenkelkanal. B. t. W. Bd. 41, H. 1. — 13) Scornazzani: Le ernie nei suini. (Hernien bei Schweinen.) Clin. vet. S. 395. (Nichts Neues.) — *14) Schubert: Die Operation der Hernia umbilicalis in der Praxis. D. Oest. t. W. Jg. 7, Nr. 1, S. 1—3. — *15) Toepper, P.: Die Behandlung der Nabelbrüche der Fohlen in der Praxis. T. R. Bd. 31, S. 557—560. — *16) Unglas: La hernie diaphragmatique du chien. J. de M. vét. Bd. 71, H. 2. — 17) Wereschinski, A.: Über die Klassifikation intraperitonaealer Adhäsionen. Virch Arch. Bd. 255, S. 196 bis 205.

Marrucci (8) sah bei 3 Rindern schwere Bauchfellverletzungen, die alle zur Heilung kamen.

Im 1. Fall war ein Eisenstück in der Unterrippengegend eingedrungen, im 2. und 3. lagen Fremdkörper vor, die von innen her das Bauchfell perforiert hatten. Frick.

Krug (6) ist auf Grund von praktischen Erfahrungen ein Feind des Nabel-Abbindens mit folgendem Durchschneiden als Prophylaxe gegen Infektionen. Er redet dem Abreißen das Wort, weil dadurch die Arterien zurückschnellen und sich schließen. Weber.

Toepper (15) empfiehlt die nicht komplizierten Nabelbrüche der Fohlen palliativ zu operieren.

Die mit runder Bruchpforte durch Abbinden, die mit langer, schmaler Bruchpforte durch Abnähen mittels der Bernardschen Kluppe durch Schusternaht. Wesentlich erleichtert wird die Operation durch die von Pfeifer empfohlene vorbereitende Verwendung des Bruchbandes. Die Behandlung der Nabelbrüche durch Säuren, subkutane Injektionen von Kochsalzlösungen oder Alkohol ist nicht anzuraten. Sie zeitigt unsichere Resultate, hinterläßt Hautverdickungen und führt oft zu Komplikationen, die nur durch Radikaloperationen beseitigt werden können. Heitzenroeder.

Saral (11) berichtet über ein rasches Zusammenwachsen der Wunde des Peritonaeums und Pansens nach Pansenschnitt bei einer Kuh, bei welcher wegen Pericarditis traumatica der Pansenschnitt ausgeführt wurde.

Als 4×24 Stunden nach der Operation die Kuh zur Sektion kam, waren Haut und Muskel schon gut zusammengewachsen; am peritonaealen Serosaüberzug war nichts mehr zu sehen, nur die Mukosa war noch am Schnitt geschwollen und noch nicht vollständig zusammengewachsen. Hans Richter.

Caubet (3) beschreibt unter dem Titel: „Traitement des hernies par les bandages" ein Bruchband mit Pelotte, mit Hilfe dessen er den Nabelbruch eines Fohlens heilte. Nichts Neues. Henkels.

Ciarrocchi (4) fand bei einem Brucheber im Bauchsack neben dem Hoden, Netz, Darm und Harnblase, die mit dem Bruchsack verwachsen waren. C. löste die Verwachsungen und vernähte die Bruchpforte nach Reposition des Bruchinhaltes und Entfernung des Hodens. Tod nach 4 Tagen durch Peritonitis. Frick.

Schermer (12) berichtet über eine Hernie in dem Schenkelkanal an Hand eines klinischen Falles, den er mit Hilfe der Kluppenmethode operierte. Verf. rät mit der Operation, wenn keine Inkarzeration vorliegt, einige Monate zu warten, bis sich ein fester, bindegewebiger Bruchsack gebildet hat, der für das Abkluppen oder Abnähen genügend Festigkeit besitzt. Der Kluppenmethode gibt er den Vorzug. Henkels.

Schubert (14) empfiehlt bei der Operation der Hernia umbilicalis die Bruchklappe nach Richlein, die er in 10 Fällen mit dem Erfolg benutzte, daß bis kindskopfgroße Nabelhernien ohne jede Störung abheilten und ohne daß eine Spur der ehemaligen Hernie übriggeblieben wäre. Die bei dieser unblutigen Operationsmethode zu beobachtenden Einzelheiten werden von ihm näher geschildert. Krage.

Unglas (16) schreibt über „La hernie diaphragmatique du chien", daß die Zwerchfellhernie beim Hunde verhältnismäßig selten ist, daß die Symptome sehr verschiedenartig sein können, daß die Diagnose am lebenden Tier gestellt werden könnte, wenn man an diese Erkrankung dächte, daß endlich die Röntgenuntersuchung wertvolle Hilfe bringt. Henkels.

# 4. Krankheiten der Kreislauforgane, der Milz, der Lymphknoten, der Schild- und Thymusdrüse und der Nebenniere.

## a) Allgemeines und Statistisches.
(Fehlt.)

## b) Krankheiten des Herzens.

1) Bouchel père et fils, M. N.: Pericardite sur une jument. Rec. de M. vét. Bd. 101, H. 10. — *2) Graf, M.: Über das Aneurysma der Herzspitze des Schweines. Inaug.-Diss. Budapest; Közl. Bd. 18, S. 84—88. — *3) Huguenin, B.: Über interstitielle Myokarditis beim Ferkel. Schweiz. Arch. f. Tierhlk. Bd. 67, S. 1—13. — *4) Joest, E. und P. Schieback: Über Herzwandverknöcherung. Ein Beitrag zur vergleichenden Pathologie. Virch. Arch. Bd. 253, S. 472 bis 504. 1924. — 5) Kirch, E.: Der Einfluß der linksseitigen Herzhypertrophie auf das rechte Herz. Zieglers Beitr. Bd. 73, S. 35—54. (Mensch.) — *6) Lorenzetti, I.: Di un singolare reperto anatomo-patologico in una vacca, esna importanza clinica. (Pathologisch-anatomischer Befund seltsamer Art bei einer Kuh.) Clin. vet. S. 541—543. — 7) Nienhaus, H.: Verknöcherung der rechten Herzvorkammerwand eines Pferdes. Diss. Hannover und D. t. W. Bd. 33, S. 854 bis 855. (Auszug.) — 8) Prévost: Endocardite chronique chez un cheval de selle „cœur forcé". Rec. de M. vét. Bd. 101, H. 8. — 9) Pugh, L. P.: The diagnosis, treatment and prevention of traumatic pericarditis in cattle. Vet. Rec. Bd. 5, S. 607—612. (Nichts Neues.) — *10) Saltykow, S.: Über die Entstehung der Myokardfragmentation. Zieglers Beitr. Bd. 73, S. 477—485. — 11) Scholz, Th.: Zur Kenntnis der Herzmuskelverkalkung. Virch. Arch. Bd. 253, S. 551 bis 568. 1924. (Betrifft Mensch.) — 12) Weber: Die Diagnostik der traumatischen Perikarditis des Rindes. B. t. W. Bd. 41, H. 22. — 13) Wilson, A. C.: Rupture of the pericardium in the horse due to fright. Vet. Rec. Bd. 5, S. 173. (2 Fälle.) — 14) Wittenberg, H. G.: Über einen Fall von Herzmuskelverkalkung beim Schweine. Diss. Hannover.

Wie aus den Untersuchungen von Joest und Schieback (4) über Herzwandverknöcherung hervorgeht, kommt bei Tieren eine echte Verknöcherung der Vorhofswand des Herzens vor.

Verff. untersuchten 4 Fälle vom Pferd. Die Verknöcherung betrifft stets die Wand des rechten Vorhofs und ist hier besonders am Herzohr stark ausgeprägt. Das Pferd scheint unter den Haussäugetieren von dieser Erkrankung in hohem Maße bevorzugt. Sie betrifft bei ihm alle Lebensalter. Eine Bevorzugung lediglich des höheren Alters besteht nicht. Intra vitam scheint diese Veränderung keine wesentlichen Störungen zu bedingen. In fast allen Fällen erscheint der in seiner Wand verknöcherte Vorhof mehr oder weniger erweitert. Andere Herzabteilungen waren von der Verknöcherung nicht betroffen.

Die veränderte Vorhofswand besteht aus einem Grundgewebe, das sich im wesentlichen aus Bindegewebe zusammensetzt. Dieses schließt atrophische Muskelzellen ein. Das Grundgewebe gewinnt zum Teil Eigenschaften von Periost, zum Teil solche von Knochenmark. In ihm finden sich die Verknöcherungen, die eine Art von Gerüst bilden.

Die Verknöcherung entspricht in dem Bau ihrer Inseln und Bälkchen großenteils lamellärer, teils aber auch geflechtartiger Knochensubstanz. Sie erinnert vielerorts an Compacta, im großen und ganzen jedoch an Spongiosa. Die einzelnen Fälle zeigen die Ossifikation in verschiedenen Stadien; jüngere Stadien mit lebhafter Neubildung jungen Knochengewebes, ältere mit abgeschlossenem Ossifikationsprozeß. Die Vorgänge im Verknöcherungsgebiet selbst besitzen teils progressiven Charakter, teils Merkmale des Stillstandes, teils zeigen sie regressive Erscheinungen.

Die Knochenbildung erfolgt meist nach dem Typus der osteoblastischen Ossifikation. Daneben findet man auch chondrometaplastische (?) und enchondrale Ossifikation.

Hinsichtlich der Ursachen, Entstehung und Pathogenese ist Bestimmtes in Ermangelung der Möglichkeit, die Verknöcherung intra vitam zu diagnostizieren und ihre Frühstadien zu studieren, noch nicht festgestellt. Eine Geschwulst, Osteom, dürfte nicht gegeben sein. Die Entstehung auf dysontogenetischer Grundlage (Gewebsmißbildung) oder aus unverbraucht im Gewebe der Vorhofswand liegengebliebenen indifferenten Mesenchymelementen wäre denkbar. Jedoch sprechen die erhobenen histologischen Befunde nicht für eine kongenitale Veränderung, sondern für eine bei Lebzeiten erworbene. Verff. neigen zu der Auffassung, daß die Verknöcherung das Produkt einer chronischen Entzündung der Vorhofswandmuskulatur ist, die durch Dehnungen der dünnen Vorhofswand, wie sie bei schnellen, häufigen Blutdrucksteigerungen und Zirkulationsstörungen erfolgen, bewirkt wird. Das Betroffensein gerade des rechten Vorhofs dürfte durch die in seinem Gebiete sich besonders geltendmachenden Zirkulationsstörungen begründet sein.

Das Pferd scheint für derartige Verknöcherungen eine besondere Veranlagung zu besitzen. Ferner dürfte der hohe Kalkstoffwechsel dieses Tieres eine Rolle spielen. Auch ist eine örtliche Disposition des Stützgerüstes des Pferdeherzens in Betracht zu ziehen. Das Temperament des Tieres und der Tierart ist vielleicht auch von Einfluß. Ob dem chronischen alveolären Lungenemphysem für das Entstehen der Veränderung eine Bedeutung beizulegen ist, muß noch festgestellt werden.                                   Joest u. Cohrs.

Graf (2) stellte bei 32 von etwa 100 000 Schlachtschweinen Aneurysma der Herzspitze fest.

Das etwa hirsekorn- bis haselnußgroße Aneurysma ist durch einen engen Gang mit der linken Kammer in Verbindung. Es handelt sich eigentlich um ein falsches Aneurysma, da bei der Bildung seiner Wand das Myokard nicht teilnimmt. Die Veränderung entsteht bereits in jungen Schweinen, vielleicht ist sie sogar angeboren und hat keine praktische Bedeutung.                                             Manninger.

Huguenin (3) berichtet über 2 Fälle von interstitieller Myokarditis beim Ferkel.

In einem Falle, wo die gewöhnlichen Infektionen auszuschließen sind, fand er Verfettung, Nekrose, Resorptionssymptome an den degenerierten Fasern, kleinzellige Infiltration mit Bindegewebsbildung; im zweiten waren am Myokard ähnliche Veränderungen, gleichzeitig jedoch Endo- und Perikarditis vorhanden. Nach H. sind gewöhnliche Entzündungserreger die Ursache der hämatogenen Infektion. Fortgeleitete Myokarditiden hat Verf. ebenfalls beobachtet.         Graf.

Lorenzetti (6) fand bei einer geschlachteten Kuh, die im Leben keine entsprechenden Symptome gezeigt hatte, an der linken Seite neben dem Herzen einen Jaucheabszeß, aber keinen Fremdkörper.   Frick.

Nach Saltykow (10) kann die Myokardfragmentation beim Menschen intravital entstehen.
                                        Joest und Cohrs.

### c) Krankheiten des Blutes, der Blut- und Lymphgefäße und der Lymphknoten.

1) Anitschkow, N.: Einige Ergebnisse der experimentellen Atheroskleroseforschung. Verh. D. path. Ges. Bd. 20, S. 149—154. (Kaninchen, Hund, Huhn.) — 2) Bach, E.: Seltene Fälle aus der Praxis. Schweiz. Arch. f. Tierhlk. Bd. 66, S. 678—682. 1924. —

*3) Coquot und R. Moussu: Traitement des phlébites de la jugulaire du cheval par la ligature du vaisseau. Rec. de M. vét. Bd. 101, H. 5. — *4) Fólger, A. F.: Aortaruptur hos Grise. (Ruptur der Aorta bei Ferkeln.) Maan. for Dyrl. Bd. 37, S. 312—314. — *5) Gardinazzi, L.: L'aneurisma verminoso del cavallo nella genesi delle coliche trombo-embolische. (Aneurysma vermin. des Pferdes und seine Bedeutung für die thrombo-embolische Kolik.) Nuova Vet. S. 14. — 6) Grünberg, F. W.: Über die Kontraktilität der Arterien des Menschen im Zusammenhang mit den pathologisch-anatomischen Veränderungen ihrer Wandungen. Virch. Arch. Bd. 256, S. 551—567. — 7) Gruber, G. B.: Zur Frage der Periarteriitis nodosa, mit besonderer Berücksichtigung der Gallenblasen- und Nierenbeteiligung. Ebendas. Bd. 258, S. 441—501. (Mensch; vergleichend-pathologisch von Interesse.) — 8) Hammerschlag, R.: Zur Kernmorphologie der Mastzellen bei der myeloiden Leukämie. Frankf. Zschr. f. Path. Bd. 31, S. 70—88. (Mensch.) — *9) Herzog, Fr.: Über Beziehungen zwischen Dilatation, Durchlässigkeit und Phagozytose an den Kapillaren der Froschzunge. Virch. Arch. Bd. 256, S. 1—8. — 10) Hobmaier, M.: Allgemeine Hydropsie eines Kalbes infolge Persistenz eines Ductus arteriosus (Botalli). Estnische T. R. Jg. 1, S. 114. — 11) Derselbe: Innere Verblutung eines Pferdes nach Zerreißung kleiner Gefäße des Mesokolons. Ebendas. Jg. 1, S. 111. — *12) Hoogland, H. J. M.: Periarteriitis nodosa beim Rind und beim Schwein. Arch. f. wiss. Tierhlk. Bd. 53, S. 61—75. — 13) Hudson, R.: Aneurism of the plantar artery. Vet. J. Bd. 81, S. 143—144. (1 Fall.) — 14) Katzenstein, W. F.: Zur Biologie des Knochenmarkes. I. Experimentelle Untersuchungen an jungem und altem Knochenmark, unter besonderer Berücksichtigung der Infektionen durch Staphylokokken. Virch. Arch. Bd. 258, S. 337—366. (Kaninchenversuche.) — *15) Kjos-Hanssen, J.: Tilfalde af spontan Aorta-Ruptur hos Smaagrise. (Fälle von spontaner Ruptur der Aorta bei Ferkeln.) Maan. for Dyrl. Bd. 37, S. 310—312. — 16) Kutschera-Aichbergen, H.: Zur Frage der Myeloblastenleukämie. Virch. Arch. Bd. 254, S. 99—114. (Betrifft Mensch.) — 17) Lindemann, Hilde: Die Hirngefäße in apoplektischen Blutungen. Ebendas. Bd. 253, S. 27—44. 1924. (Betrifft Mensch.) — *18) Nieberle: Zur Kenntnis der Periarteriitis nodosa bei Tieren. Ebendas. Bd. 256, S. 131—138. — 19) Peatt, E. S.: Two unusual cases of debility. Vet. Rec. Bd. 5, S. 93. (Aneurysma der Gekrösarterie, Magenerweiterung.) — 20) Peach, C. J.: Lymphangitis followed by suppuration treated with autogenous vaccines. Vet. Rec. Bd. 5, S. 236. (1 Fall.) — 21) Pollaczek, K. Fr.: Über funktionelle Aorteninsuffizienzen. Virch. Arch. Bd. 256, S. 759—779. (Mensch.) — 22) Rotter, W.: Beitrag zur pathologischen Anatomie der agranulozytären Erkrankungen. Ebendas. Bd. 258, S. 17—36. (Mensch.) — 23) Sato, T.: Über die Beziehungen zwischen Gefäßwandschädigung, Infektion und Thrombose. Ebendas. Bd. 257, S. 561—593. (Versuche an Hunden.) — 24) Schilling, V.: „Verteilungsleukozytose" oder „Verschiebungsleukozytose"? Ebendas. Bd. 258, S. 614—616. — *25) Schmid, E.: Die Anwendung der Bangschen Mikromethoden zur Blutuntersuchung in der Tiermedizin. Schweiz. Arch. f. Tierhlk. Bd. 67, S. 487—493. — 26) Sellier: Contribution à l'étude des leucocytoses chez le chien. Rec. de M. vét. Bd. 101, H. 2. — 27) Sigling, T. D.: Ruptura vasorum. Tijdschr. voor Diergeneesk. Bd. 52, S. 546. — *28) Simens, W.: Postmortale Phagozytose. Zieglers Beitr. Bd. 73, S. 626 bis 629. — 29) Smith, F.: Obliterating arteritis of the horse (Embolism — Intermittent lameness). Vet. Rec. Bd. 5, S. 102—104. (Nichts Neues.) — 30) Ssolowjew, A.: Über Eisenablagerung in der Aortenwand bei Atherosklerose. Virch. Arch. Bd. 256, S. 780—787.

(Mensch.) — *31) Stewart, G. R.: Arteriosclerosis in a dog. Vet. Med. Bd. 20, Nr. 11, S. 532—533. — *32) Strubelt, H.: Anatomische Untersuchungen über den Verschluß und die Rückbildung des Ductus Botalli bei Kälbern und Rindern. Diss. Berlin. — *33) Stübel, Ada: Das histologische Bild der Blutungen aus kleinen Gefäßen und seine Bedeutung für die Genese der subendokardialen Hämorrhagien. Virch. Arch. Bd. 253, S. 11—26. 1924. — 34) Tannenberg, Jos.: Experimentelle Untersuchungen über lokale Kreislaufstörungen. I. Teil (Einleitung). Frankf. Zschr. f. Path. Bd. 31, S. 173—181. — 35) Derselbe: Dasselbe. II. Teil. Das Rickersche Stufengesetz über die Wirkungsweise lokal angewandter Reize. Ebendas. Bd. 31, S. 182—284. — 36) Derselbe: Dasselbe. III. Teil. Die Stase, zugleich Untersuchungen über die Entstehungsbedingungen eines Kollateralkreislaufes. Ebendas. Bd. 31, S. 285—350. — 37) Derselbe: Dasselbe. IV. Teil. Die Leukozytenauswanderung und die Diapedese der roten Blutkörperchen. Ebendas. Bd. 31, S. 351—384. — 38) Wätjen, J.: Über experimentelle, toxische Schädigungen des lymphatischen Gewebes durch Arsen. Virch. Arch. Bd. 256, S. 86—116. (Versuche am Kaninchen.) — 39) Wentzlaff, A.: Über die Bluthistiozytose beim Frosch. Zieglers Beitr. Bd. 72, S. 710—721. — *40) Wirth, D. und R. Hnatek: Hämolytische Anämien schwerster Art bei Pferden nach Anwendung von Immunserum. W. t. Mschr. Bd. 12, H. 6, S. 273. — 41) Wirth, D.: Ein Fall von Varix der Vena saphena bei einem schweren Zugpferd. Ebendas. Jg. 12, H. 3, S. 175. (Sitzungsbericht.) — *42) Wolkoff, K.: Über die Atherosklerose beim Papagei. Virch. Arch. Bd. 256, S. 751—758.

Schmid (25) berichtet zur Anwendung der Mikromethoden über Blutuntersuchungen nach Bang.

Er wendet die bequemen Methoden an bei Blutuntersuchungen und in der Fleischbeschau zur Feststellung des Wassergehaltes. Die Differenzen im Hämoglobingehalt und der Erythrozytenzahl lassen sich auch bei Blutkrankheiten (infektiöse Anämie) genau feststellen. Der Befund bei Dämpfigkeit der Pferde steht im Gegensatz zu van den Eeckhout-Lahaye (C. r. Soc. de Biol. Bd. 92, S. 1112), welcher nicht eine Herabsetzung, sondern eine Erhöhung der Erythrozyten festgestellt hat. Graf.

Nach Siemens (28) erfolgt bis zu 68 Stunden post mortem eine lebhafte Phagozytose von nach dem Tode injizierten Fremdkörpern durch Leukozyten.
Joest und Cohrs.

Aus den Untersuchungen Stübels (33) über das histologische Bild der Blutungen aus kleinen Gefäßen und seine Bedeutung für die Genese der subendokardialen Hämorrhagien geht hervor, daß eine Unterscheidung von Diapedesis- und Rhexisblutungen an Hand von Schnittserien möglich ist.

Die nach Verabreichung stark wirkender Herzmittel beim Menschen auftretenden subendokardialen Ekchymosen sind Rhexisblutungen. Die nichtentzündlichen Diapedesisblutungen, die im Atrioventrikularbündel auftreten, können mechanisch bedingte, toxischdyskrasische und neurotische (Berblinger) sein. Die beim Kaninchen durch faradische Vagusreizung im Atrioventrikularbündel erzeugten Hämorrhagien erweisen sich im histologischen Bild als Diapedesisblutungen.
Joest u. Cohrs.

Wirth und Hnatek (40) geben einen Beitrag zum Studium hämolytischer Anämien schwerster Art bei Pferden nach Anwendung von Immunserum.

Bei 3 Vollblutpferden, denen nach vorgenommener Kastration 100 Antitoxineinheiten (Menge 100 ccm)

eines Tetanusserums eingespritzt waren, traten schwere hämolytische Anämien auf, an denen 2 Tiere eingingen. Nachprüfungen haben ergeben, daß die Anämie durch das Serum ausgelöst wurde. Da das Serum keimfrei befunden wurde, mußte noch ein anderer Körper in ihm enthalten sein, der im Tierkörper hämolytisch wirkt.
Hans Richter.

Bei einem Pferde beobachtete Bach (2) eine 14 cm lange Thrombose der hinteren Aorta, 1 cm vor deren Aufteilung; bei einem anderen traten nach einer Flasche Branntwein starke Rauschsymptome auf.
Graf.

Coquot und Moussu (3) schreiben über „Traitement des phlébites de la jugulaire du cheval par la ligature du vaisseau“.

Verff. unterscheiden 3 Arten von Phlebitis: 1. die adhäsive, 2. die eitrige, 3. die hämorrhagische Form. Verff. haben die Tendenz, den Krankheitsprozeß durch Unterbindung des Gefäßes zu lokalisieren bzw. dem Fortkriechen des Infektionsprozesses an der Vene in Gestalt der Ligatur ein Hindernis entgegenzustellen.
Henkels.

Fólger (4) berichtet über 2 Fälle von Aortaruptur bei 2—3 Monate alten Ferkeln desselben Bestandes. Die Ruptur befand sich in Bulbus aortae. Es waren keine histologischen Veränderungen in der zerrissenen Gefäßwand zu finden. M. Christiansen.

Gardinazzi (5) hält dafür, daß das Wurmaneurysma des Pferdes für die Entstehung der thrombo-embolischen Kolik Bedeutung habe. Frick.

Herzog (9) stellte Untersuchungen an über die Beziehungen zwischen Dilatation, Durchlässigkeit und Phagozytose an den Kapillaren der Froschzunge.

Sie ergaben, daß mit der Erweiterung der Kapillarwände sich bestimmte Funktionsänderungen der Wandzellen derselben verbinden, und zwar „1. erhöhte Durchlässigkeit des Protoplasmas und die sich daran anschließenden Folgeerscheinungen für die Blutströmung im Gefäß und den Austritt des Gefäßinhaltes ins Gewebe, 2. die Phagozytose mit den sich hernach entwickelnden weiteren Vorgängen, die mit der Aufnahme und dem Abtransport des phagozytierten Materials zusammenhängen“. Joest u. Cohrs.

Hoogland (12) hat bei 2 Rindern und 1 Schwein eine Arterienerkrankung festgestellt, die wahrscheinlich mit der Periarteriitis nodosa des Menschen identisch ist. Weber.

Kjos-Hanssen (15) bespricht 5 Fälle spontaner Ruptur der Aorta bei 8—12 Wochen alten Ferkeln im selben Bestande, aber aus 3 verschiedenen Würfen. Bei der Obduktion von 3 der Ferkel fand sich eine Ruptur der Aortawand zwischen dem Teilungspunkt der Aorta und Valvv. semilunares. Über die Ursache konnten keine Angaben gemacht werden.
M. Christiansen.

Nieberle (18) untersuchte einen Fall von Periarteriitis nodosa beim Schwein.

Der Beginn der Erkrankung ist nach ihm in der Media der Arterien zu suchen. Die Intimawucherung ist hyperplastischer Natur. Er hält diese Erkrankung nicht für eine Infektionskrankheit sui generis, sondern glaubt, daß ihr verschiedene Ursachen zugrunde liegen können, die unter gewissen noch nicht näher bekannten Bedingungen dieses besondere Krankheitsbild veranlassen. Der Fall zeigt eine weitgehende Ähnlichkeit mit der gleichen Erkrankung beim Menschen.
Joest u. Cohrs.

Stewart (31) beschreibt einen Fall von Arteriosklerose beim Hund.

Bei der Sektion wurden gefunden: Verschluß der hinteren Koronararterie durch gelblichweiße, erhabene sklerotische Gefäßwandauflagerungen, ähnliche kleineren Umfanges in der Aorta ascendens. Stauungsleber und -lunge, arteriosklerotische Nieren neben Herzerweiterung und Degeneration des Organs sowie Gastroenteritis. Hobmaier.

Nach Strubelt (32) sind die Veränderungen des Ductus Botalli bei Kälbern und Rindern nicht mit denen bei der Arteriosklerose des Menschen gleichzustellen. Vielmehr handelt es sich um einen Anpassungsvorgang an die durch die Einschaltung des Lungenkreislaufes herbeigeführten veränderten Stromverhältnisse im Ductus Botalli. Weber.

Wolkoff (42) beschreibt einen Fall von typischer Atherosklerose beim Papagei. Der Prozeß dürfte durch die eigenartige Ernährung des Tieres bedingt worden sein (Ernährung mit Eidotter 3 Jahre lang). Joest und Cohrs.

### d) Krankheiten der Milz, der Schilddrüse, des Thymus und der Nebenniere.

*1) Altmann, L.: Über die Änderungen des eisenhaltigen Pigmentes der Schweinemilz bei verschiedenen Krankheiten, mit besonderer Berücksichtigung des Schweinerotlaufs. Inaug.-Diss. Budapest; Közl. Bd. 19, S. 35—39. — 2) Ball und Lombard: Les hyperplasies nodulaires de la corticosurrénale et les corticosurrénalomes bénins chez le chien. J. de M. vét. Bd. 71, H. 11. — 3) Ball, Lombard und Rullier: Corticosurrénalome malin bilatéral, chez une vache. Ebendas. Bd. 71, H. 2. — *4) Brüschweiler, H. P.: Über die Verkalkungen der Nebenniere der Katze. Virch. Arch. Bd. 255, S. 494—503. — *5) Heidegger, Eduard: Beiträge zur Kenntnis der normalen und pathologischen Schilddrüse der Katze. M. t. W. Bd. 76, Nr. 51, S. 1177 bis 1179. — *6) Kazár, J.: Beitrag zur pathologischen Anatomie der Epithelkörperchen des Rindes. Inaug.-Diss. Budapest; Közl. Bd. 19, S. 1—12. — *7) Kernkamp, H. C. H.: Goiter in poultry. J. Am. Vet. Med. Assoc. Bd. 67, Nr. 2, S. 223—228. — 8) Kiyono, H.: Über den Einfluß der Sympathikusexstirpation auf die Schilddrüse. (Zugleich ein Beitrag zum Morbus Basedowii.) Virch. Arch. Bd. 257, S. 430—440. (Versuche an Kaninchen.) — 9) Lauda, E.: Über die bei Ratten nach Entmilzung auftretenden schweren anämischen Zustände. „Perniziöse Anämie der Ratten." (Zugleich ein Beitrag zum normalen und pathologischen Blutbild der Ratte.) Ebendas. Bd. 258, S. 529—599. — 10) Nakata, T.: Das Verhalten der Nebenniere und Milz bei Verbrennung, mit besonderer Berücksichtigung der Todesursache nach Verbrennung und über Korrelation zwischen Nebenniere und Haut. Zieglers Beitr. Bd. 73, S. 439—476. (Versuche am Kaninchen.) — *11) Németh, G.: Beiträge zur Thymuspersistenz beim Schwein. Inaug.-Diss. Budapest; Közl. Bd. 18, S. 48—56. — *12) Popper, H. L.: Über Erweichung und Spaltbildung in den Nebennieren. Virch. Arch. Bd. 253, S. 779—788. 1924. — 13) Sauer, H.: Zur Frage der histologischen Veränderungen der Schilddrüsenerkrankungen, unter Berücksichtigung des klinischen Bildes. Ebendas. Bd. 254, S. 354—362. (Mensch.) — 14) Tokumitsu, Y.: Über die Beziehungen zwischen Hormon und Immunkörper. Die Prüfung der Korrelation der endokrinen Organe mit Hilfe der Agglutination. Zieglers Beitr. Bd. 73, S. 566—584. — *15) Welch, Howard: Haarlosigkeit und Kropf bei neugeborenen Haustieren. M. t. W. Bd. 76, Nr. 1, S. 1—7; Nr. 2, S. 15—22; Nr. 3, S. 44—49. — *16) Wülfing, M.: Die Veränderungen der Nebennierenrinde bei Infektionskrankheiten. Virch. Arch. Bd, 253, S. 239 bis 253. 1924.

Altmann (1) stellte Untersuchungen an über die Änderung des eisenhaltigen Pigmentes der Schweinemilz bei verschiedenen Krankheiten.

Er fand, daß Eisenpigment sowohl in diffuser als auch in gekörnter Form in der Milz zur Ablagerung gelangt, und zwar in den Retikuloendothelien, in den Makrophagen und in dem interzellulären Gewebe. Bei den akut verlaufenden Krankheiten des Schweines, so beim Rotlauf, bei der Schweinepest, dem Paratyphus, der Septichämie, ist der Pigmentgehalt der Milz nicht erhöht, nur bei chronischer Tuberkulose wird gekörntes Pigment in erhöhtem Maße vorgefunden. Manninger.

Heidegger (5) untersuchte 108 Katzen auf die Beschaffenheit ihrer Schilddrüsen. Erhebliche Kropfbildungen fand er nicht. Indessen war ein Fall dabei, bei welchem die Drüse das Fünffache des Durchschnittsgewichtes wog. Ferner konnte je ein Struma simplex, partim hyperplastica, parenchymatosa partim colloides festgestellt werden. J. Schmidt.

Kernkamp (7) beschreibt 2 Fälle von Kropf (Kolloidkröpfe) beim Huhn. Weist auf den Zusammenhang des Auftretens der Veränderung beim Mensch und Tier hin. Bezüglich der Häufigkeit ist die Reihenfolge bei den einzelnen Tierspezies: Schwein, Schaf, Hund, Rind, Pferd, am seltensten beim Geflügel. Hobmaier.

Kazár (6) beschäftigte sich mit der pathologischen Anatomie der Epithelkörperchen des Rindes.

Von 4000 Schlachtrindern fand er in 150 Abweichungen vor. Außer den äußeren und inneren Epithelkörperchen kommen auch akzessorische Läppchen vor. Die Epithelkörperchen sind oft in einem persistierenden Thymuslappen eingeschlossen, die akzessorischen wohl auch in dem thorakalen Thymusteil. In den Epithelkörperchen sind mitunter Thymusläppchen eingeschlossen, und ausnahmsweise hängt die Glandula parathyreoidea mit dem akzessorischen Läppchen der Schilddrüse zusammen, ohne von dieser durch Bindegewebe abgegrenzt zu sein. In den Epithelkörperchen werden häufig mit Kolloid gefüllte Follikel angetroffen, die als Ausdruck einer gesteigerten Organfunktion zu betrachten sind. Die häufigsten Entwicklungsanomalien sind: Dermoidzysten, Urleiterreste und zystenartige Gebilde. Sonst kommen als pathologische Veränderungen teils regressive (Degeneration, Atrophie), teils progressive Veränderungen (Hyperplasie, Hypertrophie, chronische interstitielle Entzündung) vor. Einmal ist auch Tuberkulose festgestellt worden. Manninger.

Nach Welch (15) scheint die Störung der Schilddrüsenfunktion die unmittelbare Ursache der Haarlosigkeit bei Ferkeln, Lämmern und Kälbern und der Fohlenschwäche zu sein.

Vergrößerte Schilddrüsen sind sehr arm an Jod. Wird letzteres während der Trächtigkeit dem weiblichen Zuchtbestande zugeführt, so ist es offenbar ein wirksames Vorbeugungsmittel gegen den Kropf der Neugeborenen. Darum ist die Verfütterung von Jod an trächtige Haustiere sehr zu empfehlen. J. Schmidt

Németh (11) beschäftigte sich mit der Frage der Thymuspersistenz beim Schwein.

Bei 10% der untersuchten Schlachtschweine, und zwar nur bei Kastraten, fanden sich Thymusreste in der Fettmasse an der dorsalen Brustbein- und kranialen Herzbeutelfläche. Außer dem Fehlen der Hoden wurden in einem Teile der Fälle auch in anderen Organen des endokrinen Apparates (Schilddrüse, Bauchspeicheldrüse, Milz, Lymphknoten, Nebennieren) pathologische

Veränderungen beobachtet. Die Persistenz des Thymus kann daher in den untersuchten Fällen mit dem Ausfall anderer Teile des endokrinen Apparates in Zusammenhang gebracht werden. Manninger.

Bei den Verkalkungen in der Nebenniere der Katze handelt es sich nach Brüschweiler (4) um Ablagerung von phosphorsaurem und kohlensaurem Kalk entweder in der Rindensubstanz allein oder in dieser und in der Marksubstanz.

Verkalkungen, die nur die Marksubstanz betrafen, wurden nicht beobachtet. Die Verkalkungen betreffen sowohl das Interstitium als auch die Parenchymzellen. „Das benachbarte Gewebe wird in Mitleidenschaft gezogen; häufig ist eine Nekrose der spezifische Bestandteil; in der Rinde gibt es außerdem eine Bindegewebswucherung, also eine Art Einkapselung; in der Marksubstanz fällt die Erweiterung der Blutgefäße auf." Die Verkalkungen treten meist symmetrisch in beiden Nebennieren auf, betreffen Tiere aller Lebensalter, meist jedoch ältere Katzen. Sie werden in etwa 5% der Fälle gefunden. Die Verkalkung scheint außerhalb der Parenchymzellen zu beginnen und ist vielleicht eine Folgeerscheinung einer Störung des Kalkstoffwechsels (vielleicht infolge des bei Katzen häufigen chronischen Darmkatarrhs). Joest u. Cohrs.

Nach Popper (12) handelt es sich bei der Erweichung und Spaltbildung in den Nebennieren des Menschen, wie sie oft bei der Sektion gesehen werden, meist um eine postmortale traumatische Entstehung dieser. Joest und Cohrs.

Nach Wülfing (16) sind die Veränderungen der Nebennierenrinde bei Infektionskrankheiten des Menschen nicht typisch für eine bestimmte derartige Erkrankung. Die starken Veränderungen der Nebennierenrinde lassen dieselbe als einen „besonderen Reaktionsort infektiös-toxischer Körperschädigungen" betrachten. Joest und Cohrs.

## 5. Krankheiten der Harnorgane.

### Bearbeitet von J. Richter.

1) Antoine, G. und F. Liégeois: Troubles digestifs d'origine rénale. Ann. de M. vét., März. — 2) Bouchet père: Calcul de la vessie chez un cheval. Rec. de M. vét. Bd. 101, H. 14. — 3) Buchanan, J. M.: A urethral stricture in the cat. Vet. Rec. Bd. 5, S. 256. — *4) Carlström, B.: Ett fall af ensidig hydronephros med sekundär hämatonephros hos hund. (Einseitige Hydronephrose mit sekundärer Hämatonephrose beim Hunde.) Svensk Vet. Tidskr. Jg. 30, H. 12, S. 398 bis 409. — 5) Chambers, F.: Rapid formation of vesicle calculi. Vet. Rec. Bd. 5, S. 1073—1074. (Kas.) — 6) Cornell, R. L.: Obstruction of the urethra in lambs by calculi. Ebendas. Bd. 5, S. 636—637. (Kasuistisch.) — 7) Cunningham, J. R.: Hydronephrosis in the fox. Vet. J. Bd. 81, S. 253—255. (1 Fall beim Silberfuchs.) — 8) Ebeling, H.: Über die chronische diffuse Glomerulonephritis des Rindes. Diss. Hannover und D. t. W. Bd. 33, S. 763—765. (Auszug.) — 9) Emmerich und Domagk: Über experimentelle Schrumpfnieren. Verh. D. path. Ges. Bd. 20, S. 419—423. (Erzeugung beim Kaninchen durch Bestrahlung.) — *10) Engelberg, K.: Rakkokivi tammalla. (Ein Blasenstein bei einer Stute.) Finsk Vet. Tidskr. Bd. 31, S. 168—169. — 11) Gellmann, Karl: Eitrige Nierenentzündung. Allat. Lapok S. 88. (Kasuistik.) — 12) Glück, O.: Harnretention infolge von Harnblasenkrampf. Ebendas. S. 258. (Kasuistik.) — *13) Hambach: Ein seltener Fall von Wanderniere beim Schwein. B. t. W. Bd. 41, H. 5. — *14) Henkels: Neue Wege zur Diagnostik der Erkrankungen des gesamten Harntraktus einschließlich der Nieren beim Hunde mit Hilfe des Röntgenogramms. D. t. W. Bd. 33, S. 43. — 15) Hueter, C.: Verhalten der Nierenkapsel bei einigen Nierenerkrankungen. Virch. Arch. Bd. 255, S. 137—143. (Mensch.) — 16) Joss, E.: Nierensteine bei einer Kuh. Schweiz. Arch. f. Tierhlk. Bd. 67, S. 516—520. — 17) Kaay, F. C. van der: Absces in het ruggemerkskanaal van een koe. Inversio et prolapsus vesicae bij een vaars. Stuk bazaltslag in den darm van een hond. Tuberculose van de labiae vulvae van een koe. (Abszeß im Rückenmarkskanal einer Kuh. Inversio et prolapsus vesicae bei einer Färse. Basaltsteinstück im Darm eines Hundes. Tuberkulose der Labiae vulvae einer Kuh.) Tijdschr. voor Diergeneesk. Bd. 52, S. 282—286. (Kasuistische Mitteilungen.) — 18) Kitani, Y.: Hydronephrotische Atrophie oder hydronephrotische Schrumpfniere? Experimentelle Untersuchungen über Hydronephrose. Virch. Arch. Bd. 254, S. 115—149. (Versuche an Ratten, Kaninchen und Hunden.) — 19) Lund, L.: Ein Beitrag zu den Verkalkungen in der Hundeniere. D. t. W. Bd. 33, S. 229—231. (1 Fall pathologisch-anatomisch.) — 20) Monbet: Calcul uréthral chez un cheval. Anasarque faciale consécutive. J. de M. vét. Bd. 71, H. 6. — *21) Nowicki, W.: Zur Entstehung und Ätiologie des Harnblasenemphysems. Virch. Arch. Bd. 253, S. 1—10. 1924. — 22) Powell, C. R. A.: Urinal calculus in the bitch. Vet. Rec. Bd. 5, S. 572 bis 573. — 23) Schmidt, H.: Die Zystoskopie beim Rind. Diss. Hannover und D. t. W. Bd. 33, S. 165 bis 166. (Auszug.) — *24) Seltenreich: Zur Behandlung des Weiderots. Mitt. d. V. Bad. T. Bd. 25, S. 10—11. — 25) Staal, J.: Complicaties bij verlossinzen. (Komplikationen bei der Geburt.) Tijdschr. voor Diergeneesk. Bd. 52, S. 658—664. (Vortrag. Insbesondere wird der Prolapsus vesicae bei der Stute besprochen.) — 26) Veterinarius: Über Blasen-, Harnröhren- und Nierensteine. T. R. Bd. 31, S. 227 bis 228. — *27) Wesely, B.: Über Rinderharnkonkremente. Diss. Wien 1924.

Henkels (14) hat die Harnwege bei Kleintieren von der Harnröhre bis einschließlich Nieren durch Anfüllen mit einer strahlenundurchlässigen Flüssigkeit (Umbrenal) röntgenologisch dargestellt.

Dadurch wird die Diagnostik der Erkrankungen des gesamten Harntraktus der kleinen Haustiere auf eine neue, sichere Basis gestellt. Verf. denkt an eine Röntgendiagnose von Hydronephrose, Pyonephrose, Schrumpfniere, Nierensteine, Ureterenstenosen, -knickungen, Blasentumoren, Blasensteine usw. Die Füllung der Ureteren bzw. der Nieren geschieht mit Hilfe des Ringlebschen Zystoskops und Ureterenkatheters. Henkels.

Hambach (13) teilt einen seltenen Fall von Wanderniere beim Schweine mit. Freßunlust des Patienten, Kreuzlahmheit, Temp. 40° C, 9 Monate alt, Gew. 57 kg. Das Fleisch war bei der Notschlachtung von wässeriger Beschaffenheit. Henkels.

Carlström (4) beschreibt einen, mit tödlichem Ausgang operierten Fall von linksseitiger Hydronephrose beim Hunde, dessen Entstehung er sich folgendermaßen denkt:

Durch einen Unfall (Überfahren) war eine intrakapsuläre Blutung entstanden, die eine Verengerung der nierenbeckenseitigen Ureterenöffnung zur Folge hatte, wodurch der Harnabfluß erschwert und schließlich aufgehoben wurde und sich eine mäßige Hydronephrose entwickelte. Bei der Dressur 2 Jahre später stieß der Hund (ein Schäfer) mit dem Bauch hart gegen ein Hindernis, wodurch eine neue Nierenblutung zustande kam, die das Nierenbecken (und den Bauch) stark ausdehnte. Die exstirpierte Niere wog 1 kg, und das Nierenbecken enthielt etwa 3 l schokoladenfarbige Flüssigkeit, die vor der Operation entleert wurde. Die nähere Untersuchung zeigte starke Reduktion des Nierenparenchyms (etwa 7 mm dick) mit Bindegewebsumwandlung und spärlicher Zellinfiltration. Von den Nierenkanälchen waren nur kleine Reste, teilweise als zystöse Hohlräume, vorhanden, die Glomeruli waren dagegen im allgemeinen besser erhalten. An den Gefäßen wurden oft variköse Erweiterungen gesehen. Hier und da kamen Blutungen vor. In der Kapsel fand sich am hinteren Nierenpol ein Hämatom, das sich zur Ureterenmündung im Nierenbecken erstreckte.

Sahlstedt.

Wesely (27) berichtet über **Rinderharnkonkremente**.

Harnsteine wurden bei der Schlachtung unter 22 014 Fällen 44 mal (= 0,19%) in den Nieren und 5 mal (= 0,02%) in der Blase gefunden. Die Nierensteine saßen meist im Nierenbecken, zum Teil auch in den Harnkanälchen und den Harnleitern. In allen diesen Fällen waren Harnröhrensteine nicht vorhanden. Es entfallen von den Fällen beim Rind 89,79% auf Nierensteine und 10,20% auf Blasensteine, weiter 31 (= 0,72%) auf 4239 untersuchte Kühe, 18 (= 0,11%) auf 15 932 untersuchte Ochsen; bei Stieren wurden Harnsteine nie gefunden. Bei den Kühen waren 29 (= 0,68%) Nieren- und 2 (= 0,04%) Blasensteine vorhanden. Bei den Ochsen fanden sich 15 mal (0,09%) die Konkremente in den Nieren und 3 mal (0,02%) in der Blase. Es kommen also bei Kühen sowohl Nieren- als auch Blasensteine häufiger vor als bei Ochsen. Wir finden von Kühen am meisten die der Gebirgsrasse (0,95% Nierensteine) von der Krankheit befallen. Von den Ochsen zeigten am häufigsten die Urolithiasis die Büffelochsen (1,94%). Nach der Rasse kommen Harnkonkremente am häufigsten bei Büffeln (0,81%) und am seltensten beim ungarischen Ochsen (0,18%) vor. An Nierensteinen erkranken am häufigsten die Büffel (Blasensteine fanden sich bei Büffeln nie), und Blasensteine scheinen am häufigsten bei ungarischem Vieh vorzukommen. Die Steinkrankheit wurde bei Tieren im Alter von 6—9 Jahren, und zwar häufiger im höheren Alter, festgestellt. Den Nährzustand der Tiere scheint die Steinkrankheit erst in ziemlich weit vorgeschrittenem Stadium zu beeinflussen. Die pathologischen Veränderungen an den Nieren waren bei aseptischen Steinen fast immer interstitielle chronische Entzündungsprozesse der Nierensubstanz, entweder in Form einer interstitiellen Bindegewebszunahme oder einer sklerosierenden Schrumpfung, fibröse Verdickung der Nierenbeckenwand, der fibrösen und der Fettkapsel. Manchmal fanden sich fast keine Veränderungen, nur an den Stellen, wo die Steine lagen, kam es zu einer Rarefizierung des Nierenparenchyms oder zu einer entzündlichen Verdickung des Nierenbeckens. Bei infizierten Steinen zeigten die Nieren die Erscheinungen der Pyelonephritis. Bei Blasensteinen bestanden ebenfalls immer chronische Entzündungsprozesse.

Phosphatsteine sind grau bis weiß, Karbonatsteine grau, gelb, braun, bis dunkelgrau in allen Farbennuancierungen. Die Oberfläche, namentlich der Karbonatsteine, besitzt oft perlmutterartigen Glanz und ist teils regelmäßig gewölbt, teils rauh und uneben. Manche Steine, und zwar sowohl Phosphat- als auch Karbonatsteine, färben wie Kreide ab. Auf dem Durchschnitt erscheinen die Konkremente teils geschichtet, teils gleichmäßig gefügt. Die Schichtenablagerung erfolgt in der Regel nicht vollkommen gleichmäßig. Der Härtegrad der einzelnen Konkremente variiert nach der chemischen Zusammensetzung.

Die Gewichtsanalyse der Harnsteine ergab als hauptsächlichste und am häufigsten vorkommende Bestandteile der Konkremente: Magnesiumammoniumphosphat, Kalziumphosphat, Kalzium- und Magnesiumkarbonat. Oxalate konnte Verf. nur in 4 Fällen in Spuren nachweisen. Als Fundamentalbausteine der Rinderharnkonkremente fanden sich Phosphate und Karbonate, und danach teilt Verf. die Harnsteine bei dieser Haustierart in 2 Hauptgruppen, in 1. Phosphat- und 2. Karbonatsteine, ein und fügt als Nebengruppen 3. Urat-, 4. Oxalat-, 5. Tyrosin- und 6. Kreatininsteine an. 7. Die Tatsache, daß Harnsäure bzw. deren Salze in allen Fällen nachgewiesen wurde, und daß Oxalate, Tyrosin und Kreatinin, wenn auch nur in einigen Fällen und nur qualitativ, doch überhaupt nachweisbar war, schließt die Möglichkeit nicht aus, daß es unter entsprechenden Bedingungen auch zu einer vermehrten Ausscheidung dieser Substanzen durch die Nieren und deren Ausfällung im Harn unter Bildung von selbständigen Konkrementen kommen kann. Als letzte mögliche Harnsteinnebengruppe fügt Verf. an 8. die Eiweißkonkremente. Bei dieser Einteilung ist zu beachten, daß ein Konkrement nur außerordentlich selten aus einer Substanz besteht; die Bezeichnung der Steine geschieht vielmehr in der Hauptsache nach der Substanz, die den Hauptbestandteil des Steines ausmacht. In den chemisch untersuchten 16 Fällen von Harnsteinen waren nach der chemischen Zusammensetzung 6 (= 37,50%) als Karbonat-, 3 (= 18,75%) als Phosphatsteine und 7 (= 43,75%) als Mischformen zu bezeichnen. Da in den übrigen aus dem ganzen gesammelten 49 Fällen die Konkrementmenge für eine vollständige Analyse nicht ausreichte, wurde in diesen Fällen nur die Vorprobe vorgenommen. Dabei dokumentierten sich 10 (= 30,30%) als Karbonat-, 8 (= 24,24%) als Phosphatsteine und 15 (= 45,45%) als Mischformen.

Trautmann.

Bei einer Stute, die mehrmals kolikähnlich erkrankt war, fand Engelberg (10) **einen faustgroßen Stein in der Blase**. Mit einem vom Schmied gemachten Meißel konnte der Verf. den Stein durch die Harnröhre zerkleinern und die Stücke heraus bringen. Das Pferd genas.

R. Stenius.

Nowicki's (21) Untersuchungen über die **Entstehung und Ätiologie des Harnblasenemphysems** führten zu folgenden Schlüssen:

Harnblasenemphysem ist ein bei Menschen und Tieren (Schwein), und zwar ausschließlich beim weiblichen Geschlecht, vorkommender Prozeß. Die Gasbläschen bilden sich, ähnlich wie beim Intestinal- und Vaginalemphysem, aus den Gewebsspalten und Lymphgefäßen, wie aus den durch das Gas gebildeten Rissen. Harnblasenemphysem wird durch Mikroben, und zwar ausschließlich aus der Koligruppe, hervorgerufen; diese können unmittelbar aus der Schleimhautoberfläche oder auf dem Blutwege in das Gewebe eindringen. Bei der Entstehung dieses Prozesses sind aktive und passive Hyperämien der Beckenorgane, besonders Gravidität und die mit ihr in Verbindung stehenden Zustände, von Bedeutung. Beim Harnblasenemphysem, besonders im Anfangsstadium, trifft man entzündliche Veränderungen.

Joest u. Cohrs.

Nach Seltenreich (24) wirken bei der Behandlung des **Weiderots** 1 proz. Trypanblaulösung intravenös, evtl. wiederholt (manchmal kommen Vergiftungserscheinungen vor), und Argochrom; die Schutzimpfung mit defibrinierten Blute durchseuchter Rinder führt zu leichtem Verlauf der Krankheit.

Weber.

## 6. Krankheiten der männlichen Geschlechtsorgane.

Bearbeitet von J. Richter.

*1) Garfunkel, B.: Zum Krankheitsbild des Eunuchoidismus auf Grund pathologisch-anatomischer Untersuchungen. Zieglers Beitr. Bd. 72, S. 474—504. — 2) Mörkeberg, A. W.: Mitteilungen aus der chirurgischen Klinik der kgl. tierärztlichen und landwirtschaftlichen Hochschule zu Kopenhagen. D. t. W. Bd. 33, S. 17—20 u. 429—435. (Untersuchung des Penis und Präputiums bei Stieren und verschiedene Leiden in diesen Organen. Ausreißen der Nasenscheidewand beim Stier. Abszesse in der Larynxgegend beim Stier. Penisvorfall beim Pferde.) — 3) Pugh, T. W. E.: Death following ordinary castration of the male cat. Vet. J. Bd. 81, S. 95. — *4) Reischauer, Fr.: Die Entstehung der sog. Prostatahypertrophie. Virch. Arch. Bd. 256, S. 357—389. — *5) Rivabella, S.: Vaginalite cronica sierosa negli equidi consecutiva a castrazione. (Entzündung der Scheidenhaut bei den Equiden als Folge der Kastration.) Nuova Vet. S. 45—48. — *6) Schinz, H. R. und B. Slotopolsky: Bemerkungen über Entwicklung und Pathologie des Hodens. Virch. Arch. Bd. 253, S. 413—420. 1924.

Nach Reischauers (4) Untersuchungen über die Entstehung der sogenannten Prostatahypertrophie des Menschen handelt es sich dabei um eine Geschwulstbildung. Joest und Cohrs.

Garfunkels (1) Ansicht bezüglich der Pathogenese des Eunuchoidismus ist folgende: „Den Sitz der primären Erkrankung bilden die Keimdrüsen, der in der Folge auftretende Symptomenkomplex ist eine tertiäre Erscheinung, abhängig von der sekundär beeinflußten Hypophyse, welche von diesem Moment ab die im Krankheitsbild dominierende Drüse mit innerer Sekretion darstellt." Joest und Cohrs.

Rivabella (5) beschreibt 5 Fälle von Zystenneubildung am Samenstrang kastrierter Pferde. Als Ursache erklärt er das zu frühe Verkleben der Hautwunde und Schonen der Tun. vag. comm. wie bei Kastration mit unbedecktem Hoden. Frick.

Schinz und Slotopolsky (6) stellten durch Untersuchungen über die Entwicklung und Pathologie des Hodens beim Hunde fest, daß eine Unification cellulaire beim Hunde vorkommt und schon im 2. Monat vorhanden, im 3. Monat und vielleicht mitunter überhaupt auch nicht vorhanden sein kann. Ferner nehmen Verff. Stellung zu Arbeiten von Harms und Hofstätter über ähnliche Themata.

Joest und Cohrs.

# 7. Krankheiten der weiblichen Geschlechtsorgane (einschließlich Euter).

### Bearbeitet von J. Richter.

## a) Krankheiten der Ovarien, des Uterus und der Vagina.

1) Armstrong, W. E.: Vaginal haematoma in a mare. Vet. J. Bd. 81, S. 308—309. (Kasuistisch.) — *2) Benesch, Fr.: Befruchtung und Unfruchtbarkeit beim Hunde. Hundesport u. Jagd Bd. 40, S. 531—533. — 3) Bernhardt: Erfolgreiche Bekämpfung der Unfruchtbarkeit der Stuten, des Verfohlens und der Fohlenkrankheiten. T. R. Bd. 31, S. 658—660. — *4) Buzna, D.: Beitrag zur Bakteriologie der Pyometra. Allat. Lapok S. 267—268. — 5) Éloire: Accidents de parturition. La déchirure du vagin est-elle curable? Rec. de M. vét. Bd. 101, H. 19. — *6) Frühwald, Otto: Die Anwendung der Diathermie bei den Uteruserkrankungen der kleinen Haustiere. M. t. W. Bd. 76, Nr. 9, S. 179—190. — 7) Gumbert, H.: Beiträge zur Kenntnis der Metritiden beim Schwein. Ebendas. Bd. 76, Nr. 27, S. 585. (Eingehende Untersuchungen zweier Uteri.) — 8) Gussarsson, S.: Äggstockspunktering. (Punktion der Eierstockszysten.) Svensk Vet. Tidskr. Jg. 30, H. 5, S. 157—161. — *9) Hallman, E. T.: On the origin and significance of some pathological processes of the bovine uterus. J. Am. Vet. Med.

Assoc. Bd. 67, Nr. 3, S. 324—337. — 10) Haupt, H., H. Hörig und R. Haupt: Ein Beitrag zur Infektion mit dem Bac. pyogenes. D. t. W. Bd. 33, S. 413—415. (Häufig bei Metritis gefunden.) — 11) Hermans: Le renversement de l'utérus chez la vache. Ann. de M. vét., Mai. — 12) Holtebrinck, H.: Zystöse Degeneration der Ovarien und Uterindrüsen einer Hündin. Diss. Hannover und D. t. W. Bd. 33, S. 369—370. (Auszug.) — *13) Hundsberger, J.: Sind Bakterien in den Tuben unter allen Umständen eine Sterilitätsursache? Diss. Wien. — 14) Jöhnert, C.: Beiträge zur spezifisch-unspezifischen Behandlung des Fluor albus des Rindes. T. R. Bd. 31, S. 70—72. — *15) Keller, K.: Betrachtungen über die Bekämpfung der Sterilität und der Jungtierseuchen durch die Zuchtwahl und durch organisatorische Maßnahmen. W. t. Mschr. Bd. 12, H. 2, S. 28. — 16) Derselbe: Über zystöse Entartungen der inneren Geschlechtsorgane beim Hund. Ebendas. Jg. 12, H. 2, S. 104. (Sitzungsbericht.) — 17) Knauer: Ergebnisse der Untersuchung und Behandlung steriler Stuten im Landgestüt Gudwallen (Ostpreußen) während der Hauptdeckperioden 1923 und 1924. D. t. W. Bd. 33, S. 773—776. (Vortrag.) — 18) Koch, W.: Gebärmutteruntersuchungen bei Stuten. Diss. Hannover und D. t. W. Bd. 33, S. 38 bis 39. (Auszug.) — 19) Küpfer, M.: Das Verhalten der weiblichen Keimdrüse (Eierstock) des Rindes im Falle normaler und gestörter Geschlechtsfunktion. D. landw. Tierz. Jg. 29, S. 385—388 u. 410—412. (Versuch einer gemeinverständlichen Darstellung für den praktischen Züchter. (Nichts Neues.) — *20) Lehmeyer, Konrad: Einfluß der chirurgischen Sterilitätsbehandlung auf den Organismus des Rindes. M. t. W. Bd. 76, Nr. 3, S. 58—64. — *21) Mayer, H.: Zur Genese der Zystenbildung im Ovarium des Rindes. Diss. Wien. — *22) Minciotti, Fr.: Di un caso di Atresia vulvare incompleta (Atresia vulvae). Nuova Vet. S. 231 u. 232. — 23) Naumann, E.: Die Sterilität des Rindes und ihre Bekämpfung. Prag. Arch. (B) Jg. 5, H. 1, S. 2—12. (Kritische Betrachtung der bekannten Untersuchungsmethoden unter Zugrundelegen eigener Beobachtungen, die nichts Neues bringen.) — *24) Nünlist, O.: Über einen Fall von Scheidenverletzung beim Pferd, verursacht durch den Sprungakt. Schweiz. Arch. f. Tierhlk. Bd. 67, S. 338. — 25) Ohms, Joh.: Geschichtlicher Überblick über die Behandlung der Sterilität des Rindes in den beiden letzten verflossenen Jahrhunderten. Diss. Leipzig. (Literatur!) — *26) Rudolf, J.: Die Ovariotomie des Schweines und ihre Bedeutung für die Praxis des Tierarztes. D. Oest. t. W. Jg. 7, Nr. 9, S. 99—103. — *27) Derselbe: Über den Wert des Einlegens von Fremdkörpern in den Uterus als Ersatz der Ovariotomie beim Rind und Schwein. Ebendas. Jg. 7, Nr. 21, S. 213. — 28) Soulié: Volumineuse tumeur inflammatoire vaginale chez la vache. J. de M. vét. Bd. 71, H. 1. — 29) Stoß, A. O.: Die Sterilität der Haustiere. M. t. W. Bd. 76, Nr. 11, S. 221—225; Nr. 12, S. 241—246; Nr. 13, S. 269—272; Nr. 14, S. 303—308; Nr. 15, S. 325—329. (Übersicht über die einschlägige Literatur und eigene Erfahrungen.) — 30) Stoß, O. und H. Demeter: Pyometra mit Scheidenverwachsungen bei der Stute. Ebendas. Bd. 76, Nr. 23, S. 497 bis 503. (Pathologisch-anatomische und histologische Untersuchung eines Uterus vom Pferde.) — 31) Stoß, A. O.: Erfahrungen und Beobachtungen in der Sterilitätsbehandlung. D. t. W. Bd. 33, S. 761—762. — *32) Suranto, A.: Mikroskopische Untersuchungen der normalen und pathologisch veränderten Portio vaginalis uteri des Rindes. Diss. Leipzig. — *33) Szczudłowski, K.: Jałowość krów i klaczy. (Sterilität der Kühe und Stuten. Przegl. wet. Nr. 10. — *34) Voss, H. E. V.: Ursprung und Entstehungsweise der Ovarialverknöcherungen. Virch. Arch. Bd. 258, S. 419—429. — 35) Wanselin, T.: Om kolbehandling vid metriter hos nötkreatur. (Kohle bei der Behandlung der Metritiden des Rindes.) Svensk Vet. Tidskr. Jg. 30, H. 10, S. 309—314. — 36) Wollersheim: Beiträge zur Sterilitätschirurgie beim Rind. T. R. Bd. 31, S. 22—26. (Kasuistik.) — *37) Zenczak, J.: Spostrzeżenia nad przyczynami i zwalczaniem jałowości u krów. (Erfahrungen über Ursachen und Bekämpfung der Unfruchtbarkeit der Kühe.) Przegl. wet. Nr. 1—2.

Lehmeyer (20) vertritt den Standpunkt, daß nach bakteriologischer Feststellung der infektiösen Sterilität die spezifische Impfung im Vordergrund zu stehen hat, und die chirurgische Behandlung nur zur Förderung der Ausheilung dient. Je nach der Ursache der Sterilität — Verf. stützt sich auf 260 selbst untersuchte Fälle — läßt sich dieselbe einteilen in:

1. Sterilität, bedingt durch Veränderungen im Vorhof und Scheide (13 Tiere).

2. Sterilität, bedingt durch Veränderungen in der Zervix, im Uterus, Eileiter und in den Eierstöcken (232 Tiere).

Außerdem wurden 15 Tiere beobachtet, die trotz gesunder Genitalorgane steril waren. Verf. bespricht sodann eingehend die Besonderheiten der einzelnen Fälle. Bei rund 68% konnte eine völlige Heilung erzielt werden, während bei einer großen Anzahl weiterer Tiere Verschwinden des Ausflusses, Besserung des Ernährungszustandes und des Haarkleides, verbesserte Milchleistung, Beruhigung des unnatürlich aufgeregten Temperaments und Hebung der breiten Beckenbänder wenigstens temporär erreicht werden konnte.

J. Schmidt.

Die wichtigsten Ursachen der Sterilität der Kühe liegen nach Zenczak (37) in der Anaphrodisie (3%), Endometritis chron. (32%), Metritis (22%), Corpora lutea persist. (18%), Eierstockzysten (9%). Die Behandlung der Sterilität nach Albrechtsen gab 93%, das Ausdrücken der Corpora lutea pers. 82% und das Zerdrücken der Ovarialzysten 78% günstige Resultate. Im allgemeinen läßt sich die Sterilität der Kühe in 68% der Fälle beseitigen. Die Brunst nach günstiger Anwendung obenerwähnter Methoden tritt zum erstenmal nach 7—36 Tagen auf, die Kühe werden aber erst nach wiederholter Brunst erfolgreich gedeckt.

Gajewski.

Auf Grund der Forschungsergebnisse der letzten Jahre stellt nach Szczudłowski (33) die Unfruchtbarkeit der Kühe und Stuten ein Leiden dar, das auf die unsachgemäße Haltung der Nutztiere zurückzuführen ist; er bespricht kurz den Untersuchungsmodus mit besonderer Berücksichtigung der therapeutischen Eingriffe von Hess und Albrechtsen.

Gajewski.

Benesch (2) führt als Ursache der Unfruchtbarkeit beim Hunde folgende Ursachen an.

Bei Rüden Kryptorchismus und Deckfaulheit. Letztere ist meist die Folge einer durch Generationen betriebenen Inzestzucht und ist schwer oder überhaupt nicht zu bekämpfen. Vorübergehende Deckunlust kann durch Johimbin und andere Präparate sehr oft beseitigt werden. Häufiger findet man bei den Hündinnen Fälle von Unfruchtbarkeit, die auf Eierstockerkrankungen, aber hauptsächlich auf Gebärmutterkrankheiten zurückzuführen sind (75—80%). Wieland.

Keller (15) stellt Betrachtungen an über die Bekämpfung der Sterilität und der Jungtierseuchen durch die Zuchtwahl und durch organisatorische Maßnahmen.

Er fordert, daß neben der Zucht auf Form und Leistung, der Zucht auf Gesundheit größter Wert gelegt wird. Die bei unseren Haustieren vorkommende

Sterilität ist nicht nur ein die Zucht schwerschädigendes Übel, sondern auch eine Erscheinung, die mit der Aufzucht in ursächlichen Beziehungen steht. Konstitutionelle Grundlagen sind hierbei von Bedeutung. Es ist wünschenswert, daß in Zukunft der Dispositionsfrage im Interesse sowohl der ätiologischen Forschung als auch der Therapie eine erhöhte Aufmerksamkeit zugewendet wird. Es ist mit verschiedenen Arten von Dispositionen zu rechnen, von denen für die Praxis erhöhte Empfänglichkeit sowohl für spezifische als auch nichtspezifische Infektionen, abnorme Beeinflussung des endokrinen Systems und konstitutionelle Organschwächen von Bedeutung sind. Die Betrachtung der Sterilitätsfrage von diesem Standpunkte zeigt deutlich die Notwendigkeit, daß zu ihrer Lösung der Tierarzt nicht bloß als medizinischer Fachmann, sondern auch als züchterisches Organ eingreifen muß. Von seiner Diagnose wird es dann einerseits abhängen, welche Therapie einzuschlagen ist, um ein steriles Tier wieder fruchtbar zu machen, und andererseits, ob dieses Tier seiner Konstitution nach als vollwertiges Zuchttier zu gelten hat. Im weiteren Verlauf seiner Ausführungen beleuchtet K. die verschiedenen Gebiete von diesem Standpunkte aus und weist auf allgemeine Maßnahmen zur Bekämpfung der Sterilität, wie Verbesserungen der Aufzucht, der Zuchtgepflogenheiten, Haltung der Zuchttiere, und darauf hin, daß alle Einrichtungen, die das Leben der Haustiere der Natur näherbringen, der Fruchtbarkeit förderlich sind.

Im zweiten Teil seiner Arbeit weist Verf. darauf hin, daß es zur Bekämpfung der Jungtierseuchen einer gut organisierten Zusammenarbeit verschiedener Kräfte bedarf. Dazu sind erforderlich genaue Führungen von Statistiken, Feststellung des Erregers und Studium seiner Eigenschaften, im Zusammenhang damit Herstellung der erforderlichen Impfstoffe, Einrichtung fliegender Laboratorien unter Leitung eines Facharztes, der im Seuchengebiet die nötigen Erhebungen und Vorarbeiten leistet, unter Weisung der im Seuchengebiet tätigen Praktiker in bezug auf Materialentnahme usw. und Aufklärung der Züchter.

Hans Richter.

Nach Mayer (21) dürften als Mutterboden für die Zystenbildung im Ovarium des Rindes in Betracht kommen: 1. Epithelstränge und -schläuche, sog. Granulosastränge und -schläuche, die vom Keimepithel abstammen; 2. Epithelschläuche, die in die Tiefe des Ovars dringen und teils mit der Oberfläche des Ovars in Verbindung stehen, teils frei im Stroma liegen; 3. Epoophoronschläuche, resp. Urnierenreste.

Trautmann.

Voss (34) erörtert den Ursprung und die Entstehungsweise der Ovarialverknöcherung bei 4 Fällen von Knochenbildung im transplantierten Ovarium des Meerschweinchens.

Joest und Cohrs.

Rudolf (27) prüfte den Wert des Einlegens von Fremdkörpern (Schrotkörner, Stahlkugeln) in den Uterus als Ersatz der Ovariotomie beim Rind und Schwein und fand, daß dadurch das Auftreten der Brunsterscheinungen bei diesen Tieren nicht verhindert wird. Der Uterus ist vielmehr bestrebt, solche Fremdkörper so bald als möglich wieder auszustoßen.

Krage.

Rudolf (26) gibt eine eingehende Beschreibung von der durch ihn ausgeführten Ovariotomie des Schweines.

Krage.

Buzna (4) hat in einem Falle von Pyometra bei einer Stute die Bakterien des Eiters bestimmt. Er fand neben hämolysierenden Staphylokokken eine Mikrokokkenart und 2 Arten von Diplokokken. Sämtliche Arten waren für Mäuse pathogen, für Tauben dagegen unschädlich. Auch Kaninchen ließen sich nur durch die Mikrokokkenart krank machen. Der Fall verlief tödlich, es ließ sich jedoch nicht ermitteln, welche der nachgewiesenen Bakterienarten für den letalen Ausgang maßgebend war.    Manninger.

Hundsberger (13) hat den Bakteriengehalt der Eileiter von trächtigen und nichtträchtigen Tieren untersucht. Verwendet wurden Pferde Rinder und Schafe.

Von den 34 untersuchten Genitalorganen erwiesen sich die Tuben 21 mal bakterienhaltig, 13 mal frei von Bakterien. In den 21 Fällen des Vorhandenseins von Bakterien waren 5 mal Bakterien in beiden Tuben, 16 mal in nur einer Tube, davon 10 mal links, 6 mal rechts. Bei den 15 nichtträchtigen Tieren waren in den Tuben 9 mal Bakterien zu finden (58%); davon 1 mal beiderseits, 6 mal links, 2 mal rechts. Von den 19 trächtigen Tieren waren die Tuben 12 mal bakterienhaltig (66%), davon 4 mal beiderseits, 4 mal links, 4 mal rechts. 9 mal waren Bakterien in der Tube des trächtigen Hornes vorhanden. In den beiden Fällen, in denen die Tuben verwachsen waren mit dem Ovarium, erwiesen sie sich steril. In den 2 Fällen mit abnormen Uterusinhalt (Pyometra; Retentio secund.) waren die Tuben 1 mal bakterienhaltig (Pyometra; 1 Kolonie), 1 mal steril (Retentio secund.). Von den 6 Zysten waren 3 steril, 3 enthielten Bakterien; in den 3 Fällen, bei denen in den Zysten Bakterien nachweisbar waren, enthielten auch die Tuben derselben Seite Bakterien. Die vorgefundenen Bakterien waren, unter bedeutendem Überwiegen der Kokken, Staphylokokken, Diplokokken, Microc. tetragenus, Bact. coli, ein Mykoides ähnliches Stäbchen und ein nicht weiter differenziertes, grampositives Stäbchen.

Aus den Untersuchungen ist zu schließen, daß die Tuben Bakterien enthalten können, ohne daß diese an und für sich schon eine Sterilitätsursache darstellen. Verf. kann demgemäß nicht in jedem Falle von Sterilität mit negativem klinischen Befunde die Ursache in der Bakterienhaltigkeit der Eileiter suchen.    Trautmann.

Hallman (9) behandelt die Frage der Entstehung und Bedeutung einiger pathologischer Prozesse des Rinderuterus.

In 13 Übersichtsbildern mit erläuterndem Text werden die typischen anatomischen Verhältnisse näher auseinandergesetzt und die abweichenden pathologischanatomischen Verhältnisse beschrieben. Dadurch will der Autor die Frage klären, wie Infektionen des Geschlechtsapparates je nach dem Zustande der Uterusschleimhaut zustande kommen, und welche Folgerungen für die Behandlung derartiger Zustände sich daraus ableiten lassen.    Hobmaier.

Bei Surantos (32) mikroskopischen Untersuchungen stellte sich heraus, daß wahrscheinlich nach der Intensität oder der Dauer des veranlassenden Reizes gradweise verschiedene Veränderungen der Portio vaginalis uteri des Rindes auftreten.

Bei Gruppierung der Einzelfälle nach der Schwere der gefundenen Abweichungen vom Normalen läßt sich folgende Einteilung vornehmen;

1. Partielle Erosionen:

2. ausgebreitete Erosionen, die auch die Krypten und Falten betreffen;

3. Erosionen und oberflächliche Geschwürsbildung mit nekrotisierendem Charakter;

4. papilläre Erosion (papilläre Wucherung der epithellosen, an der Oberfläche zum Teil nekrotisch geschädigten Mukosa);

5. Epithelisierung mit mehrschichtigem Zylinderepithel, Bildung eines ausgesprochenen Reaktionswalles im Stratum cellulare.

Bei allen 5 Stadien ist gleichzeitig eine entzündlich produktive Verdickung der Mukosa vorhanden. In der Ausbildung der letzten Form kann das Bestreben zur spontanen Heilung des Prozesses erblickt werden.    Trautmann.

Aus seinen Versuchen über Diathermie folgert Frühwald (6):

Die Diathermie kann als therapeutische Maßnahme in der Tierheilkunde bei kleinen Haustieren mit Erfolg durchgeführt werden. Ihre günstige Wirkung besteht in der Hauptsache in der Tiefendurchwärmung des erkrankten Organs. Die während der Diathermiebehandlung erreichten Temperaturen gehen nach Aufhören des Stromdurchflusses bald wieder zur Norm zurück. Vermehrte Puls- und Atemtätigkeit während der Behandlung sind Folgen der Körperdurchwärmung und der physischen Erregung des Behandlungsobjektes. Der erzielte Durchwärmungsgrad ist abhängig von der Flächenausdehnung und der Art des Kontaktes der Elektroden mit dem Tierkörper, von der Stromstärke, der Größe des zu durchströmenden Körpervolumens, dem Körperwiderstand sowie von der Zeitdauer der Durchströmung. Bei der therapeutischen Anwendung der Diathermie ist ein genaues Amperometer und ein zuverlässiges Temperaturmeßinstrument unentbehrlich. Die Diathermiebehandlung kann auch poliklinisch durchgeführt werden. Ein ungünstiger Einfluß der Behandlung auf das Allgemeinbefinden der Tiere konnte in keinem Falle festgestellt werden.    J. Schmidt.

Nünlist (24) hat einen Fall von Scheidenverletzung beim Pferd beschrieben, die durch den Deckakt entstanden war.

Die 4—5 cm lange Wunde befand sich oben rechts neben dem Gebärmuttermunde. Symptome einer Infektion und einer starken Blutung traten ein, trotzdem das Allgemeinbefinden größtenteils vorübergehend ungestört schien. Eitriger Ausfluß bestand längere Zeit, der Zustand heilte bis auf eine Narbe ab. Nach Jahresfrist verendete das Tier plötzlich im Anschluß an schwerere Arbeitsleistung. Die Sektion ist leider unterblieben, so daß über den Kausalzusammenhang zwischen dem erwähnten Leiden nur Vermutungen bestehen. Vielleicht ist an eine lokale adhäsive Peritonitis oder an die parenterale spezifische Reizwirkung durch das Sperma zu denken.    Graf.

Minciotti (22) fand bei einer Stärke die Schamlippen bis auf winzige Öffnungen an der oberen und unteren Kommissur verwachsen. Operation. Heilung.    Frick.

### b) Geburtshilfliches.

*1) Ablachim, H.: Feststellung der Schwangerschaft durch Extrakt von Plazenta beim Rind. Inaug. Diss. Bukarest. 1924. — 2) Alexander, R. E.: Extrauterine pregnancy with occlusion of the bowel. Vet. Rec. Bd. 5, S. 508. — *3) Bach, E.: Seltene Fälle. aus der Praxis. Schweiz. Arch. f. Tierhlk. Bd. 66, S. 678—682. 1924. — 4) Barlow, J. A.: A surprise at calving. Vet. Rec. Bd. 5, S. 8. (Zwillinge.) — 5) Barker, J. R.: Lesions of the bovine foetal membranes. Ebendas. Bd. 5, S. 689—690. (Übersicht.) — 6) Bastoni: Diagnosi precoce della gravidanza. (Frühdiagnose der Trächtigkeit.) Clin. vet. S. 321. (Nichts Neues.) — 7) Becker: Über die Entfernung des Hinterschenkels zu großer Feten in normaler Hinterendlage. T. R. Bd. 31, S. 173—175. — 8) Derselbe: Über die Entfernung des Vorderschenkels nach der Albrecht-Lindthorstschen Methode. Ebendas. Bd. 31, S. 251—252. — 9) Derselbe: Kritische Bemerkungen zu „Beiträge zur geburtshilflichen Entwicklung zu großer Kälber in Kopfendlage" in der T. R. Nr. 41. Ebendas. Bd. 31, S. 772—773. — 10) Becker, J.: Beitrag über Indikation und Einleitung der künstlichen

Frühgeburt bei Haustieren. Ebendas. Bd. 31, S. 869 bis 871. — 11) Beller, K. F.: Anatomische, physiologische und bakteriologische Untersuchungen der Trächtigkeit und Geburt bei Haustieren. D. t. W. Bd. 33, S. 212—218 u. 231—235. (Zum Auszug nicht geeignet.) — 12) Benesch, Fr.: Die Diagnose der Trächtigkeit bei der Stute, die Sterilität und ihre Behandlung (künstliche Befruchtung). Leipzig: Walter Richter 1924. — *13) Derselbe: Die Trächtigkeitsdiagnose bei der Stute auf vaginalem Wege. W. t. Mschr. Bd. 12, H. 1, S. 1. — *14) Derselbe: Die Lokalanästhesie im Dienste der geburtshilflichen Laparotomien beim Hund. Ebendas. Bd. 12, H. 7, S. 321. — 15) Derselbe: Demonstration der Wirkung des modifizierten Neubarthschen Fetotoms bei einem Schistosoma reflexum. Ebendas. Bd. 12, H. 8, S. 426. (Sitzungsbericht.) — 16) Derselbe: Die Frühdiagnose der Trächtigkeit bei der Stute zur Sterilitätsbekämpfung. D. t. W. Bd. 33, S. 777. (Vortrag.) — 17) Derselbe: Ein Fall von erfolgreichem Bauchschnitt bei Torsio uteri des Rindes. Ebendas. Bd. 33, S. 913—916. — *18) Bitte: Beitrag zur Frage über die physiologische Nachgeburtsablösung. B. t. W. Bd. 41, H. 8. — 19) Bontempini, V.: Rottura dell' utero con prolasso dell' intestino in una cavallo. (Uterusruptur und Darmvorfall bei einer Stute; Schlachtung.) Clin. vet. S. 541. — 20) Boyd, W. L.: Mummification of the bovine foetus. Vet. Rec. Bd. 5, S. 709—710 u. 791. — 21) Brault: Sur un cas de dystocie par monstruosité fatale. Rec. de M. vét. Bd. 101, H. 1. — 22) Bray, M.: Some cases of interest. Vet. Rec. Bd. 5, S. 390—391. (Volvulus nach Geburt, Stute; Eklampsie, Hündin; Milchfieber, 1 Monat nach dem Kalben; 2 Fälle von Staupe.) — 23) Carbury, H. W.: Dualbreed conception and uterin rupture. Ebendas. Bd. 4, S. 1054 bis 1055. 1924. — 24) Chapron, H.: Sur les causes de la non-délivrance chez la vache. Rev. gén. de M. vét. Bd. 34, S. 428—432. — *25) Chiappina: Distocia per stenosi cervicea in una bovina. (Stenose des Cervix uteri als Geburtshindernis.) Clin. vet. S. 130. — 26) Cornils, A.: Über das geburtshilfliche Instrumentarium. T. R. Bd. 31, S. 677—678. (Nichts Neues.) — 27) Daire, A.: Vélage en présentation postérieure membres postérieurs fléchis en positions unilatérale. Rec. de M. vét. Bd. 101, H. 11. (Steißgeburt.) — 28) Davis, W. R.: An unexpected recovery. Vet. J. Bd. 81, S. 310—311. (1 Fall von Uterusvorfall bei der Kuh.) — *29) Demmel, M.: Interferometrische Untersuchungen am Rinderserum zur Feststellung der Trächtigkeit bei Kühen. M. t. W. Bd. 76, Nr. 23, S. 512 bis 516. — 30) Dickinson, W. A.: Retention of the placenta in the mare and cow. Vet. Rec. Bd. 5, S. 567 bis 571. — 31) Eilmann, Fr.: Zwei Fälle von Sectio caesarea suis. T. R. Bd. 31, S. 123. — 32) Derselbe: Sekundäre Extrauterinschwangerschaft bei der Kuh. Ebendas. Bd. 31, S. 496—497. (Einzelfall.) — 33) Derselbe: Die klinische Frühdiagnose der Gravidität beim Rinde. Hannover: M. H. Schaper. — 34) Derselbe: Ein seltenes Uteringeräusch bei der Kuh. B. t. W. Bd. 41, H. 23. — *35) Ehrhardt, J.: Zur Prophylaxe der puerperalen Erkrankungen. Schweiz. Arch. f. Tierhlk. Bd. 67, S. 473—484. — *36) Frk, Fr.: Trächtiger Uterus im Leistenbruch einer Hündin. Allat. Lapok S. 99—100. — *37) Gallina L.: Contributo allo studio delle modificazioni etre si presentano durante la gestazione nelle vacetre acarico delle arterie uterin. (Veränderungen an den Uterusarterien während der Trächtigkeit der Kühe.) Clin. vet. S. 419. — *38) Derselbe: La diagnosi precoce di gravidanza. (Frühdiagnose der Trächtigkeit.) Ebendas. S. 784—788. — *39) Giovanoli, G.: Die Scheidenträchtigkeit. Schweiz. Arch. f. Tierhlk. Bd. 67, S. 344—347. — *40) Goeters, W.: Ein neuer Weg zur Behandlung des septischen Abortus und des Puerperalfiebers, mit besonderer Berücksichtigung derartiger Erkrankungen bei Stuten.

Zschr. f. Gestütsk. Jg. 20, S. 106—108. — *41) Graul, R.: Inversio et Prolaps us uteri bei der Kuh und bei der Stute. Diss. Berlin 1924. — *42) Hähnlein, K.: Die Behandlung der Torsio uteri beim Rinde durch einfaches Ausziehen des Fetus. Diss. Leipzig. — 43) Harder, A.: Zur Behandlung der Torsio uteri beim Rinde durch einfaches Ausziehen der Frucht. T. R. Bd. 31, S. 880. — *44) Hauger: Verwachsungen in der Scheide als Geburtshindernis. Mitt. d. V. Bad. T. Bd. 25, S. 45. — 45) Hetzel, H.: Allatorvosi szülészet. (Tierärztliche Geburtshilfe.) 360 S. Gödöllö: Selbstverlag des Verf. — 46) Hopkin, F.: Dropsy of the uterus in a mare. Vet. J. Bd. 81, S. 406. (1 Fall.) — 47) Izsák, A.: Wassersucht der Fruchthüllen mit gleichzeitiger Zwillingsträchtigkeit bei einer Kuh. Allat. Lapok S. 192. (Kasuistik.) — 48) Kjeldbjerg: Die puerperale Eklampsie beim Schweine (Eclampsia puerperalis suis). B. t. W. Bd. 41, H. 50, 51 u. 52. — *49) Klein, W.: Beiträge zur Behandlung der Retentio secundinarum und ihrer Nachkrankheiten. Arch. f. wiss. Tierhlk. Bd. 53, S. 85—95. — 50) Koppitz, W.: Gebärmuttervorfälle bei Kühen. Prag. Arch. (B) H. 7, S. 187—190. (Kasuistisch.) — *51) Kress, F.: Ein Beitrag zur Geburtsmechanik der Zwergbully- und Bernhardinerrasse. Diss. Wien 1924/25. — *52) Lagerlöf, O.: Djurkol vid behandlingen an livmoderlidanden. (Tierkohle in der Gebärmuttertherapie.) Svensk Vet. Tidskr. Jg. 30, H. 7, S. 205—214. — *53) Lanciotto, N.: L'ipercinesi dell' utero nelle vacche gravide simulante il parto anomale. (Sog. falsche Wehen beim trächtigen Rinde.) Clin. vet. S. 670—673. — 54) Lappe, Chr.: Über die Entfernung des normal vorliegenden Vorderschenkels. T. R. Bd. 31, S. 661—662. — *55) Lehmann, F.: Erfahrungen mit dem Rhachiofor nach Stüven in der tierärztlichen Geburtshilfe. Diss. Berlin. — 56) Lichtenstern, G.: Die Therapie der gerollten Form der querverlaufenden Trächtigkeit beim Pferde. T. R. Bd. 31, S. 542—546. — *57) Loguidice, N. C. und F. A. Ubach: Prolapso y Tumor de la Vagina en una Vaca. (Prolaps und Scheidentumor bei einer Kuh.) Rev. de la Fac. de Med. Vet. La Plata Bd. 1, H. 4, S. 64—71. — *58) Lothe, H.: Douching of the recently gravid uterus compared with other methods of handling retention of the afterbirth in the cow. J. Am. Vet. Med. Assoc. Bd. 66, Nr. 6, S. 685 bis 692. — *59) Mally, M.: Mikroskopische Untersuchungen des Uterus- (Lochial-) Sekretes bei Stuten nach der Geburt. D. Oest. t. W. Jg. 7, Nr. 11, S. 124 bis 126. — *60) Maneschi, S.: Gestazione vaginale nella varca. (Scheidenträchtigkeit bei der Kuh.) Clin. vet. S. 790—794. — *61) Marucci, P.: Capezze da parto. (Geburtshalftern.) Nuova Vet. S. 111—116. — 62) Menig, O.: Auto-intoxication of advanced pregnancy. Vet. Rec. Bd. 5, S. 294—297. (Abdruck aus J. Am. Vet. Med. Assoc., März.) — *63) Mertz, E.: Zwei neue geburtshilfliche Instrumente. T. R. Bd. 31, S. 579—580. — 64) Meyer, Fr.: Beitrag zur Behandlung der Retentio secundinarum des Rindes und der Stute. Ebendas. Bd. 31, S. 121—123. — 65) Meyer, F.: Die Trockenbehandlung zurückgebliebener Nachgeburt mit Kohlengranulatstäben Merck. Ebendas. Bd. 31, S. 640—642. (Gute Erfolge, Kasuistik.) — *66) Michaelis, W.: Über die Anwendbarkeit des Krey-Schöttlerschen Doppelhakens und des verbesserten Scheidenschoners in der geburtshilflichen Praxis. Arch. f. wiss. Tierhlk. Bd. 52, S. 332—341. — *67) Morgenthaler, M.: Frühdiagnose der Trächtigkeit mittels Maturin. Inaug.-Diss. Budapest; Közl. Bd. 18, S. 67 bis 69. — *68) Piotrowski, S.: Szmery maciczne u ciçżarnych krów i klaczy. (Uteringeräusche bei trächtigen Kühen und Stuten.) Przegl. wet. Nr. 3—4. — 69) Pirot, O.: Hydropisie des Membranes foetales. Hernie utérine gauche et Veau monstre. Ann. de M. vét. — 70) Raffaello Ciompi: Di un caso di distocia fetale par abnorme soiluppo. (Zu großes

Kalb [90 kg] als Geburtshindernis. Schlachtung.) Clin. vet. S. 659—665. — *71) Raeber, Cl.: Torsio uteri gravidi et vaginae und ihre Behandlung beim Rind. Diss. Bern. — *72) Richter, J.: Die Behandlung der Gebärmutterverdrehung beim Rinde durch einfaches Ausziehen der Frucht. B. t. W. Bd. 41, H. 45. — 73) Derselbe: Wandtafeln zum geburtshilflichen Unterricht beim Pferde. Hannover: M. & H. Schaper. — 74) Roberts, G. J.: Dystokie. Vet. Rec. Bd. 4, S. 1076. 1924. — *75) Robin, V.: Sur les causes d. la non-délivrance chez la vache. Rev. gén. de M. vét. Bd. 34, S. 1—8. — 76) Rösler, G.: Beiträge zur geburtshilflichen Entwicklung zu großer Kälber in Kopfendlage. T. R. Bd. 31, S. 718—720. — *77) Santema, S.: Het blijven liggen na zwaren partus. (Das Festliegen nach Schwergeburten.) Tijdschr. voor Diergeneesk. Bd. 52, S. 357—361. — 78) Saral, K.: Emakoja keerd hobusel (Torsio uteri equi). Estnische t. R. Jg. 1, S. 17. (Heilung durch spontane Wälzung; am folgenden Morgen normale Geburt.) — 79) Schiel: Ein Fall von Ventro-Versio uteri gravidi totalis bei der Stute. B. t. W. Bd. 41, H. 23. — *80) Schnyder, O.: 134 Fälle von Zurückbleiben der Nachgeburt beim Rind. Schweiz. Arch. f. Tierhlk. Bd. 67, S. 554 bis 556. — 81) Schöttler, F.: Über Frühdiagnose der Trächtigkeit und Sterilität bei Stuten. D. t. W. Bd. 33, S. 776—777. (Vortrag.) — 82) Scott, F. C.: Retention of foetal membranes in the cow. Vet. Rec. Bd. 5, S. 24 bis 29. (Nichts Neues.) — 83) Semelagne: Un cas singulier de parturition. Rec. de M. vét. Bd. 101, H. 3. — *84) Simms, B. T., F. W. Miller und C. R. Donham: The results of manual removal of retained fetal membranes. J. Am. Vet. Med. Assoc. Bd. 66, Nr. 6, S. 697—698. — 85) Skobel, H.: Zur Vorbeuge der Sterilität des Rindes durch rechtzeitige Entfernung der Nachgeburt. Diss. Hannover und D. t. W. Bd. 33, S. 601—603. (Auszug.) — *86) Smith, D.: Atony of the uterus, a dediciency disease. Vet. Med. Bd. 20, Nr. 3, S. 118. — 87) Sorgati, G.: Contributo allacusistica della gestazione vaginale nella vacca. (1 Fall von Scheidenträchtigkeit beim Rinde.) Nuova Vet. S. 81. — 88) Spiegel, A.: Beiträge zur Technik der Geburtshilfe bei Pferd und Rind. T. R. Bd. 31, S. 913 bis 916 u. 931—934. (Literatur und Kasuistik.) — *89) Stedefeder: Geburtshilfe bei Schweinen. B. t. W. Bd. 41, H. 8. — 90) Stenius, R.: Interferometrian käytöstä tiineysdiagnostiikassa. (Die Anwendung der Interferometrie in der Schwangerschaftsdiagnostik.) Finsk Vet. Tidskr. Bd. 31, S. 121—127. (Ein Übersichtsreferat.) — 91) Stevens, W. S.: New bitch obstetric forceps. Vet. Rec. Bd. 5, S. 364. — 92) Stinson, O.: Digital irritation of os uteri in the cow. Vet. J. Bd. 81, S. 558—559. (Handgriffe zur Erweiterung des Muttermundes.) — *93) Stoß, A. O.: Über die Mechanik der Geburt. Arch. f. wiss. Tierhlk. Bd. 53, S. 455 bis 468. — *94) Derselbe: Die Trächtigkeitsdiagnose mittels des Interferometers. M. t. W. Bd. 76, Nr. 32, S. 693—700. — *95) Stüven, W. S.: De rhachiofoor met een middellijn van 6 cm. (Der Rhachiofor von 6 cm Querdurchschnitt.) Tijdschr. voor Diergeneesk. Bd. 52, S. 607—614. — 96) Derselbe: Der Rhachiofor mit einem Durchmesser des Bohrers von 6 cm. T. R. Bd. 31, S. 261—264. — 97) Mc Swiney, E.: Remarks on sporadic abortion in the cow. Vet. J. Bd. 81, S. 241 bis 243. — 98) Derselbe: Remarks on sporadic abortion in the cow. Vet. Rec. Bd. 4, S. 1075—1076. 1924. — 99) Thiesmeier: Ein Fall von Torsio uteri beim Pferde. B. t. W. Bd. 41, H. 28. — 100) Thormählen, A.: Das Wesen der Geburtsrehe vom klinischen Standpunkte aus. T. R. Bd. 31, S. 589—590. — *101) Tomann, R.: Über die neueren Instrumente zur Embryotomie. Arch. f. wiss. Tierhlk. Bd. 52, S. 342 bis 355. — 102) Vaeth, J. G.: Eine Geburtsschlinge nach Gagny bei nach der Seite zurückgebogenem Kopfe. T. R. Bd. 31, S. 485. — 103) Veer, W. W.: Retention of the placenta in mare and cow. Vet. Rec. Bd. 5, S. 677. — 104) Vogel: Fetusmazeration als Kolik- und Todesursache. M. t. W. Bd. 76, Nr. 25, S. 548—550. (Beschreibung eines Falles beim Pferde.) —*105)Walchshofer, R.: Untersuchungen über Schwangerschaftsalbuminurie und Albuminurie der Neugeborenen beim Pferde. Diss. Wien 1924/25. — 106) Wasz, H.: Dödsfall på grund av blodförlust vid förlossningen. (Todesfall infolge Verblutung bei der Geburt.) Finsk Vet. Tidskr. Bd. 31, S. 196. (Verblutung infolge einer perforierenden Uteruswunde.) — *107) Derselbe: Abdominal dräktighet. (Bauchschwangerschaft.) Ebendas. Bd. 31, S. 197. — 108) Weinberg, F.: Operative Geburtshilfe bei Pferd und Rind. T. R. Bd. 31, S. 713 bis 716, 734—736 u. 757—760. (Literatur und Kasuistik.) — 109) Wittmer, W.: Tierärztliche Geburtskunde. Berlin: R. Schoetz. — *110) Woost, G.: Die Ablösung der Nachgeburt bei Rindern, mit besonderer Berücksichtigung der Wirkung subkutan einverleibter Mittel. Diss. Berlin. — *111) Wynn Lloyd, L. W.: The replacement of the everted bovine uterus. Vet. J. Bd. 81, S. 362—366. — *112) Wyssmann, E.: Weitere Mitteilungen über Torsio uteri beim Rind. Schweiz. Arch. f. Tierhlk. Bd. 67, S. 533—539.

Benesch (13) behandelt die Trächtigkeitsdiagnose bei der Stute auf vaginalem Wege.

Er weist eingangs auf die Möglichkeit hin, daß schon zu Beginn der zweiten Trächtigkeitsperiode bei nüchternen Stuten früh nach dem Tränken Lebensäußerungen des Fetus festgestellt werden können, wenn die flache Hand auf den Unterbauch knapp vor dem Euter aufgelegt wird. Diese Methode ist nur im positiven Sinne verwertbar. Nach B. haftet der rektalen Untersuchung 1. der Nachteil an, daß, zumal bei Massenuntersuchungen, an den Arm des Untersuchenden ziemliche Anforderungen gestellt werden, 2. muß als Hauptnachteil die scharfe Grenze nach unten angesehen werden, die der Diagnosestellung dem weniger Geübten mit $2^{1}/_{2}$—3 Monaten, dem Geübten mit 6—8 Wochen gesetzt ist, weil die Veränderungen vor Ablauf dieser Frist zu geringgradig sind, um durch die tastenden Finger vom Rektum aus wahrgenommen zu werden. Die manuelle Abtastung, wie sie Stoß ausführte und als völlig ungefährlich bezeichnete, glaubt B. nicht empfehlen zu können, da er dabei recht unangenehme Erfahrungen gemacht hat, die er auf diese manuelle Abtastung zurückzuführen müssen glaubt. B. hat sein Augenmerk auf die Veränderungen des Muttermundes gerichtet und die Grenze festgestellt, bis zu der dem Untersuchenden die Möglichkeit geboten ist, die sichere Methode trächtig oder nichtträchtig zu stellen. Zwecks genauer Betrachtung des Muttermundes wird die Stute im Stalleingang derart aufgestellt, daß der ganze Körper in das dunklere Stallinnere, die Nachhand aber in die Nähe der Schwelle zu stehen kommt. Nach Einführen eines Scheidenspekulums können sodann bei einfallendem Tageslicht alle tiefgelegenen Abschnitte des Scheidengewölbes einer genauen Besichtigung unterzogen werden. Bei nichtträchtigen Stuten fällt in der Regel das leichte Gleiten der geschlossenen Spannarme des Spekulums über die saftige Schleimhaut des Vorhofes und der Vorhofsenge auf. Das vordere Scheidengewölbe zeigt sich als geräumige Höhle, ausgekleidet von einer blaßroten, saftigglänzenden Schleimhaut. Es fehlen jegliche Veränderungen im Gefäßsystem. Die in die Scheide vorspringende Portio liegt entweder genau in der Mitte oder mehr der ventralen Wand nähergerückt. Bei zentraler Lage ist fast immer die von der dorsalen Wand in der Medianebene zur oberen Muttermundslippe verlaufende Schleimhautfalte nachzuweisen, die bei ventraler Lage fehlt. Hauptmerkmale sind die fehlende Erektion, die mehr oder weniger stark ausgeprägte Erschlaffung der Muttermundsfalten, das Fehlen des das Orificium externum verschließenden Schleimpfropfens. Der Muttermund bildet eine deutliche kraterförmige Vertiefung, ist ebenfalls von einer saftigglänzenden Schleimhaut überzogen, oder er liegt unter den schlaffen, fächerförmig gegen die ventrale Wand herabhängenden, manchmal etwas ödematös geschwollen aussehenden Muttermundslippen verborgen. Bei trächtigen Stuten ist das Vorschieben des Spekulums infolge eines trockenen pappigen Schleimes schwieriger. Dieser Schleim ist schon bei 14 tägiger Gravidität vorhanden, gegen Ende des 2.—5. Monats am ausgeprägtesten, teilweise so klebrig, daß die Wandungen zusammengeklebt erscheinen können. Gelingt das Einführen leichter, so fällt die Trockenheit der Schleimhaut auf. Das unter ihr liegende Gefäßnetz und die Portio erscheinen wie von einem matten Schleier überzogen. Das Orificium externum scheint zu fehlen. Diese Symptome werden während der ersten 5 Monate beobachtet. Zu Beginn der zweiten Hälfte der Trächtigkeit scheint das Scheidenrohr infolge Zugs des in das Beckeninnere herabgesunkenen Uterus kranialwärts verlängert. Die Schleimhaut ist immer noch trocken, glanzlos und pappig. Erst allmählich wird der Schleim mehr honigartig. Das Gefäßnetz tritt immer deutlicher hervor. Im 10. Monat bildet die Scheide einen großen, besonders in den tiefen Abschnitten gewölbeartig ausgeweiteten Raum, der eine deutliche Anspannung seiner Wandungen gegen die Portio zu aufweist. Die Farbe geht in ein Zinnoberrot über, die Oberfläche bekommt ein mehr glänzendes Aussehen, die Zervix tritt aus dem oberen Gewölbeabschluß als 3—5 cm breiter, zinnober- bis dunkelrot gefärbter Zapfen wieder deutlich hervor. Im letzten Monat ist eine infolge Fetusbewegungen stoßweise Vorwölbung der Scheidewand zu beobachten. B. glaubt der direkten klinischen Diagnosestellung der Trächtigkeit den serologischen Methoden gegenüber den Vorzug geben zu müssen. Der Arbeit sind 4 sehr gute Abbildungen beigegeben auf 2 Tafeln. Hans Richter.

Auf Grund ausführlicher Studien über das Uteringeräusch kommt Piotrowski (68) zu folgenden Schlußfolgerungen:

Das Uteringeräusch ist ein charakteristisches Phänomen der Trächtigkeit bei Kühen und Stuten und eo ipso ein unbestrittenes Trächtigkeitssymptom. Es tritt bei jeder normalen Trächtigkeit bei Kühen von der 11., bei Stuten dagegen von der 16. Trächtigkeitswoche an auf. Bei unbefruchteten Kühen und Stuten erscheint es nicht. Kurz vor dem eventuellen Tode der Mutter verschwindet es gänzlich. Es hört erst nach Abgang der Nachgeburt auf. Es erscheint unabhängig von Ernährungszustand, Alter und Rasse.

Gajewski.

Gallina (37) beschreibt eingehend auf Grund von 500 untersuchten trächtigen Kühen die bekannten Änderungen an den Uterusgefäßen, die für die Diagnose von Wichtigkeit sind. Frick.

Gallina (38) zählt die Symptome auf, auf die sich die Frühdiagnose der Trächtigkeit stützt und fügt Kasuistik bei. Frick.

Nach Stoß (94) hat die interferometrische Methode vorerst nur Bedeutung für die Trächtigkeitsdiagnose bei der Stute und beim Schwein. Aber auch hierbei ist die Erfüllung gewisser Bedingungen — Gewinnung der Serumprobe nicht vor Ablauf des ersten Trächtigkeitsmonates, Untersuchung des Serums auf Bakterien — nötig. J. Schmidt.

Die Unterscheidung tragender Kühe von nicht tragenden Kühen ist durch die interferometrische Methode nach den bis jetzt bekannten Grundsätzen nicht möglich. Als Ursache für den unregelmäßigen Abbau des Substrates vermutet Demmel (29) die Wirkung zahlreicher anderer im Rinderblute befind-

licher Fermente, welche imstande sind, eine spezifische Fermentwirkung vollkommen zu überdecken.

J. Schmidt.

Morgenthaler (67) hat bei 63 Kühen die Frühdiagnose der Trächtigkeit mittels Maturin (Phloridzin) versucht. Nach seinen Erfahrungen eignet sich die Maturinmethode zur Frühdiagnose der Trächtigkeit nicht. Manninger.

Ablachim (1) berichtet über die Feststellung der Schwangerschaft beim Rind durch Injektion von Extrakt von Plazenta. A. kommt zu den folgenden Schlüssen:

1. Positive Reaktionen haben nur schwangere Kühe aufgewiesen. 2. Zweifelhafte und negative Reaktionen sind nur von wenigen schwangeren und von den sämtlichen nichtschwangeren Kühen erzielt worden. 3. Je fortgeschrittener die Schwangerschaft ist, desto kräftiger und zahlreicher sind die Reaktionen. 4. Die Methode kann als Hilfsmittel neben der klinischen Untersuchung für die Feststellung der Schwangerschaft verwendet werden. 5. Die beste Stelle für die Impfung sind die Hautfalten an der Schwanzwurzel. 6. Das Extrakt mit Kochsalzlösung kann, wenn im Dunkeln und in niedriger Temperatur gehalten, noch nach 7 Monaten wirksam sein; dann soll aber die Dosis von 0,1 ccm bis auf 0,3 ccm oder sogar 0,4 ccm erhöht werden. 7. Allgemeine und thermische Reaktion hat keine von den untersuchten Kühen gezeigt.

Constantinescu.

Walchshofer (105) hat die Schwangerschaftsalbuminurie beim Pferde festzustellen versucht.

Es wurde der Harn von 35 in den verschiedenen Trächtigkeitsmonaten befindlichen Stuten und von 6 Fohlen auf Eiweiß, Gallenfarbstoff, Blutfarbstoff, Zucker, Indikan, Chloride, Phosphate usw. geprüft. Die Untersuchungen wurden in den Bundesgestüten Wolfpassing und Piber durchgeführt. Es zeigte sich bei Anwendung der Koch-Heller-Trichloressigsäure und Spieglerprobe, daß der Eiweißgehalt des Stutenharnes zur Zeit der Trächtigkeit nicht bis zu einer spez. Schwangerschaftsalbuminurie anwächst, jedoch ist während der Gravidität in ca. 89,5% der Fälle Normaleiweiß mit dem Spieglerreagens nachzuweisen. Beim neugeborenen Fohlen fand sich am 1. Tage (in 100%) Eiweiß. Am 2. Tage war die Albuminurie bereits deutlich zurückgegangen und nurmehr in 33% der Fälle vorhanden. Am 3. Tage war sie voll und ganz verschwunden. Trautmann.

Menig (62) bringt Ausführungen über die physiologische und experimentelle Entstehung der Autotoxikation bei vorgeschrittener Trächtigkeit.

Einige Tage vor Eintritt der nervösen Dysfunktionen zeigt sich Oligurie und Abnahme des Blutdruckes. Gleichzeitig liegt Azidosis vor. Mit Hilfe von Arterienklammern schränkte der Autor im Experiment den Blutstrom zur Niere ein. 7 Tage später zeigten sich bei dem trächtigen Tiere die typischen Erscheinungen der Autointoxikation. Nach Abnahme der Klammern, Lufteinblasen in das Euter usw. verschwanden die Symptome. In 6 Versuchen (bei 5 alten Kühen und 1 Stier) waren die Ergebnisse positiv; bei Kälbern, einer Jungkuh und einem anderen Stier versagte das Experiment. Umgekehrt konnte die Erkrankung durch Kompression der Arteria mammaria zur Heilung gebracht werden. Diese Versuche, die nach Angaben des Verf. schon 15 Jahre zurückliegen, zeigen den Zusammenhang der Krankheit mit den veränderten Blutdruckverhältnissen, hervorgerufen durch die starke Füllung der Arteria mammaria einige Tage vor der Geburt und mit der bestehenden Azidosis.

Hobmaier.

Giovanoli (39) teilt 3 bzw. 4 Fälle mit, welche primäre oder sekundäre Scheidenträchtigkeit beim Rind betreffen. (Pagliardini: Boll. vet. ital. 1910 Nr. 68; Malagoli: Clin. vet. 1923, S. 246; Gibellini: Clin. vet. 1924, S. 752; Lorgato: Nuova Vet., S. 21.)

Bei der primären Vaginalgravidität entwickelt sich das befruchtete Ei im Scheidenrohr, bei der sekundären, unechten verlagert sich die bereits im Entwicklungsprozeß befindliche Frucht dorthin; bei beiden Formen sterben die Feten aus mechanischen (Ausdehnungsunmöglichkeit), physiologischen (ungenügende Ernährung, Reaktiondes Vaginalgewebes) und pathologischen (Infektion von außen) Ursachen ab, so daß ihre Reste mit der Gewebshülle als Fremdkörper oder Geschwülste entfernt werden müssen. Merkwürdig ist die Einsackung der Frucht durch die Vaginalschleimhaut als Reaktion des Gewebes auf den Reiz.      Graf.

Maneschi (60) untersuchte 2 Kühe mit Scheidenträchtigkeit, die Wehen zeigten, aber anscheinend nicht trächtig waren. Bei der Untersuchung der Scheide fanden sich je eine mannskopfgroße Geschwulst in der Nähe des Muttermundes, die mit der Scheide durch kotyledonenähnliche Wucherungen verbunden waren, fluktuierten und nach Eröffnung Fruchtwasser sowie je einen 25 bzw. 44 cm langen Fetus entleerten. Die Feten waren etwa 20—25 Wochen alt.      Frick.

Auf einer Jagd erlegte Wasz (107) einen Hasen, der beim Öffnen des Bauches eine 12 cm lange, 5 cm breite Geschwulst enthielt. Die nähere Untersuchung zeigte, daß es sich um eine Bauchschwangerschaft handelte, denn die „Geschwulst" enthielt 2 wohl entwickelte Feten.      R. Stenius.

Stoß (93) bespricht in interessanter Weise die Mechanik der Geburt.

Die wesentlichen Momente für die Stellungsänderung der Frucht während der Geburt sind beim Muttertier die Preßkräfte der Mutter auf die Frucht und die Krümmungsänderung der Achse des Durchtrittsschlauches gegenüber der Achse des Uterushohlmuskels; beim Fetus veranlaßt das Bestreben des Durchtrittes unter dem geringsten Zwange passive und aktive Bewegungen, die den veränderten Formverhältnissen von Tragsack und Durchtrittsschlauch während der Geburt gerecht werden.      Weber.

Lanciotto (53) beobachtete bei einer tragenden Kuh falsche Wehen, die nach entsprechender Behandlung aufhörten, und nach 10 Tagen erfolgte eine normale Geburt.      Frick.

Stedefeder (89) berichtet, wie in einem Falle der Geburtsweg beengt war, da die Harnblase durch eine Drehung abgeschnürt und prallgefüllt war. Weiter war der Geburtsweg durch einen Abszeß verlegt, was nur ein stückweises Vorholen der Frucht ermöglichte.      Henkels.

Bei einer Kuh konnte nach Bach (3) die Austreibung nicht erfolgen, weil eine Gewebsscheibe, offenbar eine Plazentapartie vor dem Orifizium gelegen war.      Graf.

Kress (51) bringt einen Beitrag zur Erklärung der Ursachen der häufigen Geburtsschwierigkeiten bei der Zwergbulldogge.

Zu diesem Zwecke wurde das Becken der Zwergbulldogge in geburtsmechanischer Hinsicht untersucht, als Vergleichsobjekt für normale Hunderassen jenes des Bernhardiners.

Als Stellen, die Geburtsschwierigkeiten bedingen können, kommen im Verlauf des Beckenkanals beim Zwergbulldogg (beim Bernhardiner stellen sie keine Hindernisse vor, weil die Fetalmaße bedeutend kleiner sind als die Beckenmaße) in Betracht: 1. Die Eminentiae iliopectineae: die Querdurchmesser zwischen den medialsten Punkten schwankten beim Zwergbulldogg zwischen 28 und 35 mm. Als Fetalmaß kommt für diese Stelle die Unterkieferbreite in Betracht. Die Grenzwerte derselben waren 31,5 und 36,8 mm. 2. Die Knochenvorwölbung, bedingt durch die Fossa acetabularis. Auf der Wölbung wurden jederseits 3 Punkte angenommen ($a$, $b$, $c$), die auf einer Linie lagen. Für die größte Breite des Kopfes kommen sowohl beim Bully als auch beim Bernhardiner die Querdurchmesser zwischen den Punkten $b$—$b$ und $c$—$c$ in Betracht. Beim Bully waren die Grenzwerte der Querdurchmesser zwischen den Punkten $b$—$b$ 27,3 und 41,4 mm, jene der Querdurchmesser zwischen den Punkten $c$—$c$ 29,0 und 44,4 mm. Diesen Zahlen steht gegenüber die größte Breite des Welpenkopfes mit 30,3 und 38,6 mm. Beim Bernhardiner waren die Grenzwerte der Querdurchmesser zwischen den Punkten $b$—$b$ 58,6 und 60,3 mm, zwischen den Punkten $c$—$c$ 60,8 und 64,7 mm. Die Grenzwerte des größten Breitendurchmessers des Welpenkopfes waren 36,6 und 42,2 mm. 3. Die Beckenausgangsebene. Der größten Breite des Welpenkopfes entsprechen beim Zwergbully und Bernhardiner die Querdurchmesser des 2. dorsalen Viertels der Ausgangsebene. Die Grenzwerte der Querdurchmesser der Ausgangsebene beim Zwergbulldogg waren 31,7 und 45,2 mm. Dem stehen die Grenzwerte der größten Kopfbreite gegenüber mit 30,3 und 38,6 mm. Die Grenzwerte der Querdurchmesser des dorsalen 2. Viertels der Ausgangsebene beim Bernhardiner waren 62 und 64,4 mm. Der größte Querdurchmesser des Kopfes schwankte zwischen 36,6 und 42,2 mm.      Trautmann.

Richter (72) berichtet über die Behandlung der Gebärmutterverdrehung beim Rinde durch einfaches Ausziehen der Frucht. Nach R. ist die Behandlung der Torsio uteri beim Rinde durch einfaches Ausziehen des Kalbes auch bei Hinterendlage mit Erfolg anwendbar.      Henkels.

Hähnlein (42) stellt die Berichtigung der Torsio uteri durch einfaches Ausziehen der Frucht am stehenden Tiere allen anderen Methoden als ebenbürtig an die Seite. Ihr Anwendungsgebiet ist auf solche Torsionen beschränkt, bei denen es gelingt, mit der Hand in die Gebärmutter einzudringen.

Die Methode hat folgende Vorzüge: Die Operation ist sowohl am stehenden als auch am liegenden Tiere durchführbar. Mit der Möglichkeit, am stehenden Tiere zu arbeiten, ergibt sich die einwandfreie Durchführung der erforderlichen Hygiene. Das Muttertier wird wenig oder gar nicht in Mitleidenschaft gezogen. Die Geburt dürfte mit dieser Methode schneller beendet sein als mit den anderen Methoden. Dem operierenden Geburtshelfer werden verhältnismäßig geringe körperliche Anstrengungen zugemutet. Es ist für den Geburtshelfer keine Feststellung der Drehungsrichtung nötig, wie sie bei allen anderen Methoden zur Behebung der Torsio uteri erforderlich, dabei manchmal schwierig oder unmöglich ist, was unter Umständen den Erfolg vereiteln kann. Es werden nur wenige Hilfsmannschaften benötigt und dem Tierbesitzer wenig Umstände verursacht; so daß der Eindruck auf den Tierbesitzer ein besserer ist als bei den anderen Methoden.      Trautmann.

Wyssmann (112) hat über Torsio uteri beim Rind weitere Mitteilungen veröffentlicht.

Die Untersuchungen betreffen 114 Fälle, davon 103 pluripar. Linksdrehungen waren in 83,4% der Fälle vorhanden, während früher mehr Rechtsdrehungen (75%) beobachtet wurden. Die Feten waren meist in Kopfendlage. Die Torsionen waren meist gegen

Ende der Trächtigkeit aufgetreten. Reposition am stehenden Tier war in 66 Fällen möglich, bei den übrigen war durch Wälzen ein Erfolg zu erzielen. Die Mortalität der Muttertiere betrug ca. 10, diejenige der Feten dagegen ca. 27%. Versagende Fälle hatten tiefer liegende Ursachen (Perforationen). Retentio wurde nur 3 mal, Metritis nur 1 mal nach der Retorsion beobachtet. Vaginale Hyperästhesie war in 2 Fällen vorhanden. Graf.

Rauber (71) liefert eine wertvolle Abhandlung über Torsio uteri beim Rind.

Die direkte Retorsion am stehenden Tier empfiehlt er als die beste Behandlungsmethode. Die Mortalitätsziffer beträgt 6—22%. Geschichtlich ist festzulegen, daß die direkte Rückwälzung am stehenden Tier erstmalig am Anfang des 19. Jahrhunderts von dem Schweizer Tierarzt Kainer ausgeführt wurde.
Weber.

Chiappina (25) fand bei einer Wehen zeigenden Kuh die Cervix uteri sehr eng. Warme Berieselungen führten zu einer spontanen Geburt. Frick.

Hauger (44) sah bei einer Kuh manuell lösbare Verwachsungen in der Scheide als Geburtshindernis.

Ungefähr 15 Monate vorher hatte die Kuh bereits schwer geboren, wobei eine starke Verletzung der Scheide mit Blutung folgte. Die Verletzung heilte. Die Kuh wurde dann 3 mal gedeckt, zeigte aber jedesmal starke Blutungen. Die Verwachsung bestand also damals schon. Weber.

Tomann (101) bespricht die geburtshilflichen Instrumente von Stüven und Pflanz und die Drahtsägen. Weber.

Michaelis (66) hält den Krey-Schöttlerschen Doppelhaken und den verbesserten Scheidenschoner für die Geburtshilfe bei den großen Haustieren für äußerst praktisch. Weber.

Mertz (63) verwendet zur Entfernung des Hinterschenkels in Hinterendlage das Perkutom, ein zangenförmiges Fingermesser mit Scharnier, das durch Ringe mit Daumen und Mittelfinger festgehalten werden kann. Der Vorteil des neuen Instrumentes besteht darin, daß ganze Muskelpartien bei der · Abtrennung des Hinterschenkels perkutan umfaßt und durchrissen werden können, ohne daß eine Verletzung der Gebärmutter dabei vorkommen kann. Als zweites Instrument beschreibt Verf. einen Sicherheitshaken zum gefahrlosen Herbeiholen verschlagener Teile.
Heitzenroeder.

Marucci (61) verwirft alle bisher konstruierten Geburtshalftern und wendet nur einfache Strickschlingen an, die er durch Doppeltlegen von Stricken verschiedener Dicke erhält. Er schließt diese, indem er die beiden Strickenden um einen Stock schlingt und diesen herumdreht, bis die freien Strickenden spiral bis an den Kopf zusammengedreht sind (s. Original). Frick.

Stüven (95 und 96) beschreibt die Geburt eines 60 kg schweren Kalbes mit Hilfe des kombinierten Rhachiofors von 6 cm (der ursprüngliche bei Hauptner angefertigte ist 5 cm). Die Geburt verlief ohne größere Schwierigkeiten und ohne nachteilige Folgen für das Muttertier. Er legt weiter die Notwendigkeit des Gebrauchs von Rhachioforen mit wechselnden Querdurchschnitten ausführlich dar. Hauptner bringt sie gegenwärtig mit Querschnitten von 5, 6, 7 und 8 cm in den Handel. Die Wahl des entsprechenden Maßes hängt von den durchschnittlichen Abmessungen der Kälber im eigenen Wirkungskreis ab. Beijers.

Nach Lehmann (55) liegen die Vorteile der Anwendung des Rhachiofors darin, daß die Infektionsgefahr für die Mutter fast ausgeschlossen ist. Verwundungen des Operateurs und der Mutter kommen fast nicht vor, weil der Rhachiofor ausschließlich im Wirbelkanal des Fetus arbeitet. Die Schmerzen für die Mutter durch gewaltsames Ziehen fallen weg. Die Entfernung der Vordergliedmaßen wird erleichtert, wenn vorher die Wirbelsäule zertrümmert ist, weil hierdurch bei sehr engen Geburtswegen mehr Raum geschaffen wird. Weber.

Benesch (14) hat Versuche angestellt, die lokale Anästhesie bei geburtshilflichen Laparotomien des Hundes anzuwenden.

Er prüfte an einem größeren Patientenmaterial die lokalanästhesierende Wirkung der 2 Präparate Nosuprin „Merz“ und Tutokain Bayer. Nach einer kurzen Beschreibung der beiden Mittel geht Verf. auf die Technik ein, die im Original nachzulesen ist. Was die Dauer der Anästhesie anbelangt, so sind keine großen Schwankungen beobachtet worden. Die Bauchdeckenanästhesie war in allen Fällen 1—1½ Stunden lang vorhanden. Diese Dauer reicht vollkommen aus, um eine Sectio lege artis langsam zu vollenden.

Verf. ist der Ansicht, daß die Lokalanästhesie der Bauchdecken eine Bereicherung des Narkoseschatzes für die Kleintierpraxis darstellt. Seinen derzeitigen Standpunkt bezüglich Schmerzbetäubung legt Verf. folgendermaßen fest: Bei jungen, widerstandsfähigen Tieren gibt Verf. auch fürderhin der allgemeinen Narkose entweder für sich allein oder in Verbindung mit Morphium den Vorzug.

Die Gefahren der Lokalanästhesie stehen in keinem Verhältnis zu denen der Inhalationsnarkose, besonders wenn man die angeführten modernen Mittel unter streng aseptischen Kautelen und sonst vorschriftsmäßig verwendet. Die Heilung gibt durchaus keine schlechteren Erfolge als Operationen, die in allgemeiner Narkose ausgeführt werden. Hans Richter.

Frk (36) beobachtete bei einer Hündin linksseitigen Leistenbruch, darin das linksseitige Uterushorn mit 2 reifen Feten lag. Entfernung der beiden Feten durch Kaiserschnitt, gleichzeitig radikale Operation des Leistenbruches. Glatte Heilung.
Manninger.

Wynn Lloyd (111) reponiert den vorgefallenen Uterus in Rückenlage, die mittels Flaschenzug hergestellt wird. Chloroform und Morphium sind als Narkotika nicht empfehlenswert; am besten ist orale Verabreichung von Chloralhydrat. Nach vorheriger Reinigung mit einem Desinfizienz wird der Uterus, an dem Vulvarande beginnend, zurückgebracht. Die Anwendung von Pessarien und Scheidenverschlüssen ist ebenso unnötig wie undienlich wegen Erhöhung der Infektionsgefahr. C. Reinhardt.

Logindice und Ubach (57) beschreiben einen Prolaps und Scheidentumor bei einer Kuh. Durch den Tumor wurde während der Geburt ein Prolaps verursacht. Die Geschwulst war ein Fibroleiomyom, wie wir es in der Humanpathologie häufig finden. Ruppert.

Graul (41) berichtet über seine Erfahrungen bei der Behandlung der Inversio uteri bei Kuh und Stute. Bei der Nachbehandlung des reponierten Uterus hält er Spülungen für schädlich, die Kohlentherapie für beachtlich. Die Spülungen hemmen die Involution, die mit allen Mitteln zu fördern ist. Weber.

Schnyder (80) referiert 134 Fälle von Retentio secund. beim Rind. Auf Grund seiner Erfahrungen empfiehlt er manuelle Lösung und ausgiebige Spülungen des Uterus. Mit den letzteren soll man erst aussetzen, wenn sich die Involution durch Sistieren der peristaltischen Bewegung anzeigt. Das Entleeren des Residuums, das interne Verabreichen von Medikamenten und die Influation von Adsorbendasuspensionen (Kohle) oder von Kohlekonstituten war nicht so erfolgreich. Graf.

Nach Klein (49) läßt sich die manuelle Loslösung der Secundinae, falls dieselbe nicht in den ersten 24 Stunden restlos erfolgen kann, durch die Anwendung von Carbo med. ersetzen und beschleunigen. Die Uterusmassage hält K. nicht stets für unschädlich. Weber.

Woost (110) prüfte Pituglandol, Hypophen und Clavisturin auf ihren Wert als Ablösungsmittel der Nachgeburt beim Rind.

Schädliche Wirkungen traten nicht auf. Der spontane Abgang der Nachgeburt erfolgte nach der Injektion eines der 3 Mittel nur in Ausnahmefällen, jedoch erleichtert ihre Anwendung die Nachgeburtslösung. Von Pituglandol und Hypophen gibt W. 8 ccm subkutan, von Clavisturin 5 ccm intravenös. Die 3 Mittel sind in ihrer Wirksamkeit gleichwertig. Weber.

Robin (75) bespricht im wesentlichen eine Arbeit Chaprons, der das Zurückbleiben der Nachgeburt beim Rinde auf mechanische Ursachen zurückführt. C. Reinhardt.

Smith (86) macht an der Hand von 266 Fällen retinierter Eihäute beim Rind auf den Zusammenhang dieser Krankheit mit der Ernährung aufmerksam. Mit der Grünfütterung verschwinden diese sporadischen Fälle von selbst. Belegt mit einer Doppelkurve diese Zusammenhänge zwischen Salz- und Vitamingehalt der Nahrung und dem Zurückbleiben der Nachgeburt. Hobmaier.

Lothe (58) schildert den Wert der gebräuchlichen Methoden zur Behandlung der Retentio secundinarum bei der Kuh. Am besten bewährten sich Kapseln mit Jodoform, Borsäure und Natriumperborat. Von 237 Fällen ging nur in 18 bei dieser Behandlungsart die Nachgeburt nicht ab. Spülungen mit physiologischer Kochsalzlösung hatten in einem Teil der Fälle eine sehr ungünstige Wirkung. Die Rekonvaleszenz wird durch Spülungen verlängert und der Verlust an Milch und Körpergewicht ist größer als bei anderen Methoden. Die Schädlichkeit liegt in der nur teilweisen Entfernung der Spüllösung und in der Gefahr dieses Vordringens in die Bauchhöhle. An der Hand von 2 Tabellen wird diese Anschauung erläutert. Hobmaier.

Bitte (18) berichtet, daß bei der Ablösung der Secundinae die Uterusinvolution resp. Retraktion nach dem Vorfall ein Hauptfaktor ist. Der reinen Kontraktion und der Bauchpresse bleibt das letzte Moment, das Herausstoßen der Eihäute zugeteilt. Henkels.

Simms, Miller und Donham (84) bringen die Resultate der Behandlung von 55 Fällen retinierter Eihäute. 27 der Tiere reagierten bei Untersuchung des Blutes auf Abortus positiv, 12 hingegen nicht, 16 kamen nicht zur Untersuchung. Von den 55 Tieren starb keines. 10 wurden von der Zucht ausgeschieden, 45 neu belegt. Von diesen 45 Tieren haben 36 aufgenommen, 4 erwiesen sich steril, 5 wurden aufs neue belegt. Hobmaier.

Ehrhardt (35) hat die Prophylaxe der puerperalen Erkrankung besprochen.

Nach einer kritischen Besprechung der Entwicklung der Bakteriologie und Pathologie der Genitalorgane, speziell der puerperalen, bakteriellen Intoxikationen, hat Verf. die von seiten des Tierarztes zu beobachtenden Kautelen der Asepsis und Antisepsis bei der Geburtshilfe aufs neue betont und auf die Möglichkeit hingewiesen, welche großen Folgen unter Umständen aus der Nichtbeachtung resultieren können. Das Bestreben der Geburtshilfe soll dahin gehen, bei allen Manipulationen die Einschleppung von Krankheitserregern von außen möglichst zu verhindern. Der Praktiker wird sich unter allen Umständen an die von E. unterstrichenen Punkte halten müssen. Graf.

Mally (59) stellte bei 33 Stuten mikroskopische Untersuchungen des Uterus- (Lochial-) Sekretes nach der Geburt an.

Von diesen Stuten trugen 26 normal aus, während 4 abortierten und bei 1 Stute Embryotomie vorgenommen werden mußte. Aus den ermittelten Befunden folgert er, daß 1. bei gesunden Stuten und normalen, unveränderten Eihäuten der Uterus nach der Geburt bakterienfrei ist, was durch dessen rasche und energische Selbstreinigung und vermutlich vorhandene Schutzstoffe bedingt zu sein scheint; 2. bei Abortusstuten (bakteriellen), dann solchen, die abnorme Beschaffenheit der Eihäute zeigen, sowie bei jenen, welche gröbere Eingriffe während oder nach der Geburt notwendig machten, stets Bakterien im Uterus nachgewiesen werden können; 3. ein Zusammenhang bzw. eine Wechselseitigkeit zwischen Eihüllen und Gesundheitszustand des Fohlens oder der Stute zu bestehen scheint, sowie daß uns die Beobachtung dieses vermuteten Zusammenhanges eine Handhabe und die Möglichkeit einer erfolgreichen Bekämpfung gewisser Fohlenkrankheiten (Ersttagsdiarrhöe, Fohlenlähme usw. zu bieten und die rechtzeitige Behandlung solcher Stuten vor unangenehmen Zufällen (Verwerfen, Sterilität) zu bewahren vermag. Krage.

Lagerlöf (52) berichtet über das Einführen der Kohlentherapie an der ambulatorischen Klinik der tierärztlichen Hochschule zu Stockholm durch Stålfors, führt Statistiken an und stellt folgende Hauptindikationen für diese Therapie bei Gebärmutterleiden auf.

1. Schwergeburten, vor allem wenn der Fetus tot und faul ist und es unmöglich ist, die Nachgeburt sogleich zu entfernen.

2. Besondere Fälle zurückgebliebener Nachgeburt. Hier meint Verf. besonders solche Fälle, in denen man nicht imstande ist, die zurückgebliebene Nachgeburt vollständig zu entfernen, oder wenn die Gebärmutter schlaff und groß ist.

Dagegen stimmt Verf. nicht mit Kieschke darin überein, daß die Kohlenbehandlung die manuelle Ablösung der Nachgeburt ersetzen könne.

3. Gebärmuttervorfälle, die durch Verunreinigung oder Entzündung der Gebärmutter kompliziert sind. — Man habe in der Klinik sowohl Tier- als Pflanzenkohle benutzt. Die Erfolge seien sehr günstig ausgefallen. Stålfors.

Groeters (40) berichtet über günstige Heilerfolge mit Introcid bei der Behandlung des septischen Abortus und des Puerperalfiebers bei Stuten. Richter und Adleff.

Santoma (17) meint, daß das Festliegen beim Rind nach der Geburt meist die Folge mechanischen Druckes auf gewisse Nerven (N. ischiadicus, N. obturatorius) ist und weniger häufig durch eine Luxation im Ilio-sakralgelenk verursacht wird. Eine kurzdau-

ernde, kräftige Zugwirkung im Verlauf der normalen
Geburt mit relativ großer Frucht ist weniger gefährlich
wie eine schwächere, langdauernde. Man darf nicht zu
früh zur Notschlachtung solcher Tiere übergehen. Die
Therapie muß auf die Regeneration genannter Nerven
berechnet sein (häufiges Umwälzen des Tieres, passive
Bewegungen der obenliegenden Extremität).

Beijers.

### c) Krankheiten des Euters.

*1) Bürki, F.: Über Zitzenverwachsungen. Schweiz.
Arch. f. Tierhlk. Bd. 67, S. 464—470. — *2) Carpenter, C. M.: The use of living suspensions of alpha
hemolytic streptococci in the control of bovine mastitis.
J. of Am. Vet. Med. Assoc. Bd. 67, Nr. 3, S. 304—314.
— *3) Carpenter, C. M.: The bacterial content of
milk or inflammatory exudates from bovine mastitis.
Ebendas. Bd. 67, Nr. 3, S. 317—323. — *4) Flückiger: Untersuchungen über die infektiöse Agalaktie der
Schafe und Ziegen in der Schweiz. Ziegenzüchter Jg. 20,
S. 434—435 u. 445—447 u. 454—455. — *5) Goeters, W.: Bekämpfung des Euterbrandes der Schafe,
der Euterentzündungen und Milchfehler. Beeinflussung
der Tuberkulose. Zschr. f. Schafz. Jg. 14, S. 201—204.
— *6) Hare, T.: Staphylococcal and streptococcal
dermatitis of the udder in dairy cows. Vet. Rec. Bd. 5,
S. 943. — *7) Herrlich, H.: Beitrag zur Kenntnis der Erreger der Mastitis parenchymatosa acuta des
Rindes. Diss. Wien. — 8) Joest, E.: Spezielle pathologische Anatomie der Haustiere. Bd. 4, 1. Hälfte:
Frei, Milchdrüse. Weibliche Geschlechtsorgane. Berlin:
R. Schoetz. — *9) Kristensen, S.: Furunkulose-
enzooti i Tilslutning til Mund- og Klovesyge. (Eine
Furunkuloseenzootie im Anschluß an Maul- und Klauenseuche.) Maan. for Dyrl. Bd. 37, S. 204—205. —
*10) Lange, A.: Beitrag zur Behandlung der Mastitis
des Rindes mit Parenchymatol. Arch. f. wiss. Tierhlk.
Bd. 53, S. 109—124. — *11) Magens, H. J.: Field
experiences with the mastitis group. Vet. Med. Bd. 20,
Nr. 3, S. 112—114. — *12) Schnorf: Chemotherapie
der katarrhalischen Euterentzündung, speziell des
gelben Galtes. B. t. W. Bd. 41, H. 37. — *13) Schulz,
R.: Moderne Behandlung der Euterentzündungen, mit
besonderer Berücksichtigung des gelben Galts. Arch.
f. wiss. Tierhlk. Bd. 53, S. 96—108. — 14) Stinson, O.:
Disease of the sphincter of the cows teat. Vet. Rec.
Bd. 5, S. 213—214. (Inzision des Milchausführungs-
ganges.) — *15) Eidg. Veterinäramt: Untersuchungen
über die infektiöse Agalaktie der Schafe und Ziegen
in der Schweiz. Schweiz. Arch. f. Tierhlk. Bd. 67,
S. 53—62. — 16) Wilhelm, B.: Die Verbreitung der
Streptokokkenmastitis in Ungarn und die zu ihrer
Feststellung dienenden Methoden. Inaug.-Diss. Budapest; Közl. Bd. 18, S. 78—83.

Herrlich (7) hat die Frage der Mastitis parenchymatosa acuta der Rinder festgestellt.

Die Ergebnisse dieser Untersuchungen bestätigen
die Angaben von Zwick und Weichel, denn es fanden
sich unter den 10 untersuchten Bakterienstämmen 2,
die in ihrem kulturellen und biochemischen Verhalten
eine weitgehende Übereinstimmung mit den zum Vergleiche herangezogenen Teststämmen der Fleisch-
vergiftergruppe zeigten. Bei der Prüfung auf Agglutination durch spezifische Sera wichen allerdings diese
beiden Bakterienstämme voneinander ab, da nur der
eine mit Vonb I. bezeichnete Stamm, von den 24 Stunden alte Bouillonkulturen weiße Mäuse und Meerschweinchen bei subkutaner Einspritzung töteten, bei
Katzen nach Verfütterung Brechdurchfall hervorriefen
und bei Kühen und Ziegen nach Einspritzung in den
Zitzenkanal in wenigen Stunden eine heftige Euterentzündung erzeugten, ebenso wie die Paratyphus-B-
Teststämme durch Paratyphus-B-Serum agglutiniert

wurde, während der andere mit Peutl I. bezeichnete
Stamm weder durch Paratyphus-B- noch durch Gärtner-
serum beeinflußt wurde. Diese 2 Bakterienstämme
waren aus dem Eutersekret jener 2 Kühe gezüchtet,
bei welchen die Mastitis einen letalen Verlauf nahm.
Die übrigen 8 untersuchten Bakterienstämme zeigten
das gleiche kulturelle und biochemische Verhalten wie
die Vergleichsstämme aus der Koligruppe.

Trautmann.

Carpenter (3) untersuchte den Gehalt der Milch
und entzündlicher Exsudate bei der Rinder-
Mastitis an Bakterien.

Danach ist der wichtigste Krankheitserreger der
alphahämolytische Streptokokkus. Er wurde in 150 Proben 118 mal gefunden. Außerdem kamen 10 mal der
beta-hämolytische Streptokokkus, in geringer Zahl auch
andere Bakterien vor, wie Bac. pyogenes, Staphylococcus aureus und albus, Kolibakterien und gramnegative Stäbchen. Tuberkulose wurde nicht gefunden.
3 mal wurde durch Agglutination Abortus erwiesen.
Von 77 mit Proben geimpften Meerschweinchen starben
nur 5 Tiere. 3 gingen an beta-hämolytischem Streptokokkus, 2 an Infektion durch Bac. pyogenes zugrunde.
Die übrigen blieben gesund. Hobmaier.

Hare (6) fand auf Grund eingehender Untersuchungen über Euterdermatitis der Kühe, daß
diese Erkrankung sehr häufig vorkommt und eine große
Gefahrenquelle für Gesundheit, Nutzwert und Milchergiebigkeit einer Kuh darstellt.

Zwei spezifische Euterdermatitiden — Folliculitis,
eine Staphylokokkeninfektion der Haartalgdrüsen und
Impetigo, eine sich rasch ausbreitende Streptokokken-
infektion der Zitzenhaut — werden beschrieben und
differentialdiagnostisch gegen Acne vulgaris, Ekzem,
Furunculosis und Kuhpocken abgegrenzt. Die sog.
falschen Kuhpocken-varizellen können wissenschaftlich
als spezifische Erkrankung nicht anerkannt werden.

C. Reinhardt.

Das Eidg. Veterinäramt (15) berichtet über
infektiöse Agalaktie der Schafe und Ziegen in
der Schweiz.

Die in der Schweiz seit 1854 beobachtete Krankheit
trat besonders 1922—1923 stark auf. Ihre Ätiologie
ist noch nicht abgeklärt, auch die von Bridré und
Donatin beschriebenen Mikroben sind ätiologisch
noch nicht genügend definiert. Die Versuche lassen
eher auf ein filtrierbares Virus schließen. Dieses kommt
im Anfang der Erkrankung in sehr wirksamer Form
in der Euter- und Gelenksflüssigkeit vor, im akuten
Stadium auch in anderen Körpersäften. Die Inkubationszeit (künstliche Übertragung) beträgt bei der Ziege
durchschnittlich 11 Tage; Schafe scheinen resistenter
zu sein. Bei der Übertragung spielen Zwischenträger
anscheinend eine wichtige Rolle. Von den 237 Tieren
betraf die Affektion in erster Linie das Euter (100%),
die Gelenke (57%), die Augen (13%). Die Organe
können ein- oder beiderseitig erkranken. Die Mortalität
beträgt 15%, offenbar stehen die häufigen Sekundär-
komplikationen (Respirationsorgane, Darmentzündung)
damit in direktem Zusammenhang.

Pathologisch-anatomisch findet man neben denjenigen an den direkt betroffenen Organen auch Ent-
zündungssymptome an den Respirationsschleimhäuten,
partielle oder multiple Lungennekrosen. Merkwürdigerweise regeneriert sich das erkrankte Euter relativ leicht;
diese Erscheinungen werden durch die Genitalfunktion
augenscheinlich stark beeinflußt. Serumbehandlung
und Chemotherapie ergaben bisher unbefriedigende
Resultate. Graf.

Flückiger (4) hat Untersuchungen über die
noch wenig erforschte infektiöse Agalaktie der
Schafe und Ziegen in der Schweiz angestellt und

an Hand größeren Materials die Ätiologie, Übertragbarkeit, Symptome, Verlauf und Therapie studiert. Er hat festgestellt, daß die infektiöse Agalaktie direkt und indirekt auf Schafe und Ziegen übertragbar ist, wobei Schafe resistenter sind. Die erkrankten Organe genesener Tiere (Euter vor allem) regenerieren gut. Eine wirksame Behandlungsmethode ist zur Zeit nicht bekannt. Richters und Adleff.

Goeters (5) berichtet über Erfolge bei der Bekämpfung des Euterbrandes der Schafe, der Euterentzündung und Milchfehler und bei der Beeinflussung der Tuberkulose mit Hilfe der spezifischen bzw. spezifisch-nichtspezifischen Therapie. Richters und Adleff.

Magens (11) wandte zur Beseitigung der Mastitis des Rindes folgende Methoden an: 1. Behandlung der Mastitis durch Applikation von innerlich wirkenden Mitteln; 2. biologische Behandlung mit Bakterien der verschiedenen Erreger, wie Streptococcus haemolyt. und non haemolyt., Bac. pyog., Staphylok., Bc. coli; 3. lokale Behandlung. Die günstigen Erfolge dieser Methoden werden durch Schilderung des Krankheitsverlaufes an 5 Mastitispatienten erläutert. Hobmaier.

Schnorf (12) stellte Untersuchungen an über die Chemotherapie der katarrhalischen Euterentzündung, speziell des gelben Galtes, unter Anwendung eines neuen Akridinderivates „Uberasan". Die Neuerung der Uberasantherapie besteht nach Ansicht des Verf. den negativen, chemotherapeutischen Versuchen der früheren Epochen, in der Anwendung dieses unschädlichen, bakteriziden Uberasans, gegenüber in der Anwendung großer Flüssigkeitsmengen, 1—2 Liter pro Euterviertel, im örtlichen Reiz (Stauungsreiz), den die Behandlung auslöst, und in der Alteration der Erreger. Gute Erfolge. Henkels.

Lange (10) empfiehlt für die Behandlung der Euterkrankheiten des Rindes Parenchymatol subkutan oder parenchymatös in 0,1proz. Lösung. Bei parenchymatöser Anwendung ist die Gewebsreizung mehr oder weniger stark, jedoch nur vorübergehend. Weber.

Nach Schulz (13) haben wir für die lokale antiseptische Therapie der Mastitiden im Rivanol und dem Rivanolpräparat „Parenchymatol" wertvolle Mittel. Weber.

Carpenter (2) berichtet über die Bekämpfung der Mastitis des Rindes durch die Verwendung von Aufschwemmungen lebender alphahämolytischer Streptokokken.

Dieser Streptokokkus ist zwar nicht der einzige Erreger dieser wichtigen Krankheit, aber der hauptsächlichste, wie Braun festgestellt und der Verf. bestätigt hat. Die Krankheit verursacht, wie C. an Beispielen zeigt, fast ebenso großen Schaden wie die Tuberkulose oder der infektiöse Abortus des Rindes. Der alphahämolytische Streptokokkus bedingt keine eigentliche Hämolyse auf der Blutagarplatte, sondern löst nur die Bildung einer schwach grünen Randzone um die Kolonien aus. Bei der subkutanen Injektion des Mikroben entstanden keine Abszesse. Die erzielten Erfolge waren befriedigend, obgleich das Auftreten einer Immunität nicht sicher ist und die Ätiologie der Krankheit eine verschiedene ist. Der Erfolg der Behandlung soll sich aus einer Modifikation des Erregers bei seiner subkutanen Einspritzung ableiten. Hobmaier.

Kristensen (9) beobachtete in einem Bestand von etwa 100 Kühen eine ausgebreitete furunkulöse Entzündung am Euter und an den Zitzen in Verbindung mit Maul- und Klauenseuche. Durch Mikroskopie wurden Diplokokken und Monokokken gefunden. Sämtliche Kühe waren angegriffen, aber keine von ihnen bekam Mastitis. Heilung nach etwa 14 Tagen. Sämtliche Melker wurden angesteckt und bekamen typische Furunkeln an Händen und Armen sowie etwas Fieber. M. Christiansen.

Burki (1) berichtet über Zitzenverwachsungen.

Kongenitale sind ziemlich häufig; die durch mechanische Insulte bewirkte traumatische Stenose kommt am meisten zur Beobachtung. Man wird hier am besten von operativen Eingriffen absehen und äußerlich behandeln (Bäder, Salben). Auch kommen Stenosen mit verschiedener Wandrichtung beim Trockenstehen vor, welche operativ nur dann erfolgreich gelöst werden können, wenn sie nicht an der Basis der Zitze liegen.

Bei Euterpocken kommt es ebenfalls gelegentlich zur Thelitis; hier ist bei Ligaturen oder Abätzen sehr vorsichtig vorzugehen. Graf.

## 8. Krankheiten der Bewegungsorgane.
### Bearbeitet von A. Fischer.

### a) Krankheiten der Knochen, der Knorpel und der Gelenke.

1) Axhausen, G.: Über die Entstehung der Randwülste bei der Arthritis deformans. Virch. Arch. Bd. 255, S. 144—171. (Mensch und experimentelle Untersuchungen am Kaninchen.) — 2) Blackwell, W. G.: Fractures „all round" in a sow. (Multiple Frakturen; Osteomalazie?) Vet. Rec. Bd. 5, S. 391. — 3) Blazsek, J.: Chronische Entzündung des Kiefergelenkes. Diss. Budapest. — 4) Bolz, W.: Beitrag zur Leitungsanästhesie des Vorderfußes beim Pferde unterhalb des Karpalgelenkes. Diss. Berlin. — 5) Bossi, V.: Contributo allo studio delle osteiti ed artriti del cavallo. (Studien über Ostitis und Arthritis des Pferdes.) Nuova Vet. S. 243. — 6) Cabret: Fracture compliquée du maxillaire inférieur — Suture metallique — Guérison. J. de M. vét. Bd. 71, H. 8. — 7) Calderwood, J. K.: Traumatic dislocation of the patella from the trochlea. Vet. Rec. Bd. 4, S. 728. 1924. (1 Fall beim Rind.) — 8) Chrétien: Ancienne fracture du fémur chez un bœuf. Rec. de M. vét. Bd. 101, H. 8. — 9) Coccejus, C.: Über einen Fall von Polydaktylie beim Pferde. Diss. Berlin. — *10) Dagraña, Anibal: Anomalia Costal En Un Equino P. S. C. (Rippenanomalie bei einem Rennpferd.) Rev. de la Fac. de M. Vet. (La Plata) Bd. 1, H. 3, S. 62—67. 1924. — 11) Faure: Fracture de l'os sus-carpien chez un mulet. Rec. de M. vét. Bd. 101, H. 13. — *12) Fischer, E.: Die chronische Karpitis der Rinder. Inaug.-Diss. Budapest.; Közl. Bd. 19, S. 69—74. — 13) Friis, Hj.: Exostose dannelser paa Hvirvelsójlen hos Hest. (Exostosenbildung an der Wirbelsäule eines Pferdes.) Maan. for Dyrl. Bd. 37, S. 82—86. (Einzelfall.) — 14) Guoth, Gy. E.: Beinhautentzündung an der dorsalen Metakarpalfläche bei Vollblutrennpferden und die Umwandlung der Knochenstruktur des Metakarpus. Ref. in B. t. W. Jg. 40, Bd. 29, S. 376. (Ungarisch.) — *15) Halloran, D. J.: Abnormal opening in skull of heifer. Vet. Med. Bd. 20, Nr. 6, S. 265. — 16) Hilbert: Fracture du maxillaire inférieur chez le cheval. Rec. de M. vét. Bd. 101, H. 19. (Nichts Neues.) — *17) Jörgensen, M.: Fraktur der Sesambeine. D. t. W. S. 671. — *18) Joss, E.: Fesselbeinfraktur beim Pferd. Schweiz. Hufschm. S. 281. — *19) Kirchleitner, M.: Über die Behandlung von Gelenkerkrankungen des Pferdes mit Sanarthrit-

Heilner. M. t. W. Bd. 79, Nr. 13, S. 288—293. — *20) Knese, H.: Die holländische Aufstallung der Rinder als Ursache des Hygroms und dessen operative Behandlung. Arch. f. wiss. Tierhlk. Bd. 53, S. 254 bis 264. — *21) Kotsis, Eug.: Vollständige offene Luxation des Kronengelenkes beim Pferde. Allat. Lapok S. 45—46. — 22) Leue: Zwischenkieferbruch beim Pferde. B. t. W. Bd. 41, H. 20. — 23) Lloyd, G.: Three cases of luxation of the cervical vertebrae between the first and second cervical vertebrae. Vet. Rec. Bd. 5, S. 281—282. — *24) Löns, A.: Über die Heilung von Knochenverletzungen beim Wilde. Hundesport u. Jagd Bd. 40, S. 53. —25) Mamet und Chaillot: Arrachement de la plaquette osseuse correspondant à l'insertion de la branche inférieure de la corde fémoro-métatarsienne. Rev. gén. de M. vét. Bd. 34, S. 561 bis 562. (Kasuistisch.) — 26) Mc Aleer, W. B.: Compound fracture of the tibia. Vet. Rec. Bd. 5, S. 171—172. — 27) Móller, A. R.: Ledmus i Haseleddet hos et Fól. (Gelenkmaus im Sprunggelenk bei einem Fohlen.) Maan. for Dyrl. Bd. 36, S. 632—633. (Operation. Heilung.) — *28) Möller Sörensen, Aage: Undersögelser over Lesioner ved Automobiloverkórsel hos Hunde. (Untersuchungen über Läsionen bei Hunden, die von Automobile überfahren worden waren.) Maan. for Dyrl. Bd. 37, S. 65—76, 89—105, 117—134 und 145—149. — 29) Mörkeberg, A. W.: Fistler. (Fisteln.) Maan. for Dyrl. Bd. 37, S. 433—471. (31 Fälle von Fisteln in verschiedenen Regionen. Kasuistisch.) — 30) Mouquet und Laurent: Curieux sélon métallique accidentellement passé dans un métatarse de sauglier. Rec. de M. vét. Bd. 101, H. 4. — 31) Perl: Zur Therapie der Luxatio femoris. T. R. Bd. 31, S. 562. (Nichts Neues.) — *32) Reichenbach, M.: Die Gliedmaßenerkrankungen der Galopprennpferde, ihre Ursachen, ihre Behandlung mit den Cauterium actuale und ihre Nachbehandlung. Diss. Leipzig. — 33) Rozetti, C.: Beitrag zur Kasuistik von Gelenkwunden, die durch scharfe Einreibung geheilt werden konnten. Clin. vet. Bd. 47, S. 757—758. 1924. — 34) Saral, K.: Kaks „Fractura mandibulae" juhtumust. (2 Fälle von Fract. mandibulae.) Estnische T. R. Jg. 1, S. 18. (1. Fall betraf einen Rehbock; spontane Heilung. 2. Fall: Fraktur beider Äste beim Pferd. Operation nach Delamotte. Heilung.) — 35) Savary, G.: Résection partielle de la branche droite de l'ilium (cheval). Rec. de M. vét. Bd. 101, H. 15. — 36) Schaible: Heilung einer Fraktur des Fesselbeines beim Hengst. Mitt. d. V. Bad. T. Bd. 25, H. 9/10. (Einzelfall.) — 37) Schernich, E.: Über einen Fall von Polydaktylie beim Pferde. Diss. Berlin. — 38) Seegmüller, J.: Die anatomischen Veränderungen an den Zehenknochen des Pferdes bei chronischer eitriger Hufgelenksentzündung. Ebendas. — 39) Sjöberg, A.: Eine Schädelbruchoperation. — Entfernung der Ossa parietalia beim Pferde. T. R. Bd. 31, S. 701—702. (Vollständige Heilung.) — 40) Smith, F.: Partial dislocation of the neck with restoration to usefulness. Vet. Rec. Bd. 5, S. 45—46. (1 Fall.) — *41) Sorgati, G.: Contributo alla casistica delle guerigioni di forite articolari con l'applicazione di vescicanti. (Heilung von Gelenkwunden mit Scharfsalben.) Nuova Vet. S. 80. — 42) Stratmann, A.: Zur Kenntnis der Knochenschußverletzungen durch Projektile kleinkalibriger Gewehre. Diss. Berlin 1922.— 43) Tutt, J. F. D.: Fracture of the head of the external small metatarsal bone in a pony. Vet. J. Bd. 81, S. 555. (Kasuistisch.) — *44) Vatti: Lussazione tibio-astragalica irriducibile guarita per artrotomia. (Lux. des Astragalus operativ geheilt.) Clin. vet. S. 226. — 45) Vomberg, F.: Beitrag zur Kenntnis des Spats. Diss. Hannover und D. t. W. Bd. 33, S. 571—574. (Auszug.) (Die Bedeutung des Lig. collat. long für eine Reihe von Spatfällen.) — *46) Weekenstroo, H.: Perforatie van het linker Os palatinum als gevolg van

exsuperantia dentis bij een paard met een linkszydig schaargebit. (Perforation des linken Os palatinum infolge von Exsuperantia dentis bei einem Pferde mit linksseitigem Scherengebiß.) Tijdschr. voor Diergeneesk. Bd. 52, S. 5—8. — 47) Whitehouse, A. W.: Undulating costal arches. Vet. Rec. Bd. 5, S. 597—598. (Kasuistisch mit Bild.)

Auf Grund klinischer Versuche, die sich über einen Zeitraum von 7 Jahren erstreckten, empfiehlt Kirchleitner (19) die Behandlung mit der Injektion von einer Ampulle Sanarthrit zu beginnen und die Dosis pro Injektion, je nach Art und Größe, bis zu 2, auch 3 Ampullen zu steigern.

Eine vollständige Sanarthritkur beim Tier besteht aus durchschnittlich 3—6 Injektionen. In einzelnen Fällen wird man weniger, in anderen mehr anwenden müssen. Wenn nach der Injektion eine stärkere Reaktion eintritt, so ist dies begrüßenswert, doch soll und kann oft eine Starkreaktion nicht erzwungen werden, da die Erfahrung gelehrt hat, daß auch beim Auftreten ganz schwacher Reaktionen, ja beim völligen Ausbleiben derselben der Erfolg der Behandlung ausgezeichnet sein kann. Was die Pausen zwischen den einzelnen Injektionen betrifft, so können die letzteren innerhalb 3—5 Tagen wiederholt werden. Am häufigsten hat K. einen Intervall von 4 Tagen eingehalten. Nach besonders starken Reaktionen wird man etwas länger (also 6 —8 Tage) warten als nach Schwach- oder ausbleibender Reaktion. J. Schmidt.

Löns (24) beschreibt die Heilung von Knochenverletzungen beim Wilde und fügt der Abhandlung eine anschauliche Abbildung bei, die den großen Kontrast des zusammengeheilten Hinterlaufknochens zu dem normalen zeigt. Der zerschossene Lauf ist nur 4 cm kürzer als der gesunde, wiegt aber 206 g, während der gesunde nur 73,5 g wiegt. Wieland.

Dagraña (10) beschreibt Veränderungen der Rippen eines Rennpferdes, die durch sehr schöne Photogramme erläutert werden. Ruppert.

Reichenbach (32) hat in einer umfangreichen, interessanten Arbeit seine reichen Erfahrungen in der Behandlung der Gliedmaßenerkrankungen der Galopprennpferde mit dem Cauterium actuale niedergelegt. Die Abhandlung läßt sich nicht im einzelnen referieren.

Die einzelnen Kapitel behandeln Ursachen, Behandlung und Nachbehandlung der betreffenden Erkrankungen. Außerdem wird das Training des gebrannten Pferdes ausführlich wiedergegeben. Eine ausführliche Übersicht über die vom Verf. gebrannten Gliedmaßenaffektionen beschließt die Arbeit. Verf. befaßt sich in seinen Darlegungen auch sehr eingehend mit der Technik des Brennens und dem dazugehörigen Instrumentarium. Trautmann.

Kotsis (21) beobachtete bei einem Pferde vollständige offene Luxation des Kronengelenkes am rechten Vorderfuß. Der Fall verdient insofern Beachtung, als die Luxation im Gegensatze zu den bisher beschriebenen Fällen während eines ruhigen Trapprittes auf weichem, ebenem Boden infolge Stolperns zustande gekommen ist. Manninger.

Sorgati (41) hat eine Kniegelenkwunde beim Pferde und 3 Stichwunden am Fesselgelenk bei Kühen mit wiederholter Anwendung von Scharfsalbe behandelt und beim Pferd und 1 Kuh Heilung erzielt. Frick.

Vatti (44) eröffnete bei einem Hunde mit Luxation des Astragalus, die schon alt und nicht reponibel war, das Gelenk an der medialen Seite durch

Längsschnitt und reponierte die luxierten Knochen mittels Hebel. Heilung. Frick.

Wie Jörgensen (17) erwähnt, hatte sich ein Vollblutpferd eine innen am linken Vorderfessel gelegene 2 cm lange Querwunde beim Springen zugezogen. Trotz baldiger Heilung der Wunde blieb das Pferd lahm und wurde geschlachtet. Bei der Sektion wurde ein abgeheilter Querbruch der beiden linken Sesambeine nebst einer Neubildung innen am medialen Sesambein festgestellt. A. Fischer.

Joss (18) beschreibt einen Fall von Längsfraktur des Fesselbeines bei einem Fleischerpferde. Vermutlich ist das Pferd auf einen Stein getreten, und im Augenblick des stärksten Durchtretens hat sich eine Drehung geltend gemacht. A. Fischer.

Fischer (12) stellte Untersuchungen an über die chronische Karpitis der Rinder. Sie kommt bei 0,73% der Schlachtrinder vor.

Es handelt sich entweder nur um eine Periarthritis mit oder ohne gleichzeitige Erkrankung der Synovialmembran, oder um deformierende chronische Gelenkentzündungen (Osteoarthritis, Arthritis chronica deformans). Arthritis chronica deformans kommt meist im oberen und mittleren, Osteoarthritis im unteren Karpalgelenk vor. Mit diesen Veränderungen sind meist nur Zugochsen im Alter von über 6 Jahren behaftet. Von den karpitiskranken Rindern gingen 74% lahm, Schmerzhaftigkeit bei passiver Bewegung des Gelenkes war dagegen nur in 7% der Fälle nachweisbar.
Manninger.

Knese (20) fand, daß Hygrome am Karpal- und Sprunggelenk gerade bei der holländischen Aufstallung sehr häufig vorkommen. Die Totalauslösung der Bursenkapsel möglichst in einem Stück ist Grundbedingung für die Heilung. Weber.

Halloran (15) beschreibt einen Fall von Defektbildung am Schädeldach einer Kuh.

Das Tier war bis Ende des ersten Lebensjahres gesund. Eines Tages wurde es in komatösem Zustande aufgefunden. Bei näherer Untersuchung wurde unter der Stirnhaut ein handflächengroßer Knochendefekt entdeckt, der von der Haut glatt überzogen war. Nach Ablösung der Haut lag unmittelbar die Dura mater vor, so daß das Tier durch Einbohren eines Fingers in die Gehirnsubstanz getötet werden konnte.
Hobmaier.

Weekenstroo (46) untersuchte den Schädel einer 12 jährigen irischen Stute, welche klinisch einen geringgradigen Nasenausfluß (links) (mit Futterbeimischungen) gezeigt hatte und beim Trinken etwas Wasser aus dem linken Nasenloch laufen ließ, und wobei die linke Kehlgangslymphdrüse geringgradig geschwollen war.

Das linksseitige Scherengebiß wird eingehend beschrieben. Im Palatum durum und im linken Os palatinum findet sich auf der Höhe des dritten Backenzahns eine Öffnung, welche die direkte Verbindung mit der Maulhöhle und dem unteren Nasengang herstellte. Weiter stellenweise einzelne Erosionen. Das Pferd war kopfscheu, übrigens gut zu behandeln und willig, ungeachtet der Schmerzen, welche es andauernd gehabt haben muß. Beijers.

Möller Sörensen (28) beschreibt eingehend den Sektionsbefund bei 109 Hunden und 1 Katze, die von Automobilen überfahren worden waren.

In 45,45% dieser Fälle lagen Läsionen innerer Organe vor ohne irgendwelche Beschädigung des Skeletts (Fraktur, Luxation, Ligamentenruptur). Die Läsionen der verschiedenen Organe verteilen sich folgendermaßen:

| Organ | Absolute Anzahl Fälle | Anzahl Fälle ohne Läsion von Columna, Costae oder Pelvis |
|---|---|---|
| Diaphragma . . . . . | 15 | 12 |
| Lungen . . . . . . . | 13 | 7 |
| Herz und Herzbeutel . | 6 | 2 |
| Große Gefäßstämme .. | 22 | 13 |
| Leber . . . . . . . . | 46 | 29 |
| Pankreas. . . . . . . | 3 | 1 |
| Magen. . . . . . . . | 3 | 2 |
| Darm . . . . . . . . | 9 | 6 |
| Gekröse . . . . . . . | 10 | 9 |
| Milz . . . . . . . . . | 11 | 7 |
| Nieren. . . . . . . | 8 | 7 |
| Ureter . . . . . . . | 4 | 2 |
| Vesika. . . . . . . . | 7 | 6 |
| Urethra . . . . . . . | 3 | 2 |
| Nebennieren . . . . . | 8 | 4 |
| Uterus (gravida) . . . | 1 | 1 |
| Gehirn. . . . . . . . | 1 | 0 |
| Rückenmark . . . . . | 14 | 0 |

M. Christiansen.

## b) Krankheiten der Muskeln, der Sehnen, der Sehnenscheiden und der Schleimbeutel.

*1) Bossi, V.: Contributo alla conoscenza dell'arpeggio. (Zur Kenntnis des Hahnentrittes.) Nuova Vet. S. 158. — *2) Bozzetti: Della guarizione di un tendine d'Achille reciso. (Heilung einer durchschnittenen Achillessehne.) Clin. vet. S. 58. — 3) Bouhet: A propos d'un cas de pseudo-contracture musculaire. Rec. de M. vét. Bd. 101, H. 16. (Stute.) — 4) Bussano: Contusione della porzione terminale del tendine dell'estrusore anteriore delle falangi associata a lacerazione completa del legamento sesamoideo inferiore in un cavallo. (Quetschung der Endsehne der Ext. dig. pedis longus und vollständige Zerreißung des unteren Gleichbeinbandes beim Pferde.) Clin. vet. S. 83. — *5) Campbell, D.: Rupture of flexor tendons in horses. Vet. J. Bd. 81, S. 354—355. — 6) Cinotti: Qualcke cenni sulle lesioni del cosidetto apparato di sospensione del nodello ed in ispecie della briglia radiale e dell'órgano del Ruini. (Notizen zu den Läsionen des Aufhängeapparates des Fessels und insbesondere des radialen und metatarsalen Unterstützungsbandes.) Clin. vet. S. 149. — *7) Ciompi: Di un grosso ematoma della parete addominale simulante sventramento. (Großes Hämatom der Bauchwand, das eine Hernie vortäuscht.) Ebendas. S. 371. — *8) Dallinger, F.: Beiträge zur Kenntnis des intermittierenden Hinkens beim Pferde. Diss. Wien 1924/24. — 9) Donner: Durchschneidung des medialen graden Bandes der Kniescheibe bei sog. habitueller Luxation der Kniescheibe. B. t. W. Bd. 38, S. 618. — 10) Engelberg, K.: Kynärpahkan (Bursitis olecrani) leikkaus. (Die Operation der Stollbeule.) Finsk Vet. Tidskr. Bd. 31, S. 101—103. (Eine Besprechung der Mörkebergschen Operationsmethode.) — *11) Hobmaier, M.: Über eine Myodegeneratio hyalinosa calcificans bei Lämmern, nebst Bemerkungen über Muskelverkalkungen bei Schwein und Pferd. Arch. f. wiss. Tierhlk. Bd. 52, S. 38—47. — 12) Hudson, R.: Bursitis of the bursa of the coraco-radialis or biceps muscle. Vet. J. Bd. 81, S. 133—134. — 13) Hupka: Über Stelzfußoperationen bei Fohlen. B. t. W. Bd. 41, S. 161. — 14) Hutschenreiter, K.: Einreibung zur Diagnose und Behebung von Lahmheiten. D. Oest. t. W. Bd. 7, H. 15, S. 161. — 15) Iliescu, G. M.: Deux cas de transformation ostéofibreuse de l'insertion supérieure de la portion antérieure du muscle tenseur du fascia lata chez le cheval et leur interprétation. Arh. vet. Bd. 3/4, S. 67—70.

1924. (Kasuistik.) — *16) J u s t, A.: Über Dehnbarkeit und Tragfähigkeit kranker Beugesehnen der Vordergliedmaßen des Pferdes. Diss. Berlin. — *17) J a c q u o t, E.: Deux observations cliniques. (Zwei Fälle von Sehnenverkürzung.) Rec. de M. vét. Bd. 101, H. 7. — 18) K a d l e t z, M.: Der Formenwechsel der Hinterhandsmuskulatur des Pferdes während der Bewegung. Diss. Wien. — 19) L e h m k e, H.: Beitrag zur Pathogenese und Histologie des Sehnenklapps. Diss. Hannover und D. t. W. Bd. 33, S. 903 bis 904. (Auszug.) — 20) M a n n i n i, U.: Su di un caso di ascesso primitivo prefondo al garrese nel cavallo. (Über einen tiefen, primären Widerristabszeß beim Pferd.) Nuovo Ercol. Bd. 30, Nr. 3, S. 51—54. (Nichts neues.) — *21) M e n s a, A.: Degli adaltamenti organici. (Über organische Adaptierungen.) Ebendas. Bd. 30, Nr. 21, 22, S. 361—373, 387—396. — 22) M i l l e r, W. C.: The physiologij of lameness. Vet. Rec. Bd. 5, S. 55 bis 63, 84—87. (Nichts Neues.) — *23) N e n k o f f, G. I.: Ist der Sehnenstelzfuß des Pferdes eine Sehnenkontraktur oder ein Elastizitätsverlust der Sehne. Diss. Wien. — 24) R e i c h e l t, K.: Vergleichende Untersuchungen der Sehnen und Bänder am Fuße des Dromedars. Diss. Leipzig. — 25) S a r a l, K.: Mõlemad tagumised „kompjalad". (Gleichzeitiger Stelzfuß an beiden Hinterbeinen.) Estnische T. R. Jg. 1, S. 20. (Gute Heilung durch Tenotomie. Photographien.) — 26) S c h ö n b o r n: Durchschneidung des medialen geraden Bandes der Kniescheibe bei sog. habitueller Luxation der Kniescheibe. B. t. W. Bd. 48, S. 790. — 27) S c h w e i g e r, O.: Die Behandlung von Sehnen und Sehnenscheidenwunden an den Beugesehnen der Gliedmaßen des Pferdes. Diss. Hannover. — *28) T a y l o r, T. D.: Zerreißung den Tendo praepubitus 29) T ó t h, J.: Unerwarteter Befund. Allat. Lapok S. 113. (Deformiertes Geschoß in der Lendenmuskulatur.) — *30) V a c h e t t a, A.: Contributo alla conescenza delle funzioni e delle lesioni del sospensore del nodello. (Beitrag zur Kenntnis der Funktionen und der Läsionen des Fesselbeinbeugers.) Nuovo Ercol. Bd. 30, Nr. 1/2, S. 1—29. — 31) V e t e r i n a r i u s: Behandlung der Gallen und Bursitiden beim Pferde. T. R. Bd. 31, S. 497—498. (Kasuistik.) — 32) W a l t e r, K.: Der Bewegungsablauf der freien Gliedmaßen des Pferdes im Schritt, Trab und Galopp. Diss. Berlin. — 33) W e b e r, F.: Das Osttiroler Pinzgauerrind und seine Beeinflussung im Knochenwachstume durch die geologischen Verhältnisse. Diss. Wien. — 34) W i e c h e r t, F.: Messungen an ostpreußischen Kavalleriepferden und solchen mit besonderen Leistungen und die Beurteilung der Leistungsfähigkeit auf Grund der mechanischen Verhältnisse. Diss. Berlin. — 35) W i s c h n e w s k y: Anwendung von Jodlösung bei Schulterlahmheit. Prakt. weter. i konewods. H. 4, S. 53—54. — *36) Z a n o l l i, C e s a r: La tenotomia del extensor lateral de las falanges en et tratamiento del arpegio. (Tenotomie des Extensor lateralis der Phalangen als Behandlung des „Arpeggio" (Zuckfuß). Rev. Centro Estud. de Agr. y Vet. Buenos Aires. 1924, Nr. 116, S. 17—18. — 37) Z i e g e n b e i n: Der Ochs als Arbeitstier im Regierungsbezirk Magdeburg, speziell in der sog. Magdeburger Börde, seine hauptsächlichsten Krankheiten und Lahmheiten, niedergeschrieben nach eigenen Beobachtungen. Diss. Hannover und T. R. H. 14, S. 231.

B o z z e t t i (2) sah bei einem Hunde eine vollkommene Durchtrennung der Achillessehne nach Naht der Sehne und der Hautwunde heilen. Frick.

C a m b e l l (5) beobachtete gehäuftes Auftreten von Zerreißungen der Hufbeinbeugesehne bei Grubenpferden. Er führt als prädisponierendes Moment den Aufenthalt unter Tage an. C. Reinhardt.

T. D. T a y l o r (28) beobachtete bei einer im 10. Monate tragenden Stute eine plötzlich aufgetretene Störung des Allgemeinbefindens begleitet von einer teigigen Schwellung, die vom Euter bis zum Brustbein und seitlich bis zu den Rippenbogen reichte.

Die ohne bekannte Ursache entstandene Schwellung hatte sich sehr rasch innerhalb von drei Tagen ausgebildet. Die rektale und vaginale Untersuchung ergab ein Nachvornsinken aller Bauchorgane; der Muttermund befand sich in Armeslänge von der Vulva entfernt. Trotz der ungünstig gestellten Prognose gelang es, ein gesundes Fohlen nach manueller Geburtshilfe zu entwickeln. Die Schwellung ging nach der Geburt zurück, lediglich eine starke Hervorwölbung der Bauchdecken, verbunden mit einer erheblichen Verunstaltung des Tieres blieb zurück. Es handelte sich um eine Z e r reißung des Tendo praepubitus. Die Stute konnte das Fohlen 8 Monate ernähren. Reinhardt.

J a c q u o t (17) beschreibt „Deux observations cliniques", und zwar 1. eine starke kongenitale Sehnenretraktion bei einem Fohlen, die Verf. durch Durchschneiden der Beugesehnen der Phalangen zu heilen vermochte, und 2. eine Sehnenkontraktion als Folge einer Nageltrittoperation, die Verf. orthopädisch heilte. Henkels.

C i o m p i (7) sah bei einer Stute in der rechten Kniefaltengegend ein Hämatom der Bauchwand, das zunächst für eine Hernie gehalten wurde und später bei der Eröffnung 2 Eimer Blut entleerte. Heilung trat danach bald ein. Frick.

D a l l i n g e r s (8) Untersuchungen sollten vorzugsweise in der Richtung geführt werden, ob es in einzelnen Fällen gelingt, einen kausalen Zusammenhang nachzuweisen zwischen der das intermittierende Hinken des Pferdes verursachenden Thrombenbildung in den Endästen der Bauchaorta und der Sklerostomeninvasion.

Der von Schmidt vermutete kausale Zusammenhang wurde durch diese Arbeit nicht bewiesen, aber auch nicht entkräftet. Allerdings handelte es sich in den untersuchten 11 Fällen durchweg um ältere Pferde, das jüngste war 8 Jahre alt, und um alte Thromben. Es wird demnach die Aufmerksamkeit evtl. weitere Untersuchungen auf jüngere Pferde mit möglichst frischer Thrombenbildung zu richten sein. Trautmann.

B o s s i (1) hat in Argentinien bei Pferden eine Bewegungsstörung der Hintergliedmaßen gesehen, die er dem Hahnentritt zuzählt.

Das Leiden kommt vorwiegend bei Stuten vor im Alter von 5—8 Jahren. Die Kranken reißen zuweilen die Gliedmaßen so stark in die Höhe, daß der Huf gegen den Leib schlägt und bei Stuten dadurch Verfohlen eintritt. In den leichteren Fällen können die Tiere (wenn auch unter starkem Schwanken) traben, in den schweren dagegen (15% der gesamten Fälle) können sie nur Schritt gehen und schwanken stark. In letzteren Fällen dauert das Leiden bis 11—12 Monate; die Tiere kommen zum Liegen und sterben in wenigen Tagen.

B. hat bei zeitiger Behandlung mit Neosalvarsan von 47 Behandelten 22 ganz geheilt, bei den übrigen blieb leichte Ataxie übrig, die sich aber verlor. Makro- und mikroskopisch konnte B. keine konstanten Befunde erheben. Über die Ätiologie ist nichts bekannt, B. nimmt aber trotzdem Infektion im Bereich des Lenden- und Kreuzmarkes an.

Im Anschluß an dieses Leiden teilt B. mit, daß er oft bei 4—9 Jahre alten Pferden eine Erkrankung des Hinterteils sah, die mit Schwanken und Ataxie beginnt und nach Monaten mit Paraplegie des Hinterteils endet. Die histologischen Befunde am Rückenmark waren so unbedeutend, daß B. sie nicht als primär und kausal betrachtet. Die Krankheit ließ sich auf andere Pferde

durch intravenöse Injektion von 350—400 defibrinierten Blutes erkrankter Pferde übertragen. Durch
solche Pferdepassagen stieg die Virulenz derart, daß
schon 30—40 ccm defibrinierten Blutes genügten.
Atoxyl und Neosalvarsan waren wirkungslos.

Fricke.

Zanolli (36) konnte durch Tenotomie des M.
extensor lateralis der Phalangen ein Pferd von
dem Zuckfuß heilen. Ruppert.

Nach Hobmaier (11) kommt es im Anschluß an
degenerative Veränderungen der Stammes- und Herzmuskulatur bei Lämmern und Ferkeln mitunter zu
ausgedehnter Verkalkung der nekrobiotischen
Muskelfaser. Die gleiche Erscheinung kommt als
lokale Veränderung großen Umfanges auch bei anderen
Tieren im Anschluß an degenerative Muskelverände-
rungen unter besonderen Begleitumständen vor.

Weber.

Mensa (21) bespricht auf Grund seiner Kasuistik
die Folgen gewisser fehlerhafter Stellungen sowie
auch die Traumen der Gliedmaßen. Er ist über-
zeugt, daß es in diesen Fällen sich nicht um echte
pathologische Entzündungsformen handelt, sondern
um plastische, paraartikuläre Reaktionen der natürlichen Kräfte des Organismus. Declich.

Nach Just (16) ist die Dehnbarkeit der Sehnen
bei chronischen Erkrankungen vermindert.

An Stellen mit lokalen Veränderungen ist sie besonders gering. In jedem einzelnen Falle entscheidet
die Art und Ausbreitung der Erkrankung über das
Maß der Dehnbarkeit. Bei einem Falle akuter Sehnen-
entzündung war der Dehnungskoeffizient größer als
der bei chronisch kranken und gesunden Beugesehnen.
Bei einer Sehne mit eitriger Entzündung war die Dehnbarkeit erheblich größer als bei Sehnen mit fibrösen
Erkrankungen. Die Dehnungsfähigkeit der Sehnen
nimmt mit dem Alter ab. Das Paratendineum scheint
die Tragfähigkeit der Sehne zu erhöhen. Bei Belastung
der Sehne ist fast immer eine geringe Abnahme in der
Breite und Zunahme in der Dicke feststellbar.

Trautmann.

Vachetta (30) bespricht die Funktionen und
die Läsionen des Fesselbeinbeugers auf Grund
der von ihm als erstem durchgeführten Tenotomie
von einem der vorderen Endäste des oberen Gleichbeinbandes und seiner Kasuistik (1883—1904) sowie die
anormalen Fesselstellungen, ihre Folgen und therapeutischen Möglichkeiten. Declich.

Nach Nenkoff (23) sieht als Ursache für die Entstehung des Sehnenstelzfußes die Verkürzung
der Sehnen (Sehnenkontraktur) an. Elastizitätsverlust
der Sehnen als Ursache für die Entstehung des Stelzfußes scheint nicht zu bestehen. Der Elastizitätsunter-
schied zwischen kranken und gesunden Sehnen ist sehr
minimal. Trautmann.

Hupka (13) hat die von Kapitza empfohlene Art
des Durchschneidens der Hufbeinbeugesehne
beim Sehnenstelzfuß der Fohlen angewendet.

Die Sehne wird nicht an der üblichen Stelle in der
Mitte des Metakarpus, sondern in der Fesselbeuge
durchgeschnitten. Meist kommen Fohlen edlerer Rassen
in Frage. Hupka vertritt die Ansicht, möglichst frühzeitig zu operieren, jedoch erst wenn eine Besserung
des Stelzfußes durch Beschlag nicht möglich ist. Von
den acht so behandelten Fohlen wurden fünf völlig
hergestellt. Die Hufe haben ihre normale Form wieder-
erlangt. Bei den übrigen bestand zum Teil das Leiden
schon zu lange, zum Teil kam allgemeine Entkräftung
dazu. A. Fischer.

# 9. Hufkunde. Hufbeschlag. — Anatomie, Physiologie und Pathologie des Hufes und der Klauen.

Bearbeitet von A. Fischer.

*1) Ball, V.: Les causes et la pathogènie du cancer.
(Die Ursachen und die Entstehung des Krebses.)
Schweiz. Hufschm. S. 15. — 2) Bartsch, E.: Das
Klauenbeschneiden der Rinder nach Allgäuer Methode
und seine besondere Bedeutung für die Rentabilität
der Milchviehhaltung. D. landw. Presse Bd. 52, S. 175
u. 191. (In engster Anlehnung an die neu erschienene
Schrift von Fischer, A. „Das Klauenbeschneiden der
Rinder".) (Nichts Neues.) — *3) Bauer, L.: Über
die Architektur der Kompakta und Spongiosa der
Zehenknochen des Rindes. Diss. Wien. — 4) Becker:
Wie gewöhnt man widerspenstige Pferde an das Beschlagen der Hinterfüße? T. R. Bd. 31, H. 89. —
*5) Bollote: Contribution à rétude du traitement
curatif de la seine en pince sans boiterie. (Behandlung
des nicht mit Lahmheit verbundenen Hornspalt an
der Zehenwand des Tragerands.) Rec. de M. vét.
Bd. 101, Nr. 7. — *6) Boulaz: Eine neue Behand-
lungsmethode der Wandhornspalten im Hufbeschlage.
Schweiz. Hufschm. S. 69. — *7) Brose, O.: Beitrag
zur Geschichte des Hufbeschlages auf Grund eigener
Hufeisenfunde in Südwestdeutschland (Durlach). Diss.
Berlin. — *8) Broersma, S.: Over Klauwaan-
doeningen by het rund na mond-en klauwezeer. (Über
Klauenerkrankungen des Rindes nach Maul- und
Klauenseuche.) Tijdschr. voor Diergeneesk. Bd. 52,
S. 454—456. — *9) Bürgi, O.: Über Form und Lage-
veränderungen des Hufbeines. Schweiz. Hufschm.
S. 301. — *10) Burrows: Behandlung von Trachten-
wandhornspalten. Vet. Med. März. — *11) Carnat, G.:
Les graisses à sabots. (Die Hufsalben.) Schweiz.
Hufschm. S. 48. — 12) Danelius, G.: Det Stark-
Gutherska beslaget. (Der Stark-Guthersche Hufbeschlag.) Svensk Vet. Tidskr. Jg. 30, H. 7—9, S. 223
bis 228 u. 259—276. — *13) Derselbe: Undersökning
över hovkräftans patologiska histologi. (Eine Untersuchung über die pathologische Histologie des Hufkrebses.) Ebendas. Jg. 30, H. 11 u. 12, S. 366—376
u. 409—421. — 14) Delhoste: L'acide picrique dans
le traitement du crapaud. (Behandlung des Hufkrebses mit Prikrinsäure.) Rév. gén. de M. vét. Bd. 34,
S. 402. — 15) Depperich: Versuche mit Mitteln
gegen das Einballen von Schnee. Zschr. f. Vet. Kunde
Nr. 4, S. 113. — 16) Dykstra, R. R.: The handling
of some of the serious accidental injuries commonly
met in horse practica. (Behandlung verschiedenartiger
Hufverletzungen.) J. Am Vet. Med. Assoc. Bd. 66,
Nr. 6, S. 699—706. — 17) Escher, E.: Der Einfluß
des Präparates E 104 nach Pfeiler auf Hufrehe und
Flußgalle. B. t. W. S. 851. — 18) Ferguson, T. H.:
The surgery of the feet of cattle. (Übersicht über die
wichtigsten Klauenkrankheiten des Rindes und ihre
zweckmäßige Behandlung.) J. Am. Vet. Med. Assoc.
Bd. 66, Nr. 4, S. 432—438. — 19) Fischer, A.:
Beitrag zum Hufmechanismus. Hufschm. S. 66. —
20) Derselbe: Das Klauenbeschneiden der Rinder, ein
wichtiger Zweig der Klauenpflege. (3. Aufl.) Hannover:
M. u. H. Schaper. — 21) Derselbe: Das Pferd und
sein Beschlag. Sächs. landw. Zschr. Nr. 30, S. 482.
(Lehrfilm der Staatlichen Lehrschmiede zu Dresden.) —
*22) Derselbe: Das Übergangseisen. Hufschm. S. 74.
— 23) Derselbe: Der Lehrmeister im Hufbeschlag.
(19. Aufl.) Hannover: M. u. H. Schaper. — *24) Derselbe: Der Wert des Lehrfilms. Hufschm. S. 114. —
*25) Derselbe: Die Bedeutung des Klauenbeschneidens
der Rinder nach Allgäuer Art für die Rentabilität der
Milchviehhaltung. Ebendas. S. 154. — 26) Derselbe:
Entgegnung zum Artikel: „Ein Mahnwort am rechten
Ort zur rechten Zeit". Ebendas. S. 101. —*27) Derselbe: Halbe Hufeisen zur Korrektur fehlerhafter

Stellung. Ebendas. S. 70. — *28) Derselbe: Ist der Lappen am Hufeisen nötig? Ebendas. S. 17. — *29) Derselbe: Kinematographie und Hufbeschlag. Ebendas. S. 66. — *30) Derselbe: Klauenveränderungen und Klauenpflege bei der Ziege. Ebendas. S. 75. — *31) Derselbe: Weiteres über das Griff-Hufeisen „Universal" D. R. P. Ebendas. S. 78. — 32) Fleck, O.: Vergleichende Untersuchungen über die Knochenstruktur zwischen dem flachen und dem normalen Hufbein. Diss. Leipzig. (Vergleiche der Kompakta und Spongiosa „Anordnung an durch flache und normale Hufbeine gelegten zahlreichen Sagittal- und Querschnitten.) — *33) Friedrich: Zur Frage der Zehenschraubstollen. Zschr. f. Vet .Kunde Nr. 11, S. 423. — *34) Friis, Hj. und Uffe Jörgensen: Indtraadt Sóm med Sekvesterdannelse i Hovbenet. (Sequesterbildung im Hufbein nach Nageltritt.) Maan. for Dyrl. Bd. 37, S. 86—88. (Einzelfall.) — *35) Froehner, R.: Beitrag zur Geschichte des Hufbeschlages. Hufschm. S. 121. — *36) Derselbe: Nachweise für das Alter des eisernen Hufbeschlages. Ebendas. S. 124. — *37) Gajewski, S.: Najnowsze poglądy naukowe na istote i leczenie ochwatu. (Neueste wissenschaftliche Anschauungen über das Wesen und die Behandlung der Hufrehe.) Przegl. wet. Nr. 6. — *38) Garlt, W.: Untersuchungen über das Verhalten von Strahlhorn gegenüber chemischen Agentien. Ein Beitrag zur Kenntnis der Strahlfäule. Diss. Leipzig. — *39) Grötz, L.: Ein Beitrag zur Bewertung der Hufbeschlagsmethode nach Stark-Guther. Diss. Hannover; D. t. W. Bd. 33, S. 435—437 (Auszug) und Hufschm. S. 138. — *40) Grunth, P.: Om Hovens Belastning. (Über die Belastung des Hufes.) Maan. for Dyrl. Bd. 37, S. 385 bis 403. — *41) Glück, G.: Einiges über das Beschneiden der Pferdehufe. Hufschm. S. 33. — *42) Derselbe: Zur Gesunderhaltung der Pferdehufe. Ebendas. S. 89. — 43) Habacher, F.: Die Hufkantenbildung bei der Hufknorpelverknöcherung, Hufgelenkschale und einem Keratom. W. t. Mschr. Bd. 12, H. 10, S. 481. (Als bemerkenswerte Fälle aus der Poliklinik mit eingehender Beschreibung, auch pathologisch-anatomisch und histologisch; schöne Abbildungen.) — *44) Derselbe: Jahresbericht aus der Lehrkanzel für Huf- und Klauenkunde, sowie Poliklinik der Pferde der Tierärztlichen Hochschule in Wien. Ebendas. Bd. 12, H. 9, S. 435. — *45) Hahn: Zur Entstehung und Behandlung habitueller Kronrandspalten deformierter Vorderhufe. B. t. W. S. 570. — 46) Hanslian, A.: Der Hufbeschlag, Huf- und Klauenpflege der großen Haustiere. Prag. Verdeutschte 2. tschechische Ausgabe. — *47) Hauer, F.: Über Quellung und Elastizität des normalen und gequollenen Hornes. Kolloid-Zschr. Bd. 35, S. 169—172. 1924. — *48) Heinz vom Berge: Hufeisen im Altertum. Hufschm. S. 92. — *49) Heitlage: Die Beseitigung des Stelzfußes (Bockhuf) bei Fohlen. D. Schmiedem. S. 245. — *50) Heitz, F.: Hufbeschlagwesen im Kanton Aargau Schweiz. Hufschm. S. 225. — *51) Hemmert: Einige alte Hufeisen. B. t. W. Bd. 41, H. 25, S. 391. — 52) Heusser, H.: Über das Zustandekommen von Hufdeformitäten, speziell des schiefen Hufes. Schweiz. Arch. f. Tierhlk. (Zschokkes Festschrift.) — *53) Jardine: Fesselung von Pferden und Bullen. Vet. Med. April. — 54) Kinsley, A. T.: Necrobacillary panaritium. (Auftreten von Panaritien mit Infektion durch Nekrosebazillen in einer Herde von 130 2jährigen Stieren. Heilung mit desinfizierenden Fußbädern.) Ebendas. Bd. 20, Nr. 7, S. 314. — 55) Koßmag: Beitrag zur Entstehung der Hufrehe. T. R. Bd. 31, S. 123. — *56) Derselbe: Der Sohlenzwanghuf und sein Beschlag. D. Schmiedez. S. 472. — *57) Derselbe: Die Haftpflicht des Beschlagschmiedes bei Starrkrampf infolge angeblicher Vernagelung. Hufschm. S. 197.' — *58) Derselbe: Die Strahlfäule. D. Schmiedezeitung S. 968. — *59) Derselbe: Ein eigenartiger Fall von Hufrehe. Ebendas. S. 273. — *60) Derselbe: Wie wird das Einballen von Schnee verhütet? Ebendas. S. 23. — *61) Krause: Grundlagen zur Schaffung eines Einheitsstollens der Truppe. Zschr. f. Vet. Kunde Bd. 37, S. 242. — *62) Derselbe: Stellungnahme zu dem Aufsatze des Herrn Oberstabsveterinärs a. D. Dr. Friedrich: Zur Frage der Zehenschraubstollen. Ebendas. S. 424. — *63) Kroon, H. M.: Machinale hoefijzers. (Fabrikhufeisen.) Hoefsm. Bd. 30, S. 20. — *64) Larieux: L'acide picrique dans le traitement du crapaud. (Behandlung des Hufkrebses mit Pikrinsäure.) Rév. gén. de M. vét. Bd. 34, Nr. 402.— *65) Derselbe: L'encastelure et son traitement. (Der Zwanghuf und seine Behandlung.) Ebendas. Bd. 34 Nr. 401. — *66) Lasch: Beitrag zur Anwendung des Rivanols in der tierärztlichen Praxis. T. R. S. 340. — *67) Liljefors, E.: Trenne fall av hovbensbratt hos häst jämte ett bidrag till kännedomen om läkningsfårhållendend vid detta lidande. (Drei Fälle von Hufbeinbruch beim Pferd und ein Beitrag zur Kenntnis der Verhältnisse bei der Heilung dieses Bruchs.) Svensk Militärvet. kvartalsskr. Jg. 1, H. 3 u. 4, S. 45—65 u. 71—87. — *68) Lohr: Die Behandlung des Stelzfußes bei Fohlen. D. Schmiedem. S. 330. — *69) Mallet, M.: Faites soigner vos chevaux boiteux. (Kümmert Euch um die lahmen Pferde.) Schweiz. Hufschm. S. 43. — *70) Marschner: Zugbandklammern zum Fixieren von Hornspalten. Hufschm. S. 71. — *71) May, H.: Über die Elastizität des gequollenen Hufhornes beim Pferd. Diss. Wien 1924/25. — *72) Mensa, A.: Le contradizioni sulla malattia navicolare. (Widersprüche auf dem Gebiete der Strahlbeinlahmheit.) Nuovo Ercol. Bd. 30, Nr. 17—18, S. 301—312. — *73) Derselbe: La valutazione delle inclinate digitali e dei corrispondenti setteri di pressione negli equidi. (Die richtige Beurteilung der phalangealen Winkelungen und der entsprechenden Druckabschnitte bei den Equiden.) Ebendas. Bd. 30, Nr. 10, 11, 12, S. 181—199, 201 bis 219, 221—230. — *74) Merz, F.: Untersuchungen am Hufe über das antagonistische Verhältnis des Strahles zum Aufhängeapparat des Hufbeines. M. t. W. Bd. 79, S. 237. — *75) Messler, J. S. E.: Die Hornspalten des Pferdes und ihre Behandlung mit besonderer Berücksichtigung einer neuen, auf Erweiterung der Hufkapsel beruhenden Methode. Diss. Leipzig und Hufschm. S. 170. — *76) Muck, J.: Histologische Untersuchungen über den Aufbau der weißen Linie an den Klauen von Rind, Schaf, Ziege und Schwein. Diss. Wien 1924/25. — *77) Naigélé, A.: Der Schmied in der Geschichte. Hufschm. S. 1. — *78) Derselbe: Die Kohle im Sprichwort. Hufschm. S. 49. —79) Pätz: Hufbeschlagversuche im Heere. Zschr. f. Vet. Kunde Bd. 37, S. 310. — *80) Pålman, A.: Unser jetziger Beschlag kranker Hufe und lahmer Pferde. Hufschm. S. 105. — *81) Derselbe: Zur Behandlung des Platt- und Vollhufes. Arch. f. wiss. Tierhlk. Bd. 53, S. 489 bis 525. — *82) Pape, J. und C. Löffler: Beitrag zur Diagnostik der Hufbeinfrakturen beim Pferd. Arch. f. wiss. Tierhlk. Bd. 52, S. 199—212. — *83) Plank, van der: Verslag eener voortracht over „Hoefbeslag". Bericht über einen Vortrag über Hufbeschlag.) Hoefsm. Bd. 30, S. 53. — *84) Pohl: Die fabrikmäßige Herstellung von Hufeisen. D. Schmiedez. S. 580. — *85) Pollak, G.: Über das Verhalten des Klauenhornes bei der Einwirkung chemischer Agentien. Diss. Wien 1921/24. — 86) van Poppel: Over behandeling van Hoornscheuren. (Über Behandlung von Hornspalten.) Hoefsm. Bd. 30, S. 151. — *87) Prechtl, K.: Die lose Wand der Rinderklaue. Diss. Wien. — *88) Pulles: De taak van den hoefsmid bij de bistrijding van hoefkanker. Hoefsm. Bd. 30, S. 129. — *89) Purtzel O.: Über Ätiologie und Therapie des Panaritiums der Rinder mit eignen Beiträgen unter besonderer Berücksichtigung der SO_2-Präparate. Diss. Berlin u. T. R. Bd. 31, S. 369—372 u. 385—390. — 90) Reeks,

H. C.: Diseases of the horses foot. London: Baillière, Tindall u. Cox. — 91) Ritsema, M.: Eenige Ervarnigen bij tet beslag van paarden met verbeende Hoefkraakbeenderen. (Einige Erfahrungen mit dem Beschlag bei Pferden mit verknöcherten Hufknorpeln.) Hoefsm. Bd. 30, S. 65. (Nichts Neues.) — *92) Sanna, A.: Di una setola in punta. (Zehenwandspalte.) Clin. vet. S. 666—668.) — *93) Schmidt: Ein neuer Weg in der internen Behandlung des sog. Strahlkrebses bei Pferden. M. t. W. Bd. 76, Nr. 40, S. 869—872. — *94) Schumann: Bericht über die Tätigkeit des Tierseuchenamtes der Landwirtschaftskammer Schlesien zu Breslau im Jahre 1924/25. (Klauenpflege betr.) — *95) Schwendimann, F.: Der Beschlag beim schleisenden Gang. Schweiz. Hufschm. S. 129. — *96) Derselbe: Die Kollektivausstellung für Hufbeschlag an der Schweizerischen Ausstellung für Landwirtschaft, Forstwirtschaft und Gartenbau in Bern. Ebendas. S. 249. — *97) Schwyter, H.: Aplatissement du bourrelet de chair. (Die Abflachung der Kronwulst.) Ebendas. S. 161. — *98) Derselbe: Das Beschlagen von Pferden mit Leisten und Schalen. Ebendas., S. 1. — *99) Derselbe: Geschichte des schweizerischen Militär-Hufbeschlages Ebendas. S. 193. — *100) Derselbe: Hufschmiede, schützet die einheimische Industrie. Ebendas. S. 277. — 101) Derselbe: Marquage au fer rouge des chevaux militaires. Ebendas. S. 317. — *102) Szczudłowski, K.: Teoretyczne i praktyczne spostrzeżenia nad zanokcicą u bydła. (Theoretische und praktische Erwägungen über Panaritium des Rindes. Przegl. wet. Nr. 12. — 103) Tauer, J.: Über die Behandlung des Hufkrebses mit Feinkaporit. Diss. Berlin. (Ein Beitrag zur Therapie des Hufkrebses.) — *104) Thormälen, A.: Das Wesen der Geburtsrehe vom klinischen Standpunkt aus. Diss. Hannover. — *105) Treml, F.: Über die Stelz- und Rehklauen des Rindes. Diss. Wien. — *106) Väth, J. G.: Was darf und kann der Hufschmied bei einem Nageltritt tun? Hufschm. S. 4 u. 5. — *107) Vogler, M.: Über die Elastizität des Hufhornes beim Pferd. Diss. Wien 1924/25. — 108) Woltmann, F.: Über einfache Spann- und Legemethoden für Pferde. Diss. Berlin.— *109) Wormbs, A.: Hufpflege bei Pferden, insbesondere bei Fohlen. D. landw. Tierz. Jg. 29, S. 699—700. (Nichts Neues.) — *110) Zeilinger, K.: Über die Wärmeleitung des Huf- und Klauenhornes. Diss. Wien 1923/24 u. Arch. f. wiss. Tierhlk. Bd. 52, S. 356 bis 374. — *111) Zschocke, F.: Zur Ätiologie der Steingallen. Diss. Leipzig 1922 u. Hufschm. S. 185. — *112) Zupančić, V.: Untersuchungen über den Einfluß des Beschlages auf die Hufbelastung. Diss. Wien. — 113) De Werklust bij de jonge Hoefsmeden. Hoefsm. Bd. 30, S. 161. — *114) Ferrage à chevilles. Schweiz. Hufschm. S. 104. — 115) Goede Gereedschappen. Hoefsm. Bd. 30, S. 145. — 116) Hoe een paard in drie weken van normale, teel slechte hoeven kreeg. Hoefsm. Bd. 30, S. 51. — *117) Klauenkrankheiten bei Renntieren. Bote der neuzeitl. Vet. 1924. (Russ.) — *118) Statistischer Veterinärbericht über das Reichsheer für das Berichtsjahr 1924. (Fissuren, Frakturen, Hornspalten, Rehe betr.) — *119) (anonym): Pflege der Fohlenhufe. Sächs. landw. Zschr. Nr. 1, S. 13. — 120) Voordracht Hoefbeslag. (Vortrag über Hufbeschlag.) Hoefsm. Bd. 30, Nr. 8, S. 116.

### a) Anatomie und Physiologie des Hufes und der Klauen.

Grunth (40) schließt sich der von Poder und Lienaux & Zwaenepoel vertretenen Anschauung an in betreff der Belastung des Hufes, wonach eine im Verhältnis zu der Stellung des Fußes zu hohe Hufpartie immer die größte Belastung auszuhalten hat.                     M. Christiansen.

Den Zweiflern am Bestehen des Hufmechanismus zeigt A. Fischer (19) an der Hand von zwei Abbildungen, Hufeisen, deren Schenkelenden an der Tragfläche besonders stark ausgeprägte Scheuerrinnen reichlich 6 cm lang, teilweise 1 cm breit und fast $\frac{1}{3}$ der Eisenstärke tief, aufweisen. Diese Fälle sind aus vielen eigenen Beobachtungen herausgegriffen und beweisen erneut, daß der Belastungsdruck je nach Form des Hufes und der Stellung des Pferdes nicht ohne deutlichen Einfluß auf die Art der Scheuerstellen ist.                     A. Fischer.

Wie Zupančić (112) ausführt, finden sich über die Art und Weise der Hufkorrektur und der Eisenanpassung im Schrifttum verschiedene Anschauungen vor.

Zur Beantwortung der Fragen, ob der Beschlag gesunder, regelmäßiger, bodenweiter und bodenenger Hufe nur mit Berücksichtigung der Hufform auszuführen, d. h. ob das Hufeisen nach dem Verlaufe des Tragrandes oder weiter zu richten sei, oder ob das Beschneiden einer Hufhälfte auf die Belastung einen Einfluß habe und schließlich ob die Hufhälften bei gleicher Belastung und gleichmäßiger Eisenabnützung eine verschiedene Länge zeigen müßten, wurden

1. die mechanischen Vorgänge bei verschiedener Beschlagausführung an 20 proximal vom Karpalgelenk abgetrennten Extremitäten studiert,

2. das Verhalten der inneren und äußeren Hornwandlänge an 200 Hufen barfuß gehender Pferde bezüglich der gleichmäßigen Abnützung untersucht und

3. die Ergebnisse vorgenannter Untersuchungen durch den praktischen Beschlag an 26 Pferden geprüft.

Für die Untersuchungen über die mechanischen Vorgänge benützte Z. den von Habacher hergestellten Belastungsapparat, ähnlich dem von Moser, mit Zuhilfenahme des elektrischen Stromes, in den ein Licht- und Läutesignal eingeschaltet war. Die Hufkorrektur wurde nach allgemein gültigen Regeln des Hufbeschlages unter Schonung der Hornsohle, der Eckstreben und des Hornstrahles vorgenommen. Da die Untersuchungen von Z. hauptsächlich auf die Veränderungen der Hornsohle unter der Einwirkung der Körperlast gerichtet waren, gebrauchte er ein offenes Eisen (Zehenstolleneisen), dessen Eisenarme verschieden weit von der mittleren Strahlfurche gestellt waren und mit dem er durch Einschrauben von niederen und hohen Stollen verschiedene Beschlagsarten nachahmen konnte. Durch angeführte Untersuchungen nach 1, 2 und 3 kam er zu folgenden Schlußsätzen:

1. Der Huf des Pferdes zeigt im belasteten Zustande eine andere Form als im unbelasteten. Einerseits durch die von oben einwirkende Körperlast, anderseits durch den Gegendruck vom Erdboden erleidet er mannigfaltige Formveränderungen. Durch die von den Zehenknochen auf die Hornsohle fortgeleitete Körperlast flacht sich diese etwas ab, am meisten an den Sohlenästen. Die Abflachung (Senkung) der Hornsohle schwankte an den untersuchten Hufen von 0,05—1,20 mm, im Durchschnitt 0,4 mm. Die Größe dieser Bewegung hängt von der Stellung der Gliedmaßen, von der Form der Hufe, der Korrektur und der Eisenauflage ab.

2. Durch ungleichmäßige Verteilung der Körperlast, durch Mehrbelastung einer Hufhälfte wird die Entstehung verschiedenartiger krankhafter Veränderungen begünstigt. Es ist eine bekannte Tatsache, daß die Erkrankungen bei den regelmäßigen Hufen selten, dagegen bei den bodenweiten an der inneren, bei den bodenengen an der äußeren Seite mit Vorliebe auftreten.

3. Das Richten der Eisen nach dem Verlaufe des Tragrandes ist nur bei regelmäßigen Hufen, die eine gleichmäßige Belastung aufweisen, am Platze. Zur Erreichung einer gleichmäßigen Belastung bei bodenweiten und bodenengen Hufen ist das Eisen an der

mehrbelasteten Hufhälfte vom letzten Nagelloche möglichst nach dem Verlaufe des Kronrandes, an der minderbelasteten genau nach dem Tragrande zu richten.

4. Bei stollenlosem Beschlag senkt sich die Hornsohle am meisten; beim Beschlag mit dem Stollen- sowie Griffeisen verteilt sich die Körperlast mehr auf die Zehe, wodurch die Sohle eine verminderte Abflachung in den hinteren Partien erleidet.

5. Durch die Mehrbelastung einer Hufhälfte nützt sich das Eisen an der betreffenden Seite vermehrt ab. Der Hufmechanismus wird durch die stärkere Belastung ebenfalls mehr angeregt und dadurch eine schnellere Hornproduktion zur Folge haben. Die Abnützung des Eisens bietet uns somit Fingerzeige bei der Zubereitung der Hufe. Der Huf ist dort am meisten zu kürzen, wo das Eisen am meisten abgenützt ist.

6. Den neueren Ansichten von Stark und Guther, daß das Hufeisen stets nach dem Tragrande zu richten sei, und zwar ohne Rücksicht darauf, ob der Huf regelmäßig ist, kann Z. auf Grund seiner Untersuchungsergebnisse nicht zustimmen. A. Fischer.

A. Fischer (29) weist darauf hin, daß zum Zweck des Beschlages die einzelnen Bewegungsvorgänge kinematographisch festzuhalten, im Dienste der Wissenschaft und der Praxis sehr wichtig ist. Zur Veranschaulichung sind einige Beschlagshandlungen aus dem Lehrfilm „Das Pferd und sein Beschlag" photographiert wiedergegeben. A. Fischer.

Garlt (38) stellte fest, daß die Hornsubstanz gesunden Hufstrahles vom Pferde nicht unbeträchtliche Mengen chemischer Agenzien bindet. Das Strahlhorn ist besonders geeignet, die mit dem Fäulnisprozeß auftretenden Flüssigkeitsmengen in sich aufzunehmen. Trautmann.

Nach den Untersuchungen von Hauer (47) stellt das Horn des Pferdehufes und der Rinderklaue ein kolloides System dar und zeigt wie viele andere die Erscheinung der Quellung. H. stellte Versuche über die Quellung des Hornes in bezug auf Gewicht und Volumenzunahme in verschiedenen Quellungsmitteln, sowie über die Elastizität desselben im normalen, getrockneten und gequollenen Zustand. Nach H. ist das Huf- und Klauenhorn nicht nur inhomogen, sondern auch anisotrop. Wie zu erwarten war, haben die Versuche auch bestätigt, daß sich Quellung und Elastizität als von der Lage der herausgeschnittenen Proben abhängig erweisen. A. Fischer.

Zeilinger (110) berichtet über die Wärmeleitung des Hufhornes.

Nach einer angegebenen Methode zur Bestimmung des Koeffizienten des inneren Wärmeleitungsvermögens ($\lambda$) schlecht leitender Körper wurde der $\lambda$-Wes des Hufhornes mittels einer besonderen Verhältnissen angepaßten Apparatur mit $\lambda = 0,00072$ g Kal./cm Grad sec. bestimmt. Die Pigmentierung des Hornes hat auf die Wärmeleitfähigkeit desselben keinen Einfluß.

Kalorimetrische Messungen ergaben, daß sich durch den Hornschuh in seiner Gänze durch ein Kältemittel, das eine um $D$ Grade niedrigere Temperatur besitzt, als an der Innenfläche der Hornkapsel herrscht, in $Z$ Minuten die Wärmemenge von ca. 6 $DZ$ Kalorien entziehen lassen. Im allgemeinen zeigen dabei verschieden große Hufe im Vergleiche ziemlich konstante Werte, wie sich auch durch den Klauenschuh unter denselben Bedingungen fast dieselbe Anzahl von Kalorien entziehen läßt. Die durch Sohle und Strahl entziehbaren Wärmemengen verhalten sich zu den unter gleichen Bedingungen durch die Hornwand entziehbaren ungefähr wie 1 : 13, zu den durch den ganzen Hornschuh entziehbaren Wärmemengen ungefähr wie

1 : 2. Der Einfluß der Quellung des Huf- und Klauenhornes auf die Wärmefähigkeit desselben ist sehr gering. Die Glasurschicht zeigt im Vergleiche zur Röhrchenschichte bezüglich Wärmeleitfähigkeit keine Besonderheit. Die Röhrchenschichte weist nach allen Richtungen nicht dieselbe Leitfähigkeit auf. In der Richtung der Röhrchen ist letztere besser als rechtwinklig dazu. Dieser Unterschied ist am größten in der Nähe der Blättchenschicht und am geringsten in den äußeren Hornwandanteilen.

Wäre die den Huf in der Zeiteinheit durchströmende Blutmenge bekannt, so könnte man mit Hilfe der gefundenen Werte und der Wärmekapazität der vom Hornschuh eingeschlossenen Gebilde annäherungsweise zeigen, welche Temperaturänderungen wir innerhalb des Hornschuhes durch bestimmte, auf die Außenfläche des Hufes applizierte Wärme- und Kältemittel bewirken könnten. Trautmann.

Vogler (107) suchte nach der Methode der Durchbiegung eines einseitig eingeklemmten Stabes den Elastizitätsmodul vom Hufhorn des Pferdes zu bestimmen.

Um bei den einzelnen Hornstreifen einen bestimmten, konstanten Feuchtigkeitsgehalt während des ganzen Versuches zu erzielen, wurden dieselben in wassergesättigter Luft aufbewahrt und gemessen. Dieser Zustand entspricht nach angestellten Untersuchungen ungefähr dem natürlichen Feuchtigkeitsgehalt des Hufhornes. Die Versuchsergebnisse sind folgende: 1. Der Elastizitätsmodul von Hornstreifen aus der äußeren Röhrchenschicht des Wandhornes beträgt im Mittelwert $E = 61$; hingegen besitzen Streifen aus den übrigen Teilen der Röhrchenschicht des Wandhornes einen wesentlich kleineren Modul, sind also leichter deformierbar. 2. Der Elastizitätsmodul von Wand- (äußere Röhrchenschicht), Sohlen-Strahlhorn verhält sich ungefähr wie 5: 3 : 1. 3. Das Ballenhorn besitzt ungefähr denselben Elastizitätsgrad wie das Strahlhorn. 4. Durch Austrocknen des Hufhornes wird der Modul um das 4—12fache erhöht. Trautmann.

May (71) hat nach der Methode der Durchbiegung eines beiderseitig aufgelegten Stabes den Elastizitätsmodul des gequollenen Hufhornes beim Pferd bestimmt.

Als Quellungsflüssigkeiten dienten: Wasser, 20 proz. Essigsäure und 20 proz. Milchsäure. Die Versuchsergebnisse sind folgende:

1. Für den Modul des in Wasser gequollenen Hufhornes wurden als Durchschnittswerte gefunden: für das Wandhorn 39,3, für das Sohlenhorn 21, für das Strahlhorn 0,525, für das Ballenhorn 0,27. 2. Für den Modul des in Essigsäure gequollenen Hufhornes ergaben sich als Durchschnittswerte: für das Wandhorn 14,79, für das Sohlenhorn 6,29, für das Strahlhorn 0,265, für das Ballenhorn 0,15. 3. Für den Modul des in Milchsäure gequollenen Hufhornes wurden als Durchschnittswerte gefunden: für das Wandhorn 6,21, für das Sohlenhorn 3,38, für das Strahlhorn 0,185, für das Ballenhorn 0,082. Im allgemeinen ist der Elastizitätsmodul des in Wasser gequollenen Hufhornes ungefähr 2—7mal so groß als der des in Milchsäure gequollenen Hufhornes und zwei- bis dreimal so groß als der des in Essigsäure gequollenen Hufhornes. Trautmann.

Zur Untersuchung des inneren Aufbaues der Zehenknochen wurden, wie Bauer (3) ausführt, die Klauen von Tieren mit annähernd regelmäßiger Gliedmaßenstellung oberhalb des Fessels abgetrennt und gekocht, um die Knochen von den Weichteilen zu befreien.

Mit der Knochensäge halbierte B. dann die einzelnen Knochen und legte sie zur Entfettung in Alkohol, Benzin oder Xylol. Nach 3—4 Wochen wurden mit der Laubsäge dünne Blättchen aus ihnen geschnitten, und zwar in frontaler, sagittaler und zu den Gelenkflächen paralleler Richtung. Diese Schnitte unterwarf B. neuerdings der Fettextraktion und schliff sie dann auf mattem Glase mit Bimsstein und Wasser bis zur Stärke von 0,1—0,3 mm. Vom Schleifpulver gereinigt, wurden sie in 100 proz. Alkohol entwässert und dann getrocknet. An sämtlichen Schliffen, ob sie von der medialen oder lateralen Klaue, ob sie von der Vorder- oder Hinterextremität stammten, fand B. eine im wesentlichen übereinstimmende Struktur. Am Fessel- und Kronenbein weist die laterale Kompakta eine größere Stärke auf als die mediale (interdigitale), die dorsale Wand ist stärker als die volare; ebenso die laterale Druckaufnahmeplatte gegenüber der medialen. Beide Knochen lassen ein Aufblättern der Kompakta in Spongiosa von ihren stärksten Stellen gegen die Gelenkenden und eine Konvergenz der Lamellen gegen die Knochenachse erkennen.

Am Klauenbein ist die laterale Kompakta stärker als die mediale, Sohle und dorsaler Rand zeigen eine starke Rinde. Die Spongiosa zeigt am Frontalabschnitt annähernd horizontale und vertikale Bälkchen, am Sagittalschnitt ein längs der dorsalen Wand und ein zweites längs der Sohle zur Klauenbeinspitze verlaufendes Trabekelsystem. Die beiden letzteren kreuzen sich an der Spitze des Knochens. Von der Gelenkfläche strahlen Züge radiär nach allen Richtungen aus. Am Strahlbeine kann man eine dünne kompakte Rinde und die in ihren Hauptlinien sowohl zur Gelenkfläche als auch zur Sehnengleitfläche senkrecht stehende Spongiosa wahrnehmen. Die Untersuchungen von B. lehrten, daß sich die von Meyer, Wolff, Roux, Eichbaum und Zschokke aufgestellten allgemeinen Gesetze über Knochenarchitektur auch auf die Zehenknochen des Rindes anwenden lassen.     A. Fischer.

Pollak (85) untersuchte das Verhalten des Klauenhorns gegenüber chemischen Agenzien.

Während des Lebens der Rinder kommen die Klauen sowohl zufällig, als auch zwecks therapeutischer oder kosmetischer Behandlung vielfach mit Substanzen in Berührung, die eine chemische Wirkung auf die Hornsubstanz vermuten lassen, z. B. Säuren, Alkalien usw. Diese Verhältnisse wurden einer genaueren Untersuchung unterzogen, die ergab, daß sowohl saure wie alkalische Substanzen in verhältnismäßig beträchtlichen Mengen und in den der Konzentration entsprechenden Abstufungen von der Hornsubstanz gebunden werden. Ammoniak und Ammoniumkarbonat wird dagegen vom Horn so gut wie gar nicht aufgenommen, was insofern vom praktischen Interesse ist, als die Klauen während des ganzen Lebens vielfach und langdauernd mit faulem Harn in Berührung sind. Mehr aber als Säuren bindet das Klauenhorn Formaldehyd und insbesondere Phenol. Solches mit Phenol gesättigtes Horn behält nichtsdestoweniger nahezu das gleiche Bindungsvermögen für Säuren und Laugen wie das normale Klauenhorn. Sodann wurden die Quellungsvorgänge des Klauenhorns bei Einwirkung von Wasser an sich, als auch bei Anwesenheit anderer chemischer Agenzien nach Dauer und Größe der Wasseraufnahmefähigkeit in bezug auf verschiedene Teile des Klauenschuhes untersucht. Für eine Reihe weiterer Untersuchungen war als Grundgedanke bestimmt, in welchem Maße Hufsalben die Aufnahmefähigkeit des Hornes für Wasser beeinflussen. Dabei ergab sich, daß Überzüge von Vaselin, Schweinefett usw. und selbst von Asphaltlack nicht einmal für eine Zeit von 24 Stunden das Klauenhorn vollständig gegen die Wassereinwirkung schützen, sondern daß so behandeltes Horn sogar noch immer etwa noch halb so viel Wasser, als unbehandeltes Horn aufzunehmen imstande ist. Gegen eine länger dauernde Wassereinwirkung schützen solche als Hufsalben verwendete Deckmittel das Klauenhorn überhaupt nicht. Die an-

gestellten Untersuchungen bezogen sich insgesamt auf unpigmentiertes Rinderklauenhorn.     Trautmann.

Mück (76) hat die Histologie der weißen Linie an den Klauen der Wiederkäuer und des Schweines festgestellt.

Nach seinen Untersuchungen hat die von Kroon für den Tragrand des Hufes getroffene Einteilung in Zona pigmentosa, Zona non pigmentosa, Linea alba, Zona lamellata und Margo soleae größtenteils auch für die Klauen Geltung. Die Linea alba spricht Verf. als das älteste Kappenhorn an. Das distale Ende der Koriumblättchen löst sich in Papillen auf, die dann Hornröhrchen produzieren. Die ursprünglich deutliche Röhrchenstruktur geht mit Fortschreiten des Verhornungsprozesses allmählich verloren, so daß schließlich in der Höhe des Tragrandes eine genaue Differenzierung zwischen Röhrchen- und Zwischenröhrchenhorn oft nicht mehr möglich ist.

Das Auftreten von sog. Kappenzellen ließ sich an allen untersuchten Klauen nachweisen. Beim Rind wird das Auftreten der Kappenschicht, die oberhalb des letzten Drittels der Wand beginnt und distal bis zum Auftreten der ersten Papillen an Ausdehnung zunimmt, durch 2 Faktoren bedingt: 1. Durch die Höhenabnahme der Koriumblättchen, 2. dadurch, daß die Koriumblättchen samt ihrer Basis analog dem Klauenbein einen leicht konvexen Bogen beschreiben.

Indem die Koriumblättchen so von der Wand zurückweichen, wird für eine stärkere Zellproduktion vom First der Koriumblättchen aus genügend Raum geschaffen. Bei Schaf, Ziege und Schwein fällt das Auftreten charakteristischer Kappenzellen mit der Höhenabnahme der Koriumblättchen zusammen, die bei Schaf und Ziege ungefähr zu Beginn des letzten Viertels, beim Schwein ungefähr mit dem letzten Drittel der Wand einsetzt.     Trautmann.

### b) Hufbeschlag, Hufpflege, Klauenbeschlag und Klauenpflege.

Brose (7) liefert einen interessanten Beitrag zur Geschichte des Hufbeschlages.

Die Kelten sind, wenn nicht Erfinder des Hufbeschlages, so doch als das erste Volk zu betrachten, welches seine Pferde mit Hufeisen und Nägeln beschlagen hat. Die Römer sind nicht Erfinder des Hufbeschlages, es spricht aber manches dafür, daß sie den Grenzvölkern (Kelten, Germanen) den Hufbeschlag entlehnt haben. Auch unter der Römerherrschaft waren die Hufbeschlagsprinzipien der Kelten und Germanen maßgebend und wurden in Ermangelung römischer Hufschmiede weiter durchgeführt. Der Hufbeschlag mit Nägeln war bei den Kelten und Germanen bereits in vorrömischer Zeit in Gebrauch.     Weber.

Über Hufeisen im Altertum berichtet Heinz vom Berge (48).

Bekanntlich hat die Kunst des Schmiedens im Altertum einen sehr hohen Stand innegehabt. Die Ansichten über antike Hufeisen gehen auch heute noch auseinander. Während Schlieben das Vorhandensein antiker Hufeisen bestreitet, behaupten dies andere, so z. B. Schaafhausen mit aller Entschiedenheit. Nach den auf der Saalburg gefundenen Hufeisen unterscheidet Jacobi drei Arten. In neuerer Zeit hat die Forschung festgestellt, daß an dem Vorhandensein altrömischer Hufeisen nicht mehr gezweifelt werden kann. Hierfür ist ausschlaggebend das massenhafte Vorkommen an bestimmten Stellen altrömischer Ansiedlungen. Es ist doch vollkommen ausgeschlossen, daß man unter allem unbestritten römischem Hausrat in großen Mengen Hufeisen antrifft, welche die Merkmale altrömischer Technik zeigen, die aber aus späteren Epochen stammen sollen. Vielmehr läßt sich aus diesen massenhaften Vorkommen schließen, daß stellenweise sogar Massenfabrikation bestanden hat.     A. Fischer.

Die bei Anlage der städtischen Kanalisation gefundenen Hufeisen stellen, wie Hemmert (51) schreibt, sog. altdeutsche Hufeisen dar, während das eine dem keltischen Hufeisentyp angehört. A. Fischer.

Wie Froehner (35) betont, scheint die Annahme, daß nagellose römische Hufeisen mit Vorrichtungen zum Befestigen mit Stricken und Riemen „Instrumente zum Schutze und zur Heilung von beschädigten Pferdehufen", sog. Hipposandalen, gewesen seien, nicht mehr als zutreffend anerkannt werden zu können. Das gehäufte Auftreten solcher Hipposandalen dürfte beweisen, daß es sich um einen regelmäßig und allgemein verwendeten Beschlag, und zwar für Lastpferde handelte. A. Fischer.

Nach Froehner (36) scheint nunmehr festzustehen, daß das Eisenstück, das 1653 im Grabe des Frankenkönigs Childerich (481) gefunden worden ist, keinem Hufeisen angehört. Damit fällt ein Beleg für die Behauptung des hohen Alters des Hufbeschlages im Abendlande weg. F. hofft, daß möglicherweise uns die Wappenkunde in der Forschung über das Alter des Hufbeschlages weiter bringt. A. Fischer.

Nach alten Geschichtsschreibern soll, wie Naigélé (77) ausführt, Tubalkain der erste Schmied gewesen sein, und so auch nach dem Polydorus Virpelius die Pelethronier die ersten Hufschmiede. Viele halten Tubalkain und Vulkan für ein und dieselbe Persönlichkeit. Nach einem geschichtlichen Überblick über die verschiedenen Arten von Schmieden weist N. auf den Verfall der Schmiedekunst zur Zeit der Regierung Napoleons I. hin; erst von 1870 tritt durch Eduard Puls eine Neubelebung des Schmiedehandwerks wieder ein. A. Fischer.

Nach den Ausführungen von Schwyter (99) wurden in der Schweiz von 1871 bis 1886 alle Hufschmiederekruten, nach Sprachen getrennt, jährlich in eine Rekrutenschule ihrer Waffe einberufen und erhielten in derselben, außer ihrer soldatischen Ausbildung, in den letzten 3—4 Wochen durch den Veterinäroffizier der Schule und einen Hufschmiedinstruktor Anleitung im Beschlag der Militärpferde.

Seit dem Jahre 1887 erhalten die Militärhufschmiede ihre Spezialausbildung in den auf dem Orte Thun stattfindenden Militärhufschmiedekursen.

Die Grundlagen der Instruktion der schweizerischen Militärhufschmiede sind vom früheren eidgenössischen Oberpferdearzte Oberst Potterat geschaffen worden.

Bis zum Jahre 1885 wurden sämtliche Pferde und Maultiere der schweizerischen Armee mit handgeschmiedeten, im Lande selbst hergestellten Locheisen mit festen Griffen und Stollen beschlagen.

In den Jahren 1885, 1886 und 1887 machte man die ersten Versuche mit aus England beschafften Fabrikhufeisen für Pferde. Das Resultat dieser Versuche war die Annahme der Ordonanzhufeisen vom Jahre 1888.

Diese Eisen wurden in der Schweiz hergestellt, und zwar von der Eisenfabrik v. Roll in Gerlafingen (Solothurn).

Die Ordonnanzhufeisen für Maultiere vom Jahre 1908, die ebenfalls von der genannten Fabrik erstellt werden, sind nach den gleichen Grundsätzen konstruiert wie die Ordonnanzeisen für Pferde vom Jahre 1901 und haben sich gut bewährt.

Die Ordonnanzhufnägel, Modell 1916, werden von der A.-G. der von Moosschen Eisenwerke in Emmenbrücke bei Luzern hergestellt.

Seit dem Inkrafttreten des Bundesgesetzes betreffend die Militärorganisation der schweizerischen Eidgenossenschaft vom 12. April 1907 gehören die schweizerischen Militärhufschmiede dienstlich zu den „Veterinärtruppen" und sind dem eidgenössischen Oberpferdearzt unterstellt. A. Fischer.

Wie Heitz (50) ausführt, verlangen die aargauischen Hufschmiede eine Verordnung, welche verfügen soll, daß im Kanton Aargau der Huf- und Klauenbeschlag nur noch durch Leute besorgt werden dürfe, die eine entsprechende Konzession besitzen. Diese Konzession soll von der erfolgreichen Absolvierung eines kantonalen Hufbeschlagskurses abhängen. A. Fischer.

Schwendimann (96) gibt einen Überblick über die Kollektivausstellung für Hufbeschlag, die weitesten Kreisen, den Behörden, der Landwirtschaft, den Militärs und dem schweizerischen Volke darlegt, was der schweizerische Hufbeschlag heute zu leisten imstande ist. A. Fischer.

Schwyter (100) weist darauf hin, daß die Hufschmiede der Schweiz die einheimische Industrie schützen sollen. A. Fischer.

Die Kinematographie im Dienste der Hufbeschlagskunde soll uns, wie A. Fischer (29) betont, in Gestalt eines Lehrfilms über die einzelnen Vorgänge, die nun einmal zur einwandfreien und sachgemäßen Durchführung der verschiedenen Beschlagshandlungen eines Pferdes gehören, ein klares und deutliches Bild geben. Sehr zweckmäßig ist hierbei die Anwendung der sog. Großaufnahme, die die betreffende Beschlagshandlung deutlich und ganz zeigt und die Personen, die es bearbeiten, vollkommen unberücksichtigt läßt. Der Lehrfilm: „Das Pferd und sein Beschlag" der Staatlichen Lehrschmiede zu Dresden, dessen gesamte Bearbeitung durch A. Fischer erfolgt ist, ist 883 m lang und zerfällt in 3 Teile.

Im 1. Teil werden die Beschlagsbehandlungen im engeren und im weiteren Sinne neben einigen Ansichten der Staatlichen Lehrschmiede gezeigt. Für die Beurteilung des Pferdes zum Zwecke des Beschlages sind die einzelnen Bewegungsvorgänge, besonders die Führung und Fußung der Schenkel im Schritt wie im Trabe vor Ausführung des Beschlages nötig, ebenso wie nach sachgemäßer Ausführung des Beschlages das Pferd im Schritt und im Trab abgemustert werden muß. Die wichtigste Gangart des Pferdes ist der Schritt, weil doch der größte Teil der schweren Arbeit im Schritt erfolgt, vor allen Dingen aber auch deshalb, weil ein guter geräumiger Schritt ein ziemlich sicherer Maßstab für alle anderen Gänge ist. Man kann aus den ersten Schritten eines Pferdes, dem sog. Antritt, auf Gang und Leistungsfähigkeit recht viele Schlüsse ziehen. Beim Trabe des Pferdes werden die diagonalen Füße gleichzeitig bewegt, während im Schritt vier einzelne Hufschläge mit ungleicher Taktfolge wahrgenommen werden.

Im 2. Teile des Lehrfilms werden Gangarten hufkranker Pferde und gewisser Stellungen in normaler Aufnahme und teilweise zum Vergleich auch in Zeitlupenwirkung kinematographisch vorgeführt. Diese sind mit der „Zeitlupe Ernemann" aufgenommen worden. Gerade ermöglichen die Aufnahmen von Gangarten bei Pferden mit der „Zeitlupe Ernemann" einen derartig hervorragenden Einblick in das Studium der einzelnen Bewegungsphasen, wie sie sonst selbst dem besten Kenner entgehen können.

Wie in jedem Film, so muß auch in einem Lehrfilm eine gewisse Abwechslung der Bildfolge dadurch herbeigeführt werden, daß man im Lehrfilm verwandte oder mit ihm im Zusammenhang stehende Gebiete oder auch nur Teile davon ebenfalls im Film zeigt. Hierdurch erhält der Film die ihm nötige Abwechslung und die belebende Kraft, die andererseits auch den Zuschauer dauernd zu fesseln vermag. Daher sind im 3. Teile des Lehrfilms: „Das Pferd und sein Beschlag" Bilder vom Pferdemarkt mit verfilmt worden. Als Anhang zu dem letzten Teil des Lehrfilms folgt: „Das Klauenbeschneiden der Rinder nach Allgäuer Art." A. Fischer.

Habacher (44) gibt einen Jahresbericht aus der Lehrkanzel für Huf- und Klauenkunde sowie aus der Poliklinik der Pferde der Tierärztlichen Hochschule in Wien.

Nach Auflösung der Militärhufbeschlagslehranstalt und Übernahme der Hochschule durch das Staatsamt des Unterrichts nach dem Kriege wurde an Stelle der Aufnahmeklinik für große Haustiere die Poliklinik für Pferde gegründet und mit der Lehrkanzel für Huf- und Klauenkunde vereinigt und Verf. mit der Leitung betraut. Der Unterricht konnte erst im November 1920 richtig aufgenommen werden.

Die Arbeiten des Institutes für Huf- und Klauenkunde werden unter Beifügung einer Statistik des Jahres 1924 genauer besprochen. Sodann wird der Unterricht und der sonstige Betrieb der Poliklinik geschildert, auch unter Beigabe einer Statistik der Poliklinik für 1924. Unter den 3123 im Jahre 1924 der Klinik überbrachten Pferden waren 75 Infektionskrankheiten, 1604 chirurgische, 769 medizinische, 12 geburtshilfliche Fälle und 663 Kaufuntersuchungen. Von der Gesamtzahl fanden 340 Aufnahme in den Kliniken.

Eingehend wird der Vorgang der Kaufuntersuchungen dargelegt. In den 4 Jahren Poliklinik wurden 1643 Pferde wegen Ankaufs untersucht. Diese Untersuchungen gehörten oft zu den schwierigsten und dabei undankbarsten der Klinik. Im Interesse der Pferdebesitzer und -verkäufer besteht das dringendste Bedürfnis nach einer durchgreifenden Reform des Pferdehandels.

Während des nun 4jährigen Bestandes der Poliklinik wurden ihr 9018 Pferde, dem Institute für Hufkunde 7097 Pferde und 80 Rinder vorgeführt, zusammen 16 115 Pferde und 80 Rinder.

Hans Richter.

Unter Lappen am Hufeisen versteht man, wie A. Fischer (28) ausführt, Gebilde, die von der Bodennach der Hufffläche oder auch umgekehrt herausgeschmiedet werden und an dieser Stelle eine Verbreiterung der Boden- bzw. Huffläche darstellen. Man bezweckt hierbei teils eine wesentliche Vergrößerung der Stützfläche (Tragfläche) des Hufeisens, um die von oben einwirkende Last in ihrer ganzen Wirkung durch das Hufeisen genügend auffangen zu können.

So bringt man an verschiedenen Hufeisen solche Lappen an z. B. am Eisen für Hufknorpelverknöcherung, am Zehenstreicheisen, an Eisen, um erkrankte Hufabschnitte zu schützen, jedoch von den Hufflächen nach der Bodenfläche zu, z. B. bei Hufeiterungen, bei Vernagelung, bei eiternder Steingalle.

Andererseits ist es, wie F. dartut, unverständlich, warum die Schmiede ohne Grund an dem Hufeisen Lappen herausziehen. Vielen Schmieden geht der Sinn für eine schöne Form des Hufeisens ab; fehlerhaftes Aufpassen und zu schmal geschmiedete Eisen im Verein mit der allgemeinen Verbreitung der Fabrikhufeisen bedingen diese Unsitte, die die mangelhaften Kenntnisse des Schmiedes erkennen läßt.

A. Fischer.

A. Fischer (31) berichtet über die Verbesserungen des Griff-Hufeisen „Universal", D. R. P. der Dresdner Hufeisenfabrik, die darin bestehen, daß an Stelle des bisher elektrisch aufgeschweißten Griffes — des sog. Grundgriffs — dieser aus dem Zehenteil des Hufeisens selbst herausgepreßt und mit einem gestauchten Füllstück ausgefüllt wird. Auf den Grundgriff wird der Mantelgriff ausgesetzt.

A. Fischer.

Grötz (39) geht zunächst auf die Stark-Guthersche Beschlagsrichtung ein und hat, da die in der Fachpresse bekannt gegebenen Ergebnisse mit der neuen Methode sehr widersprechend waren, eigene Versuche unternommen.

Sie betrafen 1 Stadt- und 1 Kutschpferd mit regelmäßiger Beinstellung und Hufform und 12 Pferde mit kranken Hüfen, darunter 7 mal Rehe- bzw. Knollhüfe, 2 mal Flachhüfe, 2 mal Vollhüfe, 1 mal Zwang spitzer, weiter Hüfe.

Aus den eigenen Versuchen bei kranken Hüfen lassen sich nachstehende Schlüsse ziehen:

Die Platteneisen können bei Vollhufbildung durch ihre Auflage auf den dünnen Stellen der Hornsohle Lahmheit verursachen.

Die Verwendung des geschlossenen Eisens allein oder in Verbindung mit Hufunterlagen ist in solchen Fällen dem Platteneisen überlegen.

Die Platteneisen sind nicht imstande, bei akuter Rehe ein Abflachen zu verhüten.

Eine Aufwölbung der Sohle bzw. Besserung der Hufform wurde weder bei Flach- noch bei Voll- oder Rehehüfen erreicht.

Bei den Rehehüfen mit durchgewölbter Sohle konnte in einigen Fällen ein stärkeres Wachstum des Sohlenhorns und damit eine Stärkung der Hornsohle erzielt werden.

In einem Falle von stark ausgebildetem Zwang spitzer Hüfe führten die Platteneisen Lahmheit herbei.

Schwere Platteneisen bedingen ein frühzeitiges Lockerwerden derselben.

Das Anfertigen und Aufpassen der Platteneisen ist für den Durchschnittsschmied zu schwer.

Die Erfolge mit der alten Beschlagsart waren bei sachgemäßer Ausführung sowohl bei gesunden wie kranken Hüfen bisher recht gute; das hat die Erfahrung einer langen Reihe von Jahren ergeben. Der Vorzug der bisherigen Methode liegt u. a. darin, daß sie von Fall zu Fall sowohl bei gesunden wie kranken Hüfen ein Differenzieren gestattet, während bei Stark-Guther der Beschlag ein rein schematischer wird. Eine Eisenform soll das Heilmittel für alle Hufkrankheiten sein. Für den Behandelnden fällt damit das bisher für erforderlich gehaltene Individualisieren fort, der Beschlag kranker Hüfe erfolgt rein schematisch.

Auch wirtschaftlich bringt die Stark-Guthersche Methode Nachteile mit sich durch den Mehrverbrauch an Material und Arbeitszeit. Diese letzteren Umstände in Verbindung mit der Schwierigkeit der Ausführung des Beschlages, ohne Berücksichtigung seiner Nachteile, werden einer größeren Verbreitung hindernd im Wege stehen.

A. Fischer.

van der Planck (83) bespricht die verschiedenen Beschlagsarten und auch den nach Stark-Guther.

A. Fischer.

Die von Kroon (63) beschriebenen Fabrik-Hufeisen sind von guter Form und Lochung. A. Fischer.

Der ungenannte Autor (114) weist darauf hin, daß bei Truppenpferden oft Schwierigkeiten bei der dauerhaften Befestigung der Eisen entstehen.

Einesteils soll der Soldat imstande sein, das Heften des Eisens selbst ohne Hilfe des Hufschmiedes vorzunehmen, andererseits soll aber die Befestigung des Eisens so gut sein, daß ein Heften nach Möglichkeit gar nicht erst in Frage kommt. Das soll der „Beschlag mit Dornstiften" ermöglichen. Er ist französischen Ursprungs und kam ca. 1905 auf. Zwei schräge Löcher werden vermittels eines erhitzten korkzieherartigen Stiftes durch die Hornwand gebrannt und dann hierin die Dornstifte befestigt. — Verf. weist auf die verschiedenen Nachteile dieser Art der Eisenbefestigung hin, vor allen Dingen aber, daß diese Methode von Laien ausgeführt werden soll. Er betont die dabei entstehenden Gefahren: Verletzung der Weichteile (evtl. Tetanus), der Verbrennung der Hufederhaut durch die

Einführung des erhitzten Dornes. Quetschungen der Huflederhaut können auch verursacht werden oder sogar Gelenkerkrankungen durch fehlerhaftes Aufpassen des Eisens.        A. Fischer.

Schwendimann (95) hat die Eigentümlichkeit des schleifenden Ganges bei einem sonst guten Kavalleriepferd, das im Schritt und sich selbst überlassen die Hinterhufe auf den Erdboden schleifend hinführte, während es im Zügel und am Schenkel stehend wie auch im Trabe und Galopp nichts von schleifendem Gang merken ließ.

An der Hand von 4 Abbildungen erläutert Sch. die Beschlagsart, die in Aufbiegen des halben Zehenteiles, jedoch in seiner ganzen Stärke, besteht. Der Grad des Schleifens ist hierbei maßgebend.
        A. Fischer.

Unter Übergangseisen versteht man, wie A. Fischer (22) ausführt, Hufeisen, die als Sommer- wie als Wintereisen Verwendung finden können. Meist findet man solche Hufeisen bei Pferden, die von der belgischen Grenze her eingeführt werden.

Zwischen dem ersten und zweiten Zehennagelloch befindet sich je eine Vorrichtung zum Einstecken von Steckstollen. Die gleichen Vorrichtungen sind dicht vor den Stollen angebracht. Die Schenkelenden sind rechtwinklig umgebogen worden.

Man will derartige Hufeisen gerade in der Übergangszeit (Herbst oder Frühjahr), ohne jedesmal gleich den Beschlag erneuern zu müssen, verwenden.
        A. Fischer.

Pohl (84) beschreibt in bildlichen Darstellungen und Erläuterungen die fabrikmäßige Herstellung von Hufeisen, insbesondere solche mit verschieden breiten Schenkeln und macht auf das Griffhufeisen „Universal" aufmerksam.        A. Fischer.

Wie Krause (61) ausführt, waren die Schraubstollen mit 13 mm Gewindezapfenstärke für die schweren Pferde der Bespannungsabteilung der Fußartillerie nicht nur als Trachtenschärfe, sondern auch als planmäßige Zehenschärfe eingeführt.

Der Krieg hat gelehrt, daß auch für die mittleren und leichten Zugpferde eine leicht auswechselbare Zehenschärfe nötig ist.

Nach K. sind bei sämtlichen Kammerhufeisen für den Heeresgebrauch Zehenschraubstollenlöcher anzubringen. Dies bedingt die Schaffung eines Einheitsstollens und die Umänderung des bisherigen Armeehufeisens, Modell 1887. Als Einheitsstollen dient in erster Linie der Schraubstollen mit 13,1 mm Gewinde, weil er auch allgemein handelsüblich ist.
        A. Fischer.

Friedrich (33) vertritt entgegen Krause die Ansicht, daß der Hufbeschlag mit Zehenschraubstolleneisen geeignet ist, die Marschfähigkeit der Truppe in ernster Weise zu gefährden, da doch der Beschlag mit Griffhufeisen wegen seiner verderblichen Einwirkung auf die Gliedmaßen nur bei Pferden schweren Schlages angewendet werden sollte, und zwar auch hier nur an den Hinterhufen.        A. Fischer.

In seiner Erwiderung auf die Ansicht Friedrichs erkennt Krause (62) die Nachteile, die sich bei der Verwendung von Zehenschraubstollen ergeben, durchaus an.

Durch Breiterhalten des Zehenteiles am neuen Armeehufeisen ist diesem Nachteil Rechnung getragen. Außerdem ist die Anwendung keine dauernde. Ohne Zehenschärfe kann die Marschfähigkeit einer Truppe ernsthaft behindert werden. Sowohl in der schweizerischen wie in der französischen Armee sind die vorschriftsmäßigen Vorder- und Hinterhufeisen mit Zehenschraubstollenlöchern versehen.        A. Fischer.

Halbe Hufeisen zur Korrektur fehlerhafter Stellung gibt es, wie A. Fischer (27) betont, verschiedene.

Um nun bei fehlerhafter Abnutzung wie auch bei unsachgemäßer Zubereitung der Seitenwände des Hufes, hauptsächlich der inneren, rechtzeitig vorzubeugen, empfiehlt es sich, halbe Hufeisen auf die betreffende Seitenwand aufzupassen. Diese halben Hufeisen müssen sogar mitunter nach Art eines Hufeisens mit verstärkten Schenkeln geschmiedet sein, um den Ausgleich mit der anderen unbeschlagenen Wandseite herzustellen. Es befindet sich je eine Seitenkappe an den Hufeisen; die Nagellöcher sind bis über die Zehe verteilt, wo das Hufeisen allmählich sich verjüngt und in den unbeschlagenen Teil des Hufes übergeht. Die halben Hufeisen haben sich bei Fohlen mit bodenweiter, zehenweiter und bodeneng-zehenweiter Stellung dann gut bewährt, wenn fehlerhafte Abnutzung oder falsche Zubereitung der Seitenwandungen vorlag.
        A. Fischer.

Mensa (73) studierte, auf Grund graphischer Beweisführung, die Fesselstellungen im Verhältnis zur Höhe der Trachten und zur Länge der 3 Phalangen, um die Anwendung des Problems, durch eine mathematische, von ihm tabellarisch angegebene Richtigstellung desselben, bei Huffehlern rationell auszunützen.        Feelich.

Nach V. (119) sind fast alle unregelmäßigen Beinstellungen durch geeignete Fohlenhufpflege zu beseitigen.

Als allgemeine Maßnahme hierfür gilt der Weidegang; in besonderen Fällen wie bei steiler Huf- und Zehenstellung wird das Niederschneiden der Trachten oder das Auflegen eines Zehenteileisens empfohlen. Bei Zehenweiter- bzw. Zehenengerstellung ist die Korrektion durch Niederschneiden der äußeren bzw. inneren Hornwand oder durch Auflegen eines inneren bzw. äußeren Eisenschenkels zu bewerkstelligen. Bei Stallhaltung müssen die Hufe durch Waschen gereinigt und angefeuchtet werden.        Richter u. Demmel.

Mallet (69) weist darauf hin, daß das Pferd gegenüber anderen Tieren bei irgend welchen Beinerkrankungen wesentlich stärker in seiner Bewegung gehemmt wird als z. B. der Hund, der sich mit Leichtigkeit auf 3 Beinen fortbewegen kann.

Die Beinerkrankungen sind dabei ebenso schmerzhaft wie beim Menschen; doch von seiten der Pferdebesitzer wird hierauf wenig Rücksicht genommen. M. legt den Pferdebesitzern ans Herz, sich mehr um ihre lahmen Pferde zu kümmern, erstens bringt es ihnen finanziellen Vorteil, da das lahme Pferd nicht das leisten kann wie ein gesundes, zweitens ist bei einer sofortigen tierärztlichen Behandlung eine Heilung viel eher zu erhoffen, und drittens sollte man es vom rein menschlichen Standpunkte erwarten, daß das lahme Pferd zur Arbeit nicht herangezogen, sondern sachgemäß behandelt wird.        A. Fischer.

Nach Wormbs (109) ist die Hufpflege am besten nach folgenden 2 Gesichtspunkten zu behandeln.
1. Pflege der Fohlenhufe (unbeschlagenen Hufe). 2. Pflege der beschlagenen Hufe. Beim unbeschlagenen Huf kommt der Hufmechanismus vorteilhaft zum Ausdruck, weil der Gegendruck des Bodens auf Hornsohle und Hornstrahl am besten einwirkt. Dies kennzeichnet sich in der Stoßbrechung und Schutz des Rumpfes gegen Prellungen und Erschütterungen, Förderung der Schnellkraft des ganzen Fußes und des Ganges überhaupt, lebhafter Blutzirkulation in der Huflederhaut und dadurch reges Wachstum des Hufes.

Wormbs geht dann auf die Vor- und Nachteile des Beschlages ein, dessen Pflege nach dreierlei Richtung sich zu erstrecken hat: regelmäßige Beschlagserneuerung, Reinlichkeit und Zuführung genügender Feuchtigkeit. A. Fischer.

Carnat (11) spricht über Hufsalben im allgemeinen.

Schon den alten Griechen und Römern waren Hufpflegemittel bekannt. Sie verwendeten vor allen Dingen Pech. Durch die Anwendung der Huffette will man vor allen Dingen die obersten Poren luftdicht abschließen, so daß dadurch die im Horn befindliche Feuchtigkeit nicht verdunsten kann. Ein Bad ist aber weiter unbedingt nötig. Die in der Stadt und auf den Straßen laufenden Pferde bedürfen dringender einer Hufpflege als die auf dem Lande gehenden. Vorherige Reinigung bleibt immer Grundbedingung. Von den Salben erhält das Kammfett des Pferdes den Vorzug, dann Schweinefett, Hammelfett und Hundefett. Ein leichtes Desinfiziens kann man der Salbe beimischen. So oft wie man kann, soll man die Hufe waschen, dabei aber immer die Krone gut abtrocknen. A. Fischer.

Guck (42) bespricht die verschiedenen Streuarten und hält die Torfstreu für besonders geeignet, in hohem Grade auf die Hufe erhaltend einzuwirken.

Der Torf als Streu verwandt, erhält die abgestorbenen Hornmassen in einem richtigen Feuchtigkeitsgehalt, er bringt dadurch, daß er sich in die Höhlung des Hufes einsetzt, Sohle und Strahl zu einem mäßigen wohltuenden Tragen, ähnlich wie solches beim Pferd in der Freiheit durch Eindrücken eines Erdstückes in den Huf der Fall ist und eigentlich sein muß. Durch erwähntes Tragen wird auch das Nachteilige des Beschlages, besonders des Stollen- und Griffbeschlages, der den Huf unnatürlich vom Boden entfernt, zum Teil vermieden. Auch bindet die Torfstreu das sich unter ihr bildende Ammoniak, wirkt also desinfizierend. Pferde mit engen oder an Verengerung leidenden Hufen stellt man zweckmäßig in eine geräumige Box und hält den Torf gut feucht. Was den Dünger betrifft, so soll er den Stalldünger selbst noch übertreffen. Freilich dürfte auch ein Umstand gegen die Torfstreu sprechen, und der ist, daß Pferde, welche auf eine kleine Futterration angewiesen sind, im Stroh manchen Nährstoff finden, was bei Torf nicht der Fall ist. A. Fischer.

Von allen Hufschutzmitteln, die das Einballen von Schnee verhüten sollen — Stroh-, Hanf- und Filzsohlen — verdient die Huflederkittsohle, wie Koßmag (60) ausführt, den Vorzug. A. Fischer.

Guck (41) wendet sich gegen die naturwidrige Beschneidung der Pferdehufe, denn diese wohl mit wichtigste Beschlagshandlung ist heute noch vielen Schmieden noch sehr unbekannt.

Die so notwendige Prüfung des Pferdes vor dem Beschlagen in bezug auf Gang, Auftritt, Stellung und Winkelung der Gliedmaßen, Abnutzung der alten Eisen und Beschlagsfehler findet nicht statt. Lageverschiebungen und Mißbildungen der verschiedenen Hufabschnitte, sowie Erkrankung der Knochen, Gelenke, Sehnen und Bänder der Gliedmaßen sind die Folgen fehlerhafter Beschneidung. A. Fischer.

Die Untersuchungen von Merz (74) lehren für die Praxis, daß Sohle, Eckstreben und Strahl beim Zubereiten der Hufe zum Beschlage nach Möglichkeit in ihrer Stärke zu belassen sind, und daß das alte, abgestorbene Horn nur soweit zu entfernen ist, als es Gangart, Stellung und eine genügende Auflage für das Hufeisen erfordern. J. Schmidt.

Wie Jardine (53) berichtet, verwendet Verf. bei zu kastrierenden Pferden einen Strick über den Hals und befestigt ihn an einem Baum. Den Strick hält ein Gehilfe. Mittels eines langen Seiles, an dessen einem Ende eine feste Schlinge angebracht und die kummet-

artig über den Hals gelegt wird, wirft man das Tier nieder. Das freie Ende des Seiles führt man seitlich am Pferde entlang durch die Hinterfesseln und an der anderen Seite wieder durch die Schlinge. Den am Baum befindlichen Strick läßt man allmählich nach, sobald das Abwurf-Seil angezogen wird.

Bei Bullen geschieht das Niederschnüren durch Festbinden der Stricke an den Hörnern, im übrigen nach der üblichen Weise.

Auch bei widerspenstigen Pferden und Rindern zum Beschlagen läßt sich diese Art des Fesselns verwenden. A. Fischer.

Auch von der Kohle gibt es, wie Naigélé (78) zeigt, eine große Anzahl volkstümlicher Redensarten und Reime, die mit mehr oder weniger treffender Rede ihren Gegenstand behandeln. A. Fischer.

### c) Huf- und Klauenkrankheiten.

Bürgi (9) beleuchtet die Gestaltsabweichungen sowie die Lageveränderungen des Hufbeines. B. weist nach, daß das Hufbein ein in seiner Form außerordentlich veränderlicher, wohl der formbarste Knochen des ganzen Skelettes der Einhufer ist; vollständig normale Hufe sind selten, aber noch seltener ist ein nur annähernd den normalen Verhältnissen entsprechendes Hufbein zu finden. Entzündungszustände führen nicht selten zu Knochenneubildungen in der Gegend des Streckfortsatzes, der Äste, am halbmondförmigen Rand und an der Wand. Schleichende Entzündung kann zum Schwund des Knochens führen. Mit Schwyter ist B. der Ansicht, daß die Beschaffenheit des Hufbeines oft einen viel zuverlässigeren Schluß über die im Leben stattgehabten Belastungsverhältnisse des Hufes zulasse, als die Form des Hornschuhes. A. Fischer.

Schwyter (97) erklärt an der Hand von mehreren Abbildungen die Ursachen und Folgen der Abflachung der Kronenwulst.

Zunächst erwähnt er die Abflachung infolge von Wandstauchungen, die vor allen bei fehlerhaften Stellungen an der mehrbelasteten Hufhälfte entstehen. Die Wandstauchung kommt nicht nur bei bodenweit und bodeneng gestellten Pferden, innen oder außen vor, sondern mitunter auch am Zehenteil des Hufes bei Bockhufen. In der Folge treten auch leicht Wandverbiegungen auf, die konvexer und auch konkaver Art sein können. Die Abflachung der Kronenwulst kann ferner durch das Emporziehen ihres oberen Randes bei Seitwärtskippen des Fußes eintreten, vor allen Dingen bei bodeneng stehenden Pferden an der inneren Seitenwandkrone.

Als drittes erwähnt Sch. die Abflachung der Kronenwulst infolge Einwärtsdrücken und Emporstoßen des Ballens. Dies wird vor allen bei zeheneng gestellten Pferden, die in höherer Gangart gehen müssen, an der inneren Trachtenwand beobachtet. Weiterhin kann eine Abflachung der Kronenwulst durch Auswärtsdrücken von einzelnen Kronenpartien verursacht werden, wie es natürlich bei Hufknorpelverknöcherung und Schalenbildung vorkommt.

Als letztes führt Sch. die Abflachung der Kronenwulst auf Zugwirkungen zurück, die in der Richtung der Krone auftreten. Diese Zugwirkungen kommen vor allem bei Hufen mit ganz hohen oder ganz niederen Trachten vor. Es entstehen dann hierdurch an der Hornwand muldenförmige Wandverdünnungen, die mit den Wandveränderungen nach Krontritten nicht verwechselt werden dürfen. A. Fischer.

Wie Schwyter (98) ausführt, weisen nach den Feststellungen Zschokkes die Vorderfesseln älterer Pferde mindestens 69% mehr oder weniger starke Überbeine auf.

Gutenäcker fand von sämtlichen von ihm untersuchten Fesselbeinen ungefähr 40% mit Exostosen behaftet. Durch die Leisten, jene seitlich an den Fußknochen gelegenen Knochenauftreibungen, treten Zerrungen des Hufknorpel-Fesselbeinbandes ein. Einseitig tritt die Leistbildung nach Sch. bei zehenenger und zehenweiter Stellung ein. Die Beurteilung fortgeschrittener Exostosenbildung im Verein mit Lahmheit ist ungünstig. Als Ursachen kommen in Frage: Entwicklungsstörungen der Knochen, Rhachitis, Osteoporose, Quetschungen usw. Abnorme Beanspruchung der Gelenke und der kurzen Bänder der Fußgelenke bei fehlerhaften Stellungen wirken besonders günstig auf die Entstehung von Kron- und Hufgelenkschalen. Beim Beschlag von mit Schale behafteten Pferden ist nach Sch. das Anbringen starker Zehenrichtung, Schonen der Trachten und Verkürzen der Zehe zu beachten. Im Winter müssen nach französischer Art seitliche Griffe zwischen dem ersten und zweiten Nagelloch angebracht werden.    A. Fischer.

Zschocke (111) kommt auf Grund seiner Betrachtungen und eigenen Untersuchungen über die Ursache der Steingallen zu folgenden Schlußsätzen.

1. Warum entstehen Steingallen bei beschlagenen Hufen, ohne daß die Sohle je einen Druck erlitten hat? Deshalb, weil bei nicht planem Fuße mit der Hufseite das Hufbein, das durch die Beschaffenheit der Fleischblättchen an der Zehenwand inniger mit der Hornkapsel verbunden ist als an den Trachten, sich um seine Längsachse dreht und mit seinem einen — meist dem inneren — Ast eine der physiologischen Richtung der Fleichblättchen und -zöttchen widerstrebende Bewegung ausführt und so das Stratum vasculosum des Hufkoriums zerrt oder quetscht, wodurch Austritt von Blutflüssigkeit bewirkt wird und das Stratum periostale ebenfalls durch Zerrung oder Quetschung in seinen Entzündungszustand versetzt wird, so daß das entzündende Gewebe entweder einen vermehrten Druck auf das Stratum vasculosum ausübt oder direkt zur Bildung von Osteophyten aus den Knorpelzellen führt, die ihrerseits bei Neueinwirkung der Ursache zur Verletzung des Stratum vasculosum Anlaß geben.

2. Warum sind Steingallen bei beschlagenen Hufen häufiger als bei unbeschlagenen? Außer der besseren Stoßbrechung wird die Abnutzung bei den unbeschlagenen Hufen immer einen planen Auftritt sichern. Fußt ein Pferd mit unbeschlagenem Huf zuerst mit der äußeren Hufhälfte, so wird dort eine vermehrte Hornabnutzung, die die plane Fußung herstellt, eintreten. Damit wird die Zugbeanspruchung des Hufkoriums nur in der physiologischen Richtung sichergestellt, jede anormale Zerrung oder Quetschung vermieden.

3. Warum sind Steingallen bei schweren Pferden häufiger als bei leichten? Zunächst sei hier an die größere Disposition der schweren Pferde, die evtl. durch Vererbung bedingt sein kann, erinnert. Dazu kommt, daß diese Tiere teilweise in einem Alter in Dienst gestellt werden, wo die Festigung des Skeletts noch nicht ihren Endpunkt erreicht hat. Der Osteophytenbildung am Hufbein ist dadurch Vorschub geleistet. Berücksichtigt man die große Last, die vom Pferdekörper als solchem auf das Hufbein und die elastischen Organe des Hufes einwirkt und dazu die Kraft, die bei der Zugleistung gerade vom Huf als dem Mittelpunkt zwischen dem Erdboden als toter Masse und der vom Pferde geleisteten Arbeit übernommen wird, so wird ohne weiteres ersichtlich, daß die Pendelbewegungen des Hufbeins bei schweren Pferden ausgiebiger sein werden als bei leichten und damit auch die Zerrungen und Quetschungen der Huflederhaut.

4. Warum sind Steingallen bei Stadtpferden häufiger als bei Ackerpferden? Bei den meist in weichem Boden gehenden Ackerpferden wird durch das Einsinken ein gleichmäßiger Gegendruck (= plane Fußung) auf alle Teile der Sohle ausgeübt, damit eine gleichmäßige Belastung der Hufbeinäste und Beanspruchung der Huflederhaut in der physiologischen Richtung bewirkt, jede anormale Zerrung oder Quetschung des Hufkoriums ausgeschlossen.

5. Warum entstehen Steingallen meist an Vorderhufen? Die Vorhand hat den größten Teil der Körperlast zu tragen. Im Vorderhuf selbst verhält sich, wie Zwaenopoel (Lienaux) nachgewiesen, das Belastungsverhältnis der Trachten zur Zehe wie 5:4. Die Trachten des Hinterhufes sind an sich schon bedeutend weniger belastet und werden bei der Zugleistung, die in der Hauptsache mit der Hufzehe bewerkstelligt wird, noch weiter entlastet.

6. Warum entstehen Steingallen fast immer bei Zwang- und Schiefhufen? Bei derartigen abnormen Hufen ist durch die krankhafte Änderung der Hufwinkelung die Vorbedingung für eine fehlerhafte schädlich wirkende Zugbeanspruchung der Huflederhaut gegeben. Dies kann an sich schon Anlaß zur Steingallenbildung geben. Dazu kommt, daß bei Beschlagfehlern, also Schiefschneiden des Hufes usw., die ja gerade bei derartigen Hufen am häufigsten zu finden sind, Quetschungen und Zerrungen des Hufkoriums bei der nunmehr anormal werdenden Pendelbewegung des Hufbeinastes an der niedrigeren Hufseite nach oben eintreten.    A. Fischer.

Pålman (80) berichtet über seine Behandlungsmethoden bei verschiedenartigen Hufleiden und die dabei gewonnenen Ergebnisse.

Er beginnt mit einer Darlegung der Prinzipien in der Hufbeschlagslehre, auf denen seine Maßnahmen basieren. In die erste Linie stellt er die Berücksichtigung des Hufmechanismus und der Theorien über Belastung und Stütze. Er hebt hervor, wie dabei vorhandene Fehler auf zwei verschiedene Arten berichtigt werden können: entweder durch Verschiebung der „Belastungsfläche" in der Krone im Verhältnis zur „Stützfläche" des Tragrandes, oder durch Vergrößerung der letzteren bzw. deren Verkleinerung im Verhältnis zu ersterer. Das zuerst Genannte geschieht durch Beschneiden des Tragrandes oder durch Verstärkung der Dicke des Eisens an gewissen Stellen; das zuletzt erwähnte durch Erweiterung oder Einziehung der Außenränder des Eisens.

Bei dem Beschneiden sind nicht nur der Strahl so weit wie möglich geschont worden, sondern auch das Horn der Sohle und die Eckstreben. Das erstgenannte gemäß der Wölbung des Hufknochens auszuhöhlen, um es beim Hufmechanismus elastisch zu bekommen, ist nicht notwendig. Das übrigbleibende Horn ist elastisch genug und behindert dabei nicht. Die Sohle wird für das Tragen des Körpergewichtes so viel wie möglich in Anspruch genommen, teils durch breite Tragflächen der Eisen, teils durch Sohlen und Puffer. Ledersohlen mit dicker, festgenieteter Gummiplatte (von abgenutztem Automobilreifen) werden jetzt überall auf den Straßen von Stockholm verwandt. Ebenso muß die Eckstrebe den Dienst leisten, den die Natur ihr zugewiesen hat, nämlich als schräge Stützstrebe für die Trachtenwände. Das kann aber nur der Fall sein, wenn ihre eigene Unterkante auf einer festen Unterlage ruht, was durch Verwendung von Eckstrebenlappen („längslatta") und harte Stopfuhg in den Strahlfurchen oder durch Anwendung einer Eisenblechscheibe mit Aussparung für den Strahl (à la Stark) an Stelle der Ledersohle erreicht werden kann. Auch Schuhfüllung mit Guttapercha wird benutzt.

Die Leiden, bei denen P. die wichtigsten Ergebnisse erreicht hat, sind unter anderen: Steingalle, Nageltritt, Strahlbeinlahmheit, Hufknorpelverknöcherung, Zwanghuf, Platt- und Vollhuf, Rehe und Rehehuf,

Bockhuf. P. weist besonders auf die guten Erfolge durch Anwendung eines Eisens mit toten Schenkeln und Lederkeilen bei Vollhuf hin. A. Fischer.

Nach Pålman (81) hat sich die Erhöhung von zu niedrigen Trachten als das Mittel gezeigt, das Platt- und Vollhufe zu heilen vermag. Ohne dieses Mittel ist es nie gelungen. Weber.

Mensa (72) bespricht den Begriff „Hufrollenentzündung und Strahlbeinlahmheit", sowie die prädisponierenden Momente und die daraus folgenden therapeutischen Beschläge, hebt die Gegensätze in den Behauptungen der verschiedenen Autoren hervor und versucht sie zu erklären. Declich.

Koßmag (59) bespricht die Erfolge, die Pålman bei der Behandlung der chron. Fußrollenentzündung mit der Downie u. Harris'schen Gummisohle erzielt hat. Ähnliche Erfolge konnte Koßmag bei der gleichen Krankheit mit Huflederkitt unter Aussparen des Strahles feststellen. In einem Falle von Rehe bewährte sich die Gummisohle sehr gut. A. Fischer.

Ausgehend von der Erwägung, daß bei dem in der Neubildung begriffenen Bockhuf eine Verkürzung der Hufbeinbeugesehne vorliege, empfiehlt Heitlage (49) ein Hufeisen mit ca. 2 cm Dicke am Zehenteile nebst bodenweit geschmiedetem Rande, dabei Kappe nur angelegt; um das bockhufige Fohlen zum Durchtreten zu zwingen, muß dieses Fohleneisen nach den Schenkelenden allmählich dünner werden, hinten nur etwa 2—3 mm. Innerhalb eines halben Jahres will H. den Bockhuf beseitigt haben. A. Fischer.

Lohr (68) weist mit Recht auf die von Heitlage empfohlene Behandlung des Fohlenstelzfußes durch ein am Zehenteil 2 cm und an den Schenkelenden 2—3 mm starkes Hufeisen darauf hin, daß ein derartiger Beschlag eine starke Tierquälerei bedeute umsomehr, als die Trachtenwände noch stark beschnitten wurden. L. erwähnt noch, daß die Hufpflege der Fohlen bisher noch keineswegs die Beachtung gefunden habe, welche ihr mit Rücksicht auf ihre Bedeutung für die spätere Gebrauchsfähigkeit des Pferdes zukommt. A. Fischer.

Larieux (65) kommt in seinen Betrachtungen über den Zwanghuf zu folgenden Ergebnissen:

Der Zwanghuf ist eine Hufkrankheit, äußerlich durch eine teilweise oder völlige Verengerung des Hufes und durch Atrophie des Strahles gekennzeichnet. Die Ursachen können teils innere, teils äußere sein. Zu den inneren gehören Entzündung des Hufbeins und des Strahlbeins (Huretsche Anschauung); zu den äußeren gehört Atrophie des Strahlkissens als Folge des aussetzenden Hufmechanismus, dessen Hauptaufgabe in der Abschwächung der Stöße besteht (Chénier-sche Auffassung). Auch Vererbung kann beim Zwanghuf eine Rolle spielen.

Um dem Leiden vorzubeugen, muß die Tätigkeit des Hufmechanismus und die Elastizität des ganzen Hufes erhalten bleiben; Schonung des Strahles und seine Berührung mit dem Erdboden sind nötig, um die Last genügend aufzufangen.

Bei der Behandlung des Zwanghufes durch den Beschlag müssen die Hufeisen dreierlei Aufgaben erfüllen: leichte Anfertigung, leichte Anpassung und leichte Befestigung. Sie sollen auf den Huf eine zunehmende und anhaltende Wirkung ausüben. Hier kommen in erster Linie die Hufeisen mit nach außen geneigten Trageflächen, d. h. halbmondförmige Eisen mit solcher Tragefläche und Eisen nach Poret-

Maille in Frage. Sorgfältige Hufpflege und Erhaltung der Elastizität des Hufhornes sind unbedingt zur Heilung und Besserung des Zwanghufes nötig. A. Fischer.

Koßmag (56) gibt eine Beschreibung über den Sohlenzwanghuf. der ja bekanntlich von manchen Autoren überhaupt geleugnet wird.

Der Sohlenzwanghuf sollte ein nach dem Tode des Tieres eintretende Formveränderung des Hufes sein. Dem ist nun nicht so, denn die Ursachen, die zu der Entstehung des Sohlenzwanghufes führen, sind gar mannigfache, z. B. anhaltende Trockenheit, besonders bei unbeschlagenen Hufen, Stollenbeschlag, Beschlag mit Hufeisen mit verstärkten Schenkeln, kahn- und muldenförmig gerichtete Hufeisen, wenig Bewegung. Die Behandlung des Sohlenzwanghufes hat nach den bisherigen Beschlagsgrundsätzen zu erfolgen. A. Fischer.

Hahn (45) liefert einen Beitrag zur Entstehung und Behandlung habitueller Kronrandspalten deformierter Vorderhufe.

Zur Feststellung der Spaltränder und um einen Verschluß der Spalte an der Matrix der Hornwand durch eine Hyperämie zu erzielen, ist die Hornwand 2 cm unterhalb des Kronenrandes und 2 cm vor und hinter der Hornspalte bis zum rötlichen Durchschimmern der Lederhautblättchen durchzuraspeln. Schlußeisen mit Huflederkitteinlage. 3tägiger feuchter Verband, Auftragen von 10 proz. Teersalbe und in den ersten Wochen Schonung. Henkels.

Marschner (70) hat zum Fixieren von Hornspalten eine Zugbandklammer erfunden, deren Anwendung in folgender Weise geschieht:

Vor der Anbringung ist ein tadelloses Hufeisen zu verpassen und zwar möglichst ein geschlossenes Eisen mit Ledersohle und guter Polsterung. Nach dem Reinigen der Hornspaltränder erfolgt das Einbrennen der vorher schwachglühend gemachten Klammerspitzen, so daß die Klammer an dem Wandverlauf des Hufes gut anliegt. Danach werden die beiden Klammern durch die Schraubenverbindung gut angezogen, bis sich die Spaltbänder sichtbar schließen. Es empfiehlt sich, beide Zugbänder so weit voneinander entfernt einzusetzen, daß nach dem Anziehen der Schraubenverbindung noch einige Millimeter leerer Raum zwischen den aufgebogenen Lappen bleibt. Erst nach dem Anbringen der Klammer wird das Hufeisen aufgenagelt. Um den Huf kann dann noch, wie schon erwähnt, ein Dauerteerverband angelegt werden oder aber ein Ballenschoner, wie er bei Rennpferden häufig im Gebrauch ist. M. will bei Trabrennpferden mit ungewöhnlich spitzen Hufen, langjährig veralteten Hornspalten, verbunden mit Lahmheit schon nach wenigen Tagen Erfolge beobachtet haben. A. Fischer.

Meßler (75) beschreibt eine neue Art der Behandlung von Hornspalten des Pferdes, die vor allen Dingen in der Erweiterung der Hornkapsel und Druckminderung der von ihr eingeschlossenen Weichteile besteht.

Konhäuser, A. Fischer und Maximilian haben dies bereits vorher betont und die Hornspalten entsprechend behandelt. M. kommt auf Grund seiner Versuche bei 17 Pferden zu folgenden Ergebnissen:

1. Das Fixieren der Spaltränder durch Niete, Agraffen, Schraubenklammern, Hornspaltriemen, Druckverband ist bei der Behandlung der Hornspalten des Pferdes eine unnötige therapeutische Maßnahme.

2. Es ist vielmehr zu ersetzen durch eine künstliche operative Erweiterung des Hufes.

3. Diese wird erreicht durch Einschneiden von Rinnen nach der oben angegebenen Technik, wodurch jede Druck- und Zerrwirkung auf die Spaltränder ausgeschaltet und eine die Lahmheit schnell zum Ver-

schwinden bringende Erweiterung des Hufes erzielt wird.

4. Daneben ist anfangs Stallruhe, Barfußgehen und Weidegang anzuraten.

5. Das Verfahren ist auch bei anderen Hufleiden, wie Verletzungen der Hornwand, Lahmheiten infolge von Hufdeformitäten indiziert. A. Fischer.

Sanna (92) sah bei einem Pferde eine frische Zehenhornspalte, die durchdringend und durchlaufend auch den Kronenwulst und das Saumband mit ergriffen hatte. S. verdünnte die Spaltränder, brannte perforierend an Krone und Wand, gab absolute Ruhe für 4 Monate und wendete Hufsalben an. Heilung soll erfolgt sein. Frick.

Da die Fixierung der Spaltränder bei der Behandlung der Wand-Hornspalten nur selten zum Ziele geführt hat, preßt Boulaz (6) ein kleines eisernes Kreuz, der Länge der Spalte entsprechend leicht konisch gehalten, 3 mm tief und 2,5 mm breit zwischen die Spaltränder hinein. Ein gleichartiges Brenneisen hat vorher die Form des Kreuzes eingebrannt. Hiernach werden 2—3 Agraffen mit der Vachettezange so angelegt, daß die Spaltänder gegen das zwischen ihnen liegende Kreuz angepreßt werden. Dadurch werden Reibungsmöglichkeiten ausgeschaltet und die darunter gelegenen Spaltteile keiner Druckwirkung ausgesetzt. A. Fischer.

Burrows (10) macht am oberen Ende der Spalte nach den Ballen zu einen bis auf die Blättchenschicht reichenden Schnitt parallel zum Tragerand und legt oberhalb der Hornspalte einen V-förmigen Schnitt an; das Horn dazwischen wird dünn geraspelt. Freilegen der Hornspalte durch offenes Hufeisen. A. Fischer.

Nach Bollote (5) muß die Behandlung des Hornspaltes an der Zehenwand des Tragrandes folgende 3 Punkte erfüllen:

1. Erhöhung der Elastizität der Hornwand. 2. Das Federn der Hornspaltränder möglichst begrenzen, ohne die Ränder völlig unbeweglich zu machen. 3. Die Hornbildung an der Krone anregen und ihre Geschmeidigkeit steigern, um dadurch die Vernarbung herbeizuführen. Die Behandlung besteht nach B. in: 1. Anlegen von zahlreichen Furchen mit der Raspel, die zum Teil senkrecht, zum Teil schräg zur Richtung des Hornspalts verlaufen. 2. Beschlag mit einem Pantoffeleisen, dessen Zehe verlängert und leicht aufgerichtet ist. 3. Brennen von 4 oder 5 schachbrettförmigen Reihen von Punkten an der Krone und an der Vorderfläche der Fessel. A. Fischer.

Meist handelte es sich bei den Truppenpferden des Reichsheeres, wie berichtet (118) wird, um Tragrandspalten, die durch Einbrennen einer Querrinne leicht zu beseitigen waren. Gebhardt (118) berichtet über gute Heilerfolge nach dem Verfahren von A. Fischer: Abschwächen des Körper- und Bodendruckes durch Einbrennen von 4—6 parallelen, 2 cm langen Querstrichen in 1 cm Abstand voneinander zu beiden Seiten der gründlich, aber unblutig ausgeschnittenen Spalte und Beschlag mit breitem Eisen. A. Fischer.

Ball (1) berichtet über die zahlreichen Theorien, die hinsichtlich der Ursachen des Hufkrebses vom histologischen, pathologisch-anatomischen und bakteriologischen Standpunkt aufgestellt worden sind. B. geht des näheren auf die Theorien von Naamé (1922) und Vasiliu (1923) ein. A. Fischer.

Danelius (13) schließt sich auf Grund der histologischen Untersuchung von 4 Hufkrebsfällen in verschiedenen Entwicklungsstadien der Ansicht an, daß dieses Leiden eine chronische, spezifische, hyperplastische Entzündung der Huflederhaut ist. Sahlstedt.

Pulles (88) spricht sich über die Bedeutung des Hufkrebses und die Beteiligung des Schmiedes bei der Beschneidung eines solchen Hufes aus. P. tritt für möglichste Schonung des Strahles ein. A. Fischer.

Folgende 6 Punkte führt Larieux (64) in seiner Arbeit über die Behandlung des Hufkrebses an:

1. Abtragung des Hornes im Bereich der erkrankten Stellen. 2. Entfernung der Zerfallsmassen bei Wucherungen bis aufs gesunde Gewebe unter Schonung der Horn erzeugenden Huflederhaut. 3. Nach gründlichem Abschaben mit scharfen Löffeln Auftragung folgender Mischung auf die Sohlenfläche: Methylenblau 1,0, Gerbsäure 0,5, Resorzin 10,0, Formol 10,0, Kolombowurzeltinktur 2,0, Benzoe und Gujatinktur je 4,0, Thymianessenz 10 Tropfen, Glyzerin 40,0. 4. Ausfüllen der Kanäle und Hohlräume mit einer Salbe aus Picrinsäure 100,0 und Honig quant. sat. 5. Anlegung eines Druckverbandes und Beschlag mit Deckeleisen. 6. Wöchentlich einmalige Erneuerung des Druckverbandes.

Nach 4—5 maliger Erneuerung ist nach L. die Hornbildung vollendet. A. Fischer.

Das von Schmidt (93) ersonnene Präparat zur internen Behandlung des Strahlkrebses enthält in der Hauptsache Lithium citricum und wird von der Chemischen Fabrik Strohschein, Berlin, Wiener Str., hergestellt. Täglich sollen 2 Eßlöffel voll in warmem Wasser gelöst im Morgenfutter gegeben werden. J. Schmidt.

Koßmag (58) weist darauf hin, daß die Strahlfäule zur nassen Jahreszeit stärker auftritt, selbst auch in den Stallungen der Landwirte, weil die Pferde weniger Bewegung haben, man den Hufen auch weniger Sorgfalt angedeihen läßt.

Verf. bespricht die Erscheinungen der Strahlfäule und ihre nachteiligen Folgen für den Huf. Die weiter um sich greifende Strahlfäule übt durch ihre Zerfallmassen einen Reiz auf die Huflederhaut aus, die zur Bildung jener gefürchteten Wucherungen führen kann, die man schlechthin als Strahlkrebs bezeichnet. K. kann die Behandlung der Strahlfäule mit Holzteer nicht gutheißen, weil er alles verdeckt, und in der Tiefe der Prozeß weiter geht. Im übrigen bringt die K.sche Abhandlung nichts Neues. A. Fischer.

Lasch (66) hat u. a. das Rivanol bei eitriger Huflederhautentzündung mit gutem Erfolg angewendet. A. Fischer.

Wie Väth (106) angibt, ist gegen erste Eingriffe von seiten des Schmiedes bei einem Nageltritt dann nichts einzuwenden, wenn die Behandlung eine sachgemäße ist und dem Besitzer angeraten wird, das Pferd alsbald in tierärztliche Behandlung zu geben.

V. spricht sich gegen jedes Baden bei Nageltritt aus, weil ein Huf sehr schwer zu reinigen und zu desinfizieren ist. Ausschneiden des Streckkanales nußschalentief, Reinigen mit Jodtinktur und einpinseln; hierauf vor allen Dingen möglichst sofort eine Einspritzung gegen Tetanus. A. Fischer.

Der Schmied hat die Pflicht, wie Koßmag (57) berichtet, „alles zu tun, daß Schmutz und damit Starrkrampferreger nicht in die von ihm gesetzte Wunde gelangen können".

Sei es ein Nagelstich oder Nageldruck, ganz gleich, immer wird der Besitzer den Schmied für eintretenden Schaden haftpflichtig machen wollen. Nicht ohne weiteres ist der Schmied haftbar. Die Zeit, innerhalb der der Starrkrampf nach der Vernagelung auftritt, spielt hierbei nach K. eine wesentliche Rolle.

A. Fischer.

Um eine Hufrehe veranlassen zu können, reichen nach Gajewski (37) Traumata und Intoxikationen nicht aus. Hier muß der Nerveneinfluß hervorragend mitwirken.

Die Huflederhaut, mit Rücksicht auf ihren Blutgefäßreichtum und ihre ungünstige Lage, ist auf anaphylaktische Einflüsse sehr empfänglich. Die Hufbeinsenkung spielt eine wichtige Rolle. Die Behandlung beruht in subkutanen Arekolin- und intravenösen Natriumbikarbonatinjektionen und prophylaktisch in einem entsprechenden Beschlage.

Gajewski.

Auf Grund der Untersuchungen von Thormählen (104) ist die Geburtsrehe nicht als eine Myositis, sondern als eine echte akute Pododermatitis diffusa gekennzeichnet, welche in einem exsudativ-proliferativen Prozeß besteht.

Von 14 Stuten mit Geburtsrehe haben alle die gleichen Erscheinungen gezeigt, wie sie bei gewöhnlicher akuter Hufrehe beobachtet werden. Nicht vor Ablauf von 24 Stunden nach dem Geburtsakt traten die klinischen Merkmale auf. In 4 Fällen war das Bild der chronischen Rehe vorhanden, davon nur 1 mal Verbreiterung der weißen Linie. A. Fischer.

Koßmag (59) beobachtete bei einem großen, starken Halbblutpferd, wegen einer Zungenwunde hochgebunden, auf weicher Streu bei mäßiger Diät untergebracht, am 4. Erkrankungstage eine derartig schwere Rehe an allen 4 Hufen, daß das Tier nicht mehr stehend gehalten werden konnte. Nach drei Tagen gingen in dem einen diagonalen Beinpaar die Schmerzen zurück, dafür traten sie auf dem anderen um so heftiger auf. Patient mußte wegen Durchliegens zwei Tage später geschlachtet werden. K. vermutet, daß es sich um eine Belastungsrehe bei flachen weiten Hufen mit Trachtenzwang und engen Hufeisen handelte.

A. Fischer.

Fritsch (118) erzielte bei einem Offizierpferde mit alter Rehehufbildung und klammen Gang durch Anlegen einer Rinne unter der Krone nach 6 Wochen Besserung und später vollkommene Heilung.

A. Fischer.

Liljefors (67) beschreibt 3 eigene Fälle nach einer vorhergehenden Darstellung der Ansichten über die Ätiologie, die pathologische Anatomie, die Symptome, die Diagnose, die Prognose und die Behandlung dieses Leidens.

Seine 3 Fälle waren alle sagittale, das Hufgelenk berührende, vollständige, nicht komplizierte Brüche. In zwei Fällen ging der Bruch medial, im dritten lateral von der Mittellinie. Zweimal war ein Hinterfuß, einmal ein Vorderfuß beschädigt. Die Diagnose wurde in sämtlichen Fällen durch Röntgen gesichert. Zwei Tiere wurden behandelt und genasen, das dritte wurde nach 22 Tagen getötet. Verf. berechnet im allgemeinen eine Zeit von 5—6 Monaten für die Heilung. Bei der Behandlung empfiehlt er außer den gewöhnlichen Mitteln (Hängematte, Eis, Phosphaten per os usw). einen Fixationsschuh (Starcks Schuh mit Bügel). Im Gegensatz zu Hartmann, Vennerholm u. a. ist L. der Meinung, daß das Hufbein ein Periost besitzt.

Stålfors.

Wie Fries und Jörgensen (34) berichten, fand im Anschluß an einen Nageltritt am linken Hinterfuß eines Pferdes, verbunden mit erheblicher Lahmheit, eine Röntgenaufnahme wegen Verdachtes auf einen Bruch des Huf- oder Strahlbeins statt. An der Zehenpartie fand sich hierbei eine hellere Stelle mit dunklerem Kern. Durch operativen Eingriff wurde

ein halb haselnußkerngroßer Sequester am vorderen unteren Rande der Zehenwand von der Huflederhaut bedeckt, entfernt und die ganze Sequesterhöhle chirurgisch behandelt. Anlegung eines Druckverbandes. Nach 8 Wochen war die Lahmheit beseitigt. Der Beschlag bestand in einem Eisen mit Ledersohle.

A. Fischer

Nach Pape und Löffler (82) geschieht die ideale Diagnosestellung der Hufbeinfraktur durch das Röntgenogramm.

Weber.

Hufbeinfrakturen wurden 1 mal, Hufbeinfissuren 3 mal bei den Pferden des Reichsheeres (118) festgestellt.

A. Fischer.

Prechil (87) hat 923 Rinder auf Vorkommen der losen Wand bei den Klauen untersucht.

Die lose Wand wurde bei 4,6% der Rinder gefunden, und zwar in 81,9% der Fälle an den hinteren Extremitäten. Ein ähnliches Verhältnis (86%) ergab sich auch in bezug ihres Sitzes auf die laterale Klaue allein, während die mediale Klaue allein dies Leiden nie aufwies. Am häufigsten befand sich die lose Wand an beiden Klauen sowohl der Vorder- als auch Hinterfüße im Bereiche der Seiten- und Trachtenwand (39,8%). Als Ursache kommen vorwiegend chemische und mechanische Einwirkungen in Betracht. Die chemischen Einflüsse, wie Jauche, zermürben das Horn der Zona lamellata und der angrenzenden Sohle und erleichtern es den eintreffenden mechanischen Kräften, Zusammenhangstrennungen hervorzurufen. Bei schräger Wandstellung kommen Zerrungen, bei steiler Stauchungen zustande. Auch unrichtiger Beschlag vermag die lose Wand hervorzurufen. Die histologischen Untersuchungen der Klauenlederhaut im Bereiche der losen Wand ergaben keinerlei Anhaltspunkte für entzündliche Vorgänge. Dies scheint doch dafür zu sprechen, daß hauptsächlich äußere Einflüsse dies Leiden hervorrufen und daß entzündliche Prozesse erst sekundär entstehen.

Die Trennungen des Zusammenhanges können manchmal so tief reichen, daß die Klauenmatrix freiliegt und Infektionen zugänglich ist. Wird dem Eiter nicht rechtzeitig Abfluß geschaffen, so können die schwerwiegendsten pathologischen Prozesse, wie koronäre Phlegmone, Klauenwandfisteln, Karies und Nekrose des Klauenbeines, Nekrose des M. flexor digitorum profundus, Peri- und Arthritiden, entstehen. Mit Rücksicht auf diese Veränderungen hat die richtige Beurteilung der losen Wand in Rinderbeständen große Bedeutung.

Trautmann.

Treml (105) untersuchte 6500 Rinder auf Stelz- und Rehklauen.

Die Stelzklaue kann auftreten infolge steilerer Fesselstellung und ist als solche bei barfußgehenden Rindern an den Schultergliedmaßen häufig zu beobachten, insbesondere aber infolge der Bildung eines Stelzfußes, der ebenso wie beim Pferde arthrogenen und tendogenen Ursprungs sein kann. Als Ursache des arthrogenen Stelzfußes, welcher die beim Rinde häufiger zu beobachtende Form darstellt, sah Verf. artikuläre und periartikuläre Erkrankungen im Bereiche des Fessel-, Kronen- und Klauengelenkes. Die eitrigen und eitrigjauchigen Arthritiden bewirken die mächtigsten Veränderungen an den Gelenkflächen und führen häufig auch zur Ankylosierung des zunächstliegenden Gelenkes der gleichen Zehenhälfte durch periartikuläre Schalenbildung. Eine eingehende Nachprüfung wurde den Verhältnissen an der Insertionsstelle der Sehne des Musculus flexor digitorum profundus am Klauenbeine zuteil. Ihre Ausbreitung ist derart, daß sie mit dem äußeren, dem Zehenspalt abgekehrten Schenkel die Sohlenfläche der Ph. III überhaupt nicht erreicht. Die Bedeutung, welche Rusterholz dieser anatomischen Beziehung für das Entstehen von Klauensohlengeschwüren (,,spezifisch-traumatisches Klauensohlengeschwür") beimißt, kann zugegeben werden. Als Ursache des tendogenen Stelzfußes hat Verf. Tendovaginitis der Sehnenscheiden der Kronen- und Klauenbeinbeugers gefunden. Die Stelzklaue selbst ist gekennzeichnet durch die Kürze der Zehen- und die stark angewachsene Trachtenwand, Vergrößerung des Neigungswinkels der Zehenwand mit der Horizontalebene und eine von der Zehen- gegen die Trachtenwand zu divergierende Ringbildung. Bei Erkrankung einer Zehenhälfte ist deren Klaue allein oder zumindest stärker verbildet als die der gesunden. Als Sekundärveränderungen im Gefolge der Stelzklaue hat Verf. Atrophie der Klauenbeinspitze und Ossifikaton an den Insertionsstellen des interdigitalen Seitenbandes des Kronengelenkes und des Fesselklauenbeinbandes am Fesselbeine beobachtet. Funktionsstörungen in Form von geringgradigen Lahmheiten treten bei den periartikulären Schalen und osteophytischen Auflagerungen insbesondere dann auf, wenn eine Erkrankung des Gelenkes sekundär sich eingestellt hat.

Die beobachteten Klauenverbildungen, welche Verf. als Rehklauen anspricht. lassen sich am ehesten als durch Belastungsrehe entstanden denken. Sie bestehen in Aufkrümmung und Einknickung der Zehen-, starkem Anwachsen der Trachtenwand, Durchwölbung der Sohle in ihrem vorderen Teile, Verbreiterung der Blättchenschichte, Verbildung der Korium- und Hornblättchen in den vorderen Partien der Klaue und verschieden hochgradigem, an der Spitze einsetzendem Schwund des Klauenbeines. Die dabei beobachteten Lahmheiten waren trotz der Schwere der Veränderungen nur geringgradig. Durch die niederen Trachten unterscheidet sich von der Rehklaue die als Rollklaue bezeichnete Form der Stallklaue. Trautmann.

A. Fischer (25) erwähnt, daß das Allgäuer Verfahren beim Beschneiden der Rinderklauen auch außerhalb des Freistaates Sachsen, so z. B. in der Provinz Schlesien, große Verbreitung finde. In einer Gutsverwaltung von 2500 Rindern konnten schon nach $1^1/_4$ Jahren ganz erhebliche wirtschaftliche Vorteile festgestellt werden, die Bartsch wie folgt zusammenfaßt:

1. Das Wohlbefinden der Tiere und damit zusammenhängend ihre Milchleistung wurde besser trotz fortdauernder Stallhaltung.

2. Die leichten Panaritiumerkrankungen gingen auffallend zurück; ein Umstand, der wiederum sehr günstig auf die Milchleistung wirkte.

3. Eine Verschleppung der Panaritiumerkrankungen wurde vermieden, so daß die Viehverluste aus Panaritiumkomplikationen fortfielen.

4. Beim Auftreten der Maul- und Klauenseuche wurden die sachgemäß beschnittenen Klauen weniger angegriffen.

Seit dem Beschneiden der Klauen durch den im Allgäuer Verfahren ausgebildeten Klauenpfleger gingen die Panaritiumerkrankungen von 10% des gesamten Milchviehbestandes auf nur noch etwas mehr als 1% zurück. „Natürlich ist ein derartiger Erfolg nicht auf das Klauenbeschneiden allein zurückzuführen", wie Bartsch ausdrücklich hervorhebt, wohl aber hat die sachgemäß durchgeführte Klauenpflege einen ganz wesentlichen Anteil an dem starken Rückgang der in Rinderställen gefürchteten Panaritiumerkrankungen. Hierdurch wurde weiterhin eine ganz bedeutende Steigerung der Milchmengen erzielt, das sich wirtschaftlich durch Mehreinnahmen auswirkte. Da die Rinder darunter ganz erheblich leiden, geht die Milchmenge erheblich zurück, wie auch das Körpergewicht stark sinkt. Nach Bartsch können panaritiumkranke Tiere bis zu 3 Ztr. ihres normalen Gewichtes verlieren. Schließlich müssen die Tiere mit großem Verlust verkauft werden, eine Maßnahme, die

nach den Beobachtungen von Bartsch bei ungenügender Klauenpflege in 15% aller Panaritiumerkrankungen eintritt.

Die schon vielfach anderwärts beobachtete Tatsache, daß gerade die Rinderklauen von der Maul- und Klauenseuche viel weniger ergriffen werden, wenn vor Ausbruch der Seuche die Klauen ordnungsgemäß beschnitten werden, konnte auch bei dem letzten Seuchengang in Schlesien — Herbst 1924 — in den Herden der Klettendorfer Verwaltung einwandfrei festgestellt werden.

Nach Mitteilung von Direktor Dr. Schumann sind vom Tierseuchenamt der Landwirtschaftskammer Schlesien bisher rund 120 Oberschweizer in diesem besonderen Verfahren der Klauenbearbeitung ausgebildet worden. A. Fischer.

Auf Grund der klinischen Untersuchungen gibt Szczudowski (102) an, daß verschiedene Klauenkrankheiten, die mit dem Sammelnamen Panaritium belegt sind, beim Rinde häufig mit eitriger Klauen- oder Krongelenksentzündung verlaufen, welche man sicher durch Klauenamputation beseitigen kann. Die Amputation soll womöglich unter Lokalanästhesie und mit Esmarchscher Binde ausgeführt werden; das Vernähen der Hautlappen aber über dem amputierten Knochenstumpfe ist nicht immer nötig. Gajewski.

Purtzel (89) berichtet nach einleitender Besprechung der Literatur über die Ätiologie und Therapie des Panaritiums der Rinder über seine Erfahrungen mit $SO_2$-Präparaten.

Die Sulfoliquidverbände greifen die Haut nicht an; die phlegmonösen Schwellungen an der Krone und im Zwischenklauenspalt werden bei frühzeitig eingeleiteter Behandlung in 8—10 Tagen mit dreitägigem Verbandswechsel zum Abschwellen und zur Heilung gebracht. Abszedierungen werden nicht festgestellt, was darauf schließen läßt, daß der Krankheitsprozeß sofort kupiert wird. Geschwürige Prozesse bei vernachlässigtem Panaritium werden durch die ätzende, austrocknende, desodorisierende und blutstillende Wirkung in relativ kurzer Zeit ohne Komplikationen geheilt. Von besonderer Wichtigkeit ist, daß das gasförmig sich abspaltende $SO_2$ langsam, aber in um so größeren Mengen tief in die erkrankten und infizierten Gewebsspalten eindringt, ohne dabei die gesunden Gewebe zu schädigen. Durch Übergießen der Wundflächen mit Sulfoliquid und gleichzeitigem Überstreuen mit Sulfofix kann die Wirkung intensiver und von längerer Dauer gestaltet werden, so daß der häufige Verbandswechsel herabgesetzt wird. Heitzenroeder.

Broersma (8) bespricht die Klauenerkrankungen beim Rind (Zwischenklauenpanaritium, Pododermatitis, Podoarthritis usw.). Bei der Gelenks-, Strahlbein-, Klauenbein-, Kronbeinentzündung oder der der tiefen Beugesehne empfiehlt er die Ausführung der Klauenamputation. Beijers.

A. Fischer (30) bestätigt die von Kranz festgestellten Untersuchungsergebnisse über die Klauenveränderungen bei der Ziege. A. F. konnte Längenmaße von veränderten Klauen verschiedener Ziegen bis zu 11 cm Länge feststellen. Besonders häufig traten auf: Schnabelklauen, Zwangklauen, krumme Klauen. Die Pflege der Ziegenklauen besteht vor allen Dingen in einer sachgemäßen, regelmäßig aller 6 bis 8 Wochen zu wiederholenden Beschneidung mit dem Rinnmesser. A. Fischer.

Wie berichtet (117) wird, treten in der Jakutsk (Sibirien) außer anderen Krankheiten unter den Renntieren auch solche der Klauen auf. A. Fischer.

## 10. Krankheiten der Haut.

### Bearbeitet von J. Richter.

*1) Belpel: De l'Habronémose cutanée des Equidés. J. de M. vét. Bd. 71, H. 1. — *2) Benss, H.: Die Behandlung pustulöser Hauterkrankungen mit Opsonogen. Diss. Leipzig. — 3) Blackwell, W. E.: A cutaneous query. Vet. Rec. Bd. 4, S. 1095. 1924. — 4) Derselbe: Seboceous eczema in a cow. Ebendas. Bd. 5, S. 1013. (Kas.) — 5) Bruins, Br.: Urticaria in het byzonder by het rund. (Urtikaria, insbesondere beim Rind.) Tijdschr. voor Diergeneesk. Bd. 52, S. 66 bis 670.(Vortrag. Nichts Neues.) — 6) Fahr, Th.: Die Haut unter dem Einfluß der Röntgenstrahlen. Virch. Arch. Bd. 254, S. 277—301. (Betrifft Mensch. Pathologisch-histologisches.) — 7) Granouillit: Un procédé de taxidermie coloniale des peaux fraîches en poils. J. de M. vét. Bd. 71, H. 11. — 8) Habacher, F.: Eine ätiologisch unbekannte Dermatitis erythematosa (serosa) in der Mund- und Nasengegend des Pferdes. W. t. Mschr. Jg. 12, H. 10, S. 489. (Gehäuftes Auftreten. — Ursache vielleicht mit Disteln verunreinigtes Heu. Photogr. Abbildungen.) — 9) Hadley, F. B.: A skin disease of newborn calves. (Hautentzündung bei neugeborenen Kälbern der Holsteinschen Rasse, besonders in der Gegend des Mauls, der Ohren und der Schenkel.) Wisconsin Sta. Bul. Bd. 373, Nr. 73; Ref. Exp. Stat. Rec. Bd. 53, S. 479. — 10) Hare, T.: Sequestration dermoid in a bitch. Vet. Rec. Bd. 5, S. 485. — *11) Hauser, R.: Zur Histopathologie des Fettgewebes. Verh. D. path. Ges. Bd. 20, S. 404 bis 410. — *12) Hausmann, W. und E. Glück: Om ljussjukdomar. (Über Lichtkrankheiten.) Svensk Vet. Tidskr. Jg. 30, H. 6, S. 173—189. — 13) Hoban, G. J.: Undiagnosed. (Plötzlicher Schweißausbruch unbekannter Herkunft bei einem Rennpferde.) Vet. J. Bd. 81, S. 135—136. — 14) Laun: Hautnekrosen bei Anwendung von Cesol und Neucesol. Zschr. f. Vet. Kunde. Jg. 37, H. 4, S. 97—102. (Abszeßbildung nach subkutaner Applikation alter Cesoldosen.) — *15) Manecutza, M.: Die Heilung der chronischen Ekzema beim Hunde durch Autohämotherapie. Inaug.-Diss. Bukarest. — *16) Mazzucchi: Dermatiti. Presenza e significato del reperto batterico nelle forme cutanee degli animali e pin particolarmente del cane. — Indicazioni ed applicazioni vaccino-terapiche che ne derivano. (Hautentzündungen. Vorkommen und Bedeutung des Bakterienbefundes dabei, besonders beim Hunde. Davon ausgehende Heilversuche mit Vakzinen.) Clin. vet. S. 15. — 17) v. Mócsy, J.: Die Behandlung einiger Hautkrankheiten der Hunde mit Staphylo-Yatren. D. t. W. Bd. 33, S. 20—21. — 18) Mohr, A. Die Mauke und das Ekzem bei den Gruben- und Hüttenpferden des oberschlesischen Industriebezirkes und ihre Besonderheiten. Diss. Hannover und D. t. W. Bd. 33, S. 852—854. (Auszug.) — 19) Ruppert, F., R. Scasso und C. Zannini: Über Keratinosis der Haare und der Haut bei Rindern. D. t. W. Bd. 33, S. 663 bis 665. (3 Abbildungen.) — 20) Saral, K.: Arusaamata muhkude tekkimine nahaaluses koes hobusel. (Knotenbildung im subkutanen Gewebe beim Pferd mit unbekannter Ursache.) Estnische T. R. Jg. 1, S. 18. (Vielleicht „Knötchen- und Quaddelausschlag" nach: Hutyra-Marek.) — 21) Derselbe: Tuubiline „ristikheina haiguse" juhtum hobusel. (Ein typischer Fall von „Kleekrankheit" beim Pferde.) Ebendas. Jg. 1, S. 21. (Auf Weide mit schwed. Klee ein Fohlen tot, zwei andere Dermatitis an den unpigmentierten Stellen der Füße.) — 21) Secondo Zoccolini: Di vari casi di eczema serpiginoso della faccia. del cavallo. (Fälle von Cer. serpig. im Gesicht des Pferdes.) Clin. vet. S. 801. — 22) Smith, W. F.: „A cutaneous query". (Brand der weißen Abzeichen.) Vet. Rec. Bd. 4, S. 1029—1030. 1924. — 23) Tänzer, E.: Neuere Untersuchungen über Haut und Haar beim Karakulschaf. D. landw. Tierz. Jg. 29, S. 49—51 u. 65—69 u. 88—91 u. 132—136. (Für Referat nicht geeignet.) — *24) Tomaschek, A.: Blutbilder bei einzelnen Hautkrankheiten der Haustiere. Diss. Wien. — 25) Wright, T. W. und T. C. Tull: A preliminary report of an investigation of a condition known as „dry coat" in horses. Vet. J. Bd. 81, S. 235 bis 240.

Hausmann und Glück (12) beschreiben, nach einer referierenden Darstellung der bekannten, von H. als „optische Sensibilisationskrankheiten" bezeichneten Krankheitszustände (Fagopyrismus, Kleekrankheit u. a.), einige von Gl. in Skåne beobachtete Fälle von Hautröte und Pustelbildung an ungefärbten Hautpartien nebst Erosionen des Zahnfleisches in der Gegend der Unterkieferinzisiven an schwarz und weiß gescheckten Holländerkühen. Die Tiere hatten einige Tage beim starken Sonnenlicht auf Kleefeldern geweidet, und die Krankheit wurde daher als Kleekrankheit gedeutet.                    Sahlstedt.

Mazzucchi (16) hat ständig bei Hauterkrankungen des Hundes bestimmte Mikroorganismen (namentlich den Staphyloc. pyog. albus) gefunden, ohne ihn ursächlich zu beschuldigen. Er will in 2 Fällen mit autogener einfacher bzw. mit polyvalenter Vakzine prompte Heilerfolge gehabt haben.          Frick.

Tomaschek (24) untersuchte das Hundeblut bei Hautkrankheiten (akute und chronische Ekzeme, Akarus, Skabies, Akne).

Bei den genannten Hautkrankheiten konnten keine wesentlichen Veränderungen des roten, wohl aber solche des weißen Blutbildes festgestellt werden. Bei akuten Ekzemen, bei Akarus, namentlich bei pustulösem Akarus und bei Akne waren Leukozytosen nachweisbar, bei der erstgenannten Krankheit geringgradige (höchstens 14 600), bei der zweiten höhergradige (im Durchschnitte 17 458), bei der dritten sehr hohe, und zwar 26 000 weiße Blutkörperchen. Der Grad des Eiterungsprozesses bei der Hautkrankheit spricht sich auch in der stärkeren oder geringeren Leukozytose aus. Diese Leukozytose war in erster Linie auf eine absolute und relative Vermehrung der polymorphkernigen neutrophilen Leukozyten (durchschnittlich 70—74%) zurückzuführen, sie sank nach Abheilen der Krankheit auf die Norm. Bei Akarus war die Prozentzahl der polymorphkernigen neutrophilen Leukozyten am geringsten (durchschnittlich 68,4%), jene der Lymphozyten am höchsten (durchschnittlich 21,8%). Bei chronischen Ekzemen und bei Skabies war (mit Ausnahme eines Falles von Skabies) keine Leukozytose nachweisbar. Die Zahl der eosinophilen Zellen war bei allen untersuchten Krankheiten absolut und relativ erhöht und betrug bei akuten Ekzemen durchschnittlich 5,9%, bei chronischen Ekzemen durchschnittlich 7%, bei Skabies 6,1% und bei Akarus 5,4%, dagegen bestand bei Akne wohl eine absolute, nicht aber eine relative Eosinophilie. Mit der Besserung oder Heilung nahm auch die Zahl der Eosinophilen wesentlich ab. Die Zahl der Mastzellen war stets (mit Ausnahme des Falles von Akne, wo sie fehlten) eine sehr hohe (durchschnittlich 0,3—0,5%).                    Trautmann.

Belpel (1) gibt uns in seinem Artikel eine Abhandlung über eine sehr häufig auftretende Krankheit, die besonders im südlichen Frankreich zu Hause ist. Er beschreibt besonders den Verlauf der Krankheit und gibt zum Schluß seine Therapie an. Er muß jedoch leider zugeben, daß man mit Sicherheit auf Heilung die Habronémose cutanée nicht behandeln kann.
                    Henkels.

Benss (2) hält die Behandlung pustulöser Hauterkrankungen mit Opsonogen beim Hund auf Grund der gehabten Ergebnisse für günstig, möchte aber ein abschließendes Urteil mangels genügend zahlreicher Fälle noch nicht fällen. Trautmann.

Manecutza (15) berichtet über die Heilung der chronischen Ekzeme beim Hunde durch Autohämotherapie.

Die Methode wurde an 12 Hunden geprüft, und M. kam zu den folgenden Schlüssen:

1. Die Autohämotherapie kann als eine der angezeigtesten Methoden gegen das chronische Ekzem beim Hunde gelten.

2. In den Fällen, in denen mit anderen Mitteln kein Erfolg erzielt wurde, hat die Autohämotherapie gute Resultate gegeben.

3. Die Anzahl der Blutimpfungen war 7—12.

4. Die Besserung hat sich schon nach der ersten Impfung eingestellt.

5. Die Dauer der Behandlung schwankt zwischen 14—26 Tagen. Constantinescu.

Hausers (11) Vortrag über die Histopathologie des Fettgewebes bezieht sich hauptsächlich auf die Abnahme desselben, die in Form des tatsächlichen Schwundes und in Form der Bildung atrophischen Fettgewebes geschehen kann. Joest und Cohrs.

## V. Toxikologie.
### Bearbeitet von H. Graf.

1) Underhill, F. P.: Toxicology or the effects of poisons. Philadelphia: P. Blakiston Son and Co. 1924.

#### a) Vergiftung durch Giftpflanzen.

2) Craig, J. T. und D. Kehoe: Plant poisoning. Vet. Rec. Bd. 5, S. 795—825. (Übersichtsreferat.) — *3) Lubberink, F.: De „balische ziekte". (Die „Balische Krankheit".) Nederl. Ind. Blad voor Diergeneesk. Bd. 37, S. 395—402. — *4) Pardo, Agustin: Intoxicaciones alimenticias del ganado. (Futtervergiftungen der Tiere.) Rev. del Centro de Est. Med. Vet. La Plata 1924, Nr. 3, S. 9—21. — 5) Smythe, R. H.: Pollen poisoning in cattle. Vet. Rec. Bd. 5, S. 532—533. — α) Gymnospermae, Coniferae. 6) Bergonzi: Muli avvelenati da Taxus baccata. (3 Maultiere starben plötzlich nach reichlicher Aufnahme von Eibenblättern und Zweigen.) Clin. vet. S. 246. — 7) Schaible: Vergiftung durch die Zweige von Taxus baccata beim Pferde. Mitt. d. V. Bad. T. Bd. 25, S. 10. — β) Angiospermae. 1. Monocotyledones. Gramineae. 8) Flick, W.: Über Futterschädlichkeiten aus der Familie der Gramineen (und Liliaceen). Diss. Leipzig. — 9) Pammel, L. H.: Poisonous plants. Vet. Med. Bd. 20, Nr. 5, S. 200. (Hordeum jubatum: Ergotismusähnliche Symptome bei Schaf und Rind.) — *10) Pardo, A.: Otras intoxicaciones alimenticias del ganado „La Tembladera". (Weitere Futtervergiftungen bei Tieren: „La Tembladera".) Rev. del Centro Est. de Med. Vet. La Plata Nr. 4, S. 18—22. — 11) Smith, R. M.: Rye grass poisoning in calves. Vet. Rec. Bd. 5, S. 363. (Kasuistisch.) — 2. Dicotyledones. Fagaceae. *12) Kinsley, A. T.: Shinnery poisoning. Vet. Med. Bd. 20, Nr. 8, S. 354—355. — Polygonaceae. *13) Rudolf, I.: Beitrag zur Futtervergiftung des Rindes. D. Oest. t. W. Jg. 7, Nr. 21, S. 214—216. — Ranunculaceae. 14) Taylor, H.: Poisoning by the Aconit plant. Vet. Rec. Bd. 5, S. 533. — *15) Torregiani, P.: Un caso di avvelenamento acuto per Helleborus niger in sei bovine. (Vergiftung durch Helleborus niger L. bei 6 Rindern.) Nuova Vet. S. 227. — Leguminosae. *16) Brocq-Rousseu und P. Bruère: Accidents mortels sur des chevaux dus à la graine de Cassia occidentalis L. C. r. Soc. de Biol. Bd. 92, S. 555—557. — *17) Moussu, R.: L'intoxication par les graines des Cassia occidentalis est due à une toxalbumine. Ebendas. Bd. 92, S. 862—863. — *18) Lang, Franz:

Auftreten der sog. Dürener Rinderseuche in Bayern. M. t. W. Bd. 76, S. 537—543. — *19) Profé und Grüttner: Der Bakterienbefund bei der sog. Dürener Krankheit der Rinder und seine Bedeutung für deren Ätiologie. B. t. W. Bd. 41, H. 14. — *20) Dieselben: Erwiderung auf die Bemerkungen zu unserer Arbeit über die Dürener Krankheit in Nr. 14 der B. t. W. Ebendas. Bd. 41, H. 21. — 21) Clough, G. W.: Lathyrism. Vet. Rec. Bd. 5, S. 839—840. (Zur Kasuistik der Kichererbsenvergiftung.) — 22) Voelcker, A. J.: Lathyrus poisoning in the horse. Vet. J. Bd. 81, S. 134 bis 135. (Kasuistisch.) — *23) Wolf, Alex.: Luzernekrankheit der Pferde und Rinder. Allat. Lapok S. 11 bis 12. — *24) Broerman, A.: Poisoning of cattle by sweet clover hay. J. of Am. Vet. Med. Assoc. Bd. 67, Nr. 3, S. 367—371. — Euphorbiaceae. 25) Franzenburg, E.: Rizinussamenvergiftung in einem größeren Pferdebestand. T. R. Bd. 31, S. 307—310. (Kasuistik.) — *26) Jarmai, K.: Massenvergiftung von Schweinen durch Rizinussamen. Allat. Lapok S. 214—215. — Malvaceae. *27) McGowan, I. P., and A. Crichton: Cotton Seed meal poisoning. Biochem. J. Bd. 18, S. 273 bis 282. 1924. — Umbelliferae. *28) Altara, I.: La ferulosi. (Vergiftung durch Ferula communis.) Nuova Vet. S. 30. — Ericaceae. 29) Hughes, T. H.: Rhododendron poisoning in cattle. Vet. J. Bd. 81, S. 89—90. (Kasuistik.) — Solanaceae. *30) Spann: Tabakvergiftung bei unseren Haustieren. Südd. landw. Tierz. Jg. 19, S. 98—100. — Compositae. 31) Marsh, C. D., G. C. Roe and A. B. Clawson: Cockleburs (species of Xanthium) as poisonous plants. (Junge Pflanzen der Xanthiumspezies sind giftig für Schweine, Rinder, Schafe und Hühner.) U. S. Dep. Agr. Bul. 1274, S. 24; Ref. Exp. Stat. Rec. Bd. 52, S. 178.

Nach Luberink (3) kommt auf der Insel Bali eine merkwürdige Krankheit unter den Rindern vor, welche der Inländer „sakit gatal" oder „sakit beroeng" nennt.

Dabei werden folgende Krankheitserscheinungen beobachtet: Fehlen der Freßlust, Jucken (Lecken und Nagen), Haarausfall, Hautnekrosen, große Wundflächen (Hüfte, Ellenbogen, Sprunggelenk, Vorderfüße). Nekrotischwerden der Ohrhaut, Nekrosen der Maulschleimhaut, ikterische Schleimhäute, mukopurulenter Nasen- und Augenausfluß (bösartiges Katarrhalfieber?). Die Krankheit verläuft fieberfrei, chronisch und tritt sporadisch auf. Todesfälle sind häufig. Schreiber hat mit dem Blut eines kranken Rindes Kalb, Schwein, Ziege, Kaninchen und Meerschweinchen geimpft, das Resultat war negativ. Auch die Blutuntersuchung war negativ. Die mikroskopische Untersuchung der Hautveränderung ergab nichts Positives. Auf Lombok und Celebes sind unter den daselbst eingeführten Balirindern dieselben Krankheitserscheinungen wahrgenommen.

In einer „Nachschrift" bemerkt L., daß die Krankheitserscheinungen an bestimmte Futterpflanzenvergiftungen (z. B. Fagopyrismus) erinnern. Beijers.

Pardo (4) beschreibt Vergiftungen durch Futter bei den Haustieren. Er fand als weit verbreitete Giftpflanze Baccharis cordifolia, in Argentinien gewöhnlich Ronurillo oder Mio-mio genannt, ferner die in die Familie der Solanaceen gehörende Cestrum parqui (Duraznillo negro). Außerdem ist einigen Sorghumarten unbedingt eine giftige Wirkung zuzusprechen. Ruppert.

Pardo (10) setzt seinen Aufsatz: Über Futtervergiftungen der Tiere fort.

Er beschreibt die von Rivas und Zanolli gefundene unter dem Namen Tembladera bekannte Futtervergiftung, die hauptsächlich Esel und Maultiere befällt, und durch Festuca Hieronimi hervorgerufen wird.

Fast immer findet man auf der Festuca einen Pilz: Endoconidium tembladerae.

Eine den Symptomen nach ähnliche Krankheit wurde von Acosta unter dem Namen Huaicu im Süden Argentiniens beschrieben, die vielleicht mit der von Quevedo beschriebenen Krankheit „Pataleta" identisch ist. Sie wird durch eine Graminee: Poa demedata Sten (coiron blanco) hervorgerufen.      Ruppert.

Kinsley (12) berichtet über die Vergiftung durch Eichenblätter, vor allem beim Rind.

Im Frühjahr, wenn das Gras noch nicht genügend gewachsen ist, nehmen die Tiere nicht selten größere Mengen von Eichenblättern auf. Es stellt sich Verstopfung und Durstgefühl ein. Das Flotzmaul erscheint trocken, das Haar struppig, die Augen eingesunken, und ein eigenartiger Gang wird bemerkbar. Einige Zeit später tritt Diarrhöe mit Entleerung von blutigem schleimigen Kot ein. Temperatur eher erniedrigt, Puls rasch, Atmung etwas vermehrt. Sektion: Anämie, Kachexie, vermehrte Flüssigkeit in Körperhöhlen, Petechien am Epikard und Perikard, Nieren geschwollen und entzündet. Im Verdauungskanal evtl. Nekrosen (Labmagen, Darm). Selten Hämoglobinurie. Verwechslung der Krankheit mit Arsenvergiftung und hämorrhagischer Septikämie möglich.      Hobmaier.

Rudolf (13) liefert einen Beitrag zur Futtervergiftung des Rindes, indem er die Erkrankung eines großen Rindviehbestandes beschreibt, die mit größter Wahrscheinlichkeit auf den Genuß von „Gemeinen Gänsefuß" (Chenopodium album) und „Apfelblätterigen Knöterich" (Polygonum lapotifolium) zurückzuführen war. Die wichtigsten Krankheitssymptome waren: Mangelnde Freßlust, schwere Benommenheit des Sensoriums, bedeutender Rückgang der Milchleistung, Pansenparese, blutiger, stinkender Durchfall.

Nach Futterwechsel und symptomatischer Behandlung trat nach 3 Tagen Heilung ein.      Krage.

Torregiani (15) sah bei 6 Rindern, die mit einem Essigextrakt von Helleborus niger gewaschen waren, um Läuse zu beseitigen, eine schwere Vergiftung, der 3 Tiere schnell erlagen. Das Gift war durch die Haut resorbiert worden.      Frick.

Brocq-Rousseu und Bruère (16) beschreiben tödliche Vergiftungen bei Pferden durch die Samen von Cassia occidentalis L.

Die Samen fanden sich in großer Menge im Hafer. Am 5. Tage nach der Aufnahme traten körperliche Schwäche, verbunden mit Muskelkrämpfen, Enteritis, Anurie, zentralen Erregungssymptomen und Lähmungen ein, die zum Tode führten. Es scheint sich nach den Ergebnissen an Laboratoriumstieren um eine Toxikose speziell durch Chrysarobin und Chrysophansäure zu handeln.      Graf.

Moussu (17) fand, daß die eigentliche giftige Substanz der Cassiasamen ein Toxalbumin ist, welches durch Formol und Wärme neutralisiert wird.   Graf.

Auf Grund von Untersuchungen, die an der Schleißheimer Veterinärpolizeilichen Anstalt vorgenommen wurden, kommt Lang (18) zu dem Ergebnis, daß in den beiden erkrankten Beständen als Krankheitsursache nur eine Vergiftung durch Sojabohnen vorliegen kann. Die Dürener Rinderseuche ist nichts anderes als eine Intoxikation mit Sojabohnen plus Infektion mit Darmbakterien.      J. Schmidt.

Profé und Grüttner (19) stellen fest, daß die Dürener Krankheit eine Vergiftung ist durch Verfütterung von Sojabohnenschrot. Die Symptome sind blutige Magen-Darmerkrankung und Schädigung der Gefäßwände, Herdnekrosen in den Organen, Gasödem in der Skelettmuskulatur, dessen Erreger der Bac. parasarcophysematos ist.   Henkels.

Profé und Grüttner (20) geben eine Bestätigung der Feststellungen, die Lothe und Profé auf Grund der im Rheinland aufgetretenen Erkrankungen mitteilten und die Eilmann nach seinen Fütterungsversuchen bekannt gegeben hat.

Im April 1925 sind in der Nähe von Dinslaken wiederum Erkrankungen nach Verfütterung von Sojabohnenschrot vorgekommen. Es ist aus den Handelskreisen die Forderung laut geworden, vergleichende Fütterungsversuche anzustellen.      Henkels.

Wolf (23) beobachtete bei Pferden und Rindern nach Aufnahme sehr großer Mengen von Luzerne wiederholt Hautausschläge.

Er neigt zu der Auffassung, daß es sich hier um anaphylaktische Erscheinungen handelt in dem Sinne, daß ein Teil der übergroßen Mengen von Luzerneeiweiß unverdaut zur Resorption gelangt und den Tierkörper sensibilisiert. Er meint jedoch, daß neuerlich aufgenommenes Luzerneeiweiß anaphylaktische Erscheinungen, namentlich Hautausschläge, nur dann auszulösen vermag, wenn gleichzeitig starker Sonnenschein oder mechanische Reize auf die Haut einwirken.      Manninger.

Broerman (24) weist darauf hin, daß bei Verfütterung von Weißkleeheu, besonders an Jungrinder mitunter 80—90% der Tiere unter rauschbrandähnlichen Erscheinungen sterben.

Es zeigt sich Sistierung des Appetites, Blässe der Schleimhäute, steifer Gang und Ödembildung in verschiedenen Körperteilen. 1—3 Tage nach dem Auftreten der ersten Erscheinungen erfolgt gewöhnlich der Tod. Bei der Sektion fallen stets Hämorrhagien an Epikard und Pleura auf. Mitunter findet sich blutige Flüssigkeit in der Abdominalhöhle. Der Hämoglobingehalt und die Blutgerinnung sind herabgesetzt. Hämorrhagische Infiltration des Bindegewebes einzelner Muskeln. Fütterungsexperimente des Autors mit schimmligem Kleeheu waren positiv. Mikroben als Entstehungsbedingung konnten ausgeschlossen werden. Prophylaktische und therapeutische Vorschläge.      Hobmaier.

Jármai (26) berichtet über Massenvergiftung von Schweinen durch Rizinussamen.

336 Schweine verschiedenen Alters weideten in einem Garten, wo kurz vorher die als Zierpflanzen gezogenen Rizinussträucher entfernt worden sind, wobei die bereits reifen Samen, etwa 5 kg, zerstreut wurden. Die Schweine verzehrten die Samen, worauf sich binnen 2 Stunden bei vielen Tieren Erbrechen, Schwäche und Benommenheit einstellte. Bis abends waren alle Tiere erkrankt, 66 bereits verendet. Todesfälle (insgesamt 110) kamen noch bis zum übernächsten Tage vor. Auch Verwerfen stellte sich bei einigen Sauen ein. Bei der Zerlegung wurde neben Blutungen am Epikard und hämorrhagischer Schwellung der Mesenteriallymphknoten krupöshämorrhagische Entzündung des Magens und des Dünndarmes sowie diphtheroide Entzündung des Dickdarmes festgestellt.      Manninger.

In Untersuchungen von McGowan und Crichton (27) über die Beziehungen zwischen Baumwollsaatmehlvergiftung und Eisenmangel wurden 5 Gruppen zu je 4 etwa 9 Wochen alten Schweinen etwa 3 Monate lang in der folgenden Weise gefüttert.

Gruppe I und II erhielten eine volle Ration eines Gemisches aus 1,814 kg Baumwollsaatmehl und 5,443 kg Mais mit Zulage von 40 g Eisenoxyd in Gruppe II.

Gruppe III erhielt eine Ration aus 5,443 kg Mais und 1,814 kg Erdnußmehl, während die Gruppen IV und V eine Mischung aus Futtermehl, Johannisbrotmehl, Palmkernmehl, Erdnußmehl und Sirup bekamen. Gruppe IV erhielt hierzu eine Salzmischung, die einen leichten Überschuß an Eisen enthielt. Die Schweine der Gruppen III und V, die Rationen ohne besondere Eisenzulage erhielten, zeigten Symptome des Eisenmangels, die praktisch dieselben waren, wie sie die Schweine mit der Baumwollsaatmehlration ohne Eisen zeigten. Die Schweine mit dieser Ration hörten nach kurzer Zeit auf zu wachsen und verloren augenscheinlich ihren Appetit, doch machten sich keine Anzeigen eines Hämoglobinmangels bemerkbar. Gruppe II zeigte von Beginn des Versuches am 17. Februar bis zum Ende am 12. Mai gutes Wachstum. Die Schweine mit der Erdnuß- und Maismehlration zeigten die typischen Erscheinungen des Eisenmangels und auch eine Reduktion des Hämoglobintiters auf weniger als 45% bei dreien von den 4 Schweinen. Von den Gruppen IV und V, die die Mehlmischung erhielten, zeigte Gruppe IV durch Zugabe der Salzmischung gute Gewichtszunahmen und normales Aussehen, während die Tiere der Gruppe V, die keine Salzmischung bekamen, nach kurzer Zeit aufhörten zuzunehmen, 2 der Tiere starben sogar nach weniger als 2 Monaten.

Die Verff. schließen aus diesen Ergebnissen, daß das unter dem Namen Baumwollsaatmehlvergiftung bekannte Krankheitsbild gar nicht einer giftigen Substanz im Baumwollsaatmehl zuzuschreiben ist, sondern eher einem Eisenmangel der gesamten Ration bzw. anderen Ernährungsmängeln, die in ihrer Wirkung durch Mangel an Eisen in der Kost des saugenden Schweines verschlimmert werden.          Schieblich.

Altara (28) hat die Vergiftung von Schaf, Ziege, Rind, Pferd und Schwein durch den Genuß von Ferula communis in Sardinien eingehend abgehandelt und bringt im 1. Abschnitt seiner Arbeit die einschlägige Literatur. Im 2. Abschnitt wird die botanische Stellung von Ferula communis, ihre geographische Verbreitung, die Symptomatologie, der Verlauf und die pathologische Anatomie, die Toxikologie, die Diagnose, die Prognose, die Prophylaxe und die Therapie behandelt. Die Vergiftungsversuche sind mit großen Zahlentabellen belegt und müssen im Original eingesehen werden.          Frick.

Spann (30) berichtet über Tabakvergiftung bei unseren Haustieren, die meist tödlich endeten, wenn die Tiere vorher nicht notgeschlachtet wurden. Die Genußtauglichkeit des Fleisches notgeschlachteter Tiere erlitt keine Einbuße.          J. Richter.

### b) Tierische Gifte.

*1) Agduhr, E.: Torsklevertran under vissa betingelser — ett gift för organismus? (Dorschlebertran unter gewissen Bedingungen — ein Gift für den Organismus?) Svensk Vet. Tidskr. Jg. 30, H. 5, S. 155—157. (Vorläufige Mitteilung.) — *2) Donham, C. R.: So called salmon poisoning of dogs. J. Am. Vet. Med. Assoc. Bd. 66, Nr. 5, S. 637—639. (Preliminary Report.) — 3) Ganslmayer, R.: Ein Fall von Kantharidenvergiftung beim Hund. W. t. Mschr. Jg. 12, H. 3, S. 121. (Kasuistisch.) — *4) Koppitz, W.: Kreuzotternbiß bei Kühen. Prag. Arch. (B) H. 9, S. 227 bis 230. — 5) Mayall, G.: Toad venom. Vet. J. Bd. 81, S. 232—233. (2 Fälle: Hund und Katze erkrankt durch Krötengift.) — *6) Shimamura, T.: Über das Askaron, einen toxischen Bestandteil der Helminthen, besonders der Askariden, und seine biologische Wirkung. II. Mitt. J. of Japan. Soc. Vet. Sc. Bd. 4, Nr. 2, S. 189—215.

Agduhr (1) hat Fütterungsversuche mit 3 Gruppen weißer Mäuse angestellt.

Die 1. Gruppe erhielt vitaminfreie Nahrung, die 2. Vitamin in hinreichender Menge im Futter. In der Kost der 3. Gruppe fehlte C-Vitamin. Einige Tiere der 3. Gruppe erhielten Lebertran, diese Mäuse starben früher als die, welche ohne Tran gefüttert wurden. Nach Verlauf eines Jahres wurden alle Versuchstiere getötet. Bei allen sind bei der Sektion auffallende Veränderungen beobachtet worden, vor allem am Herzen. Verf. wirft die Frage auf, ob diese Veränderungen durch den Lebertran hervorgerufen sein können, und will durch fortgesetzte Versuche diese Frage klarlegen.          Stålfors.

Donham (2) berichtet von einer sog. Lachsvergiftung der Hunde, die hauptsächlich an den Küsten von Oregon und Washington beobachtet wird.

Giftig wirken die Lachse erst nach ihrem Übertritt in das Süßwasser zur Laichzeit. Hier sterben sie in großen Mengen und werden von den Hunden gefressen. Der Autor bringt die Krankheit in Zusammenhang mit der Aufnahme von Trematoden des Lachses. Inkubationszeit 6—10 Tage. Fieber, Verweigerung der Futteraufnahme, Durst. Ödem des Kopfes, besonders um die Augen auffallend, sowie eitriges Augensekret tritt auf. Mit der Krisis Temperaturabfall zur Norm oder Subnorm. Außerdem werden beobachtet: Blutige Enteritis, Schwäche, staupeartige Lähmung, Tod gewöhnlich in 4—8 Tagen. Sektionsbefund: Magen normal oder hämorrhagische Gastritis mit zahlreichen Egeln, die vom Duodenum dorthin erbrochen werden. Hämorrhagische Enteritis, besonders in den hinteren Darmabschnitten, wo wieder zahlreiche geschlechtsreife Egel gefunden werden. Therapie versagt. Hundebesitzer behaupten, daß sich bei manchen Tieren Immunität gegen die Krankheit ausbildet. Der Autor hält weitere Untersuchungen für geboten.
          Hobmaier.

Koppitz (4) beobachtete 2 Fälle von Kreuzotternbiß bei Kühen, die sich durch starke Allgemeinreaktionen und eine nekrotisierende Entzündung der Bißstelle charakterisierten. Nach Exzision der nekrotisierten Hautstellen trat Heilung ein.
          Krage.

Auf Grund von weiteren Untersuchungen über das Askaron, einen toxischen Bestandteil der Helminthen, besonders der Askariden, und seine biologische Wirkung kommt Shimamura (6) auf den Gedanken, daß das Askaron in die Gruppe der Organgifte gehöre; aber es ist dem alkoholisch löslichen Peptongift und Histamin gegenüber verschieden. Es ist die wirksamste Gruppe unter den bisher bekannten, welche anaphylaktoide Reaktionen bei verschiedenen Versuchstieren sicher hervorrufen können. Ferner bespricht Verf. die Ergebnisse seiner sehr genauen pharmakologischen Studien über das Askaron.          Nitta.

### c) Elemente, anorgan. Verbindungen.

*1) Ay, E.: Untersuchungen über die Wirkung der Heringslake und Heringsteile enthaltenden Futters bei Hühnern, ein Beitrag zur Frage der Kochsalzvergiftungen. Diss. Leipzig. — 2) Clough, G. W.: Toxicological notes. Vet. Rec. Bd. 5, S. 719—720. (Kasuistik anorganischer Vergiftungen.) — *3) Christiani, H. und R. Gautier: Intoxication chronique d'origine alimentaire par le fluor. C. r. Soc. de Biol. Bd. 92, S. 139—141. — *4) Dieselben: Cachexie fluorique des animaux herbivores consécutive à l'emploi de fourrages altérés expérimentalement par des gaz fluorés. Ebendas. Bd. 93, S. 911—912. — *5) Gier, C. J. de: Keukenzoutvergiftiging bij biggen. (Kochsalzvergiftung bei Ferkeln.) Tijdschr. voor Diergeneesk. Bd. 52, S. 709. — *6) Giovannardi, A.: Avelenamento di bovini con sublimato in seguito a desinfezione di stalla e vertenza fra il proprietario e l'amministrazione communale. (Quecksilbervergiftung beim Rinde nach Desinfektion des Stalles mit Sublimat und Schadenersatzansprüche an die Kommunalverwaltung.) Nuov. Vet. S. 48—49. — *7) Giovanoli, G.: Beitrag zur Kasuistik der Vergiftungen aus der italienischen periodischen Literatur. Schweiz. Arch. f. Tierhlk. Bd. 67, S. 254—256. (Anorganische Gifte, auch Petroleum.) — *8) Hackel, W. M.: Zur Kenntnis der Verfettung der Bindesubstanzen bei einigen Intoxikationen. Virch. Arch. Bd. 258, S. 771—782. (Phosphor, Diphtherietoxin, Milchsäure.) — 9) Hallheimer, S.: Zur Pathologie der Zyankaliumvergiftung. Eine experimentelle Studie zur Wirkung des Zyankaliums auf die Oxydasereaktion. Zieglers Beitr. Bd. 73, S. 80—112. (Untersuchungen am Menschen, Meerschweinchen, Ratte und Maus.) — *10) Hartnack, H.: Thallium als Gift und Arznei. B. t. W. Bd. 41, H. 4. — 11) Harvey, F. T.: Sulphur poisoning. Vet. Rec. Bd. 4, S. 1023. 1924. — 12) Hellmuth, A.: Kohlendioxydvergiftung bei einem Hunde. T. R. Bd. 31, S. 562—563. — 13) Hürthle, R.: Der Stoffwechsel der Leber unter dem Einfluß der Chloroform- und Phosphorvergiftung. Arch. f. exper. Path. u. Pharm. Bd. 110, S. 153—173. — *14) Hundhammer, W.: Bestehen bei Kalkstickstoffdüngung Gefahren für die Haustiere? Arch. f. wiss. Tierhlk. Bd. 53, S. 428—443. — *15) Kirk, H.: The destruction of dogs and cats. Vet. Rec. Bd. 5, S. 937—938. — *16) Mitchell, J. F.: Experiments in metallurgical poisoning of animals at Oroya, Peru, at an elevation of 12 200 feet. J. Am. Vet. Med. Assoc. Bd. 68, Nr. 3, S. 330—335. — 17) Müller, J.: Vergleichende Untersuchungen über die narkotische und toxische Wirkung einiger Halogen-Kohlenwasserstoffe. Arch. f. exper. Path. u. Pharm. Bd. 109, S. 276—294. (Gebräuchliche und neuere Narkotika.) — *18) Muto, K.: On the toxic action of Carbon Disulphide. (Second Report.) J. of Japan. Soc. Vet. Sc. Bd. 4, Nr. 2, S. 98—99. — *19) Derselbe: Dasselbe. (Third Report.) Ebendas. Bd. 4, Nr. 3, S. 241—244. — *20) Derselbe: Dasselbe. (Fourth Report.) Ebendas. Bd. 4, Nr. 4, S. 346—348. — 21) Onderka, V.: Über das Schicksal der Blausäure in vergifteten Organen und über ihre Umwandlung in Rhodanwasserstoffsäure. Diss. Hannover und D. t. W. Bd. 33, S. 798—799. (Auszug.) — 22) Reeves, G. J.: The arsenical poisoning of livestock. J. Econ. Ent. Bd. 18, S. 83—90; Ref. Exp. Stat. Rec. Bd. 53, S. 380. (Klinische und pathologisch-anatomische Erscheinungen der Arsenikvergiftung bei Versuchstieren beschrieben.) — 23) Sampson, S. E.: Lead poisoning in geese. Vet. Rec. Bd. 5, S. 236. — *24) Santoai, G.: Studium über die Intoxikation mit Arsensäure bei den Haustieren (Hund, Katze und Huhn). Inaug.-Diss. Bukarest. — 25) Staemmler, M.: Untersuchungen der Fermente in der Leber bei Phosphorvergiftung. Virch. Arch. Bd. 257, S. 218—228. (Versuche an Mäusen.) — 26) Tscherkess, A.: Studien über den Stoffwechsel bei Bleivergiftung. Bleivergiftung und Stickstoffwechsel. Arch. f. exper. Path. u. Pharm. Bd. 110, S. 174—197. — 27) Tutt, J. F. D.: Mercurial poisoning in a dog. Vet. J. Bd. 81, S. 559—560. (1 Fall.) — 28) Watkins, G.: Cases of acute lead poisoning in cattle. Ebendas. Bd. 81, S. 407. (3 Fälle.) — *29) Wobst, A.: Die Hüttenrauchkrankheit im Freiberger Bezirk (Sachsen). Diss. Leipzig.

Giovanoli (7) hat einen Beitrag zur Kasuistik der Vergiftungen aus der italienischen Literatur publiziert.

Die Vergiftungen waren auf Unachtsamkeit und Verwechslung zurückzuführen. Eine Kuh erhielt 1 l Petroleum. Toxikose: Unruhe, Dyspnoe, Bradykardie, Fieber, Salivation; Erholung nach 10 Stunden. Die Milch verlor erst nach 3 Tagen den Geruch. — Ein Maultier und ein Esel bekamen eine Handvoll Schwefel. Sektion: Schwarze Verfärbung des Magendarmes, Enteritis haemorrhagica. — 4 Kühe zeigten nach Genuß von Gras mit Kupfervitriol und Kalkwasser (?) Abstumpfung, Inappetenz, Salivation, Stomatitis, Enteritis, Agalaktie. — 11 Hühner, 3 Gänse starben unter Anzeichen großen Durstes und Kräfteverfall nach Aufnahme von Salzkrusten (Kochsalzvergiftung). — Statt Glaubersalz erhielten 50 Kühe Salpeter (200—500 g). 34 starben unter Tachykardie, Hypothermie, Zittern, Schwäche nach 1—2 Stunden. Sektion: Hämorrhagische Gastroenteritis. Das Fleisch wurde von Hunden ohne Nachteil vertragen, da es nur 1 : 5000 Salpeter enthielt.                Graf.

Ay (1) bringt einen Beitrag zur Frage der Kochsalzvergiftung beim Huhn.

Nach ihm sind 4 g Kochsalz imstande, ein Huhn im Gewichte von 1000 g zu töten, jedoch nur, wenn in den ersten 24 Stunden kein Wasser aufgenommen werden kann. Steht Wasser in ausreichender Menge zur Verfügung, so werden 4,5 g Kochsalz pro Kilogramm Körpergewicht in einigen Fällen ohne Schaden vertragen, während bei weniger widerstandsfähigen Hühnern durch diese Menge eine tödlich endende Erkrankung hervorgerufen wird. Frische Heringslake, nicht in Zersetzung begriffener Hering und Teile davon wirken nur tödlich durch ihren Kochsalzgehalt.
                Trautmann.

De Gier (5) stellte bei einigen verendeten, 6 Wochen alten Ferkeln Entzündung des Peri-, Epi- und Myokardiums fest. Im Perikard eine größere Menge trüben Inhaltes. Die Tiere hatten Fischmehl mit einem hohen Salzgehalt (12%) bekommen, wobei sich die per Ferkel während 12 Tagen aufgenommene NaCl-Menge auf ungefähr 100 g beläuft. Wahrscheinlich handelt es sich um Kochsalzvergiftung.                Beijers.

Nach Hundhammer (14) bestehen bei Kalkstickstoffdüngung keine Gefahren für die Haustiere, da dieselben nie so viel aufnehmen, daß eine Vergiftung möglich ist.                Weber.

Auf Grund der Untersuchung über die tödliche Minimaldosis bei sehr akuter Vergiftung durch Inhalation kommt Muto (18) zu dem Schluß, daß 0,3 g Schwefelkohlenstoff pro Kilogramm Körpergewicht die tödliche Minimaldosis für das Tier ist, wenn das Gift in die Blutbahn gelangt. Weiter berichtet der Verf., daß ein Tier nach etwa 4 Minuten an Vergiftung stirbt, wenn es Luft einatmet, die etwa 17 Vol.% Schwefelkohlenstoff enthält.                Nitta.

In dieser Mitteilung beschreibt Muto (19), daß auch bei subakuter Vergiftung durch Inhalation die tödliche Minimaldosis des Schwefelkohlenstoffes unverändert bleibt (0,3 g pro Kilogramm Körpergewicht), d. h. die Konzentration des Gases in der Luft auf $^1/_5$ vermindert und infolgedessen das Tier (Kaninchen) nach 7 mal längerer Zeit an Vergiftung stirbt.                Nitta.

Muto (20) bespricht in seiner 4. Mitteilung über die toxische Wirkung von Schwefelkohlenstoff die Ergebnisse der Untersuchungen über die Entgiftungswirkung von Kokain und Atropin bei Vergiftung durch Inhalation des Gases.

Er führte bei 7 Kaninchen 0,01 g Kokain pro Kilogramm Körpergewicht vor und nach der Inhalation, bei anderen 7 Kaninchen 0,006—0,01 g Atropin pro Kilogramm Körpergewicht vor der Inhalation in die Blutbahn ein und fand, daß nach einem Vergiftungsstadium von 40 Minuten 3 Kaninchen aus der ersteren Gruppe und 5 aus der letzteren sich erholten. Daraus kommt der Verf. zu dem Schlusse, daß Kokain und Atropin gewissermaßen als Entgiftungsmittel gegen

Schwefelkohlenstoff angesehen werden dürften. Er beschreibt auch die pathologischen Veränderungen, die bei Inhalation hauptsächlich in den Lungen und bei Verabreichung per os in dem Verdauungstraktus eingetreten sind. Nitta.

Wobst (29) hat umfangreiche Untersuchungen über die Hüttenrauchkrankheit im Freiberger Bezirk angestellt. Er berichtet folgendermaßen:

Von den Bestandteilen des Hüttenrauches ruft in erster Linie die schweflige Säure die Schädigung an den oberirdischen Teilen der Pflanzen hervor. Arsenige Säure und Metalloxyde (Zink, Kupfer) bedingen nur auf benetzten Blättern und bei intensiver Sonnenbestrahlung Fleckenbildung. Die in den Boden gelangenden Hüttenrauchbestandteile, insbesondere die schweflige Säure, schädigen die Pflanzen mittelbar dadurch, daß sie dem Boden assimilierbare Nährstoffe (Kalzium, Kalium, Magnesium, Phosphorsäure) entziehen. Windrichtung, Feuchtigkeit der Atmosphäre und Belichtung begünstigen die Pflanzenschädigungen. Der auf den Pflanzen abgelagerte Flugstaub kann sowohl durch Inhalation die Schleimhäute der Luftwege reizen bzw. verletzen und auf diese Weise die Tuberkuloseinfektion fördern, als auch durch Aufnahme per os typische pathologische Veränderungen des intestinalen Traktus bedingen. Die gesundheitlichen Störungen, die der Hüttenrauch hervorruft, bestehen bei den Tieren in entzündlichen und ulzerierenden Prozessen des Magendarmkanals, ungünstiger Beeinflussung des Allgemeinbefindens, Störung des Stoffwechsels, Rückgang des Nutzungswertes und Schaffung einer Prädisposition für tuberkulöse Erkrankung. Die Diagnose „Hüttenrauchkrankheit" ergibt sich aus dem klinischen und pathologischen Untersuchungsbefund; in Zweifelsfällen entscheidet die chemische Analyse. Nach den in den Akten gefundenen Analysen kann schon ein Gehalt von 0,003% arseniger Säure der Futterpflanzen bei längerer Fütterung schädlich auf den tierischen Organismus einwirken. Ein Gehalt von 0,0131% kann bei längerer Verabreichung den Tod eines Rindes zur Folge haben. Der niedrigste Schwefelsäuregehalt, bei dem überhaupt Schädigungen des tierischen Organismus beobachtet worden sind, beträgt 0,405%. Futterpflanzen des Freiberger Hüttenrauchgebietes mit einem durchschnittlichen Gehalt von 0,484% Schwefelsäure entfalten mit größter Wahrscheinlichkeit gesundheitsschädliche Wirkungen auf den tierischen Organismus. Einen höheren Schwefelsäuregehalt von in anderen Gegenden gewachsenen Pflanzen bei Beurteilung einer Pflanzen- bzw. Tierschädigung zum Vergleich heranzuziehen, ist nicht angängig. Als Maßstab kann nur der in gesunden Pflanzen der Umgebung des Schadenbezirkes aufgefundene Schwefelsäuregehalt dienen. Zur Bekämpfung der Hüttenrauchschäden trachtet die Hüttenverwaltung danach, durch technische Vervollkommnung des Hüttenbetriebes und genaue Kontrolle ihrer Angestellten den abziehenden Rauch möglichst frei von schädigenden Stoffen zu machen. Die durch den Rauchzug gefährdeten Felder sind stark zu düngen und sachgemäß zu bestellen. Besonders gefährdete, weniger fruchtbare Felder sind zweckmäßig mit rauchharten Waldbäumen (Eiche, Ahorn, Akazie, Espe) zu bepflanzen, die gleichzeitig die sauren Gase und den Flugstaub aufhalten und die im Rauchzug liegenden Fluren schützen. Der Viehbestand, der der Größe der Wirtschaft entsprechen muß, ist reichlich zu ernähren. Rauchbeschädigtes Futter ist zweckmäßig mit Kartoffeln und Rüben bzw. mit Kraftfutter (Kohlenhydraten) gemischt zu geben. Vermutlich durch die Aufnahme von mit Hüttenrauch befallenem Futter kränkelnde Tiere sind mit schleimigen Futtermitteln (Leinmehl, gekochten Körnern von Gerste und Hafer unter Beigabe von phosphorsaurem Kalk, kohlensaurem Kalk, Kreide,

Bolus) zu füttern. Die Stallschauen sind zum Zwecke ständiger Fühlungnahme und gegenseitiger Aussprache der Sachverständigen mit den beteiligten Landwirten beizubehalten. Bei Wahrnehmung auffallender Mißstände in der Tierhaltung und Feldwirtschaft muß die aufsichtsführende Behörde das Recht haben, die Entschädigung ganz oder teilweise zu versagen. Trautmann.

Mitchell (16) prüft die Widerstandsfähigkeit von Schafen und Rindern gegen Hüttenrauch, und versucht mit Blei und Arsen künstlich Renguera zu erzeugen.

Aus seinen Versuchen folgert er, daß die Aufnahme von Blei und Arsen für die Tiere eher günstig wie schädlich ist. Renguera wird nicht erzeugt bei Dosen von 4,285 g Arsen, 25,443 g Bleioxyd oder 13,098 g Hüttenrauch, wenn man gleichzeitig Luzernenheu verabreicht. Bei Rindern entstand keine Renguera, weil dies keine Krankheit der Rinder ist. Die Dosis letalis schwankte zwischen 16,5 g und 234,4 g Hüttenrauch. Die Schädlichkeit von Arsen und Blei hängt beim Rinde wesentlich von Nebenumständen wie Distomatose, Tuberkulose usw., ab. Hobmaier.

Santoai (24) berichtet über die Intoxikation mit Arsensäure bei Hunden, Katzen und Hühnern und kommt zu folgenden Schlüssen:

1. Bei dem Hunde und der Katze kann man die toxische Dosis der Arsensäure per os wegen des Erbrechens und des Durchfalls nicht feststellen.

2. Die Hunde bis zu 3 Jahren alt und von kleiner Größe sterben mit einer Dosis von 1—2,5 g.

3. Die älteren und größeren Hunde sowie die Katzen vertragen bis zu 3—6 g.

4. Bei den Hühnern ist die Dosis von 0,2—0,3 g tödlich.

5. Die Intoxikationssymptome treten sehr ungleichmäßig in Erscheinung, und zwar beginnend mit 15 Minuten und steigend bis auf 6 Stunden nach der Aufnahme des Giftes.

6. Das Erbrechen ist das erste Symptom; der Durst fehlt nicht.

7. Die wichtigsten Läsionen beim Hunde und bei der Katze bestehen aus der hämorrhagischen Gastroenteritis.

8. Die Hühner weisen eine serofibrinöse Schicht um den Kropf sowie zwischen der Schleimhaut und Muskulatur des glandulären Magens auf.

9. Die mit Arsensäure vorbereiteten Pillen, die man gewöhnlich zerstreut, um unerwünschte Tiere zu töten, können für kleine Hunde und Hühner gefährlich sein.

10. Im Fall von Intoxikation darf das Brechen den Besitzer der Tiere nicht alarmieren.

11. Die Magnesia calcinata ist ein gutes Gegengift, das leicht zu besorgen, billig und leicht zu erhalten ist. Constantinescu.

Cristiani und Gautier (3) berichten über chronische Fluorvergiftungen durch Nährstoffe.

Es handelt sich um Vegetabilien in der Nähe von Fabriken, von welchen flüchtige Fluorverbindungen abgehen. Die Tiere geraten in einen Zustand hochgradiger Kachexie, welche z. B. schon bei einem Fluorgehalt von 1—0,1‰ im Heu in einigen Wochen zum Tode führt. Durch Zusätze normalen Futters kann die Krankheit nicht behoben werden, umgekehrt läßt sie sich durch Fluorisieren experimentell erzeugen. Verff. bezeichnen den Zustand als Fluorose. Das Halogen reichert sich im Knochen an. Graf.

Cristiani und Gautier (4) berichten über experimentelle Fluorkachexie durch Aufnahme fluorhaltigen Futters bei Herbivoren.

Die Tiere sterben nach dessen Genuß unter kachektischen Symptomen (Fluorose) in 30—45 Tagen. Die

Erscheinungen stimmen genau überein mit denjenigen, welche auftreten, wenn das Fluorsalz sich in der Streu befindet, von wo es die Tiere intermittierend aufnehmen.                                           Graf.

Hinsichtlich der Verfettung der Bindesubstanzen bei Intoxikationen mit Phosphor, Diphtherietoxin und Milchsäure bei Kaninchen fand Hackel (8), daß bei Vergiftung mit Phosphor neben der Verfettung der parenchymatösen Bestandteile gewisser Organe auch eine solche der interstitiellen Substanzen zustande kommt (Kapsel und Trabekel der Milz, Leberkapsel und kleinere Milzarterien). Veränderungen an der Aorta waren nicht vorhanden. Bei Einverleibung von Diphtherietoxin und Milchsäure traten diese Veränderungen nicht auf.          Joest.

Giovannardi (6) sah nach Desinfektion eines Stalles, aus dem die an Aphthen durchgeseuchten Rinder nicht entfernt worden waren, Quecksilbervergiftung. Der Besitzer machte den Bürgermeister der Gemeinde schadenersatzpflichtig und erreichte ein obsiegendes Urteil.                              Frick.

Hartnack (10) studierte Thallium in der Anwendung als Gift und Arznei. Thalliumvergiftung ist ähnlich wie Bleivergiftung, doch fehlen Erbrechen und Verstopfung.                                     Henkels.

Kirk (15) hält für die beste Tötungsart bei Hunden nach vorherigem Dämmerschlaf durch Morphium, bei Katzen durch Chloralhydrat, die Applikation von Blausäure oder Chloroform.    C. Reinhardt.

### d) Organische Verbindungen.

*1) Atkinson, A. J. und A. L. Tatum: Some observations of experimental Cocaine poisoning. J. Pharm. exp. Ther. Bd. 25, S. 163. — 2) Hürthle, R.: Der Stoffwechsel der Leber unter dem Einfluß der Chloroform- und Phosphorvergiftung. Arch. f. exper. Path. u. Pharm. Bd. 110, S. 153—173. — *3) Köhle, E.: Toxikologische Versuche mit Yatren. Diss. Leipzig. — *4) Nielsen, W.: Ethyl chlorid anesthesia fatal to dog. Vet. Med. Bd. 20, Nr. 11, S. 531. — *5) Poliak, B.: Anatomische Veränderungen bei der experimentellen Azetonvergiftung. Arch. f. exper. Path. u. Pharm. Bd. 105, S. 220—223. — 6) Prime, T. F.: Sulphonal poisoning in a cat. Vet. J. Bd. 81, S. 252—253. (1 Fall.) — *7) Schultz, E. W. und A. Marx: Studies on the toxicity of carbon tetrachloride. Am. J. Trop. Med. Bd. 4, S. 469—482; Ref. Exp. Stat. Rec. Bd. 52, S. 280. — *8) Stedefeder: Über Eiweißvergiftung bei Schweinen. B. t. W. Bd. 41, H. 5. — 9) Sysak, N.: Zur Frage der pathologisch-anatomischen Veränderungen bei akuter und chronischer Morphiumvergiftung. Virch. Arch. Bd. 254, S. 163—173. (Betrifft Mensch.)

Stedefeder (8) berichtet über Eiweißvergiftung bei Schweinen nach allzu reichlicher Fütterung. Verf. führt mehrere beobachtete Fälle an.   Henkels.

Poliak (5) studierte die anatomischen Veränderungen besonders der Niere an 5 Hunden, welche während 12—24 Tagen in 9—18 Verabreichungen 150—427 g Azeton erhielten.

Er fand Symptome einer starken Nephritis (Epitheldegeneration, Infiltration, trübe Schwellung, fettige Degeneration und Nekrose). Besonders die Kortikalsubstanz und die Tub. contort. waren intensiv betroffen, während die übrigen Teile geringere Veränderungen zeigten. Der Körper tritt offenbar durch die T. contorti aus. Bei lang protrahierten Dosen sind die Schädigungen geringer. Die Niere scheidet kleine Azetonmengen ohne Alteration aus.          Graf.

Nielsen (4) beschreibt Vergiftung eines 3 Monate alten Hundes nach Anwendung von Aethylchlorid

zur Betäubung. Nach 2 Minuten sistierte die Atmung, Herz schlug noch 3 Minuten weiter. Versuche der Wiederbelebung mit Blausäure als Antidot und künstliche Atmung versagten. Offene Anwendung des Präparates ist demnach gefährlich.        Hobmaier.

Schultz und Marx (7) berichten über Versuche, die sie zur Klärung der Frage der Toxizität des Tetrachlorkohlenstoffes anstellten. Sie fanden, daß Dosen von 0,05 ccm auf das Kilogramm Körpergewicht bei Tieren geringgradige Läsionen der Leber verursachten. Die Giftwirkung des Mittels wurde durch Zusatz von Magnesiumsulfat gemildert, das die wurmtötende Wirkung des Tetrachlorkohlenstoffes nicht beeinträchtigt.                        H. Zietzschmann.

Nach Köhle (3) ist das Yatren als ein relativ ungiftiges und ungefährliches Mittel zu bezeichnen.

Bei kleinen und mittleren Gaben werden, auch wenn sie längere Zeit fortgesetzt werden, abgesehen von geringen örtlichen Reizerscheinungen, keine erheblichen Schädigungen des Körpers hervorgerufen. Solche treten erst ein nach Einverleibung von sehr hohen toxischen Dosen, wie sie nie zu therapeutischen Zwecken Verwendung finden. Der Abstand zwischen der Dosis letalis und der in der Literatur empfohlenen Dosis therapeutica ist sehr groß, wodurch das Yatren zu einem unschädlichen Mittel gestempelt wird.
                                    Trautmann.

Atkinson und Tatum (1) berichten über experimentelle Kokainvergiftung.

Die für den Hund letale Dosis wird zu 20—35 mg/kg angegeben. Kleine Hunde sind resistenter, ohne daß jedoch eine Proportion zwischen Gehirn, Körpergewicht und Letaldosis besteht. Nach künstlicher Atmung schlägt das Herz weiter, der Tod tritt dann ein unter Gehirnanämie und gesteigerter Reflexerregbarkeit. Bei der Katze sind ziemlich konstant 33 mg/kg tödlich, künstliche Atmung ist kaum erfolgreich. Der Tod tritt hier ein vorwiegend durch Schädigung der Atem- und Vasomotorenzentren. Die gesteigerte Empfindlichkeit der chronischen Kokainvergiftung ist auf Degenerationsvorgänge in den parenchymatösen Organen zurückzuführen, weil andere degenerationsfördernde Gifte (Chloroform, Phosphor) die minimale letale Dosis herabsetzen.                               Graf.

### e) Giftkombinationen.

1) Wille, R.: Kombinierte Giftwirkung von Arsenik, Istizin und Kalomel in „Wurmpillen" bei Pferden. T. R. Bd. 31, S. 228—231. (Gutachten.)

### f) Therapie von Vergiftungen.

*1) Bakucz, J.: Beiträge zur Kenntnis der entgiftenden Wirkung des Traubenzuckers bei Guanidinvergiftung. Arch. f. exp. Path. u. Pharm. Bd. 110, S. 121—128. — *2) Brissemoret, A.: Note sur les plantes anti-opium. C. r. Soc. de Biol. Bd. 93, S. 1341 bis 1343. — *3) Hesse, E.: Versuche zur Therapie der Quecksilbervergiftung. Arch. f. exper. Path. u. Pharm. Bd. 107, S. 43—68. — *4) Pascanu, Tr.: Das Chloralum hydratum und das Urethan als Gegengifte bei Intoxikationen mit Strychnin beim Hunde. Inaug.-Diss. Bukarest. — *5) Petroff, J. R.: Weitere Untersuchungen über die Schutzwirkungen einiger Kolloidsubstanzen bei Kurarevergiftung. Arch. f. exper. Path. u. Pharm. Bd. 106, S. 214—222. — 6) Shockley, O. C.: The use of lobelin in forage poisoning. Vet. Med. Bd. 20, Nr. 11, S. 520. (Gute Erfahrungen bei Verwendung von Lobelinsulfat zur Heilung von Futtervergiftungen.)

Bakucz (1) berichtet über den entgiftenden Einfluß des Traubenzuckers bei Guanidinvergiftung.

Hummel u. a. haben eine Entgiftung durch intravenös applizierten Zucker bei Guanidinosis und Tetanie angenommen. Die chemischen Untersuchungen B.s ergaben jedoch, daß mit der Entwicklung der Krämpfe der Blutzucker sinkt. Der Zucker vermag weder im Moment der auftretenden Krämpfe dieselben noch deren Entwicklung prophylaktisch zu hemmen.

Graf.

Brissemoret (2) gibt eine kurze Mitteilung über Anti-Opiumpflanzen (Combretum, Mitragine), nach deren Genuß die Abgewöhnung der Opiumsucht leichter möglich ist. Von den einheimischen Pflanzen hat Berberis vulgaris L. gleiche Eigenschaften (Berberin).

Graf.

Hesse (3) gibt eine Zusammenstellung der Antidote bei experimentellem Merkurialismus.

Von diesen scheint das Natriumhyposulfit von Bedeutung, welches für den Warmblüter nahezu ungiftig ist, im Magendarmkanal befähigt ist, Quecksilberverbindungen zu relativ ungiftigen Körpern zu reduzieren. Das Salz hat sich im Tierversuch unter gewissen Bedingungen als leistungsfähig erwiesen. Die experimentelle Untersuchung seiner Sonderwirkung ergab nur sehr geringe Nierenwirkung (Hund); am Darm kommt bei schwachen Konzentrationen Nerven-, in größeren Muskellähmung vor. Am Uterus ist die Erregung nicht ausgesprochen.

Graf.

Pascanu (4) berichtet über die Art der Wirkung des Chloralum hydratum und des Urethans gegen die Intoxikationen mit Strychnin.

Es wurde festgestellt, daß die beiden Substanzen gute Gegengifte sind, daß sie am besten intravenös wirken. Nach Urethan tritt eine lange bei der Intoxikation günstige Narkose ein, welche beim Chloralhydrat kürzer ist; deshalb soll man die Injektion wiederholen. Die Wirkung des Urethans kann auch bei manchen alten Hunden oder in den Fällen, in denen die Quantität des Strychnins zu groß war, ausbleiben.

Constantinescu.

Petroff (5) hat über Schutzwirkungen einiger Kolloide bei Kurarevergiftung gearbeitet und für einige Farbstoffe (Azoblau, Anilinblau) und Kollargol eine mehr oder weniger stark ausgeprägte Aufhebung des Kurareeffektes gefunden. Gummi arabicum, Tusche, Ferr. oxydat, Kasein sind unwirksam. Tierkohle adsorbiert Kurare. Prophylaktisch wirken nur die beiden oben genannten Farbstoffe, auch Kongorot. Die Verbindung Kolloid-Kurare scheint adsorptiv zu sein; sie ist hitzestabil.

Graf.

## VI. Pharmakologie und Therapie.

Bearbeitet von H. Graf.

### A. Chirurgische Therapie.

(Wundbehandlung s. unter Krankheitsursachen.)

### 1. Instrumente, Technik der Anwendung.

1) Arieß, L.: Welche Instrumente benötigt der praktische Tierarzt? T. R. Bd. 31, S. 372—375. — *2) Bach: Apparat zur Verimpfung größerer Serummengen, namentlich bei der Löfflerimpfung. B. t. W. Bd. 41, H. 13. — 3) Berrár, M.: Wie soll ein guter Emaskulator beschaffen sein? Allat. Lapok. S. 141 bis 143. — 4) Görlitz: Zur Anwendung der Neumann-Schultzschen Nasenschlundsonde. D. t. W. Bd. 33, S. 258—259. (Polemik gegen die Veröffentlichung von Krüger.) — *5) Derselbe: Die Neumann-Schultzsche Nasenschlundsonde in der tierärztlichen Praxis. Arch. f. wiss. Tierhlk. Bd. 52, S. 180—191. — 6) Haferkamp: Meine Erfahrung mit der Nasenschlundsonde nach Schultz-Neumann. T. R. Bd. 31, S. 761. —

7) Hauptner, R.: Neukonstruktionen. Ebendas. Bd. 31, S. 375—376. — 8) Derselbe: Über rostfreie Instrumente. Ebendas. Bd. 31, S. 105—106. — *9) Hetzel: Der Scherenemaskulator. B. t. W. Bd. 41, H. 40. — 10) Kallmann: Isolierband als Verbandsmittel in der tierärztlichen Praxis. T. R. Bd. 31, S. 410. — 11) Kiesewetter: Erfahrungen mit der Nasenschlundsonde nach Neumann-Schultz. Zschr. f. Vet. Kunde Jg. 37, H. 5, S. 141—147. (Empfiehlt eine Verlängerung um mindestens 25 cm.) — 12) Kirk, H.: Kirk's modification of Gray's dog gag. Vet. Rec. Bd. 5, S. 350. (Kiefersperrinstrument für Hunde.) — 13) Krüger, A.: Die Nasenmagensonde und ihre Anwendung beim Pferde. D. t. W. Bd. 33, S. 7—9. — 14) Derselbe: Zur Anwendung der Nasenschlundsonde. Ebendas. Bd. 33, S. 101—103. — 15) Leue: Vorsicht bei Anwendung der Neumann-Schultzschen Nasenschlundsonde. B. t. W. Bd. 41, H. 42. — 16) Linde, K.: Zur Frage der Nasenschlundsonde. T. R. Bd. 31, S. 827 bis 828. — 17) Derselbe: Dasselbe. Ebendas. Bd. 31, S. 901. — 18) Mayer: Das Eingeben von Flüssigkeiten beim Pferde. D. t. W. Bd. 33, S. 259. (Polemik gegen die Veröffentlichung Krüger: Nasenschlundsonde.) — 19) Meyer: Meine Erfahrungen mit drei verschiedenen Nasenschlundsonden. T. R. Bd. 31, S. 788—789. — *20) Möller, A.: Automatische Impfspritze. Arch. f. wiss. Tierhlk. Bd. 52, S. 279—292. — *21) Neumann, K.: Die Anwendung einiger Zahninstrumente beim Pferde. B. t. W. Bd. 41, H. 5. — 22) Derselbe: Antwort auf drei in der Zeitschrift für Veterinärmedizin erschienene Artikel über die Anwendung der Nasenschlundsonde. Ebendas. Bd. 41, H. 49. — *23) Derselbe: Antwort auf den Artikel: Zur Anwendung der Neumann-Schultzschen Nasenschlundsonde. Ebendas. Bd. 41, H. 42. — 24) Perl: Erfahrungen mit der Nasenschlundsonde. T. R. Bd. 31, S. 720. (Einzelfall.) — 25) Pomayer: Eine neue Drahtsäge. T. R. Bd. 31, S. 893 bis 895. — 26) Punin, S.: Loikuslaud sojavae hobuste laatsaretis. (Operationstisch im Militärpferdelazarett.) Estnische T. R. Jg. 1, S. 92. (Kipplatte von besonderer Form.) — *27) Schouppé, K.: Über neue Zahnzangen für die Backenzähne der Pferde. W. t. Mschr. Jg. 12, H. 4, S. 198. — 28) Schüller: Eine neue Zitzenkanüle. T. R. Bd. 31, S. 628—629. — 29) Sellnick: Mitteilungen über die Anwendung der Nasenschlundsonde. Ebendas. Bd. 31, S. 790. — 30) Sendrail: Le nouveau cautère électrique. J. de M. vét. Bd. 71, H. 10. — 31) Spicer, A.: An improved vaginal speculum. Vet. Rec. Bd. 5, S. 364. — 32) Wiese: Zu den bösen Erfahrungen mit der Nasenschlundsonde. T. R. Bd. 31, S. 789—790.

Bach (2) berichtet, daß bei diesem Serum-Impf-Apparat der Stempeldruck durch Luftdruck ersetzt wird, der auf die Impfflüssigkeit drückt. Der Gebrauch des Apparates sei ohne Assistenz möglich. Der Inhalt beträgt 500 ccm. Die Fa. Hauptner hat die Herstellung übernommen. Henkels.

Nach Görlitz (5) eignet sich die Neumann-Schultzsche Nasenschlundsonde zur Applikation flüssiger Arzneimittel als solche für Pferde und Rinder, als Mundschlundsonde für Schweine und Hunde.

Weber.

Hetzel (9) beschreibt einen Scherenemaskulator. Er stellt eine kleines, scherenförmiges Instrument dar, durch dessen Anwendung auch bei ganz jungen Saugebern und Lämmerböcken, bei kleinen Hunden und Katzen genügende Quetschwirkung zu erzielen ist.

Henkels.

Möller (20) hat eine automatische Impfspritze konstruiert, die nach dem Konstrukteur folgende Vorteile bietet: Kein Wiederfüllen nach einer oder wenigen Impfungen, Vermeiden des Eindringens von Luftblasen, keine körperliche Anstrengung des Impfenden, große Zeitersparnis, dauernde Sauber- und fast absolute Keimfreihaltung des Impfstoffes. Weber.

Neumann (21) hat neue Zahninstrumente konstruiert, die angewendet werden können, wenn Zahnziehen mit der Zange nicht möglich ist. Das Ausstempeln der Zähne kann bei Anwendung dieser neuen Instrumente vermieden werden. Henkels.

Neumann (23) entgegnet auf den Artikel von Leue. Er wundert sich, daß einem erfahrenen Praktiker dieses passiert sei, denn die Einführung der Sonde sei so leicht, daß sie sogar von einem geschulten Laien ohne weiteres ausgeführt werden könne. Bei ungefähr 500 Patienten, bei denen von ihm die Sonde eingeführt war, ist nichts dergleichen passiert. Henkels.

Schouppé (27) berichtet über neue Zahnzangen für die Backenzähne der Pferde. Verf. hat seine Zange genau dem anatomischen Bau (Seitenrelief) der Zähne angepaßt und benötigt daher für Ober- und Unterkieferzähne 3 verschiedene Modelle. Die Instrumente werden beschrieben und sind in Abbildungen wiedergegeben. Hans Richter.

## 2. Physikalische Diagnostik und Therapie.
### (Röntgenologie, Endoskopie.)

1) Wail, S. S. und S. R. Frenkel: Über den Einfluß der Röntgenstrahlen auf das Zellplasma. Virch. Arch. Bd. 257, S. 846—850. — 2) Berge, E.: „Hartstrahl"-Röntgenaufnahmen bei den Haustieren. D. t. W. Bd. 33, S. 643—645. — *3) Fleischhauer, G.: Über Röntgenologie in der Tierheilkunde. B. t. W. Bd. 41, H. 3, S. 26. — *4) Henkels, P.: Ein neues veterinärmedizinisches Röntgeninstrumentarium. D. t. W. Bd. 33, S. 31 — *5) Derselbe: Über das Problem der Normalisierung der Aufnahmetechnik in der veterinärmedizinischen Röntgendiagnostik. Ebendas. Bd. 33, S. 881—887. — 6) Klarenbeek, D.: Röntgendiagnostiek bij huisdieren. (Röntgendiagnostik bei Haustieren.) Tijdschr. voor Diergeneesk. Bd. 52, S. 703 bis 705. — *7) Schouppé, K.: Warum kann die Röntgentherapie in der Veterinärmedizin über einzelne tastende Anfangsversuche nicht hinaus? W. t. Mschr. H. 9, S. 444. — 8) Wenger, H.: Röntgentherapie. Eine Übersicht über die gegenwärtigen Anschauungen und Erfahrungen. M. t. W. Bd. 76, Nr. 49, S. 1073—1077. — *9) Cinotti, F.: Sull' impiego dei raggi ultravioletti in Veterinaria. (Anwendung der ultravioletten Strahlen in der Tierheilkunde.) Nuova Vet. S. 185—189. — 10) Wieser, H.: Untersuchungen über die Verwendbarkeit der Quarzlampe „Künstliche Höhensonne" bei Hautleiden und inneren Erkrankungen der Haustiere. T. R. Bd. 31, S. 208—211. (Kasuistik.) — 11) Cocu: Tableau mobile en boîte portative pour électroionisation. Rec. de M. vét. Bd. 101, H. 8. — 12) Lesbouyriez: Sur une note concernant trois observations radiologiques faites sur des chiens, par M. Taskin. Ebendas. Bd. 101, H. 6. — 13) Gray, H. Aerotherapia in veterinary practice. Vet. Rec. Bd. 5, S. 471. — *14) Rook, O.: Contributo alla crioterapia in veterinaria. (Die Kältetherapie in der Tierheilkunde.) Nuova Vet. S. 217—227. — 15) Horning, J. G. und A. J. McKee: Endoscopic work on dogs and cats. Vet. Med. Bd. 20, Nr. 7, S. 296—297. (Laryngoskopie, Bronchoskopie, Ösophagoskopie und Stomachoskopie; mit 5 Abb.) — *16) Unterspann, R.: Die Gastroskopie beim Hunde. Berlin: R. Schoetz. —

Fleischhauer (3) berichtet über die Röntgenologie in der Tierheilkunde, und zwar über die Methode der Durchleuchtung, Aufnahmetechnik, Kassetten, Verstärkungsschirme, Härteeinstellung, Exposi-

tionszeit, Zentrieren und Entwicklung der Platten. Näheres siehe im Original. Henkels.

Henkels (4) hat unter Berücksichtigung seiner bisherigen Erfahrungen ein neues veterinärmedizinisches Röntgeninstrumentarium für Diagnostik und Therapie konstruiert.

Verf. will damit gleichzeitig die Röntgenfirmen auf die spezifischen Wünsche der Veterinärröntgenologie aufmerksam machen. Es handelt sich um brauchbare Röhrenstativs und Röhrenhalter, um einen Untersuchungstisch (Trochoskop) für kleine Haustiere und um die Modifizierung des Hauptnerschen Notstandes zu röntgentherapeutischen und röntgendiagnostischen Zwecken für Großtiere. Henkels.

Henkels (5) gibt genaue Richtlinien für die Aufnahmetechnik dicker und dünner Objekte an. Er betont, daß die Hartstrahl- und Weichstrahltechnik in gleichem Maße wertvoll für die Veterinärröntgenologie seien. Die Buckyblende hat besondere Bedeutung für uns. Henkels.

Schouppé (7) behandelt die Frage: Warum kann die Röntgentherapie in der Veterinärmedizin über einzelne tastende Anfangsversuche nicht hinaus?

Nach kurzer Besprechung der spärlichen Literatur und Erörterung der sonstigen Bedingungen für diese therapeutischen Methoden zeigt er, daß das bedeutendste Hindernis, das sich jahrzehntelang dem Eindringen des Röntgenverfahrens in die Veterinärmedizin schwer hemmend entgegenstemmte, die so umständliche Fixierung der Tiere durch das Halten war. In der Tierheilkunde fehlten geeignete Röntgentische, an denen die Tiere zur Bestrahlung angeschnallt werden können, ohne durch die Wärter gehalten werden zu müssen, was mit großen Gefahren für letztere verbunden ist.

Verf. beschreibt, wie er im Grazer Tierspital den Röntgenapparat zu therapeutischen Zwecken verwendet. Zur Befestigung großer Haustiere verwendet er seinen umlegbaren hölzernen Operationstisch (vgl. D. Oest. t. W. 1919, Nr. 6).

Auch zur Bestrahlung von kleinen Haustieren hat Verf. einen Tisch konstruiert, auf den er jedes Kleintier so befestigen kann, daß es nicht gehalten zu werden braucht. Die Methode wird genau beschrieben und durch Abbildungen illustriert. Hans Richter.

Cinotti (9) spricht über den Wert der ultravioletten Strahlen für die Therapie und erwähnt eine von Arnone konstruierte Lampe, die solche Strahlen liefert. Diese soll tiefer dringende Strahlen als die Quarzlampe liefern, billiger und handlicher als diese sein. Über die Erfolge der Anwendung dieser Lampe werden nur allgemeine Angaben gemacht; weitere Versuche sind nötig. Frick.

Rook (14) hat bei Hunden die Wirkung der Kälte auf gesunde und kranke Haut studiert und will bei Demodex-Räude, Ekzemen usw. prompte Heilung gesehen haben. Er benutzte Kohlensäureschnee. Frick.

Unterspann (16) zeigt, daß mit dem Gastroskop nach Sternberg-Wolf die Gastroskopie beim Hunde leicht auszuführen ist und vor allem beim Fremdkörperverdacht sehr gute Resultate liefert, besonders dann, wenn die Röntgenoskopie versagt. Trautmann.

## 3. Operationen.
### a) Vorbereitung.

*1) Forssell, G.: Sätt att hindra blod att fastna på händerna vid operationer. (Methode zum Verhindern des Anhaftens vom Blut an den Händen bei Operationen.) Svensk Vet. Tidskr. Jg. 30, H. 6, S. 196 bis 197. — *2) Haake, E.: Über eine einfache und zuverlässige Fesselungsmethode für Schweine. Diss. Berlin. — 3) Nemes, N.: Verhütung von Blutungen mit dem Emaskulator. Allat. Lapok S. 166. — 4) Schwarzkopf, W.: Gefahrloses Niederlegen und Ausbinden. Berlin: R. Schoetz. — 5) Weissheimer,W., Ein sicherer Schutz gegen Hautinfektion. T. R. Bd. 31, S. 919—920. — 6) Woltmann, F.: Über einfache Spann- und Niederlegemethoden für Pferde. Arch. f. wiss. Tierhlk. Bd. 52, S. 437—450.

Forsell (1) empfiehlt, die Hände nach der Desinfektion mit konzentriertem Alkohol abzuwaschen und nach dessen Verdunstung mit einigen Tropfen Kampferöl einzureiben, wodurch das lästige Festkleben des Blutes an der Haut durch Sublimat und gewisse andere Desinfektionsmittel bei Operationen vermieden werden soll. Sahlstedt.

Haake (2) hat die Berliner Wurfmethode für Pferde in eine für das Schwein geeignete Form gebracht, um dieses Tier sachgemäß für Operationen (Kastration) niederlegen zu können. Das Wurfzeug ist zu haben bei Hauptner, Berlin. Weber.

## b) Therapeutische Operationen.

*1) Blanck, E.: En metod för snittlöggning i huden vid operativ behandling an ett inkarcererat navelbroek has nötkreatur. (Eine Methode des Schnittlegens durch die Haut bei der Operation eines inkarzerierten Nabelbruchs beim Rind.) Svensk Vet. Tidskr. Jg. 30, H. 8 bis 9, S. 276—287. 1926. — 2) Büchlmann, E.: Chirurgische Behandlung der Nabelerkrankungen bei Saugfohlen. T. R. Bd. 31, S. 408—409. (Technik.) — 3) Campbell, D.: Urethrotomy in a horse. Vet. J. Bd. 81, S. 405—406. (1 Fall.) — 4) Carbury, H. W.: Caesarian operation in a cow. Vet. Rec. Bd. 4, S. 1030. 1924. — *5) Carlin, I.: Analsäcksabscessen hos hund, särskilt med hänsyn till dess operativa behandling. (Der Analbeutelabszeß beim Hunde, besonders im Hinblick auf dessen operative Behandlung.) Svensk Vet. Tidskr. Jg. 30, H. 6 u. 7, S. 189—195 u. 215—223. — 6) Donner: Durchschneidung der medialen geraden Bandes der Kniescheibe bei sog. habitueller Luxation der Patella bei Rindern. B. t. W. Bd. 41, H. 38. — *7) Engelberg, K.: Plastilliset operationit praktiikassa. (Die plastischen Operationen in der Praxis.) Finsk Vet. Tidskr. Bd. 31, S. 29—33 u. 51—58. — *8) Forssell, G.: Tracheotomi med snitt mellan två trachealringan. (Tracheotomie mittels Anlegung des Schnittes zwischen zwei Trachealringen.) Svensk Vet. Tidskr. Jg. 30, H. 6, S. 197—199. — 9) Horning, J. G. und A. J. McKee: Laparo-metro-oophorectomy in dogs and cats. Vet. Med. Bd. 20, Nr. 2, S. 60—62. (Beschreibung der Operation mit Abbildung.) — *10) Jacob, H.: Über die Veranlassung zum Zervixschnitt in der tierärztlichen Geburtshilfe und dessen Ausführung. Diss. Berlin. — *11) Kindermann: Zwei Kaiserschnitte beim Rinde. D. t. W. Bd. 33, S. 132—133. — *12) Krieger, L.: Über das sog. Schelmenstechen. M. t. W. Bd. 76, Nr. 38, S. 840—842. — 13) Leue: Weitere Ausführungen nebst Kasuistik zur Fremdkörperoperation nach Kübitz mit Abänderung nach Leue. B. t. W. Bd. 41, H. 35. — *14) Manneschi, S.: Di una toracotomia in una bovina per estrazione di corpo estraneo a tragitto addominotoracico. (Über eine Thorakotomie bei einem Rinde zur Entfernung eines Fremdkörpers.) Nuovo Ercol. Jg. 30, Nr. 9, S. 161—167. — 15) Martin, G. D.: A case of oesophagotomy in a dog. Vet. J. Bd. 81, S. 500—501. — *16) Mohr, C.: Untersuchungen und Beiträge zur operativen Behandlung des Koppens. Diss. Hannover und D. t. W. Bd. 33, S. 665—668.

(Auszug.) — *17) Pugh, L. P.: The radical operation for traumatic pericarditis in cattle (pericardiotomy). Vet. J. Bd. 81, S. 136—143. — *18) Derselbe: Dasselbe. Vet. Med. Bd. 20, Nr. 5, S. 201—203. — 19) Saáry, J.: Kaiserschnitt bei einer Sau. Allat. Lapok S. 245. (Kasuistik.) — *20) Schiel: Heilung der katarrhalischen Luftsackschwellung in der Ohrdrüsengegend des Pferdes durch Exstirpation des Luftsackes. B. t. W. Bd. 41, H. 18. — 21) Stüven, W. S.: Über die Behandlung der Brustbeulen beim Pferde. T. R. Bd. 31, S. 87—88. — 22) Warwick, B. L.: Vasectomy as a veterinary operation. Vet. Rec. Bd. 5, S. 720—721. (Bedeutungsvoll für die Schafzucht.)

Bei der Operation eines eingeklemmten Nabelbruches bei einem Rind legte Blanck (1) den Hautschnitt neben anstatt über dem Bruchsack an, um die Naht zu entlasten. Der Erfolg war gut. Stålfors.

Charlin (5) empfiehlt auf Grund einer Kasuistik von 8 eigenen Fällen die Totalexstirpation der Analbeutel beim Hunde bei der Abszedierung derselben, besonders in rezidivierenden Fällen.

Das Operationsverfahren muß der Verbreitung des Prozesses angepaßt werden. Wenn möglich präpariert man den Beutel in seiner Gesamtheit nach vertikalem Hautschnitt heraus, dabei mit der lateralen Fläche beginnend. Das Freipräparieren von der Rektalwand erfordert Vorsicht. Zuletzt wird der Beutelhals abgebunden oder abgenäht. Ist die Abszedierung auf die Umgebung übergegangen und die Topographie dadurch gestört, dann kann man genötigt sein, das veränderte Gewebe Stück für Stück zu entfernen. Nach der Operation Sutur und Tamponade, die am nächsten Tage entfernt wird. Nachbehandlung z. B. mit Chlorzink-Phenollösung und Zinksuperoxyd. Heilung in etwa 14 Tagen. Sahlstedt.

Engelberg (7) bespricht eingehend die plastischen Operationen in der Praxis und fügt eine Menge schematischer Abbildungen bei, welche die Ausführung und Technik erklären. R. Stenius.

Forssell (8) bevorzugt bei der Tracheotomie, den Schnitt quer zwischen 2 Trachealringe zu legen. Die bei den anderen Methoden (Spaltung der Luftröhre der Länge nach, Operation mit Substanzverlust u. a.), gewöhnlichen Komplikationen, wie Verengerungen und Deformitäten usw., werden durch dieses Verfahren vermieden. Stålfors.

Nach Jakob (10) ist die vaginale Hysterotomie eine in vielen Fällen angebrachte Operation, die oft da zum Erfolge verhelfen wird, wo andere Hilfsmittel versagen oder wo sonst die viel gefährlichere Sectio caesarea angewandt werden müßte. J. führt mit dem Fingermesser zunächst einen Schnitt in das dorsale Zervixgewölbe, evtl. dann noch je einen seitlichen Schnitt aus. Weber.

Auf Grund seiner Erfahrungen und zweier beschriebener Fälle von Kaiserschnitt beim Rinde kommt Kindermann (11) zu dem Ergebnis, daß eine wichtige Kontraindikation für dieses Operationsverfahren vorangegangene Geburtshilfe durch Laien darstellt. C. Reinhardt.

Das sog. Schelmenstechen gehört in das Gebiet der Fontanellen. Nach Krieger (12) läßt sich durch das Einziehen einer Schelmwurzel bei kranken Tieren ein Prozeß hervorrufen, der die gleiche lokale und Allgemeinwirkung haben kann, wie das Haarseil oder Fontanell. Bei gesunden Tieren bleibt dieser Prozeß aus. Mit den giftigen Glykosiden der Wurzel läßt sich weder die gleiche örtliche, noch die gleiche Allgemeinwirkung wie mit der Wurzel selbst hervorrufen. Die

Nachteile der Methode des Schelmenstechens übertreffen die Vorteile ganz erheblich. Die gute Wirkung liegt auf dem Gebiete der unspezifischen Leistungssteigerung, der „Heilentzündung" Mayrs und der Bierschen Attraktionstherapie. J. Schmidt.

Manneschi (14) berichtet über eine Thorakotomie bei einer Kuh, die von ihm mit gutem Erfolge durchgeführt wurde. Declich.

Durch Mohrs (16) Operationsmethode ist das Koppen in 90% aller Fälle zu beseitigen. Zuweilen ist nach erfolgreicher Operation Kehlkopfpfeifen beobachtet worden. C. Reinhardt.

Pugh (17) beschreibt ein Operationsverfahren zur Eröffnung des Herzbeutels mit partieller Rippenresektion, das sich in 3 näher beschriebenen Fällen bestens bewährt hat. C. Reinhardt.

Pugh (18) berichtet über Radikaloperation bei Fremdkörperperikarditis. Morphiuminjektion $\frac{1}{2}$ Stunde vor Operation. Zur Lokalanästhesie wird die Haut in Gegend des Herzens mit Kokain infiltriert. Abtragung des Rippenendes an der Rippe über dem Herzen beim niedergeschnürten Tiere. Punktion, Ausspülung und Ausräumung des Herzbeutels. Offene Wundbehandlung. Hobmaier.

Schiel (20) berichtet von einer Exstirpation des Luftsackes des Pferdes und dem günstigen Verlauf der Behandlung. Henkels.

### c) Nutzoperationen (Kastration).

*1) Berrár, M.: Kastration durch Unterbinden der Samenstränge. Allat. Lapok S. 173—174. — 2) Degois: La castration par la pince de Burdizzo. Rec. de M. vét. Bd. 101, H. 19. (Gute Erfolge.) — *3) Fischer, K. E.: Die Bedeutung der inneren Untersuchung und der Anästhesie bei der Kastration. M. t.W. Bd. 76, Nr. 16, S. 339—349. — *4) Frk, Fr.: Ovariotomie bei Hündinnen und Katzen. Allat. Lapok S. 187 bis 189. — *5) Hederer, Paul: Zur Frage der inneren Untersuchung vor der Kastration. M. t. W. Bd. 76, Nr. 32, S. 701—704. — *6) Hetzel: Eine neue Kastrationsmethode. B. t. W. Bd. 41, H. 16. — 7) Kerr, W.W. Castration of male and female pigs. Vet. Rec. Bd. 5, S. 19—25. (Nichts Neues.) — 8) Laud, D. S.: A case of castration in an Indian sloth bear (Melursus ursinus). Vet. J. Bd. 81, S. 353—354. — *9) Matsuba, S.: Versuche zur Ausführung der antigraviden Operation bei Hündinnen. J. of Japan. Soc. Vet. Sc. Bd. 4, Nr. 3, S. 259—270. — 10) Saecker, B.: Beitrag zur Kastration der Hündinnen. Diss. Hannover und D. t.W. Bd. 33, S. 682—684. (Auszug.) — *11) Schöttler, W.: Beitrag zur Ovariotomie der Stute. Arch. f. wiss. Tierhlk. Bd. 52, S. 451—461. — *12) Schouppé: Beitrag zur Kastration der Kryptorchiden und Stuten von der Flanke. Ebendas. Bd. 52, S. 547—557. — *13) Squair, C. A.: Castration of the rabbit. Vet. J. Bd. 81, S. 567. — 14) Stegmaier: Kastration eines mit einem verwachsenen Leistenbruch behafteten Hengstes. Mitt. d. V. Bad. T. Bd. 25, S. 92—93. (Einzelfall.) — 15) Weischer: Über Komplikationen bei der Kryptorchidenkastration des Pferdes. T. R. Bd. 765—769. (Literatur und Kasuistik.) — *16) Zanolli, Cesar: Un nuovo vaginótomo para la castracion de vacas. (Ein neues Vaginotom zum Kastrieren der Rinder.) Rev. Centro Est. Med. Vet. Buenos-Aires H. 122, S. 300—304.

Berrár (1) hält die Kastration von Hengsten durch Unterbinden der Samenstränge selbst bei strengster Beachtung der Aseptik für bedenklich und befürwortet die Kastration mit Emaskulatoren. Manninger.

Fischer (3) verlangt die rektale Exploration vor der Kastration. Dieselbe soll unter Betäubung, wobei Lokalanästhesie vorgezogen wird, erfolgen. Die Narkose verhindert Knochenbrüche und mindert die Gefahr einer Bruchanlage. Die Operation selbst erfolgt in humanster Weise. J. Schmidt.

Frk (4) befaßte sich mit der Ovariotomie bei Hündinnen und Katzen und fand, daß die Ovarien durch Laparotomie in der Richtung der weißen Linie leicht entfernt werden können, falls man vor dem Hervorziehen der Ovarien nach Anspannung des Lig. latum dessen vorderen Rand mit dem Fingernagel oder einer Scheere etwas einzwickt. Werden die Ovarien, ohne vorher das Lig. latum einzuzwicken, mit Gewalt in die Bauchwunde gezogen, so kann das Band einreißen und es zu tödlicher Verblutung kommen. Manninger.

Hederer (5) kastriert keinen Hengst, ohne ihn zuvor rektal auf die Größe der inneren Leistenringe untersucht zu haben. Für diese Untersuchung erhebt er eine Zuschlagsgebühr. Wird letztere nicht bewilligt, dann sieht sich H. von der Haftpflicht für etwaige Darmvorfälle befreit. Bei weitem inneren Leistenring kastriert er mit bedeckter Scheidenhaut und vernäht auch noch oberhalb des abzuschneidenden Teiles. J. Schmidt.

Hetzel (6) benutzt jetzt eine neue, von ihm konstruierte Kastrierzange mit Klammer mit gutem Erfolg, sie wird von der Fa. Garay, Budapest, geliefert. Henkels.

Zum Zweck der Bekämpfung der durch Vermehrung der umherlaufenden Hunde bedingten Schädigung, d. h. der Tollwuterkrankungen führte Matsuba (9) bei Hündinnen die antigravide Operation aus: Eierstockentfernung, Uterusschnitt, Tubenschnitt und Tubenligatur.

Zu diesen Versuchen standen dem Verf. 75 Hündinnen zur Verfügung. Aus den vergleichenden Versuchen dieser Operation kam er zu folgenden Schlüssen:

1. Bei Hündinnen, bei denen die Sterilität gewünscht wird, kann an Stelle der Ovariotomie der Tubenschnitt oder die Tubenligatur vorgenommen werden.

2. Durch Ausführung des Tubenschnittes oder der Tubenligatur kann man die Belästigung zur Zeit der Brunst nicht beseitigen.

3. Zur Ausführung der antigraviden Operationen, mit Ausnahme von Hysterotomie, empfiehlt es sich, den Bauchdeckenschnitt in der Querrichtung anzulegen.

4. Wegen Zystenbildung nach der Operation und der Schwierigkeit der frühen Diagnosestellung auf Trächtigkeit ist der Uterusschnitt zur Erzeugung der Sterilität nicht geeignet. Nitta.

Die Ovariotomie der Stute erfolgt nach Schöttler (11) am sichersten vom Scheidengewölbe aus. Der Kettenekraseur ist dabei ein brauchbareres Instrument als der modifizierte Ekraseuremaskulator Blunk. Die Perforationswunde im Scheidengewölbe verkleinert sich schnell. Weber.

Schouppé (12) hat bei der Kastration von Kryptorchiden und Stuten gute Ergebnisse mit dem Flankenschnitt erzielt. Weber.

Nach Squair (13) gelingt das Erfassen der Hoden bei der Kastration der Kaninchen leicht, wenn die Tiere an den Hinterextremitäten hängend gehalten und einige Male hin- und hergeschwenkt werden. C. Reinhardt.

Zanolli (16) beschreibt ein von ihm angegebenes neues Vaginotom, das zum Kastrieren der Rinder Verwendung findet, aber auch zur Kastration der Stuten gebraucht werden kann. Der Apparat ist auseinandernehmbar und 50 cm lang.   Ruppert.

### B. Pharmakologie und Pharmakotherapie.
(Vgl. auch Krankheiten der Organsysteme.)

#### a) Allgemeines.

1) Anpreisung tierärztlicher Geheimmittel in Sachsen. D. t. W. Bd. 33, S. 26—30. — 2) Ermer, W.: Tierarzneiverordnungsbuch. Erlangen: Th. Krische & M. Mencke. — 3) Glosh, B. N.: Handbook of pharmacology including materia medica. Kalkutta: Hilton & Co. 1923. — 4) Meyer, H. H. und R. Gottlieb: Die experimentelle Pharmakologie als Grundlage der Arzneibehandlung. (7.) Berlin u. Wien: Urban & Schwarzenberg. — 5) Rainey, J. W.: Veterinary therapeutics past and future. Vet. J. Bd. 81, S. 72—73. — 6) Gardner, W.: A few useful drugs — their actions and uses in veterinary practice. Vet. Rec. Bd. 5, S. 231—234. (Nichts Neues.)

## 1. Physik und Chemie von Arzneistoffen, Wirkungsprüfung, Methodik.

*1) Beutner, R.: The binding power of serum for drugs tested by a new in vitro method. J. of Pharm. exp. Ther. Bd. 25, S. 156—157 u. 365—380. — *2) Clark, A. J.: Some active principles of peptone. Ebendas. Bd. 23, S. 45—54. — 3) Forst: Auswertung des Alkaloidanteils im Mutterhorn auf chemischem Wege. Verh. D. pharm. Ges., 50. Anh. zu Arch. f. exper. Path. u. Pharm. Bd. 111. 1926. — *4) Graf, H.: Über die Adsorptionskraft medizinischer Kohlepulver in verschiedenen Medien. B. t. W. Nr. 9, 11, 39 u. 40. — *5) Graf, H. und W. Soemmering: Über das Schmelzen der Gelatinekapseln in verschiedenen Medien bei Fiebertemperatur unter Berücksichtigung der Gelatinewirkung auf die Adsorptionskraft der enthaltenen Kohle in vitro. T. R. Bd. 31, S. 279—285. — *6) Hanzlik, P. J. und N. E. Presho: The salizylates. XV. Liberation of salizyl from and excretion of salizyl salyzylate. J. of Pharm. exp. Ther. Bd. 26, S. 61—70. — 7) Loewe, S.: Neue Wertbestimmungsverfahren für Hormonpräparate. Verh. D. pharm. Ges., Anh. zu Arch. f. exper. Path. u. Pharm. Bd. 111. 1926. — *8) Rosenthal, S. M.: The liberation of adsorbed substances from proteins. A function of the bile salts. J. of Pharm. exp. Ther. Bd. 25, S. 150—151. — *9) Sawasaki, H.: Über die Genauigkeit der Eichung von Hypophysenpräparaten am isolierten Uterus. Pflüg. Arch. Bd. 209, S. 137—169. — *10) Watanabe, M.: On the efficacy of Digitalis leaf. Tohoku J. of exp. Med. Bd. 4, S. 98—148. — 11) Zaribnicky, F.: Die Untersuchung von Viehpulvern. W. t. Mschr. Jg. 12, H. 2, S. 103. (Sitzungsbericht.) — Methodik. 12) Bornstein: Durchströmung überlebender Muskulatur. Verh. D. pharm. Ges., Anh. zu Arch. f. exper. Path. u. Pharm. Bd. 111. 1926. (Betrifft Durchströmung der hinteren Extremitäten des Hundes von der Bauchaorta aus.) — *13) Braun, A.: Ein Markierkontakt für Injektionsspritzen. Arch. f. exper. Path. u. Pharm. Bd. 107, S. 128. — 13a) Carneiro, V.: Lieux d'élection des injections intramusculaires chez les bovins. Rev. gén. de M. vét. Bd. 34, S. 603—606. (Kruppenmuskel.) — *14) Cobet, R.: Zur Messung und Registrierung des Atemvolumens beim Tier. Arch. f. exper. Path. u. Pharm. Bd. 109, S. 74 bis 82. — 15) Kochmann, M.: Über quantitative Flüssigkeitsmessungen bei Durchströmungsversuchen. Ebendas. Bd. 109, S. 358—361. (1 Abb., 1 Kurve.) — 16) Noyons, A. K.: Méthode de perfusion aseptique du cœur des mammifères à circulation permanente d'une petite quantité de liquide. C. r. Soc. de Biol. Bd. 92, S. 748—750. (Abbildung.) — *17) Ruickoldt:

Über den Ersatz von Chlor durch Brom in Konservierungsflüssigkeiten. Verh. D. pharm. Ges., Anh. zu Arch. f. exper. Path. u. Pharm. Bd. 111. 1926.

Beutner (1) hat das Bindungsvermögen des Serums für Medikamente durch eine neue Methode in vitro demonstriert.

Pilokarpin wird in Kaninchen-, Rinder-, Schafserum intensiv gebunden, Atropin, Strychnin dagegen nicht. Die Bindungsfähigkeit wird durch Lipoidsolvenzien stark herabgesetzt. Atropin verdrängt das Pilokarpin von der Oberfläche der Adsorbentien. Eiweiß, Gelatine zeigen diese Anlagerungspotenz nicht. Die pilokarpinaktiven Sera binden auch viel Äther. Diese Befunde sind für den Antagonismus Pilokarpin-Atropin wichtig.   Graf.

Clark (2) beschreibt einige aktive Körper des Peptons.

Verschiedene Autoren versuchten die Isolierung der Wirkungsträger der parenteral bekanntlich stark aktiven Peptone (Peptotoxin Brieger, Peptozym Pick und Spiro, Vasodilatin Popielski, Histamin Abel und Kubota). Die drei ersteren scheinen identisch.

An den üblichen Testpräparaten wurden verschiedene Handelspeptone untersucht, und dabei eine in bezug auf die erregende Wirkung auf die glatte Muskulatur dem Pituitrin ähnliche und eine sympathikomimetische Substanz gefunden. Diese ist alkohollöslich, ätherunlöslich, dialysierbar. Histamin kommt nicht in Frage. Ein sehr giftiger Körper, dessen Wirkung von derjenigen des Histamins verschieden ist, kann aus den Peptonen durch Kochen mit alkali- und säurehaltigem Alkohol gewonnen werden.   Graf.

Graf (4) hat verschiedene Medizinalkohlen auf ihre Adsorptionskraft für Methylenblau in Wasser, Wasser + Gelatine, Serum, Serum + Gelatine geprüft.

Verglichen wurden Carbovent, C. med. neu und C. med. veg. Merck, C. med. veg. Ingelheim. Carbo medicinalis neu Merck ergab für alle Medien die besten, C. med. veg. Merck und Carbovent sehr gute, C. med. veg. Ingelheim die am wenigsten guten Resultate.   Graf.

Graf und Soemmering (5) haben das Schmelzen der Gelatinekapseln in verschiedenen Medien bei Fiebertemperatur unter Berücksichtigung der Gelatinewirkung auf die Adsorptionskraft der enthaltenen Kohle in vitro untersucht.

Die zur Kohleordination verwendeten fabrikmäßig hergestellten Gelatinekapseln nehmen aus der Luft relativ große Wassermengen auf. Ihre Schmelzzeit ist abhängig von der Viskosität des Mediums. In einem fieberwarmen Gemisch von Serum + Uterussekret betrug sie durchschnittlich 75 Minuten. Bei allseitiger Berührungsfläche ist die Schmelzzeit länger als bei nur teilweiser Berührung (Schwimmen). In geringeren Mengen eines kolloiden organischen Mediums entleert sich die schwimmende Kapsel rascher als in größeren. Die aktive Kohle besitzt in dem Gemisch Kapsel + Medium noch eine starke Adsorptionsfähigkeit.   Graf.

Hanzlik und Presho (6) haben die Abspaltung der Salizylsäure aus Diplosal u. a. in vitro untersucht.

Diese ist sehr geringgradig und langsam, innerhalb gewisser Grenzen unabhängig von $p/_H$ des Mediums. In einer während 2 Jahren aufbewahrten Probe ging die Spaltung leichter vor sich. Sie kann auch durch Pankreatin und Galle gehemmt werden. Die Versuche in vivo interessieren hier nicht, da sie am Menschen gemacht sind.   Graf.

Rosenthal (8) berichtet über die Trennung von an Eiweiß adsorbierten Substanzen bei Gegenwart von Gallensalzen.

Bilirubin und bestimmte kolloide, durch die Leber eliminierte Farbstoffe werden an Bluteiweiß ultrafiltrationssicher gebunden. Nach Zusatz von Cholaten können sie gut getrennt werden, offenbar durch Erhöhung der Permeabilität der Membranen. Dieser Einfluß ist im Experiment nachweisbar. Somit sind die Gallensalze bei physikalischen Ausscheidungsvorgängen in der Leber mitbeteiligt.      Graf.

Um die Genauigkeit der Eichung von Hypophysenpräparaten am isolierten Meerschweinchenuterus zahlenmäßig festzustellen, wurden in einer großen Anzahl von Einzelversuchen von Sawasaki (9) unbekannte Mengen eines Trockenpräparates aus Hypophysenhinterlappen gegen bekannte Mengen des gleichen Präparates geeicht.

120 Versuche wurden nach dem ursprünglichen von Dale und Laidlaw angegebenen Verfahren am virginellen Meerschweinchenuterus ausgeführt. Die angewandte Versuchstechnik und das Auswertungsverfahren sind in der Arbeit genau beschrieben und die Fehlergrenzen dieser Methode zahlenmäßig berechnet. Setzt man die Bestimmungen so lange fort, bis das Mittel der Abweichungen vom Mittelwert sämtlicher ausgeführter Bestimmungen kleiner wird als $6{,}67\,\sqrt{n-1}$ (wobei $n$ die Zahl der verwendeten Uterushörner bezeichnet), so beträgt der wahrscheinliche Fehler der Eichungen etwa $4^{1}/_{2}\%$. In $88\%$ der Eichungen ist die Abweichung des gefundenen Wertes vom richtigen Wert kleiner als $10\%$, die größte tatsächlich gefundene Abweichung war $16\%$. Im Mittel sind für eine derartige Eichung 2—3 Meerschweinchen erforderlich. Durch Erhöhung der Zahl der Versuchstiere kann man natürlich die Genauigkeit noch weiter steigern. 38 Versuche mit dem von Kochmann angegebenen Schwellenwertsverfahren zeigten, daß bei der gleichen Anzahl der Versuchstiere der wahrscheinliche Fehler etwa $8\%$ beträgt. Unter 8 Eichungen war die größte Abweichung vom richtigen Wert $22{,}3\%$. Diese Methode ist also weniger genau, hat aber den Vorteil, daß man auch größere und nichtvirginelle Tiere gebrauchen kann. Durch diese Untersuchung wird für den Vergleich von Eichungsergebnissen durch verschiedene Untersucher in verschiedenen Laboratorien eine sichere Grundlage geschaffen.

Krzywanek.

Die Untersuchungen Watanabes (10) befassen sich mit der Pharmazie galenischer Derivate des Digitalisblattes und den Einflüssen ihrer Aufbewahrung.

Aus der großen Arbeit seien nur einige Punkte angeführt, welche für die Praxis von Wert sein können. Durch verschiedentliches Öffnen und Offenstehenlassen von Digitalistinkturflaschen wird die Wirksamkeit binnen einem Jahre nicht merklich geschwächt, wenn die Flaschen wieder sorgfältig verschlossen werden. Die Wirkung des Digalens ist unbestimmt oder doch sehr schwach; sie nimmt ab durch Bildung von Präzipitaten aus unlöslichen und inaktiven Zersetzungssubstanzen. Diese sind unabhängig vom Herstellungsdatum des Digalens. Das Offenstehenlassen von Digalenlösungen bedingt binnen einem Jahre eine Wirkungsabnahme um ca. sieben Achtel der ursprünglichen. Das Infus wird durch Diastase, Pepsin, Magen- und Pankreassaft nicht geschwächt, somit bei innerlicher Verabreichung vom Intestinalapparat kaum inaktiviert.      Graf.

Braun (13) beschreibt und bildet einen Markierkontakt für Injektionsspritzen ab. Er kann vom Pharm. Inst. Univ. Leipzig bezogen werden.

Graf.

Cobet (14) hat eine neue Apparatur zur Messung und Registrierung des Atemvolumens beim Tier angegeben. Die beigelegten Kurvenbei-

spiele demonstrieren den Wert der Methode, mittels welcher Störungen im Atmungsmechanismus sehr leicht registriert werden. Die Einzelheiten sind im Original nachzulesen.      Graf.

Nach Ruickold (17) kann man in der Tyrodelösung die Chloride durch molekular äquivalente Bromide ersetzen, ohne daß die Nährflüssigkeit different wird für isolierte Organe. Diese reagieren auf Gifte gleich wie in „Chlor-Tyrode".      Graf.

## 2. Allgemeine und theoretische Pharmakologie.

1) Handovsky, H.: Fortschritte der allgemeinen Pharmakologie. Verh. D. pharm. Ges. S. 22—31, Anh zu Arch. f. exper. Path. u. Pharm. Bd. 111. 1926. (Übersicht vom kolloidchemischen Standpunkte aus; besonders Tannin, Schwermetallsalze.) — 2) Derselbe: Über einige Beziehungen der Kolloidchemie zur Pharmakologie. Verh. D. pharm. Ges. Nr. 3, Anh. zu Arch. f. exper. Path. u. Pharm. Bd. 105. (Betrifft physikalisch-chemische Veränderungen an den Zellen durch Rohrzucker, Narkotika, Tannin, Schwermetallsalze bzw. von Erdalkalienionen zum Serumcholesterin.) — *3) Geppert, J.: Zur Theorie der Seifenwirkung. Ebendas. — *4) Heubner, W.: Zur Systematik der Giftwirkungen. Verh. D. pharm. Ges. Nr. 3, S. 1—3, Anh. zu Arch. f. exper. Path. u. Pharm. Bd. 105. — *5) Schüller, J.: Über die Entgiftungspaarungen im Organismus. Arch. f. exper. Path. u. Pharm. Bd. 106, S. 265—275. — *6) Storm van Leeuwen, W.: On sensitiveness to drugs in animals and men. J. of Pharm. exp. Ther. Bd. 24, S. 13—19. — *7) Derselbe: On antagonism of drugs. Ebendas. Bd. 24, S. 21—24.

Geppert (3) gibt eine Reihe von Beobachtungen zur Theorie der Seifenwirkung. Seifenlösungen, Lösungen von Natriumcholat, dringen in schwer benetzbare Schmutzstoffe (wie Ruß) ein und lösen sie evtl. unter Bildung kolloider Lösungen von der Unterlage ab.      Graf.

Heubner (4) gibt eine Übersicht über die Systematik der Giftwirkungen.

Es lassen sich 2 Typen isolieren, welche den Ausdrücken $W = c$ und $W = c \cdot t$ gehorchen. ($W =$ Wirkungsgrad in beliebiger Einheit, $c =$ einwirkende Konzentration, $t =$ Zeit.) Beim ersten Typus bleibt die Wirkung für konstante Konzentrationen des Giftes lange Zeit konstant; beim zweiten bewirkt eine bestimmte Konzentration einen proportional der Zeitdauer stärkeren Effekt, verschiedene Konzentrationen geben gleichen Wirkungsgrad bei reziproken Zeiten. Diese Art kommt beim ersten Typus nie vor. Der Unterschied ist prinzipiell. Bei diesen beiden Typen kann man somit zeitlose von zeitgebundenen Wirkungen unterscheiden, deren Wesen im ersten Fall ein Zustand, im zweiten einen Vorgang darstellt. Als Beispiele zeitloser Wirkungen nennt Verf. die narkotische, lokalanästhetische, die Kurarewirkungen, die nervöse Depression und Exzitation, als Beispiele zeitgebundener Wirkungen sind die Vergiftungen und Wirkungen im Stoffwechsel anzusehen (z. B. Fermente). Viele sog. allgemeine Zellwirkungen gehören auch hierher. Diese Systematik hat nur Geltung, wenn die Vorgänge der Giftzuwanderung als ausgeschaltet oder sehr nebensächlich angesehen werden können. Diese Vorgänge spielen jedoch meist aus versuchstechnischen Kauteln eine sehr große Rolle. Speziell bei der Diffusion, deren mathematischer Ausdruck auch den Zeitfaktor enthält, ist der Effekt proportional dem Produkt aus Konzentration und Zeit, obschon der eigentliche Vergiftungstypus zeitlos ist. Es gibt Gifte, die erst im Innern der Zelle zu Giften werden (Heiler).

Ein dritter Typus wären die Straubschen Potentialgifte, die nur während der Diffusionszeit wirksam sind.

Ein prinzipieller Punkt unterscheidet die zeitlosen von den zeitgebundenen Wirkungen: die mit der Zeit fortschreitenden verändern das betroffene Gebilde progredient, so daß zu einem bestimmten Zeitpunkte der künstlichen Elimination ein veränderter Zustand resultiert (Pathobiose bzw. Allobiose). Diese ist die Basis der so tiefgreifenden chronischen Vergiftungen. Verschiedene Beispiele werden hierzu zitiert.

Graf.

**Schüller (5) berichtet über Entgiftungspaarungen im Organismus.**

Die sich im Körper bildenden Paarungsprodukte mit Säuren werden mit dem Ausgangskörpern physikalisch und physikalisch-chemisch verglichen. Bei den in Reaktion zueinander tretenden Substanzen tritt eine bestimmte Gleichmäßigkeit bzw. Gesetzmäßigkeit in Hinsicht auf Lipoid- bzw. Wasserlöslichkeit ein, indem die bis jetzt nachgewiesenen entgiftenden Säuren gut wasser-, schlecht lipoidlöslich sind. Die zu entgiftenden Körper dagegen sind gut lipoid-, schlecht wasserlöslich. Bei der Paarung mit einem lipoidlöslichen Kontrahenten büßen somit beide Körper an diesen Eigenschaften ein, so daß der ungiftige Doppelkörper, z. B. Kampferglukuronsäure, sehr schwer lipoidlöslich ist. Durch die Änderung dieser Verhältnisse erklärt sich auch das Verschieben des Verteilungsverhältnisses in Zelle und Gewebe, ist womöglich die physikalische Bedingung für die Ungiftigkeit. Innerhalb der Reihe der untersuchten Körper ist ein Gesetzesmodus auf Grund der Konstitution nicht erkennbar. Ebenso besitzen die nichtgepaarten Substanzen im Verhältnis zum Paarungsprodukt ein prinzipielles Verhalten gegenüber der Erzeugung von Demarkationsströmen im Muskel (Benzoesäure erzeugt solche, Hippursäure nicht).

Graf.

**Storm van Leeuwen (6) hat eine Theorie über die Empfindlichkeit des Tieres (und Menschen) für Arzneimittel veröffentlicht.**

Jedes pharmakologisch wirksame Agens muß sich vor Ausübung einer Wirkung chemisch oder physikalisch-chemisch mit noch unbekannten Körpern der lebendigen Substanz verankern, welche an die einzelnen Angriffspunkte (z. B. Nervenende, glatte Muskelzelle) gebunden sind, und die man als dominante Rezeptoren bezeichnen kann. Vermutlich werden die meisten Gifte sich nicht nur mit solchen Rezeptoren verbinden, sondern auch mit anderen Substanzen des Körpers, die sekundäre Rezeptoren genannt werden. Um die verschiedene Empfindlichkeit zweier Tiere für ein Gift zu erklären, kann man sich beim einen eine höhere Irritabilität des Angriffspunktes selbst vorstellen, oder aber eine bessere Zugänglichkeit der dominanten Rezeptoren beim einen als beim anderen. Eine Reihe von Faktoren stehen damit im Zusammenhang, von denen die Natur des Milieus, in dem sich die Wirkung vollzieht, die Verteilung zwischen dominanten und sekundären Rezeptoren eine Rolle spielt. Diese letzteren offenbar wichtigeren hat Verf. studiert. Als solche können Proteine, Lipoide, Derivate der beiden, welche die Giftwirksamkeit steigern (z. B. Proteinadrenalin), aufgefaßt werden, auch Fettsäuren, Harnsäure, Ca, K, Variationen von $p/_H$. Das Blut enthält Substanzen, die z. B. für Alkaloide als sekundäre Rezeptoren anzusehen sind. Pilokarpin fällt aus den Seren verschiedener Tiere durch Alkaloidreagens verschieden aus. Im übrigen ist es leicht zu isolieren, weil die Verbindung sehr locker ist. Während es aus Eiweißlösungen dialysiert werden kann, so kann es auf diesem Wege aus den Sera nicht gewonnen werden. Atropin, Morphin, Strychnin geben ähnliche Resultate wie Pilokarpin; dagegen nicht: Nikotin, Histamin, Cholin, Vuzin, Eukupin. Es dürfte sich somit um

Adsorption an Serumkolloide handeln, welche durch Pepton, Zitrat und Äther gelöst werden kann.

Graf.

**Storm van Leeuwen (7) bespricht die Theorie des Giftantagonismus.**

Die vom Verf. vertretene Theorie einer adsorptiven Anlagerung eines Giftes an die dominanten Rezeporen des Angriffspunktes als primäre Bedingung der Wirkung führt zu einer weiteren Folgerung über das Wesen des Antagonismus. Dieser hat seine theoretische Basis in einer größeren Affinität des Antagonisten zum Rezeptoren, die sich in Verdrängung äußert. Der Beweis hierfür ist jedoch schwer. Die Verhältnisse an den sekundären Rezeptoren dagegen wurden experimentell mehrfach geprüft, speziell durch Studium der Adsorptionsaffinitäten zu organischen Kolloiden, d. h. Verdrängung eines Körpers von der Oberfläche durch einen anderen. Als biologisches Beispiel wird die elektive Lösung der lockeren Pilokarpinbindung an affine Serumkolloide durch Atropin diskutiert.      Graf.

## 3. Untersuchungen über Wirkungen am ganzen Organismus, Giftverteilung.

### (Pharmakologische Analysen.)

*1) **Nagel, A.**: Ein Beitrag zur pharmakologischen Analyse der Ephedrinwirkung. Arch. f. exper. Path. u. Pharm. Bd. 110, S. 129—141. — *2) **Pfeiffer, P.**: Einfluß der $SO_2$-Gasbehandlung auf Temperatur, Puls, Atmung und Blutbild der Pferde. Diss. Berlin. — *3) **Pinder A,. W. und J. C. Donnelly**: The pharmacological action of Gentiana Violet. J. of Pharm. exp. Ther. Bd. 25, S. 163—165. — *4) **Schneider, C.**: Die intravenöse Injektion des Vuzins und seine Wirkung beim Pferde. Diss. Hannover und D. t. W. Bd. 33, S. 437—438. (Auszug.) — 5) **Dreischulte, H.**: Über die Verteilung des Kupfers im tierischen Organismus nach Verabreichung von „Cuprex" per os. Ebendas. Bd. 33, S. 300—301. (Auszug.) — 6) **Ohling, H.**: Über die Verteilung des Kupfers im tierischen Organismus nach Verabreichung von Kupfersulfat per os. Ebendas. Bd. 33, S. 616—619. (Auszug.)

**Nagel (1) gibt eine Analyse der Ephedrinwirkung.**

Der Körper, chemisch verwandt mit Adrenalin, hat auf den Sympathikus schwächere Wirkung als letzteres. Er ist ein Exzitans für glatte Muskeln. Die Umkehr durch Ergotamin fehlt. Die Vasokonstriktion scheint nach Atropin kräftiger, tritt auch nach Paranephrektomie ein. Die Adrenalinlähmung des Darmes wird aufgehoben. Der Uterus wird stark erregt. Die Blutzuckerkurve, die nach Adrenalin regelmäßig erhalten wird, zeigt sich erst nach höheren Ephedrindosen. Die Toxizität ist gering: pro Kilogramm Kaninchen 40—50 mg. Kymographische Kurven erläutern die einzelnen Wirkungen genauer.      Graf.

**Pfeiffer (2) hat den Einfluß der $SO_2$-Gasbehandlung auf Temperatur, Puls, Atmung und Blutbild der Pferde studiert.**

Die Temperatur, der Puls und die Atmung werden nur vorübergehend durch den Aufenthalt in der Gaszelle beeinflußt. Die geringe Temperatursteigerung sowie die unbedeutende Beschleunigung des Pulses und der Atmung erklären sich durch die Begleitumstände der Gasbehandlung. Für die Annahme einer besonderen Einwirkung von Schwefelsäureanhydrid fehlen Anhaltspunkte. Am Blutbild treten geringe Veränderungen auf, die zum Teil innerhalb der physiologischen Grenzen und der technischen Fehlergrenzen liegen. Es scheint, als ob nach der Behandlung die Erythrozyten eine geringe Zunahme, die Leukozyten eine Abnahme erfahren. Von den Leukozyten weisen die mononukleären und die neutrophilen polymorphkerni gen Zellen eine prozentuale Vermehrung, alle übrigen eine Verminderung auf, die besonders stark bei den eosinophilen Zellen ausgeprägt ist. Dieser Rückgang erklärt sich wohl dadurch, daß bei den räudigen Pferden eine geringe krankhafte Vermehrung dieser Elemente vorliegt, welche durch die $SO_2$-Gasbehandlung infolge Schwindens der Ursache zum Normalen zurückkehren.                                   Trautmann.

Pindar und Donnelly (3) berichten über die pharmakologischen Wirkungen des Gentianavioletts.

Die Untersuchung betrifft verschiedene Handelspräparate. 6,5—10 mg/kg einer 2,5proz. wässerigen Lösung temperiert, bewirken intravenös am nichtnarkotisierten Hund Verfärbungen der Haut und Schleimhäute; Brechen, Durchfall und Krämpfe traten nicht auf. In Äthernarkose tritt sofortige Blutdrucksteigerung auf, bei größern Dosen auch Atemlähmung, kleinere erregen das Herz nur wenig. Onkometrisch findet man an der Milz und der Niere peripher bedingte Gefäßkontraktion. Die arterielle Drucksteigerung im Lungengebiet führt gelegentlich zu Embolie.
                                   Graf.

Schneider (4) berichtet über die intravenöse Injektion des Vuzins und seine Wirkung beim Pferde.

Die Substanz ist veterinärmedizinisch nur in Anlehnung an die Humanmedizin von einzelnen untersucht. Nach Vuzin tritt beim Pferde eine während 5—24 Stunden andauernde Hyperleukozytose auf, welche an Intensität der Menge des Injektums parallel geht. Die Erythrozyten bleiben anscheinend unbeeinflußt. Kleine Dosen erregen das Wärmezentrum, größere lähmen es; außerdem machen letztere Pulserhöhung, Schweißausbruch, Benommenheit des Sensoriums. Örtliche Hautreaktionen an den Injektionsstellen zeigen das Bild des Ödems, besonders bei Subkutaninjektionen.                           Graf.

**b) Spezielle Pharmakologie und Pharmakotherapie.**

## 1. Nervensystem.

*a)* Zentralnervensystem (Zentren). Narkose.

*1) Beckman, H.: Colonic anesthesia in dogs. J. Am. Vet. Med. Assoc. Bd. 67, Nr. 4, S. 522—528. — 2) Bouchet und Plantureux: Essai du somnifène sur le cheval. Rec. de M. vét. Bd. 101, H. 17. — *3) Eberhard: Zur intravenösen Chloralhydratnarkose. T. R. Bd. 31, S. 853—854. — *4) Kantorowicz: Morphiumwirkung bei der Katze. B. t. W. Bd. 41, H. 28. — *5) Kleine, P.: Die Narkose des Hundes mit Chloralhydrat bei intravenöser Anwendung. Diss. Leipzig. — *6) Linde, K.: Zur intravenösen Chloralhydratnekrose. T. R. Bd. 31, S. 787—788. — 7) Mócsy, J. v.: Über Laudanon. D. t. W. Bd. 33, S. 52—53. (Gewisse Vorzüge gegen Morphin.) — *8) Nicloux, M. und A. Yovanovitch: Nouvelles détermination de la teneur en chloroforme du système nerveux au cours de l'anesthésie; dosage de l'anesthésique dans les ganglions sympathiques. C. r. Soc. de Biol. Bd. 93, S. 272—275. — *9) Reder: Chloralhydratnarkose bei Hunden. T. R. Bd. 31, S. 897. — 10) Scabriggi, C.: Anestesia general por inyección endovenosa de cloral y citrato de sodio. (Narkose durch intravenöse Injektion von Chloral- und Natriumzitrat.) Rev. de la Fac. de Med. Vet. La Plata Bd. 1, H. 4, S. 77—92. — *11) Schmidt, S.: Narkoseversuche bei Katzen durch intravenöse Einverleibung von Chloralhydrat. M. t. W. Bd. 76, Nr. 13, S. 293. — *12) Seagraves, C. H. und J. F. Rankin: Chloroform anesthesia for cats by the chamber method. J. Am. Vet. Med. Assoc. Bd. 67, Nr. 4, S. 511—514. — *13) Wenger, H.: Weiterer Ausbau der intravenösen

Chloralhydratnarkose beim Hund. M. t. W. Bd. 76, Nr. 18, S. 385—387. — 14) Demmel: Beitrag zur Geschichte der allgemeinen und lokalen Anästhesie in der Veterinärmedizin. Ebendas. Bd. 76, Nr. 36, S. 773 bis 778; Nr. 37, S. 800—804; Nr. 38, S. 813—819. — 15) Hobday, F.: The selection and administration of local and general anaesthetics for animals. Vet. Rec. Bd. 5, S. 309—313. (Nichts Neues.) — *16) Bremer, F. und P. Rylant: L'action locale de la strychnine sur les nerfs et les centres. C. r. Soc. de Biol. Bd. 92, S. 1329—1331. — 17) Junkmann: Zur Pharmakologie des Vasomotorenzentrums. Verh. D. pharm. Ges. S. 55—58; Anh. zu Arch. f. exper. Path. u. Pharm. Bd. 111. 1926. — *18) Siengalewicz, S. S.: The action of Neosalvarsan and carbon monoxide on the choroid plexus and meninges. J. of Pharm. exp. Ther. Bd. 24, S. 289—299.

Nicloux und Yovanovitch (8) bestimmten den Chloroformgehalt des Nervensystems (Gehirn, periphere Nerven, sympathische Ganglien) beim Hund.

Bei subnarkotischen Chloroformdosen enthält das Gehirn mehr Chloroform als die peripheren Nerven; ist die Narkose im Gange, so nehmen letztere immer mehr auf, so daß sie schließlich (beim Tode) die dreifache Menge aufweisen. Der isolierte periphere Nerv zeigt gleiche Aufnahmetendenz wie der intakte. Bei der Morphin-Chloroformnarkose ist der $CHCl_3$-Gehalt herabgesetzt. Die sympathischen Ganglien (Thoracal. prim.; Thoracal. semilunare) enthalten so viel Gift wie der Vagus, während Ischiadikus und Brachialis kleinere Werte zeigen. In bezug auf die Zahlenwerte wird auf das Original verwiesen.                    Graf.

Beckman (1) schildert die Zweckmäßigkeit der Narkose des Hundes vom Kolon aus.

Hierzu wird eine Mischung von 75% Äther und 25% Olivenöl verwendet. 1 Stunde vor Ausführung der Anästhesie spritzt man subkutan 0,01 g Morphinum sulfuricum pro Kilogramm Tier. Zur Narkose selbst werden 30 ccm der angegebenen Mischung auf 20 Pfund Körpergewicht des Hundes gegeben. Die Dauer der Narkose beträgt mehr als 1 Stunde. Das Einfließenlassen muß langsam erfolgen (4—6 Minuten). Durch Spülen des Kolons mit Wasser ist jederzeit eine Unterbrechung der Narkose möglich.
                                   Hobmaier.

Eberhard (3) berichtet über intravenöse Chloralhydratnarkose bei Pferden.

Er hat bei der Konzentration von 40 : 500 keine Thrombophlebiten in 100 Fällen gesehen. Anschließend beschreibt er einen aufgetretenen Fall mit verbreiteter Abszedierung. Er macht wie Linde (s. 6) darauf aufmerksam, evtl. eine mit einer stumpfen Röhre gedeckte Kanülenspitze anzuwenden, um Läsionen der Innenwand der Jugularis zu vermeiden.        Graf.

Kantorowicz (4) stellte Morphiumwirkungen bei der Katze fest. Danach ergibt sich, daß Morphium in kleinen Mengen kein Erregungs- oder gar Tobsuchtsmittel bei der Katze darstellt. Es wirkt zwar individuell verschieden, doch ist es im allgemeinen ein gut wirkendes Beruhigungsmittel.           Henkels.

Kleine (5) warnt vor einem allzuhäufigen Gebrauch des Chloralhydrates zur Herbeiführung einer Narkose beim Hunde in der Praxis. Wegen der hohen Mortalität, der geringen Distanz zwischen therapeutischer und letaler Dosis, der individuellen Schwankungen und der schädigenden Wirkung bei Erkrankungen des Zirkulations- und Respirationsapparates ist Chloralhydrat mit Vorsicht zu gebrauchen.
                                   Trautmann.

Linde (6) berichtet über intravenöse Chloralhydratnarkose beim Pferde. Die von verschiedenen

Autoren angegebene Gefahr der Thrombophlebitis hat sich an 2 Fällen bestätigt. Vielleicht läßt sie sich verhindern, wenn man nach Weinberg (T. R. 1925, Nr. 41) die Lösung von 30,0 in 500,0 einer 1 proz. Natr. citric.-Lösung unter aseptischen Kautelen injiziert. Im übrigen hat Verf. äußerst zahlreiche Chloralnarkosen ohne Komplikationen ausgeführt. Graf.

Reder (9) hat in 30 Fällen Chloralhydrat bei Hunden intraperitoneal appliziert. Örtliche oder resorptive Komplikationen wurden nicht beobachtet, auch nicht durch den Stich (Peritonitis). Die Narkose war durchweg sehr befriedigend. Graf.

Nach Schmidt (11) gilt die zu Narkosezwecken bei Hunden festgestellte Optimaldosis von 0,2 Chloralhydrat pro Kilo Körpergewicht auch für Katzen.

Die Wirkung ist aber weder nachhaltig noch tief. Eine geringe Überschreitung der Dosis kann gefährlich wirken. Bei 0,3 pro Kilo zeigten sich bereits überlanger Schlaf, eitrige Konjunktivitis, Temperaturen unter 36° C und starke Abmagerung; 0,4 Chloralhydrat pro Kilo führen unbedingt zum Tode. Die Chloralhydratnarkose durch intravenöse Injektion ist für Katzen nicht empfehlenswert. J. Schmidt.

Seagraves und Rankin (12) empfehlen zur Ausführung der Chloroformnarkose bei Katzen die Verwendung eines Kastens mit folgenden Ausmaßen: Länge 45 cm, Höhe 22,5 cm, Breite 19 cm. Am Vorder- und Hinterende ist je eine dicke Glasscheibe angebracht, die in einer Rinne hochgezogen werden können. Die übrigen Wände sind aus Metall. Das Kästchen eignet sich auch zur Tötung von Katzen und kleinen Hunden. Legt man den Chloroformbausch gleichzeitig mit dem Tier in den Kasten, so vergehen 7—17 Minuten bis zum Eintritt der Narkose. Wenn das Chloroform jedoch vorher zur Verdunstung eingebracht wird, bedarf es nur der halben Zeit. Der Narkosezustand ist hinreichend, wenn die Reflexe an den Extremitäten und dem Schwanze fast verschwunden sind. Sie dauert in voller Stärke nur ca. 3 Minuten. Diese Zeit genügt z. B. zur Ausführung einer Kastration lege artis. Nötigenfalls kann die Narkosewirkung nachträglich durch Verwendung von Äther verstärkt werden. Hobmaier.

Wenger (13) empfiehlt zur Narkose beim Hund Morphium in kleiner Dosis subkutan und nach eingetretener Toleranz 10% Chloralhydrat in 25 proz. Alkohol als Lösungsmittel intravenös. Der Schlaf dauert dann über 1 Stunde. Nach der Narkose tritt Abfall der Temperatur ein, der durch Wärmflaschen und Zudecken beseitigt wird. Die künstliche Wärmezuführung beschleunigt die Ausscheidung des Chloralhydrats und des Alkohols. J. Schmidt.

Siengalewicz (18) hat die Neosalvarsan- und Kohlenoxydwirkung am Plexus chorioideus und an den Meningen studiert.

Die Tinktionsaffinität dieser Gewebe für Trypanblau erleidet durch Neosalvarsan und Kohlenoxyd eine auf Permeabilitätserhöhung beruhende Steigerung. Die Lokalisation in den Plexus ist beim Neosalvarsan bedeutend ausgesprochener, während beim Kohlenoxyd auch die Meningen und die Blutgefäße tingiert werden. Graf.

Bremer und Rylant (16) berichten über die lokale Nerven- und Zentrenwirkung durch Strychnin.

Dieselbe liegt bei den motorischen Nerven und der Medulla spinalis (Katze) in einer direkten Protoplasmawirkung, welche die Modifikationen der Chronaxien, die nach Injektionen kleiner Dosen eintreten, erklärt. Die Definition, daß die Erhöhung der Reflexerregbarkeit der Nerven und Neurone größer ist wie diejenige der Chronaxie, wird durch das Experiment begründet. Graf.

## β) Sensible Nerven.
### Oberflächen- und Leitungsanästhesie.

*1) Bär, Fr.: Beobachtungen über Wert und Wirkung des Psikains als Lokalanästhetikum in der Veterinärmedizin. Diss. Leipzig. — *2) Nakamura, M. und H. Takahashi: Beziehung der durch Hautreizmittel bedingten Entzündung zu den sensiblen Nervenenden. Tohoku J. of exp. Med. Bd. 5, S. 288—293. (Betrifft Konjunktiva und Kornea.) — *3) Papu, J. und C. Pitzschk: Versuche über extradurale Anästhesie beim Pferde. Arch. f. wiss. Tierhlk. Bd. 52, S. 558—571. — *4) Regnier, J.: De l'augmentation des anesthésies produites sur la cornée par alcalinisation des solutions de chlorhydrate de cocaine. C. r. Soc. de Biol. Bd. 92, S. 605—608. — *5) Régnier, J. und R. David: Du rôle de la tension superficielle dans l'augmentation des anesthésies produites par l'alcalinisation des solutions du chlorhydrate de cocaine. Ebendas. Bd. 93, S. 936—938. — *6) Retzgen, B.: Beitrag zur Frage der örtlichen Betäubung des Schwanzes von Pferd und Hund durch Leitungsanästhesie. Diss. Berlin, auch B. t. W. Bd. 41, H. 15. — *7) Roots, E.: Moñed katsed novokaiiniga. (Einige Versuche mit Novokain.) Estnische T. R. Jg. 1, S. 88. — *8) Schmidt, Walter: Untersuchungen über die Brauchbarkeit der Bromkaliumlösung als Lokalanästhetikum. Diss. Leipzig. — 9) Sellnick: Über die Wirkung des neuen Anästhetikums Tutokain. T. R. Bd. 31, S. 611. (Betrifft Hautanästhesie [Euter, Kuh], Leitungsanästhesie, Pferd.) — *10) Wagner, W.: Experimentelle Untersuchungen über die Wirkungen der Lokalanästhetika Psikain und Tutokain. Arch. f. exper. Path. u. Pharm. Bd. 109, S. 64—73.

Nakamura und Takahashi (2) konnten durch Lokalanästhesie und Trigeminotomie nachweisen, daß die Senfölkonjunktivitis nicht durch primäre Reizung der sensiblen Nervenenden mit nachfolgender Vasodilatation zustande kommt (Bruce), sondern durch direkte Einwirkung auf die Gefäßwand, deren Beschaffenheit verändert wird. Graf.

Bär (1) konnte mit Hilfe des Psikains eine gute Lokalanästhesie erzeugen.

Das Psikain löst sich gut in Wasser, es veranlaßt keine Reizerscheinungen. Bei der subkutanen Injektion genügen $^1/_2$—1 proz. Lösungen, um eine gute Anästhesie zu erzeugen. Zur Anästhesierung der Augenschleimhäute genügt eine einmalige Applikation einer 2 proz. Lösung. Als Leitungsanästhetikum bewähren sich bei Pferden 1 proz. Lösungen. Die anästhesierende Wirkung ist etwa doppelt so groß wie die des Novokains. Bei subkutaner Verabreichung in 2 proz. Lösung rufen Dosen von 0,1 g pro Kilogramm Körpergewicht bereits schwere Vergiftungserscheinungen hervor, es ist also Vorsicht bei der Dosierung geboten. Weber.

Nach Papu und Pitzschk (3) läßt sich die Extraduralanästhesie beim Pferde mit Ausnahme fetter Tiere leicht und mit Sicherheit durchführen. Weber.

Regnier (4) berichtet über die Verstärkung der kornealen Kokainanästhesie durch Alkalinisation der Chlorhydratlösungen. Nicht nur der Bildung der freien Base durch Alkalienzusatz (Gros), sondern viel mehr dem Grade der Alkaleszenz kommt der erwähnte Einfluß zu. Z. B. beträgt die Wirkungsgröße für die Lösung $p_H = 6,9 = 1,4$, für $p_H = 8,4$ dagegen 7,8. Verstärkung und Alkaleszenzgrad gehen somit parallel. Graf.

Régnier und David (5) untersuchten die Bedeutung der Oberflächenspannung bei der Wirkungsverstärkung des Kokains durch Alkalinisierung der Lösung. Die damit verbundene Herabsetzung der Oberflächenspannung gegenüber der wässerigen Lösung des Chlorhydrats kann nicht als Ursache der Wirkungsverstärkung angesehen werden.

Graf.

Nach Retzgen (6) ist die Leitungsanästhesie des Schwanzes von Pferd und Hund mit großer Sicherheit durchführbar. Die Unterspritzung der Haut hat sich für die Anästhesierung des Schweifes als nicht notwendig erwiesen. Durch Infiltration des aus dem Kreuzbein als Verlängerung des Rückenmarkes austretenden Nervenbündels ist es möglich, den Schwanz zu anästhesieren. Die Operation ist aber nicht ungefährlich.

Trautmann.

Roots (7) veröffentlicht einige Versuche mit Novokain.

Verf. unternahm einige Versuche mit Novokain, um dessen Wirkung auf Hunde zu studieren. Angewandt wurde eine 1proz. Lösung in Verbindung mit Kal. sulfuric. und Suprarenin. hydrochloric. (Braun: Die Lokalanästhesie); Novokain 1,1, Natr. chlorat. 0,7, Kal. sulfurici 0,4, Aqua dest. 100,0 steril., Adde sol. suprarenini hydrochlor. (1 : 1000) 1,0.

Von den insgesamt 38 Versuchen (hauptsächlich Amputationen und Kastrationen) gaben bloß 2 unbefriedigende Resultate. Es trat keine vollkommene Anästhesie ein. Letzteres erklärt der Autor durch unplanmäßige Injektion der Lösung, wodurch einige Nervenfasern von der Lösung unberührt blieben. In allen übrigen Fällen erwies sich das Novokain mit einem Zusatz von Suprarenin als ein gutes Anästhetikum. Die Anästhesie trat nach 10 Minuten ein, dauerte $1^1/_2$ Stunden. Unangenehme Nebenwirkungen fehlten. Dank dem Suprarenin ist die Blutung gering oder sie fehlt ganz.

Um eine vollkommene Anästhesie des Operationsfeldes zu erzielen, ist die Injektion nach einem sorgfältig durchdachten Plane auszuführen.

Hans Richter.

Nach Schmidt (8) ist eine anästhesierende Wirkung auf die sichtbaren Schleimhäute selbst mit stärksten Konzentrationen von Bromkalium nicht zu erreichen. Die subkutane Applikation in Form von 4—5proz. Lösung, die etwas schmerzhaft ist, hinterläßt eine gute langanhaltende Gefühllosigkeit bei Pferden, Rindern, Hunden und Katzen. Nachteilige Wirkungen treten nicht auf. Bromkalium ist ein billiges, leicht zu beschaffendes und in Wasser leicht lösliches Anästhetikum.

Trautmann.

Wagner (10) hat Psikain und Tutokain experimentell vergleichend (Infiltration, Oberfläche) mit Kokain untersucht.

Das Psikain wirkt ungefähr gleich wie Kokain, zeigt dagegen Reizwirkung. Das in letzter Beziehung indifferentere Tutokain ist dagegen ca. 4mal so stark anästhesierend. Die Giftigkeit beider Präparate ist geringer als die des Kokain (ca. $^1/_2$ bzw. $^1/_4$ für Psikain bzw. Tutokain). Der lokalanästhesierende Effekt läßt sich durch Adrenalin, an der Oberfläche durch Kaliumsulfat, intradermal durch Phenol steigern. Die Lösungen beider Präparate sind nicht haltbar. Das isolierte Froschherz zersetzt beide Körper schnell.     Graf.

γ) Sympathikus, Parasympathikus. — Auge.

*1) Hamet, R.: Sur un nouveau cas d'inversion des effets adrénaliniques. C. r. Acad. des Sc. Bd. 180, S. 2074. — *2) Holländer, N.: Action de la Physostigmine sur la partie motrice de l'innervation sympathique. C. r. Soc. de Biol. Bd. 92, S. 1167—1171. — *3) Mori, S.: Über die parasympathisch erregenden Stoffe in Vitaminextrakten. Arch. f. exper. Path. u. Pharm. Bd. 106, S. 320—326. — *4) Popoviciu, G.: Mechanisme de l'action de l'éserine. C. r. Soc. de Biol. Bd. 93, S. 1323—1324.—5) Stross, W.: Beziehungen des Koffeins zur sympathischen Innervation. Verh. D. pharm. Ges. S. 34—37; Anh. zu Arch. f. exper. Path. u. Pharm. Bd. 111. 1926. — Auge (vgl. auch Oberflächenanästhesie): *6) Gold, H.: The seat of the mydriatic action of cocaine. J. of Pharm. exp. Ther. Bd. 23, S. 365—372. — *7) Hayashi, H. Y.: Beeinflussung des normalen intraokulären Druckes durch Eserin. Tohoku J. of exp. Med. Bd. 4, S. 361—372. — 8) Koßmag: Yatrenkasein bei periodischer Augenentzündung. T. R. Bd. 31, S. 610. (Betrifft 1 Fall; nach intramuskulärer Injektion [5,0] und örtlicher Therapie Heilung.)

Hamet (1) berichtet über einen neuen Fall von Inversion der Wirkung des Adrenalins.

Er hat durch seine Versuche gezeigt, daß man Yohimbin als Inversionsmittel der Wirkung von Adrenalin gebrauchen kann. Aus seinen Versuchen zieht er folgende Schlüsse:

1. Das Yohimbin ist geeignet, um daran die Inversion der Wirkung von Adrenalin zu studieren und die motorischen und inhibitorischen Wirkungen des Nervus sympathicus voneinander zu trennen.

2. Man muß annehmen, daß es außer dem sympathisch-parasympathischen Antagonismus einen sympathisch-motorischen und sympathisch-inhibitorischen Antagonismus gibt.     Hans Richter.

Holländer (2) hat zeigen können, daß das Physostigmin die motorischen Fasern des Sympathikus lähmt.

Graf.

Mori (3) hat über parasympathisch erregende Stoffe in Vitaminextrakten berichtet. Die antineuritische Wirkung des Orypans geht durch Erhitzen auf 130—175° verloren; die parasympathische dagegen bleibt erhalten. Das Wirkungsbild ist das typische der Parasympathikuserreger.

Graf.

Popoviciu (4) berichtet über den Wirkungsmechanismus des Eserins. Der bekannten Parasympathikuswirkung geht ein rasch wieder verschwindendes inverses Stadium voraus, welches wahrscheinlich auf Sensibilisierung der kleinen Mengen für die nachfolgenden größern, oder indirekt auf Ionenverschiebung (K, Ca) beruht.     Graf.

Gold (6) hat die Lokalisation der Kokainmydriasis studiert.

Diese kann nach Cushny, Kuroda auf Sphinkterparalyse, nach Sollmann u. a. auf Sympathikusreizung beruhen, da nach Degeneration des Ggl. cervical. craniale die Wirkung ausbleibt. Kombinationsversuche mit sympathikomimetischen Substanzen geben wieder andere Definitionen des Wirkungsmechanismus. — Nach Ergotoxin findet Verf. durch periphere Sympathikuslähmung Miosis, und zwar am nicht und gutkokainisierten Auge. Kokain behebt jedoch die Ergotoxinmiosis nicht. Der Angriffspunkt liegt somit im peripheren Sympathikus (M. dilat. irid.), wo es die Erregbarkeit für Adrenalin steigert. Vgl. hierzu Zunz (C. r. Soc. de Biol. Bd. 90, S. 379), der eine Ergotaminmydriasis fand.

Graf.

Hayashi (7) hat die Beeinflussung des normalen intraokulären Druckes durch Eserin nach Henderson - Starling geprüft.

Es tritt kurz nach der Instillation eine vorübergehende Drucksteigerung ein, welche direkt nichts mit der zugleich auftretenden Miosis zu tun hat, sondern höchstwahrscheinlich auf fibrillären Zuckungen der äußeren Augenmuskeln (M. orbicularis oculi, Muskeln, die vom Limbus ausgehen) beruht (Kaninchen). Graf.

## 2. Muskeln.

*1) Brouha, L.: Action des acides aminés sur les fibres musculaires lisses. C. r. Soc. de Biol. Bd. 92, S. 204—205. — *2) Frank, E., M. Nothmann und A. Wagner: Über den Angriffspunkt des Insulins. Arch. f. exper. Path. u. Pharm. Bd. 110, S. 225—240. — *3) Ganter: Über die Wirkung des Morphins auf die glattmuskeligen Hohlorgane des Menschen. Verh. D. pharm. Ges.; Anh. zu Arch. f. exper. Path. u. Pharm. Bd. 111. 1926. — *4) Schüller, J.: Über den Antagonismus einiger Lokalanästhetika gegenüber dem Koffeineffekt am Muskel. Warum verhindern die Lokalanästhetika die Koffeinstarre des Muskels? Arch. f. exper. Path. u. Pharm. Bd. 105, S. 224—237 u. 299 bis 306. — *5) Derselbe: Gift und Gegengift am Muskel. Verh. D. pharm. Ges.; Anh. zu Arch. f. exper. Path. u. Pharm. Bd. 111. 1926.

Brouha (1) berichtet über die Wirkung von Aminosäuren (des Glykokolls) auf die glatte Muskelfaser.

Aus den Ergebnissen an der Muskularis der Harnröhre, des Uterus und des Darmes folgt, daß Glykokoll allgemein den Tonus herabsetzt. Diese Befunde decken sich mit denjenigen an den Venen. Auf dem Wege des Ausschlusses ergibt sich der Angriffspunkt an der Muskelzelle selbst. *Graf.*

Frank und seine Mitarbeiter (2) berichten über den Angriffspunkt des Insulins.

Nach intraarteriellen Injektionen nehmen die Muskeln des pankreasdiabetischen Hundes (vgl. Blutzuckeranalyse der A. und V. femoralis) aus dem durchströmenden Blute vermehrt Zucker auf. Außerdem wird der Kohlenhydratstoffwechsel der Muskeln wieder ad normam ausgeglichen. Dieser periphere Wirkungsmechanismus macht es wahrscheinlich, daß beim Pankreasdiabetes die Zuckerverwertung in den Muskeln gestört ist. *Graf.*

Nach Ganter (3) steigert Morphin den Tonus und senkt die Reizbarkeit der glattmuskeligen Hohlorgane. Die Tonussteigerung tritt auch nach Atropin ein. Morphin steigert wahrscheinlich den Tonus der Gefäßmuskulatur; am Auge bewirkt es eine zum Teil periphere Miosis. Nach Verf. liegt der Angriffspunkt in der glatten Muskulatur selbst. *Graf.*

Schüller (4) hat den Einfluß einiger Lokalanästhetika auf den Koffeineffekt am Muskel studiert.

Die Lokalanästhetika binden das Koffein komplexartig, so daß eine am Muskel unwirksame Substanz entsteht. Natriumsalizylat zeigt ähnliches Verhalten. Diese Anschauung wird durch die Versuche begründet, nach welchen z. B. Novokain nur prophylaktisch, nicht lösend auf die Koffeinstarre wirkt. Durch Auswaschen wird der Antagonismus reversibel; ebenso ist Novokain am quergestreiften Muskel ohne lähmende Wirkung. Das Alkaloid verhindert auch die histologische Destruktion des Muskels, den Demarkationsstrom und die Störungen des Milchsäurestoffwechsels. Kokain schützte nur schwach, Anästhesin dagegen sehr gut. *Graf.*

Schüller (5) hat seine Untersuchungen über Gift und Gegengift am Muskel weiterhin ausgedehnt.

Nicht nur Lokalanästhetika und Natriumsalizylat, sondern eine ganze Reihe von Analoga zu Na-Salizylat, welche schon in vitro Komplexneigung zu Koffein haben, schützen den Muskel entsprechend dem Grade dieser Affinität. Veratrin läßt sich analog wie Koffein in gleichem Typus inaktivieren, z. B. durch Novokain, Na. salizylic., Na. cinnamylic., Na. atophan. Erregungskontrakturen des Muskels, z. B. Nikotin, Cholin usw., lassen sich durch Lokalanästhetika verhindern, doch

beruht diese Erscheinung offenbar auf ganz anderen Prinzipien; der Antagonismus tritt auch durch die obengenannten Na-Salze ein, aber nur bei Ausschluß von Ca. *Graf.*

## 3. Verdauungsapparat.

### a) **Motorische Funktion (Peristaltik).**

1) Baur, M.: Studien über die Dünndarmperistaltik. II. Die periodischen Vorgänge unter der Einwirkung salinischer Abführmittel. Arch. f. exper. Path. u. Pharm. Bd. 109, S. 22—34. III. Die peristaltischen Vorgänge unter der Einwirkung der fetten Öle, von Koloquinten, Gutti und Kalomel. Ebendas. Bd. 109, S. 233—248. — *2) Fender, K.: Über den Wert des Bariomyl II bei der Behandlung kolikkranker Pferde. Arch. f. wiss. Tierhlk. Bd. 52, S. 217—239. — *3) Gordonoff, T.: Über die Wirkungen der Morphinkodeinkombination auf den Magendarmkanal. Arch. f. exper. Path. u. Pharm. Bd. 106, S. 287—305. — *4) Hazama, F.: Über eine inverse Adrenalinwirkung auf Darm und Uterus bei Anwesenheit von Kupfersalzen. Ebendas. Bd. 106, S. 223—232. — 5) Heidelck: Über die Kolikbehandlung von Pferden mit Bariomyl. T. R. Bd. 31, S. 678—680. (Kasuistik.) — *6) Holländer, N.: Propriétés pharmaco-dynamiques de la Coloquinte. C. r. Soc. de Biol. Bd. 92, S. 1175—1178. — *7) Klein, K.: Versuche mit Azetylsynkolin am überlebenden Darm und an lebenden Tieren. Diss. Hannover und D. t. W. Bd. 33, S. 685—687. (Auszug.) — *7a) Mayer, A.: Das Eingeben flüssiger Arzneimittel, unter besonderer Berücksichtigung der Wirkung von Aloeextrakt und Methylenblau im Vergleiche zur Pillenform. Arch. f. wiss. Tierhlk. Bd. 52, S. 240—253. — 8) Laasch, F.: Vergleichende Untersuchungen über die Wirkungen einiger Lokalanästhetika auf Herz und Darm. Arch. f. exper. Path. u. Pharm. Bd. 110, S. 142 bis 152. (Kokain, Novokain, Alypin, Eukain, Psikain, Tutokain.) — *9) Löwa, W.: Bariomyl 17, ein wirksames Laxans für Pferde. Arch. f. wiss. Tierhlk. Bd. 52, S. 462—473. — *10) Derselbe: Kolikbehandlung mit Bariomyl. B. t. W. Bd. 41, H. 18. — 11) Metschies: 19 Fälle von Bariomylkoliktherapie. D. t. W. Bd. 33, S. 725—726. (Erfolge.) — 12) Neumann, K.: Zur Bariomylanwendung. B. t. W. Bd. 41, H. 37. — *13) Reinhardt u. Seiberth: Zur Wirkung von Bariomyl, essigsaurem Barium und Chlorbarium bei Kaninchen und Pferden. Ebendas. Bd. 41, H. 16. — *14) Remele, A.: Zur Verwendbarkeit des Baryum chloratum in der Bujatrik. M. t. W. Bd. 76, Nr. 22, S. 492—496. — *15) Schmidt, J.: Zur endovenösen Infusion des Bariomyls. B. t. W. Bd. 41, H. 37. — *16) Derselbe: Das Bariomyl in der Kolikbehandlung der Pferde. Ebendas. Bd. 41, H. 29. — *17) Schneller, F.: Über die Wirkungsweise des Novokains am Dünndarm. Arch. f. exper. Path. u. Pharm. Bd. 108, S. 78—95. — 18) Schuhbauer: Ein Mißerfolg bei Kolikbehandlung mit „Bariomyl". M. t. W. Bd. 76, Nr. 26, S. 561—562. (1 Todesfall nach 0,75 Bariomyl intravenös.) — *19) Seiberth, K.: Zur Wirkung von Bariomyl, essigsaurem Barium und Chlorbarium bei Kaninchen und Pferden. Diss. Berlin 1924. — *20) Seiderer: Praktische Erfahrungen mit einem Antidiarrhoikum „Obstipol". B. t. W. Bd. 41, H. 28. — 21) Stahl, A.: Die Wirkung der gebräuchlichsten Brechmittel. Diss. Hannover und D. t. W. Bd. 33, S. 53—54. (Auszug.) — *22) Stier: Atophanyl als Kolikmittel. B. t. W. Bd. 41, H. 4. — *23) Strohe, J.: Versuche mit Synkolin. Diss. Hannover und D. t. W. Bd. 33, S. 466—467. (Auszug.) — *24) Yokota, M.: Über die Wirkung des Akonitins auf die Darmbewegung. Tohoku J. of exper. Med. Bd. 4, S. 52—57. 1924.

Hazama (4) fand am Darm und Uterus bei Anwesenheit von Cu-, Fe- und Ba-Salzen eine inverse Adrenalinwirkung.

Dieselbe tritt an bestimmten autonom innervierten Organen allgemein ein. Diese Umkehr ist von der Richtung der Wirkung des Adrenalins und Kupfers allein unabhängig. Eine Erhöhung des Vagustonus kann ausgeschlossen werden. Die Ursache dieser Kombinationswirkung ist unklar.    Graf.

Yokota (24) hat die Akonitinwirkung auf die Darmbewegungen untersucht.

Das Alkaloid fördert unmittelbar nach der Darreichung die Bewegungen durch Erregung des Auerbachschen Plexus und der Vagusendigungen (Tonuserhöhung, Bewegungsverstärkung). Nach der Resorption jedoch tritt eine Reizung der in den Verlauf des Sympathikus eingeschalteten Zwischenganglien ein, so daß eine starke Hemmung eintritt. Die Sympathikusendigungen bleiben unbeeinflußt. Diese anschließende Wirkungskomponente nach der Resorption führt zur Erschlaffung und zum Stillstand der Bewegungen. Die Literaturangaben über Akonitin erklären sich somit auf den Wandel der Symptome je nach der Zeit des Kontaktes bzw. des Übertrittes.    Graf.

Klein (7) hat Versuche mit Azetylsynkolin am überlebenden Darm und an lebenden Tieren angestellt.

Das Synkolin (Cholinoxyäthyläther) ist wohl ungiftiger als das Azetylcholin, dagegen in seiner Darmwirkung zu unsicher, um als subkutan anwendbares Abführmittel gebraucht zu werden. Durch Azetylierung (Azetylsynkolin) sollte die Darmwirkung gehoben, die Ungiftigkeit dagegen beibehalten werden. An den isolierten Darmabschnitten des Pferdes wurde die Erwartung bestätigt. Die Befunde am Colon ascendens sind besonders interessant. (1 : 100 000 gibt kräftige Kontraktionen bzw. eine kurze spastische Kontraktur mit anschließender Tonuserhöhung und Einstellung der Pendelbewegungen.) Der Effekt war auch am Ileum deutlich. Die Uterusmuskularis bleibt anscheinend unbeeinflußt. Das Straubherz sowie die Blutdruckversuche ergaben keine auffälligen Erscheinungen. Subkutane Injektionen von 0,001—0,002 pro Kilogramm bewirkten beim Hund Salivation und vermehrte Defäkation; die Katze ist weitaus empfindlicher. Bei intravenöser Applikation genügt ein Viertel bis ein Fünftel der Subkutandosis.

Die subkutane und intravenöse Injektion (11 bzw. 4 Pferde) führt nach 5—8 Minuten zu Speichelfluß während ca. 20 Minuten. Gleichschnell treten die Darmbewegungen auf, welche nach ca. 30 Minuten aufhören, worauf periodische Defäkationen mit zunehmender Verflüssigung des Kotes eintritt. Der Koloninhalt ist besonders wasserhaltig. Beim Pferd ergab sich die subkutane, therapeutische Dosis (etwa bei Kolik) zu 0,002—0,004 pro Kilogramm; intravenös wäre nur die Hälfte zu applizieren.    Graf.

Mayer (7a) konnte feststellen, daß Aloeextrakt in flüssiger Form etwa doppelt so schnell und stärker wirkt als in Pillenform. Bei Harnversuchen hat die flüssige Anwendung des Methylenblau eine doppelt so schnelle Wirkung als die Pillenform gezeitigt. Weber.

Stier (22) berichtet über Atophanyl als Kolikmittel. 40 ccm Atophanyl intravenös, gleichseitig eine Aloepille, nach einer Stunde dasselbe, Futterentziehung.    Henkels.

Remele (14) verwandte das Chlorbaryum beim Rind zur Behandlung von Magendarmkrankheiten mit gutem Erfolg. Einzeldosen per os 5,0—40,0; niederste Tagesdosis 15,0, höchste 60,0; als größte Gesamtmenge erhielt ein Tier 80,0 auf viermal in 2 Tagen. Tragende Rinder kamen nicht zum Abortus.    J. Schmidt.

Reinhardt und Seiberth (13) beobachteten die Wirkung von Bariomyl, essigsaurem Barium und

Chlorbarium bei Kaninchen und Pferden, und zwar in folgenden Dosierungen. Toxische Dosen bei Kaninchen pro Kilogramm Körpergewicht zwischen 0,003—0,025 g. Die letale Dosis 0,019—0,025 g. Intravenöse Gaben von 0,5—0,6 Bariumazetat beim Pferde wirkt abführend. Die toxischen und letalen Dosen beim Pferd sind nicht ermittelt.    Henkels.

Fender (2) hat gefunden, daß das Bariomyl II in der Dosis 1,4 : 10 intravenös appliziert ein schnell, sicher und ergiebig wirkendes Laxans für Pferde ist.    Weber.

Nach Löwa (9) ist die therapeutische Dosis von Bariomyl 17 bei Pferden 0,8—1,2—1,6 g. Diese Dosen können nötigenfalls nach 1 Stunde wiederholt werden.    Weber.

Löwa (10) berichtet von guten Erfolgen mit Bariomyl. Bei schwerster Verstopfungskolik Erfolg mit 1,12 g Bariomyl. Kontraindiziert bei Windkolik und Magenerweiterungen nach Kleefütterung.    Henkels.

Schmidt (15) beschreibt die endovenöse Anwendung des Bariomyl. Er empfiehlt diese Applikation sehr, denn er hat in 55 Fällen gute Erfolge gehabt.    Henkels.

Schmidt (16) stellte Untersuchungen an über die Wirkung des Bariomyls in der Kolikbehandlung der Pferde. Dabei konnte er nur Gutes beobachten. Eine zu heftige Wirkung hat er bei der vorgeschriebenen Dosierung niemals feststellen können.    Henkels.

Nach Seiberth (19) kann Bariomyl in höheren Dosen verwendet werden als Chlorbarium und Bariumazetat. Intravenöse Gaben von 0,5—0,6 g Bariumazetat wirken beim Pferd abführend. Es wird des weiteren über die toxische und letale Dosis genannter Mittel berichtet.    Trautmann.

Nach Holländer (6) wirkt Koloquinte lähmend auf die parasympathischen Enden glattmuskeliger Organe, obschon die Reizbarkeit der Muskeln selbst unverändert bleibt (Darm, Uterus). Der Sympathikus bleibt unberührt. Für die Purgativwirkung am Darm findet man hier eine Basis.    Graf.

Gordonoff (3) berichtet über die Kombinationswirkung von Morphin und Kodein am Magendarmkanal des Hundes.

Die beiden Phenanthrenderivate addieren ihre Wirkungen: 0,005/kg Morphin bewirken einen während $5\frac{1}{2}$ Stunden, Kodein (0,05/kg) einen während 7 Stunden und Morphin + Kodein (0,0025 + 0,025) einen während 5 Stunden andauernden Pylorusschluß. Die Magenentleerungen und die ersten Defäkationen stimmen bei diesen Teildosen mit den Gesamtdosen zeitlich überein. Röntgenologisch wurde am Darm ebenfalls gefunden: Der Kombinationseffekt ist mehr stärker als der Effekt der Doppeldosis eines Alkaloides. Die Nachprüfung am Bauchfenster und den Magnusschen Darmkurven bestätigen den Additionstypus beider Körper.    Graf.

Schneller (17) hat die Wirkungsweise des Novokains am Dünndarm untersucht.

Die Herabsetzung des Muskeltonus durch Novokain und Kokain wird auf reflektorische Senkung durch Anästhesie, direkte Wirkung auf motorische Bahnen, unmittelbare Beeinflussung der Plastizität des Muskels zurückgeführt. Der dem Dünndarm eigene peristaltische Bewegungstypus, welcher bei zunehmender Tonussteigerung treppenförmig von kleinen peristaltischen Bewegungen auf große überspringt, und der vom Füllungszustande des Darmes abhängig ist, wird durch

Novokain aufgehoben. Die pharmakologische Analyse mit Cholin und Eserin ergibt, daß das Novokain am Muskel selbst angreift, und zwar wahrscheinlich in dem von Langley als rezeptive Substanz bezeichneten Teil, weil es das an der Grundsubstanz des Muskels ansetzende Bariumchlorid nicht zu hemmen vermag.

Graf.

Seiderer (20) berichtet über praktische Erfahrungen mit „Obstipol". Bei den verschiedenen Arten von Durchfällen, gleichgültig welchen Ursprungs, war es mit „Obstipol" möglich, eine vollständige Heilung zu erzielen, selbst bei chronischen Fällen.

Henkels.

Strohe (23) gibt eine Untersuchung über Synkolin (ätherartige Cholinverbindung).

Die subkutane Injektion wurde bei 22 (0,04—7,0), die intravenöse bei 9 Tieren (Dosis 0,4—1,8) vorgenommen. Bei 17 gesunden Tieren traten Kaubewegungen und Salivation ein, jedoch nicht parallel der applizierten Menge. Eine Peristaltikzunahme scheint zweifelhaft. Die Körpertemperatur wird nicht beeinflußt, das Herz erst bei höheren Dosen. Bei 14 ursächlich verschiedenen Kolikfällen beim Pferde waren ähnliche Symptome vorhanden; vor allem fehlte trotz der Dünndarmerregung der therapeutisch wertvolle Effekt auf den Dickdarm.

Graf.

## β) Resorption und Ausscheidung, Adnexdrüsen des Darmes, Lymphe.

*1) Behrend, B.: Resorption und Ausscheidung des Bleies. Verh. D. pharm. Ges. Nr. 3, S. 6; Anh. zu Arch. f. exper. Path. u. Pharm. Bd. 105. — *2) Fontès, G. und L. Thivolle: Sur l'élimination quotidienne minima du fer chez le chien adulte. C. r. Soc. de Biol. Bd. 93, S. 685—687. — *3) Formiguera, R. C. und J. Puche: Sur le mechanisme de l'action de l'insuline (Leber). Ebendas. Bd. 92, S. 813—815. — *4) Hatcher, R. A. und D. Davis: The excretion of morphin into the stomach. J. of Pharm. exp. Ther. Bd. 26, S. 49—60. — 5) Hernando: Die Wirkung des Adrenalins auf die Magensäure. Verh. D. pharm. Ges. S. 46—49; Anh. zu Arch. f. exper. Path. u. Pharm. Bd. 111. 1926. (Betrifft unter anderem Hund.) — *6) Knaffl-Lenz, E. und S. Nogaki: Über die Resorption an ausgeschalteten Darmschlingen. I. Resorption von Wasser und Salzen. II. Beeinflussung der Resorption und Sekretion durch Pharmaka. Arch. f. exper. Path. u. Pharm. Bd. 105, S. 109—123. — *7) Lambert, M. und H. Hermann: Insuline et suc pancréatique. C. r. Soc. de Biol. Bd. 92, S. 43—44. — *8) Nakamura, M.: On the influence of drugs upon intestinal absorption. Tohoku J. of exp. Med. Bd. 5, S. 29—46. — *9) Petersen, W. F. und T. P. Hughes: Effect of d- and l-Suprarenin, Pituitrin and Pilocarpin on the mineral balance of the lymph. J. of Pharm. exp. Ther. Bd. 25, S. 137—138.

Knaffl-Lenz und Nogaki (6) berichten über die Resorption und Sekretion an ausgeschalteten Darmschlingen des lebenden Hundes unter dem Einfluß verschiedener Pharmaka.

Durch hypertonische Salzlösungen tritt starke Sekretion ein, durch welche das Phasengleichgewicht vor und hinter der Epithelmembran wiederhergestellt wird. Dabei spielt die Osmose von Wasser keine Rolle. Bei hypotonischen Lösungen nimmt die Salzkonzentration zufolge erhöhter Wasserresorption zu. Das Wasserbindungsvermögen setzt den resorptiven Kräften Widerstand entgegen. Die Permeabilitätsänderung durch Ca-Salze ist für die Resorption nicht wesentlich, diese werden im Dickdarm viel langsamer resorbiert als im Dünndarm. Zusatz von Gummi arabikum hemmt die Aufsaugung. Der Austausch von Wasser und Salz wird durch Darmanästhesie bedeutend gehemmt. Atropin hemmt, Pilokarpin fördert nur die Sekretion. Natriumrizinolat führt starke Sekretion herbei, die durch Lokalanästhesie und Atropin gehemmt werden kann. Kalomel übt die stärkste und nachhaltigste Sekretion aus. Da die Narkose hemmend wirkt, so beruht die Resorption von Wasser und Salzen auf der Aktivität der Darmzellen. Osmose und Diffusion stehen somit an Bedeutung hinter dem Effekt dieser noch mehr oder weniger undefinierten vitalen Kräfte zurück.

Graf.

Nakamura (8) berichtet über den Einfluß verschiedener Arzneimittel und Gifte auf die intestinale Resorption.

Die Aufnahme von Wasser, Kochsalz, Aminosäuren, Fettsäuren, Traubenzucker durch den Darm wird gehemmt durch Natriumfluorid, Kaliumzyanid, Alkohol, Zingeron, Orexin, Atropin, Kokain, gefördert durch Kohlensäure, Gentianaextrakt. In kleinen Dosen fördern die Zuckerresorption und hemmen die Aufsaugung die übrigen genannten Stoffe: Saponin, Kantharidin, Senföl, Absinthin, Kaffein (Theobromin und Theophyllin); die Steigerung der Resorption aller erwähnten Stoffe tritt durch diese Gifte nach höheren Dosen ein.

Graf.

Behrend (1) berichtet über Resorption und Ausscheidung des Bleis.

Die kleinen nach den bisherigen Methoden nicht nachweisbaren Bleimengen bei Saturnismus wurden mittels Mischung mit radioaktiven Isotropen elektroskopisch untersucht. An Katzen ergab sich eine sehr langsame intestinale Resorption, so daß in den Fäzes fast alles Blei wieder erscheint. Die Ausscheidung erfolgt hauptsächlich in den Darm, geschieht sehr langsam, sie wird erst nach einer Bleispeicherung schneller. Bei dauernder Zufuhr resultiert schließlich ein Gleichgewicht. Das Metall wird in Leber und Niere, zu ca. 50% aber in der festen Knochensubstanz abgelagert.

Graf.

Nach Fontès und Thivolle (2) schied ein erwachsener Hund in den Fäzes nach eisenarmer Kost (0,03—0,05 mg) täglich 1,16 mg Eisen aus. Auch im Harn waren sehr geringe Mengen vorhanden. In einem anderen Falle betrug die ausgeschiedene Menge 1,07 mg.

Graf.

Hatcher und Davis (4) haben die Ausscheidung des Morphins in den Magen bei Hund und Katze untersucht.

Sie injizierten Morphinsulfat subkutan und intravenös und fanden in Übereinstimmung mit der neueren Literatur und im Gegensatz zur älteren Angabe von Alt nur Spuren des Alkaloids im Magen. Zum Nachweis wird die Spülflüssigkeit des Magens, die Waschflüssigkeit seines Inhaltes sowie die Schleimhaut selbst verarbeitet und das Morphin nach Marquis (Formaldehyd-Schwefelsäure, Rotfärbung noch bei 0,001 mg) bestimmt. Es müßte vielleicht möglich sein, bei akuter Morphinvergiftung durch Ausspülung bzw. Auswaschen des Magens einen therapeutischen Effekt zu erzielen.

Graf.

Lambert und Hermann (7) berichten zur Insulinwirkung auf die Sekretion von Pankreassaft beim Hunde. Am morphinisierten Tier ließ sich keine steigernde Wirkung nachweisen (Fistel, Blutzuckerspiegel), während Collazo und Dobieff beim ätherisierten eine solche feststellten. Das Sekretin war stets fördernd wirksam.

Graf.

Formiguera und Puche (3) fanden, daß unter dem Einfluß des Insulins keine wesentlichen Unterschiede in der Glykogenbildung der Leber bei normalen und diabetischen Tieren bestehen.

Graf.

Petersen und Hughes (9) berichten über die Adrenalin-, Pituitrin- und Pilokarpinwirkung auf das minerale Gleichgewicht der Lymphe.

Die Förderung der Elektrolytverteilung in der Lymphe erhöht die Gewebsaktivität, besonders der Leber. Dies hängt offenbar mit dem autonomen Nervensystem zusammen. Evtl. kommt auch humorale Transmission von Nervenimpulsen in Frage (Hamburger). Beim Hunde führen die Adrenaline zu Azidose, dann zu Alkalose der Lymphe. Der Phosphatspiegel sinkt, steigt dann aber an. Die Erdalkalien zeigen kein bestimmtes Verhalten. Das d-Adrenalin wirkt bekanntlich weniger pressorisch. Pituitrin vermindert den Lymphstrom; Ca-, Mg-, Na-Phosphate steigen an, das K fällt. Beim Pilokarpin sinkt der Spiegel der Erdalkalien für die einzelnen Elemente verschieden schnell; die Phosphationen nehmen stark zu. Vorgängige Injektion von Ca steigert die Alkaloidwirkung, wodurch die Niveaudifferenzen der Werte deutlicher werden.                           Graf.

## 4. Atmungsorgane.

*1) Holzmayer, L.: Der neuzeitliche Stand der expektorierenden Methode in der praktischen Tiermedizin. Diss. Leipzig. — 2) Rex, C. F.: War gas in the treatment of disease. Vet. Med. Bd. 20, Nr. 1, S. 18—20. (Sammelreferat über bisherige klinische Erfahrungen an Mensch und Tier bei Behandlung mit Kampfgasen.) — *3) Wittmann: Atropin und Dämpfigkeit. B. t. W. Bd. 41, H. 19.

Nach Holzmayer (1) hat die expektorierende Methode in der neueren Zeit trotz Herstellung anderweitiger moderner Expektorantien erheblich an Bedeutung verloren. Die Inhalation ist noch das wichtigste Verfahren für die direkte Behandlung von Erkrankungen der Luftwege. Durch neuere Erfindungen, die auch für die Tiermedizin geeignet sind, erfährt sie in der Zukunft sicherlich noch größere Beachtung als bisher. Apparate, wie der von Krammer konstruierte und vom Verf. eingehend geprüfte, der auch zur Desinfektion durch Begasung und zur Narkose geeignet ist, besitzen wesentliche Vorzüge im Vergleich zu dem früheren Verfahren. Die äußerlich anzuwendenden Mittel werden auch weiterhin ihre Geltung behalten. Der sogenannte Fixationsabszeß wird wieder mehr wie bisher an Bedeutung gewinnen. Durch Impfung, durch spezifische und durch unspezifische (Schwellenreiz-) Therapie wird die kausale Bekämpfung der Krankheiten der Atmungsorgane immer weitere Fortschritte erzielen und die expektorierende Methode noch mehr einschränken.                           Trautmann.

Nach Wittmann (3) ist Atropin anwendbar bei Bronchitis humida des Pferdes, es versagt aber bei Bronchitis sicca. Die Atropinwirkung scheint in der Austrocknung der Schleimhaut und damit in der Erleichterung der Luftzufuhr zu bestehen.    Henkels.

## 5. Kreislauforgane.

*1) Lipschütz, W. und J. Osterroth: Über Kombinationswirkungen des Kampfers. Arch. f. exper. Path. u. Pharm. Bd. 106, S. 341—368. — *2) Nakazawa, F.: Über die Wirkung des Kampfers auf den Kreislauf. Tohoku J. of exp. Med. Bd. 4, S. 373—416. — *3) Weiffenbach, W.: Hexeton, ein in Natriumsalizylatlösung leicht lösliches, injizierbares, Kreislauf und Atmung anregendes Präparat. Diss. Hannover und D. t. W. Bd. 33, S. 535—537. (Auszug.)

Lipschütz und Osterroth (1) berichten über Kombinationswirkungen des Kampfers.

Verff. untersuchten die kombinierte Wirkung von Kampfer mit Chloralhydrat, Adrenalin, Amylnitrit, Papaverin u. a. an der Karotis, der Bronchialmuskulatur des Rindes und an der Herzmuskulatur des Kalbes. Aus den Kurven folgt, daß Additionswirkungen auftreten bei Papaverin und Chloralhydrat, Amylnitrit und Adrenalin. Eine Hemmung ihrer Wirkungsrichtung trat nicht ein, wenn der Kampfer in unterschwelligen Dosen appliziert wurde. Die Kampferhemmung der Atmung an den Muskeln ist sehr groß, seine narkotische Wirkung am Muskel beträgt das 275fache des Alkohols und das 7fache des Chloralhydrates.
                           Graf.

Nagazawa (2) hat die Wirkung des Kampfers auf den Kreislauf untersucht.

Kampfer setzt am normalen oder vergifteten Herzen die Erregbarkeit des Myokards herab, lähmt das Reizleitungs- und Reizerzeugungssystem und erregt in großen Dosen die latente Automatie des Ventrikels und des Vorhofs durch Reizung. Die Wirkung bei Herzflimmern beruht auf Lähmung der motorischen Apparate des Herzens. Die Gefäße ausgeschnittener Organe reagieren auf verdünnte Lösungen mit Dilatation, auf konzentrierbare mit vorübergehender Konstriktion (Muskularis). Nach subkutaner Applikation können durch die Lokalwirkung sekundär die Vasomotorenzentren erregt werden, womit reflektorisch die Vasokonstriktion und damit eine Blutdruckerhöhung hervorgerufen wird. Dies wird mitunter durch Chloralhydrat (z. B. bei Vergiftung) verdeckt. Vom Blut aus resultiert Herabsetzung der Herzerregbarkeit und Gefäßerweiterung, in großen Mengen Blutdrucksenkung. Bei abnormer Steigerung der Herzerregbarkeit und bei Herabsetzung des Blutdruckes durch irreguläre Herzschläge infolge intensiver Reize, die die Exzitabilität des Herzens herabsetzen, dadurch die Pulsationen regulieren und so den Blutdruck erhöhen.       Graf.

Weiffenbach (3) untersuchte die Kreislauf- und Atmungswirkung des Hexetons.

Die Löslichkeit des kampferähnlich konstituierten Körpers wird durch Natriumsalizylat verstärkt. Daher erzielt man schon mit kleinen Dosen die Kampferwirkung. Die Krampfwirkung ist weniger ausgeprägt als beim Kampfer.

In klinischen Fällen der Kampferindikation vermochte Verf. mit Hexeton sehr gute Erfolge zu erhalten, z. B. Pferd: Pneumonie mit Tachypnöe und -kardie, Kolik nach 2—5 ccm einer 10proz. Hexetonlösung intravenös. Auch nach hohen, letalen Dosen besitzt das Fleisch keinen Geruch.       Graf.

### α) Herz.

*1) Bardier, E. und A. Stillmunkes: Chloroforme et Adrenaline; à propos de la réanimation expérimentale du cœur. C. r. Soc. de Biol. Bd. 92, S. 1048—1050. — 2) Crauchard, A. und B.: Action de l'atropine sur l'appareil cardio-inhibiteur. Ebendas. Bd. 92, S. 1226—1228. — *3) Crawford, J. H.: I. The action of Sparteine sulphate on the mammalian heart. II. The action of Sparteine sulphate on experimental fibrillation of the auricles. J. of Pharm. exp. Ther. Bd. 26, S. 171—180 u. 181—186. — *4) Cushny, A. R. und K. Y. Yu: Slowing and block in the heart under Digitalis in animals. Ebendas. Bd. 26, S. 1—17. — 5) Garcawy - Landau: Die Phasenwirkung des Digitalis auf das isolierte Herz. Arch. f. exper. Path. u. Pharm. Bd. 108, S. 207—219. — *6) Grigorescu, J.: Untersuchungen über die Wirkung der „Ouabaine Arnaud" in intravenösen Impfungen beim Pferd und Hund. Inaug.-Diss. Bukarest. — *7) Jakobson, T.: Action de la colchicine sur le cœur. C. r. Soc. de Biol. Bd. 93, S. 1178—1181. — 8) Laasch, F.: Vergleichende Untersuchungen über die Wirkungen einiger Lokalanästhetika auf Herz und Darm. Arch. f. exper. Path.

u. Pharm. Bd. 110, S. 142—152. (Kokain, Novokain, Alypin, Eukain, Psikain, Tutokain.) — *9) Lundberg, H.: Action de l'hydrastinine sur l'innervation autonome du coeur. C. r. Soc. de Biol. Bd. 92, S. 650 bis 653. — *10) Mercier, F. und L. J.: Action de la spartéine sur l'appareil cardio-accelerateur. Ebendas. Bd. 93, S. 1468—1470. — *11) Dieselben: Action de la spartéine sur l'appareil cardio-vasculaire du chien. Ebendas. Bd. 92, S. 338—340. — *12) Pi Suner, A. und J.-M. Bellido: Action du chlorure de Strontium sur le coeur des chiens nouveau-nés. Ebendas. Bd. 92, S. 809—810. — 13) Schestakoff, A. N.: Digitalis und das „peripherische" Herz. Arch. f. exper. Path. u. Pharm. Bd. 108, S. 353—364. (Eine neue Methode der Blutdruckanalyse.)

Bardier und Stillmunkes (1) berichten über die experimentelle Wiederbelebung des durch Chloroform schwer geschädigten Herzens durch Adrenalin.

Die intrakardiale Adrenalininjektion am schwer chloroformierten Hunde bewirkt bei bereits unregelmäßig und schwach schlagenden Herzen momentane Wiederbelebung. Die Injektion ist jedoch unwirksam, wenn sie während oder nach dem Flimmern vorgenommen wird. Graf.

Crawford (3) hat die Wirkung des Sparteinsulfates am Herzen des Hundes und speziell auf das experimentell erzeugte Flimmern der Vorkammern untersucht.

Das Salz verlangsamt die Aktion; das Minutenvolumen und der Blutdruck nehmen nach einem anfänglichen Steigen ab. Die Reizleitung von Vorkammer zum Ventrikel ist zwar verlängert, jedoch kommt es nicht zu Herzblock. Der Vagus wird gelähmt, so daß eine direkte tonusherabsetzende Wirkung auf die Herzmuskeln anzunehmen ist. Die auf faradischem Wege provozierte Fibrillation wird behoben. Graf.

Cushny und Yu (4) haben die Rhythmusverlangsamung und die Blockierung am Tierherzen unter Digitalis untersucht.

Die Versuche wurden am Hunde und an der Katze mit einer Reihe von Digitaliskörpern vorgenommen (Digitoxin Merck, k-Strophantin, Szillaren-Sandoz, Cymarin, Erythrophlëin) und die Wirkung myokardiographisch registriert. Entsprechende Vorbedingungen für die Reaktion der Digitalis zu erhalten ist nicht leicht. Bei diesen beiden Tieren tritt Verlangsamung und Herzblock durch Digitalis relativ leicht ein, weil hier im Gegensatz zum Menschen andere digitalisempfindliche Gewebe eine größere Affinität zeigen als die Herzhemmungszentren. Immerhin scheinen auch hier innerhalb der Tierart noch etwelche Nuancen zu bestehen. Bei geringer Empfindlichkeit vermögen die Digitaliskörper die spontane Schlagfolge derart zu steigern, daß durch ektopische Schläge ein irregulärer Rhythmus zustande kommt; bei kleineren Mengen Gift ist eine Reaktion nur durch Reizung der Hemmungszentren möglich. Bei reflektorischem Schock, wo diese Zentren nicht reagieren, sind die Digitaliskörper nicht imstande, Block oder Verzögerung des Reizüberganges hervorzurufen. Die Herzhemmung ist proportional der Narkosetiefe. Jedenfalls ist der periphere Herzmechanismus daran nicht beteiligt. Bei Sinusschlägen ist keine nachweisbare Störung in der Reizleitung; reizt man aber so, daß die Rhythmusintervalle kurz werden, dann resultiert aus der vorher vorhandenen geringen Anspruchsfähigkeit sofort Block. Graf

Grigorescu (6) hat die Wirkung der „Ouabaine Arnaud" (Alkaloid von Acocanthera Ouabaio) geprüft und ist zu folgenden Schlüssen gekommen.

1. Die Ouabaine Arnaud intravenös gespritzt verstärkt den Tonus des Herzmuskels, erhöht den Blutdruck und vermindert die Zahl der Pulsationen. 2. Ihre Wirkung stellt sich schnell ein, so daß sie als das rascheste Tonicum cardiacum zu betrachten ist. 3. Wenn sie mehrere Tage injiziert wird, wird sie eine Diurese verursachen, indem die Temperatur leicht sinkt. 4. Sie wird keine Akkumulation im Organismus bedingen. 5. Sie produziert nur dann eine leichte Hämolysis, wenn sie in toxischen Dosen injiziert wird.

Constantinescu.

Nach Jakobson (7) paralysiert Colchicin die parasympathischen Nervenenden im Herzen, ist auf den Sympathikus ohne Einfluß. Graf.

Nach Lundberg (9) wirkt das Hydrastinin lähmend sowohl auf die parasympathischen als auch die sympathischen Nervenendigungen des Herzens.
Graf.

Nach Mercier (10) wirkt das Spartein beim Hunde herabsetzend auf die Erregbarkeit des Akzelerans. Elektrische Reizung vom Ganglion thorac. prim. sind nach der Injektion ohne wesentlichen Einfluß, da eine Pulsbeschleunigung oder Intensitätserhöhung nicht mehr erfolgt. Graf.

Nach Mercier (11) bewirkt Sparteinsulfat (0,005—0,01/kg) beim Hunde Vergrößerung der Herzkontraktion ohne Schwächung der Myokardenergie. Der Rhythmus wird verlangsamt und reguliert, der arterielle Blutdruck nicht herabgesetzt. Graf.

Pi Suner und Bellido (12) haben die Wirkung des Strontiumchlorids auf das Herz neugeborener Hunde untersucht.

Die früheren Untersuchungen Bulls am ausgewachsenen Tiere ergaben Arhythmie; bei neugeborenen fehlt nach gleichen Dosen nach P. und B. die Umkehr der Ventrikelwellen mit Isochronismus der aurikulären und ventrikulären Systolen. Somit ist das Herz resistenter. Steigert man die Dosis um das Doppelte, dann ist der Effekt gleich. Graf.

### b) Gefäße, Blutdruck.

*1) Arnold, R. und P. Gley: Renforcement de l'action vasoconstrictive de l'adrénaline par la créatine et la créatinine. C. r. Soc. de Biol. Bd. 92, S. 1415 bis 1416. — *2) Brodd, C. A.: Importance de quelques dérivés de la guanidine sur l'action vaso-motrice de l'adrénaline. Ebendas. Bd. 92, S. 203—206. — *3) Brouha, L.: Action des acides aminés sur les veines et les capillares. Ebendas. Bd. 92, S. 202—204. — *4) Busquet, H. und Ch. Vischniac: Action constrictive du genêt sur les veines; son mécanisme direct et l'intervention d'un centre nerveux. Ebendas. Bd. 93, S. 419—421. — *5) Chen, K. K.: The effect of Ephedrine on experimental shock and hemorrhage. J. of Pharm. exp. Ther. Bd. 26, S. 83—95. — 6) Glaubach, S. und E. P. Pick: Über die Einwirkung des Cholins und eines Cholinesters auf den Blutdruck nach Nebennierenausschaltung. Arch. f. exper. Path. u. Pharm. Bd. 110, S. 212—224. — *7) Modrakowski, G. und H. Sikorski: Analyse expérimentale de l'action de l'héxétone. Action de l'héxétone pendant la syncope chloroformique. C. r. Soc. de Biol. Bd. 93, S. 953 bis 956. — *8) Oka, T.: Experimentelles Studium der inneren Sekretion des Pankreas, III. Besitzt der Pankreasextrakt eine spezifische Gefäßwirkung? Tohoku J. of exper. Med. Bd. 4, S. 287—306. 1924. — 9) Steidle: Über ein Kapillargift in höheren Pilzen. Verh. D. pharm. Ges. S. 58—59; Anh. zu Arch. f. exper. Path. u. Pharm. Bd. 111. 1926. (Betrifft Giftreizker.) — *10) Tscherkess, A.: Experimentelle Beiträge zur Pathologie des Gefäßsystems bei Bleivergiftung. I. Über die Einwirkung von Bleisalzen auf die Gefäße isolierter Organe. Arch. f. exper. Path. u. Pharm. Bd. 108, S. 220—229. — *11) Tscherkess, A. und E. Philippowá: Experimentelle Beiträge zur Pathologie des Gefäßsystems bei Bleivergiftung. II. Funktionelle Veränderungen der Gefäße bei Bleivergiftung. Ebendas. Bd. 108, S. 365—376. — *12) Yokota, M.: Über die Wirkung der Arzneimittel auf den Blutdruck, besonders den venösen. Tohoku J. of exp. Med. Bd. 4, S. 21 bis 51. 1924.

Arnold und Gley (1) haben die Verstärkung der Adrenalinkonstriktion der Gefäße durch Kreatin und Kreatinin studiert. Sie fanden jedoch keine Regelmäßigkeit in diesem Kombinationseffekt. Kreatin und Kreatinin allein sind blutdruckdifferent.
Graf.

Nach Brodd (2) verstärken Kreatin und Arginin die vasokonstriktorische Kraft des Adrenalins, wahrscheinlich durch Sensibilisierung der sympathischen Nervenenden. Kreatinin ist in diesem Sinne unwirksam.
Graf.

Brouha (3) berichtet über die Wirkung der Aminosäuren (des Glykokolls) auf die Venen und Kapillaren.

Sowohl an den peripheren Venen (V. jugularis, V. femoralis) als auch den viszeralen (V. cava caudalis, V. renalis) tritt rapide Tonusabnahme ein. Die nach Dale - Richard untersuchte Kapillarwirkung am Pankreas ergab bei der Katze typische Vasodilatation, beim Hunde keinen sichern Befund.
Graf.

Busquet und Vischniac (4) fanden, daß Präparate von Genista starke Venenkonstriktion herbeiführen, und zwar durch direkte Reizung der Wandung. Die Untersuchungen über den nervösen Mechanismus lassen auch auf ein Zentrum und davon ausgehende zentrifugale konstringierende Fasern schließen.
Graf.

Chen (5) gibt einige Beobachtungen über Ephedrinwirkung bei artefiziellem Schock und bei Blutungen wieder.

Das Alkaloid, welches sympathikomimetisch wirkt, führt zu Blutdrucksteigerung durch zentralen und peripheren Angriff. Diese Blutdrucksteigerung hält ziemlich lange an. Verf. untersuchte die Wirkungen auf Blutdruck am narkotisierten Hunde nach Histamin, Pepton, anaphylaktischem Schock, traumatischem Schock usw. Ephedrin erhöht den Blutdruck in allen Fällen durch erhöhte Herzarbeit, nicht durch arterielle Konstriktion. Indessen tritt keine Wirkung ein bei zu stark geschädigtem Herzen, Abnahme der Atmungsgröße, bei allzu starker Schockwirkung. Dasselbe ist der Fall, wenn mehr als ein Viertel an Blut abgegangen ist.
Graf.

Modrakowski und Sikorski (7) gelang es, bei der Katze zu zeigen, daß bei zu brüsker Chloroformnarkose, welche zu raschem Abfall des Blutdruckes (Gefahr des Herzstillstandes) und zu Respirationslähmung führt, intravenöse Injektionen von Natriumsalizylat (0,6 ccm einer 2,5 proz. Lösung), oder 1,1 ccm Hexeton lebensrettend wirken. Der Blutdruck steigt wieder zur Norm an. Kampfer ist hier inaktiv. Derselbe Erfolg wurde mit 0,3 ccm $n/10$ HCl intravenös erreicht.
Graf.

Oka (8) hat die Frage, ob das Pankreasextrakt eine spezifische Gefäßwirkung besitze, am Hunde untersucht.

Pankreasextrakt, aus frischem Material bei Zimmertemperatur gewonnen, zeigt gefäßkontrahierenden Effekt, bei höherer Temperatur extrahiert Gefäßdilatation. Die Substanz ist im getrockneten Pulver enthalten und daraus durch physiologische Kochsalzlösung oder verdünnte Essigsäure bei 70° C nach 30

bis 60 Minuten ausziehbar. Auch andere Organextrakte (Leber, Milz) zeigen diese dilatierende Wirkung, welche für diese beiden Organe durch Pankreasexstirpation geschwächt, z. B. für die Niere verstärkt wird.
Graf.

Tscherkess (10) gibt experimentelle Beiträge zur Gefäßpathologie bei Bleivergiftung. Bleiazetat und -nitrat 1:10 Mill. bis 1:1000 bewirken an isolierten Organen (Ohr, Milz, Niere) eine Verengerung, wobei die Gefäße der inneren Organe empfindlicher sind. Augenscheinlich liegt der Angriffspunkt in der glatten Muskulatur der Gefäßwand.
Graf.

Tscherkess und Philippowá (11) geben eine Studie über die Funktionsveränderungen der Gefäße bei experimenteller Bleivergiftung.

Aus ihren Ergebnissen folgt im wesentlichen: Die Gefäße der isolierten Ohren, Milz, Nieren werden stark geschädigt. Die Dilatatoren werden zuerst und stärker in Mitleidenschaft gezogen, derart, daß dilatierende Substanzen, wie Koffein u. a. Konstriktion zeigen, Adrenalin, Bariumchlorid nahezu unwirksam sind. Die Gefäße von Milz und Niere scheinen von Blei mehr betroffen zu werden. Bei der subakuten Bleivergiftung wird die dilatierende und die verengernde Funktion der Gefäße paralysiert.
Graf.

Yokota (12) hat durch eine umfangreiche Arbeit über die Wirkung verschiedener Arzneimittel auf den Blutdruck, besonders den venösen, einen wertvollen Beitrag zur Kenntnis ihres Wirkungsmechanismus auf den Kreislauf gegeben. Aus den systematischen Untersuchungen, welche mit Kymogrammen belegt sind, lassen sich folgende wesentliche Punkte anführen.

Die halogenfreien Narkotika der Fettreihe (Alkohol, Äther, Urethan) senken durch zentrale Dilatation den arteriellen und venösen Blutdruck, unter Umständen tritt aber eine Steigerung des letzteren ein. Die in der Gefäßwand selbst angreifenden Nitrite senken beide Drucke, bei sehr starker Senkung des arteriellen; nach größeren Dosen steigt der venöse jedoch an. Chloroform, Chloralhydrat führen durch Herzschädigung schon in kleinen Dosen, bei welchen der Arteriendruck nur wenig sinkt, einen Anstieg des Venendruckes herbei. Das Morphin bedingt durch Kontraktion der Bronchialmuskulatur und der damit verbundenen Behinderung des Lungenkreislaufes eine Senkung des Arteriendruckes und eine Steigerung des venösen. Strychnin steigert die Erregbarkeit des vasomotorischen Zentrums, so daß für das Arterien- und Venengebiet eine Blutdruckerhöhung resultiert. Adrenalin setzt in kleinen Dosen den venösen Druck herab, in großen steigt er an (Gefäßkontraktion). Der erstere Befund wird so gedeutet, daß das Adrenalin den Anstieg des venösen Druckes durch die Gefäßkontraktion überwunden hat, indem es die Herztätigkeit günstig beeinflußt, wodurch es die Abflußmenge des Blutes auch im Venensystem zunimmt. Nach Pituitrin, Pepton und Histamin werden beide Drucke sofort erhöht (Gefäßkonstriktion). Venenhypertonie nach großen Dosen kann vielleicht auf der Behinderung des Lungenkreislaufes beruhen. Digitalis senkt in geringen Dosen nur den Venendruck (Vergrößerung des Pulsvolumens, Hinübertreiben der großen Blutmenge ins arterielle System, das sich kompensatorisch erweitert. Bei sehr großen Dosen nehmen beide Drucke zu (arterielle Gefäßkontraktion, Funktionsstörung des Herzens). Nach Bariumchlorid entsteht bei kleinen Dosen Arteriendruck- und Venendrucksenkung, bei großen steigen beide an. Hier liegt ein Unterschied vor gegenüber Digitalis: das arterielle System erweitert sich nicht kompensatorisch, weil die vasokonstriktorische Wirkung des Bariumchlorides zu groß ist.
Graf.

### c) Blut.
(Blutbild, Blutbildung, Chemismus.)

*1) Backman, E. L., G. Edström, E. Grahs und G. Hultgren: Action du chlorure de Calcium et du Citrat de soude sur la teneur du sang en thrombocytes et en leucocytes. C. r. Soc. de Biol. Bd. 93, S. 183—186. (Kaninchen.) — *2) Berkemeyer, W.: Über die pharmakologische und toxikologische Wirkung des Yatrenvakzin E 104 und des· Peptren bei Pferden, mit besonderer Berücksichtigung des Blutbildes. Diss. Hannover und D. t. W. Bd. 33, S. 522 bis 523. (Auszug.) — *3) Blum, J.: Über den Einfluß subkutaner Injektionen von Milch- und Cibalbumin auf das Blutbild beim Rind. Diss. Bern. — *4) Hashimoto, H.: Blood chemistry in acute Histamine intoxication. J. of Pharm. exp. Ther. Bd. 25, S. 381—409. — *5) Leake, Ch. D. und J. B. Franklin: A preliminary note on the properties of an alleged erythropoietic hormone. Ebendas. Bd. 23, S. 353—363. 1924. — *6) Ross, V.: Potassium chlorate; its influence on the blood oxygen binding capacity (hemoglobin concentration), its rate of excretion and quantities found in the blood after feeding. Ebendas. Bd. 25, S. 47—52. — *7) Schoen, R.: Untersuchungen am Knochenmarksvenenblut des Hundes. II. Über den Mechanismus der Adrenalinwirkung aufs Knochenmark. Arch. f. exper. Path. u. Pharm. Bd. 106, S. 78—88. — *8) Schoen, R. und E. Berchtold: Untersuchungen am Knochenmarksvenenblut des Hundes. I. Die Wirkung des Adrenalins auf das Blutbild. Ebendas. Bd.105, S. 63—75. — *9) San Agustin, Gr., M. Munoz und M. M. Robles: Preliminary observation on intraperitoneal injection of blood in dogs as compared with the intravenous injection. J. of Am. Vet. Med. Assoc. Bd. 68, Nr. 3, S. 365—368. — *10) Wernicke, R., E. Savino, V. Deulofeu und G. Scotti: Action de l'insuline sur la réserve alcaline et le $P_H$ du sang chez les chevaux. C. r. Soc. de Biol. Bd. 92, S. 896—898. — 11) Yanagi, K.: The antagonism between Potassium and Calcium ions observed from their effect on the gas metabolism of blood. Tohoku J. of exp. Med. Bd. 5, S. 111—138.

Backman (1) und seine Mitarbeiter beschreiben eine vorübergehende Herabsetzung der Thrombozytenzahl durch Calciumchlorid. Auch Natriumzitrat wirkt ähnlich, doch schwächer; die Leukozyten werden durch $CaCl_2$ vermehrt, durch Natriumzitrat vermindert. Graf.

Berkemeyer (2) hat über die pharmakologische und toxikologische Wirkung des Yatren - Vakzins E 104 und des Peptrens bei Pferden unter besonderer Berücksichtigung des Blutbildes berichtet.

Yatrenvakzin E 104 (Yatren, Yatrenkasein, Strepto-, Staphylokokken, Blut und Eiweiß) und Peptren (Yatren + Pepsin) wurden bei 10 chirurgischen Fällen intramuskulär (10—20 bzw. 4—30 ccm) beim Pferde injiziert. Die Prüfung des therapeutischen Erfolges im Sinne der Abnahme örtlicher Schwellungen, der Fieberreaktion für das Allgemeinbefinden war im wesentlichen negativ. Eine gewisse Inkonstanz in bezug auf die pyrogenetische Wirkung war vorhanden: bei einzelnen Tieren trat schon nach 10 ccm Yatrenvakzin Fieber ein, bei anderen nicht; dagegen wirkten 30 ccm Peptren durchgehend pyrogen. Die Erythrozytenzahl war bei beiden Präparaten unbeeinflußt, die Leukozyten nahmen vorübergehend zu. 20 ccm Yatrenvakzin scheint die toxische Größe zu sein, denn danach treten Fieber, Tachykardie, Benommenheit, Inappetenz ein. Örtliche Injektionsschwellungen sind nur vorübergehend, bedeutungslos. Nach Peptren wurde ein günstiger Einfluß auf Erkrankungen der oberen Luftwege beobachtet. Graf.

Schoen und Berchtold (8) studierten die Wirkung des Adrenalins auf das Blutbild der Knochenmarksvenen beim Hund.

Dieses enthielt mehr Neutrophile (Jugendformen des myeloischen und erythropoetischen Apparates) als das Körperblut. Adrenalin bewirkte nach 10 Minuten eine starke Erhöhung der Ausschwemmung dieser Zellen; an der Peripherie des Körpers war nur eine Leukozytose nachweisbar. Möglicherweise beruht diese Erscheinung auf direkter Reizung der Blutbildungsstätten oder aber auf Beeinflussung der Zirkulation im Knochenmark durch Adrenalin. Graf.

Leake und Franklin (5) geben eine vorläufige Mitteilung über die Eigenschaften eines hypothetischen Blutbildungshormons.

Sie nehmen zur einschlägigen Literatur kritische Stellung, speziell über die Hormone in Milz und Knochenmark. An Trockenpräparaten wurden die in Frage kommenden Körper auf die biologischen und chemischen Eigenschaften untersucht. In trockener Milz und trockenem Knochenmark wurden gefunden 0,0024% wasserlösliches Eisen und 0,0289% Lezithinphosphatide. Es ist indessen fraglich, ob die Blutbildung mit diesen Substanzen direkt in Zusammenhang steht. Die erythropoetischen Bestandteile der beiden Organe waren wasserlöslich, trocknungsbeständig, thermostabil, sind durch Alkohol und Äther inaktivierbar. Graf.

Blum (3) hat festgestellt, daß Milch- und Eiereiweiß in Dosen von 0,1—7,0 mg pro Kilogramm Körpergewicht gelöst und subkutan dem Rind injiziert Veränderungen in der morphologischen Blutzusammensetzung erzeugen, die als Folge einer toxischen Einwirkung auf das hämatopoetische System zu betrachten sind. Sie stimmen im Prinzip mit der Reaktion des Organismus nach einer Infektion überein. Eine zweite Injektion derselben Dosis hat beim gleichen Tier noch nach Wochen eine geringere Reaktion zur Folge. Weber.

Schoen (7) publiziert zur Adrenalinwirkung aufs Knochenmark des Hundes bzw. das Blutbild der V. nutritia tibiae.

Die konstante Wirkung, welche in Zunahme der Neutrophilen durch Ausschwemmung von Jugendformen, auch Erythroblasten, besteht, wurde analysiert. Es bestehen zwei Möglichkeiten: Ausschwemmung durch erhöhte Durchströmung des Markes oder Angriff des Adrenalins am erythropoetischen Apparat selbst. Die Reizung des N. ischiadicus bedingte lediglich Leukozytenvermehrung, diejenige des Arterienplexus der A. femoralis dagegen Bildung der Jugendformen (keine Neutrophilie). Die Adrenalinwirkung wird durch Neurotomie nicht, wohl aber durch Ergotamin aufgehoben, obschon eine Blutdruckerhöhung eintritt. Parasympathikuserreger verschieben das Blutbild nicht. Die Adrenalinwirkung beruht demnach auf einer direkten Reizung der die Ausschwemmung fördernd beeinflussenden sympathischen Endapparate im Knochenmark (Blutbildungsstätten). Graf.

Hashimoto (4) fand bei der akuten Histaminvergiftung beim Hunde stark erhöhten N-Stoffwechsel (Eiweißabbau) und vermehrte N-Ausfuhr. Die Nierenfunktion scheint vermindert, dagegen bleiben Chloridmenge und $CO_2$-Bindungsvermögen des Blutes anscheinend erhalten. Graf.

Ross (6) hat über den Einfluß des Kaliumchlorates auf die Sauerstoffbindungsfähigkeit des Blutes berichtet. Bei Hunden tritt eine Abnahme ein. Der Körper wird ziemlich rasch ausgeschieden, z. B. nach Verabreichung von 0,5 g/kg werden in 6 Stunden ca. 55—70% eliminiert, nach 24 Stunden sinkt die KClO$_3$-Menge auf 0—15 mg/100 ccm Blut.

Graf.

San Agustin, Munoz und Robles (9) vergleichen die Wirkung der intravenösen und abdominellen Einverleibung von Blut beim Hunde. Die intravenöse Injektion war wirksamer. Der Hämoglobingehalt des Blutes war am 4. Tage wieder normal. Bei intraperitonealer Injektion nahm der Hämoglobingehalt dauernd ab. Gleichzeitig stellte sich aseptische Peritonitis ein.

Hobmaier.

Wernicke und seine Mitarbeiter (10) berichten über den Insulineffekt auf die Alkalireserve und die Wasserstoffionenkonzentration des Blutes bei Pferden. 100 E Insulin setzten beide Eigenschaften herab, mit Höhepunkt der Senkung nach 3 Stunden (Tabellen, Kurven).

Graf.

## 6. Genitalorgane.

### a) Männliches Genitale.

*1) Lüthge, H.: Versuche mit Yohimvetoltabletten an Schafböcken auf der Versuchswirtschaft für Schafzucht und -haltung Lettin. Zschr. f. Schafz. Jg. 14, S. 207—208.

Lüthge (1) berichtet über erfolgreiche Versuche mit Yohimvetoltabletten an Schafböcken auf der Versuchswirtschaft für Schafzucht und -haltung Lettin; die Wirkung war offensichtlich.

J. Richter.

### b) Weibliches Genitale.

α) Motilität des Uterus.

*1) Grove, W.: Hypophen „Gehe" als Wehenmittel bei Haustieren. Diss. Leipzig. — 2) Hazama, F.: Über eine inverse Adrenalinwirkung auf Darm und Uterus bei Anwesenheit von Kupfersalzen. Arch. f. exp. Path. u. Pharm. Bd. 106, S. 223 bis 232. (Ref. unter Darm.) — *3) Langecker, Hedwig: Zur Pharmakologie der Capsella bursa pastoris L. (Hirtentäschel.) Verh. D. pharm. Ges. S. 50—55. Anhang zu Arch. f. exp. Path. u. Pharm. Bd. 111. 1926. — *4) Lundberg, H.: Action de l'hydrastinine sur l'innervation autonome de l'uterus de la lapine. C. r. Soc. de Biol. Bd. 92, S. 647—649. — *5) Schömmer: Clavipurin „Gehe" in der Rinderpraxis. B. t. W. Bd. 41, H. 19. —

Nach Grove (2) stellt Hypophen (Gehe) bei Haustieren ein sicher wirkendes, die natürliche Wehentätigkeit gut beeinflussendes Mittel dar.

Als Dosierung schlägt Verf. für einmalige Injektionen vor beim Pferd subkutan bzw. intramuskulär 8, intravenös 6 ccm. Die entsprechenden Werte sind beim Rind 10 bzw. 8, bei der Ziege 5 bzw. 3, beim Schwein 5 bzw. 4, beim Hunde 2 bzw. 1, bei der Katze 1 bzw. 1 ccm.

Trautmann.

Langecker (4) berichtet über die Pharmakologie des Hirtentäschels (Capsella bursae pastoris L.).

An der Uteruserregung sind mehrere Substanzen und Substanzgruppen beteiligt. Die Uterusmotilität wird nur wenig gesteigert. Substanzen der Muskaringruppe sind an der Wirkung nicht beteiligt, auch fehlen solche vom Ergotoxintypus. Als eigentliche Erreger kommen zwei Gruppen basischer evtl. auch eine oder mehrere saure Stoffe in Frage, da die Gärung die Wirkung um ca. das 3fache steigert.

Graf.

Nach Lundberg (5) besteht die Hydrastininwirkung auf den Uterus in einer Lähmung der sympathischen Motorenenden. Bei hohen Dosen geht diese Wirkung auch auf den Parasympathikus über.

Graf.

Schömmer (6) nimmt an, daß die Anwendung des Clavipurins „Gehe" beim Rinde Tetanus des Uterus bedingt, wodurch die Resorption des Uterusinhalts erschwert und die Entstehung des septischen Fiebers kausal beeinflußt wird. Anwendung bei Puerperalfieber mit größtem Erfolg.

Henkels.

β) Erkrankungen des weiblichen Genitale.

*1) Feldmann, H.: Wirkung und Anwendung des neuen Kohlegranulats Merck bei Retentio secundinarum und anderen Gebärmutterleiden des Rindes. Diss. Hannover und D. t. W. Bd. 33, S. 318—319. (Auszug.) — 2) Findeisen: Beiträge zur therapeutischen Wirkung von Hypophen „Gehe". B. t. W. Bd. 41, H. 20. — 3) Franz: Beiträge zur Organtherapie. D. t. W. Bd. 33, S. 368. (Thyreoidenpräparate bei Nymphomanie.) — *4) Hoffmann, L.: Die neuen Kohlegranulatstäbe Merck zur Behandlung zurückgebliebener Nachgeburt und anderer Gebärmutterleiden der Haustiere. Prag. Arch. (A) H. 1 u. 2, S. 35—39. — *5) Jacob, G.: Über die Anwendung von Carbo in Verbindung mit Chloramin bei Retentio secundinarum des Rindes. Diss. Berlin. — 6) Meyer, F.: Die Yatrenvakzintherapie der Sterilität der Rinder. T. R. Bd. 31, S. 916—918. (Kasuistik.) — *7) Peigh, N. E.: Adrenalin in milk fever. Vet. J. September.

Feldmann (7) hat über die Wirkung und Anwendung des neuen Kohlegranulates Merck bei Retentio secundinarum und anderen Gebärmutterleiden des Rindes publiziert.

Er behandelte 16 Fälle von Retentio, 7 Metritiden, 3 Prolapsus uteri. Die gebräuchlichen Kohlekapseln und elastischen Kohlestäbe besitzen in Anwendung und Wirkung Nachteile, welche durch die Granulatkonstitute (Stifte, Stäbe) beseitigt sind. Es wurde in 24 Fällen Heilung erzielt meistens nach 1—2 maliger Applikation von 2—5 Stäben. Die Elimination der Plazenten ging rascher vor sich. In einzelnen Fällen, wo die elastischen Stäbe nicht zum Ziele führten (z. B. Metritis diphtheritica) wurde durch Granulat Heilung erzielt. Die desodorierende und austrocknende Wirkung der hochaktiven Merckschen Kohle tritt schon bei verhältnismäßig kleiner Dosis in auffallender Weise ein.

Graf.

Hoffmann (10) wandte die neuen Kohlegranulat-Stäbe Merck zur Behandlung zurückgebliebener Nachgeburt und anderer Gebärmutterleiden unserer Haustiere erfolgreich an. Seiner Ansicht nach wird sich mit Hilfe dieser neuen Kohleformen die bisher weniger geübte Trockenbehandlung der Spültherapie überlegen zeigen.

Krage.

Nach Jacob (11) ist die Kohle als ein vorzügliches Mittel für die Behandlung der Retentio secundinarum anzusehen.

Sie bewirkt Austrocknung durch Aufsaugen der Flüssigkeit und Adsorption der Bakterien und deren Toxine. Das Chloramin Heyden zeichnet sich aus durch eine starke bakterizide Kraft und geringe Giftigkeit; seine Wirkung beruht auf dem Freiwerden von Sauerstoff. Eine Kombination dieser beiden Präparate, etwa als Carbo-Chloramin, ist wohl anwendbar, aber der Kohle nicht überlegen, sondern nur gleichwertig. Der aus Chloramin freiwerdende Sauerstoff wird durch die Kohle sofort gebunden und somit ausgeschaltet. Der Zusatz von Chloramin zur Kohle erübrigt sich daher ebenso wie ein solcher von Kohle bei der Chloramintherapie.

Weber.

Peigh (13) berichtet über einen Fall der Adrenalinbehandlung bei Gebärparese. Da auf Luftinfusion, Strychnin und Ol. camphorat. (sk.) nach 12, 24, 36

Stunden kein Erfolg eintrat, wurde 1,7 Adrenalin 2 mal injiziert. Als adjuvante Therapie Prießnitz um Euter und Kopf. Bei der 6jährigen Kuh trat darauf Heilung ein. Graf.

## 7. Stoffwechsel, Konstitution, Wärme.

1. Arieß, L.: Weitere Versuchsergebnisse mit Tonophosphan nebst Studien über Lumbago und Lebensschwäche der Fohlen. T. R. Bd. 31, S. 196—197. — 2) Cristiani, H. et R. Gautier: Etude de l'action des fourrages par les émanations des usines d'aluminium sur les animaux. La cachexie fluorique du bétail. C. r. Soc. de Biol. Bd. 93, S. 912—914. — *3) Deckert: Eatan, ein appetitanregendes und Kräftigungsmittel bei Hunden. B. t. W. Nr. 40. — *4) Fontes, G. et L. Thivolle: Les variations du fer total d'un animal au cours de l'allaitement. C. r. Soc. de Biol. Bd. 93, S. 681—683.— *5) Dieselben: Variations des réserves en fer du nouveau-né suivant l'espèce. Ebendas. Bd. 93, S. 683 bis 685. — *6) Ghisleni, P.: Sull'efficacia e sull'uso di una cosidetta „acqua miracolosa". (Über die Wirksamkeit und Anwendung eines sog. „Wunderwassers".) Nuovo Ercol. Jg. 30, Nr. 22, S. 381—387. — *7) Githeus, Th. St.: The mechanism of the actions of antipyretic drugs. J. of Pharm. exp. Ther. Bd. 25, S. 309—313. — *8) Grasnick: Über Tonophosphan bei der Osteomalazie der Rinder. T. R. 546—547. (Günstige Beeinflussung.) — *9) Hardikar, S. W.: The action of Quinine on protein metabolism, respiratory exchange and heat function. 1. Protein metabolism. J. Pharm. exp. Ther. Bd. 23, S. 395—448. 1924. — 10) Hermans: Les bains médicamenteux. Ann. de M. vét. Januar. — 11) Keeser, J. u. E.: Zur Frage der Arsengewöhnung. Arch. f. exp. Path. u. Pharm. Bd. 109, S. 370—377. (Betr. Hund.) — *12) Melkas, T.: Versuche über die Verwendbarkeit der Calorose in der Veterinärchirurgie. Diss. Leipzig. — 13) Müller, H.: Therapeutische Versuche mit glyzero-phosphorsaurem Paranephrin-Merck bei der Rhachitis des Hundes. Diss. Hannover und D. t. W. Bd. 33, S. 319 bis 321. (Auszug.)

Deckert (3) hat das Eatan, ein appetitanregendes Kräftigungsmittel, in die Hundepraxis eingeführt. Er hat dieselben guten Erfolge damit gehabt, wie sie aus der Humanmedizin vorliegen. Vor allem nehmen die Hunde das Eatan gern auf, im Gegensatz zu vielen anderen Mitteln. Henkels.

Fontes und Thivolle (4) berichten über Verschiebungen des Eisenspiegels im Verlauf des Säugens u. a. beim Hund. Im Verlauf von 30 Tagen verdoppelt sich der Eisengehalt des ganzen Tieres durch Übernahme aus der Milch, in welcher 6,4 mg pro Liter vorhanden ist. Katzen und Kaninchen verhalten sich etwas anders. Darüber s. das Original. Graf.

Nach Fontes und Thivolle (5) werden die jungen Hunde mit einer Eisenreserve geboren, diese nimmt im Verlauf des Säugens ab. Diese Reserven hängen mit der Hämatopoesis des Jungen nicht zusammen, sondern finden sich in der Leber gespeichert und werden mobilisiert, wenn die Zufuhr durch die Milch ungenügend wird. Zahlenmäßig nimmt im Verlauf der Säugungsperiode das Eisen pro Kubikzentimeter Blut von 0,494 mg auf 0,354 ab bei Zunahme der Gesamtblutmenge um 100%. Graf.

Ghisleni (6) hat experimentell festgestellt, daß das von der Bevölkerung sogenannte „Wunderwasser", das aus einer natürlichen Quelle bei Caltanisetta (Sizilien) stammte, antiseptische, den Zellstoffwechsel anreizende und heilende Wirkungen besitzt. Declich.

Grasnick (8) hat Tonophosphan in 3 Fällen bei Osteomalazie der Rinder zu 10 ccm mit Zwischenräumen von 14 Tagen 3 mal subkutan injiziert. Es trat nach ca. $1^{1}/_{2}$ Monaten bei den Tieren eine Gewichtserhöhung von 5,5; 4,9; 4,0% ein. Graf.

Melkas (12) berichtet über seine mit Kalorose bei Hunden und Pferden gemachten Erfahrungen hinsichtlich ihres Wertes als parenterales Diätetikum, als Plastikum und als Blutansatz anreizendes bzw. förderndes Mittel.

Kalorose ist bei kleinen Tieren imstande, die Rolle eines parenteralen Diätetikums mit gutem Erfolge zur übernehmen. Ihre Applikation wird anstandslos vertragen und hat keine etwa auftretende Komplikationen irgendwelcher Art zur Folge. Ihre Fähigkeiten als blutbildendes bzw. den Blutansatz förderndes Mittel scheinen zu befriedigen, wie denn auch die mit ihr als Plastikum bei Hunden erzielten Erfolge immerhin zu beachten sind. Hingegen ist es nicht gelungen, bei Pferden eine Bestätigung dieser für kleine Tiere geltenden Feststellungen zu erzielen. Die Anwendung zur Förderung des Blutansatzes bzw. zur Anreicherung des Blutbildes mit roten Blutkörperchen hat nur unterstützenden, aber keinen spezifischen Charakter.

Bei kleinen Tieren erscheint Kalorose empfehlenswert; für große Tiere dürfte sie schon wegen der Kosten und der erzielten mäßigen Resultate kaum in Betracht kommen. Trautmann.

Hardikar (9) hat die Chininwirkung auf den Eiweiß-, Gasstoffwechsel und die Wärmeregulation untersucht. Trotz genauester chemischer Analysen gelang es nicht, irgendeine Wirkung auf den Eiweißstoffwechsel nachzuweisen, auch wenn an sich giftige Chinindosen verabreicht wurden. Graf.

Githens (7) gibt eine Untersuchung des Wirkungsmechanismus der Antipyretika.

Die Antipyrese kann eine Folge der Beeinflussung des Wärmezentrums selbst sein, oder aber derjenigen der Körperwärme als Symptom des gesteigerten Stoffwechsels. Verf. untersucht die Frage an Hühnern, Tauben, deren normale Körpertemperatur bekanntlich der Fiebertemperatur bei anderen Tieren entspricht. Antipyrin und Pyramidon müssen im letztgenannten Sinne wirksam sein, weil die Temperatursenkungen beim Geflügel ungleich höhere sind als bei den Säugetieren. So fiel der Wert z. B. für 0,25 g/kg Antipyrin beim Huhn um 1,9, bei der Taube um 3,3° Grad, während beim Kaninchen nur 0,6° gemessen wurden. Auf 0,2 g/kg Pyramidon zeigte z. B. die Taube 2,9, das Kaninchen nur 1,8° Abnahme. Bei höhern Dosen sind die Differenzen noch ausgeprägter. Die Werte sind mit der Menge des stündlich ausgeschiedenen $CO_2$ als Maß des Stoffwechsels direkt proportional. Je mehr die Außentemperatur sich unter der Körpertemperatur befindet, um so größer ist bei Antipyrin und Pyramidon der abkühlende Effekt. Graf.

## 8. Drüsenfunktion (ohne Darm- und Darmadnexdrüsen), Milchsekretion, innere Sekretion.

*1) Nitzescu, J. J.: Action des sucres en injections intraveineuses sur la sécrétion du lait. Origine du lactose. C. r. Soc. de Biol. Bd. 93, S. 1319—1321. — 2) Roger, J.: Au sujet de la discussion provoquée par notre note sur l'action sudorifique de l'adrénaline. — Au sujet de la discussion sur l'anasaque. Rec. de M. vét. Bd. 101, H. 18. — 3) Derselbe: Note au sujet de l'action sudorifique de l'adrénaline chez le cheval. Ebendas. Bd. 101, H. 14.—*4) Schulte: Yohimbin Spiegel bei ungenügend. Milchabsonderung. T. R. Bd. 31, S. 774. —

Innere Sekretion: *5) Anitschkow, S. W.: Pharmakolog. Untersuchungen über isolierte Endokrindrüsen. Verh. D. Pharm. Ges., S. 38—39; Anh. zu Arch. f. exper. Path. u. Pharm. Bd. 111. 1926. — *6) Arnold, R. und P. Gley: Sur l'origine de l'adrénaline. C. r. Soc. de Biol. Bd. 92, S. 1413—1414. — *7) Fuji, J.: On the Influence of Ether Anaesthesia upon the Epinephrine Content of the Suprarenals of the dog. Tohoku J. of exper. Med. Bd. 5, S. 566—572. — *8) Houssay, B. A. und E. A. Molinelli: Action de la nicotine, de la cytisine, de la lobeline, de la conicine, de la piperidine et diverses bases d'ammonium sur la sécrétion de l'adrénaline. C. r. Soc. de Biol. Bd. 93, S. 1124—1126. — *9) Kodama, S.: Effect of Ether Anaesthesia upon the rate of liberation of Epinephrine from the Suprarenal glands. Tohoku J. of. exper. Med. Bd. 4, S. 601—642. — *10) Derselbe: Einfluß der Chloroformnarkose auf die Epinephrinabgabe der Nebennieren. Ebendas. Bd. 5, S. 149—156. — *11) Derselbe: Einfluß der intravenösen Injektion des Chloralhydrates auf die Epinephrinabgabe der Nebennieren. Ebendas. Bd. 5, S. 157 bis 164. — *12) Tournade, A., M. Chabrol und P. E. Wagner: Action dépressive de la Cocainisation bulbaire sur l'adrénalino-sécrétion et l'adrénalinémie physiologique. C. r. Soc. de Biol. Bd. 93, S. 160—161.

Nitzescu (1) hat über den Einfluß von intravenösen Zuckerinjektionen auf die Milchsekretion bzw. den Zuckergehalt der Milch berichtet.

Sistiert man die Ernährung eines milchenden Tieres, so sinkt der Laktosegehalt schon vom ersten Tage an.

Bei zwei Mutterschafen bewirkten intravenöse Injektionen von Monosacchariden und von Maltose ein Anssteigen des Laktosegehaltes der Milch, während Fett und Eiweiß unverändert blieben. Saccharose und Laktose sind ohne stimulierenden Effekt.          Graf.

Schulte (4) hat die Wirkung von Yohimbin-Spiegel bei ungenügender Milchabsonderung untersucht.

Humanmedizinischerseits wird Steigerung angegeben. Kolterbach (T. R. 1909, Nr. 2) hat dieselbe bei Rind und Hund bestätigt.

Verf. gab Yohimvetoltabletten (0,1 Y. hchloric.) bei Kühen mit starker Hypogalaktie durch putride Metritis und deren Resorptivkomplikationen. Wo durch Cervixstenose eine lokale Uterusbehandlung erschwert war, gab S. täglich 1 Yohimvetoltablette (örtl. Therapie: Spülung, Karbokapseln Bengen). Bei vollkommenen Cervixverschluß wurde eine allmähliche Relaxation erzielt. Auffallend rasche Reinigung mit Besserung des Allgemeinbefindens und Zunahme der Laktation. Wie dieser Effekt durch Yohimbin bei der vorliegenden tiefgreifenden Erkrankung des Genitalapparates im Sinne der Affektion eines Teilorganes zustande kommt, läßt sich nicht entscheiden, weil gleichzeitig eine in andrer Weise wirksame Therapie eingeschlagen wurde. Es dürfte diese sehr günstige Kombinationswirkung von Yohimbin und Kohle auf die Beeinflussung des erkrankten Uterus von zwei prinzipiell verschiedenen Orten aus (Yohimbin: periphere Dilatation der Genitalgefäße, Kohle: Adsorption pathogener Noxen [Ref.]) zurückzuführen sein, wodurch eine raschere Heilung erzielt wird. Dadurch äußert sich auch sekundär die Hebung einer mit dem Sexualapparat verbundenen Teilfunktion, die der Laktation, parallel der Abheilung des Genitalleidens. Eine spezifische Beeinflussung der gesunden Milchdrüse findet beim Rinde anscheinend nicht statt, dagegen kommt es in diesen Fällen zur Entwicklung der bisher fehlenden Brunst.     Graf.

Anitschkow (5) gibt ein Exposé seiner pharmakologischen Untersuchungen an isolierten Endokrindrüsen.

Die Nebenniere des Rindes gibt unter dem Einfluß von Nikotin 1:1—5 Millionen vermehrt Adrenalin ab.

Diese Nikotinempfindlichkeit wird durch vorgängige Durchspülung mit Chloralhydrat (1%) reversibel aufgehoben.

Die Injektion der aus den Venen der isolierten Testikel des Rindes abgehenden Flüssigkeit hemmt die Kammatrophie des kastrierten Hahnes: die Drüsen scheiden somit das Inkret in die Durchströmungsflüssigkeit aus. Adrenalin 1 : 1 000 000 verstärkt die Ausscheidung der wirksamen Substanz, Pituitrin hemmt sie; Atropin und Pilokarpin sind anscheinend ohne Einfluß.          Graf.

Arnold und Gley (6) berichten über die Adrenalinbildung.

Chemisch läßt sich beim Pferd nach Tyrosin, Phenylalanin, Dioxyphenylalanin, Tyramin und Inosit keine Steigerung der Sekretion von Adrenalin nachweisen. Dasselbe fand vorgängig Toujan für Tyrosin Tryptophan und Indol.          Graf.

Nach Fuji (7) kann man die Ausschüttung des zurückbleibenden Adrenalins in der Nebenniere des ätherisierten Hundes verhindern, wenn man den Splanchnikus der gleichen Seite durchschneidet. Graf.

Nach Houssay und Molinelli (8) bewirken Nikotin, Cystisin, Lobelin, Tetramethylammonium, Hordein beim Hund eine starke Ausschwemmung des Adrenalins durch direkte Erregung des Nebennierenmarkes.          Graf.

Nach den Untersuchungen Kodamas (9) ist die Adrenalinproduktion und -sekretion in der Äthernarkose beim Hunde stark vermindert.
          Graf.

Nach Kodama (10) tritt bei der Katze während der Chloroformnarkose Verminderung der Adrenalinabgabe der Nebenniere ein.          Graf.

Kodama (11) fand, daß intravenöse Injektionen von Chloralhydrat bei der Katze die Adrenalinsekretion herabsetzen.          Graf.

Tournade (12) und seine Mitarbeiter beschreiben eine Depressivwirkung des Kokains auf die Adrenalinabgabe.

Bringt man 3—4 Tropfen einer 1proz. Kokainlösung auf die freigelegte Basis des 4. Ventrikels eines Spendetieres (Hund) so treten an dem durch die Anastomose Nebenniere-Jugularis verbundenen Kontrahenten nach 1—2 Minuten arterielle Drucksenkung, Amplitudenreduktion und Frequenzsteigerung des Herzens ein. Diese Erscheinung beruht auf der verminderten Adrenalinabgabe seitens des Spendetieres. Auswaschen mit Serum führte erst nach ca. 45 Minuten Ausgleich der Störungen herbei.          Graf.

## 9. Nierenfunktion.

1) Eichholtz, F.: Die Urinsekretion vom pharmakologischen Standpunkt aus. Verh. D. Pharm. Ges.; Anhang zu Arch f. exper. Path. u. Pharm. Bd. 111. 1926. — *2) Mc Nider, W. M. De B.: A preliminary paper concerning the toxic effect of certain alcoholic beverages for the Kidney of normal and naturally nephropathic dogs. J. of Pharm. exper. Ther. Bd. 26, S. 97—104. — 3) Miura, Y.: Versuche über die Wirkung der Hypophysenauszüge auf die Harnxsekretion. Arch. f. exper. Path. u. Pharm. Bd. 107, S. 1—19. — *4) Myers, B. H.: Renal toleration of Caffein. J. of Pharm. exper. Ther. Bd. 23, S. 465—476. — *5) Nakazawa, F.: The action of parasympathetic and sympathetic poisons on the blood vessels of the Kidney. Tohoku J. of exper. M. Bd. 5, S. 185—220. — Ausscheidung im Harn: *6) Gruhn, E.: Über die Ausscheidung der stereoisomeren Kokaine im Harn und ihre Beziehungen zur Toxizität. Arch. f. exper.

Path. u. Pharm. Bd. 106, S. 115—125. — *7) Geitz, C.: Über Jodausscheidung nach Einspritzung kleiner Jodkaliummengen. Diss. Gießen.

McNider (2) hat eine vorläufige Mitteilung über die Giftwirkung alkoholischer Getränke auf normale und nierenkranke Hunde publiziert.

Experimentell erkrankte Hunde sind viel empfindlicher für Äthylalkohol als gesunde. Verabreicht man gesunden Tieren alkoholische Destillate (etwa 28—42 proz.), so reagiert die Niere nebst gesteigerter Funktion mit Albuminurie und fettiger Degeneration der Glomeruli; kranke Hunde reagieren mit starker Albuminurie unter allmählicher Abnahme der Harnsekretion bis zur Anurie. Damit ist eine Retention des Harnstoffes und Nicht-Eiweißstickstoffes und eine Reduktion der Alkalireserve des Blutes verbunden. Hier sind dann die fettigen Degenerationen auch auf die Tubenepithelien ausgedehnt. Offenbar hängen diese Resultate mit vermehrter Durchlässigkeit der Glomeruli zusammen, während bei nierenkranken Tieren die Schädigung der Tubenepithelien dazukommt. Es ist wahrscheinlich, daß bei den Destillaten nicht der Alkoholgehalt, sondern auch mitdestillierte undefinierte Begleitstoffe die Giftigkeit bedingen. Graf.

Myers (4) hat die Koffeingewöhnung der Niere studiert (Kaninchen).

Auf chronische, gerade wirksame Koffeininjektionen tritt eine in ca. 4 Monaten ausgeprägteste Gewöhnung ein. Histologisch ist eine Beziehung nicht festzustellen. Koffeingewöhnte Tiere zeigen auch für Theobromin und Theophyllin verminderte Nierenreaktion. Graf.

Nakazawa (5) gibt eine Übersicht über die parasympathischen und sympathischen Giftwirkungen an den Nierengefäßen.

Pilokarpin bewirkt periphere Dilatation durch Erregung der Dilatatoren; welche nicht dem Vagus angehören, sondern den vorderen Wurzeln der letzten Brust- und ersten Lendensegmente. Atropin ist im großen und ganzen unwirksam. Adrenalin gibt periphere Gefäßkonstriktion, mit Sicherheit wurde der Angriffspunkt in den Endigungen der Vasokonstriktoren, welche in den Splanchnikusbahnen laufen, isoliert.

Der Vagus hat somit keinen Einfluß auf die Zirkulation in der Niere; in bezug auf theoretische Folgerungen wird auf das Original verwiesen. Graf.

Gruhn (6) hat die Ausscheidung der stereoisomeren Kokaine im Harn untersucht im Vergleich zu ihrer Toxizität.

Die Katzen erhalten aller 10 Minuten 6 mg von L-Kokain, D-Kokain, D-$\psi$-Kokain, N-Kokain und Tutokain. L-Kokain wird am stärksten, D-Normalkokain und D-$\psi$-Kokain weniger ausgeschieden. Vielleicht beruht ihre geringere Giftigkeit auf schnellerer Entgiftung oder Zerstörung. Beim Normal- und D-$\psi$-Kokain gehen Ausscheidung und Giftigkeit nicht parallel. Nach mehreren Injektionen fällt die Ausscheidungsmenge, während die Toxizität gleich bleibt. Bei L- und D-Normalkokain bleibt auch die eliminierte Menge gleich. Graf.

Nach Geitz (7), der über Jodausscheidung Untersuchungen an Hunden anstellte, erscheint bei Einspritzung von Jodkaliummengen, die $^1/_2$ mg Jod pro Tag entsprechen, annähernd alles eingespritzte Jod im Urin wieder. Die Jodausscheidung ging nach Aufhören der Jodeinspritzung noch 2 Tage weiter.

Trautmann.

## 10. Äußere Haut und Unterhaut, Epidermoidalorgane, Serosa.

### a) Pharmakologie.

*1) Binet, L. et J. Verne: De la destinée des huiles injectées dans le tissu sous-cutané. C. r. Soc. de Biol. Bd. 93, S. 421—423. — *2) Binet, L. et P. Fleury: Modification chimiques subies par l'huile injectée dans le tissu sous-cutané. Ebendas. Bd. 93, S. 1076—1078. — *3) Heubner, W.: Zur Pharmakologie der Reizstoffe. Arch. f. exper. Path. u. Pharm. Bd. 107, S. 129—154. — *4) Hirschfelder, A. D., J. Backe and J. Jennison: The rôle of Epinephrin on the production of edema by local anesthetics. J. of Pharm. exp. Ther. Bd. 24, S. 453—459. — 5) Luithlen, F.: Vorlesungen über Pharmakologie der Haut. Berlin: Julius Springer 1921. (Als Nachtrag.) — *6) Luithlen, F. und H. Molitor: Pharmakologische Versuche über die Wirkung intrakutaner Reize. I. Mitt. Arch. f. exper. Path. u. Pharm. Bd. 108, S. 248 bis 254. — 7) Katsura, S.: Die Resorption der Farbstofflösungen aus der Bauch- und Pleurahöhle mit besonderer Berücksichtigung des Ductus lymphaticus dexter. Tohoku J. of exper. Med. Bd. 5, S. 294—322. (Betrifft Zirkulation verschiedener Farbstoffe ins Blut.) — 8) Menschel, H.: Zur Physikochemie der Keratinsubstanzen der menschlichen Haut (Nägel, Haare, Epidermis) und ihre pharmakologische Beeinflußbarkeit. Verh. D. pharm. Ges. Nr. 3; Anh. zu Arch. f. exper. Path. u. Pharm. Bd. 105. — *9) Pulewka: Die hornlösende Wirkung des Schwefels. Verh. D. pharm. Ges. Nr. 3, S. 5—6; Anh. zu Arch. f. exper. Path. u. Pharm. Bd. 105.

Hirschfelder (4) u. a. prüften den Einfluß des Adrenalins auf die Ödembildung durch Lokalanästhetika (Kokain, Novokain, Butyn). Dabei verstärkte Adrenalin die Tendenz des Kokains, Ödeme zu bilden, während sich Novokain und Butyn indifferent verhielten. Graf.

Luithlen und Molitor (6) konnten zeigen, daß intrakutane Injektionen nichtreizender Lösungen (0,9 proz. NaCl) bei Ausschluß jeder Schmerzempfindung (tiefe Narkose) die Erregbarkeit des Vagus für elektrische Reize für einige Zeit erhöhen. Man erhält dasselbe Resultat von der Kornea und der Konjunktiva aus. Die Reizwirkungen nach intrakutanen Injektionen stehen mit den besonderen Verhältnissen der nervösen Verzweigungen der betroffenen Hautschichten in engem Zusammenhang. Da von an sich indifferenten Stoffen Wirkungen auf das autonome Nervensystem ausgehen, so scheint eine Beziehung zwischen Hautreiz und Allgemeinwirkung erwiesen. Graf.

Pulewka (9) hat über die hornlösende Wirkung des Schwefels berichtet.

In Sulfid- und Hydroxydlösungen geht der Keratolyse eine Quellung voraus. Da die Sulfide in wässerigen Lösungen stark alkalisch reagieren, werden zur Differenzierung des keratolytischen Prozesses in Alkalien und Sulfiden Lösungen mit gleicher OH-Ionenzahl untersucht. Es ergab sich, daß bei der Quellung und der Lösung von Hornsubstanz in den Sulfidlösungen die Sulfhydrationen, besonders bei alkalischer Reaktion eine weit größere Rolle spielen als die OH-Ionen. Graf.

Binet und Verne (1) berichten über die Resorption subkutan applizierter Öle. Pflanzliches Öl (Ol. Oliv.) verschwindet sehr langsam, unter Einschluß in polynukleäre Leukozyten und Monozyten. Tierische Öle (Pferdefett) werden viel rascher resorbiert. Die Leukozyten reichern sich um das Depot ebenfalls stark an und umschließen die hier viel kleineren Fetttröpfchen. Die Kapillaren der Umgebung sind unverändert. Graf.

Binet und Fleury (2) berichten über chemische Veränderungen subkutan injizierter Öle.

Injiziert wurden Ol. Olivar., Ol. Arachidis, Ol. Ricini, die Hunde nach 21 bzw. 50 Tagen getötet und die Ölrelikte vergleichend mit dem nativen Öl und dem Hundefett chemisch untersucht. Die Azidität im Gewebe nahm um das 4—5fache zu (Freiwerden von Fettsäuren). Die Jodzahl nahm ab, die Verseifungszahl wesentlich zu, näherte sich den Werten für Hundefett. Es tritt somit eine Vermischung ein, welche zeitlich für die einzelnen Öle verschieden ist. Graf.

Heubner (3) gibt einen Beitrag zur Pharmakologie der Reizstoffe.

Die Analyse der Entzündungswirkung nach den Angriffspunkten (sensible Nerven, Kapillaren, Gewebszellen) läßt eine befriedigende Systematik der Reizstoffe begründen. Reine Nervengifte sind Veratrin, Pfefferstoffe, reine Kapillargifte Dionin und Koffein, reine Zellgifte Digitoxin und Kantharidin. Eine direkte Kapillarwirkung des letztern ist nicht vorhanden. Kombinierte Angriffspunkte in Nerven und Kapillaren hat z. B. Histamin, solche in Kapillaren und Zellen z. B. Arsenik. Das Senföl trifft alle drei Gewebsgruppen gleichmäßig. Graf.

### b) Therapie (vgl. auch Krankheitsursachen).

1) Blaisdell, F. E.: Note regarding the treatment of ear canker in rabbits. Science Bd. 60, S. 429—430; Ref. Exp. Stat. Rec. Bd. 53, S. 587. (3 proz. frisches Karbolöl wirkt in gleicher Weise wie Kerosen bei der Ohrräude des Kaninchens.) — 2) Erle, H.: Pinal bei Otitis externa der Hunde. T. R. Bd. 31, S. 106. — *3) Ganslmayer, R.: Behandlungsversuche mit Buchenholzteerölen „Tessol" an hautkranken Hunden, D. Oest. t. W. Jg. 7, Nr. 2, S. 13—17. — 4) Gokhale, V. P.: Treatment of soft warts in cattle. Vet. Rec. Bd. 5, S. 574. (Mauke.) — *5) Levens sen.: Kurze, Mitteilung über die neueren Arzneimittel Perugen-Resorptif, Jodperkutol und Wundperkutol. T. R. Bd. 31, S. 596—597. — *6) Ludloff, C.: Therapeutische Notizen zur Anwendung einiger neuerer und älterer Arzneimittel. B. t. W. Bd. 41. — *7) Derselbe: Dasselbe. Ebendas. H. 31. — *8) Mócsy, Joh., Behandlung staphylomykotischer Hautkrankheiten des Hundes mit Staphyloyatren. Allat. Lapok S. 33 bis 34. — 9) Schlemm, R.: Wietzer Teer, seine Verwendung als Hausmittel und seine Bewertung auf Grund klinischer Versuche. Diss. Hannover und D. t. W. Bd. 33, S. 283—285. (Auszug.) — *10) Zikeli, F.: Bisherige Erfahrungen mit Therapogen und eigene Versuche mit Unguentum Therapogeni compositum. Diss. Leipzig.

Ganslmayer (3) berichtet über Behandlungsversuche mit Buchenholzteerölen „Tessol" an 50 hautkranken Hunden, von denen 44 geheilt wurden.

Mit ausgezeichnetem Erfolg behandelte er akute nässende Ekzeme und intensiv eiternde Dermatitiden. Gute Erfolge wurden auch bei chronischen Ekzemen, und zwar bei solchen mit Schuppenbildung, mit akuten Nachschüben und mit übermäßiger Pigmentbildung erzielt. Chronische krustöse Ekzeme waren nur in geringem Grade, pustulöse fast gar nicht beeinflußbar. Vergiftungserscheinungen wurden bei äußerlicher Anwendung 15 bis 50 proz. Mischungen oder Salben nicht beobachtet. Meerschweinchen und Katzen vertrugen subkutane Einspritzungen von 2 ccm einer 50 proz. Emulsion, während 3 ccm sie töteten. Ein gesunder Hund vertrug 10 ccm derselben Emulsion subkutan. Krage.

Levens (5) hat Perugen-Perkutol bei Sarkoptes-, Akarus- und Fußräude des Pferdes, der Schwanzräude des Rindes, Herpes, Jodperkutol und Wund-Perkutol mit sehr gutem Erfolg angewendet. Graf.

Die erste Mitteilung Ludloffs (6) über die therapeutische Anwendung einiger neuerer und älterer Arzneimittel betrifft Pankreas-Enzym-Präparate in der kleinen Chirurgie.

Die Fermenttätigkeit wird bei schwer heilenden und lange bestehenden oberflächlichen und tiefen Läsionen und Zusammenhangstrennungen der Kutis, welche sich der üblichen Therapie gegenüber refraktär verhalten, mit gutem Erfolge ausgenutzt; als Salbe (Ugt. Enzym. comp.) und Streupulver (Plv. Enz. inspersorius). Die Fermentnatur der Präparate erfordert auch sorgfältiges Behandeln der Präparate (z. B. mit Wärme).

Die Einleitung befaßt sich mit den Prinzipien, welche für den Therapeuten gegenüber den neuen Präparaten des Marktes geltend sein sollten. Graf.

Ludloff (7) berichtet über Zinksalbe und Zinköl: Zinkoxyd 2, Paraffin. liquid. 3 Teile, bzw. Zinkoxyd 2, Paraffin. liquid. 5 Teile. Die Wirkungen sind bei verschiedensten dermatologischen Indikationen der Kleintierpraxis hervorragend gewesen, weil eine starke Tiefenwirkung erzielt wird. — Der Pellidoläther (5 proz.) erfüllt die Wirkungen des Pellidols in noch stärkerem Maße als Pellidol allein. — Das Solveolliniment (S. 5,0; Spirit. Sapon. Kalin, 10,0; Spirit. ad 100,0) bzw. Solv., Bals. peruv. synth. āā 5,0, Spirit. sapon. Kalin. 10,0, Spirit. ad 100,0 hat sich bei squamöser Akarusräude hervorragend bewährt. Die speziellen Indikationen sind im Original nachzulesen. Graf.

Mócsy (8) behandelte bei Hunden staphylomykotische Hautkrankheiten mit Staphyloyatren.

Staphyloyatren zeitigt bessere Erfolge, als mit Hitze oder Karbol behandelte Staphylokokkusvakzinen. Seine Wirkung ist jedoch nicht immer sicher und gewöhnlich läßt es bei schweren Fällen der pustulösen Akariasis, wo die Reaktionsfähigkeit der Patienten bereits darniederliegt, im Stiche. Immerhin leistet es gute Dienste. Es ist von Wichtigkeit, daß bei nässenden Ekzemen namentlich langhaariger Hunde das Abscheren der Haare und die lästige Salbenbehandlung wegfällt und ferner die schwer heilbare pustulöse Akariase durch Staphyloyatren in vielen Fällen in die auch sonst leichter beeinflußbare squamöse Form übergeführt wird. Manninger.

Zikeli (10) berichtet über seine Erfahrungen mit Unguentum Therapogeni compositum.

Die Salbe bewährte sich bei Ekzemen, die im Stadium erythematosum, rubrum oder crustosum waren, sehr gut. Bei Ekzema papulosum versagte die Salbe vollkommen und beim nässenden Ekzem entsprach sie nicht ganz den Anforderungen. Für chronische Ekzeme ist die Salbe zu milde. Bei Hautabschürfungen und Brandwunden tat die Salbe sehr gute Dienste, da Entzündungserscheinungen und Schmerz sehr bald eingedämmt wurden. Wunden und Ekzeme, die nicht der Verunreinigung durch Bodenschmutz, Kot oder Jauche ausgesetzt sind, oder wo die Salbe nicht durch das Tier irgendwie beseitigt werden kann, brauchen nur jeden zweiten bis dritten Tag bestrichen zu werden. Bei Wunden an den Extremitäten ist eine Behandlung mit Verband angezeigt. Bei Mauke dürfte eine offene Behandlung keinen Erfolg versprechen. Bei Scheidenverletzungen hält Verf. die Salbe für gut. Die Salbe ist besonders zu empfehlen bei Tieren mit empfindlicher Haut. Zu versuchen wäre sie wegen ihrer geringen Reizwirkung, bei Otitis externa und nach der Erfahrungen mit Therapogen purum auch bei parasitären Erkrankungen der Haut. Trautmann.

## 11. Krankheitsursachen.

### a) Parasiten.

#### α) Ektoparasiten, Schädlinge
(vgl. auch Haut).

*1) Heemsoth, C.: Das 3-Monomethylxanthin, ein Mittel zur Bekämpfung der Mäuse und Ratten. Arch. f. wiss. Tierhlk. Bd. 53, S. 44—60. — *2) Keller, Hugo: Über ein neues Mittel zur Ungezieferbekämpfung. M. t. W. Bd. 76, Nr. 48, S. 1049—1051. — *3) Kendziorra: Sulfoliquid bei Schafräude. B. t. W. Bd. 41, H. 5. — *4) Postel: Sulfoliquid bei Ochsenräude. Ebendas. Bd. 41, H. 39. — *5) Wernicke: 500 Cuprexkuren gegen Hundeläuse und Haarlinge. T. R. Bd. 31, H. 327. —

Nach Heemsoth (1) stellt 3-Monomethylxanthin (Sokial) ein gutes Vertilgungsmittel für kleine Nager dar, da es leicht anwendbar ist und von den Tieren gern genommen wird.

Nach den bisher vorliegenden Versuchen ist anzunehmen, daß es für Haustiere, wohl auch für den Menschen, unschädlich sein dürfte. Die Ausscheidung des Sokial erfolgt kristallinisch in den Harnkanälchen, die dadurch verstopft werden. Der Tod erfolgt durch Urämie. Weber.

Nach Keller (2) ist das von der Firma Chemisch-Pharmazeutische A.-G., Bad Homburg in den Handel gebrachte Präparat „Nissex" ein farb- und reizloses Ungeziefermittel, welches die Parasiten und deren Eier unbedingt sicher abtötet, so daß seine Anwendung empfohlen werden kann. J. Schmidt.

Kendziorra (3) wandte Sulfoliquid bei Schafräude an. Gute Erfolge ohne nachteilige Erkrankungen bei Herden von 100 und 1000 Stück. Henkels.

Postel (4) verwendete Suloliquid bei Ochsenräude. Er hatte mit dem flüssigen $SO_2$-Mittel Sulfoliquid mit dieser Behandlung durchschlagenden Erfolg. Henkels.

Nach Wernicke (5) bedeutet die Einführung der Cuprexbehandlung einen wesentlichen Fortschritt in der Parasitenbekämpfung. In 500 Fällen hat der Verf. nie eine schädigende Wirkung auf die Haut beobachtet. Eine gleichzeitige Desinfektion des Lagers vorausgesetzt, sind durch die Cuprexbehandlung Läuse und Nissen stets endgültig vernichtet worden. Heitzenroeder.

#### β) Endoparasiten [Anthelmintika]
(Trematoden, Cestoden, Nematoden, nachst. Distomatose).

*6) Baumbach: Meine Erfahrungen mit „Noemin". M. t. W. Bd. 76, Nr. 33, S. 730—731. (Askariden.) — *7) Bliss jr, R..: A pharmacodynamic study of the anthelmintic properties of Western oils of Chenopodium. J. Am. Vet. Med. Assoc. Bd. 66, Nr. 5, S. 625—630. — 8) Curtice, C.: The effect of a year's treatment with carbon tetrachloride on a flock of sheep. North Am. Vet. Bd. 6, S. 37—38; Ref. Exp. Stat. Rec. Bd. 53, S. 585. (Gute Erfolge.) — *9) Dévé, F.: Kyste hydatique et Kamala. C. r. Soc. de Biol. Bd. 92, S. 409—410. — 10) Diekmann, H.: Versuche mit einem neuartigen Wurmmittel aus dem Pflanzenreich. Diss. Hannover und D. t. W. Bd. 33,

S. 917—919. (Auszug.) — 11) Graybill, H. W. und J. R. Beach: Anthelmintic treatment for the removal of heterakids in fowls. Corn. Vet. Bd. 15, S. 21—36; Ref. Exp. Stat. Rec. Bd. 53, S. 183. (Rektale Injektion von Wurmmitteln wirkt besser gegen Heterakis gallinae als Anwendung per os.) — *12) Hall, M. C. und E. B. Cram: Carbon trichloride as an anthelmintic, and the relation of its solubility to anthelmintic efficacy. J. Agr. Res. U. S. Bd. 30, S. 949 bis 953; Ref. Exp. Stat. Rec. Bd. 53, S. 787. — *13) Hall, M. C. und J. E. Shillinger: Tetrachlorethylene a new anthelmintic. Am. J. Trop. Med. Bd. 5, S. 229 bis 257; Ref. Exp. Stat. Rec. Bd. 53, S. 585. — *14) Dieselben: Critical tests of miscellaneous anthelmintics. J. Agr. Res. U. S. Bd. 29, S. 313—332; Ref. Exp. Stat. Rec. Bd. 52, S. 776. — 15) Hall, M. C., J. E. Shillinger und E. B. Cram: A test of row onions in the diet as a control measure for worms in dogs. J. Agr. Res. U. S. Bd. 30, S. 155—159; Ref. Exp. Stat. Rec. Bd. 53, S. 385. (Rohe Zwiebeln als Zusatz zum Futter haben keinen Einfluß auf das Abgehen von Würmern bei Hunden.) — *16) Hinz und Silberstein: Untersuchungen am Kymographion über die Wertigkeit von Oleum Chenopodii und seinen Bestandteilen Askaridol und Paracymol im Vergleich zu Thymol und Santonin. Arch. f. wiss. Tierhlk. Bd. 52, S. 1—17. — *17) Marek, Jos.: Kebal, ein neues Mittel gegen die Spulwürmer des Schweines. Allat. Lapok S. 3—4. — *18) Mócsy, Joh.: Abtreiben von Askariden beim Hund. Ebendas. S. 251—252. — *19) Mote, D. C.: Anthelmintic experiments with hogs. Ohio Sta. Bul. Bd. 378, S. 153—182; Ref. Exp. Stat. Rec. Bd. 52, S. 84. — *20) von Ostertag: Kalium picrinicum zur Bekämpfung der Wurmseuchen. B. t. W. Bd. 41, H. 5. — *21) Roß, J. C.: The possible use of arecoline hydrobromide as an anthelmintic. J. of comp. Path. and ther. Bd. 37, S. 246—259.— *22) Schlingman, A. S.: The effect of carbon tetrachlorid on puppies. J. Am. Vet. Med. Assoc. Bd. 67, Nr. 4, S. 474—479. — *23) Derselbe: Critical tests of tetrachlorethylene, a new anthelmintic, with special reference to its use in puppies. Ebendas. Bd. 68, Nr. 2, S. 225—231. — *24) Smillie, W. G. und S. B. Pessoa: A Study of the anthelmintic properties of the constituents of the oil of Chenopodium. J. of Pharm. exp. Ther. Bd. 24, S. 359—370. — 25) Stomach worms and nodular diseases of sheep. Ohio Sta. Bul. Bd. 382, S. 50—51; Ref. Exp. Stat. Rec. Bd. 53, S. 584. (Kupfersulfatbehandlung in Verbindung mit zeitweiser Aufstellung empfohlen.) — *26 Vajda, Th.: Behandlung der Darmhelminthiase der Schweine. Allat. Közl., H. 1—2, S. 9—32. — *27) Veenendaal, H.: Weitere Mitteilungen über Arecolinum hydrobromicum als Antitaenicum. T. R. Bd. 31, S. 871—872. — *28) Wells, H. S.: A quantitative study of the absorption and excretion of the anthelmintic dose of carbon tetrachloride. J. of Pharm. exp. Ther. Bd. 25, S. 235—273.

Baumbach (6) empfiehlt Noemin gegen Askariden beim Pferd. Er läßt dieses Mittel in Scheiben geschnitten unter den Hafer mischen. Es wird gut genommen, verdirbt trotz seines Gehalts an Ol. Chenopodii den Appetit nicht und wirkt sicher. J. Schmidt.

Bliss (7) weist auf Grund eingehender Experimente an Hunden nach, daß das reine Präparat, hergestellt aus Pflanzen des Westens (Western oil of Chenopodium) dem offiziellen Präparat (Maryland, Baltimore or Southern oil of Chenopodium) gleichwertig ist. Hobmaier.

Nach Dévé (9) gelingt es nicht, selbst mit einer doppelten der beim Schaf gegen Distomatose wirksamen Dosis Kamalapulver eine schädigende Wirkung auf die im Gewebe enzystierten Echinokokken auszuüben. Graf.

Hall und Cram (12) berichten über Versuche, die sie mit Trichlorkohlenstoff als Wurmmittel angestellt haben.

Sie fanden, daß das Mittel weder in Kristallform noch in Pulverform, noch in Lösungen in Biberöl oder Chenopodiumöl wurmtreibende Wirkung besitzt, trotz seines hohen Chlorgehalts. Die Verff. glauben, daß dies mit der schweren Löslichkeit des Mittels zusammenhängt. H. Zietzschmann.

Hall und Shillinger (13) berichten über die wurmtreibende Wirkung eines neuen Wurmmittels (Tetrachloräthylen), das sie gegen Askariden des Hundes anwendeten.

Die Dosis beträgt 0,2—0,3 ccm pro Kilogramm Körpergewicht. Die Wirkung des Mittels ist der des Tetrachlorkohlenstoffs völlig gleich, auch zeigt es die gleiche Einwirkung auf die Körperorgane (Lebernekrose, die nach Verlauf von 1—2 Wochen ausheilt). Der Preis des Mittels ist 2—3 mal so hoch als der des Tetrachlorkohlenstoffs. H. Zietzschmann.

Hall und Shillinger (14) berichten ausführlich über Versuche mit verschiedenen Wurmmitteln.

Als in 90% wirkungsvoll gegen Askariden erwies sich die Verabreichung einer Mischung von Tetrachlorkohlenstoff (3 Volumenteile) und Chenopodium (1 Teil) in Gaben von 0,3 ccm auf 1 kg Körpergewicht unter gleichzeitiger Verabreichung von 0,125 bis 0,5 g Arecolinum hydrobromicum. Wenig Wirkung zeigt das Mittel gegen Ankylostomum, gar keine gegen Bandwürmer. Keine oder nur geringe Wirkung gegen Trichocephalen hatte die intramuskuläre und intravenöse Anwendung von Chenopodium, Novarsenobenzol und Tartarus stibiatus. Die toxische Wirkung des Chenopodiums bei Hunden kann durch gleichzeitige Verabreichung von Magnesiumsulfat gemildert werden, ohne die wurmtreibende Wirkung gegenüber Askariden und Ankylostomen zu beeinträchtigen. Tetrachlorkohlenstoff in Dosen von 10 ccm mit nachfolgender Verbreitung von 128 g Magnesiumsulfat wirkte als ausgezeichnetes Wurmmittel in 100% gegen Magenwürmer der Schafe und Trichostrongyliden. Gegenüber Bandwürmern wirkt es nur auf 33% der Würmer. Gegen Strongyliden der Pferde erwies sich Arsenik, Kupfersulfat und Novarsenbenzol (letzteres intravenös) als von ungenügender Wirksamkeit. H. Zietzschmann.

Nach den Untersuchungen von Hinz und Silberstein (16) beweisen die mit dem Kymographion erhaltenen Kurven, daß diese Methode zur Wertbestimmung der Anthelmintica mit herangezogen zu werden verdient. Weber.

Nach Marek (17) gelingt es, durch stomachale Verabreichung von Kebal die Spulwürmer des Schweines abzutöten und abzutreiben.

Dabei ist das Mittel, ein wenig giftiges Oxydationsprodukt von Oleum chenopodii anthelmintici von der empirischen Formel $C_{10} H_{16} O_3$ in Rizinusöl gelöst, ungefährlich. Ferkel bis 7 kg Körpergewicht erhalten 1 Eßlöffel voll, Tiere von 8—15 kg 2, von 16—30 kg 3, solche über 30 kg 4 Eßlöffel voll Kebal. Manninger.

Mócsy (18) empfiehlt zur Abtreibung von Askariden des Hundes das Präparat Kebal. Das Mittel wird verabfolgt per os in Gaben von 1 ccm pro Kilogramm Körpergewicht. Manninger.

Mote (19) berichtet über Versuche mit wurmtreibenden Mitteln bei Schweinen und Schafen.

Einfache Abführmittel, wie Glaubersalz, Kalomel und Aloe, haben nur geringe wurmtreibende Wirkung. Etwas günstiger wirkt bei Askariasis des Schweins Santonin in wiederholten Gaben. Die Santoninbehand-

lung war bis zu 46,6% der Versuchsfälle erfolgreich. Auch die Kombination von Santonin mit Kalomel, Arecanuß und Natriumbikarbonat hatte nicht den ihr zugesprochenen Wert. Ebenso erwies sich Terpentinöl nicht als sicheres Mittel gegen Spulwürmer des Schweins; es ist außerdem wegen seiner nierenreizenden Wirkung nicht zu empfehlen. Am besten wirkte Chenopodiumöl (100% Erfolg), jedoch darf das Mittel nicht in den gefüllten Magen gegeben werden. Es empfiehlt sich, die Tiere vor der Kur hungern zu lassen und das Mittel nicht im Futter zu verabreichen, sondern in einer Flasche einzugeben. H. Zietzschmann.

Ostertag (20) berichtet über Kalium picrinicum zur Bekämpfung der Wurmseuchen. Beschreibung der Herstellung einer 0,2 proz. Lösung von Kalium picrinicum. Henkels.

Nach Roß (21) ist das Arecolinum hydrobromicum ein gutes Bandwurmmittel für Hunde. Verf. empfiehlt Dosen von 0,001 g auf 1 ccm Wasser für Hunde im Gewicht von 5—10 Pfund, für größere entsprechend mehr. Das Mittel kann auch bei gefülltem Magen und Darm gegeben werden. Gegen Askariden und andere Nematoden ist das Mittel unwirksam. H. Zietzschmann.

Schlingman (22) macht darauf aufmerksam, daß ganz junge Welpen leicht einer Vergiftung von Tetrachlorkohlenstoff bei der Behandlung erliegen.

$1^1/_2$—3 Monate alte Tiere vertragen 0,12 ccm pro Pfund Körpergewicht des Präparates, 3 Monate alte Welpen über 0,3 ccm pro Kilogramm Körpergewicht. Tiere unter 6 Wochen insgesamt nur 0,5 ccm. Die Verabreichung in elastischen Gelatinekapseln erscheint zweckmäßig. Hobmaier.

Schlingman (23) bringt eine ausführliche Statistik seiner Versuche über die Verwendbarkeit des Tetrachloräthylen als Anthelminticum bei alten und vor allem jungen Hunden. Betroffen werden ausschließlich Rundwürmer, nicht Bandwürmer. Das Präparat wird besser vertragen als Tetrachlorkohlenstoff. Welpen unter 1 Monat vertragen 0,2—5,0 ccm pro Kilogramm Körpergewicht ohne Schaden. Ältere bis 10 ccm pro Kilogramm. Hobmaier.

Smillie und Pessoa (24) geben eine Studie über anthelmintische Eigenschaften der Bestandteile des Chenopodiumöls.

Die vergleichenden Versuche wurden am Hund durchgeführt. Die offenbar von ökologischen Faktoren abhängige Zusammensetzung des Öls variiert ziemlich (Askaridol 40—70%, Askaridol-Glykol und dessen Anhydrid ca. 50%, Terpene 25—35%). Unter den letztern sind Derivate von Zymen, Terpen, Phellandren, Limonen bekannt; auch ist Methylsalizylat zu 0,5% vorhanden. Die Angaben zur Chemie des Öls variieren indessen beträchtlich. — Die Applikation geschah durch Gelatinekapseln in den leeren Magen, unter nachfolgender Laxation durch Magnesiumsulfat. Die wurmaustreibende Wirkung wurde an den Fäzes und am Sektionsergebnis des Tieres bestimmt. Phellandren (1 ccm pro Kilogramm) ist wenig wirksam; Methylsalizylat (0,5 ccm pro Kilogramm) leicht giftig und vermifug. Die Terpenmischung ist inaktiv, dagegen zeigt Askaridol (0,05 bis 0,08 ccm pro Kilogramm) starken Effekt (D. l. = 0,25 ccm pro Kilogramm); das Glykol und dessen Anhydrid sind wieder wenig wirksam. Die Giftigkeit des Öls hängt somit ab von seinem Gehalt an Askaridol, welches bei der Überhitzung in wenig wirksames Askaridol-Glykol übergeht. Graf.

Vajda (26) prüfte eine Reihe von Präparaten auf ihren Wert zur Behandlung der Darmhelminthiase der Schweine und fand ein Oleum chenopodii-Präparat, das er Kebal benannte, am wirksamsten. Askariden wurden durch 0,10 ccm der wirksamen Substanz des Mittels zu 100%, Echinorrhynchen zu 34% abgetrieben. Askariden entfernten sich frühestens 20—24 Stunden, Echinorrhynchen 3—7 Tage nach der Verabreichung des Mittels. Manninger.

Veenendaal (27) gibt weitere Mitteilungen über Arecolinum hydrobromicum als Antitaenicum.

Seine Erfahrungen erstrecken sich auf mehrere hundert Hunde und eine große Anzahl von Katzen. Neben den allgemein guten Erfolgen wurden jedoch besonders bei nervösen Hunden ausgedehnte Erscheinungen der Erregbarkeitssteigerung festgestellt, welche bald verschwanden. Bei nieren- und herzkranken Tieren waren zuweilen vorübergehende Lähmungserscheinungen aufgetreten. Man soll in solchen Fällen nur die halbe Dosis verabreichen. Der Füllungsgrad des Magens ist ohne Bedeutung. — Die Katzen sind empfindlicher, ertragen jedoch 10 mg (erwachsene Tiere) ohne Nachteil. Gelegentlich auftretende Arecolinsymptome sind auch hier in der Regel vorübergehender Art.

Die Geloduratkapseln (Pohl) bieten keine Vorteile, denn sie entleeren sich bereits im Magen. Graf.

Wells (28) hat eine quantitative Studie über die Absorption und Exkretion der anthelmintischen Tetrachlorkohlenstoffdosen veröffentlicht.

Die für den Hund anthelmintische Dosis von 3 ccm ist nach 24—30 Stunden vollkommen und gleichmäßig resorbiert. Die Resorption folgt trotz den Verschiedenheiten in Alter und Größe, der Ernährungsweise der Tiere einer bestimmten Kurve; sie wird durch Alkohol proportional zu dessen Hochprozentigkeit beschleunigt, durch Magnesiumsulfat gehemmt. Perorale Applikation führt mitunter zu schwerer Schädigung der Leber. Das eigentliche Ausscheidungsmedium für die Substanz ist die Exhalationsluft. Graf.

### Distomatose.

*1) Ernst: Leberegelheilmittel (Distol, NS, Sb, Kupferlecksalz). M. t. W. Bd. 76, Nr. 34, S. 733 bis 735. — 2) Derselbe: Dasselbe. Ebendas. Bd. 76, Nr. 38, S. 825—830. (E. bespricht die Schleißheimer Versuche mit SB 444, NS. Elcema-Kupferlecksalz, Fasciolin, Filikal, Tapeolin in Lipoidlösung, Tapeolin wasserlöslich, K 27 = Filex. G I und G II.) — *3) Derselbe: Dasselbe. III. Mitteilung aus der bayerischen Veterinärpolizeilichen Anstalt. Ebendas. Bd. 76, Nr. 50, S. 1109—1117. — *4) Finzi, G.: Osservazioni e ricerche sulla cuna della distomatosi epatica delle pecore e capre mediante il „Distol". (Bemerkungen und Untersuchungen über die Behandlung der Leberdistomatosis der Schafe und Ziegen mit dem „Distol".) Critica zootecnica e sanitaria. Jg. 2, H. 3, S. 1—7. — *5) Limmer: Über Filical. Ein neuartiges Mittel zur Behandlung der Leberegelseuche. M. t. W. Bd. 76, Nr. 21, S. 445—449. — *6) Palm: Praktische Heilversuche mit den neuen Leberegelmitteln der Serapis. Ebendas. Bd. 76, Nr. 34, S. 735—737. — 7) Schmidt, O.: Zur Bekämpfung der Leberegelseuche T. R. Nr. 48, S. 854—855. (Serapis SB 444.)

Bei den Versuchen von Ernst (1) erwiesen die Präparate Sb und N S der Firma Serapis beim Schafe eine der Distolwirkung gleichwertige höchste Heilkraft gegen die Leberegelseuche der Schafe.

Die mit Elcema-Kupferlecksalz behandelten Kontrollschafe verhielten sich wie die unbehandelten Kontrolltiere. Dieses Salz zeigte im Versuch nicht die geringste Wirkung auf die Leberegel. Es kann daher nicht als wirksames Heilmittel gegen die Leberegelseuche angesprochen werden. J. Schmidt.

Ernst (3) bespricht verschiedene Mittel, wie z. B. Espro, Distol, S B 444, ferner Vergiftungen mit Chlorkohlenstoffen. In letzter Zeit sind auch Intoxikationen mit SB vorgekommen, die E. gleichfalls zu den Chlorkohlenstoffvergiftungen zählt. Die genaue Ursache ist noch nicht bekannt. J. Schmidt.

Finzi (4) berichtet über sehr gute Erfolge mit dem Marekschen Distol bei Schafen. Declich.

Nach Limmer (5) stellt das Filical einen wesentlichen Fortschritt unter den bis heute zur Vernichtung der Leberegel im Tierkörper verwendeten Arzneimittel dar. J. Schmidt.

Palm (6) stellte fest, daß sowohl N S als auch S B die Distomen ohne schädliche Nebenwirkung vollständig beseitigten, daß SB auch in kleinerer Dosis leberegeltötend wirkt und daß beide Präparate dem Distol mindestens gleichwertig oder sogar vorzuziehen sind. J. Schmidt.

### b) Infektionserreger und ihre Toxine.

α) Externe Desinfektion, antiseptische Wundtherapie.

*1) Balogh, G. B.: Rivanol in der tierärztlichen Praxis. Allat. Lapok S. 110—111. — *2) Bösel, A.: Karzit als Heilmittel in der Veterinärchirurgie. Diss. Leipzig. — *3) Caudioti, Agustin: Apuntes sobre la acciose antiseptica. (Mitteilungen über die antiseptische Wirkung.) Rev. del Centro de Est. de Med. Vet. (La Plata) Nr. 2, S. 46—57. 1924. — *4) Däßler, W.: Die Bekämpfung eiteriger Prozesse bei Tieren mit dem Chininderivat Isoctylhydrocuprein (Vuzin). Diss. Leipzig. — *5) Doskocil, A.: L'action du Rivanol sur les Streptococques. C. r. Soc. de Biol. Bd. 92, S. 74 bis 75. — *6) Douglas, B.: Traitement des brûlures par l'adrénaline. Action bactericide et antiseptique de cette substance. Ebendas. Bd. 92, S. 267—268. — *7) Durand, P.: Action du formol sur quelques microbes toxiques. Ebendas. Bd. 92, S. 159—160. — 8) Frosch, P.: Betalysol als Desinfektionsmittel. T. R. Bd. 31, S. 629. (Empfehlung für die Praxis). — *9) Gärtner, A.: Über die Verwendbarkeit des Septamid in der Veterinärchirurgie. Diss. Leipzig. — 10) Hansen, C. H.: Om Desinfectionsmidler. (Über Desinfektionsmittel.) Maan. for Dyrl. Bd. 37, S. 300—309. (Übersichtsartikel; nichts Neues.) — *11) Hintzelmann und Zeltner: Über die Tiefenwirkung von Silberpräparaten und Methodisches zum histochemischen Nachweis einiger anderer Schwermetallsalze. Verh. D. pharm. Ges. S. 45—46; Anh. zu Arch. f. exper. Path. u. Pharm. Bd. 111. 1926. — *12) Joachimoglu, G. und W. Hellenbrand: Über die antiseptische Wirkung des Sublimats in Lösungsmitteln verschiedener Dielektrizitätskonstante. Verh. D. pharm. Ges. Nr. 3, S. 7—8; Anh. zu Arch. f. exper. Path. u. Pharm. Bd. 105. — *13) Krahé, E.: Zur Theorie der Desinfektionswirkung der Quecksilbersalze. Verh. D. pharm. Ges. S. 43—44; Anh. zu Arch. f. exper. Path. u. Pharm. Bd. 111. 1926. — *14) Laasch: Beitr. zur Anwendung des Rivanols in der tierärztlichen Praxis. T. R. Bd. 31, H. 337—343. — *15) Lacroix, J. V.: A preliminary report on the use of mercurochrome 220. North Am. Vet. Bd. 6, S. 66—68; Ref. Exp. Stat. Rec. Bd. 53, S. 677. — *16) Laszczik, Jul.: Rivanol in der Tierheilkunde. Allat. Lapok S. 34. — *17) Lehnert, E.: Några undersökningar rörande rakloramins (activins) desinficerande verkan. (Einige Untersuchungen über das Desinfektionsvermögen des Rohchloramins-Aktivins.) Skand. Vet. Tidskr. Jg. 15, H. 7, S. 119—122. — *18) Metzger: Die Beziehung der antiseptischen Wirkung des Silbernitrats zur Dielektrizitätskonstante seiner Lösungsmittel. Verh. D. pharm. Ges. S. 44—45; Anh. zu Arch. d. exper. Path. u. Pharm. Bd. 111. — *19) Mühlbächer, F.: Zur Anwendung des „Preso-" und „Septojod" in der Veterinärmedizin. Diss. Leipzig. — 20) Nagel, W.: Über die bakterizide Wirkung von Stabulol. D. t. W. Bd. 33, S. 51—52. (Geeignetes Stalldesinfektionsmittel.) — *21) Palm: Eufosyl in der tierärztlichen Praxis. M. t. W. Bd. 76, Nr. 38, S. 842—843. — *22) Pfeiler, W.: Prüfung der bakteriziden Wirkung von Introzid, einer neuen wertvollen Jodzerverbindung, in Reagenzglasversuchen. Zbl. f. Bakt. (Orig.) Bd. 96, H. 3/4, S. 237—250. — *23) Raebiger, H.: Neo-Prolaftan. T. R. Bd. 31, S. 444. — *24) Ries, N.: Die Behandlung der eitrigen Wunden durch farbige Stoffe. Inaug.-Diss. Bukarest. — *25) Roelle, B.: Desintol als Desinfiziens und Desodorans in der Veterinärchirurgie. Diss. Leipzig. — 26) Roger, J.: Un procédé de désinfection de la bouche du cheval. Rec. de M. vét. Bd. 101, H. 14. — 27) Sörrensen, S.: Vergleichende Untersuchungen über die bakterizide Wirkung der normalen und einer 10fachen Pregl-Lösung (Presojod). Diss. Berlin 1923. (Ungleichmäßige Wirkung.) — 28) Stöver, W.: Untersuchungen über Wirkung und Anwendung des Terpichins in der Veterinärchirurgie. Diss. Hannover 1923. — *29) Theel, C.: Mianin als Wundantiseptikum in der Veterinärmedizin. Diss. Berlin. — *30) Trautwein, K.: Vergleichende Untersuchungen über die Desinfektionswirkung von Kalk, Chlorkalk, Kresolwasser, Karbolsäure, Kreosolschwefelsäure, Sublimat, Formaldehyd, Kaporit und dem neuen Präparat „Chloronal" bei Maul- und Klauenseuche. Arch. f. wiss. Tierhlk. Bd. 52, S. 254—272. — 31) Wedemann, W.: Praktischen Verhältnissen angepaßte Desinfektionsversuche mit Rohkaporit und Chlorkalk. Arb. Reichs-Ges. A. Bd. 55, S. 89. — *32) Zwijnenberg, H. A.: Rivanol in de diergeneeskundige practijk. (Rivanol in der tierärztlichen Praxis.) Tijdschr. voor Diergeneesk. Bd. 52, S. 319—321.

Candioti (3) gibt eine Zusammenstellung aller der Punkte, die bei Beurteilung der antiseptischen Wirkung zu beachten sind.                    Ruppert.

Douglas (6) hat über die Behandlung von Verbrennungen mit Adrenalin berichtet.

Im Vergleich zu den Kontrollen war durch Umschläge mit 0,5 bzw. 0,1 prom. Adrenalinlösungen eine viel raschere Abheilung von Brandwunden zu konstatieren; diese beruht auf der Desinfektionswirkung der Substanz (z. B. für Staphylo-, Streptokokken, Koli, Pyozyaneus, Typhorus) und der Gefäßkontraktion, welche einen weitern Übertritt bakterieller Noxen in die Wundfläche erschwert und gleichzeitig der Entzündungshyperämie entgegenwirkt. Bei Wechsel soll man vorsichtig mit der Konzentration ansteigen.
                                        Graf.

Lehnert (17) stellte vergleichende Untersuchungen über die Desinfektionswirkung des Rohchloramins (Aktivin, Paratoluolsulfochloridnatrium) und des Sublimats an.

Als Prüfungsobjekte wurden 1 Tag alte Kulturen von Staph. pyogen. aur. und 4 Tage alte (sporenhaltige) Milzbrandkulturen verwendet. Die Staphylokokken wurden binnen $^1/_2$ Minute von einer 0,05 proz. Aktivinlösung, aber nicht von einer 0,1 proz. Sublimatlösung getötet. Dagegen zeigte sich die Wirkung des Sublimats gegenüber Milzbrandsporen kräftiger, indem eine 0,1 proz. Lösung davon sie in 10 Minuten tötete, eine 0,1 proz. Aktivinlösung aber nicht in $^1/_2$ Stunde. Das Rohchloramin hat den Vorteil geringerer Giftigkeit und im allgemeinen größerer Wohlfeilheit in der Desinfektionspraxis als Sublimat. Es kann aber bei der Grobdesinfektion durch Chlorkalk ersetzt werden.       Sahlstedt.

Trautwein (30) hat festgestellt, daß Chloronal in 5 proz. Lösung der bakteriziden und viruliziden Wirkung der gebräuchlichsten amtlich zugelassenen Desinfektionsmittel zum mindesten gleichkommt. Das Chloronal ist vollkommen geruchlos, unschädlich und in Wasser gut löslich.                    Weber.

Roelle (25) berichtet über das Desintol.

Desintol genügt in einer Lösung von $1^1/_2$—2%, um Eiterungen in Wunden verhältnismäßig schnell zu beseitigen. Desintol wirkt in $1^1/_2$—2 proz. Lösungen ausgezeichnet bei Gebärmutterentzündungen. Desintol behebt die Sekretion und befördert die Granulation. Störend beeinflußt wird die desodorisierende Wirkung des Desintols durch den starken Phenolgeruch. Desintol ist in warmem wie kaltem Wasser leicht löslich, daher bequem anzuwenden. Es bleibt nur in schwacher Konzentration in Lösung, während es in starker Konzentration sich absetzt. Desintol reizt in unverdünntem Zustand die äußere Haut nicht. Unangenehme Folgen läßt Desintollösung auf den Händen nicht zurück. Da Desintol schon in einer Anwendung von $1^1/_2$ proz. Lösungen gute desinfizierende Wirkungen zeigt, ist es im Gebrauche sehr billig. Desintol ist bei Ankauf eines Kilogramm um 2,40 M. billiger als das gleichartige und viel angewandte Kreolin. Desintol schadet den behandelten Tieren nicht. Es greift die Instrumente nicht an.       Trautmann.

Nach Palm (21) besitzt das Eufosyl vor allen übrigen Schieferölprodukten den Vorzug, in viel geringerer Konzentration wirksam zu sein.

Es ist absolut sauber in der Anwendung und hat einen angenehmen Geruch. P. verwendet das Eufosyl in Salbenform bei Ekzemen, schlecht heilenden Wunden und Phlegmonen, ferner als Tinktur bei Arthritis und Otitis, schließlich Terpo-Eufosyl (Paste) bei nässenden Ekzemen und Mauke mit recht gutem Erfolg.                                  J. Schmidt.

Durand (7) hat die Formaldehydwirkung auf einige pathogene Mikroben studiert.

Das Diphtherietoxin zeigt nach Behandlung mit Formalin 3—9 mal geringere Giftigkeit als nach Erhitzen oder nach Äther. Das Immunisierungsvermögen ist dagegen nahezu gleich im Verhältnis zu den zweitgenannten. Die Durchsichtigkeit der formolisierten Shigakulturen war eine größere als bei den erhitzten. Mikroskopisch bestanden hinsichtlich der Färbbarkeit verschiedene Unterschiede.                    Graf.

Pfeiler (22) weist an einer großen Reihe von Reagenzglasversuchen starke bakterizide Eigenschaften der Jodzerverbindung Introzid nach.

Dabei wurde festgestellt, daß die im Reagenzglas abtötenden Konzentrationen in vielfacher Menge für den Tierkörper ungiftig sind. Die Möglichkeit einer inneren Desinfektion des Organismus durch Verbindungen vom Charakter des Jodzers wird dadurch erklärlich gemacht. Die bei der klinischen Anwendung des Präparates erzielten Erfolge lassen sich aus der Zusammenwirkung der bakteriziden Eigenschaften und der zellstimulierenden bzw. zellulartherapeutischen Wirkungen erklären.                    Schumann.

Nach Bösel (2) ist Karzit ein gutes Wundmittel wegen seiner desinfizierenden Wirkung. Ausgezeichnete Erfolge treten bei Verwendung des Karzit bei Strahlkrebs, Strahlfäule und Mauke ein.       Trautmann.

Lacroix (15) berichtet über die Anwendung des Mittels „Mercurochrom 220" in der Chirurgie des Hundes. Das Mittel ist der Jodtinktur infolge seiner stärkeren Tiefenwirkung überlegen. In 2—3 proz. Lösungen wirkt es völlig schmerzlos. In 1 proz. Lösung ist es zur Behandlung der Bindehäute, des Ohres und der Respirationsschleimhäute, in $^1\!/_2$ proz. Lösungen zu intraperitonaealer Behandlung zu empfehlen.

H. Zietzschmann.

Ries (24) hat die Wirkung des Methylenblaus und Gentianavioletts gegen verschiedene eitrige Wunden geprüft und festgestellt, daß sie eine schwache antiseptische, aber eine in bezug auf die Regeneration der Gewebe gute Wirkung ausüben.

Constantinescu.

Nach Theel (29) tötete Mianin außer Milzbrandsporen alle pathogenen Bakterien in 1—2 proz. Lösung.

Milzbrandsporen werden durch 25 proz. Lösungen nach 20 Min. vernichtet. Es ist wegen seiner Ungiftigkeit dem Sublimat vorzuziehen. Die Lösungen sind wasserklar. In der Wundbehandlung eignen sich Mianinlösungen wie alle Hypochloritlösungen bei schwer infizierten Wunden. Mianin in Tablettenform ist recht geeignet für die Pferdearzneikästen des Reichsheeres.

Trautmann.

Nach Mühlbecher (19) sind Presojod und Septojod keine „pantherapeutischen" Präparate, doch haben sie manch Gutes für sich; daher kann das Presojod zur Wundbehandlung, das Septojod zur intravenösen Applikation bei allen septischen Prozessen empfohlen werden. Die Anwendung der Pregl-Pepsinlösung ist in der Veterinärmedizin nicht so mannigfaltig wie in der Humanmedizin. Auf Grund der Versuche ist sie besonders bei Behandlung von Empyemen und Abszessen empfehlenswert.

Trautmann.

Raebiger (23) hat das Neo - Prolaftan (Vetera Goerlitz), welches als Spezifikum gegen Maul- und Klauenseuche empfohlen wurde, als absolut minderwertiges und zudem unangemessen teures Desinfiziens identifiziert.

Graf.

Nach Balogh (1) bewährt sich Rivanol in der tierärztlichen Praxis gut und übertrifft alle bisher versuchten Antiseptika.

Manninger.

Doskocil (5) schreibt über die Rivanolwirkung auf Streptokokken. Ein antiseptischer Effekt erfolgt nur bei nicht zu großer Virulenz und Resistenzherabsetzung des Organismus. Bei schwereren, speziell bereits generalisierten Streptokokkosen ist eine größere antiseptische Leistung gegenüber andern Chemotherapeutika nicht vorhanden.

Graf.

Laasch (14) hat über die Anwendung des Rivanols in der tierärztlichen Praxis berichtet, vorwiegend bei chirurgischen Indikationen.

Das Rivanol ist ein wertvolles Prophylaktikum für Infektionen akzidenteller und Operationswunden. Durch Gewebsinfiltrationen (0,1%) gelingt es, letztere per primam zu heilen, sogar akzidentelle ohne weiteres zu nähen. Nach Punktion von Abszessen und Injektion von Rivanol, Spaltung und Nachbehandlung soll schon nach 1 Tag Sterilität der Abszeßhöhle eintreten. Verf. fand dagegen, daß dieses kompliziertere Verfahren gegenüber ausgiebiger Spaltung und anschließende Rivanolbehandlung keine praktischen Vorteile besitzt. Offensichtlich ist die günstige Wirkung bei Eiterungen präformierter Höhlen (Gelenke, Bursen), der zirkulären tiefen Umspritzungen bei Phlegmonen, deren Progression mitunter überraschend schnell stillstand. Bei Mastitis ist die Wirkung unsicher. Bei Morbus maculosus und anschließenden Streptokokkusinfektionen war intravenös kein direkter Erfolg zu erzielen. Aus den berücksichtigten Indikationen (Bugbeule, Dammruptur, eitrige Omphalitis, Abszesse, Phlegmonen, Bursitiden, Tendovaginitiden u. a.) und dem Erfolg ergibt sich, daß durch Gewebsinfiltrationen mit milchsaurem, besser löslichem Rivanol die bisher sehr schwer heilbaren Erkrankungen am Gelenk, der

Sehnenscheide, des Schleimbeutels, sowie auch Abszesse sehr günstig beeinflußt werden.

Graf.

Joachimoglu und Hellenbrand (12) berichten über die antiseptische Wirkung des Sublimats in Lösungsmittel verschiedener Dielektrizitätskonstante.

$HgCl_2$ entfaltet in Lösungen mit niedriger Dielektrizitätskonstante (Benzol, Chloroform, Äther) keine, in solchen mit hoher Konstante (Nitrobenzol, Glyzerin) eine deutliche abtötende Wirkung auf Milzbrandsporen. Da nach Nernst und Thomson die Ionisation parallel der D. K. geht, so nehmen Verff. an, daß $HgCl_2$ in den letztgenannten zwei Medien in größerer Menge in Ionen gespalten und daher aktiver wird.

Graf.

Krahé (13) hat neues Beobachtungsmaterial zur Desinfektionstheorie der Quecksilbersalze beigebracht.

Die mit NaCl eintretende Komplexverbindung von $HgCl_2$: $HgCl_2 + NaCl \leftrightarrows HgCl_3Na$ (lipoidunlöslich) nimmt proportional mit der zugesetzten Kochsalzmenge im Gemisch zu. Die Menge des noch freien lipoidunlöslichen Sublimats ist entscheidend für die Desinfektionskraft. Die Desinfektionskraft geht auch proportional der Adsorptionsgröße des Sublimats an Kohle bei Gegenwart von NaCl: je größer der NaCl-Gehalt des Gemisches, um so kleiner die adsorbierte $HgCl_2$-Menge. Dies gilt auch in verschiedenen Lipoidsolventien.

Graf.

Nach Däßler (4) besitzt das Vuzin die Eigenschaften, die man von einem guten Wunddesinfiziens verlangen kann.

In Verbindung mit Urethan (1%) ist bei Anwendung des Vuzins als Injektionsflüssigkeit die anästhesierende Wirkung des Urethans von erheblichem Vorteil. Damit wird die Lösung zugleich lange haltbar. Lösungen von 1 : 1000—5000 haben sich als die besten erwiesen. Gute Tiefenwirkung.

Trautmann.

Nach Laszczik (16) bewährt sich Rivanol (1$^0$/$_{00}$) gut bei der Behandlung von Wunden und namentlich von Nabelentzündungen neugeborener Tiere.

Manninger.

Zwijnenberg (32) findet das Rivanol als ein gutwirkendes Wundantiseptikum, doch von keinem Wert für die Behandlung der Euterstreptomykose (20 Fälle).

Beijers.

Nach Gärtner (9) ist Septamid in der Veterinärchirurgie bei Verwendung warmer Lösungen ein beachtenswertes Mittel. Ausgezeichnetes Desodorans. Geringste Giftigkeit. Hohe bakterizide Kraft. Lange Haltbarkeit.

Trautmann.

Nach Hintzelmann und Zeltner (11) mußten besonders kristalloide Silbersalze (AgNO$_3$) der guten Diffusionskraft wegen Tiefenwirkung haben.

Aber gerade das Nitrat fällt die Zellkolloide aus und versperrt sich selbst den Weg. Eine Tiefenwirkung tritt auch hier nicht ein.

Das kristalloide, auf Eiweiß und Cl-Ionen indifferente $Ag_2S_6O_9Na_4 \cdot 2H_2O$ (Na-Silberdoppelsalz der Thioschwefelsäure (Transargin) dringt in die Tiefe der Gewebe, läßt sich dort optisch differenzieren. Graf.

Metzger (18) hat die Beziehungen der antiseptischen Wirkung des Silbernitrates zur Dielektrizitätskonstante seiner Lösungsmittel untersucht.

Bei gleichem Silbergehalt hemmen 0,01 Vol-proz. Lösungen in Benzol, Methyl-, Äthyl-, n-Propyl-, Isopropylalkohol, Isoamylalkohol, Glyzerin, Azeton, Glykol das Wachstum von Anthrax und Prodigiosus auf

Agar um so stärker, je höher die Dielektrizitätskonstante ist. Die reinen Lösungsmittel zeigen keine Beziehung der Dielektrizitätskonstante zu ihrer antiseptischen Kraft. Graf.

### β) Interne Desinfektion.
#### (Chemotherapie, Zellulartherapie.)

1) Alias: Erfolge und Mißerfolge mit Introzid. T. R. Bd. 31, S. 563—564. (Kasuistik.) — *2) Brocq-Rousseu, Cauchemez und A. Urbain: Action, in vivo de la strychnine et du chloroforme sur les résultats de la déviation du complement appliquée au diagnostic de la tuberculose canine. C. r. Soc. de Biol. Bd. 92, S. 672—673. — 3) Copperfido, L.: Ancora sull'azione curativa dell'olio canforato nella cura di alcune infezioni dei suini. (Kampferöl und sein Wert für die Behandlung von ansteckenden Schweinekrankheiten.) Clin. vet. S. 738. — *4) Chicon und Mallarice: Contribution à l'étude de la colloidothérapie, en particulier au moyen de l'électrargol. J. de M. vét. Bd. 71, H. 11. — 5) Emshoff: Versuche mit neueren Heilmitteln. Zschr. f. Vet. Kunde Jg. 37, H. 3, S. 76 bis 80; H. 4, S. 115—118; H. 5, S. 153—155; H. 7, S. 211 bis 220. (Untersuchungen über Presojod, Yatren-Kasein, Omnadin, Sanarthrit und Chloramin.) — *6) Eriksen, S.: Neoarsphenamine as a remedy against blackhead in turkeys and coccidiosis in chicks. J. Am. Vet. Med. Assoc. Bd. 67, Nr. 2, S. 268—270. — 7) Escher: Der Einfluß des Präparates E 104 nach Pfeiler auf Hufrehe und Flußgalle. B. t. W. Bd. 41, H. 51. (1 Fall mit günstigem Ausgang.) — *8) Focsa, P.: Essais de traitement de la tuberculose du cobaye par le chlorure de Calcium. C. r. Soc. de Biol. Bd. 92, S. 12—13. — *9) Gatterdam, P.: Tierexperimentelle Studien an Tauben über die bakterizide Wirkung des Yatrens. Diss. Leipzig. — 10) Greve, K.: Über Jodinkarbon. Diss. Hannover und D. t. W. Bd. 33, S. 384—386. (Auszug.) — 11) Grundmann: Mesenchymatren E 104 bei Phlegmone und Pachydermie. T. R. Bd. 31, S. 829—830. — 12) Kobler: Tanargentan, ein wirksames Mittel gegen Ferkelruhr. B. t. W. Bd. 41, H. 22. — 13) Knolle: Neosilbersalvarsan bei der Behandlung der Hundestaupe. T. R. Bd. 31, H. 26. (Gute Erfolge bei 30 Patienten.) — *14) Kolbe, G.: Zur Anwendung des Yatrenvakzin E 104 in der Praxis. Diss. Leipzig. — *15) Martens, O.: Therapeutische Versuche mit Kupfersalvarsan (K₃ Ehrlich) und Kupfersalvarsannatrium bei der Brustseuche der Pferde. Diss. Hannover und D. t. W. Bd. 33, S. 450—452. (Auszug.) — 16) Mench, K.: Untersuchungen über die Wirkung des Yatrenvakzins E 104 bei verschiedenen Krankheiten unserer Haustiere. Diss. Hannover und D. t. W. Bd. 33, S. 635—637. (Auszug. Kein abschließendes Ergebnis.) — 17) Milne, A. S.: Sodium protosonate in the treatment of Trypanosomiasis. Vet. Rec. Bd. 5, S. 46. (Kasuistisch.) — *18) Moldawsky, A.: Pneumin (Methylen-Kreosot) in der Großtierpraxis. T. R. Bd. 30. — *19) Nicolau, S., A. Doskocil, J.-A. Galloway: Action de l'acétyloxyaminophenylarsinate basique de Bismuth dans la Nagana expérimentale et la spirillose des poules. C. r. Soc. de Biol. Bd. 92, S. 580—582. — 20) Penschuck, E.: Chemotherapeutische Versuche mit Methylenblausilber (Argochrom) bei Rotlauf, Paratyphus und Streptokokkeninfektionen. D. t. W. Bd. 33, S. 587—589. (Auszug.) — 21) Pfeiler, W.: Die Verwendung des Introzids bei Druse und fieberhaften Katarrhen der oberen Luftwege. T. R. Bd. 31, S. 934 bis 936. (Kasuistik.) — *22) Derselbe: Die praktische Bedeutung der Therapia magna sterilisans mittels Introcids beim septischen Abort und Puerperalfieber der Stuten. Ebendas. Bd. 31, S. 442—444. — 23) Derselbe: Zellulartherapie mit dem Mesenchymatren E 104. 7. Die Behandlung bzw. Vorbeuge der Lähme bei den verschiedenen Jungtierarten. Ebendas.

Bd. 31, S. 84—87. — *24) Derselbe: Die Behandlung der Sepsis mit Introzid. M. t. W. Bd. 76, Nr. 65, S. 65—68. — 25) Pfeiler, W. und F. Blume: Zellulartherapie mit dem Mesenchymatren E 104. 6. Zur Entstehung, Ätiologie und Bekämpfung der seuchenhaften Euterentzündungen mit besonderer Berücksichtigung des Euterbrandes der Schafe. Die Verwendung des Yatrenvakzins E 104 bei Euterentzündungen, Milchfehlern und Tuberkulose. T. R. Bd. 31, S. 1—5. — *26) Pico, C.-E. und J. Ferrari: Elévation du titre antitoxique des sérums antidiphthériques par injections d'essence de térébenthine. C. r. Soc. de Biol. Bd. 92, S. 1332. — *27) Ragsdale, A. C., S. Brody und J. B. Nelson: The bactericidal properties of the blood of the calf before and after ingesting colostrum. Missouri Sta. Bul. Bd. 228, S. 43—44; Ref. Exp. Stat. Rec. Bd. 53, S. 479. — *28) Schmoldt, P.: Untersuchungen über die Verwendbarkeit von Atophanyl (Schering) in der Veterinärmedizin. Diss. Berlin 1924. — *29) Schönborn: Über die Anwendung von Solfumin bei fieberhaft erkrankten Serumpferden. D. m. W. Jg. 51, Nr. 30, S. 1238. — 30) Schultheis, J.: Erfahrungen mit Introzid, Hämodiathesan und dem Mesenchymatren E 104 (Yatrenvakzin). T. R. Bd. 31, S. 409—410 u. 423—424. (Kasuistik.) — 31) Thomoff, Z.: Die trypanozide und bakterizide Wirkung von Ss. 207. Diss. Hannover und D. t. W. Bd. 33, S. 731 bis 733. (Auszug.) — *31a) Vechiu, A. und P. Marcian: Réaction du benjoin colloidal dans quelques affections du système nerveux du chien. C. r. Soc. de Biol. Bd. 93, S. 754. — 32) Vogel: Introzid bei puerperaler Septikämie. M. t. W. Bd. 76. Nr. 22, S. 478—479. (Heilerfolg bei einer Stute.) — 33) Waldeck, A.: Untersuchungen über die Bedeutung eines neuen Silberpräparates für die Therapie der Hundestaupe. Diss. Hannover und D. t. W. Bd. 33, S. 523—524. (Auszug.) (Kolloidales Silber; gute Erfolge.) — *34) Wisniewski: Über Para-Di-Para bei der Behandlung der Staupe. B. t. W. Bd. 41, H. 11. — *35) Wüsthoff: Beiträge zur zellulartherapeutischen Behandlung mit dem Mesenchymatren E 104. Ebendas. Bd. 41, H. 44. — *36) Zaffagnini, B.: L'olio canforato nel trattamento delle malattie dei suini. (Kampferöl bei Behandlung von Schweinekrankheiten.) Clin. vet. S. 537 bis 540.

Nach Nicolau (19) hat das basische Wismut-Azetyloxyaminophenylarsinat stark trypano- und spirillozide Wirkung bei Hühnern (Nagana, Spirillose). Graf.

Vechiu und Marcian (31a) weisen nach, daß die Präzipitationen des kolloidalen Benzoeharzes mit dem Liquor nur bei der Wut eine charakteristische, diagnostisch wertvolle Kurve gibt, auch nach dem Tode des Tieres. Es wird auf das Original verwiesen. Graf.

Gatterdam (9) hat Yatren in seiner Wirkung auf den Rotlaufbazillus geprüft, und zwar in der höchstmöglichen Konzentration, der 5 proz. Lösung.

Es stellte sich heraus, daß selbst große Mengen Yatrens nicht imstande waren, dem Vordringen des Rotlaufbazillus Einhalt zu gebieten, Mengen, die bestimmt ausgereicht hätten, im Reagenzglasversuch den Rotlaufbazillus zu töten. Die Tauben starben in allen Fällen, gleichgültig, ob das Yatren zugleich mit der Kulturdosis oder, um die schwellenreizende Komponente mitwirken zu lassen, vor der Kultureinspritzung in zeitlichen Abständen verimpft wurde.

Trautmann.

Nach Kolbe (14) ist die Wirkungsweise des Yatrenvakzin E 104 bei den einzelnen Erkrankungen individuell und seine Anwendung im Rahmen der Reiztherapie vorsichtig zu bemessen.

Trautmann.

Wüsthoff (35) gibt Beiträge zur zellulartherapeutischen Behandlung mit dem Yatrenvakzin E 104 Mesenchymatren. Er hat es zur Unterstützung der Behandlung mit herangezogen und hat dabei, in bezug auf den Heileffekt, oft eine verblüffende Wirkung gehabt. Henkels.

Brocq und seine Mitarbeiter (2) fanden, daß Injektionen von Strychnin und Chloroform, im Serum der darauf getöteten Hunde eine Modifikation hervorrufen, durch welche die Komplementbindung durch ein Tuberkuloseantigen unsicher wird. Graf.

Martens (15) hat das Kupfersalvarsan und K.-Salvarsannatrium bei der Brustseuche des Pferdes untersucht. Es wurden 43 Pferde therapeutisch, 1 Pferd experimentell-toxikologisch, 5 zur Kontrolle symptomatisch untersucht.

Nach den Infusionen trat eine 1—6 Stunden anhaltende, nach 1—6 Tagen wieder zurückgehende Temperatursteigerung ein mit rascher Hebung des Allgemeinbefindens. Die vollkommene Heilung nimmt aber längere Zeit in Anspruch. Die gute Wirkung ist auch bei bereits in Lunge und Herz lokalisierter Krankheit unverkennbar. Bei der Dosierung von 0,75—0,8 mit 200,0 ist das Präparat unter gleichen Kautelen zu verwenden wie Neosalvarsan. Da das Kupfersalvarsan in viermal geringerer Dosis den gleichen Effekt bewirkt wie Neosalvarsan, so ist diese Therapie auch vom ökonomischen Standpunkt zu empfehlen. Graf.

Schönborn (29) konnte von 12 fieberhaft erkrankten Serum-Pferden 9 Pferde durch intravenöse Injektionen mit Solfumin von den Forstchemischen Werken in Joachimsthal (Uckermark) heilen. Krage.

Pico und Ferrori (26) injizierten 10 Pferden 4 Tage vor der Impfung mit Diphtherietoxin 5 ccm Terpentin subkutan, welches nach 3—4 Tagen zu Fixationsabszeß führte. Der mittlere Antitoxintiter des Serums dieser Tiere war 4 mal höher als bei den nicht terpentinisierten Tieren. Graf.

Wisniewski (34) berichtet, daß Para-Di-Para (ein Arsanilsäurepräparat) einen hervorragenden Platz in der Behandlung der Staupe einnehme. Henkels.

Moldawsky (18) hat Pneumin (Methylenkreosot) bei verschiedenen Pneumonien des Pferdes geprüft.

Innerlich verabreicht (täglich 3 mal 15,0—20,0 bzw. 50,0 auf einmal) ersetzt es das Kreosot vollkommen, ist auch geruch-, geschmacklos und ungiftig. Seine Pulverform und der niedrige Preis begünstigen seine Verwendung in der Tiermedizin. Es wirkt auch appetitanregend. Die Indikationen sind: akute Bronchitis, Pneumonie, Inappetenz und Diarrhöe. Seine gleichzeitige desinfizierende Wirkung auf die Digestions- und Respirationsschleimhaut ist von Bedeutung bei symptomatischer Behandlung der Infektionskrankheiten, bei denen eine unspezifische desinfizierende Einwirkung auf die Schleimhäute der Atmungs- und Verdauungswege erwünscht ist. Die Bezeichnung Pneumin deutet ein solches erweitertes Indikationsgebiet nicht an. Graf.

Eriksen (6) hat Versuche ausgeführt mit Neosalvarsan als Heilmittel bei Blackhead der Puten und Kokzidiose der Kücken. Auf Grund von einigen Versuchen kommt der Verf. zu dem Schluß, daß dem Neosalvarsan bei diesen beiden Krankheiten weder als Schutz- noch als Heilmittel eine Bedeutung zukommt. Außerdem ist das Präparat sehr teuer und die intravenöse Applikation schwierig. Hobmaier.

Nach den Resultaten von Chicon und Mallarice (4) ist das Elektrargol in der Veterinärmedizin nur mit großer Vorsicht anzuwenden. Henkels.

Pfeiler (24) beschreibt 9 Fälle (Diplokokkeninfektion bei Fohlen, Metritis purulenta, Retentio secundinarum, Rotlauf), in denen Introzid Heilung bzw. Abfall des Fiebers und erhebliche Besserung der Krankheit bewirkt hatte. J. Schmidt.

Pfeiler (22) hat über Introzid bei septischem Abortus und dem Puerperalfieber der Stuten berichtet.

Nach seinen Untersuchungen bei den genannten Indikationen schafft Introzid die Bedingungen, unter welchen die Therapia magna sterilisans erreicht ist. Seine Erfolge übertreffen die Resultate symptomatischer und örtlicher Behandlung. Graf.

Zaffagnini (36) lobt bei Schweinekrankheiten neben den etwaigen Spezifika (Serum usw.) das Kampferöl, das oft geradezu in Form von subkutanen Injektionen Wunder wirken soll. Frick.

Nach Schmoldt (28) zeigt Atophanyl bei intravenöser Einverleibung selbst bei Dosen von 80 ccm keine schädlichen Einwirkungen.

Akuter Muskelrheumatismus und Gelenkdistorsionen wurden hinsichtlich der Schmerzen gemildert und deren Heilung beschleunigt. Spat und Schale, sowie chronische Arthritiden wurden nicht beeinflußt. Gegen Sklerodermie ist Atophanyl unwirksam. Bei akuten Gelenkerkrankungen stellten sich nach Atophanyl Fiebersenkung, Rückgang der Gelenkschwellungen und Verminderung bzw. Aufhören der Lahmheit ein. Trautmann.

Ragsdale, Brody und Nelson (27) berichten über die bakteriziden Eigenschaften des Blutserums von Mutterkühen und von Kälbern vor und nach der Verabreichung von Kolostralmilch gegenüber dem Bact. coli. Während diese Eigenschaften bei Kühen und Kälbern, die Kolostralmilch erhalten hatten, vorhanden waren, fehlten sie bei Kälbern, die nicht mit Kolostralmilch ernährt wurden. Wurde Kälbern letztere verabreicht, so erhielt das Blutserum innerhalb weniger Tage bakterizide Eigenschaften. H. Zietzschmann.

Focsa (8) versuchte die experimentelle Tuberkulose beim Meerschweinchen mit Kalzium zu beeinflussen. Soweit es an dem beschränkten Material ersichtlich ist, scheinen intraperitonaeale Injektionen in verschiedenen Intervallen den raschen tödlichen Verlauf der Infektion zu beschleunigen. Graf.

### Anhang: Unspezifische Reiztherapie.

*1) Cariati, M.: La proteinoterapia nella cura di gravi malattie degli animali domestici. (Proteintherapie.) Nuova Vet. S. 232. — *2) Metzger, R.: Über die Anwendung der Reiztherapie bei akuten Infektionskrankheiten. D. t. W. Bd. 33, S. 537—539. — *3) Olah, E.: Die Proteintherapie in den nichtspezifischen Wunden. Inaug.-Diss. Bukarest. — *4) Pommer, J.: Versuche mit Parenchymatol-Milcheiweiß in der Veterinärmedizin. Diss. Leipzig. — 5) Reiter, P. G.: Das Kaseosan in der tierärztlichen Praxis. Diss. Leipzig. (Unsichere Beurteilung!) — 6) Riedmüller, Leo.: Über den neueren Stand der unspezifischen Therapie. M. t. W. Bd. 76, Nr. 29, S. 654—659, Nr. 31, S. 673—679. — *7)Rüdinger, F.: Therapeutische Versuche mit „Omnadin". Diss. Leipzig. — *8)Steijn, D. G.: Zur aspezifischen Therapie bei septikämischen Erkrankungen von Kaninchen und Mäusen. Diss. Wien. — *9)Wiedenbach, Hermann: Über Verwendung von Kaseosan und Enaesin bei Krankheiten des Pferdes und des Hundes. M. t. W.

Bd. 76, Nr. 49, S. 1077—1083; Nr. 50, S. 1117—1123. — 10) Wörthmüller: Die Proteinkörpertherapie mit Albusol in der Tiermedizin. Ebenda. Bd. 76, Nr. 24, S. 528—533. (Die bisherigen guten Erfolge regen zu weiteren Versuchen an.)

Cariáti (1) hat angeblich mit intramuskulären Injektionen von Milch bei einer Kuh mit Metritis und einem Hund mit Pyoseptikämie schnelle Heilung erzielt. Beide wurden gleichzeitig lokal und allgemein mit anderen Mitteln behandelt.      Frick.

Metzger (2) fand die Reizkörpertherapie als nicht zuverlässig bei akuten Infektionskrankheiten, insbesondere bei Maul- und Klauenseuche, Rotlauf, Katarrhalfieber und Hundestaupe.

     C. Reinhardt.

Olah (3) berichtet über die Wirkung der subkutanen Impfung von frischer Milch als Hilfsmittel bei der Behandlung verschiedener nichtspezifischer Wunden und empfiehlt sie den praktizierenden Tierärzten, da er in den verschiedenen in dieser Weise behandelten Fällen gute Erfolge gehabt hat.      Constantinescu.

Nach Pommer (4) ist Parenchymatol-Milcheiweiß gefahrlos im Gebrauch, da es auch bei Überdosierungen keine unangenehmen Nebenerscheinungen hervorruft (außer Schwellungen, die aber von selbst zurückgehen).

Parenchymatol-Milcheiweiß ruft auch bei mehrfacher Applikation keine anaphylaktischen Erscheinungen hervor und ist im Gegensatz zu anderen Eiweißpräparaten lange Zeit gut haltbar und flockt nicht aus. Es ist verhältnismäßig billig in seiner Anwendung.

Wegen dieser beachtlichen Vorzüge gegenüber manchen anderen Eiweißpräparaten kann Parenchymatol-Milcheiweiß als ein recht brauchbares Präparat in der Proteinkörpertherapie, zumal bei der Bekämpfung infektiöser Mastitis, gelten und bietet somit gerade dem Praktiker bei seiner billigen, einfachen und unbedenklichen Verwendungsmöglichkeit ein nicht zu unterschätzendes Hilfsmittel.      Trautmann.

Nach Rüdiger (7) stellt Omnadin eine wertvolle Bereicherung des Arzneischatzes dar. Bequeme Anwendung ohne üble Folgen macht Omnadin speziell für die Praxis wertvoll.

Angezeigt ist Omnadin bei Gastroenteritis (frische Erkrankungsfälle), wo das Mittel allein genügt; bei gastrischer Form der Staupe (auch unabhängig von symptomatischer Behandlung); bei Nachhandparesen leichterer Form als Residuum der Staupe, wobei in einem Teil der Fälle die symptomatische Therapie erforderlich war; in Verbindung mit Gripkalen bei pektoraler Form der Staupe; bei Komplikation der gastrischen mit der pektoralen Form der Staupe evtl. mit Gripkalen. Bei Vorwiegen der gastrischen Erscheinungen genügt Omnadin ohne symptomatische Behandlung. Es ist kein Allheilmittel und auch kein Spezifikum gegen irgendeine Krankheit, sondern in hohem Grade wertvoll zur Unterstützung der Körperabwehrkräfte neben der jeweils üblichen symptomatischen Therapie. Anwendung am besten intraglutaeal 1—4 ccm bei kleinen Haustieren.

     Trautmann.

Steijn (8) beschäftigt sich mit der aspezifischen Therapie bei septikämischen Erkrankungen.

Verf. prüfte die Wirkung von Kaseosan, Aolan, Yatren, Yatrenkasein und Rivanol bei Kaninchen, welche mit hochvirulenten Geflügelcholerabazillen infiziert worden waren, und Yatren bei rotlaufkranken weißen Mäusen. Nachdem die infizierten Tiere die ersten Erscheinungen einer Septikämie zeigten (Bak-

terien im Blute), wurde mit der Behandlung begonnen. Verf. konnte von je vier infizierten Kaninchen am Leben erhalten mit Kaseosan 2, mit Yatren 4, mit Yatrenkasein 3, mit Rivanol 1, während bei der Aolanbehandlung von 5 infizierten Tieren 2 wieder gesund wurden. Die nicht behandelten Kontrolltiere (5) sind alle eingegangen. Diese Heilerfolge dürften deswegen von gewisser Bedeutung sein und einen Rückschluß auf die Wertigkeit der einzelnen Mittel zulassen, weil als Infektionsstoff bei den Kaninchen ein hochvirulenter Geflügelcholerastamm verwendet wurde, dessen Virulenz außerdem durch die Kaninchenpassagen noch gesteigert worden war. Das Yatren, in der optimalen Dosierung, erwies sich auch gegenüber einer Rotlaufinfektion bei weißen Mäusen äußerst wirksam, indem bei entsprechend hoher Dosierung die vier geimpften Tiere am Leben blieben, während es in kleinen Mengen gegeben versagte. Wenn auch diese Versuche nicht verallgemeinert werden dürfen, so kann immerhin behauptet werden, daß die aspezifische Therapie bei septichämischen Erkrankungen von Bedeutung werden kann, und daß diesbezügliche Versuche in der Praxis, namentlich bei den hämorrhagischen Septikämien, wie Geflügelcholera, Schweineseuche, Kälberpneumonie usw. für welche Krankheiten bis jetzt noch kein Heilmittel besonders befriedigte, sehr am Platze wäre.

     Trautmann.

Wiedenbach (9) hält die subkutane Injektion von Kaseosan und Enaesin für angezeigt bei Staupekeratitiden, bei akuten fieberhaften Darmaffektionen bei Pferden, bei Infektionskrankheiten.

a) Staupe der Hunde wurde in vielen Fällen zweifelsohne günstig beeinflußt, insbesondere wenn die Anwendung frühzeitig erfolgte; bei ganz schweren Fällen, und vor allem bei nervöser Staupeform, blieb der Erfolg aus. b) Bei Druse dürfte ebenfalls eine recht frühzeitige Anwendung von Kaseosan und Enaesin erfolgversprechend sein, ebenso bei Hautkrankheiten, wie Herpes, Akarus, akuten und chronischen Ekzemen. Eine gleichzeitige symptomatische Behandlung ist in all diesen Fällen ratsam. Für zwecklos hält W. die Kaseininjektionen bei chronischen katarrhalischen Erkrankungen des Magens und Darmes sowie des Respirationsapparates. Nicht angezeigt ist die Verwendung der Kaseinpräparate bei schwerer Herzinsuffizienz und akuten Herzerkrankungen.      J. Schmidt.

### C. Serologie, Immunität.

1) Abderhalden, E.: Handbuch der biologischen Arbeitsmethoden. Abt. XIII: Methoden der Immunitätsforschung und experimentellen Therapie, Teil II, H. 6, Lief. 137. Berlin: Urban & Schwarzenberg. — 2) Basset, J.: Immunisation des bovidés par la toxine symptomatique. C. r. Acad. des Sc. Bd. 180, S. 170. (Nur Titel angegeben, nicht abgedruckt.) — 3) Behme, H.: Über die Resistenzbreite der Kaninchenerythrozyten vor und nach der Injektion von normalem Pferdeserum. T. R. Bd. 31, S. 264—265. — *4) Bieling, R.: Aktive Immunisierung unterernährter Tiere. Zschr. f. Hyg. Bd. 104, H. 4, S. 631 bis 640. — *5) Böhme: Über neue Wege des aktiven Immunisierung bei menschlichen und tierischen Infektionskrankheiten. B. t. W. Bd. 41, H. 29. — 6) Brocq-Rousseu, Urbain und Cauchemez: La coaglutination globulaire appliquée au diagnostic de certaines maladies microbiennes. Comparaison avec la réaction de déviation du complément. Rec. de M. vét. Bd. 101, H. 4. — 7) Dieudonné, A. und W. Weichardt: Immunität, Schutzimpfung und Serumtherapie. (11) Leipzig: J. Ambr. Barth. — *8) Dikoff, G.: Vergleichende Studien über die Gewinnungsmethoden des präzipitierenden Antiserums. Jb. d. Vet.-med. Fakultät in Sofia Jg. 1, S. 92—169. —

9) Domagk, G.: Pathologisch-anatomische Beobachtungen bei der Anaphylaxie. Verh. D. path. Ges. Bd. 20, S. 280—291. — *10) Drouin, V. F.: Les anatoxines. Rev. gén. de M. vét. Bd. 34, S. 357 bis 368. — 11) Fresdorf, E.: Untersuchungen über die Beeinflussung des Kaninchenblutbildes durch Injektion von hämagglutinierendem und nichthämagglutinierenden Pferde- und Rinderserum. Diss. Hannover und D. t. W. Bd. 33, S. 420—421. (Auszug.) — 12) Favero, F. und Lunardini: La malattia del siero. (Folgekrankheiten nach Seruminjektion.) Nuova Vet. S. 160—194. — *13) Gil y Gil, C.: Die Immunität im Nierenepithelgewebe. Zieglers Beitr. Bd. 72, S. 621 bis 653. — 14) Gregg, J.: The probable volue of autogenous vaccines. Vet. Rec. Bd. 5, S. 826—827. — *15) Herzberg, R.: Vergleichende Untersuchungen über die Konservierung agglutinierender Sera mit Karbolglyzerin, Glyzerin und Yatren. Zbl. f. Bakt. (Orig.) Bd. 95, H. 2—4, S. 245—249. — *16) Jelin, W.: Studien über den Mechanismus der natürlichen Immunität. I. Mitt. und II. Mitt.: Über den Prozeß der Phagozytose bei natürlicher Immunität. Ebendas. Bd. 96, H. 314, S. 227—237. — 17) Lumière, A.: Le problème de l'anaphylaxie. Paris: G. Doin. — 18) Mahé, J.: Les réactions de Bordel-Wassermann et de Hecht chez le chien. Rec. de M. vét. Bd. 101, H. 14. — *19) Maritschnig, F.: Über die Bestimmung des Hitzekoagulationspunktes von Sera mit Hilfe der Viskosimetrie. Diss. Wien. — *20) Meyer, S.: Vergleichend hämatologische Studien an Säugetieren und Vögeln. D. m. W. Jg. 51, Nr. 4, S. 149. — *21) Nagy, L.: Ein Fall von Idiosynkrasie beim Schwein. Allat. Lapok S. 192. — *22) Nelson, J. B.: Normal immunity reactions of the cow and the calf with reference to antibody transmission in the colostrum. Missour. Sta. Res. Bul. Bd. 68, S. 3—30; Ref. Exp. Stat. Rec. Bd. 52, S. 679. — *23) Perz, J.: Beitrag zur Seroskopie mit Hilfe der Trockentropfmethode. Diss. Wien. — *24) Plotz, H.: Quelques observations sur le mécanisme de l'anaphylaxie sérieque. C. r. Acad. des Sc. Bd. 180, S. 167. — *25) Ponce de Leon, S. R.: Precipitinógeno Parasitario. (Parasitisches Präzipitinogen.) — Rev. de la Fac. d. Med. Vet. (La Plata) Bd. 1, H. 3, S. 61—62. 1924. — 26) Ramon: Sur l'augmentation anormale de l'antitoxine chex les chevaux producteurs de sérum antidiphthérique. Rec. de M. vét. Bd. 101, H. 10. — 27) Scott, W.: Some observations on immunology in general practice. Vet. Rec. Bd. 5, S. 265—271. (Nichts Neues.) — *28) Shirakawa, T.: Über die anatoxische Wirkung von Pferde-, Esel- und Maultierserum im Tierversuch. Zschr. f. Hyg. Bd. 104, H. 2, S. 436—440. — *29) Szélyes, L.: Die Vererbung der Immunität. Allat. Lapok S. 211 bis 214. — 30) Derselbe: Immunisierungsversuche. Közl. Bd. 18, S. 1—24. — 31) Tagawa, K.: Beiträge zur Kenntnis des Eingangsmechanismus der Konglutination. J. of Japan. Soc. Vet. Sc. Bd. 4, Nr. 2, S. 181 bis 183. — 32) Truche, G.: Note sur l'emploi des serums antigangréneux en vétérinaire. Rec. de M. vét. Bd. 101, H. 6. — 33) Urbain und Chrétien: Présence d'anticorps spécifique par M. Charibat. Ebendas. Bd. 101, H. 18. — *34) Wittmann: Serumkrankheit bei Pferden. B. t. W. Bd. 41, H. 48.

Bieling (4) berichtet über aktive Immunisierung unterernährter Tiere.

Die an Ratten und Meerschweinchen angestellten Versuche ergaben, daß unterernährte (vitaminfrei ernährte) junge Ratten und unterernährte (skorbutische) Meerschweinchen sich erheblich schwächer gegen Tetanustoxin immunisieren lassen als normal ernährte Tiere. Bei vergleichender Immunisierung unterernährter (skorbutischer) und normal ernährter Meerschweinchen gegen Diphtherietoxin treten prinzipiell dieselben Unterschiede zutage.

Während jedoch unterernährte Meerschweinchen auch sonst abweichend von normalen Tieren auf Diphtherietoxin reagierten, zeigten die unterernährten Ratten außer ihrer schlechten Immunisierbarkeit keine erheblichen Veränderungen in der Reaktionsweise und Reaktionsstärke gegen Tetanus- und Botulismustoxin.
Krage.

Böhmes (5) Ausführungen über neue Wege der aktiven Immunisierung bei menschlichen und tierischen Infektionskrankheiten sollen zeigen, daß dem von ihm beschriebenen Wege der aktiven Hautimmunisierung mit lebenden Krankheitserregern grundsätzliche Bedeutung zuzukommen scheint.
Henkels.

Nach vergleichenden Untersuchungen über die verschiedenen Methoden zur Gewinnung von präzipitierendem Serum und insbesondere der Temperaturerhöhung der Serumtiere kommt Dikoff (8) zu folgenden Schlüssen:

1. Wenn man hochwertiges Antiserum gewinnen will, muß man zur Vorbehandlung Fleischsaft verwenden; er muß ganz frisch und ohne andere Beimengungen sein. Man gewinnt ihn durch Gefrieren des Fleisches, Abschälen, Auftauen, Zerkleinern und Auspressen desselben.

2. Die intravenöse Einverleibung ist allen anderen bekannten Methoden vorzuziehen, und zwar wegen des Antigens, der Reinlichkeit, der leichten Ausführbarkeit, des sterilen Arbeitens, da das Antigen direkt ins Blut kommt, und was auch sehr wichtig ist wegen der Schnelligkeit.

3. Will man brauchbares Antiserum in großen Mengen gewinnen, so kann man Blutserum nehmen und intravenös verabreichen. 6—8 Stunden nach Ablauf der ersten Einspritzung mißt man die Temperatur, um die Kaninchen, die keine Temperaturerhöhung zeigen, von der Weiterbehandlung ausschließen zu können. Die nach der ersten Einspritzung reagierenden Versuchstiere werden nach 5 Tagen nochmals eingespritzt und am 7. Tage entblutet.
Angeloff.

Drouin (10) berichtet in einem Sammelreferat über Arbeiten Ramons, der einen neuen Immunkörper, von ihm Anatoxin benannt, entdeckt hat.

Es gelang Ramon zunächst zwischen Toxin und antitoxischem Serum eine gesetzmäßige Ausflockung nachzuweisen, die dann zur Titerbestimmung antitoxischer Sera verwertet wurde und umgekehrt natürlich auch zur Toxingehaltbestimmung von Kulturen unter Verwendung eines Testserums benutzt werden konnte. Bei dieser letzteren Versuchsanordnung stellte Ramon fest, daß die Ausflockung unverändert weiterbesteht auch bei Toxinen, die ihre Toxizität ganz oder teilweise eingebüßt haben, ohne jedoch ihre Eigenschaft, Antikörperbildung auszulösen, verloren zu haben. Für derartig veränderte Toxine prägte er den Namen „Anatoxine". Die Anatoxinbildung kann durch Anwendung geringer Hitzegrade bei gleichzeitiger Formoleinwirkung beschleunigt werden. Die praktische Nutzanwendung dieser Beobachtungen auf die Hyperimmunisierung von Serumpferden zeigte, daß es innerhalb eines geringeren Zeitraumes gelang, einen bedeutend höheren Titer, als bisher erreicht werden konnte, zu erzielen. Es zeigte sich also, daß die antigene Eigenschaft nicht von der augenblicklichen Toxität eines Filtrats, sondern von seiner Ausflockungskraft abhängig ist. Diese letztere wiederum ist Ausdruck für das Maximum an Toxizität, das jeweils in der betreffenden Kultur erreicht worden ist. Weitere Versuche zeigten, daß es gelingt, in 5—6 Tagen im Serum des Impflings 10 AE zu erzeugen. Die direkte Impfung von Menschen wurde in Selbstversuchen von Ramon und mehreren Ärzten geprüft und für ebenso unschädlich wie wirkungsvoll befunden. Das Anatoxin hält sich im Eisschrank aufbewahrt über ein Jahr wirksam und bewahrt seine Wirksamkeit auch gegen einstündiges Erhitzen auf 65—70 Grad. Die Anwendung der Immunisierung mittels Anatoxinen gelang bei Pest, Diphtherie, Tetanus; sie ist vielversprechend bei Botulismus, Gasbranderkrankungen und den pflanzlichen und tierischen Toxalbuminosen. C. Reinhardt.

Gil y Gil (13) gelang es, Immunität des Nierenepithelgewebes beim Kaninchen gegen Vergiftung mit Uran und Sublimat zu erzeugen. Bei Uranvergiftung konnte der tubuläre Apparat vor dem glomerulären immunisiert werden. Joest.

Herzberg (15) stellte vergleichende Untersuchungen über die Konservierung diagnostischer Sera an mit dem Ergebnis, daß Karbolglyzerin und Yatren den in der Praxis zu stellenden Anforderungen (Erhaltung des Titers, Unterdrückung des Bakterien- und Schimmelwachstums, Erhaltung von Farbe und Klarheit) am meisten gerecht werden. Schumann.

Jelin (16) hat Untersuchungen über den Mechanismus der natürlichen Immunität angestellt.

Gegenüber verschiedenen Saprophyten besitzen die Bauchhöhlenflüssigkeit und desgleichen das Blutserum einen unterschiedlichen Bakterizidieengrad. Da die Bauchhöhlenflüssigkeit fast keine freien Zellen vom phagozytären Typus enthält, da ferner das Bakterizidievermögen bei einzelnen Bakterien in der Bauchhöhlenflüssigkeit noch vor dem Auftreten von Phagozyten einsetzt, muß angenommen werden, daß die Bakterizidie unabhängig von Phagozyten ist. Wahrscheinlich handelt es sich um Produkte lokaler Elemente, nämlich der die Bauchsäfte auskleidenden Zellen, jedenfalls traten nach Injektion reiner physiologischer Lösung in die Bauchhöhle keine bakteriziden Substanzen auf. Schumann.

Maritschnig (19) hat den Hitzekoagulationspunkt von Sera mit Hilfe der Viskosimetrie bestimmt.

Nach ihm ist die Viskosimetrie von Blutserum eine geeignete Methode zur Fixierung des Koagulationspunktes und ergibt bei Einhaltung gleichmäßiger Versuchsbedingungen untereinander einwandfreie vergleichbare Resultate. Von Einflüssen, welche die Ergebnisse der viskosimetrischen Messungen abändern können, sind folgende zu erwähnen:
a) Älteres Serum hat eine geringere Viskosität und einen höheren Koagulationspunkt wie frisch gewonnenes, während Schütteln wohl die erstere Eigenschaft in gleicher Weise beeinflußt, ohne den Koagulationspunkt zu verrücken. Temperatureinwirkungen von der Probe erhöhen Viskosität und Koagulationspunkt, wogegen eine Verlängerung der Erwärmung bei der Probe den Koagulationspunkt erniedrigt. Geringer Grad der Hämolyse erhöht die Viskosität, während der Koagulationspunkt erst bei stärkerem Grad derselben erhöht wird. Zusatz konzentrierter Karbolsäure erhöht beide Eigenschaften, wogegen verdünnte Karbolsäure ähnlich der Verdünnung eine Viskositätsabnahme bei gleichzeitiger Verschiebung des Koagulationspunktes nach oben ergibt. b) Dagegen erwiesen sich ohne Wirkung: Rasse, Geschlecht, Trächtigkeit, normale Fütterung und Tränkung, Filtrieren, kurzdauernde Dialyse, Zentrifugieren. c) Bei jugendlichem Alter der Serumtiere zeigen sich wesentliche Differenzen gegenüber dem Serum erwachsener Tiere (bedeutende Viskositätserniedrigung und Koagulationspunkterhöhung). Die Sera der Haustiere weisen im Koagulationspunkt Verschiedenheiten auf, jedoch sind diese nicht derart ausgeprägt, daß sie einen sicheren Schluß auf die Herkunft

des Serums gestatten. Die viskosimetrischen Koagulationspunkte sind beim Pferdeserum 55—57,5°, Rinderserum 57—61°, Büffelserum 58—61°, Schweineserum 59—60°, Schafserum 61,5°, Ziegenserum 57°, Kaninchenserum 58—60°, Hühnerserum 65°. Trautmann.

Meyer (20) stellte hämatologische Studien an bei 146 Säugetieren und 27 Vögeln, um die Reaktionen des tierischen Blutes mit dem Verhalten des menschlichen Blutes zu vergleichen.

Die Untersuchungen erstreckten sich auf säugende Hündinnen mit saugenden Jungen, staupekranke Hunde, mit Tänien behaftete Hunde, an Tuberkulose, Distomatose, Maul- und Klauenseuche und Milchfieber leidende Rinder, Pferde mit pyämischen Prozessen und paralytischer Hämoglobinurie, Schweine mit Backsteinblattern, Kaninchen mit Ohrräude und Ekzem, mit Rotlaufbazillen infizierte Hausmäuse, ältere und junge Vögel, Kapaune, Truthühner und mit Hühnertyphusbazillen infizierte Hühner.

Es zeigte sich, daß das tierische Blut auf physiologische Reize und krankmachende Schädigungen in derselben Weise reagiert wie das menschliche, und daß die Blutbildungsstätten mit der Ausschwemmung größerer oder geringerer Mengen reifer Zellen zur jeweiligen Zusammensetzung der Leukozytenformel, sowie mit der Bildung unreifer, pathologischer Degenerationsoder Regenerationsformen denselben Gesetzen gehorchen wie die hämatopoetischen Zentren des Menschen. Krage.

Nagy (21) beobachtete bei einem 75 Pfund schwerem Yorkshire-Schwein Idiosynkrasie nach der Einspritzung von 15 ccm Rotlaufserum.

Wenige Minuten nach der Impfung stellten sich beängstigende Erscheinungen ein: hochrote Verfärbung der ganzen Körperoberfläche; Rüssel, Ohren, Zitzen und Umgebung des Afters und der Schamspalte wurden bläulich-rot, Ödem der Bindehaut und der Umgebung des Mittelfleisches, Unruhe und keuchendes Atmen. Heilung innerhalb einiger Stunden nach Waschungen mit kaltem Essigwasser. Das Tier war vorher nie geimpft worden. Manninger.

Nelson (22) berichtet über Immunitätsreaktionen bei der Kuh und dem Kalbe unter Berücksichtigung der Antikörperübertragung in der Kolostralmilch.

2 Kühe erhielten gegen das Ende der Trächtigkeitsperiode Pferdeblutkörperchen eingespritzt. Nach der Geburt der Kälber untersuchte Verf. das Blut der Mutter, das Kolostrum und das Blut der Kälber auf die Gegenwart hämolytischer Ambozeptoren. Blut und Milch der einen Versuchskuh zeigten einen höheren Titer an Hämolysin als bei der andern Versuchskuh, jedoch erwies sich der Titer in der Milch einer jeden Kuh von gleichem Grade wie im Blute. Im Blute der Kälber traten Hämolysine erst auf, nachdem sie an den Müttern gesaugt hatten. Die stärkste Reaktion wurde 24 Stunden nach dem Saugen beobachtet. Darauf folgte eine allmähliche Abnahme der Antikörper. In der Kolostralmilch waren letztere nach 2 Wochen verschwunden. Verf. berichtet weiter über die bakteriolytische Wirkung normalen Rinderserums auf B. coli. Frisches Serum der Kuh beeinträchtigte das Wachstum von B. coli ziemlich erheblich. Die Wachstumshemmung trat jedoch nicht ein, wenn in dem Serum das Konplement durch Erhitzen entfernt worden war. Das Blutserum der Kälber vor dem Saugen zeigte nur leicht hemmende Wirkungen gegen B. coli und enthielt nur geringe Mengen von Komplementen. Nach dem Saugen wuchs der Konplementtiter erheblich. Gleichzeitig nahm die bakteriolytische Wirkung gegenüber B. coli zu. Zuletzt berichtet Verf.

über den Gehalt an Agglutininen gegen B. coli im Serum der Kuh, des Kalbes und in der Kolostralmilch. Die fraglichen Stoffe waren im Blutserum der Mutter und in besonderem Grade in der Kolostralmilch enthalten. Sie fanden sich nicht beim Kalbe vor dem Saugen und bei Verbreitung gewöhnlicher Milch, sie traten im Serum des Kalbes aber kurze Zeit, nachdem dieses an der Mutter gesaugt hatte, ein. Verf. schließt, daß neugeborene Kälber unter natürlichen Verhältnissen einen gewissen Gehalt an Schutzstoffen gegen eine Infektion mit B. coli besitzen und daß diese Schutzstoffe, besonders die Agglutinine, durch die Kolostralmilch eine bedeutende Vermehrung erfahren.

H. Zietzschmann.

Perz (23) liefert einen Beitrag zur Seroskopie mit Hilfe der Trockentropfmethode.

Ein Serumtropfen mit einer Platinöse auf einen Objektträger gebracht und im hängenden Tropfen eintrocknen gelassen, nimmt eine dellenförmige Gestalt an, man kann an ihm einen äußeren homogenen und wulstförmigen Ring und eine innen faltenbildende Kernpartie unterscheiden. Das von Dold beschriebene und in Photogrammen gezeigte Netzwerk als Kernpartie des Trockentropfens sind Falten. Diese werden von einer Substanz gebildet, die sich optisch anders verhält als der homogene äußere Ring und ein Produkt der Serumglobuline und Salze sein dürfte. Die faltenbildende Substanz weist eine Struktur auf, welche sich durch Erhöhung oder Verminderung der Salzkonzentration des flüssigen Serums beeinflussen läßt. Eine Fixierung des hydrophilen Trockentropfens ist mit Formalin (40%) möglich, wobei aber die Struktur der faltenbildenden Substanz verloren geht. Trautmann.

Plotz (24) hat Beobachtungen über den Mechanismus der Anaphylaxie gegen das Serum gemacht.

Er hat Meerschweinchen mit $^1/_{200}$ ccm frischem Pferdeserum sensibilisiert. Nach 20 Tagen hat er von demselben Pferde frisches Serum in die Karotiden injiziert. Das tödliche Quantum für die Meerschweinchen ist $^1/_{40}$ ccm. Danach wurde dasselbe Serum unter 37° 24 Tage lang aufbewahrt. Jetzt konnten die Meerschweinchen $^1/_4$ ccm dieses Serums vertragen. Die Toxizität des Serums hatte sich also um das 10 fache verringert. Die Toxizität alten Serums ist demnach weniger stark als die des frischen Serums. Wird das alte Serum jedoch mit $CO_2$ gemischt, so nimmt seine Toxizität zu und erreicht entsprechend dem beigemischten Quantum von $CO_2$ die Toxizität von frischem Serum.

Diese Experimente beweisen, daß die Spezifität der Anaphylaxie gegen das Serum nicht allein von der Art des Serums abhängt, sondern auch von seinem physiko-chemischen Zustand. Es kommen also zwei Faktoren bei der anaphylaktischen Reaktion in Frage: Der physiko-chemische Zustand des zum Sensibilisieren verwandten Serums und der physiko-chemische Zustand des beim Probeversuch zugeführten Serums.

Hans Richter.

Ponce de Leon (25) berichtet über parasitisches Präzipitinogen. Er fand, daß die Protoplasmaeiweißstoffe der Brophilus microphes die Fähigkeit haben, Antikörper zu bilden, was aus der Präzipitinbildung folgt. Ruppert.

Shirakawa (28) stellte über die anatoxische Wirkung von Pferde-, Esel- und Maultierserum an Meerschweinchen Versuche an, indem letztere mit diesen Serumarten sensibilisiert wurden.

Nach 4 Wochen erfolgte eine intravenöse Injektion mit fallenden Dosen der verschiedenen Serumproben.

Es zeigte sich, daß das Maultierserum an anatoxischer Wirkung (und zwar sowohl in anaphylak-

tisierender als auch in schockauslösender) dem Pferdeserum überlegen war. Dagegen hatte im allgemeinen das Eselserum die stärkste schockauslösende Wirkung im Vergleich zum Pferde- bzw. Maultierserum.

Krage.

Szélyes (29) berichtet über Untersuchungen, die auf die Vererbung der Immunität Licht werfen.

Er untersuchte das Blut eines Fohlens einer gegen Schweinerotlaufbazillen immunisierten Stute und fand, daß darin unmittelbar nach der Geburt keine Immunkörper vorhanden waren, nach dem Saugen von Muttermilch ging jedoch der Titer des Fohlenblutserums alsbald in die Höhe. Die Untersuchungen zeigten, daß die Immunkörper des Mutterblutes in die Milch übergingen, so daß die Milch zur Zeit der Geburt eine ebensogroße Schutzkraft besaß wie das Blut selbst. Trotz des hohen Titers des mütterlichen Blutes gingen Immunkörper auf dem plazentaren Blutwege nicht auf die Frucht über, sondern das neugeborene Tier erhielt die Immunkörper durch die Milch. Untersucht man folglich die Vererbung der Immunität, so ist das Verhalten des Neugeborenen noch vor dem ersten Saugen zu prüfen.

Manninger.

Wittmann (34) berichtet zunächst über die Serumkrankheit bei Pferden in Gestalt von Serumanaphylaxie, hämolytischer Anämie, wie sie bereits in der Literatur mitgeteilt wurden. Verf. beobachtete selbst bei der intravenösen Serumtherapie der Pferde mit arteigenem, körperfremdem Serum schockartige Anfälle in Gestalt von plötzlicher Unruhe, Zittern, Hustenanfällen, Taumeln, Zusammenstürzen, hochgradiger Dyspnoe, stürmischer Herztätigkeit, Kolikerscheinungen, Benommenheit, starkem Nasenbluten u. a. Henkels.

# VII. Anatomie und Histologie mit Entwicklungsgeschichte und Mißbildungen.

Bearbeitet von Otto Zietzschmann.

## 1. Methoden der Untersuchung und Aufbewahrung.

1) Aichel, O.: Zur Technik der Lichtbildertabellen. Anat. Anz Bd. 59, S. 286. (Schreibmaschinenschrift auf Gelatinepapier.) — *2) Caudière, M.: Technique simple pour l'impregnation à l'argent des fibres conjonctives. C. r. Soc. de Biol. Bd. 92, S. 83 bis 85. — 3) Demeter, H.: Einfaches Verfahren, Starlinsen zu schneiden. Zschr. f. wiss. Mikr. Bd. 42, S. 173—174. — 4) Eckstein, E.: Zur Wirkung einiger Fixierungsmittel auf Zellen und Gewebe. Verh. D. path. Ges. Bd. 20, S. 206—207. — 5) Erös, G.: Rasches Verfahren zur Herstellung doppelt eingebetteter Schnitte. Zbl. f. Path. Bd. 36, S. 249—251. (Zelloidin-Paraffineinbettung mit Hilfe von Azeton.) — 6) Genoch, F.: Über Untersuchungen im Dunkelfeld mit dem Siedentopfschen Wechselkondensor. Dissertation Wien. — 7) Gräff, S.: Der kolorimetrische Nachweis von Zelloxydase unter optimalen Bedingungen. (Zugleich ein Beitrag zur Technik der Gewebsfixation.) Zbl. f. Path. Bd. 35, H. 16, S. 481—487. — 8) Hance, R. T.: The fixation of avian chromosomes. Anat. Record Bd. 31, S. 87—92. (Der Vogel bleibt ein ungeeignetes Demonstrationsobjekt: zu kleine und zu zahlreiche Chromosomen.) — *9) Heimstädt, O.: Neue Starkwechselkondensoren für Hell- und Dunkelfeldbeleuchtung. Zbl. f. Bakt. (Orig.) Bd. 96, H. 3—4, S. 269—272. — 10) Krauspe, C.: Gallozyanin (Becher) als Kernfarbstoff, nebst einigen Bemerkungen über das Färben und Versilbern von Gelatineschnitten. Zbl. f. Path. Bd. 36, S. 392—394. — 11) Mechanik, N.: Ein Hydrothermostat und andere Vorrichtungen zum

Knochenmazerieren ohne Gas, mit Bemerkungen über ein verbessertes Mazerationsverfahren. Anat. Anz. Bd. 60, S. 225—234. — *12) Schmeidel, Wie Paraffinpräparate hergestellt werden. Vh. d. Anat. Ges., Erg.-H. zum Anat. Anz. Bd. 60, S. 282—283. — 13) Schmidt, M. R.: Über vitale Fettfärbung in Geweben und Sekreten durch Sudan und geschwulstartige Wucherungen der ausscheidenden Drüsen. Virch. Arch. Bd. 253, S. 432—451. 1924. (Verfütterung.) — 14) Tandler, J.: Über die Konservierung anatomischer Präparate in Zucker. Anat. Anz. Bd. 60, S. 62 bis 63. — *15) Troester, C.: Ein Vorschlag zur Steigerung der Leistung des Mikroskops. Zbl. f. Bakt. (Orig.) Bd. 95, H. 1, S. 94—96. — 16) Vermes, E.: Rahmenpräparate zur Aufbewahrung von makroskopischen Präparaten in konservierenden Flüssigkeiten. Anat. Anz. Bd. 60, S. 459—467. — 17) Vonwiller, P.: Neue Wege der Gewebelehre II. Histologische Untersuchungen mittels der Mikroskopie im auffallenden Licht. Zschr. f. Anat. u. Entw. Bd. 76, S. 497—533. — *18) Wernicke, J.: Versuche über die Verwendbarkeit der Röntgenstrahlen für die normal-anatomische Untersuchungsmethodik beim Hunde. Arch. f. wiss. Tierhlk. Bd. 53, S. 403—427.

Troester (15) schlägt, um die Leistungsfähigkeit des Mikroskopes auf das 4fache zu steigern, vor, die Frontlinse des Objektivs und das Deckgläschen aus Diament herzustellen. Schumann.

Heimstädt (9) beschreibt einen Spiegelkondensor, der an jedem Mikroskop anzubringen ist und eine einwandfreie Dunkelfeldbeleuchtung liefert, ohne das Hellfeld zu beeinträchtigen. Schumann.

Wernicke (18) ist der Ansicht, daß die Röntgendurchleuchtung im Verein mit kinematographischen Bildstreifen — allerdings stark unter kontrollierender Berücksichtigung der klassischen Zergliederungsmethode — eine geeignete anatomische Technik zur Durchführung mechanischer Untersuchungen des lebenden Körpers darstellen wird. Weber.

Schmeidel (12) hat prachtvolle Paraffinpräparate von Organen, auch ganzen Tieren hergestellt.

Im wesentlichen handelt es sich bei dieser Methode darum, daß die zu paraffinierenden Objekte möglichst gut fixiert und entwässert werden. Die Entwässerung erfolgt dabei in der Regel möglichst vorsichtig in steigendem Alkohol, in dem die Objekte schließlich liegen, er wird dann durch ein Paraffinlösungsmittel (Benzin oder Xylol) ersetzt. Hierauf werden die Objekte in Paraffin übertragen, das im Thermostaten nahe dem Schmelzpunkte flüssig erhalten und so oft gewechselt wird, bis es nichts mehr von dem Paraffinlösungsmittel enthält. Schließlich werden die Präparate aus dem flüssigen Paraffin herausgenommen und solange auf Filtrierpapier im Thermostaten liegen gelassen, bis das überschüssige Paraffin abgelaufen bzw. abgesaugt ist. Ist dies geschehen, dann läßt man die Präparate bei Zimmertemperatur erkalten und überzieht sie evtl. noch mit einer dünnen Schicht von Lack, um ihre Oberfläche gegen das Eindringen von Staub zu schützen. O. Zietzschmann.

Caudière (2) hat eine einfache Technik zur Silberimprägnation von Bindegewebsfasern beschrieben. Dieselbe ist im Original nachzusehen. Graf.

## 2. Allgemeines und Topographie.

*1) Bittner, H.: Beitrag zur topographischen Anatomie der Eingeweide des Huhnes. Zschr. f. Morph. u. Ökolog. der Tiere Bd. 3, S. 785—793. — *2) Böker, H.: Biologische Morphologie und Medizin. M. m. W. Bd. 72, S. 289—291. — 3) Lukáts, Jos.: Beiträge zur topographischen Anatomie des Leistenkanals beim Pferd. Inaug.-Diss. Budapest. Közl. Bd. 18, S. 99—105. — 4) Hagemann, O.: Anatomie des Pferdes, der Wiederkäuer, Schweine, Fleischfresser und des Hausgeflügels, mit besonderer Berücksichtigung des Pferdes (3). E. Ulmer, Stuttgart.

Bittner (1) beschreibt die Topographie der Eingeweide des Huhnes an Gefrierschnitten und belegt seine Funde mit außerordentlich klaren und gelungenen Schnittbildern. Ganz besonders handelt es sich hier um die Darstellung der Beziehungen der Eingeweide zu den Luftsäcken.

Die Bilder zeigen z. B., wie auf dem Wege durch diese Lufträume Arterien, Venen, Trachea, Ösophagus, sogar der M. sternotrachealis von gekrösartigen, übrigens oft durchlöcherten Falten der zarten Luftsackschleimhaut eingehüllt werden. In dem hinteren Körperabschnitt fällt die Umfassung und Einhüllung der Eingeweide durch die Luftsäcke auf. Auch die Lunge zeigt sich in bemerkenswerter Lage, bindegewebig an die Rippen direkt angeheftet usf. Klar sind auch die serösen Häute. O. Zietzschmann.

Böker (2) spricht der biologischen Morphologie das Wort, der biologischen Betrachtungsweise in der Anatomie, im Gegensatz zur bisherigen historischen oder genetischen Morphologie. Verf. wünscht eine vergleichende biologische Anatomie.

Jede anatomische Einzelheit vom Standpunkte der kausalen Abhängigkeit von den Lebensvorgängen betrachtet, macht die vergleichende biologische Anatomie zur Gestaltungslehre, während der Physiologe, deren Gebiet eigentlich die Behandlung aller Lebensvorgänge umfaßt, sich auf die Betriebslehre beschränkt. Weil die Gestaltungslehre bisher mit wenigen Ausnahmen (vor allem Braus) ganz vernachlässgt wurde, erscheint sie heute besonders wichtig und sollte im vorklinischen Unterricht besonders betont werden. O. Zietzschmann.

## 3. Zellen und Gewebe.

1) Alfejew, S.: Die embryonale Histogenese der Zellformen des lockeren Bindegewebes der Säugetiere. Fol. haemat. Bd. 30, S. 111—172. 1924. (Ref. in Berichte über d. ges. Physiol. Bd. 30, S. 683.) — 2) Almqvist, R.: Zur Kenntnis des Ranvierschen Imprägnierungsbildes. Zschr. f. mikr.-anat. Forschg. Bd. 4, S. 510—524. (Auch die Literatur.) — 3) Anreiter, J.: Ein Beitrag zur Hämatologie der Süßwasserteleostier. Diss. Wien 1920—1924. — *4) Arndt, H. J.: Vergleichend hämatologische Beiträge. Über die Blutplättchen von Hund, Katze, Pferd und Rind. Arch. f. wiss. Tierhlk. Bd. 52, S. 316—331. — 5) Derselbe: Zur kombinierten mikroskopischen Darstellung von Glykogen und Lipoiden. Zbl. f. Path. Bd. 35, H. 18, S. 545—549. — 6) Derselbe: Zur Kritik neuerer Methoden des histochemischen Lipoidnachweises. Verh. D. path. Ges. Bd. 20, S. 143—149. — *7) Aron, M.: Quelques observations nouvelles à propos de l'origine sur sang du foie embryonnaire des mammifères. Arch. d'anat., d'hist. et d'embr. Bd. 4, S. 1—26. — 8) Ciechanowski, St.: Zur histotopographischen Methode. Virch. Arch. Bd. 256, S. 568. — 9) Domagk, G.: Untersuchungen über die Bedeutung des retikuloendothelialen Systems für die Vernichtung von Infektionserregern und für die Entstehung des Amyloids Virch. Arch. Bd. 253, S. 594—638. (Versuche an Mäusen.) — *10) Fischer, A.: Sur la transformation in vitro des gros leucocytes mononucléaires en fibroblastes. C. r. Soc. de Biol. Bd. 92, S. 109—112. — 11) Forst, R.: Beiträge zur Kenntnis des blasigen Stützgewebes bei Fischen. Diss. Wien. — 12) Gutmann, Karl: Untersuchungen über die Einwirkung von Agentien auf das Flimmerepithel der Rachen-

schleimhaut und auf die Blutbewegung der Zunge des Frosches. M. t. W. Bd. 76, Nr. 49, S. 1100—1102. (Die Untersuchungen lehren, daß das Flimmerepithel ganz außerordentlich empfindlich ist.) — 13) Häggqvist, G.: Über den Zusammenhang von Muskel und Sehne. Zugleich ein Beitrag zur Frage: Wie überträgt sich die Zugkraft der Muskeln auf die Sehnen? Zschr. f. mikr.-anat. Forschg. Bd. 4, S. 605—634. (Polemik gegen Sobotta; [ist Gegner der Anschauung der Kontinuität].) — *14) Haffner, F.: Das Verhalten der weißen Blutzellen bei kranken Rindern unter besonderer Berücksichtigung der Arnethschen Kernverschiebung. Arch. f. wiss. Tierhlk. Bd. 53, S. 371—402. — 15) Hamperl, H.: Über die „gelben (chromaffinen)" Zellen im Epithel des Verdauungstraktes. Zschr. f. mikr.-anat. Forschg. Bd. 3, S. 506—535. (Azidophil gekörnte Zellen, die sich durch Chromeinwirkung gelb färben; haben mit den Panethschen Zellen nichts zu tun.) — *16) Harrison, R. G.: Neuroblast versus sheath cell in the development of peripheral nerves. J. of comp. neurol. Bd. 37, S. 123 bis 205. 1924. (Ref. in Berichte über die ges. Physiol. Bd. 31, S. 110—111.) — 17) Heiberg, K. A.: Über die Beeinflussung des adenoiden Gewebes durch die Ernährung und ihre Bedeutung für die pathologische Anatomie. Zbl. f. Path. Bd. 36, S. 433—438. — 18) Herzenberg, H.: Zur Frage der extramedullären Granulo- und Erythropoese. Beitr. z. path. Anat. Bd. 73, S. 55—64. — 19) Hewer, E. E.: The significance of the elastic tissue of the human foetus. (Über Verbreitung und Bedeutung des elastischen Gewebes im menschlichen Fetus.) Quart. j. of exp. physiol. Bd. 15, S. 113—117. (Ref. in Berichte über die ges. Physiol. Bd. 32, S. 732.) — *20) Hino, Ichiro: Über die Verteilung der Blutkörperchen im Organismus. Virch. Arch. Bd. 256, S. 30—80. — 21) Jassinowsky, M. A.: Über die Herkunft der Speichelkörperchen. Frankf. Zschr. f. Path. Bd. 31, S. 411 bis 439. (Mensch.) — 22) Kalwaryjski, E. B.: Sur la membrane basale et la bordure en brosse des cellules épithéliales des plexus choroïdes. C. r. Soc. de Biol. Bd. 90, S. 903—904. 1924. (An der sekretorischen Oberfläche ein Saum, ähnlich dem des Epithels der Tubuli contorti der Niere; der Saum dient der elektiven Resorption.) — *23) Knoll, U.: Über einen Beitrag zum Blutbild des gesunden Pferdes. Diss. Gießen 1924. — *24) Kohn, A.: Vom „adenoiden" Gewebe. Medizin. Klinik Bd. 21, Nr. 28. — 25) Kuczynski, M. H., E. Tenenbaum und A. Werthemann: Untersuchungen über Ernährung und Wachstum der Zellen erwachsener Säugetiere im Plasma unter Verwendung wohlcharakterisierter Zusätze an Stelle von Gewebsauszügen. (Nebst einem Anhang über den Nachweis der Immunkörperbildung seitens sprossender retikulärer Zellen in der Gewebskultur.) Virch. Arch. Bd. 258, S. 687—718. — *26) Kull, H.: Die chromaffinen Zellen des Verdauungstraktus. Zschr. f. mikr.-anat. Forschg. Bd. 2, S. 163—200. — 27) Kutschera-Aichbergen: Über Nebennierenlipoide und über Gefäßlipoide. Verh. D. path. Ges. Bd. 20, S. 133 bis 137. — 28) Kutschera-Aichbergen, H.: Beitrag zur Morphologie der Lipoide. Virch. Arch. Bd. 256, S. 569—594. — 29) Kutscherenko, P.: Über die Metachromasie des Glykogens bei Färbung mit basischen Anilinfarben. Virch. Arch. Bd. 255, S. 745 bis 752. — 30) Krumbein, C.: Über die „Band- oder Pallisadenstellung" der Kerne, eine Wuchsform des feinfibrillären mesenchymalen Gewebes. Virch. Arch. Bd. 255, S. 309—331. — *31) Lang, F. J.: Experimentelle Untersuchungen über die Histogenese der extramedullären Myelopoese. Zschr. f. mikr.-anat. Forschg. Bd. 4, S. 417—447. — *32) Lauda, E. und E. Haam: Histochemisch nachweisbares Eisen im Zellkern. Beitr. z. path. Anat. Bd. 74, S. 316—321.— 33) Levi, G.: Wachstum und Körpergröße. Die strukturelle Grundlage der Körpergröße bei vollausgebildeten und im Wachstum begriffenen Tieren. Ergebn. d. Anat. u. Entw. Bd. 26, S. 87—342. (Umfassende Darstellung.) — 34) Loele, W.: Das Problem der Blutzellen. (II. Mitteilung.) Virch. Arch. Bd. 256, S. 9—18. — 35) Mandelstamm, M.: Ein Beitrag zur Frage der Hämopoese im Nierenbecken. Virch. Arch. Bd. 253, S. 587—591. 1924. (Betrifft Mensch.) — 36) Mayr, J. K. und C. Moncorps: Studien zur Eosinophilie. I. Mitteilung. Virch. Arch. Bd. 256, S. 19—29. — *37) Monari, D. und L. Montroni: Un metodo di colorazione differenziale tia fibre collagene e fibrocellule muscolari. (Eine färberische Differenzierungsmethode zwischen Kollagen- und Muskelfasern.) Pathologica Jg. 17, H. 391, S. 333—335. — 38) Moulin, F. de: Die Struktur der lebenden Zelle. Anat. Anz. Bd. 60, S. 40—48. (Polemik.) — *39) Neumann, A.: Über makrochemische Untersuchungen der eosinophilen Granulasubstanz der Leukozyten mit Bemerkungen zur Begriffsbestimmung der „Eosinophilie" und zur Frage der Sauerstofforte. Zschr. f. Zellforsch. u. mikr. Anat. Bd. 3, S. 46—55. — 40) Nielsen, M.: Vom Vorkommen eosinophiler Zellen im Appendix des Fetus und des neugeborenen Kindes. (Univ.-Frauenkl. Kopenhagen.) Acta gynecol. scand. Bd. 2, S. 370—379. 1923. — (Eosinophile ab 5. Fetalmonat, bis Geburt zunehmend; mit 5. bis 6. Fetalmonat auch Vorstufen dieser Eosinophile als große mononukleäre eosinophile Zellen.) — *41) Noel, R. und H. Accoyer: Sur la structure de l'épithélium du plexus choroïdes chez la rat nouveau-né. C. r. Soc. de Biol. Bd. 90, S. 1253—1254. 1924. — *42) Okamoto, H.: Über die Leber- und Milzpigmente der Kröte. Frankf. Zschr. f. Path. Bd. 31, S. 16—53. — 43) Orsós, F.: Das Bindegewebsgerüst der Lymphknoten im normalen und pathologischen Zustand. Verh. D. path. Ges. Bd. 20, S. 371—373. — 44) Paintre, Th. S.: The sex chromosomes of man. Americ. naturalist Bd. 58, S. 506—524. 1924. (Geschlechtschromosomen auch in der Anaphase der Reduktionsteilung nachweisbar, und zwar 46 Autosomen $+ x + y$-Chromosom; im haploiden Zustand $23 + x$ y-Chromosom.) — *45) Petri, E.: Über Blutzellherde im Fettgewebe des Erwachsenen und ihre Bedeutung für die Neubildung der weißen und roten Lymphknoten. Virch. Arch. Bd. 258, S. 37—51. — 46) Derselbe: Das Fettgewebe des Erwachsenen als Bildungsstätte für Blutzellen. (Lymphknotenentwicklung.) Verh. D. path. Ges. Bd. 20, S. 362—365. (Mensch.) — *47) Quast, P.: Zur Histologie der Muskel-Sehnengrenze und über das interfaszikuläre Bindegewebe des Herzmuskels. Zschr. f. mikr.-anat. Forsch. Bd. 4, S. 1 bis 40. — *48) Ranitovič, M.: Das normale Blutbild der Ziege. Diss. Wien. — 49) Rényi, G. S.: Studies on pigment genesis I. The nature of the so-called „Pigmentbildner". J. of morph. Bd. 39, S. 415—433. 1924. (Granula der Pigmentvorstufe aus Mitochondrien.) — 50) Romieu, M.: Essais microchimiques sur les granulations des leucocytes éosinophiles de l'homme. C. r. Acad. des Sc. Bd. 179, S. 579 bis 581. 1924. (In den Granula Phosphor, aber kein Eisen nachweisbar.) — 51) Schilling, V.: Das Knochenmark als Organ. D. m. W. Bd. 51, S. 261—264, 344—348, 467—469. — *52) Schmidt, H.: Untersuchungen über Erythrozytenzahl und Hämoglobingehalt des Blutes der Vollblutshorthornrinder. Diss. Hannover und D. t. W. Bd. 33, S. 901—903. (Auszug.) — 53) Sheldon, E. F.: The so-called hibernating gland in mammals: A form of adipose tissue. Anat. Record Bd. 28, S. 331—347. 1924. („Braunes Fettgewebe"; auch beim Kätzchen; überall dort, wo beim Erwachsenen Fettgewebe vorkommt; allmähliche Umwandlung in gewöhnliches Fettgewebe.) — 54) Shiomi, Ch.: Explantationsversuche mit Lymphknoten auf Plasma unter Zusatz von Milz-, Nebennieren- und

Knochenmarksextrakt unter Nachprüfung der Versuche von Maximow und unter besonderer Berücksichtigung der Bildung granulierter Zellen. Virch. Arch. Bd. 257, S. 714—743. — 55) Stahl, Rud., Horstmann und Hilsnitz: Untersuchungen mittels der vitalen Jodfixation am strömenden Blute und am Knochenmark. Zugleich ein Beitrag zur Blutplättchengenese. Virch. Arch. Bd. 257, S. 392—414. (Mensch.) — *56) Sternberg, C.: Über die elastischen Fasern. Virch. Arch. Bd. 254, S. 656—661. — *57) Usuelli, F.: Sul compartamento del tessuto reticolare nei processi di riparazione delle ferite. (Über das Verhalten des retikulären Gewebes bei den Vernarbungsprozessen der Wunden.) Arch. ital. di chirurgia Bd. 11, H. 5. — 58) Verge, J.: La formule leucocytaire du chien. Rec. de M. vét. Bd. 101, S. 16. — 59) Volterra, M.: Sulla struttura dei capillari sanguigni e l'anatomia del sistema reticolo-endoteliale. Monit. zool. ital. Bd. 36, S. 49—58. — 60) Wätjen: Zur Keimzentrumsfrage. Verh. D. path. Ges. Bd. 20, S. 366—371. — 61) Wail, S. S.: Experimentelle Ergebnisse über mitochondrielle Strukturbilder der normal funktionierenden und pathologisch veränderten Zellen. Virch. Arch. Bd. 256, S. 518—527. — 62) Yamamoto, T.: Die feinere Histologie des Knochenmarkes als Ursache der Verschiebung des neutrophilen Blutbildes. Virch. Arch. Bd. 258, S. 62—107. (Mensch und Versuche am Kaninchen.)

Lauda und Haam (32) konnten histochemisch Eisenablagerung im Zellkern der Leber- und Nierenzellen bei an perniziöser Anämie erkrankten weißen Ratten feststellen.          Joest und Cohrs.

Noel und Accoyer (41) untersuchten das Epithel der Plexus chorioidei bei der neugeborenen Katze, das sich noch im gleichen Zustand befindet wie bei älteren Feten. Die Zellen zeigen sich stark vakuolisiert, um den Kern findet sich nur eine dünne Protoplasmahülle. Erst mit 1 Woche Alter wird das Protoplasma reichlicher. Blut- und Liquordruckänderungen beeinflussen die Zellstruktur nicht.
                    O. Zietzschmann.

Kull (26) hat sich mit den chromaffinen Zellen des Verdauungskanals bei Mensch, Säugetieren und Huhn beschäftigt.

Diese chromaffinen Zellen sind nicht mit den Panethschen Zellen zu verwechseln, es besteht kein Zusammenhang zwischen ihnen, schon aus dem Grunde, da einige Säugetiere, wie Katze und Hund, wohl sehr schöne chromaffine, aber gar keine Panethschen Zellen haben. Die von Trautmann bei der Katze beschriebenen P.-Z. könnten nach Verf.s Ansicht möglicherweise gerade die chromaffinen Zellen sein.

Die in der Literatur bekannten „azidophilen" und „chromaffinen" Zellen des Darmepithels sind verschiedene Sekretionsphasen einer Zellart sui generis — der entero-chromaffinen Zelle. Die jungen Stadien haben azidophile Granulationen, welche bei weiterer Entwicklung immer reichlicher werden und allmählich die Chromreaktion annehmen, wobei die acidophilen Eigenschaften schwinden; infolgedessen findet man Zellen mit verschiedenartig gefärbten Körnchen. An der Basis der chromaffinen Zellen finden sich sehr konstant Kapillari, in welche die Zellbasis häufig in stumpfem Winkel hineinragt. Aller Wahrscheinlichkeit nach wird das Sekret in diese Kapillaren ausgeschieden, damit dienen die entero - chromaffinen Zellen der inneren Sekretion. Die entero-chromaffinen Zellen kommen beim Menschen nicht nur im Epithel des ganzen Darmtraktus und in den Brunnerschen Drüsen vor, sondern finden sich auch im Pylorusteil des Magens und im Diverticulum Vateri (im Ausführungsgange des Pankreas). Die entero-chromaffinen Zellen entstehen beim Hühnerembryo im Bindegewebe, denn sie dringen am 15. und 16. Bebrütungstage aus der Tunica propria ins Darmepithel. Es ist wahrscheinlich, daß diese auch beim Menschen und bei den Tieren gleichfalls aus dem Bindegewebe ins Epithel einwandern, denn dadurch können viele ihrer Struktureigentümlichkeiten erklärt werden. In den chromaffinen Zellen der Tiere findet man geeignetes Material, um festzustellen, daß die Mitochondrien in nahe Beziehungen zum Golgischen Netzapparat treten, indem die Kanälchen des Netzes gewöhnlich einige Mitochondrinen in der Form von Fädchen oder perlschnurartig aneinander gereihter Körnchen enthalten. Es ist wahrscheinlich, daß die Mitochondrien das Material geben, aus welchem mit Hilfe des Netzapparates die Granula produziert werden. Die chromaffinen Zellen des Meerschweinchens stellen einen besonderen Typus dar, weil bei ihnen die Stadien mit acidophilen Granulationen vollkommen fehlen. Da die Lieberkühnschen Drüsen immer gleichartige chromaffine Körnchen enthaltende Zellen aufweisen, ist die Mutmaßung berechtigt, daß die chromaffinen Zellen des Meerschweinchens ihr Sekret nie gänzlich entleeren, wie dieses beim Menschen der Fall ist. Beim Meerschweinchen finden sich chromaffine Zellen auch im Magen zwischen den Zellen der Magendrüsen und im Ösophagus im Stratum germinativum des Epithels; auch sind sie im Pankreas im Epithel der größeren und mittleren Ausführungsgänge vorhanden, fehlen dagegen im Dickdarm. Obgleich die entero-chromaffinen Zellen bei einigen Tieren sehr spärlich vorhanden sind, haben sie doch eine größere Bedeutung als die Panethschen Zellen, welche nicht einmal allen Säugetieren eigen sind. Die enterochromaffinen Zellen finden sich nicht nur bei allen untersuchten Säugetieren, sondern Verf. hat sie auch bei den Vögeln, Reptilien, Amphibien und Fischen gefunden. Bei den Fischen sind diese Zellen sehr spärlich vorhanden und schwer zu finden; sie zeichnen sich dadurch aus, daß ihre Granula nicht chromaffin werden, sondern acidophil bleiben.
                    O. Zietzschmann.

Okamotos (42) Untersuchungen über die Leber- und Milzpigmente der Kröte zeigen interessante Wechselbeziehungen des Lipofuszins und Hämosiderins in diesen Organen zu den verschiedenen Jahreszeiten (Sommer und Winter, Begattungszeit und Zeit nach der Begattung).          Joest und Cohrs.

Nach Kohn (24) ist das sog. „adenoide" Gewebe als lymphoretikuläres Gewebe zu bezeichnen. Und die lymphoretikulären Bildungen sind einzuteilen in a) selbständige (lymphoretikuläre) Organe (Lymphknoten, Milz); b) subepitheliale (organoide) Knötchen, zu denen die Noduli solitarii, aggregati und tonsillares (Tonsillen) gehören; c) ungeformte lymphoretikuläre Einlagerungen.          O. Zietzschmann.

Usuelli (57) hat histologisch festgestellt, daß man eigentlich nicht von einem kollagenen und von einem retikulären Gewebe als zwei histologisch verschiedenen Dingen reden kann. Es wäre richtiger, von einem Bindegewebe zu sprechen, das einmal die Charaktere der kollagenen, ein anderes Mal diejenigen der retikulären Fibrillen übernimmt. So erklärt er die Metaplasie der Fasern; die Zellen hingegen sind nach seiner Meinung dieselben sowohl für das kollagene, als auch für das retikuläre Gewebe.          Declich.

Nach Sternberg (56) haben die elastischen Fasern die Aufgabe als Stützgerüst für die weicheren Gewebe (Bindegewebe, Muskulatur usw.) zu dienen. Die Auffassung, welche auf die Fähigkeit der elastischen Fasern, Formveränderungen rasch wieder auszugleichen, besonders Gewicht legt, scheint nicht mehr zu Recht zu bestehen.          Joest und Cohrs.

Nach Langs (31) experimentellen Untersuchungen am Kaninchen entstehen in Leber- und Nebenniere und im Netz die myeloischen Herde einerseits durch Kolonisation hämatogen zugeführter Hämozytoblasten, andererseits örtlich durch Bildung von Hämozytoblasten aus Mesenchymzellen. Eine Beteiligung endothelialer Zellen an ihrer Entwicklung läßt sich nicht nachweisen. In lymphatischen Organen, wie in Milz und besonders Lymphknoten, ist dieselbe doppelte Entstehungsweise zu beobachten, zumeist mit deutlichem Überwiegen oder auch ausschließlichem Hervortreten der zweiten Bildungsart. Besonders deutlich treten die Verhältnisse im Lymphknoten zutage, in deren Follikeln bzw. Keimzentren die Entwicklung myeloider Zellen in auffälligster Weise festzustellen ist. Diese myeloischen Zellen entstehen offenbar durch differenzierende, mit mitotischer Wucherung verbundene Entwicklung aus denselben mittelgroßen und großen, schmalrandigen basophilen Zellen (mit hellem Kern) und großen Nukleolen), den Hämozytoblasten, die den „großen Lymphozyten" der extreme Unitarier entsprechen, und die physiologischerweise an derselben Stelle nur kleine Lymphozyten erzeugen. Das sind die Hämozytoblasten, die gemeinsamen Stammzellen aller Blutelemente. In jungen, im erwachsenen Organismus entstehenden Lymphknoten schlagen die Hämozytoblasten — wie beim Embryo — besonders leicht den Weg der myeloischen Differenzierung ein und liefern diffuse Herde echten Knochenmarksgewebes mit Bildung von eosinophilen und Spezialmyelozyten, Erythroblasten und Megakaryozyten. Die Befunde des Verf. deuten also die Histogenese der extramedullären Myelopoese im Sinne der unitarischen Theorie der Hämopoese. Die verschiedenen Blutzellarten lassen sich auf eine gemeinsame Stammzelle, den Hämozytoblasten, zurückführen. Die Hämozytoblasten können entweder mit dem Blute aus den blutbildenden Organen in die betr. Gebiete gelangen, oder die Blutzellen entstehen örtlich — ähnlich wie beim Embryo — aus embryonalen, im erwachsenen Organismus undifferenziert gebliebenen Zellen. O. Zietzschmann.

Im retroperitonaealen Fettgewebe des erwachsenen Menschen fand Petri (45) stecknadelkopf- bis bohnengroße Blutzellherde bei Krankheiten bakteriell-toxischer Natur. „Die mikroskopischen Bilder zeigten im sonst unveränderten Fettgewebe hämoblastische Bezirke, welche Umwandlung und Weiterentwicklung zum Lymphknoten erkennen ließen. Als Ursache der Fettgewebsprosoplasie müssen in diesen speziellen Fällen bakteriell-toxische Reizwirkungen angesprochen werden. Joest und Cohrs.

Nach Arons (7) Untersuchungen an Mensch und Schwein ist es erwiesen, daß die entodermalen Leberzellen wahrhaftig die Quelle der parenchymatösen Erythropoese in der Leber darstellen. O. Zietzschmann.

Knoll (23) berichtet über das Blutbild gesunder Pferde.

Alter, Geschlecht und Haarfarbe haben auf die Zahl der roten und weißen Blutkörperchen sowie auf den Hömoglobingehalt keinen Einfluß. Bei Stuten scheint aber die Anzahl der weißen Blutkörperchen im Durchschnitt geringer zu sein als bei Wallachen. Die Zahl der roten Blutkörperchen schwankt im Durchschnitt zwischen 5,5—8 Mill., die Zahl der weißen zwischen 6000 bis 13 000, der Hämoglobingehalt schwankt zwischen 65 bis 80 v. H., 12,2—13,8 g in 100 ccm Blut, der eines Erythrozyten zwischen 17,10-12 und 20,10-12 g im Durschnitt. Bestimmte Regeln über die Verhältnisse der Zahlen der roten zu den weißen Blutkörperchen lassen sich nicht aufstellen. Eine hohe Erythrozytenzahl gibt einen hohen, eine tiefere einen geringeren Hämoglobinwert. Trautmann.

Haffner (14) hat das normale neutrophile Blutbild des Rindes aufgestellt. Es ist von dem des Menschen nicht wesentlich verschieden. Der Einfluß, den die in die Untersuchung einbezogenen Krankheiten auf die Blutzusammensetzung ausübten, war sehr verschieden stark. Weber.

Die Vollblütshorthornrinder zeigen nach Schmidt (52) im Blutbilde anderer Rinderrassen gegenüber keine wesentliche Abweichung. Alle bei diesen Untersuchungen erhobenen Befunde decken sich mit dem über das Blutbild beim Rinde bisher Bekannten. C. Reinhardt.

Ranitovič (48) hat das normale Blutbild an 70 Ziegen festgestellt.

Das Blutbild von Ziegen, die nach dem klinischen Befunde und der Anamnese als „gesund" angesprochen werden können, weist außerordentlich große Schwankungen auf. Diese sind in erster Linie durch die Haltungs- und Fütterungsmängel, denen Ziegen häufiger als andere Tiere ausgesetzt sind, zu erklären.

Die absolute Zahl der Erythrozyten betrug im Durchschnitt 13 123 724 (6 176 000—25 824 000) im Kubikmillimeter. Tiere aus Gebieten mit guten Weiden ergaben eine Durchschnittszahl von 14 160 560, solche von schlechten Weiden 10 900 200. In den ersten 2 Lebenswochen ist die Zahl der Erythrozyten am niedrigsten (durchschnittlich 10 316 000), sie steigt dann bis zum vollendeten 1. Jahr an, beträgt hier durchschnittlich 15 242 750 und sinkt dann auf durchschnittlich 12 018 820 herab. Böcke besitzen einen wesentlich höheren Erythrozytengehalt, durchschnittlich 18 293 333. Die roten Blutkörperchen der Ziegen scheinen weniger resistent zu sein als bei den übrigen Haussäugern (rasches Entstehen von Morgensternformen im Ausstrich). Die Erythrozyten messen durchschnittlich ca. 4 $\mu$ mit großen Schwankungen von 2—9 $\mu$. Für das normale Ziegenblut ist eine mehr oder weniger ausgeprägte Anisozytose charakteristisch. Sie ist besonders deutlich im jüngsten Alter anzutreffen. Auffallend ist das Vorkommen einer oft außerordentlich stark ausgeprägten Poikilozytose im Jugendalter, die so kräftig sein kann, daß manchesmal in einem Gesichtsfelde fast gar keine runden Formen vorkommen. Bei älteren Tieren fehlt sie in der Regel. Polychromatische Erythrozyten und Howell-Jolly-Körperchen kommen sehr häufig bei jungen Ziegen vor. Ausnahmsweise auch einzelne Erythroblasten. Die Anisozytose, die Poikilozytose, die Polychromasie und die Jolly-Körperchen nehmen mit dem Alter der Ziegen ständig und ziemlich rasch ab. Bei älteren Ziegen (über 1 Jahr) trifft man die drei letztgenannten sehr selten an.

Der Hämoglobinwert betrug durchschnittlich 58,50 nach Sahli (Tiere mit guter Weide hatten durchschnittlich 61,4° Hämoglobingehalt, Tiere mit schlechter Weide 50,7°), er läuft gewöhnlich der Erythrozytenzahl parallel, weicht aber von dieser Regel oftmals bei ganz jungen Ziegen stark ab. Auch hier wurden bei einjährigen Tieren die höchsten Hämoglobinwerte angetroffen. Anisochromie wurde sehr oft, besonders bei jungen Tieren, angetroffen.

Die Leukozytenzahl der Ziegen betrug im Durchschnitt 12 129 pro Kubikmillimeter, mit Schwankungen zwischen 6350 bis 23 500. Sehr niedrige Zahlenwerte wurden bei Böcken gefunden, durchschnittlich 10 583.

Das Verhältnis der weißen zu den roten Blutkörperchen betrug bei den Ziegen ungefähr 1 : 1100. Das normale Ziegenblut verfügt über die gleichen Leukozytenarten wie das der übrigen Haussäugetiere. Das weiße Blutbild der Ziege trägt ausgesprochen lymphozytäres Gepräge. Junge Tiere haben höhere Lymphozytenwerte als ältere. Die Durchschnittswerte sind folgende: Lymphozyten = 52,6%; Neutrophile=43,2% Eosinophile = 2,8%; Basophile = 1,1%; Monozyten = 0,3%. — Bei einem Zehntel aller untersuchten Ziegen wurden vereinzelt Plasmazellen gefunden. — Größe der Leukozyten: Lymphozyten von 8—20,5 $\mu$, die großen Formen überwiegen. — Neutrophile von 12—18,37 $\mu$; Eosinophile von 16,7—20,4 $\mu$; Basophile von 10,7-18 $\mu$; Monozyten von 16—18 $\mu$.

Die Größe der Blutplättchen schwankt zwischen 1,5—6,68 $\mu$. Ihre Zahl beträgt im Durchschnitt 483 608 (186 816—954 000).        Trautmann.

Hino (20) untersuchte die Verteilung der Blutkörperchen im Organismus beim Kaninchen und zum Teil beim Hunde. Er gelangte zu folgendem Ergebnis:

Sowohl im physiologisch-normalen Zustande, als auch bei Infektionsleukozytose und -Leukopenie ist die Zahl der roten Blutzellen an der Körperperipherie, den inneren Organen und an den verschiedenen Stellen des Gefäßsystems gleich.

Die Verteilung der weißen Blutzellen im Organismus im physiologisch-normalen Zustand ist dagegen ungleichmäßig. Im Kapillarblut der an Kapillaren sehr reichen Organe ist die Zahl der weißen Blutzellen gegenüber der Peripherie bedeutend vermehrt.

In betreff der Ursache dieser Verschiebungsleukozytose betonte Verf. den physikalischen Einfluß im Gegensatz zu den bisherigen Untersuchern; die Verlangsamung der Stromgeschwindigkeit des Blutes im kapillarreichen Organe spielt die Hauptrolle für die Anhäufung der farblosen Blutzellen.

Die Verschiebung der Leukozyten im Organismus tritt nicht nur im normalen Zustand ein, sondern auch in der Zeit krankhafter Leukozytose und -penie. So findet man im physiologischen Zustand Verschiebungsleukozytose in inneren Organen, und bei Leberkranken nach Eiweißfütterung anstatt der normalerweise eintretenden peripheren Verdauungsleukozytose eine periphere Leukopenie (Leuko-Widalsche Reaktion). Aus der ungleichmäßigen Verteilung der farblosen Blutzellen geht weiter hervor, daß die bisher üblicherweise auf Grund einer bei peripherer Blutentnahme vorgenommenen Zählung Rückschlüsse auf die Gesamtheit der farblosen Blutzellen im Körper zu machen, nicht mehr ohne weiteres berechtigt ist.

Bei Leukozytose und -penie ist jedoch die Verteilung der roten und weißen Blutzellen eine über den ganzen Körper fast gleichmäßige; es besteht deshalb keine Schwierigkeit, aus einer Berechnung des peripheren Blutes ohne weiteres auf die Gesamtheit der Blutzellen im Körper zu schließen. Da nun gerade bei Vermehrung oder Verminderung der farblosen Blutzellen die Blutuntersuchung von besonderer Wichtigkeit ist, so hat die periphere Blutuntersuchung, wie sie bisher in der Praxis ausgeführt wurde, auch heute noch die gleiche, ja sogar erhöhte Bedeutung als früher, trotz der Sicherstellung des tatsächlichen Bestehens der Verschiebungsleukozytose.

Bemerkenswert ist endlich das Vorhandensein der vom Verf. so genannten „latenten Leukozytose" bei Infektion mit Spaltpilzen von schwacher Giftigkeit. Hier ist die Zahl der Leukozyten in der Körperperipherie nicht verändert, steigt aber auch in denjenigen inneren Organen und Gefäßen, wo normalerweise niedrige Zahlen bestehen, bis zur Höhe der peripheren Zahl; auch machen sich Reizerscheinungen im Knochenmark bemerkbar.        Joest und Cohrs.

Fischer (10) berichtet über die Umwandlung von großen, mononukleären Leukozyten in Fibroblasten in vitro.

Anschließend an seine Sarkomexperimente am Huhn gelang es Verf., Leukozyten in Verbindung mit Muskelgewebe durch Aufbewahren in Ringer bei Eistemperatur und nachheriger Überpflanzung in neue Nährböden, Zellen vom Typus der Fibroblasten zu erhalten. Die Fibroblasten ähnlichsten Gestalten erhielt er nach der 6. bis 7. Passage.        Graf.

Nach Neumann (39) zeigen die Erfahrungen bei der makroskopischen Sichtbarmachung der eosinophilen Granula des Pferdes:

1. Die „Eosinophilie" ist nicht durch einen basischen Eiweißkörper, sondern durch einen als Kern der Granula aufzufassenden Lipoidkörper bedingt. Somit wären in dieser Beziehung die Ansichten von v. Möllendorff über die Rolle der sauren Farbstoffe im histologischen Färbeprozeß direkt bestätigt.

2. Das $\alpha$-Granulum ist ein echter Sauerstoffort, bei welchem zumindest die Peroxydase (Benzidinreaktion) durch die Wirkung eines N-haltigen, Fefreien Körpers bedingt ist.        O. Zietzschmann.

Arndt (4) berichtet über Untersuchungen über die Blutplättchen von Hund, Katze, Pferd und Rind. Die Arbeit enthält viele Einzelheiten, die im Original nachzulesen sind.        Weber.

Monari und Montroni (37) sind zwecks Differenzierung der Kollagen- und Muskelfasern von der Methode nach Calleja ausgegangen.

Sie fixieren am besten in Tellyesniczky oder in Zenker oder in Ruffini ($R_3$). Nach der Entparaffinierung und Hydration werden die Schnitte mit einer hydroalkoholischen Lösung von Safranin Pfitzner oder mit einer in Anilinwasser gesättigten Safraninlösung (12 Stunden) gefärbt. Waschen. Übertrag in die Cajalsche Mischung (6 Stunden). Waschen (kurz). Alkohol 95° (2 Min.). Alcohol. abs. bis keine Farbenwolken mehr entstehen. Xylol. Kanadabalsam.
Declich.

Aus Quasts (47) Untersuchungen über die Histologie der Muskel-Sehnengrenze, die er am Herzmuskel durchführte, sei hier nur folgendes erwähnt.

Die Untersuchung der Beziehungen zwischen beiden Elementen führt zu einer Bestätigung der zuerst von Sobotta für den quergestreiften Muskel ausgesprochenen doppelten Verbindung der Gewebsarten: Die Sehnenfibrillen gehen teils direkt aus der Muskelfaser hervor und stellen die unmittelbare Fortsetzung der Myofibrillen dar; teils entspringen sie aus perimysialen bindegewebigen Faserkomplexen an der Oberfläche der Muskelfaser.        O. Zietzschmann.

Nach Harrisons (16) experimentellen Untersuchungen haben die Scheidenzellen der Nervenfasern nichts mit der Bildung der Neuriten zu tun, vielmehr sind die Ganglienzellen es im wesentlichen allein, die das Axon liefern.        O. Zietzschmann.

## 4. Bewegungsapparat.

### a) Skelett.

*1) Andres, J.: Kritisches zur Anatomie des Zungenbeins. Anat. Anz. Bd. 60, S. 289—309. — *2) Bauer, L.: Über die Architektur der Kompakta und Spongiosa der Zehenknochen des Rindes. Diss. Wien.— *3) Benninghoff: Spaltlinien am Knochen, eine Methode zur Ermittlung der Architektur platter Knochen. Vh. d. Anat. Ges.; Erg.-H. zum Anat. Anz. Bd. 60, S. 189—205. — *4) Dornheim, K. F.: Messungen an Haushundschädeln, ein Beitrag zur Abstammungsfrage. Diss. Leipzig. — *5) Drahn, F.: Der sesamoide Unterstützungsapparat der Patella beim Hunde. B. t. W. Bd. 41, S. 564—568. — 6) Geyer, J.: Über den anatomischen und histologischen Aufbau der paarigen Flossen bei Cyprinus carpio L. Diss. Wien 1923—1924. — *7) Grossmann, J. D.: Relation of the thoracic limb to the thorax in the case of the horse and ox. J. Am. Vet. Med. Ass. Bd. 68, Nr. 3, S. 306—308. — *8) Hart, H. K.: Über die Weite des knöchernen Wirbelkanals bei verschiedenen Hunderassen mit dem Versuch einer entwicklungsgeschichtlichen Erklärung ihrer Ungleichheit. Diss. Wien. — *9) Landsberger, R.: Ist die kontinuierliche Wachstumsbewegung des Alveolarfortsatzes der Zeit nach begrenzt? D. Msch. f. Zahnhlk. H. 9, S. 257—260. — 10) Liddell, W. S.: The growth of the hear in thyreoidectomized sheep. Anat. Record Bd. 30, S. 327—332. (Prognathie.) — *11) Limberger, R.: Beitrag zur Darstellung des Knorpelschädels vom Pferd. Morph. Jb. Bd. 55, S. 240—269. — *12) Miyawaki, K.: Über die Entwicklung des Klauenbeins der Schafembryonen. Anat. Anz. Bd. 59, S. 177—196. — *13) Panny, A.: Osteometrische Untersuchungen am Körperskelett der Bulldogge. Diss. Wien 1924—1925. — 14) Schäme, R.: Die Grundformen des Haushundschädels. Erwiderung auf Hilzheimers Besprechung obiger Abhandlung im Jb. f. Jagdhunde. B. t. W. Bd. 41, S. 374—446. (Polemik.) — 15) Schmaltz, R.: Atlas der Anatomie des Pferdes. 1. Teil: Das Skelett des Rumpfes und der Gliedmaßen (4. u. 5.) Berlin: R. Schoetz. — *16) Schmidt, O.: Über Verknöcherung und Gelenkbildungen im Bereiche der Rippenknorpel bei unseren Haustieren. Diss. Wien 1921—1925. — *17) Strong, R. M.: The order, time, and rate of ossification of the albino rat (Mus norvegicus albinus) skeleton. Am. J. of Anat. Bd. 36, S. 313—344. — *18) Thiede, Fr.: Die Foramina lateralia an der Wirbelsäule des Schweins. Diss. Berlin 1924, 36 S. — *19) Vogler, A.: Intrauterine Verknöcherung der Ossa faciei des Schweins. Diss. Zürich, 22 S. — 20) White, Ph. J.: Note on the vestigial metacarpals of the sheep. Vet. J. Bd. 81, S. 231—232. — 21) Wiegand, H.: Kompakta und Spongiosa des Rinderskeletts. Diss. Berlin 1921.

Benninghoff (3) zeigt, daß auch die Kompakta der Knochen und die platten Knochen in ihren Tafeln eine bestimmte Architektur aufweisen, der geradeso eine funktionelle Bedeutung zuzusprechen ist, wie der gesetzmäßigen Anordnung der Spongiosabälkchen. Der entkalkte Knochen läßt sich spalten.

Die in der Arbeit aufgezeichneten Spaltlinien stellen also mechanisch bedeutungsvolle Strukturen dar, die der Spongiosa ebenbürtig zur Seite stehen und diese zur Gesamtarchitektur des Knochens ergänzen. Die Architektur der Kompakta, die v. Meyer gefordert hatte, und die nach theoretischen Berechnungen vorausgesetzt werden mußte, läßt sich somit durch die Spaltmethode am entkalkten Knochen aufdecken. Diese Methode zeigt die mechanische Resultierende des Feinbaues der Kompakta und damit die Richtung der größten Druck- und Zugfestigkeit. O. Zietzschmann.

Nach Strong (17), der den Modus, die Zeit und den Gang der Ossifikation am Skelett der albinotischen Ratte untersuchte, ist auch bei der Ratte die Ossifikation der Klavikula zeitlich die erste; es folgen Mandibula und Maxilla und zu gleicher Zeit das Frontale, das beim Menschen relativ später auftritt. Alle anderen Verhältnisse sind in Tabellen geordnet leicht zu übersehen. O. Zietzschmann.

Nach Limberger (11) ist das Stadium optimum der Primordialschädelentwicklung beim Pferdeembryo von 4 cm etwa erreicht. Die Schilderung erfolgt nach den 40 μ dicken Schnittbildern.

Das Primordialkranium des Pferdes ähnelt sehr dem von Kaninchen und Hund. Nur einige der zahlreichen Besonderheiten seien hier angeführt. Die Hauptachse der Ohrkapsel geht nasomedial geneigt. Da die Fissura basicochlearis sich weit dorsal zwischen Ohrkapsel und Lamina basalis einschiebt und die Commissura basicochlearis nur eine schmale Verbindung mit dem mediodorsalen Teil der Ohrkapsel gestattet, umgreift die Platte, welche die Commissura basicochlearis bildet, die Ohrkapsel in großem Umfange von medial her. Die Fenestra basicranialis posterior fehlt. An dem nur angedeuteten Dorsum sellae turcicae fehlen die Seitenpfeiler. Die Chorda dorsalis endet nur wenig aboral vom Dorsum sellae ohne eine Anschwellung (Chordaknopf) deutlich erkennen zu lassen. Die Ohrkapsel hat nur ein Foramen acusticum. Das Foramen lacerum ist als Foramen jugulare aboral begrenzt durch die Ohrzipfelpfeiler und die Ohrkapsel, oral durch die Commissura basicochlearis und so vorerst von dem größeren Foramen lacerum anterius völlig geschieden. Dieses ist aboral begrenzt durch die Commissura capsuloparietalis im Bereich der Pars canalicularis der Ohrkapsel, oral durch die ventrale Verlängerung der Ala orbitalis in der Gegend der Fossa hypophysica. Da nun oral von der Ala orbitalis-Begrenzung das Foramen opticum festgestellt wurde, so fließen beim Knorpelschädel des 4 cm langen Pferdeschädels das Foramen rotundum und die Fissura orbitalis superior mit dem Foramen lacerum anterius zu einem einheitlichen Loche zusammen. Das Foramen caroticum dagegen ist eine aboral und oral begrenzte Öffnung. O. Zietzschmann.

Vogler (19) hat die Arbeit von Andres über die Entwicklung der Kopfknochen ergänzt und sich mit der intrauterinen Verknöcherung der Ossa faciei des Schweines beschäftigt. Die ausführlichere Arbeit wird erst noch erscheinen.

Nacheinander werden besprochen Vomer, Mandibula, Palatinum, Pterygoideum, Maxilla, Incisivum, Zygomaticum, Lacrimale, Nasale, Turbinalia und der Schädel als Ganzes.

Mit etwa 34—35 Tagen (4,8 cm) tritt die erste Knochenbildung des ganzen Skelettes in der Mandibula auf. Es entspricht dies auch den Untersuchungen beim Menschen, wo die erste Knochenbildung ebenfalls im Unterkiefer wahrgenommen werden kann.

Alle anderen Belegknochen des Gesichtsschädels entstehen in der Zeit von 36—42 Tagen (5,0—6,9 cm). Als letzter Belegknochen tritt das Flügelbein ganz am Ende der 6. Woche (6,9 cm) auf. Es ist aber gleichzeitig der Knochen, der sich embryonal am meisten seiner bleibenden Gestalt nähert.

Knochen, die von mehreren Zentren aus entstehen, werden sehr bald einheitlich und hinterlassen nur ganz undeutliche Grenzlinien. Durch Aussparen von Knochensubstanz bei der Verwachsung der einzelnen Anlagen treten die verschiedenen Foramina im Gebiete des Gesichtsschädels auf. So entstehen im Laufe der 7. Woche das Foramen mandibulare bei der Vereinigung des mittleren und dorsalen Knochenfortsatzes des Unterkieferastes (8,7 cm), das Foramen infraorbitale zwischen den beiden seitlichen Anlagen der Maxilla (6,9 cm) und das ungeteilte Foramen lacrimale zwischen ventralem und dorsalem Knochenzentrum (8,1 cm). Aber schon am Anfang der 8. Woche (10,5 cm) werden die beiden Foramina lacrimalia durch eine nachträgliche Querspange gebildet.

In der Zeit von der 8. bis 10. Woche (10,5—20,3 cm) machen sich die größten Wachstumsveränderungen geltend, indem sich dann die Knochen fast ganz über den Gesichtsschädel ausgebreitet haben, so daß der verbindende Knorpel und das Bindegewebe nur noch sehr spärlich zu finden sind.

Der Gesichtsschädel eines kurz vor der Geburt stehenden Embryos (20,8 cm) hat schon ziemlich seine definitive Form angenommen, da ja die meisten Knochen schon ausgebildet und mit den Nachbarknochen verbunden sind. Am selbständigsten steht wohl noch die Maxilla da, die mit ihrer Umgebung nur lose verbunden und durch den Zahnwechsel und die Kautätigkeit noch ziemlich morphologischen Veränderungen unterworfen ist. Von ihrer weiteren Entwicklung hängt wohl zum größten Teil das Aussehen des fertigen Gesichtsschädels ab. O. Zietzschmann.

Um die Frage zu prüfen, in welchem Alter beim Hunde der Knochenanbau des Processus alveolaris aufhört, bzw. wann die kontinuierliche Wachstumsbewegung des Alveolarfortsatzes ihr Ende erreicht, fütterte Landsberger (9) 2 Tiere mit Krapp, eines im Alter von 5, eines im Alter von 7 Jahren für 6 Wochen. Nach der Tötung Skelettierung. Beim 5jährigen Hunde zeigte sich eine ganz minimale Rotfärbung des Alveolarfortsatzes, bei dem 7jährigen aber keine Tinktion mehr. Daraus ist zu schließen, daß der An- und Abbau des Processus alveolaris begrenzt ist. Der kritische Zeitpunkt dürfte beim Hunde etwa im 6. Lebensjahre gelegen sein.

O. Zietzschmann.

Andres (1) hat sich der dankenswerten Aufgabe unterzogen, die Frage des Zungenbeins zu klären, d. h. eine für das Zungenbein der Haussäugetiere einheitliche und leicht verständliche Nomenklatur aufzustellen.

Verf. benennt das unpaare Stück, wie bisher den Zungenbeinkörper, Basihyoid. Seine Verlängerungen sind die Zungenbeinhörner, Cornua ossis hyoidei; die orodorsalen sind die Cornua minora, kleinen Hörner des Menschen, und werden Glossohyoidea, Zungenhörner benannt; die kaudodorsalen Verlängerungen sind die Cornua maiora, großen Hörner des Menschen bzw. die Thyreohyoidea oder Kehlkopfhörner. Dazu kommt (wie bisher) evtl. der Processus lingualis, Zungenfortsatz.

Dieser zusammengesetzte Knochen sitzt an einem Aufhängeapparat, der selbst wieder wechselnd gegliedert ist. Es handelt sich meist um 3 Teile dabei, die den Namen Zungenbeinäste tragen sollen, Rami ossis hyoidei. Der mittlere ist der größere und heißt deshalb mittlerer oder großer Zungenbeinast, Ramus medius oder Stylohyoid. Das dem Schädel ansitzende Endglied ist der proximale Zungenbeinast, Ramus proximalis oder Tympanohyoid. Und das den Zungenhörnern verbundene Glied, das ziemliche Variationen zeigt, ist der distale Zungenbeinast, Ramus distalis oder Epihyoid.

Anschließend wird an Hand der Literatur Übereinstimmendes und Gegensätzliches über das Zungenbein von Pferd, Wiederkäuer, Schwein und Fleischfresser besprochen. O. Zietzschmann.

Dornheim (4) hat Messungen an Haushundschädeln vorgenommen.

Das Ergebnis dieser Arbeit läßt sich kurz dahin zusammenfassen, daß die von Schäme aufgestellten beiden Grundformen des Haushundschädels, nämlich der Decumanidestypus mit langem Parietale, kurzem Frontale und kurzer Maxilla und der Veltridestypus mit kurzem Parietale, langem Frontale und langer Maxilla, nach den vorstehenden Untersuchungen zu Recht bestehen. Allerdings mußte festgestellt werden, daß typische Vertreter im Sinne Schämes, bei denen eine ganze Reihe von Schädelmaßen und Maßverhältnissen innerhalb von ziemlich engen zahlenmäßigen Grenzen liegen sollen, nur relativ selten zu finden sind. Von 74 Schädeln gehörten nur 5 (6,7%) dem reinen Decumanidestypus und 13 (17,6%) dem reinen Vel-

tridestypus an; die übrigen 56 Schädel (75,7%) waren Mischformen.

Mit Hilfe der variationsstatistischen Betrachtungsweise des gesamten Schämeschen Zahlenmaterials im Zusammenhang mit dem des Verf.s konnte aber doch gezeigt werden, daß 2, womöglich sogar 3 Grundformen des Haushundschädels vorhanden sein müssen. Stellt man nämlich für die hauptsächlich bei der Trennung der beiden Ausgangsformen Schämes in Frage kommenden Indexzahlen der Frontallänge, der Maxillarlänge und der Maxillarbreite innerhalb jeder der 3 Wuchsformen (Normal-, Klein- und Riesenwuchs) je eine Variantenreihe bzw. Treppenkurve auf, so erhält man stets Zahlenreihen und Kurven, die mit auffälliger Regelmäßigkeit zwei Variationszentren und nach der Plusvariantenseite hin noch einen kleineren, dritten Gipfel erkennen lassen. Diese Variationszentren sind im vorliegenden Fall als der Ausdruck erblicher Stammesunterschiede anzusehen.

Trautmann.

Panny (13) hat vergleichende osteometrische Untersuchungen an der Wirbelsäule, dem Schulterblatt und den großen Röhrenknochen von Bulldoggen und von normal gebauten Hunden anderer Rassen (D. Schäfer, D. Dogge, Dobermann, Spitz u. a.) ausgeführt, um Aufklärung der Frage zu erbringen, ob die Bulldogge auch im Skelettbau Abweichungen in der Richtung der Chondrodystrophie aufweise und ob die Formengestaltung ihrer Knochen ebenfalls in diesem Sinne abgeändert sei.

Als Grundmaß wurde dazu die Länge der Wirbelsäule vom 3. Hals- bis inkl. 7. Lendenwirbel, ermittelt durch Summierung sämtlicher Einzellängenmaße der Wirbelkörper, angenommen. Hals-, Brust- und Lendenwirbel der Bulldoggenwirbelsäule zeigen in der Länge keine wesentlich anderen Proportionen zueinander, wie andere Hunde, doch kommt die Lendenlordose der Bulldogge in den gefundenen Maßzahlen deutlich zum Ausdruck, indem die Einzelmaße der dorsalen Wirbelkörperlängen größer sind, als die Einzelmaße der ventralen Wirbelkörperlängen der Lende, während bei normal gebauten Hunden das Umgekehrte der Fall ist. Das Schulterblatt der Bulldoggen hat die relativ gleiche Länge wie die der anderen Hunde, aber eine größere Fossa supra- und infraspinata, indem die Scapula in der Nähe des Collums bedeutend breiter bleibt; der Dickenindex ist um 1—7% größer als bei den normalen Hunderassen. Alle großen Röhrenknochen, Humerus, Radius, Ulna, Femur, Tibia, Fibula sind in bezug auf die Wirbelsäulenlänge kürzer als bei normalen Rassen; die Verkürzung ist allerdings manchmal nur sehr unbedeutend und betrifft die Knochen einer Extremität nicht im gleichen Maße. Im Vergleiche zu den Skelettproportionen der normalen Hunde bleibt gegenüber diesem der Humerus der Bulldogge um 3,1%, der Radius um 3,3%, die Ulna um 3,4%, das Femur um 3,6%, die Tibia um 3,4%, die Fibula um 3,7% seiner Wirbelsäulenlänge zurück; um einen normalgestalteten Knochen in seiner Proportion zur Wirbelsäulenlänge zu erreichen, müßten demnach die Bulldoggknochen um durchschnittlich 10 bis 15 mm verlängert werden. Im Gegensatz zu dieser Verkürzung hat der relative Dickenindex der Röhrenknochen deutlich zugenommen; besonders deutlich tritt die Verstärkung der Epiphyse hervor. Gegenüber dem Durchschnittsmaß der normal gebauten Hunde zeigt die Epiphyse der Bulldoggknochen eine 1- bis 7proz., die Diaphyse eine 1- bis 6proz. Verstärkung, d. h., es sind die Bulldoggknochen in der Epiphyse durchschnittlich 3—9 mm, in der Diaphyse durchschnittlich 2—4 mm dicker als die normal gestalteten Knochen anderer Rassen. Bemerkenswert ist ferner die etwas stärkere Ausbildung der Muskelansatzstellen, die besonders in der Ausbildung des Trochanter major zum

Ausdruck kommt, indem derselbe im Gegensatz zu den normal proportionierten Hunden den Gelenkkopf deutlich überragt. Das Skelett des deutschen Boxers zeigt die Abänderungen des Bulldoggskeletts nur in sehr abgeschwächtem Maße. Trautmann.

Hart (8) hat die Weite des knöchernen Wirbelkanals bei verschiedenen Hunderassen untersucht.

Untersuchungen an deutschen Schäferhunden, Dobermann, Spitz, englischen und französischen Bulldoggen, deutschen Boxern, Zwergrattlern, Dachshunden und Schnauzern ergaben Abweichungen in der Weite des knöchernen Wirbelkanals, und zwar: 1. Unterschiede zwischen den einzelnen Rassen und 2. Unterschiede zwischen alten und jungen Tieren derselben Rasse.

Den weitesten knöchernen Wirbelkanal besitzen Zwergrattler und King Charles. An zweiter Stelle stehen englische Bulldogge, deutscher Boxer und Dachs. An dritter Stelle kommen französische Bulldogge und Schnauzer, und den engsten knöchernen Wirbelkanal weisen Dobermann, Schäferhund und Spitz auf. Die Wirbelkanalweite der letztgenannten Hunde wird als die den wildlebenden hundeartigen Tieren am nächsten stehende als normal angenommen. Vergleicht man die Weite des Wirbelkanals der französischen Zwergbulldogge mit der einer englischen Bulldogge, aus der jene Rasse hervorgegangen ist, so sehen wir nicht wie bei den anderen Zwergrassen eine Erweiterung, sondern eine Verengerung des knöchernen Wirbelkanals. Betrachten wir die Unterschiede von Hunden gleicher Rasse, aber verschiedenen Alters, so finden wir die Maße von Welpen im Vergleich zu denen der alten Tiere wesentlich größer, und zwar durchgehends bei allen untersuchten Rassen. Es liegt also der Schluß nahe, daß Zwerghunde auf einer frühen Entwicklungsstufe stehen geblieben sind und infolgedessen so wie die jungen Hunde großer Rassen einen erweiterten Wirbelkanal aufweisen. Bei Zwergbulldoggen ist es anders. Bei ihnen nimmt die Weite des Lendenwirbelkanals im Verlaufe des Wachstums ab. Es besteht also eine Dystrophie der Wirbelkörper, und darauf wird auch die eingangs erwähnte Verengerung im Vergleich zum knöchernen Wirbelkanal der englischen Bulldogge zurückzuführen sein. Da beim Dachshund ebenfalls eine Dystrophie des Skeletts besteht, so sollten die Verhältnisse sich denen der französischen Bulldogge ähnlich gestalten. Aber man findet hier ganz wider Erwarten eine Erweiterung des knöchernen Rückenmarkkanals wie bei den anderen Zwerghunden (Rattler). Die Wirbelsäule ist also ebenso wie der Schädel des Dachses nicht dystrophisch. Die gleiche Weite wie der Dachs zeigen englische Bulldogge und deutscher Boxer. Über die Ursachen der Erweiterung bei diesen Hunden kann man auf Grund meiner Untersuchungen nichts Bestimmtes sagen. Trautmann.

Thiede (18) bespricht die Frage der Foramina lateralia der Schweinewirbelsäule. Er hat folgende Schlußfolgerungen gezogen:

Vom 1. Hals- bis zum letzten Lendenwirbel besitzt jeder einzelne Wirbel ein Foramen laterale proprium mit einem internen (d. h. im Wirbelkanal gelegenen) Eingang und einem doppelten externen Ausgang, dessen beide Mündungen dorsal und ventral liegen. Dieses Foramen laterale liegt dann beim 1. und 2. Halswirbel intravertebral, vom 3. bis 7. dagegen mit seinem medialen Eingang und seinem ventralen Ausgang intervertebral kranial vom gleichzähligen Wirbel, während nur noch der dorsale Ausgang intervertebral gelegen ist. Als Ausnahme erhält der 7. Halswirbel noch ein zweites gleichgebautes, aber kaudal gelegenes Foramen laterale.

Vom 1. Brustwirbel an tritt das Foramen laterale wieder intravertebral in der Mitte des Wirbels auf, rückt aber immer mehr nach dem kaudalen Wirbelende, so daß es an der Grenze von Brust- und Lendenwirbeln den kaudalen Wirbelrand durchbricht. Zunächst tritt es auf als Incisura posterior des Wirbelbogens. Dann aber kommt eine Incisura anterior des folgenden Wirbels hinzu, und damit ist das Foramen laterale wieder zum intervertebrale geworden. Der dorsale Ausgang des Foramen laterale macht im Verlauf dieser Kaudalverschiebung des Seitenloches eine eigene Entwicklung durch, indem er auch an den Lendenwirbeln zuerst als Loch, dann als Einschnitt und zuletzt wieder als Loch im Rippenfortsatz, stets intravertebral liegen bleibt.

Das Kreuzbein weist an Stelle der Foramina lateralia jederseits 3 größere Foram. sacral. ventr. und 3 kleinere Foram. sacral. dors. auf. Außerdem sind an seiner Basis und im Apex je 2 Incisurae (vertebrales) vorhanden. An der Schwanzwirbelsäule tragen die vom Wirbelloch durchbohrten Schwanzwirbel mit je 2 Incis. vertebr. anter. und poster. zur Bildung von intervertebral liegenden Foramina lateralia bei. O. Zietzschmann.

Die Untersuchungen Schmidts (16) gehen von der Arbeit Fiebigers „Über die Verknöcherung der Rippenknorpel beim Hund" (W. t. Mschr. 1917) aus, in der Auftreibungen beschrieben werden, die oft vor dem kostalen Ende der Knorpel alter Hunde beobachtet wurden. Diese Befunde will Verf. bei anderen Tieren ergänzen.

Die Untersuchungen an nahezu 100 verschieden alten Hunden mit oder ohne Auftreibungen zeitigten folgende Ergebnisse: Die Auftreibungen sitzen im Rippenknorpelwinkel, der aber hier keine ausgesprochene Abknickung des Knorpels darstellt. Sie entwickeln sich wohl ziemlich regelmäßig und symmetrisch in den linken und rechten Rippenknorpeln, aber doch nicht in der Weise, daß eine Altersbestimmung daraus zulässig werde. Am häufigsten findet man sie vom 8. Lebensjahre an. Die Auftreibungen zeigten schon in ihren frühesten Entwicklungsstadien eine gelenkartige Beweglichkeit vom Charakter eines Knorpelgelenkes. Nach ihrer Durchschneidung ergaben sich Bilder, die unzweideutig Gelenkscharakter erkennen ließen: Ein Spalt, der quer zur Längsachse den verknöcherten Rippenknorpel teilt und einerseits voneinander sich berührenden Flächen, andererseits peripher, von verstärktem Perichondrium begrenzt wird, das selbst wieder Knorpeleinlagerungen zeigt. Die Entstehung des Spaltes beruht auf Resorption einer verkalkten Knorpelschicht, die der Verknöcherung nicht anheimfällt, oder durch Auflösung von fibrösem Knorpel, wobei überknorpelte Gelenksflächen zurückbleiben. Auch meniskusartige Knorpelvorsprünge von der Oberfläche in den Gelenkspalt kommen vor. Es sind somit zwei Formen von Gelenken ersichtlich: Solche mit nackten Knorpelflächen (Pseudarthrosen) und solche mit überknorpelten Gelenksflächen (Nearthrosen). Als Ursache für die Gelenksbildung wurde der ständige Reiz, der durch fortwährende Biegung im Rippenknorpelwinkel auf das Knorpel- sowie Knochengewebe ausgeübt wird, wodurch verschiedene pathologische Prozesse ausgelöst werden, erkannt. Sie äußern sich in Produktion von fibrösem Knorpel und Bindegewebe, andererseits in Zerstörung und Zerklüftung, Auftreten von schleimerfüllten Höhlen usw. Die Untersuchungen bei den Wiederkäuern (Rind, Schaf, Ziege, Hirsch) und übrigen Haustieren (Pferd, Katze) ergaben ebenfalls eine sehr frühzeitige Verknöcherung der Rippenknorpel (meist im 1. Lebensjahre).

Bei den unter dem Namen: Rippen-Rippenknorpelgelenke bekannten Arthrosen kam Verf. zu folgenden Ergebnissen: Diese Gelenke galten in der Literatur bisher als bewegliche Verbindung des knöchernen und knorpeligen Teiles der Rippe. Die eigenen Untersuchungen erwiesen diese Gelenke als im Bereiche des

Rippenknorpels gelegen, und zwar genau im Scheitel des Rippenknorpelwinkels. Sie sind schon embryonal angelegt. Am deutlichsten ist dies bei der Ziege, wo sich zwischen das Gelenk und Rippenknochenende ein beträchtliches Stück enchondral verknöcherten Knorpels einschiebt. Ähnliche Erscheinungen sind beim Schwein zu beobachten. Außer solchen vollständigen Gelenken finden sich hier aber noch bewegliche Knorpelverbindungen in der Art, daß im Scheitel des Rippenknorpelwinkels bloß eine Einschnürung des Knorpels auftritt, wobei die verjüngte Stelle aus fibrösem Knorpel besteht. Katzen verhalten sich ähnlich dem Hunden. Gelenkbildung wurde bei den wenigen, nicht sehr alten Tieren nicht nachgewiesen. Pferde bilden eine Ausnahme: weder embryonal veranlagte Gelenke, noch intra vitam sich bildende kommen vor.    Trautmann.

Grossman (7) illustriert durch 2 Abbildungen die Lage des Olecranon bei Rind und Pferd. In Ruhestellung liegt es an der Symphyse der 5. Rippe bei beiden Tieren.    Hobmaier.

Bauer (2) untersuchte die Architektur der Zehenknochen des Rindes.

Am Fessel- und Kronenbein weist die laterale Kompakta eine größere Stärke auf als die mediale (interdigitale), die dorsale Wand ist stärker als die volare; ebenso die laterale Druckaufnahmeplatte gegenüber der medialen. Beide Knochen lassen ein Aufblättern der Kompakta in Spongiosa von ihren stärksten Stellen gegen die Gelenkenden und eine Konvergenz der Lamellen gegen die Knochenachse erkennen. Am Klauenbein ist die laterale Kompakta stärker als die mediale, Sohle und dorsaler Rand zeigen eine starke Rinde. Die Spongiosa zeigt am Frontalschnitt annähernd horizontale und vertikale Bälkchen, am Sagittalschnitt ein längs der dorsalen Wand und ein zweites längs der Sohle zur Klauenbeinspitze verlaufendes Trabekelsystem. Die beiden letzteren kreuzen sich an der Spitze des Knochens. Von der Gelenkfläche strahlen Züge radiär nach allen Richtungen aus. Am Strahlbeine kann man eine dünne kompakte Rinde und die in ihren Hauptlinien sowohl zur Gelenkfläche als auch zur Sehnengleitfläche senkrecht stehende Spongiosa wahrnehmen.

Die von Meyer, Wolff, Roux, Eichbaum und Zschokke aufgestellten allgemeinen Gesetze über Knochenarchitektur lassen sich auch auf die Zehenknochen des Rindes anwenden.    Trautmann.

Miyawaki (12) hat die Entwicklung des Klauenbeins beim Schafe studiert.

Die knorpelige Differenzierung der Phalangen erfolgt in proximodistaler Richtung, die Verknöcherung aber geht nach anderer Reihenfolge: Endphalange, Grund- und Mittelphalange. Das Hufbein beginnt mit der Ossifikation bei 7,5 cm Scheitel-Steißlänge, als dünner oberflächlicher perichondraler Belag. Bei 9,2 cm setzt die enchondrale Verknöcherung ein. Das frühzeitige Auftreten der bald mächtigen Rindenmasse am Hufbein weist auf die frühzeitige Bedeutung dieses Skelettelementes im postfoetalen Leben hin. Die Endphalange ist aber ein rein primärer Knochen, vom Perichondrium, nicht von Lederhautteilen gebildet. Ein proximaler Epiphysenkern kommt am Klauenbein des Schafes nicht zur Anlage.

Am Dorsalrande der vorderen Endphalange erscheinen 2 Höcker; der distale bildet bei 26,1 cm Scheitel-Steißlänge in der perichondralen Rinde einen neuen eigenen Knorpelkern; dieser Apophysenkern verknöchert dann nach enchondralem Typus rasch, so daß er von 35 cm Länge ab von der ossifizierten Umgebung sich nicht mehr abhebt.    O. Zietzschmann.

Drahn (5) hat gezeigt, daß die Kniescheibe des Hundes einen Unterstützungsapparat besitzt, der aus 3 Einzelabschnitten besteht.

Ihr funktionelles Zusammenwirken sichert die Patella ganz wesentlich gegen eine Luxation und steht in dieser Hinsicht in Übereinstimmung mit den morphologischen Verhältnissen beim Hunde: Niedrige Kämme der Trochlea patellaris femoris; Austreten der Patella aus dem Bereich der von ihnen gebildeten Gleitrinne bei maximaler Beugung des Kniegelenkes; schwache Ausbildung der Retinacula patellae. Im Einklang mit der an Umfang geringeren Ausbildung der Fibrocartilago sesamoidea parapatellaris lateralis steht die bereits von Ellenberger und Baum erwähnte Tatsache, daß das laterale Retinaculum patellae „markierter", als das nur „verschwommen" angedeutete mediale ist. Nach Verfs. Befunde strahlen die beiden Retinacula übrigens größtenteils in die Außenfläche der parapatellaren Ansatzbildungen ein. Vielleicht noch größere Bedeutung hat der in die Sehne des Rectus femoris eingeschlossene Sehnenknoten mitsamt der „knorpeligen" Umbildung der Endinsertion genannter Sehne, da hierdurch die Gleitfläche der Patella proximal zwischen die Rollkämme des Os femoris aus der maximalen Kniebeugung gewährleistet ist.

O. Zietzschmann.

## b) Gelenke, Bänder, Muskeln, Sehnen, Mechanik.

*1) Aichel, Otto: Über die Wirkung der Ligamenta collateralia nebst Bemerkungen über die sog. Schnappgelenke. Zschr. f. Anat. u. Entw. Bd. 76, S. 1—15. — 2) Derselbe: Über die Schnappgelenke. (Kritische Betrachtungen über den Aufsatz des Herrn Prof. A. C. Bruni.) Anat. Anz. Bd. 60, S. 76—78. (Verteidigung seiner Ansicht; mißverstandene Schlüsse durch B.) — *3) Benninghoff, A.: Form und Bau der Gelenkknorpel in ihren Beziehungen zur Funktion. I. Mitteilung: Die modellierenden und formerhaltenden Faktoren des Knorpelreliefs. Zschr. f. Anat. u. Entw. Bd. 76, S. 43—63. — *4) Derselbe: Der funktionelle Bau des Hyalinknorpels. Erg. d. Anat., Bd. 26, S. 1—54. — 5) Derselbe: Form und Bau der Gelenkknorpel in ihren Beziehungen zur Funktion. II. Teil: Der Aufbau des Gelenkknorpels in seinen Beziehungen zur Funktion. Zschr. f. Zellforsch. u. mikr. Anat. Bd. 2, S. 783—862. (Nachweis von Fasersystemen; Spaltmethode u. a.) — *6) Bröske, M.: Untersuchungen über Faserknorpel beim Pferde. Diss. Berlin. — *7) Bruni, A. C.: Über die Schnappgelenke. (Kritische Betrachtungen über die Arbeit des Prof. O. Aichel.) Anat. Anz. Bd. 60, S. 73—75. — *8) Charles, J.: Le muscle anconé, son innervation, son rapport avec le triceps. Arch. d'anat., d'hist. et d'embr. Bd. 4, S. 281—293. — 9) Correa, Afredo, Delgado, Nuevos detalles anatómicos de la aponeurosis tibial del aballo su importancia cu la cirugía experimental. (Neue Mitteilung über die Aponeurosis des Nerv. tibialis und ihre Bedeutung für die Chirurgie.) Rev. de Med. Vet. Uruguay Nr. 25, S. 293—296. — 10) Frodl, Fr.: Über Gelenkbildungen und Knochenverbindungen bei den Teleostiern. Diss. Wien 1922 bis 1924. — *11) Huber, E.: Der Musculus mandibulo-auricularis der Säugetiere, nebst weiteren Beiträgen zur Erforschung der Phylogenese der Gesichtsmuskulatur. (Zur Wertschätzung der Innervationsverhältnisse bei vergleichend-morphologischen Muskeluntersuchungen.) Morph. Jb. Bd. 55, S. 1—111. — *12) Derselbe: Der Musculus mandibulo-auricularis, nebst Bemerkungen über die Ohrmuschel und das Scutulum der Säugetiere. Zur Wertschätzung der Innervationsverhältnisse bei vergleichend-morphologischen Muskeluntersuchungen. Anat. Anz. Bd. 59, S. 353—379. — 13) Koller, A.: Über Knochenverbindungen und Muskeln des Kiemenkorbes beim Karpfen und ihre Funktion. Diss. Wien 1923—1924. — 14) Langworthy, O. R.: A morphological study of the panniculus carnosus and its genetical relationship to the pectoral musculature in rodents. Am. j. of anat. Bd. 35, S. 283—302. (Panniculus carnosus = Hautmuskulatur; auch Hund und Katze berücksichtigt.) — 15) Petit, M.: Recherches et considérations sur la myologie comparée de la région jambière. Arch. d'anat., d'hist. et d'embr. Bd. 4, S. 323—437. (Nichts wesentlich Neues.) — *16) Reichelt, C.: Vergleichende Untersuchungen der Sehnen und Bänder am Fuße des Dromedars. Diss. Leipzig. — *17) Rubeli, Th.: Zur Anatomie und Mechanik des Karpalgelenks der Haustiere, speziell des Pferdes. Zschokke-Festschrift Zürich, S. 103—107 u. Schweiz. Arch. f. Tierhlk. Bd. 67, S. 427—432. — 18) Scharlau, B.: Die Muskeln der oberen Extremität einer 18jähr. Löwin. Zschr. f. Anat. u. Entw. Bd. 77, S. 187—211. (Mit vielfachen Hinweisen auf Ellenberger-Baum; zahlreiche künstlerische Abbildungen.) — *19) Struve, W.: Der Kiefermechanismus. Diss. Hannover. — *20) Zimmermann, A.: Über die geraden Bänder der Kniescheibe des Pferdes. Allat. Lapok S. 66—68.

Aichel (1) verbreitet sich über die Seitenbänder und die sog. Schnappgelenke.

Bei den Seitenbändern, als straffen Bändern, darf seiner Meinung nach nicht von „elastischer" Wirkung gesprochen werden. Straffe Bänder ersetzen Muskulatur und entlasten vorhandene ebensogut wie elastische Bänder, aber auf anderem Wege. Anspannung der Seitenbänder bei Bewegungen eines Gelenkes ist abhängig von der Gestalt der Gelenkflächen und der Art der Einpflanzung der Bänder. Unrichtig ist die Behauptung, exzentrische Einpflanzung müsse bewirken, daß ein Band in gewissen Gelenkstellungen angespannt, in anderen locker sei. Das gilt nur für eine einzelne Faser, trotzdem kann bei exzentrischer Einpflanzung ein Band so wirken, daß die Gelenkflächen in jeder Stellung aneinanderliegen, d. h. als Führungsband. Dies gilt für sog. regelmäßige und für sog. unregelmäßige Gelenkflächen. Unrichtig ist ebenso, daß bei sog. unregelmäßigen Gelenkflächen die Bänder in gewissen Stellungen gestrafft, in anderen locker sein müßten. Bei jeder beliebigen Form der Gelenkflächen kann durch entsprechenden Sitz der straffen Fasern absolute Führung in einer Ebene gesichert sein.

Die Wirkung der „Schnappgelenke" ist nicht auf unregelmäßige Gelenkform oder auf exzentrischen Sitz der „Bandmassen" oder auf beides zurückzuführen. Sie beruht darauf, daß die Bandmassen stets gespannt sind, in gewissen Stellungen aber besonders gespannt werden und daß hierbei die Knorpel komprimiert sind. Ursache für die besondere Anspannung der Bänder in gewissen Stellungen beruht auf Entfernung des Ursprungs vom Ansatzpunkt des Bandes, eben bei den Stellungen, wobei Gelenkform und Einpflanzungsort der Seitenbänder eine Rolle spielt. Das Wesentliche für die Schnappbewegung ist aber nicht die besondere Anspannung der Bänder, sondern die durch sie bewirkte Kompression des Knorpels. Schnappgelenke sind nicht angeboren, sondern erworben.

In der Frage der kausalen Entstehung der Schnappgelenke ist die Auffassung zurückzuweisen, daß steter Druck mit Innehaltung einer gewissen Richtung ohne Reibung Knochen- und Knorpelbildung begünstige. Gerade die Entstehung der Schnappgelenke spricht dafür, daß das Gegenteil der Fall ist, nämlich daß Dauerbelastung, der nicht entsprechende Entlastungs-, d. h. Erholungszeit gegenübersteht, Abbau bewirkt. Als Dauerbelastung ist nicht eine Belastung über lange Zeit anzusprechen, in deren Verlauf intermittierende kleinste Schwankungen, wie sie beim Stehen stets vorhanden und schon durch die Herzbewegungen ausgelöst werden, auf die Gelenkstellung und damit auf den Knorpel und den Knochen einwirken; gerade sie befördern den Aufbau. Dies wird durch die verschiedene Form des Ellenbogengelenks und des Sprunggelenks der Pferde klargelegt, die erst unter der Funktion entsteht.      Otto Zietzschmann.

Bruni (7) polemisiert in seinem Artikel „Schnappgelenke" gegen die Anschauung von Aichel, der annimmt, daß das Wesentliche für die Schnappbewegung nicht die besondere Anspannung der Bänder, sondern die durch sie bewirkte Kompression des Knorpels sei. Verf. spricht den Bändern (den kurzen Seitenbändern) einen gewissen Grad von Elastizität zu, „weil man sie in der Schnappstellung sich verlängern und gleich nach Abschnappung sich wieder verkürzen sehen kann". Den Zweck der Schnappeinrichtung sieht Verf., wie Richter und Preziuso, darin, die Gliedmaße beim Stehen im Zustande der Streckung zu erhalten durch Verhinderung der Beugung des Sprunggelenks. Im Zustand maximaler Streckung sind die Bänder stark gespannt; bei einsetzender Beugung dehnen sie sich aber noch mehr.      O. Zietzschmann.

Benninghoff (3) hat Untersuchungen über die Form und den Bau der Gelenkknorpel in ihren Beziehungen zur Funktion angestellt.

Aus diesen ist zu entnehmen, daß ein hoher spezifischer Druck, der häufig dieselbe Fläche trifft, den Knorpel zum Schwund bringt (lokaler Druckinsult). Ein hoher spezifischer Druck wird um so besser vertragen, je mehr seine Angriffsfläche wechselt. Nichts spricht dafür, daß ein großer spezifischer Druck die Knorpeldicke beförderte. Dort vielmehr ist der Knorpel am dicksten, wo das Verhältnis von Druck- und Schub zugunsten des letzteren sich verschiebt; ja der Schub tritt ganz in den Vordergrund, da auch an Stellen primären Tangentialzugs ein dicker Knorpel sich findet. Denn alle Momente, die das Auftreten von Tangentialschub begünstigen, fördern die Knorpeldicke.      Otto Zietzschmann.

Benninghoffs (4) Publikation befaßt sich mit dem funktionellen Bau des Hyalinknorpels.

Verf. kam zu dem Resultat, daß der Gelenkknorpel auf maximale Spannung der ganzen Gelenkfläche gebaut ist, gewissermaßen als Analogie zur Spongiosaarchitektur der Knochen. Auch sie hat in ihren Grundzügen nur Beziehungen zur typischen Maximalbelastung der ganzen Gelenkfläche. Außerdem bestehen direkte Beziehungen zwischen Gelenkknorpel und Spongiosa. Durch Einschaltung der Gelenkknorpel wird der Druck auf eine möglichst große Fläche verteilt. Besonderes Interesse verdienen die Tangentialfasern des Gelenkknorpels, die zwar nicht trajektoriell, aber doch in bestmöglicher Anordnung gelagert sind.      O. Zietzschmann.

Bröske (6) hat verschiedene Knorpel beim Pferde untersucht.

Der S-förmige Nasenknorpel, das Septum nasi, die Cartilago alaris sowie die Knorpelkappe der Widerristdornen bestehen beim jungen und alten Tiere aus hyalinem Knorpelgewebe. Die Zellen sind beim alten Tiere um das 2—3fache größer als beim jungen. Im Knorpel junger Tiere verlaufen häufig Blutgefäße.

Der Discus articularis des Kiefergelenks, die Menisci articulares des Kniegelenks sowie die Verbindung der Sesambeine sind beim jungen Tier aus feinsten, parallel verlaufenden Fibrillenbündeln aufgebaut, die oft in eine hyaline Grundsubstanz eingebettet sind. Der ganze Gewebscharakter ist sehnig. Beim alten Tier tritt die hyaline Grundsubstanz stärker hervor. An Stelle der Sehnenzellen sind typische Knorpelzellen vorhanden. Elastische Fasern finden sich nicht in so reicher Menge wie beim jungen Tiere. Verf. faßt dieses Gewebe als Faserknorpel auf.

Die Fersenkappe faßt Verf. als Faserknorpel auf, der vom gewöhnlichen Typ darin abweicht, daß die außenliegenden Fasern sehr derb erscheinen und in ihrem Aufbau erkennen lassen, daß sie durch Zug und Druck beeinflußt worden sind. Der starken Druckbelastung an dieser Stelle entspricht das Vorhandensein einer großen Menge Grundsubstanz.

Der Knorpel der Tuba Eustachii ist typisch elastisch.

Die Verbindung zwischen dem Processus styloideus des Schläfenbeins und dem Ramus stylo-hyoideus des Zungenbeins bestehen beim jungen wie alten Pferd aus rein hyalinem Knorpel.

Die Verbindung zwischen Cornu minus und Ramus stylo-hyoideus des Zungenbeins besteht beim jungen Pferde aus Bindegewebe, beim alten aus fibrösem Knorpel. Die Verbindung zwischen Korpus und Cornu minus wird beim jungen Pferde durch Bindegewebszüge hergestellt, beim alten dagegen ist sie ein einfaches, echtes Gelenk.          Trautmann.

Zimmermann (20) beschreibt die geraden Bänder der Kniescheibe des Pferdes und bestätigt die Befunde von Schauder. Er betont die mechanische Bedeutung des schiefen spiraligen Verlaufs des mittleren geraden Bandes und bezeichnet die Schleimbeutel als Bursa infrapatellaris und praepatellaris (subcutanea).          Manninger.

Die Arbeit Struves (19) über den Kiefermechanismus, der am Pferdeschädel untersucht wurde, behandelt die Kauwerkzeuge.

Es schließt sich dann eine technische Würdigung der Einzelteile des Kiefermechanismus an. Weiter werden die Bewegungen des Kiefermechanismus erwähnt. Bei der Untersuchung der elastischen Eigenschaften der Muskeln wurde gefunden ein Elastizitätskoeffizient von 0,025 und ein Elastizitätsmodul von 40 bei einer Belastung innerhalb der natürlichen Grenzen. Bei der Untersuchung der Knochen ergibt sich ein Elastizitätskoeffizient von 0,000103—0,0000762 und ein Elastizitätsmodul von 9750—13 450. Bei der Arbeitsleistung des Kiefermechanismus wird bei höchstbelasteten Schneidezähnen eine Muskelspannung von 2,52 kg pro Quadratzentimeter gefunden. Bei höchstbelasteten Backenzähnen ergibt sich mit derselben höchsten Muskelspannung ein Gesamtzahndruck von 163 kg pro Quadratzentimeter. Bei der Betrachtung der Beanspruchung des Kiefermechanismus ergibt sich nach Errechnung der Sicherheitszahlen der Querschnitt, daß die Konstruktion der Knochen nicht nur nach der Größe, sondern auch nach der Häufigkeit der Beanspruchung der Kaumaschine erfolgt ist. Aus der berechneten Beanspruchung der Kaumaschine ergibt sich eine Normalleistung von 0,014 Pferdestärken (effektiv) für die Kauarbeit des Pferdekörpers. Die maximale Leistung der Kauwerkzeuge des Pferdes wird mit ca. 0,042 PS (effektiv) errechnet.          Trautmann.

Nach Charles (8) ist der Musculus anconaeus (parvus) bei Mensch, Katze und Hund stets durch einen Ast des N. radialis versorgt, und zwar durch ein Ästchen des Radialiszweiges für den Triceps, Pars lateralis.          O. Zietzschmann.

Durch Hubers (11) Untersuchungen hat sich gezeigt, daß der Musculus mandibulo-auricularis der Säuger nicht zum Gebiet des N. trigeminus, sondern zu dem des N. facialis gehört. Er ist ein Glied der retroaurikulären Fazialismuskulatur. Letztere hat sich erst innerhalb der Phylogenie der Säuger im Zusammenhang mit der mimischen Muskulatur herausgebildet.

Vom Ohre aus hat sich der fragliche Muskel längs dem knorpeligen Gehörgang gegen den Schädel vorgeschoben, wo er sekundär Anheftung gewann. In seiner typischen Form zieht er, ein wohlbegrenztes Band, von der Mandibula zum Ohre hinauf — M.

mandibulo-auricularis. Der Muskel ist nicht bloß auf wenige Vertreter beschränkt. Der Muskel ist sehr variabel, deshalb kann er kein regressives Gebilde darstellen. Unter den Plazentaliern ist der Muskel bloß bei den Primaten noch nicht nachgewiesen worden. Sehr wichtig erscheint für die Lösung einer solchen Frage ein ganz sorgfältiges Verfolgen der Innervationsverhältnisse und logische Interpretation der Befunde. Bei der Feststellung der Innervation bildet die physiologische Methode eine wichtige Stütze und Kontrolle für die morphologische Untersuchung, wie Verf. eingehend dargetan hat. Die angewandte physiologische Methode war eine zweifache: Einerseits wurden die Nerven mit schwachem elektrischen Strome gereizt und die Kontraktion der zugehörigen Muskulatur beobachtet. Andererseits wurde nach Durchschneiden des motorischen Nerven der Ausfall der Funktion im zugehörigen Muskelgebiet verfolgt und später makroskopisch und mikroskopisch die daran anschließende Degeneration der betreffenden Muskulatur nachgewiesen.          O. Zietzschmann.

Nach Hubers (12) Untersuchungen an einem großen Säugetiermaterial ist durch besondere Studien an Karnivoren die Morphologie des M. mandibuloauricularis aufgeklärt worden, eines Muskels, der in der veterinären Nomenklatur bei den Huftieren „unter dem irreleitenden Namen M. tragicus, M. tragicus lateralis s. major" bekannt ist.

Die Mandibuloauricularis-Bildungen der verschiedenen Säugerabteilungen sind homologe Bildungen. Beim Hunde kann der Muskel zu einem „Ligamentum mandibulo-auriculare" umgebildet und dieses selbst stark reduziert sein. Im übrigen ist die Verbreitung dieses Gebildes unter den Säugetieren viel größer als allgemein angenommen. Der Mandibuloauricularis gehört zum Gebiete des N. facialis, nicht des N. trigeminus. Er ist ein Glied der retroaurikulären Fazialismuskulatur und mit der mimischen Muskulatur gebildet worden, als Abgliederung von der Nackenportion des primitiven Platysma. Der Muskel erhält einen R. auricularis posterior des N. facialis.

Nebenher wurden konstante Beziehungen der Ohrmuskulatur und deren Fazialisäste zum Ohrknorpel festgestellt und gewisse neue Gesichtspunkte für die Beurteilung der Cartilago scutularis, die wir von Karnivoren und Ungulaten her kennen.          O. Zietzschmann.

Reichelt (16) findet, daß die Streck- und Beugesehnen des Dromedars in ihrer groben Anordnung denen der großen Wiederkäuer wohl ähneln, daß sie aber doch so viele Abweichungen und Eigenheiten aufweisen, daß man sie nicht ohne weiteres diesen gleichstellen kann.

Nach ihrem allgemeinen Verlauf dokumentieren sie das Dromedar unbedingt als Wiederkäuer, innerhalb dieser Klasse aber stellen sie (und wohl evtl. auch das Trampeltier) eine ganz ausgesprochene spezielle Art vor. Besonderes Interesse verdienen der gemeinschaftliche Zehenstrecker, der seine Bedeutung als Strecker aller 3 Zehengelenke mehr oder weniger verloren hat und nur noch zu einem Strecker der ersten beiden Gelenke geworden ist, während für das 3. die Ligg. dorsalia die Funktion der Sehne mehr oder weniger übernommen haben; ferner die beiden Beugesehnen, die den Mangel an Sesambeinen an den letzten beiden Zehengelenken durch eigenartige Bildungen im Verlaufe der Sehnen oder an den volaren Partien der Gelenkkapseln auszugleichen suchen.

Die Phalangenbänder zeigen ebenfalls in ihrer Anordnung unbedingt die Zugehörigkeit des Dromedars zu den großen Wiederkäuern, wenn auch Anklänge an die Einhufer (Fesselplatte; Aufhängeband des Ballens) vorhanden sind. Immerhin ist es auch hier nicht möglich, das Dromedar in bezug auf das Bänder-system der Phalangen einem anderen Tiere gleich-zusetzen. Schon die eigenartige Stellung der Zehen und ihre Fixation in der Nageltüte bedingen eine ganz andere Anordnung der Bänder, insbesondere fällt der ganze komplizierte Apparat, der beim Rinde das Aus-einanderweichen der Zehen verhüten soll, weg. Dieses Problem ist beim Dromedar auf die denkbar ein-fachste Weise gelöst, indem die Zehenenden in den Horntüten des Nagels festgestellt und die Zehen durch die inneren Sohlenbänder unter sich und zugleich an der Sohle verankert werden. Diese einfache Konstruk-tion wird schließlich noch durch die beschriebenen Verwachsungen der äußeren Haut im Zehenspalte in ihrer Wirkung unterstützt. Das Lig. sesam. transvers. ist wohl in seiner Wirkung mehr als Spannband der Beugesehnen als ein solches für die Zehen aufzufassen.

Trautmann.

Rubeli (17) führt in der Zschokke-Festschrift die alten Gedanken des zu Feiernden über Anatomie und Mechanik des Karpalgelenkes weiter aus.

Das Karpalgelenk des Pferdes ist mechanisch zu-nächst ein Wechselgelenk; die Gelenkflächen der dista-len Knochenreihe deuten aber darauf hin, daß das Gelenk auch als Stoßbrecher, als Puffervorrichtung dient. Durch den Belastungsdruck kommt es zum seitlichen Auseinanderweichen der Knochen, dank der (mit schiefen Flächen versehenen) Keilform derselben. Die Zwischenknochenbänder werden dabei gedehnt, dies absorbiert einen Teil der Stoßkraft. Weniger tritt diese Bremseinrichtung beim Rinde zutage, dessen Karpalgelenk ein Schraubengelenk darstellt, und bei dem eine seitliche Verschiebung der Knochen beider Karpalreihen ausgeschlossen ist. Zschokke glaubt den Ersatz hierfür beim Rinde in der Zweizehigkeit erblicken zu sollen.     O. Zietzschmann.

## 5. Zirkulationsapparat.

### a) Allgemeines, Kapillaren und Milz.

*1) Herther, A.: Die fötalen Kreislauforgane des neugeborenen Hundes und ihre Veränderungen nach der Geburt. Diss. Wien 1921/24. — 2) Schmid, K.: Ein Beitrag zur Anatomie und Histologie des Blut-gefäßsystems der Zypriniden. Diss. Wien 1922/24. — *3) Staemmler, M.: Die Bedeutung der Schweigger-Seidelschen Kapillarhülsen der Milz. Virch. Arch. Bd. 255, S. 585—598.

Herther (1) hat die fötalen Kreislauforgane des neugeborenen Hundes und ihre Verände-rungen nach der Geburt untersucht.

Die Veränderungen in der Gefäßwand des Ductus arteriosus, die den Verschluß desselben bewirken, be-stehen darin, daß sich die muskulös-elastischen Innen-schichten verbreitern. Die subendotheliale Binde-gewebswucherung beginnt erst in der zweiten Lebens-woche deutlicher zu werden und hat bei einem $2^{1}/_{2}$ Wo-chen alten Hunde schon bedeutend zugenommen. Mit dem Fortschreiten dieser Wucherungen wird das Lumen immer mehr verengt; gleichzeitige Schrumpfung des Bindegewebes bewirkt eine Verringerung der Dicke des ganzen Ganges. Der Verschluß erfolgt immer eher am pulmonalen und mittleren Anteil, wogegen die Aorten-mündung noch mehrere Wochen hindurch offen bleibt.

Die Retraktion der Arteriae umbilicales beginnt am 18.—20. Tage nach der Geburt und ist in der Regel im Alter von 4—5 Wochen bis in die Gegend des Blasenscheitels heran beendet.

Die Retraktion der Vena umbilicalis erfolgt inner-halb des periadventitiellen Gewebes und ist bereits am 12.—14. Tage nach der Geburt beendet. Wenn man die Bauchhöhle durch seitlichen Schnitt eröffnet, kann man auch bei alten Hunden als Rest der Nabel-

vene gelegentlich einen dünnen Faden anspannen, welcher sich vom Nabel zur Leber hinzieht. An dem leberseitigen Ende dieses Fadens findet man den Rest der Nabelvene als kleinen kegelförmigen Anhang der linken Vena hepatica advehens sin. breit aufsitzen. Die Ursache der leichten Zerreißbarkeit dieses Fadens im lebenden Tiere ist darin zu suchen, daß die Leber beim Hunde mit der Umgebung nur mangelhaft ver-bunden ist und dieser Faden bei der Bewegung des Tieres förmlich mechanisch aufgebraucht wird und schließlich zerreißt. Ein Lig. teres hep. und falciforme findet man beim Hund im allgemeinen nicht.

Die Auspräparierung des Ductus venosus Arantii am frischen Kadaver gelingt erst nach Injektion des-selben mit Berlinerblaugelatine von der Nabelvene aus und nachfolgender Härtung in Formol, wobei sich ergab, daß der venöse Gang zum Unterschiede von den meisten anderen Tieren direkt durch das Leber-parenchym zieht. Der auspräparierte Ductus ven. zeigt konische Gestalt, sein enges Ende ist gegen die Vena hepatica advehens sin. gerichtet. Bei Überprüfung der Durchgängigkeit in verschiedenen Altersstufen wurde festgestellt, daß der Zeitpunkt des Verschlusses inner-halb sehr beträchtlicher Grenzen schwankt, jedoch in der Regel an der Vena portae mit 4—5 Wochen be-endet ist. Die Obliteration beginnt an der Vena portae und schreitet nur allmählich gegen die Vena cava hin weiter. Die Media ist an glatten Kreismuskelfasern reicher. Obliterierung erfolgt durch Bindegewebs-neubildung. Der Zeitpunkt des Schwindens der Nabel-blasengefäße fällt ungefähr mit jenem der bereits voll-zogenen Retraktion der Vena umbilicalis zusammen und erfolgt in analoger Weise. Das kranial ziehende Gefäß schwindet zuerst; das kaudal ziehende erscheint dementsprechend mit zunehmendem Alter gegenüber dem vorigen immer etwas stärker. Während das gegen die Gekröswurzel ziehende Gefäß eine dünne deutliche Elastica interna wie bei Arterien zeigt, fehlt der Wand des anderen Gefäßes eine solche.

Mit Berücksichtigung dieser Untersuchungsergeb-nisse und der im beigegebenen Schema (s. Original-arbeit) veranschaulichten entwicklungsgeschichtlichen Verhältnisse gelang es nachzuweisen, daß das eine Gefäß als Arteria omphalomesenterica, das andere als Vena omph. anzusprechen ist und die Ansicht Hyrtls, welcher beide schlechthin als Dottervenen bezeichnet, nicht zu Recht besteht.     Trautmann.

Nach Staemmler (3) liegt die Bedeutung der Schweigger-Seidelschen Kapillarhülsen der Milz darin, daß sie wahrscheinlich Wachstumszentren für neuzubildendes Pulpagewebe sind, nicht aber in einer mechanischen, druckregulierenden Wirkung. Verf. zog verschiedene Säugetiere, besonders Katze, Hund und Schwein, und Vögel neben den Menschen in den Kreis seiner Untersuchungen.     Joest und Cohrs.

### b) Herz.

1) Blum, Sam.: Beiträge zu den Maß- und Ge-wichtsverhältnissen des Pferdeherzens. Inaug.-Diss. Budapest; Közl. Bd. 18, S. 89—92. — *2) Caru-gati, L.: Il tessuto di sostegno nel sistema di con-duzione dell' eccitamento del cuore. (Das Unter-stützungsgewebe im Reizleitungssystem des Herzens.) Cuore e circolazione H. 6, Juni. — 3) Patten, B. M.: The interatrial septum of the chick heart. Anat. Record Bd. 30, S. 53—60. — 4) Ungar, R.: Zur Ana-tomie der spezifischen Muskelsysteme im Menschen-herzen. Lotos Bd. 72, S. 209—238. Prag 1924. (Auch auf Säugetiere Bezügliches.) — *5) Vermes, E.: Makro-skopisch-anatomische Untersuchungen an Elefanten-und Nilpferdherzen. Ein Beitrag zur vergleichenden Anatomie des Reizleitungssystems des Säugetierher-zens. Anat. Anz. Bd. 60, S. 241—263. — 6) Der-selbe: Eine neue Methode zur Eröffnung der Herz-

höhlen. Verh. d. Anat. Ges.; Anat. Anz., Erg.-H. Nr. 60, S. 258. — 7) Derselbe: Präparate über das Reizleitungssystem vom Elefanten und vom Nilpferd. Ebendas. Nr. 60, S. 257—258. — *8) Watson, K. M.: The origin of the heart and blood vessels in Felis domestica. J. of anat. Bd. 58, S. 108—133. 1924. (Eingehend ref. in Ber. d. ges. Phys. Bd. 30, S. 912—913.)

Das embryonale Herz der Katze entsteht nach Watson (8) aus 2 seitlichen, vom Myokard umgebenen Endothelröhren derart, daß zuerst der bulboventrikuläre Teil auftritt und die Verwachsung der beiderseitigen Röhren mit gewissen Varianten abläuft.

Manchmal verschmelzen die beiden Aorten früher als die Herzröhren; oder aber die Vereinigung setzt an den Bulbusanteilen ein: Die Menge der gefäßbildenden Zellen und das Maß des Wachstums am pleuroperikardialen Schlauch sind ausschlaggebend. Die Annäherung der bilateralen Herzröhren erfolgt unter relativer Verengerung des Perikardlumens; die Krümmung soll durch übermäßiges Längenwachstum erfolgen, in einer Zeit, in der die Verschmelzung der Angiothelröhren im Bulbusgebiete einsetzt.

O. Zietzschmann.

Nach Vermes (5) zeigt der atrioventrikuläre Abschnitt des Reizleitungssystems beim Elefanten und Nilpferd prinzipiell ähnliches Verhalten, wie es bei den übrigen Säugern zu finden ist.

Besonders auffallend ist, daß die zentralen Abschnitte des atrioventrikulären Systems (Knoten, Crus commune und die beiden Schenkel) im Verhältnis zur Gesamtgröße des Herzens (gilt sowohl für den Elefanten wie auch für das Nilpferd) als sehr schwach entwickelt bezeichnet werden müssen, während der periphere Abschnitt (Purkinjesches System), an einem der Elefantenherzen schon durch makroskopische Präparation dargestellt, sich mächtig entwickelt zeigte. Der sinoatrielle Abschnitt des Reizleitungssystems ließ sich sowohl beim Elefanten wie auch beim Nilpferd als ein mächtig entwickelter, in der medialen Wand der rechten oberen Hohlvene gelegener Sinusknoten nachweisen. Eine Verbindung zwischen beiden Systemen konnte nicht gefunden werden.

O. Zietzschmann.

Carugati (2) hat bei Schafsherzen festgestellt, indem er sich der Methode nach Achucarro bediente, daß das Stützgewebsstroma sowohl im spezifischen Knotengewebe wie auch an den Ästen und an dem Stamm des His'schen Bündels und an dem Purkinjeschen Netz ganz anders verläuft. Declich.

### c) Arterien.

*1) Bartfeld, S.: Zur Entwicklungsgeschichte der Darmarterien der Wirbeltiere. Die Entwicklungsgeschichte der Darmarterien bei Talpa europaea. Zschr. f. Anat. u. Entw.-Gesch. Bd. 75, S. 226—258. — 2) Derselbe: Dasselbe. Ebendas. Bd. 75, S. 226—258. 1924. (Ref. in Ber. üb. d. ges. Phys. Bd. 31 u. 39.) — 3) Blume, F.: Vergleichende anatomische Untersuchungen über die Arterien der Hintergliedmaßen vom Meerschweinchen und Kaninchen. Diss. Hannover und D. t. W. Bd. 33, S. 483—485. (Auszug.) — 4) Fazzari, J.: La circulatione arteriosa della corteccia cerebellare. Studio comparativo. (Die arterielle Zirkulation der Kleinhirnrinde. Eine vergleichende Studie.) Riv. di patol. nerv. e ment. Bd. 29, S. 425 bis 459. 1924. (Ref. in Ber. üb. d. ges. Phys. Bd. 30, S. 772.) — 5) Gorton, B.: Right aortic arch in the dog. Vet. Rec. Bd. 5, S. 483—484. — 6) Groág, Desid: Über die Dimensionen der Aorta und einiger wichtigeren Arterien des Pferdes. Inaug.-Diss. Budapest; Közl. Bd. 18, S. 93—98. — *7) Harcz, Joh.: Die Maßwerte der Aorta und einiger wichtigeren Arterien des Pferdes. Ebendas. Bd. 19, S. 13—19. — *8) Liebscher, W.: Der histologische Bau der Aorta und der Hohlvene des Rindes, mit besonderer Beachtung der eigenartigen, von den bisherigen Beschreibungen abweichenden Befunde in der Aortenwand, sowie unter Berücksichtigung der analogen Verhältnisse bei Pferd und Schwein. Diss. Wien 1924. — 9) Luther, E.: Vergleichende anatomische Untersuchungen über die Aorta abdominalis und ihre Verzweigungen beim Meerschweinchen und Kaninchen. Diss. Hannover und D. t. W. Bd. 33, S. 556—557. (Auszug.) — *10) Mannu, A.: Come si deve intendere e spiegare la migrazione o movimento reale delle radici arteriose. (Wie hat man die Wanderung oder wirkliche Bewegung der arteriellen Wurzel zu verstehen und zu erklären.) Monit. zool. italiano Jg. 36, Nr. 7, S. 147—154. — *11) Derselbe: Ricerche Anatomo-comparative ed embriologiche sui rami terminali dell'Aorta in alcuni mammiferi con esservazioni sulla meccanica della cindazione in rapporto alle cause della ,,migrazione" delle arterie. (Anatomisch vergleichende und embryologische Untersuchungen über die Endzweige der Aorta bei einigen Säugetieren, mit Bemerkungen über die Mechanik des Kreislaufs im Anschluß an die Ursachen der Wanderung der Arterien.) Parma: Stab. Tip. Orsatti e Zinelli. 200 S. — 12) Derselbe: Come si deve intendere e spiegare la migrazione o movimento reale delle radici arteriose. Monit. zool. ital. Bd. 36, S. 147—154. (Betrifft die Wanderung der segmentalen Lumbalgefäße, der A. sacralis media und der A. iliaca externa bei den Haustieren.) — 13) Ranke, O.: Zur Frage der elastischen Systeme, besonders der der Aortenwand. Zieglers Beitr. Bd. 73, S. 638—656. — *14) Schönfeldt, O.: Über die Histologie der arteriellen Gefäße in den Ovarien von Rindern in den verschiedenen Lebensaltern, mit besonderer Berücksichtigung der Ovulationssklerose. Diss. Berlin. — 15) Siebrecht, A. H.: Mikroskopische Untersuchungen über den Bau der Blutgefäße beim Haushuhn. Diss. Hannover und D. t. W. Bd. 33, S. 71—73. (Auszug.) — *16) Weszely, E.: Über den Truncus brachiocephalicus communis und seine Zweige beim Schaf. Inaug.-Diss. Budapest; Közl. Bd. 18, S. 168—178. — *17) Zimmermann, A.: Weite und Stärke der Arterien bei Huftieren. Verh. d. Anat. Ges.; Anat. Anz., Erg.-H. Nr. 60, S. 260—261. — 18) Derselbe: Arterienmessungen bei Huftieren. B. t. W. Bd. 41, H. 38.

Zimmermann (17) hat an einem großen Schlachthofmaterial von je über 100 Pferden, Rindern, Schafen und Schweinen in mehr als 8000 Messungen Weite und Stärke der Arterien festgestellt, und zwar an lebenswarm präparierten und längsgeschnittenen Gefäßen den inneren Umfang bestimmt, daraus den Durchmesser der Arterien mittels der Ludolfschen Zahl berechnet und endlich an mikroskopischen Schnitten auch die Wanddicke und die histologische Beschaffenheit einiger wichtiger Stämme untersucht. Die derart gewonnenen Daten wurden nach Tierart, Rasse, Alter, Geschlecht, Körpergröße, Körperlänge, Körper- und Schlachtgewicht geordnet und tabellarisch zusammengestellt.

O. Zietzschmann.

Nach Harcz (7) sind auch für das Pferd die Arterienmaße der männlichen Tiere größer als die der weiblichen, nur mit Ausnahme alter ungarischer Pferde und der Gebirgsrassen.

Bis zum 15. Lebensjahre nimmt die Weite beim Pferde zu, dann bleibt sie konstant oder sie nimmt auffallend ab, was durch Verdickung der Arterienwand zustande kommt. Von 6 untersuchten Rassen ist die Weite am größten bei Kaltblütern, am geringsten bei den Gebirgsrassen; dazwischen folgen sich Noniusrasse, veredeltes ungarisches Landpferd, das Maultier, die Warmblüter. Die Arterienmaße des Esels stehen weit unter den minimalen Maßen der Gebirgsrasse. Weitere Einzelheiten sind im Originale nachzulesen.

O. Zietzschmann.

Mannu (10) erklärt die Wanderung oder wirkliche Bewegung der arteriellen Wurzeln als Folge des Seitendruckes der Blutflüssigkeit senkrecht auf die Wand des Gefäßes, rein mechanisch wie bei forcierten Leistungen; es dürfen aber dem Drucke keine äußeren Hindernisse entgegenwirken. Declich.

Mannu (11) beschäftigte sich mit der Endregion der Aorta von 37 Pferden, 12 Rindern, 10 Schafen, 7 Schweinen, 77 Hunden, 7 Meerschweinchen, 7 Ratten, 4 Igeln und zwar nicht nur auf Grund der statistischen Methode nach Schwalbe, sondern auch nach einem morphogenetischen Standpunkt, um sich die Variationen im primitiven embryonalen Zustand, während des intra- und extrauterinen Lebens erklären zu können. M. behandelt in seiner Monographie außerdem die Ursachen und den Mechanismus der „Wanderung" der Gefäße. Declich.

Liebscher (8) hat die Aorta des Rindes histologisch untersucht.

Der Bau der Aorta des Rindes weicht von dem gewöhnlichen Bau der Aorten in auffallender und eigenartiger Weise ab. Den bemerkenswertesten histologischen Befund bieten in der äußeren Mediahälfte der Rinderaorta die elastischen und muskulären Elemente an und für sich sowie im gegenseitigen Verhalten zueinander. An Stelle der unterbrochenen ringförmigen Anordnung der elastischen Elemente treten aus mehrfachen Lagen bestehende Schichten von Platten und Fasern auf, in deren Zug die zu starken Muskelbäuchen gruppierten platten Muskelzellen in ziemlich regelmäßigen Abständen eingelagert sind, während beim Menschen sowie beim Pferd und Schwein die Muskelzellen in den Spalträumen zwischen den elastischen Hauptelementen eingebettet sind. Das Bild, welches durch die Verbindung der elastischen Fasern mit den Muskelbündeln entsteht, ist das des anatomischen Muskels mit einer Sehne. Von besonderer Bedeutung ist ferner die in der Media der Rinderaorta beobachtete reihenförmige Anordnung der Muskelbündel, die auch in der Media der Pferdeaorta wahrzunehmen ist, ohne daß es hier jedoch zu dem sonstigen beim Rinde so auffallenden und typischen Verhalten der elastischen und muskulären Elemente kommt. Eigenartig für die Aorta ascendens des Rindes ist das Vorkommen starker elastischer Zirkulärfasern innerhalb der innersten Längsfaserschicht sowie das zahlreiche Auftreten longitudinaler Fasern innerhalb der Media dieses Gefäßabschnittes, so zwar, daß es hier stellenweise sogar zu einer beträchtlich breiten Schicht longitudinaler Lagen, ähnlich der Längsfaserschicht der Intima, kommt. Im frühesten embryonalen Alter zeigt sich die Aortenwand des Rindes aus ringförmig geordneten, starken elastischen Platten aufgebaut, zwischen denen wenig Bindegewebe und nur spärlich kleine Muskelzellen eingebettet sind, welch letztere jedoch schon frühzeitig radiärreihenförmige Anordnung erkennen lassen. Die Vermehrung der muskulären Elemente, die von ihnen veranlaßte Verdrängung der elastischen Züge und ihre Gruppierung zu Muskelbündeln ist schon beim viermonatlichen Embryo wahrzunehmen, beginnt zunächst peripher und schreitet medianwärts vor. Der anfangs bestehende ausgesprochene elastische Typus der Aortenwand erfährt nach der Geburt im Gegensatz zu den anderen Tieren eine allmähliche Umwandlung in den muskulösen Typus. Während des fötalen Lebens besteht in der Aorta des Rindes kein Stratum subendotheliale; es entwickelt sich erst nach der Geburt. Die Intima der Aorta des jungen Rinderfetus besteht aus einer deutlichen Tunica elastica interna, die sich später spaltet und bereits am Ende des fetalen Lebens die aus mehreren longitudinalen Faserreihen bestehende Längsfaserschicht bildet. In der Adventitia der Rinderembryonen sind elastische Elemente bereits im 3. Monat nachweisbar. Muskelzellen konnten in der Adventitia der Aorta weder beim Rind noch bei Pferd und Schwein nachgewiesen werden. Trautmann.

Weszely (16) hat sich mit dem Truncus brachiocephalicus communis des Schafes beschäftigt.

Nach seinen Untersuchungen beträgt die Länge des Bulbus aortae 10—20 (im Mittel 15) mm, des Truncus brachiocephalicus comm. 17—64 (38) mm, der A. brachiocephalica 3—30 (12) mm und des Truncus bicaroticus 2—20 (7) mm. Im präparierten Zustande tritt die A. brachiocephalica aus dem Tr. brachioceph. comm. und der Tr. bicaroticus aus der A. brachioceph. genau unter einem Winkel von 180° hervor. Beide sind aber Fortsetzungen des Tr. brachioceph. comm. Deshalb ist Verf. der Ansicht, daß der Tr. brachioceph. comm., die A. brachioceph. und der Tr. bicaroticus integrierende Bestandteile eines und desselben Gefäßstammes bilden.

Weitere Angaben betreffen Zahlen für Lumenumfang und Lumendurchmesser in verschiedenen Altersstufen des Schafes und den mikroskopischen Bau der Gefäßwände. O. Zietzschmann.

Bartfeld (1) bestätigte am Maulwurf die Anschauung Tandlers, daß die ·Arteria coeliacomesenterica nicht durch Aneinanderrücken und Verschmelzen der A. coeliaca und der A. mesenterica cranialis entsteht, sondern durch die Persistenz der ventralen Längsanastomose der ursprünglich mehrwurzeligen A. omphalo-mesenterica und durch den Schwund der oberhalb der am meisten kaudal gelegenen Wurzeln. O. Zietzschmann.

Schönfeld (14) hat die Histologie der arteriellen Gefäße in Rinderovarien untersucht.

Ovarialgefäße sind bei Tieren, die noch nicht geschlechtsreif sind, nur in geringer Zahl vorhanden. Die einzelnen Schichten der Gefäße weichen keineswegs von dem Aufbau normaler Blutgefäße ab. Von besonderem Interesse ist der Bau der Elastica interna, ferner das Auftreten und die Lage der elastischen Fasern in der Muskularis und Adventitia, die in den Ovarialgefäßen geschlechtsreifer Kühe teilweise sehr erhebliche Veränderungen aufweisen. In den Ovarien nulliparer Tiere finden wir keine Abweichungen von der Norm, wohingegen wir an den Ovarialgefäßen von Rindern, die von der Ovulation betroffen waren, immer sehr starke, ja teilweise gewaltige Veränderungen wahrnehmen können, die vor allem die elastischen Teile betreffen. Auffallend ist das häufigere Auftreten von Blutgefäßen, deren Wandung auf dem Querschnitt in jedem Falle mehr oder weniger erheblich verbreitert und verdickt erscheint. So sehen wir die Elastica interna verdickt, in oft mehrere konzentrische Lagen aufgespalten. Besondere Beachtung verdienen auch die Veränderungen an der Intima. Diese ist in allen Fällen gewuchert. Die Wucherung ist zuweilen so stark, daß sie zum fast vollständigen Verschluß des Gefäßlumens führen kann. Die Endothelschicht ist überall vollständig erhalten. Daran schließt sich die ziemlich breite Intima von eigentümlich durchsichtig-netzartigem Bau. Der Faserkranz der Intima ·verbreitert sich auf Kosten der Media, die entsprechend verschmälert wird. Diese Neubildung von elastischen Fasern und Faserringen kann, wie das in fast allen Fällen festzustellen ist, so hochgradig werden, daß die Media bis auf geringe Reste oder gänzlich verdrängt erscheint. Dieselbe Zubildung von elastischen Fasern tritt auch in der Media auf. Hier finden wir ebenfalls in großer Anzahl elastische Fasern, so daß je nach dem Veränderungsgrad ein mehr oder weniger breiter elastischer Faserkranz wahrzunehmen ist. Somit zeigt die Gefäßwand in der Hauptsache 2 Kränze elastischer Fasern, deren innerer der gewucherten Intima, und deren äußerer der von elastischem Gewebe durchwachsenen Media entspricht. Dieses Bild bietet sich uns in jedem Schnittpräparat eines Ovariums von einem geschlechtsreifen Rinde, und zwar ist das Bild so charakteristisch, daß man ohne weiteres folgern könnte, ob das Präparat von einem Tiere stammt, welches geboren hat oder nicht. Stets können wir von innen nach außen folgende Schichten unterscheiden: 1. die Intima, 2. den inneren elastischen Faserkranz, 3. die Media, 4. den äußeren elastischen Faserkranz, 5. das unveränderte Gewebe. Die genannten Schichten liegen in konzentrischer Folge umeinander herum. Die Ergebnisse, welche Hugel bei der Untersuchung uteriner Gefäße fand, lassen sich in ihrer Gesamtheit auch auf die Ovarialgefäße übertragen, und wir sind berechtigt, die Veränderungsvorgänge an den Ovarialgefäßen mit der Ovulation in Zusammenhang zu bringen. Trautmann.

### d) Venen.

*1) Backman, G.: Les veines des poumons. C. r. Soc. de Biol. Bd. 93, S. 540—541. — *2) Liebscher, W.: Der histologische Bau der Aorta und der Hohlvene des Rindes, mit besonderer Beachtung der eigenartigen von den bisherigen Beschreibungen abweichenden Befunde in der Aortenwand sowie unter Berücksichtigung der analogen Verhältnisse bei Pferd und Schwein. Diss. Wien 1924. — 3) Schleussing, H.: Über normale und pathologische Mündungsverhältnisse der Lungenvenen und ihre Entwicklung. Frankf. Zschr. f. Path. Bd. 31, S. 97—109. — 4) Wischnowski, A.: Die Venae diploicae der Schädelknochen. Vorläufige Mitteilung. Zschr. f. Anat. u. Entw.-Gesch. Bd. 77, S. 381—388.

Liebscher (2) hat die Hohlvene des Rindes histologisch untersucht.

Die Vena cava cranialis des Rindes umfaßt 2 Hauptabschnitte, und zwar den Lowerschen Sack und die distal von der Insertionsstelle des Perikardiums anschließende eigentliche Hohlvene. Obzwar der Lowersche Sack überwiegend aus quergestreiften Herzmuskeln aufgebaut und daher dem Herzen zuzuzählen ist, so stellt er funktionell einen Abschnitt eines zuleitenden Gefäßrohres dar, welcher zum Teil wenigstens durch eine bindegewebige Isolierschicht aus dem Verbande des eigentlichen Herzens ausgeschaltet erscheint. Die Wand der eigentlichen kranialen Hohlvene des Rindes besteht aus dem Endothel, einer bloß stellenweise vorhandenen, schmalen, bindegewebigen, hier und da von vereinzelten längsverlaufenden Muskelzellen durchsetzten Intima, ferner aus der einer rudimentären Tunica media gleichkommenden, anfangs mehrreihigen, distalwärts allmählich nur einschichtigen Lage zirkulärer Muskelzellen und endlich aus der peripher anschließenden, sehr mächtigen Adventitia. Diese besteht aus einer schmäleren, kompakten, zirkulären inneren Bindegewebsschicht, in welche distalwärts an Zahl immer mehr abnehmende isolierte zirkuläre sowie auch ganz vereinzelte longitudinale Muskelfasern eingebettet sind, und schließlich nach einer hin aus einer 3—4 mal so starken bindegewebig-elastischen Längsfaserschicht ohne Muskulatur. Das elastische Gewebe tritt zwar gegenüber der Aorta in den Hintergrund, nimmt jedoch immerhin den zweiten Platz der am Aufbau der Gefäßwand beteiligten Elemente ein. Eine Tunica elastica interna ist stets, wenn auch zumeist nur in Form eines verschieden dichten bisweilen mehrreihigen Fasernetzes, vorhanden. In der inneren kompakten Bindegewebsschicht verlaufen reichliche zarte, elastische Fasern in zirkulärer Richtung. In der äußeren lockeren Bindegewebsschicht verlaufen starke elastische Stränge in engen Reihen, so daß sie zumeist dichte Fasernetze darstellen; die Fasern anastomosieren vielfach untereinander im Gegensatze zu dem mehr parallelen Verlauf in der hinteren Hohlvene. Distalwärts erscheint auch das elastische Gewebe allmählich immer mehr reduziert.

Trautmann.

Backman (1) gibt eine kurze Mitteilung über die Lungenvenen u. a. bei Hund und Katze. Die Auffassung ihrer Beziehungen zum Lungenparenchym ist im Original nachzusehen. Graf.

### e) Lymphgefäße und Lymphknoten.

1) Apostoleano und M. Petit: A la recherche des lymphatiques du pied du cheval. Rec. de M. vét. Bd. 101, H. 14. — *2) Baum, H.: Die Lymphgefäße der Faszien des Pferdes. Zschr. f. Anat. u. Entw.-Gesch. Bd. 77, S. 266—274. — *3) Derselbe: Die Lymphgefäße der Leber des Pferdes. Ebendas. Bd. 76, S. 645—652. — *4) Derselbe: Allgemeines über das Lymphgefäßsystem der Haustiere, insbesondere Unterschiede im makroskopischen Verhalten des Lymphgefäßsystems verschiedener Tierarten. Zschr. f. Fleisch Hyg. Bd. 36, S. 49—54. — *5) Baum, H. und A. Trautmann: Die Lymphgefäße in der Nasenschleimhaut des Pferdes, Rindes, Schweines und Hundes und ihre Kommunikation mit der Nasenhöhle. Anat. Anz. Bd. 60, S. 161—181. — 6) Higgins, G. M.: On the lymphatic system of the newborn rat (Mus norvegicus albinus). Anat. Record Bd. 30, S. 243—258. — 7) Petit: Sur la présence de lymphatiques dans le pied du cheval. Rec. de M. vét. Bd. 101, H. 4. — *8) Schultze, W.: Untersuchungen über die Kapillaren und postkapillären Venen lymphatischer Organe. Zschr. f. Anat. u. Entw.-Gesch. Bd. 76, S. 421—462.

Schultze (8) untersuchte die Kapillaren und die postkapillären Venen lymphatischer Organe beim Kaninchen auf ihren Bau.

Verf. konnte zeigen, daß in den Lymphknoten und den peripheren Lymphknötchen sowie in der Milz von Säugetieren und Mensch infolge besonderen Wachstums der Kapillaren und postkapillären Venen direkte Verbindungen zwischen der Blut- und Lymphbahn bestehen können. Es scheint erwiesen, daß diese Einrichtung den direkten Austritt gelöster Substanzen und geformter Stoffe bis zur Querschnittsgröße von Erythrozyten gestatten kann und geeignet erscheint, den Durchtritt größerer Zellen zu erleichtern. Daraus läßt sich eine wohl bisher noch nicht diskutierte Funktion der Lymphknoten vermuten. Bei einer Allgemeininfektion wird eine geringe Blutstauung im Kapillaroder Venengebiet von Lymphknoten genügen, um etwa im Blute kreisende Bakterien oder toxische Stoffe durch Stomata der Kapillaren und postkapillären Venenwand in das umgebende lymphoide Gewebe übertreten zu lassen, wo sie durch Phagozyten oder Retikulumzellen aufgenommen und unschädlich gemacht werden können. Es wären also die Lymphknoten nicht nur in die Lymphbahn, sondern auch in die Blutbahn eingeschaltete Sicherheitseinrichtungen. Die ermittelten besonderen Einrichtungen der Blutgefäßwand der feineren Gefäße in den lymphatischen Organen finden sich topographisch an Stellen, die auch funktionell im Vordergrunde des Interesses stehen. In den Sekundärknötchen der Keimzentren findet sich eine rege Neubildungsstätte für die Leukozyten (Flemming) und eine Phagozytose von Fremdkörpern und unbrauchbaren Erythrozyten (Schmidt, Schumacher und Thomé). Neuerdings werden die Keimzentren als Hauptreaktionsorte bei den Abwehrvorgängen im Körper bei Allgemeininfektionen und septischen Krankheiten angesehen (Hellman). Und Cohnheim hat schon vor 40 Jahren die besondere Stellung der Lymphknoten in bezug auf Verbindung zwischen Blut- und Lymphbahn angedeutet.

Die Methode der supravitalen Tuschedurchspülung eignet sich nach Verf. Erfahrungen gut zur histologischen Darstellung der Gefäße in den verschiedensten Organen. O. Zietzschmann.

Nach Baums (3) Untersuchungen münden die im injizierten Zustande makroskopisch erkennbaren Lymphgefäße der Leber des Pferdes in die Lymphonodi portarum, gastrici, renales, iliaci laterales, coeliaci, mediastinales mediae und craniales, mediastinales dorsales, diaphragmaticis und in die Lymphknoten des Brusthöhleneinganges. Es handelt sich um oberflächliche (seröse bzw. subseröse) und tiefe (parenchymatöse).

Die oberflächlichen Lymphgefäße liegen zum größeren Teil subserös, zum kleineren Teil in der eigentlichen Serosa, unter dem Epithel. Es handelt sich im wesentlichen um solche der Serosa und der oberflächlichen Parenchymschicht. Die aus den subserösen Netzen entstehenden Lymphgefäße verlaufen zum weitaus größten Teil subserös weiter bis zu den zugehörigen Lymphknoten oder bis zu einem Leberrande und von da zu einem Bande. Ein Teil der subserösen Gefäße tritt aber auch in die Lebersubstanz ein (interlobuläres Bindegewebe) und mündet hier entweder in das Pfortadersystem oder gesellt sich zu den im interlobulären Bindegewebe gelegenen tiefen Lymphgefäßen, mit diesen sich verbindend.

Die tiefen Lymphgefäße suchen zum größten Teil die Portalknoten auf, zum kleineren Teile die Lymphonodi gastrici, mediastinales craniales, Ln. diaphragmaticus und die Lymphknoten des Brusthöhleneinganges. O. Zietzschmann.

Baums (4) Ausführungen über allgemeine Fragen des makroskopischen Verhaltens des Lymphgefäßsystems betreffen Rind, Pferd und Hund.

Die Funde bei einer Tierart lassen sich in keiner Weise auf andere Spezies übertragen. Und das gilt sowohl für die Lymphknoten (Form, Größe und Zahl) als auch für die Lymphgefäße. Insbesondere sei hier erwähnt, daß nach der Größe der Einzelknoten und nach der Gesamtzahl der Einzelknoten, nach der Zahl der Lymphknotengruppen und nach der Zahl der Einzelknoten in diesen Gruppen bei den einzelnen Tierarten Verschiedenheiten vorkommen, und daß diese Verschiedenheiten in vieler Beziehung charakteristisch für die einzelne Tierart sind.

Auch das Wurzelgebiet der einzelnen Lymphknoten und Lymphknotengruppen ist bei den einzelnen Tierarten nicht gleich, selbst wenn bei diesen Spezies die Lage und Gruppierung der Lymphknoten übereinstimmen sollte. O. Zietzschmann.

Baum (2) fand die Lymphgefäße der Faszien des Pferdes ähnlich denen beim Rinde.

Auch beim Pferde bilden in den Faszien die Lymphgefäße reiche Netze, und zwar ein oberflächliches und ein tiefes, die im lockeren Bindegewebe an beiden Flächen der jeweiligen Faszie liegen und den Flächen der eigentlichen Faszie unmittelbar angelagert sind; bei dünnen Sehnenhäuten fließen beide Lagen mehr oder weniger zusammen. Der größere Teil der Faszienlymphgefäße tritt an Blutgefäße heran, und zwar meist so, daß zwei Lymphgefäße eine Vene begleiten; ein Teil der Lymphgefäße läuft eben irregulär, ohne Blutgefäße zu begleiten. Im übrigen werden behandelt die Lymphgefäße der Fascia antibrachii, F. lumbodorsalis, F. lata, F. femoralis medialis, F. genus, Fascia cruris. O. Zietzschmann.

Baum und Trautmann (5) haben die Lymphgefäße in der Nasenschleimhaut von Pferd, Rind, Schwein und Hund durch Injektion und makroskopische Untersuchung studiert und ihre Publikation prächtig illustriert.

Aus den Ausführungen geht hervor, daß die Lymphgefäße nicht nur, wie Key und Retzius bei Hund und Kaninchen vermuteten, in der Regio olfactoria, sondern in der Schleimhaut der gesamten Nasenhöhle mit besonderen präformierten Öffnungen im Oberflächenepithel beginnen, daß das Lymphgefäßsystem der Nasenschleimhaut mit der Außenwelt also in direkt offener Verbindung steht: eine Tatsache, die für rhinogene Infektionen von Wichtigkeit sein dürfte. O. Zietzschmann.

## 6. Hautsystem.

*1) Broman, J.: Über ein rätselhaftes Inguinalorgan beim menschlichen Embryo. Zschr. f. Anat. u. Entw.-Gesch. Bd. 76, S. 106—112. — 2) Danforth, C. H.: Hair in its relation to questions of homology and phylogeny. Am. j. of anat. Bd. 36, S. 47—68. — 3) Findeisen, M.: Die Koriumverhältnisse am Pferdehuf mit Rücksicht auf die statischen und mechanischen Verhältnisse. Diss. Bern 1922. — *4) Gragert, R.: Die Eigentümlichkeiten des Federkleides bei dem Haushuhn, Truthuhn, Rebhuhn, Fasan und der Taube. Diss. Berlin. — 5) Hammond, F.: The development of the udder in the cow. Proc. of the Scottish Cattle Breed. Conf. S. 101—105. (Kurze Übersicht: Embryonale und postembryonale Entwicklung bis zur ersten Schwangerschaft.) — 6) Jones, F. W.: On the causation of certain hair tracts. (Über die Entwicklungsgründe bestimmter Haarrichtungen.) J. of anat. Bd. 59, S. 72—79. 1924. (Vielfach die Folge ihrer Körpertoilette.) — *7) Kamm, M.: Über den histologischen Bau der Rinder- und Ziegenzitze. Diss. Bern. — 8) Keller, K.: Über das vermutliche Vorkommen von Hornwarzen an der lateralen Seite des Sprunggelenks. W. t. Msch. Jg. 11, S. 43. 1924. (Sitzungsbericht.) — 9) Küntzel, A.: Die Histologie der tierischen Haut vor und während der ledertechnischen Behandlung. Dresden-Blasewitz: Th. Steinkopff. — 10) Landauer, W.: Bemerkungen zu Ludwigs Hypothese der Morphogenese des Haarstrichs. Zool. Anz. Bd. 64, S. 235—244. — *11) Derselbe: On the hair direction in mammals. J. of mammalogy Bd. 6, S. 217—232. — *12) Loeschke, H.: Über die zyklischen Vorgänge in den Drüsen des Achselhöhlenorgans und ihre Abhängigkeit vom Sexualzyklus des Weibes. Virchows Arch. Bd. 255, S. 283—294. — *13) Muto, K.: A Histological Study on the Sweat Glands of Mammals. J. of Japan. Soc. Vet. Sc. Bd. 4, Nr. 1, S. 6—7. — 14) Niermann, H.: Vergleichende mikroskopische Untersuchungen der Gänse- und Entenfedern. Diss. Hannover und D. t. W. Bd. 33, S. 401 bis 402. (Auszug.) — *15) Schaffer, F.: Zur Kenntnis der Hautdrüsen bei den Säugetieren und bei Myxine. Zschr. f. Anat. u. Entw.-Gesch. Bd. 76, S. 320—337. — *16) Schmidt, V.: Studien über die Histogenese der Haut und ihrer Anhangsgebilde bei Säugetieren und beim Menschen. I. Die Histogenese des Hufes bei Schweineembryonen. Zschr. f. mikr.-anat. Forsch. Bd. 3, S. 500—557. — *17) Schuntermann, E.: Über kastanienartige Bildungen an den Gliedmaßen von Lama huanachus. Anat. Anz. Bd. 60, S. 87—93. — *18) Shampy, Ch. und N. Kritsch: Le tissu mucoélastique de la crête du coq, réactif de l'hormone sexuelle. (Das auf das Geschlechtshormon reagierende, schleimig-elastische Gewebe des Hahnenkammes.) C. r. Soc. de Biol. Bd. 92, Nr. 9, S. 683—695. — *19) Walter, A.: Über die Hautdrüsen mit Lipoidsekretion bei Nagern. Zieglers Beitr. Bd. 73, S. 142—167. — 20) Widmer, H.: Kritische und experimentelle Studien über die Pigmentierung des Integumentes, mit besonderer Berücksichtigung ihres Zusammenhangs mit der Widerstandskraft und der Leistung unserer Haustiere. Hannover: M. & H. Schaper.

In einer ausführlichen Studie beschäftigt sich V. Schmidt (16) mit der Histogenese der Epidermis des Schweinehufes, ohne jedoch die Literatur vollständig verwertet zu haben.

Bei 9 mm embryonaler Länge sind die Gliedmaßenstummel noch von einem plasmodialen Belag bedeckt, dessen Kerne auf der lateralen Seite schon in 2 Reihen übereinander angeordnet sind. Später wird das Epithel mehrschichtig. Aber auch bei 5—7 cm Länge sind nur die oberflächlichen Lagen aus abgegrenzten „Zellen" zusammengesetzt, während in der Tiefe noch immer plasmodialer Charakter herrscht. Auf der Dorsalfläche, gegen das Hufende hin, wo die Epithelmassen eine dickere Lage bilden, machen sich in den tiefen Lagen bereits weitere Besonderheiten geltend. Dort liegen in Zwischenräumen die Kerne in senkrecht zur Oberfläche orientierten Reihen. Mehrere Reihen bilden zusammen ein Territorium, das gegen die Mesenchymanlage bogenförmig etwas vorspringt. In den Zwischenräumen zwischen den Kernreihengruppen zeigt das Protoplasma (entsprechend den Einschnitten in das Epithel) eigenartige fädige Differenzierungen. Bei älteren Embryonen (von etwa 6,5 cm Länge) ist die Hufepidermis an Dicke mächtiger geworden, und auf der Dorsalfläche durchziehen jetzt die Keimschicht des Epithels schmale, dunkeltingierte Streifen, die vorher nur gerade angedeutet waren und jetzt auch noch den Einziehungen des Epithels an der Unterfläche (den leistenartigen Vorsprüngen des Mesenchyms) genau entsprechen. Es handelt sich um die Anlagen der Koriumblättchen unter der Hufplatte (Hufwand). An den Seitenteilen der Dorsalpartie aber ist die Entwicklung noch weiter fortgeschritten: hier sind jene „Streifen" der Länge nach gespalten, und in den jeweiligen Spaltraum sind vom Korium her Mesenchymzellen eingewachsen. Verf. schließt seinen interessanten Untersuchungen Betrachtungen über diese junge Hufanlage als kompliziertes mechanisches System an, das den Druck- und Spannungsverhältnissen in intensiv wachsenden Geweben voll Rechnung trägt.                    O. Zietzschmann.

Nach Landauer (11) ist hinsichtlich der bestimmenden Faktoren für die Neigung und die allgemeine Richtung der Haare Wilders Ansicht die richtige, daß noch nicht genügend morphologische Tatsachen bekannt sind, um eine definitive Stellungnahme zu ermöglichen. Dennoch glaubt Verf., daß gemeinsame physikalische Verhältnisse maßgebend sind, und daß die allgemeine Neigung der Haare der Ausdruck embryologischer Mechanismen innerhalb der Haut ist (Dicke der Haut, Dicke der Haare usw.). Abweichungen von der Haarrichtung, wie sie ein Wirbel darstellt, betreffen Stellen größter Dehnung und Zentren divergenter Kräfte.       O. Zietzschmann.

Gragert (4) hat sich mit den Eigentümlichkeiten des Federkleides beim Haushuhn, Truthuhn, Rebhuhn, Fasan und der Taube beschäftigt.

Es bestehen große Unterschiede in der Kutikulastruktur zwischen dem Truthuhn, Haushuhn und der Taube. Während beim Truthuhn die freien Ränder der Kutikulaschüppchen in sich unregelmäßig geschweift und mehr oder weniger fein gebuchtet erscheinen, weisen die Kutikulazellen beim Haushuhn eine sehr starke Zähnelung auf. Die Struktur des Haushuhn- und Truthuhngefieders weicht vollkommen von dem der Taube ab. Hier stellen die Kutikulazellen regelmäßige Sechsecke dar, deren freie Ränder gerade oder leicht gewellt verlaufen. Das Rebhuhn- und Fasanengefieder voneinander zu unterscheiden, ist mitunter mit Schwierigkeiten verknüpft, da sich die beiden außerordentlich ähneln. Während beim Rebhuhn die Ränder der Kutikulazellen nur vereinzelt gezähnt er-

scheinen, sehen wir beim Fasan die Zähnelung bedeutend stärker hervortreten. Fernerhin untersuchte Verf. das Gefieder von einzelnen Rassehühnern, um festzustellen, ob unter den Rassen besondere Eigentümlichkeiten vorhanden sind. Die Untersuchung ergab aber stets die gleiche Zähnelung, wie sie beim Orpingtonhuhn gefunden wurde. Mit Hilfe dieser gefundenen typischen und diagnostisch verwertbaren Eigentümlichkeiten ist es somit möglich, ohne große Schwierigkeiten die Federn des Haushuhns, Truthuhns, Rebhuhns, Fasans und der Taube zu erkennen.
                    Trautmann.

Loeschke (12) fand, daß beim Weibe das Achselorgan — das Schweißdrüsenlager in der Achselhöhle — einen Zyklus durchmacht, der dem der Geschlechtsorgane vollständig parallel läuft. Die apokrinen Drüsen des Achselorgans kommen erst mit Eintritt der Geschlechtsreife zur vollen Entwicklung, und sie sind in ihrer Ausbildung von den Funktionen der Geschlechtsorgane abhängig; sie unterliegen bei Erlöschen dieser Funktion — sei es durch Kachexie, durch Kastration oder im Klimakterium — ihrerseits einer starken Rückbildung und einer fast vollständigen funktionellen Ausschaltung.       O. Zietzschmann.

Muto (13) berichtet über den histologischen Bau der Schweißdrüsen bei Säugetieren.

Nach seinen früheren Veröffentlichungen werden die Schweißdrüsen nicht nur vom Sympathikus innerviert, sondern auch vom Parasympathikus. Bei den verschiedenen Säugetieren sollen beide Nerven verschieden wirken. Der Verf. hat im Laufe seiner Untersuchungen einem Pferde Atropin intravenös eingespritzt und danach Erregung und Schweißausbruch beobachtet. Gab er dem Tiere gleichzeitig Chloralhydrat rektal, um es zu beruhigen, dann hörte auch das Schwitzen auf. Ebenso wurde der durch Atropin hervorgerufene Schweißausbruch sofort sistiert, wenn dem Tiere das Diaphoretikum Pilokarpin injiziert wurde, weil auch dieses die durch Atropin erzeugte Erregung milderte.

Im Zusammenhang mit diesen Untersuchungen hat der Verf. den histologischen Bau der Schweißdrüsen bei den verschiedenen Säugetieren eingehend studiert und gefunden, daß bei Mensch, Pferd, Katze, Schaf, Schwein, Affe, Maus und Ratte die Schweißdrüsen Knäueldrüsen sind, bei Rind, Hund und Ziege Taschendrüsen; dem Meerschweinchen, Kaninchen und Bären fehlen die Drüsen.                    Nitta.

Schaffer (15) beschreibt u. a. einen Fall, der für das Verständnis der Entstehung polyptycher, holokriner Drüsen von Bedeutung ist, und zwar den Präputialsack des Wiesels (Putorius nivalis L.).

Es handelt sich um mächtige apokrine Schlauchdrüsen, am vorderen Rande des Sackes mündend, ähnlich den Verhältnissen beim Hunde; dem Wiesel fehlen aber stärker entwickelte Talgdrüsen, wie solche bei Nagern als typische Präputialdrüsen vorkommen. Dafür ist das ganze innere Vorhautblatt mit tiefen Falten und diese mit reichlichen Aussackungen versehen, deren Schnittbild an eine zusammengesetzte Talgdrüse erinnert. Das auskleidende Epithel ist nicht verhornt, seine oberflächlichen Zellen werden reichlich abgestoßen und als Sekret nach außen befördert mit allen Stufen der Kerndegeneration und homogenisiertem, kompaktem Protoplasma. Es handelt sich also hier um eine holokrine Sekretion, ähnlich der paraproktischen Drüse von Halmaturus, wenn auch hier keine typische Drüse vorliegt, sondern eine in die Tiefe versenkte abgeänderte Hautoberfläche mit sekretorischer Funktion. Denkt man sich die abgestoßenen Zellen, verfettet, dann wäre hier die Analogie mit der Talgdrüsentätigkeit eine vollkommene.

Die Vorhaut des Wiesels gibt also einen Fingerzeig, wie man sich die Talgdrüsen als einfach in die Tiefe versenkte, zur holokrinen spezifischen Sekretion befähigte Oberhautbezirke vorstellen kann. Dieser wahrhaft primitiven Entstehungsweise und Funktion der Talgdrüsen steht die viel verwickeltere der Schweißdrüsen mit ihrem hochentwickelten muskulösen und nervösen Hilfsapparat gegenüber, so daß die Talgdrüsen als die primitiveren und prinzipalen Elemente der Hautdrüsenorgane erscheinen. Die Talgdrüsen können daher nicht ausschließlich im Dienste der Haare stehen (Vorkommen freier Talgdrüsen, unter anderem auch an behaarten Stellen). Die Beziehungen der Talgdrüsen zu den Haaren sind sekundäre; dagegen ist jene der apokrinen Schweißdrüsen zu den Haaren eine primäre und daher keine nebensächliche. Gegen die ausschließliche Bedeutung der Talgdrüsen als Hilfsorgan der Haare spricht auch die vom Verf. gefundene Tatsache, daß aus Talgdrüsenanlagen ganz abweichende und spezialisierte Drüsentypen entstehen können, die zwar den polyptychen Charakter der Talgdrüsen aufweisen, aber nicht nach holokrinem, sondern nach merokrinem Typus sezernieren (hepatoide Analdrüsen des Hundes mit Sekretröhrchen zwischen den polyedrischen Zellen mit nahezu fettfreiem, körnigen Protoplasma; ähnlich auch Violdrüse des Fuchses und Brunstdrüse der Gemse, bei denen die peripheren Teile der Alveolen nach merokrinem, die zentralen nach holokrinem Typus sezernieren). O. Zietzschmann.

Walters (19) Untersuchungen über die Hautdrüsen mit Lipoidsekretion bei Nagern (untersucht wurde die Hardersche Drüse, Analdrüse, Präputialdrüse, Talgdrüsen und Meibomsche Drüsen vom Kaninchen, Meerschweinchen und von der Ratte) ergaben, daß diese Drüsen beträchtliche Cholesterinmengen sezernieren, und daß die Ratte vorzugsweise isotrope, das Kaninchen und Meerschweinchen anisotrope Substanzen ausscheidet. Joest und Cohrs.

Broman (1) beschreibt beim menschlichen Embryo von 16,5 und 20 mm Länge und beim 18,2 mm langen Schweinembryo ein eigenartiges Inguinalorgan in Gestalt einer kleinen mesenchymatös gestützten Falte in der Inguinalrinne (zwischen Bauchwand und Hinterextremität). Sie hat, besonders deutlich beim Schweine, Beziehungen zur Milchleiste, fehlt aber bei entsprechenden Stadien von Rind und Schaf. Die als Schmiergruben bekannten Inguinalleisten des Schafes treten erst später erstmals auf. Profé sah sie von 3,5 cm Länge ab. Eine Homologie zwischen beiden Bildungen besteht nach Verf. nicht; dagegen ist anzunehmen, daß das beschriebene Inguinalorgan das Rudiment einer phylogenetisch viel älteren Bildung darstellt.

O. Zietzschmann.

Zwischen dem Schwellgewebe und Deckepithel einerseits und einem derben bindegewebigen, oft fetthaltigen Achsenstrang des Kammes haben Shampy und Kritch (18) beim Hahne und beim legetätigen Huhne eine Schleimgewebsschicht gefunden, die von einem nach der Oberfläche zu dichter werdenden elastischen Netze durchzogen war. Dieses Gewebe erscheint erst beim etwa 170 g schweren Hahn und breitet sich allmählich kammwärts aus. Es ist in hohem Grade von den Keimdrüsen abhängig. Während nämlich zwar Nahrungsentzug und langdauernde Krankheiten sowohl an dem zentralen Bindegewebskörper als an dem genannten Schleimgewebe einen gewissen Substanzverlust mit sich bringen, schwindet die Schleimgewebsschicht bei Kastration schon 13 Tage danach unter schnellem Wasserverlust und herdförmigem Zerfall. Aus den gleichartigen Ausfallserscheinungen bei beiden Geschlechtern folgern Verff. auf ein gleichartiges Keimdrüsensekret. Bittner.

Schuntermann (17) hat die an den Hintergliedmaßen bei Lama huanachus vorkommenden Hautschwielen einer Untersuchung unterzogen und diese zu den auch vom Ref. besprochenen Kastanien des Pferdes in Beziehungen gebracht.

Es handelt sich um schwarze, stark verhornte, haarlose Hautbezirke, bei denen die hohe Epidermis einem außerordentlich hohen, regelmäßigem Papillarkörper aufsitzt, und denen ein dickes Paket von tubulösen Hautdrüsen unterlegt ist, von denen nur die wandständigen Beziehungen zu Haaren besitzen.

Die außerordentliche Mannigfaltigkeit der an den Gliedmaßen der Huftiere bisher bekannt gewordenen Hautorgane läßt es erwünscht erscheinen, diesen Bildungen, namentlich auch ihrem feineren Aufbau weitere Aufmerksamkeit zu schenken. Besonders wäre es interessant, Näheres über den Charakter der Schwielen zu erfahren, die nach Brehm an den Vorderbeinen der Tapire vorkommen. Selbstverständlich sind die hier beschriebenen Abbildungen mit den Kastanien der Pferde nicht in einen nahen Zusammenhang zu bringen. Fragliche Beobachtungen scheinen aber doch geeignet, der Auffassung der Kastanien als Reste von Drüsenorganen eine Stütze zu bieten, da sie das Ausbreitungsgebiet von Drüsenorganen an den Gliedmaßen der Huftiere auf die Gruppe der Tylopoden erweitern und einen neuen Typus kennen lehren, der starke Drüsen auf einem haarfreien Hautfeld mit ausgiebiger oberflächlicher Verhornung vereinigt zeigt.

O. Zietzschmann.

Kamm (7) hat den feineren Bau der Zitze des Rindes und der Ziege untersucht. Nach ihm besteht das Hohlraumsystem der Zitze aus der Zisterne und dem nach außen führenden Strichkanal. Die Zisterne wird von einem zweischichtigen Zylinderepithel ausgekleidet, der Strichkanal enthält vielschichtiges Plattenepithel mit einem stark entwickelten Stratum corneum. Der Zisterne liegen in jedem Alter der Tiere von der „Fürstenbergschen Rosette" an bis zur Zitzenbasis nachweisbare akzessorische Drüsen an. Die Muskulatur der Rinder- und Ziegenzitze verhält sich folgendermaßen: Im Gebiet des Strichkanals folgen in den Papillarkörpervorsprüngen zuerst auf das Epithel längsverlaufende, zu Gruppen vereinigte Muskelbündel. Über den Gruppen der kleinen Leisten folgen auf das Epithel als erste Muskelelemente der starke Zirkulärfaserring. In der gemischten Faserzone verlaufen die Muskelbündel beim Rinde teils schräg, teils zirkulär, in der Hauptsache aber längs, während bei der Ziege neben stärkerem Bindegewebe die schrägen Muskelelemente überwiegen. In der Integumentzone finden sich ebenfalls verschieden verlaufende Muskelzüge, wobei auch hier das Bindegewebe vorherrschend ist. Gegen die Zisterne hin schwinden allmählich die im Strichkanal vorhandenen Längsbündel, die als erste Muskelelemente auf das Epithel folgen. Die Zirkulärfasern sind in der Zisternengegend auf einzelne Züge reduziert, dagegen nimmt die gemischte Faserlage an Mächtigkeit zu. Die Ziegenzitze weist die gleichen Verhältnisse auf, nur findet man das Bindegewebe reichlicher vorhanden, besonders in der gemischten Faserzone. In der Verteilung der elastischen Fasern findet sich bei Rind und Ziege kein Unterschied. Das elastische Gewebe besteht aus feinen Netzen, die die ganze Zitze durchziehen. Das Gefäßnetz der Zitze des Rindes bildet die „Gefäßzone". Die meist longitudinal verlaufenden Gefäße sind hier reichlich vorhanden.

Außerhalb dieser Zone findet sich selten ein größeres Gefäß. Arterien wie Venen sind starkwandig. Die Venen besitzen zahlreiche Klappen; ihre Wandungen weisen in der Media zirkulär- und längsverlaufende Muskelelemente auf. Sie bilden den „hämostatischen Apparat" der Rinderzitze, der in der Ziegenzitze nicht existiert. In letzterer sind wenig große starkwandige Gefäße vorhanden. Die Literatur ist nicht vollständig berücksichtigt. *Trautmann.*

## 7. Innersekretorische Drüsen.

*1) Antonow, A.: Zur Frage vom Bau der Glandula pinealis. Anat. Anz. Bd. 60, S. 21—31. — 2) Arndt, H.-J.: Über die morphologisch nachweisbaren Lipoide in Epithelkörperchen und Schilddrüse des Menschen. Zieglers Beitr. Bd. 72, S. 517—579. — *3) Ciardulló, E.: Sul significato morfologico dell' ipefisi faringea. (Über die morphologische Bedeutung der pharyngealen Hypophysis.) Atti della Soc. Lombarda di scienze med. e biol. Bd. 14, H. 4, S. 259—265. — *4) Develey, Ch.: Du tissu thyreoidien aberrant chez le chien. Diss. Bern. — 5) Elsner, K.: Beiträge zur makro- und mikroskopischen Anatomie der Nebennieren des Hundes. Diss. Hannover und D. t. W. Bd. 33, S. 633—635. (Auszug.) — 6) Gorton, B.: The anatomy of the parathyroids of the dog. Vet. J. Bd. 81, S. 131—133. — 7) Hoskins, M. M.: The parathyroid of the white rat. Endocrinology Bd. 8, S. 777—794. 1924; Ref. in Ber. üb. d. ges. Phys. Bd. 31, S. 277. — *8) Haller, Graf und O. Mori: Über die Bildung der Hypophyse bei Säugetieren. Zschr. f. Anat. u. Entw.-Gesch. Bd. 76, S. 159—187. — *9) Hessdörfer, E.: Ein Beitrag zur Anatomie und Rückbildung des Thymus beim Schweine. Diss. Berlin. — *10) Kaltenböck, K.: Knoten von Schilddrüsengewebe im Conus arteriosus beim Hund. Diss. Wien 1924/25. — *11) Kohno, Sh.: Zur vergleichenden Histologie und Embryologie der Nebenniere der Säuger und des Menschen. Zschr. f. Anat. u. Entw.-Gesch. Bd. 77, S. 419—480. — 12) Neuweiler, W.: Zum Verhalten des Schilddrüsenkolloids bei verschiedenen Funktionszuständen der Schilddrüse. Zbl. f. Path. Bd. 36, S. 145—150. (Mensch.) — 13) Prime, T. F.: Enlarged thymus gland in a cat. Vet. J. Bd. 81, S. 505. — 14) Rahl, H.: Weitere Beiträge zur Entwicklungsgeschichte der Derivate des Kiemendarmes beim Meerschweinchen. Die früheste Anlage der Schilddrüse und ihre topischen Beziehungen zu den Gebilden des embryonalen Mundbodens. Zschr. f. Anat. u. Entw.-Gesch. Bd. 76, S. 338—352. — *15) Reiss, P.: L'appareil de Golgi dans les cellules glandulaires de l'hypophyse. Polarité fonctionelle et cycle sécrétoire. C. r. Soc. de Biol. Bd. 87, S. 255 bis 256. 1922. — 16) Riddle, O. und P. Frey: The growth and age involution of the thymus in male and female pigeons. Am. j. of physiol. Bd. 71, S. 413—429. (Maximum des Gewichts mit Ende des 5. Monats, also vor Geschlechtsreife; bis zum 6. Monat, wo geschlechtsreif, Abnahme um 50%.) — *17) Scheschin, J.: Beitrag zur Histologie der Vogelschilddrüse. Diss. Wien. — 18) Schildmeyer, H.: Untersuchungen über die Gewichtsverhältnisse innersekretorischer Drüsen bei Schlachttieren. Diss. Hannover und D. t. W. Bd. 33, S. 651—654. (Auszug.) — 19) Schönberg: Struma partim colloides partim fibrosa des Pferdes. B. t. W. Bd. 41, H. 35. — 20) Smith, A.: The origin and development of the carotid body. Am. j. of anat. Bd. 34, S. 87—125. 1924. (Unter anderem Katze.) — *21) Stender, M.: Untersuchungen über die Schilddrüse des Schweines in verschiedenen Lebensstadien und unter verschiedenen Lebensbedingungen. Diss. Berlin. — *22) Sülzen, Ludwig: Die Topographie der Epithelkörperchen bei Rinderföten und beim Kalbe. Diss. Gießen 1924. (Auszug.) — *23) Tammann, H.: Beitrag zur Morphologie der Nebenniere. Beitr. z. path. Anat. Bd. 73, S. 307—312. — *24) Trautmann, A.: Anatomie und Histologie der Epiphysis cerebri thyreopriver Ziegen. Zugleich ein Beitrag zur gegenseitigen Beeinflussung bzw. Abhängigkeit der Drüsen mit innerer Sekretion. Zschr. f. d. ges. Neurol. Bd. 94, S. 744—782. (7 Abb.) — 25) Vermeulen, H. A.: Epiphyse und Epiphysentumoren bei Tieren. B. t. W. Bd. 44, S. 717—719. (Kurze anatomische und funktionelle Bemerkungen auch über das normale Organ.)

Nach Kaltenböck (10) handelt es sich bei den im Conus arteriosus gefundenen Knoten um Schilddrüsengewebe, die beim Hund in 9 Fällen gefunden wurden, wahrscheinlich um versprengte Schilddrüsenkeime bzw. um Nebenschilddrüsen. *Trautmann.*

Scheschin (17) untersuchte die Histologie der Schilddrüse vom Haushuhn, Truthahn, Gans, Ente, Krähe, Rebhuhn, Taube, Eichelhäher, Amsel und Sperling.

Die Schilddrüse ist bei größeren Vögeln eiförmig, kaudal mit einem gelben Anhangskörper, bei kleineren Arten rundlich und nicht immer in Verbindung mit dem erwähnten Körper. Das follikuläre Parenchym wird von einer dünnen, bindegewebigen Kapsel umschlossen, die peripher feines kollagenes Gewebe, zentral elastische Fasern enthält. Die von dieser aus gegen das Drüseninnere ziehenden Septen führen zumeist größere Gefäßstämme. Im spärlichen zarten interfollikulären Füllmaterial liegt das reichverzweigte Kapillarnetz. Dem interstitiellen Gewebe fehlen elastische Fasern. Eine Membrana propria findet sich nicht. Die Follikelgröße ausgewachsener Tiere schwankt je nach Vogelgattung von $20—200\,\mu$. Das Epithel ist je nach der Follikelgröße glatt, kubisch bis zylindrisch. Größe, Form und Anordnung der Follikel scheint für jede bestimmte Vogelfamilie bis zu einem gewissen Grade insofern Regelmäßigkeiten aufzuweisen, als die größeren Follikel fallweise vorwiegend peripher, zentral oder aber gleichmäßig verteilt erscheinen. Die Epithelzellen besitzen einen relativ großen chromatinarmen Kern mit 1—2 Nukleolen. In der Protoplasmastruktur zeigen sich innerhalb einer Vogelgattung keine Gesetzmäßigkeiten. Bei Beurteilung des Kolloides muß die Vorbehandlung des Präparates in Betracht gezogen werden. Innerhalb einer Drüse sowie in Drüsen verschiedener Familien färbt sich das Kolloid verschieden. Die zentralen Teile eines Kolloides färben sich meist anders als die peripheren, indem die wasserärmeren dunkler erscheinen. Je älter das Individuum ist, desto stärker färbt sich der Follikelinhalt. Dementsprechend erweist es sich im Zupfpräparat junger Tiere nur schwach lichtbrechend. Die Krausesche Kolloidfärbung ergibt bei gleichaltrigen Tieren verschiedener Gattung kein einheitliches Bild, so daß diese Technik für die Histologie der Vogelschilddrüse nicht jene Bedeutung besitzen dürfte, wie von mancher Seite bezüglich der Thyreoidea der Säuger angenommen wird. Bei jungen Hühnern ist das Kolloid hauptsächlich in den größeren peripheren Hohlräumen enthalten. Diese Follikel sind unregelmäßig schlauchförmig, häufig gabelig verzweigt. Ein besonderes Bild zeigt die Schilddrüse einer gesunden 4jährigen Henne. Die peripheren Follikel, vorwiegend intakt, enthalten stark färbbares, offenbar eingedicktes Kolloid. Zentral ist die Bläschenform nur durch das interstitielle Gewebe angedeutet, das Follikelepithel nur stellenweise unterscheidbar, und eine granulierte, indifferent färbbare Masse erfüllt den Hohlraum. Somit ein Bild einer als senile Degeneration deutbaren Erscheinung. Im Interstitium finden sich in der Vogelschilddrüse oft Keimzentren enthaltende typische Lymphfollikel.

*Trautmann.*

Develey (4) hat nach akzessorischen Schilddrüsen beim Hunde geforscht.

Er findet Schilddrüsenkeime sehr häufig (72%). Sie stehen selten in Verbindung mit der Schilddrüse. Man findet sie vielmehr häufig in der Halsgegend, ganz besonders oft aber innerhalb des Brustkorbes. Letztere haben einen anderen Sitz als beim Menschen, da sie intraperikardial oder in der Nähe des Herzbeutels sitzen. Die innerhalb des Herzbeutels vorkommenden Keime sind vor allem an der Außenwand der Aorta zu finden, seltener hängen sie an der Außenfläche der Lungenarterie. Eine verhältnismäßig kleine Zahl von Keimen sitzt in den von den beiden Schlagadern gebildeten Rinnen. Endlich kommen einige am Wandperikard vor. Bei dem gleichen Hunde können mehrere versprengte Keime, im Maximum 6 oder auch nur 1, vorhanden sein. Die große Mannigfaltigkeit der Lokalisationen, wie sie beim Menschen sich fanden, wurde beim Hunde nicht festgestellt. Bei letzterem herrschen die intraperikardialen Herde vor. Sie lassen sich aus der medianen Anlage der Schilddrüse oder aus den postbranchialen Körpern herleiten. Letztere sind wahrscheinlich der Ausgangspunkt der innerhalb des Herzbeutels versprengten Keime; diese Genese scheint hauptsächlich für die Herde zu gelten, die um die Schlagadern vorkommen. Die größere Häufigkeit der Keime um die Aorta ist wohl dadurch erklärlich, daß es innige topographische Beziehungen zwischen den Kiemenbogen, den Kiemenarterien und den postbranchialen Körpern gibt. Trautmann.

Stender (21) hat die Schilddrüse des Schweines in verschiedenen Lebensstadien untersucht.

Schilddrüsen embryonalen Alters sind als solche durch die mikroskopische Untersuchung mit Sicherheit zu erkennen. Sie zeichnen sich aus durch zahlreiche kleine Follikel, reichliches interfolliküläres Zellgewebe, hochkubisches Epithel mit 2 Arten von Kernen (kleinen dunklen, pyknotischen, und großen, hellen bläschenförmigen). Reichliche Neubildung von Follikeln und zahlreiche mit vielen roten Blutkörperchen gefüllte Kapillaren, Fehlen von Kolloid oder Vorhandensein von sehr dünnem Kolloid (das, nach Kraus gefärbt, meist hellrosa aussieht). Schilddrüsen jugendlichen Alters sind ebenfalls im histologischen Präparat als solche zu erkennen. Relativ kleine, ziemlich gleichgroße Follikel mit noch auffallend starker Entfaltung des interfollikulären Zellgewebes, welches von vielen Kapillaren durchzogen ist. Starke Neubildung von Follikeln. Das Follikelepithel ist gleichmäßig von Gestalt und im allgemeinen hochkubisch geformt, wenn es auch nicht ganz so gut entwickelt ist wie das Epithel der embryonalen Schilddrüsen. Die Größe der jugendlichen Schilddrüsen ist selbstverständlich viel auffälliger als die der embryonalen Drüsen; dies beweist schon das Gewicht, welches bei jugendlichen Schilddrüsen mehrere Gramm ausmacht, während es bei embryonalen Drüsen nach Milligrammen zählt. Schilddrüsen alter Tiere können im histologischen Bilde ohne weiteres als solche erkannt werden. Sie zeichnen sich aus durch große, unter Umständen größte Follikel. Alle Follikel sind mit dichtem Kolloid prall angefüllt. Das Epithel der Follikel ist plattenähnlich niedrig, das interfolliküläre Zellgewebe ist geringfügig. Eine Follikelneubildung ist kaum feststellbar. Im interfollikulären Zellgewebe werden nur sehr wenige Kapillaren angetroffen. Es muß aber ausdrücklich bemerkt werden, daß zwischen jugendlichen und alten Schilddrüsen Übergänge vorkommen können, die imstande sind, das prägnante Bild der einzelnen Schilddrüsen etwas zu verwischen. Es kommen 2 Arten von Zellen vor, nämlich solche mit großen, bläschenförmigen oder auch runden, und solche mit kleinen pyknotischen Kernen. Eine Desquamation von Follikelepithelien wurde fast nie erkennbar. Die Ansicht von Wail, daß das Metanuklearkolloid durch Zusammenschmelzung der in das Follikellumen desquamierten und hier degenerierenden Zellen entstehen soll, kann daher nicht bestätigt werden. Bei sämtlichen Präparaten hat Verf. eine Zelldesquamation, die die Voraussetzung der Zusammenschmelzung der Zellen ist, nicht feststellen können. Demnach kann auch das Kolloid nicht aus den Zellen entstanden sein. Weitergehende Differenzierungen nach Haltung der Tiere (warme, kalte Ställe, Fütterung) oder nach dem jeweiligen Geschlechtszustand (Trächtigkeit, Kastration) lassen sich nicht nachweisen. Die Färbung nach Kraus gestattet keinen Rückschluß auf das Vorhandensein verschiedener Kolloidarten und Follikelepithelien. Die bunte Färbung der Präparate ist hier lediglich der Ausdruck mechanisch-physikalischer Ursachen beim Einbetten, Schneiden und Färben der Präparate. Die weitgehenden Schlüsse, die Kraus aus dem variabeln Ausfall der Färbung gezogen hat, sind daher nicht haltbar. Es läßt sich insbesondere nicht der Nachweis für eine granuläre Sekretion des violetten Kolloids erbringen. Die violetten Granula bei der Krausfärbung sind vielmehr als Kunstprodukte aufzufassen. Die Färbung nach Kraus gestattet nur einen Rückschluß auf die verschiedene Dichtigkeit des Kolloids insofern, als junges lockeres Kolloid sich gern rot, altes dichtes Kolloid blau und violett färbt.

Trautmann.

Sülzen (22) hat die Topographie der Epithelkörperchen bei Rinderföten und beim Kalbe untersucht.

Die topographischen Untersuchungen wurden an 30 Föten und 82 Kälbern im Alter von 8 Tagen bis 6 Wochen angestellt, kontrolliert durch mikroskopische Untersuchung zum Zwecke schneller und sicherer Auffindung für heteroplastische Transplantationen von Epithelkörperchen. Es ist jederseits je ein äußeres und ein inneres Epithelkörperchen vorhanden. Die äußeren werden in 70% aller Fälle dorsal der A. carotis comm., in 20% dorsomedial und in 10% lateral von dem Gefäß gefunden, oft bis zu drei Viertel ihres Körpers in die kraniale Spitze der Thymusdrüse eingebettet, von deren Läppchen aber allseitig scharf abgegrenzt. Die inneren Epithelkörperchen liegen in 75% oberflächlich an der trachealen Fläche der Seitenlappen der Schilddrüse, und in 23% sind sie in eine seichte Vertiefung dieser Fläche eingelagert, selten allseitig von Schilddrüsengewebe umgeben. In 61% liegen sie am dorsalen, in 18% am aboralen Rande der Seitenlappen. Die Hauptzellen in den Epithelkörperchen der Föten sind fast um ein Drittel größer als in denen der Kälber. Die oxyphilen Zellen sind nur in wenigen Präparaten deutlich, und nicht so ausgeprägt wie beim Pferde.

Trautmann.

Die Ergebnisse der Untersuchungen Hessdörfers (9) an dem Thymus von 322 Schweinen (deutsches, veredeltes Landschwein) und Föten lassen sich in folgendem kurz zusammenfassen:

Der Thymus besteht aus einem zu beiden Seiten der Trachea verlaufenden Halsteil, einem kurzen Verbindungsstück und einem im präkardialen Mediastinalraum gelegenen Brustteil. Die Arterien des Halsteiles entstammen den Aa. carotides communes, diejenigen des Brustteiles der Aorta ascendens und Aa. subclaviae sowie der A. mammaria interna. Der ventrale Ast des ersten Halsnerven gibt außer an die ventralen Halsmuskeln und die Thyreoidea auch Fäden an den Halsthymus ab. Die Konsistenz des Thymus gleicht ungefähr derjenigen der Bauchspeicheldrüse. Die Farbe ist gelblichweiß bis graurötlich, bei verendeten Schweinen und Föten graurot. Die absoluten Drüsengewichte betragen bei Börgen (Jungkastraten) im Mittel 83,89 g, bei reinen weiblichen (noch nicht gravid gewesenen) Schweinen 83,65 g, bei Eberkastraten (Spätkastraten) 56,2 g, bei Sauen (gravid gewesenen bzw. graviden Schweinen) 56 g. Der Thymus hat bei einer Lebendgewichtsgrenze von 51—75 kg das relativ größte Organgewicht aufzuweisen. Der Thymus steht in inniger

Beziehung zum Geschlechtsleben. Seine Ausbildung bzw. Rückbildung steht unter dem Einfluß geschlechtlicher Betätigung. Das relative Gewicht des Thymus der Börge (Jungkastraten) ist größer als das der Eberkastraten (Spätkastraten), dasjenige der reinen weiblichen (noch nicht gravid gewesenen) Schweine größer als das der Sauen (gravid gewesenen bzw. graviden Schweine). Im Verhältnis zur beobachteten günstigsten Entwicklung im Alter von 5 Monaten ist der Thymus im Alter von 14 Monaten auf die Hälfte, im Alter von 21 Monaten auf ein Sechstel reduziert. Die Rückbildung setzt am Halsteil zeitiger als am Brustteil ein und ist gekennzeichnet durch ein Schwinden der Drüsenläppchen, wobei das schwindende Parenchymgewebe durch Fettgewebe ersetzt wird.    Trautmann.

Tammann (23) beschäftigte sich mit der Morphologie der Nebenniere des Rindes (3—7jährige Kuh).

Schonende Entnahme ist nötig, um die Adrenalinsekretion studieren zu wollen. Fixation: Müllerformol, Färbung der Gefrierparaffin- und Gelatineschnitte mit Kresylviolett.

Adrenalin findet sich, wie Dewitzky schon feststellte, in den Markzellen diffus, seltener tröpfchenförmig; Grünfärbung. Von hier aus Durchtränkung des Gerüstwerks des Markes und Eintritt (amorphe Masse) in die kleinen Venen. Auch die Nervenscheiden des Markes erscheinen grün, in der Rinde verliert sich diese Färbung. Die Umspülung der Nerven im Mark läßt eine Nervenwirkung des Adrenalins wahrscheinlich werden.

Die arterielle Blutzufuhr erfolgt beim Rinde durch 2 Arterien (meist aus der Aorta): eine kraniale und eine kaudale, die beide beim Durchtritt durch die Fettkapsel sich in zahlreiche Äste spalten. Die kraniale Arterie geht (Gelatineinjektionen!) ausschließlich zum Mark, die kaudale zur Rinde. Nur durch stärkeren Druck läßt sich von dem einen das andere System injizieren, wenn gleichzeitig die Zentralvene abgebunden wird, das Abflußrohr für das beiderlei Blut.

O. Zietzschmann.

Kohno (11) kommt durch vergleichend histologische und embryologische Untersuchungen der Nebenniere der Säugetiere und des Menschen zum Schlusse, daß für den Aufbau und die histologischen Charaktere der Säugernebenniere nicht die Nahrung, nicht die Lebensweise, also nicht ökologische und biologische Momente direkt erkennbar eine Rolle spielen. Die Nebenniere ist ein äußeren Einflüssen besonders entzogenes Organ und in seiner Morphologie nur durch 2 Faktoren beeinflußt, von denen der eine die systematische Zugehörigkeit des Tieres, der andere dessen absolute Größe ist.    O. Zietzschmann.

Graf Haller und Mori (8) haben die Entwicklung der Hypophyse beim Schweine studiert.

Nach ihnen ist die erste Anlage derselben im wesentlichen eine Folge der Kopfkrümmung, was schon v. Mihalkovics richtig erkannt hatte: in Gestalt einer quergestellten platten Tasche, Hypophysentasche, Rathkesche Tasche. Im weiteren Verlaufe entsteht aus dem Spalte durch Verklebung und nachträgliche Verwachsung der Spaltränder die Tasche. Die erste Anlage keilt sich ein zwischen die Seeselsche Tasche und das Infundibularhirn. Scheitelwärts geht die Tasche in 2 kurze Sonderausbuchtungen über, die Hörner. In den dorsalen Rest der Rachenhaut schieben sich vom Kieferringe aus Mesodermmassen vor, das Hypophysenpolster darstellend. Und dieses bringt einmal die Seeselsche Tasche zum Verschwinden, zum andern schnürt es unter eigenem Vorwärtsschieben die Hypophysentasche von der Mundbucht ab. So entsteht die Spielkartenherzform des Organs mit den breitesten

Stelle, der „Hypophysenbreite". Dieser Teil entspricht dem Querstück der Selachier- und Reptilienhypophyse.

Der vordere unpaare Fortsatz der embryonalen Hypophyse des Schweines und anderer Säuger entspricht nicht dem Vorderstück der Haie; er entsteht beim Säuger viel später, und zwar durch Vorwachsen von Epithelzapfen und -schläuchen. Die Gesamtheit der vom Hypophysensäckchen vorwachsenden Sprosse und Leisten läßt sich in 3 Gruppen sondern: eine von der Spitze, eine von den Seitenlappen und eine von der oberen Partie der Hinterwandung entspringend. Dabei entsprechen die oberen Fortsätze der Hypophyse des Schweines dem Hinterstück der Selachier- und Reptilienhypophyse.    O. Zietzschmann.

Reiss (15) konnte in den Drüsenzellen des Drüsenlappens der Hypophyse bei Katze, Hund und Kalb mit einer besonderen Methode, die näher nicht beschrieben wird, den Golgischen Netzapparat darstellen.

Er hat in den einzelnen Zellen eine verschiedene Lage. In den chromophilen Zellen hat der innere Netzapparat keine bestimmte Lokalisation. In den basophilen Zellen ist er regelmäßig nach der Peripherie der Zellstränge, also gegen die Blutkapillaren zu, in den azidophilen Zellen dagegen stets gegen das Innere der Zellstränge zu gelagert. Zellen mit basophiler und azidophiler Reaktion (Intermediärzellen) besitzen einen Netzapparat immer in dem basophilen Zellabschnitte an der gleichen Stelle wie die basophilen Zellen. Da der Netzapparat stets in den Drüsenzellen der exokrinen Drüsen an dem Pole sich findet, aus dem die Absonderungen vor sich gehen, möchte Verf. annehmen, daß die basophilen Zellen ihre Produkte nach der Peripherie der Zellstränge, also in die Blutbahn absondern. Sobald die Zellen azidophil geworden sind, schicken sie ihre Absonderungen in Spalten, die im Innern der Zellstränge sich ausbilden. Danach würde die Hypophysenzelle fähig sein, zwei verschiedene Substanzen, eine basophile und eine azidophile, herzustellen.    Trautmann.

Ciardulló (3) hat an Hühner-, Ratten-, Menschenembryonen festgestellt, daß die pharyngo-hypophysäre Ausstülpung auf Grund ihrer morphologischen Bestandteile nicht vollkommen der Gehirnhypophyse entspricht, denn während diese letzte der Rathkeschen Tasche entstammt, enthält der pharyngo-hypophysäre Stiel einen viel beträchtlicheren Teil der Seesseltasche und des vorderen Ektoderms, welches bei den Reptilien die Anlage des vorderen Teiles der Hypophyse liefert.    Declich.

Trautmann (24) berichtet über die Anatomie und Histologie der Epiphysis cerebri thyreopriver Ziegen.

Die Epiphysis cerebri thyreopriver Ziegen präsentiert sich strukturell in anderer Form als wie die Zirbel von Tieren, bei denen die Schilddrüse erhalten ist und normal funktioniert. An der Reaktion auf die Schilddrüsenexstirpation beteiligen sich wohl alle Teile der Glandula pinealis in mehr oder weniger ausgesprochenem Maße. Die In- und Extensität der Alterationen ist von verschiedenen Voraussetzungen abhängig (Alter des Tieres, Dauer des thyreopriven Zustandes, Anwesenheit akzessorischer Schilddrüsen u. a. m.).

So ähnlich die nach Schilddrüsenexstirpation in der Zirbeldrüse eintretenden Veränderungen auch scheinen, so ist trotzdem ein Unterschied zwischen den Drüsen unerwachsener und erwachsener Ziegen zu machen. Die in der Epiphyse unerwachsener Individuen sich abspielenden destruktiven Prozesse sind als rein degenerative Erscheinungen zu deuten. Bei erwachsenen Ziegen dagegen lassen sich die nach der Thyreoidektomie in der Glandula pinealis einsetzenden Strukturabänderungen kaum anders als stärker in die Erscheinung tretende involutorische Vorgänge ansehen, die in normalen Organen mit dem höheren Lebensalter nur in ganz unbedeutendem Maße erkennbar sind. Das Gemeinsame, was die Zirbeldrüsen unerwachsener und erwachsener thyreoidektomierter Ziegen auszeichnet, liegt in der immer mehr fortschreitenden Funktionstüchtigkeit, die in der Epiphyse durch die weitgehenden Alterationen herbeigeführt wird.

Die Befunde, die in der Epiphysis cerebri nach Störung oder Ausfall der Funktion der Thyreoidea infolge partieller oder totaler Ausschaltung der Schilddrüse erhoben werden konnten, erhärten die nicht unwidersprochen gebliebene Auffassung, daß die Zirbeldrüse eine Stellung im inkretorischen System einnimmt. Zwischen der Thyreoidea und der Epiphyse müssen Beziehungen bestehen, die besonders im jugendlichen Alter, also während der Zeit des Wachstums bzw. vor der Pubertät, besonders innige sein müssen.

Die Untersuchungen haben dargetan, daß die Zirbeldrüse in der Jugendzeit sehr wichtige Funktionen verrichten muß, wenn auch ganz besonders eindringlich darauf hinzuweisen ist, daß auch nach der Pubertät, also bei erwachsenen Individuen, die Zirbel keineswegs rudimentären Charakter annimmt, sondern bis ins höchste Alter genügend, oft sogar gegenüber der Pubertätszeit kaum vermindertes, arbeitstüchtiges Gewebe aufweist, dessen Funktion möglicherweise aber in anderer Richtung als wie in der Jugend sich bewegt. Ob wir mit der Annahme, der jugendlichen Zirbeldrüse komme ein hemmender Einfluß auf die gesamte Geistes- und Genitalentwicklung zu, auf dem richtigen Wege sind, bleibe dahingestellt. Sicher hat sie damit ihre Tätigkeit noch nicht erschöpft. Trautmann.

Nach Antonow (1) erhält die Zirbel (Hund) Nervenfasern aus dem Fasciculus thalami und evtl. auch aus dem Fasc. retroflexus. Diese Fasern bilden den sog. Stiel der Drüse. Außerdem gibt der F. thalami Bündel an die Drüse ab, die die Drüse mitten und unterhalb durchqueren. Dazu kommen noch andere Fasern, die dem Verlauf der Blutgefäße folgen. Nervenzellen fehlen der Drüse. O. Zietzschmann.

## 8. Verdauungsapparat.

1) Andersen, K.: Über Untersuchungen zur Entwicklung der Magengegend bei Sus domestica. Verh. d. zool. Ges. Bd. 29, S. 120—122. 1924. — *2) Anson, B. J.: „Denticles" in shape and arrangement suggestive of selachian teeth on the inner surface of the lip of the cat. Anat. Record Bd. 31, S. 93—122. — *3) Arndt, H.-J.: Vergleichend-histologische Beiträge zur Kenntnis des Leberglykogens. Virch. Arch. Bd. 253, S. 254—285. 1924. — *4) Boyden, E. A.: The problem of the pancreatic bladder — a critical survey of six new cases, based on new histological and embryological observations. Am. j. of anat. Bd. 36, S. 151 bis 160. — 5) Derselbe: Trends of variation in the gall-bladder characteristic of different mammalian species. Am. assoc. of anat.; Ref. in Anat. Record Bd. 29, S. 350. (Haustiere.) — *6) Böhm, H.: Die Lehre vom Zahnalter des Pferdes im Altertum und Mittelalter. Diss. Leipzig. — *7) Clara, M.: Beiträge zur Kenntnis des Vogeldarmes. I. Teil: Mikroskopische Anatomie. Zschr. f. mikr.-anat. Forsch. Bd. 4, S. 346 bis 416. — *8) Cornselius, C.: Morphologie, Histologie und Embryologie des Muskelmagens der Vögel. Morph. Zbl. Bd. 54, S. 507—559. — *9) Eberle, W.: Zur Entwicklung des Ackerknechtschen Organs. Untersuchungen bei Katze, Hund und Mensch. Anat. Anz. Bd. 60, S. 263—279. — 10) Fries, J.: Beiträge zur Kenntnis des Verdauungstraktus der Salmoniden. Diss. Wien. — 11) Fülöpp, Emmer.: Beitrag zur Histologie der Langerhansschen Inseln und ihrem Verhalten nach der Unterbindung einzelner Teile des Pankreas. Inaug.-Diss. Budapest; Közl. Bd. 18, S. 131 bis 136. — 12) Garnich, E.: Makro- und mikroskopische Untersuchungen über den Darm von Buteo vulgaris, ein Beitrag zur Anatomie des Raubvogeldarms. Diss. Hannover und D. t. W. Bd. 33, S. 585 bis 587. (Auszug.) — 13) Geweniger, H.: Die Wolfszähne des Pferdes (Über- oder Lückenzähne). M. t. W. Bd. 75, S. 873—874. 1924. (Diss.) — 14) Harvey, F. T.: Some functions of the omentum. Vet. Rec. Bd. 4, S. 1024. 1924. — 15) Iliescu, G. M.: Form und Volumen des Bauches der Rinder und deren Veränderlichkeit. B. t. W. Bd. 41, H. 38. (Ausführliche Arbeit wird 1926 referiert.) — *16) Iwakin, A. A.: Der Bau der Basalmembranen (Membranae basilares). Zschr. f. Anat. u. Entw.-Gesch. Bd. 75, S. 444—463. — *17) Jasswoin, G.: On the structure and development of the enamel in mammals. Quart. j. of micr. science Bd. 69, S. 97—118. 1924. — 18) Kaiser, H.: Beiträge zur makro- und mikroskopischen Anatomie des Gänse- und Taubendarms. Diss. Hannover und D. t. W. Bd. 33, S. 729—731. (Auszug.) — 19) Lindeback, P. E.: Studies on the musculature of the human colon, with special reference to the taeniae Am. j. of anat. Bd. 36, S. 358—383. (Gute Bilder!) — 20) Lighstone, A.: Über den Sekretionsmechanismus der Drüsen der Pylorusschleimhaut. Virch. Arch. Bd. 253, S. 213—224. 1924. (Versuche an Hunden.) — 21) Maley, O.: Histologische Untersuchungen zur Gallenbildung in der Leber. Zbl. f. Path. Bd. 36, S. 238—244. — *22) Martin, P.: Die Gekrösverhältnisse und Lageveränderungen des Hüft-Blind-Grimmdarmgebietes bei Pferdeembryonen. Zschokke-Festschr. S. 39—57 und Schweiz. Arch. f. Tierhlk. Bd. 67, S. 567—585. — 23) Mochizuki, T.: On the Molar Teeth of Bovidae. Japan. J. of Zoot. Sc. Bd. 1, Nr. 3, S. 137—139. — 24) Niedzwetzki, E.: Mittel- und Enddarm des Hippopotamus amphibius. 33 S. Diss. Berlin. — 25) Patzelt, V.: Über eine Dickdarmspirale bei der Wühlmaus. Verh. d. Anat. Ges.; Anat. Anz., Erg.-H. Bd. 60, S. 270—273. (Colon ascendens mit eigenartiger Doppelspirale und folgenden großen Windungen; Colon transversum viel kürzer und mehr gestreckt, desgleichen Colon descendens; dazu mikroskopische Besonderheiten.) — *26) Retterer, E.: Développement de l'émail dans les dents composées. C. r. Soc. de Biol. Bd. 92, S. 1019—1021. — 27) Derselbe: De la structure de l'émail. Ebendas. Bd. 92, S. 1203—1206. (Struktur soll der des Zahnbeines gleichen, nicht Prismen, sondern Fasergerüst.) — 28) Rohrßen, W.: Ein Beitrag zur mikroskopischen Anatomie der Gallenwege des Huhnes. Diss. Hannover und D. t. W. Bd. 33, S. 352—354. (Auszug.) — 29) Schaetz, G.: Beiträge zur Morphologie des Meckelschen Divertikels (ortsfremde Epithelformationen im Meckel). Zieglers Beitr. Bd. 74, S. 115—293. (Mensch.) — *30) Schumacher, S.: Über die Entwicklung der Ösophagusdrüsen beim Huhn. Verh. d. Anat. Ges.; Anat. Anz., Erg.-H. Bd. 60, S. 58—63. — 31) Spenul, P.: Über die Kloake der Zypriniden. Diss. Wien 1923/24. — 32) Sperlich, P.: Ein Beitrag zur Histologie der Mundhöhle der Zypriniden. Diss. Wien 1922/24. — *33) Stempel, M.: Beiträge zur Anatomie des Schafdarmes. Diss. Berlin. — 34) Stix, R.: Über die Entwicklung des Verdauungstraktus des Karpfens im ersten Lebensmonat. Diss. Wien. — *35) Takagi, K.: Untersuchungen über die Unterkieferdrüsen der Katze, mit besonderer Berücksichtigung des Chondrioms. Zschr. f. mikr.-anat. Forsch. Bd. 2, S. 254—323. — *36) Trautmann, A.: Die Funktionszustände der Kardiadrüsenzone und der Kardiadrüsen im Magen von Sus scropha. Die Beschaffenheit der Kardiadrüsenschleimhaut im länger bestehenden sog. „kleinen Magen". Pflüg. Arch. Bd. 211, S. 440—453. — *37) Derselbe: Sind die Kardiadrüsen in der Kardiadrüsenzone des Magens von Sus scropha Drüsen sui

generis? Anat. Anz. Bd. 60, S. 369—380. — *38) Der-selbe: Die embryonale und postembryonale Entwicklung der Kardiadrüsenzone im Magen von Sus scropha, sowie die Ausbildung und physiologische Bedeutung des lymphatischen (zytoblastischen) Gewebes in derselben. Ebendas. Bd. 60, S. 321—346. — *39) Velling, A. J.: Tandräkkernes Forhold og Tandsliddet hos Hesten. (Die Verhältnisse der Zahnreihen und die Zahnabnutzung beim Pferde.) Vet. og L. Aarsskr. S. 248—328. — *40) Wurach, K.: Beitrag zur Altersbestimmung des Kalbes im 3.—6. Lebensmonat. Diss. Berlin 1921. — *41) Zietzschmann, O.: Der Darmkanal der Säugetiere, ein vergleichend-anatomisches und entwicklungsgeschichtliches Problem. Verh. d. Anat. Ges.; Anat. Anz., Erg.-H. Bd. 60, S. 155—172 und Zschokke-Festschr. S. 58—68. Zürich.

Anson (2) fand bei Katzenembryonen an der Innenfläche der Oberlippe Schleimhautpapillen, die in der Anordnung den Selachierzähnen entsprachen.

Sie erscheinen bei 42,5 mm embryonaler Länge als bilaterale Gruppen in 3 quer hintereinanderstehenden Reihen. Später kommen weitere Papillen hinzu. Sie ragen zunächst frei in die Mundhöhle vor, nach der Gaumenentwicklung legen sie sich um und schauen aus dem Mundspalte heraus. Zur Zeit der Geburt sind sie am zahlreichsten (27—30 auf jeder Seite) und in 4 Reihen gestellt. Später neigen sie zum Verschwinden. Nur bei einzelnen erwachsenen Individuen kann man noch etwa 5 Stück jederseits nachweisen. Mikroskopisch handelt es sich um Erhebungen der ganzen Schleimhaut. Das verdickte Epithel sitzt dem bindegewebigen Grundstock auf. Ein Schmelzorgan wird naturgemäß aber nicht gebildet, ebenso fehlt Knochengewebe. Mit den Selachierzähnen stimmt demnach nur die Anordnung dieser meist vergänglichen Gebilde überein. O. Zietzschmann.

Aus der an Funden reichen Arbeit von Takagi (35) über den Bau der Unterkieferdrüsen der Katze sei nur folgendes erwähnt.

Die postembryonale Entwicklung der Unterkieferdrüse besteht, abgesehen von der Allgemeinvergrößerung eines jeden Drüsenlappens, darin, daß es 1. zu einer Sonderung des intralobulären Ausführungssystems in intralobuläre Gänge, Speichelröhren und Schaltstücke kommt, von denen jeder Abschnitt eine typische Epithelauskleidung erhält, daß 2. jede einzelne Alveole an Umfang beträchtlich zunimmt, und daß 3. die Halbmonde größere Strecken der Alveolenoberfläche umfassen. Das postembryonale Wachstum des einzelnen Läppchens ist ausschließlich abhängig von einer Vergrößerung, nicht von einer Vermehrung der Alveolen. Die Unterkieferdrüse der Katze ist keine tubuloalveoläre, sondern eine rein alveoläre Drüse. O. Zietzschmann.

Eberle (9) hat sich mit der Entwicklung des Ackerknechtschen Organs bei Katze, Hund und Mensch beschäftigt.

Die Katze läßt die erste Anlage bei 3,5 cm Embryolänge erkennen als paarigen Epithelsproß mit gemeinsamem Oberflächenanschluß und von schon definitiver Form. 10—12 cm Trennung der beiden Anlagen. Nach dem Bau ist das Organ eine Drüsenanlage, die gleichzeitig etwa mit den großen Mundspeicheldrüsen auftritt, aber ohne Hohlraumbildung bleibt. Das Einwachsen des Epithelsprosses erfolgt entweder ziemlich steil oder mehr horizontal in die mesenchymale Unterlage. Bei jüngsten Embryonen ist das Organ relativ größer als zur Geburtszeit; es bleibt also bereits in der intrauterinen Periode in der Entwicklung zurück.

Auch beim Hunde ist das Organ eine reine Ektodermalbildung mit Drüsencharakter; es erscheint erstmals bei 4,2 cm Länge, kurz nach den großen Mund-

speicheldrüsen. Die Entwicklung zeigt besonders auffallende individuelle Schwankungen nach Größe und Lage.

Von 15 menschlichen Embryonen wurde das Organ 2 mal gefunden. O. Zietzschmann.

Nach Untersuchungen von Jasswoin (17) an embryonalem Material von Katze und Hund entwickelt sich der Zahnschmelz prinzipiell in gleicher Weise wie das Zahnbein.

Die Grundsubstanz bildet sich aus einer Umwandlung des Ektoplasma, während die Schmelzprismen vom Endoplasma sich herleiten. Fortsätze dieses Endoplasmas sind die Tomesschen Fasern. Bei der Umwandlung in Schmelzprismen spielt eine Imprägnierung durch ein Sekretionsprodukt der Schmelzzellen eine Rolle mit. Die Grundsubstanz des Schmelzes wird als ektoplasmatische Masse von noch nicht völlig entwickelten Schmelzzellen abgeschieden, zum Teil von Elementen der intermediären Schicht, so daß fertige Schmelzzellen und Grundsubstanz genetisch nichts miteinander zu schaffen haben (bei Zahnbeingrundsubstanz und Odontoblasten). Schmelz und Zahnbein sind durch ihre Grundsubstanzen fest miteinander verbunden. O. Zietzschmann.

Retterer (26) glaubt auch an den Molaren von $1^1/_2$—2 Monate alten Kälbern die Entwicklung der Schmelzsubstanz aus dem Dentin festgestellt zu haben.

Auf der Krone verschwinden vor dem Durchbruch die inneren Schmelzzellen als geschlossene Epithellage, um sich in ein bindegewebiges Retikulum umzuformen, und dieses liefert nach innen Knochen, die Zementdecke. Auch nach dem Durchbruch verdickt sich der Schmelz auf Kosten der Zahnbeinsubstanz. O. Zietzschmann.

Velling (39) hat an einem Material von 117 größtenteils rohskelettierten Pferdeköpfen etwa 18 000 Messungen vorgenommen, um die Anordnung und Form der Zahnreihen zu bestimmen, ferner die Größenverhältnisse der einzelnen Zähne auf der Kaufläche sowie das Antagonistenverhältnis und seinen Einfluß auf die Form der Kaufläche. Im übrigen läßt sich über die Abhandlung nicht in kurzer Fassung referieren. M. Christiansen.

Böhm (6) konnte die Fachgeschichte durch die begründete Feststellung bereichern, daß die antike Zahnalterslehre selbst noch in ihrem mittelalterlichen Ausläufer auf wohlfundierten Kenntnissen beruht. Wenn auch gewisse Punkte, wie die Anlage von Milchhaken, die Wachstumsfristen der Molaren, der Wechsel der Prämolaren und die Abnutzung der Kunden im Oberkiefer zur Altersbestimmung nicht verwendet wurden, so steht doch alles übrige fast auf moderner Höhe, die ja bekanntlich in mancher Hinsicht noch recht jungen Datums ist. Weber.

Nach den Untersuchungen von Wurach (40) sind für die einwandfreie Feststellung des Alters von Kälbern im 3. bis 6. Lebensmonat recht gute Anhaltspunkte vorhanden, die sich besonders auf die Entwicklung und das Durchbrechen des 1. Molaren im Unter- und Oberkiefer, ferner auf das Wachstum der Hörner stützen. Einzelheiten müssen im Original nachgesehen werden. Weber.

Schumacher (30) hat sich mit der Entwicklung der Ösophagusdrüsen beim Huhne beschäftigt.

Er fand während der Entwicklung im Ösophagus kein Flimmerepithel. Die Speiseröhrendrüsen entwickeln sich beim Huhn zu rein alveolären verzweigten Drüsen, die relativ spät sich anlegen, sich dann aber rasch fortbilden. Mit 16 Tagen erscheinen solide

Epithelknospen, die am 18. Tage schon bis zur Muscularis mucosae vorrücken und sekundäre halbkugelige Anhänge tragen. Auf dieser Stufe beginnt die Lumenbildung, die gegenüber dem Ösophaguslumen selbständig entsteht. Der Durchbruch in dieses erfolgt sekundär. Die Lumenbildung geht mit einer Vakuolisierung der Zellen einher. O. Zietzschmann.

Trautmanns (38) Untersuchungen über die Entwicklung der Kardiadrüsenzone im Magen des Schweines haben folgendes ergeben:

Die erste Anlage der spezifischen Drüsen erfolgt kurz vor der Geburt und in der ersten postfötalen Zeit, d. h. zu einer Zeit, wo Fundus- und Pylorusdrüsen bereits charakteristisch ausgebildet sind. Funktionsfähig werden sie erst postfötal. 5 Tage nach der Geburt aber schon erfüllen die Kardiadrüsen das größtenteils von Fundusdrüsen besetzt gewesene Divertikel und die der Pars oesophagea benachbarten Regionen. 4 Wochen nach der Geburt sind alle spezifischen strukturellen Eigenschaften vorhanden, und nach 10 Wochen ist das definitive Längenverhältnis des Drüsenkörpers zum Ausführungsgange erreicht. Die die Kardiadrüsenzone auszeichnenden großen Mengen von Lymphgewebe erscheinen in der Hauptsache erst nach der Geburt, und zwar vornehmlich nach der Säugezeit. O. Zietzschmann.

Trautmann (37) ist der Frage, ob die Kardiadrüsen in der Kardiadrüsenzone des Magens vom Schweine Drüsen sui generis seien, experimentell näher getreten.

Aus seinen schönen Untersuchungen geht die Tatsache hervor, daß nach Exstirpation der Fundusdrüsenregion aus den im Magen verbliebenen Kardia- und Pylorusdrüsen keine den Fundusdrüsen ähnliche oder gleiche Drüsen sich entwickeln. Das ist ein Zeichen, das für die Selbständigkeit der Kardiadrüsen spricht. Diese Anschauung wird ja im übrigen gestützt durch die morphologischen, die färberischen und entwicklungsgeschichtlichen Eigenschaften dieser Drüsenart, ebenso auch durch ihre Vergesellschaftung mit zytoblastischem Gewebe, an das die Kardiadrüsen gewissermaßen gebunden sind. O. Zietzschmann.

Nach Trautmann (36) zeigt die Kardiadrüsenzone wie die Kardiadrüsen des Magens des Schweines je nach dem Verdauungszustande, in dem sich der Magen befindet, ein ganz charakteristisches Aussehen.

Die strukturellen wie tinktoriellen Eigentümlichkeiten, die in den verschiedenen Funktionszuständen in Drüsenkörperzellen anzutreffen sind, ähneln in hohem Maße denen, wie sie sich in serösen Drüsen finden. Es läuft an den Kardiadrüsenzellen ein Sekretionsprozeß (Ausscheidung des angehäuften Sekretmaterials bei Benutzung des aufgespeicherten Energiematerials) unter lebhafter Tätigkeit des Zellkernes ab. Allem Anschein nach liefern die Granula der Kardiadrüsenzellen ein Material, das fermentative Eigenschaften besitzt und bei der Verarbeitung des Mageninhaltes einen wesentlichen Einfluß ausübt.

Die morphologischen Änderungen, die außer an den Kardiadrüsen auch an den überaus reichlich in der Kardiadrüsenschleimhaut vorhandenen größeren und kleineren Lymphknötchen im ruhenden wie arbeitenden Magen erkennbar sind, deuten auf enge funktionelle Beziehungen zwischen den Kardiadrüsen und dem zytoblastischen Gewebe hin. Beide, schon während der Entwicklung aneinander gebunden, dürften sich in ihrer Tätigkeit unterstützen und ergänzen. Die Lymphapparate spielen vor allem eine wirksame und wichtige Rolle bei der Abtötung und Vermehrungshemmung aufgenommener Mikroorganismen, sowie bei der Abwehrung von Schädlichkeiten aller Art, denen der Magen gerade beim Schweine infolge der besonderen Lebensverhältnisse dieser Tiere in hohem

Maße ausgesetzt ist. Inwieweit hierbei die Kardiadrüsen mitwirken, ist noch aufzuklären.

In aus der Kardiadrüsenzone hergestellten kleinen Mägen, wie sie zur Gewinnung reinen Kardiadrüsensekrets hergestellt wurden, treten nach längerem Bestehen in der Schleimhaut Veränderungen ein, die die Beschaffenheit und die Zusammensetzung des abgesonderten Sekretes erheblich zu beeinflussen vermögen. O. Zietzschmann.

Cornselius (8) berichtet über die Morphologie, Histologie und Embryologie des Muskelmagens der Vögel.

Die bauliche Seite dieser Arbeit ist sehr weit gefaßt und betrifft sehr viele Arten. Mikroskopisch folgt der Adventitia innen die bei den verschiedenen Vögeln mehr oder weniger ausgebildete Muskulatur und dieser die Schleimhaut. Die Propria nimmt bei einzelnen Arten beträchtliche Stärke an, erreicht bei anderen aber nur eine mäßige Stärke. In ihr liegen auch die Drüsen, und über dem Epithel die nach innen abschließende Sekretschicht, die keratinoide Schicht. Diese erstarrte, hornartige Masse ist das Sekret der Drüsen.

Die entwicklungsgeschichtlichen Untersuchungen am Hühnchen haben einwandfrei ergeben (was auch gar nicht zweifelhaft sein konnte), daß im Vogelmagen ein einschichtiges Epithel vorhanden ist. O. Zietzschmann.

Zietzschmann (41) hat sich mit der Frage der Homologie am Darmkanal der Säugetiere beschäftigt.

Spezielle Untersuchungen wurden am Darm von Hund, Katze, Ratte, Maus, Pferd, Schwein, Wiederkäuern, Meerschweinchen und Kaninchen durchgeführt; auch die Literatur wurde berücksichtigt und die Darstellung durch schematische Zeichnungen, teilweise mit Berücksichtigung der Blutgefäße, illustriert. Die Schemata sind verschiedenstufig getönt, in der Ansicht von rechts und dorsal wiedergegeben, so daß sie das jeweilige Spezifikum, das den rechten Teil des Kolons betrifft, und die charakteristischen Einzelteile des Dünn- und Dickdarms in ihrer Lage zur vorderen Gekrösarterie augenscheinlich hervortreten lassen.

Trotz aller Artverschiedenheiten in der Zusammensetzung des Darmkanals ist ein einheitlicher Bauplan zu entdecken. Das Duodenum bildet einen aus drei typischen Teilen zusammengesetzten Haken, von kaudal her um die vordere Gekrösarterie angelegt (Pars superior, descendens und ascendens); das Kolon dagegen formt einen ebensolchen dreiteiligen Bogen, von der kranialen Seite her jenes Gefäß in der kranialen Gekröswurzel (Colon ascendens, transversum und descendens) umgreifend. Das bekannte „Spezifikum des Dickdarms" einer jeden Tierart gehört dem Colon ascendens an: Das Doppelhufeisen des Pferdes entspricht dem Kegel samt Endschlinge des Schweines und der Spiralschleife einschließlich Anfangs- und Endschlinge der Wiederkäuer usf. So konnten die alten Sußdorfschen Thesen für das Kolon (1901) restlos bestätigt werden.

Diese aus topographischen Gesichtspunkten abgeleitete Darstellung wird vollauf durch die Blutgefäßversorgung gestützt, aber auch die entwicklungsgeschichtlichen Vorgänge zeigen die Richtigkeit dieser Anschauung betreffs der Homologisierung der Grimmdarm- und Zwölffingerdarmteile. O. Zietzschmann.

Nach Iwakin (16), der die subepithelialen Basalmembranen bei zahlreichen Tiergruppen und unter den Säugern am Darme des Hundes, der Katze und des Rindes untersuchte, stellen diese bei den Mammalia ein mehr oder weniger weitmaschiges kernhaltiges Netz von Bindegewebsfasern dar.

Bei niederen wirbellosen Tieren ist die Basalmembran zweifellos epithelialen Ursprungs. Bei den höheren

Wirbellosen fügt sich, mit Auftreten von Bindegewebe, dieser epithelialen Schicht eine oberflächliche Bindegewebslage bei, eine eng anliegende verdichtete kernhaltige Zone darstellend; diese gewinnt schließlich unter der epithelialen Bildung das Übergewicht; bei den Wirbeltieren ist die Basalmembran ein Gebilde rein bindegewebiger Natur, die sicher nicht als „strukturlos" bezeichnet werden darf.  O. Zietzschmann.

Martin (22) behandelt in meisterhafter Weise die verwickelten Vorgänge, die sich am Gekröse und in den Lagerverhältnissen des Hüft-Blind-Grimmdarmgebietes bei Pferdeembryonen abspielen, indem er gleichzeitig die Untersuchungen Westerlunds mit heranzieht. Hierbei wird vor allem auch die Entstehung des uns bekannten Blindsackes des Blinddarmkopfes aus dem Kolon besprochen. Diesen Teil des Dickdarms nennt Verf. Caput coli oder „Dickdarmkopf". Besonders kompliziert werden die Vorgänge, da das ganze Hüft-Blind-Grimmdarmgebiet eine Drehung durchmacht. Besonders interessant sind die Verhältnisse der Bandstreifen. Die geschilderten Vorgänge spielen sich zwischen 2, 3 und 8,7 cm embryonaler Länge ab.  O. Zietzschmann.

Stempel (33) teilt die Längenmaße, den Durchmesser, sowie das Fassungsvermögen der einzelnen Darmteile des Schafes in verschiedenen Lebensaltern mit. Auch werden die Lageverhältnisse des Gesamtdarmes beschrieben. Über Einzelheiten siehe das Original.  Trautmann.

Clara (7) schildert die Fülle seiner Untersuchungsergebnisse, den mikroskopischen Bau des Vogeldarms betreffend. Hier sei nur folgendes kurz erwähnt:

Die Zotten reichen vom Pylorus bis zur Kloake, sie bilden aber im Enddarm ein anderes Relief der Schleimhaut als im Mitteldarm. Entweder sind diese Erhebungen Falten oder wirkliche Zotten; es gibt aber auch Übergänge zwischen beiden. Die Falten herrschen häufig in der Längsrichtung vor; sie können aber auch mit Querfalten ein mehr oder weniger regelmäßiges Netz bilden. Am häufigsten jedoch treten die Längsfalten als Zickzacklängsfalten auf, die untereinander durch Querverbindungen in verschiedenem Ausmaße zusammenhängen können. Die typischen Zotten (die es unterhalb der Vögel nicht gibt) können von recht verschiedener Gestalt sein. Ihre Hauptachsen sind nach zwei Richtungen orientiert, die sich annähernd rechtwinklig kreuzen; so entsteht die Zickzackordnung bzw. die „Wechselstellung" der Zotten Müllers. Der mikroskopische Bau der Zotten ist der bekannte. Die Lieberkühnschen Krypten erscheinen unter den Wirbeltieren erstmals bei den Vögeln; sie sind flaschenförmig und variieren stark. Die Großzahl der Oberflächenepithelzellen bilden die sog. Hauptzellen, hohe schmale Zylinderzellen. Nur wenige Becherzellen sind zwischen diese eingestreut; eine selbständige Zellgruppe stellen sie nicht dar. Im Kryptenepithel hat man dasselbe Epithel vor sich wie an der Oberfläche; am Grunde der Flaschen existieren aber noch Panethsche Zellen. Das Kloakenepithel ist Zylinderepithel mit zahlreichen Becherzellen, nur die Ente hat mehrschichtiges Plattenepithel (Zietzschmann); bei der Taube dagegen fand Verf. ebenfalls Zylinderepithel. Einen wesentlichen Bestandteil des Gesamtdarms stellt die Muscularis mucosae dar. Eine eigentliche Submukosa fehlt, deshalb folgt jener sofort die dicke Kreismuskulatur. Weiteres siehe im Original.  O. Zietzschmann.

Arndt (3) stellte vergleichend-histologische Untersuchungen über das Leberglykogen bei Haussäugetieren (Pferd, Rind, Schaf, Ziege, Schwein, Hund und Katze) an.

Das Glykogen tritt innerhalb und außerhalb der Leberzellen auf. Das erstere Vorkommen ist typisch und regelmäßig. Glykogen außerhalb der Leberzellen („extraepithelial") wird bei den Haussäugetieren nicht sehr häufig beobachtet und auch dann nur in geringer Menge. Hinsichtlich der Genese des extraepithelialen Glykogens (Glykogenausschwemmung [Meixner]) kommen neben agonalen und postmortalen Vorgängen wahrscheinlich auch intravitale Schädigungen der Leberzellen in Frage. Die feinere Morphologie der einzelnen Glykogeneinschlüsse stimmt im wesentlichen mit den bei Menschen und kleinen Versuchstieren festgestellten Befunden überein. Die Art der Lagerung des Glykogens innerhalb der Leberzelle (Zelltopographie) ist nicht gesetzmäßig. Ein Teil scheint an präexistente Zellgranula gebunden zu sein. Im Gegensatz zum Menschen ist das Vorkommen von Glykogen im Zellkern bei den genannten Haussäugetieren sehr selten. Seine Verteilung innerhalb des Leberläppchens (Läppchentopographie) ist umfangreichen Schwankungen unterworfen, so daß verschiedene Ablagerungstypen, die vielleicht mit dem jeweiligen Stadium der Verdauung in gewisse Beziehungen gebracht werden können, zu unterscheiden sind. Das makroskopische Verhalten der Leber läßt keinen Schluß auf ihren Glykogengehalt zu.

Während das Lebensalter, das Geschlecht und die Ernährungsart des Tieres sowie die Tierart keinen nennenswerten Einfluß auf die Glykogenführung der Leberzellen haben, sind der Ernährungszustand, die körperliche Arbeitsleistung und die Todesart nicht ohne Einwirkung in dieser Hinsicht.

Über den Einfluß von Krankheiten auf den Glykogengehalt der Leber der genannten Tiere kann Endgültiges noch nicht gesagt werden. Akute und chronische Infektionskrankheiten und Allgemeinerkrankungen, sowie örtliche akute und chronische Entzündungen in der Leber scheinen nicht ohne Einfluß zu sein. Gegenseitige Abhängigkeiten zwischen Ablagerung von Lipofuscin und Hämosiderin in den Leberzellen einerseits und Glykogen andererseits scheinen nicht zu bestehen.  Joest und Cohrs.

Boyden (4) beschäftigt sich mit der Frage der Pankreasblase auch bei der Katze. Unter 2600 Katzen fand er 315 Fälle mit „gespaltener Gallenblase"; d. h. fast jede 8. Katze hatte diese Abweichung von der Norm. Die Ableitung der Pankreasblase aus der Gallenblase ist abzulehnen. Der Bau der Wände beider Organe ist verschieden. Die Pankreasblase entspricht ihrem Bau nach einem hypertrophischen Pankreasgang.  O. Zietzschmann.

## 9. Atmungsapparat.

1) Anthony, R. und F. Coupin: Nouvelles recherches sur les cavités nasales de l'éléphant d'asie. Arch. d'anat., d'hist. et d'embr. Bd. 4, S. 107—147. — *2) Arione, L.: Ricerche istologiche sulle espansioni nervose motorici dei muscoli laringei dei mammiferi. Arch. ital. di anat. e di embr. Bd. 21, S. 435—449. 1924. — *3) Bender, K. W.: Über die Entwicklung der Lunge. Zschr. f. Anat. u. Entw.-Gesch. Bd. 75, S. 639—704. — *4) Bittner, H.: Die Nasenhöhle und ihre Nebenhöhle beim Hausgeflügel. B. t. W. Bd. 41, S. 576—579. — *5) Minett, F. C.: The organ of Jacobson in the horse, ox, camel and pig. J. of anat. Bd. 60, S. 110—118. — 6) Seemann, G.: Zur Biologie des Lungengewebes. Zieglers Beitr. Bd. 74, S. 345—355. (Maus und Meerschweinchen.) — 7) Westhues, H. und M. Westhues: Über die Herkunft der Phagozyten in der Lunge, zugleich ein Beitrag zur Frage der Funktion der Alveolarepithelien. Ebendas. Bd. 74, S. 432—434. — *8) Urbanec, F.: Über die Ossifikation der Larynxknorpel des Hundes. Diss. Wien 1918/24.

Bittners (4) Betrachtungen über die Nasenhöhle und ihre Nebenhöhle beim Hausgeflügel betreffen das Nasenloch, die Concha inferior, die Concha superior, die Nasennebenhöhle und den Tränennasengang.

Die Concha superior und inferior entsprechen den gleichnamigen Nasenmuscheln der Säugetiere. Die Concha superior ist nicht tütenförmig eingerollt, vielmehr erscheint sie blasenförmig und von der Nebenhöhle her pneumatisiert. Der Eingang zur Nebenhöhle liegt zwischen beiden Muscheln und im Meatus nasi medius. Unter der Concha inferior liegt die Mündung des Tränennasenganges. Dazu kann eine Concha ventralis ausgebildet sein (Gänse, Enten und Tauben als Schleimhautfalte). Die Nebenhöhle ist als Sinus infraorbitalis zu bezeichnen; der Name Cella infraorbitalis ist aus leicht ersichtlichen Gründen abzulehnen.

O. Zietzschmann.

Minett (5) beschreibt, ohne die deutsche Literatur zu kennen, das Jakobsonsche Organ bei Pferd, Rind, Kamel und Schwein.

Das Organ des Pferdes ist 12—13 cm lang und endet in der Höhe des 2. Prämolaren. Sein Knorpel liegt in einer Rinne zwischen Vomer und der Symphyse beider Oberkiefergaumenfortsätze und enthält in dem apikalen Teilen Knochengewebe. Das Lumen schwankt nach Weite; in den Kaudelen 7/8 ist es 3 mm weit und in lateraler Richtung konkav. Nach vorn zu wird es enger und rund und kommuniziert durch eine elliptische Öffnung mit dem Ductus nasopalatinus, 1 cm von dessen Nasenöffnung entfernt. Dieser Kanal ist 3 cm lang und mündet 5 cm kaudal der Tränennasengangöffnung; auf der anderen Seite endet es blind 1 cm über dem Niveau des harten Gaumens. Die Innervation erfolgt einmal durch den N. olfactorius, zum anderen durch den Sphenopalatinus. Von Blutgefäßen tritt kein größerer Stamm an das Organ heran, es wird dasselbe aber von der A. sphenopalatina und der A. palatolabialis versorgt, welche letztere in den Lehrbüchern nicht erwähnt sei.

Betr. der anderen Tiere siehe das Original.

O. Zietzschmann.

Urbanec (8) hat sich mit der Ossifikation der Larynxknorpel des Hundes beschäftigt.

Er stellt fest, daß annähernd bis zum 6. Lebensmonat sich noch keine Veränderung nachweisen läßt. Von da an tritt eine stellenweise Verkalkung, und nach dem 9. Monat auch eine Verknöcherung auf, die mit dem zunehmenden Alter fortschreiten. Hierbei gibt es jedoch ziemlich große individuelle Unterschiede. Der Schildknorpel, der meist als erster Veränderungen zeigt, verkalkt und verknöchert zunächst an der Linea obliqua, später evtl. im aboralen Teil des Körpers. Von diesen Stellen kann sich die Veränderung nahezu auf den ganzen Schildknorpel ausbreiten, wobei die oralen Hörner stets knorpelig bleiben, ebenso meistens der orale Teil des Körpers. Beim Ringknorpel verknöchert vor allem der laryngeale Rand, während der tracheale meist bloß verkalkt. Auch der Dorsalkamm kann verknöchern. Unverändert bleiben meistens ein Mittelstreif zwischen den Rändern des Arcus und verschieden große Stellen neben dem Kamm. Manchmal tritt eine totale Verknöcherung des Ringknorpels ein. Im Aryknorpel finden sich, im Gegensatz zu Mensch und Pferd, nur selten (4—5%) kleine Kalkeinlagerungen. Dagegen kommen, wieder im gleichen Gegensatz, Verkalkungen im Kehldeckel, im Santorinischen und im Wrisbergschen Knorpel öfter vor.

Die größeren Veränderungen zeigen sich stets bilateral symmetrisch angeordnet, kleinere können einseitig auftreten. Stets bleibt eine, wenn auch evtl. dünne Knorpelschicht erhalten. Das Geschlecht und die Rasse üben auf Verknöcherung und Verkalkung

keinen Einfluß aus. Das frühzeitige und regelmäßige Auftreten der Veränderungen zeigt, daß es sich, wie bei anderen Säugern, um einen physiologischen Prozeß handelt, dessen Zweck eine Festigung des Kehlkopfskeletts ist. Darauf deutet das erste Auftreten an den Stellen stärkerer mechanischer Beanspruchung hin.

Trautmann.

Nach Arione (2) haben solche Larynxmuskeln u. a. von Katze, Hund, Schaf, Schwein, Rind und Kaninchen Endapparate von motorischen Nerven mit etwas größeren Platten als gewöhnlich, die zu Unterteilung neigen und deren hinzutretende Nerven sich gern vor dem Ende noch teilen. In den Endplatten finden sich Endbäumchen mit konischen Verdickungen ohne innere Anastomosen oder Fingerbildungen mit wenigen dicken Ästen oder endlich Girlanden.

O. Zietzschmann.

Bender (3) versucht, die Entwicklung der Lunge an Material von Mensch und Katze unter den Gesichtspunkten der synthetischen Theorie Heidenhains darzustellen, nachdem Verf. bemerkt hatte, daß die Entwicklung der Lunge neues Material für die Theorie der Histosysteme liefert. Hier seien nur die Ergebnisse an der Katzenlunge angeführt.

Die embryonale Katzenlunge entwickelt sich demzufolge wie die Menschenlunge nach dem Sprossungstyp. In der frühen Entwicklung wächst die Organanlage streng dichotomisch, wobei die Pneumonomeren und ihre Teilungsformen weitgehende Regelmäßigkeit erkennen lassen; dagegen sind die einzelnen Endabschnitte eines Astes von wechselnder Ordnung, d. h. sie teilen sich ungleich schnell fort. Der Katzenlunge fehlen laterale Knospen. Das Schicksal der Pneumonomeren läßt sich auch durch die späteren Entwicklungsstadien verfolgen. Stets werden die Endknospen durch Epithelunterschiede deutlich gegen das Gangwerk abgegrenzt. Sie teilen sich in typischer Weise dichotom und lassen dabei auch noch transversales Wachstum erkennen. Die beginnende Ausbildung des Alveolargebietes wird dadurch eingeleitet, daß die Epithelien der diesem Bereiche zugehörigen Gänge sich zusehends abflachen. Gleichzeitig entstehen durch Rudimentierung der Gänge Mehrlingsbildungen komplizierter Art, die in sich selbst durch Nachentwicklung der Ganganlagen eine gewisse schrittweise Zerlegung erfahren. So entstehen richtige „Alveolarstöcke‘‘-Alveolargänge samt Knospen. Die Alveolengänge der Alveole sind Scheitelknospen dichotom verzweigt, die unter Auftreten von Mehrlingsbildungen und zahlreicher lateral abgedrängter Knospen ihre endgültige Form gewinnen. Von einem bestimmten Zeitpunkte ab geht die wachsende Pneumonomere in die definitive Alveole über.

Im übrigen geht die Lungenentwicklung asymmetrisch vor sich, und das besonders in frühen Stadien; später nimmt die Asymmetrie zugunsten einer symmetrischen Ausbildung der neu entstehenden Zweige ab. Die Beobachtung des asymmetrischen Wachstums führt zu der Überlegung, daß die Entwicklung der einzelnen Pneumonomeren offenbar abhängig ist von dem übergeordneten System, in das sie als Teilkörper einbegriffen sind. Das übergeordnete System aber wird dargestellt durch den terminalen Zweig, der Zweig wieder ist Teilkörper eines Histiosystems von bestimmter Ordnung usw.

O. Zietzschmann.

## 10. Körperhöhlen.

*1) Petit, M.: Les médiastins chez le cheval et chez le chien. Rev. gén. de M. vét. Bd. 34, S. 302 bis 305. — *2) Derselbe: A propos des médiastins du chien. Rec. de M. vét. Bd. 101, H. 7. — *3) Veenendaal, H.: Bestaan normaal by de hond communicaties tuischen de beide pleura-holten? (Besteht normal beim Hunde eine offene Verbindung zwischen beiden Brustfellhöhlen?) Tijdschr. voor Diergeneesk. Bd. 52, S. 645 bis 654.

Petit (1) berichtet über einige neuere Arbeiten, besonders die von Navez, über die Durchgängigkeit des Mediastinums. Es bestehen bei Hund und Pferd in der Jugend noch nicht so deutlich ausgeprägt, beim erwachsenen Individuum jedoch deutlich erkennbar Öffnungen im Mittelfell, welche einen Gas- oder Flüssigkeitsaustausch zwischen den Pleurasäcken ermöglichen.                                    C. Reinhardt.

Veenendaal (3) beschreibt zuerst die geteilten Meinungen über eine offene Verbindung zwischen beiden Brustfellhöhlen beim Hunde (Axhausen, Martin, Navez und Lahaye).

Die Untersuchungen von V. zeigten, daß das Mediastinum nur in der Jugend intakt ist, während es beim heranwachsenden Tier so dünn wird, daß das Endothel beider Seiten ohne Zwischengewebe aneinander liegt und durch Zugrundegehen der Zellen Öffnungen auftreten. Diese Ergebnisse stimmen mit denjenigen von Navez und Lahaye überein. Kleine Hunde wurden getötet (mit Strychnin oder Chloroform); dann wurde an einer Seite die Thoraxwand möglichst weit abgetragen. In der anderen Seitenwand wurde eine kleine Öffnung gemacht. Nun wurden die Hunde mit der losgelösten Thoraxwand nach oben, ganz unter Wasser gebracht und beobachtet, unter welchem Drucke Luft, die in die untere Öffnung eingepreßt wurde. an der oberen Öffnung zum Vorscheine kam. Zunächst buchtet sich das Mediastinum aus und bei Hunden, unter einigen Monaten tritt bei einem Drucke von 30 cm Wasser die Luft durch. Bei lebenden Hunden gab eine einseitige Öffnung des Thorax keine besondere Beschwerde; in einigen Fällen wohl (heftige Beklemmungserscheinungen mit angestrengter, nicht frequenter Atmung). In einigen Fällen hatte ein bilateraler Pneumothorax geringere Folgen als ein unilateraler. Bei chronischer exsudativer (tuberkulöser) Pleuritis kann durch die pathologischen Veränderungen des Mittelfelles die Flüssigkeitsansammlung einseitig bleiben. Durch blasige Ausstülpung kann bilateral Anhäufung vorgetäuscht werden.                        Beijers.

## 11. Harn- und Geschlechtsapparat.

### a) Allgemeines.

1) Aston, W. F.: The sex glands. Vet. Rec. Bd. 5, S. 463—466. (Übersichtsreferat.) — *2) Bruni, A. C.: La secrezione interna dei testicoli e delle ovaie. Fatti-Ipotesi-Problemi. (Die innere Sekretion von Testikel und Ovarien, Tatsachen-Hypothesen-Probleme.) Clin. vet. Jg. 47, S. 593—607, 643—664, 722 bis 744. 1924.

Die sehr umfangreiche, im Text und aus Tafeln viele instruktive, teils makroskopische, teils mikroskopische Abbildungen enthaltende Arbeit von Bruni (2) bringt in folgenden Kapiteln: Histologie der Geschlechtsteile, Sexualzyklus, Beziehungen zwischen Geschlechtsteilen und Organismus, Sexualcharakter und Alter, Kastration, Transplantation von Geschlechtsteilen, künstlicher und natürlicher Hermaphroditismus, sekundärer Geschlechtscharakter, Einfluß einzelner Teile der Gonaden auf den Organismus, Beziehungen zwischen Gonaden und anderen endokrinen Drüsen, praktische Ergebnisse in bezug auf Kastration, Sterilität, Nymphomanie, Laktation, Verjüngung und therapeutische Verwendung von Extrakten eine umfassende Zusammenstellung unserer bisherigen Kenntnisse auf diesem großen Gebiete.                        Nörr.

### b) Harnorgane.

*1) Auerbach, A.: Beiträge zur Histologie der Niere der weißen Maus. Diss. Berlin. — 2) Auernheimer: Anatomie der Rindernieren. B. t. W. Bd. 4, S. 719—720. (Bericht über Dissertation vom Jahre 1908.) — *3) Berger, A.: Über das Epithel des Harnleiters, der Harnblase und der Harnröhre von Pferd, Rind und Hund. Diss. Bern. — *4) Junack: Zur Unterscheidung der beiden Rindernieren. B. t. W. Bd. 44, S. 790. — *5) Schurian, W.: Über Form- und Lageveränderungen der Nieren an Pferdeföten. Anat. Anz. Bd. 59, S. 522—528. — *6) Wehn, R.: Anatomische und histologische Untersuchungen über den Bau der Nieren eines Flußpferdes. Diss. Berlin. 15 S.

Schurian (5) konnte bezüglich der Furchung an Nieren ganz junger Pferdeföten feststellen, daß sie zunächst glatt sind. Erst bei 12 cm embryonaler Länge treten Furchen (links an der Ventralfläche; rechts am kranioventralen Rande und auf der Medialfläche) auf. Von da ab nimmt im allgemeinen die Furchung bis zu 49 cm Länge zu. Von da ab verschwindet sie jedoch wieder allmählich, so daß mit 78 und 81 cm fötaler Länge ein fast vollkommenes Verschwinden zu konstatieren ist. Dennoch bleibt aber eine Furchung nicht selten bis zum erwachsenen Stadium erhalten. Von vornherein liegt die rechte Niere der linken gegenüber weiter kranial, und erst sekundär treten Beeinflussungen (auch der Form) durch Nachbarorgane auf: Leber, Blinddarmkopf, der speziell nach der Geburt noch einen Druck ausübt.        O. Zietzschmann.

Nach Junack (4) besteht der Unterschied in der Form der beiden Rindernieren darin, daß die rechte flach und bohnenförmig ist und offen zutage liegende Kelchgänge (nicht „Nierenbecken", wie Verf. meint) besitzt, während die linke oval zugespitzt ist und die Kelchgänge verdeckt liegen; die vorderen zwei Drittel der linken Niere sind um 95—105° medial gedreht durch den Druck des Pansens. Verf. kennt die 1908 erschienene Arbeit von Auernheimer nicht.
                                O. Zietzschmann.

Auerbach (1) unterzog die Niere der weißen Maus einer genauen Untersuchung. Seine Resultate lauten:

1. Die rotbraune Rinde mit den bei Lupenbetrachtung sichtbaren dunklen Punkten enthält im Nierenlabyrinth gewundene Harnkanälchen und Glomeruli sowie Verbindungsstücke und initiale Sammelrohre. In den bei stärkerer Vergrößerung kenntlichen Markstrahlen liegen aufsteigende Schleifenschenkel, Hauptstücke und Sammelröhren.

2. Die Farbe der grauen Außenzone wird bedingt durch das trübe, hohe Epithel der Hauptstücke und das ebenfalls trübe der aufsteigenden Äste. Ferner liegen in ihr die kurzen Henleschen Schleifen. Kurze Abschnitte dieser tragen im absteigenden Ast helles niedriges Epithel ebenso wie die astlosen Sammelgänge und die absteigenden Teile der langen Schleifen.

3. Die graurötliche Innenzone, welche makroskopisch fein gestreift erscheint, enthält gerade verlaufende, helle, lange Schleifenschenkel und Sammelgänge.

4. Die Papille zeigt grauweißliche Farbe und feingestreifte Zeichnung, weil sie nur von den geraden, weitlumigen und mit hellem Epithel versehenen Sammelgängen gebildet wird.        O. Zietzschmann.

Wehn (6) bespricht die Niere von Hypopotamus amphibius.

Die aus den Ausführungsgängen bestehende innere Markschicht bildet weder den Lappen entsprechende getrennte Papillen, noch überhaupt einen papillenartigen Vorsprung, aus dem sich das Sekret in eine becken- oder kelchartige Harnleiterumfassung entleeren könnte. Der Harnleiter verhält sich vielmehr hier wie ein gewöhnlicher Drüsenausführungsgang, indem er in der Drüse selbst wurzelt, anstatt einen die Ausführungsgänge enthaltenden Drüsenvorsprung äußerlich zu umfassen.

Der Harnleiter entsteht in der Markschicht aus zwei großen, von den beiden Nierenenden herkommenden Ästen und verläßt als verhältnismäßig enger Gang die Drüsensubstanz. Außerhalb derselben bildet er eine spindelförmige Erweiterung, die noch innerhalb des Nierenhilus zwischen den Gefäßen liegt, um dann als gleichmäßig weite Röhre zu verlaufen.

Am Austritt des Harnleiters aus der Drüsensubstanz zieht sich diese zu einem Kegel aus. Wollte man diesen Kegel der Papilla renalis gleichsetzen oder vergleichen, so bleiben zwei wesentliche Unterschiede, einmal, daß der Kegel keine Area cribrosa enthält, nicht aus Bündeln großer Ductus papillares besteht, sondern nur einen einfachen großen Ausführungsgang umschließt, zweitens und vor allem aber, daß der Kegel nicht vom Harnleiter umfaßt ist, weil der Ausführungsgang selbst zum Harnleiter wird. Aus diesem Grunde entspricht auch die spindelförmige Erweiterung des Harnleiters innerhalb des Nierenhilus in keiner Weise einem Nierenkelch oder Nierenbecken.

Bemerkenswert ist außerdem, daß die Nierenarterie sich in drei sekundäre Äste zerlegt und daß zwei selbständige Nierenvenen das Blut in die Hohlvene ableiten. O. Zietzschmann.

Broger (3) hat das Epithel der harnableitenden Organe untersucht.

Er hat insbesondere die Zellformen nach der künstlichen Trennung des Epithels von der Propria mucosae studiert. Er findet insbesondere, daß die Epithelzellen sich bei allen untersuchten Tieren (Pferd, Rind, Hund) ganz verschieden härten, ein Befund, den er sich nicht erklären kann. Die Epithelzellen besitzen sämtlich eine Membran. Er beschreibt dann weiter die feineren strukturellen Verhältnisse des Zelleibes und Zellkernes. Bezüglich Zellform, Zellgröße, Kernform, Kerngröße, Kernlage und Achsenverhältnis von Zell- und Kernachse hat Verf. Tabellen aufgestellt. Die Epithelien sind in den einzelnen Abschnitten der untersuchten harnableitenden Organe nicht so spezifisch, daß sie zur Diagnostik der Epithelien im Harn benutzt werden und zu Rückschlüssen auf den Ort und den Herd einer evtl. bestehenden Entzündung dienen könnten. Die Ausführungen über Schichtung des Epithels u. a. m. bringen nichts wesentlich Neues.

Trautmann.

### c) Männliche Geschlechtsorgane.

*1) Aschauer, H.: Über die fötale Entwicklung der Prostata des Hundes. Diss. Wien. — *2) Bascome, K. F.: Quantitative studies of the testes. I. Some observations on the cryptorchid testes of sheep and swine. Anat. Record Bd. 30, S. 225—241. — *3) Bascom, K. F. and H. L. Osterud: Quantitative studies of the testicle. II. Pattern and total tubuli length in the testicles of certain common animals. Ebendas. Bd. 31, S. 159—169. — 4) Battaglia, F.: „Die Leydigschen Zellen und Ciaccios Lipoidinterstitialzellen." Virch. Arch. Bd. 257, S. 662—674. — *5) Benoit, J.: Recherches anatomiques, cytologiques et physiologiques sur les voies excrétrices du testicule chez les mammifères. Note prélim. Bull. d'hist. Bd. 2, S. 78—95. — *6) Bittner: Pigmentierte Hoden beim Hausgeflügel. B. t. W. Bd. 41, H. 4. — *7) Bruni, A. C.: Un metodo semplice per la valutazione quantitativa di parti microscopiche concorrenti alla costituzione di un organo. (Eine einfache Methode zur quantitativen Beurteilung von mikroskopischen

Teilen, die sich zur Bildung eines Organs vereinigen.) Atti della Soc. Ital. di scienze naturali. Bd. 64. — *8) Derselbe: Appunti sulla struttura della ghiandola interstiziale fetale degli equini. (Betrachtungen über die Struktur der fötalen Pubertätsdrüse bei den Equiden.) Atti della Soc. Lombarda di scienze med. e biol. Bd. 14, H. 5. (18. Dezember). — 9) Chaine, J.: Remarques sur l'os pénien. C. r. Acad. des Sc. Bd. 180, S. 330. (Mehr zoologisch.) — *10) Henneberg, B.: Anatomie und Entwicklung der äußeren Genitalorgane des Schweines und vergleichende anatomische Bemerkungen. II. Teil: Männliches Schwein. Zschr. f. Anat. u. Entw.-Gesch. Bd. 75, S. 265—318. — *11) Köhler, J.; Versuche über die Lebens- und Widerstandsfähigkeit von Spermien. Diss. Wien 1924. — 12) Lipschütz, A.: Nouvaux faits relatifs à la fonction endocrine des fragments testiculaires. Bull. d'hist. appliqué à la physiol. et à la path. et techn. microscop. Bd. 2, S. 1 bis 13. — 13) Lipschütz, A., et L. Adamberg: Hyperféminisation et rut prolongé. Base endocrine de l'hyperfeminisation. C. r. Soc. de Biol. Bd. 93, S. 1413—1414. — 14) Masui, K., J. Hashimoto and I. Ono: The Rudimentary Copulatory Organ of the Male Domestic Fowl, with Reference to the Difference of the Sexes in the chick. Japan. J. of zoot. Sc. Bd. Nr. 3, S. 161—162. — *15) Rauh, W.: Ursprung der männlichen Keimzellen und die chromatischen Vorgänge bis zur Entwicklung der Spermatozyten. Beobachtet an der Ratte (Mus decum. alb.). Zschr. f. Anat. u. Entw.-Gesch. Bd. 76, S. 561—577. — *16) Redenz Die Nebenhoden als morphologisches Problem. II. Die Bedeutung der Elektrolytresorption für die Beweglichkeit der Spermien. Verh. D. anat. Ges.; Erg.-H. z. Anat. Anz. Bd. 60, S. 180—189. — 17) Derselbe: Versuch einer biologischen Morphologie des Nebenhodens. Verh. d. physikal.-med. Ges. Würzburg Bd. 49, S. 97—104. 1924. (Bes. vom Stiere; Ref. in Ber. d. ges. Physiol. Bd. 33, S. 616. 1926.) — *18) Riccardi: Variazioni quantitative assolute delle cellule interstiziali del testicolo nelle diverse eta. (Absolute Schwankungen in der Menge der Interstitialzellen des Hodens in den verschiedenen Lebensaltern.) Clin. vet. S. 289. — 19) Scherhorn, G.: Über den Bau des Hodens unseres Haushahnes. Diss. Hannover und D. t. W. Bd. 33, S. 418—420. (Auszug.) — *20) Schinz, H. R. und B. Slotopolsky: Der Röntgenhoden. Erg. d. med. Strahlenforsch. Bd. 1, S. 443 bis 526. — 21) Dieselben: Grundsätzliches zur Steinachoperation. D. m. W. Nr. 13 u. 14. — *22) Stieve, H.: Untersuchungen über die Wechselbeziehungen zwischen Gesamtkörper und Keimdrüsen. IV. Histologische Betrachtungen an den Hoden und Nebenhoden eines durch Unterbindung beider Nebenhoden „verjüngten" Hundes. Zschr. f. mikr.-anat. Forsch. Bd. 2, S. 111—162. — *23) Derselbe: Samenzellverklumpung (Spermagglutination) nicht Spermiophagie. Ebendas. Bd. 2, S. 598—629. — 24) Slotopolsky, B. und H. R. Schinz: Histologisches zur Steinachunterbindung. Ebendas. Bd. 2, S. 225—253. — *25) Wagner, K.: Sind die Zwischenzellen des Säugetierhodens Drüsenzellen? Biologia generalis Bd. 1, S. 21—51. (Ein Beitrag zur Zytologie und Zytogenese.) — *26) Warwick, B. L.: The effect of vasectomy of swine. Anat. Record Bd. 31, S. 19—21. — 27) Wintermann, A.: Lipoide im Hoden verschiedener Haussäugetiere (Rind, Schaf, Schwein, Hund). Diss. Hannover und D. t. W. Bd. 33, S. 237—238. (Auszug.) — *28) Yamane, J.: Über das Vorkommen von zwei eigentümlichen Körperchen als konstante Gebilde im Kopfe der Säugetierspermien. Japan. J. of zool. Bd. 1, S. 109—118.

Yamane (28) findet an Spermien des Hasen und des Kaninchens an der bogenförmigen Begrenzungslinie der Kopfkappe, die gleichzeitig die Grenze zwischen Vorderstück und Hinterstück des Kopfes (nach Bollowitz) darstellt, 2 runde, mit Färbung und Dunkelfeldbeleuchtung scharf hervortretende Körperchen, über deren Bedeutung Verf. vorläufig nichts auszusagen vermag. Es handelt sich aber bestimmt um morphologische Kernbestandteile der männlichen Geschlechtszelle, die wohl bei der Befruchtung, sei es mechanisch, sei es erblich, irgend welche Rolle spielt. O. Zietzschmann.

Köhler (11) hat die Lebens- und Widerstandsfähigkeit von Spermien untersucht.

Die Spermien im Nebenhoden eben geschlachteter junger Stiere sind in der Regel in träger Bewegung, die nach 5—6 Stunden aufhört. Die Samenfäden wurden mit 0,1—5 proz. Natrium bicarbonicum-Lösung, ferner 0,1—5 proz. Kochsalzlösung (chemisch reines und gewöhnliches Salz) versetzt und hierbei beobachtet, ob und in welcher Weise eine belebende Einwirkung auf die Spermien sich offenbarte. Diese Versuche wurden mit frischem Samen und solchen angestellt, die vorher verschiedenen äußeren Einflüssen ausgesetzt worden waren (24stündiger Aufenthalt bei Zimmertemperatur; 24- und 48stündiges Abkühlen des Hodens auf + 1° C, ferner auf — 10° C; Austrocknung des Samens). Die gleichen Versuche wurden an Samen von Schafböcken und Haushähnen angestellt.

Aus den Versuchsergebnissen ist zu ersehen, daß die Spermien, sobald sie durch Kastration oder Schlachtung des Tieres vom Körper getrennt werden, allmählich ihre Lebensfähigkeit einbüßen, welche Erscheinung zwar äußerlich nicht erkennbar ist, sich jedoch aus ihrer geringeren Erregbarkeit durch Belebungsflüssigkeiten erschließen läßt. Doch sind sie verschiedenen Temperatureinflüssen gegenüber ziemlich widerstandsfähig, die Stierspermien besonders gegen eine längere Abkühlung, die des Schafbockes zudem auch gegen eine langandauernde Kältestarre, was vielleicht zum Teil in der vollen Reife der untersuchten Schafbockspermien begründet sein dürfte

Die Lösungen von Natrium bicarbonicum (0,3 bis 3%) entfalten eine wesentlich stärkere belebende Wirkung auf die ruhenden Samenfäden, als die Kochsalzlösungen (0,5—1%). Das gewöhnliche, reine Kochsalz wiederum zeigt trotz seines Gehaltes an fremden Salzen (Kalzium, Magnesium) keinen wesentlichen Unterschied gegenüber dem chemisch reinen. Die stärkeren Konzentrationen wirkten stärker und nachhaltiger belebend als die schwächeren. Trautmann.

Rauh (15) hat es sich zur Aufgabe gemacht, an der weißen Ratte das Schicksal der primordialen Geschlechtszellen vom ersten Tage nach der Geburt an bis zu ihrem Verschwinden zu verfolgen, um die Frage klären zu helfen, ob die primordialen Genitalzellen allein die Keimzellen liefern oder ob sich die Spermiogonien auch auf Follikelzellen zurückführen lassen.

Am 1. Tage nach der Geburt finden sich im Hoden 2 Zellarten, die großen primordialen Genitalzellen und die Follikelzellen, die in Mengen vorhanden sind. Die Follikelzellen finden sich in Teilung und liefern das Material für die Vergrößerung der Kanälchen.

Am 7. Tage setzt die Teilung der primordialen Genitalzellen ein; der Prozeß steigert sich allmählich. Das Resultat sind Tochterzellen, die klein, den Mutterzellen aber durchaus ähnlich sind. Sie können heranwachsen und eine Teilung liefern, die der der Mutterzellen gleicht.

Die Tochterzellen der primordialen Genitalzellen liefern die großen Spermiogonien.

Am 10. Tage und weiterhin teilen sich die großen Spermiogonien durch eine für sie charakteristische große Teilung. Das Ergebnis ist kleine Spermiogonien.

Die kleinen Spermiogonien gehen in die Krustenform über. Sie nehmen vom 10. Tage an bis zum 15.

enorm zu. Sie liefern durch die kleine Mitose die Spermiozyten.

Die primordiale Genitalzelle der Ratte ist also der Ausgangspunkt der generativen Zellen. Die Nußbaum-Weißmannsche Theorie findet also bei den Säugetieren ihre Bestätigung. Der kurze Zeitraum vom 7. bis zum 9. Tage nach der Geburt, während dessen die Mitose der primordialen Genitalzellen zu finden ist, erklärt es, warum die Übergänge zur Spermiogonie übersehen wurden, und warum man gerade für die Säugetiere eine Degeneration der primordialen Genitalzellen angenommen hat. Die primordialen Genitalzellen verschwinden also im Verlaufe der ersten 10 Tage nicht durch Degeneration, sondern durch Teilung. Es ist somit eine lückenlose Reihe vorhanden vom Einwandern der primordialen Genitalzellen aus dem Entoderm an bis zur Entstehung der Spermien. O. Zietzschmann.

Bittner (6) fand pigmentierte Hoden beim Hausgeflügel, und zwar fand er diese beim Hahn und Truthahn, überwiegend bei jungen Tieren. Henkels.

Stieve (22) schildert histologische Eigenheiten an den Hoden und Nebenhoden eines durch Unterbindung beider Nebenhoden „verjüngten" Hundes.

Durch die beidseitige Unterbindung der Nebenhoden wurden bei einem frühzeitig gealterten Hunde die Alterserscheinungen, mit Ausnahme des Altersstares wesentlich gebessert.

Die Wirkung war bedingt durch das nach der Operation zu beobachtende Verhalten der Keimzellen. Es zeigte sich also wieder, daß diese für die Absonderung des geschlechtsspezifischen Inkretes verantwortlich sind.

Die Zwischenzellen sind das ernährende Hilfsorgan der Keimdrüsen. Selbstverständlich stehen auch sie durch den Blut- und Säftestrom mit dem Gesamtkörper in Verbindung, erhalten von ihm die nötigen Nährstoffe und geben ihrerseits in ihnen gebildete Stoffe, so wie jede Zelle, an den Gesamtkörper ab.

Es ist möglich, daß die Zwischenzellen außer den Nährstoffen für die Keimzellen auch Stoffe speichern können, die aus den Keimzellen stammen. Allerdings nur dann, wenn sich die Keimzellen in stärkerem Maße zurückbilden, so daß große Mengen von Stoffen, die sie sonst zu ihrem Aufbau benötigen, wieder abgegeben werden. Unter gewöhnlichen Verhältnissen ist der Stoffverbrauch in den Keimzellen aber viel zu stark, als daß von ihnen noch Stoffe an die Zwischenzellen abgegeben werden können. O. Zietzschmann.

Im Aufbau der Hoden ist nach Bascom (2) zwischen Schaf und Schwein kein großer Unterschied, sowohl was den normalen als den kryptorchidischen betrifft.

Bei beiden untersuchten Tierarten hypertrophiert der belassene Hoden nach Wegnahme des anderen. Auch die interstitiellen Zellen konnten bei der mikroskopischen Untersuchung als nicht hypertrophiert nachgewiesen werden. Die Schweinehoden wurden zu einer quantitativen Bestimmung des Interstitialgewebes verwertet. Und diese Art Untersuchung ergab, daß Bouin und Ancel und Haues nicht beigestimmt werden kann, wenn sie annehmen. daß der Semikastration des Schweines eine Hypertrophie der Interstitialzellen folge. O. Zietzschmann.

Schinz und Slotopolsky (20) studierten den Einfluß der Röntgenstrahlen auf den geschlechtsreifen Hoden.

Nach ihren Untersuchungen ist ein röntgenatrophischer Hoden keine „isolierte Pubertätsdrüse". Und auch die starke Wucherung der Zwischenzellen im Röntgenhoden, an die von so vielen Autoren geglaubt wird, ist zum größten Teile nur relativ, durch die Schrumpfung von Kanälchen vorgetäuscht. Die absolute Zunahme, die das Zwischengewebe bei der Röntgenatrophie des Hodens erfährt, ist demgegenüber nicht sehr bedeutend. Zu erklären ist sie im übrigen als eine „raumfüllende" Hypertrophie e vacuo bzw. durch einen nach Untergang des Samenepithels bestehenden Überschuß von zum Hoden zugeführtem Nährmaterial. O. Zietzschmann.

Nach der Ansicht Wagners (25) sind die Zwischenzellen des Hodens der Säugetiere typische Drüsenzellen, die sich zu epithelialen Verbänden gruppieren können.

Ferner sind sie nach dieser Anschauung die einzigen Drüsenzellen des Hodens, von denen zu vermuten ist, daß sie ihr Sekret in den Kreislauf abgeben. Die Zwischenzellen kommen daher als Lieferanten des Sexualhormons allein in Betracht. Es steht von morphologischen Gesichtspunkten nichts im Wege, die Gesamtheit dieser Zellen als Drüse zu bezeichnen.

Eine ganz andere Frage aber ist es, ob die Zwischenzellen allein (ohne daß bestimmte Zustandsänderungen in den spermiogenen Elementen vor sich gegangen sind) ihre innersekretorische Tätigkeit entfalten können oder nicht. O. Zietzschmann.

Riccardo (18) hat bei unseren Haustieren die Menge des Interstitialgewebes des Hodens bzw. der Zellen im Interstitium festzustellen gesucht und gefunden, daß diese Menge in den einzelnen Lebensaltern außerordentlich, aber nicht regelmäßig schwankt (Tabellen usw. siehe Original). Frick.

Bruni (8) faßt seine histologischen Betrachtungen über die Struktur der Zwischenzellen dahin zusammen, daß der fötale Hoden und Eierstock des Pferdes größtenteils aus einer echten Blutdrüse besteht, die eine endokrine Tätigkeit besitzt. Mit der histologischen Untersuchung läßt sich auch beweisen, daß die „Glande interstitielle" die Funktion besitzt, das Blut von seinen veränderten Bestandteilen zu befreien, womit man erklären kann, wieso die Drüse mit Pigmenten beladen ist. Die Art und Weise der Bildung und der Involution beweist, daß die fötale Drüse bei den Equiden aus mobilen Elementen des Bindegewebes besteht. Declich.

Bruni (7) hat die bereits zu statistischen Berechnungen angewandte Methode, die von Stieve zum Studium der quantitativen Variationen des Zwischenzellengewebes des Hodens verwendet wurde, modifiziert, um befriedigende Messungen vorzunehmen, ohne Hilfe des Mikrometerokulars oder des Planimeters. Declich.

Bascom und Osterud (3) arbeiteten eine quantitative Methode aus, die Menge der interstitiellen Zellen und die Länge der Samenkanälchen im Hoden zu bestimmen; und zwar bei der weißen Maus, der weißen Ratte, dem Meerschweinchen, der Katze, dem belgischen Kaninchen, dem Hunde, dem Menschen, dem Schwein, Schaf und Rinde.

Die größten Gewichte schwankten zwischen 0,0556 g bei der weißen Maus und 367 g beim Eber. Der Durchmesser der Samenkanälchen Erwachsener schwankt zwischen 0,1834 mm beim Menschen und 0,2654 bei der weißen Ratte. Die Gesamtlänge der Kanälchen schwankte zwischen 1,67 m bei der weißen Maus und 6312 m beim Eber. Die ganzen Schwankungen im Kanälchendurchmesser gegenüber den starken Verschiedenheiten in der Gesamtlänge zeigt, daß das Samenepithel in den größeren Hoden durch Längenwachstum, nicht durch Dickenzunahme der Kanälchen vor sich geht. Die Länge der Gesamtkanälchen im

Verhältnis zur Körperlänge ist bei den kleinen Tieren (Maus, Ratte) relativ bedeutender. Der Bauplan irgendeines Hodens hängt ab von der relativen Menge der Gewebsanteile in Tunica albuginea, Mediastinum, Interstitialgewebe und Kanälchen und von dem Kanälchendurchmesser. Die Kombination dieser Faktoren in einem jener Hoden kann numerisch wiedergegeben werden im Verhältnis zur Anzahl, zu Metern der Kanälchenlänge per Gramm und zum Totalhodengewicht. Diese Summe variiert bei den untersuchten Tierarten, aber auch bei den Individuen. Die Totallänge der Kanälchen ist im Verhältnis zum Hodengewicht bei jungen Tieren größer als bei erwachsenen. Die Kanälchenlänge des Erwachsenen ist im wachsenden Tiere früher erreicht als das Hodengewicht und die Kanälchenweite des Erwachsenen. O. Zietzschmann.

Warwick (26) hat an 3 Ebern experimentell bewiesen, daß die Vasektomie am Samengewebe des Hodens keine Degeneration erzeugt. Operation: Unterbindung des Samenleiters und Exzision eines Stücks dieses Kanals. Nach 125—393 Tagen konnten noch bewegliche Spermien nachgewiesen werden. O. Zietzschmann.

Stieve (23) konnte die Befunde Lehners zunächst bestätigen: Samenverklumpung findet schon im Hoden statt, es verschmelzen aber bei der Maus nicht bloß Fußzellen mit den Samenfäden, sondern auch alle anderen Samenbildungszellen, wenn sie aus dem Verband des Kanälchenepithels ausgestoßen sind. In der gleichen Weise können wohl auch im Nebenhoden abgestoßene Epithelzellen mit irgendwelchen anderen, frei in den Ductuli efferentes oder dem Nebenhodengang liegenden Gebilden verschmelzen. Bei all diesen Vorgängen handelt es sich aber wohl nicht um „Spermiophagie"; keine der Zellen frißt die andere auf, sondern es verklumpen jeweils kleinere oder größere Mengen der verschiedensten Zellformen, die alle geschädigt sind, miteinander, und gehen schließlich alle zugrunde. O. Zietzschmann.

Nach Benoit (5) tragen Ductuli efferentes, Ductus epididymidis und Ductus deferens ein Epithel, das ein das Leben der Spermien unterhaltendes Sekret liefert.

Die Epithelien des Ductuli eff. tragen Bürstenbesatz; ihr körniges Sekret wird flüssig ausgestoßen. Im Duct. epid. und Duct. def. sezernieren die gekörnten Epithelien ebenfalls ein flüssiges Produkt. Diese Abscheidungen werden hormonal vom Hoden beeinflußt: bei beiderseitiger Kastration (weiße Maus), die Rückgang der Sekretion zur Folge hat, werden die Spermien im Nebenhodenkopf in 8 Tagen, im Samenleiter in 14 Tagen unbeweglich. Bei einseitiger Hodenentfernung dagegen ist auf der Operationsseite die volle Beweglichkeit noch Monate erhalten, wie auch die Sekretion der Epithelien. O. Zietzschmann.

Redenz (16) beschäftigte sich mit der Frage des Nebenhodens, nach dessen Passage die Spermien durch eine außerordentliche Beweglichkeit ausgezeichnet sind. In erster Linie wird das im Canalis epididymidis vorhandene Sekret dafür verantwortlich zu machen sein. Durch die hohe Organisation des Organs wird eine Umhüllung mit dem optimalen Sekret, erneute Aufwanderung der Spermien nach einer Ejakulation und schließlich Hemmung der Bewegung, wenn die frühere Dichte erreicht ist, automatisch geregelt.

Dazu kommt ein neuer Faktor: der der Resorption des flüssigen Mediums, welche die energiesparende Speicherung erst vollkommen macht. Durch elektrometrische Messungen der (H) Konzentration konnte festgestellt werden, daß im Ductus epididymidis eine

Resorption von Elektrolyten tatsächlich stattfindet. Und es steht fest, daß Lösungen mit geringem Elektrolytgehalt oder stark zurückgedrängter Dissoziation ein optimales Milieu für lange Erhaltung der Beweglichkeit darstellen. Und erst durch diese Eigenschaften des Nebenhodensekretes wird der Nebenhoden ein Samenspeicher, der die Spermien dauernd bewegungsbereit erhält. Für optimale Auslösung der Bewegung ist eine elektrolytische, den physiologischen Salzlösungen ähnliche Flüssigkeit notwendig; für die optimale Erhaltung der Bewegungsfähigkeit unter Ersparung der Bewegungsenergie dagegen ist ein elektrolytarmes oder schwach dissoziiertes Medium günstig.

Die Vorgänge im Nebenhoden sind kurz folgende: Der elektrolytreiche Nachschub aus dem Hoden wandert unter lebhafter Eigenbewegung der Spermien in die distalen Partien des Nebenhodenganges. Dabei umhüllen sich die Spermien auf das sorgfältigste mit dem wie ein Schutzkolloid wirkenden Sekret. Schließlich tritt die Hemmung der Eigenbewegung durch die zunehmende Resorption der Elektrolyte ein. die Spermien liegen in dem elektrolytnegativen Kolloid im elektrolytarmen Kanälcheninhalt eingebettet und sind jederzeit im Besitze der notwendigen Bewegungsenergie.

Die Bedeutung der Elektrolytresorption für die Erhaltung der Beweglichkeit der Spermien erklärt die darmähnliche Form des Nebenhodens.

O. Zietzschmann.

Aschauer (1) bespricht die fötale Entwicklung der Prostata des Hundes.

Sie beginnt zwischen der 6. und 7. Woche des Fötallebens in der Weise, daß vom Epithel der Harnröhre in der Gegend der Einmündung der Samenleiter gerade Drüsenschläuche in das umgebende Gewebe aussprossen, welche sich immer mehr und mehr verzweigen und bis zur glatten Muskelschichte der Harnröhre reichen. Knapp vor der Geburt dringen sie in die glatte Muskulatur ein und haben diese beim neugeborenen Hunde bereits durchwachsen. Die Prostata des Hundes steht bei der Geburt noch am Beginne ihrer Entwicklung und besitzt zu dieser Zeit dasselbe Aussehen wie während des Fötallebens. Der Hauptabschnitt ihrer Entwicklung fällt somit in die Zeit nach der Geburt des Hundes; sie ist beim einjährigen Hunde vollendet. Der quergestreifte M. urethralis ist erst beim neugeborenen Hunde nachzuweisen.

Trautmann.

Nachdem Henneberg (10) die Verhältnisse der Anatomie und Entwicklung der äußeren Genitalien beim Schwein weiblichen Geschlechts früher bearbeitet hatte (vgl. Jber. 41/42, 1921/22, S. 330), studierte er jetzt die des männlichen Schweines.

Der Penis des Ebers hat eine längere Pars adhaerens, die der Muskelunterlage benachbart ist = Penis appositus. Dieser besteht aus Radix, P. fixa, P. adhaerens und P. nuda. Die spiralige Windung des Penis soll der Verankerung in der Zervix uteri dienen. Die Hülle der Pars nuda bildet die Penistasche und besteht aus Präputialsack und Hautsack. Gewisse Besonderheiten zeichnen den Kastratenphallus aus.

In der Entwicklung stellt der Phallus zunächst einen Teil des Genitoperinealhöckers dar, bis dieser sich in Phalluszapfen und Regio perineophallica aufteilt. Letztere liefert durch starkes Längenwachstum die Regio perinealis und die lange Regio phallica = die lange schmale Strecke bis fast zum Nabel, in der der Truncus phalli unter der Haut verläuft. Der Phalluszapfen (Pars libera) läßt eine Pars nuda und tecta unterscheiden; er wird vom Integument überwachsen. Dabei entfernt er sich immer weiter vom After und bleibt in der Höhe des Nabels. Am Integument um

die Pars nuda komplizieren sich die Verhältnisse: vor dem Präputialsack stülpt sich ein Hautsack aus, aus dem äußeren Präputiumblatt, umgestülpter Schafthaut und Bauchhaut bestehend = der bisher als Präputialbeutel bekannte Sack. Präputialsack und Hautsack bilden zusammen die Penistasche. Der Taschenhügel repräsentiert den Rest des Nabelwalles. Der zuerst an der Bauchfläche angelegte Präputialbeutel gelangt hierbei in die Penistasche hinein. Die Sinusöffnung (Orificium urogenitale primitivum) ruht an der Pars libera apikal, verkleinert sich und wird zum Orificium urethrae externum. Das Epithel der Urethra entstammt dem axialen Rande der Urogenitalplatte, die sich demzufolge spaltet! Aus den seitlich von der Pars perineophallica angelegten „Paragenitalhügeln" geht das Skrotum hervor.

Im Vergleich mit den Ergebnissen der Fleischmannschen Schule wird besonders hervorgehoben: Die Sinusöffnung entsteht durch Spaltung der Urogenitalplatte und nicht unabhängig von einer solchen und wird zum Ostium urethrae externum durch Apikalwanderung der Öffnung, aber nicht durch Reduktion des Phallusgipfels. Bei jenem Vorrücken entsteht eine wirkliche Raphe. Das Präputium entsteht durch apikales Überwachsen einer Hautfalte in Gestalt eines Hohlzylinders über die Pars nuda, nicht durch Einwachsen einer Glandarlamelle. Das Vorschwinden der Pars libera von der Bauchoberfläche ist nicht die Folge der Gipfelreduktion am Phallus, sondern eines Überwachsenwerdens desselben durch Hautpartien der Umgebung. Zum Schluß allgemein vergleichend-anatomische Bemerkungen.

O. Zietzschmann.

### d) Weibliche Geschlechtsorgane.

1) Allen, E. and E. A. Doisy: Continuation of secretion of the ovarian follicular hormone by the human corpus luteum. Proc. of the soc. f. exp. biol. and med. Bd. 22, S. 303—305. (Ref. im Ber. üb. d. ges. Physiol. Bd. 31, S. 794; Gegensatz zum Schwein, Rind und Schaf.) — *2) Blotevogel: Beitrag zur Kenntnis der zyklischen Veränderungen am weiblichen Genitale. Verh. d. anat. Ges. Erg.-H. zum Anat. Anz. Bd. 60, S. 223—230. — *3) Boyd, W. L.: A study of the physiologic and pathologic changes occuring in the reproductive organs of the cow following parturition. Minnesota Sta. Techn. Bul. Bd. 23, S. 3—39; Ref. Exp. Stat. Rec. Bd. 53, S. 385. — 4) Bruni: Osservazioni e considerazioni sui vasi del corpo luteo di „Bos taurus". (Beobachtungen und Betrachtungen über die Gefäße des Corp. luteum beim Rinde.) Clin. vet. S. 223. — *5) Bruni, A. C.: Osservazioni e considerazioni sui vasi del corpo luteo di „Bos taurus". (Bemerkungen und Betrachtungen über die Gefäße des gelben Körpers von „Bos taurus".) Atti della Soc. Lombarda di scienze med. e biol. Bd. 14, H. 1. 13. März. — *6) Bruni, A. G.: Correlazioni ormoniche e correlazioni vascolari nel ciclo sessuale femminile. (Die innersekretorischen und vaskulären wechselseitigen Beziehungen beim weiblichen sexuellen Zyklus.) Giorn. di Biol. e Med. Sperim. Bd. 2, H. 3.— *7) Courrier, R.: Le cycle sexuel chez la femelle des mammifères. Etude de la phase folliculaire. Arch. de biol. Bd. 34, S. 369—477. 1924. — 8) Dixon, W. E. and F. H. A. Marshall: The influence of the ovary on pituitary secretion; a probable factor in parturition. J. of physiol. Bd. 59, S. 276—288. 1924; Ref. im Ber. üb. d. ges. Physiol. Bd. 31, S. 704. — *9) Elder, C.: Studies of the corpus luteum. J. of Am Vet. Med. Assoc. Bd. 67, Nr. 3, S. 349—363. — *10) Frankenberger, Z.: Über die Entwicklung des Eies der weißen Maus. Biologia general Bd. 2, S. 21—62. — *11) Fellner, Otfried O.: Über das Vorkommen des femininen Sexuallipoids in Vogeleiern und den Eierstöcken der Fische. Klin. Wochenschr. Jg. 4, Nr. 34, S. 1651 bis 1652. — *12) Gleize-Rambal, L. et Robert, J.-P.:

A propos de la formation du nodule conjonctif central dans le corps jaune de la chienne. C. r. Soc. de Biol. Bd. 93, S. 121—122. — *13) Goormaghtigh, N.: Phénomènes de suppléance dans l'ovaire de la chienne gravide. Ebendas. Bd. 93, S. 53—55. — 14) Gutherz, S.: Über vorzeitige Chromatinreifung am physiologisch degenerierenden Säugeroozyten der frühen Wachstumsperiode. Zschr. f. mikr.-anat. Forsch. Bd. 2, S. 1—38. (Katze.) — *15) Haeseler, A.: Über Septen in der Vagina. Anat. Anz. Bd. 60, S. 137—149. — 16) Derselbe: Septen in der Vagina. Diss. Hannover und D. t. W. Bd. 33, S. 481—483. (Auszug.) — 17) Hammond, F.: The reproductive functions in the cow. Proc. of the Scott. Catt. Breeding Conf. S. 95—100. (Zyklische Veränderungen, Corpus luteum und Schwangerschaft.) — 18) Derselbe: Fertility and sterility in domestic animals. J. of the farmers club. Bd. 6, S. 105—122. (Allgemeines.) — *19) Kittelmann, M. W.: Vergleichende histologische Untersuchungen von Hohlraumwandungen in Stutenovarien Diss. Leipzig 1924. — *20) Kok, F.: Experimentelle Beiträge zur Tubenbewegung. Klin. Wochenschr. Bd. 4, S. 1543—1544. — 21) Mai, Karl: Untersuchungen über die Durchgängigkeit der Eileiter des Rindes. M. t. W. Bd. 75, S. 1022—1026. 1924. (Diss.) — *22) Marshall, F. H. A. and J. Hammond: The physiology of animal breeding, with special reference to the problem of fertility. Research Monograph Nr. 2. Ministry of agric. and fisheries. London. 45 S. — *23) Mijsberg, W. A.: Über die Entwicklung der Vagina und des Sinus urogenitalis bei der Ratte (Mus decumanus) und beim Maulwurf (Talpa europaea) nebst allgemeinen Bemerkungen über die Bildung dieser Organe bei den Säugern. Zschr. f. Anat. u. Entw.-Gesch Bd. 77, S. 650—725. — 24) Momigliano, E.: Über die Lipoide des Corpus luteum. Zbl. f. Gynäkol. Bd. 49, S. 684—689. (Ref. im Ber. üb. d. ges. Physiol. Bd. 31 S. 794.) — 25) Murphey, H. S., G. W. McNutt, B. A. Zupp and W. A. Aitken: Our present knowledge of the phenomena of oestrous in domestic animals. The factors concerned in their production, with their relation to sterility. 4. Mitt. J. of Am. Vet. Med. Assoc. Bd. 67, Nr. 3, S. 338—347. (Vorversuche und Beschreibung des anatomischen Bildes der Genitalien des Rindes beim Oestrus.) — 26) Dieselben: Oestrous cycle in the domestic cow (Bos taurus). Effects of ovarian extracts (sixth report). Am. assoc. of anat. Ref. in Anat. Reord Bd. 29, S. 370. — *27) Dieselben: Dasselbe. Vet. Med. Bd. 20, Nr. 8, S. 345—349. — *28) Murphey, H. S.: The oestrous cycle in the cow. Ebendas. Bd. 20, Nr. 6, S. 241—244. — *29) Pfenninger, W. und A. Krupski: Beiträge zur Physiologie der Brunst der Ziegen. Schweiz. Arch. f. Tierhlkde. Bd. 67, S. 385—391. — *30) Pollner, Nikol.: Endometrium des Schweines mit besonderer Berücksichtigung der Evolution. Inaug.-Diss. Budapest. Közl. Bd. 18, S. 110—114. — *31) Retucci, E.: Contributo allo studio anatomico dei canali di Malpighi-Gartner della vacca, della capra, della scrofa. (Beitrag zur Anatomie der Gartnerschen Gänge bei Rind, Ziege und Schwein.) Nuova Vet. S. 96—143. — 32) Riddle, O.: On the sexuality of the right ovary of birds. Anat. Record Bd. 30, S. 365—383. — *33) Schneider, J.: Morphologische Untersuchungen über das Corpus luteum spurium bei der Stute. Diss. Leipzig. — *34) Seaborn, E.: The oestrous cycle in the mare and some associeted phenomena. Ebendas. Bd. 30, S. 277 bis 287. — 35) Seckinger, D. L.: The effect of ovarian extracts upon the spontaneous contractions of the fallopian tube of the domestic pig with reference to the oestrous cycle. Am. j. of physiol. Bd. 70, S. 538 bis 549. 1924. (Ref. in Ber. d. ges. Physiol. Bd. 31, S. 928.) — 36) Stieve, H.: Die Schwangerschaftsveränderungen der menschlichen Scheide. Verh. d. anat. Ges.; Erg.-H. zum Anat. Anz. Nr. 60, S. 80 bis

87. (Zunahme der Weite, der Dicke der Wand und ihrer Einzelschichten; Zunahme der Länge der Muskelzellen; Zunahme und Umgestaltung vor allem im Bindegewebe; Veränderungen an den Gefäßen; ungemeine Nachgiebigkeit und Dehnbarkeit der Wand, die ihre Elastizität nicht einbüßt.) — *37) Thun, F.: Lipoide in den Eierstöcken verschiedener Haustiere. Diss. Hannover und D. t. W. Bd. 33, S. 480—481. (Auszug.) — *38) Varga, A.: Über das Rossen und Beschälen der Stuten. Inaug.-Diss. Budapest; Közl. Bd. 18, S. 25—47. — *39) Wilson, K. M.: A morphologic study of some phases in the development of the sex glands of the domestic pig. Am. j. of obstetr. and gynecol. Bd. 8, S. 710—722. 1924. — *40) Wislocki, G. B. and A. F. Guttmacher: Spontaneous peristaltics of the excised whole uterus and fallopian tubes of the sow with reference of the ovulation cycle. Bull. of the Johns Hopkins hosp. Bd. 35, S. 246 bis 252. 1924. — *41) Woodman, H. E., und John Hammond: The mucous secretion of the cervix of the cow. J. of agr. science. Bd. 15, S. 107—124. — *42) Yamane, J. and T. Egashira: On the Relation of Copulation to Ovulation in the Rabbit as Shown by means of Artificial Insemination. J. of Japan. Soc. Vet. Sc. Bd. 4, Nr. 2, S. 101—110.

Die Oogonien der Keimdrüse des Schweines stammen nach Wilson (39) aus dem Coelomepithel der Genitalanlage an der medialen Seite des Wolffschen Körpers. Mit 22,5 mm Sch.-St.-Lg. läßt sich das Geschlecht frühestens feststellen. Der ersten Proliferation folgt beim weiblichen Geschlecht eine zweite, und diese gibt die Grundlage zur Entstehung der primitiven Rinde ab. Die Differenzierung der Urgeschlechtszellen sowie die Bildung von Primärfollikeln tritt erst einige Zeit post partum hervor.     O. Zietzschmann.

Frankenbergers (10) Untersuchungen über die Entwicklung des Eies der weißen Maus haben folgendes ergeben:

Die Oogonien teilen sich im embryonalen Ovarium karyokinetisch; die Äquatorialplatte enthält 24 Chromosomen. Nach der letzten oogonialen Mitose entsteht ein gewöhnlicher (deutobrocher) Ruhekern, der mit einem Lininnetz, körnigem Chromatin und — wenigstens sehr häufig — einem kleinen Nukleolus ausgezeichnet ist. Die Zelle tritt in das Stadium der Oozyte ein. Am Anfang der Wachstumsperiode entsteht durch eine gleichmäßige Verteilung des Chromatins auf dem Lininnetz ein vielfach gewundener, glatter Faden (das leptotäne Stadium); zugleich erscheinen in kleiner Anzahl kleine chromatische Nukleolen. Der glatte, dünne Chromatinfaden zieht sich zu einem Kernpol zusammen (Synapsis), die kleinen Nukleolen erhalten sich. Nach der Synapsis lockert sich der Faden wieder auf und segmentiert sich in 12 (Hälfte der normalen Chromosomenzahl) dicke, in das Bukett orientierte Fasern, auf denen manchmal am Gipfel der Schlingen eine quere Unterbrechung zu bemerken ist (pachytänes Stadium, Pseudoreduktion durch endweise Konjugation, Metasyndesis). Nukleolen fehlen oder bleiben erhalten. Die dicken Fasern spalten sich frühzeitig entzwei (diplotänes Stadium); die Chromiolen entsprechen einander auf den beiden Spalthälften. Die Orientation des Buketts verschwindet, die Längsspaltung der Fasern ebenfalls; die letzteren senden Seitenfortsätze aus, verlieren ihre Basophilie, bilden ein zusammenhängendes Netz von Lininfasern. Zugleich erscheint ein großer basophiler Nukleolus (diktyotisches Stadium, Stadium des Keimbläschens). Ausbildung des Follikels. Es fängt die zweite Phase der Wachstumsperiode an — die Ausbildung der deutoplasmatischen Substanzen im Protoplasma (in der vorliegenden Arbeit nicht näher studiert); das gesamte Chromatin konzentriert sich in einem (selten zwei)

Nukleolus. Der Follikel wächst an, wandelt sich (durch Dehiszenz und wohl auch Zerfall der Granulosazellen) in den Graafschen Follikelum. Vor dem Platzen des Follikels tritt die basichromatische Substanz aus dem Nukleolus in der Form von zahlreichen kleinen Körnchen in den Kern aus und bildet zahlreiche kleine runde, auf dem Lininnetz verteilte Karyosomen. Diese Körnchen fließen sekundär in 12 basophile Nukleolen zusammen; der Hauptnukleolus bleibt erhalten, färbt sich aber sauer. Das Zentrosoma wird geteilt, beide Hälften stellen sich an den Kernpolen ein. Das Lininnetz beginnt sich zu diesen 12 Nukleolen zusammenzuziehen und liefert das Lininsubstrat der Reifungschromosomen. Das Chromatin dieser 12 Chromosomen stammt aus jenen 12 Nukleolen, und zwar aus je einem für ein Chromosom. Der oxyphile Rest des Hauptnukleolus verschwindet, im Kern entstehen 12 Chromosomen, die die charakteristischen Tetradenformen besitzen; außer ihnen ist im Kern kein andrer geformter Bestandteil enthalten (Stadium der Diakinese). Sowohl dieses Aussehen der Chromosomen wie auch ihre Entwicklung in der ersten Phase der Wachstumsperiode berechtigt die Annahme, daß es sich um eine echte, mittels Metasyndase von zwei Chromosomen entstandene Tetraden handelt. In der Reifungsspindel haben die Chromosomen das Aussehen von ganz kurzen Stäbchen oder ovalen Körnern; es konnte nicht entschieden werden, welche der Teilungen reduktionell, welche äquationell sind.

O. Zietzschmann.

Kittelmann (19) hat die Hohlraumwandungen in Stutenovarien histologisch untersucht. Die zahlreichen Hohlräume im Eierstock der Stute sind sehr häufig nicht Zysten, sondern es handelt sich häufig um die zystische Form der Follikelatresie bzw. um vollständig normale Follikel. Auf das Leiden der Unfruchtbarkeit üben deshalb die im Stutenovarium auftretenden Hohlräume zu einem großen Teile keinerlei Einfluß aus.

Trautmann.

Nach den Hypothesen werden die Ovariallipoide genetisch auf die physiologische Funktion des Organs (Pflüger) oder auf fettig-degenerative Prozesse in der Granulosa und dem Keimepithel (Reinhardt, Grohe) zurückgeführt.

Beim Menschen wurden vorwiegend Glyzerin- bzw. Cholesterinester und deren Gemische festgestellt; beim Rinde stimmt zwar die topographische Lagerung, jedoch überwiegen hier Phosphatide (Follikel) und Zerebroside (Corp. lut.). Bei der Katze sind die Kornzellen besonders lipoidreich (anisotrope Cholesterinverbindungen). Thun (37) hat die Frage an ungefärbten mit polisarisiertem Lichte untersuchten, sowie an spezifisch gefärbten Schnitten bearbeitet. Lipoide finden sich im Ei und Follikelepithel bereits bei jungen Tieren zahlreicher in der Granulosa und der Tunica interna, während sie der T. externa fehlen; mit der Follikelatresie nehmen sie zu. Bei kleinen Haustieren findet man sie auch im Keimepithel, beim Hunde zudem in der Zona vasculosa. Bei der Ausbildung der Corp. lutea verschieben sie sich aus den atresierenden Follikeln dorthin. Es handelt sich meistens um Neutralfette, während Zerebroside, Phosphatide, Cholesterin, dessen Ester und Estergemische zurücktreten. Der Lipoidgehalt der Corpora lutea ist in ihrem An- und Rückbildungszyklus direkt proportional; das Corp. lut. graviditatis ist lipoidarm.

Diese Körper werden wahrscheinlich aus dem Blute hier abgelagert, wo die höheren Lipoide möglicherweise direkte oder indirekte, d. h. endokrinologische Bedeutung für die Organfunktion besitzen.

Graf.

Fellner (11) berichtet über das Vorkommen des femininen Sexuallipoids in Vogeleiern und den Eierstöcken der Fische.

Aus dem Eigelb von 30 Hühnereiern wurde in der gleichen Weise, wie es bei der Plazenta geschehen ist, das Lipoid dargestellt und Kaninchen 8 Tage lang subkutan injiziert. Dann wurde das Tier getötet. Der Uterus war auf das 11fache gewachsen. Die Mammae hatten sich in entsprechender Weise vergrößert. Im Uterus war die Muskulatur dicker, das Epithel hoch geworden. Die Drüsen zeigten gute Ausbildung. Das Stroma war sehr blutgefäßreich. Die Blutgefäße strotzend mit Blut gefüllt. Das ganze Bild war das gleiche, wie es nach Injektion des aus den Säugetierorganen gewonnenen femininen Sexuallipoids sich darbietet. In den Hühnereiern ist das gleiche Lipoid mit den gleichen Eigenschaften enthalten wie in den entsprechenden Organen der Säugetiere und Menschen. 30 Eier enthalten etwas mehr an wirksamen Lipoid als eine Plazenta oder 90 Corpora lutea. Auch die Eierstöcke von Fischen enthalten ein Feminin mit den gleichen Wirkungen. $\frac{1}{8}$ kg Eierstöcke erzeugte die gleichen Erscheinungen. Demnach dürfte das Feminin bei Vögeln und Fischen offenbar eine Rolle bei der Erzeugung der sekundären Geschlechtscharaktere spielen. Verf. beschäftigt sich weiter mit dem praktischen Wert dieser Feststellungen, die Interesse verdienen. So glaubt er z. B., daß eine Eierkur viel rationeller, wirksamer und billiger sein müßte als die übliche Behandlung mit Ovarialtabletten mit dem sehr schwachen Lipoidextrakt. Die bekannte Wirkung des Kaviars als Aphrodisiakum dürfte auf den Gehalt an Feminin zurückzuführen sein u. a. m.

Trautmann.

Gleize-Rambal und Robert (12) berichten über die Bildung des zentralen Bindegewebsknotens im gelben Körper der Hündin. Er entwickelt sich aus einem Zystenhohlraum möglicherweise durch Metamorphose, wie sie bei der Histogenese des Bindegewebes vorkommt. Allerdings stößt diese Theorie auf Schwierigkeiten.

Graf.

Bruni (5) hat einige Besonderheiten an den Gefäßen der Corpora lutea im Involutionszustand histologisch bemerkt. Er hat dieselben als Folge von Wechselbeziehungen zwischen Reife und Involution der gelben Körper gedeutet, sowie als Erklärung der Wirksamkeit gewisser manueller Verfahren bei der Sterilität der Rinder.

Declich.

Bruni (6) glaubt, daß die der Reife nahen Follikel und die ganz jungen Corpora lutea der endokrinen Wirkung unterstehen; daß aber die Involution der Corpora lutea sowie ihre inhibitorische Wirkung auf die Reife neuer Follikel mehr von vaskulären Beziehungen abhängig sind.

Declich.

Schneider (33) hat das Corpus luteum spurium bei der Stute morphologisch untersucht.

Zusammenfassend ergibt sich, daß das strukturelle Verhalten und die Entwicklung des gelben Körpers bei der Stute sich nicht wesentlich von den in dieser Hinsicht genauer bekannten Verhältnissen beim Rinde unterscheidet. Die morphologischen Unterschiede, die der gelbe Körper der Stute gegen den der anderen Tiere und des Menschen aufweist, wie z. B. seine Form, Größe und das Verhalten der Follikelsprungstelle, sind zum großen Teile in den besonderen Verhältnissen des Stutenovars bedingt. Es folgen sich auch bei der Stute die Entwicklungsstadien in der Reihenfolge der Proliferation, Vaskularisation, der Blüte und Rückbildung. Die einzelnen Entwicklungsstufen sind jederzeit im histologischen Bilde zu diagnostizieren, wenn auch ein allmähliches Überfließen der einzelnen Stadien ineinander und das Vorkommen mehrerer Stadien nebeneinander im selben Corpus luteum stattfindet. Bezüglich des Ursprunges ergibt sich auch für den gelben Körper der Stute aus vorliegenden Untersuchungen die Annahme einer epithelialen Genese. Bei der weiteren

Ausbildung findet neben einer Hypertrophie auch eine Hyperplasie, und zwar in erster Linie der Granulosaluteinzellen statt. Die reichlichen Blutextravasate in frischen gelben Körpern verdanken ihre Entstehung in der Hauptsache dem Blutaustritte im Vaskularisationsstadium, während die Blutungen im unmittelbaren Anschluß an den Follikelsprung dagegen eine untergeordnete Rolle spielen. Von rein klinischen Gesichtspunkten ergibt sich aus den vorliegenden Untersuchungen, daß sich auf Grund von morphologischen Betrachtungen keine mittelbare oder unmittelbare Beziehung des gelben Körpers zur Sterilität feststellen läßt, was an sich auch anzunehmen war. Die bisher gegebenen Anhaltspunkte zur klinischen Diagnose eines frischen gelben Körpers müssen nach den Untersuchungen als nur sehr vorsichtig zu verwerten angesehen werden.                    Trautmann.

Varga (38) berichtet über das Rossen und Beschälen der Stuten.

Nach seinen Beobachtungen tritt das Rossen im allgemeinen 8—11 Tage nach dem Abfohlen ein. Die äußersten Termine sind 5 und 14 Tage. Das zweite Rossen stellt sich innerhalb 18 und 28 Tagen, meist 20—23 Tagen, ein. Diese Perioden sind individuell verschieden, doch stellt sich das Rossen bei einer und derselben Stute gewöhnlich stets in gleichen Zeiträumen ein. Das Rossen offenbart sich in drei Perioden. Das richtige Rossen währt 3, das Nachrossen 4 und die Reinigung 3 Tage. Erfolgt Befruchtung, so kann das Rossen 1—2 Tage kürzer dauern. 9 Tage nach dem Abfohlen sind die Stuten fast ausnahmslos für den Hengst zugänglich, die meisten Befruchtungen erfolgen auch tatsächlich in diesem Termin. Zwecklos ist dagegen das Beschälen nach abermal 9 Tagen, dagegen kommen Befruchtungen schon häufiger vor nach 3 und 4 mal 9 Tagen nach dem Abfohlen. Am günstigsten gestaltet sich das Befruchtungsresultat, wenn das Beschälen entsprechend den 3—4 wöchigen Perioden des Rossens erfolgt, und zwar in den ersten Tagen der Brunst.                    Manninger.

Yamane und Egashira (42) fassen ihre Untersuchungsergebnisse über die Beziehungen der Kopulation zur Ovulation beim Kaninchen (mittels künstlicher Befruchtung) folgendermaßen zusammen:

1. In zwei Serien wurden weibliche Kaninchen künstlich befruchtet.

2. Von den Weibchen der ersten Serie, die ohne jede andere Behandlung künstlich befruchtet wurden, wurden nur 8,3% trächtig.

3. Von den Weibchen der anderen Serie, die erst nach Kopulation mit einem sterilen Männchen künstlich befruchtet wurden, wurden 62,5% trächtig.

4. Im zweiten Falle dauerte die Tragezeit einen Tag länger als im ersteren.

5. Damit ist der Beweis erbracht, daß beim Kaninchen in der Mehrzahl der Fälle die Ovulation nicht spontan stattfindet, sondern daß sie den Reiz der Kopulation braucht.

6. Erfolgreiche Ergebnisse mit künstlicher Befruchtung können daher beim Kaninchen in höherem Wahrscheinlichkeitsgrade erhalten werden, wenn vorher die Kopulation mit einem sterilen Männchen stattfindet.                    Nitta.

Kok (20) hat sich mit der Frage der Tubenbewegung experimentell am überlebenden Organ bei Schwein, Rind, Schaf und Pferd (und auch am Menschen) befaßt.

Es sind Bewegungen an der Tube fast regelmäßig zu beobachten, wenn auch häufig nur schwach, aber lebhafter nach Befreiung der Tube von Peritonaeum und Mesosalpinx. Über Bewegungen, die für den isthmischen Tubenteil (im Gegensatz zum ampullären Ab-

schnitt) typisch zu sein scheinen, finden sich fast regelmäßig fortkriechende wellenförmige Bewegungen — Tubenperistaltik —, die uterinwärts gerichtet sind und bis auf den Uterus übergreifen können. Antiperistaltische Kontraktionen sind nur partiell bemerkbar. Die Stärke dieser Tubenbewegungen stehen unzweideutig mit den zyklischen Vorgängen im Ovar in Verbindung, werden von dort aus hormonal beeinflußt. Entgegen der Meinung von amerikanischen Forschern (Corner u. a.) wird vom Moment des Follikelsprunges ab die Peristaltik für mindestens 3 Tage stark gehemmt. Deshalb verharren auch die Eier noch 3 Tage in der Tube, und zwar im Isthmus, an der Grenze von mittleren zum uterinen Drittel der Tube, bis wohin sie sehr rasch gelangen. Dieses Aufgehaltenwerden ist vielleicht bedeutsam für die Befruchtungsmöglichkeit.
                    O. Zietzschmann.

Pollner (30) untersuchte das Endometrium des Schweines mit besonderer Rücksicht auf die Evolution und betont, daß die Epithelzellen des Endometriums weder im nichtträchtigen, noch im trächtigen Uterus Zilien führen.                    Manninger.

Boyd (3) berichtet über die Involutionserscheinungen an den Geschlechtsorganen der Kuh nach dem Kalben an der Hand von 19 genau beobachteten Fällen in dem Rassestall der Universität Minnesota.

Kühe, die normal kalben und die Eihäute rechtzeitig ausstoßen, zeigen eine vollständige Involution in der Regel in der Zeit von 30—40 Tagen nach der Geburt des Kalbes. Dabei ist der Uterus bisweilen schon nach 10 Tagen, in einer größeren Zahl von Fällen aber erst nach 2—3 Wochen bis zur Größe eines nicht trächtigen Uterus zurückgegangen. Erfolgt die Involution rechtzeitig, so findet eine Ansiedlung von Bakterien im Uterus überhaupt nicht oder nur in geringem Umfange statt. Septische Zustände verbinden die Involution und die Rückbildung des Corpus luteum des Eierstocks. Hierbei wurden insbesondere der Bacillus pyogenes, Staphylokokken, Streptokokken und Bacterium coli gefunden. Auch Abortusbazillen verhindern die rechtzeitige Involution.
                    O. Zietzschmann.

Marshall und Hammond (22) behandeln die Frage der Fruchtbarkeit der einzelnen Haustiere.

Nacheinander schildern sie den männlichen und den weiblichen Geschlechtsapparat, die Geschlechtsreife, die Brunst samt dem Geschlechtszyklus und dann im Hauptkapitel die Fruchtbarkeit der Haustierarten, und zwar der männlichen und der weiblichen Tiere: Pferd, Rind, Schaf, Schwein, Ziege, Hund, Frettchen, Kaninchen und Huhn. Das Werkchen ist illustriert und bringt eine Fülle von Einzelheiten.
                    O. Zietzschmann.

Auch das Pferd hat nach Seaborn (34) einen typischen Sexualzyklus. Seine Untersuchungen wurden an 19 Tieren von verschiedenen Zyklustagen unternommen: im Stadium der Ruhe, im Proöstrum, am 1. und 3. Brunsttage und am 2. und 8. Tage nach der Brunst, aus dem Metöstrum.

Verf. fand im Proöstrum Hypertrophie der Schleimhaut des Uterus mit schleimiger Degeneration der Propriaelemente, Vermehrung der Epithelien und des Gehalts an Lymphozyten. Zur Zeit der Brunst war die Hypertrophie maximal, insbesondere zur Zeit des Follikelsprunges am 2. und 3. Tage: Die sehr dicke Schleimhaut erscheint feucht und gelblich verfärbt und ist mit schlaffen dicken Falten besetzt und mit mächtigen Blutgefäßen beschwert; das Epithel degeneriert. Im Metöstrum findet die Rückbildung statt. Auch die Ovarien nehmen an Schwere zu; die

Ovulation erfolgt gegen Mitte oder Ende der Brunsterscheinungen, am 2. Tage, so daß der Deckakt am
1. Tage die günstigsten Verhältnisse repräsentieren
würde. Das 3 Tage andauernde Proöstrum läßt Schleim
durch die Scham abgehen; in dieser Zeit wird das
männliche Tier nicht angenommen. Die Dauer der
Brunst ist mit 3 Tagen, die des Metöstrums mit 10
Tagen, und die der Ruhe mit 8 Tagen festzuhalten:
der Sexualzyklus des Pferdes umfaßt also eine Spanne
von 24 Tagen.                        O. Zietzschmann.

Murphey (28) berichtet über seine Studien bezüglich des Sexualzyklus der Kuh. Die Arbeiten stellen
für manche Fälle der Sterilität eine erfolgreiche Bekämpfung in Aussicht.

Bei anatomischer Untersuchung am lebenden Tier
unter Verwendung des Spekulums lassen sich charakteristische Erscheinungen der Brunst an Vestibulum,
Vagina und Zervix ermitteln. Der auftretende Schleim
ist zunächst glasig, wird dann flockig und schleimig
und enthält desquamierte Epithelien, und endlich
gummiartig und trübe, durch Beimengung von Leukozyten. Rötung und Schwellung der Schleimhaut sind
charakteristisch. Analog ist der Zustand der Uterusschleimhaut. Hier treten rote Blutzellen im Sekret auf,
insbesondere als Folge von Petechien der Kotyledonen
und der arodierten Schleimhaut. Bei rektaler Untersuchung wird der Uterus im Zustand des physiologischen Ödems mit reichlich Sekret gefunden. Der
Zustand ist deutlich von pathologischen Veränderungen
unterscheidbar. Die Vorgänge der Ovulation können
bei rektaler Untersuchung ebenfalls genau unterschieden werden. 30—65 Stunden, seltener zu anderer
Zeit, nach dem Einsetzen der ersten Brunsterscheinungen, erolgt die Ovulation. Die reifen Follikel haben
einen Durchmesser von 16—19 mm. Unter 10 mm sind
sie unreif. Es reifen nicht selten 4 Follikel gleichzeitig,
ein Teil von ihnen wird jedoch atretisch. Das Wachstum des Corpus luteum geht während der ersten 9 Tage
rasch vor sich. Vom 11. Tage an bildet sich eine
Bindegewebskapsel um das Corpus luteum aus. Die
Größenzunahme ist nunmehr langsam. Die Veränderungen an den Geschlechtsorganen im Verlauf der
Brunst hat der Autor weiterhin durch systematische
Schlachtungen an makroskopischen und mikroskopischen Befunden festgestellt. Die Ursache der Brunst,
ihre Regulierung und die Wechselwirkung zwischen
Ovarien und den übrigen Geschlechtsorganen der Kuh
werden näher verfolgt. Ein Brunsthormon, das im
Experiment die Brunst auslöste, wurde isoliert. Mit
Auszügen aus dem Corpus luteum konnte die ein-
getretene Brunst nicht aufgehalten werden. Hingegen
kann der Östrus in seinem Eintreten durch Einführung
des Extraktes des Corpus luteum in die Blutbahn oder
in das gegenüberliegende Ovarium verhindert werden.
Über die Wechselwirkung und Zusammenhänge der
Ovarialhormone mit dem übrigen Drüsensystem werden
Mitteilungen in Aussicht gestellt. Gegen die Hyper-
aktivität des Ovariums gelang es, ein Antiserum zu
präparieren. Auszüge aus dem isolierten Corpus luteum
wurden als Förderungsmittel für das Östrushormon
hergestellt.                          Hobmaier.

Nach Courrier (7) hat der vom Ovarium be-
herrschte Sexualzyklus 2 Phasen: die Follikelphase, unter dem Einfluß des reifenden Graafschen
Bläschens stehend, und die Luteinphase, vom Corpus
luteum abhängig. Zwischen beide fällt die Ovulation
und beiden entsprechen typische Zustände in Ovidukt,
Uterus, Vagina und Mamma. Verf. studierte nur die
Veränderungen in der Follikelphase.

Die Mamma zeigt starke Hyperämie der Zitzen
und eine allerdings nicht bedeutende Drüsenhyper-
plasie. In der Luteinphase werden diese Veränderungen
tiefere.

Der Ovidukt hat bei vielen Tieren (Kaninchen,
Hund, Schwein, Fledermaus, vielleicht auch beim Men-
schen) deutliche zyklische Veränderungen, deren aktive
Periode in die Zeit der Follikelphase fällt, mit dem
Höhepunkt zur Ovulationszeit und Ruhezustand im
Epithel während der ganzen Luteinphase. Das Tuben-
sekret soll der Ernährung der Spermien dienen. Im
Uterus beobachtet man zur Follikelphase 1. Er-
scheinungen, die in der Gelbkörperperiode erst ihren
Höhepunkt erreichen: stärkeren Blutgehalt und Drüsen-
wachstum; 2. Erscheinungen, die für diese Phase spezifisch sind: Sekretion des Oberflächenepithels (bei
den Nagern nicht so stark wie bei Fleischfressern und
Maulwurf).

Die Veränderungen der Vagina sind während
der Follikelreife besonders betont: sie bestehen in
Wucherung der Epithelien mit auf den Follikelsprung
folgender Regression und Desquamation und Leukozytose.

Experimentell lassen sich durch Injektion von
Follikelinhalt bei kastrierten und im Ruhezustand befindlichen Geschlechtstieren die charakteristischen Zeichen der Follikelphase erzeugen. Verf. bezeichnet die
wirksame Substanz des Bläscheninhaltes als Folli-
kulin. Diese Substanz ist nicht artspezifisch, denn der
Liquor des Rindes, Schweines und Menschen wirkt
auf die Nager usw. Dagegen ist sie organspezifisch,
da die Exstirpation des Eierstockes spezifische Ausfallserscheinungen hervorruft. Immerhin lassen sich
gewisse vaginale Symptome erzeugen, wenn man z. B.
saure Flüssigkeit aus Ovarialzysten des Schweines oder
aus einem zystischen Ovarialfibrom einer Frau oder
Amnioswasser aus dem 4. Monat der Gravidität injiziert. Die dadurch erzeugten Veränderungen decken
sich aber nicht mit den durch Liquor folliculi hervor-
gebrachten.                          O. Zietzschmann.

Murphey, McNutt, Zupp und Aitken (27)
berichten nach einer Übersicht über den gegenwärtigen
Stand der Brunstforschung über 6 Versuche, bei
denen es ihnen gelang, nichtbrünstige Tiere oder solche
mit irregulärer Brunst zur normalen Entwicklung des
Östrus und zur Aufnahme nach dem Belegen zu bringen.
                                     Hobmaier.

Wistocki und Guttmacher (40) befaßten sich
mit der Frage der spontanen Peristaltik des mit Tuben
entfernten Uterus des Schweines im Verhältnis zum
Sexualzyklus, wozu sie sich frischer Uteri in Lockes-
scher Lösung unter Sauerstoffzufuhr bei 37° C bedienten.

Tube und Uterus zeigten in der Hauptsache peristaltische Bewegungen. Vom distalen Drittel des Eileiters aus begannen die Kontraktionen; sie setzten
sich uteruswärts fort evtl. bis auf diesen übergreifend.
Selbständige Uteruswellen liefen auch ab, und zwar
vom Horn zur Zervix fortschreitend. Die Lebhaftigkeit der Bewegungen aber ist abhängig vom Zustand
im Sexualturnus: In der Degenerationszeit des Corpus
luteum (15.—19. Tag) schwach und sehr schwach; in
der Follikelreifungszeit (19.—21. Tag) erst mäßig, dann
stärker bis sehr stark; zur Zeit des Tubenaufenthalts
des Eies (1.—3. Tag) sehr stark, während des Uterus-
aufenthalts des Eies (3.—7. Tag) stufenweise abnehmend
bis mäßig; in der Periode des großen Corpus luteum
(7.—15. Tag) weiter abnehmend bis schwach; nach
der Befruchtung während der Trächtigkeit mäßig bis
schwach.                          O. Zietzschmann.

Pfenninger und Krupski (29) geben einen Beitrag zur Physiologie der Brunst der Ziegen.
Aus den anatomischen und anamnestischen Befunden
bei 4 Ziegen folgt, daß diöstrischer Typus vorliegt.
Die Genese des Corpus luteum steht in Übereinstimmung mit anderen Haustieren (Membr. granulosa).
                                     Graf.

Elder (9) schildert nach einer kurzen historischen Übersicht histologische Einzelheiten des Corpus luteum nichtträchtiger und trächtiger Tiere.

Beide sind nur mikroskopisch mit Sicherheit zu unterscheiden. Zu Beginn der Trächtigkeit fällt die starke Aufnahme von Eosin durch die Luteinzellen auf. Diese fehlt bei nichtträchtigen Tieren. Im weiteren Verlauf der Trächtigkeit erfolgt vakuolige und fettige Degeneration des Corpus luteum. Beim nichtträchtigen Tier tritt Fett in größerer Menge dort auf. Nach der Ovulation gleicht der Zustand zunächst dem bei der Trächtigkeit, doch erfolgt schnell die Degeneration. Hobmaier.

Nach Goormaghtigh (13) fällt der Höhepunkt der Funktion des Corpus luteum beim trächtigen Hund mit der Implantation des Eies, d. h. mit dem Beginn der Plazentabildung zusammen. Später verkleinert sich das C. l.; es vermindert seine Tätigkeit, ohne aber völlig in Ruhe zu treten. Zur Geburtszeit haben die Luteinzellen eine verminderte Tätigkeit, ohne aber Degenerationserscheinungen zu zeigen. Zwischen ihnen zahlreiche andere Zellen, die denen zu Schwangerschaftbeginn entsprechen: etwa vom 15. Tage der Gravidität ab erscheinen neue Zellen, die die abnehmende Tätigkeit der Luteinzellen kompensieren. Diese bilden eifreie Stränge und zeigen Verwandtschaft zu den Follikelzellen. Sie können Inseln innerhalb des eigentlichen Corpus luteum bilden oder zu selbständigen akzessorischen Gelbkörpern werden. Nach einseitiger Ovariektomie vor allem in der ersten Graviditätshälfte entwickeln sich diese Stränge zu überzähligen Corpora lutea. Es ist daraus mit Wahrscheinlichkeit zu schließen, daß auch in diesem Zeitabschnitt das Ovarium ein Hormon liefert, wenngleich die beiderseitige Ovariektomie nach der 4. Trächtigkeitswoche den normalen Schwangerschaftsverlauf nicht mehr stört. O. Zietzschmann.

Blotevogel (2) hat es sich zur Aufgabe gemacht, das Verhalten der Nervenzellen des Uterus während und nach der Schwangerschaft zu untersuchen. Material: vor allem die Maus.

Die zum Uterus gehenden Nerven entstammen dem N. hypogastricus (Frankenhäuser, 1864); und zwar bilden die fraglichen Nerven zu beiden Seiten des Collum uteri im Ligamentum latum ein verhältnismäßig großes Ganglion, das den Namen Frankenhäusers trägt. In der Literatur wird teilweise behauptet, daß dies Ganglion während der Gravidität seine Zellen vermehre, wohingegen ja sonst eine postnatale Vermehrung von Ganglienzellen überhaupt oft abgelehnt wird.

Die Untersuchungen betreffen allein die chrombraunen Zellen im Ganglion cervicale uteri; der innige Zusammenhang zwischen Nebenniere und Schwangerschaft ist ja immer schon betont worden (Hypertrophie der Rinde, aber auch der chromaffinen Zellen im Nebennierenmark).

Besonders ins Auge fallend sind die Relationen der chrombraunen Zellen zu den Ganglienzellen in diesem Ganglion, die ganz bestimmte Gesetzmäßigkeiten zeigen. Bei der neugeborenen Maus beträgt die Zahl der braunen Zellen 1,4%; ein ähnliches Verhältnis findet sich mit 1,74% im Alter von 6 Wochen, also an der Grenze des geschlechtsreifen Alters, und bei einer 8 Wochen alten, noch nicht belegten Maus. Während und nach der Gravidität steigt die Zahl beträchtlich an: am 7. Graviditätstage steigt die Zahl auf das Doppelte, am 14. Tage auf das Dreifache, am 19. Tage auf das Fünffache und unmittelbar nach der Geburt auf das Neunfache. Nun folgt ein steiler Abfall: am 7. Tage post partum sind noch 5,08%, am 14. Tage 3,8% und am 21. Tage post partum nur noch 2,25% chrombrauner Zellen vorhanden. Ähnliche zyklische Vermehrung von chrombraunen Zellen im Adrenalinsystem sind bisher nicht bekannt geworden. Woher die vielen braunen Zellen kommen, ist noch nicht bekannt.
O. Zietzschmann.

Nach Seaborn (34) dauert der Sexualzyklus des Pferdes 24 Tage. Er kann in 4 Perioden zerlegt werden.

Dem Ruhestadium ca. 8 Tage, dem Proöstrum 3 Tage, der Brunst 3 Tage und dem Metöstrum ca. 10 Tage. Für die Brunst sind 6 Tage zu rechnen, und in ihrer ersten Hälfte (Proöstrum) zeigt das Tier, obwohl alle Symptome sonst zugegen sind, keine Neigung, das männliche Tier anzunehmen. In der zweiten Hälfte, der eigentlichen Brunst, ist der Schleim, der aus der Scham abgeht, verringert, und der Hengst wird angenommen. Der Uterus zeigt wohlmarkierte Veränderungen. Im Proöstrum wird die Schleimhaut hypertrophisch, die Epithelzellen vermehren sich, ebenso steigt der Lymphzellgehalt. Besonders ausgesprochen sind diese Erscheinungen zur Zeit der Brunst, im speziellen am 2. und 3. Tage, auf welche Zeit die Ovulation fällt. Blutgefäße und Drüsenschläuche sind dann mit bloßem Auge erkennbar und Epithel und Stroma degenerieren: Vorbereitungssymptome zur Aufnahme des befruchteten Eies. Zur gleichen Zeit haben die Ovarien an Größe zugenommen, das gleiche gilt von der Nebenniere. Ein Corpus luteum ist vor den Höheerscheinungen der Brunst nicht nachweisbar; es degeneriert, bevor der nächste Zyklus beginnt. So erscheinen die Anbildungsprozesse als Wirkung der Tätigkeit des reifenden Follikels. Wenn bis zur Mitte oder zum Ende der Brunst die Ovulation nicht stattgefunden hat, dann ist weniger Aussicht auf Befruchtung vorhanden.
O. Zietzschmann.

Woodman und Hammond (41) haben die Schleimsekretion in der Cervix uteri des Rindes untersucht. In verschiedenen Tabellen haben sie die Menge des Schleimes aufgeführt, die bei der erwachsenen Kuh und der Färse in den einzelnen Stadien des Sexualzyklus sowie bei schwangeren Tieren gefunden wurden. Sie haben weiter die chemische Beschaffenheit des Zervixschleimes sowie die Bedingungen erforscht, unter denen sich der dickflüssige Zervixschleim zu dünnflüssiger Beschaffenheit verwandelt.
Trautmann.

Retucci (31) hat die Gartnerschen Gänge in der Vagina der Kuh, Ziege und Sau untersucht und sowohl anatomisch wie histologisch festgelegt. Wegen der Einzelheiten muß auf das Original verwiesen werden. Frick.

In einer umfangreichen Studie hat sich Mijsberg (23) mit der Entwicklung der Vagina und des Sinus urogenitalis beim Säuger beschäftigt. Material: Ratte und Maulwurf. Verf. konnte die schon beim Menschen nachgewiesene Tatsache wieder konstatieren, daß die Vagina zwar im größeren proximalen Abschnitte aus den Müllerschen Gängen hervorgeht, daß aber ihr distaler (kaudaler) Abschnitt (etwa $1/3$) der Hauptsache nach ein Derivat der Wolffschen Gänge darstellt. O. Zietzschmann.

Haeseler (15) hat die in der Vagina oft zu beobachtenden Septen bei Haustieren beschrieben, und zwar bei Rind, Schwein und Hund.

Bei 130 Schweinen wurden mediane kongenitale Septen in der Vagina gefunden und organische epitheliale Verklebungen; bei 110 Rindern mediane kongenitale Septen und sonstige Befunde und bei 11 Hunden verschiedengradig ausgedehnte Stränge und Septen in der Scheide.

Besonders zahlreich sieht man bei jungfräulichen Tieren, insbesondere Schweinen, strangförmige mediane Septen im Hymenbereiche (Hymen septiformis). Bei bereits trächtig gewesenen Schweinen und Hunden scheinen auch ausgedehntere Scheidewände kein unbedingtes Hindernis für die Geburt zu bedeuten. Entwicklungsgeschichtlich erklärt Verf. die fraglichen Bildungen in der Vagina als Reste der ursprünglichen Trennungswand zwischen den Müllerschen Gängen. Anhangsweise schildert Verf. den Fall eines Uterus unicornis sinistra beim Schweine. 7 gute Abbildungen illustrieren den Artikel. O. Zietzschmann.

## 12. Nervensystem (zentrales, peripheres, sympathisches; Hüllen).

*1) Baba, S.: Über eine direkte Mittelhirn-Kleinhirnverbindung bei den Säugern (Tractus tectocerebellaris). Zschr. f. d. ges. Neurol. Bd. 98, S. 804 bis 807. — *2) Berberich, J. und R. Bär: Fettbefund im Gehirn fötaler und neugeborener Tiere. M. m. W. Bd. 72, S. 1287—1289. — *3) Catania, V.: Il plesso del ganglio sottomascillare ed il suo ramo faringeo nell'uomo ed in alcuni mammiferi. Arch. ital. di anat. e di embr. Bd. 21, S. 487—532. 1924. — 4) Clara, M.: Über den Bau des Schnabels der Waldschnepfe (Scolopax rusticola L.) Zugleich ein Beitrag zur Kenntnis der Herbstschen Körperchen und zur Funktion der Lamellenkörperchen. Zschr. f. mikr.-anat. Forsch. Bd. 3, S. 1—108. (Druckregistrierende Tätigkeit bei beiden; Nähe von Blutgefäßen.) — *5) Daniélopolu, D. und J. Marcu: Topographie des accélérateurs gauches chez le chien. Les rami communicantes que l'on doit respecter dans le traitement chirurgical de l'angine de poitrine. C. r. Soc. de Biol. Bd. 92, S. 1153—1155. — *6) Dieselben: Anatomie du nerf vertébral chez le chien. Ebendas. Bd. 93, S. 734—736. — 7) Demeter, Hans: Ganglion cervicale craniale und Ganglion nodosum beim Hunde. M. t. W. Bd. 76, Nr. 33, S. 721—724. (Beschreibung der Technik des Aufsuchens bei tollwutverdächtigen Hunden.) — *8) Dowgjallo, H. D.: Zur Frage über die Vater-Pacinischen Körperchen im Mesorektum der Katze. Anat. Anz. Bd. 60, S. 279—284. — *9) Hofer, G.: Zur Innervation des Ösophagus. Mschr. f. Ohrenhlk. u. Laryngo-Rhinol. Bd. 58, S. 679—700. 1924. — *10) Hryntschak, Th.: Zur Anatomie und Physiologie des Nervenapparates der Harnblase und des Ureters. II. Mitt. Über den Ganglienzellapparat von Nierenbecken und Harnleiter des Menschen und einiger Säugetiere. Zschr. f. urol. Chir. Bd. 18, S. 86 bis 110. — *11) Kolmer, W.: Ein Beweis für die Auswachsungstheorie der Achsenzylinder. Anat. Anz. Bd. 59, S. 455—459. — 12) Derselbe: Das Endothel der Dura mater. Ebendas. Bd. 60, S. 149—152. (Auch mit Silbernitrat darstellbar; Ziege, Affe.) — *13) Krediet, G. und W. H. Schultze: Der Zusammenhang zwischen der Agenesis einer Niere, der gehemmten Entwicklung des Genitalapparates und dem Fehlen des hinteren Beines an derselben Seite; zugleich ein Beitrag zur Kenntnis des Lenden- und Sakralmarkes beim Schafe. Frankf. Zschr. f. Path. Bd. 33, S. 165—187. — *14) Lawrentjew, A. P.: Zur Topographie der Vater-Pacinischen Körperchen im Mesenterium des Dünn- und Dickdarms bei der Katze. Anat. Anz. Bd. 60, S. 81—86. — *15) Derselbe: Zur Lehre von der Innervation des Lymphsystems. I. Mitt.: Über die Nerven des Ductus thoracicus beim Hunde. Ebendas. Bd. 60, S. 475—481. — *16) Ljetnik, S.: Die Verteilung der Nervengeflechte in der Adventitia der Gefäße. (Zur Frage der periarteriellen Sympathektomie.) Ebendas. Bd. 59, S. 467 bis 470. — 17) Nasaroff, W.: Über die Regeneration der Nervenendapparate in den Hautnarben des Menschen. Virch. Arch. Bd. 257, S. 777—804. —

18) Papez, J. W.: Subdivisions of the facial nucleus in the cat. Am. assoc. of Anat. Ref. in Anat. Record Bd. 29, S. 370. — *19) Perman, E.: Zur Depressorfrage. Zschr. f. Anat. u. Entw. Bd. 75, S. 263—264. — *20) Pi Suner, A. und J. Puche: Le sympathique sensitif: L'innervation afférente du gros intestin. C. r. Soc. de Biol. Bd. 92, S. 812—813. — 21) Rasdolsky, Iw.: Beiträge zur Architektur der grauen Substanz des Rückenmarks. (Unter Benutzung einer neuen Methode der Färbung der Nervenfaserkollateralen.) Virch. Arch. Bd. 257, S. 356—364. — *22) Reinhard, W.: Über die trophische Nervenversorgung der Schilddrüse. Ebendas. Bd. 254, S. 507—515. — *23) Reimers, H.: Der Plexus brachialis der Haussäugetiere. Eine vergleichend-anatomische Studie. Zschr f. Anat. u. Entw. Bd. 76, S. 653—753. — *24) Derselbe: Die Innervation des Musculus brachialis der Haustiere. Anat. Anz. Bd. 59, S. 289—301. — 25) Reisinger, L.: Beitrag zur mikroskopischen Anatomie des Teleostiergehirns. (Untersuchungsobjekt: Schleie.) Ebendas. Bd. 59, S. 301—305. — *26) Ruhemann, E.: Die Beziehungen des Phrenicus zu Perikard und Pleura pericardiaca. Vh. d. Anat. Ges.; Anat. Anz., Erg.-H. Bd. 60, S. 212—222. — *27) Sato, T.: Einfluß der Nerven auf das Wachstum der Arterien. Virch. Arch. Bd. 254, S. 150—162. — 28) Schultz, O. K.: Vergleichende anatomische Untersuchungen über die Nerven der Hinterextremitäten bei Meerschweinchen und Kaninchen. Diss. Hannover und D. t. W. Bd. 33, S. 405—406. (Auszug.) — *29) Schumacher, S.: Zur Depressorfrage. Zschr. f. Anat. u. Entw. Bd. 75, S. 259—262. — *30) Vermeulen: Der Einfluß der Domestikation auf den Bau des Gehirns. B. t. W. Bd. 41, S. 24. — *31) Wiedhopf, O.: Der Verlauf der Gefäßnerven in den Extremitäten und deren Wirkung bei der periarteriellen Sympathektomie. M. m. W. Bd. 72, S. 413—417. — *32) Wilson, J. T.: Multiple hypoglossal ganglia in the calf. J. of Anat. Bd. 59, S. 345—349. — *33) Witmer, M.: Zur Anatomie und Histologie des Ganglion spheno-palatinum der Haustiere. Diss. Bern. — 34) Zimmermann, A.: Über das parasympathische Nervensystem. D. t. W. Bd. 33, S. 645—648.

Vermeulen (30) beschäftigt sich mit der Frage des Einflusses der Domestikation auf den Bau des Gehirns nach den Untersuchungen von B. Klatt. Die Untersuchungen betreffen Größe und Gewicht des Hirns, Massenentwicklung des Stirnhirns sowie die Lagerung des Nucleus hypoglossi und der Oliva inferior.

Der motorische Nucleus hypoglossi hat sich im Laufe der Phylogenese aus der grauen Substanz des Zervikalmarks entwickelt. Die Verwandtschaft zum Spinalnerven geht ja unzweifelhaft aus dem Besitz eines sensiblen Ganglions hervor. Vergleichend läßt sich erweisen, daß, je weiter der Nukleus XII sich zerebral verschob, der Geschmackssinn sich entsprechend verfeinerte. Je primitiver das Verhältnis zum Rückenmark, desto gröber das Sinnesorgan. Wilde Tiere haben weniger Geschmack als domestizierte. Die Bezeichnung Nebenolive ist falsch; sie stellt den phylogenetisch älteren Teil dar. O. Zietzschmann.

Baba (1) unterzog die von Edinger auch bei Säugern gefundene direkte Mittelhirn-Kleinhirnverbindung (Tractus tecto-cerebellaris) einer vergleichend anatomischen Untersuchung, die folgende Ergebnisse zeitigte:

Das tecto-zerebellare Bündel kann als ein deutliches kräftiges Faserband auftreten. Zu dieser Gruppe gehören der Mensch, der Wal und der Elefant. In einer zweiten Gruppe erscheint das Bündel viel weniger kräftig und von zarteren, stellenweise einzeln isolierbaren Faserelementen aufgebaut (Prosimier:

Lemur catha). Bei einer dritten Gruppe sind Fasern, die als Tractus tecto-cerebellaris angesprochen werden könnten, nicht nachzuweisen: Karnivoren (Katze, Hund, Putorius). Krage.

Die von Berberich und Bär (2) durchgeführten Untersuchungen über den Fettgehalt des Gehirns fötaler und neugeborener Tiere (Schaf, Kalb, Hund usw.) haben ergeben, daß fetthaltige Zellen in der eigentlichen Substanz des zentralen Nervensystems auch bei neugeborenen Tieren nur dann nachzuweisen sind, wenn die Tiere irgendwelche Gehirnschädigung erlitten hatten. Dieser Befund beweist aufs neue, daß die fettbeladenen Zellen im Zentralnervensystem auch des neugeborenen Menschen Zeichen von Schädigung darstellen. O. Zietzschmann.

Krediet und Schultze (13) beschreiben eine Mißbildung beim Schafe.

Es fehlte die rechte Niere mit Ureter, der gleichseitige Nebenhoden samt Vas deferens, während der rechte Hoden zugegen, aber nicht deszendiert war; außerdem mangelte das rechte Hinterbein. Ligamentum testis und inguinale fehlten. Einer besonders genauen Untersuchung wurde das Rückenmark unterzogen. Aus diesen Ergebnissen sei hervorgehoben: Psoasmuskeln, M. quadriceps fem., Sartorius, Adduktoren und M. obturator externus haben ihre motorischen Zentren in den ventrolateralen und zentralen Kernen von $L_5$. Die Mm. glutaei, die Gesäßmuskeln und die Supinatoren (exklusive M. obturator ext.) bekommen Nervenfasern aus den ventrolateralen, lateralen und dorsolateralen Kernen von $L_6$ (namentlich die Glutaei) und aus denselben und dazu der zentralen Gruppe von $S_1$ und $S_2$. Die Muskeln am Schenkel und Metatarsus werden von den dorsolateralen und postdorsolateralen Kernen von $S_2$ versorgt. O. Zietzschmann.

Kolmer (11) hat am Labyrinthbläschen des Huhnes einwandfrei erwiesen, daß Achsenzylinder das Epithel durchbohren und eine Strecke weit vollkommen frei durch die Endolymphe verlaufen; ein Fund, der ein freies Auswachsen des Achsenzylinders innerhalb des Körpers darlegt. Ähnliches hat Agduhr im Zentralkanal des Rückenmarks gefunden. O. Zietzschmann.

Nach Hofers (9) Versuchen an Kaninchen, Katzen und Hunden ist der Nervus vagus auch der Nerv der Speiseröhre, und zwar erhöht er bei Reizung den Tonus des Ösophagus; Vagotomie ruft Atonie hervor. Der Sympathikus beteiligt sich an der Innervation der Speiseröhre nicht. O. Zietzschmann.

Schumacher (29) faßt die Befunde, die Perman (Zschr. f. Anat. u. Entw.-Gesch. Bd. 71) gegen seine Auffassung, den Nervus depressor ausschließlich als Aortennerven anzusehen, ins Treffen führt, dahin zusammen, daß mit Ausnahme von Kalb und Schaf in keinem der angeführten Fälle eine Beimengung von Akzeleransfasern zum N. depressor mit Sicherheit ausgeschlossen werden kann; daß nur beim Kalb und Schaf ein reiner N. depressor vorlag, und daß dieser auch Sch.'s Auffassung entsprechend seine Endausbreitung nur auf der Aorta und dem Ductus arteriosus gefunden hat. Verf. hält den Satz, daß der N. depressor wahrscheinlich bei allen Tieren seine Endigung nur in der Aortenwand findet, durch die Untersuchungen Permans nicht für widerlegt. Perman (19) dagegen beharrt erneut auf seinem Standpunkte und verlangt experimentelle Nachprüfung. O. Zietzschmann.

Wilson (32) beschreibt multiple Ganglien im Hypoglossus des Kalbes.

Bei Embryonen ist das Ganglion an motorischen Nerven öfter zu beobachten, selten bei erwachsenen Tieren, besonders bei Paarhufern und Fleischfressern. Die Literatur wird genau behandelt.

Der Fall des Verf. betraf ein neugeborenes Kalb, das an der linken Seite 3 Ganglien im Hypoglossus erkennen ließ, an der rechten nur 1. Die 3 Ganglien liegen lateral zum Stamm des N. accessorius. Von ihnen aus ziehen Fäden dorsal gegen die Medulla oblongata, in die sie im Bereiche des Rolandoschen Stranges eintreten. Nach Bielschowskys Silberimprägnation lassen sich die Wurzeln der zugehörigen Fasern bis in die weißen Massen auf der Substantia gelatinosa Rolandi verfolgen, wo sie sich in einen auf- und einen absteigenden Ast teilen. Diese treten wie auch abgehende Fasern in die Substantia gelatinosa hinein. Diese afferenten Axone der Hypoglossusganglien haben also genau wie die somatischen sensiblen Fasern der Spinalwurzel des Trigeminus Beziehungen zur Rolandoschen gelatinösen Substanz. Diese Substanz ist aufzufassen als großer somatischer sensibler Rezeptor für alle somatisch sensiblen Komponenten der Nerven des Gehirnstammes. O. Zietzschmann.

Daniélopolu und Marcu (6) geben an Hand von Schemen eine Darstellung der Vertebralnerven des Hundes. Betreffs der einzelnen Variationen sei auf das Original verwiesen. Graf.

Nach Ruhemanns (26) Untersuchungen, u. a. auch am Rinde, gibt der Nervus phrenicus rechts wie links mit Sicherheit Äste zu Perikard und Pleura pericardiaca ab.

Diese Nerven bilden zahlreiche Netze; sie enden hier und da anscheinend frei, vielfach aber mit Terminalkörperchen. Häufig treten die Nerven zu den Gefäßen an Kreuzungsstellen in enge Beziehung unter Bildung einer Auffaserung und Verbreiterung. Die Endkolben weisen auf eine Beimischung auch von zentripetalen Fasern hin. O. Zietzschmann.

Reimers (23) publiziert die Ergebnisse seiner umfangreichen Studien über den Plexus brachialis der Haussäugetiere.

Zur Untersuchung wurden verwendet 7 Schultergliedmaßen des Pferdes, 14 des Rindes, 5 des Schafes, 3 der Ziege, 13 des Schweines, 14 des Hundes und 9 der Katze. Das Material der Huftiere stammt von Neugeborenen oder von ausgetragenen Föten.

Als interessante Einzelheiten beim Pferde sei folgendes erwähnt: Der Plexus brachialis setzt sich zur Hauptsache aus Ventralzweigen des 7. und 8. Hals- und des 1. und 2. Brustnerven zusammen; vom 6. Halsnerven kommt nur ein ganz feines Ästchen dazu. Der N. suprascapularis wird durch $C_7$, $C_6$ und $C_8$ gebildet. N. subscapularis: $C_7$ und $C_6$. N. musculocutaneus $C_7$ und $C_8$ ($C_6$); er geht in Form zweier Äste vom N. medianus ab. N. axillaris $C_7$ und $C_8$. N. radialis $C_7$, $C_8$ und $Th_1$. N. medianus, mediale Wurzel $C_8$, $Th_1$ ($Th_2$), laterale Wurzel $C_7$ und $C_8$. N. ulnaris $C_8$ und $Th_{1 + 2}$. N. pectoralis cranialis I $C_7$ und $C_8$. N. pectoralis cranialis II $C_7$, $C_8$ und $Th_1$. N. pectoralis cranialis III $C_8$ und $Th_{1 + 2}$. Nn. pectorales caudales: N. thoracalis longus $C_7$ und $C_8$; N. thoracodorsalis $C_7$ und $C_8$ oder $C_8$ und $Th_1$ oder $C_7$, $C_8$ und $Th_1$; N. thoracolateralis $C_8$, $Th_1$ und $Th_2$; N. thoracoventralis. N. supraclavicularis $C_6$ ($C_5$). N. intracostalis I $Th_1$ und $Th_2$.

Ein reiches Tafelmaterial illustriert die wertvolle Studie. O. Zietzschmann.

Reimers (24) fand bei allen Huftieren, daß der Musculus brachialis neben seiner Innervation durch den Nervus musculocutaneus einen Ast vom Nervus radialis erhält.

Beim Pferde trifft das in 50, bei den Paarzehern in 75% der Fälle zu. Der Ast verläßt den Hauptstamm nach Abgabe der Äste für die Ellbogenstrecker und bildet in der Hälfte der Fälle bei Rind und Schwein eine Anastomose zum Musculocutaneusast des M. brachialis. Hund und Katze lassen die Radialisinnervation vermissen. Verf. deutet den vom Radialis versorgten Teil des M. brachialis als Anteil des bei den Huftieren verschwundenen M. brachioradialis.

O. Zietzschmann.

Witmer (33) findet bei allen Haustieren (exkl. Hund und Katze) nicht ein Ganglion sphenopalatinum, sondern mehrere.

Die Zahl der Knoten ist individuell, sowie innerhalb der einzelnen Arten variabel. Beim Wiederkäuer und Schwein finden sich 4—10, beim Pferde 4—5 Ganglien. Die Fleischfresser besitzen nur 1 Ganglion. Die Ganglien liegen an und über dem dorsalen Rand des N. sphenopalatinus, z. T. direkt auf dem Knochen (Processus pterygoideus des Keilbeines und Pars perpendicularis des Gaumenbeines), teils auf der lateralen Fläche des Musc. pterygoideus lat. Eine Ausnahme macht das Rind, dessen Ganglion der lateralen Fläche und der dorsalen Kante des N. nasalis aboralis innig anliegen. Die einzelnen Ganglien sind unter sich durch Ganglienzellen führende Ausläufer und mit den Endverzweigungen des N. maxillaris und mit der Periorbita durch feinste Nervenbündel verbunden. Histologisch ist das Ganglion spheno-palatinum der Haustiere als sympathisches Ganglion anzusprechen.   Trautmann.

Catania (3) beschäftigt sich mit dem Plexus des Ganglion submaxillare und seinem Ramus pharyngeus beim Menschen und Haustier.

1910 hat Cutore nach Cl. Bernard zum ersten Male wieder einen Ramus phar. des Ganglion submaxillare beschrieben, der zwischen M. pterygoideus medialis und dem M constr. phar. sup. verläuft, mit Ästen u. a. an den M. glosso-staphylinus und M. constr. phar. sup., mit evtl. Anastomose zum N. lingualis, um Fasern von der Chorda tympani zu erhalten. C.s Ergebnisse für den Menschen sind die gleichen, für die Tiere aber folgende: Nur die Equiden besitzen einen Ram. phar. gangl. submaxillaris. Der Hund hat einen ganglienlosen Plexus (Cl. Bernard); dagegen ist er beim Schweine eng mit dem Ganglion vereinigt und beim Pferde weitverzweigt und dem Ganglion submaxillare und sublinguale zugehörig mit zahlreichen Ganglien verschiedener Größe. Der Plexus der Ziege hat ein bis mehrere Ganglien, doch kann man bei Ziegen wie bei Pferden ein eigentliches Ganglion submaxillare nicht unterscheiden, sondern nur von einem „Plexus submaxillo-lingualis pluriganglionaris" reden.
O. Zietzschmann.

Aus den Untersuchungen Reinhards (22) über die trophische Nervenversorgung der Schilddrüse, vorgenommen an Hunden und am Menschen, ist zu entnehmen, „daß der Halssympathikus auch trophische Nervenfasern für die Schilddrüse liefert, und daß die quantitative, vielleicht auch die qualitative Erzeugung des Kolloids durch ihn beeinflußt wird".
Joest und Cohrs.

Nach Daniélopolu und Marcu (5) verlaufen beim Hunde die herzbeschleunigenden Fasern des Sympathikus linkerseits in den Rami communicantes des (2.) 3. und 4. Thorakalnerven zum 1. Thorakalganglion.   O. Zietzschmann.

Lawrentjew (15) hat die Frage der Innervation des Ductus thoracicus an 30 Hunden beiderlei Geschlechts und verschiedenen Alters geprüft, und zwar nach der Methode der elektiven Färbung Kondratjews.

Der Milchbrustgang wird nach diesen Untersuchungen innerviert durch die Nervi vagi (vermittels des Periadventitialgeflechtes der Brustaorta), durch das sympathische System (unter Vermittlung des „Truncus collateralis", des N. splanchnicus und des „Ganglion supremum", das ein Ästchen zur Plica nervina Worobjewi abgibt), durch das zerebrospinale System (Nervenästchen der Zweige der Nn. intercostales) und durch Nerven gemischten Charakters (gebildet durch Anastomosen des Ganglion supremum und den Truncus collateralis).   O. Zietzschmann.

Pi Suner und Puche (20) geben eine Notiz zur Innervation des Darmes durch den sensitiven Sympathikus.

Durch Dehnung einzelner Darmabschnitte lassen sich zirkulatorisch und respiratorisch Reflexwirkungen nachweisen. Sie scheinen gegen das Rektum zu stets in geringerem Maße auslösbar zu werden, während vom Magen und Duodenum aus stets deutliche Wirkungen vorhanden sind. Vago- und Splanchnikotomie verhindern nur die von den vor dem Col. ascendens gelegenen Darmteilen ausgehenden Reflexe, während vom C. ascendens und dem Rektum aus dieselben vielleicht durch die das Ganglion mesenteric. infer. passierenden Sympathikusfasern, welche in den Splanchnicus minor gehen, dieselben vermitteln.   Graf.

Dowgjallo (8) hat sich mit der Frage der Zahl der Vater-Pacinischen Körperchen im Mesenterium der Katze beschäftigt.

Die Zahl dieser Gebilde schwankt nach diesen statistischen Untersuchungen Hand in Hand mit der Strukturveränderung des Lymphapparates. Im Mesorektum fanden sich bei 50 Katzen ad maximum 27; bei hohen Zahlen fanden sich im freien Teile des Gekröses stets Lymphknoten in 2 Gruppen am Ende des Arterienbogens. Die Durchschnittszahl betrug 6,7. Bei Tieren ohne Körperchen (4 Fälle) zog sich die große Masse der kleinen Lymphknoten längs des ganzen Arterienbogens dahin. An den nach Kondratjew elektiv gefärbten Körperchen läßt sich zeigen, daß die dicke Faser in den Zellen des II. Typus nach Dogiel ihren Ursprung nimmt, die dünne Faser aber gehört zu dem Submesenterialgeflecht. Funktionell sind die Körperchen dem Lymph- und Blutgefäßsystem koordiniert.   O. Zietzschmann.

Nach Lawrentjew (14) wechselt die Anzahl der Vater-Pacinischen Körperchen im Darmmesenterium der Katze stark, unabhängig von Geschlecht und Alter. Konstanter ist das Verhalten im Mesenterium des Dickdarms als in dem des Dünndarms und in dem die Harnblase deckenden Bauchfell. Die Körperchen liegen an den Nervenästchen der Mesenterialnerven, die an den Gefäßen und abseits von solchen laufen; sie nehmen zu diesen Nerven verschiedene Stellung ein.   O. Zietzschmann.

Nach Hryntschak (10) fehlen im Nierenbecken, Ureter und in dessen Mündung bei Mensch, Schwein, Hund und Katze in der Schleim- und Muskelhaut Ganglienzellen total, dasselbe gilt auch von der näheren Umgebung des Nierenbeckens und des proximalen Harnleiterabschnittes. Dagegen lagern mit Ausnahme des Schweines im distalen Ureterdrittel einzelne Ganglienzellen und Ganglien der Wand eng an, bei der Katze finden sie sich sogar in der Wand selbst.
O. Zietzschmann.

Wiedhopf (31) hat sich mit dem Verlauf der Gefäßnerven in den Extremitäten und deren Wirkung bei der arteriellen Sympathektomie beschäftigt.

Er hat festgestellt, daß bei Mensch und Hund die gleichen Verhältnisse vorliegen. Schon Kramer, Todd und Potts haben 1914 durch anatomische Präparation nachgewiesen, daß an den Extremitäten die Gefäßnerven in segmentaler Art herantreten. Es gibt aber lange Vasokonstriktorenfasern, die mit den Gefäßen verlaufen sollen, nicht.

Es existieren vasokonstriktorische und vasodilatatorische Nervenfasern, mit größter Wahrscheinlichkeit auch sensible sympathische Bahnen. Ob die Vasodilatatoren mit den spinalen sensiblen Nerven, wie Bayliss glaubt, identisch sind, steht noch dahin. Alle diese Faserarten laufen in den spinalen Nerven zur Peripherie und treten aus diesen in kleinen Abständen an die Gefäße heran.

Leider kennt unsere veterinäre Literatur derlei Nervenstämmchen nicht, obwohl solche z. B. beim Pferde bei exakter Präparation ohne weiteres nachzuweisen sind, so beispielsweise oberhalb des Karpalgelenks aus dem Stamm des Nervus medianus (Ref.) Literatur bei Brüning und Stahl, Die Chirurgie des vegetativen Nervensystems. Berlin: Julius Springer 1924. O. Zietzschmann.

Satos (27) Untersuchungen über den Einfluß der Nerven auf das Wachstum der Arterien bei jungen Kaninchen und Hunden zeigten, daß nach Durchschneidung des Ischiadikus die Arterien des gelähmten Gebietes dünnere Wandungen haben, und daß diese Veränderungen um so ausgesprochener sind, je kleiner das untersuchte Gefäß ist. Nach Durchschneidung des Halssympathikus wurden die gleichen Befunde erhoben. Die Veränderungen äußerten sich in einer Atrophie der Gefäße, die durch die Bewegungslosigkeit der betroffenen Extremität bewirkt sein dürfte. Hypertrophische Vorgänge wurden nicht beobachtet. Joest und Cohrs.

Nach der Methode von Kondratjeff konnte Ljetnik (16) die Verteilung der Nervengeflechte in der Adventitia der Gefäße beim Hunde und auch beim Menschen darstellen.

Die Nerven zu den Blutgefäßen entstammen den Zerebral- und Zerebrospinalnerven wie auch dem Sympathikus. Sie kommen in regelmäßigen Abständen (2—3 cm voneinander entfernt) zu den Gefäßen. Unterwegs, in der Periadventitia, geben diese Zweige eine große Menge von Seitenästen ab, die ein unregelmäßiges Netz in der Periadventitia bilden, das mit den Geflechten in der Adventitia selbst anastomosiert. In der Adventitia verlaufen die Nervenfasern senkrecht zur Gefäßwand, diese in Segmente zerlegend und durch Anastomosen ein grobmaschiges Netz bildend mit Nervenknoten an den Kreuzungsstellen. Unregelmäßiger ist das Bild in den Venenwänden.
O. Zietzschmann.

## 13. Sinnesorgane.
### a) Auge.

*1) Balogh, G. v.: Tapetuminseln und Pigmentkolobome in den Pferdeaugen. Inaug.-Diss. Budapest; Közl. S. 75—80. — 2) Berner, O.: Die muskuläre Verbindung zwischen M. dilatator pupillae und M. ciliaris. Norsk magaz. f. laegevidenskaben Bd. 86, S. 123 bis 128. (Norwegisch; Ref. in Berichte über die ges. Physiol. Bd. 31, S. 784.) — *3) Czuberka, R.: Über den Blinzknorpel einiger Säugetiere. Diss. Wien 1923 bis 1924. — *4) Dejean, Ch.: Origine collagène et développement du corps vitré et de la zonula de Zinn dans l'œil des vertébrés. Arch. d'anat. micr. Bd. 21, S. 1—143. — 5) Fracassi, G.: Bemerkungen zur Embryologie des Auges. Graefes Arch. Bd. 115, S. 215 bis 233. (Rind und Mensch; schlecht fixiertes Material, Entstehung des Glaskörpers aus dem Mesoblast.) — 6) Mann, J. C.: The pecten of Gallus domesticus. Quart. j. of micr. Sc. Bd. 68, S. 413—43. (Ursprung aus

Innenblatt des Augenbeckens; sekundäre Vaskularisation; Ernährung, Regulierung des inneren Augendrucks.) — 7) Mensa, A.: Di un caso di membrana pupillaris perseveranse di altre anomalie oculari nel cane. (Über einen Fall von Membrana pupillaris perseverans und über andere Augenfehler bei einem Hunde.) Nuovo Ercol. Bd. 30, Nr. 13, S. 241—250. (Kasuistik.) — *8) Murr, E.: Zur Entwicklung des Tapetum lucidum fibrosum im Auge des Wiederkäuers. Zschr. f. Zellforsch. u. mikr. Anat. Bd. 2, S. 703—740. — *9) Sjaaf, M. und W. P. C. Zeeman: Über den Faserverlauf in der Netzhaut und im Sehnerven beim Kaninchen. Arch. f. Ophth. Bd. 114, S. 192—211. 1924.

Balogh (1) untersuchte die Tapetuminseln und Pigmentkolobome im Pferdeauge.

Nach seinen Angaben kommen helle Flecken im Tapetum nigrum bei annähernd 9% der Pferde vor. Außerdem finden sich bei 2—3% helle Streifen, die strahlenartig um den Sehnervenkopf liegen. Die Flecken erscheinen entweder dem Tapetum lucidum gleichfarbig oder sie sind elfenbeinweiß, braunrot, braun oder grünbraun. Sie bedingen keine Sehstörungen.

Die Tapetum lucidum-artigen Flecken (Tapetuminseln) werden durch die geringgradige Pigmentierung der betreffenden Retinaabschnitte (Albinismus retinae partialis) verursacht. Die weißlichen Flecken sind die Folge eines Pigmentmangels der Netzhaut und der Aderhaut (Alb. retinae et chorioideae partialis), während braunrote, braune und grünbraune Flecken bei gleichzeitiger geringer Pigmentation sowohl der Netz- als auch der Aderhaut (Alb. retinae et chorioideae incompletus) zustande kommen, gelegentlich aber auch durch eine abnormale Farbe des Retinapigments (Heterochromia retinae) bedingt sein können.

Die sog. „Aderhautkolobome" entsprechen nur ausnahmsweise echten Kolobomen, meist sind sie dem partiellen Albinismus zuzurechnen. Manninger.

Murr (8) beschäftigte sich mit der Entwicklung des Tapetum lucidum fibrosum im Auge von Schaf und Rind.

Seinen Ausgang nimmt das Tapet von den inneren Lagen der mesodermalen Umhüllung des Augenbechers. Nach lebhafter Vermehrung und deutlicher Fibrillenbildung tritt die Scheidung in Aderhaut und Sklera auf. Es ist eine zweimalige Fibrillenbildung zu konstatieren: Zuerst eine ansehnlichere, am Beginn (Schaf) bzw. am Ende (Rind) des 2. Fötalmonats, die sich an der Externa des Auges befand; später, nicht allzu scharf abgesetzt, ein zweiter Prozeß der Faserbildung (1 Monat später) mit Vermehrung der inneren Lagen von Mesodermzellen, das Tapetum erzeugend. Vom Ende des 2. (Schaf) bzw. 3. Monats ab (Rind) gesellen sich den kollagenen elastische Fasern bei. Das embryonale Wachstum des Tapets erfolgt aus sich selbst heraus, wobei die Mesodermzellen zu den Fibroblasten des geformten Bindegewebes des Tapetum sich umbilden. (3 Typen.) Mit der stärkeren Fasererzeugung scheint eine Verfeinerung (Aufspaltung?) derselben parallel zu gehen. In der Folge dieser Vorgänge tritt die Interferenz des Tapets auf — gegen Ende der Geburt hin erst in den typischen Farben. Schon im 1. (Schaf) bzw. 2. Monat (Rind) kündigt das Tapet sich durch eine immer mehr fortschreitende Pigmentverarmung des Retinaepithels an. O. Zietzschmann.

Dejean (4) gibt eine kritische Übersicht über die Frage der Entwicklung des Glaskörpers und der Zinnschen Zonulafasern im Auge der Wirbeltiere und im speziellen auch bei Säugetieren, von denen u. a. das Schaf als Material verwendet wurde.

Zwischen Linsenanlage und Wand der primitiven Augenblase ist primär keinerlei Gewebsmaterial vorhanden, denn das Kopfmesenchym hält sich distal von der Augenachse fern. Vor der Einstülpung der Linse findet man dann aber hinter ihr eine kleine Menge isolierter Mesenchymzellen. Diese sind die gefäßbildenden Elemente des Augeninneren. Nur bei den Säugetieren sind diese Gefäße zu einer Lamelle zusammengeschlossen, eine hintere Linsenhöhle darstellend. Und diese kollagene Lage bleibt auch bei der Invagination der Linse erhalten und spaltet sich dann in 2 Schichten: Die eine bleibt an der Linse haften — der lentikuläre Glaskörper —, während die andere den retinalen Glaskörper repräsentiert. Nun entsteht das, was man als den Augenhohlraum bezeichnet hat — der Glaskörperraum, der dicht in der Höhe des Linsenäquators sein Ende findet, dort, wo sich die Ziliarfortsätze der Linse anlegen. Der eben aufgetretene Glaskörper stellt eine homogene oder sehr feinkörnige Masse dar, die sich u. a. nach Mallory färben läßt (Schaf 10—13 mm). Von 13 mm ab sind in diesem Koagulum die ersten Fibrillen nachzuweisen, ein polygonales Maschenwerk bildend. Einzelne dieser Fasern werden aber jetzt schon stärker, radiär von der Retina zur Linse gestellt, in der Retina mit verbreitertem Füßchen ansteigend, von Tornatola zuerst beschrieben, oft von den Autoren als retinale Auswüchse angesprochen. Spezifische Färbemethoden (Pikro-Schwarz-Naphthol) zeigen, daß das falsch ist, daß es sich vielmehr um kollagene Bildungen handelt. Der primitive oder vaskuläre Glaskörper ist also mesenchymatöser Natur, wenngleich er beim Erwachsenen fast vollständig verschwindet, mit Ausnahme der Partie, die die Zonula liefert und die Grenzschicht, welche diese vom definitiven Glaskörper trennt. Der definitive Glaskörper entsteht aus der ganzen Innenfläche der Retina, vom Linsenäquator aus rückwärts. Bei 55 mm embryonaler Länge (Schaf) eine amorphe Masse bildend. Später treten in ihr feine Faserungen auf. Der definitive Glaskörper ist gefäßfrei und bis 31 mm Länge des Embryo auch zellfrei. Die wenigen späteren Zellen erscheinen immer als Zufallsbildungen. Die Zonula entsteht durch Streckung aus dem primitiven Glaskörper im Gebiete vor der Ora serrata. Ihre Fasern sind nicht einfache Differenzierungen der amorphen Grundsubstanz; sie dringen auch nie zwischen die Ziliarepithelien ein. Sie ordnen sich dem Glaskörper tangential auf. Glaskörper und Zonulafasern sind örtliche Differenzierungen der Grundsubstanz des Bindegewebes. O. Zietzschmann.

Nach Sjaaff und Zeeman (9) ist der Sehnervenquerschnitt des Kaninchens in bezug auf topographische Anordnung der Fasern kein Abklatsch der Netzhaut, er gibt auch kein investiertes Bild der Ausbreitung in der Retina; doch besteht vielleicht eine gröbere Übereinstimmung zwischen Netzhautsektoren und Sehnervenquadranten, O. Zietzschmann.

Czuberka (3) hat den Blinzknorpel einiger Säugetiere untersucht.

Heines Untersuchungsergebnisse über die Gestalt des Lidknorpels bei Haustieren werden bestätigt. Beim Fuchs ist er identisch mit dem des Hundes. Die Gestalt des Blinzknorpels vom Kaninchen ist die eines Rhomboides mit abgerundeten Ecken, bei der Ratte eine ovale, beim Frettchen die eines gleichschenkligen Dreieckes mit abgerundeten Ecken, beim Igel mehr biskuitförmig. Hyaliner Knorpel mit deutlich sichtbarer, territorialer Gliederung an ungefärbten Präparaten und Isolierbarkeit in Zellhöfe und Zellterritorien findet sich beim Lidknorpel von Hund und Fuchs. Gewöhnlicher hyaliner Knorpel ohne diese Eigenschaften findet sich beim Wiederkäuer und Kaninchen. Beim Schaf und bei der Ziege kommen kollagene Fibrillen frei und maskiert vor, aber nur in der Randzone, beim Rind dagegen überall. Übergangsformen zwischen beiden Knorpelarten bildet der Blinzknorpel des Igels, der aber einige elastische Fäserchen

enthält. Bindegewebsfibrillen sind im Knorpelinneren nachweisbar, auch ist eine gewisse territoriale Gliederung und Isolierbarkeit in Zellterritorien vorhanden. In noch höherem Grade ist dies beim Frettchen der Fall, nur ist keine elastische Substanz vorhanden. Grundsubstanzarmer Knorpel kommt bei der weißen und grauen Ratte vor, deren Knorpel dem Zellknorpel ähneln. Elastischer Knorpel mit sichtbarer territorialer Gliederung an ungefärbten Präparaten und Isolierbarkeit in Zellhöfe und Territorien findet sich beim Pferd, dessen Blinzknorpel hauptsächlich im zentralen Teil elastische Fasern enthält, die bis an die Knorpelzellen reichen können, während kollagene Fibrillen frei und maskiert nur interterritorial vorkommen. Elastischen Knorpel ohne diese Eigenschaften weist der Lidknorpel vom Schwein auf, dessen Aussehen sich mit zunehmendem Alter verändert. Im Jugendstadium enthält er einzelne Körnchen (Albuminoid), die später zahlreicher werden, um schließlich in elastische Substanz überzugehen. Zu dieser Knorpelart gehört auch der Blinzknorpel der Katze. Er ist eigentlich ein hyaliner Knorpel mit hauptsächlich im Knorpelstiel eingelagerter, elastischer Substanz, die gegen den freien Lidrand hin an Menge und Stärke abnimmt und nur interterritorial gelegen ist.

Eine scharfe Grenze zwischen diesen einzelnen Knorpelarten zu ziehen, ist unmöglich, vielmehr gibt es viele Übergangsformen, selbst zwischen elastischem und hyalinem Knorpel, so daß man recht oft gar nicht entscheiden kann, zu welcher Knorpelart man den einzelnen Knorpel zählen soll. Trautmann.

### b) Ohr.

*1) Daum, E.: Beitrag zur fötalen Ausbildung der Tubenanhänge des Pferdes. Morph. Jb. Bd. 54, S. 322 bis 332. — *2) Donadei, G.: Sull'istogenesi degli apparecchi di copertura degli epiteli acustici nei vertebrati. (Über die Histogenese der Deckapparate der Hörepithelzellen bei den Vertebraten.) Arch. ital. di otol., rinol. e laringol. Bd. 36, Heft 2 und 3. — *3) Forster, A.: L'inclinaison du tympan chez les mammifères supérieurs et chez l'homme. Arch. d'anat., d'hist. et d'embr. Bd. 4, S. 295—321. — *4) Hildebrandt, H.: Das Mittelohr des Elefanten. Beitr. z. Anat., Phys., Path. u. Therap. d. Ohres, d. Nase u. d. Halses Bd. 22, S. 121—140 und Diss. Berlin. — 5) Kerschagl, W.: Anatomie und Histologie des Gehörorgans des Karpfens. Diss. Wien 1922—1925. — *6) Krölling, O.: Die Entwicklung des äußeren Ohres beim Hausrind (Bos taurus L.). Zschr. f. Anat. u. Entw. Bd. 76, S. 548—560. — 7) Puntigam, F.: Ein Beitrag zur Anatomie des äußeren Gehörganges des Hausschweines. Anat. Anz. Bd. 59, S. 470—472. (Im äußeren Gehörgang eine längsgerichtete Knochenleiste, der entlang 2 kleine Venen laufen.) — 8) Richter, H.: Physiologisch-biologische Erklärung des Luftsackes bei Pferden und verwandten Tierarten (Tapir, Nashorn, Klippschliefer) und beim Hirscheber (Babirussa). M. t. W. Bd. 75, S. 861—866. — *9) Tenaglia, G.: Osservazioni anatomiche, macroscopiche e microscopiche sugli otoliti studiati a fresco. (Makroskopische und mikroskopische anatomische Beobachtungen über frisch präparierte Otolithen.) Ann. di Laringol., Otol., Rinol., Faringol. H. 4—6. Juli bis Dezember.

Donadei (2) hat histologisch bei verschiedenen Tierarten (Frosch, Gongylus, Huhn, Schwalbe, Maus, Igel usw.) im erwachsenen, wie auch im embryonalen Zustand festgestellt, daß der Ursprungsboden der Membrana tectoria der akustischen Neuroepithelzellen aus einer oberflächlichen Ektoplasmaschicht dargestellt ist, die über die akustischen und Unterstützungszellen ausgebreitet ist, die nicht als Gesamtzellen, sondern als Endoplasmen zu betrachten sind. Andere interessante Bemerkungen werden von E. auch über die Cupulae terminales, sowie über die Otokonien bei frischen Präparaten mit dem binokularen Mikroskop gemacht. Declich.

Tenaglia (9) hat die Otolithen der Fische (Teleostier, Plagiostomen), die aus einem einzigen Kristall bestehen, studiert; weiter diejenigen der Amphibien und Reptilien, die aus einer Masse von Kristallen bestehen; dann auch diejenigen der Säugetiere und der Vögel. Er hat die Form der verschiedenen Kristalle beschrieben, sowie auch die Zellen der Macula. Declich.

Hildebrandt (4) verbreitet sich über das Mittelohr des Elefanten, er berührt einleitend aber auch das äußere Ohr und den äußeren Gehörgang.

Es werden nacheinander besprochen das äußere Ohr und der knorpelige Gehörgang, die an der Bildung des äußeren Gehörganges beteiligten Knochen, die Auskleidung derselben, das Cavum tympani und der Recessus epitympanicus, die Wandungen der Paukenhöhle i. e. S., das Promontorium, das Foramen ovale und rotundum, der Meatus acusticus internus, der Canalis musculo-tubarius und die Tuba auditiva, die Membrana tympani, die Gehörknöchelchen, deren Verbindungen, die Schleimhaut der Paukenhöhle und der Vorhof des Labyrinthes. O. Zietzschmann.

Daum (1) untersuchte an 19 Pferdeföten, in Längen von 3,2—102 cm, die Entwicklung der Tubenanhänge, der Luftsäcke.

Daß der Luftsack eine Ausbuchtung der Eustachischen Röhre ist, war von vornherein gegeben. Bei 31,5 cm fötaler Länge war eine solche in erster Andeutung zugegen. Es war auch bereits die Bildung der lateralen Bucht, die das Stylohyoid durch Einspringen erzeugt, angedeutet. In früherer Zeit ist zwischen Tube und Luftsack kein Unterschied zu machen; sie bilden ein Schleimhautrohr von einheitlichem Aufbau. Bei den mehr als 60 cm langen Feten (älter als 30 Wochen) ist die Taschenbildung und topographische Lage des Luftsackes schon sehr den Verhältnissen nach der Geburt entsprechend. Verf. hat u. a. auch Ausgüsse vom Luftsack hergestellt. O. Zietzschmann.

Nach Forster (3) ist die Neigung des Trommelfells recht großen Schwankungen unterworfen einerseits bei den verschiedenen Arten der höheren Säugetiere, andererseits während der individuellen Entwicklung. Die Neigung ist das Resultat einerseits der Gehörentwicklung, andererseits der Ausbildung der Bulba ossea. Beide Komponenten bestimmen die Neigung des Annulus tympanicus und damit des Trommelfells. O. Zietzschmann.

Unter Beigabe sehr gut gelungener plastischer Photographien hat Krölling (6) die Entwicklung des äußeren Ohres beim Rinde in geschlossener Embryonenserie beschrieben.

Die Ausbildung geht nach denselben Grundzügen vor sich, wie bei den bisher bearbeiteten Spezies. Die Ohrmuschel entwickelt sich auch beim Rinde aus den 6 Aurikularhöckern, abweichend vom Typus des Schafes, wo ursprünglich nur 5 solche Gebilde vorhanden sind. Es treten 3 mandibulare und 3 hyoidale Höcker auf, und zwar gehen aus dem A.-H. I der Tragus, dem A.-H. II das Crus helicis mediale und laterale, aus dem A.-H. III die Helix, aus IV das Crus anthelicis superius, aus V die Ohrspitze und die Plica auricularis longitudinalis media, das Crus anthelicis inferius, aus VIa die Plica auricularis long. caudalis und aus VIb der Antitragus und dessen Falte hervor. An der Bildung der Skapha haben die Höcker IV, V und VI Anteil. Darin ist ein prinzipieller Unterschied zum Schwein

gelegen, bei dem die Plica longitudinalis caudalis und der Antitragus aus VIa entsteht.

Ferner ist für das Rind charakteristisch, daß keine freie Ohrfalte entsteht, die dorsal von den hyoidalen Höckern beim Menschen beschrieben wird und durch eine Furche von denselben getrennt ist. Die „freie Ohrfalte" ist hier, wie beim Schweine, die Skapha selbst. Das Crus helicis stellt ein mehr kugeliges Gebilde dar, dessen Verbindung aus dem ursprünglichen A.-H. II nur mehr am Grunde der Fossa angularis besteht. Eine Verbindung mit dem Tragus (Schwein) besteht nicht. Die Wendung der Ohrmuschel in die gestreckte Richtung tritt bei Föten von 10—11 cm Kopf-Steißlänge ein. Die in der Literatur als „indifferente Leiste" bezeichnete Brücke vom Crus helicis mediale zur Skaphawand stellt das Crus anthelicis inferius, also einen Teil der Anthelix und somit ein aus der Wurzel des A.-H. V hervorgegangenes Gebilde dar. O. Zietzschmann.

### c) Andere Sinnesorgane.

1) Martuscelli, G. und Sc. Letizia: Sulla fine struttura dell' organo nell' olfatto sui mammiferi. Ricerche di istologia comparata. Arch. ital. di otol., rinol. e laringol. Bd. 35, S. 191—199. 1924. (Ref. in Berichte über d. ges. Physiol. Bd. 31, S. 113. 1925; Größe, Anzahl und Dichtigkeit speziell der Mitralzellen des Bulbus sind das Maß der Feinheit der Ausbildung bzw. der biologischen Wichtigkeit der Rolle des Geruchssinnes.)

## 14. Tierarten und Rassen.

*1) Fingerlos, K.: Körperliche Geschlechtsunterschiede bei verschiedenen Hunderassen. Diss. Wien. — *2) Keller, C.: Die Wanderwege unserer Haustiere Schweiz. Arch. f. Tierhlk. Bd. 67, S. 351. — 3) Martell, P.: Zur Stammesgeschichte der Hausziege. M. t. W. Bd. 75, S. 686—688, 718—721. 1924.

Keller (2) berichtet über die Wanderwege unserer Haustiere.

Einzelne exotische besitzen mehr lokale, die europäischen dagegen mehr kosmopolitische Bedeutung. Die sehr verwickelte Art der Ausbreitung, im Sinne einer durch den Menschen verursachten, erfolgte von prähistorischen und historischen Bildungsherden aus, die in ihrer Lokalisation mehr oder weniger abgeklärt sind. Die ersten Haustiere treten zur Pfahlbauzeit auf (Neolithikum), z. B. Torfhund, -rind, -schwein usw. Die Emigration folgt den großen Wanderstraßen, z. B. der Donau entlang; in den kaukasischen Pfahlbauten hat sich die Form des Torfrindes und Torfhundes noch heute erhalten. In Innerasien fanden prähistorische Wanderungen westwärts statt (Torfschwein). Das Pferd, zuerst in Innerasien domestiziert, drang durch Mesopotamien, Arabien, Äthiopien. Das Rind breitete sich von Südostasien nach Afrika aus, wo es wahrscheinlich in Äthiopien zuerst domestiziert wurde und von wo es dann westwärts kam. Von den Ureinwohnern waren nur die Hamiten begabte Haustierzüchter. Die Entstehung des afrikanischen Hausrindes wird nach dem einen in Ägypten angenommen, nach dem anderen in Asien. Schafe und Ziegen gelangten aus Syrien über die Suezenge nach Ägypten, wo z. B. im Pharaonenzeitalter die Fettschwanzschafe sehr verbreitet waren. Das Pferd, wahrscheinlich auf ähnlichem Wege eingedrungen, erlangte erst in der 18. Dynastie große Bedeutung (ägyptische Bildwerke). Ebenso wanderten Schwein und Huhn gleiche Wege von Asien nach Afrika. Die Wege nach Europa sind verschiedene. Die ersten zahmen Haustiere fanden sich hier erst im Neolithikum als asiatisch zugewanderte Fremdlinge (Ziege und Schaf). Der Weg führte über Kreta nach Griechenland, und von da in die Mittelmeerländer west- und nordwärts (Rind, Schwein). In neuerer Zeit haben die Entdeckungen zur Einführung von europäischen Haustieren in Amerika und Australien geführt (Wende des 16. Jahrhunderts). Das in der Wildform ausgestorbene amerikanische Pferd wurde dabei durch das zahme Pferd ersetzt. Desgleichen erfuhr auch das Rind durch die fortschreitende Kolonisation weitere Verbreitung in diesen Erdteilen. Das Geflügel hatte, mit einigen Ausnahmen, gleiche Wanderwege; einzelne durch ihre Leistungen wertvolle neuere Haustiere bleiben in ihrer Bedeutung auf ihre überseeische Heimat oder auf gleichwertige Scholle beschränkt. — In bezug auf interessante Einzelheiten wird zudem auf das Original verwiesen.                    Graf.

Fingerlos (1) hat die körperlichen Geschlechtsunterschiede bei den verschiedenen Hunderassen durch Wurfgewichtstabellen, Schädelmessungen, Körpermessungen, mikroskopische Haarmessungen und prozentuale Berechnungen festgestellt. Die Schädelmessungen wurden mit einer Schublehre, die Körpermessungen mit einem eigenen Meßinstrument (Zirkel) durchgeführt. Die Resultate der Untersuchungen lassen sich in folgenden Sätzen kurz zusammenfassen:

1. Der Rüde ist bei der Geburt durchschnittlich schon stärker als die Hündin, was die höheren Wurfgewichte, berechnet aus 95 Würfen, bestätigen. 2. Bei der Geburt absolut schwerere Hündinnen werden bis zur vollständigen Entwicklung von den Rüden meistens an Größe und Gewicht überflügelt. 3. Längen-, besonders aber Breitenmaße der Rüdenschädel sind zahlenmäßig denen der Hündinnen überlegen. 4. Bei den verschiedenen Hunderassen ist mit wenigen Ausnahmen der Rüde größer, kräftiger und schwerer, womit eben, wie die Messungen zeigen, größere Kopflänge, Kopfbreite, Knochen-, Haut- und Haarstärke wie auch Schulterhöhe und höheres Gewicht parallel laufen. Die Überlegenheit an Kraft und Stärke des Rüden zeigt sich außerdem in den relativ höheren Breiten und in den zumeist relativ stärkeren Knochen (Karpalgelenk). Die Hündin ist im allgemeinen dem Rüden gegenüber kleiner und relativ länger, schlanker im Kopf- und Körperbau, zarter in den Knochen und somit auch geringer an Gewicht, was bei den großen Rassen leicht, bei den Zwergrassen hingegen nur bei entsprechender Übung festzustellen ist. Die Unterschiede sind um so auffälliger, je einheitlicher die Rasse, je gleichmäßiger die Körperverfassung, Aufzucht und Haltung ist. Sie sind bei Wurfgeschwistern und Nahverwandten am besten nachzuweisen.    Trautmann.

## 15. Entwicklungsgeschichte (Allgemeines und Eihäute mit Plazentation).

*1) Andres, J.: Der Einfluß des trächtigen Uterus auf die Lage der inneren Organe direkt vor der Geburt. Zschokke-Festschrift Zürich S. 235—251. — *2) Beer, G.: Beitrag zur Frage der Entwicklung der somatischen Geschlechtsmerkmale beim Rinderfötus. Diss Wien. — 3) Benesch, F.: Über den Haftmechanismus in der Schweineplazenta. W. t. Mschr. Jg. 12, H. 2, S. 105. (Sitzungsbericht). — *4) Hill, J. P. und M. Tribe: The early development of the cat (Felis domestica). Quart. j. of micr. Sc. Bd. 68, S. 513—602. 1924. — *5) Holmdahl, D. E.: Die erste Entwicklung des Körpers bei den Vögeln und Säugetieren, inkl. dem Menschen, besonders mit Rücksicht auf die Bildung des Rückenmarks, des Zöloms und der entodermalen Kloake nebst einem Exkurs über die Entstehung der Spina bifida in der Lumbosakralregion I. Morph. Jb. Bd. 54, S. 333—384. — *6) Derselbe: Dassebe II—V. Ebendas. Bd. 55, S. 112—208. — *7) Derselbe: Experimentelle Untersuchungen über die Lage der Grenze zwischen primärer und sekundärer Körperentwicklung beim Huhn. Anat. Anz. Bd. 59, S. 393—396. — 8) Krölling, O.: Die embryonalen Ernährungswege der Säugetiere in vergleichend histologischer und physiologischer Beziehung. W. t. Mschr. Bd. 11, S. 94 und 102. 1924. (Probevortrag.) — *9) Lataste, F.: La chambre d'air de l'œuf de poule. C. r. Soc. de Biol. Bd. 92, S. 134—135. — 10) Ludwig, E.: Die Entwicklung der Asymmetrie der Thoraxeingeweide bei den Embryonen des Maulwurfs. Eine Studie zur korrelativen Entwicklung der Organe. Morph. Jb. Bd. 55, S. 270—341. — 11) Patzelt, V.: Zellen, Gewebe, Fasern und Spezifität der Keimblätter. Zschr. f. mikr.-anat. Forsch. Bd. 3, S. 109—145. (Verf. bricht eine Lanze für die Auffassung, daß die Gewebe — nach einheitlichem Organisationsplan — größtenteils in funktionelle Einheiten der Zellen zerlegbar sind.) — 12) Pytler, R. und H. Strasser: Die Vorgänge im Meerschweinchenuterus von der Inokulation des Eies bis zur Bildung des Plazentardiskus. Zschr. f. Anat. u. Entw. Bd. 76, S. 386—420. — *13) Rech, W.: Untersuchungen über den physiologischen Verschluß der Nabelschnurarterien. Zschr. f. Biol. Bd. 82, S. 487 bis 512. — *14) Schwarz, G.: Zur abnormen Schwangerschaftsdauer bei Mensch und Tieren. Zbl. f. Gynäkol. Bd. 49, S. 905—912. — *15) Smetiško, P.: Untersuchungen über das Vorkommen von somatischen Geschlechtsmerkmalen bei Schweinen während des Fötallebens, mit einer wissenschaftlichen Beilage. Einfluß der Lagerung im Uterus auf die körperliche Entwicklung bei Schweinefeten. Diss. Wien. — 16) Szabó Barnabas: Reifung und Befruchtung des Eies bei der weißen Ratte. Inaug.-Diss. Budapest; Közl. Bd. 18, S. 106—109. — 17) Szuman, J.: Untersuchungen über die Korrelation zwischen einigen Faktoren und dem Geschlecht der Nachkommenschaft bei Hunden. Roczniki Hauk Rolniczych Bd. 12, S. 374—384. 1924. Posen; (Polnisch). (Von 61140 Nachkommen standen männliche zu weiblichen Tieren wie 106 : 100. Im Februar ist die Überzahl der geborenen Männchen am größten; sie sinkt dann langsam bis zum Januar.) — *18) Szuman, J.-G.: La structure de la membrane testacée de l'œuf. C. r. Acad. des Sc. Bd. 181, S. 257. — *19) Verschuer, O. v.: Ein Fall von Monochorie bei zweieiigen Zwillingen. M. m. W. Bd. 72, S. 184. — 20) Zietzschmann, O.: Lehrbuch der Entwicklungsgeschichte der Haustiere. 3. Abt. Berlin: R. Schoetz.

Schwarz (14) beschäftigte sich mit der Frage der abnormen Schwangerschaftsdauer auch bei unseren Haustieren, er verwendete Literatur und Zuchtprotokolle.

Die Trächtigkeitsdauer des Hundes schwankt zwischen 55 und 68 Tagen, die Regel 60; Schwein 104—133 (120); Schaf 137—162 (146); Rind 240—335 (nach Ressa 281—290); Pferd 264—420 (331—337). Im übrigen brauchen männliche Früchte bei Pferd, Rind und Schaf entgegen Schwein eine etwas längere Entwicklungszeit als weibliche. Bei Zwillingsschwangerschaften ist die Zeit meist verkürzt, desgleichen bei erstgebärenden Schafen, Rindern und Pferden, oft auch bei frühreifen, leistungsfähigen Pferderassen und bei in Kulturzuchten lebenden Tieren wie in kaltem Klima und bei reichlicher Fütterung.    O. Zietzschmann.

Die Veröffentlichung von Hill und Tribe (4) behandelt die Entwicklung der Katze vom befruchteten Ei bis zum Keimblasenstadium.

Die reifen Eier durchwandern den Eileiter in kurzer Zeit bis zum uterinen Drittel, um dort meist befruchtet zu werden. Die Beendigung der ersten Reifeteilung fällt in die Zeit vor dem Follikelbersten, ebenso die Einleitung der zweiten. Von den beiden Vorkernen ist der männliche der größere, er liegt nahe dem plastischen Pol; der weibliche, der kleinere, dagegen hat eine mehr zentrale Lage. Im Eiinneren kommen keine Spermienschwänze zur Beobachtung. Die Verbindungslinie beider Kerne entspricht der ersten Furchungsebene und annähernd der Polachse des Eies. Die 2 ersten Furchungszellen sind nahezu gleich groß, die eine aber hat einen eigenartig gezackten, die andere einen normalen Kern. Dieser teilt sich dann zuerst weiter mit vertikaler Furche, etwas später jene mit horizontaler Furche. Im Sechzehnzellenstadium markiert sich eine innere Zellgruppe mit 2 ungleichen Furchungszellen, die von den kleineren peripheren Blastomeren mehr oder weniger vollständig umschlossen sind. Im weiteren kommt es zur fortgesetzten Vermehrung der Oberflächenzellen, die zentralen folgen erst nach Erreichung des Zweiunddreißigzellenstadiums. Damit ist die Morula fertig gebildet; in ihrem Zentrum befindet sich dann eine Gruppe von Zellen, den Abkömmlingen jener 2 ungleichen, zentralen Blastomeren. Während der Furchung löst sich das Deutoplasma auf.

Die späteren Morulastadien und jüngere Zustände der Blastozyste finden sich erst im Uterus. Die Keimblasenentwicklung beginnt mit einseitig orientiertem Auftreten eines Flüssigkeitserfüllten Hohlraumes zwischen den Zellen des Zentrums und der peripheren Hüllschicht, deren Elemente inzwischen sich abgeplattet haben. So erweisen sich die zentralen Zellen der Morula als die erste Anlage des Embryonalknotens, die der Hülle als Trophoblastelemente. Der Hohlraum selbst scheint durch Zusammenfließen von Interzellularspalten, aber auch durch Degeneration weniger Zellen des Embryonalknotens zu entstehen, denn die Gesamtgröße des jungen Keimes nimmt in dieser Zeit nicht zu. Später kommt es unter Aufnahme uteriner Flüssigkeitsmengen zu aktivem Wachstum, namentlich am Gegenpol. Über dem Embryonalknoten erhält sich der Trophoblast zunächst dicker. Sobald die Keimblasenhöhle in Erscheinung getreten ist, scheiden sich die Elemente des Embryonalknotens in die Elemente des Ekto- und Entoblasten. Die letzteren Elemente bilden rasch ein einigermaßen zusammenhängendes Blatt unter der Masse des embryonalen Ektoderms. Von da aus breitet die Lage sich allmählich peripher aus und umwächst langsam die ganze Blastozystenhöhle. Der Embryonalektoblast repräsentiert anfänglich eine linsenförmige Masse, die bei dichter Anlagerung an die Raubersche Deckschicht sich bald zur Kugel umformt, wobei die Einzelelemente zu Zylindern auswachsen. Gleichzeitig flacht sich der freie Pol der Kugel etwas ab, und die Ektodermmasse schaltet sich der Trophoblastlage ein, wodurch sie an die freie Keimblase der Oberfläche gelangt. Die anfänglich runde Form des Embryonalschildes wandelt sich bald in eine längliche um. Ein kurzer Hinweis auf die Entstehung der prächordalen Platte aus dem Entoblasten und ihre Beziehungen zum Vorderdarm, Kopfmesoderm, Rachenmembran und Chordavorderende beschließt die wertvolle Arbeit.    O. Zietzschmann.

Die Entwicklung des Embryonalkörpers bei Vogel und Säugetier bis zur fertigen Ausbildung der Ursegmente zeigt nach Holmdahl (5) große Übereinstimmung mit den resp. Vorgängen beim Frosch.

Diese erste Entwicklung ist an die mit dem Urmunde homologe Bildung, den Urmundstreifen, geknüpft, um dessen Vorderende die erste Entwicklung der Achsenorgane vor sich geht. Daran schließt sich eine sukzessive Entwicklung der Organe von vorn nach hinten im Bereich des Vorderendes des Urmundstreifens. Dabei rückt dieser stets nach hinten, um sich dann im ganzen schnell zu verkleinern und ganz hinten die Kloakenmembran und die Schwanzknospe hervorgehen zu lassen. Mit der Bildung der Schwanzknospe ist die Urmundstreifenentwicklung beendigt. Die indifferente Zellenmasse des Urmundstreifens differenziert nur einen kleinen mittleren Teil des Neuralrohres die Chorda nebst einen kleinen Teil des primären

Darms. Der übrige Teil des Embryonalkörpers entsteht dagegen aus den differenzierten Keimblättern. So scheidet Verf. zwischen einer primären oder primitiven Körperentwicklung und einer sekundären.

Wenn die erste Körperentwicklung beendigt ist, haben sich bei Vogel und Säugetier wie beim Frosch nur wenige Körpersegmente gebildet. Nach der Entstehung der Schwanzknospe ist nur die Hälfte der Ursegmente angelegt. Die Mehrzahl der später auftretenden Metamere entwickelt sich aber aus der indifferenten Zellmasse der Schwanzknospe. Diese Neubildung erfolgt durch einen Differenzierungsprozeß vom indifferenten Sprossungszentrum der Schwanzknospe aus. Diese Körperentwicklung unterscheidet sich von der primären dadurch, daß alle Organe des Embryonalkörpers aus einem gemeinsamen Sprossungszentrum entstehen, ohne erst das Keimblattstadium zu passieren. Und das ist die sekundäre Körperentwicklung, die sich fortsetzt, bis alle Ursegmente des Embryonalkörpers angelegt sind. O. Zietzschmann.

Nach Holmdahls (6) Untersuchungen an Huhn, Taube, Kaninchen, Rind und Mensch kann man im großen und ganzen übereinstimmend die Grenze zwischen primärer und sekundärer Körperentwicklung nicht niedriger als in die Mitte der lumbalen Segmente und bezüglich des Huhnes und des Menschen noch bedeutend höher verlegen, nämlich in den Übergang zwischen den thorakalen und den lumbalen Segmenten.
O. Zietzschmann.

Holmdahl (7) hat durch eine Gewebsläsion am Hinterende des differenzierten geschlossenen Rückenmarks unmittelbar kranial vom Endwulste nachgewiesen, daß sich zur Zeit der Schwanzknospenbildung beim Huhn nichts vom größeren kaudalen Teil des Rumpfes entwickelt hat. Die Grenze von primärer und sekundärer Körperentwicklung ist aber niedrigstens in die Mitte des Rumpfes, sicherlich aber noch bedeutend weiter kranial zu verlegen. Das Rückenmark wird vom oberen Teil des Rumpfes aus und nach hinten beim Huhn von einem indifferenten Knospungszentrum aus geschlossen angelegt, und der hintere Neuroporus schließt sich im obersten Teil des Rumpfes.    O. Zietzschmann.

Beer (2) hat sich mit der Frage der Entwicklung der somatischen Geschlechtsmerkmale beim Rinderfötus beschäftigt.

Bei den meisten Tierarten ist der Unterschied zwischen männlichen und weiblichen Jungen zur Zeit der Geburt sehr gering, und das drängt zur Vermutung, daß die Differenzen während des Fötallebens noch geringer sein müssen.

Insbesondere bei Rinderföten aber findet man bei freier Betrachtung, daß sich beide Geschlechter schon sehr wesentlich unterscheiden. Verf. hatte die Aufgabe, zu untersuchen, ob es bei einem wahllos herausgegriffenem Material möglich sei, auf Grund körperlicher Merkmale in jedem Falle das Geschlecht zu bestimmen.

Die Untersuchungen erstreckten sich auf die Körpermaße, das Skelett (Kopf, Becken, Schienbein) und die Muskulatur. Verf. fand in Übereinstimmung mit einer früheren Arbeit Kellers, daß die Früchte des Rindes schon frühzeitig eine große Ähnlichkeit mit den erwachsenen Tieren des entsprechenden Geschlechtes zeigen; insbesondere fällt beim männlichen Fötus die stärkere Muskelentwicklung am ganzen Körper auf, die besonders am Hals und an der Schulter hervortritt, der breitere Kopf und die größere Rumpflänge. Das Weibchen zeichnet sich wiederum durch mäßigere Bemuskelung, einen etwas längeren Kopf und größere Innenmaße des Beckens aus.    Trautmann.

Smetiško (15) ermittelte die somatischen Geschlechtsmerkmale an 126 Schweineföten in verschiedenen Altersstadien (6 Wochen bis 6 Monate).

Da durch das Geschlecht am stärksten die Muskulatur, die Knochen, Haut und Epidermalgebilde in der Entwicklung beeinflußt werden, wurde die Untersuchung auf folgende Weise durchgeführt: 1. Abnahme verschiedener äußerer Maße, wodurch man die äußeren Formunterschiede feststellen konnte. 2. Präparierung der einzelnen Muskeln (besonders Halsmuskulatur), der Haut, des Herzens und Gewichtsbestimmung dieser Organe. 3. Osteometrische Untersuchungen folgender Knochen: Humerus, Radius und Ulnar, Femur, Tibia, Pelvis und Os sacrum.

Durch alle diese Untersuchungen kam Verf. zu den folgenden Schlußsätzen: 1. Die männlichen und die weiblichen Föten sind verschiedenartigen Stärkevariationen unterworfen. 2. In keinem Falle waren aber alle männlichen Variationen stärker als die der weiblichen Föten, auch das Umgekehrte war nicht der Fall. 3. In der Mehrzahl der Fälle haben die männlichen Variationen die obere Grenze erreicht mit Ausnahme der Halslänge, Beckenbreite, Konjugaten und verschiedener Beckenquerdurchmesser. Die unteren Variationsgrenzen wurden in der Mehrzahl der Fälle von weiblichen Föten erreicht mit der Ausnahme der Halslänge, Beckenbreite, Konjugaten und Beckenquerdurchmesser. 4. Die Variationen kommen unabhängig vom Alter vor, doch bei jüngeren Föten ist die Anzahl jener Fälle größer, wo bei beiden Geschlechtern die Maßzahlen die gleichen waren. 5. Daraus geht hervor, daß zwischen beiden Geschlechtern keine offensichtlichen Formenunterschiede bestehen, doch neigen die männlichen Föten in erster Linie dazu, größer und stärker zu werden als die weiblichen.

Gleichzeitig mit der Untersuchung über die somatischen Geschlechtsmerkmale wurde der Einfluß der Lagerung im Uterus auf die körperliche Entwicklung beim Schweinefötus studiert. Ferner wurden über die Verhältnisse zwischen Lage und Geschlecht, Anzahl der gelben Körper und Föten, Zahlverhältnisse der Föten in beiden Hörnern Untersuchungen angestellt. Diese erstreckten sich auf 24 trächtige Uteri mit 144 Föten. Die Herausnahme der Föten aus dem Uterus begann von den Hornspitzen reihenweise zu dem Uteruskörper, um damit eine bestimmte Lageeinteilung zu bekommen. Die Untersuchungsergebnisse waren folgende: 1. In der Mehrzahl der Fälle ist die Anzahl der gelben Körper größer als die der vorkommenden Föten, weiter gibt es Fälle, wo die gleiche Zahl der gelben Körper und Föten vorhanden ist, aber auch solche Fälle, wo die Zahl der gelben Körper kleiner ist, wurden konstatiert. 2. Es besteht keine prädisponierende Einwirkung der Lage auf die Entwicklungsstärke der Föten. 3. Das Vorkommen der männlichen wie auch der weiblichen Föten unterliegt keiner Regel bezüglich der Reihenfolge. 4. Die Anzahl der Föten in beiden Hörnern unterliegt gleichen Variationen; in beiden Uterushörnern kommt durchschnittlich eine gleiche Anzahl von Föten vor.

Trautmann.

Bisher bestand über die Ursachen des physiologischen Verschlusses der Nabelschnurarterien keine Klarheit. Die Erfahrung hat jedoch ergeben, daß weder mechanische Reize der Nabelschnur noch deren Abkühlung, noch thrombotische Vorgänge auf Grund einer Blutdrucksenkung bei Einsetzen der Lungenatmung eine hinreichende Erklärung abgaben. Rech (13) hat nun Durchströmungsversuche an Nabelschnurstücken von menschlichen Neugeborenen gemacht. Hierbei ergab die Durchströmung mit sauerstoffgesättigten Lösungen eine so starke Kontraktion der Gefäßmuskulatur, daß auch eine Verdoppelung des Druckes keine Öffnung der Gefäßlumina erzwingen konnte. Die Kontraktion bei Abkühlung dagegen geht nicht über das von anderen Arterien her bekannte Maß hinaus. Der physiologische Verschluß der Nabelschnurarterien wäre demnach auf Sauerstoffwirkung zurückzuführen. Es stünde somit in engstem Zusammenhange mit dem Einsetzen der Lungenatmung, das doch eine Umsteuerung des Plazentakreislaufes zur Folge hat. Bei dieser Sauerstoffempfindlichkeit besteht keine Bevorzugung einzelner Nabelschnur- oder Gefäßabschnitte.

Bittner.

v. Verschuer (19) berichtet über einen Fall von Monochorie bei zweieiigen Zwillingen vom Menschen.

In der Nachgeburt war festzustellen: 1 Plazenta, vollständig, mit nur 1 Chorion; Größe der Plazenta 24/26 cm; 800 g schwer; $2^1/_2$ cm dick; marginaler Eihautriß; Nabelschnur 58 cm lang, 2 cm dick; Insertion lateral. Leider ist dieser Befund nicht befriedigend, da nur von einer Nabelschnur die Rede ist.

Daß es sich um zweieiige Zwillinge handelte, schließt Verf. aus der Verschiedenartigkeit beider von Geschlecht männlicher Individuen.

O. Zietzschmann.

Andres (1) bespricht die wohl vom Rinde, nicht aber von der Ziege bekannten Einflüsse des trächtigen Uterus auf die Lage der inneren Organe direkt vor der Geburt. Ein besonderes Kapitel ist den Verhältnissen der Eihäute bei den Zwillings- bzw. Drillingsfruchtsäcken zweier Ziegen gewidmet.

Die Eier der Zwillingsschwangerschaft stammten aus einem, und zwar aus dem rechten Ovarium. Trotzdem waren die beiden Früchte symmetrisch auf beide Hörner verteilt. Der eine von beiden 8 Tage vor der Geburt stehenden Föten mißt 57 cm an Länge und hängt an einem 9,5 cm langen Nabelstrange. Dieser enthält 2 Arterien und 2 Venen, die 2 cm vor dem Nabel um 180° gegen links gedreht sind und dicht jenseits des Eintrittes in die Bauchhöhle miteinander verschmelzen. Der Chorionsack ist einheitlich, ebenso fließen die beiden Allantoisblasen ineinander. Dagegen sind die Gefäßgebiete beider Eihautanteile im Verwachsungsgebiete vollkommen getrennt. Es finden sich dort jederseits nur rückläufige Gefäßschlingen; es fehlen makroskopisch auch die kleinsten Anastomosen. Am anderen Fötus ist der Nabelstrang 10 cm lang und die 2 Nabelarterien drehen sich rechtsherum um 360° umeinander, während die Venen gleichsinnig um die Arterien spiralig angeordnet erscheinen. Von den Karunkeln sind die größeren außerordentlich flach, nur die kleineren haben noch typische Napfform.

Von den 50—52 cm langen geburtsreifen Drillingsföten waren 2 männlich, 1 weiblich. 1 lag im rechten, 2 im linken Uterushorn, entsprechend der Verteilung der Corpora lutea auf die Ovarien. Die Chorionsäcke bildeten eine Einheit, wohingegen die Allantoissäcke einander nicht erreicht haben. Gefäßanastomosen fehlten.

O. Zietzschmann.

Lataste (9) veröffentlicht eine kurze Arbeit über die Luftkammer des Hühnereis, im besonderen über deren Lokalisation am stumpfen Pol. Die Hypothese (im Original nachzulesen) berücksichtigt die Verhältnisse der Stabilität der Kalkschale und der Flexibilität der Eiweißhaut. Eier mit weicher Schale haben keine Luftkammern.

Graf.

Szuman (18) berichtet über die Struktur der Schalenhaut der Eier.

Die Versuche S.s an Schalenhäutchen der Hühnereier haben folgendes ergeben: Die Luftkammer des Eies liegt zwischen 2 Häutchen. Diese unterscheiden sich nicht nur durch ihre Größe und Lage ihrer Struktur-fäden, sondern auch durch ihre chemische Zusammensetzung. In diesem Raume befinden sich Gase, welche durch das innere Häutchen eindringen. Die Bildung der Luftkammer scheint von der Struktur des Häutchens nicht abhängig zu sein. Hans Richter.

## 16. Mißbildungen.

*1) Agduhr, E.: Kryptorchism ur morfologisk synpunkt. (Kryptorchismus vom morphologischen Gesichtspunkte.) Svensk. Vet. Tidskr. Jg. 30, H. 2, 3 u. 4, S. 43—51, 75—83 und 109—121. — 2) Alessandri: Di un mostro doppio suino. (Doppelmißbildung beim Schwein.) Nuova Vet. S. 171. (Einzelheiten und Abbildungen siehe Original.) — 3) Armstrong, W. E.: Double cervix in a mare. Vet. J. Bd. 81, S. 554. (1Fall.) — 4) Derselbe: Double vagina and cervix in a cow. Vet. J. Bd. 81, S. 311—312. — *5) Arndt, H. J.: Zur Kenntnis der tierischen Doppelmißbildungen. (Cephalothorakophagus monosymmetros monoprosopus von der Ziege.) Virch. Arch. Bd. 255, S. 1—16. — 6) Ascott, W.: Notes on two unusual cryptorchid cases. Vet. J. Bd. 81, S. 43. — *7) Babić, J.: Dva veoma primitivna akardiaka i odnos medju akardiakom i teratomom. (Zwei sehr primitive Akardii und das Verhältnis zwischen den Akardii und den Teratomen.) Diss. Jugosl. Vet. Glasnik Bd. 5, S. 105—112. — 8) Bán, J.: Interessanter Fall von Hermaphroditismus bei einem Pferd. (Pseudohermaphroditismus masculinus.) Allat. Lapok S. 270. — 9) Baustaedt: Über einen Fall von Ektopia cordis. T. R. Bd. 31, S. 936. — 10) Billinghurst, H. W.: A foetal deformity. Vet. Rec. Bd. 5, S. 574. — 11) Bischoff, H.: Eine eigenartige Mißbildung bei einem maxillaren Pferdebackzahn. M. t. W. Bd. 75, S. 322—323. 1924 (Diss.). — 12) Bocci, Giov.: Contributo sulla caristica teratologica dipygus bidorsalis. (Kalbsmißgeburt von Pygodidimus bidorsalis.) Nuova Vet. S. 137—176. — *13) Boni: Di un caso d'ermafrodismo. (Hermaphroditismus.) Clin. vet. S. 131. — *14) Bonnevie, K.: Intersexualität bei schildpattfarbenen Katzen. Arch. f. Ent. Mech. Bd. 106, S. 611—639. — 15) Brinkmann, Fr.: Über einen Dicephalus unicollis vom Kalbe. Diss. Berlin. (Einzelfall.) — 16) Browne, T. G.: Hermaphroditism in a dog. Vet. J. Bd. 81, S. 144—150. (1 Fall.) — 17) Chrétien und Thirion: Polydactylie (six doigts) ou polymélie d'un membre postérieur chez un veau. Rec. de M. vét. Bd. 101, S. 10. — *18) Coccejus, C.: Ein Fall von Polydaktylie beim Pferde. Diss Berlin. — 19) Crew, F. A. E.: The bulldog-calf: A contribution to the study of Achondroplasia. Vet. Record Bd. 4, S. 785—793. 1924. — 20) Gavrilescu, C.: Opodyme Mißgeburt beim Kalb. Arch. vet. Bd. 3—4, S. 90—91. 1924. — 21) Derselbe: Monstre opodyme du foetus du cheval à corps double. Rev. gén. de M. vét. Bd. 34, S. 493—495.(1 Fall.) — *22)Giovanoli,G.: Beitrag zur Lehre der erblichen Mißbildungen und überzähligen Körperanhänge. Schweiz. Arch. f. Tierhlk. Bd. 67, S. 360. — 23) Derselbe: Dasselbe. Zschokke-Festschrift Zürich S. 24—28. — 24) Greil, Alf.: Theorie der Entstehung der Spina bifida, Syringomyelie und Sirenenbildung, sowie des angeborenen Klumpfußes. Virch. Arch. Bd. 253, S. 45—107. — *25) Haunschild, W.: Über einen Cephalothoracopagus monosymmetros synotos beim Schwein. Diss. Berlin. 11 S. — *26) Heike, F.: Beitrag zur Entwicklungsgeschichte des Schistosoma reflexum. Diss. Wien. — *27) Hjärre, A.: Ett fall an traumatisk proventriculiet thoracalis hos nötkreatur. (Proventriculus thoracalis bei einem Rinde.) Svensk, Vet. Tidskr. Jg. 30, H. 4, S. 122—127. — *28) Holzhausen, R.: Hermaphroditismus verus unilateralis beim Schwein. Diss. Berlin. — 29) Huser, G.: Ein Diprosopus des Kalbes. Diss. Berlin (Einzelfall). —

30) Karpfer, Konr.: Zwei Fälle von Mißbildung beim Kalb: Thorakoxyphopagus, Ectopia cordis. (Kasuistik.) Allat. Lapok. S. 256—258. — *31) Klarmann, F.: Beitrag zur Kenntnis des Pseudohermaphroditismus masculinus bei Tieren unter Berücksichtigung der Frage der Ausbildung der sekundären Geschlechtsmerkmale. Zschr. f. Infekt. Krkh. d. Haust. Bd. 28, S. 59—71, 150—163, 213—242. — *32) Klodnitzki, J. und Spett: Kurzschwänzige und schwanzlose Varianten bei den Hunden. Memoiren d. Veter.-Zoot. Instituts in Kiew Bd. 2, Jg. 1, S. 28—33. 1924 (ukrainisch mit deutscher Zusammenfassung). — *33) Kohn, A.: Anenzephalie und Nebenniere. Arch. f. Ent. Mech. Bd. 102, S.113— 129. 1924. — *34) Krediet, G.: Over het outstaan van Intersexen bij onze huisdieren. (Zur Entstehung von Intersexen bei unseren Haustieren.) Tijdschr. vor Diergeneesk. Bd. 52, S. 261—282. — *35) Kressert, B.: Über eine Kopfmißbildung beim Kalbe mit Rhinodymie, Spaltbildungen, Cheilognathopalatoglossoschisis, Polyodontie und Hypognathie. Diss. Berlin (Einzelfall). — *36) Krüger, E.: Ein Beitrag zum Kapitel der Akardii Diss. Berlin. — *37) Lazies: Un cas d'hermaphrodisme rare chez le veau. J. de M. vét. Bd. 71, S. 9. — 38) Lipschütz, A. und H. Perli: Hermaphrodisme expérimental chez des mâles a testicule intact. C. r. Soc. des Biol. Bd. 93, S. 1068—1069. — 39) Lipschütz, A.: Is there an antagonism between the male and the female sex-endocrine gland? Endocrinology Bd. 9, S. 109—116. (Experimente, die beweisen, daß das heterosexuelle Transplantat überlebt, daß dieses aber durch hormonale Wirkung der Geschlechtsdrüse in situ außer Wirksamkeit gesetzt wird.) — 40) Lipschütz, A., H. Perli und D. Svikul: Déclanchement de l'effet hormonal féminin par des substances d'origine testiculaire dans l'hermaphroditisme glandulaire latent. C. r. Soc. de Biol. Bd. 92, S. 1179—1181. — 41) Loperfido: Di un caso di deformita congenita. Feto ovino cyclops, cefalo-thoraco-ompholopagus. (Mißbildung beim Schaf. Zyklopie. Cephalo-thoracoomphalopagus.) Clin. vet. S. 206. — 42) Meyer, Rob.: Zum Mangel der Geschlechtsdrüsen mit und ohne zwittrige Erscheinungen. Virch. Arch. Bd. 255, S. 33 bis 46. (Betrifft Mensch.) — 43) Mihailescu, M.: Über einen Fall von Zyklopie bei dem Lamm. Arh. vet. Bd. 5—6, S. 131—136. 1924. — 44) Motton, S. J.: A compound monstrosity. Vet. Record Bd. 5, S. 472. — *45) Nusshag, W.: Über das gehäufte Auftreten einer Mißbildung am Fohlendarm. B. t. W. Bd. 41, S. 40. — 46) Petit: Sur un cas rare de polydactylie chez le veau. (Développement du doigt interne.) Rec. de M. vét. Bd. 101, S. 13. — 47) Rohrssen: Ein Fall von Hermaphroditismus in Verbindung mit beiderseitigem Leistenbruch bei einem Schwein. D. t. W. Bd. 33, S. 571. — 48) Romankiewitsch, N.: Thoracodidymus decipes. Memoiren des Veter.-Zoot. Instituts in Kiew Bd. 3, Jg. 2, S. 80—86 (ukrainisch mit deutscher Zusammenfassung). (Thoracodidymus decipes beim Kalb; insbesondere das Knochensystem.) — 49) Rosenfeld, R.: Pseudohermaphroditismus masculinus und Hypospadia perinealis beim Ziegenbock. Diss. Berlin (Einzelfall). — *50) Schauder, W.: Zahlreiche Mißbildungen des Verdauungsapparates, des Urogenital- und Skeletsystems bei einem neugeborenen Kalb. I. Agenesis des Blind-, Grimm- und Mastdarms sowie des Afters. II. Mißbildungen des Urogenital- und Skeletsystems. B. t. W. Bd. 41, S. 801—806. — 51) Schag: Zwei seltene Fälle aus der Praxis. M. t. W. Bd. 75, S. 341—342. (Diprosopus und Prolapsus uteri.) — 52) Schiel: Vom Urzahne des Pferdes. B. t. W. Bd. 41, S. 38. — 53) Schleußing, H.: Beiträge zu den Mißbildungen des Herzens. Virch. Arch. Bd. 254, S. 579—599. (Mensch.) — *54) Schmid, F.: Zwei Fälle von Hermaphroditismus und ein Fall von Pseudohermaphroditismus beim Schwein. W. t. Mschr. Bd. 12,

H. 5, S. 225. — 55) Scholz, K.: Ein Fall von Pseudo-hermaphroditismus masculinus (Hermaphroditismus tubularis interna) bei der Ziege. Diss. Berlin (Einzelfall). — *56) Seegert, J.: Ein Fall von Entartung der Keimdrüsen bei einer Ziege. Diss. Berlin. — 57) Seipt, H.: Vier Fälle von Pseudohermaphroditismus masculinus compl. bei der Ziege. Diss. Wien. — 58) Stravescu: Bouc a mamelles (avec projections). (Milchgebender Ziegenbock.) Rec .de M. vét. Bd. 101, S. 4. — *59) Szczudłowski, K.: Tkanka śliniankowa jako wewnetrzna wyściółka przetoki usznej u konia. (Speicheldrüsengewebe als innere Auskleidung der Ohrfistel beim Pferd.) Przegl. wet. Nr. 5. — 60) Titoff, I. T.: Agenesia lienis. Virch. Arch. Bd. 255, S. 580—584. (Betrifft Mensch, keine Funktionsstörung beobachtet.) — 61) Ugo, P.: Mostruosita celosomica (Schistosoma reflexorum) beim Rind. Nuova vet. S. 146—147. — *62) Wankel, W.: Beitrag zur Kasuistik und Kritik der angeborenen Mikrognathie. Virch. Arch. Bd. 255, S. 17—25. — *63) Willier, B. H.: Structures and homologies of free-martin gonads. J. of exp. Zool. Bd. 33, S. 63—127. 1921. — *64) Wolff, A.: Über einen Fall von Uranoschisma beim Kalbe. Diss. Berlin. 13 S. — *65) Zeitlinger, H.: Über die Ätiologie des Hydrocephalus internus der Zwerghunderassen. Diss. Wien.

**Allgemeines.** Giovanoli (22) hat einen Beitrag zur Lehre der erblichen Mißbildungen und überzähligen Körperanhänge publiziert.

Die Anlagen zu hydropischen Früchten werden offenbar von beiden Eltern vermittelt; bei Ausschaltung eines hierfür verdächtigen Stieres konnte das Auftreten von Wasserkälbern sistiert werden. Auch Kühe können mit einer unverkennbaren Regelmäßigkeit, in ihrer Nachkommenreihe wassersüchtige Zwischenglieder haben. Das Schistosoma reflexum wird ebenfalls bei einzelnen Muttertieren vermehrt beobachtet. Besonders interessant ist ein Fall, wo ein anscheinend normaler Bulle gehäuft Kälber mit überzähligen Ohren und verlagertem Zungenbein zeugte. G. berichtet über einen vierhörnigen Ziegenbock, von welchem hornlose Ziegen horntragende und gehörnte Ziegen, Zicken mit überzähligen Hörnern stammten. Graf.

**Mißbildungen des Kopfes.** Wolff (64) beschreibt einen Fall von Uranoschisma beim Kalbe.

Am fraglichen Kopfe findet sich am harten Gaumen in der Medianebene eine breite Spalte, durch die Mund- und Nasenhöhle miteinander kommunizieren. Diese Spalte wird jedoch fast vollständig ausgefüllt durch einen medianen Balken, der sich als ein normal entwickelter Vomer erweisen ließ, bedeckt von einem starken Venennetz und einer derben festen Schleimhaut. Das Palatum osseum fehlt nahezu vollständig, es finden sich nur Rudimente der Processus palatini, der Ossa maxillaria und incisiva.

Weitere wesentliche Veränderungen sind weder in der Mundhöhle noch in der Nasenhöhle nachzuweisen.

Es handelt sich also um einen typischen Fall von Wolfsrachenbildung. Da das Palatum osseum durch zwei Hälften gebildet wird, die in der Mitte zusammentreffen, so kann stets nur eine einzige mittlere Spalte entstehen. Trotzdem teilt man die Spalten des harten Gaumens in bilaterale und unilaterale und zwar mit Beziehung auf den Vomer. Ist dieser mit einer Gaumenhälfte in Verbindung getreten, so daß sich die Spalte zwischen Vomer und der anderen Hälfte des Gaumens befindet, so bezeichnet man sie als unilateral. Ragt der Vomer frei in den Defekt und trennt denselben in sagittaler Richtung in eine rechte und in eine linke Spalte, so spricht man von einer bilateralen Spalte.

Die vorliegende Mißbildung ist als ein primäres Uranoschisma bilaterale aufzufassen. O. Zietzschmann.

Wankel (62) beschreibt zwei aus einer Brut stammende Fälle von Micrognathia inferior beim

Haushuhn und erwähnt vier weitere derartige Mißbildungen von Hühnchen eines Bestandes. Verf. denkt bei Entstehung dieser Mißbildung mit an vererbbare Einflüsse. Joest und Cohrs.

**Mißbildungen des Halses.** Einen seltenen Fall der Ohrfistel beschreibt Szczudłowski (59). Es wurde bei der Operation anstatt eines Zahnes ein kegelförmiges Gebilde am Grunde des Ohres gefunden, das innen von einer Schleimhaut ausgekleidet war, das sich bei der mikroskopischen Untersuchung als mit Speicheldrüsen ähnlichen Gebilden ausgestattet erwiesen hat. Den ungewöhnlichen Befund leitet der Verf. auf Verstreuung von Speicheldrüsenkeimen während des Fötallebens zurück. Gajewski.

**Mißbildungen des Rumpfes.** Heike (26) bringt einen Beitrag zur Entwicklungsgeschichte des Schistosoma reflexum.

An einem mit dieser Mißbildung behafteten Kalbsfötus werden die oberflächlich liegenden Organe genau beschrieben, wobei auf die denkbaren Entwicklungsmöglichkeiten der entsprechenden Veränderungen hingewiesen wird. Auf diese Art werden nun alle Abnormitäten an den einzelnen Organen auf die zuerst erfolgte Verkrümmung der Wirbelsäule zurückgeführt. Einzelheiten siehe Original. Zuletzt werden Mißbildungen angeführt, die ähnlich dem Schistofoma reflexum ebenfalls auf Bruchspalten einhergehen, bei denen aber ausgesprochene Hemmungsbildungen nachzuweisen sind. Trautmann.

Klodnitzki und Spett (32) haben 7 Fälle von kurzschwänzigen Hunden beobachtet, bei denen eines der Eltern (entweder Vater oder Mutter) von Geburt an kurzschwänzig war.

Die Nachkommenschaft dieser 7 Elternpaare aus 8 Würfen bestand aus 12 normalschwänzigen und 31 kurzschwänzigen Varianten, von denen einige vollkommen schwanzlos waren. Die Verff. ziehen den Schluß, daß die Kurzschwänzigkeit über die Normalschwänzigkeit dominiert, weiter, daß die kurzschwänzigen Eltern heterozygote Individuen waren und daß die Kurzschwänzigkeit ein polygenes (polymeres?) Merkmal ist, das mindestens von zwei Faktoren abhängig ist. Sysak.

**Mißbildungen der Gliedmaßen.** Coccejus (18) beschreibt einen Fall von Polydaktylie beim Pferde.

Es handelt sich um einen Vorderfuß, dem Metakarpale III und Hauptzehe fehlen, wogegen die Metacarpalia II und IV stark entwickelt und die Grundlage zweier Metakarpin mit je einem Zehenrudiment geworden sind. Trautmann.

**Mißbildungen der Verdauungsorgane.** Nusshag (45) hat einen ähnlichen Fall von Ageneria eines Teiles des großen Kolons beim neugeborenen Pferde beschrieben, wie er schon des öfteren (u. a. zuletzt durch Ackerknecht) bearbeitet wurde.

Der an den Blinddarm sich anschließende Teil des großen Kolons ist stets normal. Näher oder ferner dieser Stelle aber ist das weite Kolon blind geschlossen und unterbrochen, und auf der anderen Seite beginnt das kleine Kolon ebenso wieder blind. Das Besondere an Verf.s Fall ist, daß er diese Mißbildung in 3 Fällen beobachtete, die Nachkommen eines und desselben Vatertieres waren. 3 Zeichnungen illustrieren das seltene Vorkommnis. O. Zietzschmann.

Schauder (50) beschreibt den einzigartig dastehenden Fall der Agenesie des ganzen Dickdarms beim neugeborenen Kalbe.

Blind-, Grimm- und Mastdarm samt After fehlen. Der Dünndarm endet mit einem aufgetriebenen blinden

Abschnitt, der sich gegen die Ansae des voraufgehenden Teiles deutlich abhebt. Mikroskopisch sind daran Zotten nachzuweisen; es handelt sich also um Dünndarm. Mit dem Dickdarm fehlt auch jeder Gekröserest und ebenso sind die entsprechenden Lymphknoten abwesend. Am Urogenitalapparat handelt es sich um Hypoplasie und Dystopie der rechten Niere, Agenesie des rechten Eierstocks und Eihilus sowie der rechten Nebenniere, um Pseudohermaphroditismus femininus externus usw. Seltene Verbildungen zeigen auch Harnröhre und die äußeren Genitalien, sowie das Skelett des Stammes. O. Zietzschmann.

**Mißbildungen der Atmungsorgane.** Hjärre (27) fand bei den von ihm beschriebenen Fall im Zwerchfellappen der rechten Lunge eines Rindes eine Kaverne, die drei Viertel des Volumens der Lunge einnahm. Die Kaverne stand durch eine 3 fingerdicke Fistel mit der Haube quer durch das Zwerchfell in Verbindung. Die Kaverne, die von einer 1 cm dicken Kapsel umgeben war, enthielt etwa 7 kg ziemlich dürre und zusammengebackene Kontenta von ungefähr demselben Aussehen wie die der Haube. Epithelbekleidung an der Innenseite der Kaverne war nicht zu finden.

Stålfors.

**Mißbildungen des Nervensystems.** Zeitlinger (65) hat sich mit der Ätiologie des Hydrocephalus internus der Zwerghunderassen befaßt.

Bei dieser Untersuchung ergab sich, daß von insgesamt 42 Gehirnen neugeborener Zwerghunde der verschiedensten Rassen 16, d. s. 38% mit einer Ventrikelerweiterung teils von hohem, teils von mittlerem und geringerem Grade behaftet waren. Die Verteilung auf die einzelnen Rassen gestaltete sich folgendermaßen: Von 30 Bully waren 4 mit einer hochgradigen, 3 mit einer mittelgradigen und 4 (zusammen 11 = 36%) mit einer geringgradigen Ventrikelerweiterung behaftet. Von 4 Tschon waren 1 mit einer hochgradigen und 1 mit einer geringgradigen Ventrikelerweiterung behaftet. Von 4 Zwergdachs waren 1 mit einer hochgradigen und 1 mit einer geringgradigen Ventrikelerweiterung behaftet. Von 2 Griffon-Schnauzerkreuzungen war 1 mit einer geringgradigen Ventrikelerweiterung behaftet. Die Bindung der Hydrozephalie an die bezichtigten Zwergrassen scheint durch dieses Ergebnis, welches außerdem den angeborenen Charakter dieses Zustandes deutlich vor Augen führt, hinlänglich bewiesen. Sie ist mithin gleich der Schnauzenverkürzung, Beckenenge usw. unter die angeborenen degenerativen Rassenmerkmale einzureihen. Aus der äußeren Form der Schädel, d. h. bei Nebeneinanderstellung der verwendeten Schädelmaße und ihrer Verhältnisse zueinander, ergab sich kein Hinweis auf das Vorhandensein einer Ventrikeldehnung oder den Grad ihrer Ausdehnung. Ebenso ergab die Form und Gestalt der Gehirne selbst in ihrer Beziehung zur Ventrikeldehnung keine Regel. Im allgemeinen jedoch zeigten Gehirne mit höhergradiger Kammererweiterung eine mehr oder weniger kugelige Form. Das Windungsrelief konnte bei hochgradiger Hydrozephalie das eine Mal ein sehr klares, normales Bild zeigen, das andere Mal stark abgeflacht sein. Dasselbe gilt für die Furchenvariationen. Warum wir trotz der rassencharakteristischen hydrozephalen Schädelform nicht bei allen Zwerghunden, sondern nur in einem Drittel der Fälle eine Hydrozephalie gefunden haben, liegt darin begründet, daß wohl jene kugelige Schädelform sich ursprünglich sekundär gebildet hatte, also in direkter Abhängigkeit zum eingeschlossenen Gehirn, resp. zum Druck desselben stand, sich später aber infolge fortgesetzter Inzucht, welche erfahrungsgemäß Idiovariationen zu begünstigen scheint, unabhängig von seiner ursprünglich primären Ursache vererbt hatte, also selbst zur Idiovariante geworden ist. Da diese Schädelform einen für das damit behaftete Individuum unschädlichen

Zustand darstellt, konnte sie sich als Rassenmerkmal erhalten. Die Hydrocephalie hingegen unterliegt schon der natürlichen Ausmerzung, da in höherem Grade damit behaftete Individuen daran zugrunde gehen und da außerdem noch der Züchter, um die Rasse zu erhalten, immer wieder die bestandestüchtigsten, d. h. solche mit den flachsten und in den Jochbögen breitesten Schädeln, die also der Stammrasse am nächsten stehenden Individuen zur Weiterzucht verwendete, mußte es nach den Mendelgesetzen zu jener Spaltung kommen, die uns jene 2 Typen, einerseits Wasserschädel mit Hydrocephalus, andererseits Wasserschädel ohne Hydrozephalus, finden läßt. Die Schnauzenverkürzung, Beckenenge usw. hingegen gehören zum Syndrom allgemein degenerativer Wachstumstörungen.

Trautmann.

Kohn (33) kommt zu dem Schlusse, daß die Ursache für die Nebennierenhypoplasie bei Anencephalie nicht in dem Hirndefekt an sich, sondern in der damit verbundenen Störung der intrakraniellen endokrinen Organe zu suchen ist. Und vieles spricht dafür, daß insbesondere die Hypophysenschädigung dabei die Hauptrolle spielt. O. Zietzschmann.

**Mißbildungen des Geschlechtsapparates.** Agduhr (1) schließt sich im Zusammenhang mit einem ausführlichen Bericht über den Kryptorchismus vom morphologischen Gesichtspunkte der Auffassung an, daß der Kryptorchismus, der Pseudohermaphroditismus u. a. Entwicklungsanomalien des Genitalapparates in vielen Fällen auf Verschiebungen zwischen gewissen Hormonwirkungen beruhen. Hierauf scheint nach seiner Meinung auch die durch gewisse Rassenkreuzungen (z. B. bei Schafen und Ziegen) regelmäßig auftretenden diesbezüglichen Anomalien der Abkömmlinge hinzudeuten. Eine Vererbbarkeit im eigentlichen Sinne des Kryptorchismus hat der Verf. nicht als wissenschaftlich begründet finden können.

Sahlstedt.

Seegerts (56) Fall betrifft eine Entartung der Keimdrüsen bei einer Ziege.

Aus der makroskopischen und mikroskopischen Untersuchung ist zu ersehen, daß der vorliegende Urogenitalapparat einer Ziege im Bereich der Vagina, des Uterus und der Eileiter keine Veränderungen gegenüber der Norm, vielmehr durchaus typischen Bau zeigt. Dagegen sind beide Eierstöcke vollständig entartet. Das normale Eierstocksgewebe ist in keinem Teile der beiden Keimdrüsen mehr festzustellen. Statt dessen wird das ganze Feld beherrscht von einem kompakten, aus eigenartigen Rundzellen bestehenden Gewebe, dessen üppige Wucherung offenbar das Eierstocksparenchym verdrängt hat. Nur in der Nachbarschaft der Gefäße ist dieses Rundzellengewebe von Faserzügen unterbrochen. Die in beiden Keimdrüsen enthaltenen zahlreichen Kavernen sind wohl entstanden durch Zerreißung der Zusammenhänge der Zellzüge mit Zerreißung kleiner Gefäße und Ergüssen in die entstehenden Hohlräume, die sich später allmählich haben vergrößern können.

Zu deuten bleibt Art und Herkunft der das Feld beherrschenden rundlichen Zellen. Es liegt sehr nahe, sie als Kornzellen aufzufassen, denen ihre Form außerordentlich ähnelt. Die Kornzellen sind große Zellen mit rundlichen Kernen und scharfen Rändern. Innerhalb des Protoplasmas zeigen sie ein feines Fasernetz. Ihre Eigenschaften sind umstritten. Durch die Formenähnlichkeit wird die andere Möglichkeit nicht ausgeschlossen, die Rundzellen als Bestandteile einer bösartigen Geschwulst von heterotypischem Charakter aufzufassen. Es ist möglich, daß diese Zellen bereits in der Keimanlage in den Eierstock versprengt wurden und durch irgend einen Reiz, der bei der erhöhten

Tätigkeit des Eierstockes leicht erklärlich wäre, zu Wachstum und Wucherung angelegt wurden. Dann hätten wir diese Gebilde als echte Neubildungen, Tumoren aufzufassen. O. Zietzschmann.

Holzhausen (28) beschreibt einen Fall von Hermaphroditismus verus unilateralis beim Schwein. Im Leben fiel das Tier, das äußerlich weiblichen Typ zeigte, dadurch auf, daß es häufig Brunsterscheinungen äußerte und immer andere weibliche Schweine decken wollte. Weber.

Schmid (54) berichtet über 2 Fälle von Hermaphroditismus und einen Fall von Pseudohermaphroditismus beim Schwein.

Nach Besprechung des Hermaphroditismus in anatomischer und physiologischer Hinsicht und Erörterung der Literatur folgt die genaue Darstellung der 3 Fälle, die alle mit genauen schematischen Abbildungen aller Teile illustriert sind. Der 1. betrifft einen Herm. verus bilateralis, bei welchem beidseitig männliche und weibliche Anteile in den Keimdrüsen gefunden wurden mit Verbildungen der äußeren Geschlechtsorgane. Der 2. Fall ist ein Herm. verus lateralis, wobei die Geschlechter örtlich voneinander getrennt sind, nicht wie in Fall 1, in einer Drüse lokalisiert. Rechts war das Spermarium, aber ohne Spermien, links das Ovarium, das funktionsfähig erscheint. Die abführenden Wege entsprechend.

Der 3. Fall ist ein Pseudoherm. masculinus completus. Die Keimdrüsen sind Hoden und bestimmen das Geschlecht eindeutig. Spermien sind vorhanden, daneben ein mächtig entwickelter Uterus. Einzelheiten sind im Original nachzulesen, das sorgfältig durchgearbeitet ist und ein gutes Literaturverzeichnis bietet. Hans Richter.

Lazies (37) beschreibt „Un cas d'hermaphroditisme rare chez le veau", wobei es sich um vollständigen, bilateralen Hermaphroditismus handelte. Die Geschlechtswege waren vollkommen atrophisch. Henkels.

Boni (13) sah bei einer Ziege männlichen Habitus, Geschlechtstrieb bei Nahen weiblicher Ziegen, Euter, Vagina, Klitoris. Bei der Schlachtung fand sich ein Uterus bicornis und 2 Hoden. Frick.

Seegert (56) untersuchte die Geschlechtsorgane einer sterilen Ziege, die im Leben, den äußeren Geschlechtsmerkmalen und dem Benehmen nach ein Hermaphrodit zu sein schien.

Bei der makroskopischen und mikroskopischen Untersuchung zeigten sich jedoch nur die Ovarien völlig entartet. Das normale Eierstocksgewebe war in keinem Teile der beiden Keimdrüsen mehr festzustellen; statt dessen fand sich neben zahlreichen Kavernen ein kompaktes, aus eigenartigen Rundzellen bestehendes Gewebe, dessen üppige Wucherung offenbar das Eierstocksparenchym verdrängt hatte. Weber.

Nach einigen entwicklungsgeschichtlichen Betrachtungen der Geschlechtsorgane und nach Definition der Begriffe „Hermaphroditismus verus" und „Pseudohermaphroditismus" beschreibt Klarmann (31) je einen Fall von Pseudohermaphroditismus masculinus externus et internus sive completus bei einer Ziege und einem Schwein und einen Fall von Pseudohermaphroditismus masculinus internus, verbunden mit Hernia scrotalis (mit den Uterushörnern als Bruchinhalt) und mäßiger Hypospadie bei einer Ziege.

Die beiden ersten Fälle zeigten ausgeprägte sekundäre männliche Geschlechtsmerkmale (männlichen Habitus und Geschlechtsgeruch!), während die äußeren Genitalien weiblichen Charakter besaßen (Vulva). Mit Ausnahme der hypertrophischen Klitoris waren in beiden Fällen sämtliche zum Genitalapparat gehörende Organe hypoplastisch. Die histologische Untersuchung der Hoden ergab vollständiges Fehlen der Spermiogenese, Vorhandensein lediglich von Sertolischen Fußzellen in den Tubuli seminiferi mit Verfettung derselben und starker Wucherung der Leydigschen Zwischenzellen.

Auf Grund der Literaturstudien und der eigenen Befunde kommt Verf. bei Beurteilung der Frage, welche Zellen des Hodens für eine innersekretorische Tätigkeit und somit für die Auslösung der sekundären Geschlechtsmerkmale verantwortlich zu machen sind, zu folgendem, allerdings durch weitere Untersuchungen auf dem Gebiete etwas modifizierten Ergebnis:

„Die generativen Elemente der männlichen Keimdrüse scheiden als Träger der Innensekretion aus. Daher sind bei den Evertebraten (mit Ausnahme der Insekten) infolge Fehlens jeglichen Interstitiums und bei den Hühnervögeln, soweit die Leydigschen Zellen fehlen, die Sertolischen Zellen die alleinigen Träger jener inneren Sekretion. Bei allen übrigen Tieren sind sowohl die Sertolischen wie die Leydigschen Zellen, und zwar proportional ihrer Menge, an der Ausbildung und Erhaltung der sekundären Geschlechtsmerkmale beteiligt." Bei Kryptorchismus (und gewissen Tierversuchen) ist die Ausbildung bzw. Erhaltung der sekundären Geschlechtsmerkmale in erster Linie auf Rechnung der inneren Sekretion der Leydigschen Zellen zu setzen. Auf Grund dieser Eigenschaft hält Verf. die Leydigschen Zellen für modifizierte, primäre Geschlechtszellen. Joest und Cohrs.

Krediet (34) geht bei der Besprechung über die Entstehung von Geschlechtszwischenstufen bei unseren Haustieren von den Arbeiten Goldschmidts aus.

Zwitterbildung wäre nicht so sehr eine kongenitale Mißbildung als ein Produkt zweier entgegengesetzter, im Organismus kreisender, mehr oder weniger gleich starker Hormone (systematische Untersuchungen beim Schmetterling Limantria dispar). Diese Arbeiten Goldschmidts können auch auf den Hermaphroditismus der höheren Tiere neues Licht werfen. Das Haushuhn liefert auf diesem Gebiete sehr interessante Ergebnisse. Der kastrierte Hahn bekommt eine schönere Farbenzeichnung des Gefieders. Der Kamm wird kleiner, die Ohrlappen schrumpfen, die Stimme wird verändert. Kastrierte Hähne bekommen ein ausgesprochenes männliches Federkleid. Krediet erwähnt weiter die amerikanischen und französischen Untersuchungen über die gynandromorphen Individuen, die einerseits männliche, andererseits weibliche Eigenschaften zeigen. Hühner können sich aus echten eierlegenden Weibchen in Männchen mit befruchtungsfähigem Sperma verwandeln. K. berichtet über eigene Untersuchungen bei längere Zeit beobachteten Ziegen mit veränderten äußeren Geschlechtsmerkmalen, wobei die Sektion echte Zwitterbildung mit Ovariotestis ergab. Das folgende Schema für die verschiedenen Zwitter wird vom Verf. aufgestellt: a) weibliches Tier, b) weibliches Tier mit Wolffschen Gängen, c) weibliches Tier mit Wolffschen Gängen und penisartiger Klitoris; d) zweigeschlechtliches Tier mit Ovariotestis, Wolffschen Gängen, Müllerschen Gängen, Vulva mit oder ohne vergrößerter Klitoris; e) männliches Tier mit Klitoris und Müllerschen Gängen; f) männliches Tier mit Klitoris, Müllerschen Gängen und mit unvollkommen entwickelten äußeren männlichen Genitalien; g) männliches Tier mit nur Müllerschen Gängen; h) männliches Tier. Beyers.

Willier (63) hat die Struktur der Gonaden von „Zwicken" (im Genitale mißgebildeter weiblicher Kälber, die zusammen mit einem normalen männlichen

Tiere geboren werden) untersucht und sich mit der Homologiefrage der Einzelteile in der Geschlechtsdrüse beschäftigt.

Es werden 3 Grade von Deformation unterschieden, die leichte, mittlere und hohe Stufe und diese stellen alle Übergänge von einem embryonalen Ovar bis zu einem Hoden dar. 1. Die Sexualstränge repräsentieren eine Reihe von Abstufungen zwischen Medullarsträngen und Samenkanälchen. 2. Die interstitiellen Zellen wachsen an Zahl in dem Grade, wie sich die Gonade in männlicher Richtung differenziert. 3. Das Rete wandelt sich in männlicher Richtung um, indem es Verbindungen darstellt zwischen den Retekanälchen und den Samenschläuchen und zwischen jenen und dem Nebenhodenkanal. 4. Der Nebenhoden ist bei niederen Graden der Ovarialveränderung nicht zugegen; bei etwas weiter fortgeschrittener Maskulierung erscheint ein Nebenhodenkopf und später der ganze Nebenhoden.

Am Endpunkt der Reihe der Maskulierungsformen steht ein Hoden, der morphologisch in der Zusammensetzung vollständig ist, der aber nicht funktioniert.

Die Schwankungen in der Umbildungsreihe vom Ovarium zum Hoden sind abhängig von 1. der Variabilität der Zeit, zu welcher die männlichen Geschlechtshormone eingeführt werden; 2. der Wirkungsfähigkeit der Hormone und 3. der Dauer der Einwirkung derselben. Dazu kommen noch Nebenfaktoren, wie Abwesenheit normaler Eierstocksekretion und Sekretion der Interstitialzellen der Zwickengonade.

Dem Grade der Umstimmung der Gonade entspricht grob auch die Umwandlung anderer Teile des Genitalapparates (Vas deferens, Samenblase, Uterus und Außenteile), insbesondere der gleichen Seite entsprechend.

Die Hypertrophie der Interstitialzellen hat nicht die Degeneration der männlichen Geschlechtszellen zur Folge, da letztere beim Zwicken abwesend sind. Die Interstitialzellen des Zwicken haben keine Beziehungen zu den Sexualinstinkten und geringe zu den sekundären Geschlechtsmerkmalen.

Daß das Säugerovarium Anteile besitzt, die solchen im Hoden äquivalent sind, beweist die Umbildung eines Ovariums in einen Hoden beim Zwicken.

O. Zietzschmann.

Bonnevie (14) beschreibt den Fall von Intersexualität bei einer schildpattfarbigen Hauskatze weiblichen Geschlechts.

Gelbschwarzweiße Katzen sind bekanntlich in der Regel weiblich und fruchtbar; die zugehörigen Männchen erscheinen gelb. Ab und zu finden sich nun aber am Sexualorgan mißbildete Tiere und diese Anomalie ist der von „Zwicken" her bei Rinderzwillingen bekannten Form (Keller, Lillie, Zietzschmann, Kaufmann u. a.) nicht unähnlich.

Das Tier hatte offensichtlich weiblichen Typus im Genitale. Die Keimdrüse und der Uterus standen unter normaler Größe, aber das Ovarium zeigte keine normalen Follikel. Rechterseits war „neben der zystenförmig aufgetriebenen Gonade und dem Ovidukt mit Ostium auch ein wohlerhaltenes Epoophoron im Ligamentum latum" nachzuweisen, „mit Flimmerkanälchen, die ohne Zeichen einer Degeneration vom Zölom bis an den Wolffschen Gang hinziehen, mit eigentümlichen Zellgruppen, die als Reste degenerierter Urnierenabschnitte gedeutet wurden, und mit einem kaudalwärts stark verengerten und zuletzt nur segmentweise existierenden Wolffschen Gang". Noch weiter kaudal fanden sich weitere Abschnitte des Wolffschen Ganges vor, stark erweitert und vielfach gewunden und mit hohem Flimmerepithel ausgestattet, en Epididymis gemahnend.

Linkerseits nicht unähnlicher Befund.

O. Zietzschmann.

**Doppelmißbildungen.** Krüger (36) berichtet über einen Holoacardius amorphus beim Kalbe,

der anatomisch und histologisch beschrieben wird. Nervengewebe war nicht vorhanden. Die Acardie ist primär. Der teratogenetische Terminationspunkt fällt in das Gastrulastadium. Trautmann.

Babić (7) gibt eine sowohl makro- als auch mikroskopische Beschreibung von zwei sehr primitiven Acardii und er behandelt das Verhältnis zwischen den Acardii und den Teratomen.

Die vorliegenden Mißbildungen, Holoacardius acormus rudimentarius und Amorphus globosus, sind selten, die erstere insbesondere, da sie von einem Pferde stammt, von dem überhaupt bis jetzt nur 2 Fälle beobachtet worden sind und nicht einmal diese genau bearbeitet und beschrieben sind. Der Holoacardius besteht nur aus den Derivaten des Mesenchyms und er kann diesem Baue nach als ein Verbindungsglied nicht nur zu den Teratomen, sondern auch zu den Tumoren hin dienen. Trotz seines niedrigen Baues mußte er sich in den ersten Entwicklungsphasen zu entwickeln angefangen haben und er könnte imstande sein, die Theorie des primären Defektes zu unterstützen.

Amorphus globosus ist zwar öfters bearbeitet, aber dieser ist eine Seltenheit deswegen, da er nicht die geringste Spur von einem Knochengewebe aufweist; statt dessen enthält er quergestreifte Muskulatur, die sehr selten vorkommt. Seinem Baue nach steht er geradezu am Übergang zwischen den Acardii und Misch-Neubildungen. Der Vergleich zwischen den Acardii und den Teratomen, da zwischen ihnen eine stufenweise Reihenfolge besteht, führt zu dem Schlusse, daß 1. die Acardii freie Teratome und 2. sowohl die einen als auch die anderen in funktioneller Hinsicht Parasiten sind, und zwar die ersten des Zwillings und die zweiten des Autositen. Ihre Genese zeigt viele Berührungspunkte, doch kann man sie heutzutage noch nicht identifizieren. Zavrnik.

Haunschild (25) beschreibt einen Cephalothoracopagus monosymmetros synotos beim Schweine.

Die Untersuchungsergebnisse haben gezeigt, daß es sich im vorliegenden Falle um eine Verdoppelung der hinteren Körperachse handelt. Derartige Mißbildungen faßt Schwalbe unter der Duplicitas posterior zusammen. Die Duplicitas posterior stellt die Individualteile mit ihren ventralen Flächen gegenüber. Die Vereinigung der beiden Individualteile erfolgt oberhalb des Nabels. Es besteht also supraumbilical in voller Ausdehnung ein Zusammenhang. Derartige Mißbildungen werden unter die Gruppe Cephalothoracopagus zusammengefaßt. Es handelt sich in diesem Falle um eine einfach symmetrische Form, die in der Nomenklatur als Monosymmetros benannt wird. Da zwei Ohrenanlagen verwachsen sind, kann der Mißbildung die Bezeichnung Synotos hinzugefügt werden, so daß man die Mißbildung als einen Cephalothoracopagus monosymmetros synotos bezeichnen kann. O. Zietzschmann.

Arndt (5) bringt als Beitrag zur Kenntnis der tierischen Doppelmißbildungen die Beschreibung eines Falles von einem Cephalothorakopagus monosymmetros monoprosoprus von der Ziege, bei dem das Kopfskelett, das Gehirn und der Zirkulationsapparat weitgehend einfach ausgebildet sind. Es ist nur ein Herz mit einem Herzbeutel vorhanden. Bemerkenswert ist an diesem Falle, daß der Psalter nur einfach angelegt war. Cohrs und Joest.

Kresserts (35) Fall einer Kopfmißbildung beim Kalbe zeigt eine Verdoppelung der Nase: 4 Nasenbeine, 2 Septen, 2 Pflugscharbeine, 2 nicht ganz vollständige Siebbeine und ein Schleimhautseptum zwischen den beiderseitigen inneren Nasenhöhlen, die ihrerseits „defekt" gebildet sind. Dazu mediane Gaumenspalte, nur eine mediale Nasenöffnung mit einer

16*

Lippenspalte in Verbindung stehend. Im Gaumen eine Medianspalte, die auch das Gaumensegel mitbetrifft. Auch eine Unterkieferspalte ist zugegen, mit medianer Unterlippenspalte und Einstülpung der Haut des Kinnes und Kehlganges mit Muskeln vergesellschaftet. Dazu kommt eine Spaltung der Zunge, in welchem Spalte auch fremde Teile vorgeschoben erscheinen (Knochenteile), die einem Hypognathus entsprechen. O. Zietzschmann.

## VIII. Physiologie.

Bearbeitet von A. Scheunert.

## 1. Allgemeines, physiologische Chemie, Methodik.

1) Blum, L., M. Dlaville und van Caulaert: Sur les rapports entre l'état physico-chimique des humeurs et les phénomenes d'ossification et de décalcification. C. r. Acad. des Sc. Bd. 180, S. 974. (Mehr chemo-biologisch.) — 2) Brahn, B.: Das melanotische Pigment. Virch. Arch. Bd. 253, S. 661—664. 1924. (Chemische Untersuchung.) — 3) Demel, E.: Über Wärmeleitung der Haut und der Schweinsblase in gequollenem und ungequollenem Zustande. Diss. Wien. (Haut und Schweinsblase sind schlechte Wärmeleiter.) — *4) Doyon, M.: Rapidité de la résorption d'un organisme sterilisé déposé dans le péritoine. Pénétration des poils dans le canaux des os et des éponges. C. r. Soc. de Biol. Bd. 92, S. 315—317. — 5) Ellenberger-Scheunert: Lehrbuch der vergleichenden Physiologie der Haustiere. (3.) Berlin: P. Parey. — *6) Flössner, O.: Neue Untersuchungen über die Echinokokkusflüssigkeit. II. Mitt. Zschr. f. Biol. Bd. 82, S. 297—301. — 7) Hirsch, P.: Die Abderhaldenreaktion mittels der quantitativen „interferometrischen Methode" nach P. Hirsch, Jena. Berlin: Julius Springer. — *8) Junkersdorf, P.: Untersuchungen über die Gewichtsverhältnisse und die chemische Zusammensetzung der Organe des ausgewachsenen Hundes. Pflüg. Arch. Bd. 210, S. 351—354. — 9) Kamiya, H.: Zur Frage der Spezifizität der zelligen Bauchhöhlenexsudate. Zugleich ein Beitrag zur kausalen Genese der Leukozytenemigration. Zieglers Beitr. Bd. 72, S. 761—807. — 10) Kiesel, K.: Grundsätzliches zur Fragestellung der Physiologie der Haustiere. D. t. W. Bd. 33, S. 4—5. — 11) Kimmelstiel, P.: Erfahrungen mit der Schultzschen Cholesterinreaktion. Zbl. f. Path. Bd. 36, S. 491—493. — 12) Klein, W. und M. Steuber: Die gasanalytische Methodik des dynamischen Stoffwechsels. Leipzig: G. Thieme. — *13) Kondo, S.: Der Verwendungsstoffwechsel säurefester Bakterien. VI. Mitt. Über den Einfluß der Wasserstoffionenkonzentration auf das Wachstum der säurefesten Bakterien in einfachen künstlichen Nährböden. Biochem. Zschr. Bd. 162, S. 171—180. — *14) Konishi, M.: Über die Zersetzung der Urokaninsäure im tierischen Organismus. Zschr. f. physiol. Chem. Bd. 143, S. 181—188. — *15) Derselbe: Über die Urokaninsäurebildung aus den verschiedenen optischen Modifikationen des Histidins. Ebendas. Bd. 143, S. 189—192. — *16) Konishi, M. und Y. Tani: Über das Verhalten der Imidazolpropionsäure im Hundekörper. Ebendas. Bd. 143, S. 193—198. — 17) Krauspe, C.: Über die Einwirkung des Cholesterins auf Wachstum und biologische Fähigkeiten verschiedener Bakterien. Verh. D. path. Ges. Bd. 20, S. 140—143. — *18) Krzywanek, Fr. W.: Verbrennungswert und Elementaranalyse der tierischen Fette. Biochem. Zschr. Bd. 159, S. 507 bis 509. — *19) Kultjugin, A. und E. Gubareff: Die schnellste Mikromethode der Stickstoffbestimmung. Ebendas. Bd. 164, S. 437—441. — 20) Lauche, A.: Über rhythmisches Wachstum. Zbl. f. Path. Bd. 36, S. 481—486. — *21) Leinati, L.: Contributo allo studio delle ustioni. (Beitrag zur Kenntnis der Verbrennungen.) Clin. vet. S. 681—697. — 22) Loele, W.: Die naphtholpositiven Substanzen der Auster und Miesmuschel. Zbl. f. Path. Bd. 36, S. 8—12. — 23) Loew, O.: Der Kalkbedarf von Mensch und Tier. (3.) München: O. Gmelin. — *24) Maignon, F.: Action de l'électrolyse sur l'activité des diastases. C. r. Soc. de Biol. Bd. 93, S. 400—403. — *25) Matsuoka, Z., S. Takemura und N. Yoshimatsu: Beiträge zur Kenntnis der Kynurensäurebildung im Tierkörper. Zschr. f. physiol. Chem. Bd. 143, S. 99—205. — 26) Mühlmann, M.: Meine Theorie des Alterns und des Todes. Virch. Arch. Bd. 253, S. 225—238. 1924. — *27) Numata, T.: On the Relation between Lung and Blood Amylase. J. of Japan. Soc. Vet. Sc. Bd. 4, Nr. 4, S. 364—366. — *28) Oestreicher, Alfr.: Über den Nachweis des Harnstoffes in den Geweben mittels Xanthydrol. Virch. Arch. Bd. 257, S. 614—661. — 29) Oppenheimer, C. und L. Pincussen: Tabulae biologicae. Bd. 1: Reine und physiologische Physik, physikalische Chemie und biologische Anwendungen. Berlin W 15: W. Junk. — 30) Oppenheimer, C. und O. Weiss: Grundriß der Physiologie für Studierende und Ärzte. 1. Teil: Biochemie von C. Oppenheimer. (5.) Leipzig: G. Thieme. — 31) Pincussen, L.: Mikromethodik. (3.) Leipzig: G. Thieme. — 32) Pugliese, A.: Fisiologia. Manuale Hoepli. 848 S., 234 Abb. Mailand. — *33) Purmann, Br.: Untersuchungen über den Kochsalzgehalt des sog. englischen Frühstückspecks. Diss. Wien. — 34) Riemer, W.: Über die Senkung von Suspensionen. Diss. Wien 1924/25. — 35) Schmid, O.: Die Stromverteilung im Körper des Hundes beim Elektrisieren. Diss. Wien.—*36) Schneider, Ph.: Elektrizitätsspuren an Tieren und Pflanzen. W. kl. W. Jg. 38, Nr. 50, S. 1333—1336. — 37) Schultz, A. und G. Löhr: Zur Frage der Spezifität der mikrochemischen Cholesterinreaktion mit Eisessig-Schwefelsäure. Zbl. f. Path. Bd. 36, S. 529—533. — 38) Seemann, G.: Die Ablagerung von Farbstoffen in den Zellen der überlebenden Froschleber. Beitrag zur Vitalfärbung. Zieglers Beitr. Bd. 74, S. 332—344. — 39) Stabauer, A.: Über die Kapillarkonstante tierischer Fette. Diss. Wien 1923/24. — 40) Sochor, E.: Die Struktur der Karpfenschwimmblase und ihre Verbindung mit dem Weberschen Apparat. Diss. Wien 1921/25. — 41) Staemmler: Eine Methode zur quantitativen Bestimmung der Oxydasen. Verh. D. path. Ges. Bd. 20, S. 204—206. — 42) Derselbe: Untersuchungen über autogene Pigmente. Virch. Arch. Bd. 253, S. 459—471. 1924. — 43) Staemmler, M. und W. Sanders: Eine Methode zur quantitativen Bestimmung der Indophenolblausynthese durch sauerstoffübertragende Zellbestandteile. Ebendas. Bd. 256, S. 595—610. — 44) Stüler, A.: Der histochemische Nachweis der Phosphatide. Zbl. f. Path. Bd. 35, Nr. 17, S. 513—520. — 45) Unna, P. G. und J. Schumacher: Lebensvorgänge in der Haut der Menschen und der Tiere. Leipzig u. Wien: F. Deuticke. — 46) Voigt, J.: Beitrag zur Kenntnis der Verteilung kolloider Metalle im Säugetierorganismus. Virch. Arch. Bd. 257, S. 851—867. (Versuche an Kaninchen.) — *47) Wohlgemuth, J. und N. Sugihara: Über Aktivierung und Hitzebeständigkeit von Fermenten. Zugleich ein Beitrag zur Frage von Beziehungen zwischen Lab und Pepsin. Biochem. Zschr. Bd. 163, S. 253—259. — 48) Wolf, Jos.: Über histologischen Zuckernachweis. Zbl. f. Path. Bd. 36, S. 12—15. — *49) Yumikura, Sh.: Auspflanzungsversuche mit Schneidezähnen. Virch. Arch. Bd. 254, S. 17—55. (Kaninchen.)

**Doyon (4)** hat über die Geschwindigkeit der Resorption intraperitoneal eingebetteter steriler Organismen berichtet und eine daran anschließende Beobachtung über den Eintritt von Haaren in die Knochenkanäle referiert.

Einer Hündin wird ein sterilisierter Welpe ins Peritonaealkavum eingenäht. Nach kurzer Zeit ist dieser bis auf die Haare und Knochen resorbiert, wobei die Haare in den Knochen gefunden werden. Der Versuch wird mit jungen Meerschweinchen wiederholt mit dem gleichen Resultat; ein gleichzeitig in das implantierte Tier mit eingenähter Schwamm füllte sich wie die Knochen des kleinen Tieres mit dessen Haaren.
Graf.

Nach Flössner (6) besitzt die Echinokokkusflüssigkeit des Echinococcus unilocularis und multilocularis die gleiche chemische Zusammensetzung, die sich auf das gemeinsame Vorkommen von Glykogen, Betain, Alloxurbasen, Bernsteinsäure und n-Valeriansäure bezieht. Darüber hinaus konnten in der letztgenannten Flüssigkeit noch Essigsäure und Propionsäure einwandfrei nachgewiesen werden. Andere ätherlösliche Säuren können in nennenswerter Menge nicht vorhanden sein, da die Aufteilung der Säuren annähernd restlos glückte.
Krzywanek.

Als schnellste Methode der Mikro-N-Bestimmung empfehlen Kultjugin und Gubareff (19) die Methode von Acél (Biochem. Zsch. Bd. 121, S. 120. 1921) unter Zusetzung von Wasserstoffsuperoxyd (sehr kurze Veraschungszeit). Diese Methode kann in gewöhnlichen Reagenzgläsern vorgenommen werden.
Krzywanek.

Nach Oestreicher (28) ist der Nachweis des Harnstoffes in den Geweben mittels Xanthydrol ausführbar und für diagnostische Zwecke, besonders bei Urämie, verwertbar.
Joest u. Cohrs.

An 7 ausgewachsenen Hunden stellte Junkersdorf (8) Untersuchungen an über die Gewichtsverhältnisse und die chemische Zusammensetzung der Organe. Es wurden untersucht: Herz, Muskulatur, Leber, Nieren, Pankreas, Milz, Schilddrüse und Nebennieren, und zwar auf Gewicht in Prozenten des Gesamtkörpergewichtes, Trockensubstanz, Wassergehalt, Glykogen- und Fettgehalt. Die erhaltenen Zahlen müssen im Original nachgelesen werden.
Krzywanek.

Maignon (24) berichtet über den Einfluß der Elektrolyse auf die Aktivität der Diastase. Die Wirksamkeit geht verloren, und zwar nicht durch Bildung schädlicher Substanzen, sondern wahrscheinlich durch elektrolytische Dissoziation mineralischer Komponenten des Fermentes.
Graf.

Um klar zu machen, ob die Blutamylase einigermaßen von der vom Verf. kürzlich gefundenen Lungenamylase, einem im Bronchialschleim des Pferdes enthaltenen Enzym, das Stärke in Zucker umzuwandeln vermag, abstammt oder nicht, untersuchte Numata (27) die Tätigkeit der Blutamylase am lebenden und getöteten Pferde. Dazu wurde bei einigen Tieren die Luftröhre am oberen Teile verstopft, so daß der Bronchialschleim nicht in den Pharynx eintreten konnte. Verf. fand, daß die Wirkung des Enzyms stärker bei operierten als bei normalen war, und ferner, daß bei getöteten Pferden dieser Unterschied viel größer ausfiel.
Nitta.

In ihren Untersuchungen über Aktivierung und Hitzebeständigkeit von Fermenten kommen Wohlgemuth und Sugihara (47) zu der Ansicht, daß zwischen Lab und Pepsin äußerst nahe Beziehungen bestehen müssen.

$CaCl_2$ steht zwar in keinem kausalen Zusammenhang zur Pepsinwirkung, sondern aktiviert nur die Labwirkung, schützt aber beide Fermente beim Erhitzen. Hierfür kann nur die Erklärung maßgebend sein, daß Lab und Pepsin zwei Fermente sind, die mindestens in ihrem Kerne etwas Gemeinschaftliches haben müssen, das durch die Gegenwart von Kalzium vor der Hitzezerstörung geschützt wird. Verff. schließen

sich der Ansicht von Nencki und Sieber an, nach denen es sich beim Pepsin um ein Riesenmolekül mit zwei Seitenketten handelt, von denen die eine in stark saurer Lösung peptische Wirkung, die andere in neutraler Reaktion labende Wirkung entfaltet.
Krzywanek.

Nach Versuchen von Konishi (14) wird Urokaninsäure ziemlich leicht im Tierkörper zersetzt, und zwar unter Sprengung des Imidazolkernes, indem der darin enthaltene Stickstoff in Harnstoff übergeht; infolgedessen wird eine erhebliche Zunahme des Harnstoffgehaltes im Harn bewirkt. Der Abbau geschieht im Kaninchenorganismus ebensoleicht wie in dem des Hundes; eine Vermehrung des Kreatinins im Harn trat bei der verwandten Verabreichungsmenge nicht in nennenswertem Umfange auf.
Krzywanek.

Untersuchungen über die Urokaninsäurebildung aus Histidin von Konishi (15) ergaben, daß bei Einführung von d,l-Histidin in den Hundeorganismus Urokaninsäure ausgeschieden wurde, deren Menge aber nur ein Drittel von der betrug, die bei Verabreichung von l-Histidin erschien; bei Verabreichung von d-Histidin trat überhaupt keine Urokaninsäure auf. Auf Grund dieser Ergebnisse ist anzunehmen, daß im Hundeorganismus die Urokaninsäure ausschließlich aus dem l-Anteil gebildet wird.
Krzywanek.

Im Harn eines gesunden Hundes, dem Imidazolpropionsäure subkutan eingespritzt worden war, konnten Konishi und Tani (16) keine Urokaninsäure auffinden; bei Verabreichung von 20 g dieser Säure wurden etwa 10% derselben unverändert wieder im Harn ausgeschieden. Dabei trat eine neue bisher unbekannte Substanz im Harn auf, die als ein Oxydationsprodukt der Imidazolpropionsäure betrachtet wird.
Krzywanek.

Die Kynurensäurebildung aus l-Tryptophan wird beim Kaninchen nach Versuchen von Matsuoka, Takemura und Yoshimatsu (25) durch die Karminvitalfärbung nicht beeinflußt. Die Kynurensäurebildung aus d,l-Tryptophan ist beim Kaninchen im Vergleich zu der aus l-Tryptophan viel geringer; vielleicht geht dabei d-Tryptophan gar nicht in Kynurensäure über.
Krzywanek.

Krzywanek (18) verbrannte im Kalorimeter Fette verschiedener Tierarten und stellte gleichzeitig in der Bombe die produzierte Kohlensäure und den Verbrauch an Sauerstoff durch die Verbrennung fest. Die erhaltenen Mittelwerte, berechnet auf 1 g wasserfreies Fett, sind in der folgenden Tabelle zusammengestellt.

| | $CO_2$-Produktion | | $O_2$-Verbrauch | | RQ | Kalorien |
|---|---|---|---|---|---|---|
| | g | l | g | l | | |
| Pferdefett | 2,8417 | 1,4461 | 2,9096 | 2,0358 | 0,710 | 9458,1 |
| Rinderfett | 2,8237 | 1,4370 | 2,8882 | 2,0209 | 0,711 | 9505,0 |
| Hammelfett | 2,8275 | 1,4366 | 2,8476 | 1,9924 | 0,721 | 9449,7 |
| Schweinefett | 2,8445 | 1,4476 | 2,8769 | 2,0130 | 0,719 | 9509,0 |
| Hundefett | 2,8331 | 1,4418 | 2,8503 | 1,9944 | 0,723 | 9485,9 |

Krzywanek.

Kondo (13) untersuchte den Einfluß der Wasserstoffionenkonzentration auf das Wachstum der säurefesten Bakterien in einfachen künstlichen Nährböden.

Er stellte die Wasserstoffionenkonzentration fest, bei der die Stämme am besten wuchsen. Folgende Stämme wurden untersucht: Timotheebazillus, Butterbazillus Petri, Blindschleichentuberkelbazillus, Schildkrötentuberkelbazillus (Friedmann), Hühner-, Geflügel-, Menschen- und Rindertuberkelbazillus. Krzywanek.

Leinati (21) hat Versuche über Verbrennungen und Verbrennungstod angestellt.

Er verbrannte bei Hunden die Leber (hühnereigroßes Stück), Muskel und Haut. Die Hunde mit Leberverbrennung gingen alle nach 48 Stunden zugrunde und zeigten starke Zelldegenerationen und heftige Blutungen in allen Organen. Mit Extrakten der verbrannten Gewebe injizierte L. andere Hunde intraperitonaeal, ohne daß die Versuchstiere zugrunde gingen. Die Befunde, die L. bei der Obduktion erhob, gipfeln in zelligen Degenerationen und heftigen Blutungen, wie sie von anderen Untersuchern auch bereits gefunden sind. Die einzige neue Angabe von L. ist, daß die Hirnhypophyse sehr blutreich war.

Frick.

Purmann (34) hat den englischen Frühstücksspeck auf seinen Kochsalzgehalt untersucht.

Die gefundenen Kochsalzwerte schwankten zwischen 3,6% und 15,3% und liegen in der weitaus größeren Zahl der Fälle (21) unterhalb 13%, also unterhalb jenes niedersten Wertes, bei welchem Kuppelmayr noch mit Sicherheit eine Übertragungsfähigkeit der Trichinen im Pökelfleisch ausschließen konnte. Ebenso unzulänglich nach Kuppelmayrs Erfahrungen zeigte sich auch die an den verschiedenen Erzeugungsorten Österreichs gebräuchliche Dauer der Pökelung. Ein abschließendes Urteil wird erst nach der Durchführung der experimentellen Untersuchungen mit trichinösem Material möglich sein.

Trautmann.

Der Beschreibung seiner Auspflanzungsversuche mit Schneidezähnen vom Kaninchen schickt Yumikura (49) das Ergebnis seiner makroskopischen und histologischen Untersuchungen über die normalen Schneidezähne dieses Tieres voraus.

Joest und Cohrs.

Schneider (36) beschreibt einige Fälle von Elektrizitätsspuren an Tieren und Pflanzen, die durch Starkstrom oder Blitzschlag entstanden sind.

Außer den an Ratten, Mäusen und Vögeln experimentell durch Starkstrom verursachten Verletzungen berichtet er über eine Katze, die durch Drehstrom von 5000 Volt Spannung getötet wurde. Die vorderen unteren und oberen Zähne waren fast vollkommen weggeschmolzen. An Ober- und Unterlippe, an der Zunge und im Bereich der rechten Vorderpfote waren Hautdefekte mit geschwärzten Rändern wahrzunehmen.

Ferner beschreibt er bei einem Pferde die durch elektrischen Strom hervorgerufene Veränderung an einem Bein, die erst 10 Tage später in Erscheinung trat. Das Pferd war mit dem linken Vorderbeine auf eine Straßenbahnschiene in dem Augenblick getreten, als es von einem herabhängenden Telephondraht am Nacken getroffen wurde, der mit der Oberleitung in Berührung gekommen war. Aus einer anfangs unbedeutenden linearen Hautwunde am linken Vorderfuß entwickelte sich nach 10 Tagen eine aseptische Nekrose der scheinbar intakt gebliebenen Haut und der darunter befindlichen Muskelbündel und Sehnen ohne Infiltratbildungen, ohne Entzündungserscheinungen und ohne auffällige Störungen des Allgemeinbefindens.

Krage.

## 2. Blut, Kreislauf, Atmung.

*1) Alius, H. J.: Das Zuntzsche Atmungsverfahren am Kaninchen. Zschr. f. Biol. Bd. 83, S. 231—238. — *2) Arloing, F., Jung und Lesbats: Le réflexe oculo-cardiaque chez quelques espèces animales domestiques. C. r. Soc. de Biol. Bd. 93, S. 223—225. — *3) Braun, E.: Die osmotische Hämolyse der roten Blutkörperchen während der Brunst und Trächtigkeit des Rindes. Diss. Wien. — *4) Bürker, K.: Einige Hilfsapprate zur Blutuntersuchung. Pflüg. Arch. Bd. 209, S. 387—394. — *5) Collazo, J.-A. und E. Morelli: L'acide lactique du sang dans les espèces animales. C. r. Soc. de Biol. Bd. 93, S. 406—407. — 6) Dern, L.: Prüfung der Einwirkung der U-Strahlen auf die roten Blutscheiben im kreisenden Blute mit Hilfe der Wärmehämolyse. Diss. Gießen 1923. — *7) Desgrez und J. Meunier: Sur les éléments minéraux associés à l'oxyhémoglobine du sang de cheval. C. r. Acad. des Sc. Bd. 181, S. 1029. — *8) Dobó, St.: Der Reststickstoffgehalt des Blutes trächtiger Schweine, Schweinefeten und des Fruchtwassers. Inaug.-Diss. Budapest; Közl. Bd. 19, S. 57 bis 59. — *9) Dohmann, H.: Über die Bildung von Hämosiderin nach intrakutaner Injektion von Eigenblut beim Rinde. Diss. Berlin. — *10) Fontès, G. und A. Yovanovitch: Sur l'absence probable d'ammoniaque dans le sang veineux circulant. C. r. Soc. de Biol. Bd. 93, S. 271—272. — 11) Gerlach, K.: Über die Kataphorese der roten Blutkörperchen in verschiedenen Verdünnungen. Diss. Wien. — *12) Heissenberger, A.: Die Blutsedimentierungsprobe nach Noltze bei Serumpferden. Diss. Wien 1924/25. — *13) Hiroishi, H.: Über das Verhältnis zwischen Augendruck und Blutdruck in den episkleralen Venen und den Wirbelvenen. Gräfes Arch. Bd. 113, S. 212—221. 1924. (Messungen an Augen von Kaninchen, Katzen und Hunden.) — *14) Horning, J. G. und Mc Kee: Blood-pressure and its application in canine practice. J. Am. Vet. Med. Assoc. Bd. 68, Nr. 2, S. 221—224. — *15) Hueck, H.: Zur Untersuchung der Eiweißkörper des Blutes. II. Einwirkung gerinnunghemmender Salze auf Plasma und Serum. Biochem. Zschr. Bd. 160, S. 183—198. — *16) Iwatsura, R.: Untersuchungen über Fette und Lipoide im Blute. II. Über die Verteilung der Fette und Lipoide im Blute B-vitaminfrei ernährter Kaninchen. Pflüg. Arch. Bd. 208, S. 41—48. — *17) Jacobsthal, E.: Morphologische Untersuchungen über die Einwirkung hypertonischer Kochsalzlösungen auf Erythrozyten. Virch. Arch. Bd. 254, S. 543—561. — *18) Kält, A.: Vergleichende Untersuchungen über den Hämoglobingehalt des Maultierblutes und seine Beziehungen zur Zahl der Erythrozyten. Diss. Hannover. — *19) Kaneko, T.: Über Sauerstoffverbrauch und Durchblutungsgröße des Auges. Pflüg. Arch. Bd. 209, S. 122—130. — 20) Klein, C.: Über das Verhalten des Blutdruckes in den Hirngefäßen nach Durchschneidung des Halses (Schächtschnitt der Juden). D. t. W. Bd. 33, S. 533—535. (Kritik an der gleichnamigen Veröffentlichung von Lieben in Mh. f. Tierhlk. Bd. 31.) — 21) Kofler, O.: Über die Kataphorese der Erythrozyten. Diss. Wien 1924/25. — *22) Kohanawa, C. und A. Kadono: A Comparative Study on the Resistance of Erythrocytes of Healthy Domestic Animals. J. of Japan. Soc. Vet. Sc. Bd. 4, Nr. 3, S. 297—299. — *23) Krüger, H.: Untersuchungen über die Beeinflussung des Kaninchenblutbildes durch die Injektion von Taubenserum. Diss. Hannover. — 24) Kurth, J.: Untersuchungen über die Tagesschwankungen in der Anzahl der roten Blutkörperchen, dem Hämoglobingehalt, dem spezifischen Gewicht, der Viskosität und dem Volumverhältnis der roten Blutkörperchen zum Plasma bei einem gesunden Pferde. Diss. Hannover und D. t. W. Bd. 33, S. 301 bis 304. (Auszug.) — *25) Lakos, F.: Über den Reststickstoffgehalt des Pferdeblutes. Inaug.-Diss. Budapest; Közl. Bd. 19, S. 50—56. — *26) Leake, Ch. D. und E. F. Guy: The effect of the administration of desiccated red bone marrow and spleen on the resistance of erythrocytes to hypotonic saline solutions in dogs. J. of Pharm. exp. Ther. Bd. 25, S. 357—364. — *27) Lueg, W.: Das Herzfenster. Pflüg. Arch. Bd. 207, S. 314—315. — *28) May, G.: Einige vergleichende Untersuchungen über das Verhalten der Oxydasereaktion im Blute verschiedener Wirbeltierklassen. Virch. Arch. Bd. 257, S. 868—870. — *29) Meis, A. H.: Beiträge zur Bestimmung der Färbekraft des tierischen Blutes nach Tallqvist. Diss.

Leipzig. — *30) Mendel, B. und I. Goldscheider: Eine kolorimetrische Mikromethode zur quantitativen Bestimmung der Milchsäure im Blut. Biochem. Zschr. Bd. 164, S. 163—174. — 31) Miller: Das Wesen der Atmung. B. t. W. Bd. 41, H. 38. — *32) Neumann, H.: Über die Jodreaktion des Blutes gesunder und kranker Haustiere. Diss. Wien 1924/25. — *33) Niebuhr, O.: Beeinflussung des Kaninchenblutbildes durch wiederholte Injektionen von normalem Pferdeserum. Diss. Hannover. — *34) Nomura, S.: On the function of the „Reizleitungssystem" in the heart. Mitt. a. d. med. Fak. d. Kais. Univ. Kyushu, Fukuoka Bd. 9, S. 195—227. 1924. — *35) Parnas, J. K. und M. Taubenhaus: Über den Ammoniakgehalt und über die Ammoniakbildung im Blute. III. Die Entstehung des Blutammoniaks. Biochem. Zschr. Bd. 159, S. 298—310. — *36) Derselbe: Dasselbe. II. Ebendas. Bd. 155, S. 247—255. — *37) Paulat, J.: Über die Bildung von Hämosiderin nach intrakutaner Injektion von Eigenblut beim Pferde. Diss. Berlin. — *38) Periot: Sur le mécanisme d'occlusion de la mitrale. C. r. Soc. de Biol. Bd. 92, S. 712 bis 713. — *39) Pirkmayer, R.: Die Sedimentierung der Erythrozyten. Diss. Wien 1924/25. — *40) Ritzenthaler, M.: Die Bluttransfusion und ihre Verwendung beim Pferd. Schweiz. Arch. f. Tierhlk. Bd. 67, S. 370 bis 381. — *41) Rudolf, J.: Über das Fett des Blutes bei gesunden und kranken Pferden. Diss. Wien 1924. — *42) Scharf, R. (in Gemeinschaft mit M. H. Fischer): Über das Vikariieren des N. depressors beim Kaninchen. Pflüg. Arch. Bd. 207, S. 65—75. — 43) Schneider, R.: Über Beziehungen zwischen dem Verlauf der Blutkörperchensenkungsgeschwindigkeit und sonstigen chemischen und physikalischen Eigenschaften des Blutes. Diss. Leipzig. — *44) Schönenberger, M.: Studien über den Zusammenhang einiger Körperdimensionen mit der Bluttrockensubstanz bei reinrassigem Braunvieh. Diss. Bern 1924. — *45) Schuhecker, K.: Beobachtungen über den Blutzucker der Ziege. Biochem. Zschr. Bd. 156, S. 353—364. — 46) Seidler, E.: Über die Beeinflussung des isolierten Froschherzens durch Atropin bei verschiedener Wasserstoffionenkonzentration. Diss. Berlin. — 47) Stupka, W.: Experimentelle Beiträge zur Kenntnis der Atembewegungen des Hundekehlkopfes. Zschr. f. Hals-, Nasen- und Ohrenhlk. Bd. 9, S. 306—372. 1924. (Grundlegende Arbeit.) — *48) Tannenberg, Jos.: Über die Kapillartätigkeit. Verh. D. path. Ges. Bd. 20, S. 374—379. — *49) Widmark, E. M. P. und O. Carlens: Über die Blutzuckerkonzentration bei Kühen und den Einfluß der Laktationsintensität auf dieselbe. Biochem. Zschr. Bd. 156, S. 454—459. — *50) Widmark, Erik M. P. und Olof Carlens: Beobachtungen über die hypoglykämischen Symptome bei Kühen. Ebendas. Bd. 158, S. 81—86.

Alius (1) beschreibt für Kaninchen und Hunde ein einfaches Verfahren zur Bestimmung des gesamten Gaswechsels, des R. Q. und der alveolaren Kohlensäurespannung, dem das Prinzip von Zuntz zugrunde liegt.

Durch Auffangen der gesamten Exspirationsluft in kurzen Zeitabschnitten kann auf die Aliquotentnahme von Luftproben verzichtet werden. Das Tier atmet durch Ventile von geringem schädlichen Raum; eine Tracheotomie ist nicht erforderlich. Die Analysen zeigen, daß das Verfahren den bisher bekannten Methoden nicht an Genauigkeit nachsteht. Die Alveolargasspannung der Kohlensäure des ruhenden Tieres ist nur wenig kleiner als die beim ruhenden Menschen gewonnene. *Krzywanek.*

Bürker (4) beschreibt einige neue Hilfsapparate zur Blutuntersuchung.

Er schildert einen Apparat zur Herstellung von Blutausstrichen nach der Deckglasmethode, ein Doppel-

trögchen aus Glas zur simultanen Färbung von Deckglasausstrichen, einen Blutpipettenhalter mit Lupe, eine neue Form der Zählkammer, ein Prüfungsglas und Füllpipetten für dieselbe und einen Apparat zur Gewinnung von Plasma zur Refraktometrie. *Krzywanek.*

Braun (3) hat die osmotische Hämolyse der roten Blutkörperchen während der Brunst und Schwangerschaft des Rindes untersucht.

Bei nichtträchtigen gesunden Rindern erfolgt normalerweise die Hämolyse bei einer Kochsalzkonzentration von 0,60—0,65 proz. NaCl-Lösung. Bei brünstigen Rindern sinkt der Hämolysenwert. Nach Belegung und Konzeption sinkt derselbe bis zum 3. Monate weiter (0,40%), steigt hernach bis zum 7. Monate wieder langsam an (0,48%), um dann vor der Geburt wieder zu sinken; der Hämolysenwert steigt nach dem Abkalben wieder allmählich an, um nach 6 Wochen wieder den normalen Wert zu erreichen. Hat keine Befruchtung oder überhaupt keine Belegung stattgefunden, so erfolgt bereits nach einigen Tagen ein Ansteigen bis zum normalen Durchschnittswert. Junge, gesunde Kälber und Föten haben einen sehr tiefen Hämolysenwert, ebenso kranke Tiere, ohne trächtig zu sein. Die vergleichenden Messungen vor und nach der Belegung lassen die Möglichkeit offen, die Trächtigkeitsdiagnose auf hämolytischem Wege zu ermitteln; als einschränkend müssen hierbei die gleichfalls tiefen Hämolysenwerte kranker Tiere berücksichtigt werden. *Trautmann.*

Collazo und Morelli (5) haben den Milchsäuregehalt des Blutes verschiedener Tiere untersucht (Jugularis- bzw. Axillarisblut).

Der Gehalt ist bei den einzelnen Tierarten verschieden, innerhalb der Art sind jedoch engbegrenzte Werte. In folgender Zusammenstellung sei ein Überblick über die Haustiere gegeben mit der Zahl der Versuchstiere, dem Mittelwert (Milligramm pro 100) und den Variationen (Milligramm pro 100): 5 Pferde 8,1 bzw. 5—11, 3 Ochsen 11,2 bzw. 8—13, 7 Schafe 11,2 bzw. 7—13, 2 Ziegen 10,2 bzw. 8—13, 6 Schweine 43,1 bzw. 39—48, 20 Hunde 23,7 bzw. 10—48, 2 Katzen 23 bzw. 21—29, 64 Kaninchen 51 bzw. 13—100, 2 Hühner 25 bzw. 16—30, 5 Tauben 29 bzw. 19—36.

Mendel und Goldscheider (30) beschreiben eine kolorimetrische Mikromethode zur quantitativen Bestimmung der Milchsäure, die in 1 ccm Blut in $1^{1}/_{4}$ Stunde durchgeführt werden kann.

Diese Methode erscheint auch zum Gebrauch im klinischen Betrieb geeignet, da sie es ermöglicht, die Milchsäure in geringer Blutmenge schnell und genau ohne besondere Übung und ohne komplizierte Apparatur zu bestimmen. *Krzywanek.*

Dobó (8) bestimmte die Menge des Reststickstoffes im Blute von Schweinen und Schweinefeten, sowie im Fruchtwasser.

Er fand, daß der Reststickstoffwert, auf 100 ccm Blut bezogen, bei trächtigen Schweinen niedriger (im Mittel 22,53 mg) ist als bei nichtträchtigen (29,02 mg). Er nimmt bis zur 12. Trächtigkeitswoche allmählich ab, um von da an langsam wieder anzusteigen. Im Fötenblut nimmt der Reststickstoffwert (7—15,50 mg) mit der Zunahme des Körpergewichts zu. Im Fruchtwasser ist der Reststickstoffgehalt (23,42—25,80 mg pro 100 ccm) stets etwas höher als im Mutterblute. *Manninger.*

Lakos (25) bestimmte den Reststickstoffgehalt des Pferdeblutes.

Er fand für je 100 ccm Blut je nach Rasse, Geschlecht und Alter der Pferde Werte von 18,9—42,5 mg. Es wurden um so größere Werte erhalten, je lebhafteren Stoffwechsel die betreffenden Tiere aufwiesen. Bei hohem Fieber fand sich der Reststickstoffgehalt des Blutes erhöht. Manninger.

Desgrez und Meunier (7) berichten über die mineralischen Elemente, welche eine Begleiterscheinung der Oxyhämoglobinämie des Blutes beim Pferde sind.

Bei Oxyhämoglobinkristallen erster Kristallisation bemerkt man Kalium, Natrium, Kalzium, Eisen und Spuren von Mangan. Hier ist durch spektrale Untersuchung vorwiegend Kalium nachzuweisen. Beim Hämoglobin der zweiten Kristallisation vermindert sich das Kalium, während das Kalzium unverändert bleibt. Wenn man das Produkt der zweiten Kristallisation an der Luft trocknet, bilden sich 2 Formen von Pigmenten, und zwar eine lösliche, die Kalzium enthält, und eine in Wasser unlösliche, die alles Lithium zurückbehält. Kalium kommt in keiner der beiden Formen zum Vorschein. Diese verschiedenen Resultate beweisen deutlich die Rolle des Blutpigments; es ist Vektor der metallischen Elemente, für welche es eine starke Verwandtschaft an den Tag legt, aber verschieden zu jedem von beiden. Hans Richter.

Fontès und Yovanowitch (10) berichten über den Ammoniakgehalt des zirkulierenden Venenblutes u. a. beim Hund. Frisch entnommenes Venenblut enthält im Liter nur 0,024—0,08 mg Ammoniakstickstoff. Graf.

Parnas (36) untersuchte den Ammoniakgehalt sowie die Ammoniakbildung im Blute des Pferdes, Rindes, Schweines Hundes, Huhnes, der Ente, des Hammels und des Menschen.

Der Ammoniakgehalt im Blute von Huhn, Ente und Taube ist etwa 10 mal höher wie im Hammelblut. Der Wert, welchen der Ammoniakgehalt nach Zersetzung der ammoniakbildenden Substanz im Kaninchenblut erreicht, ist 9 mal, im Entenblut 15 mal höher als im Pferdeblut. Durch gravimetrische Harnstoffbestimmungen, besonders am Vogelblut, konnte nachgewiesen werden, daß die beobachtete Ammoniakbildung keiner Harnstoffzersetzung entspricht. Krzywanek.

Parnas und Taubenhaus (35) konnten nachweisen, daß die Ammoniakspaltung im Blute nicht auf Kosten der kolloiden Bestandteile erfolgt und daß der N der Aminosäuren nicht die Quelle des im Blute entstehenden Ammoniaks ist. Sie konnten zeigen, daß im enteiweißten Blut eine Substanz vorhanden ist, welche vom Blute zu Ammoniak zersetzt wird. Krzywanek.

In seiner 2. Mitteilung über die Eiweißkörper des Blutes berichtet Hueck (15) über eine Reihe von Ergebnissen, die er bei refraktometrischen und viskosimetrischen Untersuchungen am Vollblut, Plasma und Serum beobachtete. Diese eignen sich wenig zu einem kurzen Referat, sollten aber von Jedem, der sich mit Blutanalysen solcher Art befaßt, im Original gelesen werden. Krzywanek.

Iwatsuru (16) studierte am Vitamin-B-frei ernährten Kaninchen die Verteilung der Fette und Lipoide im Blute.

Er fand, daß das Blutfett ebenso wie das der Reistauben geringgradig zunimmt. Der Fett- und Lipoidgehalt der Blutkörperchen bei einem solchen Kaninchen und ebenso beim hungernden weicht von der Norm nicht wesentlich ab. Dasselbe gilt auch von den einzelnen Lipoidfraktionen (Cholesterin, Phosphatidstoffe und Gesamtfettsäure) der Blutkörperchen. Interessant ist das Verhalten des Blutserums bei der B-Avitaminose. Die Fett- und Lipoidmenge ist stark vermehrt, und zwar nimmt die des Cholesterins um etwa das 3 fache, die des Lezithins und der Gesamtfettsäure um etwa das 1,5 fache des Normalwertes zu. In den letzten Stadien der Krankheit tritt jedoch eine erhebliche Verminderung ein. Der Esteranteil des Serumcholesterins vergrößert sich im Vergleich zu dem des Gesamtcholesterins. Zwischen dem hungernden und vitamin-B-frei ernährten Tiere ergaben sich bezüglich des Fett- und Lipoidgehaltes und deren Verteilung im Blute keine charakteristischen Unterschiede. Krzywanek.

Mays (28) Untersuchungen über das Verhalten der Oxydasereaktion im Blute verschiedener Wirbeltierklassen betreffen Meerschweinchen, Kaninchen, Maus, Kreuzschnabel, grünen Hänfling, Ente, Truthuhn, Eidechse, Schildkröte, Ringelnatter, Frosch, Axolotl, Goldfisch. Joest und Cohrs.

Nach Meis (29) ist die Tallqvistuntersuchung der Färbekraft des Blutes auch für die Warmblüter im Tierreich geeignet. Die Untersuchungen wurden an Hausgeflügeln und Haussäugetieren angestellt.

Ein wesentlich verschiedenes Verhalten des Blutes von Vögeln und von Säugetieren ist nicht zu konstatieren. Im Sommer besitzt das Blut arbeitender Pferde infolge größerer Wasserabgabe durch Schwitzen höhere Tallqvistwerte wie im Winter. Wenngleich bei den Untersuchungen Böcke und Hammel niedrigere Werte wie weibliche Schafe, und Bullenkälber höhere Zahlen wie die Kuhkälber ergaben, so lassen sich doch hieraus keine bindenden Schlüsse über die Beeinflussung der Färbekraft des Blutes durch das Geschlecht ziehen. Im jugendlichen Alter ist die Blutfärbekraft etwas geringer als bei erwachsenen Tieren. Bei Pferden ist die Zugehörigkeit zu Warm- oder Kaltblütern ohne Einfluß auf die Blutfärbekraft. Kranke Tiere zeigen kein typisches Verhalten ihrer Blutfärbekraft. Starke Wasserabgabe erhöht naturgemäß die letztere. Im moribunden Zustand des Tieres ist die besonders hohe Färbekraft auch noch eine Folge der Kohlensäureüberladung. Die Tallqvistprobe hat im allgemeinen für die praktische Tiermedizin eine untergeordnete Bedeutung. Ob sie bei Blutkrankheiten der Tiere die Diagnose und Prognose sichern kann, bedarf noch weiterer eingehender Untersuchungen. Trautmann.

Neumann (32) berichtet über die Jodreaktion des Blutes gesunder und kranker Haustiere.

Die Untersuchungen wurden an 29 gesunden und 209 kranken Haustieren vorgenommen. Bei den gesunden Tieren fiel die Reaktion ganz analog jener beim gesunden Menschen aus. Die roten Blutkörperchen färbten sich bei Trockenfärbung braungelb, die polymorphkernigen neutrophilen Leukozyten blieben auch im Plasma farblos; bei der Vitalfärbung nahmen die roten Blutkörperchen eine wesentlich dunklere, die polymorphkernigen neutrophilen Leukozyten eine schwach gelbe Farbe an. Ein Zusammenhang zwischen Verdauung und Jodreaktion konnte nicht nachgewiesen werden. In bezug auf das Auftreten positiver Reaktion, d. h. einer deutlichen Gelbfärbung der polymorphkernigen neutrophilen Leukozyten, bei pathologischen Prozessen lassen die ausgeführten Untersuchungen ebensowenig wie beim Menschen ein einheitliches Prinzip erkennen. Im allgemeinen waren am häufigsten positive Reaktionen bei eitrigen und nekrotischen Prozessen, weiter bei gewissen Infektionskrankheiten vorhanden. Hautkrankheiten und Gravidität gaben in den seltensten Fällen positive Reaktionen. Zusammenfassend kann gesagt werden, daß das Verhalten der Jodreaktion des Blutes beim Haustiere weitgehendste Übereinstimmung mit den Verhältnissen beim Menschen zeigt. Trautmann.

Kalt (18) hat den Hämoglobingehalt des Maultierblutes untersucht. Er stellte folgendes fest:

Der Erythrozytengehalt des Maultierblutes schwankt zwischen 6 und 7,79 Millionen und beträgt im Mittel 6,63 Millionen pro 1 cmm Blut. Männliche Kastraten besitzen in 1 cmm Blut nur wenig mehr rote Blutkörperchen (6,65 Mill.) als Stuten (6,43 Mill.), junge Tiere (7,01 Mill.) mehr als ältere (6,51 Mill.), gut genährte (6,89 Mill.) mehr als schlecht genährte (6,43 Mill.) und warmblütige Tiere (6,71 Mill.) mehr als kaltblütige (6,34 Mill.). Für die Hämoglobinbestimmung mit dem Hämokolorimeter nach Autenrieth und Königsberger (großes Modell, Apparat und Keil Nr. 2747) wurde die Eichkurve durch die Skalenmittelwerte der Blutverdünnung 1 : 100 mit 80,9 und der Verdünnung 1 : 200 mit 102,9 ermittelt. Der Hämoglobingehalt der Erythrozyten ist bei den einzelnen Tieren kein konstanter, wenn auch eine gewisse Proportionalität zwischen Erythrozyten- und Hämoglobingehalt besteht derart, daß in den meisten Fällen einer höheren Erythrozytenzahl auch ein höherer Hämoglobingehalt entspricht. Die Schwankungen, denen diese Relationen unterliegen, zeigen sich in denen des Farbquotienten, d. h. des auf 1 Million Erythrozyten entfallenden Anteiles an Einheiten Hämoglobin. Dieser schwankte im Extrem zwischen 9,5 und 17,5 und beträgt im Mittel 14,6. Der Hämoglobingehalt der Erythrozyten ist bei Wallach und Stute annähernd gleich (F. Q. = 14,9 gegen 15,6), bei jüngeren (16,6), gut genährten (15,4) und warmblütigen Tieren (14,9), jedoch höher als bei älteren (14,0), schlecht genährten (14,1) und kaltblütigen Tieren (13,3). Der absolute Hämoglobingehalt des Maultierblutes berechnet sich auf Grund der von Paechtner und Stickan angegebenen Eichmethode für das Hämokolorimeter im Mittel zu 11,2%. Trautmann.

Durch Messung der Differenz des Sauerstoffgehaltes des Blutes der Art. carotis und einer Vena chorioïdea bestimmte Kaneko (19) beim Hunde die Sauerstoffabgabe des Blutes im Auge.

Die Sauerstoffausnutzung beträgt bei Tageslicht 4,79 Vol.-%, steigt bei starker Beleuchtung auf etwa das 5fache, bei Erwärmung auf das Doppelte, und sinkt etwas bei Abkühlung. Mit einer zu diesem Zwecke ausgearbeiteten Mikromethode wurde weiter die Durchblutungsgröße des Auges bestimmt und gefunden, daß sich diese im gleichen Sinne wie die Sauerstoffausnutzung ändert. Die Berechnung des Sauerstoffverbrauches eines Auges ergab bei Ruhe 0,275 cmm/min, bei starker Beleuchtung das 17fache, bei Erwärmung das 3—4fache, und bei Abkühlung ca. ein Drittel weniger. Krzywanek.

Dohmann (9) hat festgestellt, daß es durch die intradermale Injektion von frischem Eigenblut und nachträgliche Exzision der Injektionsstellen gelingt, beim Rinde die Entwicklung des Hämosiderins aus den roten Blutkörperchen auf Wochen und Monate hinaus zu verfolgen. Weber.

Krüger (23) studierte die Beeinflussung des Kaninchenblutbildes durch Injektion von Taubenserum.

1. Die beiden Kaninchen, die eine Injektion von serologisch negativem Taubenserum erhalten hatten, zeigten keine Veränderungen ihres Blutbildes.

2. Die beiden Kaninchen, die mit serologisch positivem Taubenserum eingespritzt wurden, zeigten die für die infektiöse Anämie typischen Veränderungen des Blutbildes. Das benutzte Serum war Tauben entnommen, die vorher eine Injektion von serologisch positivem Pferdeserum erhalten hatten.

3. Die 3 Kaninchen, die eine Einspritzung von serologisch positivem Serum von vorher nichtinfizierten Tauben bekommen hatten, wiesen ebenfalls Veränderungen des Blutbildes auf. Sowohl die Erythrozytenzahl als auch der Hämoglobinwert fielen, während der Quotient größer wurde.

4. Die mit serologisch zweifelhaftem Serum von vorher nichtinfizierten Tauben geimpften Kaninchen zeigten ebenfalls derartige Veränderungen des Blutbildes.

5. Die Reaktion trat in je 2 Fällen am 1., 2. und 3. Tage und in einem Falle am 5. Tage nach der Injektion des Taubenserums ein.

Das Ergebnis läßt die Vermutung zu, daß auch Tauben mit dem Virus der infektiösen Anämie des Pferdes behaftet sein können, und daß es möglich ist, das Virus mit dem Serum derartiger Tauben auf Kaninchen zu übertragen. Daß nicht Taubenserum ohne weiteres die bisher für die infektiöse Anämie als typisch angesprochenen Veränderungen des Kaninchenblutbildes hervorzurufen vermag, geht aus der Tatsache hervor, daß das Blutbild zweier Versuchstiere, denen ebenfalls Taubenserum eingespritzt worden war, sich nicht veränderte. Trautmann.

Niebuhr (33) studierte die Beeinflussung des Kaninchenblutbildes durch Injektionen von normalem Pferdeserum.

Durch einmalige Injektion einer normalen Dosis von Normalpferdeserum beim Kaninchen — abgesehen von einer leichten Temperatursteigerung — wird eine Reaktion des Blutbildes nicht ausgelöst. Durch wiederholte subkutane Injektionen von Normalpferdeserum beim Kaninchen tritt eine Beeinflussung des Blutbildes desselben, die zum Schlusse „infektiöse Anämie" führen, nicht auf, solange mit den beim Kaninchenimpfversuch üblichen Serumdosen gearbeitet wird. Eine Beeinflussung im Sinne der infektiösen Anämie, d. h. Abfall der Erythrozyten- und Hämoglobinkurve und Steigen des Blutwertes, ist erst dann zu verzeichnen, sobald das verwandte Agens in übernormaler Dosis zur Anwendung gelangt. Deshalb ist der Vermeidung zu hoher Dosen bei wiederholten Injektionen größter Wert beizulegen. Bei wiederholten intravenösen Infusionen ist regelmäßig von der 3. Infusion an eine Reaktion, bestehend in Abfall der Erythrozyten- und Hämoglobinkurve und mehr oder weniger ausgeprägtes Steigen des Blutwertes, zu erkennen, die zu Trugschlüssen und Deutung auf infektiöse Anämie Anlaß geben könnte. Am Ende der Versuche gingen alle Tiere an Intoxikation zugrunde, wodurch auch der gegen Ende der Reihen beobachtete Temperaturanstieg seine Erklärung findet. Aus diesem Grunde ist davor zu warnen, dem Kaninchen wiederholt artfremdes Serum intravenös zu infundieren. Vielmehr muß bei wiederholter Applikation die subkutane Injektionsmethode als die sicherste beim Kaninchenimpfversuch angesehen werden. Trautmann.

Paulat (37) hat die Bildung von Hämosiderin nach intrakutaner Injektion von Ziegenblut beim Pferde untersucht und damit einen Beitrag zum Blutabbau bei den Haustieren geliefert.

Durch intrakutane Injektion von je 2 ccm frischen unveränderten Blutes aus der Vena jugularis wurde bei 3 Pferden verschiedenen Alters ($1^{1}/_{4}$, $4^{1}/_{2}$ und 17 Jahre) die Pigmentbildung, im speziellen die Entwicklung des Hämosiderins aus roten Blutkörperchen durch histologische Untersuchung der zu verschiedenen Zeiten (1, 2, 3, 4, 5, 6, 7, 14 und 30 Tagen) entnommenen Hautinjektionsstellen, geprüft. Das injizierte Blut hält sich am Orte der Einspritzung (untere und mittlere Zone des Strat. reticul.) mit geringen Resten über 14 Tage und ist nach 4 Wochen unter Hinterlassung von Pigmenten verschwunden. 24 Stunden nach der Injektion ist die Aufnahme roter Blutkörperchen durch polymorphkernige Leukozyten und namentlich durch Zellen des gefäßführenden Koriumbindegewebes festzustellen. Die Hämosiderinbildung beginnt am 2. Tage nach der Einspritzung, und zwar fast ausschließlich in Bindegewebszellen und Histiozyten nach vorheriger Aufnahme roter Blutkörperchen. Vom Zeitpunkte des

Auftretens der ersten eisenhaltigen Farbsubstanzen nimmt die Bildung des Hämosiderins, entsprechend der Dauer der Blutablagerung, fortlaufend zu und führt dabei zur Überladung der pigmenttragenden Zellen mit einem zu Körnern und Schollen verdichteten, intensive Eisenreaktion liefernden Hämosiderin. Diese Überladung führt vom 6. Tage ab zur Ausstoßung feinster Hämosiderinkörnchen und -splitter und gegen den 14. Tag zuweilen zu einer zarten Imbibition des die Zelle umgebenden Gewebes mit diffusem Hämosiderin. 4 Wochen nach der Injektion war noch reichlich Hämosiderin nachzuweisen. Außer der intrazellulären Hämosiderinbildung wurde das extrazelluläre Auftreten von vereinzelten Tröpfchen festgestellt, welche bei Eisenreaktion eine blaugrüne Farbe zeigen. Am 7. Tage tritt intrazellulär, und zwar am gleichen Orte und in den gleichen Zellen, wo sich das Hämosiderin bildet bzw. gebildet hat, ein körniges, goldgelbes, eisennegatives in Alkohol und Fettlösungsmitteln unlösliches Pigment auf, das an Menge bis zur 4. Woche fortlaufend zunimmt. Es wird entweder für sich oder neben Hämosiderin, aber niemals mit diesem verschmolzen in den Zellen angetroffen. Trautmann.

Ritzenthaler (41) berichtet über die Verwendung der Bluttransfusion beim Pferd.

Ausgehend von der großen Wichtigkeit der Bluttransfusion für die Pathologie und Therapie speziell von quantitativen und qualitativen Blutanomalien hat Verf. diesen Eingriff systematisch untersucht. Die rasche Gerinnung des Pferdeblutes erfordert Zitrierung (0,3%). Das Zitrat (Na) wird bis zu 15 g gut vertragen, andernfalls fügt man 0,1⁰/₀₀ Ca zu. Die Transfusion von Blut kann je nach dem Spender Indifferenz oder aber anaphylaktische Reaktion beim Empfänger auslösen, wobei im letzteren Falle der erstere zu wechseln und vorsichtig einzuprüfen ist. Die Indikationen sind die obenerwähnten (Anämien akzidenteller und infektiöser Natur). Wenn z. B. 3—5 l Blut ertragen werden, so fährt man mit der Injektion 3—4mal während 10 Tagen fort, wobei aber nach dieser Frist unbedingt ein zweiter Spender anzusetzen ist. Dies hat unter genauer Beobachtung der Reaktion des Impflings auf kleine Mengen (1—2 l) Blut desselben zu geschehen. Bei der positiven Heilreaktion, die sich durch Hämoglobinzunahme und Besserung des Allgemeinbefindens andeutet, genügt dann pro Woche eine Injektion von 1 l. So gelingt es, mit 10—30 l Blut eine schwere Anämie günstig zu beeinflussen. Aus prophylaktischen Gründen (Bakterieninvasion ins Blut während der Verdauung) empfiehlt es sich, hungernde Spender anzusetzen. Es wird zudem mit Rücksicht auf die Wichtigkeit des Themas auf das Original verwiesen.

Graf.

Jacobsthals (17) morphologische Untersuchungen über die Einwirkung hypertonischer Kochsalzlösungen auf Erythrozyten ergaben folgendes: „Unter dem Einfluß hypertonischer Lösungen von 0,9—35% Kochsalz entwickeln sich nicht nur Schrumpfungsprozesse, sondern auch hochgradige Quellungsvorgänge. Schrumpfungs- und Quellungsvorgänge greifen ineinander, und unter scheinbar gleichen Bedingungen kann der eine oder der andere Vorgang überwiegen. Die hämatokritische Untersuchungsmethode gibt zwar einen Überblick darüber, welcher dieser Vorgänge überwiegt; sie gibt uns aber einen nur sehr mangelhaften Einblick in das morphologische Geschehen. Die Dunkelfeldmethode eignet sich sehr zur Beobachtung der hier besprochenen Vorgänge; besonders die Beobachtung der Blutschatten ist mit ihr am einfachsten. Unter dem Einfluß hypertonischer Salzlösungen gibt es nicht nur Quellungshämolysen, sondern der Begriff der Bechholdschen Schrumpfungshämolyse besteht zu Recht." Beschreibung verschiedener Arten der Blutschatten. Erklärung der Quellung

kolloidchemisch durch den funktionellen Ausfall des hydrophoben Cholesterins und das dadurch entstehende Übergewicht des Lezithinanteils. Joest u. Cohrs.

Kohanawa und Kadono (22) beschreiben, daß sich die Resistenz der Erythrozyten gegen Na Cl-Lösung bei normalen Haustieren bezüglich der Stärke derselben in der Reihenfolge Pferd, Rind, Schwein, Schaf und Ziege vermindert. Nitta.

Leake und Guy (26) haben die Einwirkung von getrocknetem Knochenmark und getrockneter Milz auf die Widerstandsfähigkeit der Erythrozyten des Hundes auf hypertonische Salzlösungen untersucht.

Verschiedene Verdünnungen einer Standardlösung von NaCl (8,2), KCl (0,2), $MgCl_2$ (0,2), $CaCl_2$ (0,1), $NaH_2PO_4$ (0,1) und $NaHCO_3$ (0,05) in 1000 ccm Aq. dest. werden als Suspensionsflüssigkeit der Erythrozyten von mit den Trockensubstanzen beider Organe gefütterten Hunden verwendet. Es tritt eine Resistenzerhöhung gegenüber hypotonischen Konzentrationen ein (nach 1—2 Tagen), diese geht mit der Erhöhung der Erythrozytenzahl parallel. Graf.

Heissenberger (12) hat die Blutsedimentierungsprobe nach Noltze geprüft bei 41 Schweinerotlauf-, 3 Geflügelcholeraserumpferden und, zur Kontrolle, bei 7 gesunden (Wagen-) Pferden zu verschiedenen Zeitpunkten in bezug auf den wöchentlich einmal vorgenommenen Aderlaß.

Nach Noltze stellt die Sedimentierungsprobe im Oxalat- und im defibrinierten Blut ein gutes Mittel zur Diagnose der infektiösen Anämie der Pferde dar.

Nach den Ergebnissen der Untersuchungen des Verf. würde nach den Ansichten Noltzes im untersuchten Pferdebestande die infektiöse Anämie herrschen. Da dies auf Grund ständiger Übertragungsversuche bei den Serumpferden ausgeschlossen werden kann, ergibt sich, daß die Erscheinung der gleichzeitigen Beschleunigung der Sedimentierung der roten Blutkörperchen im Oxalat- und im defibrinierten Blute kein geeignetes Mittel zur Feststellung der infektiösen Anämie bei Serumpferden ist. Gleichzeitig beweisen diese Untersuchungen neuerlich, daß dem Noltzeschen Sedimentierungsverfahren ein Anspruch auf Spezifität hinsichtlich infektiöser Anämie der Pferde nicht zukommt. Trautmann.

Pirkmayer (39) hat die Senkung des einzelnen roten Blutkörperchens im Rinderblute untersucht.

Von der Senkungsgeschwindigkeit des normalen Blutes ausgehend, wurde zentrifugiertes Plasma, mit einer jeweils bestimmten Menge zentrifugierten Blutkörperchenbreies vermengt, der Sedimentierung überlassen und zugleich mikroskopisch beobachtet. Zwecks verwertbarer, übereinstimmender makroskopischer und mikroskopischer Untersuchungsresultate müssen für jeden Versuch auch immer Gefäße von gleichem Volumen und gleiche Konzentrationen von Blutkörperchen verwendet werden. Es ergibt sich bei fortschreitender Verdünnung eine Zunahme der Senkungsgeschwindigkeit, welche aber bei einer angewandten Blutkörperchenmenge von 2 Vol.-% nach abwärts fast gleich bleibt, d. h. unabhängig von der Verdünnung ist. Es wurde auch die Lageeinstellung des einzelnen Blutkörperchens während der Senkung beobachtet und dabei festgestellt, daß die Mehrzahl der Blutkörperchen mit der Kante nach abwärts fallen, und nur 8—10% mit der Fläche, welch letzteres man bisher als allgemein angenommen hat. Schließlich konnten niemals die Erscheinungen des Verklebens der einzelnen Blutkörperchen oder das Bild der Geldrollenbildung während der Senkung beobachtet werden und scheint also beim Rinderblute die Agglutination kein so großes Moment für die Beeinflussung der Senkungsgeschwindigkeit zu sein. Trautmann.

Rudolf (41) berichtet über das Fett des Blutes bei gesunden und kranken Pferden.

Insgesamt kamen 46 Blutproben, 1 Pleuritisexsudatprobe und vergleichsweise von 6 an verschiedenen Krankheiten eingegangenen Pferden Körperfett zur Untersuchung. Die Proben stammten von 6 gesunden Pferden. 15 Tiere waren an Brustseuche, 6 an Petechialfieber, 5 an Erkrankungen des Verdauungstraktes und 1 Pferd an Tetanus erkrankt. Von 7 Brustseuchepferden wurden in verschiedenen Zeitabschnitten des Krankheitsverlaufes Proben entnommen und untersucht. Die angegebenen Zahlen beziehen sich auf 1 l Blut.

Die Menge des Neutralfettes bei gesunden Pferden wechselt ziemlich erheblich, was wohl von der Zeit abhängig sein dürfte, welche zwischen Fütterung und Blutentnahme verstrichen ist. Der Durchschnittswert liegt zwischen 2—4 g. Die Schwankungen der Neutralfettmenge stehen in keinem Verhältnis zur Gesamttrockensubstanz, deren Werte zwischen 200,2—155,4 g schwankten, und dem spezifischen Gewichte (1,0388 bis 1,0519). Die Jodzahl lag zwischen 78—102, also zwischen der Jodzahl des Körperfettes und der des Futters. Das Neutralfett scheint mit Rücksicht auf die hohen Jodzahlen (Haferöl hat die Jodzahl 104,2) Nahrungsfett zu sein und nicht durch Abbau von Körperfett ins Blut zu gelangen. Der Cholesteringehalt bewegt sich zwischen 0,46—0,83 g. Die Menge der „anderen unverseifbaren Substanz" ist nicht allzu gering, da bis 0,74 g gefunden wurden. Die Jodzahl dieses Blutbestandteiles war durchweg kleiner als die Jodzahl des reinen Cholesterins; es scheint demnach die Annahme berechtigt, daß ein Teil dieser Stoffe kein Jod addiert, somit aus gesättigten Substanzen (höheren Alkoholen) bestehen muß.

Hinsichtlich der Fettmengen bei kranken Tieren s. das Original.

Zusammenfassend kann gesagt werden, daß die fettartigen Substanzen des Blutes kranker Pferde Unterschiede zeigen gegenüber jenen gesunder Tiere. Diese Unterschiede bei den einzelnen Krankheiten sind nicht spezifisch; sie dürften aber mit den der Krankheit eigentümlichen Veränderungen im organischen Zusammenhange stehen, so daß verschiedene Krankheiten auch verschiedene Veränderungen in den Fettsubstanzen hervorrufen, und zwar auch Krankheiten, welche man nicht als Stoffwechselkrankheiten zu bezeichnen pflegt. Trautmann.

Schönenberger (44) studierte den Zusammenhang einiger Körperdimensionen mit der Bluttrockensubstanz bei reinrassigem Braunvieh.

Die Bluttrockensubstanzmenge variiert nach der Luftwärme der Jahreszeiten. Jüngere Tiere haben meist eine geringere Bluttrockensubstanzmenge als ältere. Mit zunehmender Milchleistung sinkt der durchschnittliche Bluttrockensubstanzgehalt etwas. Tiere mit dunklerer Haarfarbe weisen eine höhere Bluttrockensubstanz auf. Bei kürzerem Brustkorb vermehrt sich die Bluttrockensubstanz relativ. Weber.

Bei 2 gesunden Ziegen fand Schuhecker (45) unter normalen Fütterungsverhältnissen Blutzuckerwerte zwischen 49 und 60 bzw. 62—64 mg in 100 ccm Blut, also niedrigere Werte wie für Mensch und andere Tiere.

Der Blutzucker weist sowohl im Verlaufe des Tages als auch an verschiedenen Tagen nur geringe Schwankungen auf. Nach 2tägigem nicht absoluten Hungern sank der Blutzuckerwert der einen Ziege von 52 auf 41 mg, nach 1stündigem Laufen bis zur merklichen Ermüdung stieg er von vorher 55 auf 117 mg; ½ Stunde nach Arbeitsende trat ein starker Abfall ein, nach 2 Stunden war der Ausgangswert beinahe wieder erreicht. Die Adrenalinhyperglykämie zieht sich bei der Ziege im Vergleich zum Menschen und Kaninchen bedeutend in die Länge. Nach Insulininjektion sank der Blutzucker bis auf 17 mg, ohne daß sofort Kollaps auftrat; dieser stellte sich erst nach etwa 2 Stunden während des Anhaltens des niedrigen Blutzuckerspiegels ein. Krzywanek.

Widmark und Carlens (49) bestimmten die Blutzuckerkonzentration nicht milchgebender Kühe und Färsen bei der Fütterung ohne Kraftfutter mit der Bangschen Mikromethode zu 0,085%; er ist also von anderen Tieren nicht sehr verschieden.

Bei milchgebenden Kühen und Ziegen ist der Blutzuckergehalt erheblich niedriger; man findet bei solchen Tieren, die kein Kraftfutter erhalten, um die Hälfte niedrigere Werte; der niedrigste Wert war 0,040%. Die Bestimmungen ergaben, daß zwischen Milchmenge und Blutzucker eine gewisse Beziehung besteht: je größer die Milchmenge, um so niedriger ist der Blutzuckergehalt. Bei der Verabreichung von Kraftfutter an milchgebende Kühe erhöht sich bei diesen der Blutzuckerspiegel bis ungefähr zur Norm (0,08%). Krzywanek.

An 2 Kühen konnten Widmark und Carlens (50) durch subkutane Injektion von 500 bzw. 200 „Leo"-Einheiten Insulin hypoglykämische Symptome hervorrufen.

In diesen Fällen betrugen die niedrigsten beobachteten Blutzuckerkonzentrationen 0,03 und 0,037%. Die hypoglykämischen Symptome bestehen in einer allmählich auftretenden Erlahmung und Bewußtlosigkeit, die von der gleichen Art zu sein scheinen wie die hypoglykämischen Symptome, die an Hunden und Menschen auftreten; Krämpfe kamen nicht vor. Das Symptomenbild erinnert in seinen Einzelheiten an den Symptomenkomplex der Gebärparese. Da der Blutzuckergehalt schon bei normalen, stark milchgebenden Kühen oft auf 0,04% sinken kann und die beobachteten hypoglykämischen Symptome bereits zwischen 0,04 und 0,03% aufgetreten sind, ergibt sich, daß die Herabsetzung, die zur Hervorrufung der hypoglykämischen Symptome erforderlich ist, eine sehr unbedeutende und verhältnismäßig viel geringere ist wie beim Menschen. Krzywanek.

Arloing und seine Mitarbeiter (2) berichten über einen bei Bulbuskompression auf den Vagus- bzw. Sympathikustonus deutenden Reflex, dessen Einfluß sich an der Pulszahl zeigt. Dieser ist positiv (Hypervagotonie, Abnahme der Pulszahl) bei jungen Schafen, Schwein, Ziege; schwach positiv beim Hund, negativ (gleiche Pulszahl) bei Pferd, Rind, älteren Schafen, Kaninchen. Bei einzelnen Rindern scheint eine Umkehr vorzukommen. Die Pulszahldifferenzen sind angeführt. Graf.

**Blutkreislauf.** Hiroishi (13) stellte an den Augen von Kaninchen, Katzen und Hunden zahlreiche Druckmessungen an, um das Verhältnis zwischen Augendruck und Blutdruck in den episkleralen Venen und den Wirbelvenen zu prüfen. Er fand, daß der physiologische Blutdruck in den episkleralen Venen und in den Vortexvenen niedriger ist als der normale Augendruck. Krage.

Horning und Mc Kee (14) berichten über die Verwendung der Blutdruckmessung in der Hundepraxis.

Im Laboratorium bedienten sie sich hierzu des Baumanometers, außerhalb desselben eines Aneroids. Die Messungen werden am liegenden Hunde an der Femoralis ausgeführt. Die gefundenen Mittelwerte betrugen:

| Gewicht in Pfund | Systole | Diastole |
| --- | --- | --- |
| 5,5—16,5 | 105 | 73 |
| 16,5—33 | 110 | 77 |
| 33 —44 | 112 | 78 |
| 44 —55 | 113 | 79 |
| 55 —66 | 120 | 84 |
| 66 —77 | 124 | 86 |
| 77 —88 | 126 | 88 |
| 88 —99 | 130 | 91 |
| 99 und darüber | 136 | 95 |

Auf Fehlerquellen wird hingewiesen.   Hobmaier.

**Lueg (27) beschreibt für das Kaninchen ein** unter Verwendung des Überdruckverfahrens hergestelltes **Herzfenster**, das zunächst zu direkter oder photographischer bzw. kinematographischer Beobachtung für den Biologen und Kliniker geeignet erscheint.   Krzywanek.

**Nomura (34)** hat sich mit der **Funktion des Reizleitungssystems**, im speziellen der Quermuskeln (der sog. „falschen Sehnenfäden") beschäftigt, die eine selbständige Kontraktionsfähigkeit nachweisen lassen (Hund, Katze, Rind). Herzstreifenpräparate von der Katze z. B. zeigten nach Entfernung von Endokard und subendokardialem Gewebe mit Purkinjeschen Zellen keine Kontraktionen, dagegen kontrahierten sie sich bei Gegenwart dieser Gewebsbestandteile. N. zieht daraus den Schluß, daß der Sitz des Ventrikelautomatismus nicht im Herzmuskel selbst, sondern in den Purkinjeschen-Zellen zu suchen ist.
O. Zietzschmann.

**Periot (38)** veröffentlicht eine **Studie über den Schließungsmechanismus der Mitralis.** Die Theorie ist im Original entwickelt.   Graf.

**Scharf (und Fischer) (42)** gelang es, durch experimentelle **Versuche an 17 Kaninchen über das Vikariieren des N. depressor** nachzuweisen, daß außer den bisher als Nn. depressores superiores schlechtweg bezeichneten isolierbaren Nerven noch im Vagus verlaufende, gleichfalls depressorisch wirksame und als Nn. depressores inferiores zu benennende Nervenfasern existieren.

Zwischen den beiderseitigen afferenten Nn. depr. sup. besteht eine Wechselbeziehung, wie sie ähnlich bei den afferenten Herzvagi bekannt ist; diese Wechselbeziehung besteht im Sinne einer gegenseitigen Beeinträchtigung und der konsekutiven Ermöglichung von Stellvertretung oder Vikariieren. Dies konnte bezüglich ihrer Wirkung auf Blutdruck, Pulsfrequenz und Atmung bewiesen werden. Die Nn. depressores superiores der beiden Seiten können trotz ihrer sonst subtraktiven Wirkung bei gleichzeitiger Reizung sich in ihrer Wirkung unterstützen.   Krzywanek.

**Untersuchungen am Mesenterium des lebenden Kaninchens über die Kapillartätigkeit,** die **Tannenberg (48)** ausführte, zeigten, daß bei gleichbleibender Strömungsgeschwindigkeit der kleinen Arterien und unverändertem Blutdruck der Strömungscharakter der aus dieser abzweigenden Kapillaren in jeder ganz verschieden ist und wechselt. Die Kapillarverengerung und -erweiterung wird durch eine der Kapillare an ihrem Abgang angelagerte, sog. „Kapillarpförtnerzelle" bewerkstelligt. Diese vermag mit Hilfe eines gebildeten Fortsatzes das Kapillarlumen am Abgang zu verengern und durch Rückbildung dieses wieder zu erweitern. Ferner scheint eine Verengerung der Kapillaren auch durch Bildung von Fortsätzen seitens der Endothelien herbeigeführt werden zu können.
Joest und Cohrs.

## 3. Sekretion (Milchdrüse), innere Sekretion.

*1) Bauer, H.: Die innere Sekretion des Pankreas; Theorie der Insulinwirkung. M. t. W. Bd. 76, Nr. 23, S. 503—508; Nr. 24, S. 517—523; Nr. 25, S. 543—548. — 2) Derselbe: Untersuchungen über die Insulinwirkung. Ebendas. Bd. 76, Nr. 15, S. 321—324. (Tierversuche.) — *3) Blum, F.: Zur Physiologie der Schilddrüse und der Epithelkörperchen. II. Die Bedeutung der Epithelkörperchen für den Organismus und die Möglichkeit ihres Ersatzes. Pflüg. Arch. Bd. 208, S. 318 bis 333. — *4) Bornstein, A. und H. Gremels: Über den Anteil von Mark und Rinde an den Ausfallserscheinungen nach Nebennierenexstirpation. Virch. Arch. Bd. 254, S. 409—424. — 5) Champy, Ch. und N. Kritch: Analogie de l'action hormonique des glandes génitales mâles et femelles sur la créte des Gallinacés. C. r. Acad. des Sc. Bd. 180, S. 957. (Ähnliche Resultate wie frühere Versuche.) — *6) Charząszcz, T. und C. Goralówna: Milchdiastase und ihre Eigenschaften. Biochem. Zschr. Bd. 166, S. 172—189. — *7) Ciompi: Un altro caso di sopravvivenza in un animale tiroparatiroid-ectomizzato. (Überleben eines Hundes, dem Schild- und Nebenschilddrüsen herausgenommen waren.) Clin. vet. S. 94. — *8) Crew, F. A. E.: Reguvenation of the aged fowl through thyreoid medication. Vet. J. Bd. 81, S. 407—415. — *9) Ducloux, E. und G. Cordier: Extrait pancréatique de l'Acanthias vulgaris; son action comparée a celle de l'insuline du bœuf. C. r. Acad. des Sc. Bd. 181, S. 342. — 10) Ernst, P.: Eine kolloide Struktur in Sekreten. Verh. D. path. Ges. Bd. 20, S. 242—247. (Urniere vom Schwein, Milchdrüse vom Rind usw.) — *11) Gley, E. und A. Quinquaud: Variations de la concentration du sang veineux surrenal en Adrénaline au cours d'une même excitation du nerf splanchnique sur le Chien. C. r. Soc. de Biol. Bd. 92, S. 771—774. — *12) Grüter, F.: Mitteilung über Hodentransplantationen bei Stieren. Schweiz. Arch. f. Tierhlk. Bd. 67, S. 458—464. — *13) Heckscher, H.: Untersuchungen über den Fett-Cholesteringehalt des Blutes bei thyreoidektomierten Pferden. Biochem. Zschr. Bd. 158, S. 417—421. — *14) Hédon, E.: La vie sans pancréas. Effets de la suppression du traitement par l'insuline chez le chien totalement dépancreaté: coma diabétique, sa guérison par bicarbonate de soude et insuline. C. r. Acad. des Sc. Bd. 180, S. 545. — *15) Herxheimer, G.: Epithelkörperchen, Tetanie, Guanidinvergiftung. Virch. Arch. Bd. 256, S. 275—320. — *16) Herzfeld, E. und W. Engel: Über chinin- und atoxylfeste Lipasen in innersekretorischen Organen. Biochem. Zschr. Bd. 160, S. 172—177. — *17) Jonkers, H. H. und F. E. Revers: Einfluß einer kalkreichen Nahrung auf die krankhaften Symptome beim Hunde nach partieller Parathyreoidexstirpation. Zschr. f. physiol. Chem. Bd. 144, S. 181—189. — *18) Kahn, R. H.: Laktation ohne Gravidität. Pflüg. Arch. Bd. 207, S. 429—430. — *19) Derselbe: Über die Rolle der Nerven bei der Laktation. Prag. Arch. (A) H. 3 u. 4, S. 57—70. — *20) Kieferle, F., J. Schwaibold und Ch. Hackmann: Der Gehalt der Kuhmilch an Zitronensäure und dessen Beziehungen zur Chlorzuckerzahl als Kriterium für normale bzw. anormale Milch. Zschr. f. physiol. Chem. Bd. 145, S. 18—36. — *21) Magliano, A.: Sull' azione delle imezioni di estratto testicolare eterologo nei giovani galli ad accrescimento tardivo. (Über die Wirkung von heterologem Hodenextrakt auf junge Hähne mit verspätetem Wachstum.) Nuovo Ercol. Jg. 30, Nr. 6, S. 113—116. — 22) Marsili: Sintomi generali e secrezioni interne. (Allgemein-symptome und innere Sekretion.) Clin. vet. S. 375. (Sammelreferat.) — *23) Michel, E.: Hämosiderin in Milz und Leber von Laboratoriumstieren. Diss. Leipzig. — *24) Michaud, L.: Über Donnangleichgewichte im Tierkörper. Virch. Arch. Bd. 254, S. 710—722. — *25) Miura, Y.: Über den Gehalt der Zerebrospinal-flüssigkeit an Hypophysenhinterlappensekret. Pflüg. Arch. Bd. 207, S. 76—84. — *26) Müller, H.: Über Guanidinverbindungen unter den Extraktstoffen des Stierhodens. Zschr. f. Biol. Bd. 82, S. 573—579. — 27) Noodt, Kl.: Zum Glykogengehalt der Epithel-körperchen des Menschen. Virch. Arch. Bd. 256, S. 424 bis 428. — *28) Ogawa, S.: Experimentelle Unter-suchungen über die Funktion der Epithelkörperchen. I. Mitt.: Epithelkörperchen und Schilddrüsen in ihren Beziehungen auf Frakturheilung und Knochenkalk. Arch. f. exper. Path. u. Pharm. Bd. 109, S. 83—107. — *29) Palladin, A. und L.: Milz und Stoffwechsel. I. Mitt.: Über den Einfluß der Milzexstirpation auf die Stickstoff- und Kreatininausscheidung. Biochem. Zschr. Bd. 161, S. 104—113. — 30) Pénau, H. und H. Simonnet: Traitement insulinien prolongé et sur-vie du chien dépancréaté. C. r. Acad. des Sc. Bd. 180, S. 702. (Rein experimentell.) — 31) Dieselben: Insuline et diabète pancréatique expérimental. Rec. de M. vét. Bd. 101, H. 6. — *32) Pettinari, V.: Phé-nomènes régénératifs dans les ovaires d'une vieille chienne après greffe ovarienne. C. r. Soc. de Biol. Bd. 92, S. 1294—1295. — *33) Pézard, Caridroit und Saud: Une notion nouvelle: l'existence d'un seuil différentiel racial dans certains complexes hybrides des Gallinacés. Ebendas. Bd. 92, S. 566—568. — *34) Piazza, Carlos: Injerto Voronoff. (Transplantation nach Voronoff.) Rev. Soc. Med. Vet. B. A. 1924, H. 3, S. 187—191. — *35) Rosmalen, W. C. van: De invloed van de functie van de schildklier op het ontstaan van hemiplegia laryngis en eenige waar-nemingen na thyreoidectomie bij het paard. (Der Ein-fluß der Schilddrüsenfunktion auf die Entstehung von Hemiplegia laryngis und einige Beobachtungen nach Thyreoidektomie beim Pferde.) Diss. Utrecht. — *36) Rovis, R.: Curiosita fisiologica. (Physiologische Merkwürdigkeit.) Clin. vet. S. 739. — *37) Sbars-ky, B. und D. Michlin: Isolierung der Perhydridase (Schardingerenzym) der Milch. Biochem. Zschr. Bd.155, S. 485—494. — *38) Schön, A.: Über die „prämortale Stickstoffsteigerung" und die Frage ihrer Beeinflussung durch die Schilddrüse. Diss. Berlin. — *39) Shima-mura, T. und R. Takahashi: Experiments with the Pancreatic Hormone Insulin. J. of Japan. Soc. Vet. Sc. Bd. 4, Nr. 1, S. 87—88. — *40) Sinelnikoff, E. I.: Über den Einfluß von Liebigs Extrakt auf die experi-mentelle Tetanie. Pflüg. Arch. Bd. 207, S. 351—360. — *41) Stäheli, A.: Über Eierstocksimplantationen bei präsenilen Kühen. Schweiz. Arch. f. Tierhlk. Bd. 67, S. 451—458. — 42) Tokumitsu, Y.: Versuche über das Wesen der Schilddrüsenhormone und deren Aus-scheidungswege. Zieglers Beitr. Bd. 73, S. 585—597. — *43) Tournade, A. und M. Chabrol: Réalité de l'Adrénalinémie physiologique. Sa fonction cardio- et angiotonique. C. r. Soc. de Biol. Bd. 92, S. 587—590 u. 1041—1044. — *44) Utiger, E.: Über den Einfluß der Thyreoidea auf die Beschaffenheit des Blutes und ihre Bedeutung für die Konstitution und die Farbe der Tiere. Diss. Bern.

Nach Michaud (24) ist der Theorie der Donnan-schen Gleichgewichtsverteilung im Tierkör-per ein großer heuristischer Wert zuzuerkennen. Ihr sind unterworfen der Chlorionengehalt des Blutes und der Ödem- und Hydropsflüssigkeit, nicht der Harn-stoff. Verschiedene Sekretionsvorgänge von Drüsen dürften einer Deutung durch sie zugänglich sein.

Joest und Cohrs.

**Milchsekretion.** Kahn (19) stellte an Meer-schweinchen Versuche an, um die Rolle der Nerven bei der Laktation zu prüfen.

Auf Grund seiner experimentellen Versuche gelangt er zu folgendem Ergebnis: Die Vergleichung der Zu-sammensetzung der Milch der beiden Milchdrüsen beim Meerschweinchen läßt nach völliger Enervierung der einen Drüse einen spezifischen, regulierenden Nerven-einfluß erkennen, welcher darin besteht, daß eine leicht eintretende Übermäßigkeit bzw. Unregelmäßigkeit in der Bildung der wichtigsten Milchbestandteile hintan-gehalten wird. Es handelt sich also um eine regula-torische Beschränkung der Bildung wichtiger Milch-bestandteile durch das Nervensystem.  Krage.

In ihren Untersuchungen über Milchdiastase und ihre Eigenschaften kommen Charząszcz und Goralówna (6) zu folgenden Schlußfolgerungen:

Die Milch zeigt sehr schwach stärkelösende, deutlich verzuckernde und ziemlich stark dextrinierende Kraft. Die günstigste Wasserstoffionenkonzentration ist nicht als feste Größe zu betrachten, dieselbe ist von der Menge der Milchdiastase abhängig und zeigt ein $p = 5,8$—$6,2$ bei normaler Milch; bei Mitwirkung dia-stasehaltiger Bakterien verschiebt sich die günstigste Wasserstoffionenkonzentration, $p = 5,0$—$5,5$. Auch die günstigste Temperatur ist keine feste Größe, sondern von der Diastasemenge abhängig und zeigt sich bei einer Temperatur von 20—40° C; normale Durch-schnittsmilch hat ihr Optimum bei 30° C, Kolostrum, als diastasereicher, hat ein höheres Optimum, nämlich 35—40° C. Am meisten Diastase enthält der fetthaltige Teil der Milch, also Rahm, dann Voll- und am wenig-sten Magermilch. Je fetthaltiger also die Milch ist, um so reicher ist sie an Diastase; die zuletzt ermolkene Milchmenge hat also auch mehr Diastase als die vorher ermolkene Frühmilch, hat mehr Diastase als Mittags-milch, diese wiederum mehr als die Abendmilch; die Milch der einzelnen Euterstriche weist keinen sicht-baren Unterschied auf, wohl aber ist die Milch junger Kühe diastasereicher wie die alter Kühe. Milch hoch-tragender Kühe und das Kolostrum haben sehr viel Diastase; besonders viel hat das Kolostrum am 1. Tage, fällt in den nächsten Tagen stufenweise und hat am 4. Tage gewöhnlich den normalen Diastasegehalt. Bei Grün- oder gemischtem Futter enthält die Milch mehr Diastase wie bei Trockenfütterung; Eutererkrankung bzw. Erkrankung der Striche vergrößert die Diastase-wirkung der Milch, welche bei Heilung wieder auf den normalen Wert zurückgeht. 100 ccm normaler Milch sind imstande, 0,05—0,1 g löslicher Stärke in 60 Minuten bei 30° C zu dextrinieren. Eine vollständige Inakti-vierung der Diastase erfolgt nach 1 Stunde bei 65° C, beim Kolostrum bei 65—70°. Diese Inaktivierung der Milchdiastase kann zur Feststellung dienen, ob und bei welcher Temperatur die Milch pasteurisiert war. Invertase kann man in der Milch nicht finden. Die Leukozytenmenge in der Milch, ihre Anwesenheit bzw. ihr Absondern hat keinen Einfluß auf die diastatische Kraft der Milch, NaCl dagegen und Blutserum haben eine stark fördernde Wirkung auf die Milchdiastase; dieses Verhalten deutet auf die tierische und nichtbakterielle Wirkung der Diastase hin. Wenn man die diastatische Kraft der Kuhmilch als 100 annimmt, so zeigt sich die-selbe bei Kuh-, Schaf-, Ziegen- und Stutenmilch im Ver-hältnis wie 100 : 170 : 50 : 130.  Krzywanek.

Kahn (18) beschreibt eine Beobachtung an einer Dobermannhündin, die, ohne je trächtig gewesen zu sein, nach jedem Läufigsein nach 60 Tagen eine ausgesprochene Laktation zeigte, die ungefähr 1 Woche anhielt. Eine Erklärung vermag Kahn hier-für nicht zu geben.  Krzywanek.

Mittels der Mikrozentrifugiermethode wurde von Kieferle, Schwaibold und Hackmann (20) der

Zitronensäuregehalt getrennt ermolkener Viertelgemelke im Durchschnitt zu 0,27% oder zu 2,7 g pro Liter Milch ermittelt.

Beachtenswert sind die individuellen Schwankungen des Zitronensäuregehaltes von Euterviertel zu Euterviertel und von Tier zu Tier. Die Einzelwerte schwanken ziemlich nahe um den Mittelwert 0,27%; in extremen Fällen bewegen sie sich bis zu 0,40% und sinken bei anormaler Milch bis zu 0,12% ab. Zwischen dem Zitronensäure- und dem Milchzuckergehalt bestehen Beziehungen; diese Zusammenhänge sind nicht erkennbar in der Durchschnittsmilch mehrerer Gemelke und auch nicht im Einzelgemelk, sie werden nur erkennbar beim Vergleich der Viertelsgemelke ein und derselben Kuh. Die Beziehung ist dann derart, daß im allgemeinen einem höheren Milchzuckergehalt ein höherer Zitronensäuregehalt entspricht. Demzufolge zeigt pathologisch sezernierte Milch mit ihrem mehr oder weniger verringerten Milchzuckergehalt auch einen geringeren Zitronensäuregehalt. Damit tritt letzterer in Beziehung zu der sog. Chlorzuckerzahl der betreffenden Milch: Sekrete mit abnorm hoher Chlorzuckerzahl werden beträchtlich geringeren Gehalt an Zitronensäure aufweisen. *Krzywanek.*

Die auf der Methylenblaufärbung begründete Methode der quantitativen Perhydridasebestimmung ist nach Untersuchungen von Sbarsky und Michlin (37) als unzulänglich zu betrachten.

Als gut geeignet für quantitative Untersuchungen hat sich die von Bach vorgeschlagene Methode der Nitratreduktion erwiesen. Mit dieser Methode durchgeführte Untersuchungen der einzelnen Bestandteile der Milch zeigten, daß die Hauptmasse der Perhydridase im Rahm zu finden ist. Sowohl Magermilch wie auch Butter enthalten nur Spuren des Fermentes. Bei der Gewinnung der Butter bleibt das Ferment in der Buttermilch zurück. Letztere wurde in den Versuchen als Ausgangsmaterial zur Isolierung der Perhydridase benutzt. Die Buttermilch wird mittels Azeton gefällt, der Niederschlag getrocknet und mit Petroläther im Soxhletapparat extrahiert. Das erhaltene Pulver (40—50 g pro Liter Buttermilch) ist stark aktiv und in Wasser so gut wie unlöslich. Durch Digerieren mit $n/_{200}$-HCl wird das Ferment in Lösung gebracht; man erhält dabei eine Lösung, die 480 mal aktiver wie Milch ist. Das isolierte Ferment vermag sowohl Nitrate zu Nitriten wie auch Methylenblau zu der entsprechenden Leukobase zu reduzieren; sein Temperaturoptimum liegt bei 60°. Die maximale Nitritmenge wird bereits nach 10 Minuten erreicht, bei längerer Versuchsdauer geht die Menge des vorhandenen Nitrits zurück. Als Sauerstoffakzeptoren für die Wirkung des isolierten Ferments können Aldehyde, Eiweißabbauprodukte, Xanthin und Hypoxanthin fungieren. Es wird dadurch die Identität des Schardingerenzyms, Purinoxydase und der Perhydridase der Gewebe festgestellt. *Krzywanek.*

**Innere Sekretion.** In Organextrakten aus Nebennieren, Hoden, Ovarium, Corpus luteum, Thymus und Hypophyse konnten von Herzfeld und Engel (16) Lipasen nachgewiesen werden, die sich resistent gegen Chinin und Atoxyl verhielten.

In bezug auf den Grad der Resistenz ergaben sich nur geringe Unterschiede. Ein gewisser Gegensatz besteht im Verhalten der Lipasen von Hoden und Ovarien. Die Hodenlipasen erwiesen sich zum Teil weniger resistent gegen Chinin als gegen Atoxyl, die Lipasen der Ovarien weniger resistent gegen Atoxyl als gegen Chinin. *Krzywanek.*

**Epithelkörperchen.** Die Bedeutung der Epithelkörperchen für den Organismus faßt Blum (3) in folgenden Sätzen zusammen:

Das Epithelkörperchen gibt aus seinem Innern ein Hormogen ab, das außerhalb der Drüse zum fertigen Hormon aktiviert wird und in dieser Gestalt im Blutserum im Überfluß kreist. Während der Laktation tritt ein gewisser Anteil hiervon in die Milch über und verleiht ihr die für das Epithelkörperchenhormon charakteristischen Eigenschaften. Durch das Hormon übt das Epithelkörperchen auf eine große Reihe von Organen einen bedeutenden Einfluß aus, der sich als Schutzwirkung gegenüber einer dauernd drohenden Autointoxikation darstellt. Dem Schutzgebiete der Epithelkörperchen gehören an: das Zentralnervensystem, die Knochen- und Zahnbildner, das äußere Auge nebst Iris und Linse, die Nieren, die Leber, der hämatopoetische Apparat, die Schilddrüse und wahrscheinlich noch andere Organe. Sie alle werden geschädigt, wenn die Epithelkörperchentätigkeit ersatzlos erlischt. Wird aber durch Reste von Epithelkörperchen oder durch Schutzkost (Milch, Blut) noch eine gewisse Menge von Hormon dem Organismus geboten, dann sättigen sich die gefährdeten Organe in der Reihenfolge ihrer Schutzkörperanziehungskraft ab, die parallel geht mit der Giftempfindlichkeit und durch sie mitbedingt sein dürfte. Bei dem erwachsenen Tiere werden mit Ausfall der Epithelkörperchen im Körper schlummernde Ersatzkräfte mobil gemacht, die aber dem jugendlichen Organismus fehlen, der also durch Ausfall der Epithelkörperchen am schwersten betroffen wird. *Krzywanek.*

Herxheimers (15) Untersuchungen über die Beziehungen der Epithelkörperchen, der Tetanie und der Guanidinvergiftung zueinander zeitigten folgendes Ergebnis:

Die Krankheitserscheinungen und Erregbarkeitskurven der Guanidinvergiftung entsprechen bei Katzen denen nach Epithelkörperchenentfernung. Besonders wirksam erscheint das Dimethylguanidin. Die gegen die Gleichstellung beider Zustände vorgebrachten Gründe sind nicht entscheidend. Eine Kalkeinwirkung ist grundsätzlich auch bei der Guanidinvergiftung festzustellen. Die histologischen Veränderungen im Zentralnervensystem sind erst in späteren Zeitfolgen vorhanden und uncharakteristischer toxisch-degenerativer, nicht wirklich entzündlicher Natur. Anzeichen von Entzündung, wenn vorhanden, sind erst die Folge. Die festgestellte Überempfindlichkeit ihrer Epithelkörperchen beraubter Tiere für die Guanidinvergiftung erhärtet die Anschauung, daß die Epithelkörperchentätigkeit mit Entgiftung bzw. Bildungsverhinderung der Guanidine eng verknüpft ist, und die parathyreoprive Tetanie, und wohl überhaupt Tetanie, eine Guanidinvergiftung darstellt. Der Kreis Epithelkörperchen-Guanidine-Tetanie erscheint somit enger geschlossen. Die Überempfindlichkeit für Guanidine tritt bei Verlust von 4 Epithelkörperchen deutlich zutage, bei Entnahme von 1 Epithelkörperchen nicht. *Joest u. Cohrs.*

Jonkers und Revers (17) stellten Untersuchungen über den Einfluß einer kalkreichen Nahrung auf die krankhaften Symptome beim Hunde nach partieller Parathyreoidexstirpation an.

Hierzu wurden einem Hunde von 20,2 kg Gewicht 3 Epithelkörperchen entfernt. Der Blutkalkgehalt, der vor der Operation 6,4 mg pro 100 ccm betrug, fiel schnell ab und war nach etwa 6 Tagen auf ca. zwei Drittel gesunken. Nachdem schon vorher Muskeltonus und Reflexerregbarkeit erhöht waren, traten nach dieser Zeit deutliche Tetaniesymptome auf. Kalkzufuhr per os ließ den Blutkalk wieder schnell ansteigen, brachte die Krankheitssymptome zum Verschwinden, ließ aber Muskeltonus und Reflexerregbarkeit mehr oder weniger erhöht. 1,5 l Milch und Brot genügten nicht zur Verhütung des Ausbrechens der Krämpfe, Muskelarbeit begünstigt dieses Ausbrechen. Auch nach 7 Monaten einer Behandlung mit kalkreicher Kost war noch keine Kompensation der Epithelkörperchenfunktion eingetreten; weniger kalkreiche Nahrung führte immer wieder zu Krämpfen. Subkutane Kalkzufuhr führte schnell zur Heilung. Die Resultate dieser Arbeit scheinen für die Auffassung zu sprechen, daß eine Störung im Mineralienhaushalt das Primäre der Erscheinungen der Parathyreoidexstirpation sei.

Krzywanek.

Ogawa (28) hat die Bedeutung der Epithelkörperchen bei der Frakturheilung und der Kalkablagerung im Knochen durch Exstirpation und Fütterung chemisch studiert.

Die Fütterung mit Schilddrüse verlangsamt die Frakturheilung durch Verkalkung des Kallus, diejenige mit Epithelkörperchen beschleunigt sie; dasselbe gilt für den Kalkansatz am Knochen. Graf.

**Schilddrüse.** Ciompi (7) entfernte bei 8 Hunden die beiden Schild- und die Nebenschilddrüsen operativ.

7 Hunde starben danach, der 8. wurde 64 Tage nach der Operation getötet, weil er nur kurze Zeit Störungen gezeigt hatte. Die Ursachen dafür fand C. in zahlreichen Nebenschilddrüsenknoten, die an der Trachea, dem Brusteingang, am Sternum lagen und die vikariierend die Funktion der herausgenommenen Schild- und Nebenschilddrüsen übernommen hatten.

Frick.

Nach Crew (8) ist die Verfütterung von getrockneter Schilddrüse an bejahrtes Geflügel von ausgesprochenen Verjüngungserscheinungen begleitet. Hähne mit männlichem Federkleid erlangen nach Schilddrüsenverabreichung ein dem Hennentypus in Aufbau und Farbe gleichkommendes Federkleid.

C. Reinhardt.

Die Entfernung der Schilddrüse bei einem gesunden Pferde erregt nach den Untersuchungen von Heckscher (13) neben den bekannten somatischen und psychischen Störungen eine Vergrößerung des Blutfett + Cholesteringehaltes. Man findet diese Vergrößerung auch bei sehr fettarmem Futter. Nach der Fütterung mit Fett findet man beim thyreoidektomierten Pferde eine Steigerung der Blutfett-Cholesterinmenge, die größer ist als bei normalen Pferden.

Krzywanek.

Van Rosmalen (35) hat eine größere Anzahl Kehlköpfe und Schilddrüsen (auch histologisch) von Schlachtpferden untersucht und in einzelnen Fällen das Ergebnis von Thyreoidektomie an Versuchspferden studiert. Er gelangte zu folgenden Ergebnissen: 1. Nach der Schilddrüsenexstirpation weisen die Pferde deutliche kachetische Erscheinungen auf. 2. Klinisch sind keine Symptome von Hemiplegia laryngis oder peripherischer Nervenparalyse wahrzunehmen. 3. Pathologisch-anatomisch zeigten die Kehlköpfe, auch bei langem Fehlen der Schilddrüsenwirkung, kein einziges Symptom, auf die gestörte Funktion des Larynx oder der Stimmbänder hinweisend. 4. Mikroskopisch zeigen alle peripheren Nerven Vermehrung des interfollikulären Bindegewebes, während die Achsenzylinder degeneriert sind, aber nicht dermaßen, daß sich hieraus eine wahrnehmbare Funktionsstörung ergeben würde. 5. Schilddrüsenabweichungen bilden kein ätiologisches Moment für die Entstehung der Hemiplegia laryngis. Beijers.

Von Schön (38) wurden an 2 Hunden mit und an 2 Hunden ohne Schilddrüse Hungerversuche angestellt, um festzustellen, ob die bekannte prämortale Stick-stoffsteigerung auch bei schilddrüsenlosen Hunden auftritt.

Mansfeld und Hamburger hatten aus Versuchen bei schilddrüsenlosen Kaninchen gefolgert, daß die prämortale N-Steigerung nicht auftritt. Aus den Versuchen von Sch. ergibt sich, daß bei Hunden nach Exstirpation der Schilddrüse die Eiweißzersetzung vor dem Hungertode nicht nur in gleicher Weise in die Höhe geht wie bei Hunden mit Schilddrüse, sondern daß sie sogar etwas höhere Werte aufweist. Verf. glaubt daher, experimentell die Unhaltbarkeit der Schilddrüsentheorie Mansfelds und Hamburgers bewiesen zu haben, nachdem sie schon von Hari widerlegt worden war. Mit Haris Auffassung, daß die prämortale Stickstoffsteigerung eine Erscheinung ist, deren Auftreten von verschiedenen Umständen abhängig sei, kann sich Verf. nicht einverstanden erklären. Sämtliche 4 Versuchstiere zeigten den typischen Verlauf der prämortalen Eiweißzersetzung. Durch Respirationsversuche wurde festgestellt, daß der pro 1 qm Oberfläche aufgenommene Sauerstoff bei den beiden schilddrüsenlosen Hunden und dem einen der Hunde mit Schilddrüse sich in gleicher Höhe bewegt. Der Schilddrüsenhund „Juno" hatte vor und während des Hungerns einen durchweg höheren Sauerstoffverbrauch, und zwar um 17%. Eine Steigerung des Energiestoffwechsels konnte auch während der prämortalen Stickstoffsteigerung bei keinem Tiere gefunden werden. Hervorzuheben ist noch, daß man bei Hunden, die durch Hunger derart geschwächt sind, daß sie nicht mehr imstande sind, zu stehen und angebotene Nahrung aufzunehmen, durch Einflößen von 50 g Traubenzucker, 3 g Zitronensäure und 1 geschlagenem Ei (das Ganze mit 200 ccm Wasser verdünnt) schon nach wenigen Stunden eine ganz auffallende Besserung des Allgemeinbefindens beobachten kann. Trautmann.

Nach Sinelnikoff (40) übt die Fleischkost keinen schädlichen Einfluß auf thyreoidektomierte Hunde aus, wenn die Epithelkörperchen nicht verletzt sind; bei parathyreoidektomierten Hunden hingegen ruft rohes Fleisch alle Tetanieerscheinungen hervor.

Das wirksame Gift des rohen Fleisches geht mit den anderen Extraktivstoffen in den wässerigen Extrakt über; das dauernd gekochte Fleisch hat daher keine unmittelbar giftige Wirkung. Liebigs Fleischextrakt in einer Dosis von 4—5 g pro Kilogramm Körpergewicht ruft bei parathyreoidektomierten Hunden ½—2 Stunden nach der oralen Verabreichung alle Tetanieerscheinungen, zum Teil mit letalem Ausgang, hervor. Die giftige Wirkung des Fleischextraktes ist wahrscheinlich das Resultat einer Zusammenwirkung des Methylguanidins, Karnitins, Oblitins und möglicherweise noch anderer stickstoffhaltiger Basen.

Krzywanek.

Utiger (44) untersuchte den Einfluß der Schilddrüse auf die Beschaffenheit des Blutes.

Er fand, daß durch die Totalexstirpation der Schilddrüse des Hundes, der Ziege und des Schweines die Blutalkaleszenz auf längere Zeit abnimmt und nicht mehr die frühere Höhe erreicht. Die Zahl der Erythrozyten steht im engsten Zusammenhange mit der Höhe der Blutalkaleszenz, weil diese in den Zellen aufgespeichert wird. Tiere mit verminderter Blutalkaleszenz weisen eine verminderte Nerventätigkeit auf, was in Parallele zu setzen ist mit einer Schwächung der körperlichen Widerstandskraft und erhöhter Morbidität. Die geringe Alkalität des Blutes hat einen Rückgang der Pigmentbildung im Organismus zur Folge.

Trautmann.

**Hypophyse.** Die aus dem 4. Ventrikel entnommene Zerebrospinalflüssigkeit von Menschen,

Hunden, Katzen und Kaninchen enthält nach **Miura** (25) den uteruserregenden Bestandteil des **Hypophysenhinterlappens** in geringer Menge. Nach Entfernung oder Abtrennung der Hypophyse verliert der Liquor diese Wirkung. *Krzywanek.*

**Nebenniere.** **Bornstein's** und **Gremels** (4) Untersuchungen über den **Anteil von Mark und Rinde an den Ausfallserscheinungen nach Nebennierenexstirpation bei Hunden** zeigten, daß diese ohne Nebennierenmark zu leben vermögen, und daß Überventilation und die anderen typischen Nebennierenausfallserscheinungen fehlen. Das Lebenswichtigste und Ausschlaggebende für den Eintritt dieser Ausfallserscheinungen ist die Rinde. Es muß etwas mehr als die Hälfte einer Nebenniere vorhanden sein, um das Tier am Leben zu erhalten.

*Joest und Cohrs.*

**Gley** und **Quinquaud** (11) berichten über **Variationen des Adrenalingehaltes des Blutes der Nebennierenvene im Verlaufe der Splanchnikusreizung beim Hunde.**

Bei einer ca. 1 Minute dauernden Reizung nimmt im allgemeinen der Adrenalingehalt, gemessen am arteriell-konstriktorischen Effekt, ab. In einzelnen Fällen scheint die erhöhte Konstringierfähigkeit aber auf vermehrtes Adrenalin zu deuten, in anderen wieder konnte keine quantitative Verschiedenheit nachgewiesen werden. Somit ist keine Regelmäßigkeit vorhanden. *Graf.*

**Tournade** und **Chabrol** (43) finden im Gegensatz zu **Gley,** daß die in normalem Reizzustande befindliche Nebenniere eine konstante genügende Adrenalinmenge ins Blut abgibt, um den Tonus der Herz- und Gefäßmuskulatur auf neurogenem Wege zu bestimmen. *Graf.*

**Pankreas, Insulin.** Nach **Bauer** (1) bewirkt das **Insulin** am diabetischen Individuum die Umkehr aller Störungen zur Norm, am normalen Versuchstier vor allem einen gesteigerten Zuckerumsatz in den Geweben. Dieser gesteigerte Umsatz kann bis zum Tod aus völliger Kohlenhydratverarmung zu einem „partiellen Verhungern" führen. *J. Schmidt.*

**Ducloux** und **Cordier** (9) haben **Versuche mit pankreatischem Extrakt aus Acanthias vulgaris gemacht und seine Wirkung mit der des Insulins von Ochsen verglichen.** Ihre Versuche wurden an Meerschweinchen und Kaninchen vorgenommen. Dabei stellten sie folgendes fest:

1. Zwischen der injizierten Menge des Extraktes und dem Gewicht der Versuchstiere herrscht kein Verhältnis.

2. Ein solches besteht auch nicht zwischen den injizierten Mengen auf ein gleiches Gewicht vom Tier bezogen.

3. Die hypoglyzenische Wirkung des Extrakts ist erheblich deutlicher, wenn man intrakardial injiziert hat. *Hans Richter.*

**Hédon** (14) berichtet über das **Leben ohne Pankreas.**

Die Folge des **Unterlassens der Behandlung mit Insulin beim Hunde, dem gänzlich das Pankreas fehlt,** ist Coma diabeticum; deren Heilung durch Natr. bicarbon. und Insulin behandelt H. weiterhin. Er konnte eine Hündin, deren Pankreas vollständig exstirpiert war, monatelang bei normalem Gewicht und in gesundem Zustande erhalten durch Injektion von Insulin und Zugabe von pankreatischem Ferment. Die Weglassung von Ferment und Insulin hatte zur Folge, daß dieses Versuchstier vollständig die Erscheinungen von Glykosurie

zeigte. Durch Behandlung mit Insulin und doppeltkohlensaurem Natron konnte der Gesundheitszustand der Hündin wiederhergestellt werden. *Hans Richter.*

**Shimamura** und **Takjahashi** (39) beschreiben verschiedene Methoden, nach denen man das **Insulin aus dem Pankreas** gewinnen kann.

Er empfiehlt, daß man während der Vakuumdestillation des alkoholischen Filtrates Natr. chlor. oder Ammoniumsulfat braucht, um Zeit und Alkohol zu sparen. Sie berichten weiter über die Einwirkung des Pepsins und Trypsins auf das Insulin, die Ergebnisse der diesbezüglichen Untersuchungen von **Dudley, Witzemann** und **Livshis** bestätigend. Auf Grund ihrer Untersuchung über die Reaktion von Versuchstieren auf Insulingabe kamen sie zu dem Schlusse, daß Mäuse und Ratten gegen das Insulin ganz ähnlicherweise reagieren, wobei die älteren Tiere widerstandsfähiger sind, und daß man auch bei Tauben die Insulinkonvulsion hervorrufen kann, wenn es sich auch um eine Seltenheit handelt, und schließlich, daß beim Pferde die hypoglykämische Konvulsion leicht eintritt, wenn es eine Hälfte der Kanincheneinheit pro Kilogramm Körpergewicht erhielt. Bei Ratten untersuchten sie die Wirksamkeit von verschiedenen Zuckerarten auf Insulinkrämpfe und bestätigten die Resultate, die von **Noble, Macleod, Herring, Irvine** u. a. veröffentlicht wurden. Auf den Verlauf der Geflügelberiberi hatte nach den Verff. Insulin keinen merklichen Einfluß. *Nitta.*

**Geschlechtsdrüsen.** **Grüter** (12) hat eine Mitteilung über **Hodentransplantation bei Stieren** veröffentlicht.

Bei 3 infantilen Stieren gelang es, durch intramuskuläre Implantation von 30—50 g Hodengewebe eine derartige Umstellung des Organismus hervorzurufen, daß die Tiere zuchtfähig wurden. *Graf.*

**Magliano** (21) hat experimentell nach **Injektion von heterologem Hodenextrakt bei jungen Hähnen** bewiesen, daß die Zwischenzellen sich stark vermehrt hatten und die Spermatogenese sehr tätig wurde. *Declich.*

**Müller** (26) konnte erstmalig **im Säugetierhoden das Monomethylguanidin** feststellen; Agmatin, Arginin und Putreszin wurden im Stierhoden nicht gefunden. *Krzywanek.*

**Pettinari** (32) hat einige **regenerative Vorgänge in den Ovarien einer alten Hündin nach Ovarialimplantation** beschrieben.

Einer 16jährigen Hündin wurden verschiedene Stücke eines jungen Ovars in die Ovarien selbst und subkutan transplantiert. Das Tier wurde brünstig und warf nach der normalen Periode. Nach der nachträglich vorgenommenen Kastration ging es ein. Die Histologie der Ovarien ergab: Starke Zerklüftung des Keimepithels mit Proliferationen, Stroma bindegewebig mit Epithelzentren. Eigentliche Follikel waren sehr gut ausgebildet mit 2—3 Eizellen. Anzeichen zystöser Degeneration waren mitunter vorhanden. Die Corpora lutea-Zellen waren disseminiert, nicht zu einem Körper vereinigt. *Graf.*

**Pézard, Caridroit** und **Sand** (33) formieren einen **neuen Begriff: Die Existenz einer differentialen Schwelle bei einzelnen komplexen Gallinazeen-Hybriden.**

Die nahezu vollständige Reduktion des Eierstocks bedingt bei Hühnern ein Hahnengefieder. Der gebliebene Rest macht sich in der späteren Entwicklung eines Hühnergefieders bemerkbar. Handelt es sich um einen komplexen Bastard, so sieht man im Moment der sexuellen Inversion ein heterologes Gefieder, welches bei den normalen Hebriden nie auftritt. Der Begriff der differentiellen Schwelle scheint somit von artgebundenem Charakter.                                      Graf.

Piazza (34) berichtet über die Transplantation von Hodenstückchen nach Voronoff auf einen alten Bullen. Stückchen von Hoden eines gesunden Tieres wurden direkt dem Hoden des alten Bullen unter die Hodenhaut aufgenäht. Das Resultat war verblüffend günstig.                                   Ruppert.

Rovis (36) sah, daß ein soeben kastrierter Eber eine Sau, die kurz zuvor von einem anderen Eber gedeckt war, regelrecht besprang.                Frick.

Stäheli (41) hat über Eierstocksimplantation bei präsenilen Kühen interessante Mitteilungen gemacht.

Bei 51 sterilen Kühen, von welchen beobachtet wurde, daß aus zunächst nicht genauer bekannten Ursachen eine Hypofunktion oder Atrophie der Genitalorgane bestand, hat Verf. Ovarialgewebe subkutan implantiert. 46 Tiere wurden brünstig, davon 31 trächtig, von welchen aber nur 19 normal austrugen. Von diesen haben dann nur 16 wieder spontan normale Brunst gezeigt, so daß sich ein Dauererfolg in ca. einem Drittel der behandelten Fälle ergibt.                Graf.

**Milz und Leber.** Michel (23) hat festgestellt, daß sich das in Form des Hämosiderins histochemisch nachweisbare Eisen in Milz und Leber von Laboratoriumstieren gespeichert, im allgemeinen in geringer Form vorfindet. Bei jeder Tierart besteht in ziemlich engen Grenzen eine gewisse Konstanz in der Menge.

Die Milz nimmt in weit größerem Maße als die Leber an dieser Speicherung teil. In jedem Falle überwiegt das Milzeisen über das Lebereisen.

Alle untersuchten Tiere bleiben in der Menge des Pigments hinter den Haussäugetieren weit zurück, bis auf die Katze, die in dieser Beziehung ziemlich eng sich an den Hund anschließt. In der Leber findet sich das Hämosiderin nur in Spuren, in einigen Fällen ist es in geringen Mengen vorhanden, und nur in einem Falle (Meerschweinchen: experimentelle Yatrenvergiftung, Fettleber) fehlt es ganz. In der Milz sind die Fälle mit wenig Pigment am häufigsten, nächstdem folgen die mit keinem, zuletzt die mit viel Pigment. Es ergibt sich in absteigender Linie für die Leber folgende Anordnung: Katze, Frosch, Taube, Huhn, Gans, Meerschweinchen; die übrigen zeigten ohne Unterschied kein Eisen. In derselben Weise ergibt sich für die Milz: Katze, Ratte, Kaninchen, Meerschweinchen, Taube, Frosch, Huhn, Gans, Papagei, Kanarienvogel. Die pflanzenfressenden Laboratoriumstiere verfügen in der Milz nicht über größere Eisenvorräte. Sie bleiben in dieser Hinsicht hinter den großen Pflanzenfressern und auch hinter den Karni- und Omnivoren zurück. Das Geschlecht spielt scheinbar keine Rolle. Der auffallende Befund, daß bei den Fröschen nur die Weibchen Pigment aufwiesen, reicht zur Aufstellung einer Regel nicht hin. Die Anordnung des Pigments entspricht den Verhältnissen, wie sie von anderen Autoren angegeben sind. Bevorzugt sind in der Milz die Stellen, die dem Sinus und den Malpighischen Körperchen direkt anliegen. Erst in zweiter Linie scheinen die anderen Pulpazellen und Noduli lymphatici die Eisenspeicherung vorzunehmen. Bei Taube und Papagei fand sich eine prägnante Ausbildung der perifollikulären Pigmentzone, wie sie in erhöhtem Maße auch beim Rinde beschrieben ist. Bei der Katze kommt eine verstärkte perivaskuläre Pigmentierung zum Ausdruck. Eisen in den Follikeln selbst sehen wir am häufigsten bei der Maus. Im Keimzentrum und der darum befindlichen Follikelaußenzone ist bei der Ratte eine starke Pigmentierung charakteristisch. Außerdem ist bei der Ratte und auch beim Meerschweinchen eine Verdichtung des Pigments unter der Kapsel auffallend. Bei den anderen



Tieren war das Pigment in der Milz weniger charakteristisch angeordnet. In der Leber waren nur die Kupfferschen Sternzellen Träger des Eisens; die Leberzellen selbst dagegen stets frei von Eisen.

Es läßt sich der Schluß ziehen, daß 1. bei den Tieren mit viel Pigment bei Bluterneuerung ein Plus an Eisen bestehen bleibt, oder daß 2. ein Plus an Eisen auf exogener Zufuhr beruht, oder daß 3. beide Momente eine Rolle spielen.                       Trautmann.

Nach Versuchen von Palladin und Palladin (29) ruft beim Kaninchen die Milzexstirpation eine Störung des Stickstoffwechsels hervor, die in der Gesamtstickstoff- und Kreatininausscheidung zum Ausdruck kommt.

Die Gesamtstickstoffausscheidung ist herabgesetzt, die Kreatininausscheidung sowohl relativ zum Gesamtstickstoff als auch absolut gesteigert. In Übereinstimmung hiermit ist auch der Kreatininkoeffizient erhöht. Diese Veränderungen treten nicht sofort nach der Splenektomie auf, sondern entwickeln sich allmählich und können nur dann festgestellt werden, wenn die Tiere mindestens $1^1/_2$—2 Monate nach der Operation im Versuche bleiben.       Krzywanek.

## 4. Harnsekretion und Harn.

1) Ernst, P.: Kolloide Struktur des Nierensekretes. Virch. Arch. Bd. 254, S. 751—764. — *2) Hofbauer, L.: Untersuchungen über das Vorkommen von Leukozyten und anderen Zellen im Harne gesunder Haussäugetiere. Diss. Leipzig. — *3) Hrisca, D.: Die Ambardsche Konstante beim Pferd, Rind und Hund. Inaug.-Diss. Bukarest. — *4) Hryntschak, Th.: Beiträge zur Physiologie des Ureters. I. Zur Harnleiterautomatie. Pflüg. Arch. Bd. 209, S. 542 bis 561. — *5) Klébl, J.: Das Reduktionsvermögen des normalen Harnes einiger Haussäugetiere. Inaug.-Diss. Budapest; Közl. Bd. 19, S. 47—49. — *6) Krupski, A.: Über das Vorkommen von Bilirubin und Urobilin in den Nieren des Kalbes. Schweiz. Arch. f. Tierhlk. Bd 67, S. 484—487. — 7) Scherg, H.: Untersuchungen über den Stickstoffgehalt des Rinderharnes. Diss. Hannover und D. t. W. Bd. 33, S. 501—502. (Auszug.) — *8) Wittig, Fr.: Ein Beitrag zur Kenntnis der Wasserstoffionenkonzentration im Rinderharn. Diss. Leipzig. — *9) Yovanovitch, A.: Sur le dosage précis de l'ammoniaque des sels ammoniacaux de l'urine. C. r. Soc. de Biol. Bd. 92, S. 520—522.

Hofbauer (2) hat den Harn gesunder Haussäugetiere auf das Vorkommen von Leukozyten untersucht.

Die sog. Schleimkörperchen sind gar keine einheitliche Zellart. Sie sind teils degenerierende oder bereits alterierte Leukozyten, teils Kerne der größeren Epithelien mit Protoplasmaresten in Form eines Saumes.

Daß Leukozyten in den Harnkanälchen — nahe deren Ursprungsstellen — sich hin und wieder einmal einstellen, darf nicht wundernehmen. Eine innerhalb der physiologischen Grenzen sich noch abspielende Hyperämie kann sehr leicht eine geringe Emigration der soeben genannten Zellen bewirken.

Für die klinische Praxis ergibt sich folgendes: Finden wir im Harnsediment nur „Schleimkörperchen", so scheiden diese für die Beurteilung der Harnbeschaffenheit aus. Sie sind also ein unwesentlicher Befund. Erblicken wir dagegen einzelne Zellen, die tatsächlich als Leukozyten sich deutlich zu erkennen geben, so entstammt der Harn einer entzündeten Niere oder entzündeten Harnwegen; denn die gut erhaltene Form und das ungestörte tinktorielle Verhalten der Leukozyten spricht dann für die Mitanwesenheit von flüssigem Exsudat im Harn. Vereinzelte Leukozyten deuten auf Entzündung geringen Grades, zahlreiche und teilweise miteinander verklebte Leukozyten dagegen auf Entzündung höheren Grades. Sind es in der Hauptsache polymorphkernige Leukozyten, dann liegt Eiterung zugrunde. Trautmann.

Hrisca (3) berichtet über den Wert der „Ambardschen Konstante" beim Pferd, Rind und Hund.

Auf Grund seiner Untersuchungen kommt H. zu dem Schluß, daß die Ambardsche Konstante, die eine viel in der Medizin verwendete Methode für die Exploration der Tätigkeit der Nieren ist, nicht dieselbe Rolle und Wichtigkeit in der Veterinärmedizin haben kann. Die verschiedenen festgestellten Werte sind für das Pferd 0,033—0,068, für den Hund 0,030 bis 0,065, für das Rind 0,020—0,042.

Constantinescu.

Nach Versuchen von Hrynthchak (4) besitzen ganze, isolierte, in Ringerlösung gebrachte Schweineharnleiter die Fähigkeit zu selbständig und periodisch entstehenden, also automatischen Kontraktionen, die über die ganze Harnleiterlänge ablaufen; diese Kontraktionswellen haben sich als wahre Peristaltik erwiesen. Das Abschneiden des der Niere nahegelegenen Harnleiterendes erzeugt in gesetzmäßiger Weise antiperistaltische Kontraktionen. Als Ursache der Peristaltik muß eine Automatie der Harnleiterwand angenommen werden; als motorisches Zentrum müssen Ganglienzellen ausgeschlossen werden, da diese in allen Schichten des Schweineharnleiters fehlen.

Krzywanek.

Klébl (5) bestimmte das Reduktionsvermögen des normalen Harnes einiger Haussäugetiere nach der Methode von Bang.

Er fand dafür (das Reduktionsvermögen auf Proz. Traubenzucker berechnet) bei Zugpferden den Mittelwert von 0,5203, bei Schlachtrindern 0,4115, bei Schlachtschweinen 0,3378, bei Milchkühen 0,3355 und bei ruhenden Pferden 0,3090. Wird der Harn der Hydrolyse unterworfen, so steigt das Reduktionsvermögen je nach der Tierart um 13—22%, hingegen nimmt es ab um etwa 27—29%, falls der Harn vorher mit Phosphormolybdänsäure und Salzsäure von Purinstoffen und Kreatinin befreit wird. Manninger.

Krupski (6) hat über das Vorkommen von Bilirubin und Urobilin in den Nieren des Kalbes berichtet.

Die bei Kälbern unter 3 Wochen Alter gelegentlich beobachtete Grünfärbung der Nierenrinde, evtl. auch des Parenchyms beruht auf erhöhtem Bilirubingehalt. In solchen Fällen enthält auch das Blut viel Farbstoff. Urobilin kommt in weit geringerer Menge vor. Der Befund Roths, welcher die Verfärbung des Organs auf Biliverdin zurückführte, erklärt sich aus der Extraktionsmethode. Graf.

Wittig (8) hat festgestellt, daß sich die H-Ionenkonzentration des normalen Rinderharns zwischen den $p_H$-Werten von 6,0 und 8,4 bewegt und zwar derart, daß je nach der Fütterung die Maxima der $p_H$-Werte an verschiedenen Punkten liegen. Ausschlaggebend ist die dem Tiere zugeführte verdauliche Eiweißmenge. Für die Diagnose der Lungenseuche, Gelbsucht, Tuberkulose und Aphthenseuche hat der $p_H$-Wert keine Bedeutung. Auch auf Alter, Geschlecht und Rasse der erwachsenen Rinder lassen sich aus den gefundenen $p_H$-Werten keine Schlüsse ziehen.

Weber.

Yovanovitch (9) gibt eine neue und einfache Methode an, den Ammoniak aus Ammoniumsalzen des Harns genau und rasch zu bestimmen.

Graf.

## 5. Verdauung, Verdauungsdrüsen, Aufsaugung.

*1) Aristowsky, W. M.: Übergang der Phosphor und Kalzium enthaltenden unlöslichen Verbindungen in lösliche und Absorption derselben im Magendarmapparat. Biochem. Zschr. Bd. 166, S. 55—70. — *2) Bársony, Th. und B. Hortobágyi: Über die hohe Duodenalfistel. Pflüg. Arch. Bd. 210, S. 300 bis 304. — *3) Bergman, H. D. und Dukes, H. H.: Observations on certain diurnal phases of rumination. J. Am. Vet. Med. Assoc. Bd. 67, Nr. 3, S. 364 bis 366. — *4) Caithaml, K.: Die H-Ionenkonzentration im Mageninhalt des Pferdes. Diss. Wien. — 5) Fischer, B.: Versuche über Fettresorption und Fettembolie. Verh. D. path. Ges. Bd. 20, S. 291 bis 293. (Versuche am Frosch.) — *6) Haurowitz, F. und W. Petrou: Über das $p_H$-Optimum der Magenlipase verschiedener Tiere. XIII. Abhandlung über Pankreasenzyme von R. Willstätter und Mitarbeitern. Zschr. f. physiol. Chem. Bd. 144, S. 68—75. — 7) Herxheimer, G.: Die Regeneration der Leber im Transplantat. Verh. D. path. Ges. Bd. 20, S. 293 bis 296. — *8) Jaeckel, Helmut: Über die Bedeutung der Steinchen im Hühnermagen. Beitr. z. Physiol. Bd. 3, H. 1/3, S. 11—38. — *9) Jung, L.: Du rôle de la salive chez les principaux animaux domestiques. C. r. Soc. de Biol. Bd. 93, S. 526—528. — *10) Iwanaga, Hitoo: Experimentelle Studien über das Resorptionsvermögen der Gallenblase. Mitt. a. d. med. Fak. d. Kais. Univ. Kyushu, Fukuoka Bd. 7, S. 1—30. 1923. — *11) Krüger, K.: Vermögen die Verdauungsfermente des Haushuhnes in die Pflanzenzellen einzudringen und was wird aus diesen verdaut? Landw. Jb. Bd. 61, S. 909—936. — 12) Lisbonne, M.: Sur l'activation du suc pancréatique par acidification. C. r. Acad. des Sc. Bd. 180, S. 690. (Mehr experimentell.) — 13) Makino, J.: Beiträge zur Frage der anhepatozellulären Gallenfarbstoffbildung. Zieglers Beitr. Bd. 72, S. 808 bis 859. — *14) Mangold, Ernst: Über Kohlenhydrat- und Eiweißverdauung bei Tauben und Hühnern, und über das Eindringen von Verdauungsfermenten durch die pflanzliche Zellmembran. Biochem Zschr. Bd. 156, S. 3—14. — *15) Mukoyama, Y.: Über die Wirkung der Ionen Ca, K und Mg auf den Sekretionsmechanismus der Magendrüsen. Biochem. Zschr. Bd. 157, S. 303—332. — *16) Notkin, J. A.: Die Aufsaugung in den serösen Höhlen. Virch. Arch. Bd. 255, S. 471 bis 493. (Die Bedeutung der Lymphgefäße.) — *17) Numata, T.: On an Amylase Found in the Lung Tissue. J. of Japan. Soc. Vet. Sc. Bd. 4, Nr. 2, S. 148—150. — *18) Podkopajew, N. A.: Material zur Physiologie der Wiederherstellungsprozesse. I. Mitt.: Die Prozesse der Wiederherstellung in der Gl. submaxillaris des Hundes. Pflüg. Arch. Bd. 210, S. 727 bis 735. — *19) Práwdicz-Neminski, W. W.: Die Einwirkung des Ammonium causticum und Ammonium chloratum auf die Bewegungen des Magens. Zschr. f. Biol. Bd. 83, S. 454—462. — *20) Rasp, F.: Die diastatische Kraft des gemischten Mundspeichels von Katze, Schaf, Ziege, Kaninchen, Meerschweinchen, Ratte und Maus. Diss. Wien 1924/25. — *21) Rosenow, L. P.: Über die Wirkung der Galle auf die Verdauung des Eiweißes durch den pankreatischen Saft. Biochem Zschr. Bd. 159, S. 240—244. — *22) Sawasaki, H.: Cholin als Hormon der Darmbewegung. X. Über den Cholingehalt der Muskularis und Mukosa des Dünndarmes. Pflüg. Arch. Bd. 210, S. 322—333. — *23) Schenck, M.: Untersuchung eines Konkrementes aus dem Labmagen einer Ziege. XII. Mitteilung zur Kenntnis der Gallensäuren. Zschr. f. physiol. Chem. Bd. 145, S. 1—17. — *24) Derselbe: Zur Kenntnis der Gallensäuren. XIII. Mitt. Über das Vorkommen von Desoxycholsäure (Choleinsäure) in der verseiften Ziegengalle. Ebendas. Bd. 145, S. 95—100. —

*25) **Derselbe:** Dasselbe. XIV. Mitt. Über das Vorkommen von Desoxycholsäure (Choleinsäure) in der verseiften Schafgalle. Ebendas. Bd. 148, S. 218—224. — 26) **Schwarz, K.:** Über die physiologische Bedeutung der Mikroorganismen in den Vormägen der Wiederkäuer. W. t. Mschr. Jg. 12, H. 1, S. 62. (Sitzungsbericht.) (Die Mikroorganismen kommen als verdauliches Eiweiß in Betracht.) — *27) **Schwarz, Carl:** Die ernährungsphysiologische Bedeutung der Mikroorganismen in den Vormägen der Wiederkäuer. Biochem. Zschr. Bd. 156, S. 130—137. — *28) **Tönnis, W. und H. E. Never:** Der Pylorusreflex auf Fett im Duodenum. Pflüg. Arch. Bd. 207, S. 24—26. — 29) **Waas, H.:** Über die N-Verteilung in Heuaufgüssen nach Impfung mit Panseninhalt. Diss. Wien. — 30) **Yamaguchi, S.:** Studien über die Mundspeicheldrüsen. I. Über das Fett. Zieglers Beitr. Bd. 73, S. 113—122. (Mensch.) — 31) **Derselbe:** Dasselbe. II. Über das Glykogen, mit besonderer Berücksichtigung von Zucker und Glykogen. Ebendas. Bd. 73, S. 123—141. (Mensch, Hund, Kaninchen.)

**Aristowsky (1)** untersuchte den **Übergang unlöslicher Phosphor- und Kalziumverbindungen in lösliche und ihre Absorption im Magendarmkanal des Hundes.**

Bei Versuchen mit Milch zeigte sich bei den Hunden mit Fisteln im Jejunum ein hoher Gehalt des Chymus an P und Ca; bei den Hunden mit Fisteln im Ileum ergab sich jedoch ein viel geringerer Gehalt des Chymus an diesen Elementen, so daß scheinbar die Absorption in diesem Abschnitte erfolgt. Bei gemischter Nahrung — Milch und Brot — war der Gehalt des Jejunumchymus an P und Ca ein höherer, weil in diesem Futter die beiden Elemente in größerer Menge vertreten sind; im Ileum ist bei dieser Nahrung der Gehalt an Ca und P ebenfalls vermindert. Bei Fleischnahrung, die sehr reich an P, aber sehr arm an Ca ist, fand A. eine sehr große Ausscheidung von Ca durch den Darm, während P fast ganz resorbiert wurde; diese Resorption ging im Ileum besser vor sich wie im Jejunum. Auf Grund dieser Beobachtungen scheint der Dünndarm als Exkretionsorgan nur für Ca und auch nur bei Fleischnahrung in Betracht zu kommen; wahrscheinlich geschieht aber die Exkretion von $P_2O_5$ und CaO im Dickdarm. *Krzywanek.*

**Jung (9)** studierte die **Bedeutung des Speichels bei Haustieren.**

Die amylolytische Wirkung, welche beim Hund und den Wiederkäuern ganz fehlt, beim Pferd nur unbedeutend ist, hat nur beim Schwein und Kaninchen irgendeine Wichtigkeit. Seine Funktion ist somit bei den bezeichneten Tieren mehr eine mechanische; eine Anpassung an die Art der Nahrung scheint somit nicht vorhanden. *Graf.*

**Rasp (20)** hat die **diastatische Kraft des gemischten Mundspeichels einiger Haus- und Laboratoriumstiere** untersucht.

Der Speichel der untersuchten Pflanzenfresser (Schaf und Ziege) und Fleischfresser (Katze) enthält kein diastatisch wirksames Ferment. Von den Nagetieren erwies sich der Speichel des Kaninchens als sehr schwach wirksam; es konnte nicht einwandfrei festgestellt werden, ob diese diastatische Wirkung durch Spuren eines Speichelfermentes oder durch Fermentspuren aus der Nahrung hervorgerufen wurde. Die zu erreichenden minimalen Speichelmengen ließen diese Frage unentschieden. Im Speichel des Meerschweinchens, der Ratte und Maus wurde ein Speichelferment sicher festgestellt. Eine genaue quantitative Untersuchung war im Hinblick auf die geringe Speichelmenge, die erhalten werden konnte, unmöglich. *Trautmann.*

**Podkopajew (18)** untersuchte die **Prozesse der Wiederherstellung in der Gl. submaxillaris** des Hundes und fand, daß durch eine $1^1/_2$ stündige Fütterung mit Zwieback eine Erschöpfung der Gl. submaxillaris des Hundes erzielt werden kann, und zwar auf 47—48%, wenn man die Verarmung des durch die Drüse sezernierten Speichels an spezifischen Stoffen in Betracht zieht. Die Dauer der Arbeit der Submaxillaris hat keinen Einfluß auf die Sekretion von Wasser und anorganischen Bestandteilen. Die Wiederherstellungsprozesse der spezifischen organischen Stoffe in der bis auf 47—48% erschöpften Drüsen gehen äußerst langsam vor sich und erreichen ihre normale Höhe erst nach 36—40 Stunden. Die Einführung einer ergänzenden Speisemenge während der Ruhepause nach der Erschöpfung beschleunigt den Gang der Wiederherstellungsprozesse nicht. *Krzywanek.*

Untersuchungen von **Haurowitz und Petrou (6)** ergaben, daß die **Lage des $p_H$-Optimums der Magenlipase verschiedener Tiere** für jede Spezies außerordentlich konstant ist; es liegt bei Raubtieren, ferner bei Hasen und Kaninchen zwischen $p_H = 5,5$ und 6,3, bei anderen Nagetieren, ferner beim Maulwurf, Pferd und Schwein zwischen $p_H = 7$ und 8; bei Vögeln, auch Raubvögeln, ferner bei Fischen wirkt die Magenlipase optimal bei schwach alkalischer Reaktion, $p_H = 8,6$. *Krzywanek.*

**Caithaml (4)** unternahm die Messung der **H-Ionenkonzentration im Mageninhalt von 75 Schlachtpferden,** die einige Tage vor der Schlachtung nur mit Heu gefüttert wurden. Mit Hilfe der Gaskettenmethode ergab sie Wasserstoffexponenten, welche innerhalb weiter Grenzen schwankten.

Es wurden in 20% der untersuchten Fälle Werte von 1,30—1,99, in 23% von 2,0—2,99, in 24% von 3,0—3,99, in 17% von 4,0—4,99, in 6% von 5,0—5,99 und in 11% von 6,0—6,79 gefunden. Diese Schwankungen der H-Ionenkonzentration scheinen nicht normalen Verhältnissen zu entsprechen, sondern vielmehr der Ausdruck dafür zu sein, daß durch eine post mortem infolge von Anämie auftretende Säureabscheidung oder durch Rücktritt von alkalischem Duodenalinhalt die Azidität des Mageninhaltes in verschiedener Weise geändert werden kann. *Trautmann.*

Durch sehr interessante Versuche hat **Numata (17)** gefunden, daß die **Stärkeverdauung im Magen des Pferdes** nicht durch das Ptyalin geschieht, sondern durch ein im Bronchialschleim enthaltenes Enzym, das Stärke rasch in Zucker umzuwandeln vermag. Das Enzym nennt der Verf. Lungen-Amylase. Nach seinen Experimenten mischt es sich im Pharynx mit dem Futter und wird dann abgeschluckt. *Nitta.*

An Hunden mit einem **Pawlowschen Magenblindsack** stellte **Mukoyama (15)** fest, daß beim nüchternen Tier die intravenöse Injektion kleiner K- und Mg-Mengen eine Saftsekretion hervorruft, deren Größe abhängig ist von der Größe der Dosierung der genannten Ionen, daß aber eine intravenöse Ca-Injektion regelmäßig bei einer durch eine gleichzeitige digestive Reizung der Magenschleimhaut ausgelösten Sekretion eben diese Sekretion hemmt. Der Grad der Hemmung geht hier ebenfalls parallel der Größe der verwandten Dosis. Auch die durch psycho-physiologische Prozesse, nämlich durch Necken mit vorgehaltenem Fleisch ausgelöste Sekretion wird durch eine gleichzeitig vorgenommene intravenöse K-Injektion gesteigert, durch eine gleichzeitig vorgenommene Ca-Injektion gehemmt. Über den Angriffspunkt der beobachteten Wirkungen geben die Versuche keinen Aufschluß. Verf. nimmt aber an, daß die Wirkung mindestens zum Teil eine periphere auf die Drüsenzellen, ihre Zwischensubstanz oder die Nervenendigungen an derselben sein wird, denkt aber auch an zentrale Wirkungen auf die Zellen des vegetativen Nervensystems. Nähere Aufklärungen über diese Fragen werden in Aussicht gestellt.

Krzywanek.

Tönnis und Never (28) studierten am Hund den Pylorusreflex auf Fett im Duodenum und fanden, daß neutralisiertes Öl keinen Pylorusschluß bewirkt. Die Ursache des Pylorusreflexes auf Fett liegt in dessen Gehalt an freien Fettsäuren; er ist identisch mit dem Säurereflex. Novokain hebt die Wirkung des nicht neutralisierten Öles auf den Pylorus auf. Die geringste Konzentration, bei der ein Pylorusschluß auf Fett eintrat, war 0,2% Azidität, was ungefähr $n/_{100}$ entsprechen dürfte. Krzywanek.

Práwdicz - Neminski (19) untersuchte die Einwirkung des Ammonium causticum und Ammonium chloratum auf die Bewegungen des Magens.

Das Eingießen solcher Lösungen in den Hundemagen durch eine Fistel ruft Bewegungen des Magens hervor („Reaktive" Bewegungen, „Extraperioden"). Das Eingießen führt zur Vergrößerung der Amplitude der folgenden periodischen Bewegungen des leeren Magens und zur Veränderung der Zeit ihres Erscheinens. Dabei konnte nach Einführung einer genügenden Menge des chemischen Reizstoffes in bestimmter Konzentration die Entstehung eines refraktären Zustandes des Magens für den nachfolgenden periodischen Impuls beobachtet werden. Die gleiche Wirkung der $NH_4OH$- und $NH_4Cl$-Lösungen weist mit großer Wahrscheinlichkeit auf die Abhängigkeit des beschriebenen Effektes insbesondere von den Kationen ($NH_2$) aber nicht von den Anionen OH' oder Cl' hin.

Krzywanek.

Bergman und Dukes (3) beobachteten die Rumination zweier Kühe 24 Stunden lang. Kuh 1 kaute 8 Stunden 22 Minuten wieder in 20 Perioden von 2—49 Minuten, Kuh 2 hingegen 6 Stunden 42 Minuten in 15 Perioden von 15—52 Minuten. Kuh 1 benötigte zu 509 Bissen 502 Minuten, Kuh 2 zu 411 Bissen 402 Minuten. Hobmaier.

Durch Aufteilung des Gesamt-N-Gehaltes des Panseninhaltes auf Futterreste + Infusorien, gelöste Stoffe und Bakterien und Trennen der ersteren durch Verdauung mit Pepsin-Salzsäure kommt Schwarz (27) zu dem Ergebnis, daß in 100 kg Panseninhalt 2,79 kg Mikroorganismen, entsprechend 256 g Eiweiß vorhanden sind, die nach Völtz zu 80—90% ausgenutzt werden können. Eine solche Eiweißmenge muß sehr wohl bei der Deckung des Eiweißbedarfes eines Rindes in Betracht gezogen werden. Auf Grund seiner Überlegungen scheint es Verf. nicht unwahrscheinlich, daß der größte Teil des Eiweißbedarfes der Wiederkäuer auf dem Umweg über Mikroorganismen-Eiweiß, in das der Pflanzenstickstoff im Pansen umgewandelt wird, verwertet wird. Außerdem erfolgt durch diese Überführung des pflanzlichen Eiweißes in Mikroorganismeneiweiß anscheinend auch eine Konzentrierung des verdaulichen Eiweißes von z. B. 3% des Wiesenheues auf 7,4—8,3% der Mikroorganismen, ein Vorteil, der wohl außer jedem Zweifel steht. Krzywanek.

Jaeckel (8) hat die Bedeutung der Steinchen im Hühnermagen untersucht.

Es wird eine Operationsmethode angegeben, die die Magensteinchen aus dem Muskelmagen des Huhnes restlos zu entfernen gestattet. Die Frequenz der Magenbewegungen des Huhnes wird durch die Entfernung der im Magen enthaltenen Steinchen nicht beeinflußt. Der Magendruck, d. h. die Kraft der Magenkontraktionen, bleibt auch im steinchenlosen Magen der gleiche. Hähne können im steinchenlosen Zustand bei vorsichtiger Fütterung monatelang am Leben bleiben. Es gelang nicht, solche Tiere bei Körnerfutter im Zustande des Ernährungsgleichgewichtes zu erhalten. Die im Hühnermagen befindlichen Steinchen haben an der Eischalenbildung keinen Anteil. Trautmann.

Im Hühnermagen tritt nach Versuchen von Krüger (11) über die Verdauungsfermente des Haushuhnes durch Pepsinsalzsäure an den Kleberzellen keine Veränderung und nur Plasmolyse und Verfärbung des Chlorophylls bei frischen pflanzlichen Zellen ein. Die eigentliche Proteolyse des Zellinhaltes setzt erst im Darm ein. Sie geht hier, zweifellos durch die vorherige mechanische Zerkleinerung mit bedingt, viel weiter vonstatten als in vitro. Frische Zellen von Elodea, Gras, Salat und Kohl erscheinen restlos verdaut im Kot. Kleberzellen sind, namentlich bei Hafer und verschwindend weniger bei Weizen, oft ganz ausverdaut oder sehr stark tropfig entmischt. Durch vorherige Zerkleinerung der Körner kann die Ausverdauung noch gesteigert werden, nur erscheint dann Stärke im Kot. Wie bei den in vitro-Versuchen setzt auch in vivo das Kochen die Ausverdauung der Kleberzellen bedeutend herab. Als praktische Nutzanwendung ergibt sich die Tatsache, daß das Haushuhn befähigt ist, die pflanzlichen Zellen vorwiegend auf dem mechanischen Wege für das Eindringen der Fermente vorzubereiten. Von einer Zerkleinerung des Futters kann daher ebenso wie vom Kochen desselben in der Praxis abgesehen werden. Während das im Körnerfutter gereichte Eiweiß zum größten Teile resorbiert wird, bleibt das Fett, namentlich der Kleberzellen, in den Zellen und entgeht der Resorption. Krzywanek.

Nach Versuchen von Mangold (14) mit Stärkefütterung und mikroskopischer Untersuchung des Magendarminhalts ist bei der Taube an der diastatischen Aufschließung nur die Darmverdauung beteiligt.

Im Kropfe findet keine Arrosion der Stärkekörner statt, im Muskelmagen nur unter Einwirkung zurückgetretenen Darminhalts. Die Dünndarmverdauung ist schon dicht unterhalb des Pylorus so intensiv, daß schon 5 cm weiter nur noch sehr wenige intakte Stärkekörner zu finden sind. 50 cm unterhalb des Pylorus, also in der halben Darmlänge, sind nur noch wenige Stärkekörner übrig. Die der Auflösung und Resorption entgangenen Stärkekörner sammeln sich mit Zelluloseresten in der Kloake; auch bei alleiniger Stärkefütterung kommt es zu einer verhältnismäßig hohen Ausnutzung. — Die Verdauung der Kleberzellen bei Körnerfütterung der Hühner geht nur bis zur völligen oder teilweisen Entleerung der mechanisch eröffneten, und bis zur tropfigen Entmischung des Inhalts der dem Rande der Fragmente benachbarten Zellen, wobei Fetttropfen zurückbleiben. Bis zu einem geringen Grade dringen im Darm, wie beim künstlichen Verdauungsversuch, proteolytische Fermente durch die Zellwand der Kleberzellen ein. Die Zellen von Gras, Salat, Kohl- und Elodeablättern erweisen sich im mikroskopischen Kotpräparat als weitgehend ausverdaut. Da im Hühnermagen durch Pepsin-Salzsäure keine Veränderung des Körnerzellinhalts und nur Plasmolyse der Blätterzellen eintritt, so beschränkt sich auch die Proteolyse des Pflanzenzellinhalts auf den Darm. Sie kann auch durch Pepsin- und Trypsinlösungen herbeigeführt und durch Vorbehandlung des pflanzlichen Zellmaterials mit Alkohol oder Alkohol- und Ätherextraktion oder mit Lipase außerordentlich verstärkt werden. — Vorheriges Kochen der Körner setzt die Eiweißverdauung im natürlichen und künstlichen Verdauungsversuch beträchtlich herab.

Krzywanek.

Bársony und Hortobágyi (2) konnten in ihren Versuchen an Hunden mit hoher Duodenalfistel sehen, daß diese eine Änderung in der Muskelfunktion des Magens hervorruft. Diese besteht darin, daß eine Muskelexzitation am Magen entsteht, als deren Folge dann der Magen sich rasch entleert. Diese Veränderung am Magen ist analog mit jener, die durch ein Duodenalgeschwür hervorgerufen wird, und die Verff. auf experimentellem Wege durch Reizung des Duodenums hervorrufen konnten. Diejenigen tierexperimentellen Ergebnisse, die sich bei hohen Duodenalfisteln ergeben, zeigen demnach nicht die Physiologie der Magenmuskulatur, sondern einen pathologischen Zustand, der dem in der menschlichen Pathologie bekannten Duodenalgeschwür entspricht. Krzywanek.

In weiteren Untersuchungen über das Cholin als Hormon der Darmbewegung bestimmte Sawasaki (22) die Cholinmenge, welche bei einer einstündigen Dialyse aus den einzelnen Schichten des Katzendünndarmes herauszubekommen war. Dabei wurde die Muskularis teils am lebenden narkotisierten Tiere, teils direkt nach der Herausnahme des Darmes abgetrennt. Die Bestimmung der Cholinmenge geschah nach dem Azetylieren durch Eichung am Kaninchendünndarm gegenüber frischbereiteten Azetylcholinlösungen von bekanntem Gehalt. Die Cholinmenge von Dialysaten aus gleichen Gewichtsmengen Muskularis und Mukosa-Submukosa verhalten sich im Mittel wie 75 : 100. Aus den Versuchen mit Entnahme der Muskularis am lebenden Tier folgt, daß das Cholin der Darmmuskulatur nicht aus postmortalen Zersetzungsvorgängen der Schleimhaut stammt. Die Gesamtmenge Cholin, die man durch einstündige Dialyse aus 100 g Katzendünndarm bekommt, beträgt 1,6 bis 4,3 mg, aus Kaninchendarm 3—4 mg.

Krzywanek.

Bei Untersuchungen über die Wirkung der Galle auf die Verdauung des Eiweißes durch den pankreatischen Saft kam Rosenow (21) zu dem Ergebnis, daß die Galle in bedeutendem Maße die Eiweißverdauung sichert; sie bewahrt das aktive Trypsin vor der Selbstzerstörung, wodurch sich im Verlaufe einiger Zeit das Quantum des verdauten Eiweißes proportional der Zeit erhöht. Diese Fähigkeit der Galle wird durch das Kochen derselben nicht beseitigt. Die Galle hält das Aktivieren des pankreatischen Saftes durch den Darmsaft auf; deshalb geht in den ersten 2 Stunden die Verdauung in vitro ohne das Voraktivieren manchmal schneller vor sich als bei vorhandener Galle. Nach dem Voraktivieren geht die Verdauung bei vorhandener Galle schneller vor sich. Krzywanek.

Schenk (23) untersuchte ein Konkrement aus dem Labmagen einer Ziege, das im Handbuch der speziellen pathologischen Anatomie der Haustiere von Ernst Joest (Berlin 1919) Bd. I, S. 351 beschrieben und abgebildet ist. In dem Labmagenstein war neben dem Hauptbestandteil Cholsäure Choleinsäure enthalten, deren Vorkommen unter den spezifischen Gallensäuren der Ziegengalle bisher noch nicht festgestellt wurde. Ob außerdem noch andere spezifische Säuren (wie z. B. Lithocholsäure) der Ziegengalle

zukommen, dafür haben sich aus der Untersuchung des Steines Anhaltspunkte zunächst nicht ergeben.

Krzywanek.

Wie in dem in der 12. Mitteilung beschriebenen Konkrement konnte Schenk (24) auch in der verseiften Ziegengalle die Desoxycholsäure nachweisen. Über die Mengenverhältnisse, in denen Cholsäure und Choleinsäure in der verseiften Ziegengalle vorkommen, ergab die Untersuchung keine genauen Angaben, da die Trennung der Bestandteile mangels einer geeigneten Methode nicht quantitativ war. Schätzungsweise handelte es sich um 4% Cholsäure und 0,4% Choleinsäure, bezogen auf die ursprüngliche Galle. Das Verhältnis der letzteren Säure zur ersteren war also etwa 1 : 10, während es in dem untersuchten Labmagenkonkrement ungefähr wie 1 : 15 gefunden wurde. Krzywanek.

Wie in der Ziegengalle konnte Schenk (25) auch in der verseiften Schafgalle Choleinsäure nachweisen. Das Verhältnis der Cholein- zur Cholsäure ist auch bei der Schafgalle ungefähr 1 : 10. Krzywanek.

Notkins (16) Untersuchungen und Versuche über die Aufsaugung in den serösen Höhlen, die an Hunden, Kaninchen, Meerschweinchen und weißen Ratten vorgenommen wurden, und wobei Salzlösungen, feinverteilte, in Flüssigkeit suspendierte Partikelchen, Blutkörperchen und Kolloidlösungen in Anwendung kamen, zeitigten folgendes Ergebnis:

„Salzlösungen werden hauptsächlich durch die Blutgefäße aufgesaugt, wenn auch die Lymphgefäße sich dabei beteiligen. Sowohl hypo- als hypertonische Salzlösungen werden in den serösen Höhlen resorbiert, indem sie in denselben isotonisch (isosmotisch) mit dem Blute werden. Hypertonische Salzlösungen reizen die Serosa der Körperhöhlen und rufen eine Transsudation in diese hervor. Die Aufsaugung beim lebenden Tiere unterliegt physikalisch-chemischen Gesetzen (Diffusion, Osmose usw.), sie ist aber zugleich insofern eine Lebensäußerung, als die der Aufsaugung unterliegenden Stoffe auf die lebenden Gewebe einen Reiz ausüben und eine Reaktion hervorrufen, was bei toten Geweben fehlt. Die Aufsaugung bei lebenden Tieren und die Durchtränkung toter Gewebe sind daher recht verschiedene Erscheinungen. Daraus, daß das lackfarbene Blut bei unmittelbarer Einspritzung in die Blutbahn nach 27 Minuten Hämoglobinurie hervorruft, in normale seröse Höhlen eingebracht, nach 3 Stunden 46 Minuten, in seröse Höhlen, die eine Entzündung durchgemacht haben, nach 8 Stunden 25 Minuten, a nach vorheriger Unterbindung des Brustganges die Hämoglobinurie überhaupt nicht eintritt infolge zu langsamer Aufsaugung, muß gefolgert werden, daß das lackfarbene Blut ausschließlich durch die Lymphgefäße aufgesaugt wird. Dasselbe gilt auch für Hühnereiweiß, Albumosen und viele andere kolloide Stoffe. Eine mit dem Blute isotonische Kochsalzlösung, Blut, Blutserum, Gewebsflüssigkeiten, Lymphe, Trans- und Exsudate können nur auf dem Wege der Lymphbahn aufgesaugt werden. Die Lymphgefäße spielen in der Ökonomie des Tierlebens eine hervorragend wichtige Rolle." Joest und Cohrs.

Iwanaga (10) hat das Resorptionsvermögen der Gallenblase beim Hund und Kaninchen studiert.

Farbstoffe (Phenolsulfonphthalein, Methylenblau, Indigokarmin) und Jodkalium werden von der Gallenblasenwand resorbiert. Die Resorption beginnt durchschnittlich 14 Minuten nach der Injektion; die Resorptionsmenge beträgt in der ersten Stunde bei Kaninchen 16,7% und bei Hunden 9,5%. Durch Verdünnung mit destilliertem Wasser wird die Resorption des Phenolsulfonphthaleins quantitativ erhöht. Die

Vermehrung der Resorptionsmenge steht in keinem geraden Verhältnis zu dem Verdünnungsgrade. Eine gleiche Erhöhung der Resorption der Farbstofflösung tritt bei Verdünnung mit physiologischer oder 10 proz. Kochsalzlösung oder mit 1 proz. Rohrzuckerlösung in Erscheinung. Narkose und einfache Laparotomie üben keinen nennenswerten Einfluß auf die Resorption aus, dagegen spielen der schlechte Allgemeinzustand des Versuchstieres infolge des operativen Eingriffs oder irgendwelcher spontaner Erkrankungen sowie die Vergiftung mit dem Farbstoffe als die Resorption hemmende Faktoren eine bedeutende Rolle. Einführung von Giftlösungen (Morphin. mur., Pilokarpin. hydrochlor.) in die künstliche Gallenblasenfistel bewirkt nach 15—18 Minuten das Auftreten von geringgradigen Vergiftungserscheinungen. Durch mechanische und bakterielle Entzündung der Gallenblase wird die Resorption der Farbstoffe und Gifte bedeutend befördert. Neutralfette und Cholesterin werden von der Gallenblase resorbiert, und zwar die ersteren in größerer Menge als das letztere. Diese Erscheinung ließe sich recht wohl zur Erklärung von Cholesterinausfällung bei Gallenstauung verwerten. Ein Teil des Fettes wird wahrscheinlich nicht in wasserlösliche Substanzen gespalten, sondern in Form von feinen Tröpfchen direkt in die Epithelzellen aufgenommen.          Trautmann.

## 6. Stoffwechsel, tierische Wärme.

*1) Bickel, A.: Weitere Untersuchungen über den Stoffwechsel bei der Avitaminose. Biochem. Zschr. Bd. 166, S. 251—294. — *2) Blakolmer, H.: Über den Wärmeschutz der Tierfelle. Diss. Wien. — 3) Breuer, H.: Über die Wärmeleitung des Muskels und Fettes. Diss. Wien 1924 u. Pflüg. Arch. Bd. 204. 1924. — 4) Centanni, E., A. Pugliese, P. Rondoni und A. Ascoli: Vitamine e Avitamine. II. e III. Monografia di Chimica biologica. Bologna: Licinio Cappelli. — *5) Cohn, H. und H. Geßler: Untersuchungen über die Wärmeregulation. IV. Mitt. Wärmeregulation und Eiweißumsatz. Pflüg. Arch. Bd. 207, S. 396—401. — 6) Fronda, F. M.: Some observations in the body temperature of poulty. Corn. Vet. Bd. 15, S. 8—20; Ref. Exp. Stat. Rec. Bd. 53, S. 183. (105,0 bis 109,4° F sind normale Temperaturen.) — *7) Garofeano, M., N. Lazar und M. Derevici: Sur la perte d'eau de quelques Organes chez le chien altéré. C. r. Soc. de Biol. Bd. 92, S. 731—732. — *8) Hahn, A. und H. Fasold: Über die gegenseitige Umwandlung von Kreatin und Kreatinin. 7. Mitt. Zschr. f. Biol. Bd. 83, S. 283—288. — 9) Hanssen, Nils: Regleringen av husdjurens mineralbehov. (Die Regelung des Mineralbedarfs der Haustiere.) Landtmannen, Tidskrift för landtmän Jg. 8, H. 46—47, S. 873—876 u. 900—904. — *10) Heubner, W.: Über den Kalkgehalt von Organen kalkbehandelter Katzen. V. Biochem. Zschr. Bd. 156, S. 171—181. — *11) Laufberger, V.: Über den Einfluß einiger Intermediärprodukte auf den Gasstoffwechsel des Kaninchens. Ebendas. Bd. 158, S. 259—277. — *12) Meyer, R.: Die Bestimmung der Meehschen Konstante beim Schwein. Diss. Berlin. — *13) Pilcher, J. D. und T. Sollmann: Storage of Vitamin B in pigeons. J. of Pharm. exp. Ther. Bd. 25, S. 145. — *14) Scheunert, A. und Charlotte Hermersdörfer: Zur Kenntnis der Vitamine. IV. Mitt. Über den Gehalt des Pferdefleisches an Vitamin A und B. Biochem. Zschr. Bd. 156, S. 58—62. — *15) Scheunert, A. und A. J. Candelin: Zur Kenntnis der Vitamine. V. Mitt. Speicherung von Vitamin A bei jungen weißen Ratten nach Zulage von Pferdefleisch an die Mütter während der Trächtigkeit und bis zum Versuchsbeginn. Ebendas. Bd. 159, S. 83—88. — *16) Schmitt-Krahmer, C.: Die Bestimmung der Phosphorsäure bei Stoffwechseluntersuchungen. Ebendas. Bd. 156,

S. 40—50. — 17) Schwan, N.: Beitrag zur Berechnung von Respirationsversuchen. Diss. Hannover. — *18) Vladesco, R.: Sur une méthode très simplé permettant l'étude de la répartition des graisses dans l'organisme animal. C. r. Soc. de Biol. Bd. 93, S. 755 bis 756. — *19) Weinland, E.: Über den Gehalt an einigen Stoffen beim Igel im Winterschlaf. Biochem. Zschr. Bd. 160, S. 66—74. — *20) Werkman, C. H., V. E. Nelson und E. J. Fulmer: Influence of lack of vitamin Conresistance of guinea-pig to bacterial infection, on production of specific agglutinins and on opronic activity. J. of infect. Dis. Bd. 34, S. 447 bis 453; Ref. Exp. Stat. Rec. Bd. 52, S. 179.

Blakolmer (2) hat hinsichtlich des Wärmeschutzes der Tierfelle festgestellt, daß in erster Linie das Schwein den besten Wärmeschutz seinen kälteundurchlässigen Fettlagen verdankt. Dann reiht sich das Kaninchen an. Es folgen lang- und kurzhaariger Hund, Katze, Pferd und endlich das Kalb.
                                        Trautmann.

Durch Versuche an Hunden konnten Cohn und Geßler (5) nachweisen, daß die Erhöhung des Stoffwechsels, die bei der Abkühlung eintritt, nur durch vermehrte Verbrennung von N-freien Stoffen erzielt wird. Das Eiweiß ist also bei der chemischen Wärmeregulation nicht beteiligt.          Krzywanek.

Meyer (12) hat sich mit der Bestimmung der Meehschen Konstante beim Schwein befaßt. Zur Feststellung des Energieverbrauches ist die Ermittlung der Oberfläche der Tiere nötig. Meeh hat als erster diese Bestimmung mit Hilfe einer Formel beim Menschen durchgeführt und als Konstante für die Formel 12,324 festgelegt. Für das Schwein haben Hecker und Voit 9,02 angenommen. Nach Meyer ist diese Konstante im allgemeinen zu niedrig bemessen, er fand für jugendliche Schweine 11,0, für Läuferschweine 9,8—10,0, endlich für erwachsene ungefähr 9,18.          Weber.

Laufberger (11) stellte Versuche an Kaninchen in einem Respirationsapparat mit Sauerstoffzirkulation nach Regnault-Reiset, Registrierung des verbrauchten Sauerstoffs mit einem Kroghschen Spirometer und der Bewegungen mit dem Kroghschen Registrationsapparat und Bestimmung der Kohlensäure durch Absorption und Wägung an.

Die Versuche hatten folgende Ergebnisse: Der kohlenhydratsparende Einfluß des Alkohols konnte bestätigt und außerdem bewiesen werden, daß dieser durch niedrige Außentemperaturen nicht erhöht wird. Das Dioxyazeton ist den Kohlenhydraten im Respirationsversuch gleichwertig, was durch die langdauernde Erhöhung des R. Q. durch diesen Stoff und durch den Grad seiner spezifisch - dynamischen Wirkung bewiesen wird. Bernsteinsäure wird im Körper nicht vollkommen zu Kohlensäure und Wasser verbrannt; ihre spezifisch-dynamische Wirkung ist groß. Brenztraubensäure wird nur zum kleinen Teile während einer kurzen Zeit zu ihren Endprodukten verbrannt. Die Ergebnisse mit Äthylenglykol und inaktiver Milchsäure beweisen, daß eine Verbrennung dieser Stoffe zu Kohlensäure und Wasser nicht stattfindet; die Untersuchungen über das Glyzerin lassen eindeutige Schlüsse nicht zu. Die letzteren Stoffe haben alle einen verschiedenen Grad von spezifisch dynamischer Wirkung. Die Ergebnisse lassen also den Schluß zu, daß Äthylalkohol und Dioxyazeton vollkommen verbrennbare Körper sind, die vor anderen Nahrungsstoffen verbrannt werden. Dagegen wird Brenztraubensäure, Bernstein- und Milchsäure im Körper nicht vollständig verbrannt, sondern zu anderen Stoffen synthetisch weiterverarbeitet.          Krzywanek.

In Versuchen mit mehrwöchentlicher subkutaner Injektion von Kreatin konnten Hahn und Fasold (8) zeigen, daß die Menge des ausgeschiedenen Kreatinins nicht vermehrt wird und daß ein großer Teil des so einverleibten Kreatins nicht wiedergefunden wird. Mit Ausnahme eines geringfügigen Bruchteiles geht dieses Kreatin in den Körperstoffwechsel ein und wird über zur Zeit noch unbekannte Stufen weiter verändert.

Krzywanek.

Vladesco (18) gibt eine sehr einfache Methode an, um den Übertritt der Fette in den Organismus nachzuweisen und teilt die Werte mit, welche von den einzelnen Organen an 6 Ochsen erhalten worden sind.

Graf.

Weinland (19) bestimmte bei 4 Igeln, die nach verschieden langer Dauer des Winterschlafes getötet und analysiert wurden, die Gesamttrockensubstanz, das Glykogen in der Leber und im übrigen Körper und das Fett und den Stickstoff der Leber und des Gesamtkörpers.

Krzywanek.

In weiteren Untersuchungen über den Kalkgehalt von Organen kalkbehandelter Katzen kam Heubner (10) zu der Feststellung, daß bei der akuten Kalziumvergiftung zum Unterschied von allen anderen Organen im Gehirn, vor allem im Mittel- und Kleinhirn, umschriebene Bezirke reicher an Kalzium werden. Sehnen und Arterien sind reicher an Kalzium wie die anderen Organe. Nach Zufuhr von hexosephosphorsaurem Kalzium behält das Blutserum lange Zeit einen sehr hohen Kalziumgehalt, von dem ein erheblicher Anteil nicht unmittelbar mit Oxalat zu fällen ist.

Krzywanek.

Schmitt-Krahmer (16) weist auf die vielen Modifikationen hin, die die Phosphorsäurebestimmung nach Neumann im Laufe der Jahre erfahren hat und empfiehlt die Methode der Äthertrocknung des Ammoniumphosphormolybdats nach N. v. Lorenz wegen ihrer großen Einfachheit und Genauigkeit. Die zuletzt genannte Arbeitsweise gestaltet sich noch einfacher, da die Gegenwart von Salpetersäure in der zu fällenden Lösung nicht nötig ist. Zum Schluß werden einige Tiegelarten besprochen, die für die Ausführung der Phosphorsäurebestimmung zweckmäßig gebraucht werden.

Krzywanek.

Garofeano (7) hat den Wasserverlust einzelner Organe am durstenden Hunde untersucht. Die endokrinen Drüsen werden besonders berücksichtigt. Nach 4 Tagen Wasserentzug nehmen im Vergleich zum Kontrolltier desselben Wurfes die Wassergewichte ab: Hypophyse um 10,42%, Schilddrüse 2,95%, Nebennieren 0,87%, Ovarium 3,39%, Pankreas 4,15%, Leber 1,44%.

Graf.

Werkman, Nelson und Fulmer (20) studierten den Einfluß des Mangels an Vitamin C auf die Widerstandsfähigkeit der Meerschweinchen gegen bakterielle Infektion und auf die Produktion spezifischer Agglutinine und Opsonine. Die Verff. injizierten gesunden und an Skorbut erkrankten Meerschweinchen intraperitonaeal verschiedene Gaben von virulenten Pneumokokken und Milzbrandbazillen. Die Mortalität betrug bei gesunden Meerschweinchen 74%, bei skorbutkranken 85%. Letztere starben 2,4 Tage, erstere 3,6 Tage nach der Bakterieninjektion. Ein Unterschied in der Produktion von Agglutininen und Opsoninen konnte nicht gefunden werden. Die Versuche ergaben eine, wenn auch nicht allzu bedeutende Herabsetzung der Widerstandsfähigkeit

gegenüber bakteriellen Infektionen bei skorbutkranken Meerschweinchen im Gegensatz zu gesunden.

H. Zietzschmann.

In seinen Untersuchungen über den Stoffwechsel bei der Avitaminose kommt Bickel (1) zu dem Ergebnis, daß es trotz praktisch quantitativer Resorption einer gemischten und auf das Anfangskörpergewicht vor Eintritt in die Avitaminose berechneten kalorisch suffizienten Nahrung beim Hund zu einer progressiven Körpergewichtsabnahme kommt, die zu einem fast vollständigen Fettschwund des Körpers, Anämie und atrophischen Erscheinungen führt. Bei der Avitaminose steigt der desoxydable Harnkohlenstoff allmählich an, und bei anfangs gleichbleibender, sich später verstärkender N-Ausfuhr geht der Harnquotient C : N langsam in die Höhe. Im mittleren Stadium der Krankheit nimmt der Quotient stärker zu, liegt aber gegen Ende der Krankheit wieder bei den etwas niedrigeren Werten des Krankheitsbeginns. Der in dieser Arbeit mitgeteilte Versuch ist der erste, bei dem das Verhalten des Harnquotienten C : N bei der Avitaminose durch alle Stadien der Krankheit verfolgt werden konnte.

Krzywanek.

Pilcher und Sollmann (13) haben die Speicherung von Vitamin B bei Tauben untersucht. Die Tauben speichern Vitamin B (aus Hefeextrakt) so, daß sich im Vergleich zu den Kontrollen die avitaminotischen Symptome verspäten.

Graf.

Durch Versuche an wachsenden Ratten konnten Scheunert und Hermersdörfer (14) den Nachweis erbringen, daß zwei Stunden gekochtes, fettarmes Pferdefleisch reichliche Mengen von Vitamin A enthält. Das Wachstum junger Ratten die vitamin-B-frei ernährt wurden, konnte dagegen durch Fütterung des gekochten Pferdefleisches nicht erhalten werden; es enthält also nicht den wachstumsfördernden Faktor des Vitamins B.

Krzywanek.

Durch Fütterung von Pferdefleisch an Zuchtratten und deren Würfe kann nach Versuchen von Scheunert und Candelin (15) eine erhebliche Speicherung von Vitamin A bewirkt werden, da das Pferdefleisch reich an Vitamin A ist. Wenn es auf Vorbereitung von Rattenwürfen zu Versuchen über Vitamin A ankommt, kann durch den Gehalt der Vorfütterungskost an Pferdefleisch das Eintreten der Mangelerscheinungen sehr verzögert werden.

Krzywanek.

## 7. Muskeln, Nerven, Sinne.

*1) Karpfer, Konr.: Über die Totenstarre. Allat. Lapok S. 23—25. — *2) Kiesel, K.: Über den Einfluß der Richtung der Zugstränge auf die Größe der Zugleistung. M. t. W. Bd. 76, S. 157—163. — *3) Lemke, A.: Über die Messung des intraokularen Druckes bei Tieren. Diss. Berlin u. Cremers Beitr. z. Physiol. Bd. 3. — 4) Lilienthal, G.: Die Biotechnik des Fliegens. Leipzig: R. Voigtländer. (Flugarten der Tiere, insbesondere auch Vogelflug.) — *5) Menzel, K.: Über den Einfluß des Rhythmus auf den Sauerstoffverbrauch des arbeitenden Muskels. Diss. Berlin. — *6) Preziuso, L.: L'asto pelvico in appeggio nella stazione libera degli equini. (Der Hinterfuß als Stützbein bei der Ruhestellung des Equiden.) Nuovo Ercol. Jg. 30, Nr. 13, 14, 15 u. 16. S. 250—257, 272 bis 278, 281—295. — *7) Derselbe: Il meccanismo della stazione sugli asti toracici negliequini. (Der Mechanismus der Ruhestellung der Vorderfüße bei den Equiden.) Ebendas. Jg. 30, Nr. 6, 7, 8, u. 9., S. 101—112, 129 bis 137, 149—154, 167—176. — *8) Triska, W.: Experimentelle Studien über die Beißkraft. Diss. Wien 1924/25. — 9) Ulrich, H.: Das Quellungsvermögen glatter Muskelfasern von Warmblütern. Ebendas. — *10) Walter, K.: Der Bewegungsablauf an den freien Gliedmaßen des Pferdes im Schritt, Trab und Galopp. Nach kinematographischen Aufnahmen dargestellt. Arch. f. wiss. Tierhlk. Bd. 53, S. 316—352.

**Karpfer (1)** untersuchte an Hundekadavern die **Totenstarre.**

Er fand, daß mit dem Eintreten der Totenstarre die Winkelstellung der Gliedmaßen verändert und hierdurch eine relative Verlängerung der Extremitäten bedingt wird. Wird der Verlauf der Totenstarre durch Massage gestört, so erfolgt nachher keine Erstarrung mehr. Röntgenaufnahmen zeigten, daß die Totenstarre in den Streckern in zentrifugaler, in den Beugern in zentripetaler Richtung vorwärtsschreitet und auch die Lyse in derselben Richtung einsetzt.          Manninger.

Nach **Kiesel (2)** ist bei horizontaler Fahrbahn die wirtschaftlich günstigste **Strangführung für Zugleistungen** die horizontale.

Sind die Stränge schief von vorn oben nach hinten unten gerichtet, so ist dies um so weniger ungünstig, je kleiner der Winkel ist, den die Strangrichtung mit der Horizontalen bildet. Die wirtschaftlich ungünstigste Strangführung ist die von vorn unten nach hinten oben. Sie ist um so ungünstiger, je größer der Winkel zwischen der Strangrichtung und der Horizontalen ist.          · J. Schmidt.

Nach **Menzel (5)** ist der **Sauerstoffverbrauch des arbeitenden Muskels** pro 1 mkg äußere Arbeit um so kleiner, je größer die Frequenz ist, mit welcher der Muskel arbeitet.          Trautmann.

**Preziuso (6)** fand, daß essentielle Bedingung der normalen Ruhestellung der Hinterfüße die Fixierung des Hüftgelenkes durch den M. glutaeus medius ist; außerdem daß die Rigidität der hinteren Gliedmaße, vom Oberschenkel abwärts, vom Schnappapparat des Sprunggelenkes und von der Schmaltzschen akzessorischen Sehne, sowie vom Fesselbein — und Schienbeinbeuger abhängig ist.          Declich.

**Preziuso (7)** hat festgestellt, daß der **Mechanismus der Ruhestellung der Vorderfüße bei den Equiden** eine vollkommen passive ist und daß das Optimum für die freie Stellung von der höchsten Öffnung des Schultergelenkes gegeben ist und sowohl vom Biceps wie vom Fesselbeinbeuger abhängig ist.          Declich.

**Triska (8)** hat Messungen über die **Beißkraft** speziell beim Hunde durchgeführt.

Nachdem sich diese Untersuchungen nicht wie beim Menschen durch einfaches Zusammenbeißenlassen einer Feder, die die angewandte Kraft registriert, durchführen ließen, mußte eine indirekte Methode gewählt werden. Diese bestand im Beißenlassen eines Knochens durch das Versuchstier und im möglichst ähnlichen Beißen des analogen Knochens mit Hilfe eines Apparats.

Dieser Apparat besteht im wesentlichen aus zwei verschiebbaren Eisenstäben, auf die auswechselbare, natürliche Zähne angebracht werden können. Die bei den Versuchen mittels eines Hebels angewandte Kraft wird auf eine Feder übertragen, die diesen Druck auffängt. Durch eine entsprechende Übersetzung wird die Bewegung der Feder durch einen Zeiger auf einer in Kilogramm geeichten Skala angezeigt. Der bei diesen Versuchen gefundene Extremwert beträgt 165 kg, das entspricht bei einer Druckfläche von 10 qmm einer Kraft von 1650 kg pro 1 qcm. Diese Druckkraft wirkt natürlich nicht gleichmäßig auf die deformierte Stelle des Knochens, sondern ist sicherlich in der Mitte viel größer, so daß die oben für die Kraft pro 1 qcm an-

gegebenen Werte nur eine untere Grenze bzw. einen Mittelwert für die betreffende Stelle geben. Die sehr gute Beißleistung, gegenüber der eigentlich nicht so sehr hohen Beißkraft, hat seine Erklärung in der Beschaffenheit der Zähne. Diese haben seitliche, vertikale Reibeflächen, welche eine scherenartige Schneidewirkung bedingen. Weiter wird aus der Tabelle noch ersichtlich, daß innerhalb derselben Rasse und des Alters ziemliche Leistungsschwankungen auftreten, die auf die Beschaffenheit des gewohnten Futters, in bezug auf die Härte desselben, zurückzuführen sein dürften. Außerdem untersuchte Verf. noch den Einfluß von Wiederholungen der Bisse und den Einfluß der Mahlbewegungen auf die zum Zerbeißen eines bestimmten Körpers notwendige Kraft. Hierbei fand ebenfalls obiger Apparat Verwendung, wobei die Mahlbewegung durch seitliches Verschieben der unteren Zähne ausgeführt wurde. Diese Versuche ergaben, daß zum Zermahlen von frischer Brotrinde und gekochtem Pferdefleisch nur ungefähr ein Viertel von der Kraft notwendig war, die bei reinen Beißbewegungen benötigt wurde.          Trautmann.

**Walter (10)** schildert den **Bewegungsablauf an den freien Gliedmaßen des Pferdes im Schritt, Trab und Galopp** an der Hand von kinematographischen Aufnahmen. Er hat auch eine Form der Darstellung gefunden, die es ihm gestattete, den lückenlosen Ablauf der Bewegung in den verschiedenen Gangarten in übersichtlicher Weise zur Darstellung zu bringen.          Weber.

Nach **Lemke (3)** ist das **Ophthalmotonometer von Mangold zur Bestimmung des intraokularen Drucks** ein sehr geeignetes Instrument und hat gegenüber dem Schiötzschen Tonometer manche Vorzüge.

Es ist einfach und leicht zu handhaben. Die Übereinstimmung der Tonometerwerte von Menschen- und Schweineaugen bei gleichem Innendruck und derselben Hebelbelastung des Tonometers gestattet die Messungen an Schweineaugen an Stelle von Menschenaugen auszuführen. Jeder Höhe des intraokularen Druckes entspricht eine bestimmte Eindrückbarkeit des Auges, die von der Hornhaut aus mit dem Tonometer gemessen wird. Je höher der Innendruck, um so kleiner die Tonometerzahl. Bei gleichem Druck und derselben Hebelbelastung sind auch die Tonometerwerte konstant und zeigen nur sehr geringe individuelle Abweichungen. Deshalb konnten aus den Messungen die Durchschnittswerte für die verschiedenen intraokularen Druckhöhen und Tonometerhebelbelastungen berechnet werden. Diese Werte ergaben die Kurven eines Diagrammes, aus dem nun für jeden am menschlichen Auge gefundenen Zeigerausschlag der intraokulare Druck (von 40—120 mm Quecksilber) abgelesen werden kann. Dieses Diagramm ist geeignet, als eine Ergänzung des Eichungsdiagrammes zu dienen, welches von Mangold und Detering dem Tonometer für einen intraokularen Druck von 5—45 mm Quecksilber mitgegeben wurde. Es wird empfohlen, die hier ausgearbeitete Methode auch für die Augendruckmessung bei glaukomatösen Erkrankungen von Tieren anzuwenden.          Trautmann.

## 8. Fortpflanzung.

*1) Adleff, E.: Untersuchungen der Hohlraumflüssigkeit in Stutenovarien. Diss. Leipzig. — *2) Bufalari: Parto poligemine. (Vierlingsträchtigkeit.) Clin. vet. S. 132. — 3) Dobrovoczky, Jos.: Beitrag zur Trächtigkeit des Rindes. Inaug.-Diss. Budapest; Közl. Bd. 19, S. 20—23. — 4) Hodgkins, J. R.: Superfoetation and Mendelism. Vet. J. Bd. 81, S. 249—251. (Kasuistich.) — *5) Holzgruber, Th.: Beobachtungen von Pferdegeburten. Diss. Wien. — 6) Iwanow, E.: Artificial fecondation as a zootechnic method. Vet. J. Bd. 81, S. 609—611. (Allgemeines.) — *7) Mantovani, V.: Pratica della fecondazione artificiale negli equini. (Künstliche Befruchtung bei Pferden.) Nuova Vet. S. 108—190.) — 8) Matsuyama, Y.: Studies on the Metabolism of some Chemical Constituents of Hen's Egg during Incubation. Japan. J. of Zoot. Sc. Bd. 1, Nr. 5, S. 265. — *9) Mettenleiter, M.: Sperma und künstliche Befruchtung bei Mensch und Tier. M. m. W. Jg. 72, Nr. 24, S. 977 bis 979. — 10) Montgomerie, R. T.: A case of superfoetation (?). Vet. J. Bd. 81, S. 505—506. (1 Fall beim Schaf.) — *11) Rudolf, J.: Über den Wert des Einlegens von Fremdkörpern in den Uterus als Ersatz der Ovariotomie beim Rind und Schwein. Arch. f. wiss. Tierhlk. Bd. 52, S. 62—68. — *12) Rühl, A.: Regelmäßigkeit im Wechsel der Ovarialfunktion. Arch. f. Gynäkol. Bd. 124, S. 1—26. — *13) Rümenapf: Künstliche Befruchtung einer Hündin. Hundesport u. Jagd Bd. 40, S. 95—96. — *14) Schuldenzucker, Fritz: Ein Versuch mit künstlicher Befruchtung bei Edelfüchsen. Bd. 76, Nr. 35, S. 753—758.

Adleff (1) hat die Hohlraumflüssigkeit in Stutenovarien untersucht.

Er hat festgestellt, daß ein Unterschied zwischen Follikel- und Zystenflüssigkeit nicht ermittelt werden kann. Alle Untersuchungen erstreckten sich auf Ovarien eben geschlachteter Pferde. Die Untersuchungen haben ergeben, daß nach den mannigfachen Untersuchungen chemisch-physikalischer und mikroskopischer Art, eine Unterscheidung der Flüssigkeit von Follikel und Zysten nicht gelungen ist und auch nicht möglich sein dürfte. Verf. steht auf dem Standpunkt, daß hiernach die gleiche Unmöglichkeit für die klinische Feststellung gegeben sein wird, ob die, beim Anstechen des Ovariums von der Vagina aus, aus einer fluktuierenden Stelle des Eierstocks gewonnene Flüssigkeit Follikel- oder Zystenflüssigkeit darstellt. Hiernach ist es zur Zeit nicht möglich, eine sichere klinische Diagnose auf Ovarialzysten am Stutenovarium intra vitam zu stellen.

Trautmann.

Bufalari (2) sah eine Kuh 4 Kälber gebären, von denen die beiden männlichen sofort starben.

Frick.

Holzgruber (5) berichtet über Beobachtungen von Pferdegeburten.

Die Beobachtungen wurden im deutschösterreichischen Bundesgestüt zu Wieselburg a. d. Erlauf bei insgesamt 27 Fällen (englischen Halbblutstuten) gemacht und führten zu folgendem Ergebnis:

Das Vorbereitungsstadium äußert sich im allgemeinen im Einsinken der Kruppenmuskulatur und Einfallen der Flanken, im Auftreten von Ödemen, Veränderungen an der Scheide und Scham (Rötung, Schwellung, Durchsaftung, jedoch ohne Sekretion) und Schwellung des Euters, ca. 3 Wochen vor dem Gebärakt beginnend. 1—6 Tage ante partum treten die Harztröpfchen auf, es bildet sich Kollostralmilch und die Zitzen füllen sich mit Milch. Diese letzgenannten Symptome sind die sichersten für die unmittelbar bevorstehende Geburt und wurden bei Erstlingen immer beobachtet. Bei älteren Tieren können diese Erscheinungen auch fehlen, so daß die Geburt unvorhergesehen vonstatten geht. Anderseits wieder kann so reichlich Milch vorhanden sein, daß diese bereits 1—3 Tage vor der Geburt abfließt. Die Durchschnittsdifferenz zwischen Bauchumfang vor und nach der Geburt beträgt 21 cm (26 cm bis 15 cm).

Die eröffnenden Wehen beginnen im Durchschnitt 2 Stunden 17 Minuten ante partum, mit Schwankungen von 8 Stunden 59 Minuten bis zu 30 Minuten. Ein langes Eröffnungsstadium zeigen Erstlinge. Bei einem Erstling jedoch blieb diese Periode gänzlich unbemerkt.

Die Treibwehen beginnen durchschnittlich 11,5 Minuten ante partum (21 Minuten mit 41 Wehen bis 3 Minuten mit 36 Wehen), in welchem Zeitraum durchschnittlich 39 Wehen zum Ablauf kommen. Eine absolut hohe Wehenzahl bei relativ langer Dauer zeigen die Erstlinge. Die Pausen können zu Beginn bis zu 14 Minuten betragen. Die Dauer einer einzelnen Wehe beläuft sich zu Beginn der Austreibung auf ca. 3 bis 4 Sekunden, gegen Ende auf 2—3 Sekunden.

Die Eihäute wurden im Mittel in einer Zeit von 36 Minuten 32 Sekunden post partum abgestoßen (1 Stunde 44 Minuten bis 14 Minuten).

Die Gesamtdauer der Geburt betrug durchschnittlich 2 Stunden 39 Minuten, mit Schwankungen von 1 Stunde 22 Minuten bis zu 5 Stunden 15 Minuten.

Als Durchschnittsmaß des Nabelstranges ergibt sich die Länge von 65,3 cm (maximalste: 110 cm, minimalste: 45 cm). Das Mittelgewicht der Eihäute beträgt 6577 g (höchstes: 8000 g, niederstes: 4400 g).

Die Muttertiere wiesen vor der Geburt ein Durchschnittsgewicht von 614 kg auf (690—550 kg), nach der Geburt von 529 kg (608—460 kg). Der Gesamtgewichtsverlust betrug demnach im Mittel 85 kg. Relativ hohe Verluste zeigen die Erstlinge. Die Neugeborenen hatten ein Durchschnittsgewicht von 55,2 kg (66—41 kg), das sind im Mittel 10,4% des Gewichtes der Mütter post partum. Relativ schwere Fohlen brachten die Erstlinge. Die Menge des Fruchtwassers belief sich durchschnittlich auf 22,4 kg (39—13 kg).

Das Gewichtsverhältnis der Fohlen zu den Müttern beträgt ante partum im Mittel 1 : 11,1 (1 : 9—1 : 14) (das sind 8,9% des Gewichtes der Muttertiere), post partum 1 : 9,6 (1 : 7,6—1 : 12,4) (das sind 10,4% des Muttergewichtes). Gute Gewichtsverhältnisse zeigten die Erstlingsfohlen aus jungen Müttern. Die Gewichte der Eihäute verhielten sich zu denen der Fohlen im Durchschnitt von 1 : 8,8 (1 : 7,6—1 : 11,3) (das sind 11,3% des Fohlengewichtes).

Die durchschnittliche Tragezeit betrug 344,2 Tage (369—326 Tage). Hengstfohlen wurden um 2,9 Tage länger getragen, ebenso haben die Erstlinge durchschnittlich um 7,8 Tage länger getragen als ältere Stuten.

Trautmann.

Mantovani (7) hat 3 Stuten künstlich befruchtet. 2 davon blieben steril; sie waren auch stets vergebens beim Hengst gewesen. Die 3. Stute wurde gravid.

Frick.

Mettenleiter (9) bediente sich bei seinen Untersuchungen über Sperma und künstliche Befruchtung bei Mensch und Tier vorwiegend der Spermatozoen aus dem Ductus deferens frisch geschlachteter Stiere.

Die Nachprüfung der Alkaleszenzversuche Hirokowas ergab, daß die Alkaleszenz der Flüssigkeit bei der Erhaltung der Spermatozoen keine Rolle spielt, wahrscheinlich ist die molekulare Zusammensetzung der Lösung das Ausschlaggebende. Auch haben Eiweißkörper auf die Lebensfähigkeit der Spermatozoen Einfluß. Im Stierserum war ihre Lebensdauer länger als in der Ringerschen Flüssigkeit. Besser als Serum allein erwies sich seine Mischung mit Ringerlösung. Als Puffer diente primäres und sekundäres Natriumphosphat. Die günstigste Zusammensetzung reagierte sauer. Das beste Mischungsverhältnis von Sperma und Verdünnungsflüssigkeit war 1 : 10 mit Serum, 1 : 5 ohne Serum. Mit dem besten gepufferten Serum-Ringergemisch ließ sich eine absolute Lebensdauer von 97 Stunden erzielen. Bei Mischung von Sekret des Nebenhodenschwanzes mit 5 proz. Traubenzuckerlösung wird eine lebhafte Bewegung der Spermatozoen ausgelöst. Die belebende Wirkung des Prostatasekretes ist nicht artspezifisch.

Die Verwendung der bewegungserhaltenden Flüssigkeit kann für die künstliche Befruchtung bei Tieren von großer Bedeutung sein.

Krage.

Nach Rudolf (11) kann durch das Einbringen von Fremdkörpern in die Gebärmutter von Schweinen und Kühen das Auftreten von Brunsterscheinungen nicht verhindert werden. Der Uterus ist bestrebt, solche Fremdkörper ehestens wieder zu eliminieren.

Weber.

Rühl (12) hat über die Regelmäßigkeit im Wechsel der Ovarialfunktion Untersuchungen angestellt.

Das Corpus luteum braucht zu seiner Rückbildung längere Zeit, als angenommen wird. Noch auf Monate zurück lassen sich ältere Corpora lutea nachweisen. Die einzelnen aufeinanderfolgenden Altersstufen lassen sich feststellen. Sie liegen abwechselnd rechts und links. Die erste Ovulation nach beendeter Gravidität erfolgt in dem Ovarium, das nicht das Corpus luteum graviditatis enthielt. Unter normalen Verhältnissen findet die Ovulation in regelmäßigem Wechsel bald in dem einen, bald in dem anderen Eierstock statt. wie es ja bereits für den Rindereierstock festgestellt ist. Das einzelne Ovarium kommt beim Menschen demnach nur alle 8 Wochen zur Ovulation. Zwischen Tier und Mensch besteht ein prinzipieller Unterschied insofern, als der Mensch nicht mehr auf den Gestations-, sondern auf den unbiologischen Menstruationsturnus eingestellt ist. Aus den Beobachtungen über den gelegentlich deutlich alternierenden Mittelschmerz, der als schmerzhafte Ovulation aufzufassen ist, konnten objektive Befunde nicht erhoben werden. Einseitige Oophorektomie bringt nicht eine neue 8 Wochen-Periodizität mit sich; es bleibt vielmehr der ehemalige Turnus erhalten. Das verbliebene Ovar hypertrophiert kompensatorisch. Die beschränkte Lebensfähigkeit des nicht befruchteten Eies bringt die Zyklen der Genitalfunktionen mit sich. Vom Corpus luteum geht eine Hemmung des Follikelwachstums und der Ovulation aus. Für diese Wirkung sind Stoffwechselvorgänge verantwortlich zu machen. Das Corpus luteum ist in bezug auf Sekrete und fetthaltige Lipoide das Konzentrationsorgan des ganzen Eierstockes. Sonst für das Follikelwachstum bestimmte Stoffe werden diesen entzogen und für den Aufbau des Corpus luteum verwandt. Dadurch wird das zugehörige Ovarium in seiner Funktionstätigkeit zugunsten des anderen zurückgeworfen. Dieser Vorsprung des einen Ovariums kann nur ganz gering sein. Es handelt sich um Tage, vielleicht auch nur um Stunden, so daß nach einseitiger Entfernung des Eierstockes keine Ausfallserscheinungen auftreten. Auch kommt nun in dem verbliebenen Ovarium die Gesamtmasse der vorhandenen Wuchsstoffe zur Geltung.

Trautmann.

Rümenapf (13) berichtet über die künstliche Befruchtung einer Teckelhündin. Er sammelte 10 g Sperma in ein angewärmtes Gefäß und brachte es mit einer passenden Spritze in die Scheide der Hündin. Nach 63 Tagen warf sie 3,3 Welpen. Bei einer anderen Hündin, die sich nicht decken lassen wollte, wurde das Sperma direkt in die Gebärmutter gespritzt. Auch diese Hündin warf 3,2 gesunde, kräftige Welpen.

Wieland.

Eine charakteristische Eigenschaft der Silberfüchse ist die Monogamie, wenigstens soweit das Leben in der Gefangenschaft in Betracht kommt. Man kann die Füchse also nur paarweise halten. Die Versuche, einen Rüden mit mehreren Fähen zu halten, haben regelmäßig zu Mißerfolgen geführt; auch dann, wenn man jede Fähe allein in einem besonderen Gehege gehalten hat. Darum würde die künstliche Befruchtung eine große praktische Bedeutung besitzen. Schuldenzucker (14) bemühte sich nun, durch Versuche festzustellen, ob man mit den künstlichen Befruchtung zum positiven Ziele gelangen kann. Er verwendete hierzu junge männliche Silberfüchse und Rotfuchsfähen. Die Resultate verliefen jedoch negativ.

J. Schmidt.

## IX. Tierische Gebarenslehre und Tierpsychologie.

Von Prof. Dexler.

*1) Alverdes, F.: Über vergleichende Soziologie. Zsch. f. Völkerpsychol. u. Soziol. Bd. 1, S. 21—33. — 2) Böhm, J.: Neuere Forschungen. M. t. W. Bd. 75, S. 404—407. 1924. (Bakterien und Witterung, körperliche Veränderung und Suggestion, Erfühlen krankhafter Veränderungen.) — 3) Chomel: Note sur la psychologie animale et la psychiatrie vétérinaire. (Bemerkungen zur Tierpsychologie und Veterinärpsychiatrie.) Rec. de M. vét. Bd.101, S. 18. —*4) Nolte, W.: Der denkende Hund von Fehmarn. Hundesport u. Jagd Bd. 40, S. 169—170. — *5) Otto, v. E.: Von der Seele des Hundes und dessen Träumen. Ebendas. Bd. 40, S. 465—470. — 6) Derselbe: Dasselbe. Sportblatt f. Züchter v. Rassehunden Bd. 26, S. 511—514. — *7) Teyrovský, V.: K psychologii kočky. (Über die Psychologie der Katzen.) Biol. Listy, Brünn 1923, Nr. 3, 4, 5 und 1924, Nr. 2. Idem. Studies on the intelligence of the cat. Publ. d. l. faculté d. sc. d. l'univ. d. Masaryk 1924, Nr. 11 und Nr. 54.

Nolte (4) führt die Versuche an, die der Kieler Phychologe Prof. Dr. Wittmann, mit dem denkenden Hund von Fehmarn angestellt hatte. W. kommt in Gegensatz zu Prof. Ziegler zu dem Resultat, daß die Dobermannpinscherhündin die gestellten Aufgaben nicht infolge ihrer außerordentlichen Denkfähigkeit löst, sondern infolge einer meisterhaften Dressur auf kaum wahrnehmbare optische Winke.

Wieland.

Bei der von Alverdes (1) durchgeführten Durchforschung der soziologischen Eigenschaften im Tierreich konstatiert man eine sehr wichtige Neigung nach möglichst genauer Umgrenzung der Grundbegriffe; überall dort, wo man um anthropozentrische Bezeichnungen des allgemeinen Sprachgebrauches nicht herumkommen kann, wird eine klare Meinungsfeststellung versucht, dadurch der Mehrdeutigkeit gewisse Schranken gesetzt und der beliebigen Auslegung und den damit verbundenen Irrtümern entgegen gearbeitet.

Die Grundlage aller Tiervergesellschaftungen, Verbände oder Sozietäten — nicht Assoziationen oder Zufallshäufungen — ist in besonderen sozialen Instinkten gelegen, infolge welcher die Artgenossen nicht mehr nur durch äußere Faktoren, sondern durch einen immanenten Trieb zusammengehalten werden; die Umwelteinwirkung kommt dann nur in zweiter Linie als Orientierungsmittel des Gebarens in Betracht. Dabei hat der Name Soziologie der Tiere nur den Namen mit jener des Menschen gemein. Das gleiche gilt von den Tierstaaten. Der Mensch schafft sich aus seiner Kollektivpsychologie die Staaten und ihre Teile, Glieder, Kasten usw. — bei den Insekten stammen sie alle vom Weibchen ab. Nicht verstandesgemäße Überlegung ist im Spiele, sondern der autonome Instinkt. Die Führerqualitäten sind durchaus nicht immer an das stärkste und klügste Individuum gebunden — es kommen dabei noch andere Anlagen in Rechnung, wie die Beobachtungen von Schjelderup-Ebbe und von Teyrovský zeigen. Selbstverständlich sind diese Lebensäußerungen auch beim Menschen nicht nur intellektualistisch zu verstehen; denn auch bei ihm kann keine Macht der Welt etwas hervorzaubern, was nicht irgendwie im Triebhaften verankert ist. Nur seine Instinktvariationen sind als Kern aller Intelligenz so ungemein weiter ausgebaut, daß ein Vergleich mit jenen der Tiere kaum angeht. Aber auch die Instinkte der niedersten Tiere haben eine gewisse Variationsfähigkeit ihrer Elemente — das Endergebnis der Instinkte, als starr oder konstant aufgefaßt, hat eine Variable als Ausdruck intelligenter Funktionen primitivster Art.

Mit der Erreichung dieses Gesichtspunktes über die Wesenheit der Intelligenz, der mit dem Begriff der Anpassung, Assoziationsfähigkeit oder des assoziativen Gedächtnisses der älteren Autoren gleichwertig ist, gerät Verf. in einen unlösbaren Widerspruch mit der modernen objektiven Psychologie. Dexler.

Teyrovský (7) hat sich seit mehreren Jahren mit der systematischen, experimentellen Untersuchung der Psychologie der Hauskatze beschäftigt und Tatsachen erhoben, von denen nur die wichtigsten hier erwähnt werden sollen.

Bei der Gründung kleiner Verbände gleichaltriger junger Katzen, gehen stets Annäherungsversuche solcher Individuen an die anderen voraus, die ein lebhafteres Temperament haben. Nach der Aneinandergewöhnung scheint das gegenseitige Erkennen vornehmlich nach der Färbung zu geschehen; auch aus einer Gruppe kleiner Tierstatuen wird die der Katze leicht herausgefunden.

Katzen lebhaften Temperamentes haben eine abwechslungsreichere Stimmbildung als solche weniger beweglicher Art. Wie die letzteren zuerst eine Annäherung versuchen, so verlassen sie auch früher das Haus als die anderen und sind bei der Futtersuche weniger durch „Neugierde" abgelenkt wie diese. Junge Katzen können das Aufgraben des Bodens vor der Defäkation im Spiele oder auch dann vornehmen, wenn sie es bei anderen gesehen haben, ohne es jedoch mit dem Akt des Kotabsetzens zu verbinden. Das Zittern als Furchtzeichen pflegt erst nach 3 Monaten aufzutauchen. Sehr häufig ist das spielende gegenseitige Saugen am Halse; beide Partner pflegen dabei behaglich zu schnurren; nach etwa 3 Monaten verschwindet dieses Saugen.

Es wurde die Aufgabe gestellt, ein hinter einer nicht übersteigbaren Wand liegendes Fleischstück nach Umgehung dieser Wand zu erreichen, nachdem den Tieren die ganze Anordnung von einem erhöhten Standpunkte aus überblickbar dargeboten wurde. Nach dem Herabspringen von dieser Überhöhung liefen die Tiere zuerst direkt auf den Ort des Fleisches, von dem sie durch die Wand getrennt waren, zu, schlugen aber alsbald den Umweg um die Basis derselben ein. Erleichtert war die Aufgabe dann, wenn die Versuchstiere die Lösung der Aufgabe von anderen Katzen gesehen hatten. Sie beherrschten aber noch viel kompliziertere Umwegbedingungen. Sie zogen nicht nur ein an einem Seilstücke befestigtes, vor dem Käfig liegendes Fleischstück zu sich heran; sie vermochten sogar einen, dieses Heranziehen behindernden, über einen Nagel geworfenen Ring aufzuheben und diese Hemmung damit auszuschalten; auch hier war der Einfluß der Nachahmung und der Temperamentsanlage deutlich wahrzunehmen.

Autor versucht diese Fähigkeiten im Sinne von Yerkes als Äußerungen einer ideatorischen oder adaptiven Intelligenz zu erklären und weist auf die große Ähnlichkeit seiner Ergebnisse mit jenen von Köhler hin. Dexler.

## X. Diätetik und Haltung der Tiere.
### Bearbeitet von A. Scheunert.
### 1. Ernährung, Fütterung, Futtermittel.

*1) Anderson, B. M. und H. W. Marston: Swine feeding investigations, 1922—23. Kansas Sta. Circ. 112, 8 S. — 2) Arcularius: Die Grelcksche Fütterungsmethode. Südd. landw. Tierz. Jg. 19, S. 183—185. — 3) Derselbe: Dasselbe. D. t. W. Bd. 33, S. 726 bis 728. (Gärendes Futter für Schweine.) — *4) Aron und R. Gralka: Speicherung und Speicherbarkeit von Vitaminen. Klin. W. Jg. 4, Nr. 17, S. 820 u. 821. — *5) Blish, M. J.: Acidity in relation to quality in sunflower silage. Montana Sta. Bul. Bd. 163, S. 13. 1924. — *6) Bohstedt, G.: Fattening calves, yearlings, and two-year-olds. Ohio Sta. Mu. Bul. Bd. 9, S. 175 bis 183. 1924. — *7) Bohstedt, G., D. L. Bathke, B. H. Edgington und W. L. Robison: Rickets and paralysis in swine as affected by nutrition. Ohio Sta. Mo. Bul. Bd. 9, S. 139—144. 1924. — *8) Brahm, C.: Über die bei der Sauerfutterbereitung entstehenden flüchtigen Fettsäuren. I. Mitt. Elektrosilage von Mais. Biochem. Zschr. Bd. 156, S. 15—20. — *9) Brown, G. A., und W. R. J. Edwards: Hogging off corn. Michigan Sta. Quart. Bul. Bd. 7, S. 6, 7. 1924. — *10) Brown, G. A., und G. A. Branaman: Finishing baby beef. Ebendas. Bd. 7, S. 3—6. 1924. — *11) Bruckner, G. D., J. H. Martin und A. M. Peter: Calcium metabolism in the laying hen, II. Kentucky Sta. Bul. Bd. 252, S. 3—36. 1924. — *12) Dieselben: The relation of calcium restriction to the hatchability of eggs. Am. j. of physiol. Bd. 71, S. 543—547. — *13) Bang, Oluf: The mineral metabolism in horses fed exclusively on bran. Vet. og L. Aarsskr. S. 383—404. — *14) Bünger: Ergebnisse von Fütterungsversuchen mit Silofutter. Ill. landw. Ztg. Jg. 45, S. 569—570 u. 581—583. — 15) Burgkhardt, M.: Die Fütterung der Ziege. Ziegenzüchter Jg. 20, S. 301—302. — *16) Candelin, A. J.: Beiträge zum Vitamingehalt des Pferdefleisches und zur Speicherung von Vitamin A im Tierkörper. Diss. Leipzig. — *17) Carroll, W. E.: Hog rations. Utah Sta. Bul. Bd. 192, S. 31. — *18) Collier, J.: Prevention of weak legs in experimental chickens. Science Bd. 60, S. 42. 1924. — 19) Crew, F. A. E.: Animal Genetics. An introduction to the science of Animal breeding. Edinburgh: Oliver and Boyd. — 20) Danau, Ben: La laine et nos disponibilités coloniales. La tutelle étrangère. J. de M. vét. Bd. 71, H. 4. — *21) Davis, D. E. und J. R. Beach: A study of the relative values of certain succulent feeds and alfalfa meal as sources of vitamin A for poultry. California Sta. Bul. Bd. 384, S. 3—14. — *22) Derrick, W. W.: Nebraska feeders' day. Breeder's Gaz. Bd. 85, S. 734. 1924. — *23) Dunkin, G. W.: A further note on the toxicity of sea water to bovines. Vet. Rec. Bd. 5, S. 485—486. — *24) Dvorachek, H. E., F. H. Herzer, R. H. Mason, H. E. Reed und E. Martin: Legume forages with corn and cane for silage. Arkansas Sta. Bul. Bd. 196, S. 3—14. — *25) Eigner, Br.: Wachstumsverhältnisse bei Ziegenlämmern unter Berücksichtigung der Ernährung. Diss. Berlin. — *26) Holdaway, C. W., W. Ellett und W. G. Harries: The comparative value of peanut meal, cottonseed meal, and soybean meal as sources of protein for milk production. Virginia Sta. Tech. Bul. Bd. 28, S. 5 bis 54. — 27) Engels: Die Fütterung der landwirtschaftlichen Nutztiere unter den gegenwärtigen wirtschaftlichen Verhältnissen unter besonderer Berücksichtigung der Grünlandwirtschaft und der Silofutterbereitung. Südd. landw. Tierz. Jg. 19, S. 17—19. — *28) Fairchild, L. H. und J. W. Wilbur: Soybean oilmeal and ground soybeans as protein supplements in the dairy ration. Indiana Sta. Bul. Bd. 289, S. 20. 1924. — *29) Ferrin, E. F., und M. A. McCarty: Feed requirements and cost of gains of spring and fall pigs. Minnesota Sta. Bul. Bd. 213, S. 3—18. 1924. — 30) Fingerling: Die Bedeutung der mineralischen Stoffe für die Ernährung der Milchziege. Ziegenzüchter Jg. 20, S. 361—363. — *31) Fishwick, V. C.: Feeding trials with silage. J. of min. Agr. (Gt. Brit.)

Bd. 31, S. 50—58. 1924. — *32) Fitch, J. B., P. C. Mc Gilliard and G. M. Drumm: A study of the birth weight and gestation of dairy animals. J. of Dairy Science Bd. 7, S. 222—233. 1924. — 33) Fleischhauer: In der Zucht- und Ausbildungsanstalt für Diensthunde der Reichsbahndirektion. B. t. W. Bd. 41, H. 44. — *34) Fleming, C. E.: Fattening lambs with barley and alfalfa. Nevada Sta. Bul. Bd. 106, 14 S. 1924. — *35) Foerster: Ein Beitrag zur Verfütterung von Lebertran-Emulsion. Zschr. f. Schweinez. Jg. 32, S. 99—100. — *36) Forbes, E. B., et al.: Co-operative experiments upon the protein requirements for the growth of cattle, II. Bul. Natl. Research Council Bd. 7, S. 44. 1924. — *37) Frick-Scholz, Ch.: Die Hackfrüchte als Futtermittel. D. landw. Tierz. Jg. 29, S. 23—24. — 38) Froboese, F.: Über den Nutzen vitaminreicher Ernährung der Milchkühe für Prophylaxe und Therapie von Säuglingskrankheiten und neue Wege zu rationellen Fütterungsmethoden. D. t. W. Bd. 33, S. 871—873. (Nichts Neues.) — 39) Fröhlich, G.: Die Wintergerste als Futtermittel. Sächs. landw. Zschr. 1925, Nr. 29, S. 466. — *40) Gerlach: Kadavermehl. Mitt. d. D. Landw. Ges. 1925, H. 4, S. 60. — 41) Göbel, H.: Fütterungsfragen. D. landw. Tierz. Jg. 29, S. 161—165. (Vom Rentabilitätsstandpunkte betrachtet.) — 42) Gokhale, V. P.: Value of bone meal in certain diseases of cattle. Vet. Rec. Bd. 5, S. 425—426. (Vgl. Referat aus Vet. J.) — *43) Derselbe: Dasselbe. Ebendas. Bd. 81, S. 312—314. — *44) Goodell, C. J.: Steer feeding experiments. Mississippi Sta. Bul. Bd. 222, S. 16. 1924. — *45) Gräff, S.: Zur Avitaminose der Taube. M. m. W. Jg. 72, Nr. 4, S. 122—125. — *46) Grimes, J. C., und M. D. Salmon: A simple mineral mixture for fattening pigs. Alabama Sta. Bul. Bd. 222, 10. S. 1924. — *47) Grimes, M. F.: Experiments in fattening swine at the Pennsylvania Station. Pennsylvania Sta. Bul. Bd. 188, S. 12, 13. 1924. — *48) Grimes, J. P. und W. D. Salmon: Peanuts for fattening hogs in the dry lot. Alabama Sta. Bul. Bd. 223, 12 S. 1924. — *49) Dieselben: Peanut meal as a protein supplement to corn for fattening hogs in the dry lot. Ebendas. Bd. 224, 16 S. 1914. — *50) Griswold, D. J., und A. C. Kuenning: Experiments with sheep (at the North Dakota Station). North Dakota Sta. Bul. Bd. 174, S. 22, 23, 95. 1924. — 51) Grumme: Die Steigerung der Eierproduktion. T. R. Bd. 31, S. 547. (Yohimbingaben.) — *52) Hackedorn, H., J. Sotola und R. P. Bean: Beef cattle feeding experiments. Washington Col. Sta. Bul. Bd. 186, S. 4—26. 1924. — 53) Hansen: Die Bedeutung des Kraftfutters für das Milchvieh. D. landw. Tierz. Jg. 29, S. 33—35. (Ratschläge.) — 54) Hansson, Nils: Om foderfosfaterna. (Die Futterphosphate.) Svenskt Land Jg. 9, H. 13, S. 318—319. — 55) Derselbe: Svinstallet. Svinens foderstater. (Der Schweinestall. Die Fütterung der Schweine.) Ebendas. Jg. 9, H. 9, S. 226—227. — *56) Derselbe: Sinkornas utfodring. (Die Fütterung der Geltkühe.) Landtmannen Tidskr. fän landtmän Jg. 8, H. 9, S. 153 bis 154. — 57) Derselbe: Nyare undersäkningar rörande mjölkkornas näringsbehon. (Neuere Untersuchungen über den Nahrungsbedarf der Milchkühe.) Ebendas. Jg. 8, H. 49, S. 934—35. — *58) Hart, E. B., H. Steenbock und S. Lepkosvky: The nutritional requirements of baby chicks. IV. The chick's requirement for vitamin A. J. of Biol. Chem. Bd. 60, S. 341 bis 354. 1924. — *59) Hartnack: Allgemeines über Nager und Nagerschäden in den Vereinigten Staaten. B. t. W. Bd. 41, H. 32. — *60) Henke, L. A.: Pineapple "br an" as a feed for dairy cows. Hawaii Univ. Quart. Bul. Bd. 3, S. 20—27. 1924. — *61) Hoet, J.: Note concerning the deficiency in Vitamin A in the pigeon. Biochem. J. Bd. 18, S. 412, 413. 1924. — 62) Honcamp, F.: Zeitgemäße Fütterungsfragen. D. landw. Tierz. Jg. 29, S. 471—475. (Nichts Neues.)

— *63) Derselbe: Ist die Herstellung von Mischfuttermitteln zu einer zweckmäßigen Ernährung des landwirtschaftlichen Nutzviehes notwendig oder nicht? D. landw. Presse Bd. 52, S. 518—520 u. 531—532. — *64) Honcamp, F. und C. Pfaff: Weitere Untersuchungen über den Futterwert von Roggenkleien verschiedenen Ausmahlungsgrades und von Roggenkeimen. Landw. Versuchsstation. Bd. 103, S. 259—278. — *65) Honcamp, F., E. Kochs (†), E. Müller und W. Schramm: Über die Beeinflussung der Rohfaserverdaulichkeit durch die Zusammensetzung der Futterration. Ebendas. Bd. 103, S. 179—208. — *66) Honcamp, F.: Die Fütterung des landwirtschaftlichen Nutzviehes im Lichte neuzeitlicher Forschung. Mitt. d. D. Landw. Ges. H. 13, S. 238. — *67) Hudson, R. S.: Alfalfa and horses. Michigan Sta. Circ. Bd. 65, 7 S. 1924. — *68) Hunt, G. A.: Relation of milk production to the twinning tendency. J. of Dairy Science Bd. 7, S. 262—266. 1924. — *69) Joseph, W. E.: Feeding brood sows and growing the litters. Montana Sta. Bul. Bd. 165, 18 u. IX S. 1924. — *70) Derselbe: Winterfeeding of breeding ewes. Ebendas. Bd. 164, S. 16. 1924. — *71) Kennard, D. C.: A simple mineral mixture for chickens. Ohio Sta. Mo. Bul. Bd. 9, S. 159 bis 164. 1924. — *72) Kennard, D. C., und P. S. White: Poultry investigations. Ebendas. Bd. 9, S. 107 bis 117. 1924. — *73) Kennard, D. C.: Essential minerals for chicks and laying hens. Poultry Science Bd. 4, S. 109—117. — *74) Kinzel, W., und L. F. Kuchler: Die Bedeutung der zeitgemäßen Silofutterbereitung im landwirtschaftlichen Betriebe. D. landw. Tierz. Jg. 29, S. 522—524 u. 553—556. — 75) Klimmer, M.: Die Gesundheitspflege der landwirtschaftlichen Haustiere. D. landw. Presse Bd. 52, S. 599—600. (Nichts Neues.) — *76) Kolbe, W.: Die Wichtigkeit der Salzlecke für Schafe. Zschr. f. Schafz. Jg. 14, S. 363 bis 365. — *77) Latimer, H. B.: The variability in weight of Leghorn chickens at hatching, thirty-five days, and maturity. Am. Nat. Bd. 58, S. 278—282. 1924. — 78) Lehmann, F.: Neues über Theorie und Praxis der Schweinemast. Zschr. f. Schweinez. Jg. 32, S. 417—425. (Vorschläge und Anleitungen zur rationellen Fütterung und Mast.) — *79) Lössl, H., und H. Teuchert: Vorschläge zu einer zweckmäßigen Berechnung der Futterration für Milchvieh. D. landw. Tierz. Jg. 29 u. Mitt. d. D. Landw. Ges. H. 21, S. 398. — 80) Lössl: Über den Wert der Verfütterung von Milch an Geflügel. D. landw. Tierz. Jg. 29, S. 393—395. (Nichts Neues.) — *81) Luce, E. M.: The influence of died and sunlight upon the growth-promoting and antirachitic properties of the milk afforded by cow. Biochem. J. Bd. 18, S. 716—739. 1924. — *82) Ludwig, G.: Die Beteiligung größerer Gemeinden an der Fleischversorgung durch Zucht und Mast von Schweinen. Diss. Leipzig. — *83) Lüthge, H.: Die Ernährung der Lämmer. D. landw. Tierz. Jg. 29, S. 463—465. — *84) Derselbe: Die Fütterung tragender und saugender Sauen im Ausgang des Winters. Zschr. f. Schweinez. Jg. 32, S. 115—118. — 85) Derselbe: Futteretat für die Winterfütterung der Schafe. Ill. landw. Ztg. Jg. 45, S. 571—572. — 86) Derselbe: Die Fütterung der Mutterschafe im Winter. Ebendas. Jg. 45, S. 631. — *87) Magnus: Fütterungsversuche mit Vitakalk. B. t. W. Bd. 41, H. 28. — *88) Marx: Fischmehl für Schweine. Sächs. landw. Zschr. Nr. 44, S. 708. — 89) Meyer: Beobachtungen aus den letzten vier Abfohlperioden in Altefeld. D. t. W. Bd. 33, S. 790 bis 791. (Vortrag.) — 90) Meyer, F. H.: Mischfutter. D. landw. Presse Bd. 52, S. 374. (Nichts Neues.) — *91) Müller, H. C., und E. Molz: Fütterungsversuche mit trocken gebeiztem Weizen. Ebendas. Bd. 52, S. 440. — *92) Müller, Immler und Wild: Wie die verschiedenen Schweinerassen futterarme Weidezeiten ausnutzen. Zschr. f. Schweinez. Jg. 32, S. 401—403. — *93) Müller, Schwarz und Zeunert: Die Lebertranfrage bei der Ernährung der Schweine. Ebendas. Jg. 32, S. 147—149. — 94) Münzberg, H.: Neuzeitliche Fütterungsfragen. D. landw. Tierz. Jg. 29, S. 5—7. (Nichts Neues.) — 95) Derselbe: Die Bewertung des Eiweißes bei der Fütterung. Ebendas. Jg. 29, S. 491 bis 493. (Nichts Neues.) — *96) Derselbe: Über Fütterung und Futtermittel. Mitt. d. D. Landw. Ges. H. 6, S. 107. — *97) Nevens, W. B.: The sunflower as a silage crop: Feeding value for dairy cows; composition and digestibility when ensiled at different stages of maturity. Illinois Sta. Bul. Bd. 253, S. 185—225. 1924. — *98) Nieber, C.: Beitrag zur Frage der Schädlichkeit gebeizten Getreides bei der Verfütterung an Hühner. Diss. Berlin. — 99) Niemann: Welche Aufgaben haben die Vitamine im Organismus zu erfüllen? D. landw. Tierz. Jg. 29, S. 655—657. (Nichts Neues.) — *100) Oertel und F. Kieferle: Ernährungsversuche mit Silomilch. M. m. W. Jg. 72, Nr. 49, S. 2097—2100. — *101) Orr, J. B., A. Crichton et al.: The effects of adding vitamin-rich substances to normal rations for poultry. I. The fat soluble vitamin or vitamin A. Scott. J. of Agr. Bd. 7, S. 266—277. 1924. — *102) Paasch, E.: Fütterungsversuch an Ziegen mit Ammoniumazetat, Harnstoff und Hornmehl als Eiweißersatz. Biochem. Zschr. Bd. 160, S. 333—385. — *103) Parkhurst, R. W.: The value of certain protein feeds for production and quality in eggs. Idaho Sta. Bul. Bd. 134, S. 8. 1924. — *104) Perkins, A. E., und C. F. Monroe: Effect of high and low protein content on the digestibility and metabolism of dairy rations. Ohio Sta. Bul. Bd. 376, S. 85—116. 1924. — *105) Petersen, N.: Neueste Forschungsresultate über die Fütterung des Milchviehs. D. landw. Tierz. Jg. 29, S. 422—425. — *106) Raatz, A.: Beitrag zur Verdaulichkeit des Eiweißes beim Haushuhn. Ebendas. Jg. 29, S. 735—736. — *107) Rae, R., und H. W. Gardner: Feeding experiments with silage. J. of Min. Agr. (Gt. Brit.) Bd. 31, S. 261—266. 1924. — 108) Rainey, J. W.: The influence of nutrition on the incidence of disease. Vet. Rec. Bd. 4, S. 1027—1028. 1924. — 109) Derselbe: Animal nutrition in relation to the origin of disease. Ebendas. Bd. 5, S. 99—101. (Nichts Neues.) — *110) Rasenack, O.: Untersuchungen über die Wirkung stark kochsalzhaltigen Fischmehls auf Schweine. Arch. f. wiss. Tierhlk. Bd. 52, S. 297—315. — 111) Rabagliati, D. S.: The Egyptians and their domesticated animals from a veterinarian's standpoint. Vet. Rec. Bd. 5, S. 333—345. (Zu kurzem Auszug nicht geeignet.) — *112) Reed, O. E., und J. E. Burnett: Feeding cull beans to dairy cows. Michigan Sta. Quart. Bul. Bd. 7, S. 12—14. 1924. — *113) Reed, O. E., J. B. Fitch und H. W. Cave: The relation of feeding and age of caving to the development of dairy heifers. Kansas Sta. Bul. Bd. 233, S. 3 bis 38. 1924. — *114) Reinhardt, C.: Zur Bestimmung des Vitamingehaltes von Hefepräparaten. B. t. W. Bd. 41, H. 4. — *115) Richards, M. B., W. Godden und A. D. Husband: The influence of variations in the sodium-potassium ratio on the nitrogen and mineral metabolism of the growing pig. Biochem. J. Bd. 18, S. 651—660. 1924 — *116) Richardsen: Zur Ferkelzucht und Schweinemast. Mitt. d. D. Landw. Ges. H. 3, S. 42. — 117) Richter: Wie hoch muß die Beifuttermenge für Läufer und Kleefütterung im Stall bemessen sein? D. landw. Presse Bd. 52, S. 617. (Nichts Wesentliches.) — *118) Robison, W. L.: Improving a corn and tankage ration. Ohio Sta. (Leaflet, 1924), S. 1. — *119) Derselbe: Comparison of soybean oilmeals for supplementing corn for hogs. Ohio Sta. Mo. Bul. Bd. 9, S. 145—149. 1924. — *120) Derselbe: Soybeans in corn for hogging-down. Ebendas. Bd. 9, S. 75—80. 1924. — 121) Ruppert, F.: Über argentinische Tierwirtschaft. D. t. W. Bd. 33, S. 729. (Statistisches.) — *122) Ruyter de Wildt, de, J. C., und E. Brouwer: An investigation of the partial replacement of hay by other feeds. Dept. Binnenland. Zaken en Landb. (Niederlande), Verslag. Landbouwk. Onderzoek. Rijkslandbouwproefsta., Nr. 29, S. 61—93. 1924. — *123) Sackville, J. P., und J. E. Bowstead: Oat silage vs. sunflower silage for fattening steers. Alberta Univ., Col. Agr. Bul. Bd. 8, S. 26. 1924. — 124) Sandler, G.: Probleme der Eiweißfütterung. D. landw. Tierz. Jg. 29, S. 264—267. (Nichts Neues.) — *125) Scheunert, Klein und Steuber: Über die Verdaulichkeit und den Nährwert von Roggenkleien verschiedenen Ausmahlungsgrades und von Roggenkeimen bei Schafen. Zschr. f. Tierz. u. Züchtungsbiol. Bd. 3, S. 343—366. — 126) v. Schmieder: Ersatz ausländischen Kraftfutters durch wirtschaftseigene Futtermittel. D. landw. Tierz. Jg. 29, S. 293—294. (Nichts Neues.) — 127) Schneider, K.: Voraussetzungen zum Erfolge in der Fettgräserei. Südd. landw. Tierz. Jg. 19, S. 165—168. (Nichts Wesentliches.) — *128) Shepperd, J. H., F. W. Christensen, O. A. Thompson und A. C. Kuenning: Experiments with swine at the North Dakota Station. North Dakota Sta. Bul. Bd. 174, S. 20, 21, 22, 26, 78, 79, 95, 96. 1924. — *129) Shepperd, J. H., F. W. Christensen und A. C. Kuenning: Experiments with beef cattle at the North Dakota Station. Ebendas. Bd. 174, S. 18, 19, 24—26, 27, 95. 1914. — *130) Skinner, J. H. und F. G. King Winter steer feeding, 1922—1923. Indiania Sta. Bul. Bd. 281, S. 22. 1924. — *131) Dieselben: Sheep feeding. XII. Fattening western lambs, 1923—1924. Ebendas. Bd. 282, S. 12. 1924. — *132) Smith, R. T.: Swine investigations at the Washington Station. Washington Col. Sta. Bul. Bd.187, S. 33, 34. 1924. — 133) Spitz, La valeur productive des aliments du bétail. Rec. de M. vét. Bd. 101, S. 5. — *134) Stang, Nöller, Krause: Bemerkungen zu der Arbeit von Profé und Grüttner. Der Bakterienbefund bei der sog. Dürener Krankheit der Rinder und seine Bedeutung für deren Ätiologie. B. t. W. Bd. 41, H. 14. — 134a) Strauch, R.: Anleitung zur Aufstellung von Futterrationen. 31. u. 32. Leipzig, H. Voigt. — 135) Suzuki, K. und A. Yazaki: On the Nutritive Deficiency of the Wheat Bran. Japanese J. of Zootechnical Science Bd. 1, Nr. 3, S. 152. — 136) Dieselben: On the Nutritive Value of Soy Bean Cake. Ebendas. Bd. 1, S. 144, Nr. 3. — *137) Taleon, A. T.: The effect of copra meal as a mash supplement for laying hens. Phillipine Agr. Bul. Bd. 13, S. 109—113. 1924. — *138) Tomheve, A. E.: Swine feeding experiments at the Delaware Station. Delaware Sta. Bul. Bd. 139, S. 12, 13. — *139) Trowbridge, E. A.: Corn versus oats for work mules. Missouri Sta. Circ. Bd. 125, S. 4. 1924. — *140) Trowbridge, E. A. und H. D. Fox: Limited use of shelled corn in fattening two-year-old cattle. Missouri Sta. Bul. Bd. 218, S. 14. 1924. — *141) Trowbridge, E. A.: The use of a limited amount of molasses in fattening yearling steers. Ebendas. Bd. 223, 16 S. 1924. — 142) Völtz: Zur Frage der Wasserundurchlässigkeit der Silos und ihrer Verschlüsse. Mitt. d. D. Landw. Ges. H. 37, S. 685. — *143) Völtz, W.: Neuere Forschungen auf dem Gebiete der Fütterungslehre (Eiweißkörper, Vitamine). D. landw. Tierz. Jg. 29, S. 594—598. — *144) Whithe, G. C., L. M. Chapman, W. L. Slate jr. und B. A. Brown: A comparison of early, medium, and late maturing varieties of silage corn for milk production. Connecticut Storrs Sta. Bul. Bd. 121, S. 173—211. 1924. — *145) Wilson, J. W. und A. H. Kuhlman: Potatoes as a feed for fattening pigs. South Dakota Sta. Bul. Bd. 209, S. 693—710. 1924. — *146) Dieselben: Forage crops for lambs. Ebendas. Bd. 207, S. 661—673. 1924. — 147) Wood, T. B.: Rations for normal animals. Vet. Rec. Bd. 5, S. 771—784. (Futtermengentabellen.) — *148) Woodman, H. E.: Maize and barley for pig feeding. J. of Min. Agr. (Gt. Brit.) Bd. 31, S. 1089—1103. — *149) Wright, P. A., und R. H.

Shaw: A study of ensiling a mixture of Sudan grass with a legume. J. of Agr. Research (U. S.) Bd. 28, S. 255—259. 1924. — 150) Zollikofer: Zur Kleiefütterung an Ziegen. Zschr. f. Ziegenz. Jg. 26, S. 7—10. — *151) Zorn: Mastversuche mit Kartoffelflocken gegenüber gedämpften Kartoffeln. Landw. Jb. Bd. 61, S. 937—938. — 152) Zorn und Richter: Dasselbe. D. landw. Presse Bd. 52, S. 362. (Vom Rentabilitätsstandpunkt betrachtet.) — *153) Poultry investigations at the Idaho Station. Idaho Sta. Bul. Bd. 133, S. 13, 14. 1924. — 154) Fütterungsfehler und Futterschädlichkeiten. D. t. W. Bd. 33, S. 222—223. (Merkblatt.) — *155) Efficient supplements for pigs. Wisconsin Sta. Bul. Bd. 373, S. 89—91. — *156) Feeding experiments with dairy cattle at the Kansas Station. Kansas Stat. Rpt. 1923—24. — *157) Feeding experiments with dairy cattle at the Wisconsin Station. Wisconsin Sta. Bul. Bd. 373, S. 86, 87, 92. — *158) Feeding experiments with dairy cattle at the Pennsylvania Station. Pennsylvania Sta. Bul. Bd. 188, S. 17, 18. 1924. — *159) Full feeding of calves on grass versus full feeding in a dry lot during summer months after having been carried through the winter on virtually a maintenance ration the basis of which was silage. Kansas Sta. Bien. Rpt. 1923/24, S. 92. — *160) Feeding experiments with swine at the Minnesota Station. Minnesota Sta. Rpt. 1924, Tl. 2, S. 8—13. — *161) Feeding experiments with swine at the South Carolina Station. South Carolina Sta. Rpt. 1924, S. 61—64. — *162) Experiments with dairy cattle at the Ohio Station. Ohio Sta. Bul. Bd. 382, S. 45, 46. 1924. — *163) The relation of sunlight to nutrition. Wisconsin Sta. Bul. Bd. 373, S. 80—85. — *164) Hog feeding experiments at the Oklahama Station. Oklahama Sta. Bien. Rpt. 1923/24, S. 8. — *165) Experiments with swine at the Missouri Station. Missouri Sta. Bul. Bd. 228, S. 38—40. — *166) Experiments with poultry at the Ohio Station. Ohio Sta. Bul. Bd. 382, S. 51—54. 1924. — *167) Experiments with poultry at the Pennsylvania Station. Pennsylvania Sta. Bul. Bd. 188, S. 24—26. 1924. — *168) Mc Campbell, C. W.: Beef cattle investigations, 1923—1924. Cattleman Bd. 10, S. 25. 1924. — *169) Investigations with swine at the Kansas Station. Kansas Sta. Bien. Rpt. 1923/24, S. 89—91, 93, 94, 96, 97. — *170) Studies in swine nutrition. Idaho Sta. Bul. Bd. 135, S. 20, 21.

**Allgemeines über Ernährung.** Honcamp (66) nimmt zur Frage der Fütterung des landwirtschaftlichen Nutzviehes im Lichte neuzeitlicher Forschung Stellung.

Nach ihm hängt der Nährwert eines Futtermittels, besonders der der Kraftfuttermittel, von dem Grade der Übereinstimmung seiner Eiweißzusammensetzung mit der des animalischen Eiweißes ab. Je näher also ein vegetabilisches Eiweiß in seiner Zusammensetzung dem animalischen kommt, desto größer ist sein Wert als Erhaltungs- und Produktionsfutter. Die veredelten vegetabilischen oder konservierten animalischen Kraftfuttermittel weisen so erhebliche Veränderungen in ihrer ursprünglichen Eiweißzusammensetzung auf, daß ihre Verdaulichkeit um 30—40% darunter leidet. Da die Eiweißzusammensetzung und somit die Verdaulichkeit der verschiedenen Kraftfuttermittel nicht bekannt ist, soll durch Verfütterung von Kraftfuttermischungen dem Organismus die Möglichkeit einer Auswahl gegeben werden. Durch solche Mischungen werden schwer verdauliche Kraftfuttermittel (d. h. hauptsächlich technisch verarbeitete) leicht- oder zu einem sehr hohen Prozentsatz verdaulich gemacht. Für die Verdauung und den Umsatz der tierischen Ernährung sind jedoch nicht allein die N- oder C-Werte maßgebend, sondern zu einem sehr erheblichen Maße der Gehalt an anorganischen Verbindungen und Vitaminen. Grünfutter und Muttermilch sind die Grundlagen der tierischen

Ernährung. Aus dieser letztgenannten Erwägung heraus kommt der Silofutterbereitung besondere Bedeutung zu. 　　　　　　　Richter und Demmel.

Völtz (143) berichtet über neuere Forschungen auf dem Gebiete der Fütterungslehre und die hohe (bekannte) Bedeutung der Proteine und Vitamine zum Teil auf Grund eigener Versuche.
　　　　　　　Richter und Adleff.

Eigner (25) prüfte die Wachstumsverhältnisse bei Zickeln unter Berücksichtigung der Ernährung.

Die mit Muttermilch, wenn auch mit Zusätzen, ernährten Lämmer entwickelten sich erheblich besser, als diejenigen, welche nach dem Absetzen keine Muttermilch bekamen. Bis zum Alter von mindestens 6 Wochen kann die Muttermilch nicht ohne Nachteil für die Entwickelung entbehrt werden. Reine Muttermilch mit Zusätzen ist bis zum Alter von 8 Wochen ein vollwertiger Ersatz der reinen Muttermilch ohne Zusätze. 　　　　　　　Weber.

Nach Dunkin (23) nehmen selbst durstige Rinder nur selten und auch dann nur in geringer Mengen Seewasser zu sich. Die Aufnahme einer größeren Menge Seewasser verursacht Verstopfung, welche bei Verabreichung gewöhnlichen Wassers bald wieder verschwindet. 　　　　　　　C. Reinhardt.

Aron und Gralka (4) stellten über Speicherung und Speicherbarkeit von Vitaminen Versuche an.

Aus Fütterungsversuchen an Ratten mit einem vitaminfreien Grundfutter mit wechselnden Beigaben oder Vitaminen der A-Gruppe (Butter), sowie der B bzw. D-Gruppe (Kleieextrakt) konnten sie schließen, daß die erstere Gruppe gespeichert werden kann, während bei letzteren dies nicht oder jedenfalls nicht annähernd im gleichen Maße der Fall ist. 　Krage.

Candelin (16) untersuchte den Vitamingehalt des Pferdefleisches.

Bei den Versuchstieren war eine beträchtliche Aufspeicherung an Vitamin A deutlich erkennbar, doch war die Aufspeicherung bei verschiedenen Individuen recht verschieden. Die Keratomalazie trat nach 47 bis 79 Tagen auf. Sie trat bei Tieren, die durch Mangel an anderen Vitaminen geschwächt waren, im allgemeinen etwas früher ein, als bei solchen Tieren, die Vitamin B erhielten.

Die Aufspeicherung von Vitamin A kann nur von dem in der Vorperiode gefütterten mageren Pferdefleisch herstammen. Dadurch wird der hohe Gehalt des Pferdefleisches an Vitamin A bestätigt.

Die Reserven von Vitamin B bei den Versuchstieren waren dagegen viel kleiner und nur kurze Zeit imstande, das Wachstum einigermaßen in Gang zu erhalten. Verschiedene Individuen verhielten sich auch in dieser Hinsicht verschieden. Einige Ratten zeigten bei Zufuhr von sehr kleinen Mengen an Vitamin B nahezu normales Wachstum. Die Zulage von Vitamin B erhöhte die Nahrungsaufnahme auch bei so kleinen Gaben, die nicht genügend zum normalen Wachstum und Gedeihen des Tieres waren.

Der Lebertran wurde von den Ratten nicht gut vertragen, doch schien die Zufuhr von Apfelsinensaft ihn den Tieren bekömmlicher zu machen. Daß es sich aber bei Zugabe von Lebertran nicht nur um zu große Fettzufuhr handeln konnte, wird dadurch bewiesen, daß die Tiere größere Butterfettmengen sehr gut vertragen. 　　　　　　　Trautmann.

Gräff (45) stellte Untersuchungen über Avitaminose der Taube an.

Bei Tauben, die mit geschältem Reis ausschließlich ernährt worden waren, wurde die Wasserstoffzahl der einzelnen Organe mit Indikatoren bestimmt und eine

Prüfung der gleichen Gewebe auf ihre Fähigkeit der Bildung von Indophenolblau im a-Naphthol-Dimethyl-p-Phenylendiamingemisch vorgenommen. Bei den Tauben, die vor dem Tode Nackenkrämpfe (Opisthotonustauben) aufgewiesen hatten, fand sich regelmäßig eine Säuerung des Gehirns im Gegensatz zu Normaltauben. Das gleiche war der Fall bei Tauben, die der Sektion eine übermäßige Füllung des Kropfes zeigten. An den Hirnteilen dieser Tauben wurde eine Verminderung des Oxydationsvermögens durch Verzögerung der Indophenolblaubildung nachgewiesen und die Herabsetzung des Oxydationsvermögens durch die Säuerung des Gehirns erklärt. Die Säuerung bestimmter Hirnteile und die Verminderung ihres Oxydationsvermögens löst die nervösen Reizerscheinungen aus, als deren Zeichen der Opisthotonus und die Speiseretention im Kropf anzusehen sind. Tauben, die bei gleicher Ernährungsart keine Reizerscheinungen vor dem Tode geboten hatten und deren Sektion die Bilder hochgradiger Atrophie ergeben hatte (Hungertauben), zeigten niemals Säuerung des Gehirns. Das Wesen der Reiskrankheit der Tauben kann nicht mit der Wirkung einer Zyankalivergiftung verglichen werden, da bei den Zyankalitauben ein gesetzmäßiger Parallelismus zwischen Wasserstoffzahl aller Organe und der Geschwindigkeit der Indophenolblaubildung sich nicht fand.

Krage.

**Hoet (61) untersuchte den Einfluß einer Vitamin-A-freien Kost auf Tauben.**

Tauben, die 6 Monate lang mit einer Vitamin-A-freien Kost ohne Krankheitssymptome zu zeigen, ernährt worden waren, erkrankten bald nach dieser Zeit an Beinschwäche. Eine davon starb wenige Wochen später, während die anderen sich bis zur Veränderung der Ration durch Zugabe von Mais in einem traurigen Zustande befanden. Nach der Zufütterung von Mais verschwanden die Symptome der Beinschwäche innerhalb 10—12 Tagen. Während der ganzen Versuchszeit legten nur 3 Tauben Eier, von denen einige unfruchtbar waren. Keines der ausgebrüteten Jungen lebte länger als 5 Tage. Verf. zieht hieraus den Schluß, daß das Vitamin A für die Taube nötig ist. Schieblich.

**An der Wisconsin Station (163) wurden die Einflüsse des Sonnenlichtes auf die Produktion und das Wachstum von Tieren untersucht.**

**Sonnenlicht als Faktor bei der Geflügelproduktion.** E. B. Hart, H. Steenbock, J. G. Halpin und O. N. Johnson fanden, daß Kücken bei einer Ration erfolgreich aufgezogen werden konnten, die aus gelbem Mais und Magermilch mit 1% Natriumchlorid und 2% gemahlenem Kalkstein bestand, vorausgesetzt daß die Tiere dem Sonnenlicht ausgesetzt wurden. Ohne Sonnenlicht starben die Kücken bei derselben Ration oder zeigten nur kümmerliches Wachstum.

**Eine geringe Menge Licht erhält Kücken normal.** In einem weiteren Versuche wuchsen die Kücken bei einer Ration aus Kasein, Dextrin, Hefe, Agar und Salz plus 1,5% getrocknetem Klee gut, wenn die Tiere täglich 5 Minuten ultraviolettem Licht ausgesetzt wurden. Eine Minute langes Bestrahlen mit dreitägigen Zwischenräumen genügte hingegen nicht, um normales Wachstum zu unterhalten.

**Licht vermag Futtermitteln antirachitische Eigenschaften zu geben.** Steenbock fand, daß hinsichtlich des antirachitischen Faktors unterwertige Rationen durch Bestrahlung mit Sonnen- oder ultraviolettem Licht die Fähigkeit erlangten, bei Ratten normales Wachstum zu unterhalten. Nach Bestrahlen von Olivenöl und Speck durch eine Quecksilberdampflampe während 30 Minuten enthielten diese Substanzen den antirachitischen Faktor. Das verseifte Fett von bestrahltem Olivenöl enthielt gleichfalls das Vitamin. Ratten, die bei einer Ration, die vorwiegend aus Mais und Weizen bestand, an Rachitis erkrankten, wuchsen normal, wenn diese Ration ultravioletten Strahlen ausgesetzt wurde.

**Die Bedeutung des Sonnenlichtes bei der Schweineproduktion.** Steenbock und Hart fütterten 2 Würfe zu je 6 Ferkeln mit einer Ration aus gelbem Mais, Salz und Kalk mit 1,81 kg Magermilch pro Tag und Tier, während zwei andere Würfe dieselbe Ration erhielten, ausgenommen, daß der gelbe Mais durch weißen Mais ersetzt wurde. Ein Wurf jeder Gruppe erhielt Auslauf, um die Tiere so dem Sonnenlicht auszusetzen, während der andere Wurf kein direktes Sonnenlicht bekam. Die beiden Würfe, die kein Sonnenlicht erhalten hatten, wurden steif, während sich die anderen beiden normal entwickelten. Blutanalysen der beiden letzteren Würfe ergaben das Vorhandensein von größeren Mengen von anorganischem Phosphor, auch hatten die Knochen einen höheren Aschengehalt.

**Sonnenlicht und seine Einwirkung auf milchgebende Tiere.** C. A. Elevehjem, Steenbock und Hart brachten milchgebende Ziegen bei einer Ration aus Getreide und Weizenstroh ohne Sonnenlicht in eine ausgesprochen negative Kalkbilanz. Durch tägliches Bestrahlen der Tiere mit ultraviolettem Licht für 10—20 Minuten stieg der Gehalt des Blutes an anorganischem Phosphor um 5—8 mg pro 100 ccm, und die Kalkbilanzen wurden positiv. Schieblich.

**Magnus (87)** stellte Fütterungsversuche mit Vitakalk an. Dieser hat sich als aussichtsreiches Beifutter für Schweine erwiesen. Die Versuche spornen zu weiteren Arbeiten mit Vitakalk an. Henkels.

**Hartnack (59)** berichtet Allgemeines über Nager und Nagerschäden in den Vereinigten Staaten. Danach wird der Gesamtschaden in den U. S. A. auf 500 Millionen Dollars jährlich geschätzt. Vor allem macht die braune Ratte ungeheuren Schaden. Mit Virus, Gift usw. sucht man dagegen anzukämpfen.

Henkels.

**Reinhard (114)** teilt die Bestimmung des Vitamingehaltes von Hefepräparaten mit. Im Phosphosan liegt ein Vitaminpräparat vor, daß gut verwendet werden kann. Henkels.

**Futtermittel.** Honcamp (63) weist auf die Schwierigkeiten der Beantwortung der Frage, ob die Herstellung von Mischfuttermitteln zu einer zweckmäßigen Ernährung des landwirtschaftlichen Nutzviehs notwendig sei oder nicht, hin; vieles spricht dafür, vieles dagegen. Im allgemeinen kann aber das Mischfutter unter den heutigen wirtschaftlichen Verhältnissen nicht empfohlen werden.

Richter und Adleff.

**Frick-Scholz (37)** bespricht die einzelnen Hackfrüchte als Futtermittel. Neben der Art der Verabreichung und Zubereitung der Hackfrüchte gibt der Verf. auch Analysen an, die dem „Kellner" entnommen sind. Richter und Adleff.

**Untersuchungen von Honcamp und Pfaff (64) an Hammeln über den Futterwert von Roggenkleie** ergaben in Übereinstimmung mit älteren Untersuchungen, daß mit zunehmendem Ausmahlungsgrad der Futterwert der Kleie immer geringer wird.

Auch in den vorliegenden Versuchen war der Unterschied bezüglich des Stärkewertgehaltes bei den Kleien von 65 und 84% nur ein verhältnismäßig geringer, während demgegenüber die Roggenkleie von 95% wesentlich abfiel. Die Roggenkeime dagegen stellten, und zwar gleichfalls in Übereinstimmung mit den Ergebnissen früherer Untersuchungen, bei einem Gehalte von 22,87% an verdaulichem Eiweiß und einem Stärkewert von 83,15 in der Trockensubstanz und 20,62 bzw. 74,95 in der Originalsubstanz ein hochverdauliches, vollwertiges Futtermittel dar. Krzywanek.

Über die Verdaulichkeit und den Nährwert von Roggenkleien verschiedenen Ausmahlungsgrades und von Roggenkeimen bei Schafen haben Scheunert, Klein und Steuber (125) an 2 Hammeln Versuche angestellt, die in ihren Ergebnissen gut übereinstimmen und folgendes erkennen lassen:

Der Nährwert der Kleien fällt mit der Höhe der Ausmahlung ab. Der Wert der Keimlinge ist beträchtlich. Hervorgehoben zu werden verdient, daß mindestens beim Schafe die Kleien und Keimlinge einen sehr viel höheren Ansatznährwert besitzen, als dies nach den Kellnerschen Berechnungsmethoden der Fall sein müßte. Die Mitteilung zeigt erneut, wie wichtig es ist, Versuche mit Futtermitteln auf ihre Produktionswerte bei den verschiedenen in Betracht kommenden Tierarten vorzunehmen. 30 Tabellen ergänzen die Ausführungen. Richter und Adleff.

Der Versuch von Paasch (102) umfaßte 4 Ersatzfutterperioden, in denen das Eiweiß ersetzt wurde durch: Ammoniumazetat, Harnstoff oder Hornmehl (Ovagsolan). Je 2 Ersatzperioden wurden von Grundfutterperioden umschlossen, um den natürlichen Verlauf der Laktation verfolgen zu können. Die Versuche hatten folgendes Ergebnis:

Die Verwertung des Harnstoffes beträgt durchschnittlich 96,6%, des Ammoniumazetats 98,6% und des Hornmehl-N 113,1% der Verwertung des Eiweiß-N. Diese Zahlen liegen, verglichen mit denen anderer Autoren, sehr hoch, doch lassen die Vergleiche des Durchschnittsgewichtes und der durchschnittlichen Milchproduktion der einzelnen Perioden sie trotzdem glaubhaft erscheinen. Bei etwa 50% Ersatz des Futtereiweißes eines reichlichen Produktionsfutters durch Ammoniumazetat werden Gesamtmilch-, Milchfett- und Milchtrockensubstanzmenge erheblich erhöht, ohne daß eine Veränderung in der prozentualen Milchzusammensetzung einträte. Hornmehl drückt dagegen bei gleichzeitiger Steigerung der Gesamtmilch- und Milchtrockensubstanzmenge den Fettgehalt erheblich, verschlechtert daher wesentlich die Qualität der Milch. Auch Harnstoff wirkt in diesem Versuch nachteilig auf den Fettgehalt, übt aber keinen Einfluß auf die Milchmenge und den Trockensubstanzgehalt aus. Das Körpergewicht wird in günstigem Sinne beeinflußt. Eine im Durchschnitt vorhandene 97 proz. Verwertung des Harnstoff- gegenüber dem Eiweiß-N, eine erhöhte positive N-Bilanz, Erhöhung des Körpergewichtes und gleichbleibende Milchtrockensubstanzmenge machen einen Fleischansatz in der Harnstoffperiode sehr wahrscheinlich und lassen darauf schließen, daß Harnstoff das Eiweiß in den genannten Mengen wohl zu ersetzen vermag. Dagegen scheint Ammoniumazetat auf die Milchdrüse außerdem noch eine besondere Reizwirkung auszuüben, die sich in der Ausscheidung einer erhöhten Milchmenge gleicher Qualität und in niedrigerer positiver N-Bilanz äußert, wahrscheinlich also auf Kosten des Fleischansatzes vor sich geht; die Gewichtszunahme ist hier sicher auf Fettansatz zurückzuführen. Bei der Verwertung des Hornmehles beteiligen sich wohl ebenfalls die Amide an Milch- oder Fleischbildung; auch kann hier eine Reizwirkung ähnlich wie beim Ammoniumazetat vorliegen. Aus seinen Versuchen zieht Verf. den Schluß auf nahezu volle Ersatzmöglichkeit des Futtereiweißes durch Ammoniumazetat bei einem Ersatz bis zu 50%, das in der Milchbildung dem Eiweiß sogar noch überlegen erscheint, auf etwas geringere des Harnstoffs, namentlich hinsichtlich des niedrigeren Milchfettgehaltes, und auf die volle Verwertung der verdaulichen Hornmehl-N-Substanz hinsichtlich der

Milchmenge, während die Qualität der Milch sehr erheblich darunter leidet. Krzywanek.

Versuche an Hammeln über die Beeinflussung der Rohfaserverdaulichkeit durch die Zusammensetzung der Futterration, die von Honcamp, Kochs, Müller und Schramm (65) durchgeführt wurden, hatten folgendes Ergebnis:

Eine gesteigerte Vergärung der in den Rauhfutterstoffen enthaltenen Rohfaser durch Beigabe eiweißreicher Futterstoffe konnte im vorliegenden Falle nicht konstatiert werden; wenigstens kam eine solche nicht in einer höheren Verdaulichkeit der Rohfaser zum Ausdruck. Die getrennte und zeitlich möglichst auseinanderliegende Verfütterung von Kohlehydraten einerseits und eiweißreichen und Rauhfutterstoffen andererseits ist ohne erheblichen Einfluß auf die Verdaulichkeit sowohl des Gesamtfutters als auch der einzelnen Nährstoffgruppen. Dasselbe ist auch der Fall, wenn man zu den kohlehydratreichen Futterstoffen im Sinne der getrennten Verfütterung noch bereits vergorenes Material, wie eingesäuerte Rübenblätter oder Sauerschnitzel, beifüttert. Krzywanek.

Nach den Erfahrungen Gerlachs (40) sollen nur solche Kadavermehle Verwendung finden, deren Herstellungsfirma die Vernichtung von Krankheitserregern (Bakterium-Paratyphus A und B) und von gesundheitsschädlichen Stoffen gewährleistet. Richter und Demmel.

Nach Münzberg (96) soll durch Stickstoffgrünlanddüngung, durch Verwendung einheimischer, billiger eiweißreicher Kraftfuttermittel (entbitterte Lupinen, Sojabohnenschrot, Rapskuchen usw.) die Selbstversorgung Deutschlands mit animalischen Nahrungsmitteln angestrebt werden. Richter und Demmel.

**Silage.** Kinzel und Kuchler (74) heben die Bedeutung einer zeitgemäßen Silofutterbereitung im landwirtschaftlichen Betriebe hervor und weisen auf ihre Vor- und Nachteile hin.

Silofutter ist nicht gleich Sauerfutter. Die Silofutterbereitung verdient besonders beachtet zu werden, weil durch sie dem Wirtschaftsbetriebe selbst erzeugtes Futter hochwertig erhalten werden kann. Der oft so nachteilige Einfluß der Witterung auf die Heubereitung kommt bei der Silofutterbereitung fast ganz in Wegfall. Arbeitsersparnis, die Möglichkeit sich lohnender Düngung und damit Hand in Hand eine Steigerung der Produktion sind ihre weiteren Vorteile. Als ein Nachteil soll hervorgehoben werden, daß das Silofutter — aus dem Behälter entnommen — nicht lange haltbar ist und demnach als Handelsware nicht in Frage kommt, ein Umstand, der die Heubereitung — trotz ihren erheblichen Verlusten an Stärkewert gegenüber dem Grünfutter — nie verdrängen wird. Richter und Adleff.

Bei der Elektrosilage von Mais wurden von Brahm (8) aus dem gärenden Material an flüchtigen Fettsäuren: Essigsäure, Propionsäure, Buttersäure, Valeriansäure, Methyläthylessigsäure und Kapronsäure isoliert; Ameisensäure wurde nicht gefunden. Krzywanek.

Blish (5) berichtet über Untersuchungen über die Beziehungen des Säuregehaltes zur Qualität von Sonnenblumensilage und gibt die H-Ionenkonzentration, flüchtige und nichtflüchtige Säure und das Verhältnis zwischen ihnen in dem Silagesaft und den Gehalt von reduzierenden Zuckern und Sacharose in der Trockensubstanz der frischen Pflanze, als auch die Qualität der in jedem Falle erzeugten Silage für Proben von Mais, Sonnenblumen und

Mischungen von Mais und Sonnenblumen, die in großen Silos eingelagert wurden, tabellarisch geordnet wieder.

Auf Grund des großen Wassergehaltes der Sonnenblumen wird bei der Ensilierung eine beträchtliche Menge von Saft ausgepreßt, der viel der säurebildenden Substanzen enthält, wodurch der schon niedrige Zuckergehalt der Sonnenblume noch weiter verringert wird. Hierdurch wird die Entwicklung von buttersäurebildenden Bakterien begünstigt und auch die für gewöhnlich im Zentrum des Silos beobachtete Verderbnis verursacht. Das Material im unteren Teile des Silos hält sich besser, da die säurebildenden Substanzen aus den oberen Teilen zugeflossen sind. Buttersäurebazillen können sich augenscheinlich nur entwickeln, wenn die H-Ionenkonzentration niedriger als 4,9 ist. Die Zugabe von Zucker oder zuckerhaltigem Material, wie Mais, Melasse usw., zu Sonnenblumensilage ergab einen günstigeren Verlauf der Gärung mit der Produktion größerer Säuremengen und der Verhütung einer Verderbnis. Eine Bewässerung der Sonnenblumenfelder erwies sich als ungünstig, weil hierdurch der Zuckergehalt der Sonnenblumen noch weiter herabgesetzt wurde.

Bei den schlechteren Silagequalitäten schien die Menge der flüchtigen gegenüber der der nichtflüchtigen Säure sehr groß zu sein. Wenn auch der Gesamtsäuregehalt zweier Silagen derselbe ist, so kann doch die Qualität der Silagen je nach der Menge der vorhandenen Essig- und Milchsäure eine sehr verschiedene sein.

Schieblich.

Nevens (97) berichtet über die Ergebnisse von Untersuchungen über die physikalischen und chemischen Eigenschaften der in verschiedenen Wachstumsstadien bereiteten Sonnenblumensilage und über die relativen Milch und Fett produzierenden Eigenschaften, Schmackhaftigkeit und physiologischen Wirkungen von Mais- und Sonnenblumensilage.

Die Sonnenblumen wurden in drei verschiedenen Wachstumsstadien geschnitten, und zwar 87 Tage nach der Saat, als 23% in Blüte standen, 106 Tage nach der Saat, als 95% in Blüte waren, und 126 Tage nach der Saat, als sich die Samenkörner zum größten Teile zwischen Teigstadium und Reife befanden.

In Fütterungsversuchen an zwei Gruppen von Kühen wurde nach der doppelten Umkehrungsmethode gefüttert, die Perioden betrugen 28 Tage mit 7 tägigen Übergangsperioden. Die Kühe erhielten so viel Silage, wie sie leicht als Zulage zu Heu und einer Körnermischung verzehren konnten. Die Mengen, die von den letztgenannten Futtermitteln gereicht wurden, richteten sich nach der Milchproduktion.

Die Ergebnisse zeigten, daß die Milch- und Fetterträgnisse und die Gewichtszunahmen der Kühe mit Maissilage immer größer waren. Die Überlegenheit der Maissilage in der Milch- und Fettproduktion über den ersten Schnitt von Sonnenblumensilage betrug 15 bzw.

10%, über den zweiten Schnitt 21 bzw. 13% und über den dritten 25 bzw. 11%. Der Hauptgrund für die geringeren Erträge mit Sonnenblumensilage ist in ihrer geringen Schmackhaftigkeit zu suchen. Der durchschnittliche Maissilageverbrauch pro Kuh schwankte zwischen 29,7 und 32,2 lbs. täglich in den verschiedenen Perioden, während von der aus den verschiedenen Schnitten bereiteten Sonnenblumensilage von jeder der beiden Gruppen täglich die folgenden durchschnittlichen Mengen aufgenommen wurden: 1. Schnitt 28,4 und 27,3 lbs., 2. Schnitt 27,3 und 22,8 lbs. und 3. Schnitt 12,3 und 10,2 lbs. Die Sonnenblumensilage enthielt auch mehr Wasser und weniger verdauliche Bestandteile als die Maissilage. Hinsichtlich der Schmackhaftigkeit und des Futterwertes erwies sich der erste Schnitt als der beste, der dritte als der schlechteste.

Was die physiologischen Wirkungen der Sonnenblumensilage anbetrifft, so wurde gefunden, daß sie mehr stopfend wirkte als Maissilage, auch wurde ein leichtes Anwachsen der festen Bestandteile der Milch beobachtet, was aber wahrscheinlich auf die Verringerung der Milchproduktion zurückzuführen ist. Die Milch zeigte keinerlei abnormen Geschmack. Schieblich.

Oertel und Kieferle (100) stellten Ernährungsversuche mit Silomilch an Meerschweinchen und Säuglingen an.

Die Versuche stimmen in ihrem Endergebnis darin überein, daß sie die biologische Hochwertigkeit der Silomilch beweisen. Im Tierversuch zeigte sie sich sogar der Trockenfuttermilch an antiskorbutischer Fähigkeit nachweisbar überlegen und vermochte das Wachstum intensiver zu gestalten als Trockenfuttermilch. Die biologische Hochwertigkeit der Silomilch ist nicht allein durch das A- und C-Vitamin bedingt, sondern man kann auf einen höheren Gehalt an akzessorischen Nährstoffen überhaupt schließen.

Die durch Verfütterung von Schlempe- oder Biertrebern gewonnene Milch hat sich bezüglich der biologischen Wertigkeit im Meerschweinchenversuch und bei der Ernährung des Säuglings als minderwertig erwiesen. Krage.

Wright und Shaw (149) stellten einen Ensilierungsversuch eines Gemisches von Sudangras mit einer Leguminose an.

Der Versuch hatte den Zweck, zu prüfen, ob es vorteilhaft für die Silagebereitung ist, Grünfutter mit einem niedrigen Eiweiß- und einem hohen Kohlehydratgehalt mit solchem mit hohem Eiweiß- und niedrigem Kohlehydratgehalt zu mischen. 5 Versuchssilos wurden am 2. September mit den folgenden Grünfuttermitteln gefüllt: frisches Sudangras, abgewelkte Sojabohnen, abgewelkte „Kuherbsen" (chinesische Fasel, Vigna sinensis, eine Art Bohne) und Mischungen von gleichen Teilen Sojabohnen und Sudangras und abgewelkten Kuherbsen und Sudangras. Das Sudangras wurde im Teigstadium geschnitten, während die

Zusammensetzung der Silagen bei der Einlagerung und Entnahme.

| Silageart | Trockensubstanz | | H₂O-freie Basis | | | | | | | | | | | |
| --- | --- | --- | --- | --- | --- | --- | --- | --- | --- | --- | --- | --- | --- | --- |
| | | | Gesamtprotein | | Albuminoide | | Rohfaser | | Ätherlösliche Stoffe | | N-freie Extraktivstoffe | | Asche | |
| | Ein % | Aus % | Ein % | Aus % | Ein % | Aus % | Ein % | Aus % | Ein % | Aus % | Ein % | Aus % | Ein % | Aus % |
| Sudangras allein . | 30,3 | 28,9 | 6,0 | 6,4 | 5,3 | 4,5 | 34,0 | 35,2 | 1,5 | 1,9 | 53,0 | 50,4 | 5,5 | 6,1 |
| Sudangras und Sojabohnen . . | 30,3 | 30,1 | 11,0 | 11,3 | 9,0 | 7,1 | 31,6 | 34,0 | 1,4 | 2,3 | 49,3 | 44,9 | 6,8 | 7,5 |
| Sojabohnen allein . | 36,3 | 34,8 | 16,7 | 17,6 | 12,7 | 9,8 | 30,5 | 32,7 | 1,2 | 2,0 | 44,9 | 39,5 | 6,7 | 8,3 |
| Kuherbsen allein . | 31,8 | 31,0 | 16,0 | 15,9 | 13,4 | 9,9 | 23,8 | 27,1 | 1,5 | 2,6 | 51,0 | 45,6 | 7,7 | 8,8 |
| Sudangras und Kuherbsen . . . | 33,3 | 30,6 | 11,8 | 12,3 | 9,8 | 8,9 | 29,9 | 30,6 | 1,7 | 2,5 | 49,6 | 46,6 | 7,1 | 8,1 |

Sojabohnen und Kuherbsen zur Zeit der Ensilierung gut Schoten angesetzt hatten. Das zu ensilierende Material wurde vorher gewogen und dann fest in die Silos gepackt. Bei der Öffnung der Silos am 3. Dezember waren alle Silagen mit Ausnahme des Sudangrases, das zum Teil verschimmelt war, in gutem Zustande. Die Tabelle auf S. 273 gibt die chemische Zusammensetzung der fünf verschiedenen Silagearten zur Zeit der Ensilierung und zur Zeit der Öffnung der Silos wieder.

In kurzdauernden Versuchen über die Schmackhaftigkeit der verschiedenen Silofutter an Milchkühen erwies sich die Sudangrassilage entschieden am wenigsten schmackhaft, während die Sojabohnensilage in dieser Hinsicht die beste war. Die Kuherbsensilage und die beiden Mischungen, die gleichmäßig zu beurteilen waren, standen jedoch der Sojabohnensilage an Schmackhaftigkeit nur wenig nach.

Es wird hieraus geschlossen, daß es nicht nötig ist, eiweißreiche und kohlehydratreiche Futtermittel zur Erzeugung einer guten Silage zu mischen, weil die Ensilierung kohlehydratreicher Futtermittel für gewöhnlich gut gelingt, während die eiweißreichen durch das Abwelken für die Erzeugung einer guten Silage geeignet gemacht werden können.                          Schieblich.

**Fütterungsversuche an Rindvieh.** Bünger (14) berichtet über die Ergebnisse von 7 auf verschiedenen Gütern angestellten Fütterungsversuchen mit Silofutter.

Sofern die Beschaffenheit des Silofutters eine einwandfreie war, konnte eine gute Wirkung auf die Milchleistung beobachtet werden; oft stieg sogar der Fettprozentgehalt der Milch. Bei sauberer Gewinnung konnte eine Abweichung der Milch in bezug auf Geruch und Geschmack vom Normalen nicht festgestellt werden. Der Gesundheitszustand sowie die Freßlust der Versuchstiere waren durchweg gut; doch ist es zweckmäßig, neben dem Silofutter noch etwas Heu zu verabreichen. Die Silofutterbereitung bedeutet in der Erhaltung wirtschaftseigener Futtermittel einen großen wirtschaftlichen Fortschritt und macht die Futtergewinnung (Heubereitung) unabhängig von der Witterung.                          Richter u. Adleff.

Dvorachek, Herzer, Mason, Reed und Martin (24) berichten über vergleichende Versuche über die Vorteile der Mischung von Sojabohnen und Kuherbsen mit Mais- und Zuckerrohrsilage für die Fütterung von Mastrindern und Milchvieh.

Sie kommen zu dem Schluß, daß die Mischung von Leguminosen mit Mais oder Zuckerrohr eine Silage ergibt, die sich besser hält und schmackhafter ist, als aus Mais oder Zuckerrohr allein bereitete Silage. Solche Silagen waren auch für die Milch- und Fettproduktion und für die Fleischproduktion wertvoller als Zuckerrohr- oder Maissilage allein. Silage aus unreifem Zuckerrohr und Sojabohnen war sehr wenig haltbar und hinsichtlich des Futterwertes solcher aus reifem Mais unterlegen, obwohl sie vom Vieh sehr gern gefressen wurde.                          Schieblich.

Fishwick (31) verglich in 3 Versuchen den Futterwert von Hafer- und Wickensilage mit dem von Rüben.

In dem ersten, in den Jahren 1921—1922 durchgeführten Versuche wurden 6 Milchkühe in 2 Gruppen eingeteilt. Die an diese beiden Gruppen verfütterten Durchschnittsrationen waren die folgenden: Die Silageration 3 lbs. Stroh, 6 lbs. Heu und 45 lbs. Silage, und die Rübenration 9 lbs. Stroh, 8 lbs. Heu und 56 lbs. Rüben. Hierzu wurden 2 lbs. Hafer, 1 lb. Baumwollsaatkuchen und 1 lb. Leinsaatkuchen pro eine Gallone (4,54 l) produzierte Milch gegeben. Der Versuch erstreckte sich über eine 2wöchige Vorperiode und zwei 5wöchige Versuchsperioden mit einer 2wöchigen Übergangsperiode, während der die Rationen der beiden

Gruppen ausgewechselt wurden. Milchertrag und Futterkosten waren bei den beiden Rationen praktisch gleich.

In einem zweiten, in den Jahren 1922—1923 an Milchkühen ausgeführten Versuche wurde eine ähnliche Silageart, die jedoch vorwiegend aus Wicken bestand, mit Rüben verglichen. 2 Gruppen zu je 4 Kühen wurden während vier 3wöchigen Perioden mit 1wöchigen Übergangsperioden gefüttert, während der die Rationen ausgetauscht wurden. Die Gesamtproduktion der 2 Gruppen bei der Silageration, jede während zweier Perioden, betrug 10 574,5 lbs. Milch und bei der Rübenration 11 176 lbs. Milch. Es wurde in diesem Versuche eine Verschlechterung der Qualität der Silage nach dem Boden des Silos zu festgestellt, was möglicherweise für die weniger befriedigenden Ergebnisse mit Silage verantwortlich gemacht werden kann.

Unter Benutzung derselben Silage, die in dem ersten Milchproduktionsversuche gefüttert worden war, wurden 2 Gruppen zu je 7 Stieren mit Rationen gemästet, von denen die eine Silage und die andere schwedische Rüben enthielt. Zum Ausgleich der Rationen wurde Stroh, Baumwollsaat- und Leinsaatkuchen benutzt. Die Gruppe, die 50 lbs. Silage pro Tag und Tier erhielt, nahm täglich durchschnittlich vom 6. November 1922 bis 8. März 1923 2,1 lbs. pro Tier zu. Die durchschnittlichen Tageszunahmen der anderen Gruppe, die täglich 70—84 lbs. schwedische Rüben bekam, betrugen 1,9 lbs. Unterschiede wurden weder im Zustand der lebenden Tiere noch in der Beschaffenheit der Schlachtstücke der beiden Gruppen beobachtet. Die berechneten Kosten der Silageration waren jedoch in den letzten beiden Versuchen etwas größer.                          Schieblich.

Goodell (44) stellte die folgenden Fütterungsversuche an Stieren an. Maissilage verglichen mit Mais- und Sojabohnensilage.

Zu diesem in dem Jahre 1916/17 ausgeführten Versuche wurden 2 Gruppen von 2 Jahre alten Stieren verwandt. Die Versuchsdauer betrug 120 Tage. Beide Gruppen erhielten außer der Silage Baumwollsaatmehl in Mengen von 2 lbs. pro Tag. Die Baumwollsaatmehlgabe wurde allmählich auf 6 lbs. pro Tag erhöht. Die Gruppe, die Maissilage erhielt, nahm täglich durchschnittlich 1,99 lbs. zu, während die andere, die Mais- und Sojabohnensilage bekam, 2,15 lbs. zunahm. Die letztere Gruppe verbrauchte bei größerer Zunahme an Gewicht auch weniger Baumwollsaatmehl und weniger Silage; jedoch war die Ausmast der Tiere der ersten Gruppe ein wenig besser.

Samtbohnen- und -hülsenmehl, Baumwollsaatmehl und wechselnde Verhältnisse von Mais- und Samtbohnen- und -hülsenmehl für die Mast von Stieren. Als Versuchstiere dienten 5 Gruppen zu je 8 Stieren mit einem Durchschnittsgewicht von etwa 1000 lbs. Der in den Jahren 1917/18 durchgeführte Versuch dauerte 140 Tage. Alle Gruppen erhielten Maissilage ad libitum. Gruppe I bekam hierzu Baumwollsaatmehl in steigenden Mengen von 5—7 lbs. täglich pro 1000 lbs. Lebendgewicht, Gruppe II 10 bis 14 Pfund Samtbohnen- und -hülsenmehl. Die Gruppen III, IV und V erhielten 2,4 bzw. 6 lbs. weniger von dem letztgenannten Futter als Gruppe II und dafür gequetschten Kolbenmais derart, daß 2 Pfund Samtbohnen- und -hülsenmehl durch 6,25 lbs. Mais ersetzt wurden. Die durchschnittlichen Tageszunahmen der Gruppen I—V betrugen 1,90, 1,59, 1,62, 2,15 und 2,09 lbs. Die Menge der pro Stier verzehrten Silage nahm mit steigender Zugabe von Kolbenmais stark ab, so betrug der tägliche Silagekonsum der Gruppe II, die keinen Mais erhielt, 72,03 lbs., aber nur 29,67 lbs. bei Gruppe V, die die größte Maismenge erhielt.

Die Reingewinne für die Gruppen I—V betrugen $ 66,08, $ 46,26, $ 47,03, $ 49,70 und $ 43,42.                          Schieblich.

Rae und Gardner (107) berichten über 2 an dem Hertfordshire Institute of Agriculture durchgeführte Versuche, in denen Rüben und Silage bezüglich ihres Wertes für die Milchproduktion verglichen wurden. Beide Versuche wurden nach der doppelten Umkehrungsmethode an 2 Gruppen von Kühen ausgeführt.

Im ersten Versuche wurden 40 von den 70 lbs. der Rüben und je 1 lb. der Bohnen und des Hafers der Ration durch 40 lbs. Esparsettesilage ersetzt. In dem zweiten Versuche enthielt die eine Ration 56 lbs. Rüben und 23,5 lbs. von Hafer-, Wicken-, Bohnen- und Weizensilage, während die Vergleichsration 50 lbs. derselben Silage, aber keine Rüben enthielt. Die Ergebnisse der beiden Versuche waren sehr ähnlich, indem die beiden Rationen in den zwei Versuchen praktisch gleiche milchproduzierende Wirkungen zeigten.

Schieblich.

Shepperd, Christensen und Kuenning (129) führten an der North Dakota Station die folgenden Versuche an Rindvieh aus.

Natürliche Weide: Die Ergebnisse eines 7 Jahre dauernden Versuches, der in Gemeinschaft mit der U. S. D. A. Dry Land Station zu Mandan ausgeführt wurde und zu dem 350 Stück Rindvieh benutzt wurden, zeigen, daß 5 Acker natürlicher Weide nicht ausreichen, um einen 2jährigen Bullen zu ernähren. 7 Acker waren jedoch ausreichend, und 10 Acker lieferten bereits eine überreiche Zufuhr. Die Ertragfähigkeit der Weiden konnte dadurch gesteigert werden, daß man das Gras im zeitigen Frühjahr gut anwachsen ließ und die Weiden abwechselnd benutzte. Wie Beobachtungen an dem Weidevieh ergaben, hängt die von den Tieren begangene Strecke von der Größe der Weide ab und sind die Länge der ungenutzten Zeit und der Eifer, mit dem die Bullen grasen und wiederkauen, zahlreichen Schwankungen unterworfen. Die Zahl der Kieferschläge pro Bissen schwankte von 31—50.

Süßkleeweide: Ein 4 Acker großes Stück von gelbem und weißem Süßklee hatte vom 10. Mai bis zum 30. August pro Acker eine durchschnittliche Ertragsfähigkeit von 1,95 Stück Vieh. Die auf diese Weise erzielten Tagesdurchschnittszunahmen betrugen 1,94 lbs. Der weißblütige Klee begann im Frühjahr zeitiger zu wachsen und wuchs auch länger als der gelbblütige. Das Vieh brauchte 15 Tage, um sich an den Süßklee zu gewöhnen. Ein unerwartetes Ergebnis war die scheinbar größere Schmackhaftigkeit der gröberen Stengel als die des jüngeren Blattwerkes.

Silagefütterungsversuch: Maissilage war allen anderen Silagen auf Grund ihrer Schmackhaftigkeit, Produktion größerer Gewichtszunahmen und besserer Ausmästung der Bullen überlegen.

Weideversuche mit Bullen an der Willistone Substation: 24 Bullen weideten vom 1. Mai bis 24. September auf einer natürlichen Grasweide und nahmen während dieser Zeit pro Tier täglich durchschnittlich 2,28 lbs. zu. In einer anschließenden 68tägigen Trockenfütterungsperiode mit Mais, Sudanheu und Haferstroh nahmen sie täglich durchschnittlich 0,44 lbs. zu.

Schieblich.

Holdaway, Ellett und Harris (26) berichten über Fütterungs- und Ausnützungsversuche an Milchvieh mit Erdnuß-, Baumwollsaat- und Sojabohnenmehl.

Die Ausnützung der Proteine dieser Futtermittel für die Milchproduktion wurde bestimmt 1. durch Berechnung der Beziehung des gesamten Rohproteins im Futter und des verdaulichen Rohproteins zum produzierten Milchprotein und 2. durch Vergleich des wirklich resorbierten Proteins mit der Summe der Proteine der Milch, für Erhaltungsumsatz, der Proteine im Kot und mit den Gewichtszunahmen oder -verlusten.

Für die Untersuchungen mit Erdnußmehl wurden 2 Kühe benutzt, und zwar wurden 2 Ausnützungsversuche während einer 68tägigen Erhaltungsperiode und während 4 Milchproduktionsversuchen durchgeführt, bei denen eine Kuh zu Beginn eine hohe und die andere eine niedrige Proteinzufuhr erhielt. Die Größe der Proteinaufnahme wurde in jedem Falle mit fortschreitendem Versuche umgekehrt. Die verwandten Futtermittel bestanden aus Maissilage, Maismehl, Erdnußmehl und Stärke, wobei das Erdnußmehl 24% der Erhaltungsration und 62% der Ration für die Milchproduktion ausmachte. Aus den Ergebnissen wurde berechnet, daß zur Produktion von 1 lb. Stickstoff in der Milch insgesamt 3,38 lbs. Rohprotein oder 2,01 lbs. verdauliches Rohprotein des Erdnußmehles benötigt wurden. Diese Erfordernisse schlossen die Bedürfnisse für den Erhaltungsumsatz ein. Nach der zweiten Vergleichsmethode wurde ermittelt, daß nach Vornahme der nötigen Korrekturen für die Veränderungen des Körpergewichtes 2,61 lbs. resorbierten Proteins pro 1 lb. produzierten Milchproteins erforderlich waren.

Bei den Versuchen mit Baumwollsaatmehl machte dieses Futtermittel 15% der Ration in den Erhaltungsversuchen aus. Zur Bestimmung des Erhaltungsumsatzes wurden 2 Kühe benutzt, in den Milchproduktionsperioden 4 Kühe, von denen 2 zu Beginn eine hohe und am Ende eine niedere Proteinzufuhr erhielten, während die beiden anderen in umgekehrter Weise gefüttert wurden. Die Resultate zeigten, daß zur Produktion von 1 lb. Milchstickstoff 3,59 lbs. Rohproteinstickstoff oder 2,16 lbs. verdaulicher Rohproteinstickstoff des Baumwollsaatmehles erforderlich waren. Das pro 1 lb. Milchprotein benötigte resorbierte Baumwollsaatmehlprotein betrug nach Vornahme von Korrekturen für Gewichtsab- und -zunahmen 3,07 lbs.

Zu den Versuchen mit Sojabohnenmehl wurden 4 Kühe benutzt. Die Versuche wurden in ähnlicher Weise wie die mit Baumwollsaatmehl ausgeführt, mit der Ausnahme, daß die Daten über den Erhaltungsumsatz von den vorhergehenden Versuchen berechnet

Ausnutzung der Proteine von Erdnuß-, Baumwollsaat- und Sojabohnenmehl für die Milchproduktion.

| Proteinart | Pro 1 lb. aufgenommenes verdauliches Rohprotein ausgeschiedenes Protein | | | | Ausnützung der Proteine | | |
| --- | --- | --- | --- | --- | --- | --- | --- |
| | Harn | Kot | Milch | Verlust | Verhältnis des Milch-N zum resorbierten N[1] | Resorbiertes Protein pro 1 lb. Milch u. Protein für Erhaltungsumsatz[1] | Resorbiertes Protein pro 1 lb. Milchprotein[1] |
| | lbs. | lbs. | lbs. | lbs. | % | lbs. | lbs. |
| Erdnußmehl . . . . . . | 0,541 | 0,811 | 0,537 | 0,078 | 38 | 1,56 | 2,61 |
| Baumwollsaatmehl . . . | 0,603 | 0,876 | 0,522 | 0,125 | 33 | 1,67 | 3,07 |
| Sojabohnenmehl. . . . . | 0,570 | 0,584 | 0,441 | 0,011 | 36 | 1,62 | 2,76 |

[1] Bei Stickstoffgleichgewicht.

wurden. Wie beim Baumwollsaatmehl wurden hier pro 1 lb. Milchprotein 3,59 lbs. Sojabohnenrohprotein benötigt. Der Bedarf an verdaulichem Rohprotein war mit Sojabohnenmehl etwas höher und betrug 2,23 lbs. Pro 1 lb. produziertes Milchprotein wurden unter Berücksichtigung der Veränderung im Körpergewicht 2,76 lbs. resorbiertes Protein benötigt.

Die Tabelle auf S. 275 gibt vergleichende Daten über den Umsatz der Proteine des Erdnuß-, Baumwollsaat- und Sojabohnenmehles wieder und zeigt, daß bei Zugrundelegung des für die Milchproduktion erforderlichen verdaulichen Rohproteins, die Mehle ihrer Wirksamkeit nach in der Reihenfolge Erdnußmehl, Baumwollsaatmehl und Sojabohnenmehl rangieren. Auf Grund der höheren Verdaulichkeit des Sojabohnenmehlproteins aber war der gesamte Rohproteinbedarf bei Baumwollsaatmehl und Sojabohnenmehl gleich. Unter Benutzung des benötigten resorbierten Proteins als Basis stand Erdnußmehl wieder an erster Stelle, an zweiter Stelle das Sojabohnenmehl und an dritter Stelle das Baumwollsaatmehl. Schieblich.

**Fairchild** und **Wilbur** (28) fanden in 5 Fütterungsversuchen, daß Sojabohnenölmehl und Leinsaatölmehl von praktisch gleichem Werte sind, während gemahlene Sojabohnen beiden überlegen sind.
Schieblich.

**In einem sechs 2wöchige Perioden umfassenden Fütterungsversuch an 2 Gruppen zu je 3 Kühen wurden, wie Henke (60) fand, nahezu dieselben Milchmengen produziert, wenn eine 31proz. getrocknete Ananaskleie enthaltende Körnermischung in der Ration verabreicht wurde, als wenn die Ananaskleie durch einen gleichen Teil von Mais ersetzt wurde.** Die anderen Bestandteile der Ration waren Weizenkleie, Kokosnußmehl, Leinsaatölmehl, Rübenbrei und verschiedene Rauhfutterarten, von denen über die Hälfte aus Luzerne und Kuherbsen (Vigna sinensis, eine Art Bohne) bestand. Die die Ananaskleie enthaltende Ration produzierte die Milch billiger, aber das Studium der Größe des Nachlassens des Milchertrages mit fortschreitender Laktation zeigte, daß das Nachlassen bei der Fütterung von Ananaskleie rascher vor sich ging, als wenn die anderen gebräuchlichen Futtermittel verabreicht wurden. Schieblich.

**Perkins** und **Monroe** (104) berichten über die Wirkung der Fütterung eiweißreicher und -armer Rationen während einer langen Periode auf deren Verdaulichkeit und die N-, Ca-, P-, Mg- und S-Bilanzen von Milchvieh.

Im ersten Versuche erhielten 2 Kühe eine Ration mit einem Nährstoffverhältnis von 1:9, während 2 andere ähnliche Kühe eine Ration mit einem Nährstoffverhältnis von 1:4 bekamen. Im zweiten Versuch erhielt eines der Tiere, an die vorher die Ration mit dem weiten Nährstoffverhältnis, und eines der Tiere, an die vorher die Ration mit dem engen Nährstoffverhältnis gefüttert worden war, Rationen mit Nährstoffverhältnissen von 1:2 bzw. 1:11. Die Kühe hatten immer entweder weite oder enge Rationen, wie sie im ersten Versuch gereicht wurden, bekommen, und die Mütter dieser Kühe hatten gleichfalls Rationen von demselben Typ erhalten. Die Zahlen über die Verdaulichkeit der Rationen, den Wasserverbrauch, das Gewicht der Tiere, die Zusammensetzung der Futtermittel, Fäzes, des Urins und der Milch und die N-, Ca-, P-, Mg- und S-Bilanzen sind im Anhang genau tabellarisch wiedergegeben und im Text besprochen.

Die Ergebnisse zeigen, daß die Verdaulichkeit der Rationen niedriger war, als wie nach der Berechnung der durchschnittlichen Verdaulichkeit der benutzten

Futtermittel auf Grund der von **Henry** und **Morrison** aufgestellten Standardwerte hätte vermutet werden können. Die Abweichung der errechneten Verdaulichkeit war bei den eiweißarmen Rationen größer als bei den eiweißreichen, jedoch waren die Differenzen nicht groß. Bei den eiweißreichen Rationen war der Wasserverbrauch ein höherer und demzufolge auch der Wasserausscheidung. Die Kühe mit der weiten Ration behielten mit einer Ausnahme eine positive N-Bilanz, und das Lebendgewicht blieb auf gleicher Höhe oder stieg leicht an.

Hinsichtlich der Mineralstoffbilanzen wurde festgestellt, daß die Kühe mit den eiweißreichen Rationen Ca speicherten, während die mit den eiweißarmen Rationen eine negative Ca-Bilanz zeigten. Möglicherweise ist die Ursache dieser Differenz in der größeren Menge Kleeheu zu suchen, die in der eiweißreichen Ration gereicht wurde. Die P-Bilanzen waren im ersten Versuche für beide Gruppen ähnlich, im zweiten bewirkte die enge Ration einen größeren P-Ansatz. Zwischen den Mg-, S- und N-Bilanzen der mit den beiden Rationstypen gefütterten Kühe bestanden keine merklichen Unterschiede. Einer der Hauptpunkte der Ergebnisse war, daß die erhaltenen Ca- und P-Bilanzen weit günstiger waren, als sie von anderen Autoren für Milchvieh während der Laktation berichtet worden sind. Schieblich.

**Whithe, Chapman, Slate** und **Brown** (144) berichten über den Wert verschiedener Silagemaisarten für die Milchproduktion. Die Silageerträge pro Acker waren am größten bei spätreifem und am kleinsten bei frühreifem Mais, während der mittelreife mittlere Erträge lieferte. Die für die Milchproduktion erforderlichen Getreidezulagen waren am größten bei der Verfütterung von spätreifer Silage und am geringsten bei der Verfütterung von frühreifer Silage, was der größeren Menge von Körnern in der letzteren zuzuschreiben ist. Schieblich.

**Untersuchungen von Reed und Burnett (112) über den Futterwert von Abfallbohnen für die Milchproduktion ergaben, daß beim Ersatz von 1 lb. Baumwollsaatmehl durch 2 lbs. Abfallbohnen in einer Ration aus Mais, Hafer und Leinsaatmehl mit Silage und Alfalfaheu die Milchproduktion unverändert blieb.** Schieblich.

**In Versuchen an 2 Gruppen zu je 14 Milchkühen fanden de Ruyter de Wildt und Brouwer (122), daß der Ersatz von etwa $^2/_3$ des Heues der Ration durch Maismehl, Erbsen- und Haferstroh und ein Müllereiabfallprodukt ähnlich feiner Weizenkleie und mit einem Stärkewert, der dem des Heues nahezu gleichkam, keinerlei bedeutende Veränderungen in der Menge und Zusammensetzung der Milch und im Körpergewicht der Tiere hervorrief.** Die letztere Ration war auch beträchtlich wirtschaftlicher. Der gesamte Versuch dauerte etwa 4 Monate.

Während der Vorfütterungsperiode von etwa einem Monat bestanden die täglichen Rationen der beiden Gruppen von Kühen aus 165 kg Heu, 24 kg getrocknetem Rübenbrei, 4 kg des obengenannten Müllereiabfallproduktes, 4 kg Maismehl, 4 kg Erbsenstroh, 4 kg Haferstroh, 4 kg Weizenstroh, 315 kg Futterrüben, 12 kg Sesamkuchen, 12 kg Kokosnußkuchen und 16 kg Leinsaatkuchen. In der Versuchsperiode von etwa 2 Monaten Dauer wurden in der Ration der einen Gruppe 111 kg Heu durch 28 kg des Müllereiabfallproduktes, 12 kg Maismehl, 28 kg Erbsenstroh und 44 kg Haferstroh ersetzt, während in der Schlußperiode von etwa 1 Monat die Rationen der beiden Gruppen gleich waren. Schieblich.

Stang, Nöller und Krause (134) berichten von eingeleiteten Fütterungsversuchen. Bei 2 Tieren, denen reiche Mengen extrahiertes Sojabohnenschrot gegeben worden war, sind bisher keine großen Krankheitserscheinungen festgestellt wurden. Weitere Versuche nach der ätiologischen Seite hin werden berichtet. Henkels.

An der Kansas-Station (156) wurden die folgenden Versuche an Milchvieh durchgeführt.

Zum Vergleich des Wertes von gemahlener Kefirsaat und geschnittenem Mais für die Milchproduktion wurden 8 Kühe nach der doppelten Umkehrungsmethode gefüttert. Die Grundration bestand aus Luzerneheu und Zuckerrohrsilage. Bei Verabreichung von gemahlener Kefirsaat zur Grundration war das Durchschnittsgewicht der Kühe etwas höher, doch war der Unterschied nicht bedeutend. Die Milch- und Fettproduktion war bei dieser Ration etwas niedriger als mit dem Mais, der Abfall betrug aber nur 4% für die Milch und 3,1% für das Fett. In einem anderen Versuche an 3 Gruppen zu je 4 Färsen wurden Mais, Kefir- und Zuckerrohrsaat als Zulagen zu Luzerneheu für wachsende Färsen miteinander verglichen. Die Gewichtszunahmen deuteten auf eine leichte Überlegenheit des Maises über die Kefirsaat hin, doch verhielt sich dies in bezug auf die Höhe der Tiere gerade umgekehrt. Zuckerrohrsaat produzierte die geringsten Gewichts- und Höhenzunahmen.

In 2 Versuchen mit 4 Gruppen zu je 4 Kühen wurde die Schmackhaftigkeit von 4 Körnermischungen verglichen, indem die Länge der Zeit bestimmt wurde, die für das Verzehren der Ration benötigt wurde. Am schmackhaftesten erwies sich eine Mischung von 400 lbs. Weizen, 200 lbs. Kleie und 100 lbs. Ölmehl, ihr folgten Mischungen aus 300 lbs. Weizen, 300 lbs. Mais und 100 lbs. Ölmehl; 300 lbs. Weizen, 200 lbs. Mais, 100 lbs. Kleie und 100 lbs. Ölmehl; und 600 lbs. Weizen und 100 lbs. Ölmehl. In einem anderen Versuche wurde eine Mischung aus 5 Teilen Weizen zu 1 Teil Ölmehl von Kühen verweigert, nachdem diese ihre reguläre Körner- und Silageration gefressen hatten.

In Untersuchungen über die Ertragsfähigkeit von Weiden wurde gefunden, daß 1,75 acres von Sudangrasweide für 2 Kühe im Jahre 1921 für 98 Tage reichlich Futter lieferten, im Jahre 1922 für 58 Tage und im Jahre 1923 für 101 Tage. Diese Weide wirkte auch stimulierend auf die Milchproduktion. In anderen Versuchen wurde festgestellt, daß bei Zufütterung von Getreide oder Silage zur Sommerweide die Milchproduktion anstieg. Schieblich.

Von der Ohio Station (162) wird über die folgenden Versuche mit Milchvieh berichtet:

Sojabohnensilage verglichen mit Sojabohnenheu. 6 Milchkühe wurden zu vergleichenden Untersuchungen über den Futterwert von Sojabohnen als Heu und Sojabohnen als Silage mit Mais im Verhältnis 1 : 2 benutzt. Es ergab sich für die Mais-Sojabohnensilage bezüglich des Futterwertes ein Übergewicht von 3%.

Leguminosen und das Wachstum von Milchfärsen. Färsen, die Sojabohnen oder Luzerneheu mit Maismehl erhielten, zeigten bis zum Kalben ein praktisch gleiches Wachstum, und zwar war das Wachstum übernormal und besser als das ähnlicher Färsen mit einer Ration aus Mais, Kleie, Ölmehl, gemischtem Heu und Weide. Die von den Färsen geworfenen Kälber zeigten auch ein übernormales Gewicht. Schieblich.

An der Pennsylvania Station (158) wurden die folgenden Fütterungsversuche an Milchvieh ausgeführt:

Sojabohnenheu für die Milchproduktion, S. I. Bechdel und P. S. Williams. Bei einem Vergleich von Alfalfa- und Sojabohnenheu für die Milchproduktion gaben Kühe, die das letztere erhielten, 3,9% weniger Milch, als wenn sie das erstere bekamen. In einem zweiten Versuche von 9 Wochen Dauer wurde bei Verfütterung von Sojabohnenheu 3,3% weniger Milch produziert, als bei Verabreichung von Alfalfaheu.

Klee, verglichen mit Alfalfaheu für die Milchproduktion, S. I. Bechdel. In diesem sechs Wochen dauernden Versuche gaben Kühe mit Kleeheu 6,5% weniger Milch als solche mit Alfalfa.

Die Wirkung der Verfütterung von Melasse an Milchkühe, P. S. Williams. Melasse setzte die Verdaulichkeit des Rohproteins und der Trockensubstanz der Ration leicht herab, ohne praktischen Einfluß auf die anderen Nährstoffe. Schieblich.

An der Wisconsin Station (157) wurden folgende Fütterungsversuche an Milchvieh durchgeführt.

Die Ursache des Versagens der Weizenration im Jahre 1907. Die Zugabe von 2% Knochenmehl, 2% Lebertran und gewöhnlichem Salz zu einer Ration aus Weizenstroh und Weizenkleber verbesserte diese Ration, wie von E. B. Hart gefunden wurde, derart, daß normales Wachstum und Fortpflanzung erzielt werden konnten. Es war dies dieselbe Grundration, die, allein von der Weizenpflanze stammend, zu im Jahre 1907 mit nicht zufriedenstellenden Ergebnissen durchgeführten Versuchen benutzt worden war. Die Blindheit der Kälber war in diesen Versuchen (1907) dem Mangel an Vitamin A, die Tetanie dem Kalziummangel zuzuschreiben. Die Ursache der Frühgeburten in den ersten Versuchen ist noch unbekannt.

Der Einfluß von Rauhfutter von sauren Böden auf die Fortpflanzung. Hart beobachtete, daß Kühe, die nur mit Timothyheu von saurem Boden ernährt wurden, niemals lebende Kälber zur Welt brachten. Durch Zugabe von 2% Knochenmehl gelang es, dieses Übel zu beseitigen.

Sojabohnen — verglichen mit Luzerneheu für Milchkühe. Zwecks vergleichenden Untersuchungen über den Wert von Sojabohnen- und Luzerneheu für Milchkühe wurden 2 Gruppen von je 5 Kühen nach der doppelten Umkehrungsmethode gefüttert. Während das Luzerneheu völlig aufgefressen wurde, wurden von dem Sojabohnenheu 19,2% verweigert. Die Tagesdurchschnittsmilchproduktion war bei der Sojabohnenheuration um 0,74 lb. niedriger, aber der Fettgehalt war 0,13% höher. Bei Luzerneheu blieben die Gewichte etwas besser erhalten. In einem weiteren Versuche, in dem das Sojabohnenheu zerschnitten wurde, wurden praktisch dieselben Ergebnisse erzielt, trotzdem diesmal dieses Futtermittel völlig verzehrt wurde. Schieblich.

Fitch, Mc Gilliard und Drumm (32) untersuchten die Wirkungen verschiedener Faktoren auf das Gewicht von Kälbern bei der Geburt.

Sie machten die Beobachtung, daß die Ernährung des Muttertieres im allgemeinen wenig oder keinen Einfluß hatte, ausgenommen, wenn beschränkte Rationen auf lange Zeit gefüttert wurden. Einige Bullen schienen einen Einfluß auf das Geburtsgewicht der Kälber zu haben, jedoch wurden bedeutende Unterschiede zwischen den Durchschnittsgeburtsgewichten der Kälber der verschiedenen benutzten Bullen nicht gefunden. Das Geburtsgewicht der Kälber stieg bis zur 5. Geburt und fiel nach der 6. Die Länge der Trächtigkeitsperiode schien innerhalb der einzelnen Rassen durch die Gewichte der Kälber beeinflußt, derart, daß leichtere Kälber kürzere Trächtigkeit hatten, jedoch hatten Jerseys keine kürzeren Perioden als Holsteiner. Bei Kühen, die bereits mehr als 5 Kälber gehabt hatten, wurden merkliche individuelle Unterschiede in der Dauer der Trächtigkeitsperioden festgestellt.                                        Schieblich.

Nach Gokhale (43) ist bei Verfütterung von Knochenmehl die Beigabe anderer phosphorsäurehaltiger Mineralstoffe überflüssig. Bei regelmäßiger Verabreichung wird der Fleischansatz gesteigert. Knochenmehl muß bezüglich seiner Herkunft einwandfrei sein, da nach Verfütterung von indischem Knochenmehl Milzbrandfälle beobachtet wurden.
C. Reinhardt.

Hausson (56) warnt vor der allzu mageren Fütterung der Geltkühe. Sie müssen große Mengen der Nahrungsstoffe, wie Mineralien, Eiweißstoffe, Vitamine usw. für die folgende Laktationsperiode aufspeichern. Wenn sie gut gefüttert werden, wird die Milchproduktion sowohl quantitativ als qualitativ höher.                                        Stålfors.

Hunt (68) stellte an der Hand des „Holstein-Friesian Herdbook", Bd. 35 und 40, zahlenmäßig fest, daß 55,7% von 165 Müttern von männlichen oder doppelgeschlechtlichen Zwillingen und 45,8% von 192 Müttern von weiblichen Zwillingen Milchhöchstleistungen gaben (Advanced Registry records bzw. A.R.O. records), während von sämtlichen eingetragenen Kühen nur 20,4% Höchstleistungen aufwiesen.
Schieblich.

Lössl und Teuchert (79) bringen Vorschläge zu einer zweckmäßigen Berechnung der Futterration für Milchvieh unter besonderer Berücksichtigung des biologischen Wertes der Futtermittel als Milchproduktionsfutter nach den Forschungen von Prof. Möllgaard, Kopenhagen. Richter und Adleff.

Petersen(105) bringt die neuesten Forschungsresultate über die Fütterung des Milchviehs in engster Anlehnung an die umfangreichen Darlegungen Möllgaards.                                        Richter und Adleff.

Luce (81) bestimmte an Ratten die wachstumsfördernden und antirachitischen Eigenschaften der Milch einer Kuh bei Grün- und Trockenfütterung im Sonnenlicht und im Dunkeln. Bei der Bestimmung der wachstumsfördernden Eigenschaften wurde die Milch in Mengen von 3—20 ccm täglich zu den Rationen von Ratten zugegeben, die seit 10—14 Tagen infolge A-Mangels ihr Wachstum eingestellt hatten. Die wachstumsfördernde Fähigkeit der Milch wurde nach Vitamineinheiten bemessen, wobei 1 Einheit der Milchmenge entsprach, die erforderlich war, um während einer 35 tägigen Versuchsperiode durchschnittliche Wochenzunahmen von 10—12 g pro Ratte zu gewährleisten.

Bei der Bestimmung der antirachitischen Eigenschaften der Milch wurden die Versuchsratten getötet und vergleichende histologische Untersuchungen ihrer Rippen und solcher von Kontrolltieren angestellt. Die Ergebnisse deuten darauf hin, daß die wachstumsfördernden Eigenschaften der Milch von der Kost beeinflußt werden. Der Einfluß tritt erst allmählich zutage. Es dauerte 3 Monate, bis die wachstumsfördernden Eigenschaften von 41 bis auf 13 Einheiten pro 100 ccm Milch gesunken waren, nachdem die Kuh vom Weidegang auf Trockenfütterung gesetzt worden war. Das Verbringen der Kuh ins Dunkle hatte nur ein leichtes Absinken des Wertes zur Folge, wohingegen die wachstumsfördernden Eigenschaften zunahmen, wenn Grünfutter gereicht wurde, obwohl die Kuh weiterhin in einem dunklen Stall gehalten wurde.
In den Untersuchungen über die antirachitischen Eigenschaften verhütete die Milch der Kuh bei Weidegang Rachitis, wenn sie in täglichen Mengen von 2 bis

3 ccm pro Ratte gegeben wurde. Nach $4^1/_2$ monatiger Verfütterung einer an fettlöslichen armen Kost konnte ein Abnehmen des antirachitischen Wertes festgestellt werden. Die antirachitischen Eigenschaften stiegen bei Verabreichung von grünem Gras leicht an, obwohl die Kuh noch im Dunkeln gehalten wurde. Ein Verbringen der Kuh auf die Weide stellte die antirachitischen Eigenschaften der Milch wieder her, die selbst nach 2 monatiger Trockenfütterung im Sonnenlicht weitgehend verringert waren. Das von dem Tier während der Trockenfütterung im Dunkeln geborene Kalb war normal. Nachdem es 3 Monate lang von der Mutter gesäugt worden war und während dieser Zeit zufriedenstellend zugenommen hatte, wurde das Kalb getötet. Die Sektion ergab keinerlei Anzeichen für Rachitis. Der Autor kommt zu dem Schluß, daß der den wachstumsfördernden Wert der Milch bestimmende Hauptfaktor die Kost der Kuh ist, während der antirachitische Wert sowohl von der Belichtung als auch der Diät abhängig zu sein scheint.                Schieblich.

Trowbridge und Fese (140) berichten über die Ergebnisse eines 100 tägigen Fütterungsversuches, in dem beschränkte und volle Rationen von Mais mit Rationen ohne Mais bei der Mast 2 jähriger Stiere verglichen wurden.

Als Versuchstiere dienten 5 Gruppen zu je 8 Stieren mit einem Durchschnittsgewicht von 1028 lbs. Alle Gruppen erhielten so viel Kleeheu und Maissilage, als sie fressen konnten. Hierzu bekam Gruppe I eine volle Ration von geschältem Mais und Leinsaatölkuchen im Verhältnis 6 : 1. Die Gruppen II, III und IV erhielten dieselbe Menge Ölkuchen wie Gruppe I und hierzu bekam Gruppe II die Hälfte von geschältem Mais und Gruppe III eine volle Ration von geschältem Mais während der letzten 40 Tage. Gruppe V erhielt 58% mehr Leinsaatölkuchen als Gruppe I. Die verbrauchten Futtermengen und die in den verschiedenen Gruppen von den Stieren erzielten Gewichtszunahmen sind in der folgenden Tabelle enthalten:

Ergebnisse der Fütterung beschränkter und voller Rationen von Mais an Rindvieh.

| Gruppe | Anfangs-durch-schnitts-gewicht | Tages-durch-schnitts-zunahme | pro 100 lbs. Zunahme verbrauchtes Futter | | | |
| --- | --- | --- | --- | --- | --- | --- |
| | | | geschäl-ter Mais | Lein-saatöl-kuchen | Mais-silage | Klee-heu |
| lbs. | lbs. | lbs. | lbs. | lbs. | lbs. | lbs. |
| I | 1036 | 3,05 | 544 | 90 | 892 | 65 |
| II | 1042 | 2,37 | 342 | 114 | 1493 | 98 |
| III | 1024 | 2,45 | 228 | 113 | 1546 | 109 |
| IV | 1011 | 2,36 | — | 117 | 1930 | 107 |
| V | 1030 | 2,29 | — | 192 | 1968 | 114 |

Schieblich.

Der von Trowbridge (141) durchgeführte Versuch, der zum Ziele hatte, die Ratsamkeit der Zugabe von 1 lb. Melasse zu Rationen von Jährlingsstieren zu prüfen, erstreckte sich auf eine Periode von 140 Tagen.

Die an die verschiedenen Gruppen zu je 8 Stieren voll gefütterten Rationen waren die folgenden: Gruppe I, geschälter Mais, Leinsaatmehl, Maissilage und Luzerneheu; Gruppe II, geschälter Mais, Leinsaatmehl, Maissilage, Luzerneheu und Melasse; Gruppe III, geschälter Mais, Luzerneheu, Maissilage und Melasse; Gruppe IV, geschälter Mais, Leinsaatmehl, Luzerneheu und Melasse; und Gruppe V, geschälter Mais, Luzerneheu und Melasse. Die Gruppen, die Leinsaatmehl erhielten, bekamen dieses Futtermittel im Verhältnis von 1 lb. zu 6 lbs. Mais. Schweine folgten den Stieren in allen Gruppen.                Schieblich.

In von Mc Campbell (168) an der Fort Hays (Kans.) Substation durchgeführten Versuchen wurden 10 Gruppen von Fleischkühen bei 10 verschiedenen, vollständig aus Rauhfutter bestehenden Rationen erfolgreich durch den Winter gebracht.

Die Winterperiode dauerte vom 15. November 1923 bis zum 15. April 1924, während welcher bei den verschiedenen Rationen die folgenden durchschnittlichen Gewichtszunahmen pro Kuh erzielt wurden: Zuckerrohrheu 26 lbs., Sudanheu 64 lbs., Luzerneheu 6 lbs., Zuckerrohrheu und Luzerneheu 68 lbs., Sudanheu und Luzerneheu 45 lbs., Zuckerrohrheu und Sudanheu 28 lbs., Weizenstroh und Zuckerrohrheu 27 lbs., Weizenstroh und Sudanheu 7 lbs., Kefirsilage und Zuckerrohrheu 68 lbs. und Kefirsilage und Sudanheu 85 lbs. Die Kühe, die die Kombinationen der trockenen Rauhfutterarten bekamen, erhielten annähernd 22 lbs. des an erster Stelle und 4 lbs. des an zweiter Stelle genannten Rauhfutters pro Tag, während in den beiden Fällen von Silagerationen 11,6 lbs. Heu und 30,2 lbs. Silage täglich gefüttert wurden. Das zur Überwinterung pro Kuh benötigte Futter betrug durchschnittlich annähernd 2 engl. Tonnen Heu bei den Heurationen und bei den Silagerationen etwa 0,9 engl. Tonnen Heu und 2,3 engl. Tonnen Silage. Schieblich.

Hackedorn, Sotola und Bean (52) berichten über Fütterungsversuche an Rindvieh. Vergleichende Untersuchungen über den Futterwert von Sonnenblumen- und Maissilage in Rationen für Stiere.

Der im Winter 1921/22 durchgeführte Versuch hatte zum Ziel, den Wert von Sonnenblumen- und Maissilage für die Mast 2jähriger Stiere zu vergleichen. 2 Gruppen wurden 75 Tage lang mit 2 lbs. Baumwollsaatmehl pro Tag und Tier gefüttert; hierzu erhielt Gruppe I eine Mischung von Maissilage und gehäckseltem Luzerneheu (3 : 1), Gruppe II Sonnenblumensilage und gehäckseltes Luzerneheu im Mischungsverhältnis 3,5 : 1. Die Maissilage war etwas unreif, da der Mais wegen Frostgefahr zeitig geschnitten werden mußte, die Russischen Riesen-Sonnenblumen hatten hingegen zur Zeit des Schnittes wohlentwickelte Kerne. Die täglichen Durchschnittszunahmen der beiden Gruppen betrugen 1,2 lbs. und beide Gruppen konnten als gleichmäßig ausgemästet betrachtet werden. Die Sonnenblumengruppe verbrauchte etwa 455 lbs. mehr Silage pro 100 lbs. Gewichtszunahme als die Maissilagegruppe, jedoch weniger verdauliche Nährstoffe. Die Wirksamkeit der Sonnenblumensilage wurde, auf gleiche Gewichtsmengen bezogen, als 88% der der Maissilage errechnet.

Eine Untersuchung über die Fütterung von Silage und Heu in verschiedenem gegenseitigen Mengenverhältnis mit geringen Mengen von Körnern an Jährlingsstiere. Der Versuch wurde während des Winters 1923/24 durchgeführt. 3 Gruppen zu je 30 Jährlingsstieren erhielten pro Tag und Tier 4 lbs. gequetschten Weizen und eine volle Fütterung von Luzerneheu und Maissilage. Das Verhältnis von Heu zu Silage war in Gruppe I 1 : 1, in Gruppe II 1 : 2 und in Gruppe III 1 : 3. Die Tagesdurchschnittszunahmen der 3 Gruppen während der 60tägigen Fütterungsperiode betrugen 1,75, 2,0 bzw. 2,11 lbs. Die Futterbedürfnisse pro 100 lbs. Gewichtszunahme betrugen in den 3 Gruppen 223 lbs. Weizen, 882 lbs. Heu und 888 lbs. Silage; 200 lbs. Weizen, 605 lbs. Heu und 1221 lbs. Silage bzw. 189 lbs. Weizen, 489 lbs. Heu und 1578 lbs. Silage. Diejenigen Rationen, die die größeren Silagemengen enthielten, produzierten also die Gewichtszunahmen billiger und erforderten weniger verdauliche Nährstoffe pro Gewinneinheit, obwohl alle 3 Rationen zufriedenstellend waren.

Ein Vergleich einer Heu - Silageration mit einer aus Heu für Kälber, die geschälten Mais als Kraftfutter erhielten. In diesem Versuche wurde eine Ration aus geschältem Mais und Luzerneheu mit einer aus geschältem Mais, Luzerneheu und Maissilage für die Kälbermast verglichen. Die Tagesdurchschnittszunahmen waren während des 63tägigen Versuches nahezu gleich, und zwar betrugen sie in der ersten Gruppe 2,08 lbs. und in der zweiten 2,11 lbs. In der Ausmast zeigten sich nur geringe Unterschiede, aber die Silagegruppe hatte ein glänzenderes Fell. Annähernd 2,5 lbs. Silage ersetzten 1 lb. Heu. Die Silageration lieferte pro Tag etwa 0,5 lb. weniger verdauliche Nährstoffe als die Heuration. Schieblich.

Sackville und Bowstedt (123) stellten Mastversuche an Stieren mit Hafer und Sonnenblumensilage an. Die 3 Versuche wurden während der Winter 1920/1921/1922 durchgeführt.

Die Hafersilage wurde im frühen Teigstadium geschnitten mit Ausnahme eines Teiles der Ernte von 1922. Die Sonnenblumen wurden zu einem Zeitpunkt geschnitten, zu dem 3—20% in Blüte standen. Außer der voll gefütterten Silage bestand die Ration aus einer Körnermischung von Gerste und Hafer 2 : 1, Ölmehl und Heu. Letzteres war im ersten und zweiten Versuche Wiesenheu und im dritten Haferheu. Als Versuchstiere dienten zweijährige Stiere. In allen 3 Versuchen nahm die Hafersilagegruppe schneller zu und brauchte obendrein pro Gewinneinheit weniger Silage und auch weniger Getreide und Heu. Der berechnete Reingewinn war bei den Hafersilage-Stieren stets größer. Schieblich.

Skinner und King (130) berichten über durchgeführte Winterfütterungsversuche an Stieren.

Dabei bestanden die gefütterten Rationen bei Gruppe I aus geschältem Mais, Sojabohnenölmehl, Maissilage, Kleeheu und Salz; bei Gruppe II aus geschältem Mais, Sojabohnen, Maissilage, Kleeheu und Salz; bei Gruppe III aus geschältem Mais, Sojabohnen, Maissilage, Kleeheu und einer Mineralmischung; bei Gruppe IV aus geschältem Mais, Baumwollsaatmehl, Maissilage, Kleeheu und Salz; bei Gruppe V aus Maissilage, Baumwollsaatmehl und Kleeheu für die Zeit von 90 Tagen mit Zulage von geschältem Mais zu dieser Ration für 150 Tage und Salz; bei Gruppe VI aus Maissilage und Kleeheu für 90 Tage mit Zugabe einer vollen Fütterung von geschältem Mais 150 Tage und Salz; und bei Gruppe VII aus geschältem Mais, Maissilage, Kleeheu und Salz. Die Gruppen V und VI wurden 8 Monate lang gefüttert, während die Tiere der anderen Gruppen schwerer und in 5 Monaten ausgemästet waren. Schieblich.

Bohstedt (6) stellte Mastversuche an Kälbern, Jährlingen und Zweijährigen an.

Die Versuchsdauer betrug bei den Kälbern 182, bei den Jährlingen 154 und bei den Zweijährigen 126 Tage. Eine Gruppe jeden Alters erhielt eine Ration aus Mais, Kleeheu, Silage und Ölmehl, wobei Tagesdurchschnittszunahmen von 2,23 lbs., 2,32 lbs. und 2,65 lbs. erzielt wurden. Bei Ersatz des Ölmehles durch gemahlene Sojabohnen in der Ration der Jährlinge betrug die tägliche Zunahme 2,18 lbs. Diese Gruppe erzielte bei Verkauf auf dem Markt 25 cts. weniger pro 100 lbs. Eine Gruppe von Jährlingen, die Mais, Kleeheu und Silage erhielt, zeigte tägliche Gewichtszunahmen von 2,16 lbs. Bei einer Ration aus Mais, Sojabohnenheu und Silage betrug die Tagesdurchschnittszunahme 2,22 lbs., der Verkaufspreis war jedoch um 25 cts. pro 100 lbs. geringer als der der vorigen Gruppe. Die jüngeren Stiere brauchten weniger Futter pro 100 lbs. Gewichtszunahme und der Verkaufspreis war durchgehend höher, wodurch die Gewinne größer wurden. Schieblich.

Brown und Branaman (10) berichten über die Ergebnisse vergleichender Versuche über Fütterungsmethoden von Kälbern.

Drei Gruppen von je 10 Hereford Stierkälbern, jedes mit einem Durchschnittsgewicht von 463 lbs., dienten als Versuchstiere. Die an alle Gruppen verfütterte Grundration bestand aus Alfalfaheu, Silage, Mineralien und einer Körnermischung, die während der ersten 60 Tage aus gleichen Teilen Mais und ganzem Hafer, während der zweiten 60 Tage aus 3 Teilen Mais und 1 Teil ganzem Hafer und während der letzten 70 Tage aus Mais allein bestand. Gruppe I und II erhielten während der ersten 120 Tage täglich 1 lb. Ölmehl, während der nächsten 30 Tage 1,5 lbs. und schließlich während der letzten 40 Tage 2 lbs. Gruppe I erhielt nach den ersten 30 Tagen das Getreide in einem Selbstfütterer, Gruppe II bekam ihr Getreide zweimal täglich handgefüttert, und zwar etwa zwei Drittel soviel wie Gruppe I. Gruppe III erhielt Getreide in gleicher Menge wie Gruppe II Getreide und Ölmehl zusammen. Die Ergebnisse der Untersuchungen sind in der folgenden Tabelle zusammengestellt:

stimmen. Die andere oder niedrige Eiweißration war so berechnet, daß sie wenig mehr als die theoretisch nötige Minimalmenge an Eiweiß lieferte. Energie und Masse der Ration wurden durch Stroh und Stärke ausgeglichen. An der Eiweißmenge der Rationen hatten die verschiedenen Futtermittel die folgenden Anteile: Alfalfaheu 30%, Maismehl 10%, Leinsaatmehl 25% und Erdnußmehl 35%. Pro 1000 lbs. Lebendgewicht in den verschiedenen Versuchen geliefertes Eiweiß und gelieferte Energie waren auf einem gegebenen Standardwerte basiert, der von dem Alter der Kälber abhing.

Die Ergebnisse wurden bemessen nach den N-Bilanzen, dem Lebendgewicht und den Massen der Stiere. Das Wachstum einiger der Kälber, die die niedrige Eiweißration erhielten, war mit normalem Wachstum verglichen so gut, daß die Autoren schließen, daß eine größere Sparsamkeit in der Eiweißzufuhr, als wie sie der von Morrison aufgestellte Standardwert in Vorschlag bringt, angewendet werden kann. Schieblich.

Reed, Fitch und Cave (113) berichten über den Einfluß der Verfütterung verschiedener Rationen auf die Entwicklung und über einen

| Gruppe | Tagesdurch-schnittszunahme lbs. | Durchschnittstagesration | | | | | Berechnete Kosten pro 100 lbs. Zunahme lbs. | Verkaufspreis lbs. |
|---|---|---|---|---|---|---|---|---|
| | | Mais lbs. | Hafer lbs. | Ölmehl lbs. | Silage lbs. | Alfalfa lbs. | | |
| I | 2,65 | 10,21 | 2,65 | 1,24 | 7,34 | 3,32 | 10,23 | 9,70 |
| II | 2,56 | 6,34 | 1,59 | 1,24 | 16,70 | 4,97 | 9,38 | 9,20 |
| III | 2,33 | 7,36 | 1,82 | — | 11,46 | 5,36 | 9,20 | 9,20 |

Schieblich.

Bericht der Nebraska Versuchsstation von Derrick (22) über einen 3. Jahresversuch über die Wirtschaftlichkeit der Mästung 3-, 2- und 1jähriger Stiere und von Kälbern. Die Ergebnisse stimmten im allgemeinen mit denen der früheren Versuche überein.

Die folgenden Futtermengen wurden pro 100 lbs. Gewichtszunahme von den Stieren der obengenannten Altersklassen benötigt: Kälber 577 lbs. Mais und 200 lbs. Alfalfa, Jährlinge 755 lbs. Mais und 262 lbs. Alfalfa, Zweijährige 864 lbs. Mais und 281 lbs. Alfalfa und Dreijährige 904 lbs. Mais und 317 lbs. Alfalfa. Die Zunahmen der älteren Stiere waren zwar wirtschaftlich weniger günstig, doch rascher als bei dem jüngeren Vieh, so daß sie früher in marktfähigen Zustand kamen.

In Versuchen über Kälbermastrationen erwies sich die Fütterung von geschältem Mais, Silage und Alfalfaheu am wirtschaftlichsten. In Versuchen an Schweinen erwies sich eine Ration aus Mais und Tankage wirtschaftlicher als eine aus Mais und Alfalfa. Gelber Mais war, mit Tankage verfüttert, weißem Mais leicht überlegen. Die Zugabe von Mineralien zu einer Ration aus Mais und Tankage ließ keinerlei Vorteile erkennen.

Bei Vergleichen von Rationen für Lämmer erwies sich geschälter Mais, Alfalfaheu und die mittlere Ration von Leinsaatölmehl am vorteilhaftesten. Wiesenheu war weniger wirksam als Alfalfa. Starke Fütterung von Ölmehl vergrößerte die Kosten der Gewichtszunahmen. In einem Versuche über das Scheren der Lämmer während der Mastperiode wurde gefunden, daß die geschorenen Lämmer größere Tageszunahmen zeigten, jedoch beim Verkauf geringeren Gewinn erzielten als ungeschorene Lämmer. Schieblich.

Die von Forbes et al. (36) angestellten Versuche betrafen den Eiweißbedarf von Kälbern.

Die Kälber waren alt genug, um ausschließlich Trockenfutter aufnehmen zu können. Zur Prüfung gelangten zwei verschiedene, aus denselben Futtermitteln zusammengesetzte Rationen. Die eine Ration wurde als die hohe Eiweißration bezeichnet und war so berechnet, daß sie genügend Eiweiß lieferte, um mit den geläufigen Futterstandardwerten übereinzu-

Vergleich über Größe und Milchproduktion von Färsen, die mit 24 und 30 Monaten kalbten.

Die Gruppen, die Alfalfa, Silage und Körner erhielten, nahmen während des ersten und zweiten Jahres am meisten zu. Diejenigen, die Alfalfaheu allein bekamen, entwickelten sich am langsamsten, waren zur Zeit des Kalbens am kleinsten, zeugten die kleinsten Kälber, und die Milchproduktion war sowohl nach dem ersten wie nach dem zweiten am niedrigsten. Die Färsen, die die Ration aus Alfalfasilage und Körnern erhielten, zeichneten sich in den meisten dieser Punkte aus.

Die Färsen, die so gedeckt wurden, daß sie im Alter von 24 Monaten kalben mußten, entwickelten sich trotz desselben Futters (Alfalfa, Silage und Körner) nicht so gut wie Färsen, die so gedeckt wurden, daß sie mit 30 Monaten kalbten. Sie zeichneten sich allerdings leicht durch die Höhe ihrer Milchproduktion aus, verbrauchten aber auch wieder mehr Futter. Beobachtungen über den Eintritt der Geschlechtsreife zeigten, daß die Brunst bei den besser gefütterten Tieren zu einem früheren Alter eintrat (12—14 Monate) als bei Tieren, die Alfalfaheu und Silage oder Alfalfaheu allein erhielten, die nicht vor 18—19 Monaten brünstig wurden.

Nach Abschluß der zweiten Laktationsperiode wurden die Versuchstiere einer regulären Herde zugeteilt. Es zeigte sich hierbei, daß die mit Alfalfaheu allein oder mit Alfalfaheu und Maissilage aufgezogenen Tiere merkliche Zunahmen an Körpergewicht und -massen sowie an Milch- und Fettproduktion zu verzeichnen hatten, während die anderen Tiere keine derart merklichen Zunahmen aufzuweisen hatten. Für die wirtschaftliche Aufzucht von Holsteiner Färsen wird vorgeschlagen, die Ration von der Entwöhnung an auf 3—4 Monate aus Alfalfa und Silage bestehen zu lassen und dann Körner zuzugeben. Schieblich.

An der Kansas Station (159) wurde ein vergleichender Versuch über volle Fütterung von Kälbern mit Gras und voller Trockenfütterung während der Sommermonate durchgeführt, nachdem die Tiere mit einer Erhaltungsration, deren Grundlage aus Silage bestand, durch den Winter gebracht worden waren.

Eine Gruppe von Kälbern wurde bei einer Ration von 22,86 lbs. Zuckerrohrsilage und 3,5 lbs. Luzerne pro Tier und Tag überwintert und erzielte dabei Tagesdurchschnittszunahmen von 45,3 lbs. pro Kopf, während eine zweite Gruppe bei einer Ration von 22,84 lbs. Zuckerrohrsilage und 1 lb. Baumwollsaatmehl pro Tag und Tier während der Winterperiode 84,6 lbs. zunahm. Im Frühling wurde eine Hälfte einer jeden Gruppe voll trocken gefüttert, während die andere Hälfte während des Sommers auf einer Blaugrasweide voll gefüttert wurde. Die Ergebnisse zeigten, daß eine volle Fütterung während des Winters und Verkauf der Kälber im Frühling das gewinnbringendere Vorgehen war. Volle Fütterung während des Sommers auf der Weide erwies sich als vorteilhafter als Trockenfütterung.

Schieblich.

**Fütterungsversuche an Schweinen.** Anderson und Marston (1) berichten über die folgenden Fütterungsversuche an Schweinen. 4 Gruppen von Schweinen, und zwar 9 in der ersten und je 10 in den anderen 3 Gruppen mit einem annähernden Durchschnittsgewicht von 32,66 kg dienten zu Untersuchungen über den Wert der Zugabe von Tankage zu einer Maisration mit Luzerneweide und über den Vergleichswert von Luzerne- und Sudangrasweide. Die Fütterungsperiode betrug 120 Tage.

Der Wert der Zugabe von Tankage zu einer vollen Fütterung von Mais an Frühlingsschweine auf Luzerneweide. Die Schweine der Gruppen I und II wurden voll handgefüttert, und zwar mit geschältem Mais und einem dichten Futtermehl mit Weidegang auf einer guten Luzerneweide. Gruppe II erhielt hierzu pro Kopf 0,11 kg Tankage täglich. Die Schweine der Gruppe I nahmen täglich durchschnittlich 0,34 kg zu und brauchten zu 100 Pfund Gewichtszunahme 445 Pfund Mais. Die Schweine der Gruppe II nahmen täglich durchschnittlich 0,57 kg zu und brauchten zu 100 Pfund Gewichtszunahme 335 Pfund Mais und 20 Pfund Tankage. Am Ende des Versuches waren die Schweine, die Tankage erhalten hatten, marktreif, während dies bei den anderen Schweinen erst nach weiteren 45 Tagen erreicht wurde. Die Luzerneweide wurde von der Gruppe, die keine Tankage erhielt, schwer geschädigt, während dies bei der Tankagegruppe nicht der Fall war.

Der relative Wert von Luzerne- und Sudangrasweide für Frühlingsschweine mit einer vollen Körnerfütterung. Zu diesem Versuche wurden die Gruppen III und IV verwendet. Beide Gruppen erhielten geschälten Mais und Tankage und hierzu Gruppe III Luzerne- und Gruppe IV Sudangrasweide. Die Ergebnisse zeigten, daß Sudangras und Luzerne als gleichwertige Weiden für die Schweinemast zu betrachten sind. Die Tagesdurchschnittszunahmen auf der Luzerneweide betrugen 0,56 kg und die Futterbedürfnisse für 100 Pfund Gewichtszunahme waren 341 Pfund Mais und 20 Pfund Tankage. Die Schweine auf der Sudangrasweide nahmen täglich durchschnittlich 0,54 kg zu und brauchten pro 100 Pfund Gewichtszunahme 351 Pfund Mais und 21 Pfund Tankage. Es wurde gleichzeitig festgestellt, daß 10 Schweine nicht zur völligen Ausnutzung eines 20,23 a großen Stückes von Sudangras genügten.

Schieblich.

Zum Studium der Ernährungsfaktoren, die die Entwicklung der Rachitis und Paralyse beim Schweine im Winter beeinflussen, wurden von Bohstedt, Bethke, Edington und Robison (7) 10 Gruppen zu je 8 41 lbs. schweren Schweinen 160 Tage lang ohne Zugang zum Boden oder zu Grünfutter in der folgenden Weise gefüttert: Die Grundration bestand aus 70% gemahlenem weißen Mais, 15% Weizenfuttermehl, 10,5% Leinsaatmehl, 4% Blutmehl und 0,5% Salz bis die Schweine 100 lbs. wogen; später wurden 5% des Leinsaatmehles durch Mais ersetzt.

Die Ergebnisse zeigten, daß es nötig war, zur Grundration sowohl Mineralien als auch Vitamine zuzugeben, um maximales Wachstum zu erzielen und Rachitis und Paralyse zu verhüten. Die Zugabe von 1% Lebertran und 2% präzipitiertes Knochenmehl sicherte die einheitlichsten und schnellsten Zunahmen, auch wurde keines der diese Zulagen erhaltenden Schweine lahm. Lebertran allein bewirkte zwar ebenso rasches Wachstum, jedoch starb ein Schwein, und vier andere gediehen nur sehr sparsam oder kümmerten. 5 Schweine, die präzipitiertes Knochenmehl mit durchlüftetem Lebertran erhielten, zeigten das gleiche Verhalten wie die vier letztgenannten. Die Gruppen, die die Grundration allein oder mit Mineralzulagen von 2% Kalziumkarbonat, Dinatriumphosphat oder präzipitiertem Knochenmehl bekamen, nahmen nur etwa halb oder weniger als halb so schnell zu, als wenn Mineral- und Vitaminzulagen gegeben wurden. 4—5 Schweine jeder Gruppe starben während dieses Versuches. Die Zunahmen waren etwas besser bei Zugabe von 2% Kasein oder 2% präzipitiertem Knochenmehl, aber 5 Schweine starben von der ersteren und 2 von der letzteren Gruppe; sehr gut gedieh überhaupt keins. Blutmehl schien die Entwicklung von Rachitis zu beschleunigen, da eine Gruppe, die die Grundration ohne Blutmehl erhielt, sich besser verhielt als die Kontrollgruppe. Das präzipitierte Knochenmehl erwies sich zwar als wertvolle Mineralstoffquelle, erzeugte aber Flecknieren.

Schieblich.

Brown und Edwards (9) berichten über einen 33 tägigen Versuch, in dem die Gewichtszunahme von 3 Gruppen von Schweinen mit einem Durchschnittsgewicht von 49,90 kg verglichen wurden, wenn die Tiere zu Maisweide Zulagen von ganzem Hafer, Sojabohnen und Tankage erhielten. Die durchschnittlichen Tageszunahmen waren bei den verschiedenen Zulagen: ganzer Hafer 0,57 kg, Sojabohnen 0,53 kg und Tankage 0,81 kg. Die 1. Gruppe brauchte zu 50 kg Gewichtszunahme 235,5 kg Mais und 26 kg ganzen Hafer, die 2. 256,5 kg Mais und 17,5 kg Sojabohnen, die 3. 206 kg Mais und 7,5 kg Tankage.

Schieblich.

In einem 56 tägigen Versuche wurden von Carroll (17) verschiedene Rationen für die Schweinemast verglichen.

Die Tagesdurchschnittszunahmen und Futterbedürfnisse für 100 Pfund Gewichtszunahme waren die folgenden: Gruppe I 0,70 kg und 22 Pfund Tankage und 414 Pfund gequetschte Gerste; Gruppe II 0,64 kg und 33 Pfund Tankage und 411 Pfund geschälten Mais; Gruppe III 0,54 kg und 124 Pfund Kleie, 251 Pfund Feinkleie und 634 Pfund Buttermilch; und Gruppe IV 0,56 kg und 422 Pfund gequetschte Gerste und 8 Pfund Luzerneheu.

In einem anderen Versuche von 82 Tagen Dauer an reinrassigen Tamworths, denen die Aufnahme von Luzerneheu aus Raufen geboten wurde, wurde die Wirksamkeit verschiedener Fütterungsmethoden von Gerste geprüft. Ganze Gerste war 19% weniger wirksam als gehäckselte und 22% weniger wirksam als gequetschte Gerste, während gequetschte Gerste etwa 2,5% wirksamer war als gehäckselte.

Schieblich.

Ferrin und McCarty (29) berichten über die Ergebnisse vergleichender Untersuchungen über Eiweißzulagen bei Trockenfütterung während zweier Winter und bei Weidegang und Trockenfütterung während zweier Sommer für die Mast von Frühlings- und Herbstferkel. Es wurden die folgenden Rationen gefüttert:

1. Geschälter Mais, ein Futtermehl (Red dog flour), Tankage und halbfeste Buttermilch; 2. geschälter Mais („red dog flour"), Leinsaatmehl und halbfeste Buttermilch; 3. geschälter Mais, „red dog flour", Tankage und Leinsaatmehl. Die halbfeste Buttermilch wurde handgefüttert, während alle anderen Futtermittel nach freier Wahl zusammen mit einem Mineralgemisch selbstgefüttert wurden. Jede Gruppe bestand aus 10 Ferkeln, und es wurden insgesamt 18 Gruppen gefüttert. Die Ration mit Leinsaatmehl ohne Tankage war durchgehend die am wenigsten zufriedenstellende, trotzdem diese Gruppen auch halbfeste Buttermilch erhielten. Ration III, die keine halbfeste Buttermilch enthielt, erwies sich als die wirtschaftlichste und produzierte nahezu die gleichen Gewichtszunahmen wie Ration I. Die Herbstschweine nahmen durchschnittlich genau so schnell zu wie die Frühlingsschweine, und brauchten nur wenig mehr Futter, jedoch erforderten sie mehr Sorgfalt.                                Schieblich.

Foerster (35) liefert einen Beitrag zur Verfütterung von Lebertran - Emulsion und kommt zu dem Ergebnis, daß die Anwendung des Lebertrans nur in Fällen Zweck hat, wo das Futter arm an Vitaminen ist. Unter guten Futterverhältnissen ist von dem Lebertran keine Steigerung der Produktion zu erwarten.                          Richter und Adleff.

Grimes und Salmon (46) berichten über die Ergebnisse von 2 Versuchen, in denen der Wert einer Mineralmischung aus gleichen Gewichtsteilen Holzkohle, Marmorstaub und Salz für Schweine bei Selbstfütterung einer Ration aus 2 Teilen gemahlenem Mais und 1 Teil schalenhaltigem Erdnußmehl bestimmt wurde.

Der 1. Versuch wurde mit Schweinen im Durchschnittsgewicht von 73 lbs. ausgeführt und dauerte 106 Tage. Die Tagesdurchschnittszunahme der Gruppe mit der Mineralmischung betrug 0,93 lb. im Vergleich zu 0,46 lb. bei der Gruppe ohne Mineralien. Zu 100 lbs. Gewichtszunahme wurden von der ersteren Gruppe 415 lbs. Futter (die Mineralien eingeschlossen), von der letzteren 572 lbs. Futter benötigt.

Ähnliche Resultate wurden in einem 2. Versuche, der 74 Tage dauerte, erlangt. Die Schweine waren zu Beginn etwas kleiner und wogen durchschnittlich 57 lbs. Die Tagesdurchschnittsgewinne betrugen bei der Mineralgruppe 1,36 lbs., bei der Gruppe ohne Mineralien 0,97 lb. Der Futterverbrauch pro 100 lbs. Gewichtszunahme betrug diesmal bei der ersteren Gruppe 380 lbs., bei der letzteren 437 lbs. Die Schweine, die Mineralien erhielten, waren während beider Versuche durchgängig wüchsiger und in besserem Zustande. Kein einziges zeigte nach dem Transport zum Markte Lahmheit, während im 2. Versuche 2 Tiere der Gruppe ohne Mineralien Knochenbrüche erlitten und nur 3 von den 9 nach Erreichung des Marktplatzes fähig waren zu stehen.                              Schieblich.

Grimes (47) stellte die folgenden Schweinemastversuche an: Abfallprodukte für die Schweinemast: Die verglichenen Rationen und die damit erzielten Tagesdurchschnittszunahmen waren folgendermaßen:

Mais und Tankage (10 : 1) 0,599 kg Gewichtszunahme; Mais, Melasse und Tankage (7,5 : 2,5 : 1) 0,499 kg Zunahme; altbackenes Brot und Tankage (10 : 1) 0,572 kg Zunahme und altbackener Kuchen und Tankage (10 : 1) 0,581 kg Zunahme. Die gleichmäßigste Ausmast zeigten die Gruppen mit Mais und Tankage und altbackenem Kuchen und Tankage. Der Versuch dauerte 85 Tage, und die Schweine hatten Zutritt zu einer Rapsweide.

Eiweißzulagen zu Mais für die Schweinemast: Bei einem Vergleiche verschiedener Eiweißzulagen zu selbstgefüttertem Mais wurde gefunden, daß Fischmehl, Erbsenleinölkuchen und Tankage nahezu gleiche Gewichtszunahmen bewirkten. Der günstige Einfluß nahm in der angeführten Reihenfolge leicht ab, so daß also mit Fischmehl die besten Gewichtszunahmen erzielt wurden. Ölmehl war den obengenannten Zulagen deutlich unterlegen.

Winterrationen für Zuchtsauen. Dieser Versuch hatte den Zweck, den Wert von Tankage, Fischmehl, Alfalfaheu und Hafer und Futtermehl als Zulagen zu Mais zur Überwinterung von Zuchtsauen zu vergleichen. Das Alfalfaheu war von geringer Qualität, und die damit gefütterten Sauen befanden sich nicht in so gutem Zustande wie die der anderen Gruppen, die keine wesentlichen Unterschiede in ihren Gewichtszunahmen zeigten.                    Schieblich.

In 3 Versuchen wurden von Grimes und Salmon (48) verschiedene, Erdnüsse enthaltende Rationen für die Schweinemast bei Trockenfütterung verglichen.

Die Rationen bestanden bei Gruppe I aus Erdnüssen; bei Gruppe II aus Erdnüssen und geschältem Mais; bei Gruppe III aus Erdnüssen und 60% Tankage; und bei Gruppe IV aus Erdnüssen, geschältem Mais und 60% Tankage. Alle Rationen wurden selbstgefüttert, und die Auswahl der einzelnen Futtermittel den Schweinen überlassen. Alle Gruppen erhielten außerdem eine einfache Mineralmischung. Die Versuche zeigten, daß Erdnüsse mit einer Mineralmischung eine zufriedenstellende Ration für die Schweinemast darstellen, und daß weniger Futter pro 100 Pfund Gewichtszunahme benötigt wurden, wenn Mais oder Tankage oder beide in der Ration enthalten waren. Der Nachteil der Rationen bestand jedoch darin, daß alle geschlachteten Schweine sämtlicher Gruppen in den beiden ersten Versuchen weichlich oder ölig waren. Vom 3. Versuche wurden keine Schlachtresultate erlangt.                              Schieblich.

In 5 Versuchen wurde von Grimes und Salmon (49) der Wert von Erdnußmehl mit Tankage als Zulagen zu Mais für die Schweinemast bei Trockenfütterung verglichen und der Einfluß von Erdnußmehl auf die Qualität des produzierten Schweinefleisches untersucht.

3 Arten von Erdnußmehl kamen zur Verfütterung. 2 Arten enthielten die Schalen und sollten 30—36% Eiweiß enthalten, während die 3. Art aus geschälten Erdnüssen hergestellt war und 41% Eiweiß enthalten sollte. Im 3. und 4. Versuche wurden Schweine in Abständen aus dem Versuch genommen zwecks Feststellung der Festigkeit der Schlachtstücke. Es wurde gefunden, daß es wenig ausmachte, ob die Ration aus gleichen Teilen Mais und Erdnußmehl oder 7 Teilen Mais und 1 Teil Erdnußmehl bestanden. Es wurde etwas mehr Futter verbraucht, wenn die Ration die größeren Maismengen enthielt. Die wirtschaftlichste Ration hängt von den relativen Preisen von Mais und Erdnußmehl ab. Die Ergebnisse der beiden Versuche, in denen schalenfreies Erdnußmehl gefüttert wurde, zeigten, daß die Tagesdurchschnittszunahmen um 0,16 lb. höher und die Menge des pro 100 lbs. Gewichtszunahme erforderlichen Futters 44,3 lbs. niedriger waren als bei den Schweinen, die vergleichbare Rationen erhielten, in denen das Erdnußmehl die Schalen enthielt.                              Schieblich.

Joseph (69) berichtet über die Ergebnisse verschiedener Versuche über Fütterungsmethoden von Zuchtsauen und ihrer Würfe.

Es wurde gefunden, daß Weidegang eine beträchtliche Ersparnis an Getreide zur Folge hat und die Sauen in gutem Zustande erhält. Luzerneweide erwies sich für nichtsäugende Sauen als alleiniges Futter zufriedenstellend, doch wurde ein Beifutter während der Trächtigkeit und der Laktation, namentlich wenn 2 Würfe im Jahre erzeugt wurden, als wirtschaftlich günstig befunden insofern, als die Ferkel nach dem Absetzen kräftiger und wüchsiger waren. Große Würfe und zwar zweimal im Jahre setzten die Futterkosten pro Absatzferkel wesentlich herab.

Ferkel, die mit einem Gewicht von 20,41—22,68 kg abgesetzt wurden, gediehen bei einer Ration aus Gerste und Tankage besser als mit einem Gewicht von 13,61 bis 15,88 kg abgesetzte Ferkel. Es wurde also im ersten Falle weniger Futter pro Gewinneinheit benötigt. Der Vorteil des späten Absetzens war jedoch gering, wenn Magermilch und Weide oder Luzerneheu zur Verfügung standen. Gerste und Luzerneheu erwiesen sich als eine genügende Ration für Zuchtsauen, die im zeitigen Frühjahr und Spätherbst Weidegang erhielten, jedoch war die Zugabe von Magermilch vorteilhaft. Bei einem Vergleich zwischen Herbst- und Frühlingswürfen wurde gefunden, daß Herbstferkel praktisch ebenso wirtschaftlich aufgezogen wurden, wenn keine von beiden Weidegang bekamen.

Ferner konnte in den Versuchen gezeigt werden, daß alte Sauen ihre Ferkel mit 5—10% weniger Kosten als junge Sauen aufziehen, wenn ein Wurf im Jahre produziert wird, und mit 15—25% geringeren Kosten bei 2 Würfen jährlich. Schieblich.

Ludwig (82) stellt als Richtlinien für größere Gemeinden bezüglich der Fleischerzeugung durch Zucht und Mast von Schweinen folgende Gesichtspunkte auf:

1. Die Aufzucht von Zuchtferkeln und Läufern, also von Zucht allein, wird immer rentabel sein, sobald genügende Weideflächen vorhanden sind.

2. Zucht und Mast vereinigt werden stets rentabel sein, wenn sie im Großen auf eigener Gutswirtschaft betrieben werden und der Wirtschaftsbetrieb dem Zucht- und Mastbetrieb angepaßt ist, und zwar auch dann noch, wenn ein Teil des Kraftfutters angekauft werden muß. Ohne größeren Grundbesitz, ohne eigene Gutswirtschaft ist dagegen der Erfolg mindestens sehr zweifelhaft.

Um kräftige und gesunde Schweine aufzuziehen, muß den Muttersauen und den heranwachsenden Magertieren Weide, reichlicher Aufenthalt im Freien gewährt werden können, dazu gehört aber Grundbesitz. Auch ist, um die Mutterschweine während der Tragzeit und die Läufer billig füttern zu können und die Produktionskosten einigermaßen gleichbleibend zu gestalten, die Selbsterzeugung von Futter nötig, dazu gehört aber ebenfalls eigener Grundbesitz und eigene Gutswirtschaft.

3. Nicht zu empfehlen ist den Gemeinden der Mastbetrieb allein, ob mit oder ohne eigenen Gutsbetrieb, insbesondere in gesundheitlicher Beziehung wegen der mit dem Ankauf der Läufer verbundenen Gefahren. Er kann vielleicht rentabel werden, wenn er mit der nötigen Vorsicht und unter der richtigen Beurteilung aller in Betracht kommenden Verhältnisse ausgeführt wird, ferner genügend Küchen- oder Schlachtabfälle zur Verfügung stehen und das Sammeln der Küchenabfälle durch ortspolizeiliche Bestimmungen geregelt ist.

4. In allen Fällen sind zur Sicherung der finanziellen Erfolge erforderlich die richtige Wahl der Zuchtrichtung, ein tüchtiger von der Gemeindeverwaltung möglichst unabhängiger Leiter, gutes Stallpersonal und Berücksichtigung der örtlichen Verhältnisse.

5. Geeignet ist für die mitteldeutschen Verhältnisse nur das veredelte deutsche Landschwein. Trautmann.

Lüthge (84) weist auf den Unterschied in der Fütterung tragender und säugender Sauen im Ausgang des Winters hin. Säugende Sauen sind eiweißreicher zu füttern und außerdem soll das Futter in breiiger Form verabreicht werden, um die zur Milchproduktion erforderliche Flüssigkeitsmenge zu gewährleisten. Richter und Adleff.

Nach Marx (88) sind diejenigen Fischmehle am besten, welche einen Salzgehalt von 3—5% aufweisen. Haben Fischmehle über 10% Kochsalz, so sind dieselben für die Fütterung der Schweine untauglich. Bei einem Gehalt von 3—5% Kochsalz und 1—3% Fett soll man nicht wesentlich über 100 g je Tier und Tag geben. Richter und Demmel.

Müller, Immler und Wild (92) berichten auf Grund im trocknen Sommer 1925 gesammelter Erfahrungen, wie die verschiedenen Schweinerassen futterarme Weidezeiten ausnützen. Darnach trifft die häufig vertretene Ansicht, daß die primitiven Rassen futterarme Zeiten besser als hochgezüchtete Rassen überstehen, nicht zu. Richter und Adleff.

Müller, Schwarz und Zeunert (93) vertreten die Ansicht, daß die Kümmerer in den meisten Ferkelwürfen eine Vererbungserscheinung darstellen und messen deshalb der Lebertranfrage bei der Ernährung der Schweine nicht die Bedeutung bei, wie Vereinzelte annehmen, sie erhärten ihren Standpunkt durch Versuche. Bei guten Futterverhältnissen, bei vitaminreicher Kost bringt Lebertran keine Steigerung der Produktion. Richter und Adleff.

Nach den Versuchen von Rasenack (110) ist eine Verfütterung von Fischmehl mit einem Kochsalzgehalt bis zu 10% an Schweine ungefährlich. Weber.

Am Rowett Research Institut wurde von Richards, Godden und Hustand (115) in 2 Versuchen der Einfluß der Zugabe von Natrium zu der Ration von Schweinen auf die Stickstoff- und Mineralbilanzen untersucht.

Während beider Versuche erhielten die Tiere täglich eine Grundration von 775 g einer Mischung, die aus je 10 Teilen Mais, Hafermehl und Gerstenmehl und 1 Teil Blutmehl bestand, plus 25 ccm einer 20 proz. Kalziumchloridlösung und 10 ccm Olivenöl. Vom 6. bis zum 12. Tage des 1. Versuches, der 19 Tage dauerte, wurden zu der Ration 50 ccm einer 10 proz. Natriumchloridlösung hinzugefügt und die täglichen Stickstoff-Mineralbilanzen bestimmt. Während der 36 Tage des 2. Versuches wurden 6 g Kalk zu der Ration zugegeben und vom 9. bis zum 22. Tage 50 ccm Natriumzitrat der Grundration beigefügt, das annähernd die gleiche Menge Natrium wie in der entsprechenden Periode des 1. Versuches lieferte. Die durchschnittlichen täglichen Bilanzen werden in der Tabelle S. 284 wiedergegeben, und zwar vom 1. Versuche für die Vorperiode, Versuchsperiode und Nachperiode, für den 2. Versuch für die Hälfte einer jeden Periode.

In beiden Versuchen vergrößerten sich die N-, CaO- und $P_2O_5$-Bilanzen während der Natriumfütterungsperioden. Die Zugabe von Natrium zu der Ration vergrößerte die Kaliumausscheidung im Harn, doch blieb auf Grund geringerer Ausscheidung mit den Fäzes die Bilanz etwa dieselbe. Schieblich.

Auf Grund von Fütterungsversuchen empfiehlt Richardsen (116) zur Sicherung der selbständigen Versorgung unseres Volkes mit Molkerei- und Schlachtprodukten, die Ferkelaufzucht ohne Kuhmilch nach Ruhlsdorfer Art, die Vorbereitung der Läuferschweine für die Aufnahme großer Futtermassen nach Lehmann und die Ausmästung der so vorbehandelten Tiere mit inländischen, mehr oder weniger veredelten Futtermitteln. Richter und Demmel.

Durchschnittliche tägliche Mineral- und Stickstoffbilanzen eines Schweines bei einer Grundnahrung und mit Natriumzugabe.

| Versuch | Periode | Ration | Durchschnittliche tägliche Bilanzen | | | | | | |
|---|---|---|---|---|---|---|---|---|---|
| | | | N | CaO | $P_2O_5$ | MgO | Cl | $Na_2O$ | $K_2O$ |
| | Tage | | g | g | g | g | g | g | g |
| 1 | 1—5 | Grundration | 4,79 | 0,11 | 1,03 | 0,09 | — 0,63 | 0,17 | 1,23 |
| 1 | 6—12 | Plus Natriumchlorid | 5,17 | 0,43 | 1,10 | 0,14 | — 0,10 | 0,51 | 1,24 |
| 1 | 13—19 | Grundration | 4,99 | 0,56 | 1,21 | 0,18 | — 0,34 | — 0,03 | 1,49 |
| 2 | 1—4 | „ | 5,74 | 2,31 | 2,67 | 0,14 | — 0,38 | — 0,10 | 1,76 |
| 2 | 5—8 | „ | 5,69 | 2,21 | 2,49 | 0,10 | — 0,37 | 0,0 | 1,63 |
| 2 | 9—15 | Plus Natriumzitrat | 5,96 | 2,37 | 2,45 | 0,07 | — 0,41 | 0,54 | 1,21 |
| 2 | 16—22 | „ | 6,44 | 2,58 | 2,88 | 0,10 | — 0,33 | 0,08 | 1,46 |
| 2 | 23—29 | Grundration | 6,63 | 2,81 | 3,20 | 0,17 | — 0,37 | — 0,40 | 1,96 |
| 2 | 30—36 | „ | 6,81 | 2,95 | 3,20 | 0,14 | — 0,35 | — 0,07 | 1,83 |

8 Würfe zu je 6 Schweinen mit einem annähernden Durchschnittsgewicht von 20 kg wurden von Robison (118) zu vergleichenden Untersuchungen über den Wert verschiedener Zulagen zu einer Mais- und Tankage- und zu einer Mais- und Magermilchration benutzt.

Alle Schweine wurden bis zu einer Durchschnittszunahme von 68,04 kg gefüttert. Die benutzten Rationen und die Tagesdurchschnittszunahmen waren die folgenden: Mais und Tankage 0,37 kg; Mais, Tankage und Luzernemehl 0,39 kg; Mais, Tankage, Luzernemehl und Leinsaatmehl 0,47 kg; Mais, Tankage und Kalziumkarbonat 0,40 kg; Mais, Tankage, Kalziumkarbonat und Reispoliturabfälle 0,45 kg; Mais, Tankage, Kalziumkarbonat und Magermilch 0,55 kg; Mais, Kalziumkarbonat und Magermilch 0,50 kg, und Mais, Luzernemehl und Magermilch 0,50 kg. Verf. schließt hieraus, daß die meisten der Zulagen zu der Mais-Tankageration vorteilhaft waren, vor allem gilt dies für die Magermilch.                    Schieblich.

Robison (119) bestimmte den Futterwert von nach verschiedenen Methoden hergestellten Sojabohnenölmehlen für Schweine.

Zu den Versuchen wurden 12 Gruppen zu je 6 Schweinen mit einem Durchschnittsgewicht von etwa 51 lbs. benutzt. Jede Ration wurde an eine Gruppe selbstgefüttert und an eine andere handgefüttert. Als Grundlage der Rationen dienten Mais und Mineralien. Die Tagesdurchschnittszunahmen bis zur Erreichung eines Gewichtes von 200 lbs. waren bei den die verschiedenen Zulagen enthaltenden selbstgefütterten und handgefütterten Rationen die folgenden: Nach dem alten Verfahren durch hydraulische Pressung gewonnenes Ölmehl 1,07 und 0,91 lbs., extrahiertes Sojabohnenölmehl 1,12 und 0,77 lbs., rohschmeckendes Expeller-Sojabohnenölmehl 0,93 und 0,76 lb., nußähnlich schmeckendes Expeller-Sojabohnenölmehl 0,99 und 1,05 lbs., gemahlene Sojabohnen 0,78 und 0,81 lb., und Tankage 1,21 und 1,02 lbs.

Viele der selbstgefütterten Schweine zeigten Lahmheiten, wodurch die Zunahmen wesentlich beeinflußt wurden, während keines der handgefütterten Schweine lahm wurde, wahrscheinlich infolge der größeren Mineralstoffaufnahme und ihres langsameren Wachstums. Nach ihrem Futterwert als Zulage zu Mais geordnet rangieren die Mehle in der folgenden Weise: Nußähnlich schmeckendes Expeller-Ölmehl, hydraulisches Ölmehl, extrahiertes Ölmehl und rohschmeckendes Expeller-Ölmehl. Zur Verbesserung des Futterwertes von gemahlenen Sojabohnen wird empfohlen, diese mit Ölmehl zu kochen oder anzumachen.                    Schieblich.

Robison (120) stellte Untersuchungen über den Wert der Einsaat von Sojabohnen in Mais an.                    Schieblich.

Die Untersuchungen von Shepperd, Christensen, Thompson und Kuenning (128) an Schweinen umfassen die folgenden Fragen:

Der Wert verschiedenen Grünfutters beim Abweiden durch Schweine. Die Ergebnisse von Mastversuchen an Schweinen wiesen auf die Wirtschaftlichkeit der Grünfütterung gegenüber der Trockenfütterung hin. Auf Grund der erzielten Gewichtszunahmen sind die verschiedenen benutzten Grünfuttermittel hinsichtlich ihres Wertes folgendermaßen hintereinander einzureihen: Alfalfa, Erbsen und Hafer, Raps, Süßklee, Sumpfgras, Winterroggen, Hafer und Gerste, und Hirse.

Das Abweiden von Mais. Versuchsergebnisse von 9 Jahren zeigen, daß Schweine im Gewicht von 45,36—56,70 kg den Mais am besten beim Abweiden ausnutzen, und daß der Mais zur Zeit des Abweidens sich zu Beginn des Reifestadiums befinden soll. Bei der Bestimmung der Ertragsfähigkeit wird vorgeschlagen, 5 Pfund Maiskörner als täglichen Verbrauch für 100 Pfund Lebendgewicht Schwein anzunehmen. Bei Untersuchungen darüber, ob es ratsam ist, zur Maisweide Tankage zuzufüttern, wurde festgestellt, daß die Schweine mit Tankage besser gediehen und größere Gewichtszunahmen aufwiesen, jedoch war dies im Hinblick auf die Kosten keine gewinnbringende Spekulation. Bei Schweinen, die am Ende der Weidezeit von Mais auf Gerste gesetzt wurden, war die Ausmast nicht so gut, als wenn sie bis zum Schluß Mais erhielten.

Gewichtsverluste beim Verschiffen von lebenden Schweinen. Die Gewichtsverluste waren bei Tieren, die aus einer Herde von einer Maisweide stammten minimal im Verhältnis zu anderen Tieren, deren Haltungsweise ihnen weniger Bewegung gestattet hatte.

Vergleich zwischen gekeimter und ungekeimter Gerste. In einem 90 Tage dauernden Versuche über die Ernährungsmängel der Gerste erhielt ein Paar von Schweinen eine reine Gerstenration, während zwei andere Paare gekeimte und ungekeimte Gerste plus Leinsaatmehl und Futtermehl bekamen. Alle Gruppen erhielten Knochenmehl und Salz. Die geringsten Gewichtszunahmen zeigten die Schweine von der Gruppe mit der reinen Gerstenfütterung, jedoch erwies sich die gekeimte Gerste (Keime 0,64—1,9 cm lang) der ungekeimten Gerste nicht überlegen.

Weideversuche an der Edgeley Substation. Beim Abweiden von Mais und Erbsen waren die Einnahmen pro Acker größer bei Erbsen- als bei Maisweide.

Schweine an der Williston Substation. 4 Sauen, die zusammen 544,32 kg wogen, verbrauchten auf einer Süßkleeweide in 30 Tagen 952,56 kg gemahlene Gerste und nahmen dabei 172,37 kg zu.

Haarlosigkeit bei Schweinen an der Williston Substation. 4 reinrassige Duroc-Jerseysauen warfen, obgleich sie 18 Tage lang vor dem Ferkeln pro Tag 0,4 g Jod erhalten hatten, 31 haarlose Ferkel. Eine Sau mit nur einer reinen Blutlinie, die 2 Wochen länger Jod erhalten hatte, warf 7 behaarte Ferkel.

Schieblich.

**Smith (138) führte die folgenden Versuche an Schweinen aus. Luzerne oder Süßklee mit nachfolgender Fütterung von Erbsen.** Verf. untersuchte die Wirkung beschränkter und voller Rationen mit Luzerneweide auf die späteren Gewichtszunahmen von Schweinen, die Erbsengrünfutter erhielten.

In 2jährigen Untersuchungen wurde festgestellt, daß auf der Luzerneweide vollgefütterte Schweine nach 46 Tagen 6,94 kg mehr wogen als beschränkt gefütterte Schweine, jedoch brauchten die erstgenannten Gruppen 29 kg Gerste, 14,52 kg Müllereiabfälle und 6,99 kg Tankage mehr pro Schwein. Die beschränkt gefütterten Schweine nahmen bei Erbsengrünfutter dann aber täglich durchschnittlich 0,09 kg mehr zu, so daß beide Gruppen das Marktgewicht (78,47 kg) zur selben Zeit erreichten. In einem Versuche erwiesen sich Süßklee und Luzerne als gleichwertig, obwohl der Süßklee während der Trockenperiode des Spätsommers länger grün blieb.

Der Wert von Hefe für Schweine. 2 Gruppen von annähernd 34 kg schweren Schweinen wurden mit einer Ration von gequetschter Gerste und Müllereiabfällen im Verhältnis von 100 : 25 Teilen mit 10 Teilen Tankage gefüttert. Eine Gruppe erhielt hierzu etwa 1% Hefe. Nach 62 Tagen hatten die Hefeschweine ein etwas besseres Haarkleid, ihre Tagesdurchschnittszunahmen jedoch betrugen nur 0,49 kg gegenüber 0,51 kg bei der anderen Gruppe. Auch wurde von den Hefeschweinen pro Gewinneinheit mehr Futter verbraucht.

Winterration für Sauen. In diesem Versuche wurde die Tankage in einer Ration von Gerste und Luzerneheu in zufriedenstellender Weise durch Müllereiabfälle ersetzt. Die Tiere der Tankagegruppe sahen allerdings etwas glätter aus und nahmen täglich durchschnittlich 0,03 kg mehr zu.

Haltungskosten von Zuchtsauen. Wie eine Jahresaufstellung zeigt, verbrauchen Sauen während einer durchschnittlichen Säugeperiode von 76,2 Tagen ebensoviel Kraftfuttermittel wie während des Restes des Jahres. Beim Säugen der Ferkel traten 75% der Verluste während der ersten Woche nach dem Werfen ein.

Schieblich.

**Tomheve (138) berichtet über Schweinefütterungsversuche. Luzerneheu als Winterfutter für Zuchtsauen.**

Sauen, die mit Mais und Luzerneheu mit einer geringen Zulage von Tankage gegen das Ende der Trächtigkeit überwintert wurden, nahmen etwas mehr zu als Sauen, die mit Mais und Tankage allein überwintert wurden; die erstgenannte Ration war auch viel billiger. Die Ferkel waren bei beiden Rationen gleich kräftig und gleichmäßig.

Zulagen zu Mais für wachsende Mastschweine. Bei einem Vergleich zwischen Tankage und Fischmehl als Zulagen zu Mais bei der Schweinemast erwies sich das Fischmehl, wie auch schon in früheren Versuchen, in bezug auf Größe und Wirtschaftlichkeit der erzielten Gewichtszunahmen als überlegen. Die Tagesdurchschnittszunahmen während des 58 tägigen Versuches betrugen pro Schwein für die Fischmehlgruppe 0,75 kg, für die Tankagegruppe 0,48 kg.

Schieblich.

**Wilson und Kuhlmann (145) berichten über die Ergebnisse von 4 Versuchen über den Futterwert von rohen und gekochten Kartoffeln als Zulagen zu einer Ration aus Mais oder Tankage.** Die Gewichtszunahme der Schweine, die diese Ration erhielten, wurden in jedem Versuche mit den Gewichtszunahmen verglichen, die eine andere Gruppe erzielte, die Mais und Tankage entweder selbst- oder handgefüttert erhielt. Die Ergebnisse der 4 Versuche sind tabellarisch zusammengestellt.

Die Resultate zeigen, daß gekochte Kartoffeln schmackhaft waren und die damit gefütterten Schweine zufriedenstellende Gewichtszunahmen zu verzeichnen hatten. In 3 von den Versuchen ersetzten durchschnittlich 339 Pfund gekochte Kartoffeln 100 Pfund geschälten Mais. Rohe Kartoffeln erwiesen sich hingegen als unschmackhaft, und es war schwer, die Schweine dazu zu bringen, genügende Mengen davon aufzunehmen. Eine Sau in Gruppe XI, die gekochte Kartoffeln und eine beschränkte Ration von gelbem Mais erhielt, zeigte Rachitissymptome, auch andere Tiere zeigten ähnliche Symptome, bis sie dem Sonnenlicht ausgesetzt wurden und eine Zulage eines Gemisches von Tankage, Ölmehl und geschältem Alfalfaheu bekamen.

Schieblich.

**Wootman (148) stellte Fütterungsversuche an Schweinen mit Mais und Gerste an.**

Der erste Teil der Arbeit enthält einen Bericht über Versuche, in denen an 2 Schweinen die Verdauungskoeffizienten der Bestandteile von nicht eingeweichtem Mais, von eingeweichtem Mais, gekochtem Maismehl und eingeweichten Maisflocken folgend bestimmt wurden. Der Wert des Kochens wird als günstig bezeichnet, und es wird weiter eine Beschreibung der Herstellung von Maisflocken gegeben. Der Herstellungsprozeß besteht darin, daß die ganzen Körner mit Dampf gekocht und anschließend gequetscht und getrocknet werden. Ein Vergleich des Nährwertes dieses Produktes mit rohem Mais zeigte, daß es einen 10% höheren Energiewert besaß. Der zweite Teil der Arbeit befaßt sich mit den in Fütterungsversuchen erhaltenen Ergebnissen der Vergleichswerte des Quetschens, Mahlens, Einweichens und Kochens von Mais und Gerste.

Zu den vergleichenden Versuchen über die verschiedenen Maisfütterungsmethoden wurden 8 Gruppen zu je 10 Schweinen benutzt. Je 2 Gruppen mit einem Durchschnittsgewicht von 20,41 und 12,70 kg pro Schwein zu Versuchsbeginn erhielten Mais gequetscht und trocken, gequetscht und eingeweicht, gemahlen und eingeweicht bzw. gemahlen und gekocht. Die Tagesdurchschnittsgewinne der Gruppen betrugen während des 6 wöchigen Versuches bei den entsprechenden Rationen 0,46 kg, 0,47 kg, 0,46 kg und 0,44 kg. Außer der vollen Maisfütterung erhielt jedes Tier 0,57 kg Weizenfuttermehl und 0,11 kg Fischmehl und eine geringe Menge Grünfutter täglich. Der Futterbedarf pro Gewinneinheit war für die Schweine, die gekochtes Futter erhielten, etwas niedriger, aber der totale Futterverzehr war auch niedriger. Verf. schließt hieraus, daß durch Kochen wenig gewonnen wird.

Zum Vergleich der verschiedenen Fütterungsmethoden von Gerste wurden 5 Gruppen zu je 10 Schweinen mit einem Durchschnittsgewicht von 52,62 kg pro Tier benutzt und mit derselben Grundration wie in dem vorhergehenden Versuche gefüttert. Die Methoden der Gerstefütterung und die Tagesdurchschnittszunahmen pro Schwein waren die folgenden: ganz und trocken 0,49 kg, ganz und eingeweicht 0,48 kg, gemahlen und eingeweicht 0,56 kg und gemahlen und gekocht 0,54 kg. Die 5. Gruppe erhielt gekochten Mais und nahm täglich durchschnittlich 0,57 kg zu. Der Futterverzehr von Gerste wurde von den verschiedenen Fütterungsmethoden nicht wesentlich beeinflußt, aber der Nährwert wurde durch Einweichen und Mahlen entschieden verbessert.

Schieblich.

Die Frage, ob Kartoffelflocken mit ihrer leichteren Transportmöglichkeit und leichteren Frischhaltung ebensogut als Mastfuttermittel wie gedämpfte Kartoffeln und namentlich ebenso billig verwendet werden können, hat verschiedentlich die Interessenten in der letzten Zeit beschäftigt. Um diese Fragen zu prüfen, wurden von Zorn (151) dahingehende Fütterungsversuche angestellt, die ergaben, daß (Ende März 1924) das Pfund Lebendgewicht mit Kartoffelflocken 48, mit gedämpften Kartoffeln 35 Pf. Futterkosten verursachte. Bei den damaligen Lebendgewichtspreisen für Mastschweine wäre bei Kartoffelflocken eine Rente nicht zu erzielen, dagegen bei gedämpften Kartoffeln eine bescheidene Rente noch möglich gewesen. Krzywanek.

An der Wisconsin Station (155) wurden die folgenden Versuche an Schweinen ausgeführt:

Leinsaatmehl - Tankagekombination. Die Ergebnisse von 6 Versuchen zeigen deutlich den Vorteil einer Mischung von Leinsaatmehl und Tankage zu gleichen Teilen als Zulagen zu Mais für Weideschweine. Es waren nicht nur die Gewichtszunahmen größer, als wenn Tankage allein gefüttert wurde, sondern es wurde auch weniger Futter pro Gewichtseinheit benötigt.

Andere Kombinationen. Eine Mischung von Maiskeimmehl mit Tankage erwies sich nicht als so wirksam wie Tankage allein oder Tankage und Leinsaatmehl. Ebenso war Weizenfuttermehl nicht so befriedigend wie die letztgenannte Futtermischung.

Magermilch für Schweine. In 12 Versuchen wurde gefunden, daß 100 Pfund Magermilch 10,86 Pfund Mais plus 7,29 Pfund Tankage für Schweine gleichkamen, die mit gut ausgeglichenen Rationen von gelbem Mais und Tankage ohne Weide gefüttert wurden. In Versuchen an Weideschweinen wurde hingegen gefunden, daß 100 Pfund Magermilch 7,2 Pfund Mais plus 4,8 Pfund Tankage entsprachen.

Die Fütterung von Herbstferkeln. Bei einem Vergleich einer Ration aus Mais und Tankage mit einer aus Mais, Tankage, Leinsaatmehl und gehäckseltem Luzerneheu für Herbstferkel betrugen die Tagesdurchschnittszunahmen bei der ersteren 0,44, bei der letzteren 0,52 kg. Das pro Gewichtseinheit benötigte Futter war bei der letztgenannten Ration ebenfalls deutlich geringer.

Verbesserung von gelbem Mais und Magermilch. In 2 Versuchen betrugen die Tagesdurchschnittszunahmen von Herbstferkeln, die eine Ration aus Mais, Leinsaatmehl, gehäckselter Luzerne und Magermilch erhielten, pro Kopf 0,50 kg im Vergleich zu 0,44 kg bei Ferkeln, die nur Mais und Tankage bekamen. Mais, Magermilch und gehäckselte Luzerne gaben bessere Resultate als Mais und Magermilch, aber nicht so gute, als wenn Leinsaatmehl in der Ration enthalten war. Schieblich.

An der Minnesota Station (160) wurden die folgenden Schweinefütterungsversuche durchgeführt.

Sind Weizenabfallprodukte wirtschaftliche Ersatzmittel für Mais? In Versuchen über den Futterwert von Weizenabfallprodukten für Schweine erhielten Gruppen von Schweinen auf Luzerneweide eine Grundration aus geschältem gelben Mais, Tankage und Mineralien mit Zulagen verschiedener Weizenabfallprodukte für die anderen Gruppen. Die Tankage machte nur 10% der Grundration aus, und in den Rationen mit Weizenabfallprodukten nur 5%. Die Tankagemengen wurden mit dem Fortschreiten des Versuches herabgesetzt. Die Ergebnisse zeigten, daß der Ersatz von annähernd einem Drittel Mais und der Hälfte der Tankage der Ration durch Weizenabfallprodukte das Maß der Gewichtszunahmen etwas vergrößerte, jedoch wurde pro Gewinneinheit etwas mehr an Gesamtfutter benötigt. Vorausgesetzt daß die Weizenabfallprodukte nicht teurer als Mais sind, kann ein Teil der Ration durch sie vorteilhaft ersetzt werden.

Ist Roggen ein gutes Schweinefutter? Es wurden verschiedene Kombinationen und Methoden der Fütterung von Roggen an Schweine versucht. 3 Würfe von Schweinen, die mit Roggen, Tankage und Mineralien trocken gefüttert wurden, und eine 4.Gruppe, die dieselbe Kost mit Rapsweide erhielt, nahmen 4 bis 6 Wochen normal zu. Nach dieser Zeit wurden aber die Zunahmen geringer, und schließlich trat Gewichtsstillstand ein. Die Zulage von Butter, Kasein und Lebertran wirkte nicht verbessernd ein. Nach Zugabe von 50% Gerste oder 50% Mais zur Ration waren zufriedenstellende Gewichtszunahmen zu verzeichnen, ausgenommen die Trockenfütterung mit Mais. Buttermilch erwies sich ebenfalls als zufriedenstellende Zulage, Hafer und Luzerne hingegen waren nicht befriedigend.

Handelsübliche Buttermilchprodukte für wachsende Schweine. Halbfeste Buttermilch und getrocknete Buttermilch wurden mit frischer Buttermilch und Tankage für die Fütterung von 34,02 kg schweren Schweinen bis zu einem Gewicht von 79,38 kg verglichen. Beide Trockenprodukte erwiesen sich der frischen Buttermilch als gleichwertig und der Tankage als überlegen, jedoch sind ihre Kosten ein Faktor, der ihre Anwendung beschränkt.

Eiweißzulagen für Saugferkel. Rationen aus geschältem Mais, einem Weizenabfallmehl und Magermilch; geschältem Mais, dem genannten Weizenabfallmehl und Tankage; und geschältem Mais und dem Weizenabfallmehl wurden miteinander bezüglich ihres Wertes als Beifutter für über 30 Tage alte Saugferkel verglichen. Die Tagesdurchschnittszunahmen pro Kopf betrugen bei den entsprechenden Rationen 0,34, 0,25 und 0,20 kg. Nach dem Absetzen erhielten die Ferkel dieselben Rationen weitere 30 Tage mit ähnlichen Ergebnissen, mit der Ausnahme, daß die Ferkel mit der 3. Ration Wachstumsstillstand zeigten und kümmerten.

Eiweißzulagen für Absatzferkel. Beim Vergleich verschiedener Eiweißzulagen für 18,14 kg schwere Schweine verhielten sich die mit den verschiedenen in Selbstfütterern gereichten Rationen erzielten Tagesdurchschnittszunahmen folgendermaßen: geschälter Mais, Futtermehl und Magermilch 0,41 kg; geschälter Mais, Futtermehl und Tankage 0,32 kg, und geschälter Mais, Futtermehl und Tankage mit Rapsweide 0,40 kg pro Kopf. Waren Magermilch oder Weide nicht verfügbar, so konnten diese nahezu durch grünen Klee, grüne Luzerneblätter oder gemahlene Luzerne ersetzt werden. Schieblich.

An der South - Carolina Station (160) wurden die folgenden Fütterungsversuche an Schweinen vorgenommen.

Sojabohnenweide für Schweine. Von 2 Gruppen mit insgesamt 25 Schweinen wurde eine Gruppe 71 Tage auf einer Sojabohnenweide mit 2% Mais gehalten, während die andere mit Mais und Tankage trocken gefüttert wurde. Die Tagesdurchschnittszunahmen der beiden Gruppen betrugen 0,39 bzw. 0,34 kg, wobei die 1. Gruppe für 50 kg Gewichtszunahme 64,13 kg Mais und 9,81 a Sojabohnen benötigte. Die Schweine der trocken gefütterten Gruppe brauchten pro 50 kg Zunahme 166,62 kg Mais und 26,86 kg Tankage. Anschließend an die Weideperiode wurden beide Gruppen mit Mais und Tankage trocken gefüttert. Die Tagesdurchschnittszunahme während der Gesamtperiode betrug bei der Gruppe, die zuerst Weidegang gehabt hatte, 0,52 kg, und die Futterbedürfnisse pro 50 kg Gewichtszunahme beliefen sich auf 136,66 kg Mais, 11,38 kg Tankage und 4,48 a Sojabohnen. Die Schweine, die durchgängig trocken gefüttert worden waren, nahmen täglich durchschnittlich 0,43 kg zu und brauchten pro 50 kg Zunahme 195,49 kg Mais und 28,07 kg Tankage.

Das Abweiden von Grünfutter. In einem vergleichenden Versuch über Trockenfütterung mit Mais und Tankage und das Abweiden von Erdnüssen, Erdnüssen und Bataten, und Erdnüssen plus 2% Mais wurde gefunden, daß die raschesten Gewichtszunahmen bei der letztgenannten Fütterung erzielt wurden, während die billigsten Gewichtszunahmen mit Erdnüssen und Bataten zu verzeichnen waren.

Eiweißzulagen für Schweine. Bei einem Vergleich zwischen tierischen und pflanzlichen Eiweißzulagen für Schweine gab eine Mischung aus Sojabohnenmehl und Fischmehl zu gleichen Teilen, wenn diese mit Mais gefüttert wurde, die zufriedenstellendsten Resultate sowohl in bezug auf das Maß als auch die Wirtschaftlichkeit der Gewichtszunahmen. Erdnußfutter und Fischmehl standen an zweiter Stelle, und in allen Fällen, in denen Sojabohnenmehl oder Erdnußmehl als alleinige Eiweißzulagen benutzt wurden, waren die Gewichtszunahmen rascher und wirtschaftlicher, als wenn Tankage oder Fischmehl die alleinigen Eiweißquellen darstellten.     Schieblich.

An der Oltahoma Station (164) wurden die folgenden Schweinefütterungsversuche ausgeführt.

Vorbereitung des Weizens für die Schweinefütterung. Bei vergleichenden Untersuchungen über verschiedene Methoden der Vorbereitung des Weizens für die Schweinefütterung zeigte in Selbstfütterern gereichter Weizen eine leichte Überlegenheit gegenüber handgefüttertem gemahlen Weizen. Es erwies sich als besser, den gemahlenen Weizen im angefeuchteten als im trockenen Zustande zu verfüttern. Das Mahlen vergrößerte den Wert um 17—28%. Einweichen hatte keine Einwirkung auf gemahlenen Weizen, setzte aber die Verdaulichkeit von ganzem Weizen herab.

Der Einfluß von Hefe auf die Verdaulichkeit des Futters. Bei einer Untersuchung über die verschiedenen Methoden der Vorbereitung von Kefir für Schweine wurde gefunden, daß das Mahlen den Wert um 10—15% erhöhte, während das Einweichen von ganzem Kafir den Nährwert herabzusetzen schien. Die Zugabe von Hefe zu Kefir zeigte keinen Vorteil und erhöhte die Kosten der Ration wesentlich.
Schieblich.

Von der Missouri Station (165) werden die folgenden Versuche an Schweinen berichtet.

Die Wirkung der Hefe auf Futtermittel und deren Ausnutzung bei der Schweinemast (L. A. Weaver). 6 Würfe zu je 8 Schweinen, jedes mit einem Durchschnittsgewicht von etwa 57,15 kg erhielten eine Ration aus Mais, Feinkleie und Tankage 9 : 2 : 1. Zu den Rationen der Würfe 3 und 4 wurden 2%, zu denen der Würfe 5 und 6 4% Hefe zugelegt. Die Rationen der Würfe 1, 3 und 5 wurden kurz vor dem Verfüttern mit Wasser vermischt, während die Rationen der Würfe 2, 4 und 6 24 Stunden vor dem Verfüttern eingeweicht wurden. Die Tagesdurchschnittszunahmen der 6 Würfe schwankten nur zwischen 0,68 und 0,73 kg, woraus sich kein Vorteil durch das Einweichen oder die Hefefütterung ergibt. Nach der Futtermenge berechnet, die pro Gewichtseinheit benötigt wurde, erwies sich eingeweichtes Futter etwas wirksamer, jedoch betrug die Gesamtdurchschnittsdifferenz für alle Würfe nur 13 Pfund pro 100 Pfund Gewichtszunahme.
Schieblich.

An der Kansas Station (169) wurden verschiedene Fütterungsversuche an Schweinen angestellt.

Die Ernährungsbedürfnisse des Schweines. Es wurden 4 verschiedene Rationen zur Fütterung von Zuchtsauen verglichen: 1. weißer Mais, Tankage und Knochenasche; 2. weißer Mais, Tankage, Knochenasche und Butterfett; 3. weißer Mais, Tankage, Knochenasche und gekeimter Hafer; 4. weißer Mais, Tankage, Knochenasche, Luzerne, gekeimter Hafer und

Lebertran. Die Sauen mit den ersten 3 Rationen zeigten unregelmäßige Brunst, und die geworfenen Ferkel waren mit Ausnahme eines Wurfes schwach, während die von den Sauen mit der 4. Ration geworfenen Ferkel groß und kräftig waren.

Das Abweiden von Mais. Zum Vergleich des relativen Wertes von Mais und Kafir beim Abweiden wurden Gruppen von Schweinen am 13. September und 13. Oktober auf Felder mit den genannten Futterpflanzen getrieben. Es wurde festgestellt, daß zur Produktion von 50 kg Gewichtszunahme 96,33 und 160,30 l mehr Kafir als Mais in den entsprechenden Versuchen benötigt wurden. Von reifem Mais wurden 9,67 kg mehr benötigt, um einen ähnlichen Gewinn wie mit unreifem Mais zu erzielen.

In einem anderen Versuche wurde eine 40 tägige Weideperiode mit 30- und 40 tägigen Handfütterungsperioden verglichen. Die zur Produktion von 50 kg Gewichtszunahme erforderlichen Mengen von Mais betrugen in der Weideperiode 348,70 l, in der 60 tägigen Handfütterungsperiode 264,63 l und in der 30 tägigen Handfütterungsperiode 196,29 l. Die Tagesdurchschnittszunahmen der handgefütterten Schweine betrugen 0,97 kg gegen 0,69 kg bei den Weideschweinen. Feuchtes Wetter wird als Ursache der schlechteren Ausnutzung des Maises bei den Weideversuchen betrachtet.

Mineralzulagen bei der Schweinefütterung. Die Ergebnisse eines Versuches, in dem verschiedene mineralische Zulagen zu Rationen aus Mais und Tankage und aus Mais, Tankage und Luzerneheu für die Schweinemast zugefügt wurden, zeigen, daß die mineralische Zulage zu der letzteren Ration ohne praktischen Nutzeffekt blieb.

Der Einfluß von Bewegung auf die geworfenen Ferkel: 4 Gruppen zu je 2 Sauen wurden dazu benutzt, die Einflüsse der Bewegung auf die Gewichte der Ferkel bei der Geburt und beim Absetzen zu vergleichen, wenn Rationen aus Mais allein oder Mais und Tankage gefüttert wurden. Die Ferkel von Sauen mit Mais allein und Bewegung waren praktisch ebensogroß wie die Ferkel von Sauen mit Mais und Tankage ohne Bewegung.
Schieblich.

Zwecks Prüfung des Wertes von kanadischen Felderbsen für die Schweinefleischproduktion wurden an der Idaho Station (170) 4 Gruppen zu 8 54,43 kg schweren Schweinen 76 Tage lang mit den folgenden Rationen gefüttert:

Gruppe I gequetschte Erbsen, Gruppe II gequetschte Erbsen und gequetschte Gerste (3 : 7), Gruppe III gequetschte Gerste und Tankage (15 : 1) und Gruppe IV gequetschten Mais und Tankage (9 : 1). Der Tagesdurchschnittsgewinn aller Gruppen betrug annähernd 0,60 kg. Die pro 100 Pfund Gewichtszunahme verbrauchten Mengen von Futter waren in den verschiedenen Gruppen die folgenden: 378,4, 410,9, 438,3 und 409,5 Pfund.

In einem 2. Versuche wurden verschiedene Grünfutter bei der Mast von 44 Frühlingsferkeln in folgender Weise verglichen: Gruppe I erhielt Erbsen, Gruppe II Erbsen und 1% gequetschte Gerste, Gruppe III Luzerne und 4% einer Mischung von gequetschter Gerste und Tankage (15 : 1) und Gruppe IV Luzerne und 4% einer Mischung von Mais und Tankage (12: 1). Die Tagesdurchschnittszunahmen der 4 Gruppen betrugen während dieses Versuches 0,43, 0,49, 053 und 0,59 kg. Anschließend an die Grünfutterperiode wurden die Schweine 30 Tage lang mit den folgenden Rationen trocken gefüttert; Gruppe I gequetschte Erbsen, Gruppe II gequetschte Erbsen und gequetschte Gerste (7 : 2), Gruppe III gequetschte Gerste und Tankage (14 : 1), und Gruppe IV Mais und Tankage (10 : 1). Die Tagesdurchschnittszunahmen und die Futterbedürfnisse pro 100 Pfund Gewichtszunahme waren die folgenden: Gruppe I 1,35 und 362,2 Pfund, Gruppe II 1,48 und 393,4 Pfund, Gruppe III 1,83 und 411,3 Pfund, und Gruppe IV 1,82 und 414,7 Pfund. Die Schmelzpunkte und Jodzahlen des Speckes der Schweine zeigten in beiden Versuchen bei allen gefütterten Rationen keine besonderen Unterschiede.

In einer Untersuchung über den Einfluß von kanadischen Felderbsen auf die Fortpflanzung wurden 3 Gruppen von 4 Sauen im Durchschnittsgewicht von etwa 83,92 kg 150 Tage lang, in welche Zeit die Trächtigkeit fiel, mit den folgenden Rationen gefüttert: Gruppe I eine Körnermischung aus 1,5 Teilen Erbsen, 1 Teil Gerste, 1 Teil Hafer, 1 Teil Mais und 1 Teil Weizen, mit soviel Luzernemehl, als die Tiere fressen wollten; Gruppe II eine Körnermischung aus 1 Teil Erbsen und 2 Teilen Gerste mit Luzernemehl; und Gruppe III Erbsen allein. Die Tagesdurchschnittszunahmen waren in Gruppe III ein wenig niedriger, auch zeigten die Tiere dieser Gruppe bisweilen Appetitmangel. Die Gewichte der geworfenen Jungen waren bei dieser Gruppe ebenfalls etwas geringer. Die Ergebnisse bei Gruppe I und II waren praktisch gleich. *Schieblich.*

**Fütterungsversuche an Schafen.** Fleming (34) berichtet über die Ergebnisse von 370tägigen Fütterungsversuchen, in denen Rationen aus Luzerneheu allein mit solchen aus Luzerneheu plus 0,25, 0,50, 0,75 und 1 lb. Gerste pro Tag verglichen wurden. *Schieblich.*

Griswold und Kuenning (50) führten die folgenden Versuche mit Schafen aus:

Das Paaren von Mutterlämmern. 6 Mutterlämmer, die so gepaart wurden, daß sie im Juni ablammen mußten, schienen sich ebensogut zu entwickeln wie 6 andere nichtgepaarte. Die geworfenen Lämmer waren jedoch im Alter von einem Jahre kleiner als Lämmer von älteren Mutterschafen.

Maisweide für Lämmer. 68 Frühlingslämmer, die täglich eine Ration von 0,73 lb. einer Körnermischung aus gequetschtem Mais, ganzem Hafer und Weizenkleie im Verhältnis 4 : 2 : 1 erhielten, und die am 28. Juli auf ein Maisfeld getrieben wurden, nahmen in den folgenden 12 Tagen täglich durchschnittlich 0,4 lb. zu.

Abweiden von Mais durch Lämmer. 60 Frühlingslämmer mit einem Durchschnittsgewicht von etwa 75 lbs. nahmen während einer 49tägigen Versuchsperiode mit Maisweide täglich durchschnittlich 0,244 lb. zu. Sie verbrauchten schätzungsweise durchschnittlich 9,7 lbs. Körner pro 1 engl. Pfund Gewichtszunahme.

Schafe an der Williston Substation. Eine Herde von Hampshireschafen erwies sich als sehr gut brauchbar zur Ausnutzung des entlang der Entwässerungskanäle gewachsenen Grünfutters. Die Wolleproduktion pro Tier betrug dabei im Jahre 1922 durchschnittlich 8 lbs. *Schieblich.*

Die Arbeit von Joseph (70) bringt eine Zusammenfassung der Ergebnisse von in den Jahren 1916—1921 durchgeführten Untersuchungen, in denen verschiedene Rationen zur Überwinterung von Mutterschafen verglichen wurden.

Rationen von 4 lbs. Alfalfa- oder Kleeheu pro Tag erwiesen sich zur Überwinterung von Mutterschafen sehr geeignet. Der Ersatz eines Teiles des Heues durch Rüben im Verhältnis von 1 lb. für 0,5 lb. Heu ergab gleichgute Resultate. Sonnenblumensilage erwies sich als alleiniges Futter nicht zufriedenstellend, und es wurden auch keinerlei Vorteile bei einem teilweisen Ersatz des Heues durch Sonnenblumensilage beobachtet. Eine Ration ohne Heu aus Sonnenblumensilage, Haferstroh und Baumwollsaatkuchen ergab ziemlich gute Resultate. Der Ersatz des Heues durch Baumwollsaat- oder Leinsaatölkuchen vergrößerte die

Kosten der Ration und zeigte keine Vorteile. Eine Zugabe von 0,25—0,5 lb. Hafer zur Ration 20—30 Tage vor dem Lammen scheint kräftige Lämmer und reichlich Milch zu sichern. *Schieblich.*

Kolbe (76) weist auf Grund von Versuchen auf die Wichtigkeit der Salzlecke für Schafe hin und auf die dadurch bedingte höhere Leistung in Wolle und Fleisch. *Richter und Adleff.*

Lüthge (83) hebt die große Bedeutung, die ein entsprechend zusammengesetztes Futter der Mütter auf die Ernährung der Lämmer hat, hervor und gibt Richtlinien (Tabellen), aus denen die zweckmäßigste Futterzusammensetzung während der Säugezeit hervorgeht, die eine gute Entwicklung und eine gewisse Schonung der Mütter gewährleistet. *Richter und Adleff.*

Die von Skinner und King (131) während eines 80tägigen Versuches an verschiedene Gruppen von Lämmern gefütterten Rationen waren die folgenden:

Gruppe I geschälten Mais, Sojabohnenölmehl, Maissilage und Kleeheu; Gruppe II geschälten Mais, ganze Sojabohnen, Maissilage und Kleeheu; Gruppe III geschälten Mais, ganze Sojabohnen, Mineralmischung, Maissilage und Kleeheu; Gruppe IV geschälten Mais (selbstgefüttert), Baumwollsaatmehl, Maissilage und Kleeheu; Gruppe V geschälten Mais (selbstgefüttert), Baumwollsaatmehl (selbstgefüttert), Maissilage und Kleeheu; Gruppe VI Kolbenmais, Baumwollsaatmehl, Maissilage und Kleeheu; Gruppe VII geschälten Mais, Baumwollsaatmehl, Maissilage und Kleeheu, und Gruppe VIII geschälten Mais, Baumwollsaatmehl, Maissilage und Sojabohnenheu. Die Ergebnisse der Fütterungsversuche sind in der folgenden Tabelle enthalten:

| Gruppe | Anfangs-durch-schnitts-gewicht | Tages-durch-schnitts-zu-nahme | pro 1 engl. Pfund Gewichtszunahme verbrauchtes Futter | | | Ver-kaufs-preis pro 100 lbs. | Schätzungs-weiser Gewinn pro Lamm |
|---|---|---|---|---|---|---|---|
| | | | Kraft-futter | Silage | Heu | | |
| | lbs. | lbs. | lbs. | lbs. | lbs. | $ | $ |
| I | 68,4 | 0,303 | 4,20 | 3,72 | 5,28 | 12,70 | — 0,15 |
| II | 68,1 | 0,312 | 4,06 | 3,60 | 5,12 | 12,80 | 0,02 |
| III | 68,1 | 0,291 | 4,36 | 3,87 | 5,45 | 12,55 | — 0,46 |
| IV | 68,4 | 0,349 | 4,57 | 3,16 | 3,88 | 12,80 | 0,31 |
| V | 68,2 | 0,336 | 4,83 | 3,29 | 3,94 | 12,70 | 0,05 |
| VI | 68,2 | 0,329 | 4,64 | 3,62 | 5,06 | 12,80 | 0,15 |
| VII | 68,2 | 0,281 | 4,51 | 4,00 | 5,72 | 12,65 | — 0,42 |
| VIII | 68,2 | 0,293 | 4,34 | 3,85 | 5,65 | 12,80 | 0,12 |

Die Tabelle auf S. 289 enthält die Zusammenstellung der Ergebnisse eines während zweier Jahre von Wilson und Kuhlman (146) durchgeführten Versuches, in dem die Gewichtszunahmen von Lämmern bei verschiedenen Grünfuttern festgestellt wurden. Die Lämmer konnten auf jedem der untersuchten Grünfutter 30 Tage weiden und zwar kamen im Jahre 1922 12 und im Jahre 1923 15 oder 16 Lämmer auf einen Acker. *Schieblich.*

**Fütterungsversuche an Geflügel.** Buckner, Martin und Peter (11) untersuchten die Wirkung von Ca-haltigem Futter auf die Eierproduktion und den Ca-Gehalt der Eier. Die Versuche ergaben die praktische Notwendigkeit der Zugabe von Ca zu Rationen aus Mais und Buttermilch oder Mais und tankagehaltigem Mischfutter, wenn eine zufriedenstellende Bilanz und maximale Eierproduktion erzielt werden sollen. *Schieblich.*

Zwecks Untersuchung der Beziehung zwischen Eierschale und Ausbrutfähigkeit von Eiern

| Grünfutter | Anfangsdurchschnittsgewicht der Lämmer | | Durchschnittszunahme pro Kopf | | Grünfutter | Anfangsdurchschnittsgewicht der Lämmer | | Durchschnittszunahme pro Kopf | |
|---|---|---|---|---|---|---|---|---|---|
| | 1922 | 1923 | 1922 | 1923 | | 1922 | 1923 | 1922 | 1923 |
| | lbs. | lbs. | lbs. | lbs. | | lbs. | lbs. | lbs. | lbs. |
| Mais . . . . . . . . . | 61 | 52 | 15 | 13 | Sorghum . . . . . | 64 | 52 | 14 | 13 |
| Mais und Raps . . . . | 66 | 52 | 16 | 16 | Sudangras . . . . | 73 | 52 | 5 | 10 |
| Mais und Sojabohnen . | 59 | 51 | 16 | 14 | Raps . . . . . . . | 64 | 52 | 10 | 8 |

wurden von Buckner, Martin und Peter (12) an der Kentucky-Versuchsstation 3 Gruppen zu je 10 Hennen vom 1. November 1923 bis zum 1. Mai 1924 mit einer Ration aus Mais, Weizen, Buttermilch und kalziumfreiem Kies mit 2maliger Grünfutterzulage in der Woche gefüttert. Hierzu erhielten die Gruppe 1 und 2 Austernschalen und Gruppe 1 wurde außerdem freier Auslauf gewährt, während die Gruppe 2 und 3 im Stall gehalten wurden.

Von jeder Gruppe wurden am 14. und 28. März und am 11. April Eier bebrütet. Die Schlupfprozentsätze für die Gruppen I, II und III betrugen beim 1. Satz 65,8, 40,6 und 21%, beim 2. Satz 63,8, 35,7 und 17,7%, und beim 3. Satz 43,6, 57,6 und 0%. Der größte Prozentsatz von abgestorbenen Embryonen fiel bei der Gruppe III beim 1. und 2. Satz zwischen den 18. und 21. Tag der Bebrütung, im 3. Satz jedoch lag die größte Mortalität vor dem 18. Tage. Wie Untersuchungen von Eiern zeigten, betrug das durchschnittliche Schalengewicht vor dem 1. Satz bei den entsprechenden Gruppen 5,2, 5,4 und 3,5 g. Nach dem 1. Mai wurden die Austernschalen den Gruppen I und II entzogen und der Gruppe III zugelegt und 3 weitere Sätze von Eiern am 12. und 27. Mai und 10. Juni bebrütet. Die Resultate zeigten eine deutliche Beziehung zwischen der Kalziumzufuhr und der Ausbrutfähigkeit der Eier. Es wird angenommen, daß die schlechten Resultate mit dünnschaligen Eiern einem unnatürlichen Kohlendioxyd-Sauerstoffaustausch, vermehrter Ausdünstung oder einem modifizierten Kalziumstoffwechsel des Embryo zugeschrieben werden mögen. *Schieblich.*

Collier (18) berichtet über einen an der Harvard Medical School, Boston, durchgeführten Aufzuchtversuch von 20 Kücken mit sterilisiertem Futter ohne Lebertran und ohne Sonnenlicht mit Ausnahme solchem, das durch Glasfenster filtriert worden war.

Das Futter bestand zum größten Teil aus Buttermilch mit Zugabe von Knochenmehl (im Alter von 8 Wochen) und rohen Kartoffeln und Karotten. Außerdem wurden den Tieren feine Sandkörner, Austernschalenbruch und Kies zur Verfügung gestellt, wie auch während der ersten 3 Monate ein paar Dutzend hartgekochte Eier. Bei keinem der Tiere wurde Beinschwäche beobachtet, und der Autor kommt zu der Meinung, daß die Verwendung hartgekochter Eier, obwohl nur in geringen Mengen verfüttert, ein zu normaler Entwicklung beitragender Faktor ist. *Schieblich.*

Davis und Beach (21) fanden, daß Grünfutter und Karotten gute Vitamin-A-Quellen für Geflügel darstellen. Von gekeimter Gerste mußte die Ration mindestens 20%, von Luzernemehl mindestens 10% enthalten, um eine angemessene Menge von Vitamin A zu liefern. Rüben wurden als praktisch wertlos als Quelle dieses Vitamins befunden. *Schieblich.*

Hart, Steenbock und Lepkovsky (58) berichten über verschiedene Versuche, die dafür sprechen, daß Kücken zu normalem Wachstum und zu normaler Ernährung des Vitamins A bedürfen.

Zunächst konnte die Feststellung gemacht werden, daß die Beigabe von 5% verseiftem Lebertran zu einer synthetischen Grundration normales Wachstum unterhielt, während bei Verabreichung der Grundnahrung allein mit und ohne Bestrahlung und auch mit Zugabe von 5% unbehandeltem Lebertran nur geringes Wachstum erzielt wurde und der Tod der Tiere bald eintrat. In weiteren Untersuchungen über die Wirkung des antineuritischen Vitamins erhielten die Kücken eine künstliche Grundnahrung allein und mit 1,5% im Dunkeln getrocknetem Klee oder Bestrahlung oder beides. Das Wachstum der Tiere machte sehr gute Fortschritte, wenn die Tiere sowohl den Klee als auch die Bestrahlung erhielten, während bei den anderen Rationen sich bald die Wirkungen mangelhafter Ernährung bemerkbar machten und der Tod der Tiere bald eintrat. In einem anderen Versuche wurden Gruppen von Kücken im Sonnenlicht mit einer Ration aus 97% Mais, 2% Kalziumkarbonat und 1% Kochsalz mit Magermilch ad libitum gefüttert. Die eine Gruppe erhielt gelben, die andere weißen Mais. Die Gruppe mit weißem Mais wuchs eine Zeitlang gut, aber nach weniger als 14 Wochen begannen die Tiere abzunehmen und starben schließlich, während die Tiere mit gelbem Mais normales Wachstum bis zur Geschlechtsreife zeigten. Die Autoren schließen, daß hiermit die Notwendigkeit des Vitamins A für normales Wachstum und normale Ernährung von Kücken dargetan worden ist. *Schieblich.*

Kennard (71) empfiehlt für Kücken eine aus 60 Teilen feingemahlenem, rohem Knochenmehl, 20 Teilen gemahlenem Kalkstein und 20 Teilen Natriumchlorid bestehende Mineralmischung. *Schieblich.*

Kennard und White (72) berichten über Versuche mit Geflügel.

Die Ausbrutfähigkeit der von dem Hühnervolk der Station produzierten Eier konnte dadurch von durchschnittlich 30—40% auf 60—70% erhöht werden, daß man den Hühnern während des Winters, solange kein Schnee lag, Auslauf auf Blaugras oder Roggen gewährte und außerdem Inzucht vermied. Die bei diesen Versuchen benutzten Futtermittel waren gequetschter gelber Mais und Weizen als Körnerfutter und ein Mischfutter aus gemahlenem Mais, gemahlenem Hafer, Weizenfuttermehl, Weizenkleie, 10% Fleischstücken, 10% getrockneter Buttermilch und 5% Luzernemehl. Im Winter wurde außerdem ein warmes Mischfutter, gehäckselte Luzerne, warme Magermilch und warmes Wasser dargeboten. *Schieblich.*

Kennard (73) berichtet über verschiedene vergleichende Untersuchungen über Mineralien für die Eierproduktion an der Ohio Versuchsstation.

In einem Versuche wurde gefunden, daß die Abnahme der Eierproduktion, die bei Zugabe von 10% Fleischstücken zu einem Futtergemisch verglichen mit 20% Fleischstücken eintrat, einem Mangel an Mineralstoffen zuzuschreiben war, da die Produktion unverändert erhalten blieb, wenn eine Mineralmischung zu dem 10% Fleischstücken enthaltenden Futtergemisch zugegeben wurde. Die fragliche Salzmischung bestand aus 60 Teilen feingemahlenem rohen Knochenmehl, 20 Teilen gemahlenem Kalkstein und 20 Teilen Natriumchlorid.

In einem anderen Versuche erwiesen sich Austernschalen als Kalziumquelle für die Erhaltung der Eierproduktion Kalksteinkies überlegen. Wurde an Stelle von Austernschalen und Kalkstein Glimmerkies gereicht, so wurden die Eierproduktion, Eigröße und Bruchfestigkeit der Eierschalen stark herabgesetzt.

Schieblich.

**Latimer (77) berichtet über die Ergebnisse einer statistischen, an der Universität von Nebraska ausgeführten Untersuchung über die Schwankungen und Beziehungen der Gewichte von Single Comb Leghornkücken beim Auskriechen, im Alter von 35 Tagen und zu dem Zeitpunkt, zu dem die Hühnchen ihre ersten Eier legen.** Auf Grund der in den verschiedenen Perioden für die Gewichte der beiden Geschlechter erlangten Variabilitätskoeffizienten wird gezeigt, daß die Schwankungen am größten bei dem 35 Tage-Gewicht sind, also zur Zeit des raschesten Wachstums der Kücken.

Es wurden die folgenden Korrelationskoeffizienten berechnet: Schlupfgewicht und 35-Tage-Gewicht der Hähnchen $0,2202 \pm 0,0259$, Schlupfgewicht und 35-Tage-Gewicht der Hühnchen $0,1042 \pm 0,0344$, 35-Tage-Gewicht und Gewicht bei der Geschlechtsreife der Hähnchen $0,0061 \pm 0,0436$ und 35-Tage-Gewicht und Gewicht bei der Geschlechtsreife der Hühnchen $0,2672 \pm 0,0407$. Der Verf. schließt hieraus, daß geringe Beziehungen zwischen dem Schlupfgewicht und dem 35-Tage-Gewicht und zwischen dem letzteren und dem Gewicht zur Zeit der Geschlechtsreife bestehen. Allerdings schien es, als wenn die mit 35 Tagen schwereren Tiere früher Eier legten.

Schieblich.

**Fütterungsversuche mit trockengebeiztem Weizen** haben nach Müller und Molz (91) die Unschädlichkeit beim Geflügel ergeben.

Richter und Adleff.

Nach Nieber (98) wurde an Hühner gefüttertes gebeiztes Getreide gern und vollständig aufgenommen und vertragen. Eier von Hühnern, die mit Corbin behandeltem Getreide gefüttert worden waren, wiesen gekocht einen teerartigen Geschmack auf. Getreide, das mit Kupfervitriol gebeizt ist, ist mit Vorsicht zu behandeln.

Trautmann.

**Bericht von Orr, Crichton et al. (101) über an 4 verschiedenen Instituten in Schottland ausgeführte Versuche über die Vitaminbedürfnisse des Geflügels für Wachstum, Eierlegen und Ausbrüten der Eier. 3 Versuche befaßten sich mit dem Wachstum der Kücken.**

Am Rowett-Institut wurden unter der Leitung von B. M. North 2 Gruppen zu je 6 Leghornkücken in Käfigen derart gehalten, daß die Tiere kein Sonnenlicht bekamen. Die Grundration bestand bei beiden Gruppen aus Mais, Kleie, Hafermehl, Fischmehl und Knochenmehl mit Hafer und Weizen als Grundfutter. Kalkstein und Wasser standen dauernd zur Verfügung, außerdem erhielt jedes Tier täglich 2 ccm Saft von schwedischen Rüben. Eine Gruppe erhielt nun täglich 5 ccm Lebertran, während die andere eine gleiche Menge von Leinsaatöl bekam. Während der Versuchsdauer von 90 Tagen nahmen die Hühnchen mit Lebertran täglich durchschnittlich 8,6 g und die anderen 10,7 g zu. Die Hähnchen der entsprechenden Gruppen nahmen 13,1 und 12,3 g täglich zu.

An dem East of Scottland College of Agriculture wurde von H. Newbigin ein Versuch in ähnlicher Weise mit 2 Gruppen zu je 10 Ankonas durchgeführt. Die Tiere wurden allerdings außerhalb auf kahlem Boden gehalten und die Mengen des Lebertrans und des Leinsaatöls wurden pro Tier täglich auf 1 ccm herabgesetzt. Die durchschnittlichen Zunahmen betrugen in beiden Gruppen bis zum Alter von 230 Tagen pro Tier 5 g.

Ein weiterer ähnlicher Versuch wurde von A. Kimross an dem West of Scottland College of Agriculture ausgeführt. Als Versuchstiere dienten diesmal 3 Gruppen zu je 70 White Leghorns, und die Öle wurden in von 0,2—0,5 ccm steigenden Mengen zugefüttert. Gruppe III erhielt kein Öl. Die durchschnittlichen Tageszunahmen der 3 Gruppen betrugen während 48 Tagen 6,5, 6,9 und 7 g.

5 weitere Versuche hatten zum Ziel, den Wert der Zugabe von Lebertran zu den Rationen von Legehennen festzustellen. In einem an dem Rowett-Institut unter der Leitung von M. Moire erhielten 4 Gruppen von White Leghornhühnern eine Grundration aus Kleie, Weizenspreu, gequetschtem Hafer, gemahlenem Mais und Fischmehl mit Weizen, Hafer und Mais als Grundfutter. Eine Gruppe erhielt täglich 5 ccm Lebertran, eine andere die gleiche Menge von Leinsaatöl, und 2 Gruppen erhielten kein Öl. Die durchschnittliche Eierproduktion pro Tier während der Monate Mai und Juni betrug in der Lebertrangruppe 47,6, in der Leinsaatölgruppe 53 und in den beiden Gruppen ohne Öl 53,2 bzw. 52,1 Eier.

In einem ähnlichen Versuche an dem North of Scotland College of Agriculture benutzte Moire 4 Gruppen von Leghorns. Je eine Gruppe von Hühnchen und 2 Jahre alten Hennen erhielten täglich 5 ccm Lebertran pro Tier, während 2 andere ähnliche Gruppen Leinsaatöl bekamen. Die Eierproduktion der Hennen in den verschiedenen Gruppen war sehr ähnlich. Gleiche Ergebnisse erhielt Newbigin in einem Versuche an dem East of Scotland College of Agriculture, indem er Lebertran und Leinsaatöl in Mengen von 1 ccm pro Tag und Tier an Ankonahühnchen verglich.

An dem West of Scotland College of Agriculture führte Kinross Versuche mit ebenfalls ähnlichen Ergebnissen durch. Das Öl wurde im 1. Versuche in Mengen von 5 ccm pro Tier täglich und von 2 ccm im 2. Versuche gefüttert. Die totale Eierproduktion vom Oktober bis Mai betrug im 1. Versuche durchschnittlich 143,6, 123,5 und 121,8 Eier in der Gruppe ohne Öl, mit Lebertran bzw. Leinsaatöl, während im 2. Versuche die Durchschnittszahlen bei der Verfütterung der gleichen Zulagen vom Oktober bis März 97,5, 93,4 und 95,2 Eier betrugen.

Der Prozentsatz der Ausbrütfähigkeit einiger in den vorstehenden Versuchen gewonnener Eier wurde ermittelt. Es zeigte sich hierüber keinerlei Vorteil hinsichtlich Ausbrütfähigkeit und Mortalität vor dem Auskriechen für Eier, die von Hennen mit Lebertranzulage stammten. In allen Versuchen konnte also dargetan werden, daß eine besondere Zufuhr von Vitamin A bei Geflügel mit normalen Rationen für Wachstum und Eierproduktion und Ausbrütfähigkeit der Eier nicht erforderlich ist.

Schieblich.

**Parkhurst (103) demonstrierte in seinen Versuchen die Wichtigkeit der Zugabe von Eiweiß tierischen oder tierischen und pflanzlichen Ursprungs zu den Rationen für Legehennen.** Die Erbsenmehl und saure Milch enthaltende Ration erzeugte die meisten Eier bei den niedrigsten Kosten pro Dutzend.

Schieblich.

**Raatz (106) liefert einen Beitrag zur Frage der Verdaulichkeit des Eiweißes beim Haushuhn** und berichtet über 3 Fütterungsversuche bei Hähnen, wonach das Eiweiß von Hafer zu 36,12%, von Trockenhefe zu 44,22% und von Trockenbuttermilch zu 74,66% verdaut wird.

Richter und Adleff.

**Taleon (137) berichtet über die Ergebnisse eines einjährigen Versuches, in dem der Wert der Zulage von Kopramehl zu einem Menge-

futter von Legehennen geprüft wurde, die ein Körnerfutter aus Mais und Reis und ein Mengefutter aus Maismehl und Reiskleie erhielten. Als Versuchstiere dienten 2 Gruppen zu je 10 Hennen, deren Mengefutter zu $^1/_3$ aus Kopramehl bestand. Sie nahmen während des Jahres durchschnittlich 305 g zu im Vergleich zu 160 g bei den Gruppen, die kein Kopramehl bekamen. Die durchschnittliche Eierproduktion betrug allerdings für das Versuchsjahr bei der 1. Gruppe nur 61 gegenüber 82 Eier bei der letzten. Der Unterschied in der Produktion wird der Anwesenheit von Toxinen im Kopramehl zugeschrieben. Der Futterverbrauch und die Eigröße waren in den beiden Gruppen ähnlich.
Schieblich.

Es wird über Geflügelversuche an der Idaho Station (153) berichtet. Eine Gruppe von Single Comb White Leghornhennen, die Erbsenmehl und saure Milch als Eiweißzulage erhielten, legten im Jahre durchschnittlich 181,3 Eier pro Tier. In einem 3 Jahre dauernden Versuche erwies sich saure Milch als wertvolle und wirtschaftliche Eiweißquelle für Hennen. In anderen Versuchen konnte gezeigt werden, daß Milchsäure und Milchsalze nicht die Faktoren in der sauren Milch sind, die die Eierproduktion anregen. In Versuchen über den Einfluß akzessorischer Nährstoffe auf die Eierproduktion und Gesundheit erkrankte eine Gruppe von Tieren unter der Hühnerdarre ähnlichen Erscheinungen, 13 starben an dieser Krankheit. Die Hennen der anderen Gruppe blieben völlig gesund, obwohl sie eine ähnliche Ration erhielten, ausgenommen daß sie täglich eine Unze Lebertran zugelegt bekamen.
Schieblich.

An der Ohio Station (166) wurden die folgenden Fütterungsversuche mit Geflügel angestellt:

Die Aufzucht von Kücken bis zur Geschlechtsreife bei Stallhaltung. Untersuchungen an Hühnchen, die bei einer Ration von 80 Teilen eines Gemisches von weißem Mais und Weizenfuttermehl (2 : 1), 16 Teilen Kasein und 4 Teilen einer Salzmischung plus 2,5% Lebertran aufgezogen wurden, zeigten, daß diese Tiere im Alter von $4^1/_2$ Monaten zu legen begannen. Sie produzierten im Durchschnitt bei dieser Ration während 4 Monaten ohne Zugang zu direktem Sonnenlicht 44,3 Eier pro Henne. In weiteren Versuchen wurde gefunden, daß der Lebertran durch 15% Eigelb ersetzt werden konnte. Eine Mischung aus gelbem Mais, Standardweizenfuttermehl, Weizenkleie, gesiebtem gemahlenen Hafer und Fleischstücken (20 : 20 : 20 : 20 : 10) mit 2% Lebertran ergab gleichgute Resultate.

Die Beziehungen von Sonnenlicht und Grünfutter zur Beinschwäche der Kücken. Als Versuchstiere dienten 10 Gruppen zu 25 White Leghornkücken. Die Grundration bestand bei allen aus 80% weißem Mais und Standardweizenfuttermehl, 16% Kasein und 4% Salzmischung. Verschiedene Mengen von frischem Rotklee zweiten Schnittes wurden den verschiedenen Gruppen als Zulagen gereicht, und zwar ohne und mit Sonnenbestrahlung für $^1/_2$—1 Stunde täglich. Es zeigte sich, daß die im Stall gehaltenen Tiere, die bis zu 18% ihrer Ration grünen Klee erhielten, zwischen der 6. und 8. Woche an Beinschwäche erkrankten, während dies durch kurze Bestrahlung mit direktem Sonnenlicht verhindert werden konnte. Auch war das Wachstum der dem Sonnenlicht ausgesetzten Tiere etwa doppelt so rasch als das der im Stall ohne Sonnenlicht gehaltenen Tiere. Grünfutter und Erde schienen den Eintritt der Beinschwäche leicht zu verzögern.

Eiweiß und Mineralien im Futtergemisch für Legehennen. Es konnte erneut gezeigt werden, daß die Hauptursache des Zurückgehens der Eierproduktion bei der Herabsetzung der Fleischmenge in einem Futtergemisch in einem Mineralstoffmangel zu erblicken ist. Wurden 2% Mineralien zu einer Futtermischung mit 10% Fleischstücken zugelegt, so war die Eierproduktion praktisch gleich der bei einem Futtergemisch mit 20% Fleischstücken. 20% Baumwollsaatmehl mit Mineralien war bei weitem nicht gleichwertig hinsichtlich seiner Fähigkeit, die Eierproduktion anzuregen, wie ein Futtergemisch mit 20% Fleischstücken.
Schieblich.

An der Pennsylvania Station (167) wurden die folgenden Versuche an Geflügel durchgeführt.

Die Wirkung künstlicher Beleuchtung auf Single Comb White Leghornhennen (P. T. Kistler). In einem in der Zeit vom 29. Oktober 1922 bis zum 27. Oktober 1923 ausgeführten Versuche produzierten 2 Gruppen von Hennen, die während der Wintermonate morgens künstliches Licht erhielten, derart, daß ein 13,5 Stunden langer Tag erhalten wurde, durchschnittlich pro Henne während der ersten 16 Wochen 10,7 Eier mehr als 2 andere Gruppen, die ohne künstliches Licht geblieben waren. Von der 17. bis zur 32. Woche war die Eierproduktion praktisch gleich, während von der 33. bis zur 52. Woche die unbelichtete Gruppe pro Tier durchschnittlich 12,8 mehr Eier legte. Es ergab sich infolgedessen nur ein geringer Unterschied zwischen den mit den belichteten und unbelichteten Gruppen erzielten Gewinnen.

Die Wirkung verschiedener tierischer Eiweißquellen auf die Eiproduktion und den Zustand von Hennen (P. T. Kistler). Die erhaltenen Resultate ergaben einen hohen eiproduzierenden Wert von Milchprodukten; jedoch waren die Futterkosten hoch. Verf. weist auch auf die mögliche wirtschaftliche Ausnutzung von pflanzlichem Eiweiß mit mineralischen Zulagen hin.

Die Berechnung der Kosten der Aufzucht einer Henne vom Auskriechen bis zur Geschlechtsreife (Legealter) (M. H. Brightman). Beim Sammeln von Daten über die Kosten der Aufzucht einer Henne bis zur Geschlechtsreife wurde gefunden, daß aus 60,2% der 26 182 bebrüteten Eier Kücken auskrochen. Der Versuch wird noch weiter fortgeführt.
Schieblich.

**Fütterungsversuche an Pferden.** Trowbridge (139) benutzte 2 Paar Maulesel zu einem Vergleich von Mais und Hafer, wenn diese Körnerarten mit gemischtem Timothy- und Kleeheu gefüttert wurden.

Ein Maulesel eines jeden Gespannes erhielt 364 Tage lang Hafer, während der andere Mais bekam; nach dieser Zeit wurden die Rationen für eine gleiche Periode umgekehrt. Beide Rationen erhielten die Ausdauer für schwere Arbeit gleichgut. Die mit Mais gefütterten Maulesel nahmen während der 364 tägigen Periode täglich 18,5 lbs. zu, während die mit Hafer gefütterten einen durchschnittlichen Verlust von 2 lbs. pro Tier erlitten. Die Maulesel, die Hafer erhielten, fraßen durchschnittlich 145 lbs. mehr Körner und 75 lbs. mehr Heu in derselben Zeit als die mit Mais gefütterten Maulesel. Die letzteren leisteten etwas mehr Arbeit (100 Stunden) als die mit Hafer gefütterten Maulesel, da diese zeitweise wegen Lahmheit und anderen Ursachen ausfielen.
Schieblich.

Hudson (67) berichtet über die Ergebnisse vergleichender Untersuchungen über Rationen aus Mais und Luzerneheu und Mais, Hafer und Timothyheu für Arbeitspferde.

19*

Während der ersten 13 Wochen des im Winter begonnenen Versuches erhielt von 9 Gespannen immer ein Pferd die Luzerneheu-, das andere die Timothyheuration. Die Pferde mit der ersten Ration arbeiteten 472 Tage und nahmen insgesamt 740 lbs. zu. Die täglichen Futterkosten wurden hierbei auf 29,7 cts. berechnet. Die Pferde mit der anderen Ration arbeiteten 430 Tage und nahmen insgesamt 30 lbs. ab. Die Futterkosten betrugen hier täglich 34,1 cts. Die zweite Versuchsperiode von gleicher Länge fiel in den Frühling. Die Rationen wurden diesmal umgekehrt, und wieder erwies sich die Luzerneration hinsichtlich der Erhaltung des Gewichtes und der Futterkosten als die bessere.

Schieblich.

Bang (13) teilt das Ergebnis einer Reihe von Versuchen über ausschließliche Fütterung mit Kleie mit.

Ein 12 Jahre altes Pferd wurde 30 Tage lang ausschließlich mit Weizenkleie und Wasser gefüttert. Die tägliche Ration war 7 kg Weizenkleie und Wasser ad libitum. Die Kleie enthielt Überschuß von Phosphorsäure (51 Äquivalente $P_2O_3$ gegen 27 Äquivalente CaO und MgO). Die ausgeführten Analysen von Fäzes und Urin zeigten, daß das Pferd im Laufe von 10 Tagen 6,24 Grammäquivalente CaO verlor. Es bestand Gleichgewicht zwischen Aufnahme und Ausscheidung von Phosphorsäure. Ihre Ausscheidung erfolgte zum großen Teil im Urin (14 Äquivalente im Urin, 36 in Fäzes). Während des Versuches zeigte das Pferd guten Appetit und bewahrte sein Gewicht. Im Anschluß an diesen Versuch wurde ein anderer angestellt mit Fütterung mit Weizenkleie + $CaCO_2$ (bzw. 7 kg und 200 g täglich). Der Versuch dauerte 10 Tage, und in dieser Periode wurde der Kalkverlust ausgeglichen, der während der Fütterung mit Kleie allein entstanden war.

Endlich wurde ein Versuch mit ausschließlicher Fütterung mit Roggenkleie ausgeführt. Dasselbe Pferd erhielt täglich 7 kg Roggenkleie und Wasser und am Ende des Versuchs Zusatz von Kochsalz, um das Pferd zum Fressen des Futters zu veranlassen. Die Roggenkleie enthielt einen bedeutend geringeren Überschuß von Phosphorsäure als die Weizenkleie; mit Bezug auf die Ausscheidung waren die Verhältnisse ähnlich wie bei Fütterung mit Weizenkleie. Es wurde gleichfalls ein beträchtlicher Verlust von Kalzium nachgewiesen: im Laufe von 10 Tagen 4 Äquivalente von CaO. M. Christiansen.

## 2. Haltung, Stall, Weidegang.

1) Constantinescu, G. K.: Wie soll das Decken der Stuten geführt werden. Bul. Dir. gen. zoot. si san. vet. Bd. 1—3, S. 96—98. (Nichts Neues.) — *2) Ewald und Claussen: Die Stickstoffdüngung der Milchviehweiden. D. landw. Tierz. Jg. 29, S. 453—457. — 3) Falke, F.: Jahrbuch über neuere Erfahrungen auf dem Gebiete der Weidewirtschaft und des Futterbaues. Hannover: M. & H. Schaper 1924. — 4) Derselbe: Dauerweiden, ihre Anlage und Kultur. D. landw. Presse Bd. 52, S. 597—598. (Nichts Neues.) — 5) v. Hessberg: Laxieren des Weideviehes nach starken Kunstdüngergaben. Ill. landw. Ztg. Jg. 45, (Nichts Neues.) — *6) Janowski, Br.: Współdziałanie powiatowych lekarzy weterynaryjnych przy zagospodarowywaniu racjonalnem pastwisk gminnych. (Mitwirkung der Bezirkstierärzte bei der rationellen Bewirtschaftung der Gemeindeweiden. Przegl. wet. Nr. 7—8. — 7) Koßmag: Ein Wort zur Torfstreu im Pferdestall. T. R. Bd. 31, S. 889. — 8) Levie, A.: Sewage pollution of the drinking water for cattle and its effect on them. Vet. Rec. Bd. 5, S. 692—693. (Kanalabwässer im Trinkwasser.) — 9) Lüthge, H.: Die Bedeutung der Weide für die Schweinehaltung. Zschr. f. Schweinez. Jg. 32, S. 353—354. (Nichts Wesentliches.) — *10) Derselbe: Dasselbe. D. landw. Tierz.

Jg. 29, S. 654—655. — *11) Derselbe: Beobachtungen beim Auftrieb von Jungsauen auf Luzerneweide. Ebendas. Jg. 29, S. 551—552. — 12) Mouquet: L'emploi de la gélatine alimentaire dans l'élevage. Rec. de M. vét. Bd. 101, H. 17. — 13) Raebiger: Die von den Ratten ausgehenden Schäden und Gefahren. Zschr. f. Schweinez. Jg. 32, S. 164—166. (Nichts Neues.) — 14) Rehberg, W.: Das Ferkelparadies. Ebendas. Jg. 32 S. 354—357. (Nichts Wesentliches.) — 15) Rouaud: Deux élevages. J. de M. vét. Bd. 71, H. 6. — 16) Ruths: Wie stellt sich die Praxis zu den neuzeitlichen Maßnahmen auf dem Gebiete der Haltung, Fütterung und Zucht der Schweine? Zschr. f. Schweinez. Jg. 32, S. 131—134 u. 150—152. (Nichts Neues.) — 17) Schermer: Über Beziehungen zwischen Stallhygiene und Aufzuchtkrankheiten. D. t. W. Bd. 33, S. 789—790. (Vortrag.) — *18) Schindler, H.: Qualitative und quantitative Untersuchungen des Luftstaubes im Stall auf seine pflanzlichen Bestandteile. Diss. Wien. — *19) Uschner, B.: Das Tüdern der Rinder. Sächs. landw. Zschr. Nr. 52, S. 841. — 20) Zeunert, W.: Ein Gang durch die Ruhlsdorfer Stallanlagen. Zschr. f. Schweinez. Jg. 32, S. 188—194. (Nichts Wesentliches.) — *21) Zollikofer: Schweineweide mit Winterweide auf Topinambur. Ebendas. Jg. 32, S. 337—339.

Ewald und Claussen (2) berichten über ihre diesjährigen Versuche über Stickstoffdüngung der Milchviehweiden.

Die Versuche haben ergeben, daß durch die Stickstoffdüngung die Weidetage beträchtlich erhöht werden konnten. Es wächst nicht nur mehr, sondern auch gehaltreicheres Futter; es war scheinbar ohne Einfluß auf die guten Ergebnisse, ob schwefelsaures Ammoniak oder Leunasalpeter verwendet wurde; beide aber werden vom Harnstoff als Weidedünger übertroffen; von großem Wert ist auch die Nachdüngung. Neben der Steigerung der Milchmenge konnte eine Zunahme des Fettgehaltes beobachtet werden. Auch vom wirtschaftlichen Standpunkte aus ist die Stickstoffdüngung rentabel. Richter u. Adleff.

Ausgehend zunächst von der ehemaligen österreichischen Gesetzgebung, weist Janowski (6) deren Mängel hinsichtlich der rationellen Bewirtschaftung der Gemeindeweiden nach und erörtert die bisher nicht verwirklichten polnischen Gesetzesvorlagen, die diesen Mängeln abhelfen sollen.

Mit Rücksicht auf die hohe Bedeutung der Weiden als Grundlage der Entwicklung der Viehzucht betont der Verf. die Wichtigkeit der Regelung dieser Frage für die Volkswirtschaft. Den Bezirkstierärzten, zu deren Pflichtenkreis die Förderung dieses für Polen so wichtigen Produktionszweiges gehören sollte, wird dabei eine hervorragende Rolle zugewiesen.

Das staatliche Aktionsprogramm sollte nach Ansicht des Verf. folgende Punkte umfassen: a) Gesetzliche Einbeziehung der Gemeindeweiden in den Begriff des „Gemeindevermögens", b) Förderung der Bildung von Wiesen- und Weidegenossenschaften, c) Berücksichtigung einer rationellen Melioration und Bewirtschaftung der Weiden bei der Kommunisation und Parzellierung, d) Anlage von Muster- und Schauweiden, e) gesetzliche Unterstützung der Bewirtschaftung der Gemeindeweiden unter die Kontrolle der Amtstierärzte. Gajewski.

Lüthge (10) hebt die Bedeutung der Weide für die Schweinehaltung, insbesondere für tragende Sauen, für die Weidegang außerordentlich wohltuend ist, hervor. Aber auch für Zuchtsauen im Alter von 7—12 Monaten ist der Weidegang das rentabelste. Geweidet wird früh und abends je 3 Stunden. Richter und Adleff.

Lüthge (11) berichtet über gute Erfolge und Beobachtungen beim Auftrieb von Jungsauen auf Luzerneweide im Alter von ca. 10 Monaten, die erheblich besser beim Versuch abschnitten als ältere und jüngere Tiere. Richter und Adleff.

Schindler (18) hat qualitative und quantitative Untersuchungen des Luftstaubes im Stall hinsichtlich der pflanzlichen Bestandteile angestellt.

Gefunden wurden Pollen von Blütenpflanzen, Pilzsporen sowie Fragmente von sämtlichen Geweben (Stärke, Pflanzenhaare, Holzteilchen u. a.). Auf 1 qcm setzten sich zu Beginn der Untersuchungen im Sommer vor dem Stall rund 2800 pflanzliche Staubteilchen ab, im Stall rund 4000. Mit der fortschreitenden Jahreszeit nimmt der Staubgehalt der Luft sowohl im wie vor dem Stall ständig ab. Am Ende der Untersuchungen im Winter wurden im Stall bis 1800 pflanzliche Staubteilchen auf 1 qcm gezählt und vor dem Stalle nur 550 Partikel. Im Stalle ist also im Winter um ungefähr die Hälfte weniger pflanzlicher Staub in der Luft als im Sommer; vor dem Stalle geht der Staubgehalt der Luft auf ein Fünftel zurück. Das Verhältnis des Staubgehaltes der Stalluft zu dem der Außenluft ist anfangs nahezu 4 : 3 und verschiebt sich gegen Ende auf 3 : 1. Im Winter ist also die Stalluft an pflanzlichem Staub reicher als die Außenluft. Wenn man die Verteilung auf die einzelnen, den pflanzlichen Staub zusammensetzenden Elemente betrachtet, so geht hervor, daß der größte Anteil auf unbestimmbare Partikel entfällt, dann folgen Pollen und Sporen, hierauf Stärke, dann Haare und zuletzt Gewebsfragmente. Vor dem Stalle ist die Verteilung eine andere. Den größten Anteil nehmen zwar auch hier die unbestimmbaren Teilchen, an zweiter Stelle sind jedoch die Haare am meisten vertreten, dann folgen die Gewebsfragmente, hierauf Pollen und Sporen, zuletzt Stärke.

Eine quantitative Untersuchung der Stalluft während der Fütterung und Reinigung des Stalles ergibt, daß während der Fütterung ungefähr 3 mal soviel pflanzlicher Staub in der Luft schwebt als bei der Reinigung.

Eine weitere quantitative Untersuchung, die zum Zwecke der Feststellung vorgenommen wurde, ob ein Absetzen des Staubes auch in der Horizontalen stattfindet, ergab, daß sich an lotrecht aufgestellten Objektträgern um die Hälfte weniger Staubteilchen ablagerten als auf den wagerecht ausgelegten. Trautmann.

Zollikofer (21) berichtet über gute Erfahrungen mit einer Schweineweide mit Winterweide auf Topinambur, die es ermöglichte, den Weidebetrieb fast das ganze Jahr hindurch aufrecht zu erhalten. Richter und Adleff.

Nach Uschner (19) kann man durch das Tüdern der Rinder auf der gleichen Bodenfläche etwa $^1/_4$ mehr Tiere ernähren, als bei freiem Weidegang. Die Vorteile der Vollweide lassen sich dadurch nicht ersetzen, doch ist das Tüdern in Kleinbetrieben ohne Viehweide der Stallhaltung unbedingt vorzuziehen. Richter und Demmel.

## XI. Tierzucht.

Bearbeitet von J. Richter.

### 1. Allgemeines.

1) Adametz, L.: Über die Beziehungen der Konstitution zu den endokrinen Drüsen. Zschr. f. Tierzücht. u. Zücht.-Biologie Bd. 2, S. 49—59. (Nichts Neues.) — 2) Derselbe: Neues über den disproportionierten Zwergwuchs (Achondroplasie) als rassenbildende Domestikationsmutation. Ebendas. Bd. 3, S. 125—140.

(Nichts Wesentliches.) — 3) Aereboe, F.: Die betriebswirtschaftliche Stellung der Viehzucht in der Landwirtschaft. D. landw. Tierz. Jg. 29, S. 561—564. (Von wirtschaftlichen Gesichtspunkten geleitet.) — 4) v. Batocki-Bledau: Die Entwicklung und der gegenwärtige Stand der Landwirtschaft in der Provinz Ostpreußen. Mitt. d. D. Landw. Ges. Heft 43, S. 814. — *5) Becker: Zur Entwicklung und zeitigen Lage der ostpreußischen Landwirtschaft. Ebendas. H. 38, S. 705. — 6) Berndt, E.: Der Wert der Leistungsprüfung für den wirtschaftlichen Erfolg der Zucht. D. landw. Tierz. Jg. 29, S. 823—825. (Nichts Wesentliches.) — 7) Braun: Schloßgut Erching und seine züchterischen Leistungen. Südd. landw. Tierz. Jg. 19, S. 62—67 und 93—94. — 8) Brebeck: Sachgemäße Umstellung in der Tierzucht. D. landw. Tierz. Jg. 29, S. 831—815 und 828—831 und 848. (Dargelegt an dem Zuchtaufbau des Pferdezuchtverbandes für starkes Warmblut im Freistaat Danzig; nichts Neues.) — *9) Bührig, O.: Gebrauchen wir zur Rassezüchtung eine Musterbeschreibung (Standard)? Ebendas. Jg. 29, S. 434—435. — 10) Christie, W.: Die Wirkung von Jahreszeit, Temperatur, Alter und anderen Faktoren auf Geschlechtsverhältnis und Spaltungszahlen. Zschr. f. Tierzücht. u. Zücht.-Biologie Bd. 3, S. 367—378. (Nichts Wesentliches.) — *11) Constantinescu, G. K.: Das zootechnische Problem Rumäniens. Economia nationala 1924. — *12) Derselbe: Die Beurteilung der Tiere durch das Punktierverfahren. Bulet. Dir. gen. zoot. si san. vet. Bd. 4—6, S. 152—173. — 13) Daum: Ein Kapitel aus der Vererbungslehre für den Tierzüchter. Südd. landw. Tierz. Jg. 19, S. 54—56. (Nichts Neues.) — 14) Dechambre, P.: La race. Rec. de M. vét. Bd. 101, H. 9. — 15) Dechambre: Zootomia generale. Torino: Unione editrice tipografica Torinese. — *16) Demoll: Neuere Untersuchungen auf dem Gebiete der Inzucht. Flugschr. Zücht. Nr. 62, S. 34—40. — 17) Duerst, U.: Versuch einer statisch-mechanischen Berechnung der Formgestalt des Schädels einiger Säuger des Hausstandes nach den absoluten Größen der wirkenden Kräfte. Zschr. f. Tierzücht. u. Zücht.-Biologie Bd. 3, S. 297—341. — 18) v. Falck: Die Aufzucht in ihrem Einfluß auf die Leitungsfähigkeit der landwirtschaftlichen Haustiere. D. landw. Presse Bd. 52, S. 632—634 und 651—652. (Nichts Wesentliches.) — *19) Götze, R.: Grundsätzliches zur Erbfehlerfrage, zur Vererbung von Krankheiten und Krankheitsdispositionen. II. Vererbungspathologische Anschauungen und Grundbegriffe. B. t. W. Bd. 41, S. 661. — *20) Derselbe: Dasselbe. I. Erbbiologische Grundlagen. Ebendas. Bd. 41, S. 581—586. — 21) Groll: Blutuntersuchungen zum Rassennachweis. Ebendas. Bd. 41, H. 8. — 22) G. W. D.: The association of colour and constitutional peculiarity in the cat. Vet. Rec. Bd. 4, S. 794. 1924. — *23) Hanne, R.: Tierzucht und Tierhaltung im Stadtgebiet mit besonderer Berücksichtigung der Hamburger Verhältnisse. Mitt. d. D. Landw. Ges. H. 8, S. 141. — 24) Heuer, G.: Die „Familie" in Theorie und Praxis der Tierzucht. D. landw. Presse Bd. 52, S. 25—26. (Nichts Neues.) — *25) Heurgren, P.: Husdjuren i nordisk folktro. (Die Haustiere im nordischen Volksglauben.) Örebro Dagblads tryckeri. — 26) Keiser: Der derzeitige Stand unserer Versorgung mit tierischen Erzeugnissen. Flugschr. Zücht. Nr. 63. (Statistisches.) — 27) Knell: Form oder Leistung. B. t. W. Bd. 41, H. 35. — 28) Köppe: Einfluß der Mutter auf die Fortentwicklung der Zucht. D. landw. Presse Bd. 52, S. 204. (Nichts Neues.) — 29) Kraemer, H.: Allgemeine Tierzucht. Bd. 1. Stuttgart: E. Ulmer, ohne Jahr. — *30) Krieg, H.: Studien über die Verwilderung bei Tier und Menschen in Südamerika. Arch. f. Rassen Biol. Bd. 16, H. 3. — *31) Krizenecky, J. N. und Podhradsky: Einige Experimente über die stimulierende Wirkung der Vitaminpräparate auf das Wachstum. Zschr. f. Tierzücht. u. Zücht.-Biologie Bd. 3, S. 189—207. — 32) Kronacher, C.: Neuzeitliche Vererbungslehre und Tierzucht. H. 2. Freising-München: Datterer & Co. — *33) Derselbe: Der heutige Stand der Inzuchtfrage. Zschr. f. Tierzücht. u. Zücht.-Biologie Bd. 2, S. 1—48. — 34) Kuhn: Organisatorische Grundfragen der deutschen Viehwirtschaft. Mitt. d. D. Landw. Ges. H. 7, S. 120. — *35) Lenz, F.: Muß das Nachdunkeln der Haare als Dominanzwechsel aufgefaßt werden? Arch. f. Rassen Biol. Bd. 16, H. 4. — 36) Lühning: Das Blut und seine Aufgaben. D. landw. Tierz. Jg. 29, S. 281—282. (Nichts Neues.) — 37) Mayr, J.: Herbsttagung der Deutschen Landwirtschafts-Gesellschaft in Würzburg vom 21. bis 26.IX. 1924. M. t. W. Bd. 76, Nr. 2, S. 29—34. (Kurzer Bericht.) — 38) Mögele: Die 31. Wanderausstellung der D. Landw. Ges. in Stuttgart. M. t. W. Bd. 76, Nr. 28, S. 587—601. — 39) Peters, H. H.: Was lehrt uns die Rasseleistungsprüfung in Koppehof? D. landw. Presse Bd. 52, S. 461. (Bericht der Ergebnisse im Auszug, nichts Neues.) — 40) Richter, H.: Finnländ. Reiseeindrücke über Scholle, Vieh, Pferd und Volk. T. R. Bd. 31, S. 114—115. — 41) Rink: Die Leistungsprüfung als notwendige Forderung für den wirtschaftlichen Erfolg unserer Tierzucht. Sächs. landw. Zschr. Nr. 40, S. 645. — 42) Schacht, Fr.: Höchste Rasseleistungen als Ideale tierzüchterischen Fortschreitens. D. landw. Tierz. Jg. 29, S. 287—288. — 43) Schneider: Grünlandbewegung und Tierzucht in Hessen-Nassau. Südd. landw. Tierz. Jg. 19, S. 51—54. (Lokale Bedeutung.) — *44) Schneider, K.: Wechselbeziehungen zwischen Grünland und Tierzucht. D. landw. Tierz. Jg. 29, S. 637—641. — 45) Schröder: Anpassung und Vererbung. Zschr. f. Ziegenz. Jg. 26, S. 129—132. — 46) Derselbe: Gibt es Bastarde zwischen Ziege und Schaf? Zschr. f. Ziegenz. Jg. 26, S. 176—178. — 47) Stegmann, F. P.: Züchtung und Aufzucht. Zschr. f. Gestütsk. Jg. 20, S. 101—106. — 48) Usuelli: L'eredita del sesso. (Erblichkeit des Geschlechts.) Clin. vet. S. 358 (Sammelreferat). — 49) Viehhauer, Th.: Über die Vererbung erworbener Eigenschaften. D. landw. Tierz. Jg. 29, S. 283—285. (Nichts Neues.) — *50) Wriedt, Chr.: Letale Faktoren. (Todbringende Vererbungsfaktoren.) Zschr. f. Tierzücht. u. Zücht.-Biologie Bd. 3, S. 223—230. — 51) Ziesch, H.: Statistisch-genealogische Untersuchungen über die Rachitis. Arch. f. Rassen Biol. Bd. 17, H. 1. — 52) Jahrbuch für wissenschaftliche und praktische Tierzucht, einschließlich der Züchtungsbiologie. Bd. 17. Hannover: M. & H. Schaper.

Götze (19) bespricht die vererbungspathologischen Anschauungen und Grundbegriffe, die sich aus der Verknüpfung der Vererbungsbiologie mit der Pathologie ergeben.

Es wird eine erste Gruppe von Krankheiten unterschieden, für deren Zustandekommen die idiotypische, d. h. erbliche Disposition, schon allein ausschlaggebend ist und bei denen sich die Modifizierbarkeit nur in sehr engen unbedeutenden Grenzen hält (Letalfaktoren, erbliche Anomalien, wie Polydaktylie, Albinismus usw.). Man kann hier von idiotypischen, erblichen Krankheiten sprechen. — Bei einer zweiten Hauptgruppe von Krankheiten ist die erbliche Krankheitsbereitschaft zwar ausschlaggebend, sie kann aber ohne ins Gewicht fallende Mitwirkung von Umweltfaktoren nicht zur Krankheit selbst verwirklicht werden (Erbdispositionen, idiodispositionelle Krankheiten, wie z. B. Ekzeme, Konstitutionsanomalien, Fettsucht, Bruchbildung usw.). — An dritter Stelle stehen die paratypischen Krankheiten. Bei ihnen sind die obligaten Bedingungen rein exogener Natur (Verletzungen, Verbrennungen, Vergiftungen, manche Infektionskrankheiten). — Wenn die alte Bezeichnung „Erbfehler" überhaupt noch gehalten werden soll, so wird man,

praktischen Verhältnissen Rechnung tragend, die Krankheiten der Gruppe I und diejenigen der Gruppe II darunter verstehen müssen, bei denen die vorhandene erbliche Disposition in der Regel mit Sicherheit durch die paratypischen Einflüsse bei der Inanspruchnahme oder gar schon vor dem Gebrauch realisiert wird (Kehlkopfpfeifen). R. Götze.

Mit dem vorliegenden Artikel verfolgt Götze (20) den Zweck, für denjenigen, der sich an der Hand praktischer Beobachtungen mit der Erbfehlerfrage, der Vererbung von Krankheiten und Krankheitsdispositionen befassen will, die wesentlichsten Grundlagen der modernen Vererbungslehre in großen Zügen zusammenzustellen.

Es wird der bisherige Stand der Forschung über den Sitz der Erbsubstanzen, das Wesen und die Wirkung der im Keimplasma bzw. in den Chromosomen lokalisierten Gene, den Chromosomenmechanismus und die Faktorenhypothese, den einfachen und höheren Mendelismus (Koppelung und Crossing-over) und schließlich die Trennung des Erblichen vom Nichterblichen sowie die von Haecker neuerdings ins Leben gerufene Phänogenetik unter dem Gesichtswinkel der Vererbungspathologie geschildert. R. Götze.

Das Nachdunkeln des Haarpigmentes, das Lenz (35) am Schwyzer Rind und bei einer Rasse des Zebu indicus und beim Menschen untersuchte, ist nicht auf einen Dominanzwechsel zurückzuführen, sondern es wird gradmäßig durch das Zusammenwirken der Hormone inkretorischer Organe mit den, nach Art und Zahl vorhandenen Pigment-Erbanlegen bedingt. Richter u. Demmel.

Wriedt (50) glaubt auf Grund seiner Erhebungen bei verschiedenen Rinder- und Hunderassen und in Anlehnung an die Feststellungen Cuenots, an die Möglichkeit des Vorkommens letaler Vererbungsfaktoren (todbringender Faktoren). Richter u. Adleff.

Demoll (16) berichtet über neuere Untersuchungen auf dem Gebiete der Inzucht und gibt eine neue Erklärung für das Auftreten der Inzuchtschäden.

Schon Darwin hat bei Pflanzen gefunden, daß engste Inzucht (Selbstbestäubung) günstig ist, ebenso wie die Fremdbestäubung, während geringe Inzucht sich als schädlich erwies. Auf dieser Tatsache baut D. seine neue Auffassung über die Entstehung der Inzuchtschäden auf. Bei dem Zusammentreffen der Samenzelle mit dem Ei tritt eine Entgiftungsreaktion ein; diese Reaktion wird aber erst ausgelöst, wenn die gegenseitige Giftigkeit eine gewisse Reizschwelle erreicht hat (z. B. bei Fremdbestäubung). Die Entgiftungsreaktion bleibt aus, sobald diese Schwelle unterboten wird; die gegenseitige Giftigkeit aber gelangt zur Wirkung. In dieser Giftwirkung erblickt D. den Schaden der Inzucht. Bei engster Inzucht ist nun auch die gegenseitige Giftigkeit so gering, daß eine Schädigung nicht eintritt. (Engste Inzucht, nur bei Pflanzen möglich, Selbstbestäubung.) Versuche, die z. T. noch nicht abgeschlossen sind, werden zur Stützung dieser neuen Theorie angeführt. Richter und Adleff.

Über den heutigen Stand der Inzuchtfrage im Lichte neuzeitlicher Forschung berichtet Kronacher (33) unter Hervorhebung der Gefahren und der eventuellen Erfolge der Inzucht für die Tierzucht.

Nach ihm ist die wohlüberlegte Inzucht ein sehr wertvolles Zuchtmittel, und er empfiehlt ihre Verwendung für Zuchten, wo es an einer ausreichenden Konsolidierung mangelt. Die Gründe, die die sog. Inzuchtschäden veranlassen, sind noch nicht genügend erforscht. Auch die neueren Versuche von Demoll (seine Theorie der „Entgiftungsreaktion") haben keine Klärung dieser Frage bringen können. Unbeschadet der Gefahren, die die Inzucht in sich birgt, sind reichlich Beispiele bekannt, wo — in der Hand des verständigen Hochzüchters — die Inzucht für die Begründung einer Rasse oft die ausschlaggebende Rolle gespielt hat.                    Richter und Adleff.

Heurgren (25) schildert in einer 455 Seiten starken Arbeit die volkstümlichen Vorstellungen der nordischen Völker, betreffend die Haustiere aus früheren Zeiten.

In 7 Kapiteln behandelt er die allgemeine Pflege der Haustiere, den Weidegang, Kalendarium über die Pflege der Haustiere, Maßregeln um Glück in der Haustierhaltung zu erzielen, Krankheiten und Schäden der Haustiere und die Mittel dagegen u. a.

Zur Drucklegung der Arbeit sind Mittel aus dem Längmanschen Kulturfond bewilligt worden.
                    Stålfors.

Becker (5) nimmt zur derzeitigen Lage der ostpreußischen Landwirtschaft und Tierzucht Stellung.

Durch die Umstellung des Zuchtbetriebes auf Schaffung eines den heutigen, veränderten Verhältnissen entsprechenden Qualitätstieres, konnte die ostpreußische Warmblutzucht, laut Zählung vom Dezember 1924, die Höhe des Bestandes der Vorkriegszeit wieder erreichen. Die Zahl der gedeckten Halbblutstuten ist von 9370 im Jahre 1917 auf über 25 000 im Jahre 1923 angewachsen. Die Zahl der eingetragenen Halbbluthengste betrug 1924 568. Der Rinderbestand hat sich gegenüber 1913 infolge der Kriegsschäden, der Zwangswirtschaft und der Verminderung der Rentabilität wegen der starken Frachtbelastung für Futtermittel und Produkte der Rinderhaltung um 12% vermindert. In der Schweine- und Schafzucht sind beachtliche Fortschritte zu verzeichnen. Der Staat hat im Jahre 1924 rund 13 000 Mark für die Errichtung von Stier-, Kaltbluthengst- und Eberhaltungsgenossenschaften bewilligt. Durch den polnischen Korridor hat Ostpreußen wichtige Land-, Bezugs- und Absatzgebiete verloren.            Richter und Demmel.

Constantinescu (11) berichtet über die tierzüchterische Frage in Rumänien.

Nachdem er den Stand der Tierzucht in allen Provinzen von Alt- und Neurumänien beschrieben hat, woraus hervorgeht, daß die höchste Stufe in Siebenbürgen besteht, dann Bukowina und dann erst Bessarabien und Altrumänien kommt, beschäftigt sich C. mit dem Einfluß der Agrarreform auf die Tierzucht, welche durch die Verteilung der Großgüter auf die Bauern eine vorteilhafte Lage für die Entwicklung der Tierzucht in Rumänien schuf. C. behandelt dann die Frage der Zollpolitik der ehemaligen, aus Rumänien importierenden Länder und tritt endlich, in den Schlußfolgerungen, für die Freiheit des Viehverkehrs und gegen die noch bestehenden Exporttaxen, die die Produktion hindern, ein.            Constantinescu.

Hanne (23) beschäftigt sich mit dem Einfluß, den eine Großstadt auf die Tierzucht und Tierhaltung ausübt.

Während das innere Stadtgebiet höchstens noch die Pferdehaltung zuläßt, sind die Bezirke vorstädtischen Charakters noch durch einen noch recht beachtlichen Bestand an Rindern, Schweinen, Ziegen, Schafen und Geflügel ausgezeichnet. Die Landbezirke der Großstadt zeigen in den Schwankungen der Tierbestände den Niedergang der Landwirtschaft an. Selbst das Kaninchen hat im Stadtbezirk keine wirtschaftliche Bedeutung. Inneres Stadtgebiet und Tierhaltung vertragen sich nicht.            Richter und Demmel.

Bührig (9) beschäftigt sich mit der Frage, ob wir zur Rassezüchtung eine Musterbeschreibung gebrauchen oder nicht.

In der Kleintierzucht ist diese Frage gelöst. Jede Rasse hat hier ihre Musterbeschreibung (Standard). Beim Rinde ist dies nicht der Fall. Es ist ein Nachteil und ein Grund mit, daß die Ausgeglichenheit in den Rassezuchten nicht so weit wie z. B. in England fortgeschritten ist, wo schon lange für jede Tierrasse ein Standard besteht und diese Einrichtung Erfolge gezeitigt hat. Der Verf. begrüßt es, daß die „D. Landw. Ges." die Messungen prämiierter Bullen beibehalten hat und zeigt an Hand von Vergleichen, wie überaus groß der Wert der Messung ist. Am Schlusse werden die anzustrebenden Körpermaße der Milch-Fleisch-Schläge der Niederungsrassen angegeben.
                    Richter und Adleff.

Constantinescu (12) spricht sich für eine Vereinheitlichung des Punktierens aus, indem er die Zahl von 100 Punkten empfiehlt und Punktiertabellen für die sämtlichen in Rumänien gezüchteten Rassen vorschlägt.            Constantinescu.

Nach Krieg (30) verwildern in Südamerika die Kulturrassen vom Pferd, Rind, Schaf, Ziege, Schwein und Hund unter zweckentsprechender Umbildung ihrer somatischen und animalischen Eigenschaften, wobei sich bei individueller Anpassung und Gelegenheit zur Vermehrung, die für die einzelnen Arten adäquaten Lebensformen wie Herde, Rudel, Familie mit großer Sicherheit entwickeln. Einseitig hochgezüchtete Rassen verwildern nicht, sondern gehen infolge von Verlust an Anpassungsvermögen zugrunde. Beim Kulturmenschen kommt es weder zu einer nennenswerten Anpassung, noch zur Bildung existenzfähiger Gemeinschaften, sobald die Loslösung vom bisherigen Kulturboden eine gewisse Grenze überschreitet.            Richter u. Demmel.

Schneider (44) weist auf die Wechselbeziehungen zwischen Grünland und Tierzucht hin.

Er zeigt auf Grund reichlicher Erfahrung, wie große Vorteile der Tierzucht aus der Grünlandwirtschaft erwachsen. Mit der Zeit muß erreicht werden, daß ein Futterzukauf in Wegfall kommt. Dies ist nach Ansicht des Verf. durch entsprechende Maßnahmen (Düngung, Unkrautbekämpfung, Senkung des Wasserspiegels) wohl möglich; damit könnte die Tierzucht rentabeler gestaltet und gefördert werden.
                    Richter und Adleff.

Krizenecky und Podhradsky (31) haben einige Experimente über die stimulierende Wirkung der Vitaminpräparate auf das Wachstum bei Mäusen, Kaninchen und Hühnern bei normaler (also vitaminhaltiger) Nahrung ausgeführt und einen das Wachstum fördernden Einfluß der Vitaminzufütterung feststellen können.            Richter u. Adleff.

## 2. Landeszuchtverhältnisse im allgemeinen.

1) Bissinger: Stand der Tierzucht im Vogtland. Sächs. landw. Zschr. Nr. 51, S. 822. — *2) Braila-Jonescu, G.: Die tierzüchterischen Probleme der Landesproduktion in Rumänien. Bul. Dir. gen. zoot. si san. vet. Bd. 4—6, S. 26—51. — *3) Braila-Jonescu, G. und G. K. Constantinescu: L'importance des races du pays. (Die Bedeutung der Landrassen.) Bericht an den XII. Internationalen Kongreß der Landwirtschaft. — 4) Brasovanu, M. und C. Zdanovici: Die Tierzucht im Bezirk Tighina

(Rumänien). Bul. Dir. gen. zoot. si san. vet. Bd. 10—12, S. 355—367. — *5) Constantinescu, G. K.: Der Wert des rumänischen Haustierbestandes. Economia nationala Bd. 10—11, S. 423—430. — *6) Derselbe: Das tierzüchterische Material Bessarabiens. Biblioteca zootechnica Bd. 1, S. 1—144. — 7) Kaysenbrecht: Stand und Aussichten der russischen Tierproduktion. D. landw. Tierz. Jg. 29, S. 504—508. (Kein Referat, weil Auszug aus einer in Vorbereitung befindlichen Arbeit: Rußlands Landwirtschaft im 20. Jahrhundert.) — 8) Kent, G.: Die Tierzucht im Bezirk Hotin (Rumänien). Bul. Dir. gen. zoot. si san. vet. Bd. 4—6, S. 331—354. — 9) Konkoly, A. v.: Die Budapester Landes-Zuchtviehausstellung. D. landw. Presse Bd. 52, S. 126—127. (Lokale Bedeutung.) — 10) Konkoly-Thege, A. v.: Die Zukunftsmöglichkeiten der ungarischen Tierzucht. Mitt. d. D. Landw. Ges. H. 4, S. 58. — 11) Kroon, J.: Die Tierzucht in Holland. (2). Hannover: M. & H. Schaper. — 12) Kroon, M. H.: De fokkerij der landbouwhuisdieren in Nederland. (Die Zucht der landwirtschaftlichen Nutztiere in Holland.) Groningen und den Haag: J. B. Wolters. — 13) Perciun, P.: Die tierzüchterische Lage des Bezirkes Cahul (Rumänien). Bul. Dir. gen. zoot. si san. vet. Bd. 4—6, S. 316—330. — *14) Peters: Die Tierzucht in der Provinz Ostpreußen. D. landw. Tierz. Jg. 29, S. 517—519. — 15) Probst, E.: Die Oldenburger Wesermarsch und ihre Tierzucht. Ill. landw. Ztg. Jg. 45, S. 17—19 und 26—27. (Bericht über eine Studienfahrt.) — 16) Schmutterer: Viehzählungen in Oberfranken 1873—1924. M. t. W. Bd. 76, Nr. 37, S. 793—799; Nr. 38, S. 819—825. — 17) Spindler, A.: Tierzucht und -haltung in Spanien. D. landw. Tierz. Jg. 29, S. 510—512. (Nicht Neues.) — *18) Ströbel, W.: Die Landwirtschaft Württembergs. Mitt. d. D. Landw. Ges. H. 24, S. 456. — *19) Wenzel, Fr.: Über die Beziehungen der beamteten Tierärzte des Regierungsbezirks Wiesbaden zur Tierzucht. Diss. Berlin. — 20) Zaharia, G.: Die Tierzucht im Bezirk Constantza (Rumänien). Bul. Dir. gen. zoot. si san. vet. Bd. 4—6, S. 291—315.

Constantinescu (5) berichtet über den Wert des rumänischen Haustierbestandes.

Er stellt auf Grund der im Jahre 1923 gemachten Viehzählung fest, daß die 1 828 129 Pferde einen Wert von 17 281 290 000 Lei, die 5 553 871 Rinder einen Wert von 41 227 968 000 Lei, die 185 280 Büffel ca. 1 000 000 000 Lei, die 13 065 614 Schafe und Ziegen einen Wert von 8 400 000 000 Lei, die 2 924 603 Schweine einen Wert von 5 849 206 000 Lei und die Esel und Maultiere einen Wert von 40 071 000 Lei vorstellen. Die Fleischproduktion des Landes ist auf 6 150 000 000 Lei geschätzt, die Kuhmilch auf 18 000 000 000 Lei, die Schafkäse auf 4 800 000 000 Lei, und die Wolle auf 1 600 000 000 Lei.     Constantinescu.

Braila-Jonescu (2) berichtet über die tierzüchterischen Fragen Rumäniens.

Rumänien ist ein Land mit sehr günstigen natürlichen Verhältnissen für die Tierzucht. Es besitzt 1 828 000 Pferde, davon 627 698 Mutterstuten. In den Landgestüten sind 1280 Deckhengste tätig. Als Rinderbestand besitzt Rumänien 5 750 000 Stück, davon 2 500 000 Kühe, die in der Mehrzahl von Gemeindebullen gedeckt werden. Für die Beschaffung dieser letzteren hat der Staat den Gemeinden einen Betrag von 1 000 000 Lei, unverzinslich, zur Verfügung gestellt. Ferner besitzt Rumänien rund 13 000 000 Schafe, davon 9 600 000 Mutterschafe, die gemolken werden und jährlich 180 000 000 kg Käse liefern, dazu noch 25 000 000 kg Wolle; dann rund 3 000 000 Schweine, davon über 1 000 000 Sauen. Die Agrarreform hat die Zucht begünstigt. Rumänien exportiert jetzt rund 100 000 Stück Ochsen, aber es könnte 300 000 Stück exportieren, wenn die Exporttaxen abgeschafft oder vermindert werden.     Constantinescu.

Braila-Jonescu und Constantinescu (3) befassen sich mit der Frage der Bedeutung der Landrassen, und schließen an Hand rumänischer Beispiele folgendermaßen:

Es ist notwendig, den Landrassen größere Bedeutung beizumessen und nicht, wie man es zu oft gemacht hat, gleich Kreuzungen vorzunehmen. Man besitzt heute viel mehr Kenntnisse und technische Mittel in bezug auf die Verbesserung der Haustiere durch Selektion, um die Leistung der Lokalrassen erhöhen zu können. Aber man muß doch erkennen, daß es Landrassen gibt, die man nicht gegen den Wettbewerb der fremden verbesserten Rassen schützen kann, da die Verbesserung einen langsamen Vorgang bildet, welcher die Züchter nicht immer befriedigen kann, um so mehr als ihnen akklimatisationsfähige fremde Rassen leichter zur Verfügung stehen können.

Es ist trotzdem angezeigt, in allen Ländern zootechnische Institute und Versuchsstationen zu schaffen, wo man die Leistung der Landrassen genauer untersuchen soll, um nicht ein Material verschwinden zu lassen, welches man nicht genug gekannt hat.

Constantinescu.

Constantinescu (6) beschreibt die Rassen und Schläge der Haustiere Bessarabiens. Auf Grund biometrischer Untersuchungen wird eine Charakterisierung des tierzüchterischen Materials dieser Provinz gegeben. Es werden in Bessarabien gezüchtet:

I. Pferde: 1. die kleine Lokalrasse, welche heutzutage degeneriert ist; 2. Angloaraber; 3. Araber, sehr selten; 4. englisches Vollblut; 5. leichte englische Halbblüter; 6. das sogenannte bulgarische Pferd, der Lokalrasse sich annähernd; 7. die Ardennenrasse, meist als Kreuzungsprodukte; 8. die Orlowrasse, rein und mit Amerikanern gekreuzt; 9. der Arbeitstypus der deutschen Kolonisten; 10. der Noniusschlag; 11. einige Oldenburger als Landbeschäler.

II. Rinder: 1. die Steppenrasse, die hier durch einen besonderen bessarabischen Schlag vertreten ist; 2. die Simmentalerrasse, die nicht gut gedeiht und degeneriert ist; 3. das schweizerische Braunvieh, in sehr geringer Zahl; 4. ein roter Milchschlag der deutschen Kolonisten; 5. die holländische Rasse in kleinem Maßstab.

III. Schafe: 1. die lokale grobwollige, sogenannte Tzurkanarasse (Zackelschaf, wallachisches Schaf); 2. die Karakulrasse, rein oder gekreuzt; 3. die lokale Tzigaiarasse, weniger verbreitet; 4. die Merinorasse, sehr selten; 5. ein sogenanntes Spankaschaf, welches aus Kreuzungen zwischen Tzigaia und Merino stammt.

IV. Ziegen: 1. die Lokalrasse; 2. die Saanenziege.

V. Schweine: 1. die primitive Lokalrasse mit langem Rüssel, die fast verschwunden ist; 2. die Berkshirerasse, die sehr verbreitet ist; 3. die Yorkshirerasse; 4. die Mangalitzarasse, in geringerer Zahl; 5. einzelne Exemplare anderer fremder Rassen.

Constantinescu.

Peters (14) verbreitet sich über die Tierzucht in der Provinz Ostpreußen.

Durch die Boden- und klimatischen Verhältnisse ist die Provinz besonders zur Tierzucht geeignet. Neben dem bekannten Warmblutpferde Trakehner Abstammung ist auch die Kaltblutzucht im rheinisch-belgischen Typ beachtlich und hat an Umfang zugenommen. (Es decken gegenwärtig über 600 Kaltbluthengste!) In der Rinderzucht ist das schwarzweiße Rind vorherrschend. Durchschnittsleistungen.

die die Erträge der Vorkriegszeit erreicht haben, zeugen von dem züchterischen Können und Verständnis der Bewohner. In der Schafzucht überwiegen die schwarzköpfigen Fleischschafe neben den Merinofleischschafen. Beide Zuchtrichtungen betonen Frohwüchsigkeit neben guter Nutzwolleistung (bei Merinocharakter). In der Schweinezucht dominiert das deutsche Edelschwein. Gestützt und gefördert wird die Tierzucht durch die entsprechenden Züchter- bzw. Kontrollvereine. Richter und Adleff.

Ströbel (18) beschäftigt sich mit den Leistungen der Landwirtschaft Württembergs auf dem Gebiet der Tierzucht. Württemberg ist in der Erzeugung von tierischen Produkten seit Jahrzehnten Überschußland. Die Pferdezucht und Pferdehaltung findet ihre günstigsten Bedingungen beim Großbesitz. Es wird ein schweres Warmblut- und ein schweres Kaltblutpferd im Typus des Höhenbelgiers gezüchtet. In neuester Zeit hat auch der Noriker in verschiedenen Landesteilen Eingang gefunden. Die Warmblutzucht stützt sich auf das Landgestüt Marbach-Offenhausen, während die Kaltblutzüchter die Hengste selbst beschaffen und unterhalten müssen, wofür der Staat Beihilfen gewährt. Die Zahl der Hengste betrug im Jahre 1924 105 702. Der Schwerpunkt der württembergischen Tierzucht liegt in der Rinderzucht. 1924 wurden 1 012 593 Rinder gezählt. Es entfallen demnach auf 100 ha bewirtschaftetes Land 84,4 Rinder (Reichsdurchschnitt 61,2), auf 100 Einwohner 40,2 (Reichsdurchschnitt 28,4) Stück Rindvieh. Es sind 80% Fleckvieh, 1—2% Braunvieh und 18% Limpurger. Der Schweinebestand ist laut Zählung 1924 auf 425 520 Stück angewachsen. Gezüchtet wird das veredelte Landschwein, das schwäbisch-hallische Schwein und das Tigerschwein. Der Schafbestand betrug 1924 241 490 Stück. Die überwiegende Mehrzahl gehört naturgemäß dem württembergischen Bastardschaf an. Die Zahl der Ziegen mit 147 433 Stück (1924) weist gegenüber der Vorkriegszeit immer noch eine Zunahme auf. Der Rasse nach gehören sie der rehfarbigen kurzhaarigen Schwarzwaldziege und der kurzhaarigen, hornlosen weißen Edelziege an. Der Gesamtbestand an Geflügel betrug 1924 3 520 489 Stück und hat während des Krieges stark zugenommen. Auf 100 ha Landwirtschaftsfläche entfallen 2934, auf 100 Einwohner 140 Stück Geflügel. Die Ausfuhr an Zuchtgeflügel ist bedeutend. Der Import von Eiern und dergleichen ist stark gesunken. Die Fischzucht ist in hoher Blüte. Mit 33 Forellenzuchtanstalten umfaßt Württemberg den vierten Teil der gesamten deutschen Forellenzucht. Die größeren dieser Anstalten liefern bis zu 200 Ztr. Forellen. Die Bienenzucht bildet, über das ganze Land verbreitet, einen Nebenbetrieb der Tierzucht. Die Zahl der Stöcke betrug 1922 144 038 Stück.
Richter und Demmel.

Wenzel (19) bespricht die nahezu 100 Jahre alten Nassauischen Körgesetze, die mustergültig sind und zur Schaffung und Erhaltung eines guten Tierbestandes wesentlich beigetragen haben. Abgesehen von kleinen, durch die veränderten Verhältnisse bedingten Verbesserungen muß ihre Beibehaltung gefordert werden. Weber.

## 3. Pferdezucht.

### a) Allgemeines.

1) Bühle, P.: Militärhistorisches zur Kaltblutzucht. D. landw. Tierz. Jg. 29, S. 39—40. (Nichts Wesentliches.) — 2) Derselbe: Vom schweren Zuge und den Leistungen der Kaltblüter im Weltkriege. Ebendas. Jg. 29, S. 487—491. (Ein Beitrag zur Mär vom Versagen der Kaltblüter im Felde.) — 3) Doennecke, H.: Messungsversuche über die Zugkraft von Pferden an landwirtschaftlichen Gebrauchswagen. Diss.

Hannover und D. t. W. Bd. 33, S. 452—453. (Auszug.) — 4) Gmelin, W.: Das Äußere des Pferdes. Stuttgart: Schickhardt & Ebner (Konrad Wittwer). — 5) Henseler, H.: Ein fruchtbares Maultier. Hannover: M. & H. Schaper. — 6) Derselbe: Dasselbe. D. landw. Tierz. Jg. 29, S. 245—253 (Einzelfall). — 7) Jansen: Aufzucht und Pflege des Kaltblutpferdes. Zschr. f. Gestütsk. Jg. 20, S. 111—114. — *8) Kaiser: Pferdezoll und Pferdezucht. Sächs. landw. Zschr. Nr. 17, S. 282. — 9) Kraemer, A.: Neue Untersuchungen über den Wert odontologischer Rassemerkmale bei schweren und leichten Pferderassen. D. landw. Tierz. Jg. 29, S. 486—487. — 10) Derselbe: Das Pferd im Laufe der erdgeschichtlichen und geschichtlichen Entwicklung. Ebendas. Jg. 29, S. 177—181. (Keine neuen Forschungsergebnisse.) — 11) Kreiner: Hengstparade in Ansbach. Ebendas. Jg. 29, S. 214 bis 218. (Eine Schilderung persönlicher Eindrücke von der Parade.) — 12) Kronacher, C.: Deutschlands Pferdezucht und ihre Zukunft. D. landw. Presse Bd. 52, S. 589—590. (Nichts Neues.) — 13) Martell, P.: Zur Stammesgeschichte des Pferdes. M. t. W. Bd. 76, Nr. 24, S. 523—528. (Schilderung der Entwicklungsgeschichte des Wildpferdes bis zum Hauspferd.) — 14) Meyer, Ed.: Aus dem pferdezüchterischen Leben Oberschlesiens. D. landw. Tierz. Jg. 29, S. 388—391. (Bericht über Körungen und Prämiierungen.) — *15) Motloch, R.: Über Pferdezucht. D. landw. Tierz. Jg. 29, S. 409—410. — *16) Nacke, W.: Bestimmung des Duerstschen Vertikal- und Gesichtskrümmungsindex bei Pferden, Eseln und Mauleseln unter besonderer Berücksichtigung der Alters-, Geschlechts- und Rassenunterschiede. Diss. Leipzig. — 17) Niedoba, Th.: Vererbung von Haarrichtungen. W. t. Mschr. Bd. 12, H. 3, S. 117. (Namentlich Doppelhaarwirbel auf der Stirn des Pferdes.) — *18) Paicu, A.: Untersuchungen über die Differenzierung der Pferderassen durch Isohämagglutination. Inaug.-Diss. Bukarest. — *19) Petroff, St.: Equus caballus minor. Jb. der Vet.-med. Fakultät in Sofia Jg. 1, S. 1—96. — *20) Podewils, H. v.: Über den Wert der Schienbeinmessungen am Pferde. Ill. landw. Ztg. Jg. 45, S. 417 bis 420. — *21) Rau, G.: Wie weit ist die Verstärkung des deutschen Warmblutpferdes erreicht und wo liegt ihre Grenze? Mitt. d. D. Landw. Ges. H. 12, S. 222. — 22) Rünger, F.: Herkunft, Rassezugehörigkeit, Züchtung und Haltung der Ritterpferde des Deutschen Ordens. Zschr. f. Tierzücht. u. Zücht.-Biologie Bd. 2, S. 211—308. (Ein Beitrag zur Geschichte der ostpreußischen Pferdezucht und der deutschen Pferdezucht im Mittelalter.) — 23) Schmidt, W.: Einfluß der Reit- und Fahrturniere auf die deutsche Warmblutzucht, mit einem Beitrag zur Geschichte des Turnierwesens. Wittenberge (Bez. Potsdam): Gebr. Bischoff. — 24) Schwab, C.: Praktische Zahnlehre zur Altersbestimmung der Pferde (10). Salzburg: E. Höllrigl. — 25) Sheather, C.H.: Some points for consideration in the selection of horses for work in town. Vet. Rec. Bd. 5, S. 245—246. — 26) Stegmann, W.: Zum Anlernen der Pferde. Zschr. f. Gestütsk. Jg. 20, S. 122 bis 127. — *27) Derselbe: Die Rappenfärbung des Pferdes. Ebendas. Jg. 20, S. 70—72. — *28) Unzeitig, H.: Gewichtsbestimmungen bei gebärenden Stuten. D. Oest. t. W. Jg. 7, Nr. 5, S. 52—53. — 29) Wagner, H.: Einfache und genaue Berechnung der biometrischen Untersuchungen über das Wachstum der Pferde. D. landw. Tierz. Jg. 29, S. 81—84. — 30) Wriedt, Chr.: Vererbung von Backenflecken mit schwarzen Haaren bei norwegischen Westlandspferden. Zschr. f. Tierzücht. u. Zücht.-Biologie Bd. 3, S. 239 bis 240. (Nichts Wesentliches.) — 31) Wright, T. L.: Cases met with among polo ponies. Vet. Rec. Bd. 5, S. 161—168.

Unter dem Duerstschen Vertikalindex wird in der vorstehenden Arbeit Nackes (16) die Zahl verstanden, die angibt, wieviel Zentimeter vor (oral) bzw. hinter (aboralwärts) dem vorderen (oralen) Ende der Jochleiste eine Senkrechte zur Frankschen Horizontalen durch den medialen Augenwinkel die Jochleiste trifft. Die Franksche Horizontale ist dabei die Linie, die den lateralen Teil des Tuberculum articulare bzw. den hintersten (aboralsten) Teil des Processus zygomaticus des Os temporale mit dem dorso-medialen Augenwinkel verbindet. Der Vertikalindex bekommt ein positives Vorzeichen, wenn der Schnittpunkt vor (oralwärts) dem vorderen (oralen) Ende der Crista facialis liegt, im entgegengesetzten Falle wird er mit negativem Vorzeichen versehen.

Unter dem Duerstschen Gesichtskrümmungsindex wird der Winkel verstanden, der einerseits von der auf der Frankschen Horizontalen errichteten, den medialen Augenwinkel berührenden Senkrechten und andererseits von der Verbindungslinie des Fußpunktes dieser Senkrechten auf der Frankschen Horizontalen mit dem Gnathion (d. h. mit dem Schnittpunkte der Sagittalebene des Schädels mit dem Alveolarrande der Schneidezähne des Oberkiefers) gebildet wird.

Bei den Messungen ließ sich das Hippogoniometer am lateralen Teil des Tuberculum articulare bzw. am hintersten (aboralsten) Teile des Processus zygomaticus des Os temporale ebenso in der Oberaugenlinie direkt anlegen; die übrigen Punkte, also der Schnittpunkt mit der Gesichts-(Joch-)leiste oder deren Verlängerung und das Gnathion wurden anvisiert.

Das Alter übt insofern einen Einfluß auf die beiden Indizes aus, als beide während der Entwicklungsjahre, nämlich bei Eseln bis zu 6 Jahren, Mauleseln bis zu 8 Jahren, Warmblütern bis zu 5 Jahren, Kaltblütern bis zu 4 Jahren wesentliche Veränderungen erfahren.

Der Vertikalindex nimmt einmal mit fortschreitendem Alter in negativem Sinne, der Gesichtskrümmungsindex in positivem Sinne zu. Nach dem Abschluß der Entwicklung bleiben die Indizes bei allen Rassen, abgesehen von individuellen Schwankungen, konstant.

Das Geschlecht hat keinen eindeutigen Einfluß auf die Vertikal- und Gesichtskrümmungsindex.

Mit der Rassezugehörigkeit ändern sich in Bestätigung der Duerstschen und Frankschen Ergebnisse der Vertikal- und Gesichtskrümmungsindex in charakteristischer Weise.

Der Vertikalindex ist bei Eseln, Mauleseln und auch bei Ponies positiv, im übrigen haben alle Pferderassen einen negativen Index, und zwar wird die negative Zahl vom edelsten Warmblut bis zum schwersten Kaltblut immer größer. Der Gesichtskrümmungsindex ist bei Warmblutpferden kleiner als bei Kaltblutpferden.

Für ausgewachsene Warmblutpferde beträgt im Durchschnitt bei dem Material des Verf. der Vertikalindex 3,2 cm und der Gesichtskrümmungsindex 27°; für ausgewachsene Kaltblutpferde sind die entsprechenden Zahlen 5,0 cm bzw. 38°. Trautmann.

Über den Wert der Schienbeinmessungen am Pferde verbreitet sich v. Podewils (20).

Er spricht auf Grund seiner Erfahrung und auf Grund der von anderer Seite (Krämer) ausgeführten wissenschaftlichen Untersuchungen dem Röhrbeinmaß bei der Beurteilung der Pferde jede Bedeutung ab. Das Röhrbeinmaß birgt nach P. so viele Irrtümer und Trugschlüsse in sich, daß — in der richtigen Erkenntnis der unvermeidlichen Fehlerquellen — dieses für so wichtig angesprochene Maß jeder Bedeutung entkleidet wird. Beeinflußt wird das Röhrenmaß durch die Stärke der Haare, der Haut und Sehnen, die nach Rasse, Alter, Jahreszeit und Nährzustand (Haltung) verschieden sind. Gerade letzterer Punkt macht es verständlich, daß die Nachzucht manches Hengstes von beachtlichem Röhrbeinmaß gerade nach dieser Richtung enttäuscht. Abge-

sehen von diesen Mängeln gibt das Bandmaß über den Bau des Knochens (Dicke und Stärke, ob porös oder nicht porös) keinen Aufschluß. Messungen an (präparierten) Röhrbeinen verschiedener Rassen und Belastungsversuche von Krämer, sowie die ablehnende Stellungnahme v. Lehndorfs zu dem Schienbeinmaß zieht P. zur Begründung seiner Ansicht heran. Das Röhrbeinmaß als tote Zahl vermag nach P. das Augenmaß nicht zu ersetzen, sowie auch nur das Auge und die Erfahrung das Röhrbein zur Gesamterscheinung des Pferdes in Verbindung zu bringen vermag.

Richter und Adleff.

In einer kraniologischen und Beurteilungsstudie über die Herkunft des bulgarischen Landpferdes kommt Petroff (19) zu folgenden Schlußsätzen:

1. daß das bulgarische Landpferd zu dem Tarpontypus gehört;

2. daß es mit seiner jetzt lebenden Pferderasse soviel Übereinstimmung zeigt wie mit dem schwedischen fossilen Pferde;

3. damit wird seine Abstammung vollkommen klar; sie ist in jenem kleinen dünnknochigen Pferdeschlag — Equ. caballus minor, Equ. caballus celticus (Ewart) — zu suchen, welcher während der Diluvialzeit in ganz Mitteleuropa im wilden Zustande lebte und erst im frühesten Neolithikum mit den Indogermanen als Haustier erschien;

4. mit dem südlichen Zweig dieses Stammes, den sog. Thrakern, ist er auf die Balkanhalbinsel gekommen und hier bis gegen das Jahr 450 n. Chr., das heißt bis zur Zeit der großen Völkerwanderung in fast reinem Zustande weiter gezüchtet worden;

5. mit dem Eindringen verschiedener mongolischer Völkerstämme hat auch das mongolische Pferd, dessen Prototypus Equ. Przewalski ist, seinen Weg nach Westen gefunden, doch hat sich der erstere, weil er in überwältigender Zahl vorhanden war, dabei bis zur Gegenwart in fast ursprünglichem Zustande erhalten.

Angeloff.

Nach Stegmann (27) kann die Rappenfärbung des Pferdes durch das rote und schwarze Pigment des Haares hervorgerufen werden. Er unterscheidet entsprechend je nach dem Anteil der Pigmente Recht- und Licht-(Echte) Rappen einerseits von den Sommer- und Dunkelrappen andererseits. Die Fohlen kommen je nach der Art des Pigments verschieden gefärbt zur Welt.

Richter u. Adleff.

Unzeitig (28) nahm bei 43 gebärenden Stuten des Wieselburger Gidran- und englischen Vollblutgestütes Gewichtsbestimmungen vor.

Die Gewichtsdifferenz vor und nach der Geburt betrug bei 24 anglo-arabischen Halbblutstuten durchschnittlich 89 kg, bei 19 englischen Vollblutstuten 83,5 kg. Hinsichtlich des Gesamtgewichtsverlustes ließ sich jedoch eine Regel nicht aufstellen. Die Halbblutstuten brachten absolut und relativ schwerere Fohlen, als die Vollblutstuten, während die Nachgeburten wiederum beim Vollblut absolut und relativ schwerer waren, als diejenigen beim Halbblut. Krage.

Motloch (15) gibt einen geschichtlichen Überblick über die Bedeutung der Pferdezucht in den einzelnen Ländern, bei den verschiedensten Völkern bis zur Jetztzeit, der Übergangsperiode von Pferd zum Motor.

Richter u. Adleff.

Paicu (18) hat Untersuchungen unternommen, um zu beweisen, ob eine Differenzierung der Pferderassen durch Isohämagglutination möglich ist.

Die Untersuchungen erstrecken sich auf 220 Pferde, davon 50 Ardenner, 20 arabische Vollblüter, 20 arabische Halbblüter, 20 Lippizaner, 80 der Nonius- und

30 der Lokalrasse. Kurz gesagt, sind die Resultate bei dem jetzigen Zustande der Untersuchungsmethode negativ geblieben; P. kommt zu folgenden Schlüssen:

Es ist unmöglich, den sog. biologischen Index bei den Pferderassen festzustellen, da die Isoagglutination der roten Blutkörperchen beim Pferd nicht stattfindet. Das tierische Normalserum enthält eine variable Anzahl von Hämagglutininen, von denen jede auf mehrere Blutarten in verschiedenem Grade einwirkt und Pseudoagglutination hervorruft. Weder die Iso- noch die Autohämagglutinine sind im Pferdeserum absorbierbar. Bei der Pseudoagglutination bilden sich keine regelmäßigen Gruppen aus. Die Autohämagglutination fällt mit den frühzeitigen Phasen der Blutgerinnung beim Pferd zusammen. Die Autohämagglutinationen finden bei niedrigen Temperaturen (0—10°) statt. Die Pferdeblutkörperchen werden mit Menschenserum agglutiniert; die Menschenblutkörperchen werden mit Pferdeserum agglutiniert. Constantinescu.

Rau (21) erörtert die Frage der Verstärkung des deutschen Warmblutpferdes.

Die Hengste der namhaftesten deutschen Warmblutzuchten wurden den wirtschaftlichen Verhältnissen der Nachkriegszeit entsprechend unter Erhaltung des Typs, der Beweglichkeit und der Ausdauer, durch beste Weideernährung allein, oder bei Mangel derselben durch Kraftfutterernährung und durch systematisch ausgedehnte Bewegung der Jungtiere in einer größeren Körperschwere und Knochenfestigkeit hergestellt als vor und während dem Kriege. Es wurden folgende Durchschnittsgewichte für Hengste erreicht: Oldenburger und Ostfriesen 15 Zentner, Holsteiner Marsch bis 14$^1/_2$ Zentner, Hannoveraner 14 Zentner, Ostpreußen 13 Zentner. Richter und Demmel.

Kaiser (8) weist an der Hand der Pferdestatistiken nach, daß der Pferdebedarf Deutschlands aus der inländischen Pferdezucht gedeckt werden kann und richtet sich dementsprechend gegen die Reichszollpolitik, die nach dem Rechte der Meistbegünstigung eine schrankenlose Pferdeeinfuhr gestattet. Im Interesse der deutschen Pferdezucht wird deshalb die Wiedereinführung des Einfuhrgenehmigungszwanges und ein ausreichender Schutzzoll für die Einfuhr von Pferden dringend gefordert. Richter u. Demmel.

### b) Pferdezuchten.

1) Anton, H.: Die niederländische Pferdezucht. Zschr. f. Gestütsk. Jg. 20, S. 72—76 und 81—87. — *2) Böhlke: Die Warmblutzucht der Provinz Brandenburg. Ebendas. Jg. 20, S. 17—24. — 3) Boucher: A propos du cheval de trait du Nord. J. de M. vét. Bd. 71, H. 2 — 4) Brebeck: Der Pferdezuchtverband für starkes Warmblut im Freistaat Danzig und seine Stellung zur Hochzucht. D. landw. Tierz. Jg. 29, S. 86—87. (Nichts Wesentliches.) — 5) Buhle, P.: Was haben die kaltblütigen Zugpferde im Weltkriege geleistet? Hannover: M. & H. Schaper. — 6) Collart, M.: Le cheval ardennais. Vet. med. Diss. Lyon. Ref. in Rev. gén. de M. vét. Bd. 34, S. 577. — *7) Constantinescu, G. K.: Die Variabilität der Widerristhöhe bei den Noniusstuten. Bul. Dir. gen. zoot. si san. vet. Bd. 10—12, S. 48—74. — 8) Fegter, K.: Das ostfriesische Pferd. Zschr. f. Gestütsk. Jg. 20, S. 182—183. — 9) Figulla: Aus der Warmblutzucht Oberschlesiens. D. landw. Tierz. Jg. 29, S. 744—748. (Bericht über vorhandene örtliche Verhältnisse.) — 10) Gatermann: Drei beachtenswerte Hengste. Ebendas. Jg. 29, S. 329—330. (Die Belgier Rigolo, Ravisseur de la Loge und Cristal de Baele.) — 11) Georgieff, J. P.: Über Pferdezucht in Bulgarien. Diss. Berlin. — 12) Gramann, H.: Das ostfriesische Pferd. Hannover: M. & H. Schaper. — 13) Haubold, K.: Scheffel von Ekstedt. D. landw. Tierz.

Jg. 29, S. 59. (Prämiierter Kaltbluthengst der Meißner Zuchtrichtung.) — 14) Hayen: Der Typ des Oldenburger Pferdes. Zschr. f. Gestütsk. Jg. 20, S. 153—159. — 15) Hering: Ein Beitrag zur Kenntnis der Jugendentwicklung des rheinisch-deutschen Kaltblutpferdes Hannover: M. & H. Schaper. — *16) Hohenleitner: Ermittlung von Gewichtszunahmen bei Belgierfohlen in den ersten Lebenswochen an Hand täglicher Wägungen. D. landw. Tierz. Jg. 29, S. 123—131. — 17) Kleinert, K.: Der Wert des Stammbaumes in der Pferdezucht und das Pommersche Stutbuch. Ebendas. Jg. 29, S. 716—717. (Nichts Wesentliches.) — *18) Lange, G.: Die Bedeutung des hannoverschen Pferdes für die Landespferdezucht. Ill. landw. Ztg. Jg. 45, S. 583 bis 585 und 594—597. — 19) Munckel, H.: Die rheinische Kaltblutzucht. Hannover: M. & H. Schaper. — 20) Petersen: Die Hengstlinien des Schleswiger Kaltblutpferdes und ihre Veränderungen in den letzten 10 Jahren. D. landw. Tierz. Jg. 29, S. 296 bis 300. (Lokale Bedeutung.) — 21) Pschorr, W.: Aus den Zuchtgebieten des norischen Pferdes. Südd. landw. Tierz. Jg. 19, S. 13—16. (Nichts Wesentliches.) — 22) Richter, G.: Die Fohlenaufzucht in der Provinz Hannover. Zschr. f. Gestütsk. Jg. 20, S. 99—101. (Nichts Neues.) — 23) Schilke: Die Warmblutzucht im Samland. Ebendas. Jg. 20, S. 144—146. — 24) Schimmelpfennig, K.: Betrachtungen über die pommersche Pferdezucht. Ebendas. Jg. 20, S. 159—163. (Nichts Wesentliches.) — 25) Schöttler, F.: Das hannoversche Pferd (2). Hannover: M. & H. Schaper. — 26) Stautner: Das norische Pferd. M. t. W. Bd. 76, Nr. 8, S. 137—142; Nr. 9, S. 163—168; Nr. 10, S. 198—202. (Auszug aus einem Lichtbildervortrag vor der D. Landw. Ges. Würzburg.) — 27) Stegmann, F. P.: Die Pferdezucht in Estland. Zschr. f. Gestütsk. Jg. 20, S. 55—58. (Nichts Wesentliches.) — 28) Sternfeld, R.: Die klassischen Sieger des Jahres 1924. Ebendas. Jg. 20, S. 65—69. — 29) Storz: Die Pferdezucht in Württemberg. Südd. landw. Tierz. Jg. 19, S. 130—132. (Lokale Bedeutung.) — 30) Tagepera, K.: Muljed Soome riiklikelt takunaitustelt. (Eindrücke auf der staatlichen Hengstausstellung in Finnland.) Estnische T. R. Bd. 1, S. 94. — 31) Theulegoet, H. de: Monographie des belgischen Lastpferdes. Hannover: M. & H. Schaper. — *32) Hoekma, J. G.: Paardenfokkerij op Ceylon. (Die Pferdezucht auf Ceylon.) Nederl. Ind. Blad voor Diergeneesk. Bd. 37, S. 329—331. — *33) Zeeb, R.: Schwere Warmblüter. Ill. landw. Ztg. Jg. 45, S. 307 bis 308. — 34) Die deutschen Warmblutzuchten. Herausgegeben vom Reichsverband für Zucht und Prüfung deutschen Warmblutes. Berlin, Randstr. 36.

Lange (18) berichtet über die Bedeutung des hannoverschen Pferdes für die Landespferdezucht, und zwar in den Landgestüten, im Wirtschaftsleben und im Auslande.

Infolge seiner guten Eigenschaften und vielfachen Verwendungsmöglichkeiten im Wirtschaftsleben hat der Hannoveraner starke Verbreitung und viele Freunde gefunden. In vielen Landgestüten hat sich der Hannoveraner gut einbürgern und erfolgreich auf die Landespferdezucht wirken können. So hat beispielsweise der 1922 gegründete Verband Brandenburgischer Warmblutzüchter als Zuchtziel die Erziehung eines Pferdes auf der Grundlage des starken Hannoveraners aufgestellt und will damit die Landeszucht, der die wahllose Kreuzung mit Kaltblutmaterial viel Schaden zugefügt hat, wieder in die richtige Bahn leiten. Das Landesgestüt Celle ist die Geburtsstätte des Hannoveraners. An bekannten Hengstlinien sind zu nennen die Adeptus-, Nelusko-, Norfolk- und Kinglinien. Als Zukunftslinie wird die von Flick bezeichnet, durch die man Typenreinheit und Farbengleichheit in der ganzen hannoverschen Zucht zu erzielen hofft. Richter und Adleff.

Die Warmblutzucht der Provinz Brandenburg hat nach Böhlke (2) in den letzten 40—50 Jahren durch die wenig glücklichen Kreuzungen mit Kaltblutmaterial stark gelitten, ohne dabei der Kaltblutzucht auch nur den geringsten Nutzen zu bringen. Eine günstige Entwicklung hat die Warmblutzucht erst nach dem Zusammenschluß der Züchter im Verband Brandenburgischer Warmblutzüchter, mit dem Zuchtziel eines starken, tiefen Wirtschaftspferdes von ruhigem Temperament mehr im Typ des Hannoveraners, genommen. *Richter u. Adleff.*

Constantinescu (7) berichtet über die Variabilität der Widerristhöhe bei den Noniusstuten.

Da die Autoren, die den Noniuspferdeschlag beschrieben haben, verschiedentlich den Unterschied zwischen dem großen und kleinen Nonius angeben, hat Verf. an der Hand der in den rumänischen staatlichen Gestüten vorhandenen Mutterstuten die Sache geprüft. Es wurden 54 Stuten vom kleinen und 79 vom großen Noniusschlag gemessen, und die Resultate der Messungen wurden nach der variationsstatistischen Methode bearbeitet. Es hat sich gezeigt, daß das kleine Noniuspferd sich unter 161 cm Stockmaß befindet. Der Mittelwert der Widerristhöhe der kleinen Noniusstuten ist 157,39 cm (mit einem mittleren Fehler von $\pm$ 0,40, einer Standardabweichung von $\pm$ 3,002 und einem Variationskoeffizient von 1,90). Der Mittelwert der großen Noniusstuten ist 161,79 cm (mit einem mittleren Fehler von $\pm$ 0,40, einer Standardabweichung von $\pm$ 3,61 und einem Variationskoeffizient von 2,23). Die Variabilität des großen Nonius ist dabei größer als die des kleinen. *Constantinescu.*

Zeeb (33) spricht dem schweren Warmblüter als landwirtschaftlichem Gebrauchspferd das Wort und führt als Beispiel den Ostfriesen an, der trotz seiner Schwere sich doch auch als Reit- und Wagenpferd eignet und gerade durch diese vielseitigen Verwendungsmöglichkeiten für die Landwirtschaft so wertvoll ist. *Richter u. Adleff.*

Hoekma (32) beschreibt die Zucht und das Gestütswesen unter den Portugiesen, später unter den Holländern und hierauf unter den Engländern auf Ceylon. Die Zuchterfolge waren nicht auffällig günstig; im allgemeinen sind die Pferde zu klein. *Beijers.*

Hohenleitner (16) hat Ermittlungen von Gewichtszunahmen bei Belgierfohlen in den ersten Lebenswochen an Hand täglicher Wägungen vorgenommen und kommt auf Grund seiner Erhebungen zu dem Schluß, daß Weidegang allein ohne Beifütterung nicht die bestmöglichen Entwicklungsbedingungen für die Fohlen geben kann. *Richter u. Adleff.*

### c) Gestütskunde.

1) Berthold: Das Landgestüt Celle und die hannoversche Pferdezucht. D. landw. Tierz. Jg. 29, S. 539 bis 542. (Nichts Neues.) — 2) Preusser, W.: Das preußische Hauptgestüt Beberbeck. D. landw. Presse Bd. 52, S. 103. (Geschichtlicher Überblick, gegenwärtiger Etat; nichts Neues.) — 3) Schilke: Master Magpie und seine Nachzucht. D. landw. Tierz. Jg. 29, S. 229—231. — *4) Spann: Babolna. Südd. landw. Tierz. Jg. 19, S. 49—51. — *5) Derselbe: Kisber. Ebendas. Jg. 19, S. 237—242. — 6) Derselbe: Mezöhegyes. Ebendas. Jg. 19, S. 485—487. (Nichts Neues.) — *7) Spügen, M.: Die Bedeutung der Inzucht im Lichte neuzeitlicher Forschungen. D. landw. Tierz. Jg. 29, S. 223—225. — 8) Stegmann: Die Wahl des Zuchthengstes. Zschr. f. Gestütsk. Jg. 20, S. 169—173. — 9) Stegmann, F. P.: Nelusko. Ebendas. Jg. 20, S. 202—205. — *10) Sternfeld, R.: Neue Vaterpferde. Ebendas. Jg. 20, S. 1—7. — 11*) Derselbe: Schonung der Zweijährigen. Ebendas. Jg. 20, S. 33—35.

Spann (4) unterzieht das gegenwärtige Material vom ungarischen Staatsgestüt Babolna einer Betrachtung. Gezogen werden Vollblut- und Halbblutaraber, sowie Lippizaner. *Richter u. Adleff.*

Spann (5) gibt über den derzeitigen Stand der Zuchtverhältnisse in Kisber einen kurzen Überblick. Wie zur Zeit der Gründung werden auch heute noch englisches Vollblut und englisches Halbblut gezogen; daneben ist aber auch die Rinder-, Schaf- und Schweinezucht beachtlich. *Richter u. Adleff.*

Sternfeld (11) spricht sich für die Schonung der Zweijährigen aus und warnt davor (im Interesse der Vollblutzucht), die Gesetze noch weiterhin zu mildern, oder gar ganz aufzugeben. *Richter u. Adleff.*

An inländischen neuen Vaterpferden nennt Sternfeld (10) den bewährten Wallenstein und den Augias, während Ganelon und Abgott im Training verbleiben. Neu importiert wurden Aldford, Caligula und St. Eloi, deren Zuchtwert noch nicht erwiesen ist. Von Aldford wird am ehesten noch ein Gewinn für die heimische Zucht erhofft. *Richter u. Adleff.*

An Hand von Beispielen aus der praktischen Tierzucht weist Spügen (7) auf die Bedeutung der Inzucht im Lichte neuzeitlicher Forschung hin.

Die Ansichten über die Inzuchtfragen haben im Laufe der Zeit manche Änderungen erfahren. Zwischen der Konstanztheorie von Justinus und der Lehre von der Individualpotenz Settegasts bewegen sich die Ansichten. Welche Bedeutung die Inzucht aber für die Tierzucht hat, lehrt die Stammbaumforschung und zeigen uns deutlich die Ergebnisse sachgemäß angewandter Inzucht. Die Inzucht ist oft ausschlaggebend für die Bildung und Befestigung hervorragender Eigenschaften einer Rasse und als Zuchtfaktor sehr beachtlich. Daß unsachgemäß betriebene Inzucht ebenso Nachteile zeitigen kann, zeigen deutlich die Gestüte Friedrichsberg und Herrenhausen. *Richter und Adleff.*

## 4. Rinderzucht.

### a) Allgemeines.

1) Adametz, L. Ö.: Untersuchungen über den Schädelbau des Brachycerosrindes aus dem Polje von Podgorica (Süd-Montenegro). Zschr. f. Tierzücht. u. Zücht.-Biologie Bd. 3. S. 209—221. — *2) Derselbe: Über den Schädelbau des Rindes der Auvergne und dessen Stellung im Rütimeyer-Wilckensschen Einteilungssysteme der Rinderrassen. Ebendas. Bd. 2, S. 163—177. — *3) Aust: Die Bullenhaltungsgenossenschaften des landwirtschaftlichen Kreisvereins Leipzig. Sächs. landw. Zschr. Nr. 23, S. 385. — 4) Baumann, M.: Kritische Betrachtungen über die Eigenbullenhaltung; die Vorteile der Gemeindebullenhaltung und ihre Einführung. Aufhebung des Körzwanges. D. landw. Tierz. Jg. 29, S. 493—495. (Nichts Neues.) — 5) Beller: Zwergkälber, Otterkälber, Mopskälber, Bulldoggenkälber, Teckelkälber in anatomischer Beleuchtung. Ebendas. Jg. 29, S. 569. (Nichts Neues.) — *6) Bruchholz: Zur Entwicklung der sächsischen Rinderzucht. Sächs. landw. Zschr. Nr. 36, S. 582. — *7) Bührig-Bohlsen, O.: Züchtungsmethoden und Züchtungsgrundsätze in der Rindviehzucht. D. landw. Tierz. Jg. 29, S. 693—699. — *8) Contescu, D.: Leistung und Form bei der Milchkuh. Bul. Dir. gen.

zoot. si san. vet. Bd. 1—3, S. 99—122. — *9) Dietrich, E. A.: Über die Züchtung von Butterkühen. D. landw. Tierz. Jg. 29, S. 427—432. — 10) v. Egloffstein: Ein neues Koppenverhinderungsmittel. Ebendas. Jg. 29, S. 287. (Neuer Koppbügel für Rinder.) — *11) Feuersänger: Sachgemäße Aufzucht des weiblichen Rindes. Südd. landw. Tierz. Jg. 19, S. 203—206. — *12) Göbel: Eigenbullenhaltung — Gemeindebullenhaltung, Bullenhaltungsgenossenschaft — Bullenhaltungsring. D. landwirt. Presse Bd. 52, S. 243—244 u. S. 256. — *13) Derselbe: Rationelle Leitungskontrolle in der Rindviehzucht. D. landw. Tierz. Jg. 29, S. 367—369 u. 391—392. — *14) Golf: Die Förderung der Milchleistung durch Maßnahmen der Züchtung und Fütterung. Sächs. landwirt. Zschr. Nr. 11, S. 193. — *15) Gutbrod: Ist wirklich Grünland überall die Voraussetzzung einer einträglichen Rinderzucht. M. t. W. Bd. 76, Nr. 7, S. 117—121. — *16) Derselbe: Eine Gangleistungsprüfung für Fahrkühe. D. landw. Tierz. Jg. 29, S. 231—233. — 17) Hanke, E.: Beitrag zum Studium der Rinderschläge in Nord-Böhmen. Ebendas. Jg. 29, S. 327—329. (Nichts Neues.) — 18) Hansen, J.: Zuchtwirtschaft und Abmelkwirtschaft in Rücksicht auf den Milch- und Fettbedarf. Mitt. d. D. Landw. Ges., H. 15, S. 273. — *19) Hansen, J.: Das Kontrollvereinswesen im Deutschen Reiche am 1. Jan. 1925. Ebendas. H. 29, S. 532. — *20) Derselbe: Kälberaufzuchtversuch mit Lebertran. D. landw. Tierz. Jg. 29, S. 172. — 21) Derselbe: Deutschlands Rinderzucht und ihre Entwicklungsmöglichkeiten. D. landw. Presse Bd. 52, S. 590—592. (Nichts Neues.) — 22) Held, K.: Der Schneidezahnwechsel des Jeverländer Rindes. Ebendas. Bd. 52, S. 50. — 23) Henseler: Ein Teckelzebu! Eine Mutation? D. landw. Tierz. Jg. 29. S. 279—281. — 24) Hink, A.: Einträgliche Rindviehzucht nebst einer Belehrung über Währschaftsrecht und Gewährsfehler, Seuchen und andere Krankheiten. Stuttgart: E. Ulmer. — *25) Huber, A.: Untersuchungen über Korrelationen von Milch, Haarfarbe, Schilddrüse zur Trockensubstanz des Blutes beim Schweizer Braunvieh. Diss. Bonn. 1924. — 26) Köppe: Beurteilung und Typveränderung der schwarzbunten Tieflandzucht. D. landw. Tierz. Jg. 29, S. 69—73. — 27) Derselbe: Tieflandrindertyp und Prämiierungen. Ebendas. Jg. 29, S. 718—721. (Nichts Neues.) — 28) Kraemer, A.: Das schönste Rind. (4) Berlin: P. Parey. — 29) Lührs, E.: Kälberkrankheiten und ihre Verhütung. Ill. landw. Ztg. Jg. 45, S. 381—383. (Nichts Neues.) — 30) Maurer: Mißbildungen bei Kälbern. Südd. landw. Tierz. Jg. 19, S. 392—394. (Nichts Neues.) — *31) Meysahn: Büffel in ihrer Eignung als Milchvieh. D. landw. Tierz. Jg. 29, S. 415—416. — 32) Moos, H.: Die Leistungsprüfung des Rindes. Schweiz. Arch. f. Tierhlk. Bd. 67, S. 503—516. — 33) Müller: Praktische Züchtungs- und Haltungsfragen in der Niederungszucht. D. landw. Tierz. Jg. 29, S. 623—626. (Gibt keine neuen Gesichtspunkte.) — *34) Patow, C. v.: Studien über die Vererbung der Milchergiebigkeit an Hand von fünfzigjährigen Probemelkaufzeichnungen. Zschr. f. Tierzücht. u. Zücht.-Biologie. Bd. 4, S. 253—329. — *35) Petersen: Rationelle Jungviehaufzucht mit Magermilch. D. landw. Tierz. Jg. 29, S. 582—583. — *36) Ritgen: Die mitteldeutschen Landschläge. Mitt. d. D. Landw. Ges. H. 17, S. 308. — *37) Schmidt, B.: Milchleistungen in Ostpreußen. D. landw. Tierz. Jg. 29, S. 439—442. — 38) Schneider, K.: Voraussetzungen neuzeitlicher Weidewirtschaft und Viehzucht in der Rhön. Südd. landw. Tierz. Jg. 19, S. 25—26 u. 37—39. (Lokale Bedeutung.) — *39) Schobert: Das Rind als Arbeitstier. Ill. landw. Ztg. Jg. 45, S. 52—54. — *40) Schumann: Die Aufzucht des Kalbes. Ebendas. Jg. 45, S. 302—305. — 41) Spann, J.: Das Rind als Arbeitstier. Freising-München: Datter & Co. — *42) Staffe,

A.: Hybridatavismus bei der Kreuzung rot- und schwarzbunter Holländer mit braungrauem Alpenvieh und die Verzögerung seines Aufscheinens durch Kastration. Zschr. f. Tierzücht. u. Zücht.-Biologie. Bd. 2, S. 179—203. — 43) Tukker, J. G.: Die Rindviehzucht in den Niederlanden. D. landw. Tierz. Jg. 29, S. 369—377. (Nach einem Vortrag, nichts Neues.) — *44) Vogel, O.: Die Leistungszucht in der Stammzuchtgenossenschaft Fischbek. Jb. f. wiss. u. prakt. Tierz. Jg. 17. — *45) Weber, F.: Das Osttiroler Pinzgauerrind und die Beeinflussung seines Knochenwachstums durch die geologischen Verhältnisse. Diss. Wien. — 46) Wiegel, M.: Harzviehzucht in der Provinz Sachsen. D. landw. Tierz. Jg. 29, S. 481 bis 482. — 47) Wiemann: Die Bekämpfung der Rindertuberkulose und ihre Bedeutung für die Rindviehzucht. Ebendas. Jg. 29, S. 547—551. (Spricht für das Ostertagsche Tilgungsverfahren.) — 48) Wolf: Arbeitsverwendung des Rindes im Allgäu. Südd. landw. Tierz. Jg. 19, S. 225—226. (Nichts Wesentliches.) — 49) Wriedt, Chr.: Vererbliche Scharten an den Ohren des Rindes. Zschr. f. Tierzücht. u. Zücht.-Biologie Bd. 3, S. 235—38. (Nichts Wesentliches.) — 50) Wunderlich, L.: Züchterische Betrachtungen in der Rindviehzucht. D. landw. Presse. Bd. 52, S. 393 u. S. 406—407. (Nichts Neues.)

Staffe (42) hat Erhebungen über Hybridatavismus bei der Kreuzung rot- und schwarzbunter Holländer mit braungrauem Alpenvieh und die Verzögerung seines Aufscheinens durch Kastration gemacht und zusammenfassend folgendes festgestellt:

1. Scheckfarbe ist beim Rinde rezessiv gegenüber Einfärbigkeit. Weißfärbigkeit der Körpergipfel (Akroalbinismus) dagegen dominant. 2. Bei der Kreuzung rot- und schwarzbunter Holländer mit einfarbig graubraunem Alpenvieh ist die $F_1$-Generation einfärbig mit Akroalbinismus, wenn der letztere bisweilen auch nur in Zungen- oder Gaumenflecken zum Ausdruck kommt. 3. Der Farbton der $F_1$-Generation aus der Kreuzung rotbunter Holländer × graubraunem Alpenvieh ist bei der Geburt ein fahlrotbrauner und geht beim ♂ in den ersten 4—6, beim ♀ in den ersten 6—9 Monaten in ein glänzendes Lackschwarz über. Bei der Kreuzung schwarzbunter Holländer × graubraunem Alpenvieh ist $F_1$ zunächst dunkelrotbraun, später ebenfalls lackschwarz. 4. Diese Schwarzfärbung ist als Hybridatavismus anzusprechen und geht auf das gleichgefärbte primigene und brachycere Wildrind zurück. 5. Wird beim $F_1$ vor Beginn der Verfärbung Kastration vorgenommen, so tritt infolge Kalkretention eine Verminderung der oxydierenden Fermente und damit eine Verzögerung (evtl. Stillstand) in der Bildung der schwarzen Melanie ein. Richter u. Adleff.

Bührig-Bohlsen (7) erörtert die Züchtungsmethoden und Züchtungsgrundsätze in der Rindviehzucht an der Hand von Stammtafeln.

Er zeigt die Wege, auf denen am schnellsten und sichersten die dem Zuchtziel nahekommende Ausgeglichenheit einer Herde oder eines ganzen Zuchtgebietes erreicht werden kann. Die beste Methode hierzu ist die langjährige Benutzung sorgfältigst ausgewählter Vatertiere, und zwar möglichst so lange, bis in der weiblichen Nachzucht eine ganze Herde vorhanden ist. Durch eine sachgemäße Inzucht auf einen bewährten Ahnen erhält dessen bewährtes Blut einen ausschlaggebenden Einfluß auf die ganze Zucht. Richter u. Adleff.

Über die Züchtung von Butterkühen und ihre wirtschaftliche Bedeutung läßt sich Dietrich (9) aus.

Das Butterfett als wertvollster Bestandteil der Milch und als ausschlaggebender Faktor bei der Milchbewertung verdient unser vollstes Interesse. Durch Betonung der leistungsfähigen Familien mit gleichzeitig hohem Fettprozentgehalt der Milch müssen Kühe herangezogen werden, die sich durch eine konstante Vererbung dieser Eigenschaft auszeichnen. Leistungszahlen sind zur Erreichung dieses Zieles unentbehrlich. Auch bei den Vatertieren sind die Leistungen ihrer Ahnen und — noch wertvoller, aber schwieriger — die Leistungen ihrer Töchter und weiteren Nachkommen bei der Beurteilung mit heranzuziehen.                               Richter u. Adleff.

v. Patow (34) hat Studien über die Vererbung der Milchergiebigkeit an Hand von 50jährigen Probemelkaufzeichnungen vorgenommen und erneut erwiesen, daß die Vererbung der Milchergiebigkeit den Mendelschen Regeln folgt, und zwar sind mehrere Faktoren bzw. Faktorenpaare (wahrscheinlich 3) dabei beteiligt.                               Richter u. Adleff.

Contescu (8) befaßt sich mit der Frage der Form und Leistung bei den Milchkühen.

Auf Grund der im Jahre 1922 in Angeln an 125 Anglerkühen gemachten Messungen, die der Verf. mit der Milchproduktion vergleicht. und nach der Korrelationsmethode bearbeitet, kommt er zu dem Schluß, daß eine sehr schwache Korrelation zwischen den Körpermaßen und der Milchleistung besteht, so daß es schwer ist anzunehmen, daß die Milchleistung in irgendwelchen Beziehungen zu den Körperformen steht. Ein negativer Korrelationskoeffizient ist zwischen Milchproduktion und Widerristhöhe festgestellt worden (— 0,09903), während zwischen den übrigen 9 in Betracht genommenen Körpermaßen und der Milchleistung der Korrelationskoeffizient folgendermaßen schwankt: Körperlänge $+ 0,1227$, Vorbrustbreite $+ 0,1404$, Brustbreite $+ 0,00007$, Brusttiefe $+ 0,1761$, Lendenlänge $+ 0,1708$, Kruppenlänge $+ 0,24639$, Kruppenbreite $+ 0,1328$, Beckenbodenbreite $+ 0,0761$, Kopflänge $+ 0,1196$.                               Constantinescu.

Nach Golf (14) kommen als züchterische Maßnahmen für die Hebung der Milchleistung in Betracht: Die Verwendung von Zuchtbullen und die Aufstellung der Nachzucht von den milchleistungsfähigsten Familien sowie die Milchkontrolle. Vollkommene Gesundheit und kräftige Konstitution sind selbstverständliche Voraussetzungen. Für die Durchführung der entsprechenden Fütterungsmaßnahmen zur Hebung der Milchleistung müssen alle Mittel zur Steigerung der Futtererträge von Wiese, Weide und Acker angewendet werden. Ferner ist die Gruppenfütterung, Grün- und Kraftfutter gemischt, durchzuführen.                               Richter u. Demmel.

Schmidt (37) hebt die guten Milchleistungen in Ostpreußen hervor, vor allem im Vergleich zu den Boden- und klimatischen Verhältnissen. Nicht eine absolut hohe Milchleistung ist erwünscht und wird angestrebt, sondern Leistungen, die eine verständige relative Basis haben, also wirtschaftlich sind. Zahlen und Tabellen, die der Verfasser anführt, gestatten einen guten Ein- und Überblick in die Verhältnisse.
                              Richter u. Adleff.

Meysahn (31) verbreitet sich über die Büffel in ihrer Eignung als Milchvieh und stellt fest, daß die Büffelmilch gegenüber der Kuhmilch zweifelsohne Vorteile besitzt, und zwar sowohl in bezug auf ihren Fettgehalt, als auch auf ihren Keimgehalt (vor allem ist die Tuberkulose bei Büffeln äußerst selten). Wirtschaftliche Gesichtspunkte werden aber die Haltung dieser Tiere in Deutschland und Österreich verbieten.
                              Richter u. Adleff.

Nach Huber (25) versprechen hohe Bluttrockensubstanzwerte hohe Milch- und Mastleistungen.
                              Weber.

An der Hand von statistischem Material gibt Hansen (19) einen Überblick über das Kontrollwesen der Milchkühe in den einzelnen Ländern und Provinzen des Reiches.

In den Hochzuchtgebieten Norddeutschlands stehen 12—18% aller Kühe unter Kontrolle; Danzig mit 31,1% marschiert an der Spitze. In den mittleren Zuchtgebieten stehen 5—12% unter Kontrolle. Süddeutschland, wo das Kontrollwesen noch in den Anfängen steht, bleibt unter 5%. Für Preußen errechnet sich ein Durchschnitt von 9,8%, für das Reich ein solcher von 6,5% von kontrollierten Milchkühen auf alle vorhandenen Kühe berechnet. Es wird auf die Notwendigkeit hingewiesen, alle Zuchtkühe auf ihre Leistung zu prüfen, da es das beste Mittel ist, die Leistungsfähigkeit der Rinderbestände zu heben und die Rentabilität der Viehzucht zu steigern.
                              Richter u. Demmel.

Nach Schumann (40) wird der Aufzucht des Kalbes nicht überall die Aufmerksamkeit gewidmet, die notwendig ist, um eine gute Nachzucht zu erhalten. Vielfach begnügt man sich mit der Anschaffung guten Eltern-Materials, ohne die Aufzucht der Nachkommenschaft entsprechend zu berücksichtigen, man ist nur allzu leicht geneigt, Mißerfolge einer schlechten Vererbung usw. zuzuschreiben. Auf eine ausreichende (gehaltreiche) Jugendernährung ist größter Wert zu legen, da erfahrungsgemäß einmal Versäumtes auch durch noch so gute Fütterung nicht mehr nachgeholt zu werden vermag. Der Übergang von einer Fütterungsart zur anderen soll sich allmählich vollziehen. Anleitungen zu vorteilhafter Jugendernährung vervollständigen die Ausführungen.               Richter u. Adleff.

Feuersänger (11) hebt die große Bedeutung einer sachgemäßen Aufzucht des weiblichen Rindes, insbesondere der Kälber, für die Zucht hervor und zeigt, daß die Aufzucht von Jungvieh auch in Gegenden möglich und rentabel ist, wo wenig oder nur beschränkte Weidegelegenheit vorhanden ist. Die beiden Möglichkeiten der Kälberaufzucht: sofortiges Absetzen oder längeres Saugenlassen werden eingehend erörtert. Verfasser ist für sofortiges Absetzen, um die Wachstumshemmungen als dessen Absatzerscheinung zu vermeiden.
                              Richter u. Adleff.

Petersen (35) spricht der rationellen Jungviehaufzucht mit Magermilch das Wort und führt Beweise an, aus denen ersichtlich ist, daß die Magermilch durch zweckentsprechende Verarbeitung dem Nährwert der Vollmilch nahekommt.
                              Richter u. Adleff.

Hansen (20) berichtet über einen Kälberaufzuchtversuch mit Lebertran. Die erhaltenen Vergleichszahlen von Kontrolltieren sprachen deutlich für die Vorteile einer Lebertranzufütterung.
                              Richter u. Adleff.

Gutbrod (15) bezeichnet gutgepflegtes Grünland als Quelle und Grundlage einträglicher Viehzucht.
                              J. Schmidt.

Nach Bruchholz (6) ist das Aufblühen der sächsischen Rinderzucht auf die Tatsache zurückzuführen, daß es infolge der hohen Nutzviehhändlerpreise dem Landwirt nicht mehr möglich war, Nutzvieh billiger einzukaufen als selbst aufzuziehen. Der früher wirtschaftlich rentable Nutzviehimport hatte dazu beigetragen, die bodenständigen Landschläge stark zu vermindern.

Heute gehen die Bestrebungen dahin, die verschiedenen Rassen unter Verwendung von auf eigener Scholle gezogenen und züchterisch wertvollen Bullen zu bodenständigen Schlägen mit hoher Leistungsfähigkeit heranzuzüchten. Richter u. Demmel.

Nach Schobert (39) eignet sich das Rind als Arbeitstier nicht nur für den Klein- und Mittelbesitz, sondern kommt auch bei größeren Gütern unter Umständen als Arbeitstier in Frage (Ochsengespann). Für den Kleinbesitz hat von jeher das Rind als Zugtier an erster Stelle gestanden. Die Rentabilität ist größer (Wegfall der teuren Haltungskosten, Milchleistung und besserer Dünger) und das Risiko aus bekannten Gründen geringer als bei Pferdehaltung (bessere Fleischverwertung bei Unglücksfällen). Nicht zu unterschätzen ist die hygienische Seite der Verwendung der Kühe zur Arbeit gerade beim Kleinbesitz, wo die Kühe außer zur Arbeit fast nie aus den oft dürftigen Stallungen ins Freie kommen. Richter u. Adleff.

Über den Schädelbau des Rindes der Auvergne und dessen Stellung im Rütimeyer-Wilckensschen Einteilungssystem der Rinderrassen läßt sich Adametz (2) aus. Nach ihm gehört die Rinderrasse der Auvergne in die Gruppe Primigenius und nicht, wie bisher irrtümlich angenommen wurde, in die Gruppe Brachycephalus.
Richter u. Adleff.

Gutbrod (16) berichtet, daß der Zuchtverband für gelbes Frankenvieh eine Zug- und Gangleistungsprüfung für Fahrkühe als notwendige Ergänzung der Milchleistungsprüfung einzuführen beabsichtigt.
Richter u. Adleff.

Göbel (13) bringt neue Vorschläge zur rationellen Leistungskontrolle in der Rindviehzucht.

Auf die weiblichen Familientafeln ist größerer Wert als bisher zu legen. Sie geben dem Züchter am besten Aufschluß über die Leistungen einer Kuh. Die Zuchtbestände sind hinsichtlich ihrer Leistungen und Konstitution auf möglichst wenige Familien einzuengen. Zur richtigen Beurteilung der Leistung eines Bestandes sollen die Durchschnittsjahresleistungen in bezug auf Milchmenge und Fettgehalt aufgezeichnet werden, neben sog. Leistungstabellen, wo die Einzelleistungen im Verhältnis zur Jahresdurchschnittsleistung ersichtlich sind. Auf diese Art wird es leicht, die Plusvarianten herauszufinden und diese zweckentsprechend in der Weiterzucht besonders zu berücksichtigen und zu betonen. Richter u. Adleff.

An einem Material von schwarzbunten Tieflandrindern der Provinz Sachsen, mit Holländer- und ostfriesischem Blut der Stammzuchtgenossenschaft Fischbek, wo seit 1876 auf Milchleistung gezüchtet wird, studierte Vogel (44) die Leistungszucht durch Vergleich der absoluten Milchmenge und des Fettgehaltes der Bullen- und Kuh-Familien und faßt seine Ergebnisse folgendermaßen zusammen: Außer den allgemeinen Zuchterfordernissen Gesundheit, Fruchtbarkeit und Formenschönheit sind die Grundsätze für die Erzüchtung des Leistungstyps die Gewährleistung einer hohen Milch- und Fettleistung der zu paarenden Tiere, mäßige Verwandtschaftszucht und Erstrebung des Blutanschlusses. Richter u. Demmel.

Durch vergleichende Untersuchungen an mitteldeutschen Landschlägen, am mitteldeutschen Rotvieh und an Herden Simmenthaler Nachzucht und der schwarzbunten Niederungsrassen in Mitteldeutschland hat Ritgen (36) an dem bodenständigen Rotvieh den rentabelsten Umsatz des Ertrages der heimischen Scholle nachgewiesen. Auf Grund dessen wird im wirtschaftlichen Interesse die Vervollkommnung des mitteldeutschen bodenständigen Rotviehes aus sich heraus und die Verbreitung desselben innerhalb seines Zuchtgebietes gefordert. Richter u. Demmel.

Nach Göbel (12) ist die Eigenbullenhaltung für den Mittel- und Großgrundbesitz geeignet, dagegen nicht für den Kleinbesitz; für diesen ist die Bullenhaltungsgenossenschaft angezeigt. Das Ideal bildet der Bullenhaltungsring. Er gewährleistet eine vollkommene Ausnutzung guter Vatertiere und Vererber.
Richter u. Adleff.

Durch vergleichende Untersuchungen in den Bullenhaltungsgenossenschaften des Landwirtschaftlichen Kreisvereins Leipzigs stellte Aust (3) die Unwirtschaftlichkeit der Haltung billiger Bullen von mäßigem Zuchtwert fest und zeigte, daß die Leistungsfähigkeit des Nachwuchses im direkten Abhängigkeitsverhältnis zur Höhe der bewilligten Bullenhaltungsumlagen (d. h. zum Preis und zum Zuchtwert der Bullen) steht, und knüpft daran die Aufforderung, wo dies bis jetzt noch nicht geschehen, höhere Umlagen für die Haltung eines wertvollen Zuchtbullen zu gewähren, der durch die Erzielung einer leistungsfähigen Nachzucht größeren Gewinn bringt. Richter u. Demmel.

Weber (45) hat die Beeinflussung des Knochenwachstums durch die geologischen Verhältnisse am Osttiroler Pinzgauerrind untersucht.

Die im politischen Bezirke Lienz (Tirol) heimischen, zur Rassengruppe der Pinzgauer-Mölltaler gehörenden Rinder werden auf Grundlage ihrer Verbreitung in zwei Schläge eingeteilt, die auch in Form und Leistungen wesentliche Unterschiede aufweisen: Die Iseltaler, deren Heimat das Gebiet nördlich der Drau ist, sind verhältnismäßig groß, gedrungen (Rumpflänge 118,9% der Widerristhöhe), ziemlich tief und breit in der Brust; sie haben ein ziemlich gut entwickeltes Becken und einen kräftigen Knochenbau (Röhrenbeinumfang am Vorderfuße 16,3% der Widerristhöhe). Ihre Beinstellung ist meist korrekt, die Haut dick und derb, das Haar eher grob als fein. Das Kuhgewicht beträgt durchschnittlich 550 kg, kann aber selbst 700 kg erreichen. Ein Jahresmilchertrag von 1800 l gilt bereits als gut, die Fleischleistung und die Arbeitsfähigkeit sind sehr befriedigend. Die Tiere des anderen Schlages, die Oberländer, die im Drau- und Lesachtale heimisch sind, haben eine viel geringere Körpergröße, dafür einen verhältnismäßig längeren Rumpf als die Iseltaler (124,5% der Widerristhöhe); in den Breitenmaßen des Beckens und der Brust sind sie schmäler, ebenso weniger tief in der Brust; die Haut ist schwächer, das Haar feiner als bei den Iseltalern. Die Knochenstärke ist viel geringer (Rohrbeinumfang am Vorderfuße 13,6% der Widerristhöhe), ebenso das Körpergewicht (350—450 kg bei Kühen). Stellungsfehler der Beine kommen bei den Oberländern häufiger vor als bei den Iseltalern (Säbelbeinigkeit und Kuhhässigkeit). Die relative Milchleistung der Oberländer ist im allgemeinen größer als bei den Iseltalern.

Die Zuchtgebiete, in denen diese beiden Schläge zu Hause sind, gehören zwei verschiedenen geologischen Formationsgruppen an. Es ergab sich, daß die geologische Karte für sich allein keinen sicheren Aufschluß über die Entwicklungsmöglichkeit des Rindes gibt, daß aber im großen und ganzen das Vieh in der Urgebirgsformation einen stärkeren Knochenbau aufweist als im Gebiete des Kalkes. Mit Zuhilfenahme des Ergebnisses von Bodenuntersuchungen aus drei geologisch verschiedenen Gegenden läßt sich folgendes schließen: Der Knochenwuchs ist am geringsten auf reinen Kalkböden, die zwar sehr reich an kohlensaurem Kalk, aber arm an Phosphorsäure sind. Dies ist auch der Fall auf Urgesteinsboden, der infolge von angrenzenden Kalküberlagerungen der verwitternden und lösenden Kraft des Wassers zu wenig unterliegt. Das Urgestein ist sehr reich an Phosphorsäure, und trotz des mäßigeren Kalkgehaltes erreicht die Knochenentwicklung zumindest ein gutes Durchschnittsmaß. Am besten ist aber das Knochenwachstum auf solchen Böden, die sowohl reichlich Kalk als auch zitronenlösliche Phosphorsäure enthalten. Solche Böden liegen meist in gewissen Grenzgebieten von Kalk- und Urgestein (südliches Kalkband der Hohen Tauern), ferner im Glazial- und Gehängeschutt, im Grenzglimmerschiefer und Hornblendegestein.　Trautmann.

### b) Rinderzuchten.

1) Adametz, L.: Über den gegenwärtigen Stand der Zucht des polnischen Rotviehes. Zschr. f. Tierzücht. u. Zücht.-Biol. Bd. 2, S. 61—66. (Nichts Wesentliches.) — 2) Bäckmann, G.: Die Zucht des schwarzbunten Tieflandrindes in der Niederlausitz. D. landw. Tierz. Jg. 29, S. 17—20. (Lokale Bedeutung.) — *3) Beutner, E.: Das Ansbach-Triesdorfer Rind, seine Abstammung, Rassenmerkmale, Leistungen, seine Zuchtgeschichte und der augenblickliche Stand seiner Zucht. Zschr. f. Tierzücht. u. Zücht.-Biol. Bd. 3, S. 1—124. — *4) Botsch, W.: Die wichtigsten Blutlinien des Fränkisch-Hohenloheschen Fleckviehzuchtverbandes. Diss. Berlin. — 5) Braig: Aus Württembergs Rindviehzuchten. D. landw. Presse Bd. 52, S. 303—304. (Lokale Bedeutung und nichts Neues.) — 6) Deutsch, E.: Das Bonyhád-Simmentaler Rind in Ungarn. Ebendas. Jg. 29, S. 611—613. (Lokale Bedeutung.) — 7) Grenz, A.: Die Fleckvieh-Hochzucht in Erching b. Freising (Oberbayern). Ebendas. Jg. 29, S. 666—673. (Ber. über eine Exkursion in das Zuchtgebiet.) — 8) Grundmann: Zur Einführung des neuen Rinderzuchtgesetzes im Freistaat Sachsen. Sächs. landw. Zschr. Nr. 48, S. 767; Nr. 49, S. 785. — 9) Hansen, P.: Die Entwicklung des ostpreußischen schwarzweißen Tieflandrindes von der Geburt bis zum Abschluß des Wachstums. Hannover: M. & H. Schaper. — *10) Haugg: Jugendentwicklung und Wachstumsverhältnisse beim graubraunen Gebirgsvieh. D. landw. Tierz. Jg. 29, S. 313—316 u. 330—333. — 11) Herold: Die Fleckviehzucht in Niederbayern und der Zuchtverband für Fleckvieh in Niederbayern. Südd. landw. Tierz. Jg. 19, S. 75—79. — *12) Kalojanoff, A.: Beitrag zur Kenntnis der Rindviehzuchtverhältnisse in Bulgarien. Diss. Berlin. — 13) Köppe: Die Bedeutung dominanter Blutlinienbegründer in der ostfriesischen Rinderzucht. Ill. landw. Ztg. Jg. 45, S. 265 bis 267. — 14) Küchler, Fritz: Beiträge zur Zucht des großen Höhenfleckviehes in Oberbaden. M. t. W. Bd. 76, Nr. 50, S. 1143—1144. — *15) Lasen, N. C.: Beiträge zur Kenntnis der Mastfähigkeit Simmentaler und Pinzgauer Ochsen sowie deren Kreuzungsprodukte in Rumänien. Inaug.-Diss. Bukarest. — 16) Mildner, G.: Über Blutlinien und Inzuchtfragen, unter besonderer Berücksichtigung der Württembergischen Rindviehzucht. Südd. landw. Tierz. Jg. 19, S. 330—334. (Nichts Neues.) — *17) Derselbe: Die Geschichte der Simmentaler Zucht in Hohenheim im Verlauf von 100 Jahren und ihre Lehren über Tierimporte, Farbenkult, Blutlinienbildung und Inzucht. Zschr. f. Tierzücht. u. Zücht.-Biol. Bd. 4, S. 1—70. — 18) Müller: Gangleistungsprüfungen für Zuchtbullen der Herdbuchgesellschaft für Bayreuther Scheckvieh in Bayreuth. Südd. landw. Tierz. Jg. 19, S. 41—42. — 19) Plaas, P.: Die Rindviehzucht Südrußlands, ihre gegenwärtige Lage und Aussichten. D. landw. Tierz. Jg. 29, S. 73—75 u. 234—237. (Nichts Neues.) — *20) Röhe-Hansen: Die wichtigsten Blutströme in der schleswig-holsteinischen Shorthornzucht. D. landw. Tierz. Jg. 29, S. 501—504. — 21) Schaub: Die Zucht des Niederungsviehes in Kurhessen. Ebendas. Jg. 29, S. 4—5. (Lokale Bedeutung.) — 22) Troendle, A.: Der Hinterwäldler Rinderschlag in Baden. Südd. landw. Tierz. Jg. 19, S. 309—314. (Nichts Wesentliches.) — *23) Vogel: Einheitlichkeit im Zuchtziel für das deutsche Höhenfleckvieh! Ebendas. Jg. 19, S. 273—275 u. 285—287. — *24) Derselbe: Aus der Entwicklung der bayrischen Rinderzucht in den letzten 30 Jahren. 62. Flugschr. Zücht. S. 22—33. — 25) Walter: Kurhessisches Fleckvieh. D. landw. Tierz. Jg. 29, S. 442—445. (Nichts Wesentliches.) — 26) Werner, H.: Das Ayrshirerind, insbesondere seine Bedeutung für die schwedische Landwirtschaft. Ebendas. Jg. 29, S. 145—147, 167—170 u. 183—185. — 27) Zeeb, R.: Rotbraune Ostfriesen. D. landw. Presse Bd. 52, S. 174. (Nichts Neues.)

Vogel (24) gibt ein anschauliches Bild über die Entwicklung der bayrischen Rinderzucht in den letzten 30 Jahren und über die Verhältnisse, unter welchen die Rinderzucht Bayerns zu arbeiten hatte, um zum derzeitigen Stande zu gelangen.

Von jeher war Bayern das Land, wo die meisten Rinderschläge zu finden waren. 16 ja 19 einzelne Rinderschläge haben eine mehr oder weniger große Rolle gespielt. Auch heute noch — wenn auch prozentual geringer — finden sich die ehemaligen Rinderschläge. Im Vordergrund steht das Höhenfleckvieh im Simmentaler Typ, das einfarbige Höhen- (Franken-) vieh und das Braunvieh; ersterer Schlag nimmt dauernd an Ausbreitung zu. Leistungsprüfungen und Kontrollvereine, die sich auf alle drei Leistungen erstrecken (Zug-, Milch- und Fleischleistung) tragen mit zur Hebung der Landeszucht bei.　Richter u. Adleff.

Vogel (23) zeigt, daß die Einheitlichkeit im Zuchtziel für das deutsche Höhenfleckvieh noch weit hinter der des Niederungsviehes zurücksteht und bringt Vorschläge, wie man am besten und ehesten zu einem einheitlichen Typ kommen könnte.　Richter u. Adleff.

Beutner (3) verbreitet sich über das Ansbach-Triesdorfer Rind, seine Abstammung, Rassenmerkmale, Leistungen, seine Zuchtgeschichte und den augenblicklichen Stand seiner Zucht.

Das Ansbach-Triesdorfer Rind ist eine Kreuzung des alten, bodenständigen Landschlages mit eingeführten Höhen- und Niederungsschlägen — in der Hauptsache Simmentalern und Ostfriesen. Bis 1891 ist Kreuzungszucht getrieben worden; von dieser Zeit an wurde rein gezüchtet. Aber trotz der Reinzucht ist es nicht gelungen, die heterogenen Ausgangsrassen zu einem ausgeglichenen Typ zu verschmelzen. Nach der Farbe unterscheidet man die Rot- und Gelbtiger. Alle drei Leistungen (Zug-, Milch- und Fleischleistung) sind — bei verhältnismäßiger Anspruchslosigkeit in der Fütterung — gut. Trotz dieser guten Leistung hat sich das Ansbach-Triesdorfer Rind nicht zu halten vermocht; es ist im Aussterben begriffen und geht zahlenmäßig immer mehr zurück. Von 1097 im Jahre 1892 ist die Zahl der angekörten Bullen im Jahre 1924 auf etwa 10—15 zurückgegangen.　Richter u. Adleff.

Lasen (15) berichtet über die Mastfähigkeit Simmentaler und Pinzgauer Ochsen sowie von deren Kreuzungsprodukten in Rumänien. Auf Grund seiner Untersuchungen, die in einer Ochsenmastanstalt einer Zuckerfabrik gemacht worden sind und sich auf insgesamt 101 Tiere erstreckten, kommt L. zu folgenden Schlüssen:

1. Die Dauer der Mästung (im Stall) bei den Simmentaler Ochsen schwankt zwischen 2—4 Monaten. 2. Die durchschnittliche tägliche Zunahme beträgt 2,203 kg

bei den Simmentaler, 2,015 kg bei den Pinzgauer Ochsen und 2,120 kg bei deren Kreuzungsprodukten (in der Mehrzahl mit Simmentaler Blut); die durchschnittliche Zunahme, auf 100 kg bezogen, beträgt 30,4 kg für die Simmentaler, 28,2 kg für die Pinzgauer und 29,4 kg für die Kreuzungsprodukte. 3. Das Gesamtgewicht, das durch Mästung bei der Simmentalerrasse erreicht wurde, schwankt zwischen einem Maximum von 990 kg und einem Minimum von 835 kg, mit einem Durchschnitt von 931 kg; bei der Pinzgauerrasse beträgt das Maximum 925 kg, das Minimum 720 kg und der Durchschnitt 835 kg; bei den Kreuzungsprodukten schwankt das Gewicht zwischen 960 kg und 675 kg mit einem Durchschnitt von 818 kg. 4. Es geht daraus hervor, daß die Simmentaler Ochsen eine größere Mastfähigkeit haben als die Pinzgauer und die Bastarde eine mindere als die reinrassigen Tiere. Constantinescu.

Über die Geschichte der Simmentaler Zucht in Hohenheim im Verlauf von 100 Jahren und ihre Lehren über Tierimporte, Farbenkult, Blutlinienbildung und Inzucht berichtet Miltner (17) an Hand der lückenlosen Zuchtbuchführung und Aufzeichnungen. M. macht besonders die planlos betriebene Inzucht für den Niedergang der Zucht nach 100jährigem Bestehen verantwortlich. Richter u. Adleff.

Haugg (10) hat Untersuchungen über die Jugendentwicklung und Wachstumsverhältnisse beim graubraunen Gebirgsvieh angestellt.

Er kommt auf Grund seiner Erhebungen zu Ergebnissen, die die von Fischer und Wagner festgestellten Entwicklungsphasen bestätigen. Im ersten Entwicklungsjahr herrscht das Höhenwachstum vor; daneben ist aber auch das Längen- und Breitenwachstum bedeutend. Im zweiten Jahr steht das Längenwachstum im Vordergrund, während im dritten Lebensjahr die Breitenmaße zunehmen. Richter u. Adleff.

Röhe-Hansen (20) unterzieht die wichtigsten Blutströme in der Schleswig-Holsteinischen Shorthornzucht einer eingehenden Betrachtung.

Er weist auf die Bedeutung hin, die die Bullen „Viktor 617", „Bletchley Leader 669", „Major Fraser Tytler 672", „Spicy Charmer 750", „Cotehay Solid Silver 895", „Fine Morning 924", Edgcote Boxer 1019", „Dirmuiden 1131" und „Swinton Samt Clipper 1080", lauter Original-Shorthornbullen auf Grund ihrer besonderen Vererbungskraft — Individualpotenz — für die Schleswig-Holsteinische Zucht haben. Jeder einzelne Vertreter wird eingehend beschrieben. Hervorzuheben ist die Tatsache, daß alle 8 Stammväter entfernte Verwandte von dem berühmten „Champion of England 17526" waren. Richter u. Adleff.

Kalojanoff (12) gibt eine ausführliche Beschreibung der Rinderrassen Bulgariens, ferner eine Übersicht über die Entwicklung der dortigen Rinderzucht; schließlich macht er Vorschläge für die erforderlichen Maßnahmen zu ihrer Hebung und Modernisierung. Weber.

Botsch (4) konnte an der Hand von vergleichenden Studien in den Bezirken Hall und Gerabronn feststellen, daß die Nutzleistungen eines heimischen bodenständigen Rinderschlages durch die Wahl geeigneter Zuchttiere zu verbessern und auf ein Höchstmaß zu steigern sind unter der Voraussetzung, daß die Haltungs- und Fütterungsverhältnisse den natürlichen Anforderungen der Tiere entsprechen. Weber.

## 5. Schafzucht.

1) Assel: Die neuzeitliche Entwicklung und der gegenwärtige Stand der Schafzucht in Bayern. Zschr. f. Schafz. Jg. 14, S. 2—5. (Nichts Neues, Berichterstattung.) — 2) Badermann: Herkunft und Ausbreitung der Schafrassen. D. landw. Tierz. Jg. 29, S. 478—481 u. 495—497. (Nichts Neues, zusammenfassende Betrachtung.) — *3) Berndt, E.: Die Auswertung der Leistungsprüfungen in der Schafzucht und die korrelativen Einflüsse der einzelnen Leistungsmerkmale. Zschr. f. Schafz. Jg. 14, S. 7—12, 21—22, 52—56, 101—104 u. 193—200. — 4) Boldt: Entwicklung und Stand der Schleswig-holsteinischen Schafzucht. D. landw. Tierz. Jg. 29, S. 786—788. (Lokale Bedeutung.) — 5) Braun, R.: Entwicklung und Stand der schlesischen Schafzucht. D. landw. Tierz. Jg. 29, S. 790—793. (Lok. Bedeutung.) — 6) Dettinger: Schafzucht und Schafhaltung in der Rheinprovinz. Ebendas. S. 785—786. (Lokale Bedeutung.) — 7) Dinkhauser: Ergebnisse der Schafleistungsprüfung in Schlesien. Ebendas. Jg. 29, S. 294—296. — 8) Derselbe: Schafleistungsprüfung in Schlesien. Ebendas. Jg. 29, S. 651 bis 652. (Mitteilung der Ergebnisse der Leistungsprüfung.) — 9) Ebbinghaus: Aus der Zucht des deutschen schwarzköpfigen Schafes in der Provinz Westfalen. Ebendas. Jg. 29, S. 262—264. (Lokale Bedeutung.) — 10) Fröhlich, G.: Deutschlands Schafzucht und ihre Entwicklungsmöglichkeiten. D. landw. Presse Bd. 52, S. 593. (Nichts Wesentliches.) — 11) Golf: Das Soffolkschaf und seine beiden deutschen Stammzuchten. Scharnebeck bei Lüneberg und Lichtenburg bei Torgau. Zschr. f. Schafz. Jg. 14, S. 376—383. (Lokale Bedeutung.) — 12) Derselbe: 120 Jahre Merinozucht in Leutewitz. Ebendas. Jg. 14, S. 476—481. (Geschichtliche Betrachtungen, nichts Neues.) — 13) Gutbrod: Die Stammschafzucht des schwarzköpfigen Rhönschafes zu Völkershausen. Ebendas. Jg. 14, S. 277—281. (Nichts Wesentliches.) 14) Herbst, W. und M. Witt: Neuere Methoden der Wollhaarmessung. Zschr. f. Tierzücht. u. Zücht.-Biol. Bd. 2, S. 309—321. — 15) Heyne, J.: Etwas über Merino-Fleischschafzucht und deutsches schwarzköpfiges Fleischschaf. Zschr. f. Schafz. Jg. 14, S. 69—73 u. 95—101. — 16) Hörpel, B.: Beiträge zur Geschichte der Westerwälder Schafzucht. Ebendas. Jg. 14, S. 229 bis 235. (Lokale Bedeutung.) — *17) Kronacher, C.: Bemerkungen zur Untersuchung von Mele-Wollen. Jb. f. Tierz. Jg. 17. — 18) Kronacher und Saxinger: Die Allwördensche Reaktion. Zschr. f. Tierzücht. u. Zücht.-Biol. Bd. 4, S. 201—211. — *19) Kronacher, Saxinger und Schäper: Die Wollefeinheitsbestimmung am Querschnitt im Projektionsbild. Ebendas. Bd. 4, S. 213—252. — 20) Kronacher, C. und W. Schäper: Untersuchungen der qualitativen Beschaffenheit verschiedener Abschnitte desselben Wollhaares mittels des Defordenapparates. Ebendas. Bd. 3, S. 243—256. — 21) Lilienthal: Die ostpreußische Schafzucht. D. landw. Tierz. Jg. 29, S. 776—778. (Lokale Bedeutung.) — 22) Mansfeld, R.: Untersuchungen über die Treue des Wollhaares beim württembergischen veredelten Landschaf mit Beiträgen der Technik zur Messung der Wollfeinheit. Zschr. f. Tierzücht. u. Zücht.-Biol. Bd. 4, S. 157—180. — 23) Martell, P.: Das Karakulschaf und seine Zucht. D. landw. Tierz. Jg. 29, S. 808—810. — 24) Miller: Das ostfriesische Milchschaf in Bayern. Südd. landw. Tierz. Jg. 19, S. 265—267. (Nichts Wesentliches.) — 25) Naumann, K.: Züchtungsmaßnahmen und Ergebnisse in der Merinofleischschaf-Stammschäferei Knauthain. Zschr. f. Schafz. Jg. 14, S. 153—155. (Lokale Bedeutung.) — *26) Derselbe: Die Bestimmung des Feinheitsgrades von Wollhaaren durch Messungen an ihrem Projektionsbilde. Ebendas. Jg. 14, S. 335 bis 339. — 27) Derselbe: Die Beurteilung der Leistungsfähigkeit. Ebendas. Jg. 14, S. 5—7. — 28) Osske, W.: Die Dishley-Merinos. Ebendas. Jg. 14, S. 45—52. (Neben geschichtlichem Überblick Beschreibung des Exterieurs.) — 29) Pieber: Die Bedeutung des Merino-

fleischschafes für die deutsche Landwirtschaft. Ebendas. Jg. 14, S. 397—402. (Nichts Neues.) — 30) Schwägler: Entwicklung, Stand und Organisation der Schafzucht in der Provinz Sachsen. D. landw. Tierz. Jg. 29, S. 778—781. (Lokale Bedeutung.) — *31) Spöttel, W.: Bemerkungen zur Untersuchung von Mele-Wollen. Jb. f. Tierz. Jg. 17. — 32) Sturm, R.: Untersuchungen über das Lammvließ bei Heidschnucken und Merinos. Zschr. f. Tierzücht. u. Zücht.-Biol. Bd. 4, S. 145—156. — 33) Derselbe: Die süddeutsche Wanderschäferei. Ebendas. Bd. 4, S. 71—89. — 34) Tänzer, E.: Herkunft und Verbreitung des Karakulschafes. D. landw. Tierz. Jg. 29, S. 860—864. (Nichts Wesentliches.) — *35) Teodoreanu, N.: Beiträge zur Kenntnis des Woll- und Körpergewichtes der in der rumänischen staatlichen Schäferei gezüchteten Merinoschafe. Bul. Dir. gen. zoot. si san. vet. Bd. 7—9, S. 110—113. — *36) Völtz und Jantzon: Eine exakte Prüfung der relativen Fleisch- und Wollleistung beim Merinofleischschaf im Vergleich zum ostpreußischen schwarzköpfigen Fleischschaf. Zschr. f. Tierzücht. u. Zücht.-Biol. Bd. 2, S. 83—111. — *37) Völtz, W.: Zur Kritik der Leistungsprüfungen, mit besonderer Berücksichtigung solcher an Schafen und diesbezügliche Versuchsergebnisse. Mitt. d. D. Landw. Ges. H. 26, S. 494. — 38) Wittmer: Der Haltstedter Schaf-Rind-Bastard. B. t. W. Bd. 41. H. 42. — 39) Wriedt, Ch.: Zwillings- und Drillingsgeburten bei Schafen. Zschr. f. Tierzücht. u. Zücht.-Biol. Bd. 2, S. 67—72. (Sammelreferat über ein Material von 14071 Geburten.) — 40) Derselbe: Vererbung eines steifen Wollbüschels auf dem Kreuz des Schafes. Ebendas. Bd. 3, S. 241—242. (Nichts Wesentliches.) — 41) Zeeb, R.: Das ostfriesische Milchschaf in seiner Heimat und im Binnenlande. D. landw. Presse Bd. 52, S. 350. (Nichts Neues.) — *42) Zwijnenberg, H. A.: Alexander Numan, in het bijzonder zijn invloed op de Nederlandsche schapenfokkeij. — Eene kritisch historische studie. (Alexander Numan, insbesonders sein Einfluß auf die niederländische Schafzucht. — Eine kritisch-historische Studie.) Diss. Utrecht.

Völtz und Jantzen (36) berichten über eine exakte Prüfung der relativen Fleisch- und Wolleistung beim Merinofleischschaf im Vergleich zum ostpreußischen schwarzköpfigen Fleischschaf auf Grund eines mit je 12 Vertretern einer Rasse angestellten und 168 Tage dauernden Versuches.

Darnach eignen sich die anspruchsvollen schwarzköpfigen Fleischschafe nur für Wirtschaftsbetriebe, die über reichliche Mengen konzentrierter nährstoffreicher Futtermittel verfügen. Werden diese Voraussetzungen nicht erfüllt (muß rohfaserreiches Futter verabreicht werden), so ist die Merinofleischschafhaltung vorteilhafter. Bezüglich der Wolleistung sind die Merinofleischschafe den schwarzköpfigen auch etwas überlegen. Eine Kalkbeigabe (trotz des guten Kraftfuttergemisches) von 15,0 g pro Kopf hat sich als vorteilhaft erwiesen, und zwar sowohl in bezug auf das Schlachtgewicht als auch auf die Wollerträge.

Richter u. Adleff.

Durch Vergleiche der Leistungsprüfungen am schwarzköpfigen ostpreußischen Fleischschaf und am Merinofleischschaf stellt Völtz (37) hinsichtlich ihrer Rentabilität fest, daß die frühreifen englischen Fleischschafe, unter natürlichen Bedingungen, von den Merinos im Hinblick auf die Rentabilität der Wollleistung (bei der Fleischleistung war kein Unterschied) geschlagen wurden. Die schwarzköpfigen widerstandsfähigeren englischen Fleischschafe werden nur dann die bodenständigen Merinos in ihrer Rentabilität über-

treffen können, wenn sie so intensiv ernährt werden können, daß die den jungen Tieren innewohnende sehr starke Wachstumsenergie voll zur Geltung kommen kann. Wo das nicht möglich ist, ist das Merinokammwollschaf vorteilhafter. Jedoch ist nicht allein die Futterverwertung, sondern es sind noch andere wirtschaftliche Gesichtspunkte für die Auswahl der Rasse maßgebend.

Richter u. Demmel.

Berndt (3) berichtet über die Auswertung der Leistungsprüfungen in der Schafzucht und die korrelativen Einflüsse der einzelnen Leistungsmerkmale und kommt auf Grund seiner Erhebungen zu dem Ergebnis, daß entgegen der Ansicht Gärtners die Stapeltiefe und das Schulgewicht bzw. deren Faktoren in einer gradlinigen Korrelation stehen.

Richter u. Adleff.

Teodoreanu (35) berichtet über das Woll- und Körpergewicht der in einer rumänischen staatlichen Schäferei gezüchteten Merinoschafe.

Die Resultate der Wägungen sind nach der variationsstatistischen Methode bearbeitet. Die Zahl der untersuchten Tiere ist 281 Schafe und 10 Böcke. T. stellte folgendes fest: Das Wollgewicht der Schafe beträgt im Durchschnitt (Mittelwert) 4,296 kg und dasjenige der Böcke 7,105 kg; das Körpergewicht der Schafe beträgt 43,47 kg, dasjenige der Böcke 61,20 kg. Der Bestand war bis jetzt sehr ungleichmäßig, und die Selektion in der Herde ist jetzt erst am Anfang. In einem Jahr aber konnte man schon Fortschritte feststellen.

Constantinescu.

Nach Naumann (26) ist die Bestimmung des Feinheitsgrades von Wollhaaren durch Messungen an ihrem Projektionsbilde den mikroskopischen Messungen vorzuziehen.

Richter u. Adleff.

Unter eingehender Begründung seiner Untersuchungsmethode lieferte Kronacher (17) aufs neue den Nachweis, daß die Meleschafe die Wollefeinheit der Ausgangsrassen nicht nach einem konstant intermediären Typus, sondern nach dem Zea-Typ erund vererben.

Richter u. Demmel.

Spöttel (31) sieht in der Kronacherschen Untersuchungsmethode gewisse Fehler, wonach die vererbungstheoretische Folgerung (Wollefeinheitsvererbung nach dem Zea-Typ) als nicht berechtigt erscheint.

Richter u. Demmel.

In der Wollefeinheitsbestimmung am Querschnitt im Projektionsbild glauben Kronacher, Saxinger und Schäper (19) eine Methode gefunden zu haben, die es ermöglicht, mit verhältnismäßig wenig (aber geschultem) Personal und in kurzer Zeit die Wolle von 6—10 Schafen bonitieren zu können und die außerdem sowohl für Schafleistungsprüfungen als auch für züchtungsbiologische und vererbungswissenschaftliche Untersuchungen sehr wohl geeignet erscheint.

Richter u. Adleff.

Zwijnenberg (42) beschreibt das Leben und Wirken Alexander Numans, insbesonders seinen Einfluß auf die Entwicklung der Schafzucht in den Niederlanden. Die neuzeitliche Entwicklung der Schafzucht in Holland ist auch berücksichtigt.

Beijers.

## 6. Ziegenzucht.

1) Bergmann, H.: Die volkswirtschaftliche Bedeutung der Ziegenzucht. Zschr. f. Ziegenz. Jg. 26, S. 20—24 u. 33—37 u. 49—52. — 2) Krätzinger: Erfahrungen bei der Aufzucht von Jungböcken. Der

Ziegenzüchter, Jg. 20, S. 278. (Nichts Neues.) — *3) Magnus: Die Förderung der Ziegenzucht durch Abhaltung von Stallschauen. Ebendas. Jg. 20, S. 185 bis 187. — 4) Martell, P.: Zur Stammesgeschichte der Hausziegen. Zschr. f. Ziegenz. Jg. 26, S. 97 bis 103. — *5) Rink: Die Ziegenzucht Sachsens. Sächs. landw. Zschr. Nr. 52, S. 808. — 6) Schröder: Über die Auswahl und Aufzucht von Zuchtlämmern. Ebendas. Jg. 26, S. 52—55. — 7) Schröder: Fuß- und Beinfehler bei Ziegen, deren Verhütung und Beseitigung. Ebendas. Jg. 26, S. 113—116. — 8) Schröder: Richtige und verkehrte Auswahl, Behandlung und Benutzung der Zuchtziegenböcke. Ebendas. Jg. 26, S. 145 bis 148.

Nach Rink (5) wurde der Hochstand der Ziegenzucht Sachsens erreicht durch jahrzehntelange züchterische Arbeit, durch die staatlichen Maßnahmen, von denen besonders das Ziegenbockkörgesetz und die finanziellen Beihilfen zu nennen sind, und durch die Organisation der Ziegenzüchter.

Richter u. Demmel.

Zur Förderung der Ziegenzucht durch Abhaltung von Stallschauen empfiehlt Magnus (3) die Beurteilung der Stallung nach einem einheitlichen Punktier-System.

Richter u. Adleff.

## 7. Schweinezucht.

1) Andersen, K.: Die Leistungsprüfung in der Schweinezucht in Dänemark und ihre wirtschaftliche Bedeutung. D. landw. Tierz. Jg. 29, S. 613—616. — 2) Arcularius: Die veredelte Landschweinezucht in der Provinz Hannover. Ebendas. Jg. 29, S. 102 bis 104. (Lokale Bedeutung.) — 3) Derselbe: Einige Gedanken über Leistungsprüfungen in der Schweinezucht. Ebendas. Jg. 29, S. 572—573. — 4) Blendinger: Praktische Schweinezucht des Tierarztes. M. t. W. Bd. 76, Nr. 35, S. 758—762. — 5) Bonne: Die Schweinezucht in der Provinz Schleswig-Holstein. D. landw. Tierz. Jg. 29, S. 109—110. — 6) Brackelmann: Aus dem Schweinezüchterverband in der Provinz Sachsen. Ebendas. Jg. 29, S. 104—107. — 7) Brunnert: Entwicklung und Stand der Pommerschen Schweinezucht. Ebendas. Jg. 29, S. 117—119. (Lokale Bedeutung.) — *8) Carstensen, C.: Ferkelaufzucht ohne Milch. D. landw. Presse. Bd. 52, S. 377. — 9) Dahlander: Vorläufige praktische Ergebnisse der ostpreußischen Versuche über Leistungsprüfung in der Schweinezucht. D. landw. Tierz. Jg. 29, S. 350—352. — 10) Förster: Über Schweinezucht und -mast, mit gleichzeitiger Berücksichtigung der Verwertung der Molkereiabfälle, Magermilch und Molken. Ebendas. Jg. 29, S. 202—203. (Betrachtet vom Rentabilitätsstandpunkt.) — 11) Förster: Über Zuchtziele der Ostpreußischen Schweinezüchtervereinigung Insterburg. Ebendas. Jg. 29, S. 107—109. — 12) Fröhlich, G.: Neuzeitliche Fragen der Schweinezucht. Zschr. f. Schweinez. Jg. 32, S. 321—325. — *13) Hansen: Die Entwicklung der deutschen Schweinezucht. D. landw. Tierz. Jg. 29, S. 97—99. — 14) Herren: Der Blutaufbau der Schweinezucht im Verbandsgebiete der niederrheinischen Schweinezuchtgenossenschaften. Ebendas. Jg. 29, S. 112—113. (Lokale Bedeutung.) — 15) Hübethal, H.: Beitrag zur Kenntnis des großen schwarzen Schweines (Cornwallschwein). Ebendas. Jg. 29, S. 361—362. (Nichts Neues, weist auf die leistungsfähige $F_1$-Generation der Kreuzungen mit weißem Edelschwein hin.) — 16) Kästner: Leistungsergebnisse aus meiner Schweinezucht. Ebendas. Jg. 29, S. 380—381. (Zufriedenstellende Ergebnisse, Tabellen.) — 17) Kreiner: Die neuzeitliche Entwicklung und der gegenwärtige Stand der Schweinezucht in Bayern. M. t. W. Bd. 76, Nr. 13, S. 265—268; Nr. 13, S. 297 bis 303. (Auszug a. Vortrag vor Deutsch. Landw.

Ges., Würzburg.) — *18) v. Lessen, B.: Entwicklung und Stand der Danziger Schweinezucht. D. landw. Tierz. Jg. 29, S. 170—171. — 19) v. Lessen: Die Danziger Schweinezucht. Ebendas. Jg. 29. S. 349 bis 350. (Lokale Bedeutung, nichts Neues.) — 20) Martell, P.: Zur Stammesgeschichte des Hausschweines. Zschr. f. Schweinez. Jg. 32, S. 185—188. (Nichts Wesentliches.) — 21) Marx: Die Schweinezucht im Freistaat Sachsen und die Organisation. D. landw. Tierz. Jg. 29, S. 121—122. — *22) Derselbe: Aufzucht und Fütterung des Schweines mit wirtschaftseigenem Futter unter Berücksichtigung der sächsischen Verhältnisse. Sächs. landw. Zschr. Nr. 52, S. 806. — 23) Derselbe: Zweck und Ziele des Landesverbandes Sachsen zur Zucht des veredelten Landschweines. Ebendas. Nr. 36, S. 583. — 24) Mittelstaedt, A.: Etwas über die Geschichte des Cornwallschweines. D. landw. Tierz. Jg. 29, S. 752. (Nichts Wesentliches, empfiehlt seine Verbreitung Deutschland.) — *25) Müller, K.: Einrichtung und Aufgaben der Versuchswirtschaft für Schweinehaltung in Ruhlsdorf (Kreis Teltow) und der Vereinigung deutscher Schweinezüchter. Ebendas. Jg. 29, S. 99—101. — *26) Derselbe: Die Leistungsprüfungen in der Schweinezucht. Ebendas. Jg. 29, S. 261—262. — 27) Derselbe: Deutschlands Schweinezucht und ihre Entwicklungsmöglichkeiten. D. landw. Presse Bd. 52, S. 592 bis 593. (Nichts Neues.) — 28) Müller: Welches sind die Gründe der Ungleichmäßigkeit bei Ferkelwürfen? Ill. landw. Ztg. Jg. 45, S. 75. (Nichts Neues.) — *29) Nachtsheim: Zitzenzahl und Ferkelzahl. D. landw. Tierz. Jg. 29, S. 345—349. — 30) Nachtsheim, H.: Untersuchungen über die Variation und Vererbung des Gesäuges beim Schwein. Zschr. f. Tierzücht. u. Zücht.-Biol. Bd. 2, S. 113—161. (Ähnliches schon referiert.) — *31) Nauss: Hildesheimer Züchtervereinigung zur Zucht des deutschen Weideschweines (Hann.-Braunschweig. Landschwein), ihre Geschichte, Organisation, Bestrebung und Erfolge. D. landw. Tierz. Jg. 29, S. 119—120. — 32) Pieper, F.: Leistungsprüfungen in der Schweinezucht. Ebendas. Jg. 29, S. 185—187. (Nichts Wesentliches.) — 33) Sandbrück: Die Leistungsprüfungen in der Schweinezüchtervereinigung Allenstein. Ebendas. Jg. 29, S. 110—112. — 34) Derselbe: Ferkelaufzucht. Ebendas. Jg. 29, S. 255—256. (Nichts Neues.) — *35) Derselbe: Maßnahmen zur Förderung der Schweinezucht in bäuerlichen Betrieben. Ebendas. Jg. 29, S. 721—723. — 36) Schmidt: Über Ferkelaufzucht und Leistungsprüfungen in der Schweinezucht. Ebendas. Jg. 29, S. 343—345. (Nichts Neues.) — 37) Schräder: Die Zucht des veredelten Landschweines im Münsterlande. Ebendas. Jg. 29, S. 113—116. — *38) Schwarz: Weidebetrieb in der Schweinezucht. Zschr. f. Schweinez. Jg. 32, S. 246—250 u. 262—267. — 39) Schwetzau, W.: Die Schweinezucht in Schlesien. D. landw. Tierz. Jg. 29, S. 354—356. — 40) Seedorf: Betriebswirtschaftliche und andere Betrachtungen über Zuchtziele in der Schweinezucht. Zschr. f. Schweinez. Jg. 32, S. 437—441. (Allgemeine Betrachtungen.) — 41) Derselbe: Leistungsprüfung in der Schweinezucht. D. landw. Tierz. Jg. 29, S. 1—3. (Nichts Wesentliches.) — 42) Siebold: Schweine-Leistungsprüfung. Ebendas. Jg. 29, S. 537—539. (Einzelleistungen.) — 43) Siebold, F.: Schweineleistungszucht. Zschr. f. Schweinez. Jg. 32, S. 301—307. (Nichts Wesentliches.) — 44) Stockklauser: Praktische Erfahrung in der Schweinezucht. Südd. landw. Tierz. Jg. 19, S. 19—21. (Nichts Wesentliches.) — *45) Zibert, S.: Rentabilitet našeg svinjegojstva. (Über die Rentabilität unserer Schweinezucht.) Higijena i stočarstvo Bd. 1, S. 10—12.

Nauss (31) bespricht die Hildesheimer Zuchtvereinigung zur Zucht des deutschen Weideschweines, ihre Geschichte, Organisation, Bestrebung und Erfolge. Das hann.-braunschw. Landschwein ist noch das einzige reinrassige Weideschwein Deutschlands von Bedeutung. Es hat auch über die Grenzen des eigentlichen Zuchtgebietes Verbreitung gefunden. *Richter u. Adleff.*

Über die Entwicklung und den Stand der Danziger Schweinezucht berichtet v. Lessen (18). Wirtschaftliche Gründe sind es, die viele Züchter veranlassen, zur Edelschweinzucht überzugehen und die veredelte Landschweinezucht fallen zu lassen. *Richter u. Adleff.*

Sandbrück (35) empfiehlt als Maßnahmen zur Förderung der Schweinezucht in den bäuerlichen Betrieben die staatliche Eberkörung und andererseits die Errichtung von Eberhaltungsgenossenschaften oder Eberstationen. *Richter u. Adleff.*

Hansen (13) gibt einen Überblick über die Entwicklung der deutschen Schweinezucht und betont, daß gegenwärtig weniger auf die Vermehrung der Bestände als auf die Hebung der Leistungsfähigkeit der Schweine der Schwerpunkt in der Zucht zu legen sei. *Richter u. Adleff.*

Mit den Fragen der Leistungsprüfungen in der Schweinezucht beschäftigt sich Müller (26) eingehend. Die Stimmen nach Einführung der Leistungsprüfung auch in der Schweinezucht werden immer lauter. Es sind schon von mancher Seite Vorschläge über die Art der Durchführung gemacht worden, ohne freilich ein einheitliches System zu schaffen. Müller führt neue Gesichtspunkte ins Feld. *Richter u. Adleff.*

Müller (25) weist auf die Einrichtung und die Aufgaben der Versuchswirtschaft für Schweinehaltung in Ruhlsdorf und der Vereinigung deutscher Schweinezüchter hin und stellt fest, daß die Versuchswirtschaft schon manchen Fortschritt für die Schweinezucht und -Haltung gebracht hat. *Richter u. Adleff.*

Schwarz (38) weist auf die Vorteile des Weidebetriebes in der Schweinezucht hin. Durch den Weidegang und die Bewegung an der Luft tritt eine Kräftigung des Gesamtorganismus ein. Der Magen-Darmtraktus wird durch das voluminöse Weichfutter geweitet und für die intensive Mast vorbereitet. Der Austrieb findet im Sommer möglichst früh am Morgen und spät nachmittags statt, um die Tiere vor der ihnen lästigen Hitze zu schonen. Weideflächen mit nur guten und jungen Gräsern (und Kleearten) kommen für eine rentable Weidewirtschaft in Frage. *Richter u. Adleff.*

Marx (22) betont die Notwendigkeit, eine Schweinezucht und -mast zu betreiben, die einen organischen Teil der gesamten gemischten landwirtschaftlichen Tierhaltung darstellt. Es muß ein Schwein gehalten werden, das im Sommer mit Grünfutter, Spreu und etwas Wirtschaftskraftfutter und im Winter mit Rüben und Spreu ernährt werden kann. *Richter u. Demmel.*

C. Carstensen (8) bringt Leistungszahlen und Tabellen von Sauen, deren Ferkel ohne Milch aufgezogen wurden, und stellt fest, daß die Beifütterung von Fischmehl und Hefe allein (ohne Mischgaben) gute Resultate liefert. *Richter u. Adleff.*

Žibert (45) findet als Ursache der schlechten Rentabilität der Schweinezucht in seinem Vaterlande zu hohe Preise gegenüber denjenigen im Ausland und die schlechtere Qualität des Fleisches.

Die hohen Preise resultieren wieder aus den großen Verlusten in den Schweinebeständen — in den letzten 4 Jahren ist die Gesamtzahl von $4^1/_2$ Millionen auf $2^1/_2$ gesunken — infolge infektiöser und parasitärer Erkrankungen, besonders Schweinepest, und als Folge einer unrationellen Zucht. Er hebt die Notwendigkeit hervor, die spätreifen und sich langsam entwickelnden Rassen (Mangalica usw.) mit edleren frühreifen auszutauschen. In seinem Versuche mit gleichalten Ferkeln der Yorkshire-, Budjenovac- und Mangalicarasse bei derselben Haltung und Fütterung erzielte er in 10 Monaten ein Durchschnittsgewicht von 135 bzw. 92 und 87 kg. *Zavrnik.*

Nachtsheim (29) macht auf die große Bedeutung der Zitzenzahl und Ferkelzahl für die Schweinezucht aufmerksam.

Wenn man bis jetzt auf die Zitzenzahl überhaupt geachtet hat, so war es nur bei der Sau; man verlangte und verlangt eine Mindestzahl von 12 gut entwickelten Zitzen. Auf den Eber, als Vererber der Anlage einer entsprechenden Zitzenzahl, hat man bisher wenig geachtet. N. weist nun auf den großen Einfluß des männlichen Materials hin und erhärtet seine Angaben durch die Mitteilung von Versuchsergebnissen. Der Eber vererbt seine Zitzenzahl ebenfalls auf seine Nachkommen. — Wir unterscheiden normale, überzählige und Afterzitzen; das Vorhandensein oder Fehlen der beiden letzten Gruppe bedingt die Variabilität der Zitzenzahlen. — N. konnte außerdem die so oft gemachte Beobachtung, daß die Ferkel mit großer Konstanz an ihrer beim Muttertier eingenommenen Zitze festhalten, feststellen und durch Versuche zeigen, daß die Milchergiebigkeit der einzelnen Zitzen gleich ist. *Richter u. Adleff.*

## 8. Hundezucht.

1) Alexander, R. E.: Alsation Wolfhounds. Vet. Rec. Bd. 5, S. 711. — *2) Bazille, Fr.: Rückblick auf 1924. Hundesport u. Jagd Bd. 40, S. 1—4 u. 19—22. — *3) Berta, Josef: Der Preisrichter. Sportbl. f. Züchter v. Rassehunden Bd. 26, S. 136—137. — *4) Busack, Walter: Die Bedeutung der Linkshändigkeit bei Rassehunden. Ebendas. Bd. 26, S. 557—558. — *5) Buschkiel, A. L.: Hundezucht und landwirtschaftliche Tierzucht. Der Hund Jg. 1926, S. 65 bis 68. — *6) Droonberg, Emil: Ein Rennen kanadischer Schlittenhunde. Ebendas. Jg. 1926, S. 170—173. — *7) Freymuth: Über die Spürfähigkeit des Hundes. Hundesport u. Jagd Bd. 40, S. 284—285. — *8) Göschel, Adolf: Die deutsche Dogge. Ebendas. Bd. 41, S. 24 bis 25. — *9) Grass, Max: Gefleckte deutsche Doggen und deren Zucht. Ebendas. Bd. 40, S. 262. — *10) Henze, O.: Beitrag zur Lösung der Kriminalhundfrage. Der Hund Jg. 1926, S. 26—28 u. 55—56. — *11) Derselbe: Der Hund im Kampfe mit dem Menschen. Sportbl. f. Züchter v. Rassehunden Bd. 26, S. 118—120. — *12) Holzhausen, H.: Vom Neufundländer. Ebendas. Bd. 26, S. 105—107 u. 133 bis 135. — *13) Hofherr: Jagdliche Erfahrungen mit schottischen Terriers. Hundesport u. Jagd Bd. 40, S. 470—471. — *14) Horowitz, G.: Der Stand der englischen Kynologie 1924. Sportbl. f. Züchter v. Rassehunden Bd. 26, S. 138—140. — *15) Derselbe: Die Zwergspitze in England. Ebendas. Bd. 26, S. 700 bis 703. — *16) Ilgner, Emil: Preisrichterfragen. Ebendas. Bd. 26, S. 83—84. — *17) Jaeger: Die Bedeutung der Kalziumtherapie für die Hundezucht. Hundesport u. Jagd Bd. 40, S. 191—193. — *18) Kraushaar, U.: Beitrag zur Frage der Inzucht bei der Zucht des deutschen Schäferhundes. Diss. Berlin. — *19) Lackner, Herbert: Formsieger — Leistungssieger — Erbsieger. Hundesport u. Jagd Bd. 40, S. 607—608. — *20) Derselbe: Den Pinschern die Zukunft. Ebendas. Bd. 40, S. 559—561. — 21) Little,

G. W.: Dr. Little' dog book. Neuyork: Robert M.
Mc. Bride and Co. 1924. — *22) Lotz, M.: Vom Collie.
Sportbl. f. Züchter v. Rassehunden Bd. 26, S. 37—38. —
*23) Most, K.: Der neue Weg. Der Hund Jg. 1926,
S. 24—26. — *24) Naegele, E.: Neue Bahnen. Hunde-
sport u. Jagd Bd. 41, S. 60—62. — *25) Nairz, Isa:
Meine Hunde und der Rundfunk. Ebendas. Bd. 40,
S. 286—287. — *26) Nolte, W.: Aufzuchtserfahrungen.
Ebendas. Bd. 40, S. 261. — *27) Derselbe: Die roten
Cocker. Ebendas. Bd. 40, S. 470. — *28) Derselbe:
Vererbungserfahrungen. Ebendas. Bd. 40, S. 189 bis
191. — *29) Otto, E. v.: Neues aus Holland. Der
Hund Jg. 1926, S. 18—19. — *30) Sassik, G.:
Osteometrische Untersuchungen am Skelette von
Zwerghunden. Zschr. f. Tierzücht. u. Zücht.-Biol.
Bd. 2, S. 323—334. — *31) Schäme, R.: Die Be-
urteilung des deutschen Schäferhundes. Der Hund
Jg. 1926, S. 1—5, 33—38, 100—101, u. 161—163. —
*32) Schlicht, Erwin: Über die Spürfähigkeit des
Hundes. Hundesport u. Jagd Bd. 40, S. 153—155. —
*33) Schmidt, Fr.: Beobachtet der Jagdhund die
Schußzeichen? Sportbl. f. Züchter v. Rassehunden
Bd. 26, S. 355—356. — *34) Derselbe: Zuchtwege.
Ebendas. Bd. 26, S. 35—37. — *35) Stephanitz, v.:
Beurteilungsfragen. Ebendas. Bd. 27, S. 81—87. —
*36) Waizenegger: Inzucht. Hundesport u. Jagd
Bd. 40, S. 85 u. 86. — *37) Wieland, W.: Allgemein-
richter-Nachwuchs. Sportbl. für Züchter von Rasse-
hunden Bd. 26, S. 411. — *38) Derselbe: Ist der
deutsche Schäferhund als Spürhund geeignet. Der
Hund Jg. 1926, S. 148—149. — *39) Derselbe: Der
Kampf um „Satan". Sportbl. f. Züchter v. Rasse-
hunden Bd. 26, S. 7—8. — *40) Derselbe: Der Neufundländer und die Hirtenhundfrage. Hundesport u.
Jagd Bd. 40, S. 341—342. — *41) Derselbe: Farbenfreiheit. Ebendas. Bd. 41, S. 111. — 42) Deutscher
Schäferhund-Verband. Beiträge zur Frage der Verwendung von Hunden im Kriminaldienst. Berlin.
Bezugsstelle: D. S. V., Eisenach, Klemensstr. 37a.

Schmidt (34) schreibt in seiner Abhandlung
„Zuchtwege", daß er die Beobachtung gemacht habe,
daß es Eigenschaften bei unseren Hunden gibt, die mit
großer Treue den Mendelgesetzen folgen. Die Inzucht
bezeichnet er als Reinzucht im besten Sinne des Wortes.
Von vielen Züchtern wird leider das Exterieur mehr geschätzt als der Charakter. Wieland.

Buschkiel (5) vergleicht Hundezucht und
landwirtschaftliche Tierzucht.

Während Nutztierzucht hauptsächlich auf dem
Lande betrieben wird, beschränkt sich die Zucht reiner
Rassehunde namentlich auf wenige Mittelpunkte, vorwiegend Großstädte. Nur wo in ländlichen Gegenden
einige passionierte Hundezüchter wohnen, können diese
befruchtend auf ihre Umgebung einwirken. Daß die
Hundezucht viel besser aufs flache Land passe wegen
der besseren Aufzuchtmöglichkeiten usw. ist zweifellos. Leider hält es sehr schwer, die ländliche Bevölkerung für die edle Rassehundezucht zu interessieren. Erst seitdem sich die deutsche Landwirtschafts-Gesellschaft des Schäferhundes angenommen
hat, hat der Hund an Wertschätzung auf dem Lande
gewonnen. Zu fördern sei besonders auf dem Lande
die Zucht bodenständiger Schläge, wie z. B. der Berner
Sennenhund, der Entlebucher und der Appenzeller
Sennenhund. Im Schwarzwald existiert eine Dachs-
brackenart, die als Niederlaufhund rein gezüchtet
werden könnte. Um den Ehrgeiz der ländlichen Hundebesitzer zu wecken, schlägt der Verf. die Abhaltung von
Wanderschauen auf dem Lande vor. Wieland.

Nach Kraushaar (18) haben sich in der Zucht
der deutschen Schäferhunde im Laufe der Jahre
mehrere Blutstämme gebildet, die sehr häufig benutzt
worden sind.

Die ersten Blutstämme werden verkörpert durch
folgende Rüden: Hektor Linksrhein gen. Horand v.
Grafrath, Beowulf 10, Dewet Barbarossa, Graf Eberhard von Hohen-Esp, Roland v. Strarkenburg. Diese
Blutstämme haben einerseits durch ihre feste Konsolidierung, anderseits durch eine planmäßige Verbindung untereinander zu weiteren Stämmen geführt,
die besonders durch Hethel (Günter) Uckermark,
Tell (Jung-Tell) v. d. Kr. Pol., Horst (Munko) v. Boll,
Horst-Felko v. Scharenstatten und Horst-Nores v. d.
Kr. Pol. vertreten sind. Nach dem Studium der Ahnentafeln weisen diese gesamten Blutlinien meist nahe
bis mittlere Inzucht auf; auf dieser beruht auch die
Präpotenz ihrer Hauptvertreter. Die Ahnentafeln der
besten, vielfach prämiierten Schäferhunde weisen
durchweg Inzucht auf; von 89 Hunden zeigen 22 nahe,
50 mittlere, 13 weitere Inzucht und 4 lose Ahnentafeln. Die Gesamtzucht der deutschen Schäferhunde
ist also aus naher bis mittlerer Inzucht hervorgegangen.
Trautmann.

Holzhausen (12) gibt in seiner Plauderei „Vom
Neufundländer" interessante Einzelheiten aus dem
Seelenleben dieser hochintelligenten Rasse bekannt,
die wert sind, einem größeren Publikum mitgeteilt zu
werden. Wieland.

Schmidt (33) berichtet, wie der Jagdhund die
Schußzeichen beobachtet und teilt einen besonders
einwandfreien Fall mit, der seine Boxerhündin „Susi"
betrifft, die besondere Jagdpassion besaß.
Wieland.

Wieland (40) weist in seinem Aufsatz „Der Neufundländer und die Hirtenhundfrage" auf die
nahe Verwandtschaft zwischen Neufundländer und
Hirtenhund hin und fordert zur Sammlung der bodenständigen Hütehundschläge auf. Wieland.

Nolte (27) lehnt die roten Cocker, die sich als
neue Farbenvarietät in England großer Beliebtheit
erfreuen, für unsere jagdlichen Verhältnisse ab, da sie
sich in der Farbe vom Fuchs nicht unterscheiden.
Er glaubt, daß die Zucht der roten Cocker in England
hauptsächlich in Damenhänden ruht, die auf jagdliche
Eignung keinen Wert legen. Wieland.

Lackner (20) meint, daß den Pinschern die
Zukunft gehöre, da sie sehr gut die englischen
Terrier-Rassen ersetzen können. Besonders die lang-
haarigen Zwergpinscher (Eichhornhündchen) sollten
von Züchtern mehr gefördert werden. Wieland.

Hofherr (13) empfiehlt die schottischen Terriers
als Jagdhunde, da sie namentlich in rauhen Revieren
vorzügliche Erdhunde sind. Der feste Knochen-
und kompakte Körperbau zeigt Ausdauer und Ge-
wandheit, so daß sie selbst im schwierigsten Gelände
eine Fährte verfolgen können. Ihr kräftiges Gebiß
dürfte jedem Raubzeug überlegen sein. Wieland.

Göschel (8) gibt eine kurze Entwicklungsgeschichte
der deutschen Dogge. Als Ursprung nimmt er nicht
wie Strebel u. a. Forscher den Wolf an, sondern eine
selbständige Canidenspezies, da der Hund sich durch
seinen schränkenden Gang von dem schnürenden des
Wolfes unterscheidet. Wieland.

Grass (9) bricht in seinem Artikel „Gefleckte
deutsche Doggen und deren Zucht" eine Lanze
für die sogenannten Grautiger, vorausgesetzt, daß sie
in Gebäude und Typ erstklassig sind. Durch den
völligen Ausschluß der Grautiger befürchtet er schließlich gänzlichen Pigmentschwund bei den schwarzweißen Doggen, der sehr häufig zur Blindheit und
Taubheit bei dieser Farbenvarietät führt.
Wieland.

Wieland (38) empfiehlt in dem Artikel „Ist der deutsche Schäferhund als Spürhund geeignet?" statt des deutschen Schäferhundes den englischen Bloodhound im Kriminaldienst auszubilden, da letzterer eine außerordentlich feine Nase besitzt und durch das Auge nicht von der Spur abgelenkt wird, weil beim Spüren die lose herabfallende Kopfhaut die Augen fast vollständig überdeckt. Wieland.

Auf Grund osteometrischer Untersuchungen am Skelette von Zwerghunden widerlegt Sassik (30) die bis dahin geltende Ansicht, daß das Skelett der Zwerghunde durchweg zierlicher gebaut sei als das großer Hunde (wobei die Bezeichnung „zierlich" sich auf das Verhältnis der Stärke, der Röhrenknochen zu ihrer Länge bzw. zur Wirbelsäulenlänge bezieht). Richter u. Adleff.

Lotz (22) schreibt in seiner Abhandlung „Vom Collie", daß man in Frankreich im Gegensatz zu England einen anderen Typ züchten wolle.

Er hält dies für einen groben Fehler und hofft, daß der neue „Club du Collie de défense et d'utilité" diese Richtung nicht hochkommen lassen wird. Der starke Stirnabsatz paßt jedenfalls nicht für den Collie, der in England auf größte Schnelligkeit, Geschmeidigkeit, Lebhaftigkeit und Ausdauer, Eleganz und Grazie gezüchtet wird. Wieland.

Nolte (28) berichtet über Vererbungserfahrungen bei Springer-Spaniels betr. Farbe.

Bei dieser Gelegenheit glaubt er einwandfrei (?) einen Fall von Telegonie beobachtet zu haben. Er will sich aber noch kein abschließendes Urteil erlauben, sondern schlägt vor, die 5000—6000 eingetragenen Spaniels auf ihre Farbenabstammung hin zu untersuchen. Wieland.

Wieland (39) ist der Ansicht, daß der um den angeblich aus Neufundland importierten „Satan" geführte Kampf innerhalb des Klubs der Neufundländerzucht nur Schaden zufüge. Tatsache ist, daß Satans Abstammung gefälscht und er wahrscheinlich ein holländisches Zuchtprodukt ist. Wieland.

Horowitz (15) schildert den Aufschwung der Zwergspitze in England.

Während vor 45 Jahren in England fast nur weiße Zwergspitze, die 20 Pfd. wogen, verbreitet waren, hat England heute Deutschland bei weitem überflügelt, was Haar, Farbenvarietäten und Kleinheit anbelangt. Es sind fast alle Farben gestattet: weiß, schwarz, braun, blau, grau, rot, orange, gelb, aber auch bunt, doch müssen die Farben dann gleichmäßig auf dem Körper verteilt sein. Wieland.

Waizenegger (36) berichtet über seine Erfahrungen mit der Inzucht bei seinen Whippets.

Nach 4 Generationen steter Inzucht und Inzestzucht hatte W., ohne daß bei den Tieren irgendwelche Degenerationsmerkmale aufgetreten waren, die Erfüllung seines Wunsches, das Ebenbild des unvergeßlichen Glenkoe Model, in dem gelben schwarzmaskierten Rowdy v. Einzelberg erreicht. Eigenartig ist die Beobachtung bei der Inzucht, wie sich manche Vorzüge, aber auch manche Fehler durch die Generationen vererben. Die Hündin Cyprienne hat zweifellos ihren schönen Kopf und ihre schöne lange Rute vererbt. Merkwürdigerweise ihre hirschrote Farbe nur auf ihren einzigen Glenkoe-Sohn und auf eine Tochter. Ihren vornehmen Typ, ihr Ebenbild hat sie nur auf schwarze Nachkommen vererbt. Wieland.

Schäme (31) unterzieht die Beurteilung des deutschen Schäferhundes einer gründlichen Kritik und weist besonders darauf hin, daß der Trab und

der Galopp des Hundes ganz verschieden von den Gangarten des Pferdes sind.

Ein Hund vom Gebäude des guten Jagdpferdes, der einen ausdauernden flotten Galopp gehen kann, ist auf Grund seiner Bauart durchaus nicht befähigt, einen ebenso guten Renngalopp als auch Trab und Schritt zu gehen. Da der Hund bei der Herde eine große Ausdauer entwickeln muß, ist derjenige Hund körperlich der beste, der am ausdauerndsten und dabei am schnellsten traben kann. Am Schluß seiner Arbeit geht er auch auf die verschiedenen Hirtenhundformen ein, die je nach ihrem Gebrauch als 1. reine Herdenschutzhunde, 2. Treibhunde, 3. Hüte- oder Schäferhunde unterschieden werden. Erstere werden in einer kräftigen Galoppform gezüchtet, während bei den Treib- und Hütehunden mehr Gewicht auf die Traberform gelegt wird. Wieland.

Berta (3) tritt als alter Preisrichter der Forderung von Ilgner, daß der Richter auch Züchter sein müsse, entgegen. Der Richter muß nach seiner Ansicht Charakter, Gesinnung und Bildung haben, von unbestechlicher Gerechtigkeit, Sicherheit und eigener Überzeugung seiner Entschließungen, unabhängig und unbeteiligt sein. Er muß über den Parteien und vor allem über dem Einzelzüchter stehen. Wieland.

Wieland (37) gibt beachtenswerte Fingerzeige, wie dem Mangel an Allgemeinrichter-Nachwuchs abgeholfen werden kann und tritt zum Schluß für ein besseres Verhältnis zwischen den beiden großen kynologischen Verbänden (Kartell u. D. C.) ein, das unbedingt zur Verschmelzung führen muß. Wieland.

Ilgner (16) fordert zur Erörterung von Preisrichterfragen auf.

Er wendet sich gegen die sog. „Schnellkynologen", tritt aber für schnelles Richten ein, da hierbei weniger Fehler vorkommen als beim Richten im Schneckentempo. Der Richter soll auch Züchter sein. Fertig durchgezüchtete Rassen können nur durch häufigeren Richterwechsel gewinnen. Für die wichtigsten Rassen sind immer Spezialisten heranzuziehen. Wieland.

v. Stephanitz (35) bespricht in seinen „Beurteilungsfragen" Gebäudefehler, Größensucht, Winkelung der Vorder- und Hintergliedmaßen, Gangwerk, Paßgang, Gebißfehler usw. Wieland.

Most (23) spricht sich in seinem Aufsatz „Der neue Weg" gegen die nicht wissenschaftliche Psychologie, wie sie der alte Brehm noch enthält, aus. Allein entscheidend für die Fähigkeiten der Hunde im Kriminaldienst sind mithin nur Versuche, die unter wissenschaftlichen Regeln ausgeführt werden, keinesfalls die Praxis. Wieland.

Henze (10) liefert einen Beitrag zur Lösung der Kriminalhundfrage.

Er kommt zu der Ansicht, daß Most mit seinen wissenschaftlich einwandfrei durchgeführten Versuchen nur scheinbar im Recht sei. Er bemängelt es, daß die zu den Versuchen verwendeten Hunde sämtlich keine technische Schulung als Spürhund aufzuweisen hatten. Unzweifelhaft zeigen manche Hunde aus sich heraus eine fabelhafte Eignung als Spürhunde und leisten trotz mangelhafter Abrichtungskenntnisse ihrer Führer glänzende Arbeiten. Eben weil kein geeignetes Abrichteverfahren vorhanden ist, arbeiten die Abrichter plan- und gedankenlos mit ihren Hunden herum. So verderben sie das, was der Hund aus sich heraus an Spürfähigkeiten an den Tag legte, durch die auch die tatsächlichen Erfolge erzielt wurden. Die Fähigkeiten dieser Hunde blieben daher unstet, um schließlich ganz zu verschwinden. H. benutzt zum Spurenlegen eine Schleppe (er befestigt an seiner Führleine einen von ihm getragenen Handschuh oder ein Taschentuch) und schleift den betreffenden Gegenstand hinter sich her. Beim Schleppen leichter Gegenstände kann von einer Verletzung des Bodens oder Pflanzen wohl kaum die Rede sein. In bezug auf Schneespuren ist H. der Ansicht, daß der Hund der Spur nicht mit dem Auge, sondern mit der Nase folgt. Bei einer Prüfung konnte der Verf. feststellen, daß 2 Brüder denselben Eigengeruch haben mußten, da der sonst spurensichere Hund die von dem einen Knaben berührten Gegenstände für die des anderen Knaben hielt, der sich nachher als Bruder des ersteren entpuppte. Nachdem der eine Bruder wieder ausgeschaltet worden war, arbeitete der Hund wieder richtig.

Die Lösung der Kriminalhundfrage erfordert zunächst die Klärung verschiedener Nebenfragen.

1. Kann der Hund auf Grund von Witterungsnahme den gleichen Geruch suchen? (Mit dieser Frage ist die der Spurenreinheit verbunden.)

2. Wieweit ist es dem Hunde möglich auf kalter Spur zu arbeiten?

3. Folgt der Hund auf der Spur dem menschlichen Geruch oder einem anderen?

4. Ist der Geruch des Menschen in der Ruhe und in der Erregung verschieden?

5. Ist diese Geruchsverschiedenheit vom Hunde wahrnehmbar? Wieland.

Freymuth (7) weist in seiner Abhandlung über die Spürfähigkeit des Hundes darauf hin, daß die Spürarbeit gewiß das reizvollste, aber auch das schwierigste Gebiet der Abrichtung ist, weil der Hund uns nicht unmittelbar darüber aufklären kann, wieweit seine Fähigkeiten reichen.

Der Abrichter ist bis jetzt stets gedrillt worden, hier sei alles im klaren und an der Hand dieser Richtschnur drillt er seinen Hund weiter. So ist der Abrichter ganz im Oberflächlichen stecken geblieben. Er glaubt an die Spürfähigkeit des Hundes wie sie heute dargestellt wird, da es ihm immer wieder vorgepredigt wird. Wissenschaftlich geschulte Denkweise dagegen zweifelt, forscht und erzielt deshalb Fortschritte. Sie legte sich nach dem dauernden Versagen in der Spureneinheit z. B. die Frage vor: „Was stellt denn eigentlich die menschliche Fährte geruchlich für den Hund dar?" Die herrschende Ansicht, daß der leitende Geruch für den Hund auf der menschlichen Spur einzig der individuelle menschliche Eigengeruch sei, — ist wenigstens nach dem heutigen Stande der Abrichtung — nicht mehr haltbar. Möglich ist, daß für den Hund diejenigen Gerüche leitend werden, die durch Verletzung der Erdoberfläche und von Pflanzenteilen entstehen. Wieland.

Lackner (19) will nicht nur Formsieger- und Leistungssiegertitel, sondern auch Erbsiegertitel verliehen wissen, da häufig bloße Formsieger in züchterischer Beziehung Nieten sind. Jeder Züchter würde dann auch eher alle seine Zuchtprodukte im Auge behalten, und der innige Zusammenhang zwischen Produzenten und Konsumenten würde eine ungeheure, den Sportsinn veredelnde Wirkung haben. Wieland.

Droonberg (6) schildert ein Rennen kanadischer Schlittenhunde in fesselnder Weise. Die Leistungen, die diese Hunde vollbracht haben, sind einfach bewundernswert. Das siegreiche Gespann von G. Morgan, das aus 7 Hunden bestand, legte die 100 englische Meilen betragende Strecke bei schauderhaften Wegeverhältnissen in 25 Stunden 25 Minuten zurück. Wieland.

Naegele (24) berichtet in einer anschaulichen mit Skizzen und Bildern geschmückten Abhandlung „Neue Bahnen" über die im Juli 1925 von Major Most abgehaltenen Prüfungen im Spüren. Er gibt an, daß die Stelzenspur bei gleichen Witterungsverhältnissen besser, schneller und müheloser ausgearbeitet wird als die menschliche Trittspur. Wieland.

Schlicht (32) äußert sich über die Spürfähigkeit des Hundes sehr vorsichtig, führt einige wissenschaftliche Versuche an, die bei der Klammersuche (7 Versuche) 2 Treffer und 5 Versager, bei 2 Spurenarbeiten 2 Versager aufwiesen. Er warnt vor Überschätzung der Nasenarbeit des Hundes als Indizienbeweis, die leicht zu Justizirrtümern führen kann. Wieland.

Busack (4) weist auf die Bedeutung der „Linkshändigkeit" bei Rassehunden hin, worunter er überhaupt die bessere Entwicklung der linken Körperhälfte versteht.

So sollen linksgerichtete Hunde mit Neigung zu Schlappohren stets das linke Ohr besser in der Gewalt haben als das rechte. Die linksgerichtefe Hündin hat einen männlichen Einschlag und nimmt infolgedessen den Rüden beim Deckakt schwer oder nur unter Zwang an. Andrerseits sollen links gerichtete Rüden infolge ihrer weiblichen Veranlagung als „Hagestolze" durchs Leben gehen. Bei der Zusammenstellung der Zuchtpaare sollte auch auf diese bisher gar nicht beachtete Veranlagung Rücksicht genommen werden. Wieland.

Wieland (41) tritt für Farbenfreiheit bei allen Rassehunden ein, um möglichst jedem Geschmack entgegenzukommen. Keine einzige Rasse könne eine bestimmte Farbe in Erbpacht nehmen. Ein sonst guter Hund kann keine schlechte Farbe haben. Wieland.

Bazille (2) gibt einen Rückblick auf die kynologischen Veranstaltungen des Jahres 1924.

Trotz der Tollwutepidemie und der miserablen wirtschaftlichen Verhältnisse fanden 264 Veranstaltungen (29 allgemeine Ausstellungen mit 11670 Hunden, 7 Katalogschauen mit 1268 Hunden, 32 Pfostenschauen mit 5975 Hunden, 18 Schäferhundzuchtschauen mit 2070 Hunden, 17 andere Sonderausstellungen mit 2070 Hunden, 143 Schäferhundsonderschauen mit 8291 Hunden und 18 andere Sonderschauen mit 1056 Hunden) mit 31 806 Hunden statt gegen 206 Veranstaltungen im Inflationsjahr 1923 mit 28 211 Hunden.

Nach dem Stand vom 1. Nov. 1923 zählt das Kartell insgesamt 84 731 Mitglieder der angeschlossenen Vereine gegen 80 259 im Jahre 1922. B. hebt besonders den deutschen Schäferhundverein mit seinen musterhaften Organisationen und seiner hohen Mitgliederzahl (42 000) hervor. Es folgt als zweitgrößter Verein der Dobermannpinscher-Verein mit 3206 Mitgliedern, dann der Klub für rauhhaarige Terriers mit 3030 Mitgliedern, der Pinscher-Schnauzerklub mit 2100, der deutsche Teckelklub mit 2000, der Boxerklub mit 1714, der Foxterrierklub mit 1500, der Doggen-Verband mit 1379, der Rottweilerklub mit 720, der St. Bernhardklub mit 710, der Verein für deutsche Spitze mit 600, der deutsche Windhundklub mit 500, der deutsche Pudelklub mit 600, der Klub für franz. Bulldoggen mit 500, der Jagdspanielklub mit 400, der Verein der Pudelprinter-Züchter mit 350, der Neufundländer Klub mit 268 Mitgliedern usw. Die geringste Mitgliederzahl hat der Collieklub mit 58 Mitgliedern. Wieland.

Horowitz (14) berichtet über den Stand der englischen Kynologie 1924.

Es wurden 1924 in England 1219 Ausstellungen, darunter 45 Championats-Ausstellungen abgehalten gegen 1035 im Jahre 1913. Auf der Cruft-Show 11. und 12. Februar 1925 wurden aber alle Rekorde geschlagen, denn es wurden 2825 Hunde ausgestellt. Das Hauptkontingent stellten deutsche Schäferhunde mit 190.

Es folgen Mantiffs mit 28, Neufundländer mit 12, Elchhunde mit 28, Barzois mit 24, Bernhardiner mit 19, Bloodhounds mit 16, Deutsche Doggen mit 44, Deerhounds mit 12, Irish Wolfhounds mit 38, Greyhounds mit 27, Retrievers mit 310 (alle Varietäten zusammen), Pointers mit 34, engl. Setters mit 21, Gordon-Setters mit 5, Irish-Setters mit 71, Cocker-Spaniels mit 161, Clumber mit 28, Field mit 19, Lassex mit 13, engl. Springer mit 77, welch Springer mit 75, Water-Spaniels mit 19, Barzets mit 9, Chow-Chows mit 99, Samoyeden mit 30, Afghanische Windhunde mit 7, arabische mit 19, Dalmatiner mit 25, Collies mit 47, Bobtails mit 45, Bulldogs mit 92, Bullterriers mit 45, Airedales mit 65, Foxterriers mit 143, Sealyham-Terriers mit 71, West-Highland mit 32, Dachshunde mit 33, Möpse mit 28 Vertretern usw.      Wieland.

v. Otto (29) weist in „Neues aus Holland" darauf hin, daß man jetzt auch in Holland bestrebt ist, die einheimischen Hunderassen zu fördern. Dies gilt besonders von den holländischen Schäferhunden mit 3 Varietäten (Kurzhaar, Rauhhaar, Langhaar) und den Landschnauzern (holland. Smoushond). v. O. befürchtet, daß diese Bewegung wieder im Sande verlaufen wird, wenn sich nicht ein begeisterter Gönner für jede Rasse findet.      Wieland.

Jaeger (17) würdigt die Bedeutung der Kalziumtherapie für die Hundezucht folgendermaßen.

Er beschuldigt Zwingerhaltung und Inzucht, daß sie schuld an der zunehmenden Nervosität und der Rhachitis sind. Zur Gesunderhaltung und Kräftigung der Organe und Nerven sind Kalziumsalze und Lezithin nötig. Besonders bei Diarrhöen, bei säugenden Hündinnen usw. ist der Kalkverlust des Körpers ein sehr großer, und deshalb ist auch ein sehr großer Kalkmangel im Organismus die Folge. Die Verarmung des Körpers an Kalk vermindert in erster Linie seine Leistungsfähigkeit, und dies gilt ganz besonders für die Funktionen der männlichen und weiblichen Geschlechtsorgane. Wie die Kalziumsalze in unübertrefflicher Weise das Skelett und die Muskeln stärken, so stärkt das Lezithin Gehirn und Nervensystem. Es bewirkt also eine hohe Entwicklung der Intelligenz; gerade dieser Punkt sollte in der Hundezucht besondere Berücksichtigung finden. Als verbesserte Kalzium-Lezithin-Verbindung empfiehlt er das Ovokalzin des Impfstoffwerkes München.      Wieland.

Henze (11) tritt in einer Abhandlung: „Der Hund im Kampfe mit dem Menschen" für Kampfspiele des Herrn mit seinem Hunde ein, da der Hund dabei spielend lernt, sich gegen alle Griffe seines Herrn zu verteidigen. Man muß aber sofort merken, wenn der Spaß in Ernst ausartet, dann muß diese Übung sofort abgebrochen werden. Wer aber nicht über genügende Willensstärke und Tatkraft verfügt, der lasse die Finger davon.      Wieland.

Frau Nairz (25) schildert in einem Artikel „Mein Hund und der Rundfunk" das Verhalten ihrer Hunde dem Lautsprecher und dem Telephon gegenüber und kommt zu dem Schlusse, daß alle Sinne des Hundes neben dem Geruchssinne eine untergeordnete Rolle spielen. Meldet das Gehör ihm durch den Schalltrichter irgendein verdächtiges oder bekanntes Geräusch (die Stimme seines Herrn), so stutzt er zwar einen Augenblick, beschnuppert dann den Apparat und wendet sich dann gleichgültig ab, da sein Geruchssinn ihm keine besonderen Eindrücke vermitteln kann.      Wieland.

Nolte (26) spricht sich in seinen Aufzüchtererfahrungen sehr lobend über ein neues Mittel der Firma Dinklage & Co., Tropenwerke in Köln-Mühlheim aus. Das „Cutrophan" soll nicht nur gegen Würmer, sondern auch gegen Staupe vorbeugend und heilend wirken.      Wieland.

## 9. Kaninchenzucht.

*1) Kohler, E.: Castorrex. Der Kaninchenzüchter Jg. 31, S. 265. — 2) Piegsa, E.: Vererbung, Inzucht und Blutwechsel. Ebendas. Jg. 31, S. 267. (Nichts Wesentliches.) — 3) Thomsen, E.: Meine Kreuzungsversuche in der Kaninchenzucht. Ebendas. Jg. 31, S. 160. (Zu keinem Resultat gekommen.) — 4) Ullrich, W.: Kreuzungsneuzüchtungen. Ebendas. Jg. 31, S. 57—58. (Versuche noch nicht abgeschlossen.)

Kohler (1) berichtet über die neue französische grannenlose Castorrex-Kaninchenzüchtung, die er als einen großen und gewinnbringenden Erfolg in der Kaninchenzucht bezeichnet.      Richter u. Adleff.

## 10. Geflügelzucht.

1) Dürigen, B.: Deutschlands Geflügelzucht und ihre Entwicklungsmöglichkeiten. D. landw. Presse Bd. 52, S. 593—594. — *2) Jull, M. W.: The relation of antecedent egg production to the sex ratio of the domestic fowl. J. Agr. Research (U. S.) Bd. 28, S. 199 bis 224. 1924. — *3) Lössl: Leistungsgrenze beim Huhn. D. landw. Tierz. Jg. 29, S. 449—450. — *4) Mercier, L. und R. Poisson: Nouvelles observations sur les poules à bec croisés. Hérédité de la dystrophie. C. r. Soc. de Biol. Bd. 93. S. 1214—1217. — *5) Poultry investigations at the Kansas Station. Kansas Sta. Bien. Rep. 1923/24, S. 103—106, 107 bis 116, 127 u. 128. — *6) Spanier, Fr.: Die Steigerung der Produktion der deutschen Geflügelhaltung durch Intensivierung der Waldnutzung. Mitt. d. D. Landw. Ges. H. 41, S. 772. — *7) Ulrich: Die Steigerung der Eierproduktion auf wirtschaftszüchterischem Wege. Ebendas. H. 1, S. 5. — 8) Wieninger, G.: Bericht über die ersten Leistungsprüfungen der Hühner am Wettlegehof in Klosterneuburg im 2. Legejahr 1924/25. (Abschluß des ersten Wettlegens.) Verl. Wettlegehof in Klosterneuburg (Niederösterreich), Albrechtstr. 105.

Lössl (3) beschäftigt sich mit der Leistungsgrenze beim Huhn und stellte fest, daß die Legekraft des Huhnes durch die Domestikation und durch die entsprechende Zuchtwahl und Aufzucht eine große Steigerung gegenüber den heute noch lebenden Wildrassen erfahren hat. In Erkenntnis der Tatsache, daß die Eierleistung eine ererbte und vererbbare Anlage ist, wird auch durch noch so gute Fütterung das Gelege eines Huhnes nicht vergrößert werden können. Lediglich verdient das Yohimbin als Reizmittel, als spezielles Eiertreibmittel erwähnt zu werden. 1000 Eier dürften wohl als Höchstleistung beim Huhn hingestellt werden; gewöhnlich ist aber ein Huhn mit 3 Jahren wirtschaftlich abgenutzt.      Richter u. Adleff.

Nach Ulrich (7) soll durch Zuchtbuchführung, Zucht auf Leistung und durch Eiweißfütterung der Eierertrag des Haushuhnes gesteigert werden, um den kostspieligen Import durch die eigene Produktion zu ersetzen. Als Beispiel wird die amerikanische landwirtschaftliche Geflügelzucht angeführt, die es verstanden hat, durch sachgemäße Züchtung und Fütterung die Legetätigkeit bei den einzelnen Rassen im höchsten Maße auszubilden.      Richter u. Demmel.

Durch Errichtung von Geflügelzucht- und Geflügelhaltungs-Stationen im Walde, will Spanier (6) Deutschland hauptsächlich vom Eierimport unabhängig machen. Das Geflügel findet im Walde günstige Lebensbedingungen. Die Vorteile der „Waldgeflügelzucht" für die Waldwirtschaft sind Düngung und Schädlingsbekämpfung, für die Geflügelzucht natürlichste Haltungsbedingungen und geringster Beifutterbedarf durch Höchstmaß an „absolutem Geflügelfutter". Die „Waldgeflügelzucht" soll als ein Nebenzweig der Forstwirtschaft betrieben werden und durch Anbau unkultivierten Landes den Bedarf an Futtermitteln selbst decken. Richter u. Demmel.

Mercier und Poisson (4) veröffentlichen eine Studie u. a. über die Erblichkeit des gekreuzten Schnabels bei Hühnern.

Von einer Henne mit Kreuzschnabel (Hahn ohne solchen, normal) wurden verschiedene Bruten aufgezogen. Es fiel die große Schwächlichkeit, schlechte Ausbildung des Gefieders, relativ häufig Kreuzschnabelbildung der Kücken auf. Vielleicht stehen Gefieder- und Schnabelentwicklung in direkten Beziehungen zu einer einzigen Ursache. Graf.

Jull (2) stellte Untersuchungen über die Beziehungen verschiedener Faktoren zum Geschlechtsverhältnis an.

Irgendwelche augenscheinliche Beziehungen zwischen dem Geschlechtsverhältnis und dem Eigewicht, Eidottergewicht, Wassergehalt des Dotters, den Umweltfaktoren oder der Sterblichkeit vor dem Auskriechen bestanden nicht.

Die Bestimmung des Geschlechtes der Nachkommenschaft von gepaarten Barred Plymouth Rockhennen und Brown Leghornhähnen mit Hilfe der Kopf- und Beinfarbe ermöglichte es, irgendwelche Fälle von Geschlechtsumkehrungen leicht zu bestimmen. Es wurden jedoch keine Anzeichen hierfür beobachtet. Der Grund für das Überwiegen der männlichen Tiere bei der Bebrütung von zu Beginn der Legeperiode erhaltenen Eiern und das Gegenstück am Ende der Eierproduktion vermutet Verf. darin, daß sich die Zusammensetzung des Nukleus oder des Zytoplasmas des Eies mit fortschreitender Legezeit verändert. Die Veränderung in der Wirkung auf die Chromosomen hat zur Folge, daß die weibliche Tiere erzeugenden Chromosomen zu Beginn der Legezeit öfter in den Polkörper ausgestoßen werden als späterhin. Schieblich.

An der Kansas-Station (5) wurden die folgenden Versuche an Geflügel ausgeführt. Die Verbesserung von Bastardvölkern durch ausgewählte Standardrassehähnchen.

Ein Vergleich der Eierproduktion von 3 Generationen von Hennen, die durch Kreuzung von Bastardhennen mit reinrassigen White Orpingtons, White Wyandottes und Single Comb Rhode Island Reds erhalten worden waren, zeigte eine bemerkenswerte Verbesserung bezüglich der Wayndotte- und Rhode Island Red-Kreuzungen, während die White Orpington-Kreuzungen keine Verbesserung der Eiproduktion gegenüber den Bastarden zeigten.

Der Futterwert von Zuckerrohr und gemischtem Futter für Hühnchen. — Es werden die Tabellen für die Eiproduktion, Fruchtbarkeit und den Schlupfprozentsatz für Gruppen von Hühnchen wiedergegeben, die bei derselben Ration aufgezogen wurden, die auch ihre Mütter erhielten. Eine Gruppe mit gemahlenem Zuckerrohr mit 25% Fleischstücken und ganzer Zuckerrohrsaat blieb in der Eierproduktion und Geschlechtsreife weit zurück.

Die Haltung von Hühnervölkern. — In einer Untersuchung über die Haltung von Hühnervölkern wurden Hühner in einer Hälfte eines Legehauses ohne Auslauf gehalten, während dieser den Hennen in der anderen Hälfte gewährt wurde. Erstere legten während der ersten 8 Monate des Legjahres 93,7 Eier, letztere 68,7 Eier im Durchschnitt pro Tier. Die Eier der letzteren erwiesen sich zu 95% fruchtbar und 79% wurden ausgebrütet.

Brutstudien. — In einer Untersuchung über die Wirkung des Erfrierens des Kammes und des Bartes von Hähnen auf die Geschlechtsorgane wurde gefunden, daß die Testikel eines Hahnes 3 g wogen gegen 15 g bei einem anderen Hahne, der Kamm und Bart nicht erfroren hatte. Bei einem anderen Hahne wurde, nachdem er Kamm und Bart erfroren hatte, kein Unterschied in der Fruchtbarkeit festgestellt.

Durch Analysen der Schalen und des Inhaltes von Eiern, die verschiedenen Brutperioden und anderen Behandlungen unterworfen worden waren, wurde der Kalziumstoffwechsel des wachsenden Kückens studiert. Der Einfluß verschiedener Faktoren auf das Ausbrüten wurde dadurch untersucht, daß Eier täglich für 15 Minuten dem Sonnenlicht und 15—20 Minuten täglich ultraviolettem Licht ausgesetzt wurden, ferner dadurch, daß Eier während der Bebrütung ein- oder zweimal 5 oder 10 Stunden abgekühlt und daß Eier während der ersten 3 Tage bei 95 und 105° F bebrütet wurden zum Vergleich mit 101° während der ersten Woche. In einem Versuche wurde die Ausbrutfähigkeit durch Abkühlen leicht verringert, während die Ergebnisse mit ultraviolettem und Sonnenlicht in 3 Versuchen nicht einheitlich waren. Bei der Bebrütung bei einer Temperatur von 95° war die Ausbrütfähigkeit 81,8%, bei 101° 67,5% und nur 25%, wenn während der ersten 3 Tage der Bebrütung eine Temperatur von 105° angewandt wurde.

Die Wirkung unzulänglicher Rationen auf die Produktion und Ausbrutfähigkeit von Eiern. — Von 7 Gruppen zu je 10 White Leghorns, die in bezug auf ihren Gehalt an Vitaminen und anderen Bestandteilen schwankende Rationen erhielten, werden die Produktion, Fruchtbarkeit und Ausbrütfähigkeit der Eier wiedergegeben. Die Fruchtbarkeit der Eier betrug 92% oder darüber, mit Ausnahme der Gruppe, die eine Ration bekam, die kein Grünfutter und nur wenig Vitamin B und C enthielt. In diesem Falle betrug der Prozentsatz der Fruchtbarkeit 82%. Die Eierproduktion war in dieser Gruppe sehr niedrig, und die Ausbrutfähigkeit der fruchtbaren Eier betrug nur 46%. Bei einer Gruppe, deren Ration nur geringe Mengen von Vitamin A, C und D enthielt, betrug die Ausbrutfähigkeit der Eier sogar nur 17%.

Die Beziehungen des Vitamingehaltes des Futters und der Anwendung von Licht zur Immunität gegen Hühnerdarre und Produktion und Ausbrutfähigkeit von Eiern. — 6 Gruppen von White Leghornhühnern wurden mit und ohne Sonnen- oder ultraviolettem Licht mit Rationen gefüttert, die verschiedene Mengen der verschiedenen Vitamine enthielten. Der Mangel an Vitamin A und B hatte eine starke Sterblichkeit der ausgeschlüpften Kücken zur Folge, während bei Mangel von Vitamin C keine Henne in der Zeit von 8 Monaten starb. 5 von 12 Hennen, die eine an Mineralien arme Ration ohne Licht erhielten, starben und zeigten rhachitisähnliche Veränderungen. Dies war wahrscheinlich einem Mangel an Vitamin D zuzuschreiben, weil die Krankheit bei einer anderen Gruppe, die mit ultraviolettem Licht bestrahlt wurde, nicht zur Entwicklung kam. Die Eierproduktion und der Prozentsatz der Ausbrutfähigkeit waren in den Gruppen mit ultraviolettem oder Sonnenlicht viel größer. Chemische Analysen des Blutes von Hennen der verschiedenen Gruppen zeigten keine regelmäßigen Unterschiede in dem Gesamtstickstoff-, Harnstoff- und Zuckergehalt. Die Eier der Gruppen, die eine vollwertige Nahrung mit Licht bekamen, enthielten mehr Ca und P. Schieblich.

## 11. Fischzucht.

*1) Buschkiel, A. L.: Voraussetzungen für Rassen- und Stammesbildung in der Forellenzucht. Mitt. d. D. Landw. Ges. H. 9, S. 164. — 2) Maier: Entwicklung und Stand der Fischzucht. Ebendas. H. 39, S. 725; S. 742. (Öffentliche Versammlung zur Förderung der deutschen Fischzucht.) — 3) Regensburger, A.: Die Bastardierung in der

Fischzucht. Ebendas. H. 35, S. 644. — *4) Derselbe: Willkürliche Geschlechtsbestimmung und Fischzucht. D. landw. Presse Bd. 52, S. 4. — *5) Wohlgemuth: Arbeitsgemeinschaft der Teichwirte Ostsachsens. Sächs. landw. Zschr. Nr. 1, S. 13. — 6) Wundsch: Die Entwicklung der Fischerei zur intensiven Wirtschaftsweise in Deutschland. D. landw. Presse Bd. 52, S. 594. (Nichts Neues.)

Mit der Frage der willkürlichen Geschlechtsbestimmung insbesondere in der Fischzucht, beschäftigt sich Regensburger (4). Hertwig hat schon gefunden, daß rein äußerliche Einwirkungen die Geschlechtsbestimmung beeinflussen können (Versuche mit Froscheiern im warmen und kalten Wasser). In der Edelfischzucht verdient diese Frage besondere Erörterung, weil seit Jahren das Verhältnis der Geschlechter zuungunsten der Weibchen sich verschoben hat. Verfasser stimmt der Meinung Thumms bei, daß die Größenverhältnisse (Männchen sind viel schwächer als Weibchen) für das Mißverhältnis verantwortlich zu machen seien. Richter u. Adleff.

Als wichtigste Voraussetzung für die Stammesbildung in der Forellenzucht fordert Buschkiel (1) den „Einzelversuch“, der zunächst die Reinheit der Linie des Ausgangsmaterials auszuweisen hat.

Richter u. Demmel.

Nach Wohlgemuth (5) lassen die Teichdüngungsversuche 1924, die in 10 Teichen in verschiedenen Teilen Ostsachsens durchgeführt wurden, in ihren Ergebnissen die ertragssteigernde Wirkung der künstlichen Düngung erkennen.

Richter u. Demmel.

## 12. Sonstige Zuchten.

*1) Allen, J. A.: Fox farming and its veterinary problems. J. Am. Vet. Med. Assoc. Bd. 67, Nr. 4, S. 443 bis 451. — *2) König, F.: Landwirtschaft und Bienenzucht. Mitt. d. D. Landw. Ges. H. 2. — 3) Wangenheim, v.: Die Bienenwohnung, ein landwirtschaftliches Gerät. Ebendas. H. 26, S. 497.

König (2) beschäftigt sich mit den Beziehungen zwischen Landwirtschaft und Bienenzucht. Der Landwirt hat, um aus dem Samenbau der Futtergewächse und Gründungspflanzen die Höchsterträge zu erzielen, für die Anwesenheit von genügend Bienen zu sorgen. Ohne Bienen sind bei der sorgsamsten Pflege und Düngung die Ernten nur ganz mangelhaft.

Richter u. Demmel.

Allen (1) behandelt die Fuchsfarmen vom tierärztlichen Standpunkt aus. Die Silberfuchszucht hat in Kanada neuerdings einen großen Aufschwung genommen. Es bestehen dort bereits an 4000 Farmen. Mitunter halten sich die Frauen an Stelle von Hühnern einige Füchse. Daraus entsteht dem Tierarzte ein neues Betätigungsfeld. Besonders wichtig sind hierbei die parasitären Erkrankungen (Askariasis, Sarkoptes, Ohrräude und Verflohung). Behandlungsmethoden werden angegeben.

Hobmaier.

## XII. Militärveterinärkunde, Remontierungswesen, tierärztliche Kriegswissenschaft.

### Bearbeitet von K. Heuß.

1) Åkerberg, A. K.: Eläinlääkintätoimen nykyinem järstely sotaväessämme. (Die Organisation des Veterinärwesens in unserer Armee.) Finsk Vet. Tidskr.

Bd. 31, S. 60—68. — 2) Amiot, R.: Sur le service vétérinaire en campagne. Semaine vét. Nr. 45. (Kritik der Organisation des französischen Feldveterinärwesens und neue Vorschläge.) — 3) Derselbe: Le futur service vétérinaire en campagne. Ebendas. Nr. 15. — 4) d'Auchold, H.: Les chevaux de guerre. Ebendas. Nr. 37. (Kriegserfahrungen über verschiedene Pferderassen.) — *5) Benelowenski, A. A.: Über Pferdegasschutz. Technika i snabshenie Krassnoi armii (Moska), März. — *6) Blümner: Unserem treuen Kriegskameraden, dem Pferde. Milit. Wbl. Jg. 109, Nr. 31, S. 933. — 7) Derselbe: Über den Sattelzwang junger Pferde und wie man sich ihm gegenüber verhält. Ebendas. Nr. 33, S. 997—998. — 8) Bottey, M.: Denkschrift über den der Heeresverwaltung zur Verfügung stehenden Pferdebestand. Romana milit. (Bukarest) Nr. 4. — 9) Derselbe: Die Gestütpferde und die Armeeremonten. Ebendas. Nr. 6. — 10) Brandis, C.: Die Bedeutung des Torfs als Pferdestreu. Milit. Spectrator Nr. 8 u. 12. (Eingehende Untersuchungen über den Einfluß der Torfstreu auf Stalluft, Keimgehalt usw.) — *11) Breithor: Vom englischen Heeresveterinärwesen. Zschr. f. Vet. Kunde Jg. 37, H. 9, S. 280—281. — 12) Derselbe: Ein Dauerritt im amerikanischen Heere. Ebendas. Jg. 37, H. 12, S. 460—461. (Interessante Wiedergabe eines amerikanischen Berichtes.) — 13) Briscault: Über die Ergebnisse der im Jahre 1923 erlassenen Remontierungsordnung. Rev. de Cavalerie, November bis Dezember. — *14) Brocq - Rousseu: Die Verwendung von Johannisbrot als Pferdefutter bei Seetransporten. Rev. vét. milit., September. — *15) Budenny, S.: Remontirowanije w uslowijach nastojaschtschego ssostojanija konewodstwo. (Die Remontierung unter den gegenwärtigen Zuständen der Pferdezucht.) Praktitscheskaja weterinarija i konewodstwo (Praktische Veterinärkunde und Pferdezucht) H. 1, S. 49—56. 1924. — 16) Buhle, P.: Was muß der Führer einer bespannten Formation vom Zugpferd wissen? Milit. Wbl. Jg. 109, Nr. 36, S. 1100—1101. (Gedankenreicher Hinweis auf die dringende Notwendigkeit einer gründlichen Ausbildung von Offizieren und Unteroffizieren in der Pferdekunde auf Grund der Kriegserfahrungen.) — 17) Derselbe: Pferdegeist und Maschine. Ebendas. Nr. 47, S. 1490—1491. (Auch die Maschinen benötigen eine sehr sorgsame Pflege; nach amerikanischen Vergleichsversuchen war außerhalb der Wege kein anderes Transportmittel der Pferdebespannung überlegen.) — 18) Derselbe: Amerikanische Betrachtungen über Pferde- und Kraftzug. Artill. Rdsch. Jg. 1, H. 1. — 19) Derselbe: Was haben die kaltblütigen Zugpferde im Weltkriege geleistet? Hannover: M. u. S. Schaper. — 20) Derselbe: Vom schweren Zuge und den Leistungen der Kaltblüter im Felde. D. landw. Tierz. Jg. 29, Nr. 29, S. 487—491. — *21) Camon: Die Motorisierung der Armee. Rev. milit. franç., März bis April. — 22) Casado, A.: Die Heeresverpflegung und Gefrieranlagen. La Guerra y su Preparacion (Madrid), März. (Begründung der Notwendigkeit der Errichtung von Gefrierhäusern und Herstellung von Gefrierfleisch im Kriege.) — 23) Cecil, G.: The British army veterinary department. Vet. Med., Mai. — 24) Chandler, R. E.: Ein Tausendmeilenmarsch der Batterie F des 12. Feldartillerie-Regiments. Field Artill. J. (Philadelphia), Januar bis Februar. (Beobachtungen am Pferdematerial während eines 31 tägigen Marsches.) — *25) Cholewinsky, A.: Russkoje konewodstwo w prochlom i mastojatschem. (Die russische Pferdezucht in Vergangenheit und Gegenwart.) Praktitscheskaja weterinarija i konewodstwo H. 1, S. 57—64. 1924. — 26) Derselbe: Konewodstwo w Finlandi. (Die finnische Pferdezucht.) Ebendas. H. 2, S. 57—62. (Geschichtlicher Abriß; heutiger Pferdebestand 400 000, von denen 29 300 ins staatliche Zuchtbuch eingetragen sind.) — 27) Cliquet: Union des officiers de réserve. Semaine vét. Nr. 18.

(Anregung zur Gründung eines Reserveveterinäroffizierbundes.) — *28) Colbern, W. H.: The effect of gas on animal transportation. Field Artill. J. (Philadelphia), November bis Dezember. — 29) Conreur, Ch.: Ocavallo camponila. (Das Camponilapferd.) Bol. Soc. Brasileiro de Med. Vet. Jg. 1, Nr. 1, S. 20—28. 1924. (Die Armee stellt keine Pferde dieses Schlages wegen ihres eigentümlichen Gangwerkes, Praß- oder Zackeltrab, ein.) — 30) Depperich: Versuche mit Mitteln gegen Einballen von Schnee. Zschr. f. Vet. Kunde Jg. 37, H. 4, S. 113—115. (Bestreichen der Hufsohlen mit geschmolzenem Paraffin.) — *31) Descaseaux, J.: Der Veterinärdienst in der französischen Armee. Memorial del Ejercito de Chile (Santiago), Januar, Februar, Mai, September, Oktober, November. — 32) Derselbe: Gefrier- und Kühlhausanlagen für die Truppenverpflegung. Ebendas., Dezember. — 33) Descoines: Bemerkungen über den orientalischen Ursprung der Reitkunst. Rev. de Cavalerie, November bis Dezember. — 34) Driest, P. A. van: Mitteilungen über die Schäden der Wurmkrankheiten und des Koppens beim Truppenpferde. Milit. Spectator Nr. 11. — 35) Fontaine: Die Pferdepflege im Kriege. Zschr. f. Vet. Kunde Jg. 37, H. 8, S. 233—242; H. 9, S. 265—275; H. 11, S. 401—412. — 36) Fray: Inauguration du Monument aux Morts à l'Ecole de Cavalerie de Saumur. (Gedächtnisrede bei Enthüllung des Denkmals für die im Weltkriege gefallenen Veterinäroffiziere.) Semaine vét. Nr. 43. — *37) Friedrich: Zur Frage des Zehenschraubstollens. Zschr. f. Vet. Kunde Jg. 37, H. 11, S. 423—424. — 38) Galke: Vergiftungen nach Verfütterung von verschimmeltem Brot. Ebendas. Jg. 37, H. 3, S. 81—82. (Kasuistik. Kriegsbeobachtung.) — 39) Garzally, A. H.: Kurze Betrachtungen über die Entwicklungsgeschichte der Kriegsverpflegung. Memorial del Ejercito de Chile, Dezember. (Erörterung der Truppenverpflegung im Dreißigjährigen Kriege, in den französischen Kriegen unter Louvois, in den Kriegen Friedrichs des Großen und im Deutsch-Französischen Kriege.) — 40) Ghinea, J.: Der Veterinärdienst im Felde. Romana Milit. Nr. 2. — *41) Ginsburg, J. W.: Njeotleschnyje sadatschi. (Abwehrmaßnahmen für den Gaskrieg.) Prakitscheskaja weterinarjia w konewodstwo H. 3, S. 3—5. 1924. — *42) Grammlich: Der Feldveterinärdienst. Zschr. f. Vet. Kunde Jg. 37, H. 3, S. 75—76. — 43) Derselbe: Nachruf für Generalveterinär a. D. mit dem Range eines Generalmajors Dr. med. vet. h. c. Heinrich Schlake †. Ebendas. H. 2, S. 53—54. — 44) Grundzinskas: Über Armeeverpflegung. Müsu Zinynas Nr. 27. — *45) Guijo, F.: Algunas razones explicativas de la mortalidad de ganado en el Ejercito de Africa. (Einige Ursachen für die Tierverluste bei der Armee in Afrika.) Rev. de Hig. y Sanidad Pecuarias Bd. 14, Nr. 9, S. 563—569. 1924. — 46) Heubes: Torfstreu im Stall. Milit. Wbl. Jg. 110, Nr. 21, S. 732—733. (Loblied auf die Torfstreu in Militärstallungen.) — 47) Heuß: Militärveterinärwissenschaft. T. R. Jg. 31, Nr. 12, S. 201—202. (Ergänzungen zur vorjährigen Arbeit über „Einzelgebiete der Militärveterinärwissenschaft.) — 48) Derselbe: Die chilenische Remontierungsordnung. Ebendas.Jg.31, Nr. 50, S. 910—911. — *49) Harrington, M. R.: Tierischer Zug für Feldartillerie. Field Artill. J. (Philadelphia), März bis April, Mai bis Juni. — *50) Hill, W. P.: Die Armeeveterinärschule. Milit. Surg. (Washington), Dezember. — *51) Hodgkins, J. R.: An animal crematorium for standing camps. Vet. J. Jg. 81, S. 70—74, Februar. — 52) Horváth: Gedenken wir der im Felde gefallenen vierbeinigen Freunde, der Pferde. Az Oersjem (Budapest) Nr. 1 v. 20. XII. — 53) Kämper: Erfahrungen bei der Leitung von Fleischbeschaulehrgängen. Zschr. f. Vet. Kunde Jg. 37, H. 12, S. 433—448. (Eingehende Beschreibung der Stoffeinteilung eines Lehrgangs für Offiziere, Sanitätsoffiziere und Militärbeamte.) — 54) Kidwell, W. R.: Der

Dauerritt von Boise. Cavalry J. (Washington), April. — 55) König: Vergiftung von Schweinen durch Pflaumenkerne. Zschr. f. Vet. Kunde Jg. 37, H. 3, S. 82. (Kasuistik. Kriegsbeobachtung im Schweinebestande einer Eisenbahnkompagnie.) — *56) Koon, G. H. und R. A. Kelser: La lutte contre l'avortement infectieux des équidés dans l'armée des Etats-Unis. J. de M. vét. Bd. 70, März 1924. — *57) Krause: Grundlagen zur Schaffung eines Einheitsstollens der Truppe. Zschr. f. Vet. Kunde Jg. 37, H. 8, S. 242—250. — *58) Krieger: Ein Beitrag zur Haferverwertung. Ebendas. Jg. 37, H. 6, S. 181—191. — *59) Kunke: Weshalb ist verschimmeltes Futter zu beanstanden? Ebendas. Jg. 37, H. 11, S. 413—418. — 60) Lindner: Pferdekartei. Ebendas. Jg. 37, H. 8, S. 250—253. (Beachtliche Vorschläge für eine geordnete Pferdelistenführung bei den Truppen.) — 61) Lori: Das Truppenpferd. Revista Militar (Guatemala) Nr. 8. (Gesichtspunkte für die Beurteilung der Militärdienstpferde.) — 62) Lührs: Tätigkeitsbericht des Heeresveterinäruntersuchungsamtes für das Jahr 1924. Zschr. f. Vet. Kunde Jg. 37, H. 7, S. 201—211. — *63) Mague: Die Kampfgase vom biologischen und medizinischen Standpunkte. Rev. vét. milit., Juni. — 64) Matheson, S. J.: Der Sieg beim Dauerritt 1924. Cavalry J. (Washington), Januar. (Eingehende Beschreibung des Rittes durch den Sieger.) — 65) McKee, O.: Bei der Kavallerie in Fort Riley. Ebendas. (Schilderung der amerikanischen Kavallerieschule.) — 66) Meyer: Der Herr Rittmeister und die Wokhi-Embrokation. T. R. Jg. 31, Nr. 14, S. 244. (Einspruch gegen offenes Kurpfuschen an Dienstpferden durch Offiziere.) — *67) Monpert, Ch.: La mission militaire française des remontes aux Etats-Unis pendant la guerre; contributions à l'étude des chevaux américains. Rec. de M. vét. Bd. 101, Nr. 11. — 68) Moreno, R. T.: Die Organisation des Remontewesens in den Vereinigten Staaten von Amerika. Revista militar (Argentinien), Dezember. (Besprechung der verschiedenen Pferderassen und ihre Verwendung für Armeezwecke.) — *69) Müller, W.: Lecksucht bei Remonten. Zschr. f. Vet. Kunde Jg. 37, H. 2, S. 57. — *70) Derselbe: Auszug aus dem Statistischen Veterinärbericht über die Remonteämter für die Zeit vom 1. April 1923 bis 31. März 1924. Ebendas. Jg. 37, H. 4, S. 123—125. — *71) Derselbe: Zum Abschied. Ebendas. Jg. 37, H. 10, S. 297—309. — 72) Nicolas,E.: Intradermovaccination contre le charbon bactéridien de 8912, chevaux et mulets de l'armée du Levant. C. r. Soc. de Biol. Bd. 92, H. 9, S. 693—694. (Es gelang, die Verluste von 8,1⁰/₀₀ auf 0,45⁰/₀₀ herunterzudrücken.) — *73) Derselbe: Lymphangite épizootique à l'armée française du Levant; Prophylaxie par le pansement individuel. Rec. de M. vét. Bd. 101, Nr. 4. — *74) Nicolau, C. Th.: Muzeul calului. (Das Museum des Pferdes.) Revista Cresterei si Exploatarei Animalelor 1922, H. 1—7. — *75) Ohmke: Abschied des Veterinärinspekteurs Generalstabsveterinärs Dr. Grammlich. Zschr. f. Vet. Kunde Jg. 37, H. 10, S. 389 bis 392. — *76) Paetz: Hufbeschlagversuche im Heere. Ebendas. Jg. 37, H. 10, S. 310—374. — *77) Paulus: Nymphomanie bei Stuten. Ebendas. Jg. 37, H. 6, S. 192 bis 194. — 78) Pavlovitsch, B. J.: Die Verpflegung des Truppenpferdes. Ratnik (Zschr. d. serb. Generalstabs) Jg. 41, H. 1/2. — 79) Pawlosievici, J.: Die Fleischfrage im Kriege. Romania Militar, Juni. (Befürwortet die Errichtung von Armeekonservenfabriken in Rumänien.) — *80) Pfenninger, E.: Pferdefrage und Regimentsmitrailleure. Allg. Schweiz. Milit.-Ztg. (Basel) Nr. 7. — *81) Phillips, A. E.: Der Phillipspacksattel. Cavalry J., Oktober. — 82) Rainey, J. W.: The veterinary history of the great war. Vet. Rec. Bd. 5, Nr. 48. — 83) Redden, M.: Nützliche Winke für Pflege und Behandlung von Pferden und Maultieren. Field Artill. J. (Washington), Mai bis Juni. (Praktische Ratschläge für Pferdepflege im Stall und auf dem Marsch.) — 84) Reede, J. H. van: Die erste Behandlung ausgehobener Pferde, ihre Fütterung und Pflege im Quartier. Milit. Spectator H. 1. — 85) Richters, E.: Untersuchungen über Paratyphaceen bei der Taumel- oder Drehkrankheit der Heeresbrieftauben. Zschr. f. Vet. Kunde Jg. 37, H. 12, S. 449 bis 456. (Spezifischer Erreger noch unbekannt; die gewonnenen Stämme erwiesen sich als taubenspezifische Begleitbakterien.) — 86) Roulard: La situation économique des vétérinaires belges. Ann. de M. vét., April. — 87) Schulze, K., und W. Otto: Das Militärveterinärwesen. In M. Schwante: Der große Krieg. 1914 bis 1918. 9. Bd.: Die Organisation der Kriegführung. 2. Tl.: Die Organisation für die Versorgung des Heeres. Berlin. — *88) Schweisheimer, W.: Die medizinischen Grundlagen des Giftgaskriegs. Milit. Wbl. Jg. 110, Nr. 17, S. 577—581. — 89) Scott, C. L.: Über Pferdephotographie. Cavalry J., Oktober. (Praktische Hinweise.) — 90) Sereika: Das Militärbrieftaubenwesen. Müser Zinynas (Litauen) Nr. 27. — 91) Seth, C.: Results of working machine-gun mules without hind shoes. Vet. J., Dezember. (Befürwortet, die Hinterhufe der Truppenmaultiere unbeschlagen zu lassen.) — 92) Smith, Fred.: Official history of the army veterinary service in the great war. Vet. Rec. Bd. 5, Nr. 40/46. (Ergänzung der von Blekinsurpe im vorigen Bande veröffentlichten gleichnamigen Arbeit.) — 93) Sochestwensky, N.: Chimitscheskaja woina sadatschi weterinarji. (Der Gaskrieg und die Veterinärmedizin.) Praktitscheskaja weterinarija i konedstwo H. 1, S. 67—70. 1924. (Verf. beschäftigt sich hauptsächlich mit dem Senfgas, Iprit genannt.) — *94) Solanet, E.: Die Größe des Kreolenpferdes. Revista Militar (Bolivien), September. — 95) Ssaken: Donskoje konewodstwo. (Die Donsche Pferdezucht.) Praktitscheskaja weterinarija i konewodstwo H. 1, S. 65—66. 1924. (Beschreibung der Maßnahmen zum Wiederaufbau der Pferdezucht.) — 96) Stautner: Das norische Pferd. M. t. W. Jg. 76, Nr. 8, S. 137—142; Nr. 9, S. 163—168; Nr. 10, S. 198—202. (Neuzeitliche Sondermaßnahmen zur Züchtung des Noriers in Bayern.) — 98) Stavarescu: Conférences à l'Ecole vétérinaire d'Alfort. La production animale de la Roumanie. Rec. de M. vét. Bd. 101, Nr. 5. — 99) Stojano: Über die Ausbreitung der Pferderäude im bulgarischen Heere. Voenen J. (Sofia) H. 2. — 100) Thirion: A propos du futur service vétérinaire en campagne. Les vétérinaires divisionnaires. Semaine vét. Nr. 26. — 101) Thomassen, C.: Abweichungen an den Laden von Reitpferden und die Bedeutung der Laden für die Abrichtung, den Gebrauch und den allgemeinen Zustand unserer Remonten. D. t. W. Jg. 33, Nr. 22, S. 359—367. (Die militärreiterlich hochinteressante Arbeit ist zu kürzerem Auszug nicht geeignet.) — 102) Vitale, M. A.: Meharisten und Mehara. Alere Flammam (Turin), Mai. (Besprechung der Verwendung der Mehara, einer Kamelart, im Heeresdienst.) — 103) Vrvić, A. M.: Vojna veterinarska. (Militärveterinärakademie.) Jugosl. Vet. Glasnik Jg. 5, S. 43—44. — 104) Wöhler: Auszug aus dem Tätigkeitsbericht des Deutschen Veterinäroffizierbundes für 1924. T. R. Jg. 31, Nr. 9, S. 145 bis 146. — *105) Reichsstatistik des tierärztlichen Personals nach dem Stande vom 1. Juli 1924. Ebendas. Jg. 31, Nr. 49, S. 886—888. — *106) Kurze Angaben über das englische Militärveterinärpersonal. Milit. Wbl. Jg. 109, Nr. 29, S. 867. — *107) Decret portant fixations des effectifs cadres-officiers des différentes armes et services de l'armée. Semaine vét. Nr. 35. — 108) Ecole de perfectionnement du service vétérinaire. (Ausbildungsvorschriften für Reserveveterinäroffiziere.) Ebendas. Nr. 5. — *109) Army veterinarians licented hay-inspectors. J. of Am. Vet. Med. Assoc. Bd. 68, Juni. — 110) Die Entstehung des persischen Heeres. Milit. Wbl. Jg. 110, Nr. 10, S. 334. (Kurze Mitteilung von der Errichtung einer Militärveterinärschule in

Teheran.) — *111) Statistischer Veterinärbericht über das Reichsheer für das Berichtsjahr 1924. Bearbeitet im Heeresveterinäruntersuchungsamt. Berlin. — *112) Statistical and General Report of the Army Veterinary Service 1924—1925. Vet. Rec. Bd. 5, Nr. 47. — *113) Statistischer Veterinärbericht über das Heimatheer, die Rheinarmee, die Truppen im Saargebiet, in Algier, Tunis und Marokko für das Jahr 1923. Rev. vét. milit., März. — 114) Fonctionnement des Commissions de Classement et de Réquisition à la Mobilisation. (Dienstanweisung für die Pferdevormusterungs- und Pferdeaushebungskommissionen.) Semaine vét. Nr. 34. — 115) Fleischversorgung des Heeres. Woina i Technika (Moskau) Nr. 192, April. — 116) Pferdeausrüstung und Beschirrung. Ebendas. — 117) Elektrischer Staubsauger für das Pferdeputzen in der amerikanischen Kavallerie. Milit. Wbl. Jg. 109, Nr. 34, S. 1036. (Kurze Bemerkung über Einführung zunächst bei den Pferdedepots und Pferdelazaretten.) — *118) Noch einmal Pferd und Motor. Ebendas. Jg. 109, Nr. 47, S. 1488—1490. — 119) Der Dauerritt 1924. Cavalry J. (Washington), Januar. (Eingehende Angaben über Pferde, Ausrüstung, Hufbeschlag und Fütterung.) — *120) Army horses in India. J. of Am. Vet. Med. Assoc. Bd. 68, Februar. — 121) Organisation of the remount service and its duties in peace and war. Vet. Rec. Bd. 5, S. 1063—1068. — 122) History of the great war based on official documents. Veterinary services. H. M. stationery office. London. Ebendas. Bd. 5, S. 862—863, 879—880, 933—935, 960—962 u. 1009—1012. — 123) I rifornimenti dell' esercito mobilisato durante la guerra alla fronte italiana 1915—1918. (Die Versorgung des Feldheeres während des Krieges an der italienischen Front. Rom 1924. (Je ein Hauptabschnitt des vom Kriegsministerium und Generalstab herausgegebenen Werkes behandelt den Veterinärdienst und das Remontewesen.) — 124) Ein Denkmal für die im Kriege gefallenen Pferde. T. R. Jg. 31, Nr. 12, S.204.

In einem Rückblick auf die Laufbahn des bisherigen Veterinärinspekteurs im Reichswehrministerium anläßlich dessen Ausscheidens aus dem Heeresdienst macht Müller (71) einige geschichtlich bemerkenswerte Mitteilungen über die Entwicklung des neuzeitlichen Militärveterinärwesens in Deutschland. Von ganz besonderem Interesse ist die Angabe, daß bereits 1914 die Schaffung der Dienststelle eines Veterinärinspekteurs mit dem Dienstgrad als Generalstabsveterinär nebst gleichzeitiger Verleihung des Generalveterinärranges an die Korpsveterinäre in Aussicht genommen war. Hervorzuheben ist auch der durchaus zutreffende Hinweis des Verf., daß die derzeitige Veterinärorganisation weiteren organischen Ausbaues bedarf; Fundament und Grundmauern sind unter Dach und Fach, und nun gilt es, das noch nicht vollendete Gebäude vor ernsten Erschütterungen zu bewahren. (Durchaus abwegig ist es daher, wenn die Veterinäroffiziere wegen der im ganzen bescheidenen Fortschritte ihrer Organisation in Offizierskreisen öfters boshafterweise als „Kriegsgewinnler" bezeichnet werden. Die Kriegsgewinnler in der Reichswehr sitzen ganz wo anders. Anm. d. Ref.) Heuß.

In seinem Bericht über die Abschiedsfeier des bisherigen Veterinärinspekteurs gibt Ohmke (75) den Wortlaut der Abschiedsansprache des Gefeierten wieder. Diese enthält eine hochinteressante Darstellung von bisher nur wenigen Eingeweihten bekannten Einzelheiten des Werdegangs der heutigen Veterinärinspektion im deutschen Reichswehrministerium. (Leider vertritt der unbestreitbar sehr verdienstvolle Redner auch bei dieser Gelegenheit den die Fachkritik ignorierenden Standpunkt, in der Zufriedenheit seiner militärischen Vorgesetzten mit der heutigen Veterinärorganisation die Gewähr für deren befriedigenden Aufbau erblicken zu dürfen. Anm. d. Ref.) Heuß.

Nach einer Reichsstatistik (105) betrug am 1. Juli 1924 die Gesamtzahl aller Tierärzte im Deutschen Reich 7282. Hierunter befanden sich 165 Militärtierärzte, von denen 45 = 27,3% Privatpraxis ausübten. Letztere Zahlen sind indessen falsch, da die vom Feindbund auf Grund des Versailler Schmachdiktats zugelassene Zahl von 200 Veterinäroffizieren im Berichtsjahre vorhanden war, Fehlstellen erst in den folgenden Jahren eintraten. Heuß.

Die englische Armee (106) hat zur Zeit 285 Veterinäroffiziere; an der Spitze des Veterinärwesens steht ein Chefveterinär in Generalmajorsrang. Um die freiwerdenden Stellen baldmöglichst wieder besetzen zu können, sollen unter den jüngeren Tierärzten möglichst viele Veterinäroffizieranwärter geworben werden. Auch können Tierärzte in der Territorialreserve vertraglich verpflichtet werden. In Aldershot wurde eine Armeeveterinärschule mit 3 monatigen Lehrgängen und eine Militärlehrschmiede errichtet. Heuß.

In der englischen Armee besteht nach Breithor (11) infolge neuerdings eingeführter auskömmlicher Gehalts- und Pensionsgebührnisse kein Mangel an Veterinäroffizieren mehr. Ihre Chargenbezeichnungen sind ohne jeglichen Zusatz die gleichen wie diejenigen der übrigen Offiziere des entsprechenden Dienstgrades. Heuß.

Nach dem neuen Etat der französischen Armee (107) wurde im Veterinärkorps die Zahl der Aides-majors um 56, der Vétérinaires-majors de 2. classe um 45 vermindert, die Zahl der Vétérinaires-majors de 1. classe um 4, der Vétérinaires-principaux de 1. classe um einen vermehrt, während die Zahl der Vétérinaires-principaux de 2. classe unverändert blieb. Heuß.

In übersichtlichen Darlegungen gibt Descaseaux (31), ein ehemaliger französischer Veterinäroffizier, eine Beschreibung der Organisation und Durchführung des Veterinärdienstes bei den Truppen und Remontedepots der französischen Armee in der Heimat und den Kolonien. Heuß.

Nach dem englischen Armeeveterinärbericht (112) werden an der Militärveterinärschule neben Fortbildungskursen für aktive und vertraglich verpflichtete Veterinäroffiziere auch 1 monatige Lehrgänge für Offiziere und 6 wöchige für Unteroffiziere zur Ausbildung in der Pferdepflege veranstaltet; daneben hat die Schule die Aufgabe der Herstellung und Prüfung von Impfstoffen. In der Militärlehrschmiede werden Hufbeschlagschüler ausgebildet; die Lehrgänge dauern $^1/_2$ Jahr und schließen mit der Fahnenschmiedprüfung ab. Heuß.

Hill (50) schildert die Entstehung und Aufgaben der Militärveterinärschule in den Vereinigten Staaten von Amerika. Seit 1920 ist die Schule wie das gesamte Militärveterinärwesen dem Sanitätsamt des Kriegsministeriums unterstellt. Verf. hält dies für zweckmäßig im Hinblick auf die engen dienstlichen Beziehungen zwischen Sanitäts- und Veterinäroffizieren. Heuß.

Neu eingeführt (109) wurde in der Armee der Vereinigten Staaten von Amerika, daß Veterinäroffiziere zu einem Kursus in die ökonomische Abteilung des Landwirtschaftsministeriums kommandiert werden zwecks Ausbildung in der wissenschaftlichen Heuuntersuchung. Die Absolventen erhalten vom Ministerium ein Patent, durch welches sie als sachverständige „Heuinspektoren" anerkannt werden. Bisher haben 15 Veterinäroffiziere diese Befähigung erlangt und sind als wissenschaftliche Gutachter bei den Heuankäufen für Armeezwecke tätig. Heuß.

Nach dem statistischen Veterinärbericht (111) betrug der durchschnittliche Pferdebestand des deutschen Reichsheeres im Jahre 1924 insgesamt 40 514 Pferde, von welchen 45 598 = 112,55% wegen Erkrankung in veterinärer Behandlung standen gegen 60,90% im Jahre 1913. Die andauernde Steigerung der Krankenzahl seit Kriegsende wird im wesentlichen auf straffere

Organisation des Veterinärdienstes und einheitlichere Berichterstattung zurückgeführt. Die Krankheitsfälle verteilen sich auf die Infanterie mit 115,31%, Kavallerie mit 110,20%, Artillerie mit 112,15%, Fahrabteilungen mit 103,61% und die sonstigen Verbände mit 129,49% der Iststärke. Geheilt bzw. dienstfähig wurden 44 498 Pferde = 109,83% der Iststärke und 97,59% der Krankenziffer. Der Gesamtverlust durch Tod, Tötung oder Ausmusterung stellte sich auf 632 Pferde = 1,56% der Iststärke und 1,39% der Erkrankten gegen 1,81% bzw. 1,93% im Jahre 1913. Von dem Gesamtverlust entfallen auf die Leihpferde 116 Pferde; ohne diese beträgt der Verlust bei den Truppen nur 1,40% der Iststärke. Gegen die Vorjahre ist der Verlust an Leihpferden zurückgegangen; 1922 betrug er 4,11%, 1923 dagegen 4,75%, und 1924 nur noch 3,27% der ausgeliehenen Pferde. Zurückgeführt wird dieser Rückgang auf eine zuverlässigere Auswahl der Entleiher, gründlichere Kontrolle der Pferde beim Entleiher. Bekanntgabe unzuverlässiger Entleiher, amtstierärztliche Feststellung der Seuchenfreiheit des Gehöftes des Entleihers, periodische Besichtigung der ausgeliehenen Pferde durch Veterinäroffiziere, Verpflichtung des Entleihers zur sofortigen Meldung von Erkrankungen, Zerlegung eingegangener Pferde durch Veterinäroffiziere, Hinweis der Veterinärinspektion auf Einschränkung der Tötungen infolge angenommener Unheilbarkeit. Über die bei größeren Truppenübungen eingerichteten Pferdekrankensammelstellen (Pferdelazarette) wird berichtet, daß diese sich als eine Notwendigkeit erwiesen haben, da sie die Truppe entlasten und gute Heilerfolge sichern. In den Seuchen- und Krankenstationen wurden 394 Pferde behandelt; Näheres wird darüber nicht berichtet. Den Begasungsanstalten wurden 378 Dienstpferde, 77 Zivilpferde und mehrere Hunde zugeführt. Von den Diensthunden befanden sich 95,44% in Behandlung, der Verlust betrug 9,57% der Iststärke und 10,02% der Krankenziffer. Bei den Brieftauben belief sich die Krankenzahl auf 5,38% der Iststärke, der Verlust auf 2,77% der Iststärke und 51,43% der Erkrankten. Heuß.

In den 8 preußischen Remonteämtern befanden sich nach Müller (70) während des Berichtsjahres 1923 bis 1924 im ganzen 91,97% des Durchschnittsbestandes an Remonten in Behandlung. Geheilt wurden 87,77% der Iststärke = 91,22% der Kranken; der Abgang durch Ausmusterung betrug 2,87% der Iststärke = 2,95% der Kranken, durch Tod 1,87 bzw. 1,97%, durch Tötung 0,34 bzw. 0,36%, insgesamt 5,04% bzw. 5,29%. Heuß.

Der Durchschnittsbestand der französischen Armee an Pferden und Maultieren betrug im Jahre 1923 nach dem statistischen Veterinärbericht (113) 143 231 Köpfe. Hiervon erkrankten 223 687 Tiere = 156,17%, und zwar wurden 134 129 in den Stallrevieren, 89 558 in den Veterinärlazaretten behandelt. Der Gesamtverlust durch Tod, Tötung und Ausmusterung betrug 15 411 = 6,89% der Krankenziffer und 10,75% des Durchschnittsbestandes. Heuß.

In einem gelegentlich einer Veterinäroffizierübungs reise gehaltenen Vortrag vertritt Kunke (59) den Standpunkt, daß die Tatsache sehr häufiger Vergiftungsfälle nach Verfütterung bepilzten Futters und nach Genuß verschimmelten Brotes an und für sich kein Beweis dafür ist, daß nun gerade der Schimmelpilz die schädliche Ursache ist. Fütterungsversuche mit Reinkulturen von Schimmelpilzen an Pferd, Ziege, Hund, Katze und Kaninchen ergaben ein völlig negatives Resultat, ebenso Versuche beim Menschen. Andererseits ruft aber verschimmeltes Futter, wenn auch bei weitem nicht jedes, mitunter Erkrankungen unter dem Bilde einer Vergiftung hervor. Diese Erwägungen zwingen zu der Annahme, daß in verschimmelten Futterstoffen gewisse pathogene Bakterien einen günstigen Nährboden finden, und daß es sich bei der Schädlichkeit verschimmelten Futters wahrscheinlich um eine Intoxikation durch Bakteriengifte handelt. Schimmeliges Futter ist also stets verdächtig, giftbildende Bakterien zu enthalten oder zu giftigen Verbindungen bakteriell zersetzt zu sein, und deshalb bei der veterinären Nachuntersuchung als schädlich zu beanstanden. Heuß.

Nach einem Bericht von Nicolas (73) verursachte die ansteckende Lymphgefäßentzündung bei dem im Orient eingesetzten 20. französischen Armeekorps in den Jahren 1921 und 1922 Verluste bis 16% des Pferdebestandes. Es wurde angeordnet, daß vom Pflege- und Beschlagpersonal bei der Wundbehandlung keine Schwämme und Pinzetten mehr gebraucht werden durften, daß jede Wunde mit einem Wattebausch nur einmal berührt werden durfte, und daß alle benutzten Instrumente sofort nach jedesmaligem Gebrauch durch Abbrennen desinfiziert werden mußten. Daraufhin ging die Zahl der Ansteckungen zurück, und die Verlustziffer sank im Jahre 1923 auf $2^1/_2$%, im Jahre 1924 auf 1%. Heuß.

Nach einem von Müller (69) veröffentlichten Bericht bekundeten in einem Depot die Remonten eine derart hochgradige Lecksucht, daß sie in den Hocks jeden Stein und jeden Sandfleck und in den Stallungen die gekalkten Wände beleckten. Als Ursache wurde kalkarmes Futter, besonders Heu angesprochen. Zur Behandlung des Leidens erhielt jedes Pferd täglich 50 g Schlemmkreide im Kurzfutter mit dem Erfolg, daß die Krankheit in kurzer Zeit vollkommen geheilt war. Heuß.

In zutreffender Weise erörtert Paulus (77) die lästigen Störungen, welche pathologisch nymphomanische Stuten im militärischen Reitausbildungsdienst verursachen. Als beste Behandlungsmethode werden intravenöse Infusionen von 100 ccm einer 40 proz. wässerigen Magnesiumsulfatlösung empfohlen; in schweren Fällen sind die Einspritzungen alle 8 Tage zu wiederholen. Im übrigen werden 100—120 ccm einer 35 proz. Lösung des Mittels subkutan oder intravenös, auch wenn mehrere Tage nacheinander gegeben, ohne Schaden vertragen und sind ungefährlich. Heuß.

Hach Koon und Kelser (56) werden in der Armee der Vereinigten Staaten von Nordamerika sämtliche Hengste und Stuten der Remontedepots alljährlich zweimal einer prophylaktischen Impfung gegen Abortus unterzogen. Heuß.

Durch sorgfältige, von militärdienstlichen Gesichtspunkten aus vorgenommene Untersuchungen an zahlreichen Truppenpferden war Krieger (58) bemüht, zur Klärung der Frage bestmöglicher Haferverwertung in Heeresbeständen beizutragen. Die Ergebnisse faßt der Berichterstatter in folgende Leitsätze zusammen:

1. Die im Rahmen des gegenwärtig geltenden Rauhfuttersatzes festgestellten Körnerverluste betragen 0,25 bis 0,96% der Haferration. 2. Der jetzige Rauhfuttersatz bedeutet ein Minimum, dessen Kürzung stets mit Körnerverlusten verbunden ist. 3. Die Höhe der Körnerverluste belief sich bei einer Kürzung dieses Satzes um 1750 g auf 2—10% der Haferration, d. h. es stellte sich eine um das 10fache schlechtere Körnerausnützung ein. 4. Hochprozentige Ausnützung des Hafers wird erzielt a) durch möglichst intensive Unterdrückung des Hungers, b) durch Beigabe von Häcksel. 5. Zwischenmahlzeiten, ständige Aufnahme von Streu-

stroh, bei Verwendung im Freien tunlichst oft Grasenlassen sind außerordentlich wichtig für die Körnerverwertung. 6. Hungrige Pferde verwerten gut mit Häcksel vermischten Hafer um das Doppelte schlechter als gesättigte den heilen Hafer. Die Konstanz der Verwertungsfähigkeiten ist nicht absolut, sondern relativ, d. h. sie hängt von äußeren Einflüssen ab. 7. Die Auswertungsmöglichkeit des Hafers wird bei Rauhfuttermangel nicht nur gleichmäßig bei allen Pferden herabgedrückt, sondern es findet innerhalb dieser allgemeinen Herabminderung auch noch eine erhöhte Abwanderung ehemals guter Verwerter in schlechtere Verwertungsklassen statt. 8. Häckselschnitt von 0,5—1 cm und 7 cm Länge haben bei dem weitaus größeren Teil der untersuchten Pferde eine beträchtlich erhöhte Körnerausnützung zur Folge gehabt. Heuß.

Brocq - Rousseu (14) berichtet über die im französischen Armeeveterinärlaboratorium angestellten Fütterungsversuche an Truppenpferden mit Johannisbrot (Ceratonia siliqua L.) als Ersatz von Hafer und Heu bei militärischen Seetransporten. Es ergab sich, daß 5 kg Johannisbrot den Nährstoffbedarf der Versuchspferde deckten. Wie die Verhältnisse sich jedoch während eines Seetransportes gestalten, muß weiteren Forschungen vorbehalten bleiben. Heuß.

Mit großer Entschiedenheit verlangt Pfenninger (80) eine gründlichere Ausbildung in der Pferdepflege bei allen schweizer Truppengattungen, in deren Dienstbetrieb Pferde verwendet werden. Die Forderung wird begründet mit dem Nachweis der überaus schwierig gewordenen Verhältnisse auf dem Gebiete der Pferdebeschaffung. Heuß.

In einer übersichtlichen Zusammenfassung berichtet Paetz (76) über großzügig angelegte Versuche zur Nachprüfung der Frage, welche von den Stark-Gutherschen Vorschlägen zur Ausführung des Hufbeschlags für das Heer brauchbar und allgemein durchführbar sind.

Zu den Versuchen wurden herangezogen 955 Pferde von 21 fahrenden Formationen, 376 von 6 Reiterschwadronen, 69 von 3 Militärlehrschmieden, im ganzen 1400 Pferde. Aus dem Gesamtergebnis der Hufbeschlagversuche wird der Schluß gezogen, daß die Nachteile der Stark-Guther-Hufbeschlagsmaßnahmen wegen ihrer gangstörenden Wirkungen größer sind als die Vorteile. Die weiteren mit logischer Schärfe durchgeführten Schlußfolgerungen für die bei der Ausführung des Hufbeschlags der Dienstpferde aufzustellenden Grundsätze eignen sich nicht zu einem kurzen Exzerpt. Heuß.

Nach den Ausführungen von Krause (57) muß auf Grund der Kriegs- und Nachkriegserfahrungen die Notwendigkeit einer Zehenschärfe nicht nur, wie in der Vorkriegszeit, für Pferde schweren Schlages, sondern auch für mittlere und leichte Zugpferde festgestellt und als Zehengleitschutz für Truppenpferde lediglich ein auswechselbarer, also ein solcher mit Zehenschraubstollen anerkannt werden. Demgemäß wird die Einführung eines Einheitsschraubstollens und die Ausstattung sämtlicher Kammerhufeisen für den Heeresgebrauch mit Zehenschraubstollenhöckern befürwortet. Heuß.

Gegen die in vorgenannter Abhandlung vertretenen Anschauungen polemisiert in entschiedener Weise Friedrich (37) mit dem Hinweis, daß die Ausführungen eine Frage behandeln, die nicht nur für das Heer, sondern auch für die Hufbeschlagkunde im allgemeinen von Bedeutung ist.

Die Belange der Landesverteidigung lassen es erstrebenswert erscheinen, daß die Ausbildung der Hufschmiede im Reiche nach möglichst einheitlichen Gesichtspunkten durchgeführt werde; deshalb ist es zu wünschen, daß die Kriegs- und Nachkriegserfahrungen, die angeblich die Notwendigkeit der vorgeschlagenen Neuerung begründen, weiten Kreisen bekanntgegeben werden. Sicherlich gibt es eine ganze Reihe ernsthafter Sachverständiger, deren Erfahrungen im Gegenteil bestätigen, daß der Hufbeschlag mit Zehenschraubstolleneisen geeignet ist, die Marschfähigkeit der Truppe in ernster Weise zu gefährden. Gegen diese Auffassungen wendet sich in einer ihnen angehängten Stellungnahme Krause und betont mit Nachdruck, daß die Aktions- und Kampffähigkeit der Truppe in verhängnisvoller Weise gefährdet sein kann, wenn bei plötzlich eintretendem Bedarfsfalle — und solche Fälle pflegen meist unvorhergesehen und plötzlich zu kommen — die benötigte Zehenschärfe mangels vorhandener Zehenschraubstollenlöcher nicht angebracht werden kann. Im übrigen werden die Nachteile, welche sich bei der Verwendung von Zehenschraubstollen ergeben, durchaus anerkannt; es kann sich jedoch bei längerem Gebrauch eine bein- und hufschädigende Wirkung der Zehenstollen praktisch nur in geringem Umfange bemerkbar machen, weil die Anwendung der Zehenschraubstollen keine dauernde, sondern nur eine vorübergehende sein und sich lediglich auf die Fälle beschränken soll, in welchen eine Zehenschärfe unbedingt notwendig ist. Heuß.

Phillips (81) gibt eine eingehende Beschreibung eines von ihm konstruierten Packsattels unter Beifügung von 4 Abbildungen. Der Sattel soll zum Transport von Waffen einschließlich Maschinengewehren und sonstigem Kriegsgerät aller Truppengattungen geeignet sein. Heuß.

Die Reiterei des deutschen Reichsheeres (118) hat die schwere Aufgabe, Kavallerie und Infantrie gleichzeitig und in erhöhtem Maße zu sein, da Deutschland durch das im Versailler Schmachdiktat niedergelegte Verbot der Kampfwagen, der Fliegerwaffe und des Raupenantriebs in der Verwendung des Motors beschränkt ist. Heuß.

Unter „Motorisierung der Armee" versteht Camon (21) den Ersatz des Pferdes durch mechanischen Transport. Als Gründe für ihre Notwendigkeit führt er an die zu leichte Verwendbarkeit des Pferdes als Ziel, dessen ungenügender Schutz gegen Kampfgas, seine Empfänglichkeit für Krankheiten aller Art und sein großer Futterbedarf; auch beansprucht seine Wartung und Pflege zu viel Menschen. Heuß.

Eine interessante Studie von Harrington (49) beschäftigt sich mit Fragen der Ausbildung, Fütterung, Tränkung, Stallung, Pflege, Beschirrung und Abhärtung des Artilleriepferdes. Weitere Betrachtungen beziehen sich auf die Verwendungsmöglichkeit von Maultieren, Ochsen, Kamelen, Elefanten, Hunden, Renntieren, Esel, Lamas, Ziegen und Schafen im Feldartilleriezugdienst. Heuß.

Monpert (67) macht in einem kurzen Bericht über die Erfahrungen der französischen Remonteankaufskommission in den Vereinigten Staaten während des Weltkrieges einige Bemerkungen über die dortigen Pferdezuchtverhältnisse. Danach bevorzugen die Züchter zu Kreuzungen die Percherons, jedoch kann von einem einheitlichen Typ wegen der vielen unerwünschten Kreuzungen noch lange keine Rede sein. Heuß.

Nach statischen Mitteilungen von Cholewinsky (25) ist Rußlands Pferdebestand von 35 Millionen im Jahre 1912 auf 20 Millionen im Jahre 1923 zurückgegangen; im europäischen Rußland allein sank die Zahl um fast ein Drittel, bei den Fohlen allein um 57,4%. Katastrophal war auch die Abnahme des Zucht-

materials. Die frühere Zahl von 750 000 Gestütspferden ist auf 8494 zusammengeschrumpft. Heuß.

Nach Budenny (15) ist in Rußland die heutige Zahl von 8500 Zuchtpferden in 149 Gestüten geringer als die Zahl von 8845 Gestüten mit 800 000 Pferden vor dem Kriege. Seit 1924 ist ein planmäßiger Wiederaufbau der Pferdezucht im Gange, hauptsächlich zur Sicherstellung des Pferdebedarfs der Armee. Aus Ersparnisrücksichten müssen sich die Maßnahmen vorläufig auf die Hebung der bäuerlichen Zucht beschränken; ein großzügiger Plan zur Förderung der Zucht in den Steppengebieten mußte zurückgestellt werden. Heuß.

In eingehender Weise beschäftigt sich Solanet (94) mit der Abstammung und den Eigenschaften der Kreolenpferderasse. Eine besondere Berücksichtigung erfahren die Vorzüge der kleinen Kreolenpferdeschläge für den Truppenreitdienst. Heuß.

Die Führung von Pferdestammrollen mit Numerierung der Truppenpferde ist bei den indischen Militärbeständen (120) aufgegeben worden. In Zukunft erhält jedes Pferd eine Abteilungshufbrandnummer und ein besonderes Heft, in welches von Anbeginn der Indienststellung bis zum Ausscheiden genaue Tagesangaben über Fütterung, Krankheiten, Behandlung usw. von Veterinärpersonal eingetragen werden. Heuß.

Hodgkins (51) gibt eine durch photographische Aufnahmen erläuterte Beschreibung einfacher Anlagen zur Verbrennung von Tierkadavern auf indischen Truppenübungsplätzen. Heuß.

Bei Gelegenheit der Enthüllung einer Gedenktafel zu Ehren der in Ausübung des Veterinärdienstes im Felde gebliebenen Veterinäre der deutschen Armee gab Grammlich (42) in seiner Weiherede eine übersichtliche Darstellung der wichtigsten Einzelaufgaben des Kriegsveterinärwesens. Die überaus gedankenreichen Ausführungen beschränken sich im wesentlichen auf Beobachtungen und Erfahrungen im Osten; bedeutungsvolle Tätigkeitsgebiete des Feldveterinärdienstes, besonders auch solche kriegswirtschaftlicher Art, auf dem westlichen Kriegsschauplatze bleiben leider unberücksichtigt. Trotz dieses Mangels sind die Darlegungen für die deutsche Kriegsveterinärgeschichte äußerst wertvoll. Zum Schlusse kleidete der Redner den Dank an seine militärischen Vorgesetzten in die etwas byzantinisch anmutende Lobeshymne, daß, wie aus der Anerkennung der militärischen Vorgesetzten geschlossen werden dürfe, der Veterinärdienst der jungen Reichswehr in voller Auswirkung der Felderfahrungen so organisiert sei, daß seine Leistungsfähigkeit gesichert sei. Doch darf wohl in dieser das Urteil von Fachgenossen ausschließenden Äußerung nur eine durch Ort und Gelegenheit gebotene Höflichkeitsform und dekorative Redewendung zu erblicken sein. Andere Armeen haben ihr Veterinärwesen auf Grund von Kriegserfahrungen besser als die deutsche ausgebaut. Heuß.

Nach Guijo (45) ist die große Mortalität unter den Tierbeständen des spanischen Expeditionskorps in Afrika in der Hauptsache auf die mangelhaften hygienischen Verhältnisse zurückzuführen. Nach Ansicht des Verf. lassen sich die Verluste durch bessere Ernährung und Pflege wesentlich verringern. Heuß.

In seiner Studie über den Gaskrieg erhebt Ginsburg (41) die Forderung, daß die Studierenden der Veterinärmedizin in den Vorlesungen über Chemie und Pharmakologie mit den Wirkungen der Giftgase auf den Tierkörper sowie mit den Schutzvorkehrungen bekannt gemacht werden müssen. Für die Tierärzte aber sind Kurse in der Kriegschemie einzurichten. Heuß.

Nach den Kriegserfahrungen von Colbern (28) bedarf das Pferd gegen die lediglich Tränen erregenden Reizgase keines besonderen Schutzes, wohl aber gegen die für die Respirationsorgane schädlichen Kampfgase wie Chlor, Phosgen und Senfgas. Sehr gut bewährt hat sich die in der amerikanischen Armee eingeführte Gasschutzmaske neuester Konstruktion, an welche allerdings die Pferde systematisch durch Übungen gewöhnt werden müssen. Heuß.

An Hand des durchweg auf Kriegsbeobachtungen basierenden Standardwerkes eines amerikanischen Militärarztes gibt Schweisheimer (88) eine ausgezeichnete Übersicht über Kampfgasfragen. Im einzelnen werden behandelt Entwicklung und heutiger Stand des Problems, Wirkung der verschiedenen Giftgasarten nebst Gegenmitteln sowie Anwendung im Land- und Seekrieg. Heuß.

Die russische Armee verwendete im Weltkriege nach Benewolenski (5) 3 Arten von Pferdegasschutzmasken, die sich sämtlich als ungenügend erwiesen. Zur Vervollkommnung dieses Gerätes schlägt er zwei Wege vor, die Konstruktion eines feuchten und eines trockenen Filters. Der erstgenannte ist billiger, leichter, in der Handhabung bequemer, jedoch wenig dauerhaft, eignet sich mehr für die bewegliche Kavallerie. Der trockene Filter ist erheblich teurer, in Gebrauch und Herstellung schwieriger, jedoch länger verwendbar und zuverlässiger, kommt daher vor allem für Artilleriepferde in Betracht, die länger im gasvergifteten Gebiet aushalten müssen. Die Notwendigkeit des Pferdegasschutzes erfordert neue Gesichtspunkte bei der Pferdeaushebung, Auswahl des Pflegepersonals und Konstruktion des Geschirrs für Reit- und Zugpferde. Heuß.

In einem Auszuge aus seinen kriegsveterinärwissenschaftlichen Vorlesungen, welche Magne (63) als Lehrer der beim Militärgouvernement Paris eingerichteten Fortbildungskurse für Reserveveterinäroffiziere hält, behandelt er das Gesamtgebiet des Gaskriegswesens. Zunächst werden die verschiedenen Kampfgasarten nebst deren Wirkung geschildert, dann folgt eine Beschreibung der verschiedenen Gasschutzmittel. Zum Schluß leistet der Verf. sich den für die französische Geisteseinstellung charakteristischen Hinweis, daß zwar auf Grund internationaler Abmachungen die Verwendung von Kampfgasen in künftigen Kriegen verboten sei, man könne jedoch den Vertragstreue nicht kennenden Teufelsdeutschen nicht über den Weg trauen; deshalb müsse das französische Veterinärkorps auf alle Eventualitäten vorbereitet sein! Heuß.

Auf Grund seiner Kriegsbeobachtungen widmet Blümner (6), ein ehemaliger Feldartillerieoberst, dem Kriegspferde eine begeisterte Lobeshymne, wobei er ein solches nach schwerer Verwundung ausrufen läßt: „Ihr habt bei den Mobilmachungsarbeiten schlecht für uns gesorgt! Wo sind die Pferdelazarette, die Krankenwagen für Pferde, die Genesungsheime?" Lernen wir, fährt der Verf. fort, davon für die Zukunft, auf daß unsere Fürsorge auch diesen Kriegsgefährten gilt. Heuß.

In einer ausführlichen Abhandlung begründet Nicolau (74) den Vorschlag auf Errichtung eines Pferdemuseums in Verbindung mit einer Bibliothek und einem Institut für wissenschaftliche Arbeiten. Das eigentliche Museum soll je eine paläontologisch-archäologische, historische, anatomische, obstetrische, teratologische, hufbeschlagkundliche, beschirrungstechnische, ökonomische, medizinische und gestütwissenschaftliche Abteilung umfassen. (Die in der ganzen Welt bisher einzige Institution dieser Art ist das unter der Leitung eines höheren Veterinäroffiziers stehende „Musée du cheval" bei dem Militärreitinstitut der französischen Armee in Saumur. Anm. d. Ref.) Heuß.

## XIII. Gerichtliche Tiermedizin.

### Bearbeitet von Dr. Dröge.

1) Bernhardt: Über die Bedeutung der inneren Untersuchung vor der Kastration, Darmvorfall und Haftpflicht. T. R. Bd. 31, S. 580—581. — *2) Er-

hardt: Die Bedeutung der inneren Untersuchung bei der Kastration. Darmvorfall und Haftpflicht. M. t. W. Bd. 76, Nr. 21, S. 449—454. — 3) Hutyra, Fr. v.: Törvényszéki állatorvostan. (Gerichtliche Tiermedizin.) (2.) 406 S. Budapest: Verlag Pátria. — 4) Junack, M.: Ein Gutachten über Transportverluste bei Schweinen. T. R. Bd. 31, S. 343—344. — 5) Mertz, E.: Über die Bedeutung der inneren Untersuchung vor der Kastration, Darmvorfall und Haftpflicht. Ebendas. Bd. 31, S. 662. (Nichts Neues.) — 6) Peters: Haftung eines Tierarztes bei fernmündlichem Anruf. Ebendas. Bd. 31, S. 895—897. — 7) Derselbe: Gedanken zur Haftpflicht bei Anwendung der Neumann-Schultzschen Nasenschlundsonde. Ebendas. Bd. 31, S. 828—829. — 8) Schroeder: Obergutachten über einen Fall von akuter Gehirnentzündung. Ebendas. Bd. 31, S. 779 bis 780. — *9) Wigand, P.: Erfahrungen und Betrachtungen über „Die Brüllerkrankheit". Ebendas. Bd. 31, S. 576—577.

Ehrhardt (2) vertritt den Standpunkt, daß die rektale Untersuchung vor der Kastration des Hengstes nicht gefordert werden kann. J. Schmidt.

Wigand (9) schlägt als passende wissenschaftliche Benennung der Brüllerkrankheit „Androgynomanie" vor. Dieses Wort läßt nur eine Auslegung zu. Es bedeutet „durch Vermännlichung entstandene Tollheit eines weiblichen Wesens". Forensisch beurteilt, stellt die Stiersucht einen sehr erheblichen Mangel dar. Das Leiden kann ganz plötzlich auftreten und ebenso plötzlich verschwinden. Mit Vorliebe befällt dasselbe vorzügliche Milchkühe, und zwar oft schon in der 1. oder 2. Woche post partum. Während einer normalen Trächtigkeit wird die Krankheit äußerst selten beobachtet. Heitzenroeder.

## XIV. Veterinärpolizei.

### Bearbeitet von A. Zumpe.

1) Behnke, A.: Die Entschädigung des Rauschbrandes. Diss. Hannover und D. t. W. Bd. 33, S. 487 bis 489. (Auszug.) — *2) Berge, H. vom: Viehhandel und Seuchenbekämpfung. D. Schlachthof Ztg. Bd. 25, S. 257—258. — 3) Ghisleni, B. und G.: Medicina veterinaria legale. Casa Unione Tip. Edit. Torinese. — 4) Dieselben: Trattato di medicina veterinaria legale. 109 Abb. Ebendas. (Gradita Pomba.) — 5) Haupt, H.: Die Bedeutung der Worte „seuchenfrei" und „Seuchentilgung". D. t. W. Bd. 33, S. 665. (Polemik gegen Rautmann.) — 6) Hoffmann, A. J.: Die Bekämpfung der ansteckenden Schweinekrankheiten in der Schweiz. D. Schlachthof Ztg. Bd. 25, S. 85—86. (Wiedergabe eines Rundschreibens des Veterinäramtes in Bern an die kantonalen Amtsstellen.) — *7) Junack: Zur Infektiosität tuberkelbazillenhaltiger Milch für Kinder. Ebendas. Bd. 25, S. 286. — *8) Kitt, Th.: Neue Schutzimpfungsmethoden gegen die Tollwut. Ebendas. Bd. 25, S. 97—99. — 9) Lhoste, A.: Manuel de Médécine légale vétérinaire. Paris 1924. — 10) Derselbe: Manuel de Droit vétérinaire et de la police sanitaire. Paris. — 11) Rabagliati, D. S.: Veterinary legislation in Egypt. Vet. J. Bd. 81, S. 479—484. (Kurzer Überblick.) — 12) v. O.: Ist die Maul- und Klauenseuche durch Quarkkäse übertragbar? Zschr. f. Fleisch Hyg. Bd. 35, S. 269. (Quark aus roher Milch kann die Seuche übertragen, die Gefahr scheint aber nicht besonders groß zu sein.) — 13) Veröffentlichungen aus dem Gebiete der Medizinalverwaltung. Bd. XIX, H. 11. Berlin: R. Schoetz.

Kitt (8) regt dazu an, die neuen Schutzimpfungsmethoden gegen Tollwut nach Puntoni und Fermi einer gründlichen, verläßlichen, experimentellen Nachprüfung an Hunden in Deutschland zu unterziehen, um zu erkunden, ob die Methoden

sicher wirken und ungefährlich sind und als Schutzimpfung der Hunde zur veterinärpolizeilichen Bekämpfung der Tollwut mit verwendet werden können.
Vor einwandfreier Klärung dieser Frage warnt er aber
vor Zulassung freiwilliger Impfungen der Hunde.

Zumpe.

An die Mitteilung von Ganvain, daß 30—40%
aller an Tuberkulose leidenden Rinder unter 10 Jahren
durch Infektion mit Milch tuberkulöser Rinder
erkranken, knüpft Junack (7) die Forderung auf
Wiedereinführung der Anzeigepflicht für Eutertuberkulose mit ihren natürlichen Folgen. Zumpe.

vom Berge (2) fordert für den Viehhandel bei
der Seuchenbekämpfung, daß die Sperrbezirke
verkleinert werden, für Händler mit ordnungsmäßiger
Buchführung die Viehkontrollbücher abgeschafft
werden und vor behördlicher Anordnung einschneiden-
der veterinärpolizeilicher Maßnahmen die Berufsver-
tretungen zu hören sind. Zumpe.

## XV. Abdeckereiwesen.
### Bearbeitet von A. Zumpe.

1) Burggraf, R.: Wert und Bedeutung der thermo-
chemischen Abdeckereien für die Landwirtschaft, der
Kadaveranfall in denselben und dessen Verwertung.
Diss. Berlin. — *2) Martell, P.: Die Fleischver-
nichtungsanstalt der Stadt Berlin. D. Schlachthof Ztg.
Bd. 25, S. 67—68. — *3) Moegle, E.: Der heutige
Stand der Regelung des Abdeckereiwesens. Vorschläge
zur Sanierung. Zschr. f. Fleisch Hyg. Bd. 35, S. 211
bis 213. — *4) Derselbe: Einrichtung eines Kühl-
raumes in Kadaververwertungsanstalten. Ebendas.
Bd. 35, S. 134—135. — 5) Mühleis, E.: Entwicklung
und Stand des Abdeckereiwesens in der Rheinprovinz
in dem Gebiete zwischen Rhein, Mosel und Nahe einschließlich Birkenfeld. Diss. Gießen 1922. — 6) Spren-
ger: Das Abdeckereiwesen in Preußen, unter besonderer
Berücksichtigung der Verhältnisse in der Provinz
Schlesien. Diss. Hannover. — 7) Derselbe: Dasselbe.
D. t. W. Bd. 33, S. 715—718. (Auszug.) — 8) Stein-
acker, F.: Die Entwicklung und der derzeitige Stand
des Abdeckereiwesens im Lande Braunschweig. Diss.
Hannover. — 9) Derselbe: Dasselbe. D. t. W. Bd. 33,
S. 152—153. (Auszug.) — *10) Thiel, E.: Die bakteriologische Kontrolle der Tierkörpermehlfabriken. Diss.
Berlin. — *11) Wallraff, E.: Die unschädliche Beseitigung der Tierleichen, mit besonderer Berücksichtigung der württembergischen Tiermehlfabriken. Diss.
Berlin. — 12) Rechtsprechung. Tierkadavergesetz und
Polizeiverordnungsrecht. Gültigkeit einer Polizeiverordnung, die vorschreibt, daß das Fallen von Tieren
dem Inhaber einer unter kommunaler Aufsicht stehenden privaten Kadaververwertungsanstalt anzuzeigen
ist. Eine Polizeiverordnung dieser Art ist ein Schutz-
gesetz im Sinne des § 828 Abs. 2 BGB. zugunsten des
Inhabers dieser Anstalt. Urteil des Obergerichts der
Freien Stadt Danzig v. 17. I. 1923. Zschr. f. Fleisch
Hyg. Bd. 35, S. 352—354.

Moegle (3) erhebt zur Gesundung des Abdeckereiwesens folgende Forderungen:

1. Die einzelnen Tierbesitzer sind grundsätzlich von
der Belastung durch Verluste an den Häuten ihrer
gefallenen Tiere zu befreien, und der Abmangel der
Abdeckereien ist durch Umlage auf die Gesamtzahl
der Tierbesitzer oder besser auf die Gemeinden, deren
Aufgabe die Beseitigung der Tierleichen ist, zu erheben. 2. Durch Reichsverordnung ist die allgemeine
Ablieferungspflicht bezüglich sämtlicher im den Reichs-
gesetz vom 17. Juni 1911 genannten Tierleichen samt
Haut, die aber, soweit keine Seuche vorliegt, Eigentum

des Besitzers bleibt, festzulegen für alle Abdeckereien,
die nach sachverständigem Gutachten in Erfüllung der
Bundesratsverordnung vom 29. VI. 1916 auf die restlose Verarbeitung der Tierleichen eingerichtet sind.
3. Die reichsgesetzlichen Strafbestimmungen sollten so
verschärft werden, daß die Tierbesitzer von der Hinterziehung von Tierleichen absehen, und durch Landes-
gesetz sollten die Abdeckereien ohne weiteres Anspruch
auf eine entsprechende Entschädigung für jeden Fall
der nachgewiesenen Hinterziehung einer Tierleiche an
die betreffende Gemeinde haben, der es überlassen
bliebe, den schuldigen Tierbesitzer ersatzpflichtig zu
machen. Zumpe.

Wallraff (11) fordert für die unschädliche Beseitigung der Tierleichen folgendes:

Das Vergraben ist ein Notbehelf, der nur in den
äußersten Fällen zulässig ist. Grundsätzlich hat die
Beseitigung von Tierleichen in einer mit modernen
Apparaten versehenen Abdeckerei unter restloser Verarbeitung zu erfolgen. Durch die Reichsverordnung
ist die allgemeine Ablieferungspflicht bezüglich sämtlicher im Reichsabdeckereigesetz vom 11. VI. 1911
genannter Tierleichen mit der Haut, die aber, soweit
keine Seuche vorliegt, Eigentum des Besitzers bleibt,
festzulegen für alle Abdeckereien, die auf die restlose
Verarbeitung der Tierleichen auf Futtermittel und Fette
eingerichtet sind. Die Tierbesitzer sind grundsätzlich
von der Belastung durch Verlust an den Häuten ihrer
gefallenen Tiere zu befreien. Der hierdurch entstehende
Abmangel der Abdeckereien ist durch Umlage auf die
Gesamtzahl der Tierbesitzer oder auf die Gemeinden
oder Gemeindeverbände, deren Aufgabe die Beseitigung
der Tierleichen ist, zu erheben, falls er nicht vom Staate
selbst übernommen wird. Die reichsgesetzlichen Strafbestimmungen sind so zu verschärfen, daß die Tierbesitzer aus Furcht vor Strafe von der Hinterziehung
von Tierleichen absehen. Trautmann.

Thiel (10) spricht sich über die bakteriologische
Kontrolle der Tierkörpermehlfabriken folgendermaßen aus:

Der Anstaltsleiter ist auf die hygienischen Gefahren
des zu frühen Ablassens der Leimbrühe aufmerksam
zu machen. In die amtliche Betriebsordnung ist die
Forderung aufzunehmen, daß die Leimbrühe mit dem
Fett erst bei einer Temperatur von 140° C in das
Sammelgefäß abzulassen ist. Zur sicheren Abtötung
und Vernichtung von Seuchenerregern sind an den
Extraktionsapparaten Vorrichtungen zu treffen, welche
automatisch das Ablassen der Leimbrühe erst dann
ermöglichen, wenn der gesamte Inhalt des Extraktors
auf 140—150° C erhitzt worden ist. Es ist für die
Haltbarkeit des Tierkörpermehls und auch vor allen
Dingen zur Vermeidung einer nachträglichen Infektion
des fertigen Tierkörpermehls geboten, daß das getrocknete noch heiße Tierkörpermehl nicht auf den Boden
des Maschinenraumes entleert wird, sondern daß
maschinelle Einrichtungen getroffen werden, die die
Förderung des Tierkörpermehls nach dem Abkühlen
aus dem Extraktor unmittelbar auf den Lagerboden
ermöglichen. Von den die veterinärpolizeiliche Kontrolle ausübenden beamteten Tierärzten sind möglichst
häufig Proben des Tierkörpermehls sowie des Inhalts
aus dem Fettabscheider steril zu entnehmen und den
amtlichen bakteriologischen Untersuchungsstellen einzusenden. Trautmann.

Martell (2) beschreibt die Anlage, maschinelle
Einrichtung und Betriebsweise der Fleischver-
nichtungsanstalt der Stadt Berlin, die als
Musteranstalt und zur Zeit größte der Welt gelten kann.

Zumpe.

Mögle (4) kann die Errichtung eines Kühl-
raumes in Kadaververwertungsanstalten zur
Aufbewahrung nicht sogleich zu verarbeitenden

Materials nicht ohne weiteres empfehlen, da die im Sommer meist schon faulig angelieferten Kadaver im Kühlraum vor weiterer Zersetzung nicht geschützt werden können und somit zu sehr starker Geruchsbelästigung führen.　　　　　　　　　Zumpe.

## XVI. Viehversicherung.

### Bearbeitet von A. Zumpe.

*1) Eberbach, K.: Über die theoretischen und praktischen Grundlagen der Pferdeversicherung und über die Zweckmäßigkeit der verschiedenen Gesellschaftsformen der Pferdeversicherung. Diss. Berlin.

Eberbach (1) gibt seine Erfahrungen über Pferdeversicherung bekannt, die er in der Praxis als Direktor der badischen Pferdeversicherungsanstalt sammeln konnte. Die Arbeit läßt sich wegen ihrer vielfachen beachtlichen Einzelheiten in ein kurzes Referat nicht zusammenfassen.　　　　　　　　　Weber.

## XVII. Standesangelegenheiten und Verschiedenes.

### Bearbeitet von K. Heuß.

*1) Allen: The public health (meat) regulations. Vet. J. 1924, September. — 2) Ariess: Ecken, Kanten und Basis des tierärztlichen Berufes. T. R. Jg. 31, Nr. 46, S. 815—816. (Sehr lesenswerte, gedankenreiche Betrachtungen.) — 3) Arndt, W.: Ein wertvolles Mittel für Literaturbeschaffung. B. A. W. Ig. 41, Nr. 47, S. 779—780. 1925. (Befürwortet das Photographieren von Texten u. Tafeln aus Zeitschriftenbänden.) — 4) Arras, A.: Moned loomaarstlise deontoologia pokimotted. (Einige Grundzüge der tierärztlichen Pflichttreue.) Estnische T. R. Jg. 1, S. 108. (Referat und teilweise Wiedergabe einer Abhandlung, welche Léon Mallet, Sekretär des französischen Veterinärsyndikats, dem von Breton und Larieux verfaßten Werke „Les maladies du cheval", Paris: Vigot Frères 1923, beigegeben hat.) — 4a) Barrier, G.: A propos de la vivisection. Rec. de M. vét. Bd. 101, S. 10. — *5) Bayreuther: Betrachtungen über die Gebührenordnung. T. R. Jg. 31, Nr. 29, S. 508—509. — 6) Bederke, Otto: Gesetzliche Handhaben gegen Pfuschertum und unlauteren Wettbewerb in der Veterinärmedizin. B. t. W. Jg. 41, Nr. 19, S. 202—203. — *7) Bier: Wie sollen wir uns zur Homöopathie stellen? M. m. W. Jg. 72, Nr. 18 u. 19. — 8) Bongert: Zur Frage der Zuständigkeit des Tierarztes und Nahrungsmittelchemikers auf dem Gebiete der Milchkontrolle. Chemiker Ztg. Jg. 49, Nr. 5. — 9) Braungart, R.: Der Münchener Landschafts- und Pferdemaler Ludwig Hartmann 1835—1902. München: Bayerlandverlag. — 10) Brüggemann, C.: Londoner tierärztliche Einrichtungen 1924. B. t. W. Jg. 41, Nr. 23, S. 364. (Weder die Veterinärschule noch der Hauptschlachthof bieten irgendwelche sehenswerte oder besuchswürdige Institutionen.) — 11) Derselbe: Weltgefrierfleischhandel 1924. T. R. Jg. 31, Nr. 28, S. 480—482. — 12) Brüggemann, K. B.: Gegenwartsaufgaben der sozialen Fürsorge im tierärztlichen Stande. B. t. W. Jg. 41, Nr. 6, S. 93—94. (Bemerkenswerte Gedankengänge.) — 13) Christian: Tierarzt und wilde Tiere. Ebendas. Jg. 41, S. 35. — *14) Church, E.: The horse factor in trucking. Vet. Med., Juni. — *15) Cook, B. L.: Equine practice. J. Am. Vet. Med. Assoc. September. — 16) Dikoff, Gr.: Prof. Bongerts Werk. T. R. Jg. 31, Nr. 28, S. 472—473. — 17) Donner: Tierarzt und Tierzucht. B. t. W. Jg. 41, Nr. 50, S. 655. (Standespolitische Polemik gegen eine Äußerung der Tierzuchtreferenten im preußischen Landwirtschaftsministerium.) — 18) Eggebrecht, Max: Der tier-

ärztliche Anteil an deutscher Kulturarbeit im Schutzgebiet Kiautschou (China). Zschr. f. Vet. Kunde Jg. 37, H. 5, S. 147—153; H. 7, S. 221—225; H. 8, S. 253—258; H. 9, S. 281—286. (Standespolitische Studie von allerhöchstem Interesse für Gegenwart und Zukunft.) — 19) Ellenberger-Schütz: Jahresbericht über die Leistungen auf dem Gebiet der Veterinärmedizin. Jg. 43. 1923. Berlin: Julius Springer. — 20) Falk: Zur Frage der Vollbesoldung der beamteten Tierärzte. T. R. Jg. 31, Nr. 31, S. 550. (Betrifft bayrische Verhältnisse.) — 21) Fleischhauer: Die Blindenführerhundschule in Potsdam. B. t. W. Jg. 41, Nr. 41, S. 665—666. (Beschreibung der Einrichtungen und der Ausbildung.) — 22) Derselbe: In der Zucht- und Ausbildungsanstalt für Diensthunde der Reichsbahndirektion. Ebendas. Jg. 41, Nr. 44, S. 720—721. — 23) Fortmann: Das Kurpfuschertum und seine Bekämpfung. T. R. Jg. 31, Nr. 52, S. 941—946. (Erster Teil einer durch Ausführlichkeit wie logischer Darstellung gleich ausgezeichneten Arbeit.) — 24) Friese: Erneute Ausschaltung der Tierärzte als stimmberechtigte Mitglieder der Hengstkörungskommissionen in der Provinz Hannover. Ebendas. Jg. 31, Nr. 5, S. 77—78. — 25) Froehner, R.: Unbewußte Tierverachtung durch unpassende Ausdrücke. D. t. W. Jg. 33, S. 899—901. — 26) Geddert: Zum Tierärztekammergesetz. B. t. W. Jg. 41, Nr. 8, S. 124—125. — 27) Gerke: Die Fachsprache der Naturwissenschaften. D. t. W. Jg. 33, S. 235—237. — 28) Gillner, Ward: Some suggestions for financing and promating veterinary education in America. J. Am. Vet. Med. Assoc., April. — 29) Glage: Die Mitwirkung des Freiberufstierarztes bei der Durchführung der Lebensmittelgesetze. B. t. W. Jg. 41, Nr. 24, S. 380—384. (Standespolitische hochwichtige Darlegungen.) — 30) Goerttler, V.: Wie sollen wir uns zur Homöopathie stellen? T. R. Jg. 31, Nr. 38, S. 663—665; Nr. 40, S. 702—706. (Ausführliches, vorzüglich orientierendes Sammelreferat über die neueste Literatur.) — 31) Gofton, A.: National Veterinary Medical Association for Great-Britain and Ireland. Vet. Rec. Jg. 5, S. 728—750. (43. Tagung in Cambridge.) — *32) Gottbrecht: Die Nahrungsmittelkontrolle als tierärztlich wirtschaftlicher Faktor. B. t. W. Jg. 41, Nr. 28, S. 443—445. — 33) Grawert: Ein tierärztlicher Sachbearbeiter im Reichsministerium des Innern. T. R. Jg. 31, Nr. 46, S. 815. (Teilweise Erfüllung einer alten, vollauf berechtigten Forderung der deutschen Tierärzte.) — 34) Derselbe: Es wird immer toller. Ebendas. Jg. 31, Nr. 51, S. 923—924. (Polemik gegen eine neue Kurpfuscherzeitschrift „Deutsche Edelviehzucht".) — 35) Derselbe: Instrumentenlieferungen an Landwirte. Ebendas. Jg. 31, Nr. 52, S. 946. — 36) Derselbe: Die Steuererklärung des praktischen Tierarztes. Wittenberge: Bischoff. — 37) Hadley: F. B.: Principles of veterinary science. Philadelphia. W. B. Saundes Comp. — *38) Hafemann: Der Landesmedizinalausschuß und Landesveterinärausschuß in Anhalt. T. R. Jg. 31, Nr. 46, S. 818—819. — 39) Derselbe: Dasselbe. B. t. W. Jg. 41, Nr. 47, S. 779. — 40) Hammer: Der Gesetzesvorschlag über tierärztliche Disziplinarkammern. Ebendas. Jg. 41, Nr. 20, S. 318—320. (Kurze abfällige Besprechung.) — 41) Haring, C. M.: Veterinary practice in Switzerland. Vet. J. Jg. 81, S. 225—226. — 42) Hartnack, Hugo: Nager und Nagerbekämpfung in den U. S. A. B. t. W. Jg. 41, Nr. 32, S. 497—503. — 43) Hauptner, Rud.: „Mit Amboß und Schleifstein geboren". T. R. Jg. 31, Nr. 23, S. 398—399. (Geschichtlicher Abriß über die Solinger Schneidwarenindustrie in höchst anschaulicher Darstellung.) — 44) Haye: Ein Beitrag zur regen Tätigkeit der Apotheker auf veterinärmedizinischem Gebiet. Ebendas. Jg. 31, Nr. 44, S. 779. — 45) Hellich: Strafrechtliche oder disziplinare Verantwortlichkeit des Fleischbeschausachverständigen bei Verstoß gegen die Vorschriften über die Untersuchung bei der Schlachtvieh- und Fleischbeschau. Zschr. f. Fleisch Hyg. Jg. 35, S. 150. (Interessante juristische Studie über eine wichtige Standesfrage.) — 46) Henschel, F.: Jakob Bongert zum 60. Geburtstage. B. t. W. Jg. 41, Nr. 29, S. 461—463. — 47) Hinz: Otto Regenbogen †. T. R. Jg. 31, Nr. 26, S. 452. — 48) Hoffmann, J. A.: Eine neue tierärztliche Aktiengesellschaft. Zschr. f. Vet. Kunde Jg. 37, H. 4, S. 121—123. (Gründung der Firma „Rheinische Serumgesellschaft Köln-München, Aktiengesellschaft deutscher Tierärzte".) — *49) Howarth, William J.: The general public and veterinary medicine. Vet. J. Jg. 81, S. 420—423. — 50) Houck, U.: The bureau of animal industry of the United States department of agriculture. Its establishment, achievements and current activities. Washington 1924. (Überblick über Errichtung, Organisation und Tätigkeit des Instituts anläßlich seines 40jährigen Bestehens.) — 51) Juergenson, J.: Die Dienstverhältnisse im ehemaligen Gouvernement Estland während der russischen Regierungszeit in den Jahren 1891—1914. Estnische T. R. Jg. 1, S. 53. — 52) Johann: Geheimmittelbekämpfung. B. t. W. Jg. 41, Nr. 34, S. 548. (Kasuistik über Pigol. ein Geheimmittel gegen Schweinerotlauf.) — *53) Knolle: Die Ausbildung der Sachverständigen auf dem Gebiet der forensischen Medizin. T. R. Jg. 31, Nr. 9, S. 143—144. — *54) Koleikoff, E.: Die Lebenshaltung des Veterinärpersonals in Stadt und Gouvernement Moskau. Westnik sowremennoj weterinarij. Moskau, Jg. 1, Nr. 4. — 55) Koske, Paul: Pensionsversicherung. T. R. Jg. 31, Nr. 37, S. 649 bis 650; Nr. 38, S. 668—670. — 56) Krenz: Praktiker heraus! B. t. W. Jg. 41, Nr. 46, S. 761—762. (Befürwortet die Veranstaltung von Operationskursen durch Praktiker.) — 57) Krosch: The veterinarian in his community. J. Am. Vet. Med. Assoc., August. (Interessante Ratschläge für tierärztliche Anfänger in Amerika.) — 58) Krueger, O.: Verwaltungs- und Veterinärreform. B. t. W. Jg. 41, Nr. 9, S. 139—142. — *59) Kürschner, K.: Die für den Tierarzt wichtigen Einrichtungen der Versicherungskammern. M. t. W. Jg. 75, Nr. 32, S. 701—705 und Nr. 33, S. 733—736. — 60) Kuppelmayr: Die Tierschutzgesetzgebung im Ausland. B. t. W. Jg. 41, Nr. 51, S. 854—858. — 61) Leclainche, E.: Nocard et son œuvre. Rev. gén. de M. Vét. Jg. 34, S. 97—113. (Festrede.) — 62) Derselbe: Le premier conseil de perfectionnement des écoles vétérinaires. Ebendas. Jg. 34, S. 269—276. — 63) Lothes: Reinhold Schmaltz zum 65. Geburtstage. B. t. W. Jg. 41, Nr. 35, S. 551—555. — 64) Maak: Bemerkungen zur Standespolitik. T. R. Jg. 31, Nr. 1, S. 10—11. — 65) Maintz, H.: Tierarzt und Milchhygiene. Ebendas. Jg. 31, Nr. 39, S. 681—683. — 66) Marks: Wirtschaftsgenossenschaft deutscher Tierärzte. Ebendas. Jg. 31, Nr. 41, S. 727—728. (Bericht über Verlegung und Vergrößerung des Betriebes, Aufwertung der Geschäftsanteile sowie Wiederherstellung der Wohlfahrtseinrichtungen.) *67) Messner, Hans: Die tierärztliche Hochschule der tschechoslowakischen Republik in Brünn. B. t. W. Jg. 41, Nr. 28, S. 446 bis 448. — 68) Meyer: Tierärztliche Forderungen im Konkurse und während der Geschäftsaufsicht. T. R. Jg. 31, Nr. 46, S. 816. — 69) Meyer, Bruno: Lieblingspferde hoher Herren. B. t. W. Jg. 41, Nr. 14, S. 222—223. — *70) Miessner: Tagung deutscher Naturforscher und Ärzte in Düsseldorf, Ende September 1926. Ebendas. Jg. 41, Nr. 49, S. 885—886. — *71) Momola: Empirismo e Zootomica. (Kurpfuschertum und Tierhaltung.) Nuova Vet. S. 50—51. — 72) Nöller, W.: Der Nutzen der Beschäftigung mit Tropenkrankheiten der Haustiere für unsere heimische Tierseuchenbekämpfung und Volkswirtschaft und unser tierärztliches Studium. B. t. W. Jg. 41, Nr. 10, S. 145—150. (Neuzeitliche Betrachtungen von hohem Werte.) — 73) Peters: Haftung des Tierarztes bei fernmündlichem Anruf. T. R. Jg. 31, Nr. 50, S. 895 bis 897. — *74) Pfaff, Franz: Tierärztliche Standesfragen. B. t. W. Jg. 41, Nr. 32, S. 511—514. — 75) Pfeiffer: Weidmannsheil. Ebendas. Jg. 41, Nr. 35. — *76) Pollard: The role of the veterinary surgeon in the public health. Vet. J., September S. 429—431. — 77) Raebiger, H.: Beteiligung der bakteriologischen Institute an den Untersuchungen von Fischsterben. D. t. W. Jg. 31, Nr. 26, S. 317—318. — 77a) Derselbe: Das Pilzmerkblatt des Reichsgesundheitsamtes. Ausgabe 1924. Abänderungs- und Ergänzungsvorschläge. T. R. Jg. 31, Nr. 37, S. 650—651; Nr. 38, S. 670—672. — 78) Raw, N.: Cooperation in medical and veterinary research. Vet. J. Jg. 81, S. 442—443. (Allgemeines.) — 78a) Richter, Hans: Finnland, Reiseeindrücke über Scholle, Vieh, Pferd und Volk. T. R. Jg. 31, Nr. 7, S. 114—115; Nr. 8, S. 129—132; Nr. 9, S. 147—151. — 78b) Riebesell: In welcher Währung soll man Versicherungen abschließen? Ebendas. Jg. 31, Nr. 34, S. 602—603. — *78c) Robertson, John: Some questions of medical and veterinary interest. Vet. J., September. — 78d) Röder, Ö.: Veterinärwesen und Landwirtschaft. D. landw. Presse Bd. 52, S. 600—601. (Nichts Neues.) — *78e) Rumpl, L.: Die gesetzlichen Handhaben gegen die Pfuscher. D. Oest. t. W. Jg. 6, Nr. 15, S. 133—138. — 79) Ruppert, Fritz: Das bakteriologische Institut des Landwirtschaftsministeriums in Buenos Aires. D. t. W. Jg. 33, Nr. 51, S. 897—899. — (Beschreibung der Einrichtungen und Abteilungen des Instituts.) — *80) Savage, William G.: Domesticated animals assources of bacilli pathogenic to man. Vet. J., September. — 81) Schlegel, M.: Mitteilungen aus dem Tierhygienischen Institut der Universität Freiburg i. Br. für das Jahr 1924. D. Oest. t. W. Jg. 7, Nr. 10, S. 169—173. (Tätigkeitsbericht.) — 82) Schmaltz: Die zukünftige Gestaltung der preußischen Tierärztekammern. B. t. W. Jg. 41, Nr. 1, S. 13 bis 14; Nr. 2, S. 28—32. — 83) Derselbe: Angriff auf das tierärztliche Dispensierrecht. Ebendas. Jg. 41, Nr. 12, S. 189. — *84) Derselbe: Seminare für Landwirte. Ebendas. Jg. 41, Nr. 15, S. 237—238. — 85) Derselbe: Hubert Esser †. Ebendas. Jg. 41, Nr. 19, S. 300—301. (Nachruf.) — *86) Derselbe: Verschiebung der Veterinärverwaltung im Reich. Ebendas. Jg. 41, Nr. 17, S. 271. — 87) Derselbe: Die Behandlung des Tierärztekammergesetzentwurfs in der Ausschußsitzung am 6. Mai. Ebendas. Jg. 41, Nr. 27, S. 429—432. (Abfällige Beurteilung.) — *88) Derselbe: Die Hallenser Veterinärprofessur und Herr Professor Disselhorst. Ebendas. Jg. 41, Nr. 25, S. 396—399. — 89) Derselbe: Neugründung einer veterinärmedizinischen Fakultät zu Tübingen. Ebendas. Jg. 41, Nr. 22, S. 350—351. — 90) Derselbe: Deutscher Veterinärkalender 1926/27. Berlin: R. Schoetz. — 91) Derselbe: Zum Tierärztekammergesetz. B. t. W. Jg. 41, Nr. 48, S. 794—796. (Wortlaut einer persönlichen Eingabe an das preußische Landwirtschaftsministerium.) — 92) Derselbe: Bericht über die Jubiläumsversammlung (18. Vollversammlung) des Deutschen Veterinärrats zu Berlin, am 26. und 27. April. Berlin: R. Schoetz. — *93) Schmidt-Hoensdorf: Tuberkulin für Laien. T. R. Jg. 31, Nr. 52, S. 941. — 94) Schumann, Paul: Bericht über die Tätigkeit des Tierseuchenamtes der Landwirtschaftskammer der Provinz Schlesien zu Breslau im Jahre 1924/25. Breslau. — 95) Seitter: Direktor Prof. Dr. v. Sussdorf zum 70. Geburtstag. T. R. Jg. 31, Nr. 33, S. 587. — 96) Shigley: The teaching of veterinary medicine to agricultural students J. Am. Vet. Med. Assoc., April. — 97) Simon: Nachruf für den † Geh. Regierungsrat Prof. Dr. Malkmus in Hannover. Zschr. f. Vet. Kunde Jg. 37, H. 10, S. 392—393. — 98) Sjöberg, A.: Axplock av erfarenheterna under en studierese till England och

Amerika. (Verschiedenes aus einer Studienreise nach England und Amerika.) Finsk Vet. Tidskr. Bd. 31, S. 75—81. (Reisebericht; nichts Neues.) — 99) Soemmering: Das tierärztliche Reglement der russischen sozialistischen föderativen Räterepublik. T. R. Jg. 31, Nr. 17, S. 299—300. — 100) Derselbe: Das Veterinärwesen in Rußland. Ebendas. Jg. 31, Nr. 23, S. 399 bis 400. —101) Train, T.: Gründung einer deutschen Tierkrankenkasse. Ebendas. Jg. 31, Nr. 14, S. 242—243. (Lebhafte Ablehnung des Unternehmens.) — 102) Voß, H. L.: Mein Hof und ich. Hannover: M. & H. Schaper. — 103) Wassermann, Rud.: Die Besteuerung der geistigen freien Berufe. B. t. W. Jg. 41, Nr. 30, S. 477 bis 479. — 104) Wendlandt: Die Werbungskosten der Tierärzte. Ebendas. Jg. 41, Nr. 5, S. 77—78. (Recht gut über die bei der Steuereinschätzung in Betracht kommenden Bestimmungen orientierender Aufsatz.) — 105) Werk: Standespolitische Betrachtungen. Ebendas. Jg. 41, Nr. 52, S. 874—876. (Kritische Besprechung des Referentenentwurfs zum preußischen Tierärztekammergesetz.) — 106) Wolff: Prof. Dr. A. de Jong †. T. R. Jg. 31, Nr. 31, S. 554. (Nachruf.) — 107) Zimmermann, A.: Aus Ungarn. B. t. W. Jg. 41, Nr. 5, S. 80. (Auszug aus dem Jahresbericht 1923/24 der Königl. Ung. Tierärztlichen Hochschule.) — 108) Derselbe: Festrede bei Eröffnung des Studienjahrs der Königl. Ung. Tierärztlichen Hochschule. Ebendas. Jg. 41, Nr. 36, S. 591—594. (Klassische Gedanken über das tierärztliche Studium und den tierärztlichen Beruf.) — 109) Zeller: Nachruf für Karl Titze †. T. R. Jg. 31, Nr. 4, S. 62—63. — *110) Abänderung der Prüfungsordnung für Tierärzte. Sitzung im Reichsministerium des Innern am 19. und 20. Dezbr. 1924. D. t. W. Jg. 33, Nr. 1, S. 1—4. — 111) Die neue Prüfungsordnung für Tierärzte. B. t. W. Jg. 41, Nr. 40, S. 656—658; Nr. 41, S. 672—676. — 112) Änderung der preußischen Promotionsordnung. T. R. Jg. 31, Nr. 3, S. 46. (Wiedereinführung der Verpflichtung zur Einreichung von 200 Dissertationsabdrucken.) — 113) Ausbildung der Tierärzte in Belgien. B. t. W. Jg. 41, Nr. 17, S. 271. (Darstellung ist insofern ungenau, als es in Belgien keine dem deutschen Maturitätsexamen äquivalente Schulabgangsprüfung gibt.) — *114) Die bayrische Ärzteversorgung. T. R. Jg. 31, Nr. 15, S. 257. — 115) Konkurrenzklausel und Ehrenwort. Ebendas. Jg. 31, Nr. 51, S. 924—926. — 116) Deutsche Tierkrankenkasse a. G. Ebendas. Jg. 31, Nr. 17, S. 297—299. (Auszug aus den Versicherungsbedingungen.) — 117) Das Veterinärwesen in Indien. Indian Vet. J. Bd. 1, Nr. 1. 1924. — 118) Das Veterinärwesen in Australien. J. of Austral. Vet. Assoc. Bd. 1, Nr. 1. — *119) Reichsstatistik des tierärztlichen Personals nach dem Stande vom 1. Juli 1924. Beilage zu den Vöff. Reichs-Ges.A. Bd. 49, Nr. 36. — 120) Handbuch des Medizinal- und Veterinärwesens im Freistaat Sachsen. Nach dem Stande vom 1. Jan. bearbeitet im Landesgesundheitsamt. Dresden-N: G. Heinrich. — 121) Das Veterinärpersonal der Republik Jakutsk (Sibirien). Westnik sowremennoj weterinarij, Moskau, Jg. 1, Nr. 1. 1924. (Das tierärztliche Personal besteht im ganzen aus 11 Personen, darunter nur 2 Tierärzte!) — 122) Tierarzt und Apotheker. T. R. Jg. 31, Nr. 19, S. 333—334. — 123) Angriffe auf das tierärztliche Dispensierrecht. Ebendas. Jg. 31, Nr. 5, S. 78. — *124) Der Kampf um das tierärztliche Dispensierrecht. Ebendas. Jg. 31, Nr. 15, S. 259. — *125) Besetzung der Direktorstelle des Berliner Schlachthofs. B. t. W. Jg. 41, Nr. 28, S. 448. — 126) Neuer Beitrag zum Kapitel Kurpfuscherei. T. R. Jg. 31, Nr. 7, S. 116. — 127) Zur Kurpfuschereibekämpfung. Ebendas. Jg. 31, Nr. 11, S. 187. — 128) Neue Beiträge zum Kapitel Kurpfuschertum. Ebendas. Jg. 31, Nr. 15, S. 253—257. — 129) Ausschuß der preußischen Tierärztekammern: Maßnahmen zur Bekämpfung des Kurpfuschertums. Ebendas. Jg. 31, Nr. 40, S. 710—711. — 130) Ausstellung der Deutschen Gesellschaft zur Bekämpfung der Kurpfuscherei. Ebendas. Jg. 31, Nr. 51, S. 927. (Bitte an die Ärzte, Zahnärzte und Tierärzte um Einsendung von Kurpfuschermaterial an die Geschäftsstelle Berlin-Wilmersdorf, Motzstraße 36. — 131) Zur Bekämpfung der Kurpfuscherei. Ebendas. Jg. 31, Nr. 47, S. 884. (Verhandlungen des 44. Deutschen Ärztetages.) — 132) Kurpfuscherzeitschriften. Ebendas. Jg. 31, Nr. 50, S. 911. — 133) Die Tiergeheimmittelliste. Ebendas. Jg. 31, Nr. 45, S. 800. (Zitat der einem Verbot widersprechenden Stellungnahme der Pharmazeutischen Zeitung wegen Benachteiligung des Apothekerstandes.) — *134) Eingabe um Erlaß einer Verordnung zur Beschränkung der Kastration durch Laien. Ebendas. Jg. 31, Nr. 51, S. 923. — 135) Sportliche Erfolge eines Tierarztes. Ebendas. Jg. 31, Nr. 49, S. 890. (Rudersportliche Erfolge.) — 136) Rennsportliche Erfolge eines bayrischen Tierarztes. Ebendas. Jg. 31, Nr. 7, S. 116. — 137) Der englische Bildhauer Jones ein Tierarzt. Ebendas. Jg. 31, Nr. 2, S. 32. — *138) Ein englisches Urteil über eine deutsche tierärztliche Hochschulklinik. Ebendas. Jg.31, Nr. 17, S. 300. — 139) Schaffung einer tierärztlichen Fakultät an der Universität Tübingen. Ebendas. Jg.31, Nr. 21, S. 366 und M. t. W. Jg. 76, Nr. 18, S. 398—405. (Bericht über die bezüglichen Landtagsverhandlungen.) — 140) Die Tierklinik an der Universität Halle. T. R. Jg. 31, Nr. 17, S. 299. (Einspruch gegen die Unterstellung der Klinik unter einen Humanmediziner.) — 141) Die Tierklinik der Universität Halle. Ebendas. Jg. 31, Nr. 21, S. 366. (Polemische Auslassungen gegen Behauptungen des bisherigen Direktors.) — 142) Jubiläum des Tierärztlichen Instituts der Universität Göttingen. Ebendas. Jg. 31, Nr. 22, S. 384. — 143) Vom Tierhygienischen Institut der Universität Freiburg i. Br. B. t. W. Jg. 41, Nr. 21, S. 331—333. (Geschichtlicher Rückblick anläßlich des 25jährigen Bestehens.) — 144) Neubau eines Tierseuchenamtes in Breslau. T. R. Jg. 31, Nr. 22, S. 384. — *145) Das Bakteriologische Institut in Dessau (Anhalt). Ebendas. Jg. 31, Nr. 19, S. 336. — 146) Das Ende des Kaiser Wilhelm-Instituts für experimentelle Therapie. Ebendas. Jg. 31, Nr. 28, S. 492. (Auflösung des Instituts wegen Mittellosigkeit.) — 147) Die Tierärztliche Hochschule in Utrecht als VI. Fakultät der dortigen Universität angegliedert. Ebendas. Jg. 31, Nr. 31, S. 555. — 148) Tierärztliche Fakultät der Universität Utrecht. Ebendas. Jg. 31, Nr. 44, S. 780. (Feierliche Eröffnung als VI. Fakultät am 1. September.) — 149) Die wissenschaftliche Arbeit der veterinärmedizinischen Fakultät der Universität Bern. 1900—1925. Schweiz. Arch. f. Tierhlk. Bd. 67, H. 7/8. (Jubiläumsschrift.) — 150) Erhaltung der veterinärmedizinischen Fakultät zu Tartu (Dorpat). B. t. W. Jg. 41, Nr. 25, S. 400. — 151) Sibirische Tierärztliche Hochschule (Veterinärinstitut). Westnik sowremennoj veterinarij, Moskau, Jg. 1, Nr. 1. 1924. — 152) Parasitologie and the veterinary curriculum. Vet. Rec. Nr. 44. 1924 (Forderung der Erhebung der Parasitenkunde zum selbständigen Lehrfach an den Veterinärschulen.) — 153) Canada Department of Agriculture. Report of the veterinary. Director general — George Hilton V. S. — for the two years ending march 31. 1924. Ottawa 1924. — 154) Report of the veterinary laboratory of agriculture andeommarce for the year 1923/24 (Japanisch). J. of Japanese Soc. of Vet. Sc., Dezember 1924. — 155) Jakob Bongert zum 60. Geburtstag. T. R. Jg. 31, Nr. 28, S. 469—472. — 156) August von Wassermann †. Zschr. f. Vet. Kunde Jg. 37, H. 5, S. 155. (Nachruf.) — *157) Internationaler Kongreß für Geschichte der Medizin zu Genf. B. t. W. Jg. 41, Nr. 31, S. 612. — 158) Ausschuß der preußischen Tierärztekammern. T. R. Jg. 31, Nr. 6, S. 97—99. (Aussprache über die Einigungsbestrebungen zwischen den preußischen Tierärzten unter Zuziehung von Vertretern aller tierärztlichen Berufsgruppen.) — 159) Entwurf eines Gesetzes über die Tierärztekammern und einen Tierärztekammerausschuß. B. t. W. Jg. 41, Nr. 17, S. 264—271. — 160) Begründung zu einem Gesetz über die Tierärztekammern und den Tierärztekammerausschuß. Von der Geschäftsstelle des Ausschusses der preußischen Tierärztekammern. T. R. Jg. 31, Nr. 24, S. 414—416. — 161) Beratung und Beschlußfassung über den Entwurf eines Gesetzes über die Tierärztekammern und einen Tierärztekammerausschuß. B. t. W. Jg. 41, Nr. 26, S. 411—415. — 162) Entwurf eines Tierärztekammergesetzes. D. t. W. Jg. 33, S. 239—248. — 163) Gesellschaft der Freunde der Tierärztlichen Hochschule Hannover. T. R. Jg. 31, Nr. 11, S. 184. (Aufruf zur Gründungsversammlung.) — *164) Tagung des Reichsverbandes der deutschen Gemeindetierärzte in Leipzig vom 9. bis 11. Oktober. Ebendas. Jg. 31, Nr. 45, S. 796—798; Nr. 46, S. 816—818. — 165) Die 62. Jahresversammlung der American Veterinary Medical Association. J. Am. Vet. Med. Assoc., September. (Zum Präsidenten wurde Dr. J. W. Adams aus Philadelphia gewählt.) — 166) Deutsch-Österreichischer Tierärztekalender für das Jahr 1925. Graz (Steiermark): Verlag der Wirtschaftsgenossenschaft der deutschen Tierärzte Österreichs.

Mit Wirkung vom 1. Oktober 1925 ist in Deutschland eine neue tierärztliche Prüfungsordnung (110) in Kraft getreten. Hiernach wird das veterinärmedizinische Studium von 8 auf 9 Semester verlängert; als neue Prüfungsfächer werden angewandte Anatomie und angewandte Physiologie für die Fachprüfung eingeführt. Ob die genannte Verlängerung des Studiums ausreicht, um den Studierenden der Veterinärmedizin genügend Zeit zu lassen für den ihnen dringend notwendigen Besuch allgemein bildender und volkswirtschaftlicher Universitätsvorlesungen, diese Frage dürfte noch zu entscheiden sein. Heuß.

Die Hauptversammlung des Reichsverbandes der deutschen Gemeindetierärzte (164) beschloß, bei allen tierärztlichen Hochschulen und Fakultäten dahin vorstellig zu werden, daß an allen diesen Lehranstalten selbständige Institute für animalische Nahrungsmittelkunde mit ordentlicher Professur geschaffen und neben der Pflege der animalischen Nahrungsmittelkunde stets auch besondere Vorlesungen über Schlachthofverwaltungs- und -betriebskunde einschließlich Maschinenkunde gehalten werden. Heuß.

In überzeugender Weise plädiert Bayreuther (5) für die schon vor langer Zeit von einsichtigen Tierärzten der Praxis erhobene Forderung der Einbeziehung volks- und privatwirtschaftlicher Disziplinen der Nationalökonomie in den tierärztlichen Bildungsgang. Bekanntlich besteht dieser Mangel gerade an beiden preußischen tierärztlichen Hochschulen, während im Studienplan der sächsischen Hochschule bereits seit vielen Jahren nationalökonomische Vorlesungen gehalten wurden. Heuß.

Die Besetzung der erledigten Direktorstelle am Berliner Schlacht- und Viehhofe durch einen Nichttierarzt (125) wird der Sachlage entsprechend in der tierärztlichen Fachpresse ganz kurz ohne Kommentare registriert, da jedes weitere Wort der Kritik über diese krasse Desavouierung tierärztlicher Zuständigkeit durch die Verwaltung der Reichshauptstadt die hierbei benötigte Druckerschwärze nicht wert wäre. (Im übrigen dürfte dieses Vorkommnis für die gesamte deutsche Tierärzteschaft ein Grund mehr zu dem allen vaterländisch gesinnten Deutschen gemeinsamen, ehrlichen Hasse gegen den „Wasserkopf Berlin" sein. Anm. d. Ref.) Heuß.

Koleikoff (54) veröffentlicht in dem vom Moskauer Zentralkomitee für medizinisch-sanitäre Arbeit herausgegebenen „Boten der neuzeitlichen Veterinärmedizin" eine ergreifende Schilderung der elenden und trostlosen wirtschaftlichen Lage der Mehrzahl der tierärztlichen Berufsangehörigen im heutigen Rußland. Heuß.

In Bayern (114) wurde durch Beschluß der gesetzgebenden Körperschaften eine Zwangsversicherung zur Versorgung der Ärzte einschließlich deren Hinterbliebenen eingerichtet; die Versicherung ist obligatorisch für die freiberufstätigen Ärzte, Zahnärzte und Tierärzte. Heuß.

In eingehenden Darlegungen bespricht Kürschner (59) die Einrichtungen und Verhältnisse der bayrischen Versicherungskammer, soweit sie für das Tierversicherungswesen und die auch für die Tierärzte obligatorischen Ärzteversorgung in Bayern in Betracht kommen. Heuß.

Unter Anführung geschichtlicher und sachlicher Gesichtspunkte polemisiert Schmaltz (86) gegen die Zeitungsnachrichten zufolge bestehende Absicht einer Überführung der Leitung des Veterinärwesens im Deutschen Reiche vom Reichsministerium des Innern zum Reichsministerium für Ernährung und Landwirtschaft. Gegen die Verwirklichung dieses Planes wird mit aller Entschiedenheit Widerspruch erhoben. Heuß.

Nach Hafemann (38) wurde in Anhalt in vorbildlicher und mustergültiger Weise ein Landesmedizinal- und Landesveterinärausschuß als beratende und begutachtende Regierungsbehörde für Medizinal- und Veterinärangelegenheiten organisiert. Jeder Ausschuß ist in Fragen seinem Gebiete allein zuständig, während Angelegenheiten aus Grenzgebieten von beiden Ausschüssen gemeinschaftlich behandelt werden. Heuß.

Im Gegensatz zu den Verhältnissen auf dem Festlande besitzt in England, wie der englische Tierarzt und Veterinärbeamte Pollard (76) nachweist, die Veterinärmedizin nicht die führende Stellung in der Fleischbeschau trotz der großen Verdienste von Tierärzten um die Entwicklung und den Ausbau der gesetzlichen Fleischbeschau. Zwecks Abstellung dieses Mißstandes wird die Schaffung einer besonderen Veterinärabteilung im englischen Medizinalministerium gefordert. Heuß.

Nach den Ergebnissen der Reichsstatistik des tierärztlichen Personals (119) waren am 1. Juli 1924 insgesamt 7282 Tierärzte im Deutschen Reiche vorhanden, gegen 7093 am 1. Juli 1923 (+ 189). Von diesen Tierärzten waren 1231 (1281) beamtete Tierärzte, 165 (162) Militärärzte, 789 (795) Schlachthoftierärzte, 172 (156) Tierärzte, die ausschließlich in oder für wissenschaftliche Institute usw. tätig waren und 4925 (4699) Privattierärzte. Die Privatpraxis wurde von 5796 (5679) Tierärzten, und zwar 738 (795) beamteten Tierärzten (60% derselben), von 45 (48) Militärtierärzten (27,3%), 316 (305) Schlachthoftierärzten (40%) und 4697 (4531) Privattierärzten (99%) ausgeübt. Nach dem Ergebnis der Viehzählung vom 1. Dezember 1924 kommen auf einen praktizierenden Tierarzt im Deutschen Reiche 664 (643) Pferde, 2984 (2873) Rinder, 986 (980) Schafe und 2906 (2585) Schweine. An der Fleischbeschau in irgendeiner Weise beteiligt waren von den beamteten Tierärzten 785 (63,8% derselben), von den Schlachthoftierärzten 752 (95,3%), von den Privattierärzten 3830 (80,8%). H. Zietzschmann.

Knolle (53) begründet in kurzen Betrachtungen die dringende Notwendigkeit einer besseren Ausbildung der Medizinalbeamten in der vergleichenden Anatomie und Fleischbeschau. Heuß.

In zutreffenden Ausführungen weist Howarth (49), Arzt und Medizinalbeamter, auf die beim großen Publikum in England viel zu wenig bekannte und gewürdigte Bedeutung der Veterinärmedizin für das öffentliche Gesundheitswesen hin. Heuß.

Nach den Ausführungen von Allen (1) über die am 1. April 1925 in Kraft getretenen englischen

Fleischbeschauvorschriften sind die Fleischinspektoren im allgemeinen Medizinalbeamte, nur in Schottland können auch Veterinäre zu Fleischinspektoren ernannt werden. Die englischen Tierärzte streben daher an, daß auch sie allgemein als die für die Fleischbeschau zuständige Beamte gesetzlich anerkannt werden.
Heuß.

In längeren Darlegungen befürwortet der englische Arzt und Medizinalbeamte Robertson (78c) eine Revision der Ansichten über Fleischbeschau und Tuberkulosebekämpfung, zwei Gebiete, an welchen die Human- und Veterinärmedizin in gleicher Weise interessiert seien.
Heuß.

In einer übersichtlichen Darstellung beschrieb Savage (80) die auf den Menschen übertragbaren Infektionskrankheiten unserer Haustiere, die daraus resultierenden Gefahren für die Volkswohlfahrt der hierdurch begründeten Bedeutung des tierärztlichen Berufs für die öffentliche Gesundheitspflege in England.
Heuß.

In dankenswerter und vorbildlicher Weise hat die Landesregierung von Thüringen (124) einen Antrag des Deutschen Apothekervereins auf Abänderung der bestehenden Vorschriften über das tierärztliche Dispensierrecht abgelehnt.
Heuß.

In einer beachtenswerten Abhandlung beschäftigt sich Pfaff (74) mit standespolitischen Fragen bezüglich der tierärztlichen Mitarbeit auf Grenzgebieten der Gewerbehygiene und animalischen Nahrungsmittelkontrolle.
Heuß.

Ausgehend von der unbestreitbaren These: „Die kurative Tätigkeit allein kann den Freiberufstierarzt in den meisteu Fällen nicht mehr ernähren" weist Gottbrecht (32) auf die dringende Notwendigkeit hin, Neuland für tierärztliche Betätigung zu gewinnen. Ein solches Neuland erblickt er in dem großen und wichtigen Gebiete der animalischen Nahrungsmittelkontrolle, welches in die drei Hauptzweige zerfällt: 1. Die Untersuchung der Schlachttiere im lebenden und geschlachteten Zustande, 2. die sog. außerordentliche Fleischbeschau, d. h. die allgemeine Überwachung der Fleischverarbeitungsstätten und des Handels mit Nahrungsmitteln animalischen Ursprunges, und 3. die Beaufsichtigung des gesamten Milchverkehrs bis zur Abgabe an den Konsumenten unter verständnisvoller Abgrenzung der dem Nahrungsmittelchemiker zu überlassenden Kontrollgebiete. Für den modern-wissenschaftlichen Aufbau aller dieser Tätigkeitsgebiete werden beherzigenswerte Fingerzeige gegeben.
Heuß.

Schmaltz (84) bespricht eine Neuerung im landwirtschaftlichen Unterrichtswesen, die „höheren Lehranstalten für praktische Landwirte". Diese Anstalten stellen eine Mittelstufe dar zwischen den niederen landwirtschaftlichen Schulen und den landwirtschaftlichen Hochschulen; sie werden provinzweise von den Landwirtschaftskammern errichtet und genießen staatliche Unterstützung.
Heuß.

Schmidt-Hoensdorf (93) fordert im Hinblick darauf, daß die Geflügelhaltung zu einem bedeutsamen Faktor des Wirtschaftslebens geworden ist, von den Tierärzten aus standespolitischen Gründen mehr Interesse für die Geflügelhaltung. Anderenfalls ist zu befürchten, daß wieder ein Gebiet, das unbestritten dem praktischen Tierarzt gehört, diesem durch Laien entrissen wird.
Heuß.

Nach einem Beschlusse der 17. Versammlung des Verbandes der Tierschutzvereine des Deutschen Reiches (134) soll durch eine reichsgesetzliche Verordnung die Zulässigkeit der Vornahme von Haustierkastrationen durch Laien beschränkt werden auf Bullen, Schaf- und Ziegenböcke, Eber und Sauen unter 6 Monaten.
Heuß.

Nach einer sehr sachlichen Arbeit von Rumpl (78e) entsprechen die gegen das Kurpfuschertum verwendbaren österreichischen Gesetze und behördlichen Vorschriften über die Beschränkung des Arzneimittelverkehrs und Durchführung der Veterinärpolizei im großen und ganzen den reichsdeutschen Bestimmungen.
Heuß.

Momola (71) beklagt, wie seit alters her in Italien geschehen, die breite Handhabung des Pfuschertums und der Kastrierer. Trotz Vorhandenseins einschlägiger Gesetze zur Unterdrückung dieser Geißeln der Tierhaltung blühen in Italien Pfuschertum und Kastrierer in der schlimmsten Weise und M. will beide auf dem Wege der Gesetzgebung bekämpfen.
Frick.

Im Anschluß an eine Besichtigung spricht sich ein englischer Tierarzt (138) in Worten höchster Anerkennung und uneingeschränkten Lobes über die Einrichtungen und den Dienstbetrieb der Klinik für kleine Haustiere an der Tierärztlichen Hochschule in Berlin aus.
Heuß.

Nach einer eingehenden Beschreibung von Messner (67) müssen die Einrichtungen der tierärztlichen Hochschule in Brünn als mustergültig bezeichnet werden. Die Hochschule wurde im Jahre, 1919 eröffnet und ist bis jetzt nahezu vollkommen ausgebaut. Die Unterrichtssprache ist ausschließlich tschechisch.
Heuß.

In Dessau (145) wurde ein neugegründetes bakteriologisches Institut eröffnet, das aus einer humanmedizinischen, veterinärmedizinischen und chemischen Abteilung sowie einer Nahrungsmitteluntersuchungsabteilung besteht. Ursprünglich war nur die Errichtung eines veterinärbakteriologischen Laboratoriums geplant gewesen.
Heuß.

In seinen polemischen Ausführungen gegen die Verhältnisse am Veterinärinstitut der Universität Halle und gegen den bisherigen Inhaber der Direktorstelle dieses Instituts kommt Schmaltz (88) zu dem Vorschlag der Errichtung eines veterinärmedizinischen Extraordinariates an der genannten Universität.
Heuß.

In Genf fand im Jahre 1925 ein internationaler Kongreß für Geschichte der Medizin (157) statt. An deutsche Gelehrte waren keine Einladungen zur Teilnahme ergangen, trotzdem Deutschland in der ganzen Welt das einzige Land mit einem Universitätsinstitut für geschichtliche Medizin ist.
Heuß.

Nach einer Mitteilung von Miessner (70) ist für die 89. Versammlung der Gesellschaft Deutscher Naturforscher und Ärzte die Organisation der Abteilung „Veterinärmedizin" in der Weise erweitert worden, daß eine veterinärmedizinische Hauptgruppe mit zwei Sektionen gebildet wird: 1. Theoretische und experimentelle Veterinärmedizin und 2. angewandte und praktische Veterinärmedizin.
Heuß.

In längeren Darlegungen begründet Bier (7) seine Ansicht, wonach sehr viel von der Homöopathie zu lernen ist, und es nicht weiter vertreten werden kann, daß die Schulmedizin sie totschweigt oder verächtlich auf sie herabsieht. Zum Beweise werden u. a. auch Beobachtungen am eigenen Körper angeführt.
Heuß.

Der weitverbreiteten Ansicht von der in Amerika zunehmenden Verdrängung des Pferdes durch den Motor tritt Cook (15) mit dem Hinweis darauf entgegen, daß im Laufe von 5 Jahren in den Vereinigten Staaten die Zahl der landwirtschaftlichen Traktoren von 300 000 auf 243 000 zurückgegangen sei. Zwar habe sich in der gleichen Zeit die 27 Millionen betragende Zahl der Pferde um 1 Million vermindert, doch sei dies auf die Vermehrung der die vorhandenen Futterbestände rentabler verwertenden Rinder, Schafe und Schweine zurückzuführen. In den Städten haben Großfirmen, die neben Pferdegespannen Kraftwagen benutzen, durch sorgfältige Kalkulationen festgestellt, daß der Transport durch Pferde billiger sei als der durch mechanischen Zug. Die Zahl der Reitpferde ist in ständiger Zunahme begriffen.          Heuß.

Nach Church (14) wird in neuester Zeit in den nordamerikanischen Großstädten das Pferd wegen seiner billigeren Arbeitsleistung dem Motor wieder vorgezogen. In Newyork kommen zur Zeit auf 100 Lastautos 73 Pferdelastwagen. (Nach eigenen Wahrnehmungen gehen auch in deutschen Mittel- und Kleinstädten größere Geschäftsbetriebe dazu über, für Lieferfuhren innerhalb der Stadt und näheren Umgebung die Kraftwagen aus Ersparnisrücksichten durch Pferdegespanne zu ersetzen. Anm. d. Ref.) Heuß.

## XVIII. Geschichtliche Veterinärmedizin.

### Bearbeitet von K. Heuß.

*1) Arndt, W.: Die Vögel in der Heilkunde der alten Kulturvölker. J. f. Ornithologie Bd. 73, S. 46 bis 76, 214—246, 475—493. — 2) Baumann, E. D.: Over de Hondsdolheid in de Oudheid. (Über die Tollwut im Altertum.) Nederl. Tijds. voor Geneesk. Jg. 68, H. 1, S. 5. 1924. — 3) Belitz, W.: Wiederkäuer und ihre Krankheiten im Altertum. Diss. Berlin. — 4) Böhm, H.: Die Lehre vom Zahnalter des Pferdes im Altertum und Mittelalter. Diss. Leipzig. — 5) Broermann, Franz: Die geschichtliche Entwicklung und der gegenwärtige Stand des Abdeckereiwesens im Herzogtum Oldenburg. Diss. Hannover. — *6) Brose: Zur Geschichte des Hufbeschlags. Berlin: R. Schoetz. — 7) Elliot, H. B.: The veterinary history of the island of Hawaï. Vet. J. Bd. 81, Nr. 7, S. 335 bis 346. — 8) Froehner, Helmut: Aberglaube in der Ätiologie, Magisch-Mystisches in der Prophylaxis und Therapie der Hundswut. Vet. hist. Jb. S. 68—106. — 9) Froehner, Reinhard: Das Warmbrunner Pferdearzneibuch. Ebendas. S. 1—36. — 10) Derselbe: Finnenschau im Mittelalter. T. R. Jg. 31, Nr. 12, S. 202. — 11) Derselbe: Der Hufschmied als Tierarzt. Vet. hist. Mitt. Jg. 5, Nr. 1, S. 1—4; Nr. 3, S. 11—12; Nr. 7, S. 25—27. — 12) Derselbe: Der Marstaller als Tierarzt. Ebendas. Jg. 5, Nr. 7, S. 28; Nr. 8, S. 30—32. — 13) Derselbe: Der Jägermeister als Tierarzt. Ebendas. Jg. 5, Nr. 9, S. 34—36. — 14) Derselbe: Der Schäfer, Hirt, Viehwärter als Tierarzt. Ebendas. Jg. 5, Nr. 11, S. 41—44. — 15) Derselbe: Haustiere im mittelalterlichen Gerichtsverfahren. Haftpflicht für Schäden an Menschen durch Tiere. Ebendas. Jg. 5, Nr. 2, S. 1—3. — 16) Derselbe: Dasselbe. Beschädigungen von Tieren durch Tiere. Ebendas. Jg. 5, Nr. 2, S. 3. — 17) Derselbe: Dasselbe. Beschädigung von Tieren durch Menschen. Ebendas. Jg. 5, Nr. 3, S. 9—11. — *18. Derselbe: Pelagonius. Ebendas. Jg. 5, Nr. 2, S. 3—4. — 19) Derselbe: Tierverkaufsverträge und anderes aus ägyptischen Papyri. Ebendas. Jg. 5, S. 13—14. — 20) Derselbe: Vom mittelalterlichen Viktualien- und Viehmarkt. D. t. W. Jg. 33, Nr. 36, S. 595—599. — *21) Gach, A.: Die Finnigkeit des Schweinefleischs in historischer Beleuchtung. Diss. Leipzig. — 22) Gabor, E.: Die Entwicklung und veterinärmedizinische Bedeutung der Viehversicherung in Ungarn. Diss. Budapest. — *23) Gilmowski, S.: Beiträge zur geschichtlichen Entwicklung des Pansentrokars. Diss. Leipzig. — 24) Göhre, Rud.: Das sächsische Veterinärwesen. Vet. hist. Jb. S. 125—138. — 25) Derselbe: Abhandlungen aus der Geschichte der Veterinärmedizin. Entwicklung des sächsischen Veterinärwesens der letzten 50 Jahre. Leipzig: W. Richter. — 26) Gutmann, W.: Die Entwicklung des tierärztlichen Unterrichtes am Dorpater Veterinärinstitut. Estnische T. R. Jg. 1, S. 10 (Geschichtlich.) — 27) Haendler, Eberhard: Die ehemaligen tierärztlichen Lehranstalten zu Karlsruhe, Marburg und Schwerin. Vet. hist. Jb. S. 118—124. — 28) Derselbe: Die tierärztliche Lehranstalt zu Budapest vor 100 Jah-

ren. Vet. hist. Mitt. Jg. 5, Nr. 8, S. 29—30. — 29) Hemmert: Einige alte Hufeisen. B. t. W. Jg. 41, Nr. 25. — 30) Hengst, W. A.: Die Erbfehler des Pferdes. Diss. Hannover. (Geschichtlich.) — 31) Hieronymie, E.: Die Entdeckung des Blutkreislaufs. D. t. W. Jg. 30, S. 113—118. (Geschichtlich.) — 32) Hildebrand, Ph.: Zur Frage der Tiersyphilis in der älteren medizinischen Fachliteratur. M. m. W. Nr. 30, S. 1257—1258. — 33) Hoppe, Karl: Zur Mulomedicina Chironis. Vet. hist. Jb. S. 51—67. — 34) Derselbe: Zur Chronologie der Mulomedicina Chironis. Vet. hist. Mitt. Jg. 5, Nr. 5, S. 17—20. — 35) Derselbe: Zur pharmakologischen Terminologie der antiken Veterinäre. Ebendas. Jg. 5, Nr. 9, S. 33 bis 34; Nr. 10, S. 37—40. — 36) Horne, H.: Aus der Geschichte des Veterinärwesens in Norwegen. Oslo: J. W. Cappeln. — *37) Jung, Michael: Das Vorkommen und die Bedeutung des Aberglaubens in der Veterinärchirurgie bei den Siebenbürger Sachsen. Diss. München. — 38) Klupsch: Die Ätiologie und Therapie der Harnsteine in historischer Beleuchtung. Diss. Leipzig. — 39) Leistikow: Geschichte des Vereins der beamteten Tierärzte des Regierungsbezirks Magdeburg 1883—1925. B. t. W. Jg. 41, Nr. 28, S. 445—446. — 40) Linkies, G.: Zur Geschichte der Nasenschlundsonde. T. R. Jg. 31, S. 938. — 41) Mahlendorff, Friedr.: Geschichtliches über die Fleischerinnungen, die Schlachthöfe und die Fleischbeschau in der Stadt Breslau. Diss. Leipzig. — 42) Nanssen, Peter: Geschichte der Epidemien bei Menschen und Tieren im Norden. Glückstadt: J. J. Augustin. — 43) Netobitzky, Fritz: Einige Volksheilmittel aus dem Tierreiche. Pharmazeut. Nachr. Jg. 2, Nr. 12, S. 209—213. — *44) Oder, Eugen: Winterlicher Alpenübergang eines römischen Heeres nach Schilderung eines griechischen Veterinärs. Vet. hist. Jb. S. 48—50. — 45) Ohms, Joh.: Geschichtlicher Überblick über die Behandlung der Sterilität des Rindes in den beiden letztverflossenen Jahrhunderten. Diss. Leipzig. — 46) Rieck, W.: Veterinärhistorisches Jahrbuch 1925. Leipzig: W. Richter. — 47) Derselbe: Ein schweizer Rinderarzneibüchlein. Vet. hist. Jb. S. 37—47. — 48) Derselbe: Die älteste Myologie des Hundes. Ebendas. S. 107—117. — 49) Derselbe: Johannes Werner †. Vet. hist. Mitt. Jg. 5, Nr. 4, S. 16. (Nachruf für den als eifrigen Altertumsforscher und Heimatmuseumsdirektor hochangesehenen Direktor des Schlachthofes in Stolp.) — 50) Derselbe: Das Gestüt Babolna um 1828. Ebendas. Jg. 5, Nr. 12, S. 45—48. — 51) Runger, F.: Herkunft, Rassezugehörigkeit, Züchtung und Haltung der Ritterpferde des Deutschen Ordens. Zschr. f. Tierzücht. u. Zücht.-Biologie Jg. 2, H. 3, S. 211—308. (Veterinärgeschichtlich wie kulturhistorisch gleich wertvolle Abhandlung.) — *52) Seehawer, P. G.: Abortus artificialis und künstliche Frühgeburt in geschichtlicher Beleuchtung. Diss. Leipzig. — 53) Schmidt, W.: Einfluß der Reit- und Fahrturniere auf die deutsche Warmblutzucht mit einem Beitrag zur Geschichte des Turnierwesens. Diss. Berlin. — 54) Schmock, F.: Beiträge zur Geschichte der Zwangsmittel in der Tierheilkunde. Diss. Leipzig 1920 (Literaturangaben). — *55) Schwarze, Erich: Geschichtliches über die Ätiologie und Therapie der Coenurosis ovis mit besonderer Berücksichtigung der operativen Behandlung. Diss. Leipzig. — 56) Sprater, Wilh.: Beitrag zur Geschichte der Tierheilkunde in Indien. Diss. München. — 57) Völsing: Wertschätzung der Tierärzte in früherer Zeit. B. t. W. Jg. 41, Nr. 46, S. 761. — 58) Weinberg, Friedr.: Operative Geburtshilfe bei Pferd und Rind. T. R. Jg. 31, Nr. 41, S. 713. (Die Einleitung bringt einen kurzen geschichtlichen Überblick.) — 59) Werner: Zur Geschichte der Fleischbeschau. Vet. hist. Mitt. Jg. 5, Nr. 6. S. 21—24. *60) Wöckel: Die Geschichte des Kupfers in der Medizin. Diss. Berlin. — 61) Wolff, H.:

Tierärztliche Heilpflanzen im Altertum. Diss. Berlin. — 62) Zantner-Busch, Dora: Der Hubertusschlüssel ein altertümliches Bekämpfungsmittel der Tollwut. B. t. W. Jg. 41, Nr. 13, S. 208.

Nach Jung (37) stammt der Aberglauben der Siebenbürger Sachsen hauptsächlich aus Deutschland. Manche seiner Wurzeln lassen sich bis in die Heidenzeit verfolgen. Auch im 17. und 18. Jahrhundert wurde durch Reisende mancher Aberglaube aus Deutschland nach Siebenbürgen verpflanzt. Ein nicht zu geringer Teil ist auch von den Rumänen übernommen worden.
J. Schmidt.

Fröhner (18) berichtet über den römischen Veterinärschriftsteller des 4. Jahrhunderts n. Chr. Pelagonius in Anlehnung an die „Geschichte der römischen Literatur" von Martin Schanz im „Handbuch der klassischen Altertumswissenschaft" von Iwan Müller. Die Schrift von Pelargonius stellt im wesentlichen eine Rezeptsammlung dar in Form von Briefen an verschiedene Persönlichkeiten, meist höhere Verwaltungsbeamte, mit denen er befreundet war.          Heuß.

Gach (21) hat interessante Studien über die Geschichte der Finnigkeit des Schweinefleisches angestellt.

Die Schweinefinne war den alten Kulturvölkern wohl bekannt. In den 5 Büchern Moses' treffen wir den ersten indirekten Hinweis (ca. 1500 v. Chr.). Bei den Griechen lesen wir den ersten gründlichen Bericht über die Untersuchungsmethode zur Feststellung der Finnigkeit des Schweines intra vitam bei Aristophanes (5. Jahrh. v. Chr.). Auch Aristoteles bespricht die Schweinefinne ausführlich, wie sie auch von vielen anderen griechischen und römischen Schriftstellern erwähnt wird. Licht in die Genese der Finne bringt aber erst die neue Zeit mit Rudolphi, der zwar 1793 den Zusammenhang zwischen Zystizerken und Tänien schon behauptet, dessen Ansichten aber erst von Küchenmeister (1885) durch Versuche endgültig als richtig festgestellt wurden.          Weber.

Nach Schwarze (55) ist das Operationsverfahren bei Coenurosis ovis bei kritischer Betrachtung der vorliegenden Literatur nicht derartig, daß es allen Forderungen gerecht zu werden vermag. Allerdings ist es nicht angebracht, auf eine operative Behandlung ganz zu verzichten. Vor allem ist durch exakte Beobachtungen an den erkrankten Tieren die Diagnosestellung noch präziser auszubauen. Durch genaue Beobachtungen durch physiologisch geschulte Tierärzte muß es erreicht werden, daß vor allem aus dem Symptomenkomplex der Drehkrankheit deutlichere Schlüsse auf den Sitz der Coenurusblase gezogen werden können, damit das Herumsuchen im Gehirn überflüssig wird. Gerade dadurch wird die Mortalitätsziffer wesentlich erhöht. Vor allem ist auch strengste Asepsis bei Vornahme der Operation am Platze. Die Operation ist nur angezeigt, wenn der Coenurus oberflächlich sitzt und wenn 1 oder höchstens 2 Blasen vorhanden sind. Sie kommt nur für Einzelfälle (wertvolle Tiere) und bei kräftigen Tieren in Betracht.          Trautmann.

Gilmowski (23) liefert recht interessante Beiträge zur Geschichte des Pansentrokars.

In Deutschland wird Hauk, ein Schmied aus Handschuchsheim bei Heidelberg, als Erfinder des Trokars angesprochen. Er konstruierte 1771 eine Hülse, die am unteren Ende eine Spitze zum Einstechen und darüber einige Löcher zum Entweichen der Gase aufwies. Erst Riem konstruierte 1775 einen vollständigen Trokar mit Stilett und Hülse, der ein rundes Stilett und eine dreischneidige Spitze besaß. Die Kanüle trug jederseits 6 Löcher, besaß also eine Fensterung, die erst um 1850 als schädlich verschwand.

Der gefederte Trokar ist eine Erfindung von Falke im Jahre 1831.          Weber.

Seehawer (52) hat die Geschichte des Abortus arteficialis und der künstlichen Frühgeburt studiert.

Die Aufzeichnungen über den künstlichen Abortus des Menschen reichen bis in die Anfänge der Kultur zurück; auch in der Veterinärmedizin ist im Altertum schon auf den züchterischen Vorteil, den man unter gewissen Umständen von einer Unterbrechung der Schwangerschaft zu erwarten hat, hingewiesen und die Einleitung des künstlichen Abortus empfohlen worden. So rät Columella in solchen Fällen zu diesem Eingriff, in denen unbeabsichtigterweise zu junge Tiere belegt worden sind.

Viel jüngeren Datums ist die von Macauly 1756 in England zum ersten Male ausgeführte Einleitung der Frühgeburt.          Weber.

Oder (44) gibt den Bericht eines griechischen Militärveterinärs Theomnestos über den unter äußerst schwierigen Wege- und Wetterverhältnissen ausgeführten Übergang eines römischen Heeres über die Julischen Alpen wieder. Der Berichterstatter befand sich im Gefolge des ihm befreundeten Kaisers Licinius und schildert in anschaulicher Weise die Strapazen der in einem strengen Winter und in Eilmärschen durchgeführten Expedition.          Heuß.

In einer umfangreichen Arbeit behandelt Arndt (1) die Verwendung von Vögeln, ihren Organen und Ausscheidungen im Arzneischatz alter Kulturvölker. Vervollständigt wird die Arbeit durch ein ebenso ausführliches wie sorgfältiges Literaturverzeichnis.
Heuß.

Nach den Forschungen von Wickel (60) über die Geschichte des Kupfers in der Medizin hat dieses Metall vom grauen Altertum bis in die Jetztzeit Verwendung gefunden. Es wirkt äußerlich hauptsächlich als Adstringens und Ätzmittel, innerlich als Emeticum, Wurmmittel und gegen infektiöse Krankheiten. In der ersten Hälfte des vorigen Jahrhunderts wurde es vielfach als Allheilmittel gepriesen.          Weber.

Im Anschluß an eigene Hufeisenfunde in Süddeutschland in Verbindung mit literarischen Feststellungen ist Brose (6) der Ansicht, daß entgegen der herkömmlichen Meinung der Hufbeschlag mit Hufeisen und Nägeln bereits in vorrömischer Zeit bei den Germanen und Kelten im Gebrauch war; letztere sind als das erste Volk anzusprechen, das die in Rede stehende Beschlagmethode in Anwendung brachte.
Heuß.

## XIX. Krankheiten der Vögel.

### Bearbeitet von Dr. Dröge.

*1) Altara, I.: Nouvelles recherches sur la „crête blanche" de la poule. Rev. gén. de M. vét. Bd. 34, S. 129—151. — *2) Bacillary white diarrhea of fowls. Kansas Sta. Bien. Rpt. 1923—24, S. 124—126; Ref. Exp. Stat. Rec. Bd. 52. S. 484. — *3) Baker, D. D.: Testing chickens for bacillary withe diarrhea. Vet. Med. Bd. 20, Nr. 5, S. 208—210. — 4) Baker, H. R.: Studies on bacillary white diarrhoe in poultry in Delaware. Delaw. Sta. Bul. Bd. 139, H. 14; Ref. Exp. Stat. Rec. Bd. 52, S. 886. (8,3% der untersuchten Bestände wurden mit der Krankheit belastet gefunden.) — *5) Beck, A., und W. Huck: Enzootische Erkrankungen von Truthühnern und Kanarienvögeln durch Bakterien aus der Gruppe der hämorrhagischen Septikämie (Paracholera). Zbl. f. Bakt. (Orig.) Bd. 95, H. 5—6, Nr. 330—339. — *6) Bedson, S. P., und E. Knight: An anaemia in heus associated with an increase in the yellow pigment normally present in certain tissues of these birds. J. of Path. Bact. Bd. 27, S. 259—248; Ref. Exp. Stat. Rec. Bd. 53, S. 81. — *7) Beller: Toxikologische Notizen in bezug auf das

Hausgeflügel. M. t. W. Bd. 76, Nr. 33, S. 713—721. — 8) Bliech, de: Untersuchung der Geflügelkrankheiten in den Niederlanden. D. t. W. Bd. 33, S. 908 bis 910 (Auszugsweiser Bericht.) — 9) Bransfield, P. E.: Control of bacillary white diarrhoe. Massochus. (Weiterer Rückgang der bazillären Diarrhöe des Geflügels.) Sta. Control. Ser. Bul. Bd. 31; Ref. Exp. Stat. Rec. Bd. 53, S. 889. — 10) Brunett, E. L.: The occurence of a disease of chickens in New York State, caused by a filtrable virus. J. of Am. Vet. Med. Assoc. Bd. 66, Nr. 4, S. 497—498. — *11) Ciurea, J.: Sur un cas de gale chez l'oie. Arh. vet. Bd. 3/4, S. 64—66. 1924. — 12) Crofton, W. M.: Diphtherie of fowls. Its cause, prevention and cure. J. of. Path. Bact. Bd. 27, S. 456—458; Ref. Exp. Stat. Rec. Bd. 52, S. 886. (Als Ursache soll ein influenzabazillenähnlicher Erreger in Frage kommen.) — *13) Csontos, Jos.: Kolibazillose der Vögel. Allat. Lapok S. 163—166. — *14) Derselbe: Zuckerhaltiger fester Nährboden zur Feststellung von Geflügelkrankheiten. Ebendas. S. 53 bis 55. — 15) Canham, A. S.: Some clinical cases in fowls. Vet. J. Bd. 81, S. 255—258. (Kasuistik.) — *16) Davis, D. E.: Edema of the wattles in cockerels J. of Am. Vet. Med. Assoc. Bd. 66, Nr. 5, S. 588 bis 596. — 17) Darvas, L.: Entfernung eines Metallnagels aus der Bauchhöhle eines Storches. Allat. Lapok S. 125. (Kasuistik.) — 18) Dünnemann, W.: Ein Beitrag zur Kenntnis der Tumoren des Geflügels. Diss. Hannover und D. t. W. Bd. 33, S. 855—857. (Auszug.) — *19) Eriksen, S.: The use of potassium permanganate in the drinking water for poultry. J. of Am. Vet. Med. Assoc. Bd. 67, Nr. 4, S. 496 bis 501. — *20) Eriksen, S.: Poultry disease investigations at the Missouri Poultry Station. Miss. St. Poultry Assoc. Yearbook 1923—1924, S. 41—52 u. 58—66; Ref. Exp. Stat. Rec. Bd. 53, S. 681. — *21) Edington, J. W.: The bacteriological study of fowl typhoid and allied infections with special reference to three epidemies. J. of Path Bact. Bd. 27, S. 427 bis 437; Ref. Exp. Stat. Rec. Bd. 52, S. 782. — *22) Ehrlich: Über Hühnertyphus und einige Fälle von Hühnerparatyphus. D. t. W. Bd. 33. S. 627 bis 632. — *23) Galli-Valerio, B.: La Vaccino-Therapie de l'epithelioma contagiosum (Geflügelpocke) des poules. Schweiz. Arch. f. Tierhlk. Bd. 67, S. 243 bis 247. — *24) Heelsbergen, van: Die Impfung gegen Diphtherie und Geflügelpocken. D. t. W. Bd. 33, S. 531—533. — 25) Derselbe: Lutte contre la diphtérie et l'épithélioma contagieux des vollailes. Ann. de M. vét. Suillet-Aout. — 26) Derselbe: Vaccination against diphtheria and fowl pox with antidiphtherin. Vet. Rec. Bd. 5, S. 481—483. (Nach Art der Jennerisation eine Hautimpfung.) — *27) Derselbe: Die Impfung gegen Diphtherie und Geflügelpocken mit Antidiphtherin. Schweiz. Arch. f. Tierhlk. Bd. 67, S. 333—338. — *28) Hansen, A.: Nightschade poisoning in chickens and ducks. J. of Am. Vet. Med. Assoc. Bd. 66, Nr. 4, S. 503—504. — 29) Jármai, K.: Durch schimmeligen Mais verursachte Gicht bei Gänsen. D. t. W. Bd. 33. S. 580—582. — *30) Johnson, S. R.: European fowl pest in Michigan. J. of Am. Vet. Med. Assoc. Bd. 67, Nr. 2, S. 195—202. — 31) Johnson, W. T.: Some surgical poultry problems. West. Washington Sta. Bimo. Bul. Bd. 12, S. 62—64; Ref. Exp. Stat. Rec. Bd. 52, S. 86. (Kurzer Bericht über chirurgische Eingriffe bei Geflügelkrankheiten.) — 32) Kageyama, M.: Über die aus an sog. Muguet erkrankten Tauben isolierten pathogenen Keime. Jap. J. of Zoot. Sc. Bd. 1, Nr. 4, S. 231—232. — *33) Karpfer, K.: Über das Meckelsche Divertikel der Hausvögel an der Hand eines Krankheitsfalles. Allat. Lapok S. 133—135. — *34) Kaupp, B. F., and R. S. Dearstyne: Diseases of the reproductive organs of the hen. Vet. Med. Bd. 20, S. 252—258; Ref. Exp. Stat. Rec. Bd. 53, S. 681. — *35) Kaupp,

B. F.: Anesthesia and restraint of birds. Ebendas. Bd. 20, Nr. 3, S. 101—102. — 36) Kaupp, B. F., und R. S. Dearstyne: A classification of poultry mortality, with data from five hundred autopsies. (Statistische Angaben über die Todesursachen bei 500 Geflügelsektionen.) J. of Am. Vet. Med. Assoc. Bd. 67, Nr. 2, S. 213—222. — *37) Knight, E.: Blood agglutination tests on adult fowls in respect of „bacillary white diarrhoe" or infectious septicaemia of young chicks. J. of Path. Bact. Bd. 27, S. 231—232; Ref. Exp. Stat. Rec. Bd. 53, S. 82. — 38) Knoth: Zur Frage der Schädlichkeit von künstlichen Düngesalzen für Hühner. T. R. Bd. 31, S. 172—173. — 39) Konno, T.: The Fowl Typhoid in Korea. Japan. J. of Zoot. Sc. Bd. 1, Nr. 5, S. 251—252. — *40) Derselbe: Bacillary white Diarrhea of Young Chicks inJapan. J. of Japan. Soc. Vet. Sc. Bd. 4, Nr. 3, S. 287—288. — *41) Krause: Gehäuftes Sterben bei Tauben durch Echinostomiden. B. t. W. Bd. 41, H. 17. — 42) Lerche, M.: Die Aufzuchtkrankheiten des Geflügels und ihre Bekämpfung unter besonderer Berücksichtigung der Tuberkulose. D. t. W. Bd. 33, S. 840—843. (Vortrag.) — *43) Loewenthal, W.: Geflügel- und Säugetierpocken. Ein Beitrag zur Frage der Gewebsimmunität und der Artumwandlung. Klin. W. Jg. 4, Nr. 6, S. 264 bis 265. — *44) Löwenthal, W., Y. Kadowaki und S. Kondo: Untersuchungen über das Verhältnis der Geflügelpocken zur Vakzine. Zbl. f. Bakt. (Orig.) Bd. 94, H. 3/4, S. 185—200. — 45) Mathieu: Über den „gelben Knopf" bei Tauben. D. t. W. Bd. 33, S. 35—36. (Kasuistisches zur Frage der Taubendiphtherie.) — *46) May, H. G., und R. P. Tittsler: Tracheo-laryngitis in poultry. J. of Am. Vet. Med. Assoc. Bd. 67, Nr. 2, S. 229—231. — 47) Meder, E., und L. Lund: Paratyphus bei Tauben. D. t. W. Bd. 33, S. 377—384. (Bakteriologie, Serologie, Patholog. Anatomie und Histologie.) — 48) Mouquet: Généralités sur les sacs aériens. Gangrène d'un diverticule de soc. aérien chez un marabout. Amputation (3 fig.). Rec. de M. vét. Bd. 101, H. 10. — 49) Newsom, J. E.: Bacillary white diarrhoe of chicks. Colorado Sta. Bul. S. 293; Bd. 8, Ref. Exp. Stat. Rec. Bd. 52, S. 285. — 50) Panisset, L., und J. Verge: Notes de pathologie aviaire. Rev. de gén. M. vét. Bd. 34, S. 368—372. — *51) Dieselben: Diphthérie aviaire et epithélioma contagieux. Schweiz. Arch. f. Tierhlk. Bd. 67, S. 441 bis 447. — *52) Dieselben: Etudes sur la diphthérie aviaire. La réaction de Schick chez la poule. C. r. Soc. de Biol. Bd. 92, H. 7. — 53) Patton, J. W.: Avian postmortem examination. J. of Am. Vet. Med. Assoc. Bd. 67, Nr. 2, S. 207—212. — 54) Reinhardt: Lehrbuch der Geflügelkrankheiten. (2) Hannover: M. u. H. Schaper. — *55) Rühling, E.: Eine durch Streptokokken hervorgerufene Kanarienvogelseuche. Diss. Leipzig. — *56) Schneider, L.: Kolibazillose junger Tauben. Allat. Lapok S. 107—110. — 57) Schmidt-Hoensdorf, F.: Geflügelseuchen in Südbrasilien. D. t. W. Bd. 33, S. 818—820. — *58) Slambías, J., und D. Brachetto-Brian: Sobre el sarcoma infeccioro de la pallina. (Über das infektiöse Hühnersarkom.) Rev. Med. Vet. B.-A. 1924, Nr. 17 bis 20, S. 3—6. — 59) Schwartz, B.: Occurrence of nodular typhlitis in pheasants due to Heterokis isolonche in North America. J. of Am. Vet. Med. Assoc. Bd. 65, S. 622—628. (Die in Deutschland und Frankreich bei Fasanen beobachtete Krankheit wurde auch in den Staaten Connecticut, Pennsylvanien, Darien und Kanada nachgewiesen.) — *60) Scherago, M.: Ulcerative cloacitis in chickens. Ebendas. Bd. 67, Nr. 2, S. 232. — 61) Sustmann: Kanarienkrankheiten. D. t. W. Bd. 33, S. 49—51. — *62) Taylor, J. B.: The diagnosis of bacillary white diarrhea in baby chicks. J. of Am. Vet. Med. Assoc. Bd. 67, Nr. 67, Nr. 4, S. 510. — *63) Überreiter, O.: Über Sehnenscheiden- und Schleimhautentzündungen an den Beinen (sog.

Fußgeschwulst) der Hühner. Diss. Wien 1924/25. — 64) Urbain: Intoxication de la Poule par les poisons d'Aspergillus fumigatus. Ann. de M. vét. Februar. — 65) Work in veterinary medicine at the California Station. Calif. Sta. Rpt. 1924, S. 57—59. (Bericht über Bekämpfung von Geflügelkrankheiten in Californien.) — *66) Wanselin, T.: Fall av naftalinförgiftning hos kalkon. (Naphthalinvergiftung bei der Pute.) Svensk Vet. Tidskr. Jg. 30, H. 5, S. 161—162.

Im Jahresbericht 1923/24 der Versuchsstation von Kansans (2) wird über das Vorkommen der weißen Ruhr des Geflügels berichtet. Durch ausgedehnte Blutuntersuchungen (Agglutinationsprobe) wurden in 90 Geflügelhaltungen unter 2152 Hühnern 852 reagierende Tiere gefunden. Die Seuche wird durch Salmonella pullora verursacht. Bei der Sektion reagierender Tiere wurden stets Veränderungen in den Ovarien gefunden.     H. Zietzschmann.

## 1. Seuchen und Infektionskrankheiten.

Baker (3) weist erneut auf die Wichtigkeit der Feststellung der weißen Ruhr der Kücken durch serologische Methoden hin.

Die Sektionsbefunde sind oft wenig auffallend und die Enteritis kommt nicht in allen Fällen zur Entwicklung. Bei ganz jungen Kücken findet man außer Lungenkongestion nur rote Streifen und Flecken in der Leber. Bei solchen über eine Woche alten bemerkt man graue Punkte in der vergrößerten Leber und Knötchen mit bröckligem Inhalt in der Lunge, seltener im Herzen. Die Technik der serologischen Prüfung und das dazu notwendige Instrumentarium werden beschrieben.     Hobmaier.

Beck und Huck (5) haben Untersuchungen über enzootische Erkrankungen von Truthühnern und Kanarienvögeln, die durch Bakterien aus der Gruppe der hämorrhagischen Septikämie (Paracholera) hervorgerufen waren, angestellt.

Die 6 untersuchten Stämme, von denen 5 aus Putenenzootien und einer aus einem Kanariensterben isoliert worden waren, erwiesen sich als identisch und von den Erregern der Geflügelcholera der Kaninchen- und Katzenseptikämie einerseits, der Koli-Typhusgruppe andrerseits gut abtrennbar, allerdings stehen die 6 Stämme dem Hühnertyphus Pfeiler morphologisch und biochemisch sehr nahe, so daß letzterer vielleicht eine Varietät der hämorrhagischen Septikämie oder vielleicht eine Zwischenform zwischen dieser und dem Typhus humanus darstellt. Die Bezeichnung Paracholera der Puten würde am zweckmäßigsten dem klinischen Verlauf der pathologischen Veränderungen wie auch der Zugehörigkeit der Erreger zur Gruppe der hämorrhagischen Septikämie Rechnung tragen.     Schumann.

Csontos (13) bespricht die Kolibazillose der Vögel und kommt nach der Analyse eigener Beobachtungen zu dem Schluß, daß Kolibazillen wohl sehr selten als primäre Erreger von Geflügelkrankheiten in Betracht kommen. In den meisten Fällen mit Kolibazillenbefund handelt es sich um anderweitige Infektionen (Hühnertyphus, Hühnercholera, parasitäre Erkrankungen), wo Kolibazillen erst nachträglich in die Blutbahn eindringen und Mischinfektionen bedingen.     Manninger.

Csontos (14) beimpft zum Nachweis der bakteriellen Erreger verschiedener Geflügelkrankheiten gleichzeitig dreierlei feste Nährböden, namentlich Nähragar mit einem Zusatz von 30% Kubel-Thiemannscher Lakmuslösung und 1,5% Arabinose,

Xylose bzw. Laktose. Bacillus pullorum vergärt nur Arabinose, B. paratyphi B außer Arabinose auch Xylose, B. coli alle 3 Zuckerarten; Geflügelcholera- und Hühnertyphusbacillen verhalten sich wohl den Zuckerarten gegenüber gleichartig, sie vergären nämlich überhaupt nichts, doch können sie voneinander auf Grund der Verschiedenheit im Kolonienaussehen leicht getrennt werden. Die Diagnose kann bereits $3^1/_2$—6 Stunden nach dem Beimpfen der Nährböden mit dem verdächtigen Organmaterial gestellt werden.     Manninger.

Edington (21) berichtet über die Ergebnisse seiner bakteriologischen Untersuchungen bei 3 Geflügelseuchenausbrüchen. Verf. fand hierbei Infektionen mit 1. B. avisepticus (Geflügelcholera), 2. B. gallinorum und B. pullorum (Geflügeltyphus); 3. B. Rettgeri und 4. B. pfossi. Agglutinations- und Komplementbindungsproben ergaben keine Unterschiede bei den unter 2 genannten Infektionen.     H. Zietzschmann.

Nach Ehrlich (22) kommt Hühnertyphus, daneben auch Paratyphus häufig zur Beobachtung und tritt ebenso verlustreich wie Geflügelcholera auf. Pathologische Veränderungen finden sich an Leber, Darm, Milz und Herz. Der Erreger steht kulturell dem echten Typhusbazillus nahe und zeigt auch Verwandtschaft mit dem Gärtnerbazillus. Behandlung mit stallspezifischem Impfstoff erscheint angezeigt.     C. Reinhardt.

Galli - Valerio (23) berichtet über Vakzinotherapie bei Geflügelpocken.

Es werden zwei Fälle bei Hühnern mitgeteilt, bei welchen neben dem Pockenausschlag auf Kamm und Lappen diphtheritische Membranen den Schleimhäuten aufgelagert waren. Er behandelte nach der von Hadley und Beach angegebenen Vakzinationsmethode (Aufschwemmen der abgekratzten Pusteln in physiologischer Kochsalzlösung, einstündiges Erhitzen auf 55° und Injektion). G. hat Dosen von 0,5—2 ccm zu mehreren Malen intramuskulär injiziert und binnen kurzer Zeit Heilung erzielt. Somit kommt dieser Methode auch therapeutischer Wert zu, während andere ihr nur prophylaktischen zuerkennen.     Graf.

Nach van Heelsbergen (24) gründet sich die Impfung gegen die Diphtherie und die Geflügelpocken der Hühner auf die ätiologische Gleichheit beider Krankheiten und auf die Tatsache, daß in der Mehrzahl der Fälle die Diphtherie durch das sog. Pockenvirus hervorgerufen wird.

De Blieck und van Heelsbergen ist es gelungen, einen vollständig virulenten modifizierten Impfstoff, das „Antidiphtherin" herzustellen, welcher nach Art der Pockenimpfung kutan appliziert wird und nur eine örtliche Pockeneruption erzeugt. Die Impfungen wurden anfänglich am Kamm, später nur an der Haut der Schenkel vorgenommen und haben sich bei 200 000 geimpften Tieren in Holland, Belgien, Deutschland und der Schweiz besonders in großen Geflügelfarmen als prophylaktische Impfungen ausgezeichnet bewährt.     C. Reinhardt.

Heelsbergen (27) berichtet über seine Impferfolge mit Antidiphtherin bei Diphtherie und Geflügelpocken.

Heelsbergen und de Blieck haben einen lebenden, durch die Eingriffe der Darstellung ungeschwächten Impfstoff hergestellt, welcher intradermal eingerieben, häufig therapeutisch erfolgreich wirkt und gegen die Infektion eine zuverlässige Immunität bewirkt. Der Stoff soll nicht in die Kehllappen oder den Kamm appliziert werden.     Graf.

Johnson (30) beschreibt das Auftreten einer Geflügelkrankheit im Staate New York im Oktober 1924. Später auch in anderen Staaten. Wahrscheinlich identisch mit europäischer Geflügelpest. Schilderung der klinischen Erscheinungen, des Sektionsbefundes, von Übertragungsversuchen und Abwehrmaßnahmen. Desinfektion der Käfige mit Kohlenteerpräparaten hat sich überall da bewährt, wo die Gefahr der Geruchsbelästigung oder Berührung nicht besteht. Hobmaier.

Knight (37) hat Blutuntersuchungen zwecks Feststellung der durch den Bacillus pullorum verursachten weißen Diarrhöe des Huhnes auf 4 Geflügelfarmen durchgeführt. Er berichtet hierüber eingehend an der Hand tabellarischer Übersichten und kommt zu dem Schlusse, daß sich die Blutuntersuchungen bei der Bekämpfung der Krankheit als sehr wertvoll erweisen. Es ist nötig, die positiv reagierenden Tiere von den übrigen zu trennen. H. Zietzschmann.

Konno (40) faßt die Ergebnisse seiner Untersuchungen über die bazilläre weiße Ruhr bei Kücken in Japan folgendermaßen zusammen:

1. Zwei Arten von Organismen, die zur Kategorie der Typhus-Paratyphusgruppe gehören, wurden aus den Eingeweiden der mit „Ohri" (weiße Ruhr) behafteten Kücken isoliert. Die eine von den zwei Arten war der anärogenetische Typus des Bact. pullorum (Typus B) und die andere ärogenetische (Typus A) eine noch nicht bekannte.

2. Typus A ist dem Typus B sehr ähnlich, bildet aber in Traubenzuckeragar Gas, der letztere gar nicht.

3. Durch Verimpfung oder Verfütterung der beiden Organismen kann man bei Kücken eine tödliche Septikämie hervorrufen.

4. Immunologisch ist es sehr schwer, die beiden zu differenzieren. Nitta.

Loewenthal (43) stellte Untersuchungen an über die ätiologische Zusammengehörigkeit der Geflügel- und Säugetierpocken und liefert einen Beitrag zur Frage der Gewebsimmunität und der Artumwandlung.

Er stellt folgendes fest: Vakzine (Glyzerinlymphe vom Rind) gibt bei der Taube nur kümmerlichen Impferfolg. Bei fortgesetzter Hühnerpassage paßt sich die Vakzine an das Huhn nicht an.

Taubenpocke (Stamm von Heelsbergen) entwickelt sich auf dem Kamm des Huhnes nicht so gut wie auf der Taube, und nicht so gut wie Hühnerpocke, aber besser als Vakzine. Nach einmaliger Hautimpfung mit Taubenpocke sind Taube und Huhn immun dagegen. Jedoch nur bei geeigneter Methodik (Manteufelscher Versuch) sind im Immunserum der Taube spezifische Stoffe nachweisbar. Die Immunität ist streng spezifisch. Die untersuchten Vira (Berner Vakzine und Taubenpocke von Heelsbergen) erscheinen nach klinischen, histologischen und immunbiologischen Merkmalen als artverschieden.

Das Taubenpockenvirus läßt sich an das Kaninchen anpassen, so daß es trotz seiner Artverschiedenheit schließlich die Eigenschaften von Vakzine bzw. Lapine annimmt. Weitere Versuche sollen zeigen, ob das Virus bei weiterer Kaninchenpassage völlig zu Lapine wird. Krage.

Löwenthal, Kadowaki und Kondo (44) haben Untersuchungen über das Verhältnis der Geflügelpocken zur Vakzine angestellt, die sich hauptsächlich erstrecken auf das klinische und mikroskopische Verhalten bei Übertragung von einer Tierart auf die andere, sowie auf immunologische Prüfungen.

Nach den Befunden sind die untersuchten Erreger der Vakzine und der Taubenpocken als weitgehend verschieden anzusehen. In der Arbeit wird aber ausdrücklich betont, daß diese weitgehenden Verschiedenheiten an der Vakzine nur für den bei den Untersuchungen benützten Stamm von Taubenpocken gelten. Nach den Befunden anderer Autoren stehen sich die Erreger von Vakzine und Geflügelpocken sehr nahe; vielleicht sind also die Geflügelpocken keine ätiologisch einheitliche Krankheit. Schumann.

Panisset und Verge (51) geben eine Studie über experimentelle Untersuchungen für Geflügeldiphtherie und Geflügelpocken.

Durch Experimente kann man die verschiedenen klinischen Formen der Krankheit ineinander überführen, weil Geflügeldiphtherie und -pocken das gleiche Virus haben. Inkubatorisch werden 2—6 Tage angegeben. Das Virus ist besonders toxisch für Haut, Schleimhaut der oberen Luftwege und Gehirn. Vom letztern kann es durch Impfung von Gehirnteilen übertragen werden. Auch intravenöse Injektion bedingt Effloreszenzen. Die Unfiltrierbarkeit kann vielleicht auf Adsorption an nicht filtrierbare Kolloidkomplexe zurückgeführt werden. Glyzerin tötet das Virus in 78 Tagen ab. Durch Vakzination der Haut wird die Resistenz des ganzen Organismus erhöht. Das Überleben schafft dauernde wechselseitige Immunität, passiv kann man solche durch intravenöse oder intrakutane Injektion von karbolisierter Virusemulsion erreichen.

3 Impfungen mit Intervall von einigen Tagen wirken auch therapeutisch sicher. Graf.

Panisset und Verge (52) haben die Schicksche Reaktion bei Geflügeldiphtherie experimentell bei 16 Hühnern geprüft.

Gesunde Tiere mit Schick negativ sind für Geflügeldiphtherie und -pocken hochgradig empfindlich, geheilte mit Schick positiv sind für humanes Diphtherietoxin sehr empfänglich, für aviäres dagegen weitgehend und anhaltend resistent. Dies scheint Verff. eine Stütze gegen die Therapie einer Identität der Krankheit bei Menschen und Tier. Graf.

Rühling (55) hatte Gelegenheit, seuchenhaft auftretende Ausbrüche der von Kanarienvogelzüchtern als Schneppkrankheit bezeichneten Erkrankung in 2 größeren Kanarienvogelbeständen zu beobachten. Die Seuche zeichnete sich durch große Morbidität und Mortalität aus.

Die klinischen Erscheinungen bestanden in überaus starker Dyspnöe; die erkrankten Vögel atmeten mit weit geöffnetem Schnabel und ließen dabei pfeifende Geräusche hören. Die Atmung erfolgte unter deutlich sichtbarem Heben und Senken der Brustwandungen und der Flügel. Geringe Freßlust blieb ziemlich lange erhalten. Im übrigen bestand Teilnahmlosigkeit, das Gefieder war gesträubt, der Kopf wurde vielfach unter einen Flügel gesteckt. Bei der Mehrzahl der erkrankten Vögel war ein grindartiges Ekzem am Schnabelwinkel, an den Augenlidern und an der Kopfhaut vorhanden. Durchfall war ebenfalls zu beobachten. Nach 2—4tägigem Kranksein trat regelmäßig der Tod ein. Heilungen erkrankter Tiere wurden nicht beobachtet.

Bei den verendeten Vögeln fanden sich in den meisten Fällen folgende pathologisch-anatomische Veränderungen: Fibrinöse Pleuroperitonitis; herdförmige, multiple, eitrige Pneumonie; Enteritis catarrhalis; Hepatitis mit multipler, peri-vaskulärer Infiltration mit Leuko- und Lymphozyten, darunter zahlreiche eosinophile polymorphkernige Leukozyten; hyperämisch-hyperplastischer Milztumor.

In den histologischen Schnitten der meisten Organe waren Streptokokken sichtbar, die auch durch das Kulturverfahren aus Blut und Organen herauszuzüchten waren. Es handelte sich um grampositive, 3—11-gliedrige Streptokokken, die für Kanarienvögel und weiße Mäuse bei oraler und subkutaner Einverleibung pathogen waren. Übertragungsversuche auf weitere Versuchstiere mußten aus äußeren Gründen unterbleiben.

Die Verbreitung der Seuche wurde wahrscheinlich durch Vogelmilben vermittelt. Hygienische Maßnahmen konnten die Seuche nicht eindämmen. Die Impfung mit einer spezifischen Vakzine war bei erkrankten Vögeln erfolglos. Trautmann.

Schneider (56) berichtet über die Kolibazillose junger Tauben an der Hand einer kleinen Enzootie.

Es handelte sich um eine subakut, in der Mehrzahl der Fälle tödlich verlaufende Erkrankung, die sich klinisch in „grünem" Durchfall äußerte. Bei der Zerlegung waren neben akuter Milzschwellung seröse Ergüsse in Herzbeutel und Brustbauchhöhle und akuter Darmkatarrh vorhanden. Im Blute und in den Organen fand sich eine sehr virulente Abart des Kolibazillus vor, mit deren Kultur es gelang, junge Tauben auch künstlich, sowohl per os, als auch intravenös krank zu machen. Manninger.

Slambias und Brachetto - Brian (58) berichten über das infektiöse Hühnersarkom.

Er fand, daß bei gewöhnlicher Transplantation die Tumoren in 15—25 Tagen anfingen. Bei Injektion von Blut oder Bestandteilen von Blut trat die Infektion langsam ein (28 Tage bis $1^1/_2$ Monat), bei Injektion von Filtraten noch langsamer (2—3 Monate). Die rasch sich entwickelnden Tumoren rufen Hämorrhagien hervor. Metastasenbildung ist die Regel. Ruppert.

Taylor (62) bringt einen Beitrag zur Diagnose der weißen Ruhr bei Kücken. Auf 2 proz. Glyzerinagarplatten wird Leber- oder Herzblut ausgesät. Verdächtige Kolonien werden nach 12—24 Stunden auf Schiefagar überpflanzt. Diese Kulturen können dann zur Agglutination mit dem Blutserum eines als positiv bekannten Huhnes verwendet werden. Hobmaier.

## 2. Tierisch-parasitäre Krankheiten.

In einer ausführlichen Arbeit beschäftigt sich Altara (1) mit der bisher als Favus bezeichneten Erkrankung der Hühner.

Auf Grund seiner bibliographischen, klinischen, morphologischen und kulturellen Studien des Erregers sowie seiner Übertragungsversuche kommt Altara zu der Ansicht, daß es sich um eine Trichophytie handelt. Er schlägt vor, den von anderen Autoren bereits früher gebrauchten Namen Lophophyton gallinae für den die in Frage stehende Kammerkrankung der Hühner verursachenden Hyphomyzeten beizubehalten. Reinhardt.

Ciurea (11) berichtet über einen Fall von Räude bei der Gans.

Die Krankheit war am Hals lokalisiert und von einem besonderen von Raillet und Henry 1908 unter dem Namen Cuemidocoptes prolificus beschriebenen Parasit verursacht. Constantinescu.

Krause (41) berichtet über gehäuftes Sterben bei Tauben durch Echinostomiden und meint, daß die Artenfrage in bezug auf den Parasiten noch offen bleiben müsse; er nimmt an, daß es sich um Parasiten von Wasservögeln handelt. Henkels.

## 3. Vergiftungen.

Beller (7) beschreibt eingehend: 1. Kochsalzvergiftung bei Hühnern und Enten. 2. Vergiftung durch Arekanuß. 3. Toxische Wirkung von Yatren bei Kücken. J. Schmidt.

Hansen (28) beschreibt Vergiftung von Kücken und Enten durch Nachtschatten (Solanum nigrum). Lähmung, Unvermögen Muskeln zu bewegen. Tod bald nach Auftreten der Symptome. Fütterungsexperiment an einer Henne mit je 15 g grünen Nachtschattenbeeren an 2 aufeinanderfolgenden Tagen verlief negativ. Hobmaier.

Wanselin (66) beobachtete 4 Fälle von Naphthalinvergiftung bei Puten infolge des Verzehrens sog. Naphthalineier, welche zum Vertreiben von Ungeziefer als Nesteier verwendet waren. Symptome: aufgehobene Freßlust, allgemeine Schwäche, Somnolenz, schnarchende Atmung, Ikterus. Trotz des Kropfschnittes und Entleerung des Kropfes tödlicher Verlauf. Sahlstedt.

## 4. Sonstige Krankheiten, Fütterung, Haltung usw.

Besdon und Knight (6) beschreiben eine im allgemeinen mild verlaufende Anämie der Hühner, bei der eine starke Vermehrung des bei diesen Tieren normal vorkommenden gelben Pigments eintritt.

Verff. konnten das Pigment im Blute kaum erkrankter Hühner nachweisen. Gleichzeitig sind die Fette und Lipoide des Serums vermehrt. Mikroorganismen konnten aus den Geweben der erkrankten Tiere nicht isoliert werden. Übertragungsversuche mit Blut, Blutplasma- und Leber- und Milzemulsionen wurden bei 13 Hühnern, 2 Meerschweinchen und 1 Taube angestellt. Die Übertragung der Krankheit gelang jedoch nur bei 3 Hühnern. 2 davon waren mit Blut, eine mit Leberemulsion geimpft worden. Verff. glauben, daß die Krankheit vielleicht mit der von Ellermann beschriebenen Leukosis der Hühner identisch ist. H. Zietzschmann.

Davis (16) beschreibt die Erkrankung der Kehllappen bei jungen Hähnen und ihre Behandlung.

Die Krankheit wurde sporadisch schon seit langem beobachtet. Seit 1920 tritt sie in größerem Umfange auf. Bis 40% der Tiere werden befallen. Als Erreger wurden vorzüglich der B. avisepticus isoliert, daneben auch B. coli, B. pyoceaneus und Staphylococcus albus. Experimentell ist die Krankheit mit allen Erregern erzeugbar. Bei natürlichem Auftreten erkrankt meist nur 1 Kehllappen. Gleichzeitig Störung des Allgemeinbefindens. Bei Übergreifen auf die Kopfhöhlen erfolgt letaler Ausgang. Der anfangs klare Inhalt wird vom 3. Tage an eingedickt und kann vom 6. Tage an als käsige Masse entfernt werden. Schließlich schrumpft der Kehllappen zusammen. Die Verluste sind an sich gering, erhöhen sich aber durch die entstehende Abmagerung und die Bekämpfung der kranken Tiere von seiten der gesunden Hähne. Die Geflügelzüchter verwenden zur Vorbeuge Kupfersulphat im Trinkwasser. (Automatische Desinfektion beim Trinken.) Besser ist Abtragung der Kehllappen, wobei jede Blutung sorgfältig zu vermeiden ist. Beide Kehllappen werden gleichzeitig mit der von Cook hergestellten Klemmzange abgeklemmt und die Lappen mit einer gekrümmten Schere abgetragen. Die durch die Operation bewirkte Verstümmelung schließt nicht von Ausstellungen aus und wird zur Prophylaxe empfohlen. Hobmaier.

Eriksen (20) berichtet über die sog. Schwarzkopfkrankheit (Enterohepatitis) der Hühner und Truten.

Die bei Hühnern beobachtete Krankheit gleicht in ihren Symptomen der der Truthühner, doch verläuft sie mit geringeren Verlusten als die Enterohepatitis der Truten. Die Anwendung von Neoarsphenamin zeitigt keine Erfolge. Gegen Geflügelaskariden wird Nikotinsulfat in Mineralöl (5 ccm einer 4proz. Lösung) empfohlen. H. Zietzschmann.

Eriksen (19) empfiehlt zur Bekämpfung von Darmkrankheiten beim Geflügel die Verwendung von Kalium permanganat im Trinkwasser. Lösungen von 1 : 6000 verhindern, wenn stärkere organische Verunreinigungen fehlen, 2 Tage lang das Bakterienwachstum. Auch höhere Konzentrationen schaden nicht. Erst mit dem Schwinden der Purpurfarbe erlischt die desinfizierende Wirkung. Hobmaier.

Karpfes (33) beschreibt Anatomie und Histologie des Meckelschen Divertikels bei Hausvögeln und teilt einen Krankheitsfall mit, wo sich in einem 20 Tage alten Hühnerembryo eine Geschwulst vorfand, die den Dottersack vollkommen ausfüllte und histologisch als Endotheliom erkannt wurde. Manninger.

Kaupp und Dearstyne (34) berichten über das Vorkommen von Erkrankungen der Genitalorgane des Huhnes.

Von 1024 Hühnern zeigten 92 Krankheiten der Eierstöcke und Eileiter. In 46,7% dieser Erkrankungen handelte es sich um Tumoren. 29 Hühner zeigten Zysten des Ovars, 7 Hämatome, 13 Eileiterentzündung, 8 Zerreißung des Eileiters. Tuberkulose wurde bei 0,89% der obduzierten Tiere gefunden; darunter waren 5 Fälle von Tuberkulose des Eileiters und Ovariums. H. Zietzschmann.

Kaupp (35) schreibt über Anästhesieren und Fesselung des Geflügels für Operationen.

Erstere, wenn überhaupt nötig, am besten durch Chloroform und Äther erreichbar. Das Huhn ist sehr empfindlich gegen Chloroform, ist schnell betäubt, erwacht aber ebenso rasch, daher ständige Überwachung des Augenlidreflexes nötig. Der Operationstisch weist Löcher in der Platte auf, durch die die Schlingen der Halteschnüre gezogen und gespannt werden können. Hobmaier.

May und Tittsler (46) beschreiben eine Tracheolaryngitis beim Geflügel.

Sie ist differentialdiagnostisch zur europäischen Geflügelpest wichtig. Die Krankheit kennzeichnet sich durch geringen Nasenausfluß und Krämpfe vor dem Tod. Inkubation 5—12 Tage. Bei der Sektion findet man fibrinös hämorrhagisches Exsudat in den oberen Luftwegen. Veranlaßt Erstickung. Kulturen steril. Impfung mit Trachealschleim positiv. Bei Weiterimpfung nahm Virulenz ab und tötete schließlich die Hühner nicht mehr. Hobmaier.

Scherago (60) beschreibt eine ulzeröse, nekrotisierende Entzündung der Kloake beim Geflügel. Es wurden verschiedene Bakterien gefunden, deren ätiologische Bedeutung fraglich erscheint. Auch gelegentliche Funde von Fliegenlarven. Ein Infektionsversuch verlief negativ. Hobmaier.

Überreiter (63) hat die Sehnenscheiden- und Schleimbeutelentzündungen an den Beinen der Hühner studiert.

Es wurden die anatomischen Verhältnisse der Sehnenscheiden und Schleimbeutel der hinteren Extremitäten vom Tarsotibialgelenk nach abwärts durch Injektionen dieser Gebilde studiert. Es konnten festgestellt werden: Eine Vagina mucosa metatarsea im Bereich des Metatarsus, eine Vagina mucosa metatarsophalangea im Bereich des Metatarsophalangealgelenkes, ferner Vaginae mucosae phalangeae im Bereich der einzelnen Phalangen. Ferner wurde eine Sohlenballenbursa und zwei Interdigitalbursen beobachtet.

Unter Berücksichtigung dieser Gebilde konnten bei 18 fußkranken Hühnern 4 Fälle von Tendovaginitis, 2 Fälle von Bursitis, 2 Fälle von Tendovaginitis et Bursitis, 1 Fall von Tendovaginitis mit Ballennekrose, 2 Fälle von Tendovaginitis et Bursitis mit Ballennekrose, 2 Fälle von Bursitis mit Ballennekrose, 4 Fälle von Ballennekrosen und 1 Fall von Hauttuberkulose festgestellt werden.

Es wurde dabei öfter ein der Tendovaginitis et Bursitis sehr ähnlicher und auch oft mit ihr kombinierter Krankheitsprozeß beobachtet, für den der Ausdruck Ballennekrose berechtigt erscheint.

Die in der Literatur als Fußgeschwulst bezeichnete Erkrankung ist ein Sammelbegriff und stellt daher keine genauere anatomische Diagnose dar, weshalb sie in wissenschaftlichen Büchern ausgeschaltet werden sollte. Dafür hätten folgende Diagnosen zu treten: Tendovaginitis et Bursitis, Arthritis purulenta, Arthritis uratica, Osteoarthritis staphylococcica, Ballennekrose, Hauttuberkulose, Epithelioma contagiosum, Aphthenseuche, Tumoren.

Bei der bakteriologischen Untersuchung wurden bei 2 Fällen Staphylokokken und Stäbchen, bei 1 Fall Staphylokokken rein, bei 3 Fällen koliähnliche und grampositive Stäbchen, bei 1 Fall Tuberkelbazillen und gramnegative Stäbchen, bei 2 Fällen koliähnliche Stäbchen nachgewiesen. Ein Fall erwies sich als steril. Fälle von chronischer Geflügelcholera oder Tuberkulose der Sehnenscheiden hat Verf. nicht zu Gesicht bekommen. Ob die beschriebenen Erkrankungen durch die gefundenen Bakterien tatsächlich hervorgerufen wurden oder ob letztere erst sekundär eingewandert sind, läßt sich nicht entscheiden, da fast sämtliche untersuchten Fälle, bevor sie in die Klinik kamen, entweder schon eröffnet oder durchgebrochen waren. Trautmann.

## XX. Krankheiten der Fische.

### Bearbeitet von L. Freund.

*1) Aaser, C. S.: Gjeddepesten 1923. Norsk Vet. Tidskr. Bd. 37, S. 1—14, 33—42, 74—86, 99—121, 142—157, 180—186, 219—223, 277—295, 322—330, 347—351 u. 396—400. (10 Abbildungen.) — 2) Abolin, L.: Beeinflussung des Fischfarbenwechsels durch Chemikalien. I. Infundin und Adrenalinwirkung auf die Melano- und Xantophoren der Ellritze (Phoxinus laevis). Sitzber. Akad. Wiss., Akad. Anz., Wien 1924, Nr. 20, S. 1—3. II. Annahme männlicher Erythrophorenfärbung durch das infundinisierte Weibchen der Ellritze (Phoxinus laevis). Ebendas. 1924, Nr. 20, S. 3 bis 4. — *3) Ando, A., und K. Kobori: Unnatural Route of Infection of Clonorchis sinensis. I. Report. (Jap.) Chug. Ig. Sh. Bd. 41, S. 523—535. 1924; Ref. Jap. J. of Zool. Bd. 3, S. 91. — 4) Amemiya, J.: Death of fish owing of Lack of Oxygen at the Bottom of Lake Yamanaka (Jap.). Suis. Gak. Ho. Bd. 3, Nr. 4, S. 301. 1922; Ref. Jap. J. of Zool. Bd. 1, S. 92. — *5) Derselbe: Effect of Salinity upon the Development of the Egg of Ayu (Jap.). Ebendas. Bd. 3, Nr. 4, 1922; Ref. Ebendas. Bd. 1, S. 99. — *6) Arey, Leslie B.: Observations on an acquired immunity to a metazoan parasite. J. of exper. Zool. Bd. 38, S. 377 bis 381. 1923. — 7) Awerinzew, S.: Über eine neue Art von parasitierenden Tricladen. Zool. Anz. Bd. 64, S. 81—84. (Auf Raja radiata.) — 8) Benzi: Ichthyotaenia agonis Barb. Rendic. R. Istit. Lomb. Sc. Lett. — 9) Bodnar, R.: Zur Histologie des Laichausschlages des Weißfisches (Abramis brama) mit Bezugnahme zu den infektiösen Hautkrankheiten der Karpfen. Inaug.-

Diss. Budapest 24. Mai. — 10) Derselbe: Die Empfindlichkeit von Fischen gegenüber thermischen und chemischen Krankheitsursachen. Allat. Lapok S. 124 bis 125. (Kasuistik.) — *11) Derselbe: Beitrag zur Histologie des Laichausschlages der Bleie (Abramis brava) mit Rücksicht auf einige infektiöse Hauterkrankungen der karpfenartigen Fische. Közl. Bd. 18, S. 146—156. — *12) Cognetti de Martiis: Ancyrocephalus monticellii n. sp. Boll. Soc. Naturalisti Napoli Bd. 36. 1924. — *13) Elmhirst, R.: Faunistic Notes: Habits of Cottus bubalis. Records of Lernaea Cyclopterina. Glasgow Natur. Jg. 1915, S. 43—46. — *14) Fiebiger, J.: Die Beurteilung der Marktfische. W. t. M. Bd. 12, S. 369—377. — *15) Fujita, Ts.: On the Parasites of Japanese Fishes, II.—IV. (Jap.) Dobutsugaki Zasshi Bd. 33, S. 1—8, 137—141 u. 292 bis 300. 1921. Ref. Jap. J. of Zool. Bd. 1, S. 5. 1922. (14 Abb. u. 1 Tafel.) — *16) Derselbe: Studies on Myxosporidian Infection of the Crucian Carp. Jap. J. of Zool. Bd. 1, S. 45—55. 1924. — *17) Derselbe: On the Parasites of Japanese Fishes. V. (Jap.-engl. Res.) Dobutsugaku Zasshi Bd. 34, Nr. 103, S. 577 bis 584. 1922; Ref. Jap. J. of Zool. Bd. 1, S. 59. 1924. (7 Abb.) *18) Fukui, K.: Wirkungen von NaCl und CaCl₂ auf die Goldfische. Keio Jg. 3, Nr. 3, März 1923. — *19) Hance, R. T.: Heredity in Goldfish. J. of Heredity Bd. 15, S. 177—182, 924. (Abb. 25 bis 29.) — 20) Horáček-Horsky, A.: Akvaristické Kapitoly: I. Choroby akvarijnich ryb. II. Costia necatrix. (Aquaristische Kapitel: I. Krankheiten der Aquarienfische. II. C. n.) Selbstverl. Prag 1921, 12°, 28 S.; Abdr. a. „Akvaristické listy“. — *21) Hykeš, O. V.: Demonstrace pripadu thoracopagus parasiticus u ryb. (Demonstration eines Falles von Th. p.) Biol. Listy Bd. 11, S. 455. — *22) Jewell, M. E. und H. Brown: The fishes of an a acid lake. Tr. am. micr. Soc. Bd. 43, S. 77—84. 1924. (2 Abb.) — *23) Johnstone, J.: Diseases and Parasites of Fishes. Proc. Tr. Liverpool Biol. Soc. Bd. 36, S. 286—301. 1922. (5 Abb.) — *24) Kobayashi, H.: A Distomid Larva in the egyptian Mullet. Chosen Jg. Kw. Z. Bd. 44, S. 211—213. 1923; Ref. Jap. J. of Zool. Bd. 1, S. 90. — 25) Koller, O.: Alburnus lucidas Heck mit verkümmerter Seitenlinie. Zool. Anz. Bd. 64, S. 214 bis 216. (2 Abb.) — *26) Kolmer, W.: Weitere Beiträge zur Kenntnis des Sagittalorgans der Wirbeltiere. Anat. Anz. Erg.-H. 60, S. 252—257. — *27) Kryshanowsky: Über die Sterblichkeit einiger Knochenfischlarven, verursacht durch defektive Herztätigkeit. Russ. hydrobiol. Zschr. Bd. 3, S. 5. 1924. (4 Abb.) — *28) Mukoyama, T.: Experimentelle Untersuchung über die Wanderungswege von Clonorchis sinensis. (Jap. u. Deutsch). Ni. Byor. Gak. K. Bd. 11, S. 443—446. 1921; Ref. Jap. J. of Zool. Bd. 2, S. 51. 1924. — *29) Murray, P. D. F., und John R. Baker: An hermaphrodite Dogfish (Scyliorhinus canicula). J. anat. London Bd. 58, S. 335—339. 1924. (5 Abb.) — *30) Muto, M.: Über den ersten Zwischenwirt von Echinochasmus perfoliatus var. japonicus. (Jap. u. Deutsch). Ni. Byor. Gak. K., Tokyo Bd. 11, S. 447—449. 1921; Jap. Med. World Bd. 1, S. 7—8. 1921; Ref. Jap. J. of Zool. Bd. 2, S. 47. 1924. — *31) Derselbe: Experiments on the Filtration of Water containing encapsulated Larvae of Clonorchis sinensis. Jap. Med. World Bd. 1, S. 8—10. 1921; Ref.: Jap. J. of Zool. Bd. 2, S. 50. 1924. — *32) Muto, M. und M. Koshio: On the Occurence of Clonorchis sinensis in Kuwana-Distriet, Mie Prefecture (Jap.). Chuo Jg. Kw. Z. Bd. 28, Nr. 1, S. 75—78. 1921; Ref. Jap. J. of Zool. Bd. 1, S. 50. 1924. — 33) Nicoll, W.: A reference List of the Trematode Parasites of British fresh-Water Fishes. Parasit. Bd. 16. 1924. — *34) Ogris, P.: Über Riesenzellenbildung bei Fischen nach Fremdkörpereinheilung. Virch. Arch. Bd. 263, S. 350—363. 1924. — *35) Okujima, A.: Über eine

neue Art von Aschelminthes, Nematoden, die im Muskelfleisch des Kikudaifisches parasitieren (Jap.). Fukuoka Ikw. Daig. Z. Bd. 14, S. 463—470. 1921; Ref. Jap. J. of Zool. Bd. 1, S. 47. 1924.—*36) Onji, K., und Ts. Nishio: On the intestinal Distomes. Chiba Jg. Sem. G. Z. Bd. 2, S. 351—389. 1924. (4 Abb.); Ref. Jap. J. of Zool. Bd. 1, S. 89. — *37) Ozaki, Y.: On a new Genus of Fish-Trematodes, Genarchopis and a new Species of Asymphylodora. Jap. J. of Zool. Bd. 1, S. 101—108. (4 Abb.) — 38) Querner, Fr.: Revision zweier von Diesing beschriebener Rynchobothrien. Annat. Nathist. Mus. Wien Bd. 38, S. 107 bis 117. (9 Abb.) — 39) Raebiger, H.: Untersuchungen auf ansteckende Fischkrankheiten. Fischereiztg. Bd. 28, Nr. 40. — 40) Redlich, E.: Diaptomus graciloides (Lilljeborg), ein neuer erster Zwischenwirt von Dibothriocephalus latus, nebst Bemerkungen zur experimentellen Entwicklung des Procersoids dieses Cestoden. Arch. f. wiss. Tierhlk. Bd. 53, S. 353. — *41) Ritchie, J. jun.: A Contribution to the parasitic Fauna of the West of Scotland. Glasgow Natur. Bd. 7, S. 33—42, 1915. — *42) Derselbe: The epidemic among Roach (Leuciscus rutilus L.) on the forth and Clyde Canal during the summer 1916. Ebendas. Bd. 8, S. 160 bis 163. 1921. — 43) Ruszkowski, J. S.: Sur quelques anomalies des Trématodes. Ann. paras. Bd. 3, S. 388 bis 391. (Azygia lucii auf Esox lueins.) — 44) Sakaki, Ch.: Leaping Maggot on salted Salmon. (Jap.) Suis. Yak. Ho. Bd. 3, Nr. 4. 1922; Kontyûsekai Bd. 26, Nr. 1, S. 1—3. 1922; Ref. Jap. J. of Zool. Bd. 1, S. 97. — *45) Schäferna, K.: Skoliosa Kapra po zranéni a současny nález dvou zlučovych mechyru. (Karpfenskoliose nach Verletzung und gleichzeitiger Befund zweier Gallenblasen.) Zemedelsky Arch. — *45a) Schmitt, Alois: Der Kieferapparat von Pseudoscarus coerulescens. M. t. W. Bd. 76, Nr. 5, S. 78—84. — *46) Schäferna, K.: Dva defekty konce tela rybiho. (Zwei Defekte der Körperenden beim Fisch.) Veda prirod. Bd. 6. — *47) Stärk, F.: Histologische Studien an dem Schwimmblasengang und der Schwimmblase der Renken. Zschr. f. Anat. u. Entw.-Gesch. Bd. 70, S. 308—312. 1924. — 48) Supino, L.: Polizia sanitaria sui pesci. Clin. vet. Bd. 48, S. 230 bis 234. — 49) Derselbe: Malattie di pesei e gamberi osservati in Lombardia. Rendic. R. Istit. Lomb. sc. lett. — 50) Tanabe, H.: Ein neuer Metorchis aus der Gallenblase der Hausente. (Jap.) Dobutsugaku Z. Bd. 33, S. 48—57. 1921 (1 Taf.); Acta schol. med. univ. Imp. Kioto Bd. 3, S. 733—742. 1921 (1 Taf.); Ref. Jap. J. of Zool. Bd. 1, S. 7. 1922. — *51) Takahashi, K.: Über Geschwülste bei Fischen. (Jap.) Hoku-Ets. Jg. Kw. Z. Bd. 38, Nr. 1, S. 39, April 1923; Nr. 3, Juni 1924. — *52) Terao, A.: The effect of Thyroid Feeding on Goldfishes. (Jap.) Suis. Kenkyushi Bd. 17, S. 257—259. 1922; Ref. Jap. J. of Zool. Bd. 1, S. 60. 1924. — *53) Tozawa, T.: Studies on the Pearl Organ of the Goldfish. Annat. Zool. Jap. Bd. 10, Nr. 25, S. 253—263 (6 Abb.); Ref. Jap. J. of Zool. Bd. 1, S. 103.

Gelegentlich einer Darstellung der Beurteilung der Marktfische für die Genußtauglichkeit durch den Menschen erwähnt Fiebiger (14) auch kursorisch die wichtigsten Krankheiten der Fische, die diesbezüglich in Betracht kommen. So Krankheitsveränderungen der Haut, Geschwüre, Pocken, Trübungen der Epidermis, Rotseuche, Fleckenkrankheit, Schuppensträube, Ektoparasiten, Verpilzungen, Beulenkrankheit. Verpilzungen der Kiemen. Finnen von Dibothriocephalus latus, Ascaris capsularis, andere Rundwürmer in Eingeweiden, Myxosporidien. Vergiftungen durch Abwässer. L. Freund.

Von Aaser (1) liegt eine ausführliche Bearbeitung einer Epidemie bei Hechten vor, die er als „Hechtpest" bezeichnet, eine Erkrankung, die schon früher in anderen Ländern aufgetreten ist und auch da Gegenstand der Untersuchung war, ohne daß es möglich gewesen wäre, den Erreger festzustellen.

Sie trat in Norwegen 1923 auf, ergriff eine große Zahl von Hechten und führte zu schweren Verlusten unter denselben. Sie hatte einen schnellen Verlauf mit dem Charakter einer Septikämie. Nach 14 tägiger Inkubation entwickelte sich die Krankheit schnell und führte in 7—10 Tagen zum Tode. Die Fische zeigten außergewöhnlich träge und ungeregelte Bewegungen. Meist findet man am Körper und Kopfe unregelmäßige Anschwellungen von 2—15 mm Durchmesser, von grauer, grauroter bis weißlicher Farbe. Es handelt sich um zirkumskripte Hautentzündungen, Ausfall der Schuppen und Schleimbelag, Nekrose der Haut, Zerfall der unterliegenden Muskulatur und des Bindegewebes, so daß am Kopf die Knochen freigelegt werden, wobei die Wundränder eine hämorrhagische Zone aufweisen. Besonders befallen war der Unterkiefer, wo es selbst zum Ausfall von Zähnen kommt. Auch die Augen waren nicht selten ergriffen: die Cornea grauweiß, die Sklera injiziert und kleine Hämorrhagien in der vorderen Augenkammer. Besonders wurden große, fette und gut genährte Hechte ohne Unterschied des Geschlechtes infiziert. Die Muskulatur der Wundgegenden war dunkelrot verfärbt, ödematös, ebenso die Haut der Umgebung. Leber und namentlich Herz und Herzbeutel zeigten beträchtliche serohämorrhagische Herde, der Herzmuskel war degeneriert. Auch das Peritoneum parietale war von der Entzündung oft ergriffen. Alle diese Veränderungen sind da und dort bei der Hechtkrankheit anderer Länder beschrieben worden, so daß an der Identität dieser verschiedenen Erscheinungen nicht gezweifelt werden kann. Die Ursache der Krankheit in Norwegen war nach den genauen Untersuchungen A.'s ein Vibrio. Er wurde in Massen in der Flüssigkeit des ödematösen Gewebes gefunden, manchmal auch im Blute. Immer war er der Gegenstand einer beträchtlichen Phagozytose. Andere nachweisbare Mikroben waren dies nicht. Mit der Ödemflüssigkeit und mit den Vibriokulturen konnte die Krankheit bei gesunden Hechten erzeugt werden. Die kulturellen Eigenschaften des Vibrio, der nach allen gebräuchlichen Methoden geprüft worden war, erfahren eine genaue Darstellung. Dasselbe ist mit der serologischen Prüfung der Fall. Was die Pathogenität anlangt, so existiert eine solche nur für Hechte, für keinen anderen Fisch oder Warmblütler. Der Vibrio ist bisher nicht beschrieben worden. Er ähnelt etwas dem Bacillus fluorescens liquefaciens, zeigt aber Unterschiede diesem gegenüber. Über das Vorkommen in der Natur kann nichts Sicheres ausgesagt werden.     L. Freund.

Ritchie (42) berichtet von einem großen Fischsterben von Leuciscus rutilus in einem Kanalstück Schottlands, das nicht befahren wurde.

Die Epidemie war auf diese Fische beschränkt, dauerte von April bis August 1916, sicher seit 25 Jahren zum erstenmal auftretend. Die Untersuchung einiger Exemplare verlief negativ. Einige Argulus foliaceus wurden gefunden und diese schließlich für das Umstehen der Fische verantwortlich gemacht. Es konnten die herrschenden Verhältnisse eine starke Vermehrung dieses Parasiten begünstigt haben und Leuciscus soll auch besonders empfindlich gegen diesen sein.     L. Freund.

Das Wasser des Vincentsees, Cheboygan County, Mich., hat nach Jewell und Brown (22) einen Hp-Gehalt von 4,4 und einen Gehalt an gelöstem Sauerstoff von 5,58—6,46 ccm im Liter. Der Säuregehalt rührt wahrscheinlich von der schlammigen Beschaffenheit eines Teiles des Seerandes her. Der See hat keine oberirdischen Zu- und Abflüsse. An Fischen enthält er Ameiurus nebulosus, Esox lucius, Lepomis incisor und Perca fluviatilis. Cypriniden fehlen, obwohl sie in benachbarten Seen häufig sind. Auch Mollusken fehlen völlig. Dieser Fall zeigt eine bemerkenswerte Anpassungsfähigkeit von Fischen an einen stärkeren Säuregehalt des Wassers.     L. Freund.

Amemiya (5) untersuchte den Einfluß des Salzgehaltes auf die Entwicklung der Eier des Fisches „Ayu", Plecoglossus altivelis. Dies ist ein wasseraufsteigender Fisch, welcher die Flüsse nur zur Nahrungsaufnahme aufsucht. Er laicht auch normal nur im Süßwasser, aber manchmal auch im Brackwasser nahe der Flußmündung. Experimentell konnte gezeigt werden, daß alle Eier in einem Wasser mit einem Salzgehalt unter 15% ausschlüpfen, nur teilweise bei einem Salzgehalt von 10—20% aber alle sterben vor dem Schlüpfen, wenn der Salzgehalt über 22% steigt.     L. Freund.

Zwei Goldfischrassen wurden von Terao (52) mit Schilddrüsensubstanz gefüttert. Bei der ersten, „Wakin", Japanischer Goldfisch genannt, wurde die Entfärbung des schwarzen Pigments, des Melanins, merklich beschleunigt. Bei der anderen, „Orandashishigashira", holländischer Löwenkopf genannt, wurde die Entwicklung der Löwenköpfigkeit gegenüber den ungefütterten Kontrolltieren entschieden früher ausgebildet. Auf die Entfärbung des Melanins hat aber hier die Fütterung wenig Wirkung.     L. Freund.

Fukui (18) hat gefunden, daß man bei Goldfischen, welche durch physiologische Entfärbung von schwarzem Pigment befreit wurden, mit NaCl oder CaCl$_2$ wieder Melanophoren oder Melanin auftreten lassen kann.     L. Freund.

Wie Johnstones (23) berichtet, waren die im Winter 1921/22 in der Nordsee gefangenen Marktfische durchgängig in sehr schlechtem Ernährungszustande und vielfach mit Geschwüren bedeckt. Wenn letztere offene Wunden darstellten, konnten nur teilweise Bakterien nachgewiesen werden, doch gelang dies in manchen Fällen, wo die entzündeten Hautbezirke noch geschlossen waren. Über die Ursachen kann nichts sicheres ausgesagt werden. Außerdem wird folgende Kasuistik gebracht: ein Fibrom an der Rückenflosse von Pleuronectes platessa; ein Sarkom auf dem Kopfe eines Gadus aeglefinus, das von nekrotischen Gewebsmassen erfüllt war, scheinbar vom intermuskulären Bindegewebe ausgehend; Zysten im Peritonaeum eines „yellow trout" enthielten wahrscheinlich Plerocercoide eines Cestoden, der seinen normalen Endwirt nicht erreicht hatte; Sporozysten von Gasterostomum gracilescens waren zahlreich in Kardium; Knorpelwucherungen über den Orbitae eines Merluccius enthielten Myxosporidien, wahrscheinlich Myxobolus esmarkii, ebenso wie das Knorpelgewebe des Schädels überhaupt.     L. Freund.

Takahashi (51) berichtet über zahlreiche Befunde von Geschwülsten bei verschiedenen Fischen, wie Pagrus, Pollachius u. a. Er fand Osteom, Fibrom, Osteochondrofibrom, Sarkom und Karzinom. Der Lieblingssitz sind für das Osteom die Rückenflosse und der Kiemendeckel, bei den anderen Geschwülsten Nachbarstellen der Rückenflosse. Man findet das Karzinom manchmal in der Kopfniere.     L. Freund.

Bodnàr (11) berichtet über die Histologie des Laichausschlages der Bleie (Abramis brava). Der Laichausschlag geht mit Blutreichtum und Hyperplasie der Ober- und Unterhaut einher und äußert sich in Epidermiswucherung und Papillenbildung. Im Gegensatz zur Oberfläche der normalen Fischhaut tritt beim Laichausschlag starke Verhornung auf. Der Laichausschlag läßt sich von infektiösen Hauterkrankungen unschwer unterscheiden.     Manninger.

Beim männlichen Goldfisch finden sich nach Tozawa (53) die Perlorgane auf dem Operculum und entlang der Flossenstrahlen der Brust-, Rücken- und Analflossen, von denen die ersteren stärker entwickelt sind. Die Gebilde werden durch Verhornung der Epidermis gebildet. Die Maximalentwicklung derselben erfolgt in 3—6 Perioden jährlich. Nach den Untersuchungen des Verf. kann die Ausbildung der Gebilde durch die Hodensubstanz oder durch Produkte der Hodensubstanz beeinflußt werden: Kastration vor der Verhornung verzögert ihre Erscheinung mindestens bis Ende Mai. Kastration während der Abwesenheit der Perlo verlangsamt die Verhornung und die folgenden Perioden ihrer völligen Abwesenheit werden verlängert. Kastration während ihrer Höchstentwicklung verursacht ihr früheres Verschwinden.

L. Freund.

Die Untersuchungen von Ogris (34) über Riesenzellenbildung bei Fischen (Tinca vulgaris, Amiurus nebulosus, Leuciscus rutilus, Scardinius erythrophthalmus, Cyprinus carpio und Carassius vulgaris) nach Fremdkörpereinheilung ergaben: „Die künstliche Einbringung von Fremdkörpern ist beim Fisch mit Temperatursteigerung bis zu $2,2°$ über die Temperatur des umgebenden Wassers verbunden. Die Emigration (zellige Anhäufung) erfolgt unabhängig von der Natur des entzündungserregenden Agens (Holundermark, Watte) mit auffallender Trägheit. Fremdkörperriesenzellen treten auch beim Fisch auf, jedoch erscheinen sie zu einem weitaus späteren Zeitpunkt als bei Warmblütern oder anderen poikilothermen Tieren (Frosch). Bindegewebs- und Gefäßneubildung tritt gleichfalls sehr spät in Erscheinung und erfolgt langsam und spärlich. Die Reaktion auf eine solcherart erzeugte Peritonitis ist beim Fisch sehr geringgradig.

Jost u. Cohrs.

Kryshanowskij (27) hat Verbildungen des Herzens bei Knochenfischlarven gefunden, die die Ursache für das massenhafte Zugrundegehen derselben abgaben. So erwähnt er große Höhlungen im Bereiche des der Vorkammern vorgelagerten Venensinus, wo sich das gesamte Blut staut und nicht in das normal pulsierende Herz gelangen kann; oder das Herz ist röhrenförmig, nicht in Kammer und Vorkammer geteilt, so daß die Pulsationsfähigkeit fehlt. Dazu kommen: unregelmäßiger Puls durch geringere Schlagzahl der Kammer gegenüber dem Vorhof oder umgekehrt; ferner Rückkehr des Blutes nach dem Herzschlag in den Vorhof oder sogar in den Sinus. Die geschilderten Abnormitäten fand er bei Abramis brama, Rutilus rutilus und Cobitis taenia. Sie können im Verlaufe der Entwicklung schwinden und zu normalen Zuständen führen. Meist aber folgt Hydrops des Perikards und andere hierdurch bedingte pathologische Zirkulationsstörungen. Bei Rutilus sah er infolgedessen 10% Verluste, nach anderen Ursachen nur 3%. Bei Abramis fand er im Durchschnitt 7%, maximal 14% so geschädigte Larven, von denen 4% umkamen, während 3% normal wurden. Viele Embryonen starben aber deswegen schon in den Eihüllen, weil sie aus denselben nicht ausschlüpfen konnten, so daß in Wirklichkeit die Verlustziffern größer sind. L. Freund.

Murray und Baker (29) konnten einen bei Selachiern seltenen Befund von Hermaphroditismus an einem Exemplar von Scyliorhinus canicula (Katzenhai) erheben. Schon äußerlich zeigte sich an den Bauchflossen eine abnorme Gestaltung, indem der als Begattungsorgan fungierende Anhang der Männchen rechts als fast normales Mixipodium ausgebildet war, während das linke kürzer, etwas deformiert war. Andererseits waren sie wie beim Weibchen rückwärts voneinander getrennt, wogegen sie beim Männchen bekanntlich dicht beisammen liegen. Die innere Untersuchung ergab das Vorhandensein eines normalen, funktionierenden Eierstocks mit zwei kleinen Anhangsgebilden. Das größere dieser hatte eine Länge von 3 cm. Die histologische Prüfung der beiden Gebilde zeigte normales funktionierendes Hodengewebe, das alle Stadien der Spermatogenese bis zur Bildung normaler

Spermatozoen aufwies. Die Ausführungsgänge des Genitaltraktes nehmen in ihrer Ausbildung eine Mittelstellung zwischen mänlichem und weiblichem Charakter ein, wobei distal der weibliche überwog. L. Freund.

Stärk (47) untersuchte den Schwimmblasengang der Renken, Coregonus wartmanni, weil sie trotz ihres Ductus pneumaticus sehr oft Trommelsucht zeigen. Es kann sogar die Bauchwand zerreißen. Dies könnte auf einem Verschluß durch eine Klappe beruhen, deren Vorhandensein Thilo behauptet, Haempel geleugnet hat. Hier konnte auch keine gefunden werden. Dasselbe zeigte sich beim Kilch, Coreg. hiemalis, auch Kropffelchen oder Köpfling genannt, ein Hinweis auf die auch bei ihm häufig beobachtete Trommelsucht. Autor meint, daß vielleicht eingesammelte Nahrungsmasse im Ösophagusteil kranial von der Mündungsstelle des Ductus pneumaticus die Luftabgabe nach außen verhindert. Eine weitere Erklärung wäre vielleicht in der mächtig entwickelten Muskulatur des Duktus zu suchen, die durch einen Reflextonus den Verschluß des Lumens herbeigeführt.

L. Freund.

In seiner Studie über die Vererbung beim Goldfisch und seinen künstlichen Rassen kommt Hance (19) auf den Vererbungscharakter mancher morphologischer Besonderheiten zu sprechen. So meint er, daß die weiße Farbe gegenüber der roten und schwarzen rezessiv sei. Die Doppelbildungen der Schwanz- und Analflosse sind gegenüber der normalen rezessiv. Auch die Teleskopaugen sind gegenüber normalen rezessiv. Über den bisher unbekannten Ursprung aller dieser erblichen „Variationen" (eher Verbildungen) kann auch er nichts aussagen. (Wir dürfen nicht vergessen, daß es sich hier um künstlich gehaltene hochgezüchtete Domestikationsformen handelt, die im Freien unter natürlichen Bedingungen nicht existenzfähig sind. Ref.) L. Freund.

Hykeš (21) bringt aus der Zucht des mittelamerikanischen Zahnkärpflings, Lebistes reticulatus Peters, eine Monstrosität: eine Doppelbildung, bei welcher sich auf der Bauchseite eines Exemplars ein zweites ihm bauchwärts zugekehrtes, rundlich gestaltetes, angeheftet hatte, einen Thoracopagus parasiticus. Der parasitierende Partner besaß Augen, darunt er eine Mundöffnung, gut entwickelte Brust-, Rücken- und Schwanzflosse. Das Tier lebte mit seinem Anhang gut über 1 Jahr im Aquarium, nur in der Bewegung etwas von seinem Anhängsel behindert, welches selbst keine Nahrung aufnahm und kein Lebenszeichen zeigte. Nähere Angaben über die innere Organisation sollen folgen. Der Fall ist interessant, weil das Tier so lange lebte und weil es bei einem lebendgebärenden Fisch auftrat, so daß die Mißbildung schon im Mutterleib entstanden sein muß, da sie nach vierwöchentlicher Tragezeit vollkommen entwickelt herauskam.

L. Freund.

Schäferna (46) beschreibt vom Karpfen einen Defekt des Vorderendes des Schädels bis zu den Augen reichend, der teilweise von der Zunge und zwei Hauptlappen gedeckt wurde. Im Mageninhalt fanden sich nur Planktonorganismen, der Ernährungszustand war schlecht. Die Verbildung der Mundregion erschwerte wohl die Nahrungsaufnahme. Der zweite Fall betrifft einen Hecht, dem das Körperende kaudal von der Rücken- und Afterflosse fehlte. Die Wirbelsäule krümmte sich aber wie sonst vor der Schwanzflosse an diesem abnormen Körperende aufwärts. Die Schwanzflosse wurde durch die genannten unpaaren Flossen ersetzt. Dies wird durch Abbildungen und Röntgenaufnahmen erläutert. L. Freund.

Schäferna (45) berichtet von einer schweren Verletzung eines Karpfens, die eine Durchtrennung der Bauchwand mit Verletzungen der inneren Organe verursachte, aber doch ausheilte. Die Wirbelsäule wies eine Dextroskoliose auf, zwei Rippen waren abgerissen und diskloziert, ein Leberlappen, die zerrissene Niere und Hoden teilweise in die Wunde verlagert. Neben der normalen Gallenblase fand sich eine zweite, größere, weiter rückwärts gelegen. Dieses seltene Vorkommnis wird mit der Ausbildung eines neuen Ausführungsganges der Leber in Zusammenhang gebracht, wobei sich die Wand des Ganges zur Bildung einer neuen Gallenblase erweiterte. Letztere Erscheinung hängt aber nicht mit der Verletzung des Tieres zusammen. L. Freund.

Fujita (16) untersuchte eine größere Anzahl von Karauschen, Carassius vulgaris L., aus den verschiedensten Gegenden Japans auf das Vorkommen von Myxosporidien, wobei er nachstehende Formen auffand: Myxidium cuneiforme n. sp., M. Lieberkühni, Bütschli, Lentospora sacchalinensis n. sp., L. elliptica n. sp., L. sphaerica n. sp., L. taiwanensis n. sp., Myxobolus elongatus n. sp., Henneguya spatulata n. sp., H. carassii n. sp.; etwa 40% der untersuchten Fische waren infiziert. Sie fanden sich in der Niere, diese nicht ernstlich beschädigend, enzystiert. Weniger häufig war hier die Gallenblase befallen. Die Infektion nahm bei den Fischen vom Norden nach dem Süden zu, wo die Karausche empfänglicher zu sein schzint. L. Freund.

Fujita (15) beschreibt folgende japanische Fischparasiten: Acanthocephalus oncorhynchi n. sp. aus dem Darmtrakt von Oncorhynchus keta, von denen an 20% infiziert zu sein scheinen, wobei als Zwischenwirt ein Gammarus anzunehmen ist. Dazu kommen zwei weitere Kratzer: Corynosoma osmeri, angeheftet an die Peritonealmembran von Osmerus lanceolatus, und Echinorhynchus kushiroensis aus dem Darm von Veraspa moseri. In dem Darm von Oncorhynchus keta ward auch ein Trematode gefunden: Crepidostomum salmonis, welcher durch seine Augenflecken dem C. farionis O. F. Müller nahesteht, aber durch die abweichende Lage der Genitalöffnung unterschieden werden kann. In demselben Darm fand sich auch ein neuer Nematode: Cystidicola oncorhynchi, während Cystidicola fujiii n. sp. im Darm von Oncorhynchus nerka und Salvelinus kundscha nachzuweisen war. L. Freund.

Ritchie (41) zählt aus dem Westen Schottlands seine Parasitenfunde auf, darunter von Fischen: 1. Salmo fario. Saugwürmer Bunodera luciopercae, mehrere Exemplare im Darm eines Fisches; Stephanophila laureata (Zeder), 32 Exemplare in der ganzen Darmlänge eines Fisches; Kratzer Echinorhynchus truttae Schrank; Acanthocephalus lucii (Müll.); Neorhynchus rutili (Müll.); Krustentiere Argulus foliaceus (L.). — 2. Gasterosteus aculeatus: eine Saugwurmart; Neorhynchus rutili (Müll.) allgemein; Bandwurm Schistocephalus gasterostei (Fabr.) in der Bauchhöhle, manche Fische sind dadurch angeschwollen; Argulus foliaceus. — 3. Nemachilus barbatula: eine Saugwurmzerkarie in einer Kopfhöhle; Neorhynchus rutili (Müll.), in manchen Gewässern häufig; einige unreife Rundwurmarten. — 4. Phoxinus aphya: an hundert untersucht, parasitenfrei. L. Freund.

Gelegentlich einer andern Untersuchung beobachtete Kolmer (26) bei zahlreichen Exemplaren von Pfrillen, Phoxinus laevis, aus dem Lunzer See eine massenhafte Infektion mit Trematodenlarven. Diese fanden sich oft bis zu 20—30 dichtgedrängt im 4. Ventrikel des Gehirns. Im frischen Präparat sah er, wie die Tiere sich hin und her bewegten. Schädigungen verursachten sie nicht. K. spricht sie als Diplostomum an (es handelt sich um eine Holostomumlarve). L. Freund.

Kobayashi (24) fand eine Distomenlarve in einem Mugil aus Ägypten, die er nach der Organisation für eine solche von Heterophyes heterophyes hält. L. Freund.

Onji u. Nishio (36) haben für einige Darmdistomeen die End- und Zwischenwirte festgestellt. Folgende Distomeen sind bei Fischen als Zwischenwirten gefunden worden: 1. bei Mugil: Heterophyes continuus n. sp., Pygidiopsis summus n. sp., Stellantochasmus falcatus n. g. n. sp. 2. bei Mugil und Achantogobius: Heterophyes nosens n. sp. Cornatrium perpendiculum n. sp. 3. bei Mugil, Achantogobius und Pleuronectes: Stephanopirumus longus n. g. n. sp. 4. bei Mugil, Achantogobius, Pleuronectes und Carassius: Navigiolum nigrum n. g. n. sp. L. Freund.

Ozaki (37) hat von Süßwasserfischen in Saijo, Präfektur Hiroshima, Trematoden gesammelt und darunter zwei neue Formen gefunden: Genarchopsis, eine neue Gattung mit der neuen Art goppo, und die neue Art Asymphylodora macrostoma, erstere aus dem Darm von Mogurna obscura Temm. u. Schleg., letztere aus der Kloake desselben Fisches. L. Freund.

Der Schädel der Skariden ist insofern interessant, als bei diesen Tieren mit vorstreckbarem Mund das Dentale eine selbständige Verbindung mit dem Gesichtsschädel und zwar mit dem Maxillare eingeht. Schmitt (45a) gibt eine Beschreibung der vorderen Teile des Schädels, soweit sie für die Bewegungen des Kieferapparates in Frage kommen. J. Schmidt.

Hykes (21) berichtet über eine Monstrosität aus der Zucht des mittelamerikanischen Cyprinodonten Lebistes reticulatus Peters. Es handelt sich um eine Doppelbildung (Thoracopagus parasiticus), indem ein Exemplar auf der Bauchseite ein zweites ihm bauchwärts zugekehrtes Exemplar, von rundlicher Gestalt angeheftet hatte. Der parasitierende Partner besaß Augen, darunter eine Mundöffnung, gut entwickelte Brust-, Rücken- und Schwanzflosse. Das Tier lebte mit seinem Anhang gut im Jahr im Aquarium, nur etwas behindert in der Bewegung durch das Anhängsel, welches keine Nahrung aufnahm und überhaupt kein Lebenszeichen zeigte. Es zeigte sich dadurch eine große Ähnlichkeit mit dem bekannten menschlichen Thoracopagus, dem Genueser Colloredo. Ähnliche Fälle sind bei Fischen eine große Seltenheit und wurden nur bei einigen wenig vollkommene Andeutungen unter frühen Entwicklungsstadien von Forellen und Lachsen, wo Doppelbildungen sonst keine Besonderheit sind, beobachtet. Näheren Aufschluß über die innere Organisation, über das wahrscheinlich einheitliche Darmrohr, wird die anatomische Untersuchung gewähren. Der Fall ist interessant, weil das Tier so lange lebte und weil es von lebendgebärender Art abstammt, so daß sie schon im Mutterleib erzeugt worden sein muß, da sie nach vierwöchentlicher Tragezeit vollkommen entwickelt herauskam. L. Freund.

Tanabe (50) fand einen neuen Metorchis orientalis Tan. in der Gallenblase einer Hausente, als deren Zwischenwirt ein Süßwasserfisch Pseudorasbora parva in Frage kommt, da alle untersuchten Enten mit diesen Fischen gefüttert worden waren. L. Freund.

Muto (30) hat den ersten Zwischenwirt von Echinochasmus perfoliatus var. japnonicus, dessen zweiter Zwischenwirt an 20 Süßwasserfische bilden, gesucht und ihn in Bythinia striatum var. japonicum gefunden, der gleichzeitig auch den ersten Zwischenwirt von Clonorchis sinensis darstellt. L. Freund.

Ando-Kobori (3) verfütterten unter anderem Fische mit Larven von Clonorchis sinensis, welche hier enzystiert waren, an Enten, wo sich aber niemals geschlechtsreife Würmer entwickelten. L. Freund.

Mukoyama (28) fütterte Kaninchen, Hunde und Meerschweinchen mit dem Fischfleisch von Pseudoraspora parva, dem Zwischenwirt von Clonorchis sinensis, wobei aber den Versuchstieren der Ductus choledochus unterbunden war. Niemals konnten Würmer in den Gallengängen nachgewiesen werden, so daß der Weg durch den Ductus den zwangsläufigen in die Leber darstellt. L. Freund.

Muto und Koshio (32) untersuchten den zweiten Zwischenwirt von Clonorchis sinensis, den Süßwasserfisch Pseudorasbora parva, und fanden alle infiziert mit den Zerkarien von Clonorchis sinensis im enzystierten Stadium. Alle mit dem Fischfleisch gefütterten Tiere akquirierten den Leberegel, so daß die Kuwanaregion einen der Infektionsherde desselben in Japan darstellt. L. Freund.

Muto (31) verweist darauf, daß gelegentlich die eingekapselten Larven von Clonorchis sinensis aus den lebenden oder toten Fischen ins Wasser ausschlüpfen und mit dem Wasser vom Menschen oder andern Endwirten aufgenommen werden können. Durch Filtration des Wassers mittelst einer 3 Zoll dicken Sandschicht können alle diese Larven sicher zurückgehalten werden. L. Freund.

Fujita (17) bringt einen 5. Bericht über japanische Fischparasiten. Es handelt sich um einen Nematoden und zwei Cestoden. Ersterer ist Spiroptera salvelini n. sp. aus dem Darm von Salvelinus kundscha (Pallas) und Onchorhynchus nera Walbaum, vergesellschaftet mit Cystidicola fujii Fujita. Letztere sind: Phyllobotrium salmonis n. sp., ein unreifer Cestode, welcher bei den Salmoniden Japans allgemein gefunden wird und dessen reife Form unbekannt ist. Dann Plerocercoides sp., ein larvaler Cestode in der Gallenblase von Hippoglossoides hamiltoni Jordan u. Gilbert, Hippoglossus vulgaris Flemming, Protopsetta herzensteini (Schmidt), Lepidopsetta mochigarei Snyder, Verasper moseri Jordan u. Gilbert, Theragra chalcogramma (Pallas) und Onchorhynchus keta Walbaum parasitierend, wobei die Wirte an ganz verschiedenen, weit voneinander gelegenen Orten gefunden werden. L. Freund.

Okujima (35) hat im Muskelfleisch von Pagrus major nematodenähnliche Würmer gefunden, welche länger sind als alle bisher beobachteten Nematoden. Auf Grund der genauen Untersuchung des Baues und der Eier möchte er diese Würmer als Gruppe von Aschelminthes zwischen Nematoden und Trematoden einschalten. L. Freund.

Cognetti (12) beschreibt eine neue Gyrodactylide Ancyrocephalus monticelli n. sp. aus der Nasenhöhle von Amiurus catus. L. Freund.

Elmhirst (13) hat gelegentlich auf den Kiemen von Cottus bubalis als Ektoparasiten Lernaea (Hämobaphes) cyclopterina (Fab.) gefunden. L. Freund.

Arey (6) hat erheben können, daß Fische gegenüber den parasitierenden Glochidien von Muscheln eine gewisse Immunität, also gegenüber einem metazoischen Parasiten gewiß eine interessante Erscheinung, erwerben können. Der Fisch ist Micropterus salmoides, die Muschel Lampsilis luteola. Werden die ersteren 2—5 mal infiziert, so werden sie gegenüber letzterer immun. Immune Fische stoßen die angehefteten Glochidien innerhalb 2—6 Tagen ziemlich schnell ab, während normalerweise die Glochidien etwa 2 Wochen im Wirte verbleiben. Die Abstoßung geschieht unter Nekrose des Epithels und teilweiser Zersetzung der Glochidien. Für die Herbeiführung der Immunität genügen schon leichte Infektionen, wenngleich bei sehr starker Infektion mit Glochidien ein quantitativer Unterschied wahrzunehmen ist. Wichtiger scheint zu sein die Zahl der Infektionen gegenüber dem Grade derselben. Die Dauer der Immunität dürfte etwa ein Jahr betragen. L. Freund.

## XXI. Bienenkunde.
### Bearbeitet von Dr. Dröge.

### a) Allgemeines, Geschichtliches, Statistisches.

1) Muck, O.: Vereinheitlichung der Nomenklatur auf dem Gebiete der Bienenpathologie. W. t. Mschr. Jg. 12, H. 3, S. 124. (Ergebnis eines erzielten Übereinkommens.)

### b) Anatomie, Biologie, Züchtung, Rassen.
(Fehlt.)

### c) Krankheiten der Bienen.

*1) Bahr, L.: Paratyfus hos Honningbien. (Paratyphus der Honigbienen.) Skand. Vet. Tidskr. Jg. 15, H. 10, S. 169—181. — *2) Britt, Joseph: Untersuchungen über das Vorkommen seuchenhafter Erkrankungen der Bienenbrut im Freistaat Sachsen. Diss. Leipzig. — 3) Henry, A., und Ch. Leblois: La lutte contre les maladies des abeilles. Rec. de M. vét. Bd. 101, H. 7. — *4) Januschke: Zur Frage des Vorkommens einer Paratyphuskrankheit der Bienen. B. t. W. Bd. 41, H. 15. — *5) Derselbe: Eine unbekannte Bienenseuche. Vorläufige Mitteilung. Prag. Arch. B. H. 6, S. 161 u. 162.

Brill (2) findet, daß auch in Sachsen die am häufigsten vorkommende Bienenbruterkrankung die bösartige Faulbrut ist.

Die Untersuchungen haben ergeben, daß in der Regel die von der bösartigen Faulbrut bewirkten Veränderungen derart charakteristisch sind, daß sie der gut durchgebildete Sachverständige bei sorgfältiger makroskopischer Besichtigung richtig deuten kann. Nur bei geringfügiger Erkrankung oder bei Kombination mit anderen Infektionen kann die Beurteilung schwierig werden. Darum empfiehlt es sich, in solchen Zweifelsfällen das Mikroskop zu Hilfe zu nehmen, das bald eine genaue Diagnose ermöglicht.

Bei den untersuchten 17 Materialproben handelte es sich 12 mal um „bösartige Faulbrut", 2 mal um bösartige Faulbrut mit gleichzeitiger Infektion mit Pericystis apis. In einer Probe stellte Verf. eine Misch-Infektion von Erregern der bösartigen Faulbrut, der Pericystis- und der Aspergillusmykose fest; außer diesen zuletzt genannten Krankheitserregern beobachtete Verf. in einer Materialprobe noch den Bacillus lanceolatus.

Das alleinige Auftreten von Aspergillus flavus wurde nur in einem Falle gesehen.

Um ein möglichst einwandfreies Resultat zu erhalten, fertige man am besten von dem Inhalt verdächtiger Zellen mehrere — mindestens 4 — Aufstriche auf dem Objektträger an, lasse sie lufttrocken werden und färbe sie dann nach einigen gebräuchlichen Methoden.

Zum Nachweise der Larvaebazillen und deren Geißelverbände hält Verf. die Methoden nach Giemsa und Gram am geeignetsten, während die Sporen von Bacillus larvae in diesen Präparaten zunächst nur schwer zu sehen sind; bis zu ihrer Erkennung bedarf es eines Angewöhnens des Auges an das mikroskopische Bild. In den nach genannten Methoden gefärbten Aufstrichen erscheinen die Bazillen bläulich, die Geißelverbände rötlich (bisweilen leuchtend rot) und die Sporen schwach rötlich. Sehr gute Bilder der Larvaesporen erhält man bei der Sporenfärbung nach Gram, sodann auch bei Behandlung mit den gewöhnlichen Anilinfarben, von denen Gentianaviolett in erster Linie zu erwähnen ist.

Der Bacillus lanceolatus war deutlich in dem nach der Giemsamethode gefärbten Präparat zu erkennen. Bei den Untersuchungen stellte Verf. gelegentliches Vorkommen von Perizystiszysten in Brustseuchepräparaten fest. Diese Zysten sind in den nach der Giemsamethode gefärbten Präparaten besonders gut erkenntlich. Sie erscheinen als große, runde oder ovale Gebilde von intensiver dunkelgrüner bis blauer Farbe. Trautmann.

Bohr (1) hatte in einer früheren Abhandlung berichtet, daß er als Ursache einer ansteckenden Krankheit unter den Honigbienen einen Paratyphusbazillus (Bacillus paratyphus alvei) nachgewiesen hatte, er hatte auch gefunden, daß dieser Bazillus Saccharose nicht vergärt.

Borchert hatte dies bestreiten wollen. Seiner Meinung nach sei der Paratyphusbazillus ein ganz ungefährlicher Bewohner des Darmkanals der Bienen, er hatte auch gefunden, daß der Bazillus Saccharose vergären könne. Bahr will nun seine Ansicht verteidigen. Wenn der Paratyphusbazillus im Darmkanal gesunder Bienen vorkommt, bezieht er sich vermutlich auf solche Bienen, die den Paratyphus schon durchgemacht haben und deswegen Bazillenträger sind. Übrigens gehören einige unter den von Borchert nachgewiesenen Bakterien nicht zur Paratyphus-, sondern zur Metakoligruppe. Betreffs des Verhältnisses des Paratyphusbazillus zur Saccharose kann sich der Bazillus an die Saccharose gewöhnen, so daß er sie nach etwa 10 Tagen vergären kann.

Stalfors.

Januschke (4) gibt an, daß das, was von den Autoren Paratyphus der Honigbiene genannt wird, etwas ganz anderes ist, als eine Paratyphusinfektion. Man könnte sie etwa mit Trichobazillose der Biene, aber nicht mit Paratyphus bezeichnen.

Henkels.

Januschke (5) beobachtete eine bisher unbekannte Bienenseuche, die seit 1922 in Ostschlesien, der Slowakei und Galizien herrschte.

Es gelang ihm, im Darminhalt und Blut eingegangener und kranker Bienen ein pleomorphes, nicht sporenbildendes Stäbchen nachzuweisen, das durchschnittlich 3—5 $\mu$ lang, sowohl Kokkenformen als auch Fadenbildung zeigte und das er Trichobacillus apis nannte. Diese Trichobazillen sind nach seiner Ansicht nicht identisch mit den von Bahr beschriebenen Paratyphusbakterien.   Krage.

### d) Produkte der Bienen.
(Fehlt.)

### e) Gesetzgebung.
(Fehlt.)

## XXII. Schlachtvieh- und Fleischbeschau und Nahrungsmittelkontrolle.
### Bearbeitet von A. Zumpe.

### 1. Ausführung der Schlachtvieh- und Fleischbeschau und der Nahrungsmittelkontrolle.

1) Abderhalden: Handbuch der biologischen Arbeitsmethoden, Abt. IV, Angewandte chemische und physikalische Methoden; Teil 8, H. 6, Methoden der bakteriologischen Untersuchung von Nahrungsmitteln; bearbeitet von W. Gaethgen. Berlin u. Wien: Urban u. Schwarzenberg. — 2) Allen, C. G.: The public health (meat) regulations 1924. Vet. J. Bd. 81, S. 455 bis 458. — 3) McAllen, J.: Recent regulations in food inspection. Vet. Rec. Bd. 5, S. 871—878. — 4) Bartholomé: Notes au sujet de l'inspection des viandes. Ann. de M. vét., April. — *5) Baum, H.: Allgemeines über das Lymphgefäßsystem der Haustiere, insbesondere Unterschiede im makroskopischen Verhalten des Lymphgefäßsystems verschiedener Tierarten. Vortrag, gehalten am 10. Oktober 1925 zur Tagung des Reichsverbandes der Deutschen Gemeindetierärzte. Zschr. f. Fleisch Hyg. Bd. 36, S. 49—54. — *6) Bürgi: Die Fleischbeschau in der Schweiz. D. Schlachthof Ztg. Bd. 25, S. 68—71 u. 83—84. — 7) Burndred, E. J.: Uniformity of Method, standard and action in meat inspection. Vet. Rec. Bd. 4, S. 717—726. 1924. — 8) Chicon: Etat du droit français en matière de saisies préventives de viandes insalubres.

J. de M. vét. Bd. 71, H. 5. — 9) Conte, A.: La jurisprudence dans l'inspection des viandes et dans la police sanitaire des animaux. Rev. gén, de M. vét. Bd. 34, S. 219—224, 282—287, 344—350, 407—412. — *10) Diemont, Aug.: Electrometrisch vleeschonderzoek. (Elektrometrische Fleischuntersuchung.) Diss. Utrecht. — *11) Doetsch: Zur Technik der bakteriologischen Fleischuntersuchung. Zschr. f. Fleisch Hyg. Bd. 35, S. 265—266. — *12) Galbusera, S.: Della percussione nell'ispezione delle carni. (Perkussion bei der Fleischuntersuchung.) Clin. vet. S. 782. — 13) Geudens: Expertise des viandes importées et surveillance permanente des tous les debits dans le pays. Ann. de M. vét., Februar. — *14) Grüttner, F.: Zur Organisation der tierärztlichen Nahrungsmittelkontrolle. Zschr. f. Fleisch Hyg. Bd. 35, S. 329—333 u. 345—348. — 15) Derselbe: Animalische Nahrungsmittelkontrolle und Gesetzgebung. Vortrag, gehalten am 11. Oktober 1925 in der Hauptversammlung des Reichsverbandes der Deutschen Gemeindetierärzte in Leipzig. Ebendas. Bd. 36, S. 54—58 u. 68—73. — *16) Habl, F.: Die Bestimmung des Aminosäurestickstoffes im Schweinefleisch mit Hilfe der quantitativen, kolorimetrischen Ninhydrinmethode. Prag. Arch. (A) H. 1 u. 2, S. 19—33. — *17) Heiß: Ist Gefrierfleisch nachuntersuchungsfreies Fleisch? Zschr. f. Fleisch Hyg. Bd. 35, S. 297—298. — 18) Derselbe: Über Untersuchungspflicht des Gefrierfleisches. D. Schlachthof Ztg. Bd. 25, S. 332—334. — 19) Hellich: Strafrechtliche oder disziplinare Verantwortlichkeit des Fleischbeschausachverständigen bei Verstoß gegen die Vorschriften über die Untersuchung bei der Schlachtvieh- und Fleischbeschau. Zschr. f. Fleisch Hyg Bd. 35, S. 150. (Erörterung der Möglichkeiten disziplinarer oder strafrichterlicher Verfolgung der Pflichtwidrigkeiten der Fleischbeschausachverständigen.) — *20) Hock, R.: Das Abtöten der Rinderfinne durch kalte Luft und gekühlte Salzsole. Zschr. f. Infekt. Krkh. d. Haust. Bd. 28, S. 47—58. — 21) Hoffmann, A. J.: Neuregelung der Vieh- und Fleischbeschau und des Fleischverkehrs in Deutsch-Österreich. D. Schlachthof Ztg. Bd. 25, S. 2—13. (Wortlaut der Verordnung vom 27. September 1924 und ihrer 5 Beilagen.) — 22) Howie, G.: Meat inspection. Vet. Rec. Bd. 5, S. 289—294. — *23) Junack, M.: Die Unterscheidung der beiden Rindernieren. Zschr. f. Fleisch Hyg. Bd. 35, S. 250. — *24) Derselbe: Zur Technik der bakteriologischen Fleischuntersuchung. Ein Fall von Vakzinemilzbrand beim Rinde. Ebendas. Bd. 35, S. 314—315. — *25) Derselbe: Reichsgesundheitsamt und Federsches Verfahren. D. Schlachthof Ztg. Bd. 25, S. 297—299. — *26) Derselbe: Zur Bewertung von Wurstwaren auf Grund des Verhältnisses leimgebender Substanz zur Gesamtstickstoffsubstanz und andere Wurstfragen. Ebendas. Bd. 25, S. 367. — 27) Derselbe: Gutachten über die Zuverlässigkeit des Federschen Verfahrens zur Ermittlung des Wasserzusatzes zu Fleisch- und Wurstwaren. D. t. W. Bd. 33, S. 712—715. (Die Federsche Zahl ist unsicher.) — *28) Kamp, C. J. G. van der: Resultaten van Bacteriologisch vleeschonderzoek. (Resultate der bakteriologischen Fleischuntersuchung.) Tijdschr. voor Diergeneesk. Bd. 52, S. 799—808. — *28a) Lauff, Br.: Schachitah und Bedikah (Schlachtung und innere Untersuchung). Auf Grund alttestamentlichen, talmudischen und neuhebräischen Quellenstudiums im Lichte der modernen Hygiene und Fleischbeschaugesetzgebung. Diss. Berlin 1922. — *29) Messner, H.: Das Polarisationsmikroskop im Dienste der praktischen Lebensmittelkontrolle. Prag. Arch. (A) H. 3 u. 4, S. 155—167. — *30) Derselbe: Über die Kontrolle von Wurstwaren. Zschr. f. Fleisch Hyg. Bd. 35, S. 113—115. — 31) Mezger: Wie wird die Nahrungsmittelkontrolle und im besonderen die Milchkontrolle zweckmäßig organisiert? Ebendas. Bd. 36, S. 20—22

u. 33—38. (Polemisches vom Standpunkt des Nahrungsmittelchemikers.) — 32) Müller, M.: Wann macht der praktische Tierarzt von der bakteriologischen Fleischbeschau Gebrauch? D. t. W. Bd. 33, S. 130—132. — 33) Derselbe: Über den Wandel der Anschauung in der Begutachtung des Fleisches als Nahrungsmittel für den Menschen. — Ein Umriß der Geschichte der Fleischbeschau. Ebendas. Bd. 33, S. 496—501 u. 517—522. — 34) Derselbe: Die Verantwortungsfrage bei sog. Fleischvergiftungen mit Bezug auf den Umfang der bakteriologischen Fleischuntersuchung. Ebendas. Bd. 33, S. 343—346. — *35) Derselbe: Wann trifft den Tierarzt bei Fleischvergiftungen des Menschen ein Verschulden im Sinne des § 823 BGB.? D. Schlachthof Ztg. Bd. 25, S. 397—399 u. 413—415. — 36) Derselbe: Das Wurzelgebiet der Fleischvergiftungen. T.R. Bd. 31, S. 740—744. — *37) Derselbe: Typhoide und Septikämie; Paratyphus und nichtspezifische Infektion. M. t. W. Bd. 76, Nr. 10, S. 191—197; Nr. 11, S. 225 bis 231; Nr. 12, S. 246—251. — 38) Derselbe: Die Einführung der mikroskopischen und bakteriologischen Fleischuntersuchung als Auftakt eines neuen Zeitabschnittes der Fleischbeschau. Ebendas. Bd. 76, Nr. 26, S. 557—561; Nr. 27, S. 568—576; Nr. 28, S. 602 bis 608; Nr. 29, S. 633—639. (Schilderung der Aufgaben der bakteriologischen Fleischbeschau.) — *39) Nährich: Zur Denaturierung der im § 36 BBA. aufgeführten Teile von Schlachttieren in der ambulatorischen Fleischbeschau durch Anilinfarbstoffe. Zschr. f. Fleisch Hyg. Bd. 35, S. 333—335. — 40) Neumann, O. R.: Entgegnung auf den Artikel von Dr. Heiß-Straubing „Über Untersuchungspflicht des Gefrierfleisches. D. Schlachthof Ztg. Bd. 25. S. 385 bis 386. (Polemisches.) — *41) Nieberle, K.: Zum anatomischen Wesen der „frischen tuberkulösen Blutinfektion". Zschr. f. Fleisch Hyg. Bd. 35, S. 361—366. — 42) Nieus: Aus der Fleischbeschau der Notschlachtungen. D. t. W. Bd. 33, S. 916. (Kasuistisch.) — *43) Ostertag, R. von: 25jähriges Bestehen des deutschen Reichsgesetzes, betreffend die Schlachtvieh- und Fleischbeschau. Zschr. f Fleisch Hyg. Bd. 35, S. 277—281. — *44) Poppe, K.: Die Bedeutung der bakteriologischen Feischuntersuchung. W. t. Mschr. Bd. 12, H. 2, S. 71. — *45) Postma, C.: De kewring van varkens, lijdende aan vlekziekte, „erisypelas suis". (Die Fleischbeschau bei Rotlaufschweinen „Erisypelas suis".) Diss. Utrecht. — *46) Preller: Die sanitätspolizeiliche Beurteilung der infektiösen Anämie. Zschr. f. Fleisch Hyg. Bd. 35, S. 196—197. — *47) Ronca, V.: Di una modificazione al metodo „Endo". Note di tecnica batteriologica cai applicazione alla ispezione delle casni. (Über eine Endoagarmodifikation. Bemerkungen technisch-bakteriologischer Natur zu einer Anwendung bei der Fleischbeschau.) Nuovo Ercol. Jg. 30, Nr. 23, S. 401—413. — *48) Seel, E.: Bemerkungen zu den Grundsätzen für die Beurteilung eines Wasserzusatzes zu Hack- oder Schabefleisch sowie zu Fleischbrühwürsten und Fleischkochwürsten. D. Schlachthof Ztg. Bd. 25, S. 163—165. — 49) Derselbe: Das Federsche Verfahren. Ebendas. Bd. 25, S. 306—307 u. 356—358. (Zusammenfassender Vortrag.) — 50) Derselbe: Die Untersuchung und Beurteilung der Nahrungsmittel tierischer Herkunft. Ebendas. Bd. 25, S. 339—340 u. 350—353. (Betrifft Zuständigkeit der Tierärzte für die Untersuchung und Beurteilung animalischer Nahrungsmittel.) — 51) Somer, F. E.: The public health meat regulations 1925. Vet. Rec. Bd. 5, S. 521—528. — *52) Standfuß, R.: Über die Haltbarkeitsprobe des Fleisches nach M. Müller. Zschr. f. Fleisch Hyg. Bd. 36, S. 2—3. — *53) Derselbe: Ist es zulässig, Fleisch beim Vorliegen des Verdachts der Blutvergiftung als bedingt tauglich zu erklären? Ebendas. Bd. 36, S. 6—7. — 54) Derselbe: Der praktische Tierarzt und die bakteriologische Fleischbeschau. T. R. Jg. 31, S. 161—162. — 55) Derselbe: Bemerkungen zur Frage der bakteriologischen Fleischuntersuchung. D. t. W. Bd. 33, S. 68—69. (Polemisch.) — 56) Derselbe: Die Vorbeuge gegen Fleischvergiftungen und die Verantwortung des Tierarztes. Ebendas. Bd. 33, S. 257—258. — 57) Stebler, H.: Die kantonalen Ausführungsbestimmungen zur eidgenössischen Gesetzgebung über Fleischbeschau. Diss. Bern 1924. — *58) Strobl, A.: Untersuchungen über die Verwertbarkeit der Müllerschen Haltbarkeitsprobe. Diss. Wien 1924/25. — 59) Torrance, H. L.: Some observations on the public health (meat) regulations, 1924. Vet. Rec. Bd. 5, S. 674—677. — *60) Trawiński, A.: Kann die Spezifitätslehre im Sinne M. Müllers als Prinzip der bakteriologischen Fleischbeschau gelten? Zschr. f. Fleisch Hyg. Bd. 36, S. 1—2. — *61) Derselbe: Podstawy naukowe oceny spożywalności miesa. (Wissenschaftliche Grundlagen zur Beurteilung der Fleischgenußtauglichkeit.) Przegl. wet. Nr. 10. — *62) Vortmann und Garnich, E.: Weitere Beiträge zur Wurstuntersuchung nach der Federschen Methode. Zschr. f. Fleisch Hyg. Bd. 35, S. 226—228. — *63) Dieselben: Weiterer Beitrag zur Wurstuntersuchung nach der Federschen Methode. Ebendas. Bd. 36, S. 81—82. — *64) Weber: Zum Streit um die Federzahl. D. Schlachthof Ztg. Bd. 25, S. 400 bis 402 u. 416—418. — *65) Zweers, J.: Jets over bacteriologisch vleeschonderzoek. (Etwas über die bakteriologische Fleischuntersuchung.) Tijdschr. voor Diergeneesk. Bd. 52, S. 1105—1108. — 66) Die Ausführungsbestimmungen A zum RG. nach der Verordnung des Reichsministers des Innern vom 10. August 1922. D. t. W. Bd. 33, S. 76—78. (Vortrag.) — 67) Grundsätze für die Beurteilung eines Wasserzusatzes zu Hack- oder Schabefleisch sowie zu Fleischbrühwürsten und Fleischkochwürsten nebst Anweisung zur Probeentnahme und chemischen Untersuchung, sowie Erläuterungen des Reichsgesundheitsamtes. Zschr. f. Fleisch Hyg. Bd. 35, S. 235—240. — 68) The new meat inspection regulations. Vet. Rec. Bd. 5, S. 386 bis 387. — 69) Thüringische Dienstanweisung für die Überwachung des Verkehrs mit Nahrungs- und Genußmitteln tierischer Herkunft durch beamtete und beauftragte Tierärzte, vom 18. Dezember 1924. Zschr. f. Fleisch Hyg. Bd. 35, S. 135—137.

v. Ostertag (43) gibt aus Anlaß des 25jährigen Bestehens des Reichsfleischbeschaugesetzes einen interessanten Rückblick auf die Entwickelung der wissenschaftlichen und praktischen Fleischhygiene vor Einführung des Reichsgesetzes und auf das Entstehen des Gesetzes selbst. Er beleuchtet den Nutzen, den die Schlachtvieh- und Fleischbeschau für die öffentliche Gesundheitspflege und für die Landwirtschaft gebracht hat, und sieht die nötige Ergänzung des Reichsfleischbeschaugesetzes im zu erstrebenden Ausbau der tierärztlichen Nahrungsmittelkontrolle.

Zumpe.

Baum (5) weist in seinen Ausführungen über das Lymphgefäßsystem der Haustiere nach, daß in der Form und Farbe der Lymphknoten und im Auftreten eines Hilus sehr große, für eine einzelne Tierart aber nicht charakteristische Verschiedenheiten vorkommen. Nach der Größe der Einzellymphknoten, nach der Gesamtzahl der Einzelknoten, nach der Zahl der Lymphknotengruppen und nach der Zahl der Einzelknoten dieser Gruppen bestehen bei den einzelnen Tierarten große, in vielen Beziehungen für die einzelne Tierart charakteristische Verschiedenheiten. Auch das Wurzel- oder Zuflußgebiet der einzelnen Lymphknoten und Lymphknotengruppen bei den einzelnen Tierarten ist nicht gleich. Man kann also das Lymphgefäßsystem einer Tierart nicht ohne weiteres dem einer anderen gleichstellen, und noch viel weniger darf man Lymphgefäßbefunde bei einer Tierart auf eine andere Tierart übertragen. Das Lymphgefäßsystem jeder Tierart muß vielmehr für sich und unabhängig von dem einer anderen Tierart untersucht werden. Als erforscht kann man zur Zeit erst das Lymphgefäßsystem vom Rind, Hund und Pferd ansehen.      Zumpe.

Nach Junack (23) ist die Unterscheidung der beiden Rindernieren, die auch für die praktische Fleischhygiene Bedeutung besitzt, durch folgende Merkmale gegeben:

Die linke Niere ist in 85% schwerer als die rechte Niere. Die vorderen zwei Drittel der linken Niere sind medial um 95—105° und oft noch mehr um die Längsachse gedreht und bedecken dadurch den Hilus fast ganz. Das orale Ende ist atrophisch abgeflacht und verjüngt oder geradezu spitz, wobei Spitzen von 60 bis 40° entstehen. Das kaudale Ende dieser Niere ist stärker entwickelt und zeigt oft kompensatorische Hypertrophie, so daß die Niere manchmal pyramidenförmige Gestalt mit oral liegender Spitze hat. Die rechte Niere ist flach, bohnenförmig, der Hilus liegt ganz offen, das kaudale Ende ist oft keilförmig abgeflacht.      Zumpe.

Nieberle (41) hat am Material vom Rind die anatomischen Merkmale der frischen tuberkulösen Blutinfektion untersucht.

Bei tuberkelbazillenreichen Formen der Lungentuberkulose, so bei disseminierter tuberkulöser Bronchiolitis, bei herdförmiger, exsudativer, tuberkulöser Pneumonie und bei akuter Miliartuberkulose, hat er zwar eine nichtspezifische, ätiologisch auf Tuberkulinwirkung beruhende, pathogenetisch auf starke Neubildung von Plasmazellen zurückzuführende markige Schwellung der Lungenlymphknoten feststellen können, in zahlreichen Fällen frischer Blutinfektion aber niemals die in der amtlichen Definition des § 37 der Ausf.-Best. A genannte Schwellung der Milz und der Fleischlymphknoten nachzuweisen vermocht. Bei völlig unverändertem Aussehen der betreffenden Fleischlymphknoten fanden sich in den Rindensinus und Follikeln junge, unverkäste Epithelioid- und Riesenzelltuberkel. Latente Tuberkelbazillen in den Lymphknoten sind eine schnell vorübergehende Erscheinung, der bald entweder die Vernichtung der eingedrungenen Bakterien oder die Bildung von Tuberkeln folgt. In der Milz waren auch bei histologischer Untersuchung niemals auch nur Andeutungen von Tuberkelbildung vorhanden. Die in den amtlichen Bestimmungen genannte „durchscheinende" Beschaffenheit frischer Tuberkel trifft für die Nieren nicht zu. N. schlägt auf Grund seiner Untersuchungsergebnisse folgende Änderung der amtlichen Definition vor: Eine frische tuberkulöse Blutinfektion ist als vorhanden anzusehen, wenn die durch Verbreitung auf dem Wege des großen Blutkreislaufes entstandenen Tuberkel in der Regel nicht über hirsekorngroß sind und insbesondere beide Nieren in größerer Anzahl gleichmäßig durchsetzen.      Zumpe.

Postma (45) vergleicht die Fleischbeschauvorschriften für Rotlauf mit seinen Untersuchungsergebnissen. Er gelangt zu folgenden Schlußfolgerungen: 1. Unter den gesetzlichen Begriff „Rotlauf" fallen alle Fälle, bei denen Rotlaufbazillen im Fleisch ermittelt werden können. 2. Die bakteriologische Fleischuntersuchung muß bei Verdacht auf Rotlauf, ungeachtet des pathologisch-anatomischen Befundes ausgeführt werden. Außer auf Agar muß man einen flüssigen Nährboden impfen (1 proz. Glukosebouillon). 3. Rücksichtlich der Pathogenität des Rotlaufbazillus schlägt er folgende Veränderungen in den Fleischbeschauvorschriften vor:

Untauglichkeitserklärung im Falle ausgebreiteter Prozesse in der Haut, in Muskulatur, im Fett und in den Eingeweiden. Tauglich nach der Sterilisierung in den leichteren Fällen, bei denen Rotlaufbazillen im Fleisch vorgefunden wurden. Er will die Fälle von Urtikaria und Endocarditis verrucosa in die gesetzlichen Bestimmungen einbegriffen wissen.      Beijers.

Lauff (28a) gibt eine Darstellung der besonderen rituellen Schlacht- und Untersuchungsmethode der Juden auf Grund eingehenden Quellenstudiums. Die mannigfachen Einzelheiten müssen im Original nachgesehen werden.      Weber.

Preller (46) hält eine Verschärfung der sanitätspolizeilichen Beurteilung des Fleisches der an infektiöser Anämie erkrankten Pferde für erforderlich, nachdem mehrere Fälle der Übertragung des Virus auf den Menschen festgestellt worden sind. Er schlägt vor, solches Fleisch nur in gekochtem Zustande unter Deklaration zu verwerten.      Zumpe.

Hock (20) stellte fest, daß die Rinderfinne durch Verbringen von finnenhaltigem Fleisch in eine auf — 7° C gekühlte Salzsole während 12 Stunden und durch Aufbewahren in kalter Luft im Kühlraum bei — 10° C während 24 Stunden abgetötet werden.      Joest u. Cohrs.

Nährich (39) hat festgestellt, daß die von Glage empfohlene Lösung (0,0025 g Gentianaviolett in 1 Liter Wasser) zur Denaturierung der in § 36 BBA. aufgeführten Teile von Schlachttieren als Hundefutter in der ambulatorischen Fleischbeschau bei Verwendung von kaltem Wasser ganz unzureichend wirkt. Er konnte durch Versuche ermitteln, daß eine kalte wäßrige Methylenblaulösung im Verhältnis von 0,1 g auf 1 Liter Wasser als zuverlässiges und billiges Mittel für die genannten Zwecke anzusehen ist.

Zumpe.

Bürgi (6) berichtet über die Handhabung der Fleischbeschau in der Schweiz, über die Fleischversorgung dieses Landes, die zu einem Drittel auf das Ausland angewiesen ist, und über die für die Fleischbeschau wichtigsten Krankheiten, unter denen die Tuberkulose, ferner Leberegel und Hülsenwürmer am häufigsten sind, während die Finnen als Fischfinnen bei eingeführtem Schlachtvieh oft, Cysticercus inermis und cellulosae aber selten beobachtet werden. Trichinen sind seit langer Zeit unbekannt.      Zumpe.

Nach Trawiński (61) muß die Beurteilung des Fleisches unserer Schlachttiere vom Standpunkte der Genußtauglichkeit für den menschlichen Gebrauch vor allem auf ursächlicher und nicht anatomisch-pathologischer Basis fußen.

Dieser Standpunkt ergibt auch die Wichtigkeit der bakteriologischen Fleischbeschau. Vom ursächlichen Standpunkt handelt es sich vor allem um die Feststellung, ob das verdächtige Fleisch keimfrei, d. h. unschädlich oder keimhaltig, d. h. schädlich für die menschliche Gesundheit ist, falls es sich um eine Fleischinfektion handelt. Das mit nichtspezifischen Keimen infizierte Fleisch kann unter Deklaration zum menschlichen Gebrauch zugelassen werden. Das mit spezifischen Keimen infizierte Fleisch kann zum menschlichen Genuß überhaupt nicht zugelassen werden. Zu den spezifischen Keimen im Sinne der Fleischhygiene sind vor allem die Fleischvergifter zu rechnen.

Gajewski.

Poppe (44) behandelt in einem Vortrage die Bedeutung der bakteriologischen Fleischuntersuchung.

Nach kurzem geschichtlichen und statistischen Überblick über die Fleischvergiftungen und ihre Ursachen wird auf die hygienische Bedeutung der bakteriologischen Fleischbeschau eingegangen. Besonders gefährlich haben sich die Notschlachtungen erwiesen. Mit der Zunahme der Notschlachtungen bei Pferden mehrten sich in gleichem Maße die Fleischvergiftungen, die auf Genuß von Pferdefleisch zurückgeführt werden konnten. Gegenüber der Zahl der durch Pferdefleisch veranlaßten Fleischvergiftungen betragen die Zahlen bei Rindfleisch fast nur ein Drittel, bei Schweinefleisch etwa nur ein Siebentel, bei Kalbfleisch nur ein Sechsundzwanzigstel. (Als begünstigender Faktor für das Zustandekommen der Fleischvergiftungen durch Pferdefleisch könnte noch der Umstand in Frage kommen, daß im Pferdefleisch ein Stoff enthalten ist [durch Kochen und Alkohol extrahierbar], der bei Hunden Diarrhöen und schließlich den Tod herbeiführen kann; cf. Pflüger; d. Ref.). Weiterhin werden die Beziehungen zwischen Septichämie, Paratyphus der Schlachttiere und den Fleischvergiftungen beim Menschen kritisch erörtert, sowie auch der Nachweis der Fleischvergiftungsbakterien im Fleisch der Schlachttiere und die Beurteilung des Fleisches beim Funde solcher. Auch die wirtschaftliche Bedeutung der bakteriologischen Fleischbeschau für die Erhaltung von Werten wird eingehend beleuchtet, sowie auch die technische Ausführung geschildert. Zusammenfassend wird gesagt, daß die bakteriologische Fleischuntersuchung, wie die jetzt für einen Zeitraum von 10 Jahren vorliegenden Ergebnisse gezeigt haben, sich vom hygienischen Standpunkt innerhalb der ihr gezogenen Grenzen bewährt hat. Die bakteriologische Fleischuntersuchung hat dazu beigetragen, die Fleischbeschau zu vervollkommnen und eine größere Sicherheit in die Beurteilung zu bringen. Es muß nun Sache der einzelnen Länder sein, auf Grund der gesammelten Erfahrungen die Durchführung und Handhabung der bakteriologischen Fleischuntersuchung nach den jeweiligen Bedürfnissen weiter auszubauen.

Hans Richter.

v. d. Kamp (28) tritt überzeugend für die bakteriologische Untersuchung aller Notschlachtungen ein.

Die genaue pathologisch-anatomische Untersuchung darf jedoch niemals vernachlässigt werden. Bisweilen wäre auf Grund des pathologisch-anatomischen Befundes Freigabe erfolgt, wenn nicht durch die bakteriologische Fleischuntersuchung der Keimgehalt des Fleisches ermittelt worden wäre (z. B. bei einem Pferde mit ichoröser Pneumonie und fibrinöser Pleuritis wurden aus dem Fleische Streptokokken gezüchtet). Es folgen die Resultate der bakteriologischen Fleischuntersuchung während der letzten Jahre am Groninger Schlachthof: 274 Rinder untersucht, 2,15% keimhaltig; 33 Pferde, 6% keimhaltig; 140 Schweine (kein Rotlauf), 6½% keimhaltig; 130 Schweine mit Rotlauf, 51% keimhaltig; 22 nüchterne Kälber, 82% keimhaltig.

Beijers.

Zweers (65) bespricht die große Bedeutung der bakteriologischen Fleischbeschau, wie dies auch van der Kamp in einem Artikel derselben Zeitschrift betont hat.

Z. rät sehr, die Temperaturaufnahme bei der lebenden Untersuchung der Tiere vorzunehmen. Weiter muß man bei der makroskopischen Beurteilung der Kulturen (nach 24 Stunden) sehr vorsichtig sein; häufig scheint kein Wachstum in der Kultur aufgetreten zu sein, während nach weiteren 24 Stunden letzteres wohl zutrifft. Er empfiehlt daher die Anfertigung eines Ausstriches aus der Kultur, bei Zeitmangel ein längeres Bebrüten derselben. Man gebrauche immer wenigstens 2 Bouillon- und 2 Agarröhrchen; auf Agar sind Strepto-

kokken- und Rotlaufkulturen weniger deutlich zu sehen wie in der Bouillon. Er tritt der Auffassung van der Kamps, das keimhaltige Fleisch von Rotlaufschweinen nach der Sterilisierung für den Konsum zuzulassen, entgegen; es muß für untauglich erklärt werden. Zukünftig muß die bakteriologische Fleischuntersuchung eine Unterscheidung zwischen Fleischvergiftern und Nichtfleischvergiftern ermöglichen.    Beijers.

Doetsch (11) schildert die von ihm angewandte Technik der bakteriologischen Fleischuntersuchung.

Insbesondere beschreibt er sein Probeagglutinationsverfahren auf einer sterilen Glasplatte von etwa $10 \times 12$ cm, auf die er eine Reihe (ca. 3—4) Tropfen Kochsalzlösung, eine Tropfenreihe normales Esel- oder Kaninchenserum, eine Tropfenreihe Enteritidis-Gärtnerserum usw. in Verdünnungen 1 : 100 gibt. In diese Tropfen verreibt er in üblicher Weise die verdächtigen Bakterien und betrachtet mit bloßem Auge und Plattenkulturmikroskop. Nach 5—10 Minuten langem Bedecken der Glasplatte erneute Durchsicht.

Zumpe.

Junack (24) bringt Beachtliches zur Technik der bakteriologischen Fleischuntersuchung.

Er belegt durch Beispiele aus seiner eigenen Tätigkeit, daß im allgemeinen eine Bebrütung der Kulturen von mindestens 16 Stunden, bei Kälbern mit Verdacht auf Gärtnerbazilleninfektion aber eine solche von mindestens 24 Stunden erforderlich ist. Ein Verdacht auf Gärtnerbazilleninfektion ist bereits gegeben bei Ikterus und Milztumor. Eine Beschränkung auf nur elektive Nährböden bei der bakteriologischen Fleischuntersuchung ist zum Zwecke der Erkennung anderer Infektionskrankheiten (Anthrax) zu vermeiden.

Zumpe.

Ronca (47) bediente sich einer Nährbouillon an Stelle eines Nähragars zur Darstellung der „Endomethode", um damit das Bacterium coli, nach Gallenanreicherung, im Fleische der geschlachteten Tiere nachzuweisen.

Declich.

Strobl (58) untersuchte das Fleisch von 38 Schlachttieren nach dem von Müller angegebenen Verfahren (Haltbarkeitsprobe) und verglich das dabei erzielte Resultat mit dem Ergebnis einer gleichzeitig vorgenommenen bakteriologischen Untersuchung der betreffenden Fleischproben.

In 23 Fällen bestand Übereinstimmung zwischen dem Ergebnis der bakteriologischen Fleischuntersuchung und dem der Haltbarkeitsprobe, indem einem günstigen Resultat der Müllerschen Probe Keimfreiheit der untersuchten Muskelstücke entsprach und umgekehrt. In 15 Fällen bestanden jedoch zwischen den Ergebnissen der beiden Untersuchungsmethoden insofern Gegensätze, als einerseits in 6 Fällen bei einem ungünstigen Ergebnis der Müllerschen Haltbarkeitsprobe Keimfreiheit dieser Muskelstücke festgestellt wurde, andererseits in 9 Fällen bei günstiger Haltbarkeitsprobe hochgradige bakterielle Verunreinigung der untersuchten Proben zu beobachten war. Diese zuletzt genannten Fälle weisen darauf hin, daß neben der Keimhaltigkeit noch andere Momente für den Ausfall der Müllerschen Haltbarkeitsprobe bestimmend sind, während Müller annimmt, daß das ungünstige Ergebnis der Haltbarkeitsprobe durch eine starke Keimhaltigkeit der Proben bedingt sei. Die vorliegenden Untersuchungen, bei denen die Auswahl der Fälle im Sinne der Müllerschen Auffassung getroffen wurde, führen zu der Erkenntnis, daß ebensowenig wie die bakteriologische Fleischuntersuchung, die von Müller angegebene Haltbarkeitsprobe in ihrer gegenwärtigen Form einen sicheren Schluß auf die Haltbarkeit des untersuchten Fleisches gestattet.    Trautmann.

Standfuß (52) faßt die in seinem Institut gemachten Erfahrungen mit der Haltbarkeitsprobe des Fleisches nach M. Müller dahin zusammen, daß diese Probe zwar immer nur im Zusammenhange mit den anderen Untersuchungsverfahren berücksichtigt werden, nicht aber etwa ein anderes Verfahren ersetzen darf. Mit Verständnis angewendet, darf diese Probe als ein brauchbares weiteres Hilfsmittel bei der Fleischuntersuchung angesprochen werden, besonders in solchen Fällen, in denen entschieden werden soll, ob ein größerer Keimgehalt hinsichtlich der Haltbarkeit des Fleisches bedenklich ist oder nicht. *Zumpe.*

Die Schlüsse, die Müller (37) zieht, sind folgende: Der Inhalt der Blutvergiftungslehre aus den drei Lehrgebieten läßt sich folgendermaßen kurz zusammenfassen:

1. Humoralpathologisch mußten infolge der Unkenntnis über die klinisch und symptomatisch nicht erkennbaren Paratyphusseptichämien der Schlachttiere die jauchige und eitrige Blutvergiftung, die Septichämie und Pyämie, das Faulfieber, als vermeintliche Ursache der sog. Fleischvergiftungen angesprochen werden. Dieser rein spekulativ gestellte Rückschluß hat sich als unrichtig erwiesen.

2. Pathologisch-anatomisch versteht man unter anatomischer Blutvergiftung oder septischem Beschaubefunde den Befund der parenchymatösen Degeneration an den Organen und der Muskulatur, verbunden mit Schwellungen der Lymphknoten und Milz; dieser Befund stellt die Wirkung nichtspezifischer Infektionen dar, die humoralpathologisch als Blutvergiftung angesprochen wurde.

3. Bakteriologisch besagt das Wort eitrige und jauchige Blutvergiftung bzw. Faulfieber in ätiologischer Hinsicht heute das gleiche wie die nichtspezifische, akzidentelle Wundinfektion, da alle spezifischen Infektionen wie Milzbrand, Rauschbrand, Rotlauf, Rotz, Typhus und schließlich auch Paratyphus aus dem alten Begriff der Blutvergiftung herausgenommen worden sind und in Form spezifischer Blutinfektionen als Milzbrand-, Rotlauf-, Paratyphussepticämie usw. bezeichnet werden. *J. Schmidt.*

Trawiński (60) erkennt die theoretische Berechtigung der Spezifitätslehre im Sinne M. Müllers als Prinzip der bakteriologischen Fleischbeschau an, hält aber die praktische Durchführung dieses Grundsatzes bei der Beurteilung der Blutinfektionen der Schlachttiere so lange für gefährlich, als man nicht imstande ist, die im Fleische septisch erkrankter Schlachttiere vorgefundenen apathogenen Bakterienarten mit Sicherheit von den menschen- und tierpathogenen Arten zu trennen. *Zumpe.*

Nach den Mitteilungen von Standfuß (53) erscheint die Neigung der in der Ergänzungsbeschau tätigen Tierärzte weit verbreitet, das Fleisch nach erfolgter bakteriologischer Untersuchung über den gesetzlichen Rahmen hinaus als bedingt tauglich zu begutachten. *Zumpe.*

Nach Müller (35) ist die Frage der Verantwortlichkeit des Tierarztes bei Fleischvergiftungen des Menschen verschieden zu beurteilen, je nach dem Standpunkte der wissenschaftlichen Einstellung des Sachverständigen.

Vom Standpunkte der Blutvergiftungslehre trifft den Tierarzt dann ein Verschulden, wenn er nicht weitgehend genug das Vorliegen einer Gemeingefährlichkeit des Fleisches oder das Übertreten von Fleischvergiftungsbakterien in das Fleisch angenommen und daher die bakteriologische Untersuchung unterlassen hat. Vom Standpunkte der Infektionslehre ist dem Tierarzt beim Eintreten einer Fleischvergiftung zooparasitären Ursprunges ein Verschulden in der Regel überhaupt nicht beizumessen, weil der Paratyphus der Tiere klinisch und pathologisch-anatomisch nicht erkennbar ist, es sei denn, daß die obligatorische bakteriologische Untersuchung aller Notschlachtungen vorgeschrieben ist. *Zumpe.*

Galbusera (12) stellt Gärungen bzw. Gasansammlungen im Fleisch durch Perkussion fest. *Frick.*

Heiß (17) untersuchte die Frage, ob das ausländische Gefrierfleisch als nachuntersuchungsfreies Fleisch im Sinne des § 20 des Reichsfleischbeschaugesetzes zu gelten hat.

Das Gefrierfleisch hat weder im Auslande einer dem Reichsfleischbeschaugesetz entsprechenden Untersuchung unterlegen noch kann man es vor dem Auftauen nach den für eingeführtes frisches Fleisch geltenden Vorschriften untersuchen. Da es für Auslandsfleisch keine gesetzliche Ausnahme vom Untersuchungszwang gibt, ist nicht nur auf einer Nachuntersuchung des Gefrierfleisches nach § 20 a. a. O., sondern auch auf einer gründlichen Untersuchung des aufgetauten Fleisches vor Verkaufsbeginn zu bestehen. *Zumpe.*

Diemont (10) fand in der physikalischen Untersuchung des Fleisches (Leitungsvermögen, Polarisation) eine brauchbare Methode für die Unterscheidung des Gefrierfleisches vom frischen Fleisch. Er gelangt nach eingehender Beschreibung technischer Einzelheiten und an der Hand eines größeren Untersuchungsmaterials zu folgenden Ergebnissen:

Die elektrometrische Untersuchung ermöglicht eine sehr genaue Feststellung biologischer Veränderungen lebenden Gewebes. Im Großhandel und in denjenigen Fällen, wo für die Untersuchung ein Vorderfuß zur Verfügung steht, ist die Unterscheidung des Gefrierfleisches vom frischen Fleisch sicher möglich. Im Falle der P/W-Koeffizient (bestimmtes Verhältnis zwischen Polarisation und Widerstand) bei Anwendung der der vorliegenden Arbeit zugrunde liegenden Untersuchungstechnik $9/10\,000$ oder höhere Werte aufweist, so handelt es sich um frisches Fleisch. In der Praxis ergeben sich für frisches Fleisch nur selten niedrigere Werte. Sie betreffen 1. ältere (2—3 Wochen) im Entbindungsstadium befindliche, 2. stark ausgetrocknete, 3. über 60° erhitzte Fleischproben. In reichlich sehnenplattenhaltigem Fleische bleibt die Polarisation länger bestehen. Die Werte für die Polarisation und den Widerstand variieren sogar in demselben Gewebsstück solchermaßen, daß man zur Untersuchung immer mehrere Präparate heranziehen muß. Man muß die Messungen bei derselben Temperatur verrichten und die Präparate vergleichshalber in denselben Ausmaßen anfertigen. Trotzdem für die elektrometrische Untersuchung komplizierte Apparate nötig sind, gestaltet sich die Ausführung der Fleischuntersuchung verhältnismäßig einfach und ist wenig zeitraubend. Die elektrometrische Untersuchung eröffnet neue Möglichkeiten für nähere Untersuchungen auf dem Gebiete der Fleischbeschau. *Beijers.*

Habl (16) stellte Untersuchungen an über die Bestimmung des Aminosäurestickstoffes im Schweinefleisch mit Hilfe der quantitativen, kolorimetrischen Ninhydrinmethode, um damit einen Beitrag zum Nachweis der beginnenden Fleischfäulnis zu liefern.

Es zeigte sich, daß sich der Gehalt an Aminosäurestickstoff im Schweinefleisch mit Hilfe der quantitativen, kolorimetrischen Ninhydrinmethode gut bestimmen läßt. Man kann aber aus dem Gehalt an Aminosäurestickstoff keinen Rückschluß auf das Alter des Fleisches und seiner Aufbewahrungsart ziehen. Ein Schweinefleisch, welches mehr als 80,00 mg Aminosäurestickstoff aufweist, ist jedenfalls als sehr verdächtig anzusprechen. Inwieweit die Bakterienflora den Gehalt an Aminosäurestickstoff beeinflußt, konnte nicht mit Sicherheit festgestellt werden. Scheinbar zeigt sich die Anwesenheit von zahlreichen Bakterienarten durch einen erhöhten Aminosäurestickstoffgehalt an.

Alle erhaltenen Größen können nur als Vergleichswerte betrachtet werden, da ein anderer Untersucher einen anderen Grad der Durchlässigkeit für Pepton annehmen wird.

Der Nachweis der beginnenden Fleischfäulnis im Schweinefleisch konnte mit Hilfe der quantitativen kolorimetrischen Ninhydrinmethode nicht erbracht werden.                           Krage.

Messner (29) prüfte das Polarisationsmikroskop nach Litterscheid auf seine Verwendbarkeit in der praktischen Lebensmittelkontrolle.

Einer gleichen Untersuchung wurden unterzogen verschiedene marktgängige Speisefette, verschiedene Buttersorten, sowie Rohstoffmaterialien, welche bei der Herstellung von Kunstspeisefetten Verwendung finden. Er gelangt zu der Überzeugung, daß das Taschenpolarisationsmikroskop in der Hand eines gut geschulten Personals ein sehr brauchbares Hilfsinstrument zur Sichtung der zu entnehmenden Proben darstellt und vor allem die Auswahl der Proben erleichtert, weil die Untersuchung mit demselben frische und unverfälschte Butter erkennen läßt. Schon bei Verwendung ganz geringer Buttermengen kann an Ort und Stelle der Verdacht auf Verfälschung einer Butter angezeigt werden. Endlich vermag das Instrument über die Reinheit und bis zu einem gewissen Grade auch über das Alter einer Butter schnell zu orientieren.                           Krage.

Vortmann und Garnich (62) haben erneut vergleichende Versuche über die Brauchbarkeit der Federschen Methode zur Wurstuntersuchung ausgeführt.

Sie stellten 4 Brühwurstarten her, und zwar je eine aus den gleichen Muskelteilen zweier gleichwertiger Kühe der Schlachtviehklasse C. Zu jeder Wurstsorte wurde Schweinefleisch zugesetzt, und zwar stets fette Backe. Eine Kuh und ein Bulle wurden 4 Stunden vor der Schlachtung getränkt, während die beiden anderen Tiere 24 Stunden vor der Schlachtung dursten mußten. Nach Aussehen, Konsistenz und chemischer Analyse konnte das Fleisch der getränkten Tiere von dem der nichtgetränkten Tiere nicht unterschieden werden. Jede Wurstsorte wurde in 4 Nahrungsmitteluntersuchungsämtern chemisch untersucht. Dabei ergaben sich für ein und dieselbe Wurstsorte ganz gewaltige Unterschiede im Analysenergebnis der einzelnen Ämter nicht nur für Wasser, organisches Nichtfett usw., sondern auch für die Mineralstoffe. Die Versendung der Proben an die Ämter geschah zur gleichen Zeit und in luftdicht verschlossenen Gefäßen. Die Feststellung des Gewichtsverlustes der gleichen Wurstsorten beim Aufbewahren in einem angeheizten Raum ergab am 7. Tage 20,6% und am 11. Tage 32,2%.
                           Zumpe.

Seel (48) übt Kritik an den Grundsätzen des Reichsgesundheitsamtes für die Beurteilung eines Wasserzusatzes zu Hackfleisch und Wurst.

Er erkennt als Fortschritt an, daß nun alle Bestandteile analytisch bestimmt werden müssen, also auch das Eiweiß, das bisher nach der Federschen Methode als organisches Nichtfett nur errechnet wurde. Andererseits sind viele wichtige, besonders von tierärztlicher Seite als notwendig erachtete Forderungen nicht

erreicht worden, so die Untersuchung von mindestens 4 Proben zur Feststellung einer gleichmäßigen Mischung der verdächtigen Ware, die obligatorische Untersuchung einer Vergleichsprobe vom Ausgangsmaterial und die Berücksichtigung des Nährwertes einer Wurst bei Beurteilung ihres Wassergehaltes. Die Grundsätze des Reichsgesundheitsamtes entsprechen demnach nicht den berechtigten Erwartungen und sind nicht geeignet, den wirklichen Fälscher zu fassen, den Unschuldigen aber in allen Fällen zu schützen. Mit Hilfe des Federschen Verfahrens ist die Lösung der Aufgabe nicht möglich. Es bedarf hierzu der Ausarbeitung besserer Methoden.                           Zumpe.

Vortmann und Garnich (63) berichten über einen weiteren Beitrag zur Wurstuntersuchung nach der Federschen Methode, wobei streng nach den Anweisungen des Reichsgesundheitsamtes verfahren worden ist.

Von einem wässerigen Tier ist handwerksmäßig Brühwurst hergestellt, noch am gleichen Abend verpackt und am nächsten Morgen fast zur selben Stunde an 3 chemische Institute gesandt worden mit der Bitte, die Proben an einem bestimmten Tage und streng nach den Anleitungen des Reichsgesundheitsamtes zu untersuchen. Ein Institut findet 4 Tage nach Herstellung der Wurst noch einen Mindestwasserzusatz von etwa 18%, der am Tage nach der Herstellung sogar 24% betragen hätte, und eine Federzahl von 5,2, während nur 16,6% Wasser zugesetzt worden sind. Ein anderes Institut stellt bei der gleichen Wurstart, der gleichen Untersuchungsmethode und zum gleichen Zeitpunkt eine Federzahl 3,8 und einen Mindestwasserzusatz von 3,56% fest. Es ist also nicht zutreffend, daß die Anweisungen des Reichsgesundheitsamtes „innerhalb der üblichen Fehlergrenzen liegende, gut übereinstimmende Werte" gewährleisten, wie Kerp und Rieß es behaupten.                           Zumpe.

Junack (25) hat die in der Veröffentlichung des Reichsgesundheitsamtes über das Federsche Verfahren enthaltenen Protokolle der 12 Untersuchungsstellen dahin vervollständigt, daß er aus ihnen den Nährwertgehalt der analysierten Fleisch- und Wurstproben errechnete. Er konnte feststellen, daß in 11 Fällen, in denen die Federsche Verhältniszahl innerhalb der zulässigen Grenzen blieb, die Ware auf 100 g nur rund 90—121 Kalorien enthielt, während andere Waren in denselben Untersuchungsstellen unerlaubte hohe Federzahl aufwiesen, in 100 g aber rund 143—612 Kalorien besaßen.                           Zumpe.

Weber (64) kommt im Gegensatz zu Junacks Ergebnissen zu dem Schluß, daß die Federzahl in keiner Weise abhängig ist vom Fettgehalt und auch unmöglich durch einen Zusatz von Fetten verändert werden kann.

Bei Zusatz von wasserhaltigem Fettgewebe muß die Federzahl entsprechend dem auf diese Weise hinzukommenden Wasser naturgemäß etwas hinaufgehen, das spielt aber praktisch keine Rolle, und es kann dadurch niemals eine verwässerte Wurst vorgetäuscht werden. Der Nährwert wird von den Nahrungsmittelchemikern keineswegs unterschätzt, im Gegenteil muß gerade der von ihnen bekämpfte übermäßige Zusatz von Wasser zu Fleisch- und Wurstwaren stets eine Minderung des Nährwertes zur Folge haben.                           Zumpe.

Junack (26) lehnt die von seiten der Nahrungsmittelchemiker zur Bewertung von Wurstwaren vorgeschlagene Verhältniszahl zwischen Leimgehalt und Stickstoffsubstanz als für die praktische Wurstkontrolle viel zu umständlich ab und weist darauf hin, daß der tierärztliche Sachverständige durch einfache makroskopische und histologische Untersuchung die Zusammensetzung einer Wurst viel zweckmäßiger ermitteln kann. Zumpe.

Grüttner (14) bringt in seinem Vortrage über die Organisation der tierärztlichen Nahrungsmittelkontrolle einen Überblick über die reichs-, landes- und ortsrechtlichen Bestimmungen und begründet die Zweckmäßigkeit, beim weiteren Ausbau einheitliche Vorschriften zu erstreben und die Nahrungsmittelkontrolle mit der Fleischbeschau auf dem Schlachhofe oder mit der sonstigen ordentlichen Fleischbeschau organisatorisch zu vereinigen. Zumpe.

Nach Messner (30) kann die Kontrolle von Wurstwaren, die für den Verbraucher unentgeltlich sein und außerdem als regelmäßige Durchsicht der Betriebsstätten und als Untersuchung regelmäßig entnommener Proben erfolgen soll, die Gefahrenmomente, die der Wurst als Lebensmittel innewohnen, zwar vermindern, aber nicht ganz verhüten. Dazu ist die staatliche Beaufsichtigung der Verwertung des gesamten Notschlachtungsfleisches erforderlich.

Zumpe.

## 2. Krankheiten der Schlachttiere.

1) Altmann: Herzabszeß als Notschlachtungsursache. Zschr. f. Fleisch Hyg. Bd. 35, S. 268. (Kasuistisch.) — 2) Bartzack: Ein Fall von Muskeltuberkulose beim Schweine. Ebendas. Bd. 35, S. 148. (Kasuistisch.) — *3) Dikoff, Gr.: Die Echinokokkenkrankheit in Bulgarien. Ebendas. Bd. 35, S. 115—118. — *4) Ernst, W.: Die Leberegelseuche. D. Schlachthof Ztg. Bd. 25, S. 131—132 u. 147—148. — *5) Grüttner, F.: Ein Fall von Muskeltuberkulose beim Rinde. Zschr. f. Fleisch Hyg. Bd. 35, S. 97—101. — *6) Hanuschke, E.: Über die Nomenklatur der Bakterien der sog. Paratyphusgruppe und der von ihnen verursachten Krankheiten im Hinblick auf Fleischvergiftung und Fleischbeschau. Seuchenbekämpfung Bd. 2, H. 1/2, S. 75—79. — 7) Jones, J. H.: Meat inspection and tuberculosis. Vet. Rec. Bd. 5, S. 385. (3 Schlachtbefunde ausgedehnter Tuberkulose gut genährter Schlachtrinder.) — *8) Junack, M.: Ein Beitrag zur Tierquälerei. D. Schlachthof Ztg. Bd. 25, S. 386—387. — 9) Koegel, A.: Die Leberegelseuche. Ebendas. Bd. 25, S. 179—181. (Nichts Neues.) — *10) Materna, A. und E. Januschke: Ein Beitrag zu der Frage der ätiologischen Beziehungen zwischen der bazillären Schweinepest und dem Paratyphus β des Menschen. Vorläufige Mitteilung. Zschr. f. Fleisch Hyg. Bd. 35, S. 298—300. — 11) Müller, M.: Der Paratyphus der Schlachttiere und seine Bedeutung für den Menschen im Lichte der ersten Auseinandersetzungen zwischen Blutvergiftungslehre und Infektionslehre. D. t. W. Bd. 33, S. 293—297. — 12) Preuß, K. O.: Aktinomycosis nodularis im Euter einer Kuh. Zschr. f. Fleisch Hyg. Bd. 35, S. 101—102. (Kasuistisch.) — 13) Sandig: Das Luftblasengekrös. Rdsch. d. Flschbsch. Bd. 26, S. 33. (Zusammenfassung des Bekannten.) — 14) Schroeder: Etwas von Finnen und Bandwürmern. Ebendas. Bd. 26, S. 145—150. — *15) Steggewentz, D.: Gewebsverfärbung nach Eichelfütterung bei Schweinen. Zschr. f. Fleisch Hyg. Bd. 35, S. 118—119. — 16) Süskind: Zwei bemerkenswerte Nebenbefunde bei der Fleischbeschau. I. Aktinomykom in der Rachenhöhle eines Rindes. II. Meckelsches Divertikel bei einem Schwein. Ebendas. Bd. 35, S. 181. — *17) Tiemann: Mesenterialemphysem des Schweines. Ebendas. Bd. 35, S. 215. — 18) Derselbe: I. Nochmals Mesenterialemphysem des Schweines. II. Ossifikation des Lungengewebes bei argentinischen Ochsen. Ebendas. Bd. 35, S. 250—251. — 19) Tra-

winski, A.: Ein Fall septischer Paratyphus B-Erkrankung einer Kuh infolge sekundärer Infektion der Gebärmutter durch das Hantieren eines Laiengeburtshelfers beim Entfernen der Nachgeburt. Ebendas. Bd. 36, S. 65. — *20) Veenker, H. F.: Economic problems of interest to veterinarian, producer and packer. J. Am. Vet. Med. Assoc. Bd. 66, Nr. 5, S. 599—605. — 21) Vortmann: Die Leberegelseuche. Rdsch. d. Flschbsch. Bd. 26, S. 66—67. — 22) Zeeb, H.: Fremdkörper im Magen des Rindes. Ebendas. Bd. 26, S. 34.

Grüttner (5) beschreibt eine Muskeltuberkulose beim Rinde, und zwar bei einer 7—8jährigen Kuh.

Diese hatte neben einer älteren, teilweise nahezu zum Stillstand gekommenen Tuberkulose der Lunge, der Bronchial- und Mediastinallymphknoten sowie des Brustfells eine ausgedehnte Durchsetzung der Rumpf- und Gliedmaßenmuskulatur mit einzelnen oder in Gruppen, vorwiegend oberflächlich unter den Faszien, bisweilen aber auch in der Tiefe der Muskulatur gelagerten, erbsen- bis haselnußgroßen, rundlich bis eiförmigen, lehmgelben, derben, mit der Umgebung fest verwachsenen Knoten, ohne daß sich die Fleischlymphknoten makroskopisch erkrankt zeigen. Die Diagnose Muskeltuberkulose stützt sich auf den histologischen Befund, bei dem die Knoten als scharf gegen die Umgebung abgesetzte, durch mehr oder weniger schmale Züge spindelförmiger Zellen zusammengehaltene Knötchenkonglomerate erscheinen. Die Einzelknötchen bestehen vorwiegend aus epithelioiden, mit Rundzellen durchmischten Zellen, die an der Peripherie dicht gelagert sind, nach dem Zentrum zu allmählich lockerer werden, hier ganz vereinzelt auch ovale Riesenzellen mit 4—10 am Rande des Zelleibes gelegenen Kernen aufweisen und schrittweise in eine zentralgelegene nekrotische Masse übergehen. Das Fleisch ist als Nahrungsmittel untauglich gemäß § 33, Abs. 1, Ziff. 14 der Ausführungsbestimmungen A.

Zumpe.

Materna und Januschke (10) haben vergleichende Untersuchungen über die ätiologischen Beziehungen zwischen der bazillären Schweinepest und dem Paratyphus β des Menschen ausgeführt und folgende Ergebnisse erzielt.

1. Der Erreger des menschlichen Paratyphus β vermag beim Schweine Darmschleimhautveränderungen hervorzurufen, die sich von denen infolge einer Suipestifer-Infektion (bazillärer Schweinepest) nur graduell unterscheiden. Der Erreger des Paratyphus β hat die Fähigkeit, im Schweineorganismus, wenn auch vielleicht nicht so aggressiv wie der eigentliche Suipestifer A oder B, vorzudringen. 2. Der Bac. paratyphosus β hat auch im untersuchten Fall beim Menschen eine ruhrähnliche, isolierte Dickdarmerkrankung mit allgemeiner Sepsis erzeugt. Die vollkommene Identität dieser Erkrankung mit den von uns bei der experimentellen Infektion des Schweines mit Bac. suipestifer Kunzendorf festgestellten Veränderungen und die bloß graduelle Verschiedenheit bei der Fütterungsinfektion des Schweines mit dem vom Menschen stammenden Bac. paratyphosus β fordert jedenfalls erhöhte Aufmerksamkeit hinsichtlich der Herkunft der Paratyphus β-Infektion des Menschen. Wenn heute schon eine Vermutung über den Verwandtschaftsgrad zwischen den Bac. paratyphosus β und dem Bac. suipestifer B gestattet ist, so dürfte anzunehmen sein, daß beide ebenso Standortvarietäten darstellen, wie die Typen des Tuberkelbazillus. Zumpe.

Januschke (6) macht an der Hand der vorhandenen Literatur Vorschläge über die Nomenklatur der Bakterien der sog. Paratyphusgruppe und der von ihnen verursachten Krankheiten im Hinblick auf Fleischvergiftung und Fleischbeschau. Schumann.

Nach Diekoff (3) ist die Echinokokkenkrankheit in Bulgarien bei Mensch und Haustier stark verbreitet.

Von den Schafen sind 40—50%, von den Rindern 16% und von den Schweinen weniger befallen. Beim Menschen wurde in einem Krankenhause von 1900 bis 1908 durch Sektion in 0,29% der Männer und 1,8% der Frauen die Echinokokkenkrankheit als Todesursache ermittelt. Die wirksame Bekämpfung der Echinokokkenkrankheit ist ebenso wie die der anderen Zoonosen nur durch die strenge Durchführung der obligatorischen Fleischbeschau, der auch alle Hausschlachtungen, insbesondere die Schafe, zu unterziehen sind, und durch unschädliche Beseitigung aller erkrankten Organe und Organteile zu erwarten. Zumpe.

Ernst (4) berichtet über die Leberegelseuche, und zwar über ihre Verbreitung im Reiche und in Bayern an der Hand fleischbeschaustatistischen Materials aus den Jahren 1910—1922, über die Entstehung der Seuche, über den Entwicklungsgang der Parasiten und die hieraus sich ergebenden Wege der Bekämpfung. Letztere besteht in der medikamentösen Behandlung der Tiere vor und nach dem Weidegang zwecks Abtötung und Abtreibung des Parasiten und im organisierten Kampf gegen den Zwischenwirt mit seiner Leberegelbrut, gegen die Wasserschnecke. Zumpe.

Veenker (20) weist auf die ökonomische Bedeutung der Schweinemilbe in der Fleischbeschau hin. Durch die Veränderung der Haut gilt der Speck als mindere Qualität. In Fällen schwerer Veränderung kann der Speck nur nach Entfernung der Haut in den Handel gebracht werden. Zur Vermeidung finanzieller Verluste wird Behandlung der Krankheit warm empfohlen. Hobmaier.

Steggewentz (15) beschreibt als Gewebsverfärbung nach Eichelfütterung bei Schweinen eine eisengraue bis stahlblaue Färbung der mit dem Anfangsteil des Duodenums korrespondierenden Gekröslymphknoten und oft auch der Schleimhaut (Epithel und Propria) des entsprechenden Darmteiles. Diese Färbung beruht auf der Einlagerung eines gelblichen bis schiefergrauen, schulligen, hin und wieder feinkörnigen, unregelmäßig und unscharf begrenzten Pigments, das in Wasser, Alkohol und Äther unlöslich ist und auf Eisenchloridlösung nicht reagiert. Es dürfte sich um Niederschläge der Eichelgerbsäure mit organischem Eiweiß handeln, vielleicht auch um Lymphozyten, die durch die Einwirkung der Gerbsäureeiweißverbindung der Nekrobiose anheimgefallen sind. S. hält die Veränderung für die Verwendungsfähigkeit der Därme für bedeutungslos. Zumpe.

Tiemann (17) zieht aus mehrfachen Beobachtungen den Schluß, daß das Mesenterialemphysem des Schweines mit der Verfütterung von Molkereiprodukten ursächlich zusammenhängt. Zumpe.

Junack (8) veröffentlicht einen als Schlachtbefund beobachteten Fall von Tierquälerei. Bei einem 5jährigen Bullen war eine anscheinend zu Bändigungszwecken vor Jahren über den Nasenrücken gelegte Halfterkette 6 cm tief eingeschnitten und durch Bildung einer nashornartigen Narbenmasse eingewachsen. Zumpe.

## 3. Fleisch, Fleischwaren und andere animalische Nahrungsmittel und deren Veränderungen.

*1) Brewer, C. M.: The bacteriological content of Market Meat. J. of Path. Bact. Bd. 10, S. 543—560. — *2) Doms, K.: Über den Einfluß der wichtigsten Fleischsaprophyten auf die Ebersche Salmiak-Fäulnisprobe. Diss. Wien 1922—1925. — *3) Escher, E.: Über das Hartwerden von Dauerwürsten. Zschr. f. Fleisch Hyg. Bd. 36, S. 66—68. — *4) Gagliardi: Delle carne congelote e della loro differenziazione dalle carni fresce. (Gefrierfleisch und seine Unterscheidung von frischem Fleisch.) Clin. vet. S. 49. — 5) Ghibellini, C.: Caratteri differenziali delle carni. (Charakteristische Unterschiede der einzelnen Fleischarten.) Ebendas. S. 720—730. (Nichts Neues.) — *6) Glage: Teerpappengeruch des Fleisches. B. t. W. Bd. 41, H. 35. — *7) Grüneberg: Zum Verkauf von Wurst aus Pferdefleisch mit Schweinefleischzusatz. Zschr. f. Fleisch Hyg. Bd. 35, S. 198—199. — *8) Derselbe: Irrtum über den Begriff „Frischfleisch". Ebendas. Bd. 35, S. 315. — 9) Grünewald, M.: Zur Entstehung und Bekämpfung der Wurstvergiftung. D. Schlachthof Ztg. Bd. 25, S. 383—385. (Zusammenfassung des bisher schon Bekannten.) — 10) Derselbe: Dasselbe. Rdsch. d. Flschbsch. Bd. 26, S. 179—180. — *11) Hertha, K.: Der Knoblauchgeruch des Fleisches. Zschr. f. Fleisch Hyg. Bd. 35, S. 181. — *12) Jordanoff, M.: Beitrag zur Frage der Giftbildung der Fleischvergifter. Diss. Wien. — 13) Junack, M.: Zur Neumannschen Broschüre: „Über das argentinische Gefrierfleisch". Arzt oder Tierarzt! D. Schlachthof Ztg. Bd. 25, S. 402—403. (Polemisches.) — *14) Kallert, E.: Neue Versuche über das Auftauen von gefrorenem Rindfleisch. Zschr. f. Fleisch Hyg. Bd. 35, S. 261—265. — 15) Klimmack: Die Beurteilung von Leberwurst in bezug auf ihre Zusammensetzung und Preiswürdigkeit. Ebendas. Bd. 35, S. 121 bis 124 u. 137—139. (Wiedergabe eines Gutachtens.) — 16) Knoll: Über Fleischkonserven und deren Bearbeitung vom fleischhygienischen Standpunkte aus. Prag. Arch. (B) H. 7, S. 175—187. (Nichts Neues.) — 17) Majdrakoff: Le poisson dans l'alimentation. J. de M. vét. Bd. 71, H. 6. — *18) Mangold, O.: Maden von Piophila casei Linné in zubereitetem Fleisch. Zschr. f. Fleisch Hyg. Bd. 35, S. 102—104. — 19) Monvoisin, A.: Le point de vue biologique dans la conservation des denrées périssables. Rec. de M. vét. Bd. 101, H. 15. (Leicht zersetzliche Lebensmittel.) — 20) Neumann, R. O.: Über das argentinische Gefrierfleisch. Berlin: Julius Springer. — *21) Nicolas, E.: Les saucissons „nerveux". Rev. gén. de M. vét. Bd. 34, S. 490—493. — *22) Nieder, A.: Über das Vorkommen von Bakterien der Paratyphusgruppe in Marktproben von Hackfleisch und Milch, zugleich ein Beitrag zur Trennung der Typen. Diss. Leipzig. — *23) Richter, H.: Die vermeintliche Hundepfote und Katzenkralle in der Wurst. Zschr. f. Feisch Hyg. Bd. 36, S. 4. — *24) Standfuß, R. und Fr. Schnauder: Untersuchungen über das nachträgliche Eindringen von Fleischvergiftern in das Knochenmark. Zschr. f. Infekt. Krkh. d. Haust. Bd. 28, S. 178—194. — *25) Standfuß, R. und A. Reinstorf: Weitere Untersuchungen über das nachträgliche Eindringen von Fleischvergiftern in das Knochenmark. Ebendas. Bd. 28, S. 257—266. — *26) Voss, F.: Ersatz für Naturdärme. Zschr. f. Fleisch Hyg. Bd. 35, S. 133 bis 134. — *27) Wagner, E., K. F. Meyer und C. C. Dozier: Studies on the Metabolism of B. botulinus in various media. XXVI. J. of Path. Bact. Bd. 10, S. 321—407. — 28) v. O.: Zur Verwendung von Pferdeblut. Zschr. f. Fleisch Hyg. Bd. 35, S. 335—336. (Die Verwendung des trotz Rührens gerinnenden Pferdeblutes zur Wurstherstellung ist möglich nach Zerkleinern des Blutkuchens im Fleischwolf.) — 29) Derselbe: Vorkommen von Milben im Schweinefleisch und Frage der Beurteilung mit Milben behafteten Fleisches. Ebendas. Bd. 36, S. 8. (Verwendung des Fleisches als Tierfutter.) — 30) Rechtsprechung. Zum Begriff der Verdorbenheit nach § 10 des Nahrungsmittelgesetzes. Urteil des Bayr. obersten Landgerichtes in München vom 12. Januar 1925. (Zur Verdorbenheit ist weder Gesundheitsschädlichkeit noch Ungenießbarkeit erforderlich, es genügt eine erhebliche Verringerung der Tauglichkeit oder Verwertbarkeit der Speise zur menschlichen Nahrung.) Ebendas. Bd. 35, S. 253. — 31) Sind Därme Lebensmittel? Ebendas. Bd. 35, S. 121. (Mitteilung einer Kammergerichtsentscheidung, daß Därme nicht zu den Lebensmitteln zu zählen seien.) — 32) Dasselbe. D. Schlachthof Ztg. Bd. 25, S. 30—31. — 33) Zur Frage der Verwendung von Mehl bei der Herstellung von Fleischsalat und von Mayonnaise sowie zur Frage eines Benzoesäuregehaltes in diesen Zubereitungen. Zschr. f. Fleisch Hyg. Bd. 35, S. 288. (Richtlinien des Reichsministeriums des Innern.)

Grüneberg (8) will einen Irrtum über den Begriff „Frischfleisch" als einen Irrtum über einen Satz des Verwaltungsrechtes und daher als außerstrafrechtlichen Irrtum angesehen wissen, der nach ständiger Rechtsprechung des Reichsgerichtes im Gegensatz zum Irrtum über das Strafgesetzbuch eine strafrechtliche Verurteilung verhindert. Das sächsische Oberlandesgericht hat in einer Entscheidung vom 20. Februar 1925 hingegen den Irrtum über den Begriff Frischfleisch als Strafrechtsirrtum erklärt.
Zumpe.

Gagliardi (4) kommt zu dem Schlusse, daß es oft nicht möglich ist, Gefrierfleisch nach dem Auftauen von frischem Fleisch zu unterscheiden, weil die Farbe usw. aufgetauten Fleisches sehr schwankt, je nach der Behandlung, welche das Fleisch beim Gefrierenlassen erfahren hat.
Frick.

Kallert (14) berichtet über seine neuen Auftauversuche von gefrorenem Rindfleisch.

Neben der Verhinderung des Saftverlustes und des Gewichtsverlustes durch Austrocknung beim Auftauen muß darauf geachtet werden, daß die Reifung des Fleisches, die durch das Einfrieren völlig unterbrochen wird, wieder einsetzt und bei entsprechend langem Abhängen zum Abschluß kommt. Letzteres ist für Zartheit, Wohlgeschmack und leichte Verdaulichkeit des Gefrierfleisches, das bezüglich seines Reifungsgrades als frisch geschlachtetes, ungereiftes Fleisch anzusehen ist, besonders wichtig. Den genannten Forderungen entspricht folgendes Auftauverfahren: 1. Die ganzen Rinderviertel werden in 4—5 Tagen aufgetaut, wozu je nach der Schwere der Viertel durchschnittliche Temperaturen zwischen 5 und 8° C nötig sind. 2. Die relative Luftfeuchtigkeit wird während des Auftauens auf 90—95% gehalten. 3. Nach beendetem Auftauen werden die Viertel schnell, unter starker Luftbewegung, auf etwa 0° abgekühlt. 4. Danach bleiben die Viertel noch mehrere Tage bei Temperaturen zwischen 0 und 4° C hängen.
Zumpe.

Escher (3) untersucht die Bedingungen des Hartwerdens von Dauerwürsten.

Die Haltbarkeit und Härte der Wurstwaren ist in erster Linie abhängig von dem in den Würsten enthaltenen Wasser. Der natürliche Wassergehalt des Fleisches beträgt etwa 50—70%, der Wassergehalt einer fertigen Dauerwurst mindestens 17%. Diese starke Wasserverminderung tritt durch längeres Hängenlassen der Rohfabrikate auf den Trockenräumen ein, wobei die die Würste umgebende Luft die Hauptrolle spielt. Die Gründlichkeit und Schnelligkeit der Trocknung hängt von dem Vorhandensein trockener, d. h.

mit Wasserdampf möglichst wenig gesättigter Luft ab. Die Sättigung wiederum ist von der Temperatur und dem tatsächlich vorhandenen Wasserdampf abhängig. Da die Luft in den Wintermonaten auf den Trockenböden bei 12° zu 43%, in den Sommermonaten unter den gegebenen Voraussetzungen aber fast völlig (ca. 96%) gesättigt ist; da ferner die natürliche Ventilation der Trockenräume im Winter bei einem Temperaturunterschied von ca. 11° zwischen Außen- und Innentemperatur viel lebhafter erfolgt, als im Sommer bei durchschnittlich 4° Temperaturunterschied, lassen sich unter natürlichen Verhältnissen im Winter leichter haltbare Dauerwürste herstellen als im Sommer. Für das Gelingen der Dauerwürste im Sommer sind die im Winter vorhandenen günstigen Bedingungen künstlich zu schaffen, wobei eine Temperatur von 12° und ein Sättigungsgrad von 18% am vorteilhaftesten wirken. Weil das hierbei sehr schnell erfolgende Vortrocknen ein genügendes „Setzen" des Wurstteiges, d. h. ein Verschwinden der beim Spritzen entstehenden zahlreichen kleinen Hohlräume verhindert, müssen die Würste vor dem Trocknen kurze Zeit in ein Vakuum gebracht werden. Durch diese Behandlung tritt auch eine Beschleunigung der Durchrötung der Würste ein. Die Auswahl des Fleisches nach dem Mastzustand der Schlachttiere hat für die Fabrikation harter Wurstwaren keine große Bedeutung, wenn vorstehende Bedingungen berücksichtigt werden.
Zumpe.

Ein nachträgliches Eindringen von Fleischvergiftern in das Knochenmark erfolgt experimentell nach Standfuß und Schnauder (24) „beim Einlegen von Knochen in stark bakterienhaltige Flüssigkeit, beim Zwischenpacken von Knochen zwischen stark mit Fleischvergiftern durchsetzte Fleischteile, bei Röhrenknochen, die im natürlichen Zusammenhange mit Fleischvierteln oder ganzen Tierkörpern belassen wurden, wenn die Muskulatur künstlich stark mit Fleischvergiftern durchsetzt war.

Unter günstigen Bedingungen waren die Fleischvergifter schon nach 1—2 Tagen im Knochenmark nachweisbar. Bei schwachem Fleischvergiftergehalt der nächsten Umgebung der Knochen wurde ein Eindringen der Keime in das Knochenmark nicht beobachtet, ebenso nicht bei künstlicher Einbringung in den Darm des betreffenden Tieres."

Aus den Versuchen darf entnommen werden, daß ein nicht zu lange Zeit nach der Schlachtung erfolgter Nachweis von Fleischvergiftern im Knochenmark für eine Infektion zu Lebzeiten spricht, aber nicht unbedingt beweisend ist.
Joest und Cohrs.

Hinsichtlich des nachträglichen Eindringens von Fleischvergiftern in das Knochenmark gelang Standfuß und Reinstorf (25) bei 7 Fleischvierteln, die bei Zimmerwärme von 14—22° 6—13 Tage gehangen hatten, der Nachweis der Fleischvergifter sowohl im Oberschenkel- (Oberarm-) wie Unterschenkel- (Unterarm-) Knochen leicht, selbst wenn die Menge der künstlich in das Fleischviertel gespritzten Keime nur sehr gering war; in 2 bei — 1 bis + 10° C 9 bzw. 17 Tage aufbewahrten Fleischvierteln dagegen waren Fleischvergifter nicht nachweisbar, trotzdem in einem Falle 50 ccm Fleischvergifterbouillonkultur an verschiedenen Stellen des Fleisches eingespritzt worden waren.
Joest und Cohrs.

Wagner, Meyer und Dozier (27) fassen ihre Stoffwechselstudien über B. botulinus in verschiedenen Medien wie folgt zusammen:

In 2 proz. Lösungen bildet B. botulinus langsam Gas (Ammoniak, Amino- und flüchtige Fettsäuren), besonders Zusatz von Glykose fördert seinen aerogenen Umsatz. Die Intensität ist am größten nach ca. 48 Stunden, wobei die zunehmende Azidität das Haupthindernis für die Weiterentwicklung des Bazillus darstellt. In Pepton mit 2% Glukose wird die Toxinbildung des Bazillus im Vergleich zu Pepton allein gehemmt. Gelatine ist ein gutes wachstumsförderndes Zusatzmittel. Albumosen sind zur Toxinbildung nicht unbedingt notwendig. In Bouillon (Herzfleisch) bilden Typus A und Typus B hochaktive Toxine. Sauerstoffabschluß fördert die Toxinbildung. An flüchtigen Fettsäuren wurden in einer 10 Tage alten Kultur gefunden: Valeriansä ure, Buttersäure und Essigsäure im Verhältnis 3 : 7 : 2. B. histolyticus zeigt ähnliches biochemisches Verhalten. Kulturen des B. botulinus in Milch enthalten oder bilden ein kaseinfällendes und -verdauendes Enzym. Zusatz von 1,25% Glukose zur Milchkultur erhöht die Gasbildung und $p$H, verringert die Ammoniakbildung, ist auf die Bildung von anderen Stoffwechselprodukten von geringem oder keinem Einfluß. B. botulinus produziert eine größere Menge freier hochmolekularer Fettsäuren als B. tetani.

Graf.

Nieder (22) berichtet über das Vorkommen von Paratyphus-Bakterien in Marktproben von Hackfleisch und Milch.

Bei der Untersuchung von 418 Marktmilchproben fanden sich zweimal Bazillen der Paratyphusgruppe, von denen der eine Stamm zum Typus Schottmüller, der andere zum Typus Suipestifer gerechnet werden mußte.

Bei der Untersuchung von 200 Hackfleischproben, die von den Marktverkaufsständen entnommen wurden, fanden sich fünfmal Bazillen der Paratyphusgruppe. Von diesen 5 Stämmen mußten 4 zum Typus Schottmüller und 1 zum Typus Suipestifer gerechnet werden.

Die Typendifferenzierung gelingt mit Wallbildungsversuch, Mäusefütterungsversuch und monovalenten Sera in weitgehendem Maße.

Trautmann.

Brewer (1) berichtet über den Bakteriengehalt des Marktfleisches.

Besonders vorbereitetes Fleisch enthält bedeutend mehr Bakterien als frisches; ebenso ist geräuchertes keimärmer. Von den isolierten Arten dominieren die Mikroben der Koligruppe. Das Aussehen des frischen Fleisches ist kein Indikator für seinen Bakteriengehalt.

Graf.

Jordanoff(12) untersuchte die von den Fleischvergiftern im Gefrier- und im Rindfleische gebildeten Stoffe in ihrer Wirkung auf den überlebenden Meerschweinchendarm. Die Ergebnisse waren folgende:

Die verwendeten Bakterienstämme bilden bei der Züchtung auf Pferde- und Rindfleisch Stoffe, die am überlebenden Meerschweinchendarm eine Alteration von Tonus und Peristaltik hervorrufen. Diese wirksamen Stoffe treten meist dann stärker zutage, wenn die Bakterien schon vorher auf Fleisch kultiviert wurden. Die gebildeten Stoffe behalten ihre Wirksamkeit auf den überlebenden Darm auch nach dem Kochen des Fleischsaftes. Gleichbleibende Beziehungen zwischen Dauer der Bebrütung und Stärke der Alteration können aus den vorliegenden Versuchen nicht abgeleitet werden. Die bei der Züchtung auf Pferde- und auf Rindfleisch in ihrer Wirkung beobachteten Stoffe lassen hinsichtlich der Art der Alteration gleichbleibende Unterschiede nicht erkennen. Die Annahme, daß das Glykogen die Bildung von Tonus und Peristaltik beeinflussenden Stoffen zu fördern vermöge, konnte durch die Versuche mit glykogenhaltigen eiweißfreien Nährböden nicht bestätigt werden.

Trautmann.

Manegold (18) beschreibt auf Grund eigener Züchtungsversuche die Entwicklung der Larven der Käsefliege (Piophila casei Linné) in zubereitetem Fleisch.

Die länglich ovalen Eier sind mit bloßem Auge kaum erkennbar, auf Speck überhaupt nicht zu sehen. Unmittelbar nach dem Ausschlüpfen mißt die Made 0,7 mm, nach 24 Stunden 1,9 mm, nach 2 Tagen 2,75 mm, am 3. Tage 3,8 mm, am 4. Tage 5,0—5,2 mm, am 5. Tage 6,8—7,3 mm, am 6. Tage 7,5—8 mm, am 7. Tage 8,2—8,8 mm und am 8. Tage 8,5—9 mm. Vom 9. bis 14. Tage werden sie nur dicker, 1,2—1,3 mm dick. Vom 14. Lebenstage an verpuppen sie sich. Bei höherer Außentemperatur (30° und mehr) beschleunigt sich die Entwicklung, so daß die Käsefliegenmade 1—2 Tage eher erwachsen ist, bei kühler Temperatur tritt Verzögerung ein. Die Larve ist sehr widerstandsfähig und auch durch Desinfektionsmittel schwer abzutöten. In gesättigter Kochsalzlösung und Borax-Borsäurelösung leben sie 4—5 Wochen, in reinem Formalin $2^1/_2$ Tage, in 1 prom. Sublimat 20 Stunden. In reinem Fett gedeihen sie nur kümmerlich, in gesalzenem und geräuchertem Schweinefleisch und Speck sehr gut. Infolge des geringen Umfanges der Eier und der jungen Larven ist die sichere Entfernung der Schädlinge von befallenem Fleisch unmöglich, weshalb mit Springmaden besetzte Fleischstücke eine strengere Beurteilung zu erfahren haben als solche mit Maden der Schmeiß- und Fleischfliege.

Zumpe.

Doms (2) stellte den Einfluß der für die Fäulnis des Fleisches in Betracht kommenden Saprophyten auf die Ebersche Probe fest.

Als Versuchsmaterial, welches in seiner Zusammensetzung dem normalen Fleisch möglichst gleichkommen sollte, wurde möglichst steril gewonnener Pferdefleischpreßsaft genommen. Dieser wurde mit einem bestimmten Bakterium beimpft und Bruttemperatur ausgesetzt. Dann wurde beobachtet, nach welcher Zeit die Ebersche Probe und nach welcher Zeit grobsinnlich wahrnehmbare Fäulnis auftrat. Außerdem wurde die Intensität des Ausfalles der Probe in Rücksicht gezogen. Auch die Bildung von Schwefelwasserstoff wurde beobachtet. Die Ebersche Probe fiel stets positiv aus, bevor noch grobsinnlich deutlich wahrnehmbare Fäulnis eingetreten war. Die Intensität nahm zu mit deutlicher werdender Fäulnis. Schwefelwasserstoff war nicht immer nachzuweisen.

Trautmann.

Glage (6) schreibt über einen forensischen Fall von Teerpappengeruch des Fleisches eines Transportdampfers. Diese Ladung Fleisch war als beschädigt zu erachten.

Henkels.

Hertha (11) teilt einen Fall von Knoblauchgeruch des Fleisches einer notgeschlachteten Kuh mit, die zu Heilzwecken Knoblauchextrakt erhalten hatte. Die Kochprobe versagte bei der Feststellung dieser Geruchsabweichung. Die Veränderung ist nur an frischen Schnittflächen durch die Muskulatur mit dem Geruchsinn und am gekochten Fleisch mit dem Geschmacksinn feststellbar.

Zumpe.

Nicolas (21) berichtet über in großem Maßstabe vorgenommene Verfälschung von Brühwürstchen, welche aus Abfällen der Wurstfabrikation, Aponeurosen, Sehnen und Knochen unter Zusatz von Gewürz hergestellt waren.

C. Reinhardt.

Richter (23) berichtet über 2 Fälle, in denen mißtrauische Käufer Gebilde in Wurst entdeckt hatten, die als Hundepfote und Katzenkralle angesehen worden waren. Die angebliche Hundepfote war ein bogenartig zusammengekrümmtes Stück der Gaumenschleimhaut des Schweines mit seinen dachfirstartigen Staffeln (Rugae palatinae) und die vermeintliche Hunde- oder Katzenkralle entpuppte sich als eine der großen gebogenen Papillen an der Backenschleimhaut des Rindes (Papilla buccalis bovis).

Zumpe.

Voss (26) beschreibt das Herstellungsverfahren einiger als Ersatz für Naturdärme verwendeter Kunstdärme, und zwar eines Darmes aus einem mit einer leimartigen Masse durchtränkten Gazegewebe, ferner eines aus feinen, aufgeschlossenen Sehnenfasern gewebten Darmes, des Samuelschen Kunstdarmes aus feinem, mit frischem Fleischbrei imprägnierten Mull, des Wippermannschen Pergamentdarmes und der Klemmschen Papierdärme. Dabei werden auch die Vorzüge und Nachteile der einzelnen Ersatzdarmarten erörtert.

Zumpe.

Grüneberg (7) führt aus, daß der Verkauf von Wurst aus Pferdefleisch mit Schweinefleischzusatz den Vorschriften des § 18 Abs. 4 des Fleischbeschaugesetzes unterliegt, in gewissen Gegenden (z. B. Prov. Brandenburg und Schlesien) aber zufolge Oberpräsidialverordnungen verboten ist.

Zumpe.

## 4. Nahrungsmittelversorgung, Fleischverbrauch und Fleischvergiftung.

1) Berge, H. vom: Steuergesetzgebung und Viehhandel. D. Schlachthof Ztg. Bd. 25, S. 257. (Zur Sicherung der Volksernährung ist Verminderung der Steuerlast des Viehhandels, besonders hinsichtlich der Umsatzsteuer, erforderlich.) — 2) Brüggemann, C.: Welt-Gefrierfleischhandel 1924. T. R. Jg. 31, S. 480 bis 482. (Statistik.) — *3) Bruns, H. und W. Fromme: Über eine durch den Bacillus enteritis Gärtner bedingte Pferdefleischvergiftungsepidemie. Zschr. f. Hyg. Bd. 104, H. 3, S. 398—407. — 4) Dinulescu, V.: Die Ausfuhr von Vieh und Fleisch aus Rumänien. Bul. Dir. gen. zoot. si san. vet. Bd. 1—3, S. 81—95. (Nichts Neues.) — 5) Fokken, D.: Die Versorgung Deutschlands mit Auslandsfleisch vom Standpunkt der Volksernährung, Hygiene und der Sanitätspolizei. Diss. Hannover. — 6) Derselbe: Dasselbe. D.t. W. Bd. 33, S. 467—469. (Auszug.) — 7) Höijer, E.: Utgallring, slaktvikt och köttproduktion. (Ausmerzung, Schlachtgewicht und Fleischproduktion.) Skand. Vet. Tidskr. Jg. 15, H. 9, S. 149—166. — 8) Hoffmann, H. J.: Zur Fleischversorgung der Schweiz. D. Schlachthof Ztg. Bd. 25, S. 132. — 9) Houck, U.: The bureau of animal industry of the United States departement of Agriculture. Its etablishement, achievement and current activities. Publ. by the author, Washington. — 10) Kuppelmayr, H.: Zur Kasuistik der Fleischvergiftungen. Arb. Reichs-Ges. A. Bd. 55, S. 289. — 11) Leue: Eine Fleischvergiftung in Opelneugarten bei Oels. Zschr. f. Fleisch Hyg. Bd. 35, S. 349. (Ursache: geräucherter Schinken und Speck, postmortal infiziert mit Paratyphusbakterien.) — 12) Meyer, R.: Gewichtsfeststellungen und Gewichtsverhältnisse der bei der Ausschlachtung von Rindern und Kälbern anfallenden Organe und Körperteile. Fleischerverbandszeitung G. m. b. H. Berlin, Schiffbauerdamm 19. — 13) Mirri: A proposito di avvelenamenti da carne e derivati. (Betrachtungen über Vergiftung durch Fleisch und seine Derivate.) Clin. vet. S. 390. (Spekulative Betrachtung.) — *14) Müller, M.: Wie sog. Fleischvergiftungen nicht entstehen können. D. Schlachthof Ztg. Bd. 25, S. 21—24. — *15) Derselbe: Gefrierfleisch, Rindertuberkulose und Volkswohl. Ebendas. Bd. 25, S. 42—44. — *16) Derselbe: Die steigenden Fleischpreise und das Metzgergewerbe. Ebendas. Bd. 25, S. 387—390. — 17) Opel: Der Fleischverbrauch der Münchener Bevölkerung im Jahre 1924. Ebendas. Bd. 25, S. 54—56. (Erreichung des normalen Friedensverbrauches zu 88%.) — *18) Saltykow, S.: Ein Fall

von Nahrungsmittelvergiftung mit dem Bacillus proteus vulgaris als Krankheitserreger. Virch. Arch. Bd. 253, S. 685—694. 1924. — 19) Wagner, A.: L'importation de bétail de boucherie et de viande en Suisse et la police des épizootics. Diss. Bern 1924. — *20) Wiemann und Brüggemann: Die Fleischvergiftungen des Jahres 1923. B. t. W. Bd. 41. H. 1. — *21) Landesveterinäramt, Gutachten vom 20. Mai 1924, Maßnahmen gegen die Zunahme der Fleischvergiftungen betr. Zschr. f. Fleisch Hyg. Bd. 35, S. 104—107.

Müller (16) weist nach, daß das Fleischergewerbe für die steigenden Fleischpreise nicht verantwortlich zu machen ist. Die Fleischpreise hängen vom Verhältnis unseres Wirtschaftssystemes zur Weltwirtschaft ab. Preissenkung ist nur vom Übergang der Verbrauchswirtschaft zur Produktionswirtschaft zu erwarten.

Zumpe.

Müller (15) hält die vereinzelt bei argentinischem Gefrierfleisch gefundene Rindertuberkulose volksgesundheitlich und veterinärpolizeilich für nicht gefährlich und warnt im Interesse des Volkswohles davor, die Einfuhr von Gefrierfleisch durch die unausführbare, überflüssige Vorschrift der Untersuchung aller Muskellymphknoten wieder zum Verschwinden zu bringen.

Zumpe.

Das preußische Landesveterinäramt (21) äußert sich gutachtlich über Maßnahmen gegen die Zunahme der Fleischvergiftungen.

Das Vorliegen einer Fleischvergiftung hält es erst dann für erwiesen, wenn in dem verdächtigen Fleisch und auch in den Stühlen der erkrankten oder in den Organen der gestorbenen Personen der Bac. paratyphosus B oder der Bac. enteritidis Gärtner nachgewiesen wird und die isolierten Kulturen morphologisch, kulturell und biochemisch übereinstimmen und auch von den Patientensera hochwertig und in steigender Tendenz agglutiniert werden. Der Nachweis einer Intravitalinfektion des Fleisches kann erst dann als erbracht angesehen werden, wenn die aus dem Fleisch des erkrankten Tieres und aus den erkrankten oder gestorbenen Personen isolierten Fleischvergifter vollkommen übereinstimmen und außerdem durch den aus dem verdächtigen Fleisch gewonnenen Fleischsaft in höherer Verdünnung agglutiniert werden als durch den Fleischsaft oder das Blutserum gesunder Tiere der betreffenden Schlachttiergattung. Zur Vorbeuge der intravitalen Fleischvergiftung wird empfohlen:

1. Strikte Durchführung der Schlachtvieh- und Fleischbeschau, die entsprechend dem Vorgehen anderer Bundesstaaten auch in Preußen auf die Hausschlachtungen auszudehnen ist.

2. Grundsätzlich, und besonders für notgeschlachtete Pferde, ist die bakteriologische Fleischuntersuchung vorzunehmen in allen Fällen, in denen der geringste Verdacht des Vorliegens einer Septichämie gegeben ist oder die Ursache der Notschlachtung nicht einwandfrei ermittelt wurde oder die Ausweidung nicht sofort nach der Notschlachtung erfolgt ist.

3. Das Fleisch wegen infektiöser Erkrankung notgeschlachteter Pferde, das zum Genuß zugelassen wird, ist als minderwertig zu behandeln. Auch sind die Vorschriften des § 40, Ziff. 3, 4 und 6 der BBA. bei der Beurteilung des Fleisches notgeschlachteter Pferde zur Anwendung zu bringen, was vielfach noch nicht geschieht.

4. Zur Kontrolle und zur besseren Verwertung der auf dem Lande notgeschlachteten Tiere ist eine Zentralisation der Verwertung notgeschlachteter Tiere, insbesondere der notgeschlachteten Pferde, in Schlachthofgemeinden oder in Betrieben mit Kühlhäusern vorzunehmen.

5. Es sind die Bahnbehörden anzuweisen, die städtischen Fleischuntersuchungsämter oder die Nah-

rungsmittelpolizei von dem Eintreffen auswärtiger Fleischsendungen in Kenntnis zu setzen, um Fleischbeschauhinterziehungen und den Vertrieb verdorbenen oder gesundheitsschädlichen Fleisches nach Möglichkeit zu verhindern.

Zur Verhütung der postmortalen Fleischvergiftung ist erforderlich strenge Durchführung der Nahrungsmittelkontrolle, wobei auf Sauberkeit beim Umgang mit Fleisch zu achten ist, ferner öffentliche Warnung vor dem Rohgenuß des Fleisches notgeschlachteter Tiere, Verbot des Auslegens von Mäusetyphus- und Ratinbazillenkulturen in Betrieben, in denen Fleischwaren hergestellt und aufbewahrt werden.

Für den Ausbau des Ermittelungsverfahrens und zur weiteren Erforschung der Fleischvergiftungen ist ein Zusammenarbeiten der human- und veterinärmedizinischen Beamten und Institute unbedingt notwendig. Zumpe.

Wiemann und Brüggemann (20) studierten an Hand von Akten Wesen und Ursache der Fleischvergiftungen im Jahre 1923.

Sie gelangten etwa zu folgenden Schlüssen: Ausgangspunkt der Fleischvergiftungen ist überwiegend das Fleisch notgeschlachteter Tiere. Begriffe der intravitalen und postmortalen Infektion sind zu eng. Es handelt sich wahrscheinlich um eine Infektion intra mortem, d. h. kurz vor und während des Todes findet eine Infektion des Fleisches aus dem Darm heraus statt, die bei besonderen Umständen (längeres Aufbewahren des Fleisches) gesundheitsgefährlich wird. Henkels.

Bruns und Fromme (3) berichten über eine durch den Bacillus enteritidis Gärtner bedingte Pferdefleischvergiftungsepidemie, von der 213 Personen im Stadtkreise Witten bei Gelsenkirchen ergriffen wurden.

Die nicht tödlich verlaufenden Erkrankungen traten auf nach dem Genuß von Hackfleisch, Schmierwurst, Fleischwurst und Leberwurst, die sämtlich von einem wegen Kolik notgeschlachteten Pferde stammten. Das Fleisch war auf Grund der bakteriologischen Fleischbeschau freigegeben worden. Sowohl im Stuhl der erkrankten Personen als auch in den noch vorhandenen Fleischstücken und Würsten des Pferdes wurde übereinstimmend der Bacillus enteritidis Gärtner nachgewiesen. Auch das Patientenblut enthielt spezifische Agglutinine. Da unter den Personen des Fleischergeschäftes Bazillenträger nicht festgestellt werden konnten, ist eine intravitale Infektion anzunehmen, die wahrscheinlich vom Darm des Pferdes her ihren Ausgang genommen hat. Letzterer zeigte bei der Fleischbeschau eine akute Entzündung. Ob sich die bakteriologische Untersuchung auch auf den Darm erstreckt hatte, konnte nicht festgestellt werden. Krage.

Müller (14) berichtet über 3 Fälle sog. Fleischvergiftungen, die dem die Fleischbeschau ausübenden Tierarzt von ärztlicher Seite zu Unrecht zur Last gelegt worden sind, und betont erneut seinen bekannten Standpunkt, als Fleischvergiftungen des Menschen nur die paratyphösen Erkrankungen anzusprechen, die durch den Genuß des Fleisches der infolge Paratyphus notgeschlachteten Tiere nachweislich verursacht worden sind. Die Erkrankungen des Menschen durch postmortal infiziertes Fleisch bezeichnet M. als „Nahrungsmittelinfektionen". Zumpe.

Saltykow (18) teilt einen Fall von Nahrungsmittelvergiftung mit dem Bacillus proteus vulgaris als Krankheitserreger mit. Es handelte sich um eine Vergiftung einer aus 5 Personen bestehenden Familie durch mit Proteus verunreinigte Nudeln.

Von 5 Personen starben 4, davon eine erwachsene erst einen Monat nach der Vergiftung. Joest u. Cohrs.

## 5. Trichinenschau.

*1) Bartmann, A.: Über Trichinenfunde in München. D. Schlachthof Ztg. Bd. 25, S. 84—85. — 2) Raschke, O.: Die Trichinenschau. Hannover: M. & H. Schaper. — *3) Sandig: Pathologisch verkalkte Trichinen. Rdsch. d. Flschbsch. Bd. 26, S. 2—3. — 4) Schroeder: Aus der Geschichte der Trichinose. Ebendas. Bd. 26, S. 81—82.

Die Mehrung der Trichinenfunde in München in letzter Zeit nimmt Bartmann (1) zum Anlaß, eine tabellarische Zusammenstellung aller in München seit Einführung der Trichinenschau (1913) vorgekommenen Trichinenfälle bei Schweinen und Hunden zu veröffentlichen. Zumpe.

Sandig (3) gibt die Beschreibung und Abbildung einer pathologisch verkalkten Trichine in der Muskulatur eines Schweines. Aus der Kugelform der Kapsel schließt er, daß die Trichine vor ihrer Einkapselung abgestorben war. Tote Parasiten kapseln sich in Kugelform, lebende Muskelparasiten in Form einer Spindel ein. Zumpe.

## 6. Schlachtung und Schlachtmethoden.

1) Daalsgard, N.: Lidt om Slagtametoder. (Schlachtmethoden.) Maan. for Dyrl. Bd. 37, S. 417 bis 423. (Beschreibung einer neuen Schweinefalle und einer Modifikation der Behrschen Schlachtpistole.) — 2) Lauff, B.: Schechitah und Bedikah. (Rituelle Schlachtung und interne Untersuchung.) Mülheim a. d. Ruhr: Selbstverlag des Verf. — *3) Schütz: Betäubungs- oder Schlachtapparat. Zschr. f. Fleisch Hyg. Bd. 35, S. 252—253.

Schütz (3) beschreibt kurz einen Betäubungs- oder Schlachtapparat der Fa. Ernst Hunger, Berlin, bei dem man den zur Betäubung dienenden Bolzen nach Wahl durch einen Kugellauf auswechseln kann. Zumpe.

## 7. Schlacht- und Viehhöfe.

1) Bütikofer, E.: Die Schlachthausanlage Casablanca. D. Schlachthof Ztg. Bd. 25, S. 322—329. — 2) Bützler, K.: Elektrokarren für den Kaldaunentransport. Mit 1 Abbildung. Zschr. f. Fleisch Hyg. Bd. 35, S. 213—214. — 3) Derselbe: Ist der Lohnschlächter Arbeitnehmer oder selbständiger Gewerbetreibender? Ebendas. Bd. 35, S. 217. (Die Lohn- oder Stückschlächter sind Arbeitnehmer.) — 4) Derselbe: Zweckmäßigste Art der Einrichtung einer Eismaschinen- und Kühlanlage. Ebendas. Bd. 35, S. 253. — *5) Derselbe: Zur Frage der Verwendung von Schlachthofbetriebseinnahmen zu anderen als Schlachthofbetriebszwecken. Ebendas. Bd. 36, S. 5—6. — *6) Dieselow, P.: Über den Einfluß der Ozonisierung der Kühlhausluft auf ihren Keimgehalt. D. Schlachthof Ztg. Bd. 25, S. 282—286 u. 299—300. — 7) Derselbe: Dasselbe. Diss. Berlin. — 8) Fries, W.: Der Mannheimer Schlachthof. Festschrift anläßlich des 25jährigen Bestehens 1900 bis 3. Mai 1925. — 9) Hafemann: Die Umbauten im Schlachthof Dessau. D. Schlachthof Ztg. Bd. 25, S. 45—47. — 10) Heiß: Neue elektrische Kleinhebezeuge für Fleischereien, Schlachthöfe und Kühlhäuser. Ebendas. Bd. 25, S. 113 bis 114. — *11) Derselbe: Borstentrocknung. Ebendas. Bd. 25, S. 24—26. — 12) Derselbe: Über Torfstreu. Ebendas. Bd. 25, S. 418—419. (Empfehlung dieser dem Stroh überlegenen Streu für Schlacht- und

Viehhöfe.) — 13) Hock, R.: Beitrag zur Kenntnis von der Entkeimung von Fleisch verarbeitenden Fabriken, Schlächtereien, Tierställen u. dgl. T. R. Jg. 31, S. 476—479. — 14) Hoffmann, A. J.: Therapogentechnikum Doenhardt als Desinfektions- und Desodorationsmittel für Schlachthöfe. D. Schlachthof Ztg. Bd. 25, S. 45. (Empfehlung des Mittels.) — 15) Lustig, A.: Bedeutung und Bekämpfung der Rattenplage. Zschr. f. Fleisch Hyg. Bd. 35, S. 225—226. (Empfehlung des Rattoxins.) — *16) Mahlendorff, F.: Geschichtliches über die Fleischerinnungen, die Schlachthöfe und die Fleischbeschau in der Stadt Breslau. Diss. Leipzig. — *17) Neumark, E.: Zur Frage der Rattenbekämpfung mit Ratin. Zschr. f. Fleisch Hyg. Bd. 35, S. 377—378. — *18) Rusche: Betrachtungen über die Gebührenordnungen der Schlachthöfe. Ebendas. Bd. 35, S. 281—284. — 19) Sanz Egana, C.: Der Schlachthof von Madrid. D. Schlachthof Ztg. Bd. 25, S. 329—331. — 20) Semmler, J.: Der städtische Schlachthof in Zweibrücken. Zum 25jährigen Bestehen desselben (1900—1925). — 21) Zeitgemäße Anstriche für Schlachthöfe. D. Schlachthof Ztg. Bd. 25, S. 234. (Empfehlung des Anstreichmittels „Aegrofit".)

Rusche (18) findet bei der vergleichenden Betrachtung von 35 Gebührenordnungen der Schlachthöfe, daß die Gebühren zu wenig dem Prinzip der Leistung oder dem Wert des Objektes und der Leistung angepaßt sind. Angesichts der meist recht zahlreichen Einzelgebühren (in einer Großstadt 104) ist eine Vereinfachung des Tarifes erwünscht, die durch Einführung einiger Muster erreicht werden könnte.
Zumpe.

Bützler (5) verbreitet sich gutachtlich über die Zulässigkeit der Verwendung von Schlachthofbetriebsüberschüssen, insbesondere aus Eisabgabe, zu anderen als Schlachthofzwecken in folgender Weise.

1. Die Eisgewinnungsanlage ist notwendiger Bestandteil eines modernen Schlachthofes oder einer rationell eingerichteten Kühlanlage. 2. Es ist nicht zulässig, zu bestimmen, daß ein Schlachthof, der keinen Reserve- und keinen Erneuerungsfonds besitzt, von seinen Einnahmen aus dem Verkauf von Kunsteis einen Betrag an die Stadtkasse abgibt zur Deckung allgemeiner Kosten, zur Herbeiführung einer Senkung oder Niedrighaltung von Steuern; wohl ist es zulässig, einen bestimmten Betrag zu besonders erhöhter, ungebräuchlich schneller Schuldentilgung einer neubeschafften Kühl- und Eismaschinenanlage zu verwenden. 3. Von Gegenmaßnahmen für den Fall, daß Bestimmungen im erwähnten Sinne erlassen werden sollten, ist unter allen Umständen abzuraten. Es muß sich auf dem Wege der Verhandlung eine vernünftige Regelung finden lassen.
Zumpe.

Diestelow (6) hat durch 375 Plattenversuche an 30 Versuchstagen während eines Zeitraumes von 33 Tagen den Einfluß der Ozonisierung der Kühlhausluft auf ihren Keimgehalt geprüft und festgestellt, daß bei Einwirkung einer täglichen, durchschnittlich $3\frac{1}{2}$ stündigen Ozonisierung in einem Kühlhause von 1200 cbm Rauminhalt mit einer Durchschnittstemperatur von 2° C und einer relativen Feuchtigkeit von 80—90%, bei der der Kühlhausluft durchschnittlich 35—42 g Ozon (d. h. je Stunde 10—12 g) zugesetzt wurden, der Luftkeimgehalt um 90,46—94%, im Mittel um 92%, herabgedrückt worden ist. Zumpe.

Heiß (11) bringt Abbildungen und Beschreibung eines Hordentrockenschrankes für Borsten, der von der Firma Niessen, Pasing, in mehreren Typen von gleicher Wirkungsweise, aber verschiedener Leistungsfähigkeit als stationärer oder fahrbarer Apparat für Hoch- und Niederdruckdampf, Abdampf usw. hergestellt wird und bei einfachster Handhabung ein hochwertiges Trockengut gewährleistet. Zumpe.

Neumark (17) hat bei der versuchsweise durchgeführten Rattenbekämpfung mit Ratin folgende Ergebnisse erzielt.

1. Laboratoriumsversuche mit Ratinkultur, Verfütterung an wilde und zahme Ratten, fielen günstig aus. 2. Praktische Vertilgungsversuche mit Ratin, angestellt auf 2 städtischen Gütern, zeigten ein befriedigendes Resultat. Auch der auf einem anderen Gute nur mit Ratinin ausgeführte Versuch ergab einen gewissen Erfolg, der allerdings anscheinend nicht so groß war wie der mit Ratinkultur erzielte. 3. Gesundheitsschädigungen bei Menschen und Haustieren wurden nicht beobachtet. Trotzdem ist die Zulässigkeit der Rattenbekämpfung mit Ratinkulturen, den Fleischvergiftern außerordentlich nahestehenden lebenden Bakterien, in bewohnten Räumen, Lebensmittelbetrieben, Schlachthöfen u. dgl. wegen der unübersehbaren Gefahrenquellen vorläufig zu verneinen.
Zumpe.

Mahlendorff (16) hat geschichtliche Studien über die Fleischbeschau in Breslau angestellt.

Die Fleischbänke erscheinen erstmalig 1224, ihre Vermehrung kann nur der Regent genehmigen. Ein freier Fleischmarkt erscheint im Jahre 1387. Die Fleischer schließen sich damals bereits zu getrennten Zünften, den heutigen Innungen zusammen. Die „Bänker" nehmen allerlei Vorrechte gegenüber den „Geiselern" (Ziegenschlächtern), die den freien Markt besuchen, für sich in Anspruch, bis 1810 ein besonderes Edikt diese Sonderstellung beseitigt und die Einführung der allgemeinen Gewerbesteuer, die Gewerbefreiheit und Freizügigkeit bringt. 1899 vereinigen sich die vier Breslauer Fleischerinnungen zu einer, die 1912 in eine Zwangsinnung umgewandelt wird. Ein Schlachthof wird 1224 zum ersten Male erwähnt, 1422 wird erstmalig der Schlachtzwang im Schlachthofe vom Kaiser als Strafe wegen Beteiligung an einem Aufstande verordnet. 1574 erscheint der erste städtische Verwalter des Schlachthofes (Kuttelschreiber), dem eine besondere Instruktion gegeben wird. Private Schlachthäuser entstehen erst nach 1810 (Gewerbefreiheit). Die erste Schlachthofordnung stammt aus dem Jahre 1619, die ersten Zahlen über die vorgenommenen Schlachtungen vom Jahre 1750. Im Jahre 1858 übernimmt die Stadt den Schlachthof in Selbstverwaltung. 1896 eröffnet die Stadt eine neue, moderne Schlacht- und Viehhofanlage. Das Geburtsjahr der Fleischbeschau in Breslau liegt vor 1462, in diesem Jahre wird die Ausübung einer gewissen Kontrolle durch die Ältesten der Fleischer als vorhanden erwähnt. Eine Rolle spielen zu der Zeit Geruch nach Futtermitteln, Geschlechtsgeruch, mangelhafte Ausblutung, Eiterungen, Aufblasen, Unreife der Kälber, ungeborene Kälber. Eine tierärztliche Fleischbeschau wird zum ersten Male in den 50er Jahren des vorigen Jahrhunderts erwähnt, als allgemeine Überwachung durch beamtete Tierärzte auf dem Schlachthofe zu Breslau aber erst 1878 eingeführt. 1896 erfolgt die Anstellung besonderer Fleischbeschautierärzte. Der erste Fall von Trichinose beim Menschen in Breslau macht im Oktober 1863 von sich reden, aber erst am 1. März 1875 wird die obligatorische Trichinenschau eingeführt. Eine Aufsicht über die Amtsführung der Trichinenschauer wird erstmalig 1882 angeordnet. Pferdeschlächtereien erscheinen in den 60er Jahren des vorigen Jahrhunderts. Weber.

## 8. Schlachtvieh- und Fleischbeschauberichte und Verwaltungsberichte von Schlacht- und Viehhöfen.

1) Bützler, K.: Der städtische Schlacht- und Viehhof Köln 1924. Zschr. f. Fleisch Hyg. Bd. 36, S. 17—20. — 2) Fries: Zum 25jährigen Bestehen des Mannheimer Schlachthofes. D. Schlachthof Ztg. Bd. 25, S. 181—183. (Statistisches zum Fleischverbrauch Mannheims.) — *3) Mejlbo, E.: Beretning fra Köbenhavns Torve- og Slogtehallers bakt. Laboratorium. (Bericht über das bakteriologische Laboratorium des Kopenhagener Schlachthofes 1924—1925.) Maan. for Dyrl. Bd. 37, S. 161—178. — 4) Standfuß, R.: Jahresbericht des Staatlichen Veterinäruntersuchungsamtes zu Potsdam über die bakteriologische Fleischbeschau im Jahre 1924. Zschr. f. Fleisch Hyg. Bd. 35, S. 336—339 u. 354—356. — 5) Stier: Bericht über die Verwaltung des städtischen Schlachthofes Wesel von 1913—1924. D. Schlachthof Ztg. Bd. 25, S. 99—101.

Mejlbo (3) teilt die Ergebnisse der bakteriologischen Fleischbeschau in den Kopenhagener Schlachthäusern von 1924 und 1925 mit. Im ganzen wurden 2026 Tiere untersucht, unter ihnen fand sich bei 166 (ca. 8%) Septichämie. In 21 Fällen der Septichämiefälle (12½% von diesen) wurden Bakterien nachgewiesen, die zur Paratyphusgruppe gehörten.

M. Christiansen.

## 9. Verschiedenes.

1) Arras, A.: Loomatervishoiu ja loomaarstlise kutse korralduse pohijooned. (Grundzüge der tierhygienischen und tierärztlichen Berufsordnung.) Estnische T. R. Jg. 1, S. 35. (Mit einem diesbezüglichen Gesetzesvorschlag für Estland.) — 2) Froehner, R.: Vom mittelalterlichen Viktualien- und Viehmarkt. D. t. W. Bd. 33, S. 595—599. (Geschichtlich.) — 3) Hafemann: Aufgaben und Ziele unserer Reichsverbandspolitik. D. Schlachthof Ztg. Bd. 25, S. 74—75 u. 86—88. — 4) Meyer, B.: Kulinarisches aus dem alten Rom. Zschr. f. Fleisch Hyg. Bd. 35, S. 209—211. — 5) Ostertag, R. von: Jakob Bongert. Eine Jubiläumsbetrachtung. Ebendas. Bd. 35, S. 313—314. — 6) Schmutzer: Ein mittelalterlicher Frankfurter Stadtarzt und die Nahrungsmittelkunde. Ebendas. Bd. 35, S. 177—179. (Historisches zur Nahrungsmittelkunde.) — 7) Villa: I concetti informativi della „Bassa Macelleria". (Richtlinien für die Regelung des Verkehrs auf der „Freibank".) Clin. vet. S. 30.

## XXIII. Milchkunde.

### Bearbeitet von J. Bongert.

#### A. Selbständige Werke.

1) Heine: Kompendium der Milchkunde für Tierärzte. Hannover: M. & H. Schaper. — 2) Rátz, M.: Tejgazdaságtan. (Lehrbuch der Milchwirtschaft.) 242 S. Budapest: Verlag Müszaki Könyokiadó és sokszorosító Intézet. — *3) Schneider, Dr. Walter: Historisch-experimentelle Studie über das Gussandersche Aufrahmungsverfahren im Vergleich zum Holsteinschen. Hannover: M. & H. Schaper. — 4) Weigmann, H.: Die Pilzkunde der Milch. (2) Berlin: P. Parey.

Schneider (3) berichtet über das Gussandersche und das Holsteinsche Aufrahmungsverfahren.

In der heutigen schnellebigen Zeit geraten alte Methoden und Gebräuche sehr bald in Vergessenheit. Seitdem die Zentrifuge ihren Siegeszug angetreten hat, weis die jetzige Generation kaum noch etwas von den Verfahren, die seit Jahrhunderten ausschließlich in der Milchwirtschaft Anwendung fanden. Es ist ein Verdienst des Verfassers, diese Methode vor dem völligen Vergessenwerden zu bewahren, daneben erprobt er an der Hand unserer modernen Untersuchungsmethoden den Grad der durch dieselben erzielten Entrahmung. In Nordwestdeutschland fand Jahrzehnte hindurch das Holsteinsche Verfahren fast allgemein Verwendung. Das Holsteinsche Verfahren sucht die Milch möglichst lange frisch zu erhalten, um die Aufrahmung bestmöglichst zu gestalten, sie wurde bei 12—15° C gehalten, dazu waren besondere Milchkeller notwendig, die im Winter geheizt werden konnten. Die Milch kam ohne vorherige Kühlung in Holzbutten, die bis 20 l faßten; jede Butte wurde mit 6—15 l Milch gefüllt, die eine Höhe von 3,5—7 cm erreichte. Der Milchkeller, als wertvollster Faktor, mußte besonders sorgfältig gebaut werden, die Kosten betrugen vor 100 Jahren rund 500 Taler. Gussander ersann Mitte des vorigen Jahrhunderts ein eigenes Verfahren, welches keine Milchkeller, sondern luftige, helle und trockene Milchstuben vorsah, eine ganz flache Schüttung der Milch, verhältnismäßig hohe Aufrahmungstemperatur und Gefäße aus Weißblech. Die Versuche ergaben, daß das Gussanderverfahren besser war, die Magermilch enthielt 0,35—0,69% Fett, die Holstein-Magermilch 0,38—0,9%. Höchstwert für die Aufrahmung nach Gussander 91,3%, beim Holsteinverfahren 88,68%. In einem Falle wurde nach dem Gussanderverfahren eine Fettausbeute von 97,01% Fett erzielt. Wir ersehen hieraus, wie vorzüglich diese Verfahren arbeiteten und sich der Zentrifugenentrahmung sehr näherten. Für Kleinbetriebe, für die eine Zentrifugenanschaffung sich nicht lohnt, ist das Gussanderverfahren auch heute noch das empfehlenswerteste.

Rievel.

### B. Hygiene der Milch.

#### 1. Stalleinrichtung.

1) Felix, R. und P. Hug: Der Milchviehstall für schweizerische Verhältnisse. Bern: Verbandsdruckerei. — 2) Maintz, H.: Tierarzt und Milchhygiene. T. R. Bd. 31, S. 681—683. — *3) Oyen, C. F. van: Ervaringen met de melkwinning volgens Dr. Stenhouse Williams bij toepassing in Nederland. (Erfahrungen mit der Milchgewinnung nach Dr. Stenhouse Williams in Holland. Tijdschr. voor Diergeneesk. Bd. 52, S. 49 bis 59.

van Oyen (3) legte in einem Vortrag die Resultate der Milchgewinnung nach Williams in einem Stalle mit 25 Rindern nieder.

Mit sehr einfachen Hilfsmitteln wurde zuerst der sehr schlechte Stall, der den elementarsten Begriffen der Reinlichkeit spottete, verbessert. Die Milch, welche nach der Originalvorschrift gewonnen wurde (s. das Referat im Jahrgang 1924 der Jahresberichte), wies unmittelbar nach dem Melken eine Keimzahl von nur einigen Hundert im ccm auf. Im Sommer jedoch und in der Abendmilch, welche erst am folgenden Tage zum Verschleiß gelangt, kann die Keimzahl 20—30 000 im ccm, ausnahmsweise 50 000, betragen. Der Kleinhandelspreis der Milch betrug für die 800 g-Flasche 26 Ct. Beschreibung des Dampfsterilisators, der Kühlanlage und der Milchuntersuchung, auch auf Kolibakterien.

Beijers.

#### 2. Milchtierrassen.

*1) Hansen: Gewinnung hochwertiger Milch unter Berücksichtigung ausländischer Erfahrungen. D. landw. Tierz. Jg. 29, S. 607—611. — *2) Kunschak, H.: Der Fettgehalt der Milch im Verhältnis zu den Körpermaßen beim Rind. Diss. Wien.

Hansen (1) bringt Vorschläge und Anregungen, wie man die heimische Milchproduktion durch Gewinnung hochwertiger Milch unter Berücksichtigung ausländischer Erfahrungen heben kann. Der Einfluß der Zuchtwahl auf die Milchleistung, in bezug auf Menge und Fettgehalt, ist sowohl bei den Kühen als auch bei den Bullen erwiesen. Die Art des Melkens spielt ebenfalls eine große Rolle. In Erkenntnis dieser Tatsache sind — besonders im Auslande — Ausbildungsstätten für geeignetes Melkpersonal eingerichtet worden. Deutschland steht hier noch etwas hinter dem Auslande zurück. Daß die Beschaffenheit der Milch und ihr Keimgehalt sehr von der Gewinnung abhängt, ist sicher. Richter und Adleff.

Nach Kunschak (2) besteht eine Beziehung zwischen Kopflänge und Fettgehalt der Milch beim Rinde, und zwar in dem Sinne, daß mit zunehmender Länge des Kopfes der Fettgehalt sinkt. Trautmann.

### 3. Milchbildung.

1) Köppe: Milchleistung und Euterform. Ill. landw. Ztg. Jg. 45, S. 645—646. (Nichts Neues.)

### 4. Einfluß der Fütterung.

*1) Bünger: Schwankungen im Fettgehalt der Milch nach dem Übergang von der Stallhaltung zum Weidegang. D. landw. Tierz. Jg. 29, S. 709—712. — *2) Caroll, W. E.: Corn silage in a dairy ration. Utah Sta. Bul. Bd. 190, S. 3—11. 1924. — *3) Dice, J. R.: Sweet clover silage for milk production. North Dakota Sta. Bul. Bd. 174, S. 44, 45. 1924. — *4) Hansen, J.: Steigerung der Milcherzeugung. Ill. landw. Ztg. Jg. 45, S. 634—644. — *5) Lütkefels: Die Einwirkung der Sojakuchen auf die Milchkühe und die Milch. Mischmilch mit einem abnorm niedrigen Fettgehalt und deren Beurteilung. Zschr. f. Fleisch Hyg. Bd. 35, S. 316—321. — *6) Lupinenfütterung an Milchkühe. Molkerei.-Ztg. Jg. 54, H. 4. — *7) Rühm: Silofutter und Milchgewinnung. Zschr. f. Fleisch Hyg. Bd. 35, S. 214—215. — *8) Woodward, T. E., H. T. Converse, W. R. Hale und J. B. McNulty: Values of various new feeds for dairy cows. U. S. Dept. Agr. Bul. 1272, S. 16. 1924.

Bünger (1) beschäftigt sich mit den außergewöhnlichen Schwankungen im Fettgehalt der Milch nach dem Übergang von der Stallhaltung zum Weidegang, ohne ihre Ursachen auf Grund seines durch Umfragen gewonnenen Materials völlig aufklären zu können. Die Schwankungen sind in den einzelnen Jahren verschieden, jedoch scheint festzustehen, daß es nicht allein der direkte Einfluß der Witterung ist, der hierfür verantwortlich zu machen ist. Richter und Adleff.

Carroll (2) berichtet über die Ergebnisse von während der Winter 1914/15 und 1915/16 durchgeführten Untersuchungen, die den Zweck hatten, den Wert der Zugabe von Maissilage zu einer Heu- und Körnerration für Milch- und Fettproduktion klarzulegen. Beide hierzu verwandte Gruppen von je 7 Kühen erhielten die Rationen mit und ohne Maissilage während 4 wöchigen Versuchsperioden mit 7 tägigen Übergangsperioden.

Die Ergebnisse beider Jahre zeigen eine geringe, aber gleichmäßige höhere Milch- und Fettproduktion bei Zufütterung von Silage, auch nahmen die Kühe etwas mehr zu. Die mit der Silageration erzeugte Milch erhielt 0,1% mehr Fett. Wie eine Berechnung ergab, war 1 engl. Tonne Alfalfaheu äquivalent 2,5 bis 3 engl. Tonnen Maissilage. Schieblich.

Dice (3) berichtet über den Wert von Süßkleesilage für die Milchproduktion. Durch Stapeln gewonnene Süßkleesilage hatte in einem 20 tägigen Versuch an 5 Kühen und 5 Färsen nur 85—90% der milchproduzierenden Wirkung der Maissilage. Der Unterschied in dem Werte der beiden Silagetypen ist vorwiegend der Wertlosigkeit von etwa 10% der gröberen Süßkleestengel zuzuschreiben. Schieblich.

Die Steigerung der Milcherzeugung gerade unter den derzeitigen wirtschaftlichen Verhältnissen verdient nach Hansen (4) unsere vollste Beachtung.

Noch immer steht die Durchschnittsjahresleistung einer Kuh unter der der Vorkriegszeit, die mit 2000 l an sich schon keine nennenswerte war. Die Erklärung dieser Tatsache ist weniger in der Züchtung als in der Fütterung, die weit hinter der der Vorkriegszeit zurücksteht und der die Züchtung um vieles voraus ist, begründet. Wurde vor dem Kriege hauptsächlich mit eingeführten Futtermitteln die Fütterung bestritten, so muß das Streben dahin gehen, durch wirtschaftseigene Futtermittel, ihre zweckmäßige Aufbewahrung und Zubereitung (Silofutter) sich weitestmöglich unabhängig zu machen. Züchtervereinigungen und Kontrollvereine tragen auch wesentlich zur Steigerung der Milchleistung (in bezug auf Menge und Fettgehalt) bei. Richter u. Adleff.

Lütkefels (5) konnte in einem Musterstalle an 8 Milchkühen die Einwirkung der Sojakuchenfütterung auf die Milchtiere und die Milch untersuchen.

Er konnte feststellen, daß die Sojakuchen zu den Kraftfuttermitteln gehören, die die Milchmenge erhöhen, den Fettgehalt aber erniedrigen. Bezüglich der Beurteilung abnorm fettarmer Milch tritt er für die Änderung des bisherigen Rechtstandpunktes ein, wonach eine gerichtliche Verfolgung des Verkaufes von fettarmer von der Kuh kommender Milch ausgeschlossen ist. Er führt aus, daß der Milchtierbesitzer sehr wohl in der Lage ist, abnorm fettarme Milch zu erkennen und bei geeigneter Fütterung eine normale Milch zu gewinnen. Deshalb sieht L. den Verkauf abnorm fettarmer Milch zum landesüblichen Preis als ein wissentliches In-den-Verkehr-bringen eines minderwertigen Nahrungsmittels an. Zumpe.

Nachdem Verfa (6) auf die Bedeutung des Lupinenanbaus auf leichtem Boden hingewiesen hat, gibt er Anweisungen zur Vornahme der Entbitterung. Letztere erfolgt am praktischsten nach dem Kellnerschen Lupinenentbitterungsverfahren bzw. in Lupinensilos.

Rühm (7) empfiehlt ins Einzelne gehende Maßnahmen, die notwendig sind, um bei der Milchgewinnung den Übergang der dem Silofutter anhaftenden durchdringenden und unangenehmen Geruchsstoffe in die Milch zu verhüten. Zumpe.

Woodward, Converse, Hale und McNulty (8) verglichen verschiedene neue Futtermittel mit anderen mehr gebräuchlichen in Versuchen an Milchkühen in bezug auf Milch- und Fettproduktion und Zunahme an Lebendgewicht.

Zu allen Versuchen wurden zwei Gruppen von Kühen benutzt, von denen eine Gruppe jedes zu vergleichende Futter während Perioden von 30—70 Tagen erhielt, während die andere Gruppe das gebräuchliche Futter zu einer Grundration bekam. Während einer zweiten Periode wurden die Rationen der beiden Gruppen ausgetauscht. Die Ergebnisse umfassen Analysen von Fischmehl, Baumwollsaatmehl, Erdnußfutter, Kartoffelmehl und Maismehl, sowie Futterverbrauch, Milch- und Butterfettertrag und Zunahmen an Lebendgewicht der

Gruppen bei jeder Ration. Auf Grund des zur Produktion von 1 engl. Pfund Butterfett verbrauchten Futters wurden die folgenden Äquivalente berechnet: 1 lb. Fischmehl kommt gleich 1,24 lbs. Baumwollsaatmehl, 1 lb. Baumwollsaatmehl 1,26 lbs. Erdnußfutter, 1 lb. Maismehl 1,28 lbs. Kartoffelmehl, 1 lb. Baumwollsaatmehl 1,54 lbs. Samtbohnenmehl und 1 lb. Maismehl 10 lbs. hydrolysierten Sägespänen.

In anderen Versuchen wurden wegen der kleinen Zahl der verwandten Tiere oder wegen Unregelmäßigkeiten im Lebendgewicht derartig bestimmte Äquivalente nicht festgestellt. Es wurde jedoch im allgemeinen Batatenmehl dem Maismehl als nahezu gleichwertig befunden und Kartoffelsilage stand der Maissilage kaum nach. Apfelgeleebrei war Rübenbrei deutlich unterlegen, da er sich als weniger schmackhaft erwies, die Produktion niedriger war und die Tiere an Gewicht verloren. In zwei Versuchen wurde gefunden, daß die Zugabe von Melasse zu einer schon angemessenen Ration unwirtschaftlich ist, jedoch macht Melasse Futtermittel von geringer Qualität schmackhafter und bewirkt einen größeren Verbrauch davon.

Schieblich.

### 5. Wirkung von Arzneimitteln.

1) Gokhale, V. P.: A prescription for increasing quantity of milk in cows. Vet Rec. Bd. 5, S. 557. (Tinct. jaborandi, Tinct. nux vomic.) — *2) Stiner, O.: Der Einfluß des jodierten Kochsalzes auf die Milchsekretion. Schweiz. m. W. Jg. 6, Nr. 29, S. 670—674.

Stiner (2) untersuchte in 2 Rinderherden den Einfluß des jodierten Kochsalzes auf die Milchsekretion.

Das jodierte Salz enthielt 0,5 g Jodkalium auf 100 kg. Den Rindern wurden täglich 100 g dieses Salzes verabfolgt. Die Versuche ergaben, daß das jodierte Kochsalz in der angegebenen Form keinen schädigenden Einfluß auf die Milchsekretion der Kuh ausübt; es scheint im Gegenteil im Sinne einer Anregung der Tätigkeit der Milchdrüsen zu wirken. In Versuchen, die in Tenero 13 Monate, in der Nähe von Bern 10 Monate lang durchgeführt wurden, zeigte sich bei den Tieren, die jodiertes Salz statt des gewöhnlichen erhalten hatten, eine nicht unwesentliche Vermehrung der Milchmengen und eine leichte Verbesserung der Qualität (Erhöhung des Gehaltes an Fett und Trockensubstanz). Der Gehalt an Jod in der Milch wird durch die Verfütterung des jodierten Salzes nicht erhöht. Verf. nimmt an, daß die in den Futterpflanzen vorbereiteten Jodverbindungen im Körperhaushalt des Tieres besser ausgenutzt werden, als das in dem Schutzsalz enthaltene Jodkali, und zum Teil auch in die Milch übergehen; es müßte also, um den Jodgehalt der Kuhmilch zu erhöhen, den Pflanzen Jod zugeführt werden in Form von jodhaltigen Düngemitteln. Die Verfütterung von jodiertem Kochsalz an das Milchvieh kann den weiteren Zweck erfüllen, jodhaltige Düngemittel zu produzieren, da der größte Teil des eingeführten Jodes mit dem Kot und Harn der Tiere wieder abgeht und später in Dung und Jauche den Pflanzen zugeführt wird.

Krage.

### 6. Einfluß des Wetters, des Klimas und der Jahreszeit.

(Fehlt.)

### 7. Einfluß der Laktation.

*1) McCandlish, A. C.: The influence of the stage of lactation on the production of dairy cows. J. of Dairy Science Bd. 7, S. 255—261. 1924. —*2) Engel, H. und H. Schlag: Beiträge zur Kenntnis des Kolostrums der Kuh. Milchw. Forsch. Bd. 2, H. 1/2, S. 1—15. — 3) Grimmer, W.: Mathematische Gesetzmäßigkeiten beim Übergang des Kolostrums in die Milch. Ebendas. Bd. 2, H. 1/2, S. 31—46.

McCandlish (1) untersuchte den Einfluß des Laktationsstadiums auf die Milchproduktion von Milchkühen.

Bei allen Rassen wurde mit fortschreitender Laktation eine allgemeine Abnahme der Milch- und Fettproduktion beobachtet, obschon die Holsteiner und Ayrshires die höchste Milchproduktion im 2. Monat erreichten. Der Fettprozentsatz der Milch der Ayrshires und Holsteiner sank gegen den 3. Monat, stieg dann aber bald allmählich bis zum Ende der Laktation an. Der Fettprozentsatz der Guernseymilch sank im 2. Monat und stieg von da an allmählich, während Jerseymilch vom Anfang bis zum Ende ein allmähliches Ansteigen des Fettprozentsatzes zeigte. Verf. weist darauf hin, daß eine hohe Anfangsproduktion nicht der einzige Punkt ist, den man bei der Auswahl hoher Jahresproduzenten zu beachten hat, sondern daß die Fortdauer der Produktion von großer Bedeutung ist.

Schieblich.

Engel und Schlag (2) haben das Kolostrum von 3 Kühen systematisch untersucht.

Sie haben dabei folgendes gefunden: Der Säuregrad ist bei den ersten Gemelken am höchsten, etwa 18° Soxhlet-Henkel, und erreicht nach etwa 6—12 Tagen die Norm. Das spezifische Gewicht des Kolostrums kurz nach dem Kalben beträgt 1,060—1,080; Milchzuckergehalt etwa 2%, nach 6—8 Tagen normal, Refraktion 31,0; Chlorgehalt schwankend, jedoch stets sehr hoch, 0,148—0,163; höchster Wert der Kryoskopie des ersten Gemelks 58,0—60,5; Stickstoffgehalt sehr hoch, erreicht erst nach 12 Tagen die normale Höhe; Trockensubstanzgehalt bei den ersten Gemelken am höchsten, 25,1—33,6%; Fettgehalt schwankend, meist höher als bei normaler Milch, auf die Trockenmasse berechnet meist geringer; Aschegehalt etwas höher als in normaler Milch, 1,01—1,37%, jedoch in der Trockenmasse bedeutend geringer; Phosphorsäure, Kalzium und Magnesium schwanken sehr, doch ist ein besonders hoher Gehalt an Magnesium nicht festgestellt worden, so daß die abführende Wirkung auf etwas anderes zurückgeführt werden muß. Gesamttrockenmasse des Kolostrums größer als bei reifer Milch, daher auch der große Nährwert.    Hock.

### 8. Milchmenge und Leistungskontrolle.

1) Caporali, L.: Il controllo igienico e la raccolta del latte nell'ispezione delle vacche lattifere e delle stalle. (Milch-, Stall-, Melkkontrolle usw. für die Milchgewinnung.) Clin. vet. S. 576—592. (Bringt nichts Neues.) — 2) Ineichen, Fr.: Wie sind die Milcherträge von Tieren verschiedenen Gewichts zu würdigen? D. landw. Presse Bd. 52, S. 459—460. (Nichts Wesentliches und nichts Neues.) — *3) Ragsdale, A. C., C. W. Turner und S. Brody: The rate of milk secretion as affected by an accumulation of milk in the mammary gland. J. of Dairy Science. Bd. 7, S. 249—254. 1924.

Ragsdale, Turner und Brody (3) geben die durchschnittlich produzierten Mengen an Milch, sowie ihren Fett- und Trockensubstanzgehalt und ihr spezifisches Gewicht bei 2 Jerseys und 2 Ayrshires wieder bei Abständen des Melkens von dem vorhergehenden von 1—36 Stunden.

Die Versuchsperioden hatten eine Länge von 3 Tagen und wurden von 3 Tagen mit normalem Melken gefolgt. Der ganze Versuch dauerte etwa 3 Monate. Die größte Milchmenge pro Zeiteinheit wurde bei dem kürzesten Abstand vom vorhergehenden Melken produziert. Die Produktion während jeder Stunde nach dem vorhergehenden Melken betrug annähernd 95% von der während der vorhergehenden Stunde.

Die Kurve, die die Milchproduktion bei verschieden langen Perioden zwischen den einzelnen Gemelken illustriert, hat dieselbe Gestalt, wie eine Kurve, die den Ablauf einer chemischen Reaktion darstellt, wenn die gebildeten Produkte nicht entfernt werden, dies deutet darauf hin, daß die Milchsekretion ein chemischer Prozeß ist. 3 und 4 maliges Melken pro Tag vergrößerte die Gesamtmilchproduktion um 10 bzw. 16% gegenüber der bei 2 maligem täglichen Melken.

Hinsichtlich der Wirkung der Abstände zwischen den Gemelken auf die Zusammensetzung der Milch wurde festgestellt, daß der Fett- und Gesamttrockensubstanzprozentsatz mit der Länge der Intervalle zwischen den einzelnen Gemelken abnimmt, bis die Intervalle 14—16 Stunden überschreiten. Wird der Abstand von 14—16 Stunden überschritten, steigt der Fett- und Trockensubstanzgehalt bis zu 24—26 Stunden an, worauf wieder ein allmähliches Abfallen bis zu 36 Stunden erfolgt. Die Zeit der Fütterung schien auch den Fettgehalt der Milch zu beeinflussen.
Schieblich.

## 9. Milchgewinnung.

*1) Davidson, F. A.: The effect of an incomplete removal of milk from the utter on the quantity and composition of the milk produced during the immediate subsequent milkings. J. of Dairy Science Bd. 7, S. 267—293. 1924. — *2) Müller- Lenhartz: Die Milch und ihre Hygiene. Mitt. d. D. Landw. Ges. H. 35, S. 642. — 3) Rennes: Le manuel du laitier. Rec. de M. vét. Bd. 101, H. 18. — 4) Zaribnicky, F.: Die Beurteilung von Einzelgemelken. Hygiene-Nr. d. W. m. W.

Davidson (1) untersuchte den Einfluß eines unvollständigen Ausmelkens auf Menge und Zusammensetzung der Milch der unmittelbar folgenden Gemelke.

Eine vorläufige Untersuchung an der Illinois-Versuchsstation zeigte, daß das Zurücklassen einer geringen Menge von Milch (0,66 lb.) in einem Euterviertel den Milchzuckergehalt der unmittelbar folgenden Gemelke merklich herab- und den Fett-, Eiweiß- und Aschegehalt heraufsetzte.

Zwecks genauer Untersuchung der Wirkung des Zurücklassens von Milch im Euter, wurden an 12 Kühen Versuche von der Dauer von 4 Monaten angestellt. In den ersten beiden Versuchen, die 19 bzw. 17 Gemelke umfaßten, wurden die 4 bzw. 3 benutzten Kühe zweimal täglich gemolken. Bei dem 15. Gemelke des 1. Versuches wurde ein Viertel der Milch, berechnet auf Grund der 7 vorhergehenden entsprechenden Gemelke, im Euter zurückgelassen; beim 2. Versuche wurde bei dem 13. Gemelke die Hälfte der Milch im Euter gelassen.

Es wurden dann weiterhin noch 8 Versuche mit je einer Kuh ausgeführt, die viermal täglich gemolken wurden. Jeder der Versuche umfaßte 17 Gemelke und bei dem neunten wurde die Hälfte der Milch im Euter gelassen. Die Analysen der Milch eines jeden Gemelkes von jedem Tiere sind in Form von Tabellen und Kurven wiedergegeben.

Die Veränderungen in der Zusammensetzung der Milch, die durch das Zurücklassen eines Teiles der Milch im Euter hervorgerufen wurden, waren in den meisten Fällen nicht groß, jedoch wurde ihre Größe augenscheinlich von der Menge der im Euter zurückgelassenen Milch und der Länge der Zeit bis zum nächsten Melken beeinflußt. Der Verf. kommt zu folgenden Schlüssen: Der durchschnittliche Milch- und Fettertrag und der durchschnittliche Fettprozentsatz der Milch zeigen in den einem unvollständigen Aus-

melken folgenden 2 Tagen eine Tendenz zum Anwachsen, während der durchschnittliche Milchzuckergehalt der Milch in diesen beiden Tagen eine Tendenz zum Absinken zeigt. Der durchschnittliche Eiweiß- und Aschegehalt der Milch ändert sich nur ganz gering.
Schieblich.

Um dem Ideal der Milchhygiene näher zu kommen, fordert Müller - Lenhartz (2) die tierärztliche Kontrolle der Milchtiere und die Beachtung peinlichster Reinlichkeit beim Melkgeschäft zum Zwecke einer möglichst keimarmen Gewinnung der Milch. Die Dauerpasteurisierung ist nur so lange angebracht, als diese Forderungen nicht allgemein durchgeführt werden. Der dauerpasteurisierten Milch muß zum Zwecke der Fäulnisverhinderung usw. durch Aussetzen an der Luft oder durch Verimpfung Gelegenheit gegeben werden, sich mit Milchsäurebakterien zu versorgen.
Richter und Demmel.

## 10. Milch verschiedener Tierarten.

1) Eilmann: Ein Kapitel über Ziegenmilch. Ziegenzüchter Jg. 20, S. 86—87. — 2) Jonap, L.: Milchnutzung der Merinoschafe, zugleich ein Vorschlag zur Erhöhung der Rentabilität der Schafzucht. Zschr. f. Schafz. Jg. 14, S. 337—344. — 3) Koch, E.: Die Labfähigkeit der Ziegenmilch verschiedener Herkunft. Diss. Hannover und D. t. W. Bd. 33, S. 403 bis 404. (Auszug.)

## 11. Milchfermente (Enzyme).

1) Barthel, Chr.: Zur Abhandlung von Wedemann über die Verwertungsmöglichkeit der Kuhmilchdiastase (Amylase) zur Erkennung der schonenden Dauerpasteurisierung. Zschr. f. Fleisch Hyg. Bd. 35, S. 378 bis 379. (Polemisch.) — *2) Eberhard: Milchenzyme und Milchfermente. Molkerei Ztg. Jg. 54, H. 9/11. — 3) Grimmer, W. u. M. Krüger: Beiträge zur Kenntnis der Labwirkung. Milchw. Forsch. Bd. 2, H. 6, S. 457—481. — 4) Hanke: Ist die Reduktaseprobe ein Mittel zur Qualitätsbestimmung der Milch? Ebendas. Bd. 2, H. 6, S. 343—373. — 5) Roeder und Wassermann: Untersuchungen über Milchkatalase. Ebendas. Bd. 2, H. 3/4, S. 113—139. (Umfassende Arbeit.) — 6) Wedemann, W.: Ist die Kuhmilchdiastase zur Erkennung der schonenden Dauerpasteurisierung geeignet? Arb. Reichs-Ges. A. Bd. 56, S. 359. — 7) Derselbe: Nachweis erhitzter Milch, gewässerter Milch, Kolostral- und pathologisch veränderter Milch mit Hilfe der Tetraseren von Pfyl und Turnau. Ebendas. Bd. 55, S. 189. — *8) Derselbe: Ist die Kuhmilchdiastase (Amylase) zur Erkennung der schonenden Dauerpasteurisierung geeignet? Zschr. f. Fleisch Hyg. Bd. 35, S. 301—304. — *9) Wildt, Rud.: Beiträge zur Kenntnis der Schardinger Reaktion. Milchw. Forsch. Bd. 2, H. 5, S. 249—260.

Eberhard (2) gibt eine Übersicht über die Terminologie und die chemische Wirkung der katalytischen Stoffe bzw. der Fermente und Enzyme der Milch.

Verf. bearbeitet besonders diejenigen Fermente und Enzyme, die 1. von Natur aus in der Milch vorhanden sind, d. h. die genuinen Enzyme; 2. die erst bei der Behandlung und Verarbeitung der Milch auf natürlichem Wege in diese gelangen, d. h. die vitalen, bakteriellen Enzyme und 3. diejenigen, die als technische Hilfsmittel absichtlich der Milch zugefügt werden. Hier werden besonders die Fermente der Yoghurt-, Kefir- und Käsebereitung und die Enzyme, wie Lab und Diastase, die zur Herstellung von Nährpräparaten dienen, beschrieben. Dem Schlusse der Arbeit ist ein alphabetisches Verzeichnis der Enzyme und Fermente mit erläuternden Angaben angefügt.
Bongert.

Wedemann (8) hat Untersuchungen über Brauchbarkeit der Wirkung der Kuhmilchdiastase (Amylase) zur Erkennung der schonenden Dauerpasteurisierung ausgeführt und folgende Ergebnisse erzielt:

Auf Grund der erhobenen Befunde, deutliche Schwächung der Diastasewirkung nach $\frac{1}{2}$ stündigem Erhitzen von Milch auf 53—54° oder 55° und Vernichtung bei 56°, kann die Diastasereaktion als Methode zur seuchenpolizeilichen Überwachung von dauerpasteurisierter Milch — d. h. $\frac{1}{2}$ Stunde auf 60—63° erhitzter Milch — nicht verwendet werden.

Zumpe.

Wildt (9), welcher die Schardinger Reaktion nach verschiedenen Richtungen hin prüfte, kam zu folgenden Ergebnissen:

1. In Kolostralmilch gesunder Kühe tritt die Schardinger Reaktion meist sehr verzögert auf; ein vollständiges Ausbleiben der Reaktion konnte nie beobachtet werden.

2. Auch die Milch frischmilchender gesunder Tiere entfärbt fast stets das Schardinger-Reagens; nur in 7% der Fälle blieb die F. M.-Reaktion negativ.

3. Zur Zeit der Brunst gibt die Milch sehr beschleunigt die Schardinger-Reaktion, ebenso mit dem Einsetzen der Grünfütterung.

4. In der Milch mastitiskranker Kühe wird F. M.-Lösung rasch entfärbt, meist aber auch M.-Lösung.

5. Allgemeinerkrankungen der Kühe beeinflussen die Schardinger-Reaktion nicht in charakteristischer Weise.

Hock.

## 12. Vitamine der Milch.

*1) Blumenberg, W.: Experimentelle Untersuchungen über den C-Vitamingehalt der Kuhmilch und über den Einfluß der verschiedenen Pasteurisierungsverfahren. Zschr. f. Kinderhlk. Bd. 40, H. 3, S. 177—196. — 2) Dufournier und Bouffanais: De l'influence de l'eau oxygénée et de l'oxygène sur la teneur des laits en vitamines antiscorbutiques. Rec. de M. vét. Bd. 101, H. 10. — *3) Frank, A.: Über den Gehalt der Milch an Skorbut verhütenden Stoffen. Klin. W. Jg. 4, Nr. 25, S. 1204—1208. — *4) Loewy, E.: Untersuchungen über den antiskorbutischen Gehalt der Kölner Milch. M. m. W. Jg. 72, Nr. 40, S. 1690 bis 1692. — *5) Meyer, L. F. und E. Nassau: Über den Vitamingehalt der Frauenmilch. Klin. W. Jg. 4, Nr. 50, S. 2380—2383. — *6) Seelemann und Hadenfeldt: Über den Einfluß verschiedener Erhitzungsarten auf den C-Vitamingehalt der Milch. B. t. W. Bd. 41, S. 47.

Blumenberg (1) stellte an Meerschweinchen experimentelle Untersuchungen über den C - Vitamingehalt der Kuhmilch und über den Einfluß der verschiedenen Pasteurisierungsverfahren an.

Die mit roher Kuhmilch angestellten Fütterungsversuche zeigten, daß echte skorbutische Erkrankungen bei Rohmilchfütterung vorkommen können und daß Meerschweinchen nicht in jedem Fall durch rohe Kuhmilch vor Skorbut geschützt werden. Der C-Vitamingehalt der Kuhmilch ist demnach gering.

Fütterungsversuche mit pasteurisierter Milch wurden an 42 Meerschweinchen ausgeführt. Von diesen wurden 10 mit Milch, 30 Minuten bei 63° erhitzt, 12 mit Milch, 15 Minuten bei 85° erhitzt, und je 10 mit Milch, die 30 bzw. 15 Minuten bei 63 oder 85° erhitzt, auf 50° abgekühlt und anschließend kurz aufgekocht war, gefüttert. Die Pasteurisierung geschah in offenen Gefäßen im Wasserbad. Aus diesen Versuchen in Verbindung mit histologischen Befunden im Knochenmark der eingegangenen Meerschweinchen konnte Verf.

schließen, daß der antiskorbutische Wert der Kuhmilch durch die Pasteurisierung vermindert, durch die Sterilisierung vernichtet wird. Eine Pasteurisierung eine halbe Stunde bei 63° wirkt schädlicher als eine solche von $\frac{1}{4}$ stündiger Dauer bei 85°. Durch einmaliges schnelles Aufkochen pasteurisierter Milch werden keine weiteren Schutzwerte vernichtet. Die Milch kommt ätiologisch für den infantilen Skorbut erst in letzter Linie in Frage.

Verf. weist endlich darauf hin, daß das Meerschweinchenexperiment nur Anhaltspunkte für den C-Vitamingehalt der Milch bietet und nicht ohne weiteres auf den Menschen übertragbar ist, weil das hochempfindliche Meerschweinchen das denkbar schlechteste Vergleichsobjekt darstellt.

Krage.

Frank (3) prüfte an Meerschweinchen den Gehalt der Milch an Skorbut verhütenden Stoffen, um gleichzeitig auf Grund der Veröffentlichung von Meyer und Nassau die Milchbeschaffenheit von Berlin mit der von Leipzig zu vergleichen.

Die Fütterungsversuche der Meerschweinchen erstreckten sich auf Frauenmilch, Ziegenmilch, Vorzugsmilch, Marktmilch und Händlermilch. In allen Versuchsgruppen gingen fast sämtliche Tiere nach kürzerer oder längerer Zeit an Skorbut ein. Am besten erwies sich in bezug auf den Vitamin-C-Gehalt die einfache Kuhmilch, vom Milchhändler bezogen. Auch bei der Marktmilch und der Vorzugsmilch war eine Verzögerung des Todes an Skorbut wahrzunehmen. Dagegen verhielt sich die Frauenmilch in ihrem antiskorbutischen Verhalten genau so wie die Ziegenmilch und schlechter als die Kuhmilch. Verf. glaubt, daß das Meerschweinchen für Skorbut zu empfänglich ist und ein viel zu feines Reagens bildet, als daß es zur Untersuchung der Kindermilch auf ihren Gehalt an antiskorbutischen Substanzen hin verwendet werden könne.

Krage.

Loewy (4) untersuchte an Meerschweinchen den antiskorbutischen Gehalt der Kölner Milch.

Aus den Untersuchungen geht hervor, daß frische Kuhmilch, die bei Meerschweinchen Skorbut zu verhüten vermag, durch die verschiedenen Arten der notwendigen Vorbehandlung in dieser Fähigkeit geschädigt wird; am wenigsten durch kurzes Kochen, mehr durch kurzes Hochpasteurisieren, am meisten durch langes Niedrigpasteurisieren. Selbst beste, wenige Stunden vorher gemolkene Milch enthält im Winter gebrauchsfertig keine im Tierversuch nachweisbare Mengen von Vitamin C. Da eine sicher nicht geringe Zahl dystrophischer, anämischer und infektiöser Zustände durch reichliche Vitaminzufuhr günstig beeinflußbar ist, so wird man sich in der Säuglingsernährung schon mit Rücksicht auf diese Fälle, nicht auf den im allgemeinen ausreichenden antiskorbutischen Gehalt der Milch verlassen dürfen, selbst wenn sie von den besten Kühen stammt und möglichst schonend behandelt worden ist.

Krage.

Meyer und Nassau (5) unterzogen bei ihren Versuchen über den Vitamingehalt der Frauenmilch die Untersuchungen Franks über die skorbutschützende Wirkung der Frauenmilch im Meerschweinchenversuch einer Nachprüfung, um festzustellen, ob das Meerschweinchen ein zu feines Reagens zur Prüfung des Vitamingehaltes der Frauenmilch bildet.

Sie fanden in Übereinstimmung mit Frank, daß Meerschweinchen bei ausschließlicher Fütterung von Hafer und Frauenmilch eingehen. Sie wiesen aber nach, daß bei diesen Meerschweinchen alle für den Skorbut charakteristischen Zeichen und pathologisch-anatomischen Veränderungen fehlten, so daß ein Vitaminmangel den Tod nicht verursacht haben konnte. Das Eingehen der Tiere war vielmehr auf mangelhafte

Eiweißzufuhr zurückzuführen, weil die Wachstumsintensität des jungen Meerschweinchens zehnmal größer ist als die des Menschen-Säuglings und daher eine wesentlich größere Eiweißmenge beansprucht, welche die Frauenmilch nicht bietet. Diese Annahme fand ihre Bestätigung durch einen Versuch an 5 Meerschweinchen, die bei ausschließlicher Frauenmilch- und Haferernährung unter täglicher Beigabe von 2% eines Eiweißpräparates (= 1 g Plasmon pro Tier) ausgezeichnet gediehen. Auf gleiche Weise erklärt sich die gute Entwicklung der Meerschweinchen bei Fütterung von Kuhmilch und Hafer. Krage.

Seelemann und Hadenfeldt (6) stellten Untersuchungen über den Einfluß verschiedener Erhitzungsarten auf den C-Vitamingehalt der Milch an.

Verff. gelangten durch mehrere Versuchsgruppen zu etwa folgenden Ergebnissen: Das Wachstum der Meerschweinchen konnte infolge des geringeren Gehaltes der Winterkuhmilch an C-Vitaminen nicht wesentlich gefördert werden. Die Versuche mit der nach dem Degermaverfahren pasteurisierten Milch bewiesen, daß die Winterkuhmilch bei dieser Art des Erhitzens ihres C-Vitamins verlustig geht. Eine genau auf 63° C $^1/_2$ Stunde lang erhitzte Milch (ohne jede weitere Vorbehandlung) ist ebenfalls imstande, Erscheinungen hervorzurufen, die auf einen C-Vitaminmangel zurückzuführen sein dürften. Der Verlauf war allerdings nicht ganz so rapide wie bei der Degermamilchfütterung. Durch Zugabe roher Milch allein ließ sich ein ausreichendes Wachstum nicht erzielen. Einmal aufgekochte Milch ist ebenfalls nicht imstande, Skorbut zu verhüten. Henkels.

## 13. Mikroorganismen der Milch.

1) Burndred, E. J.: Examination of milk. (Milchschmutzbestimmung.) Vet. J. Bd. 81, S. 461—462. — *2) Clarenburg, A.: Een systematisch onderzoek maar de waarde der kleine-plaatencultuur volgens Frost voor de bepaling van het aantal levende bacterien in melk. (Eine systematische Untersuchung hinsichtlich des Wertes der Kleinplattenmethode nach Frost für die Bestimmung der Zahl der lebenden Bakterien in der Milch.) Diss. Utrecht. — 3) Sagastume, Carlos A. und M. Guerello Luis: Flora microbiana y valor nutritivo de leches crudas y tratadas. (Bakterienflora und Nährwert von roher und behandelter Milch.) Rev. Soc. de M. vet. (B. A.) Bd. 5/6, S. 384 bis 406. (Nichts Neues.) — 4) Schmidt, Michael: Beiträge zur Biologie der Milchsäuregärung. Milchw. Forsch. Bd. 2, H. 6, S. 432—450. — *5) Treffers, W.: Onderzoekingen naar de wijzigingen in het kiemgehalte van in steriel vaatwerk gewonnen melk. (Untersuchungen bezüglich Keimzahlveränderungen von in sterilen Geschirren gewonnener Milch.) Diss. Utrecht.

Clarenburg (2) sieht in der quantitativen bakteriologischen Milchuntersuchung die Möglichkeit der Kontrolle hinsichtlich reinlicher Milchgewinnung und zweckmäßiger Behandlung der Milch. Er machte systematische Untersuchungen des Keimgehaltes der Milch mit Hilfe der Kleinplattenmethode (Frost) und gelangte zu folgenden Schlußfolgerungen:

Die Kleinplattenzählmethode nach Frost ist eine verläßliche und schnell arbeitende Methode für die quantitative bakteriologische Milchuntersuchung. Die besten Ergebnisse erzielt man bei Inkubationstemperaturen von 28° C, wobei schon nach 24 Stunden nach der Einlieferung der Milchproben die Keimzahl ermittelt werden kann. Im Falle, daß eine über 200 000 Keime im Kubikzentimeter hinausreichende Keimzahl erwartet werden kann, muß man die Milch zuvor verdünnen. Hierzu eignet sich Kochsalzpepton besser wie entrahmte Milch. Die Kleinplattenmethode entspricht in höherem Grade den Anforderungen der Praxis als die noch heutzutage gebräuchliche Methode der Gelatineflockenkultur. Beijers.

Treffers (5) betrachtet die verschiedenen Mittel und Wege, welche auf milchhygienischem Gebiet zur Erzielung eines einwandfreien Produktes eingeschlagen wurden und stellt die reinliche Milchgewinnung und den Gebrauch steriler Geschirre in den Vordergrund. Er gelangt zu folgenden Ergebnissen:

1. Zur Erzielung einer haltbaren keimarmen Milch ist die Sterilisierung der Geschirre und Flaschen der angezeigte Weg. 2. Auf diese Weise gewonnene Milch darf direkt nach dem Melken 10 000 Keime im Kubikzentimeter nicht überschreiten und nicht mehr als 25 000 Keime im Kleinverschleiß enthalten. 3. Frischgemolkene Milch enthält bakterizide Stoffe. Ihre optimale Wirkung liegt bei 27—35° C; niedrigere Temperaturen setzen die bakterizide Kraft herab, sie ist dann jedoch von längerer Dauer. 4. Die Keimzahlvermehrung kann auch durch die Abkühlung der Milch unterdrückt werden. Die Unterkühlung kann im Sommer sogar bis zu 3 Stunden nach dem Melken ausgedehnt werden. Kühlt man Frischmilch unter 10° C ab, so liegt der Keimgehalt noch während 4 ×, mitunter 7 × 24 Stunden unterhalb 25 000 Keimen im Kubikzentimeter. 5. 24 Stunden lang unterkühlte Milch behält bei Temperaturen von 18—20° noch während 9 Stunden eine niedrige Keimzahl; bei 27° C 24 Stunden lang aufbewahrte Milch bleibt noch 3—6 Stunden gut (Keimzahl unter 50 000). 6. Kühlt man Frischmilch bei 0° C und bewahrt man sie bei 12° C auf, so bleibt sie 2 × 24 Stunden gut. Bei höheren Temperaturen ist sie länger haltbar als bei im Punkt 5 beschriebener Behandlung. 7. Für die Milchbehandlung in Molkereizentralen unterscheidet man folgende Temperaturen: a) Vorkühlung, d. h. Abkühlen direkt nach dem Melken unter die Aufbewahrungstemperatur, b) Aufbewahrungstemperatur, d. h. die Temperatur des Kühlhauses, c) Transporttemperatur, d. h. die Temperatur auf dem Wege zum Konsumenten. Beijers.

## 14. Kranke Tiere und Milch kranker Tiere.

1) Hock, R.: Überblick über einige Methoden zur Erkennung pathologischer Milch. T. R. Bd. 31, S. 781 bis 784.

Hock (1) gibt einen Überblick über einige Methoden zur Erkennung pathologischer Milch. Die Chlorzuckerzahl besitzt nur einen bedingten Wert bei der Erkennung pathologischer Milch und kann die tierärztliche Untersuchung der Milchtiere im Stalle nicht ersetzen. Heitzenroeder.

## 15. Pathogene Keime der Milch.

*1) Gagliardi, G.: Azione della pastorizzazione bassa o discontinua del latte a 63° sulla resistenza del bacillo della tuberculosi. (Wirkung der Milchpasteurisation bei 63° auf die Widerstandsfähigkeit des Tuberkelbazillus.) Clin. vet. S. 775—781. — *2) Meurer, R.: Beiträge über Bakterienkontaktinfektion bei der Herstellung von Trinkmilch. Zschr. f. Fleisch Hyg. Bd. 35, S. 266—267 u. 284—286. — 3) Sheather, A. L.: The Diagnosis of bovine mastitis by milk examination. (Bakteriologische Untersuchung der Milch wegen der Häufigkeit der Streptokokkenmastitis gefordert.) J. of comp. Path Bd. 37, S. 227 bis 242; Ref. Exp. Stat. Rec. Bd. 52, S. 885.

Gagliardi (1) hat Milch, die Tbc.-Bazillen enthielt, bei 63° sterilisiert und durch Verimpfung festgestellt, daß die vorhandenen Tbc.-Bazillen unwirksam geworden waren.                               Frick.

Meurer (2) berichtet über Versuche, die einen interessanten Einblick gewähren in die Zunahme des Keimgehaltes der Milch durch Kontaktinfektion bei der molkereimäßigen Verarbeitung. Um zu verhüten, daß beim Pasteurisieren anstatt einer Sterilisation eine Bakterienaufschwemmung erzeugt wird, ist peinlichste Sauberkeit der Geräte und Versandgefäße, unbedingter Verschluß der Kühler und Behälter, Vermeidung langer Rohrleitungen und Durchspülung der ganzen Apparatur mit siedendem Wasser vor Beginn der Verarbeitung erforderlich.
                                          Zumpe.

## 16. Milchfehler.
(Fehlt.)

## 17. Milchversorgung.

*1) Bongert, J.: Zur Frage der Versorgung der Städte und Industriezentren mit gesunder Frischmilch. Zschr. f. Fleisch Hyg. Bd. 35, S. 193—196. — *2) Clevisch: Vergleichende Studien über die Versorgung der Städte des In- und Auslandes mit Milch. Ebendas. Bd. 35, S. 129—132. — 3) Davidson, F. A.: Milk: its production and distribution, with special reference to tuberculosis. Vet. Rec. Bd. 5, S. 541 bis 550. — 4) Furtuna, St. J.: Das Milchproblem. Bul. Dir. Gen. zoot. si san. vet. Bd. 9—12. 1924; 1—3, 4—6. (Nichts Neues.) — *5) Matschke und Mohrmann: Beitrag zur Milchversorgung und Milchkontrolle. Zschr. f. Fleisch Hyg. Bd. 35, S. 229—234 u. 245 bis 250. — 6) Reiss, F.: Wohin geht der Kurs der Milchversorgung Deutschlands? T. R. Bd. 31, S. 479 bis 480. —*7) Derselbe: Aufgaben der neuzeitlichen Milchversorgung. Molkerei Ztg. Jg. 54, H. 11 u. 12. — 8) Toubeau: Réglementation de la vente du lait. J. de M. vét. Bd. 71, H. 8. — 9) Weigmann, H.: Die Aufgaben der deutschen Milchwirtschaft. D. landw. Presse Bd. 52, S. 594—596. (Nichts Neues.) —

Bongert (1) führt aus, daß die Versorgung der Städte und Industriezentren mit gesunder Frischmilch nicht auf dem bisher beschrittenen Wege der Zwangswirtschaft und molkereimäßigen Behandlung, wie maschineller Reinigung und fabrikmäßiger Pasteurisation, zu erreichen ist. Das Problem ist zu lösen durch sanitäre Milchkontrolle vom Ort der Erzeugung bis zum Verbraucher. An Stelle der Pasteurisation hat die durch Kraftstromkühlanlagen leicht zu erreichende Tiefkühlung der Milch sofort nach dem Melken und die Kühlhaltung bis zum Verzehr zu treten. Eine Besserung der hygienischen Beschaffenheit der Milch ist nicht allein für die Volksgesundheit dringend zu fordern, sondern sie liegt auch im wirtschaftlichen Interesse der Landwirte und Milchhändler, um den infolge der schlechten Beschaffenheit der Milch stark gesunkenen Milchverbrauch, der teilweise schon zum „Milchboykott" geführt hat, wieder zu heben.
                                          Zumpe.

Clevisch (2) bringt eine tabellarische Übersicht über die Milchversorgung der größeren Städte des In- und Auslandes, bespricht die Nachteile der Milchhöfe, macht Vorschläge für die Kontrolle der Milch von der Produktionsstelle bis zum Verbraucher und fordert die Einführung der Handelserlaubnis mit Milch und eines gewissen Befähigungsnachweises für Milchhändler.
                                          Zumpe.

Matschke und Mohrmann (5) veröffentlichen den Wortlaut der Polizeiverordnung des Regierungspräsidenten von Arnsberg über den Verkehr mit Milch vom 7. 2. 1925 und der hierzu erlassenen Vollzugsanweisung vom 13. 2. 1925.            Zumpe.

Reiss (7) zeigt bei Durchprüfung der jetzigen Milchversorgung, daß die Forderungen der Hygiene und die gewerblichen Leistungen noch „himmelweit" von einander entfernt sind.

R. fordert daher eine Sicherung der gesundheitlichen Erzeugung. Erhaltung und Vertrieb der Milch durch Schaffung eines Reichsmilchgesetzes. Bei Betrachtung der jetzigen Zustände erwähnt er besonders das Mischen von Morgen- und Abendmilch bei der Verkaufsmilch, das unsachgemäße Reinigen der Molkereigeräte, die Mischung von angesäuerter und gekochter Milch, den losen Verkauf von dauerpasteurisierter, den Verkauf von gekochter Milch ohne Deklaration, den Verkauf von roher Schlagsahne, die Reglementierung des Mindestfettgehaltes der Schlagsahne auf 25% und vieles mehr. R. fordert somit eine gesetzliche Überwachung vom Erzeuger bis zum Verbraucher.
                                          Bongert.

## 18. Überwachung des Milchverkehrs.

*1) Bongert, J.: Zur Frage der Gesundheitsschädlichkeit der Neutralisation bakteriell zersetzter, gesäuerter Milch. Zschr. f. Fleisch Hyg. Bd. 35, S. 161—164. — *2) Derselbe: Die Bedeutung und Notwendigkeit der hygienischen Milchgewinnung und Milchkontrolle. T. R. Bd. 31, S. 190—195. — 3) Brittlebank, J. W.: Uniform System of milk inspection. Vet. Rec. Bd. 5, S. 851—862 u. 883 bis 888. — 4) Contescu, D.: Richtlinien für die Kontrolle der Milchkühe und ihre Bedeutung. Bul. Dir. gen. zoot. si san. vet. Bd. 10—12, S. 81—91. (Nichts Neues.) — 5) Gratz, O.: A tej és tejtermékek. (Die Milch und Milchprodukte.) 612 S. Budapest: Verlag Karl Rényi. — *6) Gronover: Übersicht über die chemischen und physikalischen Methoden zur Untersuchung von Milch und ihre Bewertung bei der Beurteilung verfälschter Milch. Zschr. f. Unters. d. Nahrungsmittel Bd. 50, S. 111. — *7) Heine: Gedanken über die künftige gesundheitliche Kontrolle des Milchverkehrs und die Bewirtschaftung der Milchhöfe. Zschr. f. Fleisch Hyg. Bd. 35, S. 145—148. — 8) Hewer, J. R.: Clean milk production. Vet. Rec. Bd. 5, S. 1001—1007. — *9) Hobbing, F.: Untersuchungen über die vermeintliche Zweckmäßigkeit des sog. Entsäuerungsverfahrens bakteriell zersetzter Milch. Arch. f. wiss. Tierhlk. Bd. 53, S. 1—23. — 10) Meat and Milk inspection. Vet. J. Bd. 81, S. 463—469. (Auszugsw. Bericht über Nahrungsmittel-, Fleisch- und Milchhygiene von Howarth.) — *11) Reiß, F.: Eine einfache qualitative Unterscheidung und quantitative Berechnung von Milchverwässerung, Entrahmung und Doppelfälschung. Zschr. f. Fleisch Hyg. Bd. 35, S. 379—381. — *12) Thorbjörnsen, Sv.: Om Paavisning of Tragant tilsat Molk og Flöde. (Der Nachweis von Tragant in Milch und Sahne.) Maan. for Dyrl. Bd. 37, S. 58—62. — *13) Tillmans und Luckenbach: Ein neues Verfahren zum Nachweis neutralisierter Milch. Zschr. f. Unters. d. Nahrungsmittel Bd. 50, S. 103. — *14) Uhlmann: Auswertung der Milchkontrollergebnisse in den Milchkontrollvereinen Sachsens. Sächs. landw. Zschr. Nr. 4, S. 63. — 15) Weidmann: Die Entwicklung des Milchkontrollvereinswesens in der Neumark. D. landw. Tierz. Jg. 29, S. 461—462. (Lokale Bedeutung.)

Bongert (1) begründet es gegenüber den Ausführungen von Metzger, daß sauer gewordene Milch, die mit behördlicher Erlaubnis durch Zusatz von Natriumkarbonat auf den normalen

Säuregrad zurückgeführt worden ist, ein gesundheitsschädliches Nahrungsmittel darstellt. Er verlangt im Interesse der öffentlichen Gesundheit, daß unter Hinweis auf die §§ 12—14 des Nahrungsmittelgesetzes ein öffentliches Verbot des Zusatzes von Alkalien oder sonstigen Konservierungsmitteln zur Milch erlassen wird. Zumpe.

Bongert (2) bespricht im Rahmen eines Vortrages die Bedeutung und Notwendigkeit der hygienischen Milchgewinnung und Milchkontrolle.

Unter Hinweis auf die volkswirtschaftliche Bedeutung der Kuhmilch, insbesondere als Nahrungsmittel für Säuglinge, zählt der Verf. in der Reihenfolge ihrer Bedeutung die durch den Genuß von Milch auf den Menschen übertragbaren Tierkrankheiten auf: Tuberkulose, Euterentzündungen, Blutvergiftungen, Maul- und Klauenseuche, Milzbrand, Kuhpocken, Tollwut und das Maltafieber. Am gefährlichsten von allen ist die Eutertuberkulose. Untersuchungen haben ergeben, daß die Sammelmilch eines ganzen Dorfes durch die Milch einer einzigen eutertuberkulösen Kuh wirksam infiziert werden kann. Als weitere Ursachen der Gesundheitsschädlichkeit der Milch werden unzweckmäßig oder mit verdorbenen Futtermitteln gefütterte oder mit Arzneien behandelte Kühe bezeichnet. Besonders hervorgehoben werden dann die sog. Milchepidemien, die durch Infektion der Milch mit Erregern menschlicher Seuchen verursacht werden: Typhus, Paratyphus, Dysenterie, Cholera, Diphtherie und Scharlach. Die Hauptaufgabe bei der hygienischen Milchgewinnung fällt der tierärztlichen Tätigkeit und Kontrolle zu. Letztere hat zu bestehen: 1. In einer regelmäßigen, in möglichst kurzen Zwischenräumen zu wiederholenden Untersuchung der Milchkühe auf ihren Gesundheitszustand. 2. In Überwachung der Fütterung und Haltung der Milchtiere. 3. In Kontrolle der Gewinnung und Behandlung der Milch bis zum Verbrauch. Von den in dieser Richtung zu ergreifenden Maßnahmen stehen die Bekämpfung der Rindertuberkulose sowie der ansteckenden Euterentzündungen im Vordergrund. Heitzenroeder.

Gronover (6) berichtet über die älteren Methoden der Milchuntersuchung, wie Bestimmung des spez. Gewichts, Fettbestimmung nach Gerber und Gottlieb-Röse, Bestimmung der Trockensubstanz.

Die Bestimmung der Trockensubstanz wird nur rechnerisch ermittelt; aus der fettfreien Trockensubstanz einen Rückschluß auf stattgehabte Wässerung herzuleiten, ist, wenn man keine Stallproben zur Verfügung hat, eine unsichere Sache, da die fettfreie Trockensubstanz erheblichen Schwankungen unterworfen ist. Auch die Bestimmung des spez. Gewichts des Milchserums sowie der Aschegehalt sind gute Anhaltspunkte für die Beurteilung der Milch, noch besser die gewichtsanalytische Bestimmung der fett- und eiweißfreien Substanzen nach Cornalba; letztere Methode hat sich, weil zu zeitraubend, in der Praxis nicht eingeführt; anders dagegen die Refraktion des Milchserums nach Ackermann. Ein wesentliches Moment bei diesen letzten Methoden bildet der Zerteilungsgrad, je feiner die Zerteilung der einzelnen Milchbestandteile, um so größer ihre Konstanz. Infolgedessen ist die Schwankung im Fettgehalt als grob-disperser, emulsionsartiger Anteil am größten. Geringere Schwankungen weisen die Eiweißstoffe auf. Den geringsten Schwankungen unterliegen die hochdispersen Anteile, die in molekular- und auch zum Teil in ionengelöstem Zustande sich vorfinden. Ähnlich steht es bezüglich der Schwankungen bei der elektrischen Leitfähigkeit der Milch. Die Menge der ionisierten Salze, Säuren und Basen ist abhängig von der Menge des Eiweißes und des Milchzuckers. Infolgedessen müssen wie bei der Refraktion erhebliche

Schwankungen vorhanden sein und sich feststellen lassen. Günstiger steht es mit der Konstanz des osmotischen Druckes, ausgedrückt durch die Gefrierpunktsdepression; hier liegt eine Gesamtfunktion von organischen und anorganischen Stoffen, Milchzucker und Salzen, in ihrem Molekular- und Ionenzustand vor, die in enger Beziehung zur Eiweißmenge stehen muß. Wenn ein Mangel an dieser oder jener osmotisch wirkenden Substanz eintritt, so wird Ersatz geschaffen, der so wirkt, daß der osmotische Druck gewahrt und das lebende Eiweiß in seiner optimalen Dispersion erhalten bleibt. So findet man, daß fast stets mit dem Rückgang des Milchzuckers eine Vermehrung der Chloride stattfindet. Die Bestimmung der Gefrierpunktsdepression zeigt uns, daß sehr häufig Milch, die man auf Grund der fettfreien Trockensubstanz, der spez. Gewichtsbestimmung des Milchserums und der Refraktion als nicht gewässert passieren lassen würde, sich als gewässert herausstellt und umgekehrt verdächtige Milch auf Grund der Gefrierpunktsdepression sich als einwandfrei erweist. Bongert.

Solange nicht ein Reichsmilchgesetz die dauernde Überwachung sämtlicher Milchviehbestände durch Tierärzte ermöglicht, fordert Heine (7) eine weitergehende gesundheitliche Kontrolle des Milchverkehrs auf Grund ortsgesetzlicher Regelung. Folgende Aufgaben sind dabei zu erfüllen:

1. Eine auf Proben zu beschränkende histologische, bakteriologische und biologische Untersuchung der in die Städte vom Landwirt direkt eingeführten und in Verdachtsfällen der in die Molkereien eingelieferten Milch.

2. Eine gleiche, aber regelmäßige Untersuchung der Milch für Säuglinge, falls sie als solche besonders kenntlich gemacht und vertrieben wird.

3. Eine auf Proben zu beschränkende bakteriologische und biologische Untersuchung der in die Städte eingeführten Molkereimilch.

4. Eine bakteriologische Untersuchung von Buttermilch, Yoghurt und ähnlichen Erzeugnissen.

5. Eine dauernde Überwachung der Herstellung von Säuglingsmilch in Form von Vorzugsmilch, Degermamilch, Heilmilch, Milch nach dem Biedertschen Verfahren usw.

6. Die Einführung einer allgemeinen Stallkontrolle, die zunächst auf solche Wirtschaften zu beschränken sein wird, die sich freiwillig dieser Kontrolle unterwerfen.

Als Vorbedingung für die Durchführung dieser Kontrolltätigkeit sind folgende wirtschaftlichen Forderungen anzusehen:

a) Die für die Säuglingsnahrung erforderliche Milchmenge in vollkommen einwandfreiem Zustande sicherzustellen.

b) Eine Möglichkeit zu schaffen, die in die Städte eingeführte Milch, soweit sie bei der Untersuchung als verdächtig bezeichnet ist, in den einwandfreien Zustand überzuführen oder molkereimäßig zu verarbeiten.

c) In die Großstädte eingeführte und als verdorben befundene Milch molkereimäßig zu verarbeiten.

d) Etwa überschüssige Milchmengen für den folgenden Tag in einwandfreier Weise zu konservieren.

Diese Aufgaben können zwar auch in einem Privatbetriebe erfüllt werden, besser wird dies aber in einem städtischen oder auf gemischtwirtschaftlicher Grundlage errichteten Milchhof geschehen. Um einer solchen Einrichtung den erforderlichen Rückhalt zu geben, sind gesetzliche Sonderbestimmungen nötig, die für Städte zu gelten haben, die einen Milchhof errichten und genügende Gewähr für eine sachverständige Milchkontrolle durch Tierärzte und Chemiker bieten. In diesem Rahmen ist gesetzlich festzulegen:

a) daß die für die Säuglingsnahrung im Stadtbezirk erforderliche Milch von der in die Stadt eingeführten Milchmenge im Bedarfsfalle nach Ermessen der Stadtverwaltung sichergestellt wird;

b) daß dauererhitzte Säuglingsmilch, sog. Heilmilch und Buttermilch für Kranke und Yoghurt nur im Milchhof oder einer ähnlichen konzessionierten Anlage hergestellt werden dürfen;

c) daß angesäuerte oder saure in die Stadt eingeführte Milch, soweit die Zurückweisung nicht erfolgt, nur im Milchhof oder einer ähnlichen konzessionierten Anlage verarbeitet werden darf;

d) daß von außerhalb eingeführte Säuglingsmilch einer Kontrolle durch den städtischen Sachverständigen am Produktionsort unterworfen werden kann;

e) daß die für die Säuglingsernährung und die für Krankenzwecke bestimmte Milch nur nach der Anweisung der Stadtverwaltung vertrieben werden darf;

f) daß die Kosten für Verarbeitung von angesäuerter oder verdorbener Milch von dem Besitzer der Milch aufgebracht werden müssen;

g) daß überschüssige Milch, sofern sie wieder in den Handel gebracht werden soll, nur im Milchhofe oder einer ähnlichen konzessionierten Anlage von einem Tage zum andern aufbewahrt werden darf.

Zumpe.

Nach Hobbing (9), der Untersuchungen über die vermeintliche Zweckmäßigkeit des sog. Entsäuerungsverfahrens bakteriell zersetzter Milch anstellte, hat ein „Konservierungsverfahren", das bei absolutem Mangel an konservierenden Eigenschaften die Zersetzung des zu konservierenden Stoffes nicht allein nicht aufhält, sondern sogar fördert, und dessen einziger Wert in seiner Fähigkeit liegt, die Zersetzung nicht merkbar werden zu lassen, keine Daseinsberechtigung.

Weber.

Reiß (11) bringt die qualitative Unterscheidung und quantitative Berechnung von Milchverwässerung, Entrahmung und Doppelfälschung auf folgende Formeln:

Wenn der Rückgang des Fettes mit der summarischen Zunahme an fettfreier Trockensubstanz und Wasser ziemlich übereinstimmt, ist lediglich Entrahmung erwiesen.

Wenn der Wassermehrgehalt mit der Summe der Mindergehalte an fettfreier Trockensubstanz und an Fett übereinstimmt, ohne daß deutliche Übereinstimmung zwischen Fettrückgang und der Differenz von Wassermehrgehalt und von Mindergehalt an fettfreier Trockensubstanz besteht, ist lediglich Wässerung erwiesen.

Wenn der Wassermehrgehalt mit der Summe der Mindergehalte an fettfreier Trockensubstanz und an Fett übereinstimmt und außerdem deutliche Übereinstimmung zwischen Fettrückgang und der Differenz von Wassermehrgehalt und Mindergehalt an fettfreier Trockensubstanz besteht, ist Wässerung und Entrahmung erwiesen.

Unter Voraussetzung, daß die Berechnung des Umfanges von Milchverfälschungen lediglich auf die Zusammensetzung von Markt- und Stallmilch gegründet werden muß, ist die Entrahmung — entsprechend der Wässerung — als Zusatz von fettfrei gedachter Magermilch in 100 Marktmilch aufzufassen. Demgemäß ist eine Bilanz der Milch nach Hundertteilen Vollmilch, fettfreier Magermilch und Wasser aufzustellen, um den Handelswert oder Minderhandelswert im Vergleich zur Vollmilch zu veranschaulichen.

Zumpe.

Thorbjörnsen (12) empfiehlt zum Nachweis von Tragant in Milch und Sahne Behandlung mit Jod-Jodkalium (Lugols Lösung) und mikroskopische Untersuchung. Die im Tragant vorhandenen stärkeartigen Körner sind dann leicht nachweisbar. Sie sind klein, liegen in Haufen und sind von gewöhnlicher Stärke leicht zu unterscheiden.    M. Christiansen.

Tillmans (13) bespricht die Schwierigkeiten betr. Nachweis neutralisierter Milch und geht auf das Verfahren von G. Hirsch ein zur Titration von schwachen Säuren, schwachen Basen und Ampholyten. Diese Methode beruht auf der Anwendung verschiedener Indikatoren bei bestimmten Wasserstoffionenkonzentrationen. Mit Hilfe der so entstehenden D-Kurven ist man sehr wohl in der Lage festzustellen, ob und wie weit eine Milch neutralisiert wurde. Die praktische Ausführung gestaltet sich folgendermaßen:

In 50 ccm Milch wird in üblicher Weise der Säuregrad nach Soxhlet-Henkel ermittelt. Die titrierte Milch wird mit 38 ccm kolloidalem Eisen versetzt (Liquor Ferri oxydati dialysati DAB 5), gut durchgemischt $^1/_4$ Stunde stehen gelassen. Man gießt durch ein Faltenfilter und läßt möglichst viel Serum ablaufen. Das erhaltene klare Filtrat zeigt keine Phenolphthaleinfärbung. Die jetzt folgende Titration wird in Zylindern aus farblosem Glase von 2,5 cm innerem Durchmesser, 13 cm Höhe und 50 ccm Inhalt ausgeführt. In einen Zylinder bringt man 20 ccm Serum und träufelt so lange 0,1 n-Natronlauge hinzu bis die Phenolphthaleinfärbung eben wieder erscheint, und fügt danach noch 1 Tropfen 0,1 n-Natronlauge zu. Die gebrauchte Laugenmenge braucht nicht gemessen zu werden. In den zweiten Zylinder bringt man 20 ccm einer Pufferlösung, deren Wasserstoffstufe 3,2 beträgt (21,008 Zitronensäure in 200 n-Natronlauge auf 1 l). Von dieser Zitratlösung mischt man 43 ccm mit 57 ccm 0,1 n-Salzsäure. Zu der Puffer- wie der Serumflüssigkeit gibt man 0,3 ccm einer 0,01 proz. alkoholischen Dimethylgelblösung und mischt gut. In der Pufferlösung sofort rosarote Färbung. Man fügt nun solange 0,1 n-Salzsäure zu dem im ersten Zylinder befindlichen Serum, bis beim Durchblicken gegen eine weiße Unterlage beide Flüssigkeiten weiß gefärbt sind. Der Titerverbrauch an 0,1 n-Salzsäure ist jetzt auf 100 ccm umzurechnen. Man rechnet zu diesem Zweck die gesamte Flüssigkeitsmenge aus (50 ccm Milch + 2 ccm Phenolphthalein- + 38 ccm Eisenlösung + a ccm $^1/_4$ n-Lauge), dividiert diese Zahl durch 10 und erhält so den Faktor, mit dem die für 20 ccm Serum verbrauchten Kubikzentimeter 0,1 n-Salzsäure zu multiplizieren sind, um den Verbrauch für 100 ccm Milch zu erhalten. Der aus der Ablesetabelle abgelesene Säuregrad gibt den Säuregrad der ursprünglichen Milch an; wurde ein niedrigerer Säuregrad gefunden, so ist die Milch neutralisiert worden.    Hock.

Nach Uhlmann (14) wird die Auswertung der Milchkontrollergebnisse in den Milchkontrollvereinen Sachsens für jedes einzelne Tier einer bestimmten Herde durch Vergleich der absoluten Milchmenge innerhalb gewisser Altersgruppen und zum Herdendurchschnitt vorgenommen. Aus der Art und Weise der Kontrolle gewinnt man ein einwandfreies Urteil über die Leistungen an Fettprozenten und Fettkilogrammen, über die Zahl der Melktage, wie überhaupt über die Stellung des Tieres innerhalb seiner Herde bzw. seiner Altersgruppe.    Richter und Demmel.


## 19. Milchpräparate.

1) Monvoisin: Le lait el les produits dérivés. Rec. de M. vét. Bd. 101, H. 10. — *2) Schoedel, J.: Trockenmilch als Säuglingsnahrung. Jb. f. Kinderhlk. Bd. 110 (der dritten Folge 60), H. 1/2, S. 58—61.

Schoedel (2) stellte bei 43 Kindern Versuche mit Trockenmilch als Säuglingsnahrung an, um festzustellen, wie sich diese Milch bei längerem Gebrauch bewährt, ob sie auch im Sommer ohne Schaden verwendbar ist und ob deutsche Erzeugnisse gleichgute Erfolge wie ausländische geben.

Er fand, daß Trockenmilch an Stelle von Frischmilch bei 2—3 monatiger Versuchsdauer ohne offensichtliche Schädigungen verwendbar ist. Auch im Sommer kann Trockenmilch erfolgreich gebraucht werden. Endlich ist die deutsche Trockenmilch der italienischen, und damit wohl auch jeder anderen ausländischen, ebenbürtig. Verf. kommt aber zu dem Endurteil, daß der Gebrauch der Trockenmilch nur von kurzfristiger Dauer, höchstens 3 Monate lang, sein darf und daß der einwandfrei gewonnenen Frischmilch aus sauberem Stalle und von gesundem Vieh für die Dauerernährung des Säuglings noch immer der unbestrittene Vorzug zu geben ist. *Krage.*

## 20. Milch als Nahrung.

1) Müller- Lenhartz: Die gesunde Milch und ihr Wert. Sächs. landw. Zschr. Nr. 33, S. 524.

## 21. Milch und Milchpräparate in der Heilkunde.
### (Fehlt.)

### C. Chemie und Physik der Milch.

### 1. Allgemeines.

*1) Bleyer, B. und O. Kallmann: Beiträge zur Kenntnis einiger bisher wenig studierter Inhaltsstoffe der Milch (Kuhmilch). II. Biochem. Zschr. Bd. 155, S. 54—79. — *2) Boas, M. A. und H. Chick: The influence of diet and management of the cow upon the deposition of calcium in rats receiving a daily ration of the milk in their diet. Biochem. J. Bd. 18, S. 433 bis 447. 1924. — *3) Dumerle, O.: Der Nachweis von Zitronensäure in Kondensmilch. Diss. Wien 1924/25. — *4) Krause, H.: Über die Ausscheidung von Nitraten mit der Milch. Arch. f. Hyg. Bd. 95, H. 5/6, S. 271—279. — 5) Höllen, J.: Beitrag zur Chemie und Beschaffenheit des Kolostrums. Diss. Hannover und D. t. W. Bd. 33, S. 386—387. (Auszug.) — *6) Kieferle, F., J. Schwaibold und Ch. Hackmann: Der Gehalt der Kuhmilch an Zitronensäure und dessen Beziehungen zur Chlorzuckerzahl als Kriterium für normale bzw. anormale Milch. Milchw. Forsch. Bd. 2, H. 5, S. 312—325. — 7) Roeder und Radoi: Die Azidität der Kuhmilch, ihre Bestimmung mit Kalziumhydroxyd und ihre Beziehungen zur Milchtrockenmasse. Ebendas. Bd. 2, H. 3/4, S. 139—163. — 8) Schiele, J.: Über das Verhalten der Milchwerte bei den verschiedenen Arten des Fettentzuges. Diss. Hannover und D. t. W. Bd. 33, S. 654—656. (Auszug.) — *9) Stockreiter, Anton: Der Chlorgehalt der Ziegenmilch am Anfang und Ende der Laktationsperiode. Milchw. Forsch. Bd. 2, H. 6, S. 450—457.

Bleyer und Kallmann (1) bringen weitere Beiträge zur Kenntnis einiger bisher wenig studierter Inhaltsstoffe der Kuhmilch.

Nach ihnen ist der durch Hitze nicht koagulierbare Anteil an Stickstoffbestandteilen erheblich. Mit befriedigender Genauigkeit ließ sich durch geeignete Methoden der Anteil von typischen Reststickstoffkörpern an den nicht hitzekoagulablen Stickstoffbestandteilen bestimmen. Die Milch enthält als normale, konstante Bestandteile: Purinbasen, Harnsäure, Harnstoff, Ammoniak, freie Aminosäuren, Kreatin und Kreatinin. Albumosen und Peptone sind ebenfalls wahrscheinlich normale, präformierte Bestandteile der

Milch. Frühere Bearbeitungen des sog. „Laktochroms", des von dem lipoidlöslichen Milchfettfarbstoff wohl unterscheidbaren, wasserlöslichen Milchfarbstoffes konnten nicht bestätigt werden. Mit neuen Methoden gelang es, das genuine Laktochrom frei von Laboratoriumsprodukten aus der Milch zu gewinnen und zu reinigen. Der so hergestellte, wasserlösliche, gelbgrüne Farbstoff der Milch ist aller Wahrscheinlichkeit nach ein Phenylalaninabkömmling, der in enger Beziehung zum Urochromogen und Urochrom steht, in systematischer Hinsicht zu der Alloxyproteinsäurefraktion gerechnet werden kann, jedoch vorläufig noch von dem Urochromogen bzw. Urochrom unterschieden werden muß. Mit Urobilin hat das Laktochrom nichts zu tun; es steht mit dem Eiweißstoffwechsel in enger Beziehung und gehört analytisch zu der Gruppe der „Peptone". Rhodanide gehören ebenfalls zu den normalen und konstanten Stickstoffbestandteilen der Milch, ihre Menge ist jedoch eine sehr kleine. *Krzywanek.*

Boas und Chick (2) berichten über eine Reihe von Versuchen über den Gehalt der Milch einer Kuh, die unter verschiedenen Bedingungen verschiedene Rationen erhielt, an die Ca- und P- Assimilation fördernden Vitamine.

In jedem Versuche wurde die Ca- und P-Retention von jungen Ratten bestimmt, die eine von Vitamin A und dem antirhachitischen Vitamin (D) freie Grundnahrung erhielten, zu der aber täglich 5 g der zu untersuchenden Milchprobe hinzugefügt wurde. Die Milch wurde in sterile Gefäße gemolken und die überstehende Luft durch $CO_2$ ersetzt. Hierauf wurde die Milch pasteurisiert und im Eisschrank aufbewahrt.

Die in dem ersten Versuch benutzte Milch wurde von einer Kuh gewonnen, die etwa 6 Monate in einem dunklen Stall bei Trockenfütterung gehalten worden war. Die Milch des zweiten Versuches wurde gewonnen, nachdem die Kuh 2 Monate lang frisches Wiesengras und Klee erhalten hatte, jedoch weiterhin in dem dunklen Stalle belassen worden war. Die Probe endlich, die zu dem dritten Versuche benutzt wurde, wurde gewonnen, nachdem die Kuh 11 Wochen Grasweide gehabt hatte.

Die Ca-Retention der Ratten war während der ersten beiden Versuche deutlich niedriger als die der Kontrollratten, die eine ähnliche Ration erhielten mit dem Unterschied, daß sie an Stelle der frischen Milch getrocknete Milch mit einer geringen Menge Lebertran zugelegt erhielten. Die P-Retention war in diesem Versuche ebenfalls herabgesetzt. Die größere Ca-Retention wurde im ersten Versuche als 34% niedriger, im zweiten als 40 bzw. 20% niedriger für Männchen und Weibchen berechnet. Die P-Retention war im ersten Versuche 11%, im zweiten 19 bzw. 7% niedriger für Männchen und Weibchen als die der Kontrolltiere.

In dem dritten Versuche, in dem die von der Kuh mit Weidegang produzierte Milch gefüttert wurde, war die Ca-Retention der Ratten gleich der der Kontrollen. Die P-Retention war bei den Männchen ebenfalls dieselbe, wie die der Kontrollen, bei den Weibchen jedoch 15% niedriger. In den ersten beiden Versuchen wurde festgestellt, daß das Verhältnis des gespeicherten Ca zum P sich während der ersten Lebenswochen dauernd verkleinerte, während es normalerweise sich ständig vergrößert. *Schieblich.*

Dumerle (3) fand, daß Zitronensäure in Kondensmilch in beträchtlicher Menge (gefundener Höchstwert 0,5310 g in 100 g) vorhanden ist, wozu sich die von R. Kunz angegebene Methode gut eignet. Beim Erhitzen wurde also Zitronensäure nicht zerstört. Da ferner jede der untersuchten Milcharten Zitronensäure aufwies, ist eine Infektion mit peptonisierenden Bakterien vor dem Verlöten der Dosen unwahrscheinlich. *Trautmann.*

Krause (4) prüfte durch eingehende Versuche die Ausscheidung von Nitraten mit der Milch. Er gelangte zu folgenden Schlußfolgerungen:

1. Der Nitratnachweis in der Milch nach Tillmanns und Splittgerber läßt sich mit Hilfe des Autenrieth-Königsbergerschen Kalorimeters zu einer einfachen und zuverlässigen Methode der quantitativen Nitratbestimmung verwerten.

2. Milch von Kühen, die ständig Trinkwasser mit einem natürlichen Nitratgehalt von 80 mg $N_2O_5$ in 1000 ccm Wasser aufnehmen, ist frei von Nitraten.

3. Ebenso ist nitratfrei die Milch von Kühen, die 3 Tage hindurch Trinkwasser mit einem künstlichen Nitratgehalt von 500 mg $N_2O_5$ in 1000 ccm Wasser aufnahmen.

4. Auch nach experimenteller Verfütterung einer einmaligen Salpetergabe in wässeriger Lösung treten keine Nitrate in der Milch auf, solange die Dosis 7 g $KNO_3$ nicht überschreitet.

5. Größere Salpetergaben als 7 g $KNO_3$ führen bei gesunden, in etwas höherem Grade bei kranken Kühen zu einer Ausscheidung von Nitraten in der Milch, aber nur dann, wenn die verabreichte Nitratmenge in einer konzentrierten Lösung enthalten ist. Selbst nach der Zuführung von 15 g $KNO_3$ erscheint nur ganz spärlich Nitrat in der Milch (weniger als 0,5 mg $N_2O_5$ in 1000 ccm Milch), wenn diese Menge in 6 l Wasser gereicht wird.

6. Nach einer einmaligen größeren Salpetergabe erreicht die Nitratausscheidung durch die Milch ihr Maximum in der nach 9 Stunden ermolkenen Milch.

7. Die Übung, bei der praktischen Milchkontrolle den positiven Ausfall der Salpeterreaktion bei einer Milchprobe im Zusammenhang mit den übrigen Untersuchungsergebnissen als Beweis eines Wasserzusatzes anzusehen, erhält durch die Ergebnisse der angestellten Versuche eine sichere Grundlage. *Krage.*

Kieferle, Schwaibold und Hackmann (6) haben den Zitronensäuregehalt der Milch herangezogen, um pathologische Milch festzustellen. Die Verff. geben Koestler die Priorität, eine derartige Methodik eingeführt zu haben.

Bei 107 untersuchten Milchproben betrug der Mittelwert für den Zitronensäuregehalt der Milch 0,27% oder 217 g im Liter. Die extremen Zahlen bewegen sich zwischen 1,2 und 4 g Zitronensäure ihm Liter. Im allgemeinen entspricht einem höheren Milchzuckergehalt ein höherer Gehalt an Zitronensäure (die Verff. erblicken in der Zitronensäure der Milch ein Oxydationsprodukt des Milchzuckers). Es kommen aber Fälle vor, bei denen wir einen hohen Gehalt an Zitronensäure haben, ohne daß der Milchzuckergehalt diesem Werte entspräche. Aber ähnlich wie im allgemeinen der Zitronensäuregehalt mit zunehmendem Milchzuckergehalt steigt, so steigt auch der Gehalt an Kaseinstickstoff, während die Menge des serumgelösten Stickstoffs fällt. Dabei ist aber zu beachten, daß trotzdem die Menge des Gesamtstickstoffs der jeweiligen Viertel des Einzeltieres nahezu die gleiche ist, da einer Verringerung an Kaseinstickstoff eine Zunahme an serumgelöstem Stickstoff entspricht.

Was den Zitronensäuregehalt der Kuhmilch bei gestörter Sekretion betrifft, so kann derselbe bis zu 0,20% und darunter sinken. Diese Unterschiede beziehen sich aber nur auf die Viertelgemelke ein und derselben Kuh.

Interessant ist die Feststellung, daß der Zitronensäuregehalt der Milch durch Kochen eine nicht unbeträchtliche Verminderung erfährt, ein Umstand, welcher mit der Möller-Barlowschen Krankheit in Verbindung zu stehen scheint, zumal durch Verabreichung von Saft frischer Zitronen zu gekochter Milch diese Krankheitserscheinungen wieder zum Verschwinden gebracht werden. Ferner wird beim Gerinnen der

Milch der Gehalt an Zitronensäure herabgesetzt, und im Spontanserum ist kaum noch Zitronensäure nachzuweisen. Unter den Bakterien sind es hauptsächlich Bac. subtilis und Proteus vulgaris, welche die Zitronensäure innerhalb 48—72 Stunden restlos vernichten. *Hock.*

Stockreiter (9) fand, daß der Chlorgehalt der Milch gesunder Ziegen mit zunehmender Laktationszeit allmählich ansteigt.

Die Chlormengen sind individuell verschieden und liegen 20—30 Tage nach der Geburt zwischen 120 und 180 mg in 100 ccm Milch, dürften aber gegen das Ende der Laktationsperiode 200 mg nicht viel übersteigen. Im Kolostrum ist weniger Chlor enthalten, und zwar im Mittel 100 mg. Die Tagesschwankungen betragen 10—15 mg und die Differenzen zwischen linker und rechter Euterhälfte 6 mg Chlor für 100 ccm Milch. *Hock.*

## 2. Eiweiß.

1) Bleyer, B. und St. Diez: Beiträge zur Kenntnis der Eiweißstoffe der Kuhmilchmolke. I. Mitt. Milchw. Forsch. Bd. 2, H. 3/4, S. 91—108. — 2) Dieselben: Dasselbe. II. und III. Mitt. Ebendas. Bd. 2, H. 5, S. 229—249 und 333—342. — *3) Høyberg, M. H.: Vom Kaseingehalt der dänischen Milch. Zschr. f. Fleisch Hyg. Bd. 35, S. 381—383. — *4) Derselbe: Om kaseinmängden i dansk Mjölk. (Die Kaseinmenge der dänischen Milch.) Skand. Vet. Tidskr. Jg. 15, H. 8, S. 140—146.

Høyberg (3) folgert aus seinen Untersuchungen über den Kaseingehalt der dänischen Milch, und zwar der Milch dreier Bestände aus der Kopenhagener Umgebung und der Mischmilch einer großen Milchvertriebsgesellschaft, daß der durchschnittliche Kaseingehalt der in Großkopenhagen verkauften Milch 76% des Gesamtstickstoffes beträgt, eine Zahl, die bedeutend niedriger ist als die von Fleischmann mit 85% für deutsche Milch angegebene. Dies zeigt, wie vorsichtig man bei der Übertragung von Milchanalysenzahlen aus einem Lande auf ein anderes zu sein hat. *Zumpe.*

Høyberg (4) untersuchte die Kaseinmenge der Kuhmilch von 2 dänischen Gütern, deren Viehbestand 2—3 Monate früher von Maul- und Klauenseuche behaftet gewesen war, und von einem Gut, auf dem diese Krankheit nicht geherrscht hatte. Mastitiden waren nicht vorhanden. Zum Vergleich untersuchte er auch die Handelsmilch Kopenhagens auf deren Kaseingehalt. Er fand durchweg einen niedrigen Gehalt an Kasein (1,84—3,17%) und eine Relation zwischen Kasein und den übrigen Eiweißstoffen (etwa 76 : 24), die von der von Fleischmann angegebenen (85 : 15) recht wesentlich abweicht. *Sahlstedt.*

## 3. Fett.

1) Engel, H., H. Schlag und W. Mohr: Die chemischen und physikalischen Konstanten des Kolostralfettes. Milchw. Forsch. Bd. 2, H. 1/2, S. 47—56. — *2) Mariani, M.: Il metodo dell'Höyberg confrontato col metodo del Gerber per la determinazione del grasso nel latte. (Høybergs Methoden der Fettbestimmung in der Milch im Vergleich zu der Gerbers.) Clin. vet. S. 567—572. — 3) Mohr, Walter: Untersuchungen über die Konstanz des Schmelzpunktes und Erstarrungspunktes des Butterfettes. Milchw. Forsch. Bd. 2, H. 1/2, S. 24—30. — 4) Rahn, Otto: Die Verteilung des Fettes in der Milch. Ebendas. Bd. 2, H. 6, S. 383 bis 405. — *5) Reggiani: Un metodo pratico pel

dosaggio del grasso nel latte. (Praktische Methode der Fettbestimmung in der Milch.) Clin. vet. S. 285. — 6) Schneider, W.: Historisch-experimentelle Studie über das Gussandersche Aufrahmungsverfahren im Vergleich zum Holsteinschen. Hannover: M. & H. Schaper. — 7) Teichert und Stocker: Die Verwendung von Butylalkohol bei der Gerberschen Fettbestimmung. Milchw. Zbl. Jg. 54, H. 8.

Mariani (2) hat die Fettbestimmungsmethoden für Milch nach Høyberg und Gerber verglichen an einer großen Zahl von Milchproben und kommt zu dem Schlusse, daß Høybergs Methode unzweifelhafte Vorteile vor der Gerbers hat (Einfachheit, Fehlen der Zentrifuge usw.), daß sie aber zur Zeit mit Rücksicht auf die gebrauchten Chemikalien noch teurer ist als die von Gerber.     Frick.

Reggiani (5) hat vergleichsweise verschiedene Fettbestimmungsmethoden der Milch untersucht und lobt die Høybergsche als die für die Praxis geeignetste.     Frick.

Teichert und Stocker (7) prüften, ob bei dem Gerberschen Fettbestimmungsverfahren Butylalkohol verwendet werden könnte. Da sie bei der Gerberschen Versuchsanordnung, 10,0 $H_2SO_4$ (1,825), 11,0 Milch und 1,0 Butylalkohol, keine klare Fettabscheidung erzielten, wurde an Stelle der Schwefelsäure vom spez. Gew. 1,825 eine solche vom spez. Gew. 1,840 benutzt, bzw. die Menge der hinzugesetzten Schwefelsäure wie auch die des Butylalkohols variiert. Verf. kamen zu dem Ergebnis, daß sich Butylalkohol nur dann zur Milchfettbestimmung mit Schwefelsäure eignet, wenn zuerst 2,4 ccm Butylalkohol (Butanol) und sodann erst 8,6 ccm Schwefelsäure (1,825) und zum Schluß 11,0 ccm Milch in die Milchprüfer abgemessen werden.

## 4. Kohlenhydrate.

1) Weiß, H. und B. Bleyer: Bemerkung zur Methodik der Bestimmung des Milchzuckers. Milchw. Forsch. Bd. 2, H. 3/4, S. 108—113.

## 5. Asche.

*1) Blanchetière, A.: Variations saisonnières de quelques éléments minéraux du lait. C. r. Soc. de Biol. Bd. 92, S. 1295—1297.

Blanchetière (1) berichtet über einige Verschiedenheiten in der mineralischen Zusammensetzung der Milch, welche von der Jahreszeit abhängen. In der Sommermilch war mehr Na und K, in der Wintermilch mehr Ca vorhanden.     Graf.

## 6. Chemismus der kranken Milch.

(Fehlt.)

### D. Molkerei-Produkte.

(Fehlt.)

### E. Milchbearbeitung.

*1) Bongert: Zur Frage des hygienischen Wertes und der Zuverlässigkeit der Dauerpasteurisation bei niedrigen Temperaturgraden zwecks Abtötung von Krankheitserregern. B. t. W. Bd. 41, H. 43. — *2) Cosmovici, N.-J.: Le $p_H$ du lait change-t-il qnand le lait a été chauffé a différentes températures. C. r. Soc. de Biol. Bd. 92, S. 73—74. — *3) Derselbe: Le lait chauffé a différentes températures se compose-t-il de la mème manière que le lait cru, envers la présure, en milieu oxalaté? Ebendas. Bd. 92, S. 130 bis 131. — 4) Fleischer, H.: Untersuchungen über das Verhalten des Chlorkalziumserums niedrig pasteurisierter Milch. Diss. Hannover und D. t. W. Bd. 33, S. 136—137. — *5) Grimmer, W. und G. Schwarz: Zur Kenntnis des Zentrifugenschlammes. Milchw. Forsch. Bd. 2, H. 3/4, S. 163—183. — 6) Hiskock, I. V. und R. Jordan: The exent of milk pasteurzation in cities of the United States. 13. ann. rep. of the intern. assoc. of dairy and milk inspect. 1924. — 7) Hönack, R.: Die gesundheitliche Bedeutung und praktische Ausführung der Milchdauererhitzung. Diss. Hannover und D. t. W. Bd. 33, S. 55—56. (Auszug.) — *8) Marquardt, J. C.: Die Einflüsse der Filter- und Klärmaschinen auf die Milch. Milchw. Forsch. Bd. 2, S. 22—23. — 9) Pröscholdt, O.: Dauererhitzung der Milch. T. R. Bd. 31, S. 878—879. — 10) Derselbe: Versuche über die Dauererhitzung der Milch bei 60—65° in Standwannen mit Rührwerk in mehreren Molkereien Pommerns. Ebendas. Bd. 31, S. 736—740 u. 752—757. — 11) Rahn, Otto: Die Bedeutung des Temperaturkoeffizienten für das Studium der Milchpasteurisierung. Milchw. Forsch. Bd. 2, H. 6, S. 373 bis 383. — 12) Reiss, F.: Unbedingte oder bedingte Zulassung der meiereimäßigen Reinigung der Milch zu Handelszwecken? T. R. Bd. 31, S. 680—681. — *13) Derselbe: Die meiereimäßige Behandlung der Milch. Zschr. f. Fleisch Hyg. Bd. 35, S. 179—181. — *14) Terroine, E. F. und H. Spindler: Influence des divers procédés de pasteurisation par chauffage sur la digestibilité des constituants albuminoides et minéraux du lait. C. r. Acad. des Sc. Bd. 180, S. 868. — *15) Zeeb, H.: Über neuzeitliche Flaschenmilchverarbeitung. D. Schlachthof Ztg. Bd. 25, S. 249—251.

Bongert (1) berichtet zur Frage des Hygienischen Wertes und der Zuverlässigkeit der Dauerpasteurisation bei niedrigen Temperaturgraden zwecks Abtötung von Krankheitskeimen, daß die Niedrigpasteurisation der Milch bei 60—62° C während 30 Minuten eine Gewähr für zuverlässige Abtötung der in der Milch vorkommenden Krankheitserreger nicht gewährleistet. Die Hochpasteurisation von mindestens 85° C ist als Mindestmaß zu fordern. Durch das Aufkochen im Haushalt wird die Gefahr einer Übertragung beseitigt. Die durch die Niedrigpasteurisation für den Handel haltbar gemachte Trinkmilch hat infolge Vernichtung wichtiger Enzyme und Vitamine sowie von Eiweißgerinnung eine derartige Abweichung von der normalen Beschaffenheit einer guten Vollmilch erfahren, daß sie entsprechend § 10 und 11 des NMG. nur unter Deklaration verkauft werden darf.     Henkels.

Cosmovici (2) hat das Verhalten von $p_H$ bei verschiedenen Temperaturgraden bei Erwärmung der Milch studiert. Die Wasserstoffionenkonzentration nimmt irreversibel proportional der Erwärmung ab, so daß ein Gleichgewichtszustand der komplexen Kolloide erstrebt zu werden scheint.     Graf.

Cosmovici (3) studierte die Frage, inwiefern die bei verschiedenen Temperaturen erhitzte Milch sich in ihrer Zusammensetzung gegenüber der gekochten verhält, im besonderen in Oxalaten und gegen Lab.

Er findet, daß das Ca-Ion zur Labkoagulation unbedingt notwendig ist; dieses kann durch neutrales Kaliumoxalat vom Kasein verdrängt werden, so daß die Milch inkoagulabel wird. Die Wärme wirkt auf das Kasein herabsetzend auf Koagulationsfähigkeit, dagegen fördernd auf diejenige des Milcheiweißes. Die Wirkung des Oxalates ist antagonistisch zu derjenigen des Fermentes, so daß die Koagulation des Kaseins, des Laktoglobulins und des Laktalbumins verhindert wird.     Graf.

Grimmer und Schwarz (5) prüften den bei Weidegang der Kühe aus normaler Frischmilch gewonnenen Zentrifugenschlamm.

Sie fanden in ihm im Mittel 73,26% Eiweiß, 3,34% Fett, 17,80% Eiweißstoffe, 2,98% Asche, 2,62% N-freie, aus der Differenz zu 100 berechnete organische Substanz. Neben dem Milchfett war noch ein an Cholesterin und Lezithin reiches Fett tierischen Ursprungs vorhanden, das als Muttersubstanz des Milchfettes angesprochen wird. Hock.

Marquardt (8) studierte die Einflüsse der Filter- und Klärmaschinen auf die Zusammensetzung, den Säuregrad, den Geschmack, die Haltbarkeit, die Rahmbildung und die Größe und Menge der Fettkügelchen der Milch; gleichzeitig wurde auch die Zahl der Bakterien bestimmt.

Die anfängliche Bakterienzahl frischer Milch wurde nicht merklich verändert. Die Bakterienzählungen wurden mit dem Mikroskop, mit Agar und Milchmischungen gemessen. Die Zählung erfolgte aus dem Brutschrank nach 2,5 und 7 Tagen (Standard Methods of Milk Analysis. Pub. Am. Public Health Assoc. 370 Seventh Avenue, New York City, 1923).

Die Bakterienzahl der filtrierten Milch ließ keinen Unterschied zwischen filtrierter und nichtfiltrierter Milch erkennen. Bei den Klärmaschinen ist es aber anders. Diese brechen die Bakterienklumpen in der Milch. Deshalb wurde eine Zunahme der Bakterienkolonien in den meisten Fällen in der geklärten Milch gefunden. Viele Bakterien bleiben in den Klärmaschinen zurück; die Trennung aller Sorten Bakterien von der Milch war gleichmäßig.

Die Filter hatten keinen Einfluß auf die Zahl der Leukozyten in der Milch, aber nach der Klärung der Milch durch Maschinen verblieben nur 54,4% der Leukozyten in der Milch. Hock.

Reiss (13) erörtert den Wert der meiereimäßigen Behandlung der Milch, die sich in 4 Phasen abspielt als Neutralisierung, Entschmutzung, Pasteurisierung und Kühlung.

Die Neutralisierung enthebt das Produkt in ernährungsphysiologischer Beziehung des Rechtes auf die Bezeichnung „Milch". Die Entschmutzung mittels Zentrifugierens entfernt nur die ungelösten Schmutzkörper, läßt aber die weitaus überwiegenden gelösten Schmutzteile in der Milch zurück. Dieses Verfahren ist demnach nicht als Reinigung, sondern nur als Schönung der Milch zu bezeichnen und als Verstoß gegen das NMG zu erachten. Die Pasteurisierung — in der Regel 45 Minuten lange Erhitzung auf 65—68° —

ist durch die bekannten biologischen Reaktionen schwer nachzuprüfen. Sie dürfte oft unzuverlässig ausgeführt werden und erzeugt auch im besten Falle ein gesunder Rohmilch gesundheitlich nachstehendes Produkt. Die Kühlung und Kühlhaltung der Milch ist für die Haltbarkeit höchst wertvoll, kann aber auch außerhalb der Meiereien leicht durchgeführt werden. Die Milchbehandlung in Meiereien ist also keineswegs von großem Wert, sie erscheint aber geeignet bei der Überschätzung durch Erzeuger und Verbraucher die Gesundung unserer Milchkühe und die Verbesserung der Milchgewinnungsverhältnisse erheblich zu verzögern. Zumpe.

Terroine und Spindler (14) untersuchten den Einfluß der verschiedenen Vorgänge bei der Pasteurisation durch Erhitzung auf die Verdaulichkeit der albuminischen Bestandteile und Mineralien der Milch. Durch Versuche an Schweinen stellten sie fest, daß das Pasteurisieren bei 63—65° C oder das Erhitzen bis 75° (nach Stassano) die Verdaulichkeit der Milch nicht verringern.

Hans Richter.

Zeeb (15) schildert die neuzeitliche Flaschenmilchverarbeitung nach dem Verfahren der Fa. M. Schulz A.-G., Oldenburg/Berlin, und bringt Abbildungen von dem zugehörigen Flaschenfüll-, dem automatisch arbeitenden Flaschenverschluß- und dem mit Hochdruckeinspritzungen arbeitenden Flaschenreinigungsapparat. Zumpe.

### F. Verschiedenes.

1) Dunbar, A. D.: The cult of pure milk. Vet. J. Bd. 81, S. 458—461. (Allgemeines zur Milchhygiene.) — 2) Gofton, A.: The position of the veterinary profession in Scotland in regard to the inspection of milk and meat. Ebendas. Bd. 81, S. 423—429. (Allgemeines.) — *3) Kropf: Einige Milchmeßapparate u. a. für selbsttätiges Messen von Milch, Magermilch, Buttermilch, sowie Milchwagen. Milchw. Zbl. Jg. 54, H. 3. — 4) Pfleiderer: Ein Besuch im Milchhygienischen Laboratorium des Bezirkstierarztes Dr. Gabathuler in Davos. Zschr. f. Fleisch Hyg. Bd. 35, S. 300—301 u. 321.

Kropf (3) beschreibt einen Milchselbstmesser und Magermilchrückgabeapparat, ferner eine Magermilchwage nach System Mahler, wie auch neuere Mager- und Buttermilchabmeßapparate, die einmal dem deutschen Eichgesetz, dann aber auch den Anforderungen der Praxis entsprechen, d. h. eine schnelle Rückgabe der Mager- bzw. Buttermilch gestatten.

# Namenverzeichnis.

# Sachverzeichnis.

Die mit [ ] versehenen Seitenzahlen beziehen sich auf Bücher bzw. selbständige Schriften, die mit ( ) versehenen auf Titel ohne Referate und die nicht eingeklammerten Seitenzahlen auf Titel mit Referaten.